关桥院士

乌克兰驻华大使为关桥院士颁发功勋勋章仪式

2005 年 6 月 22 日，剑桥英国焊接研究所，Burdekin 教授给关桥颁发 Brooker 奖章

《中国工程院院士文集》总序

二〇一二年暮秋，中国工程院开始组织并陆续出版《中国工程院院士文集》系列丛书。《中国工程院院士文集》收录了院士的传略、学术论著、中外论文及其目录、讲话文稿与科普作品等。其中，既有早年初涉工程科技领域的学术论文，亦有成为学科领军人物后，学术观点日趋成熟的思想硕果。卷卷《文集》在手，众多院士数十载辛勤耕耘的学术人生跃然纸上，透过严谨的工程科技论文，院士笑谈宏论的生动形象历历在目。

中国工程院是中国工程科学技术界的最高荣誉性、咨询性学术机构，由院士组成，致力于促进工程科学技术事业的发展。作为工程科学技术方面的领军人物，院士们在各自的研究领域具有极高的学术造诣，为我国工程科技事业发展做出了重大的、创造性的成就和贡献。《中国工程院院士文集》既是院士们一生事业成果的凝练，也是他们高尚人格情操的写照。工程院出版史上能够留下这样丰富深刻的一笔，余有荣焉。

我向来以为，为中国工程院院士们组织出版《院士文集》之意义，贵在"真善美"三字。他们脚踏实地，放眼未来，自朴实的工程技术升华至引领学术前沿的至高境界，此谓其"真"；他们热爱祖国，提携后进，具有坚定的理想信念和高尚的人格魅力，此谓其"善"；他们治学严谨，著作等身，求真务实，科学创新，此谓其"美"。《院士文集》集真善美于一体，辨而不华，质而不俚，既有"居高声自远"之淡泊意蕴，又有"大济于苍生"之战略胸怀，斯人斯事，斯情斯志，令人阅后难忘。

读一本文集，犹如阅读一段院士的"攀登"高峰的人生。让我们翻开《中国工程院院士文集》，进入院士们的学术世界。愿后之览者，亦有感于斯文，体味院士们的学术历程。

二〇一二年

代　序

关桥与低应力无变形焊接法

关桥　研究员、中国工程院院士。男，汉族，出生于 1935 年 7 月，山西人，毕业于苏联莫斯科鲍曼高等工学院；现任北京航空制造工程研究所研究员，科学技术委员会副主任，"高能束流加工技术"重点实验室学术委员会主任，"航空连接技术"重点实验室学术委员会主任，曾任北京航空航天大学兼职教授、博士生导师，国际焊接学会学术委员会委员，中国焊接学会理事长，国际焊接学会副主席。

主要业绩　长期从事航空焊接制造技术与焊接结构学研究，在焊接力学基础研究与特种焊接应用研究中取得了一系列开拓性、创造性的成果。率先开展了航空结构脉冲氩弧焊及扩散焊等工艺及设备研究，攻克了新机试制多项技术关键，为航空生产技术改造提供了先进技术与装备。在焊接力学及其工程应用研究中，采用试验与数值分析方法，揭示了控制焊接应力与变形的动态过程机理，取得突破性进展。发明了"低应力无变形焊接法"，攻克了长期危及飞行器和运载火箭薄壳结构安全和可靠性的焊接变形难题。先后获国家发明二等奖、部科技进步奖一等奖等多项奖励。1989 年被国务院授予国家级有突出贡献的专家，同年获"全国先进工作者"称号。1991 年获航空工业个人成就最高奖——航空金奖。1994 年当选为中国工程院院士。1995 年获国家发明奖二等奖。1996 年获光华科技基金一等奖。1998 年获何梁何利基金技术科学奖。1999 年获国际焊接学会（IIW）终身成就奖——荒田吉明奖（Y. ARATA 奖）。2004 年获英国焊接研究所（TWI）BROOKER 奖章。2005 年获中国焊接学会"中国焊接终身成就奖"。2006 年获"航空报国突出贡献奖"。2006 年获中国机械工程学会"科技成就奖"。2010 年获乌克兰三级功勋勋章。2011 年获中航工业制造所"航空报国突出贡献奖"。2012 年获中航工业制造所建所 55 周年"创新图强"杰出成就奖。2016 年获中国航空航天月桂奖——"终身奉献奖"。

在航空、航天器上，为减轻自身重量，大量采用薄壁焊接结构，以提高有效载荷。但是，用熔焊方法制造这类薄壁承力结构时，由于移动热源（无论是电弧、等离子弧，还是电子束或激光束等）对金属构件的局部不均匀加热，在焊接熔池附近会产生极大的温度梯度，引起焊接应力和变形。在完成焊接后，由于热源离去，焊接瞬时的热应力和变形动态过程随即转化为在室温条件下的焊接残余状态的应力和变形。在薄壁焊接结构件上，焊接残余应力和变形的直观表现形态多为构件的失稳翘曲变形。这是在制造航空、航天重要承力薄壁焊接构件时，造成产品质量不稳定、结构几何形状偏离设计技术要求的主要问题，并直接危及飞行器结构的安全和可靠性。因此，控制焊接应力和变形的产生、发展过程，不但是当代焊接力学研究领域中的前沿课题，而且也决定着在航空、航天新型结构设计中，先进的焊接技术是否能得以合理应用的关键所在。

半个世纪以来，随着新的焊接方法在金属结构制造中越来越广泛地应用，人们与焊接应力和变形作斗争的技术也不断地发展和完善。通常所采取的工艺措施，是利用相应的装备，强迫冷却焊缝，降低焊接热输入，以减小焊接应力和变形。在实际生产中，这些方法的应用各有其局限性，很难做到没有变形或定量地控制残余应力水平。由于人们尚未寻找到理想的控制焊接应力与变形的方法，而从焊接原理引出的焊接残余应力与变形不可避免的认识，一直困扰着各国的焊接科技工作者。因此，在缺乏有力的理论指导的生产实践中，往往多停留于采取焊后减小已经产生的残余应力与变形的消极工艺措施，如焊后矫正等。这些消极的、不得不采取的工艺措施，不但费时耗资，而且还会在一些特殊材料的航空、航天薄壁焊接结构上形成材质损伤隐患。现代科学技术的发展，尤其是航空、航天等高技术的迅猛发展，为焊接技术的进步提供了有力的需求牵引，使焊接技术成为国内外制造工程中最活跃的领域；同时，也为焊接力学的学科发展提出了许多新的课题，要求有新的进展和突破。

与焊接应力和变形不可避免的传统认识相悖，关桥不但从理论上论证了"低应力无变形焊接法"的可行性，而且在生产实践中创造性地突破了薄板焊接变形控制的难关，证明了在焊接过程中定量、主动地控制焊接应力和变形的重要实用价值，取得了显著的技术经济成效。多年来，他潜心研究的一系列成果，丰富了焊接力学的学科内涵，提出了焊接不协调应变的"静态"和"动态"控制模型，引出了焊接力学研究的新方向，建立了焊接应力与变形控制的系统理论。

在 20 世纪 60 年代和 70 年代，关桥完成了多项飞行器特种焊接新技术研究和新型号机种研制的技术攻关任务。他从大量影响飞行器薄壳焊接结构完全性和可靠性的因素中，提炼出一个构思：必须从理论分析和试验研究两个方面同时着手，解决前人未曾攻克的难题——能动地、定量地控制焊接应力与变形，使焊接结构具有低应力无变形的结构完整性，确保飞行器焊接结构的质量。众所周知，控制焊接应力与变形，从来就是焊接工程界和学术界的热点问题。焊接是一种制造技术，但同时又是一个复杂的专业学科，它是现代科技多学科交融的结晶，包括了材料工程、冶金、传热传质、物理化学、力学、机械、电子等学科，是一门边缘学科。因此，当控制焊接应力与变形问题涉及到这些学科的交叉与综合，需要定量地而不是定性地进行分析时，就必须对前人已有的理论知识进一步深化和发展。

关桥文集

航空工业出版社

北京

内 容 提 要

本文集包括了关桥主要著作的四个领域：焊接应力与变形论著与文章；航空特种焊接技术发展的论述；焊接科技体制、学科发展和学会工作方面的论述；国内外学术会议上发表的英、俄文论著。

本文集记录了关桥院士长期从事航空特种焊接制造技术与焊接结构学研究的成果，尤其是对焊接力学基础研究和焊接结构完整性研究方面的贡献；阐述了建立"低应力无变形焊接"的理论与工程实践；列举了近60年来在科研和工程第一线，主持和指导多项航空工业发展所急需的特种焊接新技术的开发与应用，培养了一批专业科研人才，为新型飞行器的研制和企业的技术改造提供了先进技术，开拓了我国航空特种焊接制造技术的诸多重要发展方向。

本文集可供焊接及相关领域的工程技术人员和管理人员，亦可供高等院校相关专业的教师和学生参考。

图书在版编目（ＣＩＰ）数据

关桥文集/关桥著． －－北京：航空工业出版社，
2018.1

（中国工程院院士文集）

ISBN 978－7－5165－1347－7

Ⅰ．①关… Ⅱ．①关… Ⅲ．①航空工程–焊接–生产工艺–文集 Ⅳ．①V261.3－53

中国版本图书馆 CIP 数据核字（2017）第 266885 号

关桥文集
Guan Qiao Wenji

航空工业出版社出版发行
（北京市朝阳区北苑 2 号院　100012）
发行部电话：010－84936597　010－84936343

北京京华虎彩印刷有限公司印刷　　全国各地新华书店经售
2018 年 1 月第 1 版　　　　　2018 年 1 月第 1 次印刷
开本：787×1092　1/16　印张：50.5　插页：2　字数：1288 千字
印数：1—500　　　　　　　　定价：258.00 元

早在 20 世纪 60 年代初，当钛合金焊接结构刚开始应用于飞行器结构时，关桥就在自己的研究论文中深入地阐明了传统理论分析中"平截面假设"的局限性，以及这种假设对钛合金等这类具有特殊热物理性能的新结构材料的不适用性。他还论证了焊接残余应力峰值的大小与材料特性随温度变化的函数关系（材料的弹性模量、屈服应变、线膨胀系数），引出了在特定的焊接温度场中的"内拘束度"概念，证明了焊缝中的残余应力峰值将取决于"内拘束度"判据 I

$$I = \frac{\sigma}{\alpha ET}$$

式中：I——焊接温度场中某点的内拘束度；

σ——在被考察点的实际温度应力值；

α——材料的线膨胀系数；

E——材料的弹性模量；

T——被考察点的实际温度。

就其物理意义而言，内拘束度就是在焊接温度场中某点的实际应力值与该点的温度应变受到完全拘束时的应力值的比值。理论分析表明，对于轴对称型瞬时线热源的径向和切向内拘束度均为 $I = 1/2$；只有当移动热源的速度趋近于 ∞ 时，才会出现平截面假设的条件，这时 $I = 1$。关桥还论证了由材料特性所决定的极限塑变比 $\alpha T_k / \varepsilon_s(0)$ 判据对于焊接残余状态所起的决定作用。T_k 为材料处于零应力时的温度，$\varepsilon_s(0)$ 为材料的室温屈服应变值。基于这些论述，他正确地解释了钛合金、铝合金等新型飞行器结构材料焊接残余应力峰值低于材料屈服强度的内在机理。作为焊接力学的新论点，这一理论被国内外焊接专业教科书广为接受。

70 年代，计算机技术与有限元分析方法（简称有限元法）的结合已经显示了对于焊接力学发展可能做出的贡献，焊接时十分复杂的非线性传热和非线性热弹塑性力学过程的定量分析已成为可能。关桥在国际学术交往中敏锐地指出了在焊接力学研究的热点和前沿领域中的片面性：过多地依赖于有限元计算而忽视真实物理过程模拟的验证。他主持并开拓了焊接力学研究领域中的一个新方向——建立理论计算模型与实验分析验证相结合。他和他的研究小组以及他的学生们开展了焊接瞬态热应变云纹测试及云纹图像计算机处理技术的研究。正如后来评审该项成果的专家鉴定委员会所认定的"这是一项高难度的应用技术基础研究课题"。关桥所领导的课题组成功地解决了焊接瞬态热应变云纹测试的难题，其中包括高温、瞬间、大梯度热应变的云纹图像显示，定时连续记录全应变场信息，并建立计算机云纹图像数据处理系统。如图 1 所示，原来是看不见的微观的焊接热应变动态过程，借助于研制成功的焊接云纹仪可以直观地显示出来，并进行定量分析计算。

1992 年，关桥在国际焊接学会（IIW）于马德里举行的第 45 届年会上发表了题为《高温云纹测试法对焊接热应变分析有限元程序的验证》的论文。在讨论中，第十专业委员会主席、国际著名断裂力学和焊接力学专家、英国曼彻斯特大学 F. M. Burdekin 教授给予了高度评价，他指出："对当前众多的焊接力学有限元分析计算软件程序进行试验验证是必要的，而且是非常重要的；这是把已开发的软件能可靠地用于工程实践的

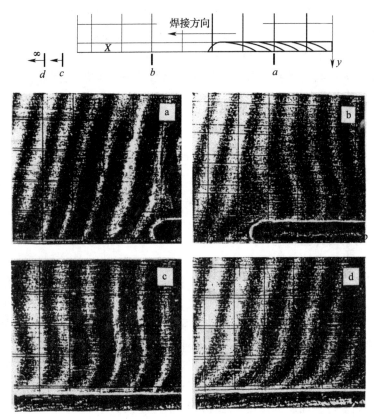

图 1　焊接过程中电弧附近云纹图像所显示的金属运动规律

a—电弧开始进入画面右下方；b—电弧位于画面下侧中间；

c—电弧已离开画面；d—室温下的残余状态

关键所在，而这种验证也正是多年来关桥教授所追求的目标。"为了推动焊接力学这一重要学科方向的发展，Burdekin 教授建议由该专业（焊接残余应力与断裂）委员会通过决议，将这篇论文在国际焊接学会的权威性刊物 *Welding in the World* 杂志上发表（Vol. 31，No. 5，1993）。关桥和他的研究小组所取得的这项研究成果在国际上受到的重视印证了国内专家鉴定委员会于 1990 年所做出的结论：该项研究成果的水平及取得的实际结果均处于国际领先地位。

在焊接力学研究中，关桥锲而不舍地对焊接过程热应变的探索目的在于实现能动地控制焊接不协调应变；同时也实现从定性的、概念性的认识到精确的、定量的分析计算的飞跃。正如关桥在 80 年代初于北京航空航天大学开设"焊接力学问题选讲"课程时所指出的"焊接专业学科从定性的、概念性的知识发展到定量的、精确的理论，必须通过物理数学模型的建立和正确的试验验证；在定性认识和定量分析之间架设桥梁，才能把专业基础知识应用于求解工程实际问题"。

在 70 年代末，当关桥探索飞行器薄壳焊接结构变形控制理论和实施方案时，曾对苏联 Burak 等人用温度场控制焊接变形的论述进行了试验验证。结果表明，在前人的工作中并没有解决薄壳构件（尤其是 4mm 以下的薄件，飞行器构件多属这类）在焊接过程中的瞬态失稳问题，从而导致给定的温差拉伸失效，这一点在理论和实践中均被忽略。必须采用不同于传统认识的新方案，来解决航空、航天器构件在焊接过程中的面外失稳变形，以保证预置温度场所提供的温差拉伸的有效性。在这些机理性分析与试验的基础上，关桥提出了"低应力无变形焊接法"的新构想。

图 2 为低应力无变形（Low Stress No Distortion，LSND）焊接法原理示意。T 为给定的预置温度场分布曲线；σ 为与 T 相对应的温差应力分布曲线；P_1 与 P_2 是两个外加的拘束力，用以阻止工件的瞬态面外失稳变形。图上分别标出 1、2、3 的三个不同的冷却—加热—冷却区域。预置温度场的最高温度 T_{max} 和 P_2 距焊缝中心线的距离分别为 H 和 G。σ_{max} 是在焊缝区的最大温差拉伸应力值。这样，由预置温度场和构件拘束条件所形成的温差拉伸效应会跟随焊

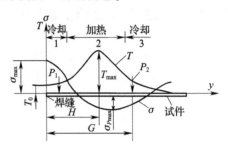

图 2　低应力无变形（LSND）
焊接法原理示意图

接热源，并在熔池前后控制着焊接热应变和应力的产生和发展，直至焊后，在室温条件下达到残余状态。

理论分析和系统实验结果表明，预置温度场只是实现低应力无变形（LSND）焊接的必要条件而并非充分条件。外加拘束力 P_2 可有效地防止薄壁工件的瞬态面外失稳变形，避免失稳带来的温差拉伸效应减弱和内应力场势能降低。可见，这种双支点加压系统所形成的拘束条件是构成 LSND 焊接法得以实施的充分条件。在 LSND 焊接法中，必要条件和充分条件相辅相成，实现了控制薄板焊接应力与变形中的新突破；在完成焊接后，工件保持完全无变形的状态，平整如初。

图 3 所示为采用普通焊接方法和采用 LSND 焊接法的对比。图 3（a）为焊缝区不协调应变量 ε_x^p 的分布规律，在普通焊接后（见曲线 1），ε_x^p 在 5A06（LF6）铝合金 1.5mm 厚板焊缝区的最大值为 -15×10^{-4}，但在 LSND 焊后（见曲线 2），ε_x^p 的最大值已减小

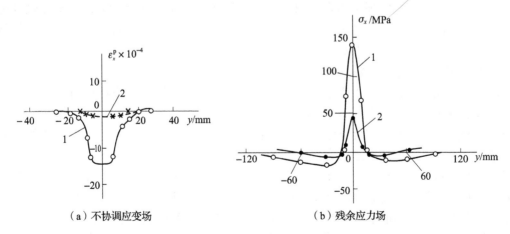

（a）不协调应变场　　　　　　　　　（b）残余应力场

图 3　采用普通焊接方法（见曲线 1）和 LSND 焊接法（见曲线 2）
所得不协调应变场和残余应力场的对比

到在工程上可以忽略不计的程度。在图 3 （b）上可以看出，普通焊后的残余应力分布规律如曲线 1 所示，焊缝中的拉应力峰值 $\sigma_{x\max}$ 可达 140MPa；而在 LSND 焊后（见曲线 2），这个峰值降低了约 70%，在焊缝以外的压应力值也相应地降到可以忽略不计的程度，远低于工件受压的临界失稳应力，不再发生压屈失稳变形。通过调整工艺参数，不但可以定量地控制 $\sigma_{x\max}$ 值，而且还可以使残余应力场重新分布，以有利于变形控制。

图 4 所示为两种焊接方法的残余宏观变形对比。从图 4 （a）照片可以直观地看出，铝合金试件（1.6mm）在普通焊后失稳翘曲变形严重（上部试件）；而在 LSND 焊后，试件完全没有发生失稳变形，保持了焊前的平直状态（下部试件）。若以试件在焊后偏离原始平面的挠曲度 f 作为判据，对比两种焊接方法的效果，在图 4 （b）上可见，采用 LSND 焊接后，$f = 0$。

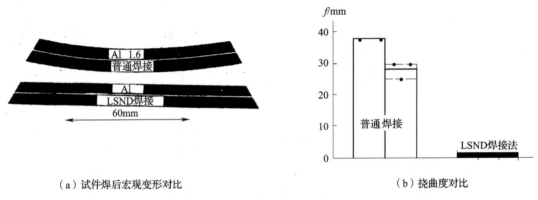

（a）试件焊后宏观变形对比   （b）挠曲度对比

图 4　LSND 焊接与普通焊接对比

在 LSND 焊接法取得了突破性进展后，1987 年，关桥带着这项已获准中国发明专利（专利号：87100959.5）的新技术，应英国皇家学会的邀请，作为皇家学会对华研究员，在剑桥英国焊接研究所领导了"低应力无变形焊接"课题组，对这项新技术继续进行了卓有成效的深入合作研究和技术开发，进一步发展了已取得的成果。英国皇家学会会员、著名国际焊接力学专家、英国焊接研究所所长 A. A. Wells 博士称赞这是一项奇迹般的突破，并向皇家学会主席 G. Porter 教授推荐作为中英学者合作研究的新贡献，由中英双方共同申报欧洲和国际专利，以利于技术市场的开拓。

关桥和他的课题组在深入开展应用技术基础研究的同时，把低应力无变形焊接法直接用于攻克飞行器制造工程中薄壳结构焊接变形的难关。利用发明的方法原理，设计制造了专用装备，实现了航空发动机生产和新机研制中的无变形焊接，排除了质量隐患，提高了产品质量和可靠性，取得了良好的经济效益。新型航天运载火箭的燃料贮箱是由铝合金制成的典型薄壳焊接结构，为了保证结构的几何完整性，对制造提出了苛刻的技术要求：焊后筒体母线的不直度应不大于 1/1000。因此，焊接变形问题成了新型航天运载火箭研制中的技术关键。关桥指导课题组，用低应力无变形焊接法突破了许多常规方法不能解决的难题，不但使箭体燃料贮箱保持了良好的结构几何完整性，而且还进一步改善了焊接接头的力学性能，排除了原来生产中经常出现的质量隐患，提高了火箭箭体的整体质量和可靠性。

　　1993 年，中国航天工业总公司和中国航空工业总公司先后召开了有关薄壁结构低应力无变形焊接技术的两项研究成果专家评审鉴定会。专家们高度评价了关桥和他领导的课题组所取得的成就，认为"低应力无变形焊接法科研成果在理论上证明了直接在焊接过程中积极控制方法的可行性；经过实践，突破了生产技术难题，是一项创造性的发明成果，构思新颖，效益显著，实用效果突出"。专家们还一致认为"这项成果属于在焊接结构变形控制领域中的重大突破，对保证航空、航天工业中薄壁焊接结构的可靠性、完整性有重大作用，对焊接力学学科发展做出了重要贡献。此项发明成果为国内外首创，属国际领先水平"。

　　关桥把由预置温度场控制的低应力无变形焊接法定义为"静态控制"焊接不协调应变的方法。为了适应在工程应用中焊接操作的多样性，他又指导研究组向"动态控制"的新方向迈进。"动态控制"的新构想是：不再依赖于静态的预置温度场，直接利用移动热源所形成的准定常温度场，以热沉（Heat Sink）跟随热源，形成一个移动的热源—热沉多源系统。由这个多源系统所确定的准定常畸变温度场如图 5（a）所示，图 5（b）为准定常畸变温度场的等温线。与正常的焊接温度场的最大区别在于：在热源的高峰温度之后，即跟随有一个由热沉吸热所形成的温度低谷，在二者之间产生极大的温度梯度；由此，形成了在刚凝固的熔池附近高温金属上的动态温差拉伸效应。

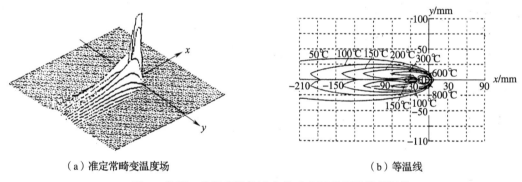

（a）准定常畸变温度场　　　　　　　　　　　　　　（b）等温线

图 5　热源-热沉系统的准定常畸变温度场及其等温线

　　试验结果也已表明，动态控制低应力无变形焊接法不但可以直接在焊接过程中定量地控制不协调应变的产生和发展过程，获得无变形效果，而且这种方法适用于复杂、空间曲线焊缝的多样性操作。动态控制 LSND 焊接法为焊接力学的发展及工程应用又展现了新的前景。

目　　录

第1篇　焊接应力与变形

第2篇　航空特种焊接技术

第 3 篇　焊接学会、科技体制、学科发展

第 4 篇　英、俄文论著

焊接应力与变形[①]

　　焊接应力与变形是直接影响焊接结构性能、安全可靠性和制造工艺性的重要因素。它会导致在焊接接头中产生冷、热裂纹等缺陷，在一定的条件下还会对结构的断裂特性、疲劳强度和形状尺寸精度有不利的影响。在构件制造过程中，焊接变形往往会引起正常工艺流程中断。因此掌握焊接应力与变形的规律，了解其作用与影响，采取措施控制或消除，对于焊接结构的完整性设计和制造工艺方法的选择，以及运行中的安全评定都有重要意义。

1　基本概念[1~6]

1.1　产生机理、影响因素及其内在联系

　　图 1 给出了引起焊接应力和变形的主要因素及其内在联系[6]。焊接时的局部不均匀热输入（图 1 上部）是产生焊接应力与变形（图 1 下部）的决定因素。热输入是通过材料因素、制造因素和结构因素所构成的内拘束度和外拘束度（图 1 右侧）而影响热源周围的金属运动，最终形成了焊接应力和变形。从图 1 的左侧可见，材料因素主要包含有材料特性、热物理常数及力学性能等，因温度变化而异（热［膨］胀系数 $\alpha = f(T)$，弹性模量 $E = f(T)$，屈服强度 $R_{eL} = f(T)$，$R_{eL}(T) \approx 0$ 时的温度 T_k 或称"力学熔化温度"，以及相变等）；在焊接温度场中，这些特性呈现出决定热源周围金属运动的内拘束度。制造因素（工艺措施、夹持状态）和结构因素（构件形状、厚度及刚度）则更多地影响着热源周围金属运动的外拘束度。

　　焊接应力和变形是由多种因素交互作用而导致的结果。通常，若仅就其内拘束度的效应而言，焊接应力与变形产生机理可表述如下：焊接热输入引起材料不均匀局部加热，使焊缝区熔化；而与熔池毗邻的高温区材料的热膨胀则受到周围材料的限制，产

---

　　① 此文原载于《焊接手册》（第 3 版修订本）。第 3 卷焊接结构第 1 篇焊接结构基础第 4 章"焊接应力与变形"。作者：关桥；审者：赵海燕。中国机械工业学会焊接学会编，机械工业出版社于 2015 年 6 月出版。

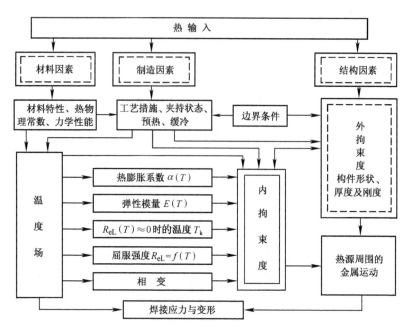

图 1　引起焊接应力与变形的主要因素及其内在联系[6]

生不均匀的压缩塑性变形；在冷却过程中，已发生压缩塑性变形的这部分材料（如长焊缝的两侧）又受到周围条件的制约，而不能自由收缩，在不同程度上又被拉伸而卸载；与此同时，熔池凝固，金属冷却收缩时也产生相应的收缩拉应力与变形。这样，在焊接接头区产生了缩短的不协调应变（包含有压缩塑性变形、拉伸塑性变形和拉伸弹性应变，或称初始应变、固有应变）。

与焊接接头区产生的缩短不协调应变相对应，在构件中会形成自身相平衡的内应力，通称为焊接应力。焊接接头区金属在冷却到较低温度时，材料回复到弹性状态。此时，若有金相组织转变（如奥氏体转变为马氏体（Ms）），则伴随体积变化，出现相变应力。

随焊接热过程而变化的内应力场和构件变形，称为焊接瞬态应力与变形。而焊后，在室温条件下，残留于构件中的内应力场和宏观变形，称为焊接残余应力与焊接残余变形。

焊接结构多用熔焊方法制造。而熔焊时的焊接应力与变形问题最为突出，电阻焊次之。钎焊的不均匀加热或不均匀冷却也会引起构件中的残余应力和变形。在钎焊和扩散焊接头中，由于采用不同材质的钎料或中间过渡层，热膨胀系数的差异也是导致残余应力场的一个重要因素。

由于焊接应力与变形问题的复杂性，在工程实践中，往往采用实验测试与理论分析和数值计算相结合的方法，掌握其规律，以期能达到预测、控制和调整焊接应力与变形的目的。

1.2　材料物理特性和力学特性的影响

焊接应力与变形的产生和发展是一个随加热与冷却而变化的材料热弹塑性应力

应变动态过程。以熔焊方法为例，影响这一过程的主要因素有以下三个方面。

1.2.1　材料物理特性随焊接温度的变化

表 1 列出了一些常用材料的热物理特性在给定的温度 T 区间的平均值。表中，热导率 λ、热扩散率 $a=\lambda/(c\varphi)$、比热容 c、密度 ρ 以及热熔 s（图 2）是影响焊接温度场分布的主要热物理参数。线胀系数 α 随温度的变化则是决定焊接热应力、应变的重要物理特性。

表 1　常用材料的热物理性能系数

材料	α / $(10^{-6}/℃)$	T /℃	λ / $[J/(cm·s·℃)]$	$c\varphi$ / $[J/(cm^3·℃)]$	$a=\lambda/(c\varphi)$ / (cm^2/s)
低碳钢和低合金钢	12～16	500～600	0.38～0.42	4.9～5.2	0.075～0.09
奥氏体铬镍钢	16～20	600	0.25～0.33	4.4～4.8	0.053～0.07
铝	23～27	300	2.7	2.7	1.0
工业钛	8.5	700	0.17	2.8	0.06

图 2 给出低碳钢物理特性随温度升高的变化。这些变化在焊接过程中每时每刻都影响着焊接温度场和焊接应力与应变的分布。这些变化也构成了理论分析和数值计算（如有限元数值分析）时的复杂性和局限性。因此，在一般简化计算中只用一定高温范围内的这些参数的平均值来求解。

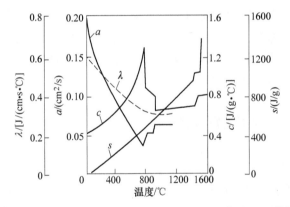

图 2　低碳钢（w（C）$=0.1\%$）的高温物理性能变化[7,8]

1.2.2　相变时的质量体积变化

金属在加热及冷却时发生相变也会引起质量体积及性能的变化。不同组织由于晶格类型不一样，其质量体积也不一样，其数值见表 2。钢材加热冷却时容积变化 $\Delta V/V$ 如图 3 所示，图中线 Ⅰ 为加热时的变化，线 Ⅱ 为冷却时的变化；一般情况下，由于奥氏体变为铁素体和珠光体的转变在 700℃ 以上发生，因此不影响焊接变形与应力；当冷却速度很快或合金及碳元素增加时，奥氏体转变温度降低，并可能变成马氏体，如图 3 中线 Ⅲ；在 700℃ 以下的这种变化，对焊接变形和应力将发生相当大的影响。

表2 不同组织的物理性能[1]

特性	组织类型				
	奥氏体	铁素体	珠光体	渗碳体	马氏体
密度 ρ/ （g/cm³）	7.843	7.864	7.778	7.67	7.633
质量体积/ （cm³/g）	0.123 ~ 0.125	0.127	0.1286	0.130	0.127 ~ 0.131
线胀系数 α/（10^{-6}/℃）	23.0	14.5	—	12.5	11.5
体胀系数 β/（10^{-6}/℃）	70.0	43.5	—	37.5	35.0
晶格类型	面心立方体	体心立方体	体心立方体	斜方体	正方体

1.2.3 材料力学特性变化的影响

在焊接热过程中，金属材料的力学特性随温度的升高或降低而发生变化。在图4上给出了常用于制造焊接结构的金属材料 5A06（LF6）铝合金、1Cr18Ni9Ti 不锈钢、TC4 钛合金以及低碳钢材料的屈服强度 R_{eL}、弹性模量 E 和线胀系数 α 与温度的关系曲线。这四种材料的 R_{eL} 与 E 随温度升高的变化具有代表性，其他材料的这些性能变化规律，大体上都与上述四种材料中的某一种相类似。高温力学性能的变化规律，直接影响焊接热弹塑性应力应

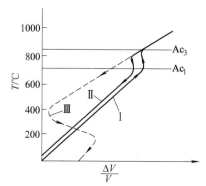

图3 钢材加热和冷却时的膨胀和收缩曲线

变的全过程和残余应力的大小；由于各类材料的 R_{eL}、E 和 α 随温度变化的规律不同，在低碳钢和不锈钢焊缝中的峰值拉应力一般接近材料的屈服强度；而在钛合金和铝合金焊缝中的峰值拉应力往往低于材料的屈服强度。

1.3 不同类型焊接热源的影响

从图1可以看到，焊接时的热输入是产生焊接应力与变形的决定因素。焊接热源的种类有别，热源能量密度的分布、热源的移动速度、被焊构件的形状与厚度都直接影响着热源引起的温度场分布，因而也改变着焊接应力与变形的规律。

图5所示为三类热源模型。在函数解析求解焊接温度场时，这种分类可使最终的计算公式简化。而用有限元法数值求解时，原则上允许考虑任何复杂的情况；但实际上，为了节省运算时间，从经济的角度考虑也需做相应的简化。

1.3.1 点热源

在半无限体表面上作用的点热源模型（见图5（a）），是厚板表面点状加热（热源不移动，见图5（b））、堆焊（热源移动）热传导过程的简化，属三维传热模型。与此相对应，焊接热弹塑性应力应变过程也是三维状态。xy 平面内的焊接应力应变分布，沿厚度 z 方向有变化。

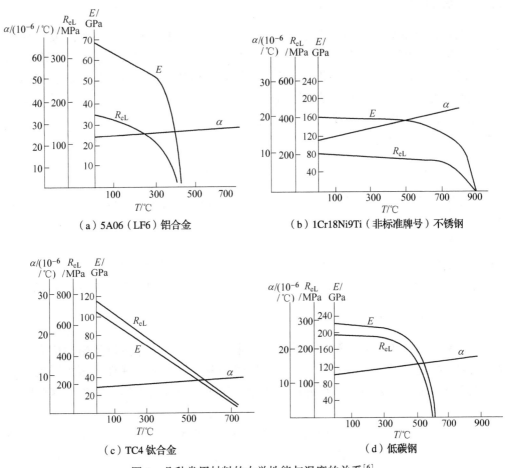

（a）5A06（LF6）铝合金

（b）1Cr18Ni9Ti（非标准牌号）不锈钢

（c）TC4 钛合金

（d）低碳钢

图 4　几种常用材料的力学性能与温度的关系[6]

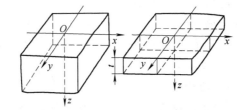

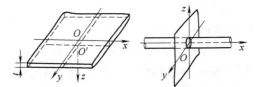

（a）作用于半无限体（厚板）　（b）作用于半无限体（厚板）
表面上的点热源　　　　　　表面上的点热源

（c）在无限大板（薄板）厚度　（d）在无限长杆轴向截面
方向均布作用的线热源　　　上均布作用的面热源

图 5　三类典型的焊接热源模型[8,9]

1.3.2 线热源

在无限大板沿厚度方向均布作用的线热源模型（见图 5（c））是薄板点状加热（热源不移动）和单道对接焊（热源移动）的热传导过程的简化，一般为二维（2D）传热，沿板厚方向上的热源功率为常数。若热源不移动，在点状加热时，相应的二维焊接热弹塑性应力应变过程为轴对称（相对于 z 轴）平面应力问题。若热源移动，相应于薄板单道对接焊过程（或大功率电子束、激光束一次穿透中厚板的焊接过程），这时的焊接热弹塑性应力应变过程也可简化为二维平面应力问题近似求解。

1.3.3 面热源

在无限长杆的轴向截面上均布作用的面热源模型（见图 5（d））的典型实例为棒材的闪光对接焊或摩擦焊，在杆截面上的热源功率为常数，沿杆件的轴线方向为一维传热。在特殊情况下，在半无限体和无限大板中作用有平面热源时，也可能出现一维传热。与此相应的焊接热弹塑性应力应变过程可视为一维问题，但在实际工程问题中，由于在横截面的表面上并非绝热的边界条件，最终的残余应力呈现复杂的分布状态。

1.3.4 热源的其他影响因素

无论是采用函数解析求解，还是采用有限元数值计算，焊接热弹塑性应力应变过程总是由焊接温度场所决定的。因此，直接影响温度场计算准确性的因素，也必然会间接地耦合到焊接应力应变过程的计算中去，从而影响其结果的准确性。这些因素主要有以下两点。

（1）热源空间分布形状的简化。焊接热源的热流密度分布对焊接温度场的影响显著，用火焰、电弧和高能束流（电子束、激光束）作为热源时，可选择具有不同的集中系数 k 的高斯正态分布曲线来描述热源的特征，如图 6 所示。

在采用不同等效热源模型（如把快速移动的大功率线热源等效为垂直于移动方向的面热源）时，由于和实际热源有差别，作为分析计算的基础，可以用实测焊缝区的温度来校准计算模型。

（2）热源的有效利用系数。准确地确定焊接热源的有效利用系数 η 值，是决定焊接真实热输入求得焊接应力变形问题可靠解答的前提；在把有限元数值分析方法

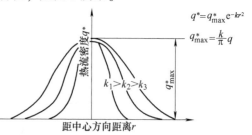

$$q^* = q^*_{max} e^{-kr^2}$$
$$q^*_{max} = \frac{k}{\pi} q$$

图 6 不同焊接热源具有不同的热流
密度分布集中系数[8,9]

用于精确定量研究和评定（如焊接应力应变在材料冷、热裂纹行为中的作用）时，尤其需要正确地给出热源有效利用率。η 值因焊接方法不同（如电弧焊、埋弧焊、气体保护焊等）而异，也因不同的热源类别（如电子束、激光）而有差别。一般 η 值在 0.4 ~ 0.9 内选取，采用量热法可正确地确定 η 值；但在一般工程应用中，在已知材料的热物理常数：热扩散率 $a = \lambda / (\varphi)$ 的情况下，测定焊缝横截面实际尺寸，采用测试计算法获得

η 值[10]。

图 7 给出薄板 ($t = 1.5 \sim 2.0\text{mm}$) 钨极氩弧焊时，在 5A06 铝合金和 1Cr18Ni9Ti 不锈钢上，在不同的焊接条件下 (以横坐标上的无量纲参量 $\omega' = vy_0 / (2a)$ 表示)，在不同焊速 v、焊缝半宽 y_0 和材料热扩散率 a 的 η 值，相应为 0.41 和 0.61。同样，在低碳钢上：$\eta = 0.67$；在钛合金 (TC4) 上：$\eta = 0.62$。

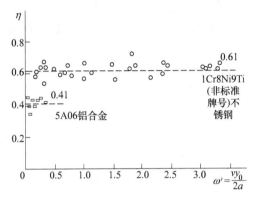

图 7　采用测试计算法求得电弧热有效利用系数 η 值[10]

1.4　焊接热源引起的瞬态应力与变形

在传统的焊接应力与变形分析中，以沿低碳钢长板条中心线施焊为经典举例，运用了材料力学中的板条横截面为平截面的假设，并采取了一系列的简化，如材料的线胀系数不随温度变化，焊接温度场沿焊缝轴线方向为准定常状态 (或焊缝在整个长度上同时完成) 等。这种图解式分析方法，只能给出粗略的定性认识；对于不断出现的焊接结构新材料和新工艺方法，建立在上面所述的假设与简化基础上的焊接应力与变形分析会导致较大的误差，其有效性也受到质疑。有限元算法与计算机技术的发展，为解决诸如焊接应力与变形这类热物理、冶金与力学耦合的复杂问题提供了可定量分析的工具，使原先无法用解析方法求解的焊接热弹塑性应力应变动态过程的定量分析与计算成为可能，利用这一工具可以更全面地考虑各种因素的动态变化。有限元数值分析结果的准确程度取决于所建立的物理数学模型是否正确地反映了实际物理现象；同时，也决定于焊接热源参数 (如热源有效利用率) 和材料的热物理特性与力学特性 (尤其在焊接高温区) 的选取是否正确，以及计算采用的网格划分和所需要的费用[31]。下面从一些典型实例中，可以看出不同焊接热源产生的温度场与应力应变形成过程的关系。

1.4.1　薄板中心的点状加热

常见的工程应用实例如铆焊、电阻点焊、点状加热消除薄板翘曲变形和氩弧点状加热改善接头区残余应力场以提高接头疲劳强度等，这是一种典型的轴对称线热源二维传热与二维热弹塑性平面应力问题。

图 8 所示为 5A06 铝合金薄板 ($t = 2\text{mm}$) 中心氩弧点状加热应力应变过程的数值

分析结果[12]。按图 8（a）所示，线热源所形成的温度场和沿半径为 r 处的径向应力 σ_r 与周向应力 σ_θ 在薄板厚度方向均为定值，并对称于通过原点 O 垂直于板面的中心轴线。图 8（b）为在不同时刻（$t=1$s，…，20s）的温度场 $T_{t=\text{const}}=f（r）$；图 8（c）为在不同半径（$r=0$，…，4cm）处温度随时间变化的焊接热循环曲线 $T_{t=\text{const}}=f（t）$。

在数值分析计算中，考虑了材料特性（如 R_{eL}、E、α 等）随温度的变化，并把焊点熔化区视为边界变化的孔洞。而把 R_{eL} 随温度升高而降为零值时的温度 T_k 视为"力学熔化温度"。对于这类轴对称平面应力问题的数值求解，可采用有限差分法或有限元法。图 8（d）和图 8（e）相对应于不同时刻板内的瞬态应力场和热弹塑性区及力学熔化区和实际熔化区的变化状态。当 $t=1$s 时，在板中心部位产生的 σ_r、σ_θ 均为压应力，并产生相应的压缩塑性变形区，在板的外围仍为弹性区；当 $t=2$s 时，随着材料板件中心力学熔化区的出现，原点处的 σ_r 和 σ_θ 均趋于零；当 $t=3$s 时，中心出现实际熔化区，零应力区的半径相应扩大；当 $t=8$s 时，焊点凝固后，中心部位再次回复到力学熔化状态；当 $t=13$s 时，又转换为卸载区和受拉塑性变形区；$t=15$s 时，中心部位全部转变为受拉塑性变形区。从图 8（e）中还可以看出，当 $t>10$s 后，在焊点中心冷却卸载的同时，外围又出现第二个因逐渐受拉伸而卸载的环形区，它处于内、外两个塑性变形环之间，其内侧为正在发展的受拉的塑性变形区，其外侧仍为在加热一开始已处于压缩塑性变形状态的环形区。当中心部位的卸载区随着温度的降低而全部转化为受拉塑性变形区时（图 8（e）中的 $t=15$s 和 $t=20$s），外围的第二个卸载环也逐渐向外扩展，从而使最外侧的压缩塑性变形区也处于卸载状态。最终，当 $t=\infty$，在残余状态，焊点中心从降温开始卸载并受拉伸直至冷却到室温，所积累的拉伸塑性变形量仍小于焊点周边在加热过程中已形成的压缩塑性变形冷却卸载后的总量。换言之，焊点内在残余状态的不协调应变总量仍保留为负值。而远离焊点，在板的外围则是弹性区。与板内的熔化区、热弹塑性变形区动态变化的同时，瞬态应力场 σ_r 和 σ_θ 的分布规律可从图 8（d）中的 $t=10$s、15s 和 ∞ 曲线上看出：在焊点中心部位，由于不协调应变量为负值，σ_r 与 σ_θ 均为拉应力并逐渐升高，直至残余状态下的峰值。

分析计算与实验测定的结果均表明，在铝合金焊缝中心线上的残余应力往往低于近缝区的驼峰值，且低于材料在室温下供应状态（冷轧）的屈服强度，因为焊接热循环使焊缝区的屈服强度下降。在钛合金上的计算与测试结果表明，残余应力峰值低于材料屈服强度；而在低碳钢和不锈钢（无相变）的焊缝中，残余应力的峰值一般均接近材料的屈服强度；正如 1.2 节所述，是由材料特性（尤其重要的有 R_{eL}、E 和 α 随温度变化的曲线）所决定的。

1.4.2　板件对接焊

采用有限元数值模拟方法，可以给出实际焊接热弹塑性应力应变过程的全貌，并可与试验测试相结合，校验结果。在热弹塑性有限元计算中，为了保证计算过程的收敛，对焊缝区域进行相应的假设。图 9（a）所示为 Q235 钢板件（250mm×320mm×6mm）焊条电弧焊时（$I=150$A，$U=20$V，$v=9$m/h），当移动热源的温度场处于准定常状态，所形成的焊接热弹塑性应力应变过程的全图。图 9（a）中Ⅰ区为熔池（半宽 4.2mm）；

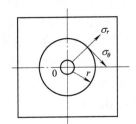

（a）薄板（厚度 =2mm）氩弧点焊

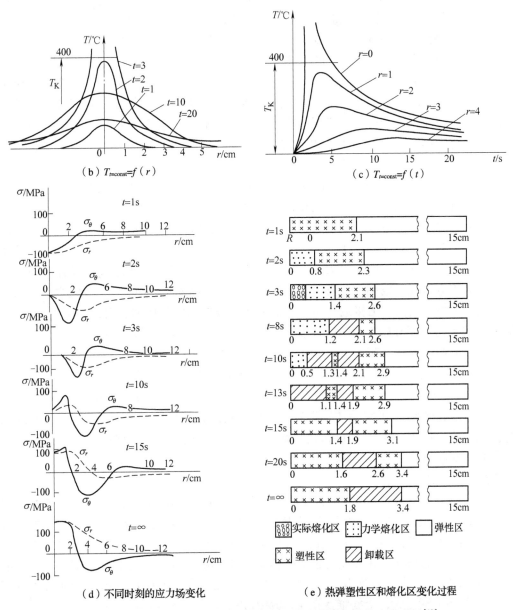

（b）$T_{t=\text{const}}=f(r)$

（c）$T_{t=\text{const}}=f(t)$

（d）不同时刻的应力场变化

（e）热弹塑性区和熔化区变化过程

图 8　5A06 铝合金氩弧点焊时的温度场和瞬态热弹塑性应力应变场[12]

11

Ⅱ区为压缩塑性应变生成区（von Mises 屈服准则），该区域材料由弹性进入压缩塑性状态，压缩塑性应变逐渐增大；Ⅲ区为压缩塑性应变卸载区，熔池凝固和冷却过程中金属抗力逐渐恢复，产生了拉伸塑性应变，抵消了部分已存在的压缩塑性应变；Ⅳ区为压缩塑性应变稳定区；Ⅴ区为没有发生任何压缩塑性变形的拉伸弹性区（$y > 51\text{mm}$）。

图 9（b）给出了 $y = 0$ 轴线上热过程中的纵向应力—应变图。图中箭头 A 为在熔池前方受压状态；由于热源前方高温区材料的膨胀和已凝固金属的收缩会引起热源前方的拉伸变形，使得熔池正前方出现较小的拉应变区，随着温度的不断升高，金属高温抗力逐渐消失（在数值模拟运算中，设定超过"力学熔化"的高温区材料屈服强度趋于零值），所受压应力也逐渐减小，如箭头 B 所示；箭头 C 表示在接近"零"应力状态下，材料仍处于温升阶段，不协调压应变 ε_x^p 的增大过程；箭头 D 表示，降温开始后，处于高温"零"应力状态的金属开始卸载（应变增量改变符号），拉伸塑性应变使在温升阶段积累的压缩塑性应变减小，但应力仍接近于"零"应力水平；箭头 E 所示为在低于 700℃ 等温线之后的降温阶段，Q235 逐渐恢复其力学性能，随着拉伸弹性应变的发展，拉应力逐渐增大，而压缩塑性应变持续减小，直至最终保持不变。在残余状态，焊缝中的拉应力接近 250MPa（略超过 Q235 材料的屈服强度），在焊缝中保留了残余压缩应变量 ε_x^p 约为 -0.00185，残余拉伸弹性应变量约为 $+0.00103$（见图 9（e）、图 9（f）；最终残余不协调应变总量 $\varepsilon_x = \varepsilon_x^e + \varepsilon_x^p$，约为 -0.00082。同理，图 9（c）给出了 $y = 0$ 轴线上的横向应力—应变图，与图 9 类似，由于受到熔池前方热金属的膨胀和已凝固金属收缩的影响，使得熔池前方较小的范围内产生很小的横向拉应变和横向拉应力，如箭头 A 所示；箭头 B 表示，随着温度的持续升高，横向应变和应力开始由拉变压，并逐渐增大；箭头 C 表示当温升达到一定温度后，金属屈服强度开始明显降低，横向压应力逐渐减小，而横向应变不断增大；当温度超过 700℃ 等温线之后，高温金属失去抗力，横向应力接近"零"应力水平，横向压应变持续增大，如箭头 D 所示；箭头 E 表示当金属开始冷却时金属抗力逐渐恢复，横向应力开始转变为拉应力，并逐渐增大，而横向应变将基本保持不变。

图 9（d）考察了 $y = 0$ 轴线上的各点，相对应于在温度分布曲线 T 上的不同时刻的塑性应变 ε^p 和弹性应变 ε^e 的发展史。可以看到，在温升时，纵向压缩塑性应变 ε_x^p 在增大，从降温开始 ε_x^p 的增量改变符号，出现卸载，随后则基本保持不变，直至残余状态；纵向拉伸弹性应变 ε_x^p 则自卸载开始逐渐增大，直至室温；而横向压缩塑性应变 ε_y^p 在温升时逐渐增大，最后保持不变，并无卸载过程发生；横向弹性应变 ε_y^p 从零开始增加到较小的拉应变状态。

图 9（e）给出了 $y = 0$ 线上，随温度 T 的变化而生成的弹性拉应力与 Q235 材料屈服强度 R_{eL} 的对比。在加热过程和冷却刚开始时，σ_s 低于 R_{eL}；而在进一步冷却过程中，σ_x 逐渐增大甚至超过 R_{eL}，最终在残余状态下纵向拉伸残余应力略超过材料的屈服强度。σ_y 在温升过程中，由于熔池前方的瞬态变形影响呈现出先拉后压的变化，当温度超过 700℃ 后，金属失去抗力，R_{eL} 基本为零，而之后的冷却阶段，由于金属抗力的恢复，σ_y 开始逐渐增大，最终维持在 $+100\text{MPa}$ 左右。

图 9（f）为在 $x = \text{const}$ 的不同截面上，纵向热塑性应变 ε_x^p 沿 y 轴的分布规律，

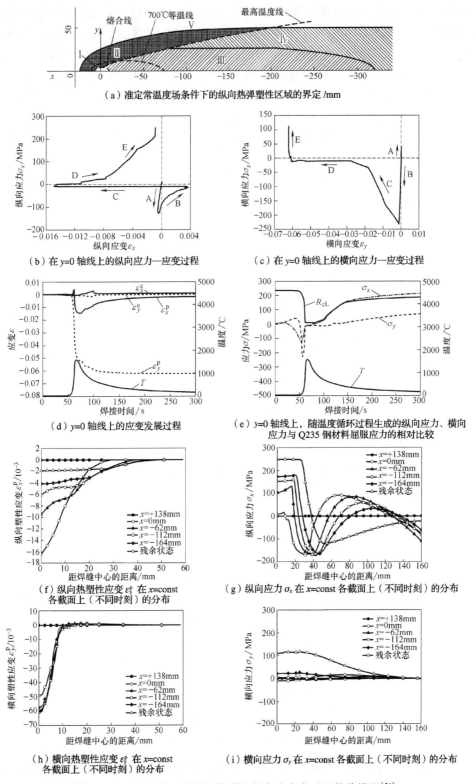

（a）准定常温度场条件下的纵向热弹塑性区域的界定 /mm

（b）在 y=0 轴线上的纵向应力—应变过程

（c）在 y=0 轴线上的横向应力—应变过程

（d）y=0 轴线上的应变发展过程

（e）y=0 轴线上，随温度循环过程生成的纵向应力、横向应力与 Q235 钢材料屈服应力的相对比较

（f）纵向热塑性应变 ε_x^p 在 x=const 各截面上（不同时刻）的分布

（g）纵向应力 σ_x 在 x=const 各截面上（不同时刻）的分布

（h）横向热塑性应变 ε_y^p 在 x=const 各截面上（不同时刻）的分布

（i）横向应力 σ_y 在 x=const 各截面上（不同时刻）的分布

图9　Q235 钢板件对接焊的热弹塑性应力应变过程数值模拟[54]

$x = +138\text{mm}$ 截面相对于电弧前面位置，而 $x = -62\text{mm}$ 则对应熔池凝固后的截面，在不同截面上的纵向热塑性应变 ε_x^p 均为负值——压缩塑性应变。图 9（g）为纵向应力 σ_y 在 $x = \text{const}$ 的不同截面上沿 y 轴的分布规律。类似地，横向热塑性应变 ε_y^p 和横向应力 σ_y 在 $x = \text{const}$ 的分布规律如图 9（h）、图 9（i）所示，与纵向相比，最明显的区别就在于横向压缩塑性应变并无明显的卸载过程发生，横向压缩塑性应变一旦增大到一定值后，将基本保持不变。

试验测试与数值分析相辅相成，对实际焊接残余塑性应变分布的测试在一定程度上印证了数值模拟的正确性。

图 10 为利用有限元法对低碳钢板件焊接过程瞬态应力分布的数值求解结果；在焊缝中的残余拉应力峰值一般均可达到低碳钢在室温下的屈服应力水平。在焊接高强钢时，考虑到相变的影响，瞬态应力分布曲线在相变区间发生较大畸变，如图 11 所示。

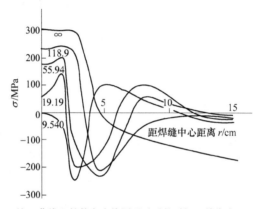

注：曲线上的数字为热源通过后的时间，单位为 s。

图 10　低碳钢焊接过程中的瞬态应力分布[51]

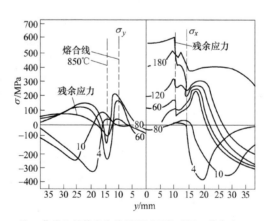

注：曲线上的数字为热源通过后的时间，单位为 s。

图 11　高强钢焊接过程中的瞬态应力分布[52]

图 12 所示为用有限元数值分析方法，对带窄槽焊缝矩形板上应力场分析的有限元网格划分实例，在数值分析中采用"初始应变"，以简化计算[9]。这类试板常用于对材

料焊接性（冷、热裂纹倾向）的测试评定。图 13 为板件中心窄槽焊缝引起的纵向和横向残余应力场，图中圆点圈为实测值。计算与实测结果吻合较好，表明虽然在理论计算模型中采用了一系列简化和假设，但在残余状态的应力场符合实际情况。值得注意的是，在焊缝终端内的 σ_x 和 σ_y 均为拉应力；而在焊缝终端前面，σ_y 呈现为横向压应力。

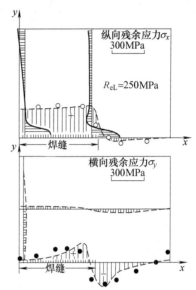

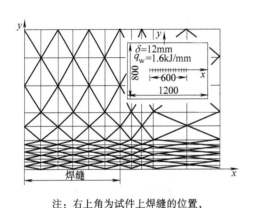

注：右上角为试件上焊缝的位置，
图中仅给出试板 1/4 的网格。

图 12　带窄槽焊缝试板的有限元网格划分[9]

图 13　带窄槽焊缝矩形板（示出 1/4）
中的纵向和横向残余应力
分析与测试结果比较[9]

2　焊接应力

焊接应力与变形，成对孪生，互为因果。但为了便于理解，在本节和第 3 节中将对焊接应力和焊接变形分别进行表述。主要侧重于残余状态的焊接应力和变形。

2.1　焊接应力分类

在没有外力作用下，构件中的焊接应力为自身相互平衡分布的内应力场。可按图 14 所示的各种不同方法进行分类。

2.2　焊接残余应力测量方法

通常采用实验力学的方法，包括机械方法和物理方法，测定构件中的焊接残余应力。机械方法一般属破坏性测试，或称应力释放法；在释放应力的同时，用电阻应变

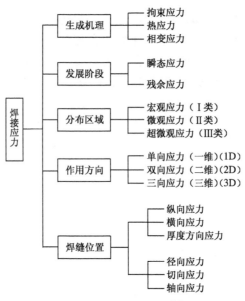

图 14　焊接应力分类[6]

片、机械应变仪、栅线或光弹法、表面脆裂涂层、激光干涉等测得其相应的弹性应变量。物理方法多属非破坏性测试，也可以是非接触式测试，如 X 射线法等。方法分类如图 15 所示。

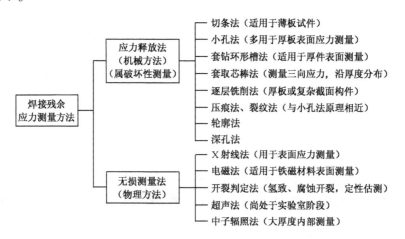

图 15　焊接残余应力测量方法分类

下面分别介绍几种常用的焊接残余应力测量方法。

2.2.1　应力释放法[1,6,13]

本法属于用机械加工方法对试件进行破坏性测量，按其差异可分为以下几种。

（1）切条法。将需要测定内应力的薄板构件先划分成几个区域，在各区的待测点上贴应变片或者加工出机械应变仪（见图 16）所需的标距孔，然后测定它们的原始读数。对于如图 17 所示的对接接头，按图 17（b），当读取标距 L_m 的原始读数后，在靠近测点处将构件沿垂直于焊缝方向切断，然后在各测点间切出几个梳状切口，

使内应力得以完全释放。再测出释放应力后各应变片或各对标距孔的读数，求出应变量 ε_x。按照公式

$$\sigma_x = -E\varepsilon_x$$

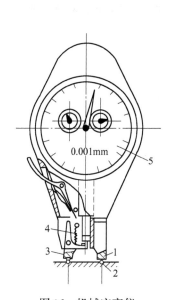

图 16　机械应变仪

1—固定脚；2—小钢珠；3—活动脚；

4—弹簧；5—千分表

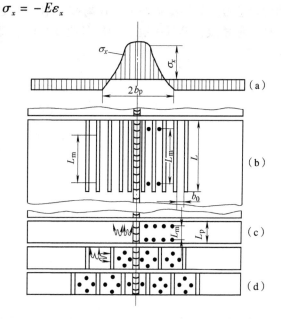

图 17　切条法测定薄板焊接残余应力[11,36]

可算出焊接纵向应力。内应力的分布大致如图 17（a）所示。对于图中的薄板来说，由于横向焊接应力在板件中部较小，所得出的结果误差不大。

除梳状切条法外，还可以用图 17（c）所示的横切窄条来释放内应力。如果内应力不是单轴的，那么在已知主应力方向的情况下可以按照图 17（d）在两个主应力方向粘贴应变片和加工标距孔。按下列公式求内应力

$$\sigma_x = \frac{-E}{1-\mu^2}\ (\varepsilon_x + \mu\varepsilon_y)$$

$$\sigma_y = \frac{-E}{1-\mu^2}\ (\varepsilon_y + \mu\varepsilon_x)$$

式中：ε_x，ε_y——纵向应变和横向应变；

μ——泊松比。

为了充分释放内应力，图 17 中的窄条宽度 L_p 应该尽量小，使 $L_p < b_p$，b_p 为焊缝纵向压缩塑性变形区半宽，或把窄条再切为小块，如图 17（d）所示。本法对薄板构件可以在正反两表面同时测量，消除由于切条翘曲带来的误差，以便获得较精确的结果。但其破坏性大，只适用于在专用试件上测量。

采用机械应变仪（见图 16）时，标距孔可以在焊接前加工（但不应在焊缝熔化区内），在焊前先测定第一次标距 L_{m1}，焊后进行第二次测定 L_{m2}，切割释放后再进行第三次测定 L_{m3}；焊接熔化区以外的残余塑性变形量则可求得：$L_{m1} - L_{m3}$。

（2）小孔法。原理是在应力场中钻小孔，应力的平衡受到破坏，则小孔周围的应力将重新调整；测得孔附近的弹性应变增量，就可以用弹性力学原理来推算出小孔处的残余应力。具体步骤如下：在离钻孔中心一定距离处粘贴几个应变片，应变片之间保持一定角度；然后钻孔，测出各应变片的应变增量读数。图18上共有3个应变片，相间45°。

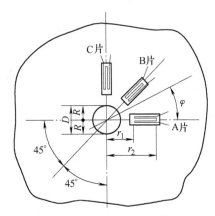

图18　小孔法测内应力[2,13]

小孔处的主应力 σ_1、σ_2 和它的方向 φ 可以按下式推算

$$\sigma_1 = \frac{\varepsilon_A\,(A+B\sin\gamma)\,-\varepsilon_B\,(A-B\cos\gamma)}{2AB\,(\sin\gamma+\cos\gamma)}$$

$$\sigma_2 = \frac{\varepsilon_B\,(A+B\cos\gamma)\,-\varepsilon_A\,(A-B\sin\gamma)}{2AB\,(\sin\gamma+\cos\gamma)}$$

式中：ε_A，ε_B，ε_C——应变片 A、B、C 的应变量；

　　　A，B——应变释放系数

$$A = \frac{(1+\mu)\,R^2}{2Er_1r_2},$$

$$B = -\frac{2R^2}{r_1r_2E} \times \left(1 - \frac{1+\mu}{4} \times \frac{r_1^2+r_1r_2+r_2^2}{r_1^2r_2^2}R\right);$$

　　　γ——参数，$\gamma = -2\varphi = \arctan\left(\dfrac{2\varepsilon_B-\varepsilon_A-\varepsilon_C}{\varepsilon_A-\varepsilon_C}\right)$。

本法在应力释放法中对工件的破坏性最小，可钻 $\phi 1 \sim \phi 3$mm 不通孔，孔深达 $(0.8\sim1.0)$ D 时各应变片的读数即趋于稳定。公式中的参数 A 和 B 应该用实验来标定。小孔法结果的精确性取决于应变片粘贴位置的准确性。孔径越小对相对位置的准确性要求越高。在钻孔时，为防止孔边产生附加的塑性应变，可采用喷砂射流代替钻削。本法亦可用表面涂光弹性薄膜或脆性漆来测定应变，但后者往往是定性的。

近年来，随着激光干涉测量技术在工程中的大量应用，在焊接残余应力测量方面，已将激光斑纹干涉测量方法与计算机图像处理技术相结合，在小孔法中，不再粘贴应变片花，而是在钻小孔前、后，用 CCD 摄像头获取两幅待测点弹性应力场不同的激光反射图像，录入计算机存储器；采用专用计算机软件，对两幅图像形成的干涉斑纹进行处理、分析计算，获得焊接接头或结构件上的残余应力场[37]。

（3）套钻环形槽法。本法采用套料钻加工环形槽来释放应力（见图19）。如果在环形槽内部预先在表面贴上应变片或加工标距孔，则可测出释放后的应变量，换算出内应力。

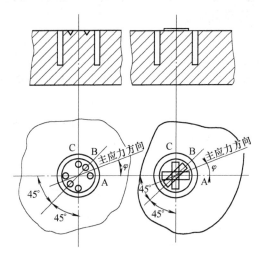

图19　套钻环形槽法测内应力[2,3,11]

下列各式为测得 3 个应变量（ε_A、ε_B、ε_C 互成 45° 角）后，推算主应力和主应力方向的计算公式

$$\sigma_1 = -E\left[\frac{\varepsilon_A + \varepsilon_C}{2(1-\mu)} + \frac{1}{2(1+\mu)} \times \sqrt{(\varepsilon_A - \varepsilon_C)^2 + (2\varepsilon_B - \varepsilon_A - \varepsilon_C)^2}\right]$$

$$\sigma_2 = -E\left[\frac{\varepsilon_A + \varepsilon_C}{2(1-\mu)} - \frac{1}{2(1+\mu)} \times \sqrt{(\varepsilon_A - \varepsilon_C)^2 + (2\varepsilon_B - \varepsilon_A - \varepsilon_C)^2}\right]$$

$$\tan 2\varphi = \frac{2\varepsilon_B - \varepsilon_A - \varepsilon_C}{\varepsilon_A - \varepsilon_C}$$

在一般情况下，环形槽的深度只要达到 $(0.6 \sim 0.8)D$，应力即可基本释放。本法适合于在大型构件的表面进行测量，相对于厚截面来说，其破坏性较小。

（4）逐层铣削法。当具有内应力的物体被铣削一层后，则该物体产生一定的变形。根据变形量的大小，可以推算出被铣削层的应力。这样逐层往下铣削，每铣削一层，测一次变形，根据每次铣削所得的变形差值，就可以算出各层在铣削前的内应力。这里必须注意的是，所算出的内应力还不是原始内应力。因为这样算得的第 n 层内应力，实际上只是已铣削去 $(n-1)$ 层后存在于该层中的内应力。而每切去一层，都要使该层的应力发生一次变化。要求出第 n 层中的原始内应力就必须扣除在它前面 $(n-1)$ 层对该层的影响。从上面的分析可以看出，利用本法测内应力有较大的加工量和计算量。但是本法有一个很大的优点，它可以测定厚度上梯度较大的内应力，例如，经过堆焊的复合钢板中的内应力的分布，可以比较精确地通过铣削层去除后，通过挠度或曲率的变化测量结果，推算出内应力。

（5）轮廓法[14]。轮廓法可以测量构件内部任意截面法线方向的残余应力，相对于其他应力释放方法，测量范围更广，可以获得任意截面法线方向残余应力分布云图，适用于大厚度焊接构件内部残余应力的测量。

轮廓法基本原理如图20所示。采用线切割方法将被测构件切开释放应力，切割面由于构件内部应力释放会产生微小变形，根据此变形轮廓，通过线弹性有限元求解得到整个切割面法线方向的残余应力。

采用轮廓法测量残余应力的操作流程如下：

①将存在初始残余应力的试样切开，使切割面处初始应力释放（A）。

②测量切割面处由于应力释放引起的微小变形，并对数据进行取平均、滤波和平滑处理（B）。

③建立待测试样切割后的线弹性有限元模型，将处理后的变形轮廓作为位移边界条件加载到模型中，采用一次弹性求解便可得到切割面法线方向初始的残余应力的分布（C）。

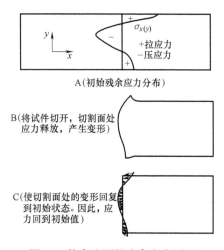

图20　轮廓法测量残余应力原理

（6）深孔法[15]。深孔法是半破坏性测量方法，可以测量结构内部残余应力沿厚度方向的变化规律，其测量深度可达750mm，钢结构的测量精度约为±30MPa。这种方法不能测量厚度小于10mm的结构及深度小于1mm位置处的表面残余应力。

深孔法的基本原理：在被测位置钻一个通孔作为基准（钻孔前在表面贴衬套以消除表面的影响，作为零应力基准），并测量基准孔沿深度分布（间隔为0.2mm）的不同圆心角处的直径；利用电火花空心套料的方法将和基准孔同轴的金属芯套取出来，由于应力释放，基准孔直径会发生变化；在金属芯中心的基准孔内同样深度和圆心角处，再次测量基准孔的直径；根据孔径的变化值，应用弹性理论可以计算得到残余应力沿厚度方向的变化规律。

2.2.2　无损测量法[1]

（1）X射线衍射法。晶体在应力作用下原子间的距离发生变化，其变化量与应力成正比。如果能直接测得晶格尺寸，则可不破坏物体而直接测出内应力的数值。当 X 射线以掠角 θ 入射到晶面上时（见图 21），如能满足公式

$$2d\sin\theta = n\lambda$$

其中，d 为晶面之间的距离，λ 为 X 射线的波长，n 为任一正整数，则 X 射线在反射角方向上将因衍射而加强。根据这一原理可以求出 d 值。用 X 射线以不同角度入射物体表面，则可测出不同方向的 d 值，从而求得表面上的内应力。本法的最大优点是它的非破坏性。但它的缺点是：只能测表面应力；对被测表面要求较高，为避免由局部塑性变形所引起的误差，需用电解抛光去除表层；被测材料晶粒较大、织构严重时会影响到测量的精度；测试所用设备比较昂贵。

（2）电磁测量法。利用磁致伸缩效应测定应力（见图 22）。铁磁物质的特性是当外加磁场强度发生变化时，铁磁物质将伸长或缩短。如用一传感器（有线圈励磁的探头）与铁磁材料物体接触，形成一闭合磁路，当应力变化时，由于铁磁材料物体的伸缩引起磁路中磁通变化，并使传感器线圈的感应电流发生变化，由此可测出应力变化。测试时，先标定出应力与电流或电压的关系曲线，按测得的 I 或 U 值求出应力。此法所用仪器轻巧、简单、价廉，测试方便，是无损测试。但该法只能测铁磁材料；测试区大，不能准确地测试梯度大的残余应力，测试精度和标定方法有待提高和改进，焊接接头组织性能变化的影响较难排除。

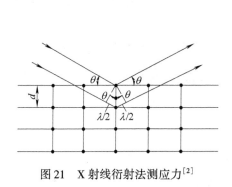

图 21　X 射线衍射法测应力[2]

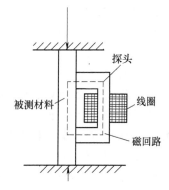

图 22　电磁法测量残余应力的探头（传感器）

（3）超声波测量法。声弹性研究表明，在没有应力作用时，超声波在各向同性的弹性体内的传播速度不同于有应力作用时的传播速度，传播速度的差异与主应力的大小有关。因此，如果能分别测得无应力和有应力作用时弹性体横波和纵波传播速度的变化，就可以求得主应力。本法测定焊接残余应力，不但是无损的，而且有可能用来测定三维的空间残余应力。

（4）其他非接触式测量法。采用中子发生器和同步加速器，测量焊接构件上的残余应力，在实际应用方面具有广阔的发展前景。其基本原理与 X 射线衍射法相似，利用粒子束穿透和被折射所产生的衍射斑纹，获取残余应力分布的信息[38,39]。由于需采用专业化的粒子束发生装置，工程应用有局限性。

2.3　焊接残余应力的作用和影响[16]

焊接残余应力在构件中并非都是有害的。在分析其对结构失效或使用性能可能带来的影响时，应根据不同材料、不同结构设计、不同承载条件和不同运行环境进行具体分析。

2.3.1　对构件承受静载能力的影响

在一般焊接构件中，焊缝区的纵向拉伸残余应力的峰值较高，在某些材料上可接近材料的屈服强度 R_{eL}。当外载工作应力和它的方向一致而相叠加时，在这一区域会发生局部塑性变形，这部分材料丧失继续承受外载的能力，减小了构件的有效承载截面。

图 23 所示为在带有纵向焊缝的矩形板件上，当外载应力 σ 与焊后纵向残余应力 σ_x （曲线 A）方向一致时，不同外载所引起的残余应力场的变化和重新分布。曲线 B 为当外载应力 σ_1 与残余应力相叠加后，在板件上的应力分布。可见，在焊缝附近的应力已趋近于材料的屈服强度（见直线 D）。若外载应力进一步提高为 σ_2（$\sigma_2 > \sigma_1$），板件上的应力分布呈曲线 C 形状，沿板件横截面的中心部位出现 b_s 宽度的拉伸塑性变形区；当外载应力继续增大，则 b_s 宽度逐步扩大，应力分布渐趋均匀，最终板件发生全面屈服，应力分布则为直线 D。此后，在外载荷再增加时，焊接残余应力的作用会消失。

图 23 中曲线 E 为外载应力 σ_2 卸载后的残余应力分布。与曲线 A 相比，曲线 E 显示残余应力场的不均匀性趋于平缓，随着外载应力继续增大，应力分布的均匀化趋势更明显。可见，在塑性良好的构件上，焊接残余应力对承受静载能力没有影响。在塑性差的构件上，一般不出现 b_s 区扩大的现象，而在峰值应力区的应力达到抗拉强度 R_m 后，发生局部破坏，导致构件断裂。

2.3.2　对结构脆性断裂的影响

图 24 所示为碳钢宽板试件（带尖缺口试件和焊接残余应力与尖缺口并存的试件）在不同实验温度下呈现的尖缺口与焊接残余应力对断裂的影响[3]。

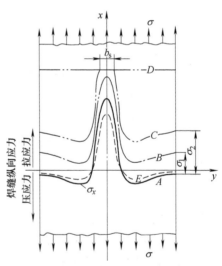

图 23　在外载作用下，板件应力场的变化与
焊接残余应力场的重新分布[1,3]

曲线 A—焊后纵向残余应力 σ_x 沿横截面分布；曲线 B—$\sigma_x + \sigma_1$ 时的应力分布，σ_1 为外载工作应力；曲线 C—$\sigma_x + \sigma_2$ 时的应力分布，$\sigma_2 > \sigma_1$；直线 D—材料的屈服强度或在加载全面屈服时的应力分布；曲线 E—$\sigma = \sigma_2 > \sigma_1$ 加载（曲线 C）并卸载后的残余应力分布；b_s—（$\sigma_x + \sigma_2$）$> R_{eL}$ 时，产生拉伸塑性变形区的宽度

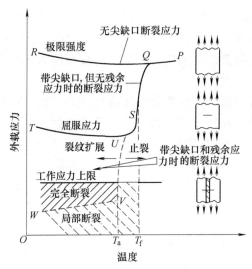

图 24　尖缺口与焊接残余应力对断裂强度的影响[3]

若试件中没有尖缺口，断裂沿曲线 *PQR* 发生，即在材料的极限强度时断裂；试件中有尖缺口，但无焊接残余应力时，断裂沿 *PQST* 发生。当试验温度高于断裂转变温度 T_f，在高应力下发生剪切断裂；而当试验温度低于 T_f，断口形貌呈解理型，断裂应力下降，趋近材料的屈服强度。

在带有焊接残余应力和尖缺口的试件上，断裂应力曲线为 *PQSUVW*；若尖缺口位于残余拉应力的高应力区内，则可能发生不同类型的断裂：

（1）当温度高于 T_f 时，断裂沿极限强度曲线 *PQ* 发生，残余应力对断裂无影响。

（2）当温度低于 T_f，但高于止裂温度 T_a 时，裂纹可能在低应力下萌生，但不扩展。

（3）当温度低于 T_a 时，由于断裂产生时的应力水平不同，可能有以下两种情况：①若应力低于临界值 *VW* 线，裂纹扩展很短，随即停止再扩展；②当应力高于临界值 *VW* 线，将发生完全断裂。

在实际构件中，当高强度结构钢的韧性较低时，在焊接接头处的缺陷（裂纹、未焊透）会导致结构的低应力脆性断裂，在断裂评定中必须考虑拉伸残余应力与工作应力共同作用的影响，应引入应力强度修正系数。若裂纹尖端处于焊接残余拉应力范围内，则缺陷尖端的应力强度增大，裂纹趋向于扩展，直至裂纹尖端越出残余拉应力场范围。随后，裂纹有可能停止扩展或继续扩展，这将取决于裂纹长度、应力强度和结构运行的环境温度。焊接残余应力只分布于局部区域，对断裂的影响也局限于这一范围。

对于由高强结构钢或超高强钢材制成的焊接结构，一般都进行焊后热处理。这种热处理除调质作用外，还可以把焊接接头中的峰值拉伸残余应力降低到 0.3 ~ 0.5 倍材料屈服强度的水平，但不能完全消除。通常，由相应的使用法规（如压力容器法规）给出对热处理的技术要求。

2.3.3　对疲劳强度的影响

焊接拉伸残余应力阻碍裂纹闭合，它在疲劳载荷中提高了应力平均值和应力循环特征，从而加剧了应力循环损伤。当焊缝区的拉应力使应力循环的平均值增高时，疲劳强度会降低。焊接接头是应力集中区，残余拉应力对疲劳的不利影响也会更明显。在工作应力作用下，在疲劳载荷的应力循环中，残余应力的峰值有可能降低，循环次数越多，降低的幅度也越大。

提高焊接结构的疲劳强度不仅要着手于降低残余应力，而且应减小焊接接头区的应力集中，避免接头区的几何不完整性和力学不连续性，如去除焊缝余高和咬边，使表面平滑。在重要承力结构件的疲劳设计和评定中，对于有高拉伸残余应力的部位，应引入有效应力比值，而不能仅考虑实际工作应力比值。

焊接构件中的压缩残余应力可以降低应力比值并使裂纹闭合，从而延缓或中止疲劳裂纹的扩展。可采用不同的工艺措施，利用压缩残余应力，改善焊接结构抗疲劳性能，如点状加热、局部锤击或超载处理等。

采用相变温度低的焊接材料，在焊缝中会形成压缩残余应力[17]。如图 25（a）所示，焊接结构钢时，若采用常规的 600MPa 级的焊接材料，其马氏体转变温度一般在 600℃左右；而改用 800MPa 级的焊接材料，则由铁素体开始向马氏体转变的温度可降低到 200℃左右。当相变过程在室温下完成后，由于相变发生的体积膨胀，在焊缝区产生了压应力，冷却时的焊缝收缩量也会减小。图 25（b）显示，新的焊接材料在焊缝区引起残余压应力，能提高焊件的疲劳强度。

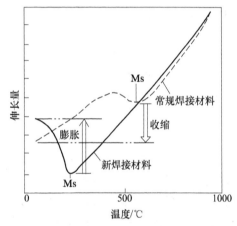
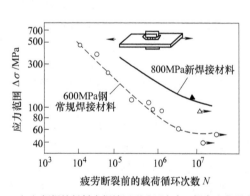

（a）新焊接材料与常规焊接材料的对比，Ms 温度降低　　（b）新焊接材料在焊缝区形成压应力，提高疲劳强度

图 25　采用相变温度低的结构钢焊接新材料可以提高疲劳强度[17]

2.3.4　对结构刚度的影响

当外载的工作应力为拉应力时，与焊缝中的峰值拉应力相叠加，会发生局部屈服；在随后的卸载过程中，构件的回弹量小于加载时的变形量，构件卸载后不能回复到初始尺寸。尤其在焊接梁形构件上，这种现象会降低结构的刚度。若随后的重复加载均小于第一次加载，则不再发生新的残余变形。在对尺寸精度要求较高的重要焊接结构上，这种影响不容忽视。但若构件本身的刚度较小（如薄壳构件），且材料具有较好的

韧性，随着加载水平的提高，这种影响趋于减小。

当结构承受压缩外载时，由于焊接内应力中的压应力成分一般低于 R_{eL}，外载应力与它的和未达到 R_{eL}，结构在弹性范围内工作，不会出现有效截面面积减小的现象。

当结构受弯曲时，内应力对刚度的影响与焊缝的位置有关，焊缝所在部位的弯曲应力越大，则其影响也越大。

结构上有纵向和横向焊缝时（如工字梁上的肋板焊缝），或经过火焰矫正，都可能在相当大的截面上产生拉应力，虽然在构件长度上的分布范围并不太大，但是它们对刚度仍有较大的影响。特别是采用大量火焰矫正后的焊接梁，在加载时刚度和卸载时的回弹量可能有较明显的下降，对于尺寸精确度和稳定性要求较高的结构是不容忽视的。不推荐对承载梁采用火焰矫正。

2.3.5　对受压杆件稳定性的影响[1]

当外载引起的压应力与焊接残余压应力叠加之和达到 R_{eL}，这部分截面就丧失进一步承受外载的能力，削弱了杆件的有效截面面积，并改变了有效截面面积的分布，使稳定性有所改变。内应力对受压杆件稳定性的影响大小，与内应力场的分布有关。

图 26 所示为 H 形焊接杆件的内应力分布。图 27 为箱形焊接杆件的内应力分布。

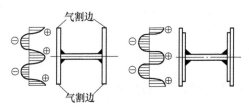

图 26　带气割边及带盖板的焊接杆件的内应力

在 H 形杆件中，如果翼板是用气割加工的，或者翼板由几块叠焊起来，则可能在翼板边缘产生拉伸内应力，其失稳临界应力 σ_{cr} 比一般的焊接 H 形截面高。杆件内应力影响的大小与截面形状有关，对于箱形截面的杆件，内应力的影响比 H 形小，如图 28 所示。内应力的影响只在杆件一定的长细比 λ 范围内起作用。当杆件的 λ 较大，杆件的临界应力比较低，若内应力的数值也较低，外载应力与内应力之和未达到 R_{eL}，杆件就会失稳，则内应力对杆件稳定性不产生影

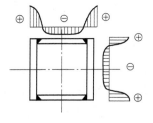

图 27　焊接箱形
杆件的内应力分布[1]

响，如图 28 中 EB 段欧拉曲线所示。此外，当杆件的 λ 较小，若相对偏心 r 不大，其临界应力主要取决于杆件的全面屈服，内应力也不致产生影响，见图 28 中 CD 段。在设计受压的焊接杆件时，往往采用修正折减系数的办法来考虑内应力对稳定性的影响。在图 28 中，给出几种用不同方法制造的截面受压构件的相对失稳临界应力 σ_{cr} 与长细比 λ 的关系，图中横坐标为 λ，$\lambda = L/r$（L 为杆长，r 为偏心距）；纵坐标为 σ'_{cr}，$\sigma'_{cr} = \sigma_{cr}/R_{eL}$。从该图可以看出，消除了残余应力的杆件和由气割板件焊成的杆件（曲线

CDB 段）具有比轧制板件直接制成的杆件（曲线 *AB* 段）更高的相对失稳临界应力。也就是说，由气割板件焊接而成的杆件的稳定性与整体热轧而成的型材杆件的稳定性相当。

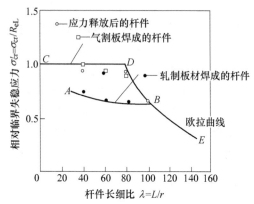

图 28　残余应力对焊接杆件受压失稳强度的影响[3]

2.3.6　对应力腐蚀的影响

一些焊接构件工作在有腐蚀介质的环境中，尽管外载的工作应力不一定很高，但焊接残余拉应力本身就会引起应力腐蚀开裂。这是在拉应力与化学反应共同作用下发生的，残余应力与工作应力叠加后的拉应力值越高，应力腐蚀开裂的时间越短。为提高构件的抗应力腐蚀性能，宜选用对特定的环境和工作介质具有良好的抗腐蚀性材料，或对焊接构件进行消除残余应力的处理。

2.3.7　对构件精度和尺寸稳定性的影响

为保证构件的设计技术条件和装配精度，对复杂焊接件在焊后要进行机械加工。切削加工把一部分材料从构件上去除，使截面面积相应改变，所释放掉的残余应力使构件中原有的残余应力场失去平衡而重新分布，引起构件变形。这类变形只是当工件完成切削加工从夹具中松开后才能显示出来，影响构件精度。例如，图 29（a）中的焊接构件上加工底座平面，引起工件的挠曲，影响构件底座的结合面精度；又如图 29（b）的齿轮箱上有几个需要加工的轴承孔，加工第二个轴承孔时必然影响另一个已加工好的轴承孔的精度，以及两孔中心距的精度。

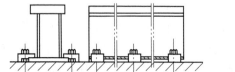

（a）应力释放的挠曲变形影响底座平面的精度　　（b）两个轴承孔加工互相影响精度

图 29　机械加工引起内应力释放和变形[1]

组织稳定的低碳钢及奥氏体钢焊接结构在室温下的应力松弛微弱，因此内应力随时间的变化较小，焊件尺寸比较稳定。低碳钢在室温下长期存放，峰值的原始应力可能松弛 2.5% ~3%；如原始应力较低，则松弛的比值将有所减少；若环境温度升高至 100℃，松弛的比值将成倍增加。

焊后产生不稳定组织的材料，如 20CrMnSi、20Cr13、12CrMo 等钢材和高强铝合金，由于不稳定组织随时间而转变，内应力变化也较大，焊件尺寸稳定性较差。

2.4　焊接残余应力在构件中的典型分布规律

焊接结构形式有很多，其中采用熔焊方法完成的中厚和薄壁构件典型焊接接头形式如图 30 所示。这些构件中的焊接残余应力场分布各异，但大多为双向应力，即平面应力状态，如轴对称的平面应力分布的典型实例即为图 8（d）中的点状加热残余应力分布。在厚度方向的残余应力很小；只是在大型结构厚截面焊缝中，在厚度方向的残余应力才有较高的数值。

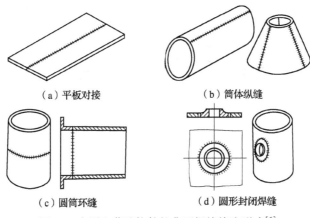

（a）平板对接　　　　　　　　　（b）筒体纵缝

（c）圆筒环缝　　　　　　　　　（d）圆形封闭焊缝

图 30　中厚和薄壁构件的典型焊接接头形式[6]

2.4.1　平板对接直线焊缝[6]

（1）纵向残余应力的分布规律。平板对接直线焊缝所引起的残余应力在 x、y 方向上的分布示意见图 31（a）。在一般钢材上，σ_x 的峰值在焊缝中心线上，可接近材料的屈服强度 R_{eL}，而 σ_y 的数值较小。图 31（b）给出的是在不同尺寸 TC1 钛板（厚度 1.5mm）上直接测得的 σ_x 数值及其分布规律。

在图 32 上给出了不同材料薄板件（厚 1.5mm）氩弧焊后的残余应力 σ_x 的分布实测结果。图 32（a）所示曲线 1 为铁基高温合金 GH2132 + GH2132（相当于美国 A286，Cr15Ni25Ti2Mn2Si）接头中的残余应力，不加填充焊丝；曲线 2 为铁基高温合金 GH1140 + GH1140（Cr22Ni37Mo2WTi）接头，不加焊丝；曲线 3 为 GH2132 + GH2132 接头加入 Ni 基 HGH3113 焊丝（Ni－15Cr－3W－15Mo 合金，相当于美国的 Hastel-loyC）。图 32（b）所示为异种高温材料接头（GH2132 + GH1140）添加 HGH3113 焊丝后的残余应力 σ_x 分布，曲线 1 为在固溶状态下焊接，焊后未热处理；曲线 2 为在焊后进行固溶＋时效热处理后的结果。在图 32（c）上把不同材料焊缝中心残余拉应力峰值

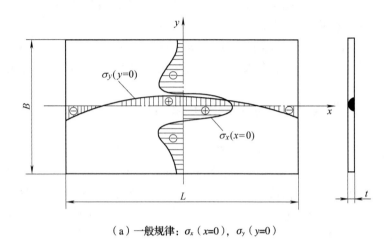

（a）一般规律：$\sigma_x\,(x=0)$，$\sigma_y\,(y=0)$

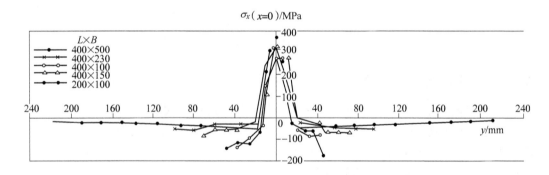

（b）实测结果：σ_x 沿 $y=0$ 焊缝中心线的分布和 σ_x 沿 $x=0$ 横截面的分布

图31　平板对接焊缝引起的残余应力场[6,36]

σ_x 与材料的屈服强度进行对比。在低碳钢和不锈钢上残余应力峰值均接近 R_{eL}，而在铝合金和钛合金上一般低于 R_{eL}。在大多数钛合金焊缝中的拉应力峰值仅为 R_{eL} 的 50% ~ 70%。

（2）横向残余应力的分布规律。平板对接焊缝中横向（垂直于焊缝方向）残余应力 σ_y 的分布情况与前面所述的 σ_x 的分布规律不同。

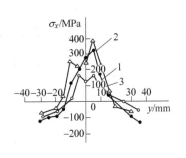

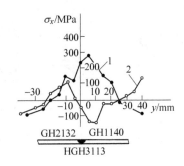

（a）不同材料氩弧焊后焊接残余应力场　　　（b）不同材料氩弧焊后焊接残余应力场

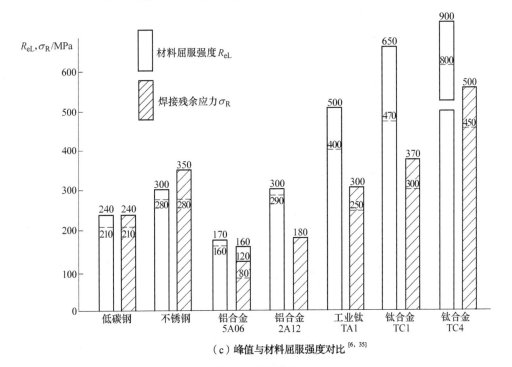

（c）峰值与材料屈服强度对比[6, 35]

图 32　实测结果

σ_y 是由焊缝及其附近塑性变形区的纵向收缩所引起的 σ_y' 和焊缝及其附近塑性变形区横向收缩的不同时所引起的 σ_y'' 合成。

平板对接时，通常焊缝中心截面上的 σ_y' 在两端为压应力，中间为拉应力。σ_y' 的数值与板的尺寸有关，如图 33 所示。

平板对接焊中的横向应力分布规律还与焊接速度有关。当长板对接时，速度很慢，在焊缝端头会产生高值的横向拉伸残余应力，而在焊缝中部为压应力。也就是说，应力分布图形的正、负符号与短板快速焊时图 33 的符号相反，由此可能引发焊缝端部的裂纹[9]。

σ_y'' 的分布与焊接方向和顺序有关（见图 34），图中箭头为焊接方向。σ_y 为 σ_y' 及 σ_y'' 两者的综合。图 35 为两块 25mm×910mm×1000mm 板双面焊接后的 σ_y 分布。自动焊

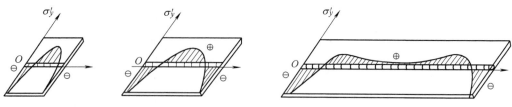

图 33　不同长度平板对接时 σ'_y 的分布规律

与手工氩弧焊的 σ_y 分布基本相同。分段焊法的 σ_y 有多次正负反复，拉应力峰值往往高于直通焊。

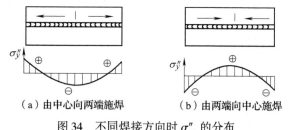

（a）由中心向两端施焊　　　　（b）由两端向中心施焊

图 34　不同焊接方向时 σ''_y 的分布

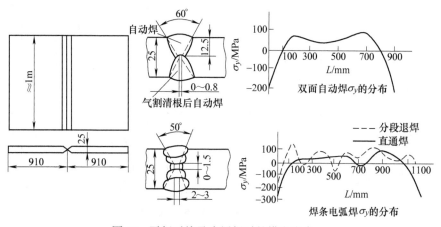

图 35　平板对接及多层焊时的横向应力 σ_y

（3）板件对接焊 σ_x 与 σ_y 的数值分析举例[40,41]。图 36 所示为 500mm × 500mm 板件焊接后的残余应力场数值分析结果。图 36（a）为在板件上焊后纵向残余应力 σ_x 分布全貌的三维图示；图 36（b）为在板件上焊后横向残余应力 σ_y 分布全貌的三维图示。采用正确的数学物理模型和有限元数值计算方法，可以定量地给出焊接应力场全貌。

（4）厚板对接焊缝中的残余应力。厚板焊接接头中除纵向和横向残余应力外，还存在较大的厚度方向残余应力 σ_z。它们在厚度上的分布不均匀，分布状况与焊接工艺方法密切相关。

图 37 为 80mm 低碳钢厚板 V 形坡口多层焊示意。图 38 为沿厚度方向上的三向内应力分布。σ_y 在焊缝根部大大超过屈服强度，这是由于每焊一层，产生一次角变形，

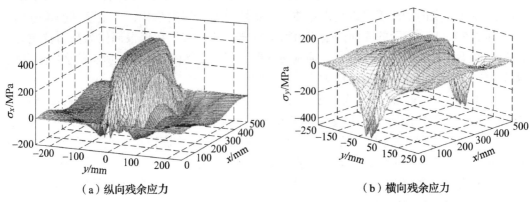

（a）纵向残余应力　　　　　　　　　　（b）横向残余应力

图 36　平板对接焊缝残余应力的分布（三维图示，数值分析结果）[40,41]

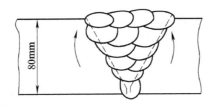

图 37　厚度为 80mm 厚钢板多层对接焊

如图 37 中坡口两侧箭头所示。在根部多次拉伸塑性变形的积累造成应变硬化，使应力不断升高。严重时，甚至因塑性耗竭，导致焊缝根部开裂。如果焊接时，限制焊缝的角变形，则根部可能出现压应力。σ_y 的平均值与测量点在焊缝长度上的位置有关，但其值在表面大于在中心的分布趋势是相似的。

（a）σ_z 在厚度上的分布　　　（b）σ_x 在厚度上的分布　　　（c）σ_y 在厚度上的分布

图 38　厚板 V 形坡口多层焊中沿厚度上的内应力分布

厚板对接多层焊缝中的横向残余应力分布规律是由图 39（a）所示的模型决定的[11]。随着坡口中填充层数的增加，横向收缩应力 σ_y 也随之沿 z 轴向上移动，并在已

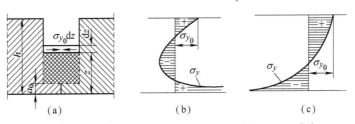

（a）　　　　　　　　　（b）　　　　　　　　　（c）

图 39　厚板多层焊时横向残余应力分布的计算模型[11]

填充的坡口的纵截面上引起薄膜应力及弯曲应力。若厚板底部支座允许自由角变形，即板边在无拘束的情况下可以自由弯曲，随着坡口填充层的累积，产生急剧的角收缩，导致如图39（b）所示的横向残余应力沿板厚方向的分布，在焊根部位为高值拉应力。相反，如果厚板底部为刚性固定，抑制角变形，则发生如图39（c）所示的横向残余应力分布，在焊缝根部为高值压应力。

图40所示为50mm厚结构钢板多层（20层）窄间隙焊的有限元数值分析残余应力分布规律[9]。在横截面模型下边缘支座可归结为自由弯曲支座和刚性支座两种。从图40（a）可见，刚性支座抑制角变形，增大了纵向残余应力高值沿垂直于焊缝方向 y 轴的分布区域；图40（b）为横向残余应力沿板厚方向的分布情况。在刚性支座条件下，在底面的横向残余应力为压应力；当支座允许自由弯曲时，有角变形发生，则在底面的横向残余应力为拉应力。

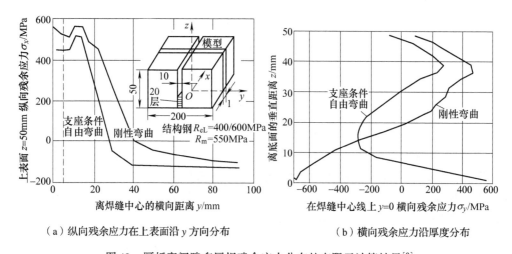

（a）纵向残余应力在上表面沿 y 方向分布 （b）横向残余应力沿厚度分布

图40 厚板窄间隙多层焊残余应力分布的有限元计算结果[9]

图41为240mm厚电渣焊缝中心的应力分布。σ_z 为拉应力，在厚度中心最大，达到180MPa。σ_x 和 σ_y 的数值也以厚度中心部位为最大，焊缝中心出现三轴拉应力。σ_y 随板厚的增加而增加。与此相反，在多层焊时，焊缝表面上的 σ_x 和 σ_y 比中心部位大。σ_z 的数值较小，可能为压应力，也可能为拉应力。

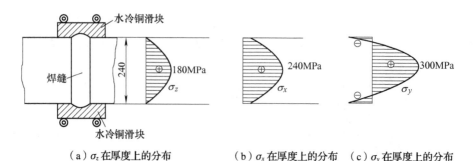

（a）σ_z 在厚度上的分布   （b）σ_x 在厚度上的分布 （c）σ_y 在厚度上的分布

图41 厚板电渣焊中沿厚度上的内应力分布[2]

（5）在拘束状态下焊接残余应力。与自由状态不同，如图 42 中间杆件对接焊缝的横向收缩因受到框架的阻碍，将出现附加的横向应力 σ_f，这部分应力并不在中间杆件内部平衡，而在整个框架上平衡，故也称之为反作用内应力。反作用内应力 σ_f 与 σ_y 相叠加形成一个以拉应力为主的横向内应力场，见图 42 右侧 $\sigma_y + \sigma_f$ 沿焊缝长度分布图形。

（6）相变应力对平板对接残余应力的影响。焊接高强度钢时，热影响区和焊缝金属（如果采用化学成分与母材相似的焊缝金属）中发生奥氏体转变为马氏体的相变，质量体积增大。由于相变温度较低，此时材料已处于弹性状态，焊件中将出现相变应力 σ_{mx}，与 σ_x 相叠加后，在相变区的残余应力可能为压应力。

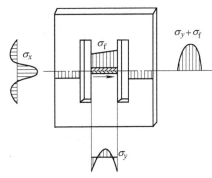

图 42 拘束状态下的焊接内应力

图 43 为焊接相变对残余应力分布的影响。相变时的体积膨胀不仅在长度方向可以引起纵向压缩相变应力 σ_{mx}，如图 43（a）、图 43（b）所示，还可以在厚度方向引起压缩相变应力 σ_{mz}。这两个方向的相变膨胀，可以在某些部位引起相当大的横向拉伸相变应力 σ_{my}，如图 43（c）、图 43（d）所示。这些相变应力是产生冷裂纹的因素之一。

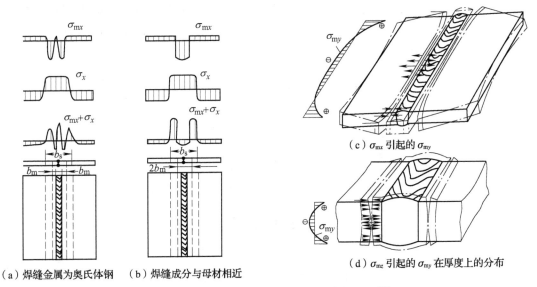

（a）焊缝金属为奥氏体钢 （b）焊缝成分与母材相近

（c）σ_{mx} 引起的 σ_{my}

（d）σ_{mz} 引起的 σ_{my} 在厚度上的分布

图 43 高强钢焊接相变对残余应力分布的影响[2]

b_m—相变区的宽度；b_s—塑性变形区宽度

（7）搅拌摩擦焊对接接头中的残余应力。搅拌摩擦焊属固态连接，焊缝在材料处于固态塑性流变状态下形成，因此，接头中的残余应力分布，虽与熔焊时有相似之处，也有许多不同，因为焊缝及其热影响区均未熔化或经受更高温度的热循环。图 44（a）

所示为铝合金（5083-H321）板件（190mm×148mm×6mm）搅拌摩擦焊接头区的纵向残余应力分布[42]。在不同的焊接参数（搅拌头直径、转速与焊速）条件下的分布规律大体相近，但数值大小有差异。焊接接头中的横向残余应力值较低，但沿厚度方向的分布有差别。这些规律与在接头中的金属流变和热循环过程有关。图44（b）为钛合金（Ti6Al4V）板件搅拌摩擦焊接头中的残余应力分布[43]、图44（c）为不锈钢（304L）板件（305mm×204mm×3.17mm）搅拌摩擦焊接头中的残余应力分布[44]。可见，在钛合金、不锈钢搅拌摩擦焊接头中的残余应力分布与熔焊接头中的规律大体相当。

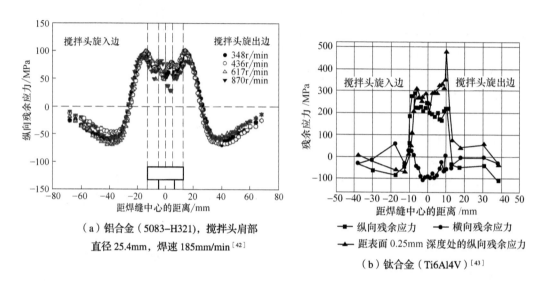

（a）铝合金（5083-H321），搅拌头肩部
直径25.4mm，焊速185mm/min[42]

（b）钛合金（Ti6Al4V）[43]

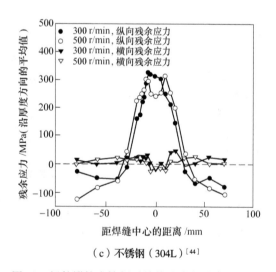

（c）不锈钢（304L）[44]

图44　板件搅拌摩擦焊对接接头中的残余应力分布

2.4.2 梁、柱焊接构件中的残余应力

图 45 为在焊接 T 形构件横截面上，沿构件轴线方向的残余应力分布图，在焊缝区有高值拉应力，在翼板两边为与焊缝区拉应力相平衡的压应力。在腹板的上部边缘出现了拉应力，这是由于焊缝在轴线方向的收缩力与 T 形构件截面面积上的偏心距在长度方向上产生弯矩，弯矩的方向取决于 T 形构件的几何形状，在如图 45 所示的 T 形构件中，弯矩使腹板上部受拉，所看到的残余应力分布图是焊缝收缩拉应力、弯矩应力的总和。在完成两条焊缝，后翼板也会发生如图 45 中箭头所示的角变形。

低碳钢焊接工字梁中的纵向残余应力分布已在图 26 中给出，除在翼板中的残余应力场外，在腹板的中心部位，压应力的数值也较高。

在焊接箱形杆件中的残余应力分布规律也已在图 27 中给出。

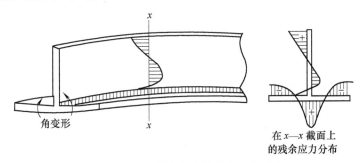

图 45 T 形焊接构件中的残余应力分布

2.4.3 圆筒体纵向焊缝、环向焊缝中的残余应力[3,36]

（1）圆筒纵向焊缝（简称纵缝）。纵缝在圆筒或圆锥形壳体（见图 30（b））上引起的 σ_x 与 σ_θ 沿轴线 x 方向（焊缝方向）的分布类似于平板对接时的情况，只是壳体刚性与平板不同，在测量残余应力时应考虑初始面外失稳变形的影响。图 46 为在 TC1钛合金圆筒（ϕ190mm，厚 1.5mm，长 360mm）上的实测结果。

图 47 中给出了 σ_x 沿圆周长度上的分布规律。为了计算分析，可以在已知焊缝区不协调应变（初始应变）大小及分布区宽度的条件下，简化为圆柱形筒体的弹性力学问题，求解 σ_x 在圆周长度方向的分布，在图 46 中理论计算值用虚线给出。在焊缝以外的测试结果还显示了筒体冷辊弯成形时造成的弯曲应力在内外表面上的差别。

（2）圆筒环形焊缝[6,36]（简称环缝）。环缝在圆筒上（见图 30（c））引起的残余应力大小及其分布与筒体材料及刚性有关。沿圆周方向平行于环缝的应力 σ_θ 在母线方向的分布以及垂直于环缝方向的应力 σ_x 沿 x 向和在圆周长度上的分布实测结果示于图 48，筒体材料为 TC1 钛合金（ϕ190mm，厚 1.5mm，长 360mm）。

实测结果与理论分析计算结果均表明，在环缝中的 σ_θ 值小于平板对接焊缝中的相应数值。这是因为在圆筒体上，焊缝处发生了壳体径向弹性收缩变形（由焊缝长度的缩短所致），从而使一部分应力释放。径向收缩变形在环缝两侧的母线上产生了弯曲应力 σ_x，如图 48（c）所示，一般在内外表面上的 σ_x 分布是对称的。在内外表面

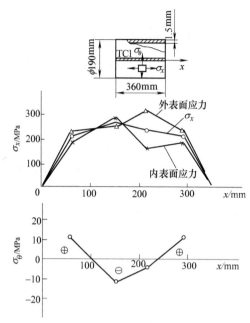

图 46　圆筒纵缝引起的残余应力 σ_x、σ_θ 沿轴线的分布[6,36]

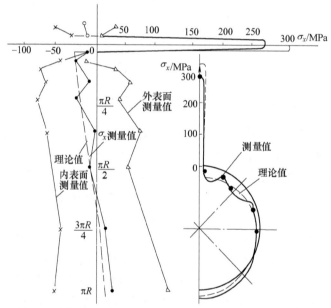

图 47　圆筒纵缝引起的 σ_x 沿圆周展开长度方向的分布[6,36]

上测得的 σ_θ 和 σ_x 的差值反映了在圆筒上 θ 向和 x 向的弯矩的大小。当圆筒壁较薄，直径较小时，在焊缝中心的 σ_θ 可以小到忽略不计的程度，在一定条件下甚至变为负值（压应力）。若在筒体上有纵缝与环缝交叉，则 σ_x 沿纵向焊缝中心线方向的分布如图 49 所示，这是由纵缝和环缝应力相叠加的结果，且先焊纵缝，后焊环缝。

　　图 50 为理论分析计算模型，用以求解环缝所引起的圆筒壳体变形挠曲度 W 与残余应力 σ_θ 和 σ_x 随筒体几何参数和焊缝附近不协调应变（初始应变）量的变化规律[18,36]。

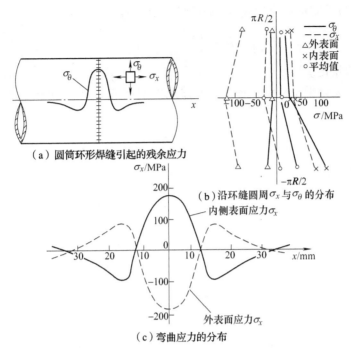

（a）圆筒环形焊缝引起的残余应力

（b）沿环缝圆周 σ_x 与 σ_θ 的分布

（c）弯曲应力的分布

图 48　圆筒环形焊缝引起的残余应力场及弯曲应力[6,36]

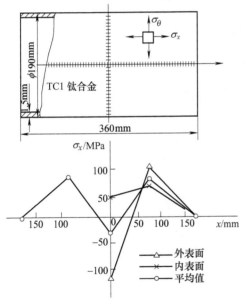

图 49　圆筒纵缝与环缝交叉沿纵缝
方向 σ_x 的分布[6,36]

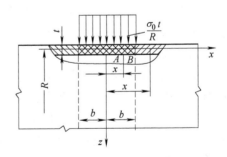

图 50　环缝收缩力的近似等效径向负载
均布于不协调应变区 $2b$ 宽度上[18,36]

图 51 为在无量纲坐标中，焊缝中心线上的挠曲变形量 W_{max} 与筒体参数 b、β 值的函数关系

$$W_{max} = \frac{\sigma_0 R}{E}(1 - e^{\beta b}\cos\beta b)$$

式中：σ_0——与等效初始应变 ε_0 相对应的初始应力。

$$\beta = \left[3\frac{(1-\mu^2)}{t^2 R^2}\right]^{1/4}$$

式中：μ——泊松比。

图 52 为在无量纲坐标中，焊缝中心线上的双向应力 $\sigma'_{\theta max}$ 和 $\sigma_{x max}$ 与简体参数 b、β 值的函数关系。

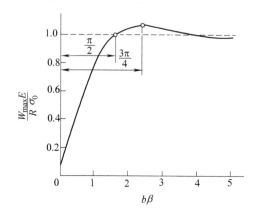

图 51　在无量纲坐标中环缝引起的挠度
与简体参数的关系[18,36]

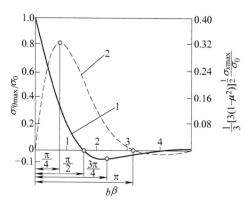

图 52　在无量纲坐标中，双向残余应力 $\sigma'_{\theta max}$
和 $\sigma_{x max}$ 与简体参数的关系[18,36]

$\sigma'_{\theta max}/\sigma_0$ 与 $b\beta$ 的函数关系见图 52 中实线所给出的曲线 1

$$\frac{\sigma'_{\theta max}}{\sigma_0} = e^{-\beta b}\cos\beta b$$

$\sigma_{x max}/\sigma_0$ 与 $b\beta$ 的函数关系见图 52 中虚线所表示的曲线 2

$$\frac{\sigma_{x max}}{\sigma_0} = e^{-\beta b}\sin\beta b \times \frac{3}{\sqrt{3(1-\mu^2)}}$$

在量纲为 1 的坐标系中所建立的函数关系曲线，能简捷、直观地求得由环缝引起的挠曲 W 和 σ_θ、σ_x 与圆筒体几何参数（壁厚 t、半径 R）和材料特性（E、μ、$\sigma_0 \approx \sigma_s$）以及焊缝附近塑性变形区宽度（$2b$ 值）之间的定量关系。

在实际工程应用中，不同的焊接热源在不同材料上，引起的焊缝塑性变形区宽度（$2b$）也有差异。图 53 所示为采用不同焊接方法，在低碳钢材料的不同厚度 t 上，b/t 相对参量变化的关系曲线。已知材料厚度 t 和焊接方法（电弧焊、电子束焊或气焊）后，即可求得 b 值。

图 54 所示为结构钢半球壳（$R = 304.5\text{mm}$，厚 8.4mm）与圆筒（$R = 299.6\text{mm}$，厚 9.5mm）对接环缝引起的 σ_θ 和 σ_x 分布，对比了壳体内、

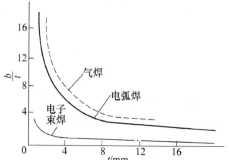

图 53　低碳钢焊缝塑性变形区半宽
b 值与板材厚度 t 的关系[18]

外侧表面上实测结果和理论计算结果[19]，图中 σ_x 用实线示出，σ_θ 用虚线示出。

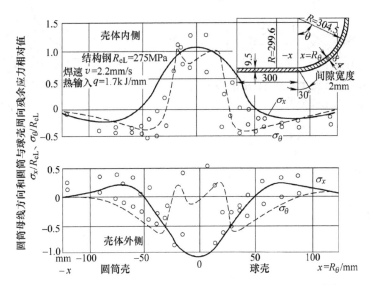

图 54　半球壳与圆筒对接环缝引起的 σ_θ 和 σ_x 分布规律[19]

2.4.4　圆形封闭焊缝中的残余应力[6]

圆形封闭焊缝多用于壳体构件上接管、镶块和安装座（法兰盘）的连接。在图 55 中给出的是由圆形封闭焊缝引起的径向残余应力 σ_r 和切向残余应力 σ_θ 沿直径方向分布的实例：TC1 钛合金板件厚 1mm，圆形封闭焊缝直径为 100mm，安装座厚度为 4mm。残余应力值的大小和分布规律与镶入体本身的刚度和圆形封闭焊缝的半径 R 有直接关系。如图 56（a）所示，当 R 趋于 0 时，则为点状加热和氩弧点焊时的残余应力场；随着 R 的增大，残余应力场相应变化，见图 56 中（b）与（c）所示，其中 $R_2 > R_1$；当 R 甚大时，可视为 $R \to \infty$，则圆形封闭焊缝趋向于直线焊缝，此时，σ_θ 则变为沿焊缝方向的纵向应力分布，σ_r 则是垂直于焊缝方向的横向应力分布。

2.4.5　表面堆焊引起的残余应力

在压力容器制造中，结构钢表面多采用耐腐蚀堆焊层。此外，在一些构件上也常堆焊一些具有特殊性能（如耐磨损、抗气蚀）堆焊层。堆焊层与基体材料性能相差比较悬殊，焊后及热处理后的残余应力分布情况有别于常规状态。图 57 为在 86mm 厚低合金结构钢上用带极埋弧堆焊两层高 Cr - Ni 钢后和热处理后在堆焊层及附近基材中的纵向和横向残余应力分布图[1]，从图中可以看出 600℃×12h 焊后退火并不能降低堆焊层中的残余应力。

图 58 为在结构钢厚板表层堆焊后所形成的三向残余应力 σ_x、σ_y、σ_z，沿板厚方向 z 轴的分布规律和基于体元的三维有限元计算结果[20]。在热影响区和熔化区（堆焊层）附近有三向残余拉应力产生。

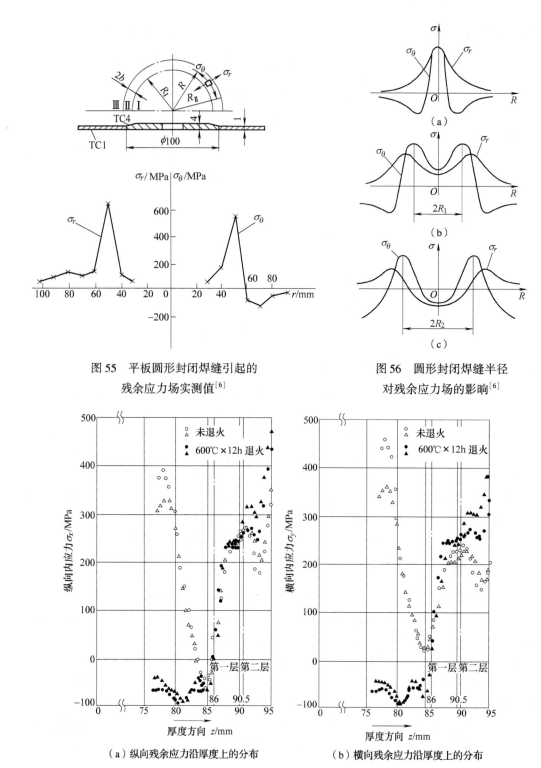

图 55 平板圆形封闭焊缝引起的
残余应力场实测值[6]

图 56 圆形封闭焊缝半径
对残余应力场的影响[6]

（a）纵向残余应力沿厚度上的分布

（b）横向残余应力沿厚度上的分布

图 57 在 86mm 厚的 22NiCrMo 低合金结构钢上堆焊两层 4.5mm 厚的高 Cr‑Ni 钢，
第一层为 Cr24Ni13，第二层为 Cr21Ni10，在 600℃、12h 退火后的残余应力分布[1]

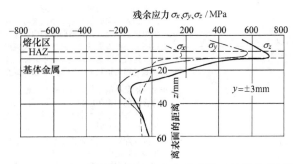

图 58 厚板表层堆焊三维残余应力的有限元计算结果[20]

2.4.6 异种材料接头中的残余应力

无论是在异种金属材料之间的焊接接头中，还是在金属与非金属材料（陶瓷），或金属与金属基复合材料之间的连接接头（熔焊、钎焊、扩散焊或其他固态焊接方法所形成的接头）中，残余应力或热应力总是制约接头在使用中可靠性的主要因素。异种材料在接头两侧的热物理特性，尤其是热膨胀系数和力学特性的差别直接影响残余应力的生成以及在构件使用中热应力场的反复作用。应优选在室温和构件工作温度区间接头两侧热膨胀系数比较接近的材料相匹配。

在接头两侧材料的热膨胀系数相差悬殊的情况下，在钎焊接头中，钎焊料及其厚度的选取对接头中的残余应力影响极大；也可选用在两种材料之间镶焊入一段过渡中间层或梯度材料的接头设计，这段材料两个端头的性能与各端相焊接的原材料的特性相近，可以避免在焊接接头处产生突变的残余应力场（热应力或残余应力的集中）。

在异种材料的连接接头中，有时必须采用第三种金属作为填充材料，在这类接头中的残余应力用热处理方法不能全部消除，如图 57 和图 32（b）所示。

2.5 控制、调节与消除焊接残余应力

2.5.1 控制焊接残余应力方法分类

如图 59 所示，在结构设计阶段就应考虑可能采取的办法，来减小焊接残余应力。在焊接过程中，也有相应的工艺措施，可以调节和控制焊接应力的产生和发展过程。焊后降低或消除应力的方法可以分为利用机械力或冲击能的方法以及热处理方法两类。

2.5.2 消除焊接残余应力的必要性

在焊件中消除残余应力是否必要，应从结构的用途、焊缝横截面尺寸（特别是厚度）、所用材料的性能以及工作条件等方面综合考虑决定。在论证必要性时，除了进行科学实验外，还应认真总结同类型结构在使用中的经验和教训。下列情况应考虑焊后消除内应力：

（1）在工作、运输、安装或启动时可能会遇到低温，有发生脆性断裂危险的厚截面复杂结构。

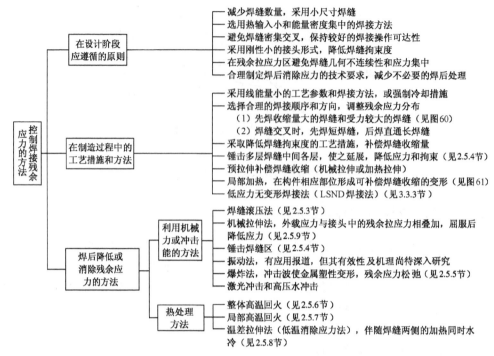

图 59　控制焊接残余应力方法的分类

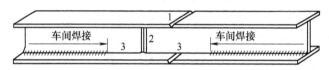

图 60　按受力大小确定焊接顺序，使翼缘焊缝内有压应力，提高构件疲劳寿命

1—先焊受力最大翼缘对接焊缝；2—随后再焊腹板对接焊缝；3—最后焊翼缘预留的角焊缝

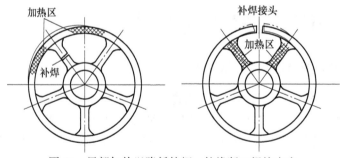

图 61　局部加热以降低轮辐、轮缘断口焊接应力

（2）厚度超过一定限度的焊接压力容器（重要结构，如锅炉、化工压力容器，有专门法规予以规定）。

（3）焊后机械加工面较多，加工量较大，不消除残余应力，不能保证加工精度的结构。

（4）尺寸精度和刚度要求高的结构，如精密仪器和量具的座架、机床床身、减速箱等在长期使用中或因不稳定组织的转变或因运转和运输中的振动致使内应力部分松弛，不能保持尺寸精度者。

（5）有应力腐蚀危险又不能采取有效保护措施的结构

一般地，在薄壁构件和中厚板结构中焊接残余应力多为二维平面应力状态，若材料具有较好的塑性、韧性，考虑消除残余应力的必要性时，还应注意到工序周期、制造成本的增加，尽量减少焊后附加的消除应力处理工作量。

对于重型结构中的厚截面焊接接头来说，其中多为三维应力状态，甚至会出现局部三向拉伸应力。一般视结构的承载情况可采取焊后整体高温回火或人工时效的工艺方法消除或减小焊接残余应力。

2.5.3 滚压焊缝调节薄壁构件内应力

在薄壁构件上，焊后用窄滚轮滚压焊缝和近缝区，是一种调节和消除焊接残余应力和变形的有效而经济的工艺手段；还可以通过滚压改善焊接接头性能（滚压后再进行相应的热处理）；可将繁重的手工操作机械化，并能稳定产品的质量。在滚轮的压力下，沿焊缝纵向的伸长量（即塑性变形量），一般在 $(1.7 \sim 2)R_{eL}/E$（千分之几），即可达到补偿因焊接所造成的接头中压缩塑性变形的目的，如图 62 所示。滚压焊缝的方案不同，所得到的降低和消除残余应力的效果也不相同。图 63（a）为焊后残余应力场；图 63（b）为只滚压焊缝的效果；图 63（c）为同时对焊缝和两侧滚压的效果，残余应力场基本消失；图 63（d）为用较大压力滚压后，在焊缝中出现压应力；若用大压力只滚压焊缝两侧，最终的残余应力场如图 63（e）所示。

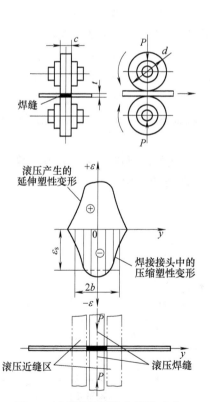

图 62 滚压焊缝调节和消除残余
应力原理示意图[6]

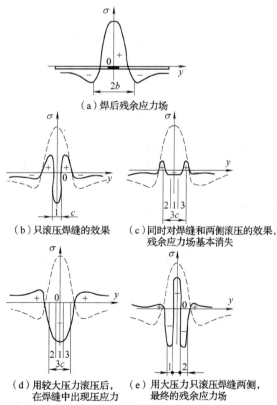

（a）焊后残余应力场

（b）只滚压焊缝的效果

（c）同时对焊缝和两侧滚压的效果，
残余应力场基本消失

（d）用较大压力滚压后，
在焊缝中出现压应力

（e）用大压力只滚压焊缝两侧，
最终的残余应力场

图 63 用窄滚轮（工作面宽 c）滚压焊缝使
残余应力场重新分布[6]

借助于近似计算，可以确定最佳滚轮压力 P，使焊缝中心残余应力峰值降至接近于零值[11]

$$P = c \sqrt{\frac{10.1 dt R_{eL}^3}{E}}$$

式中：P——滚轮压力，N；

  c——滚轮工作面宽度，cm；

  d——滚轮直径，cm；

  t——材料厚度，cm；

  R_{eL}——材料屈服强度，N/cm²；

  E——材料弹性模量，N/cm²。

2.5.4 锤击法调节中、厚板焊接残余应力

用锤击焊缝的方法调节焊接接头中残余应力时，在金属表面层内产生局部双向塑性延展，补偿焊缝区的不协调应变（受拉应力区），达到释放焊接残余应力的目的。与其他消除残余应力的方法相比，锤击法可节省能源、降低成本、提高效率，是在施工过程中即可实现的工艺措施，并可在焊缝区表面形成一定深度的压应力区，有效地提高结构的疲劳寿命[21]。

图 64 为在 Q345（16MnR）钢 500mm×400mm×30mm 板件对接焊时锤击后残余应力的实测结果[22]。坡口为 X 形，多层焊。沿板件厚度方向（z 向）有双向残余应力 σ_x 和 σ_y。图 64（a）为焊后状态；图 64（b）为仅锤击最后一层焊缝的焊缝区和熔合线附近；图 64（c）为施焊过程中逐层锤击，对最后一层焊缝同时锤击焊缝和熔合线附近。在实验中，用小孔法测量表面层残余应力，采用全释放法测量板件厚度不同深度上的残余应力分布，锤击工具为带有 ϕ8mm 球形头的风铲（工作风压 0.49MPa，冲击频率 86Hz）。

从图 64（a）~（c）的对比中可见，逐层锤击后，板件内部的残余应力得到较好调节，纵向残余应力（σ_x）最高值 <200MPa，在焊缝表面和一定深度（2~3mm）范围内形成了双向压应力层。

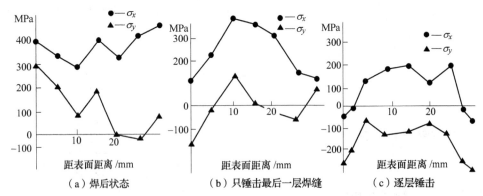

图 64　用锤击法调节中等厚度板件（厚 30mm）多层焊时的残余应力

σ_x 与 σ_y 在厚度（z 向）上的分布[22]

2.5.5　爆炸法调节中、厚板焊接残余应力[23]

爆炸法是通过布置在焊缝及其附近的炸药带，引爆产生的冲击波与残余应力的交互作用，使金属产生适量的塑性变形，残余应力得到松弛（见图65）。根据构件厚度和材料的性能，选定恰当的单位焊缝长度上的药量和布置方法是取得良好消除残余应力效果的决定性因素。

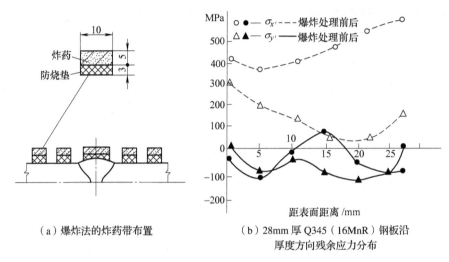

(a) 爆炸法的炸药带布置　　　　(b) 28mm 厚 Q345（16MnR）钢板沿
厚度方向残余应力分布

图65　爆炸法[23]

2.5.6　整体高温回火[11,6]

重要焊接构件多采用整体加热的高温回火方法消除残余应力。这种热处理工艺参数的选择因材而异，见表3。

表3　不同材料消除焊接残余应力回火温度

材料种类	碳钢及低合金钢①	奥氏体钢	铝合金	镁合金	钛合金	铌合金	铸铁
回火温度/℃	580~680	850~1050	250~300	250~300	550~600	1100~1200	600~650
①含钒低合金钢在600~620℃回火后，塑性、韧性下降，回火温度宜选550~560℃。							

图66所示为 TC1 钛合金薄板焊缝中残余应力值与整体高温回火规范参数（温度和保温时间）关系的实测曲线。残余应力值的降低，取决于在高温下材料屈服强度的降低及其蠕变特性。二者又都直接决定于温度和应力本身的幅值。蠕变过程又与保温时间的长短有关。

当工件在炉中升温，刚达到给定温度时，残余应力峰值高于材料在该温度下的屈服强度。在这一阶段，残余应力幅值的降低主要是靠高温下材料屈服强度的下降，与这部分弹性峰值残余拉应力相对应的弹性拉应变，转变为塑性应变。当焊缝中的应力峰值已降到材料在给定温度下的屈服强度水平后，应力下降的速度减缓。随后，主要是应力松弛过程，将其余部分的弹性残余应力在蠕变中转变为塑性应变，从而降低应力水平，其速率取决于材料的蠕变特性。由图上曲线的斜率可见，对于 TC1 钛合金来说，在 500～600℃ 消除焊接残余应力为最佳。超过 600℃ 的热处理，已经没有实际意义，反而增加了钛合金在高温下的氧化污染。对于钛合金重要构件，则宜采用惰性气体保护或在真空炉中进行高温回火热处理。用热处理方法消除应力，并不意味着同时也可以消除构件的残余变形。为了达到同时能消除残余变形的目的，在加热之前，就应采取相应工艺措施（如使用刚性夹具）来保持工件的几何尺寸和形状。整体热处理后，工件冷却不均匀或冷却速度过快，又会形成新的热处理残余应力。

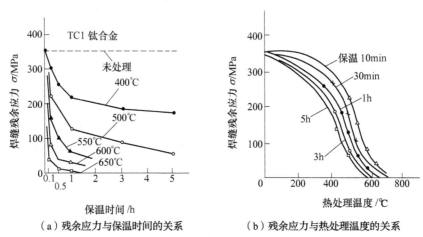

（a）残余应力与保温时间的关系　　（b）残余应力与热处理温度的关系

图66　TC1 钛合金焊接残余应力幅值与热处理工艺参数的关系[6,36]

对于高强钢材料，焊后调质回火处理，可取代去应力的回火，如图67所示，在调质热处理回火温度下，30CrMnSiA 钢的焊接残余应力峰值可大幅度降低，但不能完全消除。

保温时间根据构件厚度确定。内应力消除效率只是在开始保温的一段时间内为最高，随后效率降低。因此，过长的处理时间并不必要。保温时间对于钢材可按每毫米厚度保温 1～2min 计算，但一般不宜低于 30min，对于中厚板结构不必高于 3h。

对具有再热裂缝倾向钢材的厚大结构，应注意控制加热速度和加热时间。对于一些重要结构，如锅炉和化工压力容器，消除内应力热处理规范及必要性，有专门规程予以规定。

热处理一般在炉内进行，遇大型结构（如大型压力容器），无法在炉内处理时，可采用在容器外壁覆盖保温层，而在容器内用火焰或电阻加热的办法（见图68）来处理。

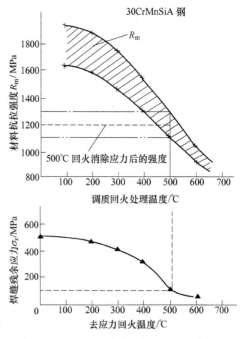

图67　30CrMnSiA 钢调质处理与消除焊接残余应力回火温度的关系[6]

图 69 所示为结构钢（30 钢，R_{eL} = 260MPa）电渣焊焊缝中三向残余拉应力与整体高温回火时应力松弛过程的关系[5]。对于重型结构大厚截面焊缝来说，消除应力的回火有 4 个阶段：加热、均温、保温和冷却，如图中虚线所示。应力水平主要在加热和均温阶段降低明显，取决于最高温度，而加热速度影响较小。在保温阶段残余应力仍继续降低。焊接或热处理，在大厚截面的深处均会引起体积应力，而体积应力的降低主要由于表层附近发生的塑性变形和应力松弛，而并非在内部深处。表层金属的蠕变，使应力重新分布，引发在整个截面上应力水平的降低。从图 69 可见，在内部处于体积应力状态下的应力水平仍然高于表面上处于一维和二维状态下的应力水平。这种状态不因保温时间的延长而有所变化。

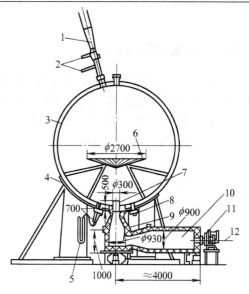

图 68　大型球形容器内部加热消除内应力
1—排烟管；2—压缩空气引风嘴；
3—球罐外包覆有保温层；4 一托座；
5—U 形压力计；6—气流挡板；7—陶瓷喷嘴；
8—视镜；9—气流导向室；10—燃烧室；
11 一燃油喷嘴；12—进油管

2.5.7　局部高温回火[26]

本法只对焊缝及其附近的局部区域进行加热，其消除应力的效果不如整体加热处理。多用于比较简单、拘束度较小的焊接接头，如长的圆筒容器、管道接头、长构件的对接接头等。为了取得较好的降低应力的效果，应保证有足够的加热宽度，以免因加热区太窄而加热温度梯度大，引发新的热处理残余应力分布。圆筒接头加热区宽度一般取

$$B = 5\sqrt{Rt}$$

长板的对接接头，取 $B = W$（见图 70）。R 为圆筒半径，t 为管壁厚度，B 为加热区宽度，W 为对接构件的宽度。局部加热时的热源，可采用火焰、红外线、工频感应加热或间接电阻加热。

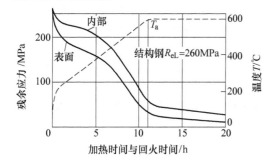

图 69　在高温回火中结构钢电渣焊焊缝
残余应力的松弛过程[5]

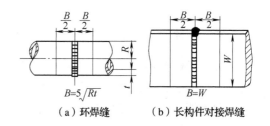

（a）环焊缝　　（b）长构件对接焊缝

图 70　局部热处理的加热区宽度[26]

2.5.8　温差拉伸法

温差拉伸法也称低温消除应力法，适用于中等厚度钢板焊后消除应力。在焊缝两侧各用一个适当宽度的氧－乙炔焊炬平行于焊缝移动加热，在焊炬后一定距离（150～200mm）处跟随有排管喷水冷却（见图71）。这样，可造成一个两侧高（峰值约为200℃）焊缝区低（约为100℃）的温度场。两侧的金属因受热膨胀对温度较低的焊缝区进行拉伸，使之产生拉伸塑性变形以抵消原来的焊接接头中的拉伸残余应力。本法实质上等效于机械拉伸法。对于焊缝比较规则、厚度不大（＜40mm）的板、壳结构具有工程实用价值。

图72为采用温差拉伸法，在厚20mm低碳锅炉钢板上消除焊接残余应力的效果。钢板上表面消除应力效果明显，而其背面效果相对较差。

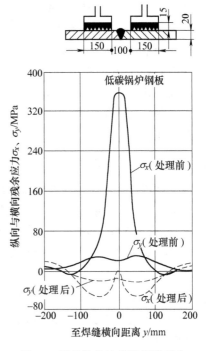

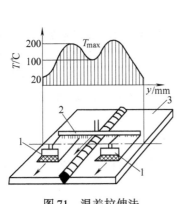

图71　温差拉伸法
1—氧－乙炔焊炬；2—喷水排管；3—焊件

图72　温差拉伸法消除焊缝残余
应力的实验结果对比[9]

2.5.9　机械拉伸法[2,25]

焊后对焊接构件进行加载，使焊接接头中的不协调应变区得到拉伸并屈服，从而减小由焊接引起的拉伸残余应力，使内应力降低。

消除掉的应力数值可按下式计算

$$\Delta\sigma = \sigma_0 + \sigma - R_{eL}$$

式中：R_{eL}——材料屈服强度；

σ——加载时的应力；

σ_0——内应力（在焊接结构中，一般 $\sigma_0 = R_{eL}$，故 $\Delta\sigma = \sigma$）。

焊接压力容器的机械拉伸，可通过液压试验来实现。液压试验采用一定的过载系数（又称载荷因数），所用试验介质一般为水。试验时，还应严格控制介质的温度，使之高于材料的脆性临界温度，以免在加载时发生脆断。采用声发射监测，可防止这类事故。在确定加载压力时，必须充分估计可能出现的各种附加应力，使加载时的应力高于实际承载工作时的应力，或称过载法。

2.5.10　点状加压和点状加热[9]

图 73 所示为点状加压产生的残余应力分布和可以推荐的实际应用举例。在压头挤压区产生双向压应力，可用于处理存在疲劳破坏危险的焊缝端部，也可以在电阻点焊后的焊点上进行处理。

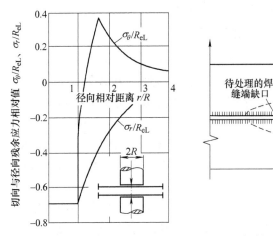

（a）点状加压产生的残余应力分布　　　（b）在肋板端头形成压应力区

图 73　点状加压形成的残余应力及其可能应用举例[9]

图 74 所示为点状加热所形成的残余应力分布和通常用于氩弧点加热提高焊缝端部的疲劳强度的应用实例。与图 73 中加压点的位置不同，加热点应在垂直于焊缝端部线

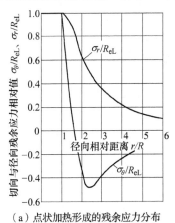
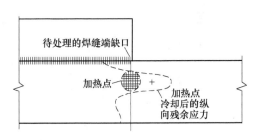

（a）点状加热形成的残余应力分布　　　（b）在焊缝端形成压应力区

图 74　点状加热形成的残余应力分布及其实际应用举例

上，以便使加热后所形成的切向残余压应力能起到有利于提高疲劳强度的作用，但同时出现的径向拉应力则可能有不利影响。

2.5.11 振动降低残余应力（振动时效技术）[1]

振动可用于降低残余应力，使在后续机械切削加工过程中或在使用中构件尺寸与形状有较高的稳定性。这种方法不推荐在为防止断裂和应力腐蚀失效的结构上应用[16]。振动法是利用由偏心轮和变速电动机组成的激振器使结构发生共振所产生的循环应力来降低内应力。其效果取决于激振器和构件特点及支点的位置、激振频率与时间。本法所用设备简单价廉，处理费用低、时间短，也没有高温回火时金属表面氧化的问题。对此法原理的论述多互相矛盾，对其效果的评价仍有争议[9]。如何在比较复杂的结构上确认内应力可以均匀地降低，如何控制振动，使之既能降低内应力，又不至于使结构发生疲劳损伤等问题尚待进一步深入研究解决。

2.5.12 其他调节残余应力分布的方法

（1）喷丸处理、激光冲击和高压水冲击。喷丸可在金属表面形成残余压应力，有利于提高疲劳强度，即所谓喷丸强化。通常在焊趾应力集中处喷丸，可获得既生成压应力又减小应力集中的效果。近年来，激光冲击用于降低焊接残余应力，或在局部生成压应力场，用以提高焊接结构的疲劳强度，已有工程化应用效果[46]，采用高压水束流喷射焊缝表面，其冲击波所产生的压力，在材料表层生成局部塑性变形，用以降低焊接接头中的残余应力，甚至产生压应力；已在核压力容器制造中应用，以提高焊接接头抗应力腐蚀性能[47]。

（2）感应加热与水冷相结合[9]。管件对接焊后，在管外侧用感应加热，同时在管内通水冷却，降低焊缝根部可能导致开裂的轴向和周向拉应力，或将其转变成压应力。如图75所示，选择不同宽度的加热区（$2W_a$）当感应加热外表温度在550℃时，管内

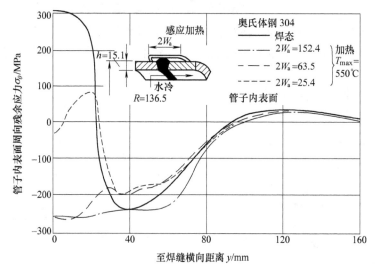

图75 用感应加热管外壁与管内水冷降低环缝接头区
内壁表面周向应力的有限元计算结果[9]

壁的焊缝根部仍处于冷态，会产生塑性应变，最终形成残余压应力。

（3）多层环焊缝管内水冷法调节残余应力[4]。与腐蚀介质接触的管道内壁焊缝区中的拉伸残余应力易引起应力腐蚀开裂。采用空冷焊接奥氏体不锈钢管多层环焊缝，在内壁产生拉伸应力。与图 75 在焊后处理的方案不同，如果在焊接时，管内用水冷却也可以使拉伸内应力变为压缩内应力。图 76 为管径 114mm、板厚 8.6mm，6 道 4 层环焊缝在管内用水冷却焊接，与空冷焊接残余应力的分布对比。图 76（a）为轴向残余应力 σ_x 的分布，图 76（b）为周向残余应力 σ_θ 的分布。

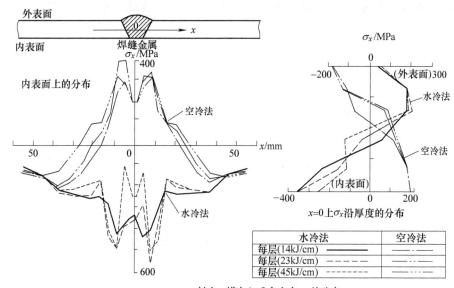

水冷法		空冷法
每层（14kJ/cm）		
每层（23kJ/cm）		
每层（45kJ/cm）		

（a）轴向（横向）残余应力 σ_x 的分布

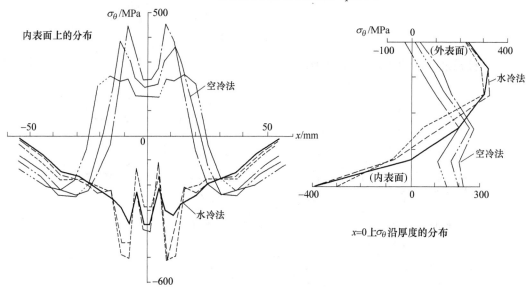

（b）周向（纵向）残余应力 σ_θ 的分布

图 76　奥氏体不锈钢管内水冷与空冷多层焊接环焊缝内应力分布的对比[4]

3　焊接变形

结构件的焊接变形，不仅会影响生产工艺流程的正常进行，而且会降低结构承载能力，影响结构的尺寸精度与外形。焊后矫正残余变形的工序，费工、耗资，不但延误生产周期，使生产成本上升，还会引起产品质量不稳定等诸多不良后果。因此，根据焊接变形的不同分类，预测、分析、控制和消除结构件的焊接变形十分重要。

3.1　焊接变形分类

如图 77 所示，焊接变形可以区分为在焊接热过程中发生的瞬态热变形和在室温条件下的残余变形。就残余变形而言，又分为构件的面内变形和面外变形两种。

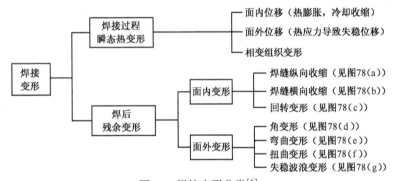

图 77　焊接变形分类[6]

焊接残余变形的类别如图 78 所示。

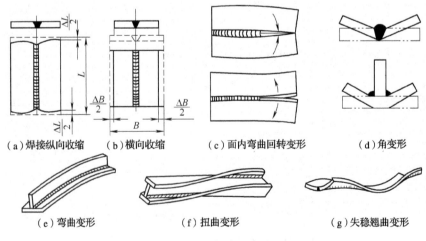

（a）焊接纵向收缩　　（b）横向收缩　　（c）面内弯曲回转变形　　（d）角变形

（e）弯曲变形　　　　（f）扭曲变形　　　　（g）失稳翘曲变形

图 78　焊接残余变形类别示意

3.1.1　瞬态变形与残余变形

图 79 所示为在板条单侧边缘堆焊过程中测得的板条面内弯曲瞬态热变形曲线 $ABCD$。如果热输入甚小，在加热过程均为弹性变形，冷却后则无残余应变，瞬态热变形曲线为 $ABB'C'D'$。在焊接热循环过程中产生且动态变化的变形称为瞬态变形。冷却至室温后，图 79 中 f 为残余变形（残余挠度）。同理，当两块板条拼焊在一起时，在自由状态则会发生如图 80（a）所示的热源前方坡口间隙张开，这是由于热源前方高温区材料膨胀而引起的瞬态变形导致的。除热源前面坡口处的纵向热膨胀应变外，热源后面的不均匀收缩也是坡口对接处瞬态面内弯曲变形的原因，所以焊接开始时的弯曲变形方向与焊接结束时的残余变形（冷却至室温后）方向相反。图 80（b）所示为在结构钢对接焊时坡口处的瞬态面内弯曲变形，它受到热源后面相变应变的双重影响，在加热阶段（Ac_3 和 Ac_1 等温线之间）的相变 $\alpha \to \gamma$ 伴随金属体积缩小；在这一部位冷却阶段的相变 $\gamma \to \alpha$ 转变（阴影线示出 T_1 与 T_2 区间），伴随体积膨胀。在长焊缝起始阶段，相变使坡口间隙闭合；而后，使坡口间隙趋向张开[11]。在电渣焊时，这类瞬态变形会导致焊接过程中断。

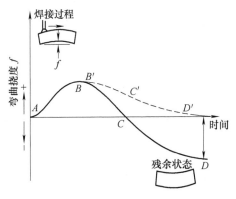

图 79　板条单侧边缘堆焊过程的瞬态变形[3]

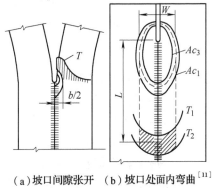

（a）坡口间隙张开　（b）坡口处面内弯曲[11]

图 80　对接焊时瞬态变形

3.1.2　焊缝纵向收缩变形

（1）不协调应变。在图 9 中给出了焊接接头区产生不协调应变区的过程。焊接接头区在经历了热过程中的压缩塑性变形、拉伸卸载、拉伸塑性变形和拉伸弹性应变之后形成了不协调应变区。在这一区域内的不协调应变（也称初始应变、固有应变）主要是由接头区纵向收缩所引起的。

图 81 所示为在 TA2 钛板氩弧焊接头区测得的残余压缩塑性变形分布规律[6]。塑性变形区内不协调应变量（相应于产生残余拉应力的收缩应变量）的大小与分布宽度 $2b$，随材料特性与焊接工艺参数不同而有所变化。

（2）纵向收缩[1]。细长构件（如梁、柱等）纵向焊缝所引起的纵向收缩 ΔL，一方面，取决于焊缝及其两侧不协调应变区的数值及其分布面积的积分，即单位收缩量；另一方面取决于构件长度 L 和截面面积 S。前者与焊接线能量和焊接工艺有关。在同样的焊接参量下，预热会增加单位收缩量，使 ΔL 增大，只有在很高温度的整体预热下，才能使 ΔL 减小。

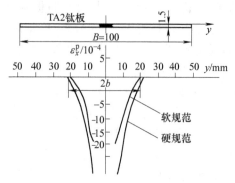

图 81　TA2 钛板氩弧焊后不协调应变分布实测结果[6]

单道焊缝的纵向收缩可由下式粗略估算[1]

$$\Delta L = 0.86 \times 10^{-6} q_v L$$

式中：q_v——焊接热输入，J/cm；

ΔL——焊缝纵向收缩量，cm；

L——焊缝总长度，cm。

$$q_v = \frac{\eta U I}{v}$$

式中：U——电弧电压，V；

I——焊接电流，A；

η——电弧热效率（焊条电弧焊取 0.7~0.8，埋弧焊取 0.8~0.9，CO_2 保护焊取 0.7）；

v——焊接速度，cm/s。

一般地，在钢材上，$\Delta L/L$ 约为 1/1000[3]。

如果未确定焊接参数，则可参照表 4 根据焊缝尺寸来估算 q_v。

表 4 为用焊缝熔覆金属截面面积 S_H 或角焊缝焊脚高 K 确定 q_v 的表（用于低碳钢和屈服点低于 350MPa 的低合金钢）。

多道焊缝时，每道焊缝的塑性变形区互相重叠，上式中的 S_H 改用一道焊缝的截面面积，再乘以系数 k_1。

表 4　焊接热输入与 K 及 S_H 的近似关系[1]

焊接方法	已知焊脚高 K	已知熔覆金属截面面积 S_H
焊条电弧焊	$q_v = 40000K^2$	$q_v = (42000 \sim 50000) S_H$
埋弧焊	$q_v = 30000K^2$	$q_v = (61000 \sim 66000) S_H$
CO_2 保护焊	$q_v = 20000K^2$	$q_v = 370005 S_H$

注：K 的单位为 cm，q_v 的单位为 J/cm，S_H 的单位为 cm^2。

$$k_1 = 1 + 85 \varepsilon_s n$$

式中：ε_s——材料的屈服应变 R_{eL}/E；

$\quad\quad n$——焊道数。

对于两面各有一条焊脚相同的角焊缝的 T 形接头构件的纵向收缩，S_H 取一条角焊缝的截面面积，再乘以系数 1.3~1.45。

奥氏体钢构件的变形值比低碳钢构件大，应乘以系数 1.44。

对于长度为 a，中心距为 l 的断续焊缝，其 ΔL 应乘以系数 a/l。

焊接有时在原始应力 σ_0 作用下进行，此种原始应力可能是其他部位焊缝所引起的，也可能是构件受载或反变形所引起的，则 ΔL 应乘以修正系数 k_2：

$k_2 = 1 - \sigma_0/R_{eL}$ （用于原始应力为拉应力时）；

$k_2 = 1 - 2\sigma_0/R_{eL}$ （用于原始应力为压应力时）。

拉应力取正号，压应力取负号。也可从图 82 根据 σ_0/R_{eL} 来确定。

当焊接气割板边时，q_v 应减去气割的热输入：

$q_v' = q_v - q_c$ （用于带两个气割边的对接接头）；

$q_v' = q_v - q_c$ （用于丁字接头）。

（3）弯曲变形。若焊缝与构件横截面的中性轴线不重合时，焊缝纵向收缩还会引起构件弯曲变形。图 83 所示为由角焊缝连接而成的 T 形构件的纵向弯曲挠度（纵坐标 $1/R$ 与角焊缝尺寸（横坐标）的关系，随着焊缝尺寸的增大，挠度增大。钢构件的挠度大于铝构件的挠度，其原因之一是铝具有良好的导热性，在铝构件上热源周围温度场的温度梯度远小于在钢构件上的温度梯度，另外，铝合金的材料特性（如 E、R_{eL} 等）和焊缝中的残余拉应力峰值大小与钢材上的相应数值也有较大不同。

对于构件由纵向焊缝引起的弯曲挠度的估算，可按下式进行

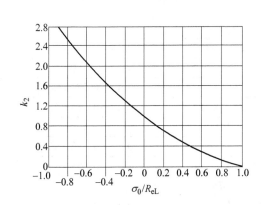

图 82 原始应力的影响

σ_0—原始应力；R_{eL}—屈服强度

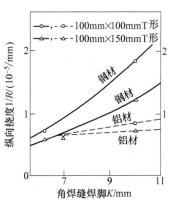

图 83 在 T 形构件上由纵向焊缝引起的弯曲[3]

$$f = 0.86 \times 10^{-6} \times \frac{eq_v L^2}{8I}$$

式中：f——构件挠度；

　　　e——焊缝中心到截面中性轴的距离；

　　　q_v——焊接热输入；

　　　L——构件长度；

　　　I——截面惯性矩。

如果未确定焊接参量，则可根据焊缝尺寸来选择 q_v，见表4。

对多层焊缝与双面角焊缝T形接头、断续焊缝，以及对奥氏体钢弯曲变形估算时，处理方法与纵向变形估算的处理方法相同。

3.1.3 焊缝横向收缩变形

（1）对接焊缝的横向收缩。单道对接焊缝中的横向收缩变形主要是因热源附近高温区金属的热膨胀受到拘束，产生了横向压缩塑性应变，熔池凝固后，焊缝附近金属开始降温而收缩，这是焊缝横向收缩的主要组成部分，见图84（a），而焊缝本身的收缩仅占横向收缩总量的10%左右[3]。

在钢结构上，单道对接焊缝的横向收缩量 ΔB 值，比纵向收缩量要大得多，可以用下式估算

$$\Delta B = Aq \frac{\alpha}{c\gamma t}$$

式中：ΔB——焊缝横向收缩量；

　　　A——经验系数，电弧焊为 $1.0 \sim 1.2$，电渣焊为 1.6，其余详见表5；

表5　根据不同焊接条件的 A 值[1]

焊接方法	q_v（$= q/v$）／（J/cm）	单位厚度热输入 $q_{v\delta}$（$= q/vt$）／（J/cm²）	A
交流焊条电弧焊	约57500	≤46300	$0.06 + 0.203 \times 10^{-4} q_{v\delta}$
		>46300	1.0
	10500～22000	≤31200	$0.15 + 0.272 \times 10^{-4} q_{v\delta}$
		>31200	1.0
CO₂ 保护焊	约14300	<8400	$0.15 + 0.272 \times 10^{-4} q_{v\delta}$
		8400～19300	$0.12 + 0.585 \times 10^{-4} q_{v\delta}$
		>19300	1.0
	约11100	<3780	$0.15 + 0.272 \times 10^{-4} q_{v\delta}$
		3780～16750	$0.12 + 0.585 \times 10^{-4} q_{v\delta}$
		>16750	1.0
	约8800	<1260	$0.15 + 0.272 \times 10^{-4} q_{v\delta}$
		1260～15100	$0.12 + 0.585 \times 10^{-4} q_{v\delta}$
		>15100	1.0

q——焊接热输入；

α——材料线胀系数；

c——材料比热容；

γ——材料密度；

t——钢板厚度。

在角焊缝和堆焊焊缝上，ΔB 值比在对接焊时小。大厚度板开坡口多道焊时，ΔB 值逐层递减；V 形坡口的 ΔB 值比 X 形和双 U 形坡口时都大。坡口角度和间隙越大，ΔB 值也越大。在同样材料上，气焊时 ΔB 值最大，电弧焊次之，电子束和激光焊时最小。在电弧焊中，焊条电弧焊的 ΔB 值比埋弧焊的大，用气体保护焊时的 ΔB 值，相对来说较小。

图 84（b）给出几种材料在不同拘束条件下钨极氩弧焊 1.5mm 厚板材引起的 ΔB 值。在图 84（c）上给出的是 ΔB 值的变化趋势。一般 ΔB 值在起弧段较小，在焊缝长度方向略有升高；有间隙的对接焊会增大 ΔB 值，这与工件在焊接过程中受到的不断变化的拘束条件有关。一般作为粗略估算，薄板对接焊时，ΔB 值为焊缝宽度的 0.1 ~ 0.15。在薄板上覆焊时的 ΔB 值要比对接焊时的 ΔB 值小得多。

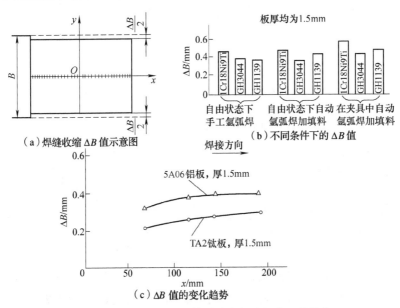

（a）焊缝收缩 ΔB 值示意图　（b）不同条件下的 ΔB 值

（c）ΔB 值的变化趋势

图 84　横向收缩量实测值及其在焊缝长度上的分布

图 85（a）~（c）为 V 形和 X 形坡口对接接头的横向收缩量 ΔB 与板厚 δ 的关系曲线。

多层焊时，每层焊缝所产生的横向收缩量以第一层为最大，随后则逐层递减。例如，在厚度为 180mm 的 20MnSi 钢对接双 U 形对称坡口焊接时，第一层焊缝的横向收缩量可达到 1mm，而前三层的横向收缩量则达总收缩量的 70%[2]。图 85（d）为在厚 200mm 不锈钢板对接焊的对称双 U 形坡口焊接时，ΔB 随焊缝层数变化的规律；两面交替焊条电弧焊虽可减小角变形，但焊缝横向收缩总量则达 4.5mm，且前 10 层的收缩量是总变形量的 90%[30]。可见，控制多层焊缝横向收缩的关键在于控制最初几层。

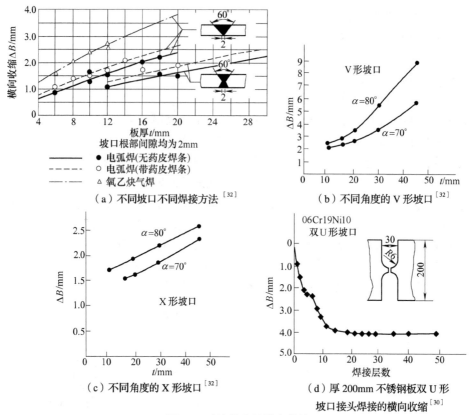

（a）不同坡口不同焊接方法[32]

（b）不同角度的 V 形坡口[32]

（c）不同角度的 X 形坡口[32]

（d）厚 200mm 不锈钢板双 U 形坡口接头焊接的横向收缩[30]

图 85　对接接头的横向收缩

焊条电弧焊对接接头的横向收缩量可参照下列经验公式粗略估算

$$\Delta B = 0.2 S_H / t$$

T 形接头和搭接接头的横向收缩量 ΔB 随 K 的增加而增大，随 t 的增加而降低（见图 86）。

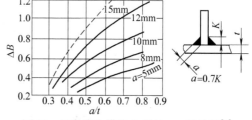

图 86　T 形接头横向收缩与 a/t 的关系[1]

（2）焊缝横向收缩引起的构件弯曲变形。如果横向焊缝在构件上分布不对称，如图 87 构件上的短肋板焊缝，则焊缝横向收缩也会引起弯曲变形。每对肋板与翼缘之间的角焊缝的横向收缩量 ΔB_2 将使构件弯曲一定角度

$$\varphi_2 = \frac{\Delta B_2 S_2}{I}$$

式中：S_2——翼缘对构件水平中性轴的静矩。

$$S_2 = F_2(h/2 - t_1/2)$$

式中：F_2——翼缘截面面积。

每对肋板与腹板之间的角焊缝的横向收缩量 ΔB_1 将使构件也弯曲一定角度

$$\varphi_1 = \Delta B_1 \frac{S_1}{I}$$

式中：S_1——高度为 h_1 的一部分腹板对构件截面水平中性轴的静矩。

$$S_1 = h_1 t_2 e$$

则 $\varphi = \varphi_1 + \varphi_2$。

如果构件的中心有一肋板，则它所引起的挠曲可用下式估算

$$f_0 = \frac{1}{2}\varphi \times \frac{L}{2}$$

（3）外拘束对焊缝横向收缩的影响。图 88 为对接焊时板边刚性固定（A 与 A' 所示），由焊缝的横向收缩量 $\Delta B'$ 在板件中引起的反作用应力 σ 如下

$$\sigma = \frac{E\Delta B'}{B}$$

式中：σ——板件中的反作用应力；

　　　E——板材的弹性模量；

　　　$\Delta B'$——焊缝受拘束时的横向收缩；

　　　B——板宽。

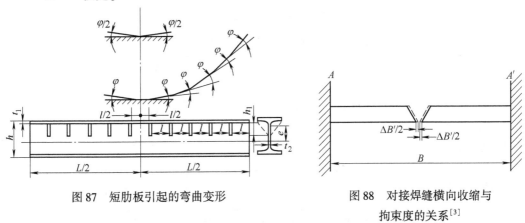

图 87　短肋板引起的弯曲变形　　　　图 88　对接焊缝横向收缩与
　　　　　　　　　　　　　　　　　　　　　　拘束度的关系[3]

若用单位横向收缩量所引起的反作用应力来定义接头的拘束，则拘束度 K_s 可表示为

$$K_s = \frac{\sigma}{\Delta B'} = \frac{E}{B}$$

可见，K_s 与 B 成反比，也就是说 B 值越大，则 K_s 越小。图 89 中给出了与三类不同的拘束条件相对应的拘束度 K_s 对焊缝横向收缩量的相对值 $\Delta B'/\Delta B$ 的影响，其中，$\Delta B'$ 为在有拘束时的横向收缩量，ΔB 表示焊缝在无拘束条件下的自由横向收缩量[3]。

3.1.4　角变形

堆焊、搭接接头、对接接头和 T 形接头都可能产生角变形。前面三种接头角变形的根本原因是横向收缩在板厚度上的分布不均匀。带双面角焊缝接头的角变形还与最后焊接的角焊缝的收缩有关。

（1）堆焊和对接接头的角变形 β。当板厚为 t 时，焊缝熔深 H 与 β 值的关系如图 90 所示。在板上平铺焊缝（堆焊）时，H/t 值小于 0.5；随熔深增大，β 值也逐渐加大。当 H/t 值为 0.5 时，β 最大，并随坡口角度增大而增大。单层埋弧焊、电渣焊及电子

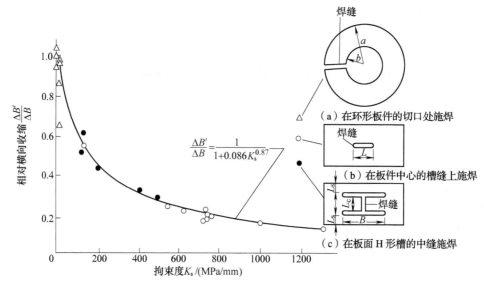

图 89 焊缝相对横向收缩与拘束度的关系[3]

束对接焊焊缝，H/t 值均接近于 1，β 都比较小。多层焊比单层焊的 β 大，多道焊（每层分成几道）比多层焊大。层数、道数越多，β 越大。焊接 X 形坡口，先焊的那一面的 β 一般大于后焊面的 β；调整正、反面焊层、焊道顺序，可有效地控制角变形。在图 91 上给出了低碳钢或低合金钢在无拘束条件下单道焊的角变形 β 与热输入的比值 q/t^2 的关系曲线。

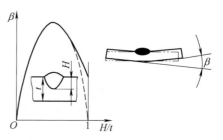

图 90 堆焊和对接焊缝角变形 β 与板厚 t 和焊透深度 H 的关系[11,33]

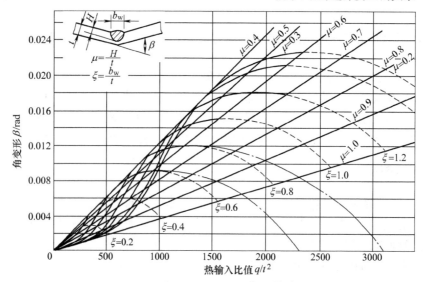

图 91 对接焊缝角变形与热输入的关系[33]

（2）T 形接头的角变形 β。取决于角焊缝的焊脚尺寸 K 和板厚 t。图 92 为低碳钢和铝镁合金 T 形接头的 β 与 t 以及 K 的关系图[5]。

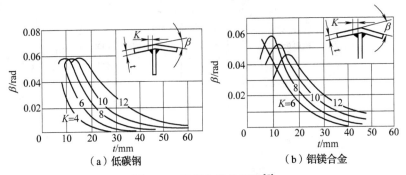

（a）低碳钢　　　　　　　　（b）铝镁合金

图 92　T 形接头的角变形[5]

（3）在结构件上的角变形。在完成带肋壁板角焊缝时，若无外拘束，则由角变形累积引起的壁板弯曲变形如图 93（a）所示；若把肋条刚性固定，则壁板呈波浪形变形，如图 93（b）所示。

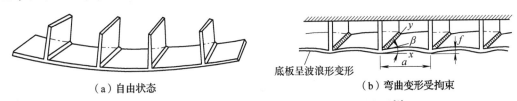

（a）自由状态　　　　　　　　　　　（b）弯曲变形受拘束

图 93　在结构件上角变形使壁板弯曲或呈波浪形变形[3]

同样条件下，在铝合金上的角变形小于钢材上的角变形。图 94 所示为在两种材料上角变形引起的挠度 f_{max} 的对比。构件的尺寸包括板厚 t、肋条的间隔 L、焊脚高 K 均相同。在图上，角变形量以壁板的面外波浪形变形的最大挠度 f_{max} 表示。纵坐标为 f_{max}，横坐标为 K，用实线表示钢构件的角变形计算值，用虚线表示铝合金构件的角变形计算值[3]。

3.1.5　扭曲变形

在一些框架、杆件或梁柱等刚度较大的焊接构件上，由于焊缝角变形沿长度上的分布不均匀性，往往会发生扭曲变形。在图 95，工字梁上有 4 条纵向焊缝，若同时向同一方向焊接两条焊缝，或在夹具中施焊，则可以减小或防止扭曲变形。但若焊接方向和顺序不同，因角焊缝引起的角变形在焊缝长度方向逐渐增大，易引起扭曲变形。图 96 所示为框架结构焊后的扭曲变形。

3.1.6　压屈失稳变形（波浪形变形）

由远离焊缝区的焊接残余压应力引起的失稳波浪形变形，常见于薄板构件。压屈失稳变形不同于弯曲变形（无论是焊缝纵向收缩引起的，还是由横向收缩或角变形引起的），这种变形的翘曲量一般均较大，而且同一构件的失稳变形形态可以有两种以上的稳定形式。

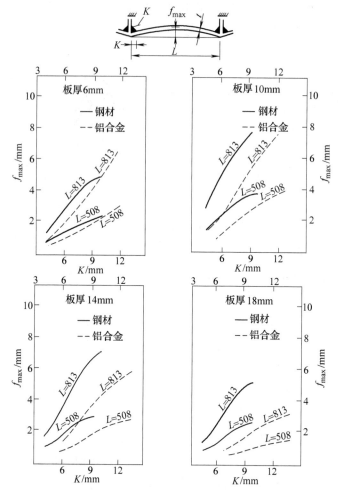

图94 在钢材和铝合金上，角变形引起的波浪形变形的计算值
带肋壁板几何尺寸和角焊缝焊脚的关系[3]

图95 工字梁的扭曲变形

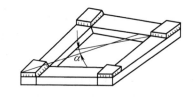

图96 框架结构焊后的扭曲变形

图97给出在几种薄板构件上不同焊缝形成的压屈失稳变形。

在同一焊接工艺条件下，板件的几何尺寸（宽长比 B/L 和厚度 t）决定着临界失稳压应力的大小。带有肋条和刚性框架的焊接壁板结构，其失稳变形的挠度和工艺方法有关。如图97（f）给出的平板中心焊接安装座圆焊缝，焊后的典型失稳正弦波波浪形变形的波浪幅值及波浪数量与焊缝直径及构件刚度和尺寸有关。

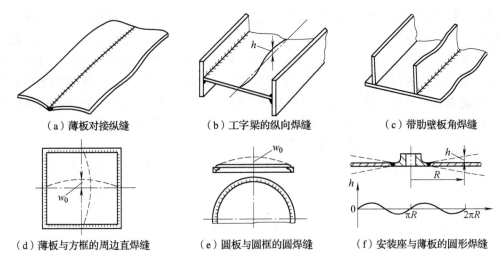

（a）薄板对接纵缝　　　　（b）工字梁的纵向焊缝　　　　（c）带肋壁板角焊缝

（d）薄板与方框的周边直焊缝　（e）圆板与圆框的圆焊缝　（f）安装座与薄板的圆形焊缝

图 97　不同焊缝在薄板构件上引起的压屈失稳变形[45]

图 98 所示为在不同厚度（4.5mm、6mm、8mm、10mm）低碳钢方形壁板（500mm×500mm），周边用焊条电弧焊和钨极氩弧焊的不同热输入焊接肋条框架，纵坐标为在单位板厚上的热输入，横坐标为壁板中心最大翘曲量与板厚相比的相对挠度。在稍厚（10mm、8mm）壁板上的失稳翘曲对于热输入并不敏感；但在 6mm 厚的壁板上，当单位厚度热输入大于 $15kJ/cm^2$ 时，相对挠度显著增大；而在 4.5mm 厚的壁板上单位厚度热输入大于 $8.4kJ/cm^2$ 后，相对挠度陡然增大，壁板中心压屈失稳翘曲发生跃变。

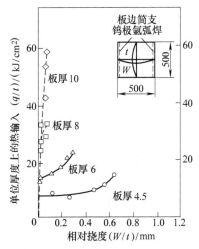

图 98　壁板厚度和焊接热输入对压屈
失稳波浪形变形量的影响[3]

3.2　典型构件上的焊接变形[6]

在薄壁或中等厚度的板件结构上的焊接变形多种多样，比较典型的有：板件对接直线焊缝、圆筒对接环形焊缝和壳体上的安装座圆形封闭焊缝所引起的构件变形。在厚板重型结构上的焊接变形则以焊缝的横向收缩变形引起的坡口间隙变化（如电渣焊缝）和多层多道焊的角变形为主。

3.2.1　板件对接

在板件上完成直线对接焊缝时，会发生面内变形，包括有：因在横截面上温度分布不均匀引起的使对接缝张开的面内弯曲变形，如图 99 所示；以及已焊好的那部分焊缝的横向收缩引起的，使对接板件相互靠拢；和板件已焊焊缝纵向收缩的面内弯曲变形（在图上用面内弯矩 θ 表示），又会使前面尚未焊接的间隙闭合。在热应力作用下，在焊接过程中板件的面外瞬态失稳变形也会对最终残余变形产生不利影响。因此，在薄件焊接时，对纵向直焊缝多采用琴键式夹具多点压紧，防止在焊接过程中工件面外瞬态失稳。尤其在铝合金薄板对接焊过程中，由于热传导使电弧前方大面积升温，往往会在板件或环缝两侧发生上凸的面外瞬态失稳（形似角变形），为防止这类上凸失稳角变形造成难以矫正的后果，应严格规定琴键式夹具压板在焊缝两侧的间距：如板厚为 2mm 时，间距不大于 25mm；板厚为 5mm 时，间距不大于 35mm。

在残余状态，对接焊缝引起的板件变形，除图 78（a）、图 78（b）所示的纵向收缩和横向收缩外，在薄板对接焊后的失稳翘曲变形如图 78（g）和图 100 所示。由于焊缝中纵向峰值拉应力而引起的两侧板件中的压应力的作用，当压应力值高于板件的临界失稳压应力值，则板件翘曲失稳。在纵向形成曲率半径为 r 的弯曲变形并有挠度 f；在横截面上，焊缝中心低于板件边缘，这是由残余应力场在稳定状态时具有最小势能所决定的。焊后，在平板失稳状态下焊缝相应缩短，其中的一部分峰值拉应力有所降低。残余应力场在板件保持平直状态时的势能最高，处于不稳定状态；而在失稳呈弯曲变形状态时，板内的应力场发生畸变，势能降到最低，失稳变形的形状保持相对稳定。

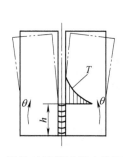

图 99　板件对接焊过程中的面内变形

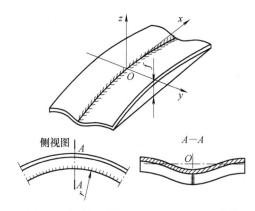

图 100　板件对接焊后的典型失稳状态[11]

在同样的条件下，铝板件对接焊后的翘曲失稳变形挠度 f 值比钢板的 f 值要大 30% 左右。这是因为板件的临界失稳压应力值与材料的弹性模量 E 值成正比，而铝材的 E 值仅为钢材的 1/3；尽管在铝板上的焊接残余应力的绝对值低于钢板上的数值，但铝板在焊后的失稳变形仍然大于钢板的变形。

3.2.2　圆筒对接环缝

图 101 所示为薄壁圆筒对接环缝所引起的变形示意，在焊缝中心线上所产生的下凹变形 w 最大；而在离开焊缝稍远处还会出现上凸的变形，幅值较小。这种因为环缝在周长上缩短造成的壳体变形特征，可由板壳弹性理论进行计算而求得。环缝下陷，同时在焊缝中的峰值应力也随之而降低。图 102 给出直径为 320mm，壁厚为 1mm 的不锈钢筒体焊后实测变形。

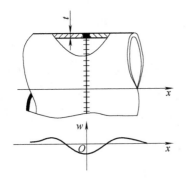

图 101　圆筒对接环缝引起
的母线弯曲变形[6]

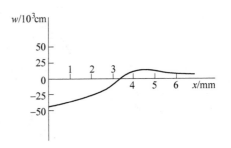

图 102　不锈钢筒体环缝对接引起
母线变形实测值[36]

容器的焊接壳体结构多为筒体与刚性较大的安装边（法兰盘）用环缝连接，在筒体上的母线变形较大，如图 103（a）所示。在图 103（b）上可以看到，铝合金筒体在环缝处为凸起变形。由于铝合金具有良好的导热性，同时在焊缝两侧的结构刚性有差别，在焊缝两侧产生不同的凸起变形量，其差值为 Δw。

在大部分薄壁结构上，环缝的径向收缩引起安装边角变形。图 103（c）给出的是 $\phi 800 mm$、厚度为 0.8 mm 的 GH2132 壳体上环缝收缩引起的安装边角变形实测结果。

3.2.3　壳体上安装座圆形封闭焊缝

薄壁壳体的结构刚度不同，圆形封闭焊缝在壳体上引起的变形也各异。大多数壳体在焊后型面发生畸变，在焊缝处塌陷，周围会发生失稳变形，如图 104 所示，虚线 1 为型面的设计位置，焊后偏离了设计要求，2 为变形后的位置。这类变形主要是由焊缝的横向收缩和焊缝长度方向沿圆周上的纵向收缩所引起的。

3.2.4　结构件焊接变形的数值模拟

近年来，随着计算机技术和数值分析方法的快速发展，在焊接结构分析与焊接应力与变形求解中，数值模拟也得到成功应用，尤其在预测大型复杂焊接构件的变形并优选焊接工艺方案方面取得了成效[48~50]。在经历了焊接力学软件大规

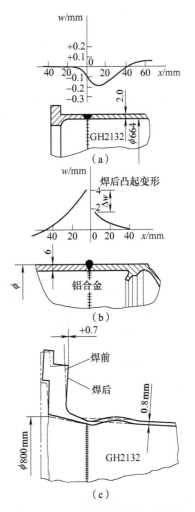

图 103　筒体与安装边对接环缝引起
的母线变形实测值与安装
边角变形[6]

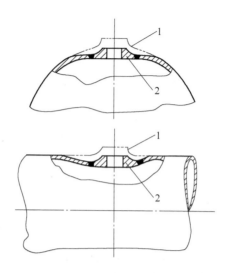

图 104　壳体上圆形焊缝引起型面塌陷
1—型面的设计位置　2—变形后的位置

模化和采用超级计算机运算的发展阶段之后，焊接应力与变形预测软件的发展方向是在复杂结构件上用有限元计算网格的自动生成并采用计算机运算复杂的三维焊接热弹塑性应力应变。图 105 给出两个数值模拟实例，图 105（a）是 T 形焊接构件角焊缝引起的板件失稳压屈变形和角变形，图 105（b）是带肋薄板构件的焊接变形。优选焊接顺序和热输入可以预测并有效控制变形。

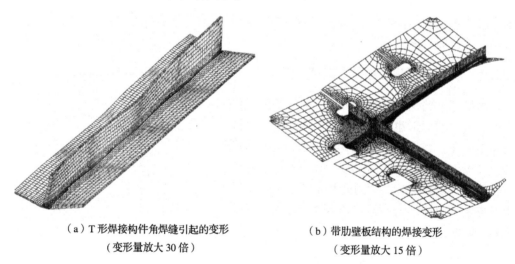

（a）T 形焊接构件角焊缝引起的变形
（变形量放大 30 倍）

（b）带肋壁板结构的焊接变形
（变形量放大 15 倍）

图 105　数值模拟带肋壁板构件的焊接变形[40,53]

3.3　焊接变形的控制与消除

图 106 为各种焊接变形控制方法分类。从焊接结构的设计开始，就应考虑控制变形可能采取的措施，合理安排焊缝位置（见图 107）；进入生产制造阶段，可采用在焊

前的预防变形措施和在焊接过程中的"积极"（或称"主动"控制）工艺措施；而在焊接完成后，只好选择适用的"消极"（或称"被动"的）矫正措施来减小或消除已发生的残余变形。

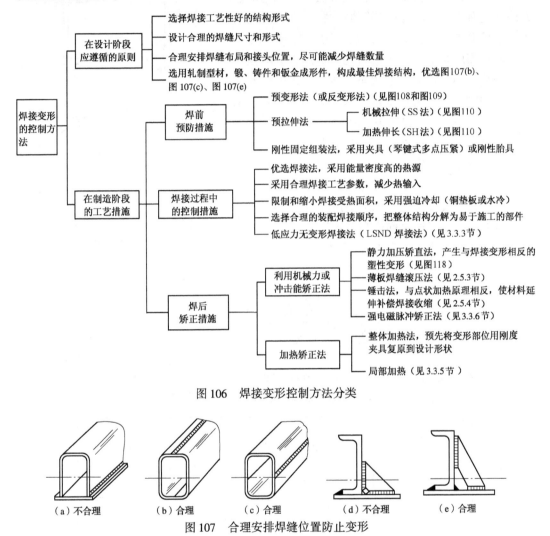

图106　焊接变形控制方法分类

图107　合理安排焊缝位置防止变形

3.3.1　预变形法（或称反变形法）

根据预测的焊接变形大小和方向，在待焊工件装配时造成与焊接残余变形大小相当、方向相反的预变形量（反变形量），如图108所示。焊后，焊接残余变形抵消了预变形量，使构件回复到设计要求的几何型面和尺寸。

当构件刚度过大（如工字梁翼板较厚或大型箱形梁等），采用上述反变形有困难时，可以先将梁的翼板强制反变形如图109（a）和图109（b）所示，或将梁的腹板在下料拼板时做成上挠的，然后再进行装配焊接（如桥式起重机箱形大梁），如图109（c）所示。

3.3.2 预拉伸法

预拉伸法多用于薄板平面结构件,如壁板的焊接。在焊前,先将薄板件用机械方法拉伸或用加热方法使之伸长,然后再与其他构件(如框架或肋条)装配焊接在一起。焊接是在薄板有预张力或有预先热膨胀量的情况下进行的。焊后,去除预拉伸或加热,薄板回复初始状态,可有效地降低残余应力,控制波浪形失稳变形效果明显。图110为采用拉伸法(SS法)、加热法(SH法)和二者并用的拉伸加热法(SSH),把薄板与壁板骨架焊接成一个整体构件时的工艺实施方案示意。对于面积较大的壁板结构,预拉伸法要求有专门设计的机械装置与自动化焊接设备配套,工程应用有局限。在SH法中,也可以用电流通过面板自身电阻直接加热的办法取代附加的加热器间接加热,简化了工艺。

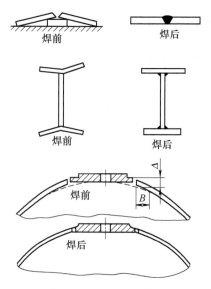

图108 在不同工件上采用预变形措施

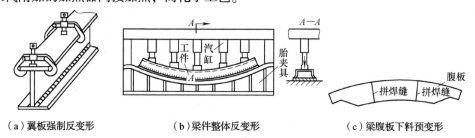

(a)翼板强制反变形　　　　(b)梁件整体反变形　　　　(c)梁腹板下料预变形

图109 防止构件变形采取的强制反变形措施

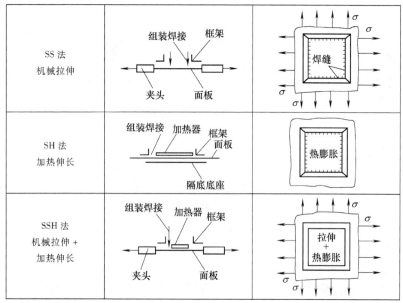

图110 采用预拉伸法控制壁板焊接失稳变形[27]

3.3.3　薄板低应力无变形焊接法（LSND 焊接法）[28]

与在焊后降低应力的温差拉伸法（见 2.5.8 节）不同，这是一种在焊接过程中实施的减小应力、防止变形的方法。一般地，薄壁结构的直线对接焊缝（壁板或壳体对接焊缝），均在琴键式纵向焊接夹具上施焊。焊后，构件仍然会有失稳波浪形变形，在焊缝纵向产生翘曲 f，如图 111 所示。

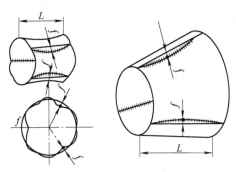

图 111　薄壁壳体纵向焊缝引起的失稳翘曲变形，f 表示最大挠度[6]

图 112 所示为低应力无变形焊接法（LSND 法），在焊缝区有铜垫板进行冷却，两侧有加热元件（见图 112（a）），形成一个特定的预置温度场（曲线 T），最高温度 T_{max}，离焊缝中心线的距离为 H，因此产生相应的预置拉伸效应（曲线 σ），如图 112（b）所示。图 112（c）所示为实际温度场。焊缝两侧用双支点 P_1 与 P_2 压紧工件，

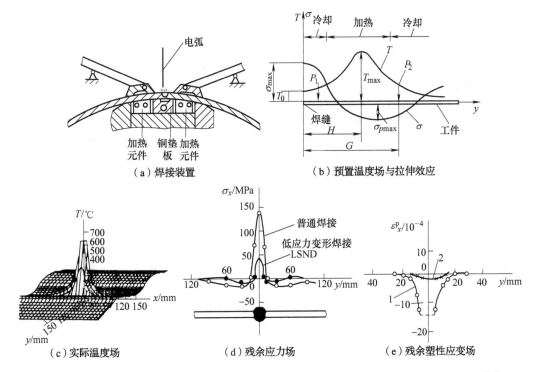

图 112　低应力无变形焊接法（LSND 法）原理工艺实施方案及在铝合金上的实测对比[28]

P_2 离开焊缝中心的距离为 G（见图 112（b）），防止在加热和焊接过程中的瞬态面外失稳变形，保证在焊接高温区的预置拉伸效应。这是一种在焊接过程中直接控制瞬态热应力与变形的产生和发展的"积极"控制法，或称"主动"控制法。焊后，残余拉应力峰值可以降低 2/3 以上，如图 112（d）残余应力场对比所示。图 112（e）为常规焊后残余塑性应变（曲线 1）和 LSND 焊后残余塑性应变（曲线 2）的对比。根据要求，调整预置温度场，还可以在焊缝中造成压应力，使残余应力场重新分布。随着焊缝中拉应力水平的降低，两侧的压应力也降到临界失稳应力水平以下，工件不再失稳。因此，焊后的工件没有焊接残余变形，保持焊前的平直状态。

LSND 法适用于各类材料：铝合金、不锈钢、钛合金、高温合金等。预置温度场中的最高温度因材料和结构而异，一般在 $100 \sim 300\,^{\circ}\!C$ 可根据待焊工件来优选预置温度场。实践表明，预置温度场还有利于改善焊接接头（如高强铝合金）的性能。LSND 法可以在通常的钨极氩弧焊、等离子弧焊及其他熔焊过程中实施，并保持常用的焊接工艺参数不变。

在 LSND 法中，预置温度场在焊缝两侧，可以看作是一种"静态"控制法。以 LSND 法为基础，"动态"控制的 LSND 法，不再依赖于预置温度场，而是利用一个有急剧冷却作用的热沉（冷源）紧跟在焊接热源（电弧）之后，如图 113（a）所示，在热源 – 热沉之间有极陡的温度梯度，如图 113（b）、图 113（c）所示，高温金属在急冷中被拉伸，补偿接头区的塑性变形。焊后，在薄板上同样可以达到完全无变形的效果，在焊缝中的残余应力甚至可转变为压应力，如图 114 所示，图 114（a）为在低碳钢上的实测结果，图 114（b）为在不锈钢上的实测结果。与常规焊后的残余应力分布（曲线 a）相比，热沉参数变化明显影响残余应力重新分布。这种动态控制低应力无变形焊接法（DC – LSND），比静态的 LSND 法更具良好的工艺柔性[29]。

3.3.4　滚压焊缝消除薄板残余变形

焊缝滚压技术（见 2.5.3 节）不仅可用于消除薄壁构件上的焊接残余应力，而且是一种焊后矫正板壳构件变形的有效手段，多用于自动焊方法完成的规则焊缝（直线焊缝、环形焊缝）。此外，窄轮滚压法也用于某些材料（如铝合金）焊接接头的强化，但滚压所产生的塑性变形量比用于消除应力和变形时大得多。用窄轮滚压法还可以在工件待焊处先造成预变形，以抵消焊接残余变形。

图 115 为在不锈钢圆筒（$\phi 1450\,mm$、壁厚 $1.5\,mm$）上环缝引起的残余变形及采用窄轮滚压的效果（ΔR 为半径方向上的收缩量）。图 115（a）为焊后状态，ΔR 值可达 $1.5\,mm$。图 115（b）为焊后滚压矫正效果：只滚压 I 区（焊缝两侧各宽 $10\,mm$），尚未完全消除变形；滚压 I 区和 II 区（两侧各宽 $20\,mm$），残余变形基本消除。图 115（c）、图 115（d）为用焊前滚压产生预变形来补偿焊后残余变形的实测结果。

3.3.5　局部加热法

多采用火焰对焊接构件进行局部加热，在高温处，材料的热膨胀受到构件本身刚

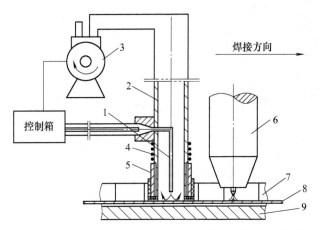

（a）热源（电弧）– 热沉（剧冷）装置，形成局部热拉伸效应

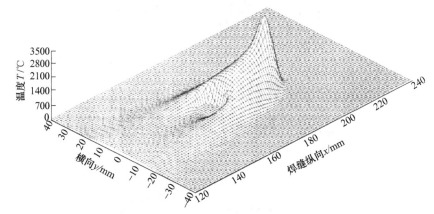

（b）采用热源 – 热沉系统施焊的畸变温度场（钛合金 TC4 厚 2.5mm，钨极氩弧焊）

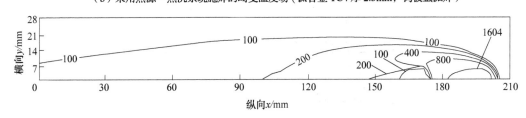

（c）畸变温度场的等温线

图 113　动态控制低应力无变形焊接法（DC – LSND 法）[29,34,45]
1—冷却介质雾化喷嘴；2—抽气管；3—真空泵；4—弹簧；5—封严套管
6—焊枪；7—压紧夹具；8—工件；9 —夹具支撑垫

度制约，产生局部压缩塑性变形，冷却后收缩，抵消了焊后在该部位的伸长变形，达到矫正的目的。可见，局部加热法的原理与锤击法的原理正好相反。锤击法是在有缩短变形的部位造成金属延展，达到矫形的目的。因此，这两种方法都会引起新的矫正变形残余应力场，所产生的残余应力符号相反。

71

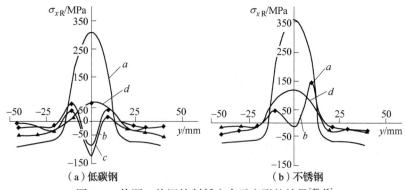

（a）低碳钢　　　　　　　　（b）不锈钢

图114　热源－热沉控制低应力无变形的效果[29,45]

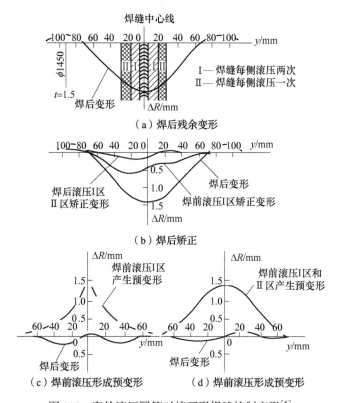

（a）焊后残余变形

I—焊缝每侧滚压两次
II—焊缝每侧滚压一次

（b）焊后矫正

（c）焊前滚压形成预变形　　　（d）焊前滚压形成预变形

图115　窄轮滚压圆筒对接环形焊缝控制变形[6]

在图116中给出在刚度较高的构件上（如焊接工字梁、带纵缝的管件）局部加热的部位，直接用火焰加热构件横截面上的金属延伸变形区，但加热面积应有限定。

在矫正薄壁构件失稳波浪形变形时，会由于火焰加热面积过大发生新的翘曲变形。因此，采用多孔压板防止薄板在加热过程中变形，通过压板上的小孔加热，限制受热面积，形成点状加热，增强矫形效果。有时也可以采用热量更集中的钨极氩弧或等离子弧作为热源，但应防止加热时金属过热或熔化。

在中厚板上大面积火焰加热矫形时，可在火焰周围喷水冷却，提高对受热区的挤压作用。因此，这种方法也可用于曲率不大的板件弯曲成形。火焰加热矫正法多用于钢制构件。在一些合金钢管子构件上也有应用，但应考虑加热和冷却过程对材料（如 30CrMnSiA 管子焊接构件）性能的影响，且在加热区会留有拉伸残余应力。

3.3.6　强电磁脉冲矫形法（电磁锤法）

利用强电磁脉冲形成的电磁场冲击力，在焊件上产生与焊接残余变形相反的变形量，达到矫正的目的。电磁锤是用于钣金件成形的一种有效工具，其工作原理如图 117 所示。

高压电容通过圆盘形线圈组成的电磁锤放电，在线圈与工件之间感应生成很强的脉冲电磁场，形成一个较均匀（与机械锤击相比而言）的压力脉冲，用以矫形。

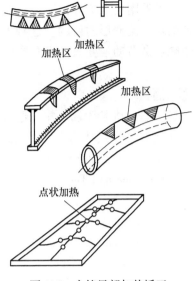

图 116　火焰局部加热矫正焊接残余变形

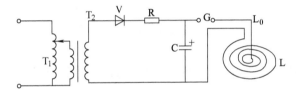

图 117　电磁锤工作原理图

T_1—调压器；T_2—高压变压器；V—整流元件；R—限流元件；C—储能电容器；G—隔离间隙；L—矫形线圈；L_0—传输电缆

该方法适用于电导率高的铝、铜等材料的薄壁焊接构件。对电导率低的材料，需在工件与电磁锤之间放置铝或铜质薄板。采用该方法矫正的优点是：在工件表面不会产生如锤击或点状加压所形成的撞击损伤痕迹，冲击能量可控。操作时，应注意高压线圈绝缘可靠。

3.3.7　其他矫形法

对于某些刚度较大的焊接构件，除用火焰矫形外，还可以采用机械矫正法。如图 118 所示，利用外力使构件产生与焊接变形方向相反的塑性变形，二者互相抵消，图示为用加压机构来矫正工字梁挠曲变形的例子。

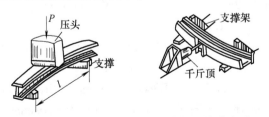

图 118　采用加压机构矫正工字梁的挠曲变形

除了采用压力机外，还可用锤击法来延展焊缝及其周围压缩塑性变形区域的金属，达到消除焊接变形的目的。这种方法比较简单，经常用来矫正不太厚的板结构。锤击法的缺点是劳动强度大，表面质量欠佳。

参考文献

［1］陈丙森. 焊接手册：第3卷 ［M］. 2版. 北京：机械工业出版社，2001.

［2］田锡唐. 焊接结构 ［M］. 北京：机械工业出版社，1982.

［3］American Welding Society. Welding Handbook ［M］. 9th Edition. Volume 1. Welding Science and Technology. Miami, 2001.

［4］日本溶接学会. 溶接·接合便览 ［M］. 丸善株式会社，1990.

［5］Г А Николаев，С А Куркин，В А Винокуров. Сварные Конструкции ［М］. Москва：Высшая Школа，1982.

［6］《航空制造工程手册》总编委会. 航空制造工程手册：焊接分册 ［M］. 北京：航空工业出版社，1996.

［7］别尔秋克 Г Б，马茨凯维奇 Б Д. 造船焊接学 ［M］. 李传曦，译. 北京：国防工业出版社，1963.

［8］Н Н Рыкалин. Расчёты Тепловых Процессов при Сварке. Москва，МАШГИЗ，1951.

［9］D 拉达伊. 焊接热效应：温度场、残余应力、变形 ［M］. 熊第京，等，译. 北京：机械工业出版社，1997.

［10］关桥. 焊接热源有效利用率的测试计算法 ［J］. 焊接学报，1982，3（1）：10 - 24.

［11］В А Винокуров. Сварочные Деформации и Напряжения ［М］. Москва：Машиностроение，1968.

［12］关桥，傅昱华. 薄板氩弧点状加热应力应变过程的数值分析 ［J］. 机械工程学报，1983，19（2）.

［13］唐慕尧. 焊接测试技术 ［M］.. 北京：机械工业出版社，1988.

［14］M B Prime. Cross - Sectional Mapping of Residual Stresses by Measuring the Surface Contour after a Cut ［J］. Journal of Engineering Materials and Technology, 2001, 123：162 - 168.

［15］R H Leggatt，D J Smith，S D Simth，et al. Development and Experimental Validation of the Deep Hole Method for Residual Stress Measurement ［J］. Journal of Strain Analysis，1996，31：177 - 186.

［16］F M Burdekin. Revised Definitive Statement on Relative Importance of Residual Stresses and PWHT ［J］. IIW Doc. X - 1244，1992.

［17］Ohta A，Suzuki N，Maeda Y. Effect of Residual Stresses on Fatigue of Weldment. Proceedings of the International Conference on "Performance of Dynamically Loaded Welded Structures" ［J］. IIW，San Francisco，CA，July 14 - 15，1997.

［18］关桥. 薄壁圆筒单道环形对接焊缝所引起的残余应力与变形［J］. 机械工程学报，1979，15（3、4）：54 – 63.

［19］Fujita Y, et al. Welding Deformations and Residual Stresses due to C ircumferential Welds at the Joint Between Cylindrical Drum and Hemispherical Head Plate［J］. IIW DOC. X – 985 – 81.

［20］Ueda Y, et al. Mechanical Characteristics of Repair Welds in Thick Plate – Distribution of Three Dimensional Welding Residual Stresses and Plastic Strains and Their Production Mechanisms［J］. Quart J. Jap. Weld. Soc. 4, 1986（3）.

［21］Maddox S J. Improving the Fatigue Strength of Welded Joints by Peening［J］. Metal Construction, April, 1985.

［22］王严岩. 锤击处理消除焊接接头残余应力研究［C］. 中科院金属研究所，金情 91 – 030，1991.

［23］陈亮山，王严岩，陈怀宁，等. 爆炸消除残余应力机理研究［J］. 锅炉压力容器安全，爆炸消除残余应力专辑，1989.

［24］В А Винокуров. Отпуск Сварных Конструкций для Снижения Напряжений ［J］. Машиностроение, 1973.

［25］Hrivnak I, Yushchenko K A. Principles of Mechanical Stress Relief Treatment［J］. Proceedings of the Int. Welding Conf, Sofia, 1987.

［26］Burdekin F M. Local Stress Relief of Circumferential Butt Welds in Cylinders［J］. British Welding Jourual, 1963（10）.

［27］增渊兴一. 焊接结构分析［M］. 张伟昌，等，译. 北京：机械工业出版社，1985.

［28］关桥，郭德伦，李从卿. 低应力无变形焊接新技术：薄板构件的 LSND 焊接法 ［J］. 焊接学报，1990，11（4）：231 – 237.

［29］关桥，张崇显，郭德伦. 动态控制的低应力无变形焊接新技术［J］. 焊接学报，1994，15（1）：8 – 15.

［30］顾福明，高进强，钟国柱，等. 大型法兰拼焊中平面度的控制［J］. 焊接，1997（2）：9 – 11.

［31］Masubuchi K. Prediction and Control of Residual Stresses and Distortion in Welded Structures［J］. Welding Research Abroad, 1997, 43（6, 7）.

［32］Verhaeghe G. Predictive Formulae for Weld Distortion—acritical review［J］. TWI Report, June 1998.

［33］Н О Окерблом. Расчёт Деформаций Металлоконструкций при Сварке［M］. Москва：МАШГИЗ, 1955.

［34］李菊. 钛合金低应力无变形焊接过程机理研究［D］. 北京：北京工业大学，2004.

［35］关桥. 焊接力学在航空构件上的应用［J］. 航空制造工程，1983.

［36］Гуанъ Цяо. Остаточные Напряжения, Деформации и Прочностъ Тонколистовых

Элементов Сварных Конструкций из Титановых Сплавов ［D］. Диссертация К. Т. Н; МВТУ им. Баумана, Москва, 1963.

［37］ L M Lobanov, V A Pivtorak, et al, Procedure for Determination of Residual Stresses in Welded Joints and Structural Elements using Electron Speckle – Interferometry ［J］. The Paton Welding Journal, 2006, No. 1, 24 – 29.

［38］ A M Ziara – Paradowska, J W H Price, et al. Neutron and Synchrotron Measurements of Residual Stresses in Steel Weldments ［J］. IIW Doc. X – 1608 – 2006, IIW 2006 Annual Assembly, Quebec, Canada.

［39］ F S Bayraktar, P Staron, M Kocak, et al. Residual Stress Analysis of Laser Welded Aluminum T – Joints Using Neutron Diffraction ［J］. IIW Doc. X – 1610 – 2006, IIW 2006 Annual Assembly, Quebec, Canada.

［40］ 赵海燕, 关桥. 中国材料工程大典: 第 22 卷 ［M］. 北京: 化学工业出版社, 2006.

［41］ Artem Pilipenko. Computer simulation of residual stress and distortion of thick plates in multi – electrode submerged arc welding. Their mitigation techniques, PhD thesis, Department of Machine Design and Materials Technology, Norwegian University of Science and Technology ［M］. Norway: 2001.

［42］ H Lombard, D G Hattingh, A Steuwer, et al. Effect of Process Parameters on the Residual Stresses in AA5083 – H321 Friction Stir Welds ［J］. Materials Science and Engineering A, 2009, 501: 119 – 124.

［43］ L P B Application Note, Friction Stir Weld Finishing ［OL］. In: http: //www. Lambdatechs. com/html/documents/fsw_ app. pdf.

［44］ A P Reynolds, Wei Tang, T Gnaupel – Herold, et al. Structure, properties, and residual stress of 304L stainless steel friction stirwelds ［J］. Scripta Materialia 48 (2003) 1289 – 1294.

［45］ QUAN Qiao. Control of Buckling Distortions in Plates and Shells (Chapter 9), Processes and Mechanisms of Welding Residual Stress and Distortion ［M］. Edited by Zhili Feng, Woodhead Publishing Limited, Cambridge, England, 2005.

［46］ SANO Yuji, et al. Residual Stress Improvement of Weldment by Laser Peening ［J］. Journal of the Japan Welding Society, 2005, 74 (8): 19 – 22.

［47］ SAITOU Noboru, M ORINAKA Ren. Reduction of Residual Stress on Nuclear Reactor Internals by Water Jet Peening ［J］. Journal of the Japan Welding Society, 2005, 74 (7): 25 – 28.

［48］ 赵海燕, 鹿安理, 史清宇. 焊接结构 CAE 中数值模拟技术的实现 ［J］. 中国机械工程, 2000, 11 (7): 732 – 734.

［49］ Roper J R, Burley Terry. Finite Element Modeling of Complex Welded Structures ［J］. Welding Journal, 2005 (12): 42 – 45.

［50］ TSAI C L, HAN M S, JUNG G H. Investigating the Bifurcation Phenomenon in Plate

Welding ［J］. The Welding. Journal，2006（7）：151s – 162.

［51］唐慕尧. 焊接过程力学行为的数值研究方法［J］. 焊接学报，1988，9（3）.

［52］Anderson B A B. Thermal Stresses in a Submerged Arc Welded Joint Considering Phase Transformation［J］. Trans. of the ASME，V01. 100，1978，（10）：356 – 362.

［53］Lars Fuglsang Andersen. Residual Stresses and Deformations in Steel Structures，PhD thesis，Department of Naval Architecture and Offshore Engineering［J］. Technical University of Denmark，Dec. 2000.

［54］王鹏，赵海燕，谢普，等. 焊接学会文集：焊接塑性应变演变过程的基础研究（一）、（二）、（三）、（四）［C］. 长沙：焊接学会第 17 次学术会议，2012.

钛合金薄壁焊接构件的残余应力、变形和强度[①]

引言

目前钛已进入大规模工业开发阶段。钛及钛合金作为一种新型结构材料，为现代工业许多部门的发展开拓了新的广阔前景。然而应该指出的是，钛的工业应用刚刚起步，仍有许多加工技术问题没有得到解决。其中，钛合金焊接结构件的制造与应用问题，还仅仅处于开始研究阶段。进一步开展对钛合金焊接结构件在各种服役条件下的行为特性研究，将数据系统地进行整理归纳，将有助于在已有的应用领域发展，并探索钛及钛合金新的应用领域。

本论文旨在对制造钛合金薄壁焊接构件时的残余应力、变形和强度等一系列问题进行论述。研究成果无论是对于实际应用，还是对于上述问题的进一步研究，都会是有益的。一部分研究成果已应用到实际生产中。

在此作者向长期指导自己论文工作的导师——苏联建筑科学院通讯院士、功勋科学家、技术科学博士尼古拉耶夫教授表示衷心的感谢。

本篇论文是在莫斯科鲍曼高等工学院的焊接实验室，在技术科学副博士库尔金副教授的全面辅导下完成的。技术科学副博士维诺库洛夫副教授也提出了许多宝贵的意见和建议，在此作者也向他们致以深深的谢意。

第1章　钛合金在焊接结构中的应用及论文研究工作的提出

现代工业对材料提出了更多更高的要求。钛及钛合金作为一种新型结构材料，由于力学性能和特殊性能的良好匹配，近几年来，在许多工业领域得到了广泛的应用。这些特殊性能包括密度小，比强度高，耐热性好，耐腐蚀性好，在加工时有良好的塑性。图1给出了机械制造业中几组主要结构材料的高温强度和比强度的对比评估情

---

① 此文原为俄文，是关桥的技术科学副博士（К. Т. Н.）学位论文，莫斯科鲍曼高等工学院，1963 年 4 月 1 日。

况[3]。从图 1 中可以看出：在 550℃ 以下，甚至到 600℃，钛合金的持久强度非常高，某些钛合金的比强度超过高强钢、铬锰硅钢和 B95 高强铝合金。

钛及钛合金的冶金开发和生产不久前刚刚开始掌握。如果 1948 年钛在全世界的产量仅只是几吨，那么目前（指 1963 年）是几万吨。随着钛及钛合金产量提高、价格降低，钛合金焊接构件在不同科学技术领域的应用也日益扩大。

由于最初价格昂贵，钛合金焊接构件首先是在特种机械、航空、造船、化学等工业部门得到了应用。在上述部门评价新结构材料的使用可行性时，首先关注的是钛合金的特性及综合技术使用指标，然后才是它的价格。而随着获取和加工钛合金方法的发展和完善，目前在其他通用机械制造业中也开始使用钛合金。与此同时，钛合金构件的初始高成本由其更长的使用寿命和结构轻量化等方面得到补偿。

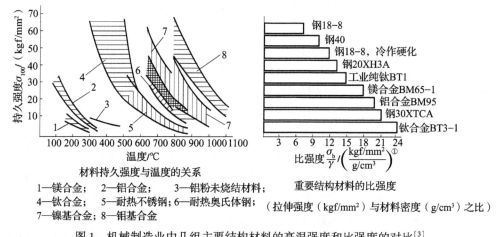

材料持久强度与温度的关系

1—镁合金；　　2—铝合金；　　3—铝粉未烧结材料；
4—钛合金；　5—耐热不锈钢；6—耐热奥氏体钢；
7—镍基合金；8—钼基合金

重要结构材料的比强度

（拉伸强度（kgf/mm²）与材料密度（g/cm³）之比）

图 1　机械制造业中几组主要结构材料的高温强度和比强度的对比[3]

由参考文献［1，3，4］可知，钛及钛合金在下列 3 组焊接构件中采用是最合理的：要求减重的、在高温条件下工作的、要求更高的耐腐蚀性的构件。

将钛合金用于飞行器构件的生产时体现出了它的最大优势。因此，目前钛及钛合金的主要用户依然是航空工业。例如，在英国，大约钛产量的 90% 都用于航空工业[3]。将钛合金用于制造承受高温空气动力加热的超声速飞行器的薄壁蒙皮是很有前景的。图 2 给出的是钛合金薄壁焊接构件用作喷气式发动机尾喷管排气部件的例子[1]。

工业中使用最广泛的薄板材料，优先选用 BT1 等工业纯钛，BT5、BT5-1 等单相 α 钛合金，以及 OT4、OT4-1、OT4-2、BT14 等 α+β 组织的钛合金。通常采用氩弧焊时，这些钛合金具有良好的焊接性，因此在很大程度上促进了它们在工业生产中的迅速应用。

应该指出：钛合金焊接时的最大困难与焊缝及

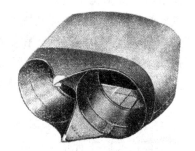

图 2　钛合金薄壁焊接构件在航空
结构上的应用举例

---

① 1kgf≈9.81N。

热影响区的焊接接头塑性偏低有关。在有惰性气体如氩气、氩氦混合气等保护介质中电弧熔焊时，钛合金焊接接头塑性下降，脆性增大，其主要原因在于：

（1）焊接电弧对金属的加热，使之处于高温状态，钛对氧、氮、氢的活性较大；

（2）焊接接头在快速冷却时生成了脆性 α' 相；

（3）在焊接热循环中，金属处于高温的时间较长，β 相晶粒有长大和过热的趋势。

目前，钛及钛合金的焊接在实践中已积累了丰富的经验。参考文献［1，2］也较好地反映了这些研究成果。获得优质焊接接头的基本条件是：

（1）对冶金生产的要求：限制钛中杂质的含量，首先是氧、氮、氢和碳；

（2）在纯惰性气体电弧熔焊时，对焊缝及近缝区实施可靠保护；

（3）通过选择合理的焊接规范及工艺参数，调节焊接接头金属的力学性能和组织结构；

（4）采用热处理或热机械加工法，对某些具有高强度钛合金的焊接接头进行加工。

然而，就目前而言，钛合金结构件的焊接及应用问题不能说已全部解决。在成功开发及进一步完善焊接工艺的同时，必须关注以下情况。由于钛合金的研制及在焊接构件中的应用在以一种前所未有的步伐迅速进行，在许多重大的实际问题上，用于积累经验和研究数据的时间是非常不够的。

确保焊接构件在使用中达到所要求的强度和可靠性是焊接工作者的基本任务。在钢材焊接结构应用初期，在各种使用条件下，对焊接结构的强度和服役行为的研究曾给予了极大的关注，从而促进了钢材焊接结构在各种工业和机械制造业中的广泛应用。目前，焊接已成功地制造了许多重要的钢结构工程和建筑。但是，尽管已经开展了深入的研究并积累了丰富的实践经验，由于问题的复杂性，到目前为止，有关残余应力对焊接结构强度的影响，尚无直接和单一的答案。

钛合金作为一种新型的结构材料，其焊接结构的强度问题至今尚处于开始研究阶段。近几年在文献资料中仅出现过个别报道[1~8]。对钛合金焊接结构的强度问题缺乏系统研究，对其在各种服役条件下的行为缺乏数据支持，导致钛合金难以实现在重要结构中的应用及更大规模地进行生产。钛合金所特有的性能要求对有些问题进行深入全面的研究，如焊接容器的结构强度问题以及焊接接头延迟断裂问题等。其中，在研究钛合金焊接结构强度问题时，重要的是应该了解焊接残余应力的大小与分布特点，及其对焊接结构强度性能的影响（无论是在制造过程中或是在使用条件下的影响）。为消除残余应力的不利影响，在制造钛合金焊接结构时通常还采用辅助工艺措施以去除焊接残余应力[2,9]，然而，对焊接结构中残余应力的特点，及其影响的研究不够和知之甚少，导致了毫无依据地或随意地采用这种或那种工艺措施。

研究钛合金结构焊接时残余应力的迫切性，还与解决焊接工件的变形翘曲问题紧密相关，这在航空工业制造钛合金薄壁焊接结构中是经常遇到的情况。

本篇论文旨在研究与制造钛合金薄壁焊接结构的残余应力、变形和强度相关的一系列问题。设定的目标如下：

（1）通过理论分析和直接测量，研究钛合金焊接时产生残余应力的基本规律和特点；

（2）研究残余应力在实际钛合金薄壁焊接结构件中的分布特点和数值大小；

（3）研究在钛合金薄壁构件中消除焊接残余应力可行的方法，如无保护气体的热处理、用窄轮滚压焊接接头；

（4）采用窄轮滚压焊缝的方法，研究解决钛合金薄壁结构件焊接变形的问题，制定其工艺参数和规范以推广到工业生产中；

（5）尝试评估焊接残余应力对结构强度，如对延迟断裂和结构强度的影响，探索优化焊接接头塑性的可能途径，以提高焊接结构的强度特性。

第 2 章　钛合金焊接残余应力产生的特点分析

通过大量的研究，目前，已建立了一系列理论和可用于工程近似计算焊接应力和变形的方法[10~20]。通常，这些理论是从建立在焊接钢结构件时的实际和理论数据基础上总结出来的。随着热物理性能和力学性能与钢材差别很大的铝合金和钛合金在焊接结构中的应用，在确定焊接应力和变形时，必须考虑这些特殊因素的影响。这是对现有理论的进一步完善和充实。尽管由于问题的复杂性，目前不一定能建立更精确的模型和方法来计算焊接应力和变形。

焊接钛合金或铝合金时，生成焊接应力和变形特点的现象之一是：焊接接头中的残余应力值总是低于所研究材料的屈服极限值。然而在焊接钢材时，试验数据和基于平截面假设的理论计算均表明，这些数值通常都会达到材料的屈服极限（这里并不研究与焊接接头中组织结构转变有关的残余应力）。在莫斯科鲍曼高等工学院焊接实验室所进行的对各种材料焊接残余应力的试验研究结果表明，对接焊钛合金和铝合金时，沿焊缝方向作用的残余应力的数值通常是该材料屈服极限的 50% ~70%。有关残余应力测试试验数据的详细阐述见第 3 章。为了便于对比，在表 1 中列举了钢、钛合金和铝合金典型的残余应力值。类似的数据也见诸于各文献，如参考文献［20］中给出，在堆焊 Д16T 硬铝的板边时，所获得的焊缝中最大残余拉伸应力值约为 $1820\mathrm{kgf/cm^2}$，而材料的屈服极限为 $3000\mathrm{kgf/cm^2}$。

表 1　钢、钛合金和铝合金典型的残余应力值

焊接材料	强度极限/（kgf/mm²）	屈服极限/（kgf/mm²）	焊接残余应力/（kgf/mm²）
低碳钢	37 ~ 43	21 ~ 24	21 ~ 24
退火状态下 1X18H9 奥氏体钢	50 ~ 55	28 ~ 30	25 ~ 35
工业纯钛 BT1	45 ~ 60	40 ~ 50	25 ~ 30
OT4 - 1 钛合金	60 ~ 75	47 ~ 65	30 ~ 37
退火状态下的 AMГ6 铝合金	32 ~ 34	16 ~ 17	8 ~ 12

本文的目的是尽可能接近实际地分析焊接钛合金时生成比屈服极限低的残余应力的机理，并阐明它与某些焊接工艺参数的关系。

众所周知，焊接时由于工件受到不均匀的加热和冷却，产生了热塑性变形，导致残余应力的生成。而热塑性变形的大小主要是由下列两个因素决定的：①被焊材料的热物理特性和力学特性；②金属在整个焊接热循环过程中的变形受到拘束的条件。后一组因素既包括由焊接件的结构形状所决定的因素，也包括由温度场分布特点决定的因素。下面将更详细地研究这些因素。

与钢相比，钛合金的特点是热膨胀系数小，弹性模量值也小，这些对焊接时所产生应力的大小有重大影响。为了便于比较，在表2中列出了钛合金、钢和铝合金的主要热物理特性。在确定焊接应力和变形时必须确定屈服极限σ_T和金属加热温度之间的关系。在一般情况下，这可以用曲线来表示。为简化计算，可用近似的曲线图替代反映σ_T和T之间关系的实际曲线，同时认为弹性模量在所研究温度范围内保持不变。在类似的近似曲线图中，低碳钢在温度0～500℃范围内屈服极限σ_T保持恒定值，相应的ε_T也是如此；而在500～600℃范围内，则沿线性规律下降到0[10]。在图3（a）上，用虚线显示出该曲线函数$\varepsilon_T = f(T)$。硬铝Д16T类似的曲线图[20]是用点画线表示的。图4给出了参考文献中已有的钛及钛合金σ_T和T关系的数据，从图4中可以看出，对于大多数钛合金来说，随温度升高σ_T降低的规律可以用相似的直线来表示。OT4-1钛合金的这种直线关系在图3（a）上用实线表示。为了更直观地考察上述参数α、E和$\varepsilon_T = f(T)$或$\sigma_T = f(T)$对残余应力生成的影响，采用最简单的经典例子，将杆件两端刚性固定并加热，同时假设，对于每种材料而言，α和E都是相应不变的，且与温度无关。

表2 钛合金、钢和铝合金的某些物理和力学性能

性能	低碳钢	钛合金 OT4-1	Д16T 铝合金
热膨胀系数[①]α/（1/℃）	12×10^{-6}	8.5×10^{-6}	23×10^{-6}
弹性模量[①]E/（kgf/cm²）	2.1×10^{6}	1.1×10^{6}	0.72×10^{6}
室温下的屈服极限 σ_T/（kgf/cm²）	2400	6000	3000
当$\sigma_T = 0$时，温度 T_k/℃	600	800	300
①在所研究的温度范围内取固定值。			

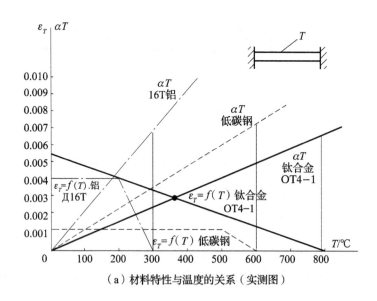

（a）材料特性与温度的关系（实测图）

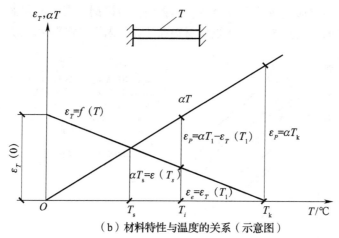

（b）材料特性与温度的关系（示意图）

图3 钢、铝合金、钛合金 $\varepsilon_T = f(T)$（a）和 $\alpha T = f(T)$（b）关系曲线图

如果杆件被加热到 T_s 温度，则杆件中产生弹性压缩变形，与其相应的压应力低于材料的屈服极限（见图3（b））。而加热到 T_1 时，产生了温升变形 αT_1，与 $\varepsilon_T(T_1)$ 弹性变形极限相比，所超出的塑性缩短变形值为 $\varepsilon_P = \alpha T_1 - \varepsilon_T(T_1)$。假设杆件被加热到 T_k，在 T_k 时金属失去了抵抗塑性变形的能力，则温升变形完全转化为塑性缩短变形 $\varepsilon_p = \alpha T_k$。当 $T > T_k$，塑性缩短变形 $\alpha(T - T_k)$ 将在冷却到 $T = T_k$ 时以同样大小的塑性拉伸变形而得到补偿，并没有积累弹性塑性变形，因此，对残余应力也不会产生影响[10]。由此可见，为确定杆件完全冷却后的残余应力值，有决定意义的是最大塑性缩短变形值 αT_k 和在室温时金属的弹性变形值 $\varepsilon_T(0)$。在刚性固定时，若 $\alpha T_k > \varepsilon_T(0)$，则最终杆件中的残余应力等于材料屈服极限；若 $\alpha T_k < \varepsilon_T(0)$，则残余应力低于材料屈服极限。只有在热膨胀系数小，而屈服极限很高的材料上，才会出现后一种情况。对于大多数机械制造中的金属材料而言，$\alpha T_k / \varepsilon_T(0)$ 大于1。在图3（a）上可以看到，对于钢而言，这个比例值约为6。这也说明在杆件从600℃降低为0℃时，产生了很大的塑性拉伸变形，几乎是弹性变形量 $\varepsilon_T(0)$ 的5倍。钛合金 OT4-1 的 $\alpha T_k / \varepsilon_T(0) = 1.2$，硬铝 Д16Т 的 $\alpha T_k / \varepsilon_T(0) = 1.7$。

很容易得出结论：虽然在刚性固定的相同情况下，所有杆件都获得了相当于材料屈服极限的残余应力，但与钢制杆件不同的是，钛合金和铝合金的杆件在冷却时的塑性拉伸变形值非常小，同时，主要的塑性缩短变形 αT_k 由弹性变形 $\varepsilon_T(0)$ 得以补偿。现在不妨想像一下，如果被加热的工件不是在完全刚性固定的条件下进行冷却，而是在有弹性让压的条件下（这在焊接中极为常见），那么部分 αT_k 也会因周围材料的弹性变形而得以补偿。在这种情况下，对于 $\alpha T_k / \varepsilon_T(0)$ 接近1的材料，冷却后的残余应力有可能将小于材料的屈服极限，这取决于周围连续介质弹性让压程度以及其他次要因素。这些条件因素将在后面进一步讨论。

在研究残余应力时，具有重要意义的热物理性能有热导率、比热容和热扩散率。在同样的加热条件下，与其他金属相比，弧焊时钛合金的加热和熔化效率非常高，是因为它的热导率 λ 低，比定容热容 c_V 小。在参考文献 [1] 中，为了对比钛合金和其他材料，绘出了在同样加热条件下钛合金、低碳钢、铬镍钢、铝合金和铜合金在准定常状态下的计算温度场（见图5）。对于这些材料在计算中采用热物理性能值（见表3）。

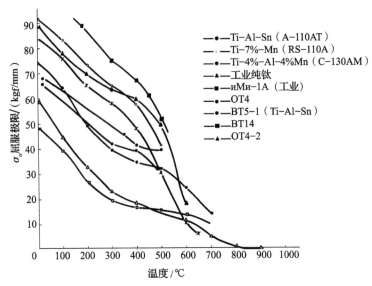

图例：
— ●— Ti-Al-Sn（A-110AT）
— — Ti-7%-Mn（RS-110A）
— ●— Ti-4%-Al-4%Mn（C-130AM）
— ▲— 工业纯钛
— ■— иМи-1A（工业）
— — OT4
— ● — BT5-1（Ti-Al-Sn）
— ■— BT14
— ▲— OT4-2

图4　不同钛合金屈服极限与温度的关系曲线

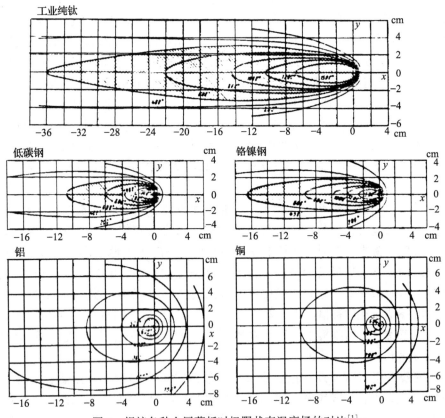

图5　焊接各种金属薄板时极限状态温度场的对比[1]

表 3　材料在计算中采用的热物理性能值

材料	热导率 λ/ ($cal^①$/cm·s·℃)	比热容 c/ (cal/g·℃)	密度 γ/ (g/cm³)	比定容热容 c_V/ (cal/cm³·℃)	热扩散率 a ($=\lambda/c\gamma$) / (cm²/s)
工业纯钛	0.04	0.152	4.5	0.68	0.06
奥氏体铬镍钢	0.06	0.145	7.8	1.13	0.053
低碳钢	0.09	0.148	7.8	1.15	0.08
铝	0.65	0.24	2.7	0.65	1.00
铜	0.90	0.106	8.94	0.95	0.95

在 5 个对比的金属中，钛合金具有最低的热导率。它的热导率是奥氏体钢的 2/3，是低碳钢的 1/2.3，是铝的 1/16，是铜的 1/23。钛合金的体积比热容比钢和铜都低，与铝合金近似。这些因素对加热超过一定温度的区域尺寸有重大影响，在其他焊接条件都相同的情况下，与其他金属相比，钛合金的等温线长度急剧增大（见图 5）。钛合金所特有的沿热源移动轴线被伸长的等温线和在热源前最密集的等温线分布以及在热源移动轴线附近热量密集程度最高，所有这些使钛合金在生成焊接应力和塑性变形的力学因素与焊接钢时有很大区别，在一定程度上对生成焊接残余应力的最终结果也会有很大影响。

如前所述，决定焊接时金属变形受到拘束的条件和程度的因素，包括结构形状因素和温度场的分布特点。说到结构形状因素，通常指被焊接构件本身的刚性和它的横截面面积等。在所获得的塑性变形量相同时，若刚性和其他条件也相同，由于钛合金的弹性模量较低，其最终的应力要比钢低。我们把温度场的分布特点同样也作为决定焊接时金属变形受到拘束的因素做了分析，这是因为热量在塑性变形区以外扩散传播时，或多或少地对正在发生塑性变形的那部分金属产生着力作用，并在一定程度上会改变其数值。在实践中可以看到焊缝金属的"自挤压"现象，就是所有这些力的因素共同作用的直观效果。

为得到一个对上述分析更为全面的理解，我们讨论不移动瞬间线热源加热无限大薄板的例子。在电弧铆接、电阻点焊和其他一些情况下均可以看到类似的应力状态。首先讨论在弹性阶段的问题，随后再讨论超越材料弹性极限的问题。

在带中心孔的圆盘上，若中心孔半径为 r_0，圆盘外径为 R，当温度呈轴对称分布时，在半径上所产生的弹性范围内的径向应力 σ_r 和切向应力 σ_θ，可以作为 $T(r)$ 的函数用弹性理论公式求得[21]

$$\sigma_r = \alpha E\Big[-\frac{1}{r^2}\int_{r_0}^{r} Tr\mathrm{d}r + \frac{1}{R^2-r_0^2}\int_{r_0}^{R} Tr\mathrm{d}r - \frac{r_0^2}{r^2(R^2-r_0^2)}\int_{r_0}^{R} Tr\mathrm{d}r \Big]$$

$$\sigma_\theta = \alpha E\Big[-T + \frac{1}{r^2}\Big]\int_{r_0}^{r} Tr\mathrm{d}r + \frac{1}{R^2-r^2} - \int_{r_0}^{R} Tr\mathrm{d}r - \frac{r_0^2}{r^2(R^2-r_0^2)}\int_{r_0}^{R} Tr\mathrm{d}r \Big]$$

(1)

---

① 1cal（卡）= 4.1868J。

当 $R \to \infty$，$r \to 0$ 时，无限大且无中心孔薄板上的应力 σ_r 和 σ_θ 可用下列方程式确定

$$\sigma_r = -\frac{\alpha E}{r^2} \int_0^r Tr\mathrm{d}r$$

$$\sigma_\theta = \alpha E \left(-T + \frac{1}{r^2} \int_0^r Tr\mathrm{d}r \right)$$

(2)

在厚 δ 的无限大薄板上由瞬间线热源 Q 引发的，并考虑散温系数 b（1/s），$b = \frac{2\alpha'}{c\gamma\delta}$。其中 α' 为散热系数（cal/（cm$^2 \cdot$ s $\cdot$ ℃）），在时间 t 内的平面传热过程，可用下式表示[22]

$$T(r, t) = \frac{Q}{4\pi\lambda\delta t} \exp\left(-\frac{r^2}{4at} - bt \right)$$

(3)

如果 $T(r, t)$ 按式（3）表示，则根据式（2），应力 σ_r 和 σ_θ 可以由下式求得

$$\sigma_r = -\frac{\alpha E}{r^2} \int_0^r \frac{Q}{4\pi\lambda\delta t} \exp\left(-\frac{r^2}{4at} - bt \right) r\mathrm{d}r =$$

$$-\frac{\alpha E Q \mathrm{e}^{-bt}}{4\pi\lambda\delta t r^2} (-2at) \int_0^r \mathrm{e}^{-\frac{r^2}{4at}} \mathrm{d}\left(-\frac{r^2}{4at} \right) =$$

$$-\frac{\alpha E Q a \mathrm{e}^{-bt}}{2\pi\lambda\delta r^2} (1 - \mathrm{e}^{-\frac{r^2}{4at}})$$

(4)

$$\sigma_\theta = -\frac{\alpha E Q}{4\pi\lambda\delta t} \mathrm{e}^{-\frac{r^2}{4at} - bt} + \frac{\alpha E}{r^2} \int_0^r \frac{Q}{4\pi\lambda\delta t} \exp\left(-\frac{r^2}{4at} - bt \right) r\mathrm{d}r =$$

$$-\frac{\alpha E Q}{4\pi\lambda\delta t} \mathrm{e}^{-\frac{r^2}{4at} - bt} + \frac{\alpha E Q a \mathrm{e}^{-bt}}{2\pi\lambda\delta r^2} (1 - \mathrm{e}^{-\frac{r^2}{4at}}) =$$

$$-\frac{\alpha E Q a \mathrm{e}^{-bt}}{2\pi\lambda\delta r^2} \left[\mathrm{e}^{-\frac{r^2}{4at}} \left(1 + \frac{r^2}{2at} \right) - 1 \right]$$

对于钛合金而言，当 $\alpha = 0.06$、$b = 0.039$，而 $t = 10\mathrm{s}$ 时（任意选定的时刻），根据式（4）计算出的应力 σ_r 和 σ_θ 列于表 4，并见图 6，同时应注意

$$\lim_{r \to 0} \frac{1}{r^2} (1 - \mathrm{e}^{-\frac{r^2}{4at}}) = \lim_{r \to 0} \frac{\mathrm{e}^{-\frac{r^2}{4at}} \cdot \frac{r}{2at}}{2r} = \frac{1}{4at}$$

对于 $r = 0$ 的点有下列等式

$$\sigma_r = \sigma_{\theta_0} = \sigma_0; \quad \sigma_0 = -\frac{\alpha E Q}{8\pi\lambda\delta} \cdot \frac{\mathrm{e}^{-0.39}}{10}$$

表 4　根据式（4）计算出的应力 σ_r 和 σ_θ

r	σ_r	σ_θ
0	σ_0	σ_0
0.5	—	$+0.8\sigma_0$
1	$0.85\sigma_0$	$+0.5\sigma_0$
1.5	—	$+0.13\sigma_0$
2	$0.49\sigma_0$	$-0.112\sigma_0$
3	$0.26\sigma_0$	$-0.207\sigma_0$
5	$0.096\sigma_0$	$-0.096\sigma_0$
10	$0.024\sigma_0$	$-0.024\sigma_0$

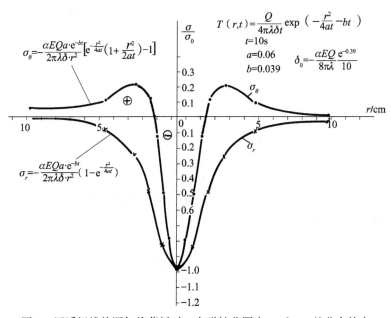

图 6　用瞬间线热源加热薄板时，在弹性范围内 σ_r 和 σ_θ 的分布特点

为了更细致地分析应力状态，可以采取以下方法。如果将式（2）中 σ_r 值乘以 2π，并除以 2π，则

$$\sigma_r = -\alpha E \frac{1}{2\pi r^2} \int_0^r T 2\pi r \mathrm{d}r = \frac{\alpha E T_{平均}(r)}{2}$$

不难得出结论：半径 r 上的径向应力，是由半径为 r 圆盘上的 1/2 平均热膨胀变形值确定的。同样，对于切向应力的方程式是

$$\sigma_\theta = -\alpha E T + \alpha E \frac{1}{2\pi r^2} \int_0^r T 2\pi r \mathrm{d}r = -\alpha E T + \frac{\alpha E T_{平均}(r)}{2}$$

即半径 r 上的应力 σ_θ 值是由半径 r 上的热应变和半径为 r 圆盘的 1/2 平均热膨胀值相加

而得的变形值所决定的。

因此，对于无限大的薄板而言，当温度场为轴对称时，在半径 r 圆盘以外的热量传播对该圆盘内的应力值不会有影响，它仅只是由圆盘内部的热变形所决定的。同时应该指出，在半径为 r 圆盘的平均热变形 $\alpha T_{平均}$（r）作用下，在圆盘以外的金属也会相应地发生变形，这样在半径 r 上的径向应力 σ_r 是由最终变形 $\dfrac{\alpha T_{平均}（r）}{2}$ 确定的。

实际上，如果我们研究带有半径为 r_0 的中央孔的无限大薄板的应力状态，而温度场为轴对称分布时，可以看到：当热量在无限大薄板上传播时，半径为 r_0 的孔边并不伴随有位移；即温度分布呈轴对称时，孔的边缘始终是不移动的。可以用简单的计算来确认这一论点。如果薄板上在半径 r_0 处的应力是已知的，则径向位移 U 可按下式进行计算

$$U = r_0 \varepsilon_\theta = r_0 \left[\frac{1}{E} \left(\sigma'_\theta \underset{r=r_0}{} - \mu \, \sigma'_r \underset{r=r_0}{} \right) + \alpha T \right] \tag{5}$$

可从式（4）中轻易地确定带有半径为 r_0 中央孔的无限大薄板的热应力 σ'_r 和 σ'_θ，若在薄板中央切下半径为 r_0 的圆盘，并在孔边施加强度为 $q = -\sigma_{r(r=r_0)}$ 的载荷，由载荷 q 引起的带中央孔的无限大薄板上的应力，用 σ''_r 和 σ''_θ 来表示，则

$$q = -\sigma_r \underset{r=r_0}{} = \frac{\alpha E Q a e^{-bt}}{2\pi\lambda\delta r_0^2} \left(1 - e^{-\frac{r^2}{4at}} \right)$$

$$\sigma''_r = q \frac{r_0^2}{r^2} = \frac{\alpha E Q a e^{-bt}}{2\pi\lambda\delta r_0^2} \cdot \frac{r_0^2}{r^2} \left(1 - e^{-\frac{r_0^2}{4at}} \right)$$

$$\sigma''_\theta = -q \frac{r_0^2}{r^2} = -\frac{\alpha E Q a e^{-bt}}{2\pi\lambda\delta r_0^2} \cdot \frac{r_0^2}{r^2} \left(1 - e^{-\frac{r_0^2}{4at}} \right)$$

于是，当 $r > r_0$ 时，应力 σ'_r 和 σ'_θ 是由 σ''_r 和 σ''_θ 与无孔的无限大薄板的应力相加求得

$$\sigma'_r = \sigma_r + \sigma''_r =$$

$$-\frac{\alpha E Q a e^{-bt}}{2\pi\lambda\delta r^2} \left(1 - e^{-\frac{r^2}{4at}} \right) + \frac{\alpha E Q a e^{-bt}}{2\pi\lambda\delta r^2} \left(1 - e^{-\frac{r^2}{4at}} \right) =$$

$$-\frac{\alpha E Q a e^{-bt}}{2\pi\lambda\delta r^2} \left(e^{-\frac{r_0^2}{4at}} - e^{-\frac{r^2}{4at}} \right)$$

$$\sigma'_\theta = \sigma_\theta + \sigma''_\theta =$$

$$-\frac{\alpha E Q a e^{-bt}}{2\pi\lambda\delta r^2} \left[e^{-\frac{r^2}{4at}} \left(1 + \frac{r^2}{2at} \right) - 1 \right] + -\frac{\alpha E Q a e^{-bt}}{2\pi\lambda\delta r^2} \left(1 - e^{-\frac{r_0^2}{4at}} \right) =$$

$$-\frac{\alpha E Q a e^{-bt}}{2\pi\lambda\delta r^2} \left[\left(1 + \frac{r^2}{2at} \right) e^{-\frac{r^2}{4at}} - e^{-\frac{r_0^2}{4at}} \right]$$

$$\tag{6}$$

在半径为 r_0 孔边，即当 $r = r_0$ 时，根据式（6），则应力为

$$\sigma'_r \underset{r=r_0}{} = 0$$

$$\sigma'_\theta \underset{r=r_0}{} = -\frac{\alpha E Q}{4\pi\lambda\delta t} \exp\left(-\frac{r_0^2}{4at} - bt \right)$$

那么，根据式（5），半径为 r_0 孔边的径向位移等于

$$U = r_0 \left(\frac{1}{E} \sigma'_{\theta} \Big|_{r=r_0} + \alpha T_{r_0} \right) =$$

$$r_0 \left[-\frac{\alpha Q}{4\pi\lambda\delta t} \exp\left(-\frac{r_0^2}{4at} - bt \right) + \frac{\alpha Q}{4\pi\lambda\delta t} \exp\left(-\frac{r_0^2}{4at} - bt \right) \right] = 0$$

从以上用线热源加热无限大薄板在弹性范围内的例子可得出如下结论：

（1）薄板的中央部位产生了明显的压应力 σ_r 和 σ_{θ}，在其他相同的条件下，随系数 a 增大，应力亦增大。另外，从式（4）可知 σ_r 和 σ_{θ} 值与 αE 乘积成正比，如果低碳钢的 $\alpha E = 25$，则对于钛合金 $\alpha E = 9.4$。因此当温度场分布条件相同时，钛合金上的应力是钢上的应力的 $1/3 \sim 1/2$。

（2）加热时生成的塑性变形，只是由塑性变形区内的热变形和应力而确定，同时考虑周围金属的弹性让压，而在该区以外的热传播对塑性变形的生成没有影响，钛合金薄板在点加热时生成塑性变形的详细研究将在后面阐述。

（3）有关在薄板边远部位的温度传播会增大中央部位塑性变形的观点，不能认为是有根据的[19]。有可能，类似现象出现在薄板对接弧焊。在这种情况下，等温线沿轴线延伸，破坏了等温线相对于坐标原点的轴对称性。如在参考文献［23］中例举了瞬间移动热源加热薄板时板边凸起的情形：一方面，凸起值由凸起部位的热膨胀值决定；另一方面，由薄板边远部位的热传播而决定。

在参考文献［24］中，给出了采用不移动的集中加热无限大钢板产生塑性变形及残余应力的近似表述。采用点焊时，该问题更准确的求解见参考文献［19］，在参考文献［15，25］中也有所涉及。正如所预计的，在钢板加热区的中央产生了明显的塑性变形，而残余应力的峰值总是与材料在室温时的屈服极限值相等。我们也采用参考文献［19］的计算方法来分析钛合金生成焊接残余应力应变的特点，为的是在解决类似问题时将理论数据与实验结果相对比。在参考文献［19］中，低碳钢的屈服极限认为是恒定不变的，一直到 600℃ 的温度；而在我们的分析中，考虑到钛的特点，将屈服极限 σ_T 和金属温度之间的关系取为直斜线。对于 OT4 - 1 钛合金的这种直斜线关系可以用式（7）表示

$$\sigma_T = \sigma_T (0) \left(1 - \frac{T}{T_k} \right) \tag{7}$$

在图 3（a）上，这个关系用实线表示，即与 $\varepsilon_T (0) = 54 \times 10^{-4}$ 相对应的 $\sigma_T (0) = 6000 \text{kgf/cm}^2$，而 $T_k = 800℃$。

基于塑性理论的轴对称问题的求解，也就是研究在切向应力相等的条件下，弹塑性区和弹性区的平衡。如果考察内半径为 a_0 和外径为 b_0 的弹塑性变形的环（见图 7），则有以下等式

$$(\sigma_{\theta})_{r=b_0 \text{弹塑性区}} = (\sigma_{\theta})_{r=b_0 \text{弹性区}}$$

同时，以最大切向应力恒定不变为标志的材料屈服条件，对于符号相同的 σ_1 和 σ_2 $(\sigma_1 \cdot \sigma_2 \geq 0)$ 可用下式表示[29]

$$|\sigma_1| = 2\tau_T = \sigma_T, \text{ 或 } |\sigma_2| = 2\tau_T = \sigma_T$$

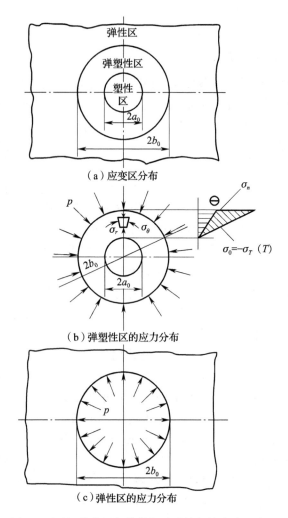

图 7　用瞬间线热源加热薄板时计算焊接应力示意图

对于轴对称问题，当双向应力（切向和径向）都是主应力，且 $r=a_0$，$\sigma_r=0$ 时，则屈服条件是

$$\sigma_\theta = -\sigma_T\ (T) \tag{8}$$

从环中切下的单元平衡方程式为

$$\frac{\mathrm{d}\sigma_r}{\mathrm{d}r} \cdot r = \sigma_\theta - \sigma_T \tag{9}$$

因为在环的范围内式（8）成立，则可用式（7）代替 σ_θ，同时考虑，温度按式（3）分布，则式（9）可以改写为

$$\frac{\mathrm{d}\sigma_r}{\mathrm{d}r} \cdot r = -\frac{\sigma_T\ (0)}{T_k}\left(T_k - \frac{Q\mathrm{e}^{-bt}}{4\pi\lambda\delta t}\mathrm{e}^{-\frac{r^2}{4at}} \right) - \sigma_r \tag{10}$$

用如下符号代替固定值

$$G = -\sigma_T (0)$$

$$D = \frac{\sigma_T (0)}{T_k} \cdot \frac{Q e^{-bt}}{4\pi\lambda\delta t}$$

$$B = \frac{1}{4at}$$

则式（10）可改写为

$$\frac{\mathrm{d}\sigma_r}{\mathrm{d}r} \cdot r = G + De^{-Br^2} - \sigma_r \tag{11}$$

平衡微分方程式是非齐次性的，用 ρ 替换变数 r，求解该微分方程，则有

$$\rho = \ln r, \quad r = e^\rho, \quad r^2 = e^{2\rho}; \quad \frac{\mathrm{d}\rho}{\mathrm{d}r} = \frac{1}{r}$$

由此

$$\frac{\mathrm{d}\sigma_r}{\mathrm{d}r} = \frac{\mathrm{d}\sigma_r}{\mathrm{d}\rho}\frac{\mathrm{d}\rho}{\mathrm{d}r} = \frac{\mathrm{d}\sigma_r}{\mathrm{d}\rho} \frac{1}{r}$$

或

$$\frac{\mathrm{d}\sigma_r}{\mathrm{d}r} \cdot r = \frac{\mathrm{d}\sigma_r}{\mathrm{d}\rho}$$

代入式（11），得到

$$\frac{\mathrm{d}\sigma_r}{\mathrm{d}\rho} + \sigma_r = G + De^{-Be^{2\rho}} \tag{12}$$

将 $e^{-Be^{2\rho}}$ 分解为级数

$$e^{-Be^{2\rho}} = 1 + \frac{-Be^{2\rho}}{1!} + \frac{(-Be^{2\rho})^2}{2!} + \frac{(-Be^{2\rho})^3}{3!} + \cdots + \frac{(-Be^{2\rho})^n}{n!} + \cdots =$$

$$1 - \frac{Be^{2\rho}}{1!} + \frac{B^2 e^{4\rho}}{2!} - \frac{B^2 E^{6\rho}}{3!} + \cdots$$

式（12）可改写为

$$\frac{\mathrm{d}\sigma_r}{\mathrm{d}\rho} + \sigma_r = G + D - D\left(Be^{2\rho} - \frac{B^2 e^{4\rho}}{2!} + \frac{B^3 B^{6\rho}}{3!} - \cdots\right) \tag{13}$$

非齐次微分方程式（13）的通解由两部分组成

$$\sigma_r = \bar{\sigma}_r + \sigma_r^*$$

其中，$\bar{\sigma}_r$ 是无右边部分齐次微分方程式 $\dfrac{\mathrm{d}\sigma_r}{\mathrm{d}\rho} + \sigma_r = 0$ 的解，很容易看到，$\bar{\sigma}_r = c \cdot e^{-\rho}$，$c$ 是积分常数。

σ_r^* 是带右边部分的非齐次微分方程式（13）的特殊解，以如下形式寻求

$$\sigma_r^* = \alpha + \beta (\gamma e^{2\rho} + \delta e^{4\rho} + \varepsilon e^{6\rho} + \cdots)$$

寻求上式中常数 α、β、γ

$$\frac{\mathrm{d}\sigma_r^*}{\mathrm{d}\rho} = \beta (2\gamma e^{2\rho} + 4\delta e^{4\rho} + 6\varepsilon_e e^{6\rho} + \cdots)$$

$$\frac{\mathrm{d}\sigma_r^*}{\mathrm{d}\rho} + \sigma_r^* = \alpha + \beta\gamma (2+1) e^{2\rho} + \beta\delta (4+1) e^{4\rho} + \beta\varepsilon (6+1) e^{6\rho} + \cdots \tag{14}$$

对比式（13）和式（14）得到

$$\alpha = G + D; \quad \beta = -D$$

$$\gamma = \frac{B}{2+1}; \quad \delta = -\frac{B^2}{2!\ (4+1)}; \quad \varepsilon = \frac{B^3}{3!\ (6+1)}; \quad \cdots$$

因此，非齐次微分方程式的通解是

$$\sigma_r = \bar{\sigma}_r + \sigma_r^* =$$

$$c \cdot e^{-\rho} + G + D - D \cdot \left(\frac{B}{2+1} e^{2\rho} - \frac{B^2}{2!\ (4+1)} e^{4\rho} + \frac{B^3}{3!\ (6+1)} e^{6\rho} - \right.$$

$$\left. \cdots + (-1)^{n+1} \frac{B^n}{n!\ (2n+1)} e^{2n\rho} \cdots \right)$$

反向替换 $\rho = \ln r$，得到

$$\sigma_r = c \cdot e^{-\ln r} + G + D - D \left(\frac{B}{2+1} e^{2\ln r} - \frac{B^2}{2!\ (4+1)} e^{4\ln r} + \frac{B^3}{3!\ (6+1)} e^{6\ln r} + \right.$$

$$\left. \cdots (-1)^{n+1} \frac{B^n}{n!\ (2n+1)} e^{2n\ln r} \cdots \right)$$

因为，如果 $e^{-\ln r} = A$，即 $-\ln r \ln e = \ln A$，或 $-\ln r = \ln A$，$A = \frac{1}{r}$，则 $e^{-\ln r} = \frac{1}{r}$。相类似地，$e^{2n\ln r} = N$，$2n\ln r \ln e = \ln N$，$N = r^{2n}$，则 $e^{2n\ln r} = r^{2n}$。

可以将 σ_r 表达式转化为

$$\sigma_r = c \frac{1}{r} + G + D - D \left(\frac{Br^2}{1!\times 3} - \frac{B^2 r^4}{2!\times 5} + \frac{B^3 r^6}{3\times 7} + \cdots + (-1)^{n+1} \frac{B^n r^{2n}}{n!\ (2n+1)} + \cdots \right)$$

或

$$\sigma_r = c \frac{1}{r} + G + D - D \sum_{n=1,2,\cdots}^{n=\infty} (-1)^{n+1} \frac{B^n r^{2n}}{n!\ (2n+1)}$$

积分常数 c 由边界条件确定：当 $r = a_0$，有 $\sigma_r = 0$，于是

$$0 = c \frac{1}{a_0} + G + D - D \sum_1^\infty (-1)^{n+1} \frac{B^n a_0^{2n}}{n!\ (2n+1)}$$

由此得出

$$c = -a_0 \ (G+D) \ + a_0 D \sum_1^\infty (-1)^{n+1} \frac{B^n a_0^{2n}}{n!\ (2n+1)}$$

最后，σ_r 的方程式变为

$$\sigma_r = \ (G+D) \ \left(1 - \frac{a_0}{r} \right) + D \left[\frac{a_0}{2} \sum_1^\infty (-1)^{n+1} \frac{B^n a_0^{2n}}{n!\ (2n+1)} - \sum_1^\infty (-1)^{n+1} \frac{B^n r^{2n}}{n!\ (2n+1)} \right]$$

$$(15)$$

在 σ_r 的表达式中有符号相间的级数 $\sum (-1)^{n+1} \frac{x^n}{n!\ (2n+1)}$（这时 $x = Ba_0^2$），如果

能证明符号不变的级数 $\sum \frac{x^n}{n!\ (2n+1)}$ 是收敛的，则上式是完全收敛的。

因为

$$\frac{x^n}{n!}\frac{x^n}{n!\ (2n+1)}$$

所以，当 $|x|<\infty$ 时，级数

$$e^x=1+\frac{x}{1!}+\frac{x^2}{2!}+\frac{x^3}{3!}+\cdots+\frac{x^n}{n!}+\cdots$$

是收敛的。由此，级数 $\dfrac{x^n}{n!\ (2n+1)}$ 也是收敛的。

因此，σ_r 表达式中所含的 $\sum\ (-1)^{n+1}\dfrac{(Ba_0{}^2)^n}{n!\ (2n+1)}$ 类型的级数是完全收敛的，采用式（15）可以将 σ_r 的数值很容易计算到所需要的精确度。

所以，当 $a_0\leqslant r\leqslant b_0$ 时

$$\sigma_\theta=\frac{-\sigma_T\ (0)}{T_k}\ (T_k-T)\ =-\sigma_T\ (0)\ \left(1-\frac{T}{T_k}\right)$$

$$\sigma_r=\ (G+D)\ (1-\frac{a_0}{r})\ - \tag{16}$$

$$\frac{D}{r}\sum\ (-1)^{n+1}\frac{B^n}{n!\ (2n+1)}\ (r^{2n+1}-a_0{}^{2n+1})$$

弹性变形区 $b_0\leqslant r\leqslant\infty$ 中的应力则是所假定的径向载荷 $p=-\sigma_{r(r=b_0)}$（见图 7（c））引起的 σ'' 与热应力 σ' 之和，即当 $b_0\leqslant r\leqslant\infty$ 时

$$\sigma_r=\sigma_r''+\sigma_r'$$
$$\sigma_\theta=\sigma_\theta''+\sigma_\theta'$$

其中

$$\sigma_r''=-\frac{pb_0^2}{r^2}\quad \sigma_\theta''=\frac{pb_0^2}{r^2}$$

而

$$p=-\sigma_r\Big|_{r=b_0}=-\ (G+D)\ \left(1-\frac{a_0}{r}\right)+\frac{D}{b_0}\sum\ (-1)^{n+1}\cdot\frac{B^n}{n!\ (2n+1)}\ (b_0^{2n+1}-a_0^{2n+1})$$

$$\tag{17a}$$

根据式（1），当 $r_0=b_0$，$R\to\infty$ 时，有

$$\sigma_r'=-\frac{\alpha E}{r_2}\int_{b_0}^r Tr\mathrm{d}r$$

$$\sigma_\theta'=\alpha E\left[-T+\frac{1}{r^2}\int_{b_0}^r Tr\mathrm{d}r\right]$$

或根据式（6），采用同样的方法确定 σ_r'' 和 σ_θ''，那么对于 $b_0\leqslant r\leqslant\infty$，则得到

$$\sigma_r=-\frac{pb_0^2}{r^2}-\frac{\alpha EQae^{-bt}}{2\pi\lambda\delta r^2}\ (e^{-\frac{b_0^2}{4at}}-e^{-\frac{r^2}{4at}})$$

$$\sigma_\theta=\frac{pb_0^2}{r^2}-\frac{\alpha EQae^{-bt}}{2\pi\lambda\delta r^2}\cdot\left[\left(1+\frac{r^2}{2at}\right)e^{-\frac{r^2}{4at}}-e^{-\frac{b_0^2}{4at}}\right]$$

$$\tag{17b}$$

至此，弹性塑性变形区的边界 $r=b_0$，只是取了一个设定值，并没有最后确定。正

如前文所述，它是由下列条件决定

$$(\sigma_\theta)_{\substack{r=b_0 \\ \text{塑性}}} = (\sigma_\theta)_{\substack{r=b_0 \\ \text{弹塑性}}}$$

即一方面 $(\sigma_\theta)_{r=b_0}$ 是根据式（16）确定

$$(\sigma_\theta)_{r=b_0} = -\sigma_T(0)\left(1 - \frac{T}{T_k}\right)$$

而另一方面，当 $r = b_0$ 时，$(\sigma_\theta)_{r=b_0}$ 根据式（17）确定

$$(\sigma_\theta)_{r=b_0} = p - \frac{\alpha EQ}{4\pi\lambda\delta t}\exp\left(-\frac{b^2}{4at} - bt\right) = p - \alpha ET_{b_0}$$

将这些数值对等，得到

$$p - \alpha ET_{b_0} = -\sigma_T(0)\left(1 - \frac{T}{T_k}\right)$$

由此，可通过温度 T_{b_0} 值，确定 b_0 值

$$\left(\frac{\sigma_T(0)}{T_k} + \alpha E\right)T_{b_0} = p + \sigma_T(0)$$

或

$$T_{b_0} = \frac{p + \sigma_T(0)}{\dfrac{\sigma_T(0)}{T_k} + \alpha E} \tag{18}$$

从式（18）可以看出，由于 p 是 a_0 和 r 的函数，即 $p = f(a_0, r)$，则对于给定材料，当 a_0 值为已知，当 α、E、$T(0)$ 和 T_k 为常数时，T_{b_0} 值仅只是 r 的函数，即 $T_{b_0} = f(r)$。在根据式（3）给定的温度分布下，由式（3）和式（18）相对于 r 共同求解，可以获得 b_0 的值；用作图法则更为便捷，画出 $T_{b_0} = f(r)$ 的关系曲线，将它与 $T = f(r)$ 关系相重叠，曲线的交叉点即为 $r = b_0$，同样，$T(r) = T_{b_0}$。

为比较根据上述方法得到的计算结果与测量值的一致性，在厚 1.5mm、尺寸为 100mm × 100mm 的 OT4 – 1 钛合金试件上进行焊接残余应力的测试，在每个试件中心用专门的电弧铆接设备设置了焊点。焊接是在氩气中进行的，焊接规范示于图 8。焊接电流是阶梯式改变，并在计算中采用了持续 2.12s 的当量焊接电流 $I_{当量} = 135$A。根据式（3）计算出的试件上温度分布的热等时线，如图 8 所示。用于计算的原始数据如下：$I_焊 = 135$A，$U = 11$V，$t_焊 = 2.12$s；在氩气中电弧加热金属的热有效系数 $\eta_u = 0.55$。热量是

$$Q = \eta_u \cdot 0.24IUt = 0.55 \cdot 0.24 \cdot 135 \cdot 11 \cdot 2.12 = 415 \text{（cal）}$$

另有

$$\lambda = 0.04 \text{（cal/（cm·s·℃））}; \quad a = 0.06 \text{（cm}^2\text{/s）};$$
$$b = 0.039 \text{（1/s）}; \quad \delta = 0.15 \text{（cm）}$$

计算表明，对应于 $T_k = 800$℃ 等温线最大半径的时刻稍小于 3s，而电流传输的实际时间为 3s。当 $t = 3$s 时，对塑性变形和弹塑性变形最大值的计算给出，塑性变形区（加热温度超过 $T_k = 800$℃ 区）的半径为：$a_0 = 0.7$cm（见图 8）。用作图的方法确定弹塑性变形区边界的 b_0 值，对于 OT4 – 1 有

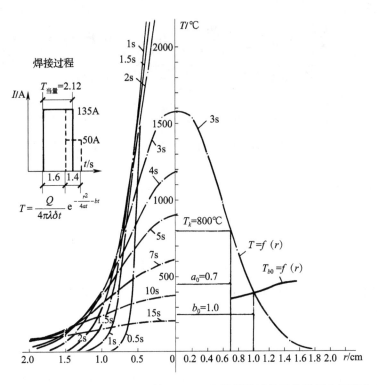

图 8　尺寸为 100mm × 100mm × 1.5mm 的 OT4 – 1 电铆焊接试件焊接循环和温度分布等时线

$$E = 1.1 \times 10^6 \ (\mathrm{kgf/cm^2})$$

$$\alpha = 8.5 \times 10^{-6} \ (1/\text{℃})$$

$$\sigma_T \ (0) = 6000 \ (\mathrm{kgf/cm^2})$$

$$T_k = 800 \ (\text{℃})_\circ$$

为绘制 $T_{b_0} = f \ (r)$ 关系曲线，首先应根据式 (17a) 确定函数 $p = f \ (r)$ 的数值，此时用变量 $0.7 \leqslant r \leqslant \infty$ 代替 b_0。作为一个实例，当 $r = 0.8$ 时，计算 p 值

$$G = -\sigma_T \ (0) = -6000 \ (\mathrm{kgf/cm^2})$$

$$D = \frac{\sigma_T \ (0)}{T_k} \frac{Qe^{-bt}}{4\pi\lambda\delta t} = \frac{6000}{800} \frac{415 \times e^{-0.039 \cdot 3}}{4\pi \times 0.04 \times 0.15 \times 3} = 12200 \ (\mathrm{kgf/cm^2})$$

$$B = \frac{1}{4at} = \frac{1}{4 \times 0.06 \times 3} = 1.39 \ (\mathrm{cm^2})$$

当 $r = 0.8$ 时，代入式 (17a)，得到

$$p = - \ (G + D) \left(1 - \frac{a_0}{r}\right) + \frac{D}{r} \sum \ (-1)^{n+1} \frac{B^n}{n! \ (2n+1)} \ (r^{2n+1} - a_0^{2n+1}) =$$

$$- \ (-6000 + 12200) \left(1 - \frac{0.7}{0.8}\right) + \frac{12200}{0.8} \sum \ (-1)^{n+1} \frac{1.39^n}{n! \ (2n+1)} \times$$

$$(0.8^{2n+1} - 0.7^{2n+1}) = -6200 \times 0.125 + 15250 \times$$

$$\sum \ (-1)^{n+1} \frac{1.39^n}{n! \ (2n+1)} \ (0.8^{2n+1} - 0.7^{2n+1})$$

单独计算

$$\sum (-1)^{n+1} \frac{1.39^n}{n!(2n+1)} (0.8^{2n+1} - 0.7^{2n+1}) =$$

$$\frac{1.39}{3} (0.8^3 - 0.7^3) - \frac{1.39^2}{2 \times 5} (0.8^5 - 0.7^5) +$$

$$\frac{1.39^3}{6 \times 7} (0.8^7 - 0.7^7) - \frac{1.39^4}{24 \times 9} (0.8^9 - 0.7^9) + \cdots =$$

$$0.079 - 0.031 + 0.0081 - 0.000094 + \cdots = 0.056$$

于是

$$p = -6200 \times 0.125 + 15250 \times 0.025 = -775 + 860 = 85 \ (\text{kgf/cm}^2)$$

当 $r = 0.8$ 时，根据式 (18)，很容易确定 T_{b_0}

$$T_{b_0} = \frac{p + \sigma_T (0)}{\frac{\sigma_T (0)}{T_k} + \alpha E} = \frac{85 + 6000}{\frac{6000}{800} + 8.5 \times 1.1} = \frac{6085}{16.85} = 356 \ (\text{℃})$$

对于其他的 r 值，所计算的 p 和 T_{b_0} 值列于表 5，同时，以曲线的形式示于图 8。这些曲线的交叉点是 $r = b_0 = 1.0 \text{cm}$。这说明：弹塑性变形区是由半径为 $b_0 = 1.0 \text{cm}$ 的圆标出。

确定了塑性变形区和弹塑性变形区的边界 a_0 和 b_0 值之后，对于给定的时刻 $t = 3\text{s}$ 就很容易根据式 (16)，$a_0 \leqslant r \leqslant b_0$ 及根据式 (17)，$b_0 \leqslant r \leqslant \infty$ 确定整块薄板上的应力分布值。计算所得应力 σ_r 和 σ_θ 的值列于表 6 ~ 表 7，并示于图 9。

表 6 对于 $a_0 \leqslant r \leqslant b_0$ 或 $0.7 \leqslant r \leqslant 1.0$，根据式 (16)：

表 5　其他 r 值所计算的 p 和 T_{b_0} 值

r/cm	0.6	0.7	0.8	1.0	1.2	1.4	1.5
$p \ (= -\sigma) \ / \ (\text{kgf/cm}^2)$	0	0	85	400	110	140	—
$T_{b_0}/\text{℃}$	—	356	370	389	430	450	—
$T_r/\text{℃}$	990	—	675	395	—	—	73

表 6　$a_0 \leqslant r \leqslant b_0$，计算所得的 σ_r 和 σ_θ 值

r/cm	$T_r/\text{℃}$	$\sigma_r \ (= -p) \ / \ (\text{kgf/cm}^2)$	$\sigma_\theta \ (= \sigma_T (T)) \ / \ (\text{kgf/cm}^2)$
$a_0 = 0.7$	800	0	0
0.8	675	-85	-930
0.9	530	—	-2020
$b_0 = 1.0$	395	-400	-3200

表 7 对于 $b_0 \leqslant r \leqslant \infty$ 或 $1.0 \leqslant r \leqslant \infty$，根据式 (17)：

表 7　$b_0 \leqslant r \leqslant \infty$，计算所得的 σ_r 和 σ_θ 值

r/cm	$T_r/\text{℃}$	σ_r（$= \sigma_r'' + \sigma_r'$）/（kgf/cm^2）	σ_θ（$= \sigma_\theta'' + \sigma_\theta'$）/（$\text{kgf/cm}^2$）
$b_0 = 1.0$	395	$-400 + 0 = -400$	$400 - 3600 = -3200$
1.1	320	$-365 - 275 = -640$	$365 - 2480 = -2115$
1.2	250	$-278 - 415 = -693$	$278 - 1600 = -1322$
1.4	130	$-204 - 490 = -694$	$204 - 510 = -306$
1.6	50	$-157 - 453 = -610$	$157 + 8.7 \approx +166$
2.0	—	$-100 - 320 = -420$	$100 + 247 = +347$
2.4	—	$-70 - 226 = -296$	$70 + 210 = +280$

焊点的残余应力可以通过时间为 $t = 3\text{s}$ 相当于等温线 $T_k = 800\text{℃}$ 的最大半径时得到的塑性变形的大小和分布特点来确定。采用下列关系式来计算试件变形[19]。

应变的分量

$$\varepsilon_r = \varepsilon_r^{\text{e}} + \varepsilon_r^{\text{p}} + \alpha T \tag{19a}$$

$$\varepsilon_\theta = \varepsilon_\theta^{\text{e}} + \varepsilon_\theta^{\text{p}} + \alpha T \tag{19b}$$

$$\varepsilon_z = \varepsilon_z^{\text{e}} + \varepsilon_z^{\text{p}} + \alpha T \tag{19c}$$

应变的相容性条件

$$\varepsilon_r - \varepsilon_\theta = r \frac{\text{d}\varepsilon_\theta}{\text{d}r} \tag{19d}$$

由塑性理论可得

$$\frac{\varepsilon_\theta^{\text{p}} - \varepsilon_z^{\text{p}}}{\varepsilon_r^{\text{p}} - \varepsilon_z^{\text{p}}} = \frac{\sigma_\theta}{\sigma_r} \tag{19e}$$

$$\text{当 } \sigma_z = 0 \text{ 时}, \ \varepsilon_r^{\text{p}} + \varepsilon_\theta^{\text{p}} + \varepsilon_z^{\text{p}} = 0 \tag{19f}$$

式中：ε^{e}——应变的弹性分量；

ε^{p}——应变的塑性分量。

在平面应力状态下，当 $\sigma_z = 0$，而应力 σ_r 和 σ_θ 为已知的条件下，很容易根据下面的方程式确定应变的弹性分量

$$\varepsilon_r^{\text{e}} = \frac{1}{E}（\sigma_r - \mu\sigma_\theta）$$

$$\varepsilon_\theta^{\text{e}} = \frac{1}{E}（\sigma_\theta - \mu\sigma_r） \tag{20}$$

$$\varepsilon_z^{\text{e}} = -\frac{\mu}{E}（\sigma_r - \sigma_\theta）$$

表 8 列出了根据式（20）得到的应变弹性分量值。OT4 - 1 钛合金的泊松比取 $0.3^{[27]}$。热应变的分量值列于表 9。

采用下列步骤确定 $a_0 \leqslant r \leqslant b_0$ 范围内塑性应变的分量：从式（19e）和式（19f）有

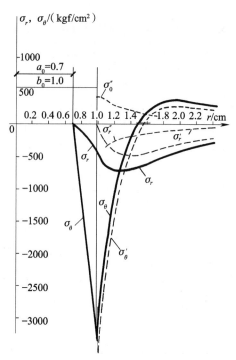

图 9 用线热源轴对称加热薄板，当时刻为 $t = 3\text{s}$ 时，σ_r 和 σ_θ 超越弹性范围后的分布图

$$\varepsilon_r^p = \varepsilon_\theta^p \frac{2\sigma_r - \sigma_\theta}{2\sigma_\theta - \sigma_r} \tag{19g}$$

将此方程式代入式（19a），减去式（19b），进行恒等变换，得到

$$r \cdot \frac{d\varepsilon_\theta}{dr} = \frac{1+\mu}{E} (\sigma_r - \sigma_\theta) + \varepsilon_\theta^p \frac{3 (\sigma_r - \sigma_\theta)}{2\sigma_\theta - \sigma_r}$$

由式（19b）获得 ε_θ^p 值

$$\varepsilon_\theta^p = \varepsilon_\theta - \alpha T - \frac{1}{E} (\sigma_\theta - \mu\sigma_r)$$

代入上式，获得微分方程式如下

表 8 弹性应变分量

r/cm	$\sigma_r/$（kgf/cm^2）	$\sigma_\theta/$（kgf/cm^2）	$\varepsilon_r^e \cdot 10^{-4}$	$\varepsilon_z^e \cdot 10^{-4}$	$\varepsilon_z^e \cdot 10^{-4}$
0.7	0	0	0	0	0
0.8	-85	-930	$+1.86$	-8.6	$+2.9$
0.9	-225	-2020	$+3.66$	-18.6	$+6.4$
1.0	-400	-3200	$+4.6$	-31.0	$+9.6$
1.1	-640	-2116	-0.04	-18.3	$+7.9$
1.2	-693	-1322	-2.8	-10.6	$+5.8$
1.4	-694	-306	-5.7	-1.9	$+2.86$

表 8 （续）

r/cm	$\sigma_r/$ （kgf/cm²）	$\sigma_\theta/$ （kgf/cm²）	$\varepsilon_r^e \cdot 10^{-4}$	$\varepsilon_z^e \cdot 10^{-4}$	$\varepsilon_z^e \cdot 10^{-4}$
1.5	−675	−75	−6.2	+1.2	+2.14
1.7	−580	+250	−6.25	+4.0	+0.94
2.0	−420	+347	−5.0	+4.5	+0.21
2.4	−300	+280	−3.65	+3.5	+0.057

表 9　热应变分量

r/cm	$T_r/℃$	$\alpha T_r \cdot 10^{-4}$
0.7	800	68
0.8	675	57
0.9	530	45
1.0	395	33
1.1	320	27
1.2	250	21
1.4	120	10
1.5	73	6.2
1.7	30	2.5
2.0	0	0
2.4	0	0

$$r \cdot \frac{d\varepsilon_\theta}{dr} = \frac{1+\mu}{E}\ (\sigma_r - \sigma_\theta)\ +\left[\varepsilon_\theta - \alpha T - \frac{1}{E}\ (\sigma_\theta - \mu\sigma_r)\right] \cdot \frac{3\ (\sigma_r - \sigma_\theta)}{2\sigma_\theta - \sigma_r}$$

为避免参考文献 [19] 的复杂近似计算，采用艾列尔数值法[28]计算。同时寻找在 $a_0 \leqslant r \leqslant b_0$ 范围内微分方程的近似解，应能满足当 $r = b_0 = 1.0\mathrm{cm}$ 时的初始条件

$$\varepsilon_\theta = \varepsilon_\theta^e + \varepsilon_\theta^p + \alpha T\ = -31 \times 10^{-4} + 0 + 33 \times 10^{-4} = 2 \times 10^{-4}$$

用艾列尔数值法计算出的累计切向应变值列于表 10，表中也列出了切向应变的其他分量。

表 10　切向应变

r/cm	$\varepsilon_\theta \cdot 10^4$	$\varepsilon_\theta^e \cdot 10^4$	$\alpha T \cdot 10^4$	$\varepsilon_\theta^p = \varepsilon_\theta - \varepsilon_\theta^e - \alpha T$
0.7	0	0	68	−68
0.8	0.96	−8.6	57	−47
0.9	1.58	−18.6	45	−25
1.0	2.0	−31.0	33	0

已知切向应变的分量值时，就很容易根据式 （19g） 和式 （19a） 确定径向应变的分量，根据式 （19f） 和式 （19c） 确定垂直方向应变的分量，分别见表 11 和表 12。

表 11 径向应变

r/cm	$\varepsilon_\theta^p \cdot 10^4$	$\varepsilon_\theta^e \cdot 10^4$	$\alpha T \cdot 10^4$	$\varepsilon_r = \varepsilon_r^e + \varepsilon_r^p + \alpha T$
0.7	0	0	68	68
0.8	20	1.86	57	78.9
0.9	10	3.66	45	58.7
1.0	0	4.6	33	37.6

表 12 垂直方向应变

r/cm	$\varepsilon_z^p \cdot 10^4$	$\varepsilon_z^e \cdot 10^4$	$\alpha T \cdot 10^4$	$\varepsilon_z = \varepsilon_z^e + \varepsilon_z^p + \alpha T$
0.7	68	0	68	136
0.8	27	2.9	57	87
0.9	14.7	6.4	45	66
1.0	0	9.6	33	42.6

所得应变分量 ε_r、ε_θ、ε_z 的分布情况以图形直观地示于图 10 ~ 图 12。

在弹性区内 $r \geqslant b_0$ 的应变分量是由表 8 和表 9 中弹性应变和热应变相加确定的。

产生残余应力的决定性因素是最大塑性应变 ε_θ^p 和 ε_r^p 的大小及其分布特点。可以根据 $T_k = 800\,℃$ 具有最大尺寸的时刻所绘制的 ε_θ^p 和 ε_r^p 曲线（见图 13）按参考文献 [25] 中的方法来确定在随后冷却阶段任何时刻的应力分量。

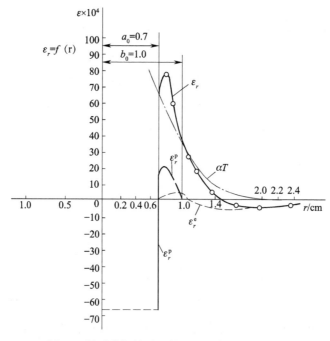

图 10 轴对称加热时试件上径向应变的分布图

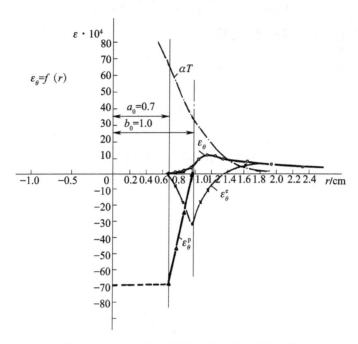

图 11　轴对称加热时试件上切向应变的分布图

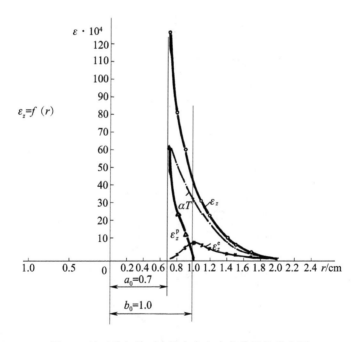

图 12　轴对称加热时 z 轴方向上应变分量的分布图

为近似确定残余应力值可以假设：在半径 $r = b_0$ 的区内，残余应变的两个分量都达到了 $\varepsilon_{max} = \alpha T_k = -68 \times 10^{-4}$；同时，$r \leqslant b_0$ 区内应力由下面的公式确定

$$\sigma_{\text{残余max}} = -\frac{\varepsilon_{\max} \cdot E}{2} = 3750\ (\text{kgf/cm}^2)$$

而 $r = b_0$ 范围以外，按下列方程式计算

$$\sigma_r = \sigma_{\text{残余max}}\frac{b_0^2}{r^2}$$

$$\sigma_\theta = -\sigma_{\text{残余max}}\frac{b_0^2}{r^2}$$

这些残余应力值以图形示于图 14。图 14 也显示了在两个试件上焊点残余应力的测量值，以便于比较。采用测距为 20mm 的机械应变仪进行测量，对焊点上的中心孔进行逐步扩孔，从而获取测量基准本身的应力释放。

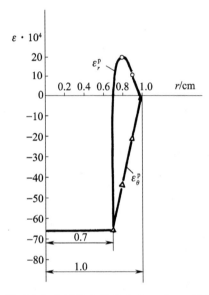

图 13　轴对称加热试件上塑性应变 ε_θ^p 和 ε_r^p 的分布特点

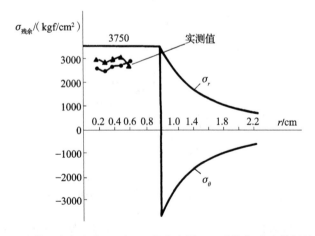

图 14　试件上残余应力 σ_r 和 σ_θ 的分布图，理论值与试验数据的比较

在焊点上实际测量到的应力值比理论计算值稍小，可能的原因是试件的尺寸较小（理论计算时取无限大的薄板）。另外，应该注意到理论计算时采用了假设条件。

计算结果证明了在假设 $\sigma_T(T) = f(T)$ 为直斜线关系时，计算焊接应力和变形的可行性。此外，点焊的例子说明，对于钛合金这类具有室温屈服极限高，而热膨胀系数相对较小的材料，如果 $\alpha T_k < 2\varepsilon_T(0)$，则最大残余应力值可用 $\sigma_{残余} = \dfrac{\alpha T_k E}{2}$ 关系式来近似地确定。然而在钢材上，有 $\alpha T_k \geq 2\varepsilon_T(0)$ 的条件，钢材上的焊接残余应力总是能达到其屈服极限。换句话说，如果满足 $\alpha T_k < 2\varepsilon_T(0)$ 条件，那么点焊时在冷却过程中有一半的缩短塑性变形 $\alpha T_k/2$ 是用于补偿周围金属的弹性变形（材料有可让压性）；而另一半 $\alpha T_k/2$ 用于在 $r < b_0$ 区内生成拉应力。然而当 $\alpha T_k \geq 2\varepsilon_T(0)$ 时，冷却时发生了拉伸塑性变形过程，变形量的大小由关系式 $\varepsilon_{拉} = \alpha T_k - 2\varepsilon_T(0)$ 确定。钢试件点焊时，$\varepsilon_{拉}$ 值是 $\varepsilon_T(0)$ 的 $4 \sim 5$ 倍。由此可知，焊接钛合金时生成残余应力特点的表现形式之一是：与钢相比，在钛合金上得到的最大缩短塑性变形的裕度较小，不会导致在 $r < a_0$ 内生成反方向的塑性变形，即该区内金属的冷却过程在同等条件下不会伴随有拉伸塑性变形的相辅生成。其结果是在室温下残余应力的最大值将小于材料的屈服极限，可近似地由下式表示

$$\sigma_{残余} = \frac{\alpha T_k \cdot E}{2}$$

前面我们以钛合金点焊为例，研究了残余应力生成的特点，以下研究在通常电弧焊中残余应力生成的特点。

如果点焊时等温线相对于热源呈轴对称同心圆分布，那么在电弧焊中，等温线呈长椭圆形，并沿热源的移动轴线延伸（见图5），因此，在焊接热循环的加热和冷却过程中，变形和生成应力的条件将与点焊时有所区别。

用近似计算法计算电弧焊的残余应力时，通常采用构件的平截面假设，假设沿对接处全长的焊接是同时完成的，并不考虑在焊缝全长上由于不同时加热所产生的应力。在较宽的薄板上进行对接焊时，对于 $\alpha T_k > \varepsilon_T(0)$ 的材料，包括钛合金在内，采用这种计算方法总会导致焊缝中的残余应力接近材料的屈服极限。在焊接钢件时，缩短塑性变形的蓄积量大，掩盖了这种假设对残余应力值生成机制认识的不足；对于钛合金而言，平截面假设将导致计算出的残余应力值比试验测得的数值大。

进行类推对比，如果薄板电弧对接焊速度 $V = \infty$ 时，生成残余应力的条件（对应于平截面假设），与两端刚性固定的加热杆件中生成残余应力（指沿薄板焊缝方向的应力）的模式一致；如果电弧焊速度为 $V \to 0$ 时，与点焊一致；那么，有限速度为 $V = V_0$ 为通常电弧焊（$0 < V_0 < \infty$），将处于这两种极端状态的中间。因此，如果第一种情况（$V \to \infty$），当材料的应力值 $\alpha T_k \leq 2\varepsilon_T(0)$ 等于屈服极限；第二种情况下（$V \to 0$），应力值由 $\alpha T_k E/2$ 决定；那么，可以不无根据地推断，对于 $V = V_0$ 残余应力值是介于 $\alpha T_k E/2$ 和 $\sigma_T(0)$ 之间。鉴于上述认知，我们开展了试验，以确定在 OT4 钛合金平板

试件焊缝中残余应力的大小与焊接速度的关系。试件的尺寸和测量点的位置见图15（a）。所有的测量点，不包括焊缝上的测量点，都是在焊前标出。这样不仅可测量试件上的残余应力，而且还能测定沿试件宽度方向残余缩短塑性应变的大小和分布特点（见图15（b））；采用机械应变仪和切条法测量技术的说明将在第3章第1节叙述。所有试件的焊接（不加焊丝的熔化焊道）是用钨极氩弧焊方法在铜垫板上进行。对于每一种给定的焊接速度，选择了相应的焊接工艺参数（焊接电流和电弧电压），使之在所有试件上焊道的熔化面积大致相同。同一种焊接规范有一对试件，以便对数据对比并校核。

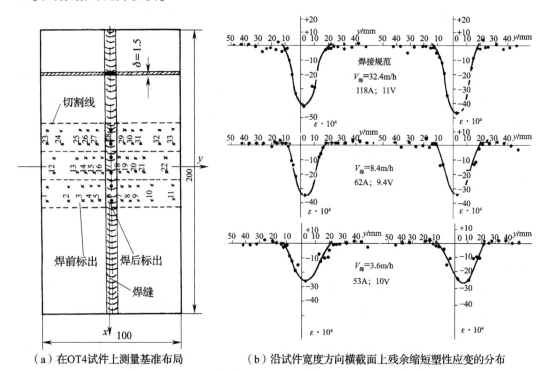

（a）在OT4试件上测量基准布局　　（b）沿试件宽度方向横截面上残余缩短塑性应变的分布

图15　与焊接速度相关的残余缩短塑性应变值沿试件宽度方向分布的测量结果

图15（b）上显示的测量结果表明：随着焊接速度的加快，焊缝中缩短塑性应变的最大值也在增大（从 $V_{焊}=3.6$ m/h 时，$\varepsilon=30\times10^{-4}$；增大到 $V_{焊}=32.4$ m/h 时，$\varepsilon=45\times10^{-4}$，均按两个试件上的平均值）。同时，塑性变形区的宽度基本上保持了不变，为 $2b=30$ mm。

图16显示了在这类试件中所测量到的焊缝残余应力值与焊接速度的关系曲线。可以看出，焊缝中的残余应力随焊接速度加快而增大。当焊接速度急剧加快时，焊缝中的残余应力峰值有接近于材料屈服极限的趋势。对于焊接速度在15～30m/h范围内的通常焊接规范，焊缝中残余应力值相应地只是材料屈服极限的50%～70%。

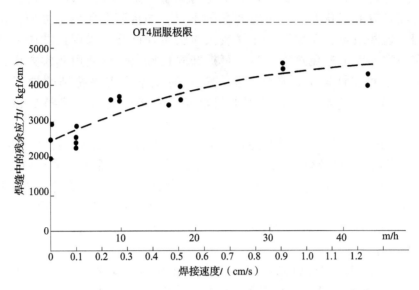

图16　在试件焊缝中的最大残余应力值与焊接速度的关系曲线

第3章　钛合金薄壁构件中焊接残余应力大小及其分布特点的研究[①]

对钛合金焊接残余应力的试验研究是在厚1.5mm或更薄的OT4-1、OT4等钛合金薄板件上进行的，焊接残余应力的直接测量既在薄板试件上进行，也在实际的结构件上进行测定。

平板试件的对接焊（薄板上的平铺焊）是焊接各种结构最具代表性的接头形式，对于这种接头形式的研究最终也可以导引出在其他类型焊接接头上应力和变形的规律。

然而在实际的焊接结构中，由于各种结构特点和不同的刚性，生成焊接残余应力的条件可能与平板试件差别很大。因此，在研究平板试件上残余应力的同时，还必须研究实际结构件中的残余应力。

3.1　在平板试件上用机械应变仪测量焊接残余应力的技术

测量焊接残余应力的方法很多，其中使用最广泛的是采用电阻丝应变片传感器和采用机械应变仪测量应力。

这两种方法的基础是：把测量基点从周围的连接中释放开来，以测定残余弹性

---

① 教学技师 H. C. 米沙伊金参加了该试验工作。

变形量，考虑材料的弹性常数，计算出应力数值。第一种方法在获得高精度的测量结果方面具有明显优势，但也有明显的不足，如传感器使用不方便，需要花费很多时间。这些缺点，在测量工作量较大时会更加凸显。采用机械应变仪测量残余应力在一定程度上避免这些不足。可拆卸式机械变应仪使用非常方便，在对基点进行测量后可立即取下，在切割测量基点时也不再需要特别的护理以保护仪器不会受到可能的损坏；而在采用电阻丝应变片传感器时这些都是必须要注意的。

本文既采用了电阻丝应变片传感器，也采用了机械应变仪来研究钛合金的焊接残余应力。考虑到薄壁焊接容器的结构特点，采用第一种方法研究其残余应力是可靠且可行的。对焊接容器的测量试验的详细描述见本章第 3 节。在钛合金平板焊接试件上残余应力的测量，采用机械应变仪完成，这种应变仪是由莫斯科鲍曼高等工学院焊接实验室设计和制造的[29]，为了本研究工作，作者对应变仪进行了改进，可用于 20mm 和 100mm 的测距。

采用机械应变仪进行测量的方法很简单，包括如下步骤。在零件上制出测量基准点，按仪器的结构要求，测量基准点的长度可以为 10、20 或 100mm，随后用仪器进行测量。然后将测量基准点从周围的金属中切割释放开来，释放其内应力后再次进行测量。根据对测量基准点两次测量值的差异，计算出测量点的相对变形和平均应力。

可测 10mm 基准点的机械应变仪构造如图 17 所示。通过调节支点螺钉，并重新设置千分表的指示盘，也可很容易地将仪器调整用于测量 20mm 的基准点。用同样的方法可将它改装成用于测量 100mm 的基准点，如图 18 所示。

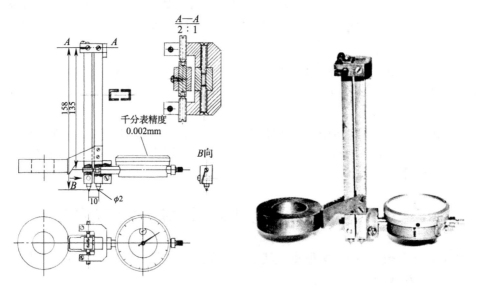

图 17　测量基准为 10mm 机械应变仪结构（设计图和照片）

用机械应变仪测量应力的精度很高（若采用千分表，则在测量基准上的可读精度为 ±0.001mm），这是因为：一方面是通过消除应变仪转动旋转轴连接中的游隙和摩擦，

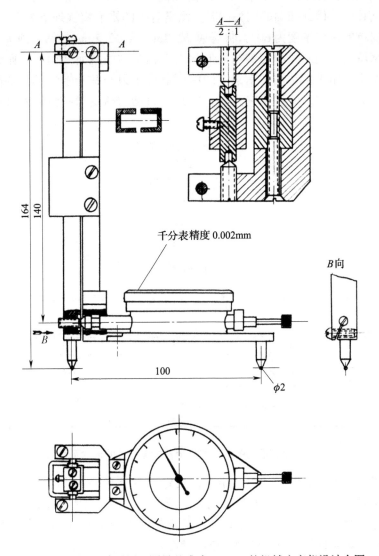

图 18　改进设计可用于测量基准为 100mm 的机械应变仪设计全图

排除了仪器本身的误差；另一方面是仪器在重新安装于测量基准点上时，消除了测量支脚再次定位的误差。后者主要是通过在仪器支脚末端钎焊的 $\phi2$mm 小钢球与测量基准点的锥形窝坑表面有可靠的、单一的接触来保证的。

通常，为确定主应力，至少应在三个方向制备测量基准点。在小厚度的焊接接头中的主应力，一般规律是：其一沿焊缝方向；其二与焊缝垂直。在这两个方向进行测量就足够了。

在厚度为 1.5mm 的 OT4 - 1 钛合金焊接试件上进行了大量的残余应力测量。焊件的尺寸从 200mm × 100mm 到 500mm × 400mm 不等，焊缝在焊件中央部位，采用不添加焊接材料的钨极氩弧焊，采用自动焊机，焊接速度为 18m/h。

在试件上画线，标出测量基准点，在钻孔处用锤子轻轻敲击冲子，冲出小凹点，以便在随后钻孔时，保证准确的钻头指向。测量基准的锥形窝坑外形如图19所示。经确定：锥形窝坑的最佳锥度为60°，将普通φ2.2mm或φ2.5mm的钻头顶尖磨成这个锥度进行锥形窝坑的钻制。为避免锥坑的形状由于钻头的摆跳而变得不规则，最好在机床上钻制，而不是用手工钻制。钻锥坑的深度取决于刃磨钻头锥形部分的高度。较小的锥形坑将不会影响原来的残余应力场，因此应力场的畸变和测量误差极小，可以忽略不计。

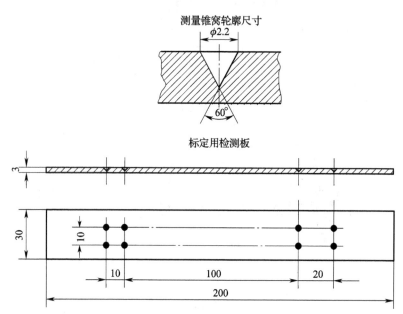

图19 测量基准的锥形窝坑外形及标准样板的形状示意图

锥坑之间（测量点之间）的最小距离，最好不小于10mm；因为随着距离的缩短，测量误差的相对比例将会增大。测量点之间的距离增大将使所测得的应力趋于平均化。但使用同一种刻度的千分表时，如果在所测基准长度上的应力与实际平均测量值相等，则测量基准点的距离越长，所得的测量精度越高。

在钻制测量锥窝时表面会生成毛刺，在锥坑内也可能会有一些小的金属切屑黏附。测量时这些不平度可能会造成很大的误差，最好将这些凸起去除或压入表面，为此采用与应变仪上相同的直径为2mm的钢球。钢球与芯杆的锥形末端牢固地钎接在一起。将这些连着钢球的芯杆插入锥形窝坑中，用手压住芯杆并旋转，使金属的所有不平度得以去除。在读数前必须确认：测量锥窝内是清洁的。保持测量锥窝干净的最好方法是用压缩空气吹拂，没有压缩空气时可以用末端带棉球的火柴棒清理。如果有油脂痕迹，可以用棉花球蘸上丙酮，擦拭测量锥窝。

为了排除可能出现的偶然误差，如由于千分表相对于支点螺钉的偶尔性偏移和千分表指针盘的漂移以及测量基准距的尺寸因前后两次测量温度的差异而发生的变化，测量时采用了与被测试件相同材料制作的薄板标准样板。标准板的外形如图19所示。在测量试件前，将仪器置于标准样板上，记录千分表上的初始显示，随之进行第一次在试件上的测量；在第二次记录试件上的测量显示之前，又必须检查仪器在标准样板上的显示，如果仪器在标准样板上显示与初始数据不符，则应该通过转动千分表的表盘，将其显示移动到与初始数据相符，然后才能再继续测量。

采用薄板标准样板，可以使测距的尺寸因温度而变化时不再需要引入温差换算值。测量时，标准样板应紧靠在被测量试件上，以便二者处于同一温度条件下。

用机械应变仪测量每个基准距时，都应测量若干次（3 次以上），并确信所获得的读数是稳定、正确的。每次重复测量后，千分表的测量支脚应脱离与支点螺钉的接触。如果重复测量时所获得的读数波动很大，可信度差，这说明基准测点的制备不正确，或测量锥窝有灰尘或金属屑污染。这就要求再次清洗测量锥窝，或用钢球重复转压测量锥窝。应该说明的是，用钢球进行重复转压，只能在记录初始读数前，即将测距从周围的金属中释放之前。

基准测距点的布局及试件的切割线见图 20。测量结果确认：为获得横截面上残余应力的分布图，只在试件中央与焊缝垂直的方向上切下一条宽 20mm（沿切割线 A）的部分就足够。而沿焊缝方向应力分布的确定，可在试件中央切下带有焊缝的宽 30mm 的纵条（沿切割线 B）进行测量。从试件上切下纵向条状试样后，因在薄板的边缘部位再没有因焊接而产生的缩短塑性变形，应力则完全被去除，基准测距点将恢复到焊前的尺寸。因此不再需要将整个薄板分割成更多条块，这样就大大地简化了切割和测量工序。

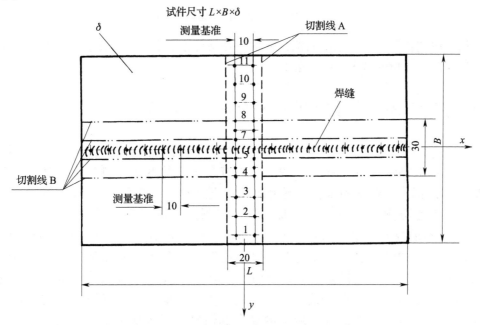

图 20　试件上基准测距点的布局和切割线示意图

带有测量点试样的应力卸载是通过在铣床上用厚 1.0mm（或 1.5mm）的圆片铣刀不加冷却液进行铣切。铣切时要注意：小厚度的焊接板翘曲很大，在机床上不易固定。

因此必须采取相应的措施，以避免造成测量点遭到可能的损坏，必须用简易工装将试件牢固可靠地固定在铣床的工作台上。铣切后彻底清洗测量锥窝，去除金属屑和污物，再次测量所有点。

应该指出，由于焊接薄板刚性小，翘曲明显，薄板在自由状态下的测量将导致明显的误差，与在平面上牢固夹紧时相比，所测得的残余应力数值很不稳定。因此，我们将薄板在夹紧状态测得的残余应力图作为真正的试件上平面应力状态实际值。为了使焊接试件夹紧在平台上测量，设计了专门的夹具，其照片见图21。在大多数情况下，从焊接试件的两面制备测量点，测量结果是正面和反面两次测量的平均值。

图21　用于消除测量时薄板翘曲的夹具

机械应变仪可以给出极高的测量精度，在薄件上制备基准测距点的工序简单，所以在短时间内可以开展大量的测量工作。

3.2　在平板焊接试件上测量残余应力的结果

首先研究在尺寸为 300mm × 150mm × 1.5mm 的焊接试件上测量残余应力的结果。

在试件上测量点的布局见图22。在焊缝上及近缝区上的测量点除外，其余所有的测量点都是在焊前制备。焊缝上的纵向应力 $\sigma_{x_{y=0}}$（轴线 $y = 0$ 及 x 轴方向上的应力），都是用测距为 20mm 的机械应变仪测定。横截面上的纵向应力 $\sigma_{x_{x=0}}$ 用 100mm 测距的仪器测定，同时也用 20mm 测距的仪器测量，以便对比校准。另外，用 10mm 测距的仪器也对横截面上用罗马数字 I 和 III 标出的测量点进行垂直于焊缝的横向测量，以确定横截面上的横向应力 $\sigma_{y_{x=0}}$。图上的虚线代表薄板上的切割线。带焊缝及近缝区的中央部分（沿 A 线）发生了塑性缩短变形，将它从薄板上切下后，则试件上其他部分的所有测量点都恢复到了焊前测量过的初始尺寸。这说明试件的边缘部分完全从残余应力中解脱。焊缝及近缝区的残余塑性变形实际分布如图39所示，必须沿 B 线再次切割，中央部位才能够给出焊缝中的应力峰值。

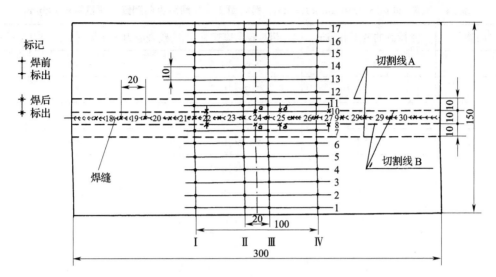

图 22　在 OT4 - 1 焊接试件 300mm × 150mm × 1.5mm 上测量点的布局图

残余应力的测量和计算结果见表 13。表中的数值按如下说明进行计算。

表 13　试件 300mm × 150mm × 1.5mm 在焊缝上的纵向测量，测量间距为 20mm

测量点	测量点的变形 $\Delta / \mu m$	相对残余应变 ε	残余应力 σ（$= \varepsilon E$）/（kgf/cm^2）
18	-45	$+22.5 \times 10^{-4}$	$+2415$
19	-52	$+26 \times 10^{-4}$	$+2730$
20	-47	$+23 \times 10^{-4}$	$+2415$
21	-61	$+30.5 \times 10^{-4}$	$+3255$
22	-55	$+27.5 \times 10^{-4}$	$+2940$
23	-54	$+27 \times 10^{-4}$	$+2835$
24	-60	$+30 \times 10^{-4}$	$+3150$
25	-58	$+29 \times 10^{-4}$	$+3040$
26	-56	$+28 \times 10^{-4}$	$+2940$
27	-60	$+30 \times 10^{-4}$	$+3150$
28	-63	$+31.5 \times 10^{-4}$	$+3360$
29	-62	$+31.5 \times 10^{-4}$	$+3255$
30	-47	$+23.5 \times 10^{-4}$	$+2520$

表 14　试件 300mm × 150mm × 1.5mm，跨截面 I～IV 间距纵向测量，测量间距 100mm

测量点	测量点的变形 $\Delta / \mu m$	相对残余应变 ε	残余应力 σ（$=\varepsilon E$）/（kgf/cm²）
1	+76	-7.6×10^{-4}	-840
2	+72	-7.2×10^{-4}	-735
3	+62	-6.2×10^{-4}	-630
4	+57	-5.7×10^{-4}	-630
5	+45	-4.5×10^{-4}	-525
6	+34	-3.4×10^{-4}	-315
7	-188	$+18.3 \times 10^{-4}$	+1890
8	—	—	—
9	-297	$+29.7 \times 10^{-4}$	+3150
10	—	—	—
11	-183	$+18.3 \times 10^{-4}$	+1890
12	+26	-2.6×10^{-4}	-315
13	+38	-3.8×10^{-4}	-420
14	+41	-4.1×10^{-4}	-420
15	+50	-5.0×10^{-4}	-525
16	+67	-6.7×10^{-4}	-735
17	+80	-8×10^{-4}	-840

表 15　试件 300mm × 150mm × 1.5mm，在跨截面 II～III 间距纵向测量，测量间距为 20mm

测量点	测量点的变形 $\Delta / \mu m$	相对残余应变 ε	残余应力 σ（$=\varepsilon E$）/（kgf/cm²）
1	+13	-6.5×10^{-4}	-735
2	+10	-5×10^{-4}	-525
3	+15	-7.6×10^{-4}	-840
4	+8	-4×10^{-4}	-420
5	+6	-3×10^{-4}	-315
6	0	0	0
7	-51	$+25.5 \times 10^{-4}$	+2730
8	—	—	—

表 15（续）

测量点	测量点的变形 $\Delta/\mu m$	相对残余应变 ε	残余应力 σ（$=\varepsilon E$）/（kgf/cm^2）
9	-59	$+29.5 \times 10^{-4}$	$+3150$
10	—	—	—
11	-41	$+20.5 \times 10^{-4}$	$+2205$
12	$+7$	-3.5×10^{-4}	-420
13	$+7$	-3.5×10^{-4}	-420
14	$+10$	-5.0×10^{-4}	-525
15	$+12$	-6.0×10^{-4}	-630
16	$+13$	-6.5×10^{-4}	-735
17	$+17$	-8.5×10^{-4}	-945

表 16　300mm × 150mm × 1.5mm 的试件，横向测量，测点间距 10mm

测量点		测量点的变形 $\Delta/\mu m$	相对残应余变 ε	测量点		测量点的变形 $\Delta/\mu m$	相对残应余变 ε
在横截面 I 上，测点间距为 10mm 的横向测量	1 – 2	-1	$+1 \times 10^{-4}$	在横截面 III 上间，测点间距为 10mm 的横向测量	1 – 2	-5	$+5 \times 10^{-4}$
	2 – 3	-4	$+4 \times 10^{-4}$		2 – 3	-4	$+4 \times 10^{-4}$
	3 – 4	-1	$+1 \times 10^{-4}$		3 – 4	-5	$+5 \times 10^{-4}$
	4 – 5	-4	$+4 \times 10^{-4}$		4 – 5	-5	$+5 \times 10^{-4}$
	5 – 6	-4	$+4 \times 10^{-4}$		5 – 6	-1	$+1 \times 10^{-4}$
	6 – 7	—	—		6 – 7	—	—
	7 – 9	—	—		7 – 9	$+3$	-3×10^{-4}
	8 – 10	$+6$	-6×10^{-4}		8 – 10	$+7$	-7×10^{-4}
	9 – 11	$+9$	-9×10^{-4}		9 – 11	$+4$	-4×10^{-4}
	11 – 12	—	—		11 – 12	—	—
	12 – 13	-6	$+6 \times 10^{-4}$		12 – 13	$+2$	-2×10^{-4}
	13 – 14	-4	$+4 \times 10^{-4}$		13 – 14	-3	$+3 \times 10^{-4}$
	14 – 15	-5	$+5 \times 10^{-4}$		14 – 15	-2	$+2 \times 10^{-4}$
	15 – 16	-6	$+6 \times 10^{-4}$		15 – 16	-6	$+6 \times 10^{-4}$
	16 – 17	-3	$+3 \times 10^{-4}$		16 – 17	-4	$+4 \times 10^{-4}$

表 17　300mm×150mm×1.5mm 的试件，考虑横向分量的纵向残余应力

测量点	沿焊缝 x 轴的相对应变 ε_x （见表15）	沿 y 轴相对应变 ε_y （见表16右）	沿焊缝 x 轴的纵向应力 $\sigma_x = \dfrac{E}{1-\mu^2} \cdot (\varepsilon_x + \mu\varepsilon_y)$
1	-6.5×10^{-4}	$+5 \times 10^{-4}$	-580
2	-5.0×10^{-4}	$+4 \times 10^{-4}$	-440
3	-7.5×10^{-4}	$+5 \times 10^{-4}$	-700
4	-4.0×10^{-4}	$+5 \times 10^{-4}$	-280
5	-3.0×10^{-4}	$+1 \times 10^{-4}$	-312
6	0	—	—
7	$+25.5 \times 10^{-4}$	-3×10^{-4}	$+2840$
8	—	—	—
9	$+29.5 \times 10^{-4}$	-7×10^{-4}	$+3170$
10	—	—	—
11	$+20.5 \times 10^{-4}$	-4×10^{-4}	$+2230$
12	-3.5×10^{-4}	—	—
13	-3.5×10^{-4}	-2×10^{-4}	-475
14	-5.0×10^{-4}	$+3 \times 10^{-4}$	-475
15	-6.0×10^{-4}	$+2 \times 10^{-4}$	-625
16	-6.5×10^{-4}	$+6 \times 10^{-4}$	-540
17	-8.5×10^{-4}	$+4 \times 10^{-4}$	-845

表 18　300mm×150mm×1.5mm 的试件，考虑纵向分量的横向残余应力

测量点	沿垂直于焊缝 y 轴的相对应变 ε_y （见表16右）	沿 x 轴的相对应变 ε_x（见表15）	沿垂直于焊缝 y 轴的横向应力 $\sigma_y = \dfrac{E}{1-\mu^2} \cdot (\varepsilon_y + \mu\varepsilon_x)$
1	$+5 \times 10^{-4}$	-6.5×10^{-4}	$+310$
2	$+4 \times 10^{-4}$	-5.0×10^{-4}	$+200$
3	$+5 \times 10^{-4}$	-7.0×10^{-4}	$+340$

表18（续）

测量点	沿垂直于焊缝 y 轴的相对应变 ε_y（见表16右）	沿 x 轴的相对应变 ε_x（见表15）	沿垂直于焊缝 y 轴的横向应力 $\sigma_y = \dfrac{E}{1-\mu^2} \cdot (\varepsilon_y + \mu\varepsilon_x)$
4	$+5 \times 10^{-4}$	-4.0×10^{-4}	+440
5	$+1 \times 10^{-4}$	-3.0×10^{-4}	+15
6	—	0	—
7	-3×10^{-4}	$+25.5 \times 10^{-4}$	+540
8	—	—	—
9	-7×10^{-4}	$+29.5 \times 10^{-4}$	+210
10	—	—	—
11	-4×10^{-4}	$+20.5 \times 10^{-4}$	+250
12	—	-3.5×10^{-4}	—
13	-2×10^{-4}	-3.5×10^{-4}	+350
14	$+3 \times 10^{-4}$	-5.0×10^{-4}	+170
15	$+2 \times 10^{-4}$	-6.0×10^{-4}	+25
16	$+6 \times 10^{-4}$	-6.5×0^{-4}	+450
17	$+4 \times 10^{-4}$	-8.5×10^{-4}	+175

采用下式来计算测量点的变形

$$\Delta = (C'' - C')\,k$$

式中：Δ——测量点的变形，μm；

    C'——切割前千分表的显示，精度达 1μm；

    C''——切割后千分表的显示；k 为考虑机械应变仪杆臂比例的仪器系数。机械应变仪杆臂的比例 $k = 1.15$。

根据测量点的变形 Δ，很容易获得相对残余应变

$$\varepsilon = -\frac{\Delta}{L} \cdot \frac{1}{1000}$$

式中：ε——测量点在残余应力作用下的相对应变；

    Δ——测量点的变形，μm；

    L——测量点间距的长度，mm；

    "$-$"——表示 Δ 和 ε 的符号相反。

表 13 ～表 15 中残余应力看作是单向的，即按公式

$$\sigma = \varepsilon E$$

对于 OT4 - 1 钛合金，弹性模量 E 取 $1.05 \times 10^6 \text{kgf/cm}^2$。为了比较，在表 17 和表 18 中应力看作是双向的，按下式计算

$$\sigma_x = \frac{E}{1 - \mu^2} (\varepsilon_x + \mu \varepsilon_y)$$

$$\sigma_y = \frac{E}{1 - \mu^2} (\varepsilon_y + \mu \varepsilon_x)$$

式中：μ——泊松比，对钛合金取 0.3。

为了更直观地了解，将所有 OT4 - 1 钛合金试件 $300\text{mm} \times 150\text{mm} \times 1.5\text{mm}$ 上测得的残余应力标示在图 23 上。从图中可以看出：焊缝全长上的纵向应力 $\sigma_{x_{y=0}}$ 波动不大，平均值约为 3200kgf/cm^2（见图 23（a））。在焊缝末端部位上，在 50 ～ 0mm 的长度见图 23（a）。在焊缝末端部位上，在长度 50 ～ 70mm 上 $\sigma_{x_{y=0}}$ 减小为零。图 23（b）的曲线是根据表 14、表 15 的数据而建立的，未考虑应力状态的双向性，而图 23（d）是根据表 17 的数据而建，并考虑了泊松比。比较这两个图表可以看出，因横向应变和应力比较小（见图 23（c）和（e）），几乎对纵向应力值和分布特点没有影响；因此在随后计算其他尺寸平板试件上的纵向应力时将其忽略不计。图 23（c）和图 23（e）分别是根据相应的表 16 和表 18 的数据而建。

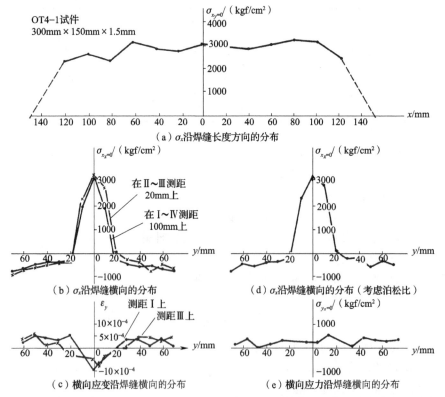

图 23 在 $300\text{mm} \times 150\text{mm} \times 1.5\text{mm}$ 的 OT4 - 1 钛合金试件上残余应力的分布图

在各种尺寸的 OT4 - 1 钛合金试件上获得了类似的结果。图 24 给出了沿焊缝方向（a）和在横截面（b）上纵向残余应力的分布图。为了简化，未列出数据表格和所有详细的换算过程。可以看出：在所有情况下纵向应力的波动并不大。纵向应力分布的特点并不取决于试件的长度和宽度，可以观察到焊缝中的最大拉应力约为 3500kgf/cm²。如果注意到 OT4 - 1 钛合金的屈服极限平均为 5600kgf/cm²，那么通过直接测量发现在焊接试件上获得的残余应力是其屈服极限的 63%。

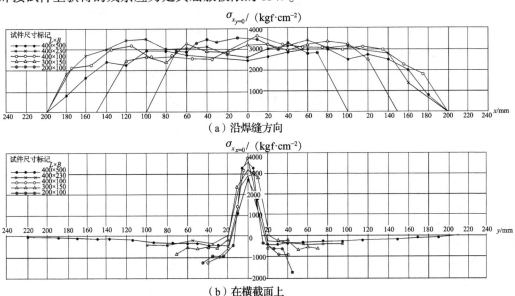

（a）沿焊缝方向

（b）在横截面上

图 24　在各种尺寸的 OT4 - 1 焊接试件上测得的残余应力分布图

为了确认上述规律在其他钛合金上有共同点，在 BT5 - 1 和 OT4 合金的薄板件上也进行了类似的测量，焊接是在上述相同的条件下完成的。在厚 1.0mm、尺寸为 700mm × 290mm 的 BT5 - 1 试件上，焊缝中的最大拉应力是 4660kgf/cm²（见图 25（a）），而 BT5 - 1 钛合金的屈服极限平均为 7500kgf/cm²。在该图上列出了在厚 0.8mm、尺寸为 700mm × 290mm 的 OT4 - 1 钛合金试件上测得的数据，最大的拉应力为 3660kgf/cm²。图 25（b）给出了在厚 1.5mm、尺寸为 200mm × 100mm 的 OT4 钛合金试件上测得的残余应力分布图，最大应力的平均值是 3800kgf/cm²（OT4 的屈服极限平均为 6000kgf/cm²）。

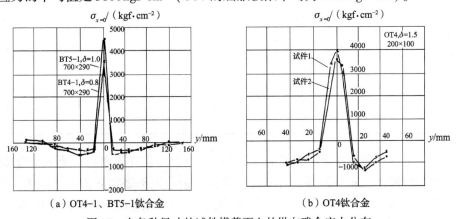

（a）OT4 - 1、BT5 - 1 钛合金

（b）OT4 钛合金

图 25　在各种尺寸的试件横截面上的纵向残余应力分布

现有文献中有关焊接钛合金时残余应力的问题涉及得很少，仅有少量关于残余应力测量的报道。例如，在参考文献 [5] 中：在尺寸为 3mm × 130mm × 150mm 的 BT-1Д 工业纯钛试件上，所获得的焊缝中的最大残余拉应力为 2500 ~ 2700kgf/cm²，而该金属的屈服极限超过 5000kgf/cm²。参考文献 [9] 介绍了厚 16mm 的工业纯钛及添加 7% 锰的钛合金试件中测量残余应力的情况。采用 X 形坡口熔化极焊接，由 4 层焊道完成，焊接速度约为 30m/h。结果表明，屈服极限为 5000kgf/cm² 的工业纯钛在所有焊缝中的最大应力为 2100kgf/cm²，添加 7% 锰的钛合金的屈服极限为 6500kgf/cm²，而焊缝中的最大应力为 3500kgf/cm²，横向应力只有 350kgf/cm²。

为了对比，在表 19 中汇总了各类钛合金焊缝中的最大纵向残余应力值。

表 19   各类钛合金焊缝中的最大纵向残余应力值

钛合金	合金的屈服极限/ (kgf/cm²)	试件尺寸/mm	焊接速度/ (m/h)	焊缝中的最大残余应力/ (kgf/cm²)	比例关系 $\sigma_{残余}/\sigma_T$
OT4-1 (见图 24)	5600	$\delta = 1.5$，500×400	18	3500	0.625
OT4-1 (见图 25 (a))	5600	$\delta = 0.8$，700×290	18 ~ 20	3660	0.655
OT4 (见图 25 (b))	6000	$\delta = 1.5$，200×100	18	3800	0.635
BT5-1 (见图 25 (a))	7500	$\delta = 1.0$，700×290	18 ~ 20	4680	0.620
BT-1Д (见参考文献 [5])	5000	$\delta = 3.0$，150×130	—	2600	0.520
工业纯钛 (见参考文献 [9])	5000	$\delta = 16$，600×500 多道焊	30	2100	0.420
含 7% 锰的钛合金 (见参考文献 [9])	6500	$\delta = 16$，600×900	30	3500	0.540

因此，对各种牌号钛合金平板试件焊接残余应力的系统研究和大量试验测量表明：在第 2 章中所阐述的那些特点，对于大多数钛合金薄板都是共同的，是规律性的。对于生产条件下的通用焊接规范，对接焊缝中的最大残余拉应力小于材料的屈服极限，为其屈服极限的 50% ~ 70%。

3.3　用电阻丝应变片测量薄壁结构件（焊接容器）的焊接残余应力

在较高的应力水平下工作的钛合金薄壁焊接构件，首推压力容器。选择带球形底部、容积不大的圆柱形焊接容器进行研究。钛合金焊接压力容器的结构图见图 26。

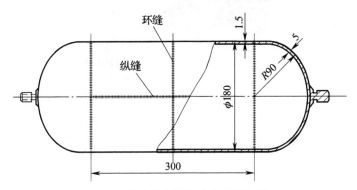

图 26　钛合金焊接压力容器结构图

根据圆柱形部分的长度不小于 300mm 的要求设计焊接容器的结构尺寸。这样，焊接容器底部时，对容器中间部分应力值的影响是微乎其微的。为了比较并说明不同结构方案对残余应力在容器中数值大小和分布特点的影响，一部分容器只完成了一个纵向焊缝，而另一部分容器则是完成了纵缝和环缝，制成了一些没有焊底部或只焊一个底部的圆柱形壳体，以保证在内表面测量的可达性。

与平板试件相比，由于焊接容器曲率大，薄壁结构刚性低，其残余应力的直接测量很困难。为了保证测量精度，必须考虑弯曲导致的变形和应力，这通常在类似的薄壁结构件中都会发生。同时测量圆柱形壳体内表面和外表面的应力，才有可能计及弯曲应力分量。

由于壳体是直径较小的半封闭容器，用机械应变仪在壳体内部测量是不可能的。因此采用电阻丝应变片来测量焊接容器的残余应力更为适合，虽然也存在一些缺点，如需要花费大量时间、应变片使用并不方便等。

采用 ГЗП47 型桥式检流计作为测量仪。应变片粘贴在被测量的圆筒表面，并连接在桥式电路的一个臂上，测量仪的外形照片见图 27。应变片预先按应力标定（每一批电阻相同应变片中标定一个）。

应变片一对一成对地粘贴在圆筒内外表面相对应的测量部位。在粘贴并干燥后，为每一个应变片记录滑线变阻器的初始读数，这与桥式电路的平衡状态相一致。为避免偶然性的误差，每次测量重复两次以上。带应变片的圆筒构件的卸载是在铣床上用 $\phi40mm \times 0.5mm$ 的片铣刀进行切割而获得。切割时，为使工件有较好的刚性，将圆筒固定在专门的夹具中（见图 28），以避免应变片可能受到损伤。

图27 用于测定焊接残余应力的桥式检流测量仪

图28 切割时将圆筒固定在铣床平台上

在切割时铣刀的转速很低，不用冷却液，及时去除切割处的切屑。所有这些预防措施保证了应变片在切割后的正常显示。当带应变片的圆筒构件完全从周围的金属束缚中释放出来后，再对所有应变片的显示值检测两次以上并记录，根据标定曲线确定应力或变形。应该指出，所获得的数值是应变片基准长度上的平均值，为评估峰值应力，应采用基准长度最小的应变片。在完成本论文测试工作中采用了测量基准为 10 ~ 12mm 的电阻应变片。

3.4 在带有纵向焊缝的焊接筒体上测定残余应力

尺寸为 $\phi 190mm \times 360mm \times 1.5mm$ 的 OT4－1 筒体（焊接容器的预制件）在滚弯成形后进行了不添加焊丝的纵缝焊接。筒体上的典型焊接变形见图29。很清楚，焊缝中的主应力是沿焊缝方向和垂直于焊缝方向的。为确定纵向应力和横向应力，电阻丝应变片按图30所示的方向粘贴在沿焊缝长度方向。测量结果见表20，表里给出了与每个应变片的显示值相对应的应力值，不考虑泊松比μ，同时也给出了考虑第二向应力分量影响的应力值。对比表中的数据可以看出，考虑和不考虑泊松比，对纵向应力的值并没有明显的影响。但是，由于应力的纵向分量对横向应力的值有很大影响，考虑泊松比计算横向应力的数值与不考虑泊松比的数值差别很大，在某些情况下甚至可改变它的符号。因此随后在计算筒体上应力的所有分量时，将考虑泊松比μ。

焊接变形
OT4-1圆柱筒体带有纵向焊缝

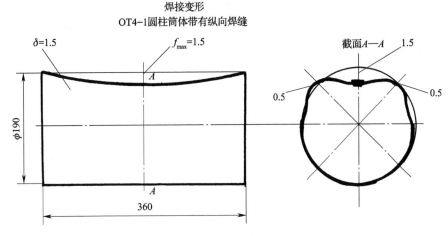

图29　纵缝焊接后筒体的变形特点

在圆柱筒体的纵缝上测量焊接残余应力
筒体No1,OT4-1钛合金，δ=1.5mm

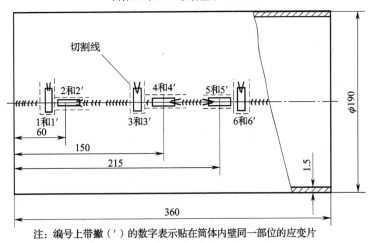

注：编号上带撇（′）的数字表示贴在筒体内壁同一部位的应变片

图30　电阻丝应变片在筒体纵缝上的粘贴布局示意

根据表20的数据绘制了纵向应力σ_x和横向应力σ_θ沿焊缝长度上的分布图（见图31）。对于焊缝中的纵向应力而言，弯曲分量（内外应变片显示差异）并不大，最大纵向应力的平均值约为2750kgf/cm²。在接近筒边缘处，纵向应力降为零。正如分布图上所显示，横向应力平均值会改变正负符号，其值较小约为±100kgf/cm²。横向应变片显示了明显的弯曲应力分量（见表20的数据）。

表20　用基准10mm、$R=91.3\Omega$ 的电阻丝应变片在 $\delta=1.5$mm 的 OT4−1 筒体上测量焊接残余应力的结果

应变片编号	检流计显示	相对应的应力值/（kgf/cm²）	不考虑μ值的σ平均/（kgf/cm²）	考虑μ值的平均应力/（kgf/cm²）		
				检流计的平均显示	相对变形ε	$\sigma_x=\dfrac{E}{1-\mu^2}(\varepsilon_x+\mu\varepsilon_\theta)$ $\sigma_\theta=\dfrac{E}{1-\mu^2}(\varepsilon_\theta+\mu\varepsilon_x)$
1	3 红色	−140	−525	12 红色	-50×10^{-5}	$\sigma_\theta=\dfrac{10.5\times10^5}{1-0.3^2}(-50\times10^{-5}+$ $0.3\times200\times10^{-5})=115$
1′	21 红色	−900				
2	45 黑色	+1900	+2100	49 黑色	$+200\times10^{-5}$	$\sigma_x=\dfrac{10.5\times10^5}{1-0.3^2}(-200\times10^{-5}+$ $0.3\times200\times10^{-5})=2140$
2′	54 黑色	+2500				
3	32 红色	−1400	−925	22 红色	-90×10^{-5}	$\sigma_\theta=-115$
3′	10 红色	−450				
4	68 黑色	+2900	+2770	65 黑色	$+265\times10^{-5}$	$\sigma_x=2750$
4′	62 黑色	+2650				
5	37 黑色	+1600	+2400	18 红色	$+225\times10^{-5}$	$\sigma_x=2360$
5′	74 黑色	+3200				
6	29 红色	−1250	−770	18 黑色	-70×10^{-5}	$\sigma_\theta=-35$
6′	7 红色	−300				

注：编号上带撇（′）的应变片粘贴在筒体内部相对于外表面上应变片所在的位置。

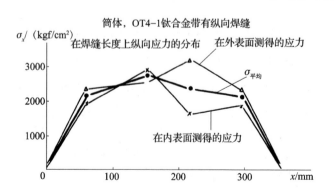

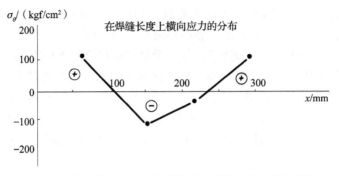

图 31　残余应力 σ_x 和 σ_θ 沿筒体纵向焊缝长度上的分布图

测量结果表明：筒体纵向焊缝中与平板试件纵缝中应力的分布特点是类似的。筒体中最大纵向应力值与平板试件中的相比，稍微小一些，可能是由于筒体纵向焊缝有弯曲挠度，导致测量条件不同（见图 29）。弯曲挠度使部分应力从纵向应力中卸载，而在平板试件上的应力测量则是在保持严格平面夹紧状态下进行的。

为了弄清楚纵缝焊接后，纵向应力沿筒体圆周的分布特点，应变片粘贴在筒体的中间截面上，见图 32。根据测量数据绘制了 σ_x 沿筒体周边的分布图，如图 33 所示。焊缝中 σ_x 的最大值为 $2700\text{kgf}/\text{cm}^2$，与上一个筒体上测得的值相近（$2750\text{kgf}/\text{cm}^2$）。图上用带圆点的曲线表示筒体中间层面的应力，是内外部应变片显示值的算术平均值。可以看出，只带一个纵缝的筒体，σ_x 沿周边的分布特点与平板中的分布特点相似，纵向应力的弯曲分量较大，为 $\pm 700 \sim 800\text{kgf}/\text{cm}^2$，是在滚圆压机上围成圆筒体时的弹性残余变形所引起的。从图 32 可以看出，在母线方向上粘贴应变片的部位，由纵向切口从筒体上释放开来，都向外侧弯曲。根据从圆筒上沿母线切开尺寸为 $160\text{mm} \times 25\text{mm}$ 的小片的挠度，可以计算出弯曲应力

图 32　沿带纵缝的圆筒圆周粘贴电阻丝应变片的位置与切割释放应力图

$$\sigma = \pm \frac{4Efh}{l^2}$$

式中：f——被切开小片的最大挠度，在 160mm 长度上为 3.0mm；

　　　L——小片的长度；

　　　h——小片的宽度。

于是

$$\sigma = \pm \frac{4 \times 1.05 \times 10^6 \times 0.3 \times 0.15}{16^2} = \pm 740\text{kgf}/\text{cm}^2$$

计算求得的弯曲应力值与应变片的测量值相一致，这说明：它们是由筒体滚圆成形时产生的残余弹性变形所引起的，而不是由焊接引起的。

从上述研究中可以看出在阅读应力分布图时应该注意到下列因素：

（1）外表面或内表面应变片所显示的都是被测量部位应力的最大绝对值；

（2）圆筒内外表面上的应力差给出的弯曲应力值，是由焊接残余变形和滚圆时（圆筒成形时）产生的残余弹性变形所引起的；

（3）平均值指示的是圆筒厚度中间层面的应力，在很大程度上代表着焊接残余应力沿被研究截面上的总体分布规律。

所有测量点上横向应力 σ_θ（环向）非常小，其数据在图33上没有列出。

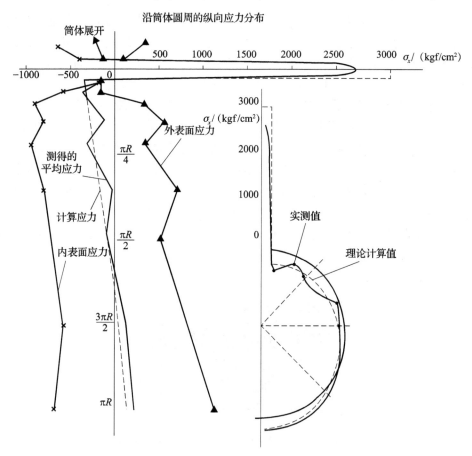

图33　σ_x 沿带纵缝的筒体圆周的分布图

3.5　在带有环向焊缝的焊接筒体上测定残余应力

在后续的圆筒上研究了环缝对残余应力及其分布的影响。环缝采用不添加焊丝的钨极氩弧焊完成。

圆筒在纵缝和环缝焊接后的典型变形如图34所示。

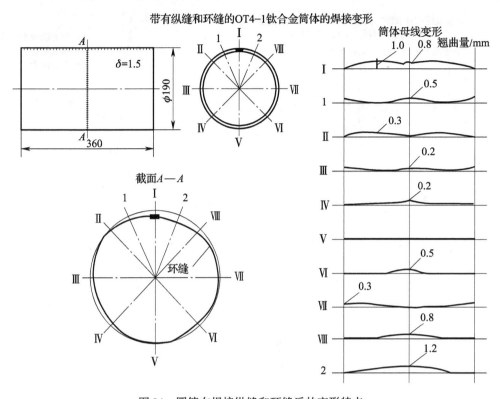

带有纵缝和环缝的OT4-1钛合金筒体的焊接变形

图34　圆筒在焊接纵缝和环缝后的变形特点

在3号圆筒上的测量结果如图35所示。焊缝中的纵向应力 σ_x 在圆筒边缘和环缝之间的中间截面上具有最大值，约为 $+800\text{kgf/cm}^2$。纵缝和环缝的交叉点上的应力状态是较低的。在交叉点上 σ_x 峰值应力的消失可以用如下的情况来解释。焊接环缝时由于焊接电弧的热作用，如同是将圆筒切成了两个部分。当焊接电弧跨过纵缝时，σ_x 被消除。需要提醒的是，在焊缝交叉点上，σ_x 却是环缝的横向应力分量。

在此类薄壁圆筒上，沿环缝宽度的均匀收缩，不应引起沿圆筒母线方向的内应力，这一点在随后的4号和5号圆筒的测量结果上获得了确认。3号圆筒环缝上测量到 σ_x 的小负值出现，或可能是测量误差，或可能是由于环缝并不是同一时刻完成的原因。

从图35上也可以看出，σ_θ 在环缝中为拉应力，其值为 $150\sim500\text{kgf/cm}^2$。$\sigma_\theta$ 在环缝中的值较小，主要是由于焊接接头区的下垂凹陷所引起的。焊后由于已生成了塑性缩短变形和收缩，环缝区有缩短自己圆周的趋势，于是在焊缝处圆筒的直径也相应缩短。其结果是 σ_θ 应力部分地卸载，实际应力值比在假设为刚性无限大的圆筒（焊缝区没有下垂凹陷）上的应力要小。

环缝区下垂凹陷现象见图34，不仅有焊缝区在圆周上的收缩，也有圆筒母线的弯曲。另外，在环缝上沿整个圆周的弯曲应力 σ_x（见图35）较大（内表面为拉伸，外表面为压缩），直观地表现出圆筒环缝处的波浪状弯曲。

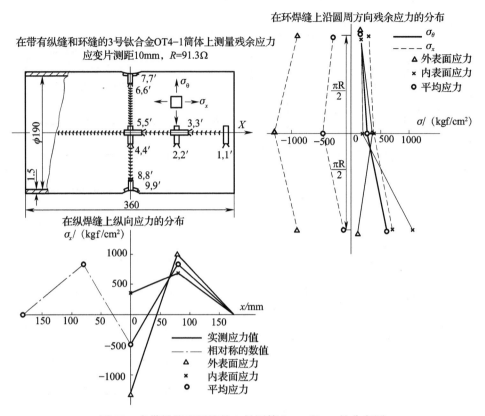

图 35　在带纵缝和环缝的 3 号圆筒上 σ_x 和 σ_θ 的分布图

对环缝中的残余应力 σ_θ 的详细理论研究将在下面论述。

在后续圆筒的测试中，也获得了类似残余应力的分布。带焊接封头的 4 号圆筒（见图 36）的测试结果如图 37 所示。从图上可以看出：纵缝中的最大应力 σ_x（平均值）是 1550kgf/cm² 和 1900kgf/cm²，环缝中的平均应力 σ_θ 在 200～500kgf/cm² 的范围内变化，而在环缝中的 σ_x 平均应力值实际上可看作是零。由圆筒母线波浪状弯曲所决定，各应力都伴随有明显的弯曲分量。除了测定环缝中的 σ_θ 和 σ_x 外，在 5 号圆筒上（见图 38）测定了 σ_θ 沿圆筒母线的分布特点。由于筒体波浪状变形引起的纵向弯曲应力，与环向应力 σ_θ 紧密相关。从图 38 上可以看到，σ_θ 在环缝中是拉应力（平均值），随着离开环缝，σ_θ 改变着自己的符号，在离焊缝 15mm 的部位出现了负值——压应力（平均值）。

图 36　电阻丝应变片在焊有封头的圆筒上的位置图

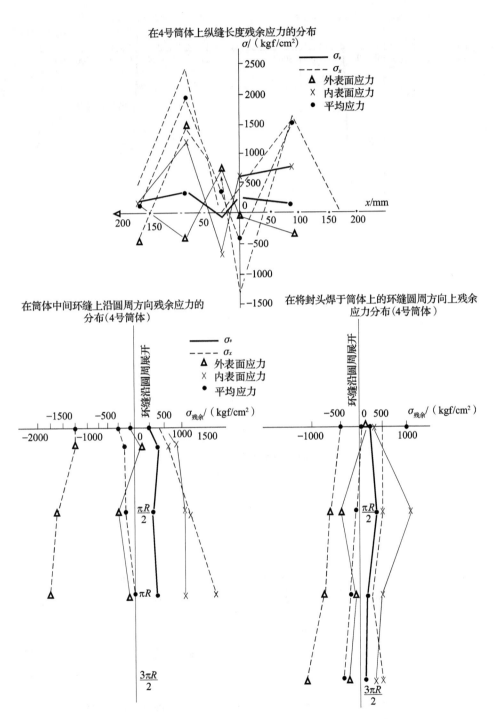

图37 残余应力 σ_x 和 σ_θ 在焊有封头的4号圆筒上的分布图

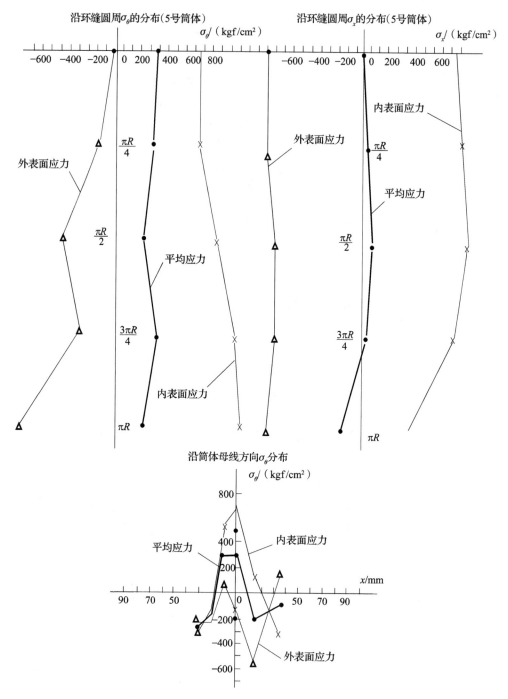

图 38　残余应力 σ_x 和 σ_θ 在带纵缝和环缝的 5 号圆筒上的分布图

3.6　计算圆柱形筒体纵向和环向焊缝残余应力的理论基础

在焊缝区生成残余缩短塑性变形的结果使得焊接构件承受着内应力和变形。因此，对残余应力在焊接构件中的分布进行理论分析的出发点是：首先必须了解由于焊接而发生的残余塑性变形的分布规律。许多参考文献[10~16]的研究表明：为了近似地计算残余应力场，可以采用弹性理论，为此利用生成塑性变形的最终结果，作为弹性理论中的温度问题来研究残余应力和变形。

在参考文献［32］中，采用理论和实验方法确定了在圆柱形容器上的纵缝和环缝中残余应力的分布，给出了纵缝中的 σ_x 和环缝中的 σ_θ 与圆柱形容器的直径和壁厚的一些关系。有关残余应力在圆柱形筒体中的分布，还可在参考文献［30，31，33，34］中找到。

按照焊接圆柱形容器时确定残余应力的现有理论依据，对所获得的钛合金圆筒上的实验数据进行了分析。

列于第 2 章中有关焊缝区塑性变形测试的数据，以及在第 3 章 3.2 节中残余应力的测试数据均表明：对于厚 1.5mm 的 OT4－1 薄壁构件的对接焊来说，可以采用图 39 上的实黑曲线来作为焊接接头区塑性应变的初始分布图。为避免采用实际分布图时的计算困难，采用了直方形的计算图（用虚线表示）；就力的作用而言，直方图与塑性应变的实际分布图是等效的。这样，用通常的焊接规范进行焊接时，获得了焊接接头计算值为 $\varepsilon_{计算}$ 的塑性变形区的宽度为 $2b = 20$mm。下面将分别研究圆柱形筒体中纵缝和环缝的残余应力。首先，对焊接纵缝在筒体中生成的内应力进行分析。

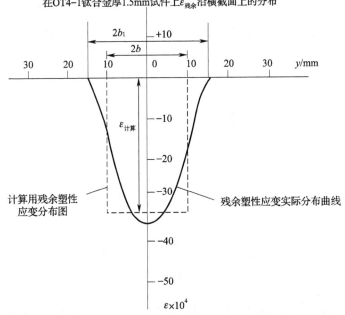

图 39　厚 1.5mm 的 OT4－1 试件对接焊接头区残余缩短塑性应变的分布图

129

3.6.1 纵缝中的残余应力

从热弹性理论[35,36]可知，当温度在型材横截面上的分布只是 Z 的函数，与 X 和 Y 无关（见图 40）时，那么型材在自由状态下横截面上的整体热应力由 3 个分量组成

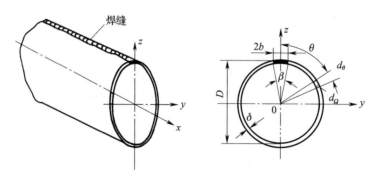

D—筒体直径（厚度中间）

Ω—筒体横截面面积

$2b$—带有焊缝在内的塑性变形区宽度

图 40　为确定带纵缝筒体中残余应力的计算示意图

$$\sigma_x = -\alpha ET + K_1 E + K_2 zE \tag{21}$$

式中：$-\alpha ET$——在绝对刚性固定条件下型材构件的纵向热应力；

$\quad K_1 E$——由力 $p = \displaystyle\int_\Omega \alpha ET\mathrm{d}\Omega$ 所引起的沿截面均匀分布的应力；

$\quad K_2 zE$——考虑到温度沿截面的不对称分布及弯曲力矩 $M = \displaystyle\int_\Omega \alpha ETz\mathrm{d}\Omega$ 引起的应力

$\qquad\quad$ 分量（同时假设，温度相对于 z 轴为对称分布）。

K_1 和 K_2 系数由下列条件确定

$$\Sigma F = 0, \qquad \int_\Omega \sigma_x \mathrm{d}\Omega = 0$$
$$\Sigma M = 0, \qquad \int_\Omega \sigma_x z\mathrm{d}\Omega = 0 \tag{22}$$

将式（21）代入式（22），得到

$$K_1 = \frac{\displaystyle\int \alpha ET\mathrm{d}\Omega}{\displaystyle\int E\mathrm{d}\Omega} = \frac{p}{E\Omega} = \frac{\sigma'}{E} = \varepsilon'$$
$$K_2 = \frac{\displaystyle\int \alpha ETz\mathrm{d}\Omega}{\displaystyle\int Ez^2\mathrm{d}\Omega} = \frac{M}{EJ} = \frac{1}{R} \tag{23}$$

不难得到这些系数的物理含义：K_1 指横截面的平均整体应变，而 K_2 指在没有拘束的状态下，型材构件的曲率。

于是，对于整体应力的式（21）转化为

$$\sigma_x = -\alpha ET + \frac{E}{\Omega}\int_{\Omega}\alpha T\mathrm{d}\Omega + \frac{zE}{J}\int_{\Omega}\alpha Tz\mathrm{d}\Omega \tag{24}$$

正如图40所示，对于薄壁圆柱形筒体公式如下

$$\mathrm{d}\Omega = \delta\cdot\frac{D}{2}\mathrm{d}\theta;\ z = \frac{D}{2}\cos\theta$$

$$\Omega = \pi D\delta;\ J = \frac{\pi D^3}{8}\delta$$

在替换和相应的转换后，式（24）可改写为

$$\sigma_x(\theta) = E\alpha\Big[-T + \frac{1}{\pi}\int_0^\pi T\mathrm{d}\theta + \frac{2\cos\theta}{\pi}\int_0^\pi T\cos\theta\mathrm{d}\theta\Big] \tag{25}$$

若将焊接残余应力看作热应力，则可以确定虚拟的计算温度，它会在构件中引起与焊接相同的应力场。这样，虚拟的计算温度则可由塑性变形的分布图来确定（见图39）

$$T_{计算} = \frac{\varepsilon_{计算}}{\alpha}$$

在带纵向焊缝的筒体上（见图40），确定计算温度的相关条件如下

$$当\ 0\leqslant\theta\leqslant\frac{\beta}{2}时，T_{(\theta)} = T_{计算}$$

$$当\ \frac{\beta}{2}\leqslant\theta\leqslant\pi\ 时，T_{(\theta)} = 0$$

或者

$$当\ 0\leqslant\theta\leqslant\frac{2b}{D}时，T_{(\theta)} = \frac{\varepsilon_{计算}}{\alpha}$$

$$当\ \frac{2b}{D}\leqslant\theta\leqslant\pi\ 时，T_{(\theta)} = 0$$

于是，最后获得

$$\begin{aligned}\sigma_x(\theta) &= E\varepsilon_{计算}\Big(-1 + \frac{1}{\pi}\frac{2b}{D} + \frac{2}{\pi}\sin\frac{2b}{D}\cos\theta\Big) \quad \Big(0\leqslant\theta\leqslant\frac{2b}{D}\Big)\\ \sigma_x(\theta) &= E\varepsilon_{计算}\Big(\frac{1}{\pi}\frac{2b}{D} + \frac{2}{\pi}\sin\frac{2b}{D}\cos\theta\Big) \quad \Big(\frac{2b}{D}\leqslant\theta\leqslant\pi\Big)\end{aligned} \tag{26}$$

从式（26）不难看出，$\sigma_x(\theta)$ 取决于圆柱形筒体直径 D 和塑性变形区宽度 $2b$。这些求解关系式与参考文献［31］的研究结果相符。

根据式（26），筒体中残余应力的计算并不复杂，为进行此类计算的先决条件是仅需要知道 $\varepsilon_{计算}$ 和 b 值。

对于带纵缝的 OT4 – 1 钛合金圆柱形筒体，当 $\varepsilon_{计算} = -33\times10^{-4}$（见图39），$\delta = 1.5\mathrm{mm}$，而 $b = 10$、15 和 $D = 190$、400 时，根据关系式（26）求得 $\sigma_x(\theta)$ 值。其结果列于表21，并如图41所示。

表21　当 $\varepsilon_{\text{计算}} = -33 \times 10^{-4}$ 时，按 D 和 b 参数，计算厚度为 1.5mm 带纵缝的 OT4 -1 钛合金圆筒的 σ_x (θ) 值

$\sigma_x(\theta)$ θ b $\quad$ D		残余应力/（kgf/cm²）						
		0	$\dfrac{b}{D}$	$\dfrac{2b}{D}$	$\dfrac{\pi}{4}$	$\dfrac{\pi}{2}$	$\dfrac{3\pi}{4}$	π
$b = 10$	$D = 190$	+3115	+3120	-347	-381	-116	$+49$	$+116$
	$D = 400$	+3300	+3305	-165	-133	-55	$+23$	$+55$
$b = 15$	$D = 190$	+2940	+2945	-515	-420	-174	$+72$	$+174$
	$D = 400$	+3210	+3315	-247	-199	-33	$+34$	$+83$

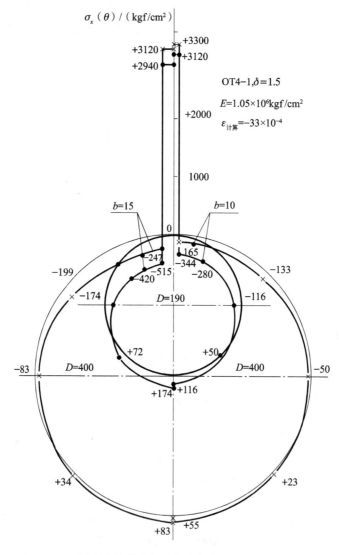

图41　按不同参数计算求得纵向残余应力沿筒体圆周的分布

在图 33 上既列出了试验测试的应力值，也用虚线绘制了理论计算的应力值，用于对比理论计算与试验数据的良好吻合，说明将式（26）用于确定类似结构件中的焊接残余应力是可行的。与计算值相比，实测的焊缝拉应力值较小，可以认为这是由于纵缝向筒体腔内的下垂凹陷及焊缝区在横截面上的变形特点所引起的（见图 29）。因此，纵向应力也出现部分卸载，而这并未纳入计算。应该指出，式（26）是针对无限长的圆筒体推导出来的，也就是说，并未考虑端头效应对应力的影响。因此对于长度小于直径 1.5 ~ 2 倍的筒体，所求得 σ_x 的误差可能会大些。

远离焊缝区部位的应力非常小，在工程应用中可以忽略不计。

3.6.2　环缝中的残余应力

测试到环缝中的环向应力特别小（见本章 3.5 节），这表明薄壁筒体所具有的小刚性对残余应力值的影响较大。其实质在于：环缝焊后，带焊缝的宽 $2b$ 的塑性变形区有缩小其直径的趋势。如果从筒体上切下宽 $2b$ 的圆环，让它自由收缩（见图 42（a）），那么环向应力 σ_θ 完全释放消除，此时圆环直径缩短到 $2W_0$，全部塑性变形由直径收缩量 $\varepsilon_{\text{计算}} = \dfrac{W_0}{R}$ 得到补偿（如图 39 的塑性变形分布图所示）。现在可以设想，圆筒具有无限大的刚性（不变形）。那么，在环缝焊接后，在宽 $2b$ 的圆环上可获得环向应力

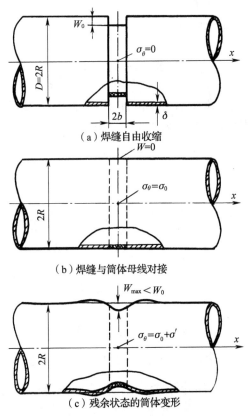

（a）焊缝自由收缩

（b）焊缝与筒体母线对接

（c）残余状态的筒体变形

图 42　薄壁圆筒环缝中生成残余应力的示意图

$$\sigma_0 = E\varepsilon_{计算}$$

此时筒体的母线是不弯曲的（见图 42（b））。如果向已切下的圆环的全宽度方向上施加虚拟的径向作用力 $q = \dfrac{\sigma_0 \delta}{R} = \dfrac{E\varepsilon_{计算}\delta}{R}$，也会获得同样的结果，从而可以使圆环恢复到焊接前圆筒母线没有变形时的初始状态。实际情形正如图 42（c）所示，宽 $2b$ 的圆环不可能完全收缩，它与筒体相邻部位的联系起到了阻碍作用。有两个力的因素在相互作用：

（1）圆环趋向于收缩，它牵连着筒体上与其相邻部位朝向筒体中心移动，这个作用力与在圆环宽度上施加于整个筒体朝向中心的径向载荷等量；

（2）筒体相邻部位阻碍圆环收缩的力与背离中心的径向分布载荷等量。

这两种力作用的结果，使筒体母线产生了波浪状变形（见图 42（c））。在焊缝处有最大挠曲弯度的下垂量 W_{max}，这样环向残余应力由两个数的代数值确定

$$\sigma_{焊缝} = \sigma_0 - \sigma' \tag{27}$$

式中，σ_0 指从（a）过渡到（b）时（见图 42）背离筒体中心而施加到被切下圆环的虚拟载荷 $q = \dfrac{E\varepsilon_{计算}\delta}{R}$ 所产生的应力分量；σ' 指从（b）过渡到（c）时（见图 42）将圆环与筒体相邻部位连接在一起，朝向筒体中心施加到整个筒体上的数值相同而方向相反的虚拟载荷所产生的应力分量。

如果已知挠曲弯度分布规律 W_x，则很容易确定应力分量 σ'

$$\sigma' = \varepsilon' E$$

$$\varepsilon' = \frac{2\pi R - 2\pi(R - W)}{2\pi R} = \frac{W}{R}$$

由弹性理论可知[21,38]，如果有一个对称于 x 轴的向心径向力 P 作用在圆柱形筒体上（见图 43（b）），则挠曲弯度由式（28a）确定

$$W = \frac{Pe^{-\beta x}}{8\beta^3 D}(\sin\beta x + \cos\beta x) \tag{28a}$$

式中

$$\beta = \sqrt[4]{\frac{3(1 - \mu^2)}{\delta^2 R^2}}; \quad D = \frac{E\delta^3}{12(1 - \mu^2)}$$

当 $x = 0$，得到

$$W = \frac{P}{8\beta^3 D} = \frac{PR^2\beta}{2E\delta}$$

同时得到

$$\sigma_{焊缝} = E\varepsilon_{计算}(1 - b\beta) \tag{28b}$$

然而，计算表明，这种计算方法只能用于评估离开焊缝中心线距离为 $x > \dfrac{\pi}{2\beta}$ 截面上的应力，与图 43（a）上显示的计算方法相比，式（28b）在获得焊缝中的最大残余应力时误差相当大。

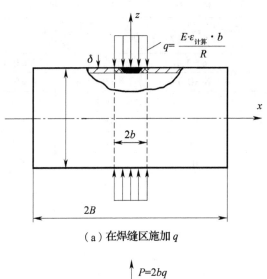

（a）在焊缝区施加 q

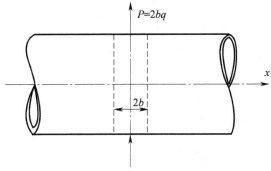

（b）与 q 等效的外力

图 43　用于确定薄壁圆筒环缝中残余应力的计算方法

对于图 43（a）上给出的计算方法，在参考文献［37］中 B. A. 维诺库洛夫借助圆柱壳体理论，获得了用于确定焊缝收缩量的方程式

$$\varepsilon' = \frac{W_{\max}}{R} = \frac{\sigma_0}{E}\ (1 - \mathrm{e}^{-\gamma}\cos\gamma)\ + \frac{\sigma_0\gamma}{E}\ \left(\frac{2 + \cos 2\alpha + \mathrm{ch}2\alpha}{\sin 2\alpha + \mathrm{sh}2\alpha} - 1\right) \tag{29}$$

式中：$\gamma = \beta b$；$\alpha = \beta B$ 。

式（29）的第一项是当 $x = 0$ 时，在 $q = \dfrac{\sigma_0\delta}{R}$ 载荷作用下，无限长圆筒的挠曲弯度；而第二项考虑了圆筒的有限长度为 $2B$ 对最大挠曲弯度的影响。很容易确定，当 $B > \dfrac{\pi}{\beta}$ 时，由第二项所求得的数值可以忽略不计。这说明，当圆筒长度 $2B$ 超过 $\dfrac{2\pi}{\beta}$ 时，最大收缩量等于

$$\varepsilon' = \frac{\sigma_0}{E}\ (1 - \mathrm{e}^{-\gamma}\cos\gamma) \tag{30}$$

表 22　$\sigma_{\text{焊缝}}/\sigma_0$ 比值与简体曲率半径的关系

$\dfrac{\sigma_{\text{焊缝}}}{\sigma_0} = \mathrm{e}^{-\gamma}\cos\gamma;\ \gamma = \beta b;\ \beta = \sqrt[4]{\dfrac{3\ (1-\mu^2)}{\delta^2 R^2}}$					
$1/R_1/\text{mm}$	R/cm	$b = 1.0\text{cm}$	$b = 0.15\text{cm}$		
		$\delta = 0.15\text{cm}$	$\delta = 0.15\text{cm}$	$\delta = 0.5\text{cm}$	$\delta = 1.0\text{cm}$
0	∞	1	1	1	1
0.01	100	0.675	0.535	0.73	0.81
0.04	25	0.40	0.200	0.493	0.63
0.09	11	0.200	0.016	0.30	0.47
0.11	9.0	0.134	-0.019	0.244	0.42
0.16	6.25	0.060	-0.056	0.157	0.328
0.25	4	-0.019	-0.066	0.85	0.216
0.36	2.8	-0.057	-0.049	-0.0152	0.125
0.19	2	-0.069	-0.028	-0.0525	0.055
0.64	1.56	-0.062	-0.012	-0.064	0.0044
0.81	1.24	-0.049	-0.0023	-0.0665	-0.028
1.00	1	-0.034	0.0012	-0.059	-0.051
1.44	0.7	—	0.00236	-0.037	-0.066
1.96	0.51	—	0.0007	-0.017	-0.061
3.0	0.33	0.0026	—	—	—
4.0	0.25	0.0012	—	—	—

因此，可以根据式（27），确定环缝中残余应力的实际值

$$\sigma_{\text{焊缝}} = \sigma_0 - \sigma' = \sigma_0 - E\varepsilon'$$

或代入式（30），获得

$$\sigma_{\text{焊缝}} = \sigma_0 - \frac{\sigma_0}{E}\ (1 - \mathrm{e}^{-\gamma}\cos\gamma)\ E = \sigma_0 \mathrm{e}^{-\gamma}\cos\gamma$$

$$\sigma_{\text{焊缝}} = E\varepsilon_{\text{计算}}\mathrm{e}^{-\gamma}\cos\gamma \tag{31}$$

或

$$\frac{\sigma_{\text{焊缝}}}{\sigma_0} = \mathrm{e}^{-\gamma}\cos\gamma \tag{32}$$

式（31）在实际应用中比参考文献［31］中的关系式方便，后者是在研究弹性基座上的梁时获得的。

从式（32）不难看出，$\sigma_{\text{焊缝}}/\sigma_0$ 比例取决于 $\gamma = \beta b$，在给定的塑性变形区宽度 b 和壁厚 δ 时，该比例只取决于半径 R 或圆筒曲率 $1/R$。对于某些薄壁圆筒，该表达式的数值解见表 22 和如图 44~图 45 所示。可以看出，随着圆筒半径的增大，$\sigma_{\text{焊缝}}/\sigma_0$ 的比例值增大；当 $R \to \infty$ 或 $1/R \to 0$ 时，该比例渐渐趋近于 1。在小半径（或大曲率）时，该比例变为负值，这说明：对于小半径和相对较大 b 值的圆筒而言，环缝中的应力 $\sigma_{\text{焊缝}}$ 甚至可以是压应力。

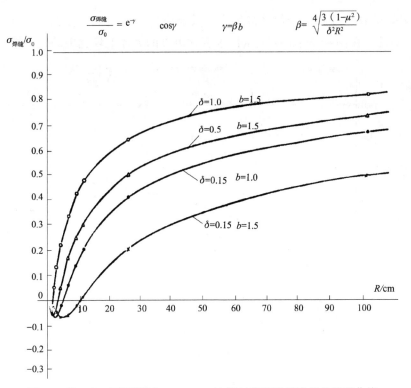

图 44　当 δ 和 b 不同值时，$\sigma_{焊缝}/\sigma_0$ 比值与薄壁圆筒半径的关系曲线

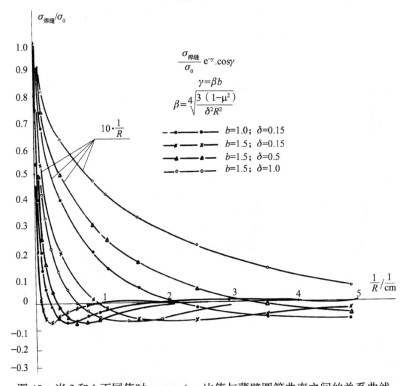

图 45　当 δ 和 b 不同值时，$\sigma_{焊缝}/\sigma_0$ 比值与薄壁圆筒曲率之间的关系曲线

137

所测试的 OT4－1 钛合金筒体环缝中的残余应力（见图 35，图 37，图 38），证实了计算的正确性。在图 46 和图 47 上给出了曾检测过的筒体上环缝中的残余应力与薄壁筒

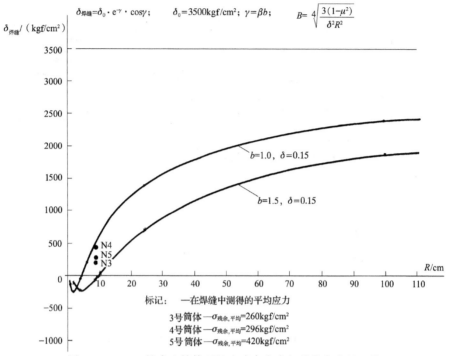

图 46　OT4－1 钛合金筒体环缝中残余应力与其曲率半径 R 的
关系曲线，对比了计算数据与测试结果

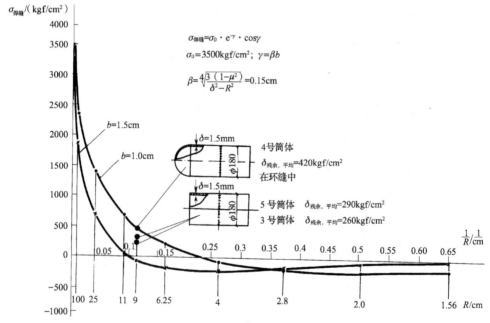

图 47　钛合金筒体环缝中的残余应力与其曲率 $\dfrac{1}{R}$ 之间的关系曲线，对比了计算数据与测试结果

体半径 R 和曲率 $1/R$ 的关系曲线。选取 $\varepsilon_{计算} = -33 \times 10^{-4}$，这与 $\sigma_0 = 3500\text{kgf/cm}^2$ 相符合。在这些图上用粗黑点标示出筒体上直接检测到的环缝残余应力值。这些值是几个应变片显示的算术平均值（见表 23）。

表 23　在 3 号、4 号、5 号筒体的环缝中测得的平均残余应力

筒体号	3 号	4 号	5 号
不同应变片 测得的应力值/（kgf/cm²）	+ 125	+ 280	+ 340
	+ 150	+ 500	+ 330
	+ 500	+ 400	+ 230
	—	+ 500	+ 360
	—	—	+ 250
焊缝中的平均 应力值 $\sigma_{焊缝,平均}$/（kgf/cm²）	+ 260	+ 420	+ 296

至此，研究了当 $x = 0$ 时，环缝中的最大残余应力，而为了获得环向应力在焊缝及近缝区中沿 x 轴的分布图，需要针对图 48（a）的状况，按式（28a）确定挠度。

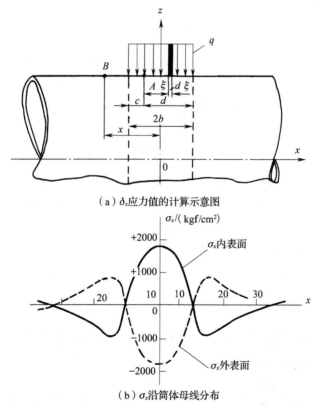

（a）δ_x 应力值的计算示意图

（b）σ_x 沿筒体母线分布

图 48　确定环缝中的 σ_x 应力值的计算示意图和 σ_x 沿筒体母线分布

在图 48 （a） 上的 A 点有

$$W_A = \int_0^C \frac{q\mathrm{d}\xi}{8\beta^3 D} \mathrm{e}^{-\beta\xi}(\cos\beta\xi + \sin\beta\xi) + \int_0^d \frac{q\mathrm{d}\xi}{8\beta^3 D}\mathrm{e}^{-\beta\xi}(\cos\beta\xi + \sin\beta\xi) =$$

$$\frac{qR^2}{2E\delta}(2 - \mathrm{e}^{-\beta c}\cos\beta c - \mathrm{e}^{-\beta d}\cos\beta d)$$

在图 48 （a） 上，位于 $2b$ 区外的 B 点有

$$W_B = \int_{x-b}^{x+b} \frac{q\mathrm{d}\xi}{8\beta^3 D}\mathrm{e}^{-\beta\xi}(\cos\beta\xi + \sin\beta\xi) =$$

$$\frac{qR^2}{2E\delta}\left[\mathrm{e}^{-\beta(x-b)}\cos\beta\,(x-b)\, -\mathrm{e}^{-\beta(x+b)}\cos\beta\,(x+b)\right]$$

在研究圆柱形容器的应力状态时，除了环缝中的环向应力外，还应关注环缝垂直方向的纵向应力，它是在虚拟载荷 q 的作用下筒体母线发生波浪形变形产生的弯曲力矩所引发的；此外，还有的应力与如下作用力相关

$$M_\theta = -D\mu\frac{\mathrm{d}^2 w_x}{\mathrm{d}x^2} \quad \text{和} \quad Q_x = -D\frac{\mathrm{d}^3 w_x}{\mathrm{d}x^3}$$

在某些情况下，由弯曲而产生的纵向应力分量值较大，甚至超过了环缝中的环向应力值。若已知弯曲力矩 M_x，很容易按公式计算出纵向应力

$$\sigma_x = \pm\frac{6M_x}{\delta^2} \tag{33}$$

为确定 M_x，可以求解如下。对于图 43 （b） 上的受力状态，已有在参考文献［38］中的解

$$W_x = \frac{P\mathrm{e}^{-\beta x}}{8\beta^3 D}\,(\sin\beta x + \cos\beta x)$$

和

$$\frac{\mathrm{d}^2 w}{\mathrm{d}x^2} = \frac{P}{4\beta D}\mathrm{e}^{-\beta x}\,(\sin\beta x - \cos\beta x)$$

则可以求得沿 $2b$ 长度上的分布载荷 q 在 A 点上引起的力矩（见图 48 （a））。如果采用载荷 P （见图 43 （b）） 的力矩图作为影响曲线，为此须进行下列替换

$$P \rightarrow q\mathrm{d}\xi; \quad x \rightarrow \xi$$

由单元环向载荷 $q\mathrm{d}\xi$ 在 A 点引起的单元力矩为

$$\mathrm{d}M_A = -D\frac{\mathrm{d}^2 w}{\mathrm{d}x^2} = -\frac{q\mathrm{d}\xi}{4\beta}\mathrm{e}^{-\beta\xi}\,(\sin\beta\xi - \cos\beta\xi)$$

在沿 $2b$ 长度上分布的所有载荷作用下，A 点的力矩可以由积分求得

$$M_A = \int_0^C -\frac{q\mathrm{d}\xi}{4\beta}\mathrm{e}^{-\beta\xi}(\sin\beta\xi - \cos\beta\xi) + \int_0^d -\frac{q\mathrm{d}\xi}{4\beta}\mathrm{e}^{-\beta\xi}(\sin\beta\xi - \cos\beta\xi) \tag{34}$$

当 $x = 0$ 时，最大弯曲力矩是

$$W = 2\int_0^b -\frac{q\mathrm{d}\xi}{4\beta}\mathrm{e}^{-\beta\xi}(\sin\beta\xi - \cos\beta\xi) =$$

$$\frac{-q}{2\beta}\left[\int_0^b \mathrm{e}^{-\beta\xi}\sin\beta\xi\mathrm{d}\xi - \int_0^b \mathrm{e}^{-\beta\xi}\cos\beta\xi\mathrm{d}\xi\right] =$$

$$\frac{q}{2\beta^2}e^{-\beta b}\sin\beta b \tag{35}$$

根据式（33）~式（35），对带有下列参数的钛合金的简体

$$R=9.0\text{cm},\ \delta=0.15\text{cm},\ m=1.0\text{cm},\ q=\frac{E\varepsilon_{\text{计算}}\delta}{R}E$$

式中，$E=1.05\times10^6\ \text{kgf/cm}^2$，$\varepsilon_{\text{计算}}=-33\times10^{-4}$。

纵向应力的计算结果见图 48（b）。图上显示，当 $x=0$ 时最大纵向应力达到了 $\pm1870\text{kgf/cm}^2$，大大超过了环缝中的 $\sigma_\theta=500\text{kgf/cm}^2$。

用应变片直接测量，获得环缝中的 σ_x 值为 $\pm800\text{kgf/cm}^2$（见图 38）。计算与试验数据的偏差可由下列原因解释：首先，电阻丝应变片的显示值是测试基准上的平均应力值，而并没有获得 $x=0$ 时的应力峰值；其次，简体滚圆成形时产生的残余变形引发较大弯曲应力分量（见图 33），也叠加在焊接应力上。

第 4 章　钛合金焊接构件残余应力的消除

由于焊接时金属的不均匀加热和冷却，焊接构件中总会产生残余应力，但是并不是所有种类的残余应力在所有情况下都是有害的。作为共识，大量研究结果表明：具有良好材料塑性的构件的残余应力（不是指三向拉应力）在静载时并不会对其强度产生影响。最近有些机构开始研究如何利用焊接残余应力来提高构件的工作性能，对此问题的进一步研究有助于明确对于不同构件在各种使用条件下消除残余应力的必要性和合理性。

在实践中制造钛合金薄壁焊接构件时，通常建议消除焊接残余应力。这种辅助工序的必要性是因为担心焊接接头会产生延迟性断裂，也是由于钛合金重要结构在更为恶劣的条件下工作，更是因为对残余应力对钛合金焊接构件强度的影响研究不够的缘故，而钛合金是具有许多特殊性能的新型结构材料。

在生产中，通常采用热处理来消除钛合金构件中的焊接残余应力。热处理时为避免金属在空气中产生氧化和污染，采用真空炉或带有惰性气体保护介质的炉子。但在生产条件下，会遇到一些困难，如采用专用设备并有大量花费，而构件尺寸太大时，采用热处理更为困难。

在参考文献中有关采用热处理消除焊接残余应力的信息较零散。参考文献［40］中列举了在含 5% 的 Al 和 2.5% 的 Sn 的钛合金上所做的试验，并指出，在 540℃ 的温度下保温 2h，应力被完全去除。对于某些工业钛合金，在参考文献［2］中列举了去除应力所推荐的热处理规范（见表 24）。

表 24　去除应力推荐的热处理规范

材料	温度/℃	保温时间
工业纯钛	425	3h
	430	45min
	540	30min

表 24（续）

材料	温度/℃	保温时间
Ti - 5Al - 2.5Sn	480	20h
	540	6h
	595	2h
	650	1h
Ti - 6Al - 4V	480	20h
	540	2h
	595	1h

构件的加热温度和在给定温度下在炉中的保温时间决定了热处理时去除残余应力的程度。由于对热处理去除残余应力没有系统研究，也并不了解其普遍规律，因此在选择最佳热处理规范及参数（温度及保温时间）时有一定的困难，也缺乏足够的依据。此外，不是所有结构形式的构件在制造完成后，都可以采用热处理。

有鉴于上面的表述，本章研究工作的目的如下：首先，在无保护介质的普通电炉中研究用热处理消除残余应力的可行性，探求用热处理消除应力的普通规律；第二，研究采用窄轮滚压钛合金构件焊缝及近缝区消除残余应力的工艺和效果。

虽然这两种去除残余应力的方法从表面上看区别很大，但其物理实质却是同样的：在焊缝区产生与焊接时（缩短）符号相反的塑性变形（延伸）。如果热处理时是通过在自身应力作用下，由焊缝金属的蠕变将弹性变形转变为塑性变形的，那么在滚压时则是通过窄轮的机械碾压而达到目的。

4.1 在无保护介质的电炉中用热处理方法消除残余应力

4.1.1 试验研究方法

试验在厚 1.5mm 的 OT4 - 1 钛合金上进行，选用尺寸为 90mm × 100mm × 1.5mm 的薄板作为焊接试件，试件如图 49 所示。正如在第 3 章中所说明，在这样的试件中的残余应力水平与在大尺寸试件上的残余应力水平相同，因此采用这样的试件进行研究是比较方便的。在试件长度方向的中央用钨极氩弧焊形成焊缝，焊接规范如下：$I = 90 \sim 100A$；$U = 10 \sim 11V$；$V_焊 = 18m/h$。为确定纵向应力沿薄板宽度上的分布，在试件的中心部位设置了两列测量基准。基准 I 测试结果是在试件正面制备上的，在图上用点来表示。基准 II 制备在试件背面，是为了对基准 I 的测试结果进行验证。用测距为 10mm 的机械应变仪，按第 3 章 3.1 节中的办法进行测试。

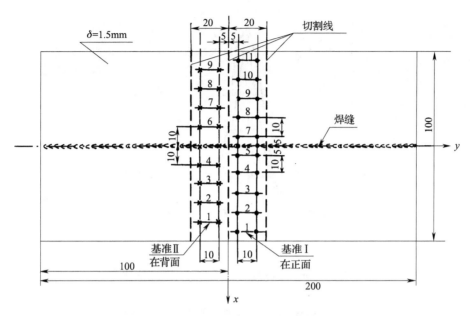

图 49 用于消除残余应力试验的试件图

采用无保护介质的普通电炉开展了用热处理方法消除残余应力的研究，电炉中的给定温度用温度调节器来保持。事先对带热电偶的温度调节器进行仔细校准，使调温精度控制在 ±5℃。保温时间从试件置入电炉后温度到达给定值的那一刻开始计算。放进电炉前，为了消除试件翘曲，将试件用螺栓夹紧在两块不锈钢平板间，此时试件保持严格的平面状态，焊缝中的残余应力达到最大值。试件与夹具一起在空气中进行冷却，只有当热处理完成和完全冷却后，试件才能从夹紧的状态中释放开来。

在相应的热处理后，把焊缝中的最大应力作为评估应力消除程度的依据。

为确定最佳热处理条件，试验在相对较大的温度和保温时间范围内进行。所给定的温度从 350 ~ 700℃，间隔为 50℃；每个给定温度下试件在电炉中的保温时间分别为 10min、30min、1h，有时达 3.5h。除了对热处理后的残余应力进行测试外，还监控了热处理规范对试件力学性能的影响，首先是根据弯曲角试验结果检查金属塑性的变化。也进行了组织结构变化和表面气体吸附的金相研究。

4.1.2 热处理实验结果

在图 50 中给出了焊后纵向应力的初始分布图，用以对比试件在热处理前和相应热处理后试件上残余应力的情况。从图上可以看出：焊缝中的最大应力为 +3500kgf/cm²。

在电炉中，于不同的加热温度下，经过相同的 10min 热处理保温时间后的试件上残余应力的测试结果如图 51 所示。从图上可以看到，随着温度的提高，焊缝中峰值拉伸应力在降低，同时应力分布图逐渐趋于平缓。表 25 中列出了保温 10min 的相应热处理后焊缝中的最大应力值。

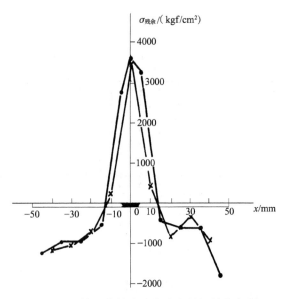

图50 焊接试件纵向残余应力的初始分布图

表25 保温 10min 热处理后的最大残余应力值

热处理温度/℃	焊缝中的残余应力值[①]/（kgf/cm²）
400	+3000
500	+2200
550	+1600
600	+800
650	+400
① 取两次测量的平均值。	

从上述数据中可以认为：如果在焊缝中的残余应力低于 $500kgf/cm^2$，就可以说是完全消除了峰值应力的话，那么在电炉中保温 10min，只有加热到 650℃ 才可能达到。对于极易氧化的某些钛合金，在没有保护介质的条件下，这种热处理温度是不可取的。

随后一批试件在热处理时经过了 30min 的保温。残余应力的测试结果见表26 和图52。

表26 保温 30min 热处理后的最大残余应力

热处理温度/℃	焊缝中的残余应力值[①]/（kgf/cm²）
400	+2600
500	+1800
550	+1000
600	+400
650	+100
① 取两次测量的平均值。	

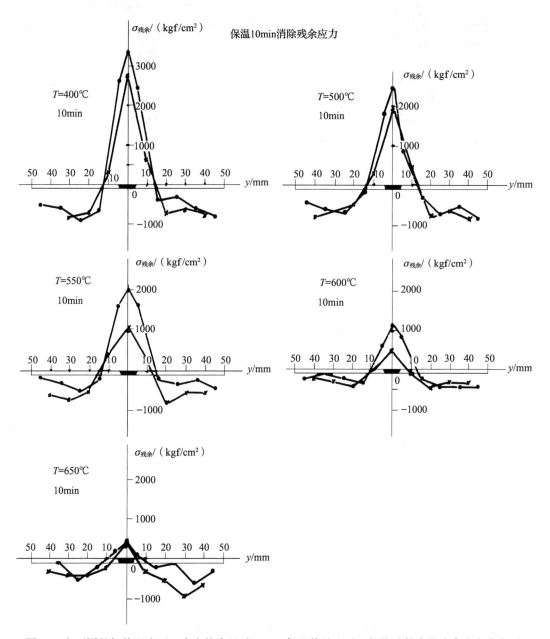

图 51　在不同的加热温度下，在电炉中经过 10min 保温热处理后，焊接试件中的残余应力分布图

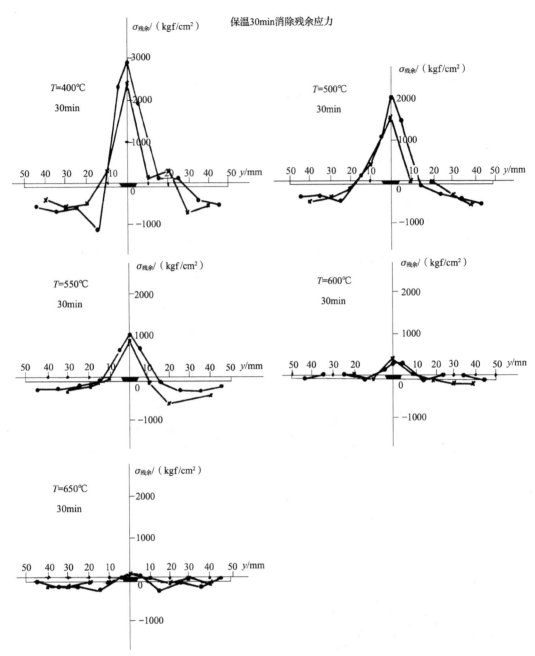

图 52　在不同加热温度下，在电炉中保温 30min 的热处理后，焊接试件中的残余应力分布图

从图可见，在电炉中保温 30min，在 600℃ 的加热温度下，峰值应力已被完全消除，边缘部位的应力实际上也完全消除了。如果电炉中的保温时间进一步延长，有可能在更低的温度下，焊缝中的应力即达到低于 500kgf/cm² 。

下面考察保温为 1h 的规律。从图 53 和表 27 可以发现：为使焊缝中的应力低于 500kgf/cm²，550℃ 的加热温度就足够了。比较上述数据，我们也会发现：对于同一个热处理温度，随着保温时间的延长，去除残余应力的效果变得不太明显；或简言之，

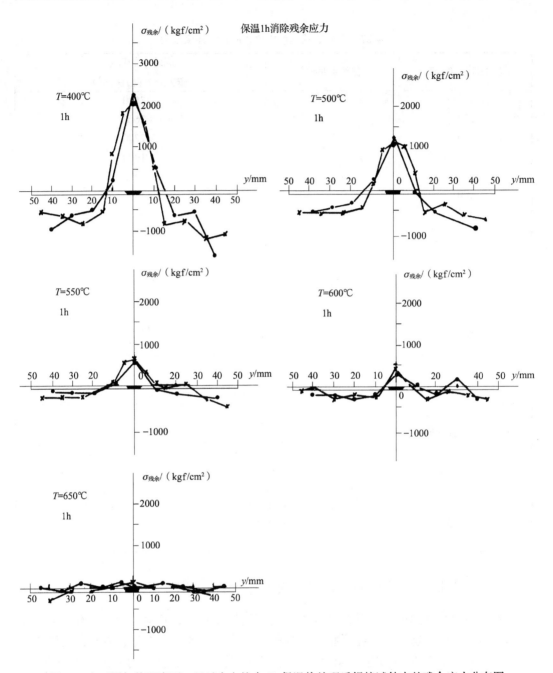

图 53　在不同加热温度下，经过在电炉中 1h 保温热处理后焊接试件中的残余应力分布图

在给定的热处理温度下，应力明显降低只发生在最初的 10 ~ 30min，随后这个过程逐渐衰减。例如，在 550℃ 的给定热处理温度下，保温 10min 后，应力从 +3500kgf/cm² 降到 +1600kgf/cm²，下降了 +1900kgf/cm²；而在保温 30min 后，下降到 +1000kgf/cm²，即又下降了 +600kgf/cm²；保温 1h 后应力又会下降 +400kgf/cm²，达到 +600kgf/cm²。从这一角度出发，对保温时间更长，如 3h 和 5h 的保温时间热处理后，试件上应力的测试结果也应进一步考察（见表 27、表 28 和图 54）。

表 27　不同热处理后焊缝中的最大残余应力

热处理温度/℃	保温时间/h	焊缝中的残余应力 $\sigma/$（kgf/cm²）
—		+3500
350		+2600
400		+2200
450		+1900
500	1	+1200
500		+1400
550		+600
600		+300
650		+100
700		0
400	3	+1900
	5	+1850
500	3	+800
	5	+650

表 28　不同保温时间在给定温度下消除残余应力的效果

保温时间	残余应力/（kgf/cm²）	
	热处理温度	
	400℃	500℃
10min	+3000	+2200
30min	+2600	+1800
1h	+2200	+1300
3h	+1900	+800
5h	+1850	+650

4.1.3　无保护介质的热处理对钛合金力学性能的影响

在无保护介质的电炉中对钛合金构件进行热处理时，会发生表面层氧化和金属对气体吸附的危险，这会导致金属脆化。众所周知，温度越高，氧化越剧烈；而随着保温时间的延长，氧化程度也会增大。这些因素与消除残余应力的效应是相矛盾的：为了加快残余应力的消除，希望热处理温度更高一些。因此必须确定最佳的条件，不至于引起金属力学性能，首先是塑性的损失，且能保证完全消除焊接接头中的残余应力。

采用相应的热处理后，从薄板上切下的平面试件的弯曲角作为代表金属塑性的指标，对于每一种试验方案，不少于 6 ~ 7 个试件。对焊接接头在保温 10min、30min 和 1h 后相应的弯曲试验结果如图 55 ~ 图 57 所示。对所有试验方案所获得的弯曲角数值列于表 29 中。

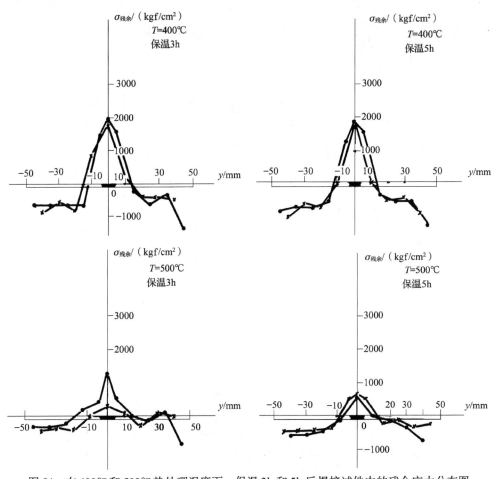

图 54　在 400℃ 和 500℃ 热处理温度下, 保温 3h 和 5h 后焊接试件中的残余应力分布图

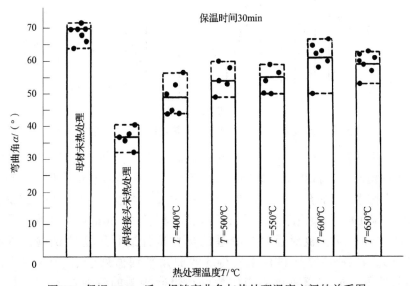

图 55　保温 10min 后, 焊缝弯曲角与热处理温度之间的关系图

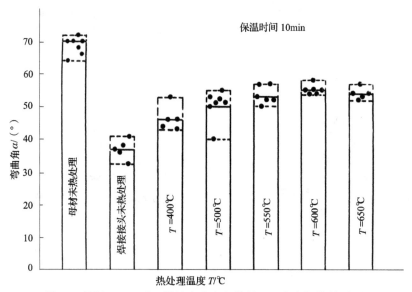

图 56　保温 30min 后，焊缝弯曲角与热处理温度之间的关系图

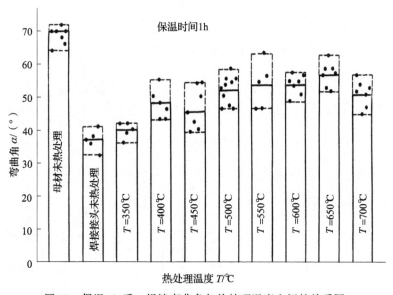

图 57　保温 1h 后，焊缝弯曲角与热处理温度之间的关系图

比较所获得的数据可以发现，在给定的保温条件下，由于提高加热温度，弯曲角的变化趋势是相似的，温度范围在 550 ~ 600℃ 时，弯曲角具有最大值。温度进一步提高到 600℃ 以上时，弯曲角下降。如果研究一下在给定温度下（如 400℃ 或 500℃），不同保温时间对弯曲角的变化特点，那么可以发现，保温 30min 时弯曲角最大。和带焊接接头的试件一样，也对经过热处理的母材试件进行了弯曲试验，所得数据见图 58 ~ 图 60。把在 6 ~ 7 个试件上所得的弯曲角平均值列于表 30。在不同温度或不同保温条件下，母材弯曲角的变化特点和焊接接头的弯曲试验结果相类似。这可以根据表 29 和表 30 的数据所建立的图 61 上直观地看到。

表 29　在相应温度的热处理后，焊接接头的平均弯曲角 α

温度/℃	平均弯曲角 α/（°）				
	电炉中保温				
	10min	30min	1h	3h	5h
350	—	—	40	—	—
400	46	49	48	40	35
450	—	—	45	—	—
500	50	54	52	50	43
550	53	55	53	—	—
600	55	61	53	—	—
650	54	59	56	—	—
700	—	—	50	—	—
未经热处理					
基体金属	70				
焊缝	37				

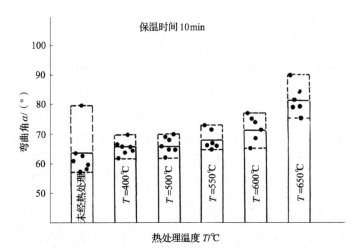

图 58　保温 10min 后，母材弯曲角与试件热处理温度之间的关系图

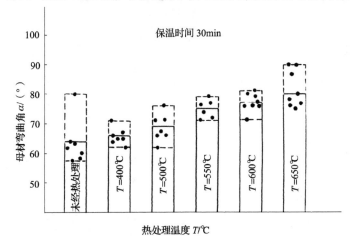

图 59　保温 30min 后，母材弯曲角与试件热处理温度之间的关系图

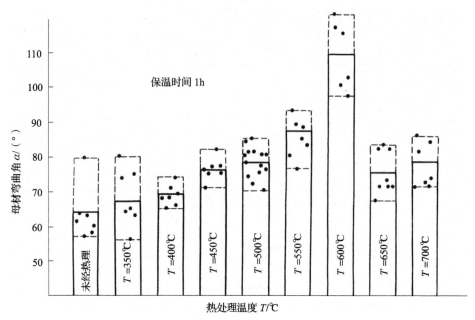

图 60　保温 1h 后，母材弯曲角与试件热处理温度之间的关系图

焊接接头和母材弯曲角的变化特点是类似的：一方面是由于热处理对材料的金相组织的有利作用（去除了因轧制的冷作硬化），另一方面是由于气体的吸附使金属表面层塑性降低。在第一种因素的作用下，弯曲角随着热处理温度的升高而增大；而在第二种因素的作用下，弯曲角随着热处理温度的升高而降低。很显然，在这两个因素的最佳结合时，弯曲角会最大。此时，在相应的热处理后，无论是焊接接头，或是母材的塑性可能将得到一定的改善（根据弯曲角显示值）。

金相研究的结果证实了上述讨论的观点。

表 30　在不同温度下母材在热处理后的平均弯曲角值

温度/℃	平均弯曲角 α/（°）				
	电炉中保温				
	10min	30min	1h	3h	5h
350	—	—	67	—	—
400	66	66	69	70	65
450	—	—	76	—	—
500	66	69	70	75	76
550	68	75	87	—	—
600	71	77	109	—	—
650	81	80	75	—	—
700	—	—	78	—	—

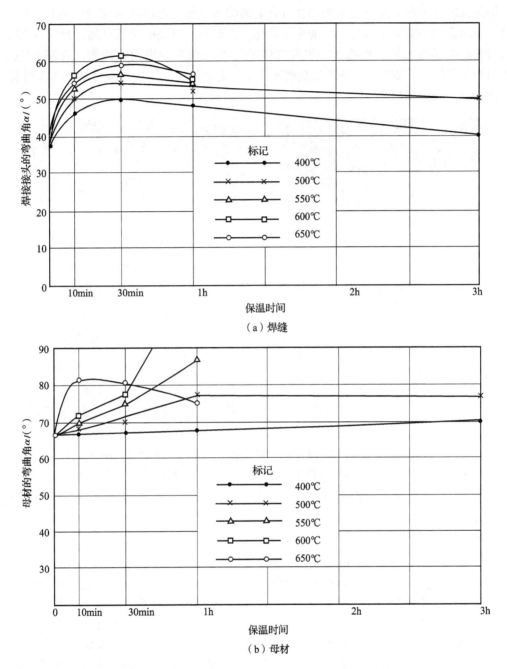

图 61　不同热处理温度下焊缝、母材的弯曲角与保温时间的关系汇总图

　　母材在供货状态下具有明显轧制方向的细晶组织 $\alpha + \alpha'$ 相（见图 62（c））。焊后初始状态的焊缝金属具有针状 α' 相的粗晶组织.（见图 62（a））。以消除焊接残余应力为目的热处理对金属组织结构的影响表现在细针状 α' 相的凝聚。图 62（b）显示了保温 1h，600℃热处理后的焊缝组织。将它与初始状态下焊缝金属的组织结构（图 62（a））进行对比，发现针状 α' 相的分散度有所下降。这一现象可以用来解释：在 350～600℃

的加热温度范围内，焊缝金属的塑性有升高的趋势（根据弯曲角的试验结果）。对于母材的影响表现为消除了冷轧带来的冷作硬化。在加热到更高的温度（超过 600~650℃）和较长的保温时间后，很明显，表面气体吸附的现象变为决定性因素。在图 62（d）中显示了保温 1h、600℃热处理后金属表面层的显微组织，箭头所指为富氧和吸附其他气体的金属表面薄层。

（a）焊缝　　　　　　　　　　　　　　（b）保温 1h, 600℃热处理后的焊缝

（c）母材　　　　　　　　　　　　　　　（d）母材表面

图 62　OT4 - 1 钛合金焊缝和母材在初始状态下的显微金相组织，和保温 1h，600℃热处理后的焊缝和母材表面的显微金相组织结构图（×500 倍）

因此，随着温度的超常提高和保温时间的延长，在无保护介质的普通电炉中钛合金焊接构件热处理时会产生富含各种气体表面层的危险，其特点是硬度和脆性升高，会导致金属塑性的降低。

参考文献［41，42］的作者研究了钛合金构件在空气中加热时表面氧化的问题。在参考文献［41］中，作者根据在空气中按不同温度加热后 BT - 1 试件表面显微硬度的测试数据指出，氧在钛中的溶解只有当温度达到 550~600℃时才开始。力学试验的结果如图 63 所示。可以看出，在加热到 600℃时，保持 8h，与初始数据相比，所有力学性能（强度极限 σ_b，塑性指标 δ 和 ψ，弯曲角 α）实际上保持不变。参考文献［42］的作者也指出，在 550℃和更低的温度，当钛在空气中加热氧化时，表面会生成氧化膜，其厚度是不变的，与保温时间无关（见图 64）；接着作者指出，加热温度提高到 550~600℃时，钛吸附氧是因为氧从氧化膜中扩散到了金属基体；然而当温度提高到 600℃以上时，氧化速度开始服从于抛物线规律，随着保温时间的延长，钛表面上的氧化膜厚度急剧增大。这些数据只适用于纯钛或工业用钛，但扩散过程的模型也同样适用于钛合金，氧化速度取决于扩散速度，尽管实际的氧化速度也可能是由一些其他次要因素决定的。

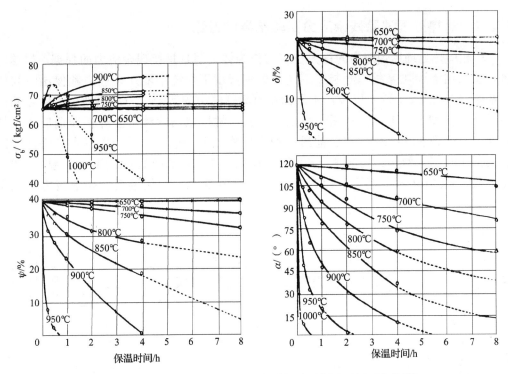

图 63 在空气中加热时，BT-1 力学性能随保温时间而变化[41]

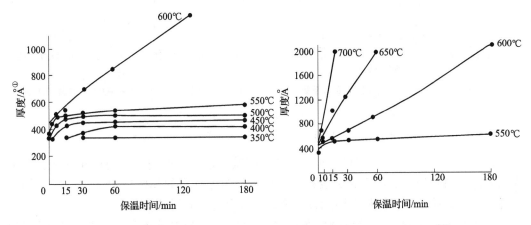

图 64 钛表面氧化膜厚度与在空气中保温时间和加热温度之间的关系[42]

因此，为消除 OT4-1 钛合金薄壁构件中的残余应力，在无保护介质的电炉中热处理的最佳条件是加热到 550~600℃的温度，保温时间为 30~40min。这样，不仅消除了焊接残余应力，同时还保留了较好的金属塑性，甚至比初始状态时更好一些。因此，有根据地选择无保护介质热处理的工艺参数，不会引起对钛合金焊接构件力学性能恶化的担忧。

---

① 1Å（埃）=0.1nm。

4.1.4 对热处理消除残余应力实验结果的讨论

取相应热处理后焊缝中的最大拉应力作为评估消除焊接残余应力的判据。根据表25～表27中所列的数据，绘制了不同热处理温度下焊缝中的残余应力和保温时间的关系图（见图65（a））以及在不同保温时间焊缝中的残余应力和热处理温度之间的关系图（见图65（b））。从图上可以看出，通常用以消除钛合金焊接残余应力的热处理，加热到500～600℃时，能最大程度地降低残余应力水平，尤其在工件被加热后的最初时刻。例如，当温升至600℃，在保温开始的最初10min内，焊缝中的残余应力从 +3500kgf/cm² 降到了 +800kgf/cm²，而在30min的保温后，残余应力得到了彻底消除。

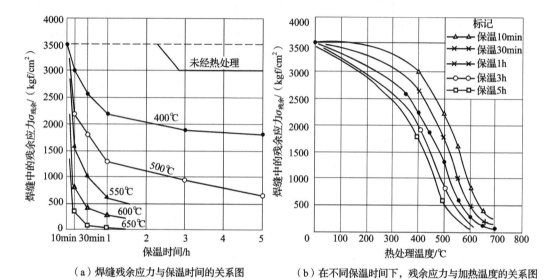

（a）焊缝残余应力与保温时间的关系图　　　（b）在不同保温时间下，残余应力与加热温度的关系图

图65　在各种加热温度下，OT4-1钛合金焊缝残余应力与保温时间的关系图
和在不同保温时间下，残余应力与加热温度的关系图

许多专家[43～49]研究了用热处理方法消除焊接残余应力的问题，到目前为止，对结构钢的应力消除积累了丰富的实践数据。在钢结构上确定的那些反映了过程实质的普遍规律也可适用于研究热处理消除钛合金构件残余应力的问题。

众所周知，在热处理时残余应力的消除是由在较高的温度下材料屈服极限的降低和蠕变过程所决定的。这两种现象都取决于温度和应力水平，同时还取决于保温时间。

在电炉中开始保温时，焊缝中的实际残余应力大大超过了在给定温度下材料的屈服极限。应力的迅速下降主要是通过材料屈服极限的降低而实现的，虽然由于初始的应力水平较高，材料的蠕变发展得也相对较快。当焊缝中残余应力降到在给定温度下材料屈服极限之后，应力进一步降低的过程减缓，只是通过材料的蠕变使应力降低继续进行。

上述过程现象示意于图 66。如果在室温下的初始时刻，材料的屈服极限为 $\sigma_{T(0)}$，残余应力值为 $\sigma_{残余0}$，随着加热温度的提高，若 σ_T 和 $\sigma_{残余}$ 的变化趋势如图所示，那么在给定的加热温度 T_1 下，残余应力的值由下式决定

$$\sigma_{残余(T_1)} = \sigma_{残余(0)} - a - b$$

式中，线段 a 表示在加热开始时由于材料屈服极限降低到了 $\sigma_{T(T_1)}$ 时而消除的应力，$a = \sigma_{残余(0)} - \sigma_{T(T_1)}$；线段 b 表示在温度 T_1 时由于

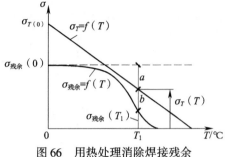

图 66　用热处理消除焊接残余应力过程示意图

材料蠕变而消除的应力，在此加热温度下，保温时间越长，消除的应力值也越大。

可以运用现代蠕变理论，通过计算来确定在残余应力作用下，通过材料蠕变而消除的应力值[50,51]。

将平面焊接试件中的残余应力场当作单向应力来研究（横向应力非常小，可以忽略不计，见第 3 章），则在焊接接头自身残余应力作用下，应力随时间而降低的过程服从通常松弛规律。因此，焊接接头内的全部应变是恒定的，是剩余的弹性应变 ε_e 和由应力松弛而转换成的塑性应变 ε_p 之和，即

$$\varepsilon = \varepsilon_{(0)} = \varepsilon_e + \varepsilon_p \quad 或 \quad \frac{\sigma_{(0)}}{E} = \frac{\sigma}{E} + \varepsilon_p$$

其中，塑性应变 ε_p 随时间而增大，由下式所决定

$$\varepsilon_p = \sigma^n \Omega$$

式中：n——与温度相关的材料系数；

　　　Ω——时间和温度的函数。

一般应力松弛的方程式如下

$$\sigma = \sigma_{(0)} \left[1 + n \cdot E\sigma_{(0)}^{n-1} \Omega \right]^{-\frac{1}{n}}$$

为了根据方程式确定应力，应该从初始应力值 $\sigma_{(0)}$ 开始，而且必须知道参数 n 和 Ω，它们取决于温度和保温时间，并是由简单应力松弛试验数据来确定。还应该指出，这个方程式里的所有参数，都是指在所给定的温度下的值。为了研究在室温下的残余应力值，应该考虑由所研究的温度过渡到室温时材料的力学性能变化，特别是弹性模量的变化对它的影响。

根据拉特涅尔所做的在 400℃ 温度下 OT4 钛合金蠕变的试验结果，见图 67，对采用简单应力松弛计算方法来确定热处理后残余应力的可行性进行了验证。

拥有 400℃ 温度下的简单蠕变曲线和应力 $\sigma_1 = 10.5\text{kgf/mm}^2$、$\sigma_2 = 21\text{kgf/mm}^2$，并根据参考文献［50］给出的方法在确定了相应的最低塑性变形速度（曲线上有标注）之后，可以很容易地确定系数 n 和 Ω 与时间的函数（见图 68（a）和图 68（b））。直接测量 OT4 厚 1.5mm 焊接试件的残余应力表明：室温下的残余应力初始值可以取 4000kgf/cm²（见表 31）。而考虑到 OT4 弹性模量从 1.1×10^6 变到 0.735×10^6，则在 400℃ 温度下的初始应力计算值为

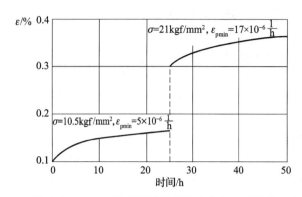

图 67 OT4 钛合金在 400℃ 温度下的简单蠕变曲线（拉特涅尔的数据）

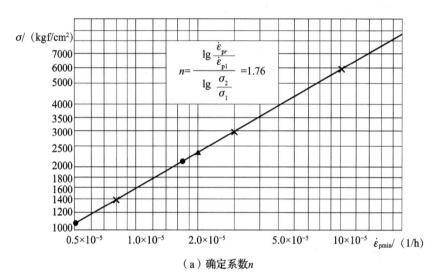

（a）确定系数 n

$$n=\frac{\lg\dfrac{\dot{\varepsilon}_{pr}}{\dot{\varepsilon}_{p1}}}{\lg\dfrac{\sigma_2}{\sigma_1}}=1.76$$

（b）确定函数 Ω

图 68 用于确定 OT4 钛合金系数 n 和函数 Ω 的图

$$\sigma_{(0)} = \sigma_{残余} \frac{E_{400}}{E_0} = 4000 \frac{0.735}{1.1} = 2700 \text{kgf/cm}^2$$

OT4 合金在 400℃ 时的屈服极限为 3980kgf/cm² （根据拉特涅尔的数据）。

因此，根据简单应力松弛方程式，在 400℃ 温度下，经过相应的保温时间后，可以确定焊缝中的应力。在不同保温时间热处理后，计算得到的应力值列于表 32，并以简单应力松弛曲线的方式见图 69（a）。在该图上用圆点标出了热处理后在试件上直接测试到的残余应力值，可以看出：试验和理论数据很吻合。图 69（b）也是在表 31 的试验数据基础上绘制的，OT4 试件随温度上升应力降低的特点与 OT4－1 完全相同，见图 65（b）。

表 31　尺寸为 200mm×100mm×1.5mm 的 OT4 钛合金焊接试件用热处理消除残余应力的试验结果

试件序号	热处理温度/℃	炉中保温时间	热处理后焊缝残余应力测试值/（kgf/cm²）
1	无热处理	—	+3670
2	无热处理	—	+4050
3	无热处理	—	+3800
4	400	30min	+3280
5	400	1h	+3160
6	400	3h	+3040
7	500	30min	+2650
8	600	30min	+510
9	680	30min	0

表 32　不同热处理后由于应力松弛而计算得到的残余应力值

保温时间	400℃ 温度、$\sigma_0 = 2700$ kgf/cm²、$E = 0.735 \times 10^6$ kgf/cm² 时，热处理后的应力计算值 $\sigma = \sigma_0 \left(1 + nE\sigma_0^{n-1} \Omega \right)^{-\frac{1}{n}}$	热处理及完全冷却到室温后，焊缝中的残余应力值 $\sigma_{残余} = \frac{E_0}{E_{400}} \sigma = 1.5\sigma$
0	2700	4000
30min	2300	3450
1h	2150	3220
3h	1970	2960
5h	1920	2730

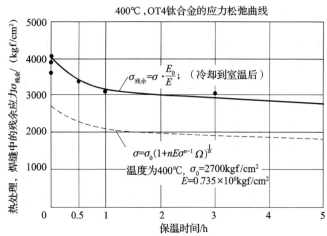

（a）在400℃时，OT4试件焊缝中的残余应力消除与保温时间的关系曲线

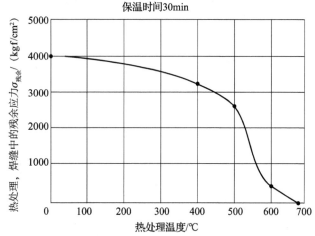

（b）在保温30min时，应力与温度的关系曲线

图69　在400℃时，OT4试件焊缝中的残余应力消除与保温时间的关系曲线；
在保温30min时，应力与温度的关系曲线

　　在实际钛合金薄壁焊接构件中，由于个别构件刚性的不同，应力状态（焊接残余应力场）可能与平板试件上的不同，在用以消除应力为目的的热处理时，材料的蠕变条件也不一样。

　　为验证平板试件热处理时应力消除的数据，在厚1.5mm的OT4-1钛合金焊接结构件——筒体上也进行了试验。在类似的筒体上，焊接纵缝、环缝后的残余应力已测定过，见第3章。筒体的热处理在无保护介质的炉中进行。为避免筒体在热处理时，可能发生加热不均匀和构件局部过热，设置了防护托架，以保证整个筒体均匀地加热到给定温度。经过设定的500℃、300min，600℃、30min和600℃、1h的热处理后，用电阻丝应变片直接测量筒体纵缝的应力值，获得了令人满意的结果。在图70上用圆点标出了这些数据，为了对比，在图上也给出了前面在平板试件上获得的数据。这些试验表明：用热处理消除薄壁筒体这类简单构件上的应力的过程符合前面在平板试件上

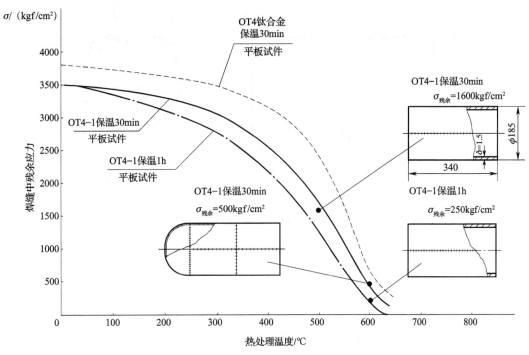

图 70　OT4-1 钛合金焊接筒体结构件上用热处理消除残余应力与平板件测试结果的对比

确定的普遍规律。加热温度 550~600℃、保温 30min 的热处理保证了焊接构件中残余应力的完全消除。这也可以作为最佳热处理规范。

在生产条件下进行热处理时，必须考虑下列因素：

（1）构件的不均匀加热将会引起较大的温度梯度，因此在构件中也会产生较大的热应力，这些都是不利因素，特别是对于相对较厚的或结构较复杂的构件更为不利。例如，在参考文献 [40] 中提到了钛合金压气机机匣在以消除焊接残余应力为目的的热处理时产生了裂纹，并建议构件与电炉共同在给定的升温速度环境中加热。

（2）以消除残余应力为目的的热处理不能消除焊接变形（构件的翘曲）。在图 71 上显示了热处理后焊接筒体的残余变形。可以看出，与热处理前相比，残余变形依旧（见第 3 章图 29）。这是可以理解的，因为，为了完全消除焊接变形必须形成的延伸塑性应变量为：$\varepsilon = \varepsilon_{残余塑性}$。众所周知，当构件在自身应力作用下产生失稳变形时，部分残余应力卸载。如果焊后构件没有失稳，在焊接接头中所具有的全部应变为：$\varepsilon = \varepsilon_{残余塑性}$，而在结构失稳后，应变将减小，$\varepsilon' < \varepsilon$。而热处理时即使焊接接头中的实际应力完全消除，在构件中剩余自身应力作用下由于蠕变而可能产生的最大塑性应变也不可能超过 ε'。在这种热处理后，在焊接接头中剩下的塑性应变为：$\varepsilon'' = \varepsilon - \varepsilon'$。可以看出，为了完全消除焊接变形，在热处理时，必须增加构件刚性（采用辅助夹具），以便使在热处理前的全部应变的初始值相应于：$\varepsilon_{(0)} = \varepsilon_{残余塑性}$。这样，在热处理后，不仅消除了残余应力，焊接变形也得以完全去除。

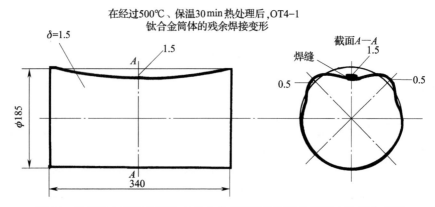

图71 带有纵向焊缝的筒体在自由状态下的热处理并不能去除残余变形

4.2 用窄轮滚压焊接接头消除残余应力

4.2.1 问题的提出及方法原理

在莫斯科鲍曼高等工学院的焊接实验室，在技术科学副博士库尔金的领导下，成功地开展过用窄轮滚压焊接接头，对焊缝及近缝区施加机械作用[52~56]的研究工作。用窄轮滚压焊接接头的主要研究方向之一是消除薄壁焊接构件的残余应力和焊接变形。其物理实质是用窄轮碾压，使之在焊缝区产生塑性变形。

在参考文献［54］中，详细地研究了用窄轮滚压薄壁焊接构件产生塑性变形的普遍规律。滚压是在专门设计的机床上进行的。在参考文献［55，56］中，对类似机床结构的研制及与其相关联的工具和工艺过程的质检手段都做了很好的说明。

在本节中，将窄轮滚压方法作为消除钛合金薄壁构件残余应力的可行技术之一进行研究。这种方法的提出并不否定其他消除应力方法的意义，特别是热处理方法的意义；而恰恰相反，增添了消除焊接应力现行的可能手段，特别是在某些条件下由于各种原因，用其他方法消除应力难以实施的时候。同时，也应该考虑到滚压法的不足，如有些焊缝所处位置的可达性差，不便于进行滚压，或是在封闭的空间内，窄轮滚压难以实施，同时，也并不是所有类型的焊接接头都可以实施滚压。而厚度较大的构件采用滚压的复杂性在于：一方面要求滚压的压力更大；另一方面，较高的压力将会引起金属表面的冷作硬化。

自然，滚压后在焊接接头中的残余应力值，应该首先与消除工件的整体焊接翘曲变形相关联。我们将专门在第5章中研究在钛合金薄壁件上应用滚压方法消除焊接变形的问题。

4.2.2 研究结果

根据上述，在厚1.5mm的OT4-1试件上开展了用窄轮滚压焊缝区，以消除残余应力的试验。结果表明，滚压焊接接头的主要参数是滚压压力和窄轮的几何尺寸。试验所选用的窄轮工作带宽10mm，硬度为HRC60。滚压时试件在专用机床上在给定的压力下在两个窄轮间以约3m/min的速度通过。在滚压压力和滚压后焊缝的残余应力值之间的近似关系在参考文献［54］中给出。根据这个关系式可以很容易地给出一个相近的滚压压力 P_0，这一压力可以用于完全消除焊缝中的残余应力（假设焊缝中的残余应力约等于材料的屈服极限）。

$$P_0 = b \sqrt{\frac{10.1 D\delta\sigma_s^3}{E}}$$

式中：b——窄轮工作带宽度，cm；

　　　　D——窄轮直径，cm；

　　　　δ——被滚压工件的板厚，cm；

　　　　σ_s——材料屈服极限，kgf/cm^2；

　　　　E——弹性模量，kgf/cm^2。

正如在第3章所确定的，钛合金焊缝中残余应力只相当于屈服极限的 50% ~ 70%。理论研究表明：初始残余应力值在 $0.5\sigma_s$ 到 σ_s 范围内的变化，对根据公式所确定的必要滚压压力值的影响甚微。

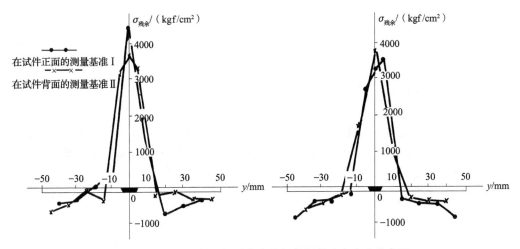

图 72　在 OT4 试件上焊后状态的初始焊接残余应力分布图

试验在两批试件上进行。第一批只滚压焊缝一次，第二批滚压焊缝和两侧的近缝区，共滚压三次：先滚压焊缝，随后的两次分别滚压焊缝两侧的近缝区。

在两个试件上，对焊后状态的初始焊接应力的测试结果如图 72 所示。试验中滚压压力在较大范围内调整，为 1000 ~ 2500kgf。因此，可以考察研究残余应力随滚压压力而变化的情况。

图 73 列出了在不同应力下，只滚压焊缝后的残余应力分布图。可以看出，1000kgf的滚压压力不能完全消除焊缝应力，在焊缝中还残留了约 500kgf/cm^2 的拉应力。1500kgf 的滚压压力能够完全消除焊缝中的应力。随着滚压压力的进一步提高，焊缝中产生了压应力，当滚压压力为 2500kgf 时，焊缝中压应力达到了 -1500kgf/cm^2。在应力分布图中由于力的平衡作用，试件边缘部位的应力由压应力转变为拉应力。不难确认，窄轮滚压法是调节和重新分配焊接构件中焊接残余应力的一种灵活手段，必要时，还可以在焊缝区内生成压应力。

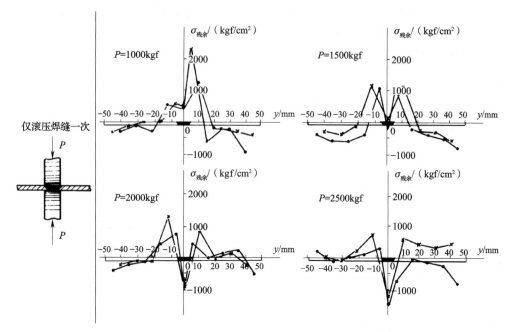

图73　在不同压力下用窄轮滚压焊缝后，试件中的残余应力分布图

这些图清楚地显示了在紧邻焊缝的近缝区还有未被消除的拉应力峰值。这说明：焊接时发生了塑性变形区的宽度，要比窄轮上的滚压工作带更宽；只滚压焊缝不足以消除近缝区的应力。因此对第二批试件滚压了三道，既滚压焊缝，也滚压焊缝两侧的近缝区。

图74上列出了在第二批试件上，在不同压力下滚压后的残余应力图。图上的粗线

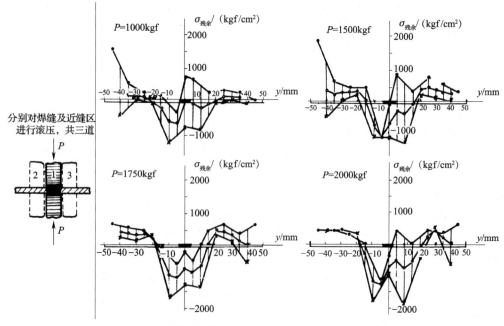

图74　在不同压力下滚压三道后，试件上的残余应力图

条（在中间部位）代表从试件正反两面分别两次测量的平均应力值，这样就排除了弯曲应力分量。

在这种滚压方案中，1000kgf 的压力已经能够完全消除焊缝中的残余应力（按平均值）。压力继续增大时，焊缝中的压应力增大，当压力为 2000kgf 时，达到 -800 kgf/cm^2。比较图 73、图 74 上的数据可以看出：采用第二种滚压方案，在所有试件的近缝区都不再有峰值拉应力，从消除焊接接头残余应力的角度来看，这是更有益的。

此外，为了完全消除焊缝中的应力，在第二种方案中，只需要 1000kgf 的压力；而在第一种方案中则需要 1500kgf 的压力。这也使第二种滚压方案更具有优势。这样，由于冷状态下的滚压，因冷作硬化，而使焊接接头的塑性有所下降的可能性也就更小。

正如在图 75 上给出的弯曲试验结果所示，在试验所选用的压力范围内并未发现焊接接头塑性明显降低。

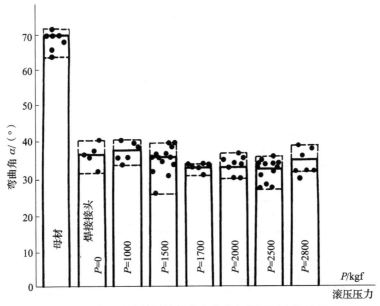

图 75　滚压后试件焊接接头弯曲角与滚压压力的关系

然而，正如图 74 所示，用窄轮滚压焊接接头时，试件中产生了弯曲应力分量（正反两面测得值的差异），这首先是由于在试件厚度方向上塑性变形的差异所引起的。可以通过精心改进滚压工艺，并采用相应的工装来排除不正常滚压条件所造成的可能偏差，以避免弯曲应力分量的产生。

根据获得的试验数据（见表 33），绘制了滚压后焊缝应力与滚压压力的关系汇总图（见图 76（a））。

在 OT4、BT5 - 1 等其他钛合金试件上也进行了类似的试验。试验结果以汇总图的形式示于图 76（b）。

数据表明：对于每一种材料，根据它的屈服极限，弹性模量和焊缝中的焊接残余应力水平不同，在给定的工作窄轮尺寸和试件厚度时，有一个与滚压方案相对应的滚压压力，在其作用下焊缝残余应力可降为零，并随着压力的增大，焊缝应力会转变为压应力。

表 33 滚压后焊缝中的残余应力

试件号	滚压方案示意图	滚压压力 P/kgf	焊缝中的 $\sigma_{\text{残余}}/(\text{kgf}/\text{cm}^2)$
1	未滚压	0	+3800
2	未滚压	0	+3500
3	只滚压焊缝	1000	+500
4		1500	−200
5		1500	0
6		1700	−600
7		2000	−800
8		2500	−1500
9		2500	−1400
10		2800	−1800
11	滚压焊缝及近缝区	1000	0
12		1250	−500
13		1500	−700
14		1500	−300
15		1750	−750
16		2000	−800

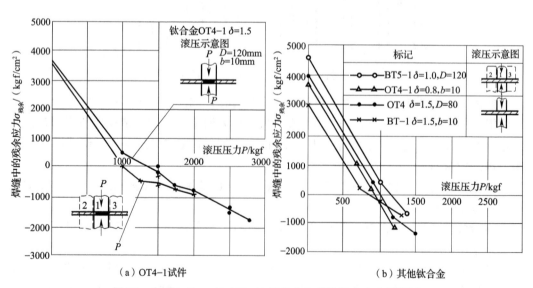

(a) OT4-1试件

(b) 其他钛合金

图 76 在厚 1.5mm 的 OT4-1 试件上和其他钛合金上滚压后
焊缝中的残余应力与滚压压力的关系图

　　采用窄轮滚压消除残余应力的方法也可以成功地应用于结构简单的焊接构件，如带纵缝或环缝的焊接筒体。此时应考虑构件本身的特点和滚压机的结构特点，举例如下。

　　在 $\phi 180\text{mm} \times 300\text{mm} \times 1.5\text{mm}$ 的 OT4－1 钛合金筒体上进行纵缝滚压试验。由于滚压机的结构特点（窄轮不带驱动，在滚压时试件的移动是通过拉动链条实施的），平板试件和筒体的滚压均在专门的垫板上进行（见图 77）。之前，在滚压平板试件时，在两个直接驱动的窄轮间选用了最佳压力；而今，当滚压压力通过垫板再传到试件上时，就不可能是最佳值了。如图 78 所示，先在平板试件上做试验，作为修正带垫板的滚压工艺规范的基准，这时的最佳压力约为 4000kgf。考虑到筒体的刚度比平板试件的刚度更大，所以滚压筒体时，选定的压力稍高于 4000kgf。结果表明：以 5000kgf 的压力滚

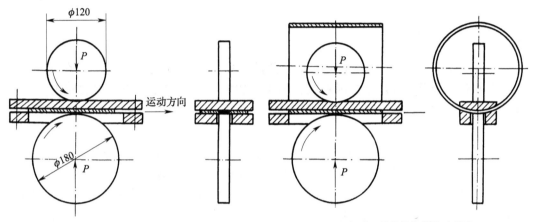

（a）平板试件滚压示意图　　　　　　（b）滚压筒体纵向焊缝示意图

图 77　在特定的滚压机上用垫板对平板试件和筒体纵缝进行滚压示意图

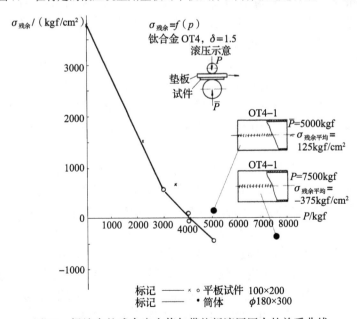

图 78　焊缝中的残余应力值与带垫板滚压压力的关系曲线

压后，筒体纵缝中的平均残余应力为 $125\mathrm{kgf/cm^2}$，这也就是说，实际上应力已完全消除；而当压力为 $7500\mathrm{kgf}$ 时，焊缝中的应力为 $-375\mathrm{kgf/cm^2}$。在图78上，用圆点标出了这些数据。因此，对于筒体在垫板上进行滚压，$5000\mathrm{kgf}$ 是最佳的滚压压力值。

所进行的试验表明，采用窄轮滚压技术是消除薄壁焊接构件残余应力的可行方法之一，这对已有的手段是一种有益的补充。该方法之所以得到成功采用，还因为工艺过程可以连续进行，而与用手工锤击方法消除残余应力相比，质量更为稳定。

第5章 用窄轮滚压钛合金薄壁构件焊接接头消除焊接变形

5.1 问题的提出

工件的焊接变形与工件中的残余应力紧密相关，焊缝区的收缩是它的外在表现。

随着钛合金等这类新结构材料在新的工业领域特别是在航空工业中的应用，在制造焊接薄壁构件时，除了必须尽快掌握焊接工艺外，也迫切要求解决工件焊接变形的问题。

航空结构的发展是以采用较薄和高强度板材达到减重为方向，这就要求采用有效和可靠的方法来解决焊接变形问题，这是由下列情况所引发的。

（1）众所周知，工件焊接变形的大小与其刚性和内应力水平有关，焊接构件越薄，残余应力值越高，结构材料的弹性模量值越低，则变形越大。航空工业中采用的某些钛合金薄板，如 OT4 - 1、BT5 - 1，具有较高的强度极限（$70\sim90\mathrm{kgf/mm^2}$）和屈服极限（$50\sim70\mathrm{kgf/mm^2}$），但弹性模量是钢的 1/2。因此，钛合金薄壁构件的焊接变形较大。

（2）焊接变形会导致工件与给定的设计尺寸产生偏差，降低了结构的使用性能，如航空结构的蒙皮翘曲会引起较大的气动阻力。

（3）采用普通的矫形方法（如手工锤击、局部热矫形），对钛合金是不适用的，因为会导致金属材质发生不稳定的变化，而钛合金对所有力学性能的恶化非常敏感。

（4）焊接变形造成构件几何尺寸与所给定的尺寸不相符，使得部件的装配和焊接工艺过程变得复杂。有时，如果没有消除焊接变形，工艺过程难以继续。这些都会增加经费的支出。

由于薄壁构件的刚度小，对结构的失稳比较敏感，焊接时即使残余应力水平很低，它的变形也很明显。由此可以看出，零件焊前的预变形及焊接时固定在夹具中以减小翘曲的工艺措施，并不能完全地解决焊接变形问题，因为它们不能完全去除残余应力[14,57~59]。研制和推广用的窄轮滚压焊缝，消除焊接变形的方法[52~55]，比其他方法有更好的优势，对于钛合金薄壁焊接工件来说是更有效和可靠的方法。

由于薄壁结构的刚度和稳定性低，所以焊接导致的翘曲变形通常不会在结构失稳处相伴有塑性变形。焊接引起的塑性缩短变形区，通常只限于焊缝和很小的近缝区（见第2章的数据及图15）。在省略了用滚压法消除焊接变形和消除应力方法的详细描述的情况下，用下面的例子来说明该过程的实质。

在图 79（a）上显示了从较大的薄板上切下的焊接试件，将它的中间部位分别切割成了若干平行于焊缝的长条（未端部位除外）。从已切开的试件上可以很明显地看出：中间带焊缝的长条承受着拉应力；而其他长条受压，发生失稳。在这些 BT5-1 和 OT4-1 钛合金试件中焊接残余应力的分布图见第 3 章。如果用滚压的办法使宽 $2b$（见图 39）的受拉伸的中间长条得以相应地延伸，则可以完全消除薄板的焊接变形。在图 79 上也显示了未经滚压（b）和经过滚压的焊接薄板（c）。可以看出，滚压后焊接变形已完全消除，薄板恢复了焊前的最初平直状态。

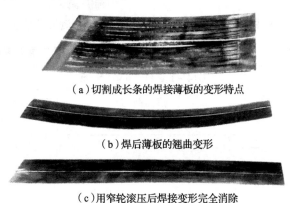

（a）切割成长条的焊接薄板的变形特点

（b）焊后薄板的翘曲变形

（c）用窄轮滚压后焊接变形完全消除

图 79　切割成长条的焊接薄板的变形特点、焊后薄板的翘曲变形和
用窄轮滚压后焊接变形完全消除

5.2　实验研究及结果分析

对 OT4-1 和 BT5-1 钛合金滚压规范的研究是在平板焊接试件进行的。与其他结构件相比，平板试件的刚度最小，而且对滚压规范的变化最敏感，要求在规范选择时更加细心。对平板试件上优选出的滚压规范略加调整，即可成功地应用到刚度较大的结构件上。

所有试件的尺寸为 290mm × 760mm，焊前将其展平（OT4-1 试件厚 0.8mm，BT5-1 试件厚 1.0mm）。采用生产中最常用的典型焊接规范，用不加焊丝的氩弧焊进行对接焊接，焊缝位于薄板长度方向的中间位置。以焊后薄板与平面的最大偏差（见图 80）作为衡量翘曲变形的判据，并以此来评价滚压后薄板恢复到平面的程度。用于滚压的窄轮直径为 120mm，工作凸缘带宽 10mm。对焊缝和近缝区分别进行了滚压处理。第一批试件滚压时的最初压力是根据第 4 章 4.2 节中引用的近似关系式确定的，随后窄轮上的滚压压力值直接在其他试件上更准确地选定。

滚压后试件相对于平面的偏差测量结果列于下表，OT4-1 试件最佳压力为 650kgf，见表 34；对于 BT5-1 为 1400kgf，见表 35。

这些表格中的数据表明，在用最佳的压力滚压后，获得了很好的矫形效果。除一些个别的点以外（可能这些点上的偏差不是由焊接变形引起的），薄板均恢复了平面的形状。

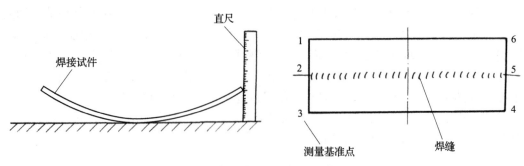

图 80　焊后薄板偏离平面的最大翘曲值测量示意图

表 34　滚压后试件（OT4-1）相对于平面的偏差测量结果

OT4-1 试件，$\delta = 0.8mm$			
滚压前试件中央的最大挠曲弯度	测量点编号	滚压前与平面的偏差/mm	用 650kgf 压力滚压后与平面的偏差/mm
59mm	1	50	0
	2	53	0
	3	49	11
	4	49	6
	5	50	1
	6	48	1
		平均值 50	平均值 3

表 35　滚压后试件（BT5-1）相对于平面的偏差测量结果

BT5-1 试件，$\delta = 1.0mm$			
滚压前试件中央的最大挠曲弯度	测量点编号	滚压前与平面的偏差/mm	用 1400kgf 压力滚压后与平面偏差/mm
75mm	1	57	6
	2	62	4
	3	57	0
	4	60	0
	5	68	3
	6	64	0
		平均值 61.5	平均值 2.2

　　为了更准确地选定最佳滚压条件，除了测量翘曲量外（薄板超出平面的数值），制定滚压工艺规范时还测定了薄板中的残余应力。焊缝中的残余应力值与滚压压力之间的关系曲线如图 76（b）所示。

　　如果将分割成长条的试件按照在滚压时压力增加的顺序排列（见图 81 和图 82），那么就可以看到，随着滚压压力的增大，与焊缝两侧相邻长条的挠曲弯度在减小。对于 OT4-1 焊接薄板，当滚压压力从 900kgf 过渡到 1200kgf 时，带焊缝的中间受拉伸，长条转变成了受压缩，开始挠曲，这表明发生了过度的滚压。在 BT5-1 试件（见图

82）中，当滚压压力从 1000kgf 过渡到 1400kgf 时，也开始出现了类似的过度滚压现象，而在 1900kgf 压力时，带焊缝的中央长条的挠曲更加明显。

OT4-1, $\delta=0.8$

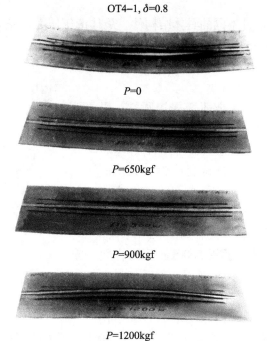

图 81　在窄轮滚压后，将 OT4 – 1 合金试件分割为长条，考察长条的挠曲度与滚压压力的关系

BT5-1, $\delta=1.0$

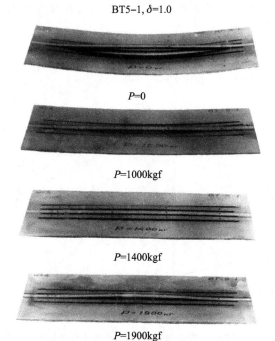

图 82　在窄轮滚压后，将 BT5 – 1 试件分割为长条，考察长条的挠曲度与滚压压力的关系

对试件进行拉伸和弯曲试验的结果表明，为消除焊接变形，用所选定的最佳工艺规范进行滚压，在 OT4-1 和 BT5-1 这两种合金上，弯曲角没有明显的降低，而强度极限实际上保持不变。

对于刚度与平板试件不同的具体结构件，最佳滚压压力可能与上述结果有所差别。这时，需要在滚压第一批构件时，应对滚压压力稍加调整。

采用滚压方法来消除钛合金构件焊接变形，举例如下。

厚 0.8mm 的 OT4 钛合金薄壁焊接圆锥，沿母线焊了 3 条纵缝（见图 83）。圆锥的几何尺寸和焊缝截面如图 84 所示。采用添加 BT1 焊丝材料的氩弧焊完成焊缝，焊缝高度约为 1.25mm。焊后，在圆锥体中心截面焊缝上的最大挠曲弯度约为 4mm。纵向焊缝完成后圆锥母线弯曲变形的特点和圆锥中央截面的变形特点如图 85 和图 86 所示。在这些图上也显示了用 5000kgf 压力在垫板上滚压焊缝后的变形情况。滚压处理后的最大挠曲弯度减小至 0.8mm。

图 83　厚 0.8mm 的 OT4 钛合金圆锥由三条纵缝沿母线焊接而成

图 87 显示了用滚压法消除变形的另一个例子。OT4-1 圆筒纵缝焊接后产生了变形，用 7500kgf 压力滚压后在很大程度上得到了消除（滚压在垫板上进行）。

为了在 198 号工厂采用所研发的工艺，专门设计制造了一台滚压机，用以矫正钛合金薄壁构件上的焊接变形。

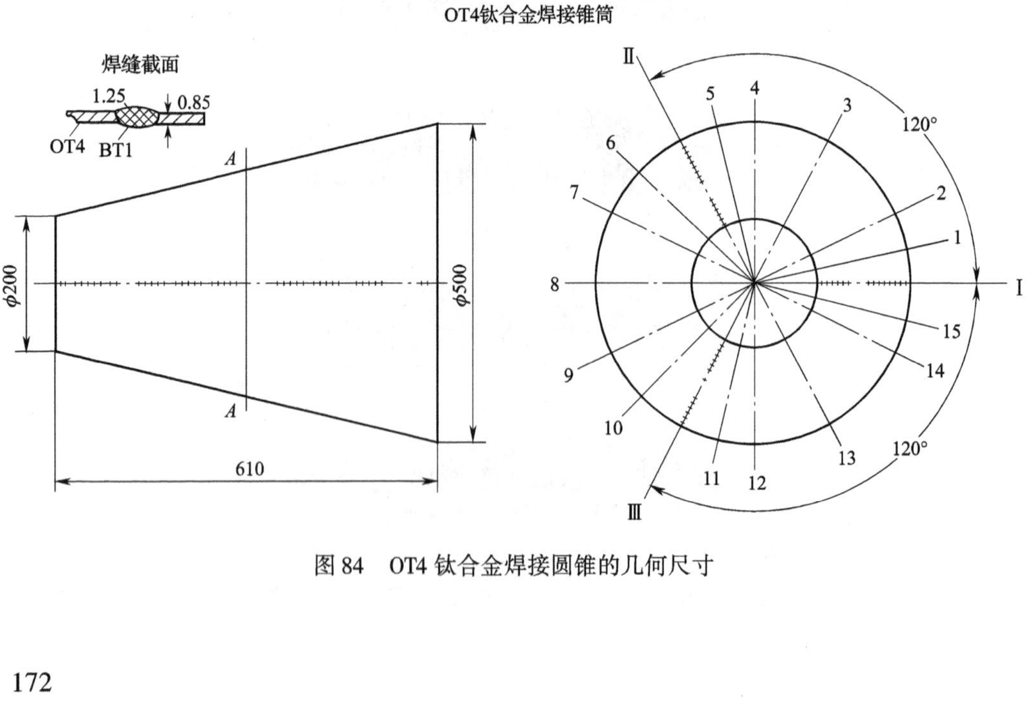

OT4钛合金焊接锥筒

焊缝截面

图 84　OT4 钛合金焊接圆锥的几何尺寸

锥筒母线变形

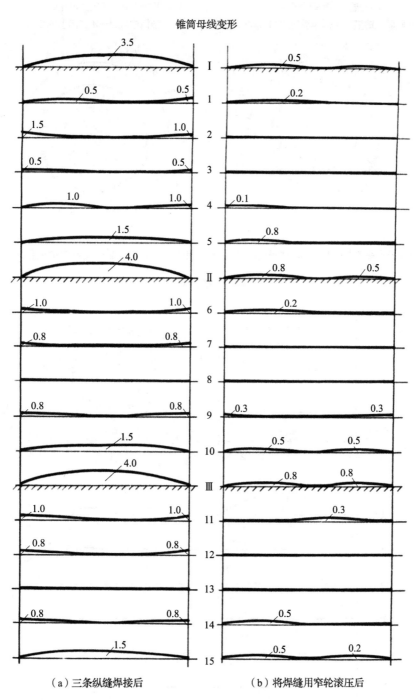

（a）三条纵缝焊接后　　　　（b）将焊缝用窄轮滚压后

图85　完成纵缝焊接后和用窄轮滚压后，圆锥母线的弯曲变形特点

三条纵缝焊后锥筒在中段 *A—A*
截面上的变形（焊缝填充 BT1 焊丝）

用 *P*=5000kgf 压力滚压焊缝后，
锥筒中段 *A—A* 截面上的变形

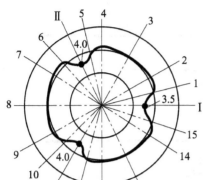

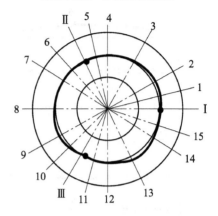

图86 完成三条纵缝焊接后及以消除变形为目的窄轮滚压后，OT4-1 钛合金圆锥中央截面的变形特点

OT4-1 钛合金焊接筒体的变形

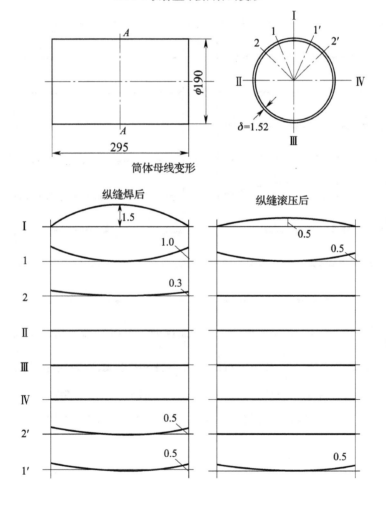

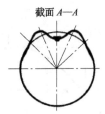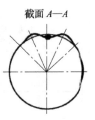

图 87　用窄轮滚压纵缝，消除 OT4 – 1 钛合金圆筒的焊接变形

第 6 章　钛合金薄壁焊接结构的强度

6.1　问题现状及任务提出

随着钛合金和高强钢焊接结构使用的日益广泛，出现了"结构强度"这个术语。在制造钛合金结构时，焊接接头的延迟断裂问题（产生冷裂纹）有其特殊性。如果说结构强度是构件在运行中承受工作应力时直接表现出来的，则延迟断裂是在无外部载荷，由焊接内应力作用自行产生的，属于工艺强度的范畴。

在整体分析焊接结构的强度时，通常应以下列主要因素为出发点：

（1）材料及焊接接头的力学性能，含强度及塑性指标；

（2）结构的工作条件及受力状态；

（3）材料及焊接接头对应力集中的敏感度；

（4）对于每一种材料所特有的因焊接而在金属中引起的组织变化。

制造和使用钛合金焊接结构的实践已经能比较接近地给出在上述对零件强度有影响的因素条件下钛合金的某些特殊性。参考文献［8］通过对钛合金容器的试验确定：结构强度（容器试验时的断裂应力）会在一定范围内随着合金塑性的增大而增大（见图88）。材料的塑性越低，对应力集中的敏感度越高，焊接结构承载能力亦越低。低塑性的钛合金随着其强度的提高，结构强度会急剧下降。如具有 $\sigma_b = 90\mathrm{kgf/mm^2}$ 和低塑性指标的钛合金容器，在静载条件下，当 $\sigma = 5\mathrm{kgf/mm^2}$ 时，就会破裂。不难看出，在很大程度上表征材料在结构中承载能力的结构强度概念是包括了强度、塑性和对应力集中的敏感度等许多特性在内的一个综合性指标。应该指出，如果参考文献［8］作者给出的结果都是在钛合金工业初期的，那么现代冶金工业已经能够生产出塑性满足要求的高强钛合金。

在评估结构强度及抗延迟断裂时，对于钛合金焊接接头中残余应力的作用，目前研究得还很少。然而，研究它对钛合金强度影响的必要性是显而易见的。众所周知，焊接残余应力的分布特点就已经体现了焊缝中的应力集中。虽然通过研究已经确定：钛合金焊缝中的最大应力是材料屈服极限的50% ~ 70%，但结构在第一次加载时，残余应力与工作应力相叠加就大大地超过了屈服极限，导致在焊接接头中产生了局部塑性变形。如果焊接接头中的金属塑性不足，则可能会产生断裂，结构强度即不符合要求。焊接残余应力对延迟断裂的产生也有重要影响。钛合金薄壁焊接构件延迟断裂的特点是：焊后经过不同时间会出现裂纹，通常裂纹横跨焊缝。这样就有理由假设：在焊缝

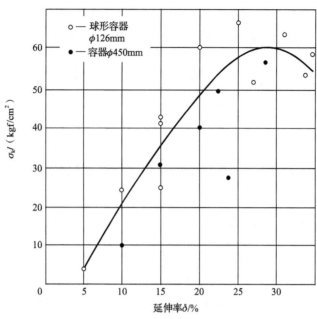

图 88　钛合金焊接容器结构强度与其塑性性能的关系曲线[8]

方向残余应力有最大值，对断裂有影响。对钛合金焊接试件进行延迟断裂的现有试验方法都是在焊缝区形成拉应力，这也说明，这类拉应力和延迟断裂之间有直接关联性。然而，第一类残余应力对生成延迟断裂的影响也应该和其他重要因素结合起来研究，如金属的塑性、焊缝中特殊的组织结构转变等。许多作者[5,6,60~62]的研究表明：钛合金焊接接头在残余应力作用下产生延迟断裂的主要原因是金属中氢含量过高，随着时间的进程导致氢化物转变。氢化物的析出（当 H_2 含量超过 0.01%）导致在显微结构中急剧的应力集中，金属塑性局部损失。参考文献还指出：氮、氧含量较高的钛合金，在其他条件相同时，由于塑性降低，产生裂纹的倾向性更大。在研究的基础上参考文献 [69] 的作者认定：在焊接含铝 Al 3% ~6.5%的钛合金时，在添加的焊丝金属中，必须把氢含量限制在不超过 0.008%的范围内。然而在生产条件下，即使采用了杂质含量有限的合金，由于工艺偏差或焊接区的局部保护不当，也可能导致焊缝金属吸附有害杂质。因此，在实际生产中作为避免钛合金焊接件延迟断裂的工艺措施，通常采用热处理消除焊接残余应力。

　　从钛合金焊接结构的上述特点可以看出，焊接接头的塑性是防止具有内应力和其他不利因素（应力集中等）的焊接接头发生先期断裂的基本条件之一。有时在结构制造过程中就有必要优化钛合金焊接接头的塑性，因为由于毛坯焊接接头的塑性差，会使得基于塑性变形在冷加工条件下的成形过程难以继续（如冷冲压）。有鉴于上述观点，本章的研究目的是：

　　（1）研究第一类拉应力对发生延迟断裂的影响，针对不同焊接条件：对优质完成的焊接和焊缝中含有有害杂质，考察其影响的大小；

　　（2）研究焊接残余应力对焊接压力容器结构强度的影响，以及在这类结构中去除残余应力的必要性；

（3）探索改善焊接接头塑性的可能途径，把它作为提高钛合金薄壁焊接结构件抗先期断裂的一种有效因素。

6.2　第一类拉应力对焊接接头延迟断裂的影响

现有对钛合金试件焊接接头延迟断裂的试验方法大多是用弯曲试件来给定应力的。然而弯曲应力沿试件厚度上的不均匀分布，使试验条件与实际条件有所不同；而实际条件是薄板焊接接头处在沿厚度方向均匀分布内应力的作用下。为了弄清楚第一类应力对延迟断裂的影响，在试验中采用了对试件拉伸加载方案，同时保证了应力沿厚度上的均匀分布，所给定的应力水平也容易进行调节。该试件与拉伸试件的形状类似，焊缝与施加作用力方向一致（见图 89（a）），在给定载荷下的长时间试验是用手动减速器（见图 90（b））将试件在测力环中拉伸（见图 89（b）、图 90（a））。每个测力环用千分表进行预先标定，这样便能够准确地确定拉应力值及试件在试验过程中的应力变化。

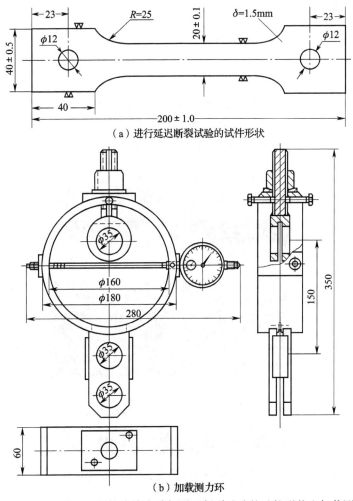

（a）进行延迟断裂试验的试件形状

（b）加载测力环

图 89　对钛合金薄板试件焊接接头进行延迟断裂试验的试件形状和加载测力环

由于与延迟断裂相关的过程在焊接刚结束后发生得最为剧烈，且在很长的时间内继续发展，所以试件是在焊后（1~2min）立刻放在测力环中加载，以便使所有可能的内部转变都是在已加载的应力作用下发生的（见图90（c））。试件选用OT4-1钛合金，采用了一级纯氩保护焊接。为了人工制造焊接接头被大气污染的条件，在有的试验中保护气体是采用了在氩气中添加氢气或氮气的混合气体。

（a）手动减速器　　　　（b）测力环　　　（c）试验过程中随时观察裂纹的出现

图90　将焊接试件借助手动减速器在测力环中的拉伸，
试件在试验过程中随时观察裂纹的出现

在纯氩气中完成的优质焊缝的试件，即使在施加了接近材料屈服极限的应力下保持很长时间，并未发生断裂；而在添加了氢或氮气的氩气中焊接的试件在相同的试验条件下，时有发生延迟断裂的情况。一些典型的试件在试验后的延迟断裂类型如图91所示。

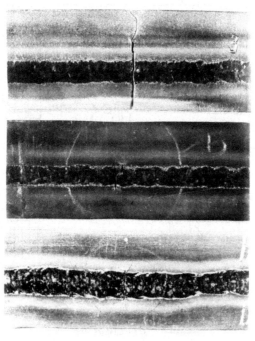

图91　焊接试件延迟断裂的典型照片

在同样混合气体条件下焊接的试件，但没有受到拉伸载荷的作用，在这类试件中内应力很小，则没有出现这类断裂。因此，很显然，延迟断裂的出现是由第一类拉应力所导致的。

若没有其他不利的因素，第一类残余应力本身并不会有在钛合金焊接接头中造成延迟断裂的危险。为了验证这一论点，进行了下列试验。试验是在尺寸为 290mm × 300mm，厚度为 0.8mm 的 OT4 – 1 钛合金，以及厚 1.0mm 的 BT5 – 1 钛合金上进行的，以查明内残余应力和工作应力的共同作用对延迟断裂的影响。采用如图 92 所示的拉紧装置将薄板箍裹在相应直径的圆筒周围，以造成工作应力。圆筒直径是根

图 92　钛合金焊接薄板在内应力和
工作应力共同作用下的长久搁置试验

据可以获得与材料屈服极限接近的最大工作应力来确定。加载对比了焊后初始状态的试件和采用窄轮滚压焊缝去除残余应力后的试件（见第 4 章 4.2 节）。长时间搁置并对试件进行定期的仔细观察。在两年的搁置试验后，在所有试件上都没有发现任何断裂的迹象。在类似的试件上对残余应力和显微硬度进行了测量：一部分测量是焊后立即进行；一部分测量是经过很长时间之后。没有出现明显的差别（见图 93）。这说明在 OT4 – 1 和 BT5 – 1 这类焊接性较好的钛合金上优质的焊接接头中残余应力场和金属性能具有稳定性。

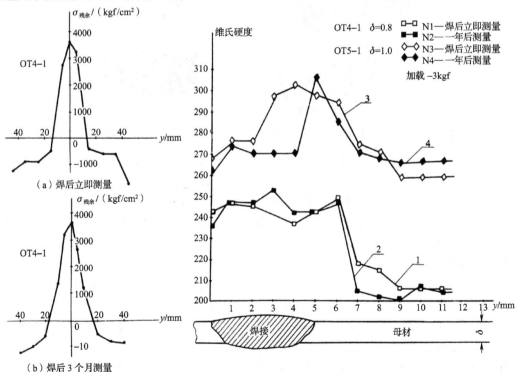

图 93　焊后立即进行测量和经过很长时间再进行测量，
对比焊接试件的残余应力和硬度的测量结果

众所周知，在焊接接头中氢化物组织的析出，伴随着材料体积的增大，通常与产生延迟断裂有关。具有氢化物转变的焊接试件的变形测量是在中间开槽的长方形薄板上进行（见图94），在薄板两侧的长边上堆焊焊道。用千分表测量了试件两个部分随时间变化的相对位移。这类形状的试件与盘状试件[5,39]相比，更为方便，不需要专门的焊接工装。

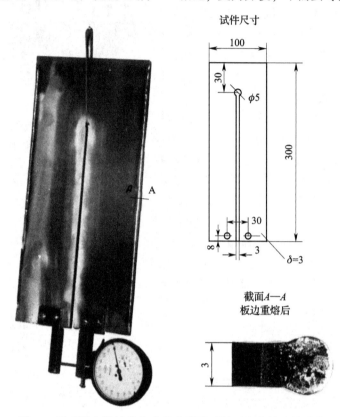

图94　用于测定焊接接头中的变形随时间而变化的试件形状

在 BT-1 工业纯钛试件上比较了几种方案：在Ⅰ类成分的纯氩中焊接，在Ⅱ类成分氩气中的焊接及在氩气中添加了氢的混合气体中进行焊接。从图95可以看出：在纯氩中焊接的试件经过30个昼夜的累计变形量，要比氢氩混合气体中焊的试件的变形量小1/2多。化学分析表明，如果 BT-1 母材中氢的含量为 0.012% ~ 0.014%，那么在氢氩混合气体中焊接的焊缝中，氢含量已达到 0.14% ~ 0.17%，这就解释了焊接试件随时间而变形更加明显的原因。

在 BT-14 和 OT4-2 钛合金上，在纯氩气中进行焊接的类似试验表明，在30个昼夜后，在这些试件上的总变形量不超过 $10\mu m$（在氢氩混合气体中焊接的 BT-14 试件，变形不超过 $15\mu m$）。近几年工业生产的 BT-14 和 OT4-2 钛合金试件的变形明显减少，可能的原因是这些钛合金中含有很大数量的铝（BT-14 含 3.5% ~ 4.5% 的 Al；OT4-2 含 5.7% ~ 6.7% 的 Al），导致氢在钛中的溶解度提高，而氢在钛中的扩散过程减缓。例如，在参考文献［70］中认定：为了解决含有 5% Al 的钛合金 BT-5 中的氢脆问题，氢的最大允许含量要比在工业纯钛中多 2 ~ 3 倍。

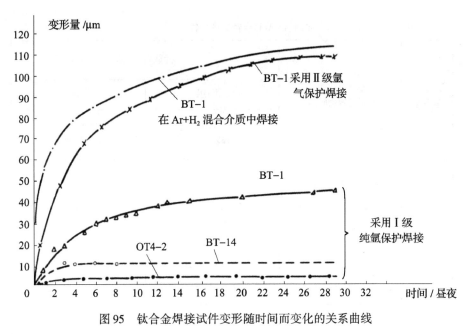

图 95　钛合金焊接试件变形随时间而变化的关系曲线

根据试验结果及对文献资料 [60~64, 68~70] 的分析可以得出结论：钛合金焊接接头的延迟断裂，是在下列两个基本因素的作用下产生的：

（1）焊接接头中产生了氢化物转变并伴有金属体积的变化，导致金属的塑性局部恶化，同时也形成应力集中——断裂源。随着钛合金冶金工艺及新型合金的研制日臻完善，会使钛合金力学性能恶化且析出氢化物组织的有害杂质的数量得到控制。然而在生产条件下，由于工艺不完善，焊接接头的污染也时有发生。

（2）焊接接头中存在拉应力（拉应力在钛合金薄板构件中的大小及分布特点，在本论文前几章中已进行了详细的研究和说明）。在这种拉应力的长期作用下，晶粒边界可能会出现金属的局部黏性流变，导致应力重新分布，同时也因此而引发延迟断裂。其危险性出现在钛合金中沿晶界和晶粒局部的一定晶平面上析出薄片状的氢化物组织[70]。

6.3　有焊接残余应力和无焊接残余应力状态下对压力容器的检测结果

本节所研究的目的是试图查明在有内压静态加载的条件下，残余应力对 OT4-1 钛合金焊接压力容器的结构强度的影响（焊接容器的设计方案如图 26 所示）。试验大纲如图 96 所示，安排了两组焊接容器进行试验：第一组是快速加载直至容器断裂；第二组是在恒定不变的给定内压作用下的长期搁置试验。在每组试验中都对比了有残余应力和无残余应力的焊接容器。对于后一种情况，为去除焊接残余应力，既采用了窄轮滚压焊缝，也采用了热处理的方法。

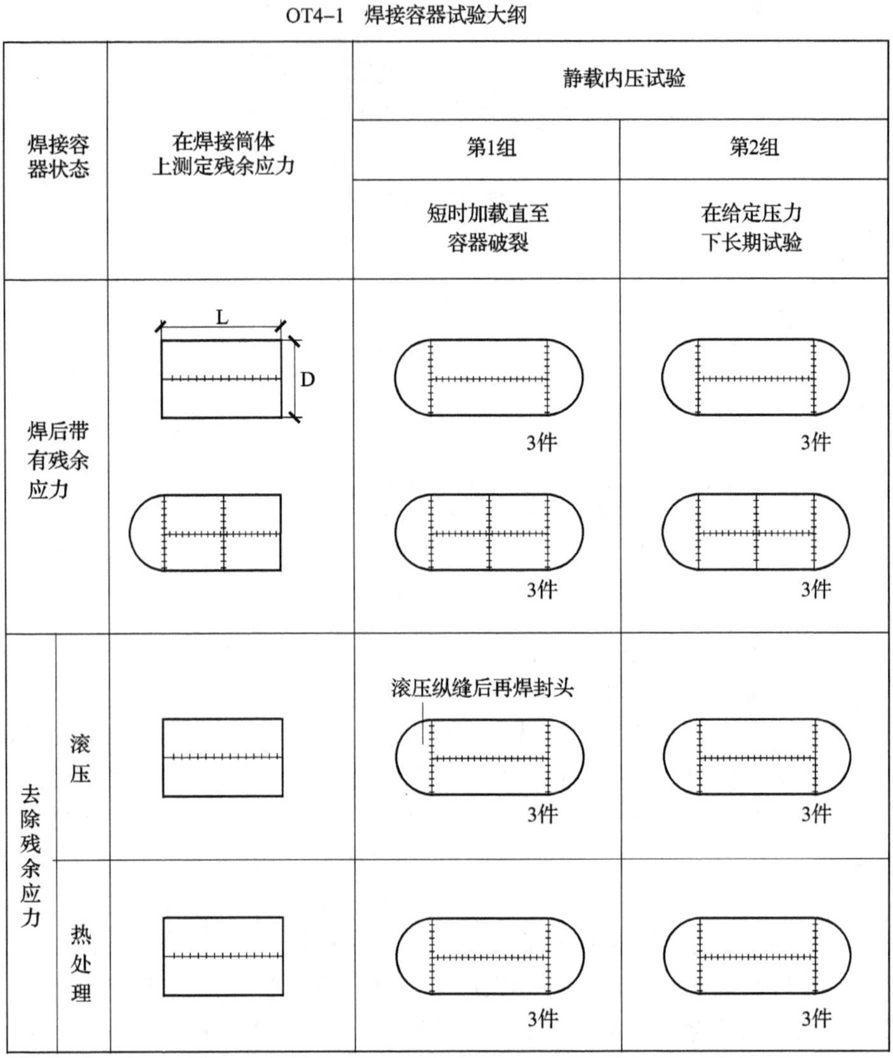

OT4-1 焊接容器试验大纲

焊接容器状态	在焊接筒体上测定残余应力	静载内压试验	
		第1组	第2组
		短时加载直至容器破裂	在给定压力下长期试验
焊后带有残余应力	L D	3件	3件
		3件	3件
去除残余应力 滚压		滚压纵缝后再焊封头 3件	3件
去除残余应力 热处理		3件	3件

图96 对 OT4-1 钛合金焊接容器的试验大纲

在焊后、窄轮滚压后及热处理后，对容器残余应力的直接测试结果见第3章3.2节和第4章4.1、4.2节。

试验装置如图97所示。焊接容器有两个管嘴：一个与增压管相连接；另一个用于事先给水。用手动泵供水充满容器的整个容积，直到水从上面的管嘴溢出。接着，将上管嘴封严，按量筒的指示记录水位。在试验过程中，根据量筒中所消耗的水位可以判断容器体积的增加量，也就是容器的变形量，直至容器断裂的时刻。同时，根据压力表的显示，可以确定每一个给定时刻容器中的应力。

通过外观检查和 X 射线透视，检查了容器焊接接头的质量，没有发现有内部缺陷。由于焊接时对焊缝区的保护有时会出现偶然性的偏差，在焊缝两侧的表面上可以看到有几处金属氧化的痕迹（黄棕色和紫色）。

对容器进行内压试验

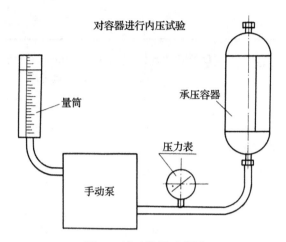

图 97　试验装置示意图

对第一组容器进行短时间内静态加载直至容器断裂的试验结果如表 36 所示。从断裂的容器上切下试件进行拉伸试验以资对比，试验结查见表 37。

表 36　对第一组容器进行短时间内静态加载直至容器断裂的试验结果

容器序号	容器状态	容器断裂压力 p/ atm[①]	计算应力/（kgf/cm²）			
			$\sigma_x = \dfrac{PR}{2\delta}$		$\sigma_\theta = \dfrac{PR}{\delta}$	
			$\delta = 0.15$	$\delta = 0.16$	$\delta = 0.15$	$\delta = 0.16$
1	带纵缝，初始状态	148	4450	—	8900	—
2	带纵缝，初始状态	154	4600	4300	9200	8600
3	带纵缝，初始状态	142	4250	4000	8500	8000
4	带纵缝和环缝，初状状态	150	—	4200	—	8400
5	带纵缝和环缝，初状状态	150	4500	4200	9000	8400
6	$P_0 = 5000\text{kgf}$，滚压后	152	4500	—	9000	—
7	$P_0 = 5000\text{kgf}$，滚压后	160	—	4600	—	9200
8	600℃，30min 热处理后	147	4400	—	8800	—
9	600℃，30min 热处理后	138	4150	3900	8300	7800
10	600℃，30min 热处理后	143	4300	4000	8600	8000
焊接容器的试验在 577 号工厂进行，工艺员罗格什金娜参加了试验。① 1atm = 101.325kPa。						

表 37　断裂的容器上切下试件进行拉伸试验的对比结果

试件序号	试件状态	断裂应力 $\sigma_b\left(=\dfrac{P}{F}\right)$ /（kgf/cm²）	在长 60mm 上的平均相对延伸率 ε/%	备　注
1	试验后从容器上切下	7300	—	母材试验
2		7400	—	
3		7400	—	

表 37（续）

试件序号	试件状态	断裂应力 $\sigma_b\left(=\dfrac{P}{F}\right)$ （kgf/cm²）	在长 60mm 上的平均相对延伸率 ε/%	备 注
4	试验后从带环缝的容器上切下	6900	12.5	焊接接头试验，除 7 号试件沿焊缝断裂外，其他所有试件沿母材断裂
5		7000	13.0	
6		6900	13.0	
7		7500	6.8	
8		7000	13.0	
9		7000	—	
10	从经过热处理的试验容器上切下	7200	15	母材试验
11		7200	15	
12		7100	15	
13		7200	15	

容器断裂的典型外观如图 98、图 99 所示。容器试验时所有的断裂都发生在纵缝的熔合区内。针对容器圆柱形部分的厚度事先所测量的结果，计算应力为 84～92kgf/mm²。而当厚度偏差为 1.5～1.6mm，则计算应力为 78～92kgf/mm²。可以看出，单向拉伸时试件的强度极限（为 69～75kgf/mm²，见表 37），比在内压作用下对容器的试验结果所获得的计算应力要小得多（后者为双向拉伸，应力分量之比为 1:2）。也就是说，在这种情况下，结构强度大于材料的强度极限。这种差别可以解释如下：单向拉伸时试件沿母材断裂，塑性变形较大；而在容器试验时，所有的断裂都沿熔合区发生，断裂区的塑性变形较小。如果按真实应力来评估强度，则可以发现：在第一种情况下的真实应力与强度极限的差别甚大，比第二种情况大。因此，在两种情况下的真实应力值可能相互接近。

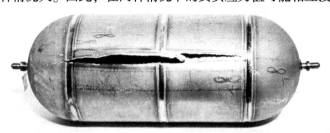

图 98　带纵缝的焊接容器典型断裂外观

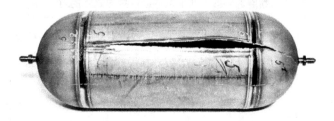

图 99　带纵缝和环缝的焊接容器典型断裂外观

从上述数据可以看出，在焊接接头高质量完成的焊接容器上，没有发现残余应力对结构强度的影响。正是因为 OT4 - 1 合金的强度和塑性得到了令人满意的结合，且具有良好的焊接性，因此，焊接容器有较好的结构强度。

容器在试验时的变形值也值得关注。3 号焊接容器是在内部压力为 142atm 时断裂的，这时从量筒里消耗的水量为 200cm³。考虑到在 100atm 下，水的压缩性为 0.5%，那么在断裂时，容器的实际增容量为 135cm³。另一方面，若设定在压力达到 142atm 之前，容器的工作一直遵守库卡定律，由此也可确定容器的增容量

$$\Delta U = \Delta U_{圆柱形} + \Delta U_{球体} = \pi\left[(R_1 + \Delta R_1)^2 - R_1{}^2\right] \cdot l + \frac{4}{3}\pi\left[(R_2 + \Delta R_2)^3 - R_2{}^3\right]$$

其中：

$$\Delta R^1 = \frac{PR^2}{E\delta}\left(1 - \frac{\mu}{2}\right) = \frac{142 \times 9^2}{1.05 \times 10^6 \times 0.15}\left(1 - \frac{0.3}{2}\right) = 0.062 \ (cm)$$

$$\Delta R_2 = \frac{PR^2}{2E\delta}\ (1 - \mu)\ = 0.0255 \ (cm)$$

$$l = 30 \ (cm)$$

于是得到：$\Delta U = 104 + 25.1 \approx 129 \ cm^3$。

ΔU 与实际测量到的容器增容值 135cm² 非常接近。这说明：实际上在焊后状态 3 号容器的断裂仅伴随有较小的塑性变形。在图 100 上，相对应变值与计算应力的关系近似地用虚线表示。这时容器圆柱体部分圆周的相对应变值（弹性）可用下式表示

$$\varepsilon = \frac{\Delta R_1}{R_1} = \frac{0.062}{9} = 0.69\%$$

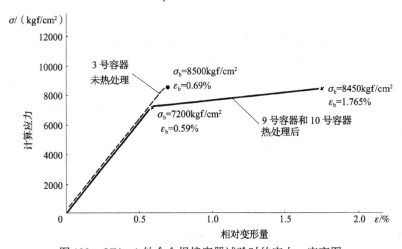

图 100　OT4 - 1 钛合金焊接容器试验时的应力—应变图

经过热处理，消除残余应力后的 9 号和 10 号容器的试验结果有所不同。试验这些容器时发现，到达屈服时压力计显示为 $120atm\left(\sigma_s = \dfrac{PR}{\delta} = 7200 \ kgf/cm^2\right)$。于是，屈服极限的相对应变值为

$$\varepsilon_{弹性} = \frac{\Delta R_1}{R_1} = \frac{0.0525}{9} = 0.585\%$$

同时也发现，当容器在平均压力为140.5atm断裂时，从量筒中流出的最大耗水量为360cm³。考虑到水的可压缩性，由于发生弹性变形及弹塑性变形，容器的实际增容量为 $\Delta U = 286.5 \text{cm}^3$。当压力从120atm增加到140.5atm时，由于发生弹塑性变形，可以很容易地确定容器圆柱体部分的增容值。经过简单的计算，确定压力为120atm时，圆柱体部分容积的弹性增加量为82cm³，而在压力达到140.5atm时，球体部分容积的增加量为29.3cm³，将它们从 ΔU 中减去，则压力从120atm增大到140atm时，圆柱体部分由于发生弹塑性变形，容器的容积增量为

$$\Delta U' = 286.5 - 82 - 29.3 = 175.2 \text{cm}^3$$

获得 $\Delta U'$ 值后，很容易确定容器工作在屈服之后的相对弹塑性应变（压力相应地由120atm增大到140.5atm）

$$\varepsilon_{弹塑性} = \frac{\Delta R'_1}{R_1} = \frac{0.106}{9} = 1.18\%$$

于是，对应于 $\sigma_b = 8450 \text{kgf/cm}^2$ 的总应变

$$\varepsilon_b = \varepsilon_{弹性} + \varepsilon_{弹塑性} = 0.585 + 1.18 = 1.765\%$$

该计算结果也显示在图100上。

因此，从所获得的数据可以看出，经过热处理消除残余应力后的容器的断裂伴随有明显的塑性变形，这比没有经过热处理的容器的情况更为明显。从相应的容器上切下试件，进行拉伸试验，也能发现类似的现象，只不过其程度不大明显。可是，在这一情况下，为消除残余应力的热处理在保持了焊接构件强度的同时，也在一定程度上改善了材料的塑性。

按照试验大纲，第二组焊接容器在焊接后及消除焊接残余应力的工序后，在保持给定的内部恒压下，进行了10个月的搁置处理。所给定的内部恒定压力值，是由获取在试验容器中的最大工作应力接近屈服极限来确定。由于在第一组的9、10号容器上在120~125atm时发现有塑性变形的迹象，因此，第二组的所有容器都是在120atm下进行试验的。试验是在冬天进行的，因而采用了不结冰的液体（85%的水 + 15%的甘油）代替水。

列于表38中的试验结果表明，在处于如此高水平的应力作用下对容器进行承压试验，很快在承压试验开始后的数日内，大多数容器（11个中有9个）或已完全破裂，或已出现泄漏。剩余的没有损坏的容器（13号和20号）由于其阀门故障，所以迅速卸压，从而防止了断裂的发生。断裂基本上在焊缝和近缝区发生，因其中有未焊透、气孔或氧化等缺陷。

表38　第二组焊接容器在120atm时的承压耐久试验结果

容器序号	容器状态	容器破裂特征
11	带纵缝，初始状态	第三天断裂，纵缝有裂纹，熔合线有小气孔
12	带纵缝，初始状态	第三天压力降为0，在环缝补焊处泄漏

表 38（续）

容器序号	容器状态	容器破裂特征
13	带纵缝，初始状态	由于阀门故障，容器保持了完整。在随后短时间的静态试验时，破裂压力为 155atm。在裂纹鼓起处发现有大气孔
14	带纵缝和环缝初始状态	第一天即发生断裂，纵缝裂纹，有小气孔
15	带纵缝和环缝初始状态	承压试验中在焊缝交叉处的熔合线上发现裂纹
16	带纵缝和环缝初始状态	由于环缝背面有未焊透和强烈氧化，有气孔，封头断裂脱开
17	滚压纵缝，消除残余应力后	在第三天压力下降至 50atm，管嘴焊接处有泄漏
18	滚压纵缝，消除残余应力后	由于有未焊透，在封头与筒体焊接的环缝中出现裂纹
19	滚压纵缝，消除残余应力后	在第三天压力降为 0，在环缝补焊处泄漏
20	采用热处理消除残余应力后	由于阀门故障，容器保持了完整。在随后的静态试验时破裂压力为 147atm
21	采用热处理消除残余应力后	纵缝中央焊接停顿处（弧坑）产生裂纹

因此，几乎所有承载容器的破裂表明：无论是初始状态的容器，还是消除了残余应力的容器，在相对较短的时间内发生了破裂，用于加载的应力水平是足够的。用于确定破裂时间和压力下降特性的试验安排得较为粗糙，因此，未能发现有焊接应力和无焊接应力对类似破裂影响的差别。或许，若容器持续承压时的压力水平稍低于 120atm，会取得更好的效果。

所获得的试验结果是继续深入研究所提出的问题的依据。看来，在较高的应力水平下，使焊接容器持续长时间承载是开展这类研究的有效工具。

在进行第一批和第二批焊接容器的试验时，对于有焊接残余应力和没有焊接残余应力的容器的性能没有发现明显的区别。在试验结果和分析文献数据的基础上应该指出：从提高抗提前破裂性能的角度来看，消除钛合金薄壁构件中的焊接残余应力，并非在所有情况下都是必要的。

今后的研究将会有助于进一步明确：在不同的制造钛合金焊接构件的具体条件下，消除残余应力作为辅助工艺程序的必要性和合理性。

6.4 改善薄板钛合金焊接接头塑性性能的可行性

在钛及钛合金普通氩弧焊时，即使在焊接过程中焊缝区得到了良好的保护，焊接接头的塑性也会有所降低。这首先是由于焊缝金属和热影响区中生成了脆性的淬火 α' 相和粗大的晶粒结构。在实践中有时采用热处理来改善某些钛合金焊接接头的塑性。然而热处理时通过降低 α' 相的分散性来提高焊接接头的塑性，成效甚微。目前在金属铸造和压力热加工的实践中得到普通认可的是，改善钛及钛合金组织结构的基本方法是金属塑性变形与随后的退火[66,67]。

在本论文中，为提高薄板钛合金焊接头的塑性性能，采用窄轮滚压焊缝的方法，以获得一定程度的塑性变形，保证在随后的高温退火中金属的再结晶。

试验在 OT4 钛合金上进行，因为 OT4 是工业中制造薄板结构使用最广泛的结构材料，采用 BT1 作为添加焊丝材料。采用氩弧焊方法完成对接焊接头，采用直径 2.5mm 的 BT1 焊丝，焊接厚 0.8mm 的 OT4 试件。焊缝的余高厚度为 1.6 ~ 1.7mm，而在滚压时将余高碾平，与母材齐平。

试验时采用经过相应加工后从薄板上切下的试件进行弯曲试验，以弯曲角作为衡量焊接接头塑性的主要判据。

滚压在专用的机床上进行，滚压工艺与第 4 章中所描述的类似，唯一的差别是，窄轮上的压力明显增大，约为 12tf。这么大的作用力确保了焊缝的压缩率约为 30%（压缩率用式 $\dfrac{H - H'}{H}$ 计算。式中，H 为滚压前焊缝余高的厚度，H' 为滚压后焊缝余高的厚度）。为避免试件出现超常变形（翘曲），在钢垫板上对薄板进行滚压。

滚压后焊接试件在电炉中进行热处理。热处理时为防止试件氧化，将试件放置于真空容器中。如果试件在没有任何保护的普通电炉中进行热处理，则在弯曲试验前应该把每个试件表面的氧化层彻底去除。

经过 700℃、800℃，保温 1h 的热处理试件的弯曲试验结果见图 101。在图右边列出了母材的弯曲角值以做对比。从图上可以看出：初始状态焊缝的弯曲角平均为 58°。700℃、800℃，保温 1h 的热处理，对提高弯曲角的作用并不大。

冷状态下滚压焊缝会引起金属的冷作硬化。因此，滚压后焊缝的弯曲角很小（见图 101 的第 3 直方柱）。700℃的热处理对于恢复滚压后焊缝的塑性是不够的，在 700℃退火后，弯曲角平均只有 37°。800℃的退火温度结果较好，平均弯曲角为 77°。

在经过 700℃ 和 800℃ 热处理的试件上，测量了焊接接头横截面的维氏硬度，维氏硬度分布如图 102 所示，从图上可以看出，焊缝硬度从焊后状态的 270 降到了滚压并经 800℃热处理后的 230。没有预先的塑性变形，仅在 800℃ 退火后，焊缝维氏硬度为 250。

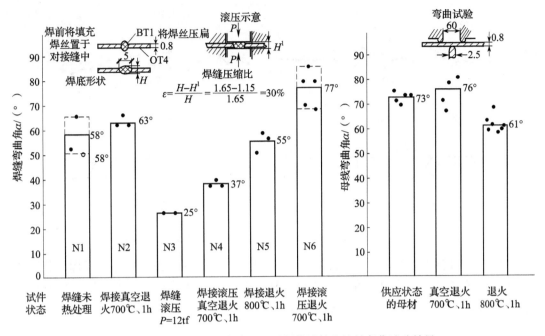

图 101　经过滚压和相应热处理后焊接试件和母材弯曲试验结果

在载荷为 5kgf 时，测定维氏硬度

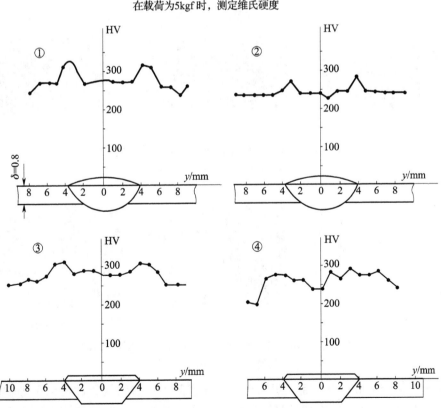

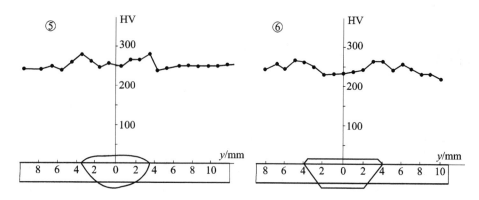

图 102　在相应处理后，OT4 + BT1 焊接接头横截面上的维氏硬度分布图：
①焊后；②经 700℃、1h 退火；③在压力 12tf 滚压后；
④滚压 700℃、1h 热处理后；⑤800℃、1h 退火后；⑥滚压 800℃、1h 热处理后

在这些试件上所进行的金相分析研究验证了上述结果。图 103 显示了焊后状态焊接接头的显微组织。从图上可以清楚地看到，大粗晶的焊缝金属，带有原 β 相晶粒轮廓中的针状 α' 相结构。近缝区带有急剧长大的晶粒，带有针状 α' 相。在没有预先塑性变形的 800℃、1h 退火后，这些 α' 相的针状结构在很大程度上保留了下来，只有一部分得到了调整，见图 104。

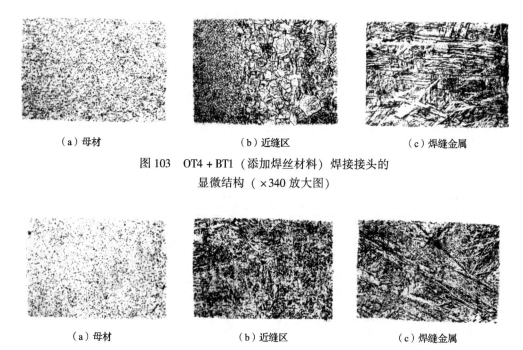

（a）母材　　　　　　（b）近缝区　　　　　　（c）焊缝金属

图 103　OT4 + BT1（添加焊丝材料）焊接接头的
显微结构（×340 放大图）

（a）母材　　　　　　（b）近缝区　　　　　　（c）焊缝金属

图 104　OT4 + BT1 焊接接头在 800℃、1h 热处理后的
显微结构（×430 放大图）

在滚压并经 800℃ 退火后，焊缝金属完全摆脱了针状结构，过渡到了等轴晶粒组织结构（见图 105）。这也就是焊缝塑性有所提高的原因。然而应该指出，无论是弯

曲试验结果和硬度测试数据，还是金相研究结果，都证实焊接接头近缝区的塑性仍不满足要求。显然，它是由于滚压时在近缝区的塑性变形量不够而引起的。今后可以通过更深入仔细地制定滚压和热处理工艺，使近缝区的塑性提高到所要求的水平。

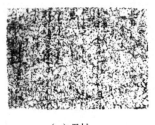  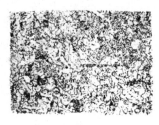

（a）母材　　　　　　　　　（b）近缝区　　　　　　　　　（c）焊缝金属

图 105　OT4 + BT1 焊接接头在滚压 800℃、1h
热处理后的显微组织（×340 放大图）

因此，所进行的试验表明，原则上是可以通过窄轮滚压和后续热处理来改善钛合金焊接接头的塑性。

第 7 章　结论

（1）所进行的理论分析表明：对于具有 $\alpha T_k < 2\varepsilon_T(0)$ 特性的钛合金和铝合金这类结构材料而言，焊接接头中的最大残余应力值一般小于材料的屈服极限。由于焊接种类和速度的不同，可能在如下范围内变化

$$\frac{\alpha T_k E}{2} \leqslant \sigma_{\text{残余}} \leqslant \sigma_T(0)$$

对于钛合金 OT4 - 1，材料屈服极限随温度的变化设定为直线关系 $\sigma_T(T) = \sigma_T(0)$ $\left(1 - \dfrac{T}{T_k}\right)$。用瞬间线热源加热薄板时，对残余应力进行了计算分析。

（2）在通常焊接条件下，钛合金对接焊缝中的最大残余应力是材料屈服极限的 50% ~ 70%。系统的试验和测量均验证了这一论点。

（3）在钛合金薄板焊接构件中残余应力值及分布特点在很大程度上取决于工件的刚度和结构形状。

以焊接带纵缝和环缝的薄壁圆筒件为例，确定了残余应力值与圆筒直径、壁厚及焊缝区塑性变形值之间的关系。

试验数据与理论计算的结果吻合良好。圆筒件纵缝中的应力，与平板试件对接焊缝中的应力处于同一数量级；而环缝中的应力取决于圆筒直径和刚度，由于圆筒体自身特定变形，大大改变了切向残余应力值和分布特点。

（4）研究结果表明，为消除钛合金焊接构件中的残余应力，可以采用无专门保

护介质的热处理。建立 OT4 – 1 热处理时，焊缝中应力值、温度和保温时间关系的曲线汇总图，便于将试验结果在实际中应用。同时，制定了选择最佳热处理规范的指导方法。

（5）在钛合金上的试验表明，用窄轮滚压薄壁构件焊接接头，可以消除残余应力。如果需要，还可以在焊缝和近缝区中形成压应力。

（6）为解决钛合金薄壁构件的焊接翘曲变形，在 OT4 – 1，BT5 – 1 上制定了用窄轮滚压焊接接头的工艺规范。所获得的数据已应用于生产并设计和制造专用的滚压机，用于在工厂中消除钛合金薄壁构件的焊接变形。

（7）在焊接压力容器上研究第一类残余应力对生成延迟断裂及强度的影响结果表明，并不是在所有情况下，都需要采取后续工序来消除焊接残余应力。

（8）研究论证了采用窄轮滚压及后续热处理来改善钛合金焊接接头塑性原则的可行性。

参考文献

[1] Shorshorov M H, Nazarov G V. 钛及钛合金的焊接 [M]. 北京：机械工业出版社，1959.

[2] Hull. 钛及钛合金的熔化焊接 [J]. 焊接及金属制造，1961，29 (1 – 6).

[3] Poolcin N M. 钛合金及其在机械制造业中的应用 [M]. 北京：机械工业出版社，1962.

[4] Makkvillen A D, Makkvillen M K. 钛，1958.

[5] Gooceva E A. 钛及钛合金焊接接头产生裂纹倾向性研究 [J]. 焊接生产，1958 (2).

[6] Goorevich S M. 氢对钛合金焊接接头裂缝倾向性及力学性能的影响 [J]. 自动焊接，1957 (1).

[7] Poplavko M B, 等. 钛合金焊接. 有色金属和合金的焊接论文集，1961.

[8] Nikolaev G A, Tleqiakov F E. 钛合金结构的强度问题. 有色金属和某些合金钢的焊接论文集，莫斯科鲍曼高等工学院，1962 (106).

[9] Nippes E F, Savage W F. 钛合金焊接薄板中的残余应力 [J]. 焊接，1958.

[10] Nikolaev G A. 焊接结构 [M]. 北京：机械工业出版社，1953.

[11] Nikolaev G A. 焊接结构 [M]. 北京：机械工业出版社，1962.

[12] Nikolaev G A, Reikalin N N. 焊接时的结构变形 [M]. 北京：科学院出版社，1943.

[13] Okelblom N O. 焊接变形及应力 [M]. 北京：机械工业出版社，1943.

[14] Okelblom N O. 焊接时金属结构变形计算 [M]. 北京：机械工业出版社，1955.

[15] Taleipov G B. 焊接变形和应力的近似论 [M]. 列宁格勒大学出版社，1957.

[16] Ignaqieva V S. 单道对接焊后薄板中内应力分布 [J]. 焊接生产，1956 (3).

[17] Bolishakov K P. 焊接横梁结构件时的热力学过程研究（第 2 集）[M]. 北京：铁

路交通出版社，1950.

[18] Prohorov N N. 焊接热裂纹 [M]. 北京：机械工业出版社，1951.

[19] Bakshi O A. 局部集中加热钢板时的变形和应力 [J]. 气焊，1953（2）.

[20] Artimieva I N. 焊接 Д16Т 硬铝时的应力和变形 [J]. 焊接生产，1960（2）.

[21] Chi – Teh Wang. 实用弹性理论 [M]. 物理数学出版社，1959.

[22] 雷卡林 N N. 焊接热过程计算 [M]. 北京：机械工业出版社，1951.

[23] Vinokorov V A, Gazarian A S. 电渣焊变形 [J]. 自动焊接，1960（9）.

[24] Leikin N S. 焊接低碳钢时，热应力和变形的原理与数据 [M] //焊接科研工作论文集（第2集）. ОНТИ，1936.

[25] Maski Watanabe, Kunikiko Sato. 焊接残余应力的塑性研究 [R]. 日本大阪大学学术报告，1951，1（13）.

[26] Kochanov L M. 塑性理论基础. 莫斯科，1956.

[27] 机械制造材料手册（第2卷）. 莫斯科，1959.

[28] Piskoonov N S. 微分和积分计算 [M]. 物理数学出版社，1963.

[29] Vinokorov V A, Koorkin S A. 经验交流 [J]. 工厂实验室，1961（11）.

[30] Nikolaev G A. 容器壳体焊接时的应力研究 [M] //焊接新工艺及焊接接头的强度论文集. 重工业制造中央研究院，1937.

[31] Paton E O, 等. 焊接圆柱形容器时的收缩应力 [J]. 气焊，1936（5，6）.

[32] Paton E O. 论文选集（第2册）[M]. 基辅，1961.

[33] Avgoostin Y. 残余应力对承压杆件行为的影响 [J]. 焊接生产，1951（11）.

[34] Anoochkin M P. 管道焊接接头内应力 [J]. 气焊，1951（1）.

[35] Gatewood B E. 温度应力 [M]. 北京：外文出版社，1959.

[36] Flider, 等. 低温导管的翘曲 [J]. 应用力学杂志，ASME 学报，1961（9）.

[37] Vinokorov V A. 机械制造结构薄壁构件的焊接变形和对策 [D]. 莫斯科鲍曼高等工学院，1958.

[38] Timoshenko S P. 板壳理论 [M]. 国家物理数学文献出版社，1948.

[39] Mordvincheva A V. 残余奥氏体转变——焊接结构变形的主要原因之一 [J]. 金属学和金属加工，1956（7）.

[40] Brody R, Taylor A. 钛合金焊接件的应力消除 [J]. 金属进展，1959（5）.

[41] Moiseev V N. 在空气中加热时在钛中的气体扩散 [M] //钛及钛合金论文集（第3集）. 苏联科学院，1960.

[42] Lainer D Z, Chipin M N. 在钛合金氧化皮生成过程中对其组织结构的研究 [M] //金属学和有色金属及合金的加工论文集第××集，1961.

[43] Nikolaev G A. 焊接结构件中内应力的解决方案 [J]. 气焊，1945（10）.

[44] Kedrov A Z. 桥梁建筑中采用焊接的某些问题 [M] //用热力学方法减小残余应力论文集（第2集）. 全苏铁路交通建筑设计研究院，1950.

[45] Nikolaev G A, Gelman A S. 焊接结构及接头. 1947.

[46] Waston S J. 低碳钢焊接结构的应力消除 [J]. 英国焊接杂志，1957，4（9）.

[47] Kunz H G. Eigenspännungen, Vermerfungen und Mabhaltigkeitbeim Schweiben "Schweiben" und Schneiden" [J]. 焊接与切割, 1959 (3).

[48] Gunnert R. 焊接残余应力. 斯德哥尔摩, 1955.

[49] Rubo E. Grundsatzliche Betrachtungen zur Minderungen von Eigenspannungen in gesbhweibten Bauteilen aus Stahl "Der stahlbau", 1959, 28 (6).

[50] Ponomarer S D. 机械制造业中的强度计算（第 2 卷）[M]. 机械制造工业出版社, 1958.

[51] Malinin N N. 在非定常蠕变中的某些单向加载问题 [M] //工程论文集（第 10 卷）, 苏联科学院, 1951.

[52] Koorkin S A. 用滚压焊缝和近缝区的方法解决薄壁构件的焊接变形问题. 强度和焊接自动化, 莫斯科鲍曼高等工学院论文集, 1957 (71).

[53] Koorkin S A. 用滚压法解决薄壁构件的焊接变形问题 [J]. 先进的科技和生产经验（第 12 专题）, 1957.

[54] Vinokorov V A. 关于滚压焊缝以消除焊接件的翘曲. 高校通讯, 机械制造出版社, 1959 (10).

[55] Koorkin S A, Vinokorov V A. 用窄轮滚压法消除薄壁焊接构件的翘曲. 莫斯科鲍曼高等工学院论文集"有色金属, 稀有金属和塑料的焊接", 1961 (101).

[56] Koorkin S A, Vinokoorov V A, Parahin V A. 用窄轮滚压焊缝法强化焊接接头 [J]. 焊接生产, 1960 (8).

[57] Brodskiy A Y. 飞机焊接结构的矫形研究 [M] //苏联国家航空工艺研究院论文集, 1948.

[58] Brodskiy A Y. 气焊, 1947 (8), 1948 (2), 1952 (12).

[59] Prohorov N N. 对接弧焊时薄板翘曲调节 [J]. 气焊, 1948 (10).

[60] Nazarov G V. 钛及某些钛合金焊接性的研究. 学位论文摘要, 莫斯科, 1960.

[61] Moroz A S. 钛及钛合金（第 1 卷）[M]. 造船工业出版社, 1960.

[62] Mihailov A S. 氢对钛合金焊接接头抗冷裂纹生成的影响 [M] //钛合金应用论文集, 1962.

[63] Prohorov N N, Makarov E L. 评估钢材抗焊接冷裂纹的方法 [J]. 焊接生产, 1958 (9).

[64] Makara A M. 焊接淬火钢时近缝区冷裂纹的机理研究 [J]. 自动焊接, 1960 (2).

[65] Russell Meredith, Arter W L. 钛合金焊接件的应力腐蚀 [J]. 焊接, 1957 (9).

[66] Livanov V A. 用热处理方法改善钛及钛合金组织结构和性能的可行性. 钛合金应用论文集, 1961.

[67] Savichkiy E M, Teilkina M A. 钛及钛合金的再结晶 [M] //科学总结（第 2 集）. 苏联科学院, 1959.

[68] Mihailov A S, Kreilov B S. 钛合金焊接接头延迟开裂倾向性的研究 [J]. 金属学及金属热处理, 1962 (4).

［69］Shorshorov M H，Nazarov G V．钛及钛合金焊接时相变及生成冷裂纹的力学研究［M］//钛及钛合金论文集．苏联科学院，1962（7）．

［70］Livanov V A．含铝钛合金的氢脆问题．金属学问题论文集，全苏航空材料研究院论文集，1961（50）．

航宇薄壳结构的低应力无变形焊接新技术①

关　桥　郭德伦　张崇显　李从卿

摘要：为满足航空、航天薄壳焊接结构在制造过程中对几何型面的严格技术要求，研究开发了低应力无变形焊接新技术。此项技术保证了在焊接过程中对变形积极主动的控制，达到了焊后完全无变形的要求，取消了焊后矫形工序，已成功地应用于航空发动机耐热合金薄壁机匣和运载火箭铝合金燃料贮箱的焊接。用静态控制方法及在此基础上发展的动态控制新方法均可定量地控制焊缝区的不协调应变量，获得焊后低应力无变形的效果。

关键词：薄壳结构；焊接变形；焊接应力；低应力；无变形；焊接

无论是从结构设计的完整性、制造技术的合理性还是从使用中的可靠性来看，薄壳结构的焊接残余应力和失稳翘曲变形总是一个棘手的问题。焊接变形常常导致产品质量隐患，且为了消除变形和减少残余应力，往往还需要增加费时、耗资的附加工序。

在焊接薄壳结构时，不均匀的加热会产生焊接残余应力和变形。为了消除薄壁构件的焊接变形，通常采用两类措施：一类是在焊接之前采取的措施，如预变形等，用焊前给定的反向预变形来补偿焊接变形；另一类是在焊后采取的措施，既然已经产生了焊接变形，可用专门的矫形方法来消除。这些方法，无论是在焊前，还是在焊后，均需在制造工艺流程中附加工序，且需有专用的工艺装备，增加了制造成本，延长了制造周期。

北京航空工艺研究所发明并开发的用于航空、航天薄壳结构制造的低应力无变形焊接新技术，与通常人们认为焊接变形不可避免的概念相悖。用通常的熔焊方法，在薄壁构件上采用这种新的焊接技术，完全可以防止焊接变形。

低应力、无变形的结果是在焊接过程中由特定的预置温度场形成的拉伸效应所决定的。这个拉伸效应跟随焊接热源，并可定量地控制焊缝区不协调塑性变形的发展。

在实际应用中，可以用静态或动态的低应力无变形焊接技术焊接纵向和环形对接焊缝。

---

①　此文刊登在：《航空工艺技术》，1996 年第 4 期；《航空科学技术》，1990 年第 1 期；中俄航空工艺、材料第三届学术会议大会报告，1995 年 8 月。

1　航宇薄壳结构的焊接变形问题

在航空、航天工业中，圆柱形或圆锥形壳体焊接结构制造时的失稳翘曲变形，主要是由残余压应力引起的。纵向焊缝在薄壳结构上引起失稳变形的典型示例如图 1 所示。除沿焊缝长度方向有挠度为 f 的受压失稳变形外，壳体的横截面也因有多条纵向焊缝而发生畸变。这类变形严重地破坏了结构几何形状的完整性。

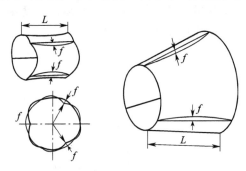

图 1　圆柱形或圆锥形薄壳结构上典型的焊接失稳翘曲变形与截面畸变

板壳失稳的临界压应力 σ_{cr} 值与焊接构件厚度 t 的平方成正比。失稳翘曲变形在厚度为 4mm 以下的薄壳结构上更为突出，因为这类构件的 σ_{cr} 值更低（见图 2），对焊接残余压应力值非常敏感，采用常规熔焊技术总会引起失稳变形。

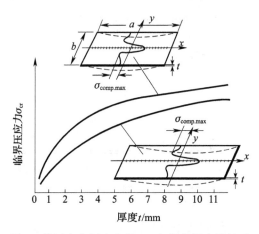

图 2　临界失稳压应力值 σ_{cr} 与焊件厚度的关系

空气动力学对航空、航天焊接薄壳结构几何完整性的要求是非常严格的。在有些场合，把沿纵向焊缝长度 L 上的残余挠度 f（见图 1）的允许值限定为 $f/L < 0.001$。因此，结构设计的完整性、制造技术的合理性和使用中的可靠性，都要求解决航空、航天工业中的薄壳结构焊接变形问题，以便能够改变现行生产中不得不在焊后采用的费时、耗资的矫形附加工序，并杜绝由此而产生的产品质量不稳

定的隐患。

在焊接过程中"主动"控制应力与变形的构思是从生产实践中提炼出来的。一种新的低应力无变形焊接技术[1]现在已成功地应用于航空、航天结构的制造,防止了薄壳焊接出现的失稳翘曲变形。

2 静态低应力无变形焊接法的特点及其应用

静态低应力无变形焊接法的基本特点在于:由预置温度场提供焊接过程中所需要的拉伸效应,同时采取措施防止由于焊接热源的温度场与预置温度场相叠加(见图3)而产生的构件型面以外的瞬态失稳。如图4所示,拉伸效应被定义为:与预置温度场相对应的热应力场在焊接接头部位的最大拉应力值。

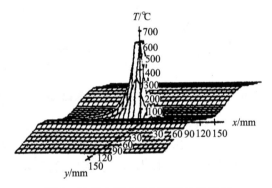

图3 低应力无变形焊接时的温度场

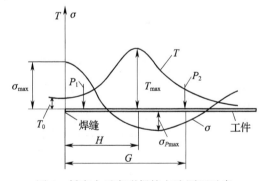

图4 低应力无变形焊接方法原理示意

T— 预置加热与冷却条件形成的温度曲线;σ— 与预置温度场 T 相对应的热应力分布

在试验研究中,针对喷气式发动机薄壁机匣和运载火箭燃料贮箱的材料要求,选用了镍基耐热合金、不锈钢、钛合金和铝合金;试件的厚度多在 $0.7 \sim 4\text{mm}$,焊接构件为圆柱形壳体;焊接方法采用钨极氩弧焊,可填加或不填加焊丝,在有些试件上也曾采用脉冲氩弧焊;焊接工艺参数根据现行生产中的规范而选定。在专门设计的低应力无变形焊接装置中施焊与在常规焊接夹具中施焊的结果进行了对比。为了能定量地评价焊后残余应力和变形，采用电测和机械应变仪对残余应力和焊后变形挠度进行了测定。

预置温度场根据被焊材料的力学和热物理特性来选定，参数的优化则有赖于对焊接热过程和热弹塑性过程的数值分析，并用试验结果验证。

图 5 所示为在有预置温度场的情况下，铝试件焊缝区不协调应变值减少（见图 5 (a)）和残余应力水平大幅度降低（见图 5 (b)）的典型实例。

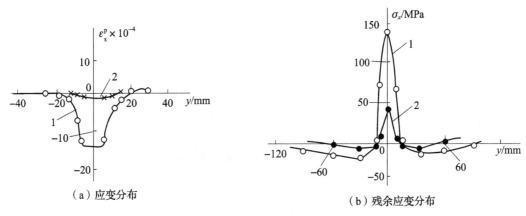

（a）应变分布　　　　　　　　　　（b）残余应变分布

图 5　由常规焊接应变分布（曲线 1）和低应力无变形焊接（曲线 2）所引起的不协调应变分布（a）和残余应力分布（b）

图 6 为不锈钢试件和铝合金试件焊后残余变形量的对比。

从这些图上可见，采用低应力无变形焊接新技术，选择正确的工艺参数能获得在工程应用中完全可以忽略不计的残余应力水平。试验表明，优化的工艺参数完全保证了无变形的理想结果。

根据试验研究结果，为喷气式发动机薄壁机匣生产专门研制了低应力无变形焊接装置，取代了传统的焊接夹具，现已用于生产。在该装置上可以完成厚度为 0.7 ~ 6mm 的圆柱形或圆锥形壳体构件的焊接。

采用低应力无变形焊接新技术，也可以对航空、航天工业中现有的焊接工艺装备实现技术改造。例如，厚度为 3 ~ 7mm 的 Al – Cu – Mg – Si 铝合金运载火箭燃料贮箱的壳体结构，就是在用低应力无变形焊接技术改造过的工艺装备上成功地施焊的，现在已广为应用。

低应力无变形焊接法的优点还在于，在焊接对热过程敏感的高强材料（如 Al – Cu – Mg – Si 合金）或有淬硬倾向的钢材时，可以精确地控制焊接热过程，调整预置温度场参数，或者改变低应力无变形焊接装备上的焊缝背面垫板材料，获得既无变形同时又具有优良力学性能的焊接接头。

航空、航天工业实践表明，在薄壁构件制造工程中，采用低应力无变形焊接技术，可赋予生产厂家更多的工艺柔性。在不附加辅助工序的情况下，既可获得优良的接头性能，又可保证结构的几何形状的完整性。焊后，构件平整如初。

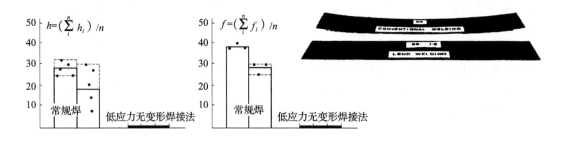

（a）18-8不锈钢，1.6mm

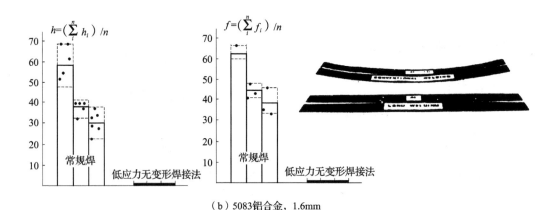

（b）5083铝合金，1.6mm

图6 在不锈钢和铝合金试件上采用常规焊接和低应力无变形焊接
测得的面外变形高度 h（单位：mm）和最大挠度 f（单位：mm）值的对比

3 动态低应力无变形焊接法的基本特点

基于预置温度场拉伸效应的低应力无变形焊接法可以归入静态控制焊接应力与变形的方法。

在新提出的动态控制焊接过程中应力与变形的方法中，不再需要预置温度场，而是采用紧跟在电弧热源后面的点状热沉（或称冷源）局部强制冷却产生的拉伸效应来控制电弧区的不协调应变发展过程。显然，在没有预置温度场的情况下，跟随焊接热源而移动的热沉，直接在焊接温度场内引起动态控制的效果。换句话说，跟随热源移动的点状强制冷却，导致了动态拉伸效应也跟随在电弧的后方，对焊接热弹塑性力学过程进行控制。

为实施动态控制的低应力无变形焊接法[2]，专门研制了由焊接热源和热沉共同组成的多源装置。该装置提供的局部点状强迫冷却区可与电弧之间保持一定距离。这种随焊强制冷却改变了通常的焊接热过程，导致了如图7所示的畸变温度场。在畸变温度场的等温线和三维图示上，可以明显地看到由热沉所形成的温度低谷，它紧跟在电弧区的高温峰值点之后。在高温峰值低谷方向，出现了非常高的温度梯度。为了解畸变温度场的特征，在数值分析计算模型中，可把热沉作为负热源与焊接热源的温度场相叠加。

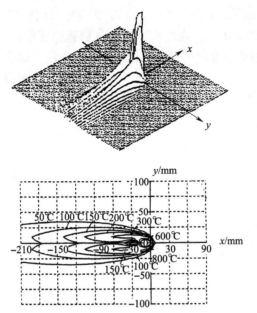

图 7　动态控制低应力无变形焊接的多源系统所形成的
畸变温度场三维图示及其等温线

在多源系统施焊时，与畸变温度场相对应，出现了畸变的热弹塑性应力应变过程。在电弧运动的前方，热沉的影响极弱，保持了通常状态的热弹塑性过程。然而，在电弧运动的后方，刚凝固的焊缝区两侧，已受到压缩但仍处于高温的金属，由于强迫冷却射流的热沉作用，在温度低谷中又受到极大温差拉伸的作用，随即得到拉伸塑性变形的补偿。此外，强烈的热沉作用，减弱了从焊接熔池向周边的传热，从而使发生不协调应变区的宽度相应地变窄。可见，通过对决定热沉系统特征的基本工艺参数的合理选择，可以定量地控制不协调应变值的大小及其分布区的宽度。

在温度低谷中形成的拉伸塑性应变，不仅可以补偿焊缝区两侧因受压而缩短的金属，还可以在超常受拉的情况下，使残余应力分布曲线倒置：焊缝中出现压应力而在两侧为拉应力。在工程应用中，当焊后的残余压应力低于薄壁构件的临界失稳应力值 σ_{cr} 时，即可获得完全没有变形的结果。

为了防止强制冷却射流可能出现的干扰，在专门研制的多源焊接系统中，采取了保护电弧的特殊措施，使电弧稳定燃烧，不受强制冷却射流的干扰。

在试验研究中，通过选择冷却介质及其流量来调整热沉强度，还可以通过改变热源与热沉之间的距离调节局部拉伸效应。采用合适的物理数学模型对动态过程进行数值分析，根据待焊构件进行参数优化，理论分析均由试验结果验证。在试验中，这些措施保证了优良的焊缝内部质量和外观成形。

在不锈钢和低碳钢上的对比试验结果表明，与常规焊接后试件严重翘曲失稳的状态不同，采用动态控制的低应力无变形焊接技术，焊后试件完全没有变形，平整如初。

如图8和图9所示，焊接后在不锈钢和低碳钢试件上测得残余应力的结果表明，采用常规焊接方法（见图8（a），图9（a）），焊缝中峰值拉应力水平高于300MPa，对应的两侧压应力值达到80MPa；由此而引起的失稳翘曲变形，在长度为500mm试件中的挠度达20mm。采用动态控制的低应力无变形焊接方法，残余应力分布状态发生了明显变化（见图8曲线b、c；见图9曲线b、c、d），峰值拉应力水平大大降低，或者使常规残余应力分布图倒置，在焊缝中心出现了压应力。

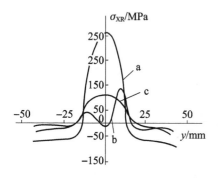

图8　在不锈钢试件上残余应力分布的对比
a—常规焊接；b—动态低应力无变形焊接：冷却水
流量 $F = 150mL/min$，热源与热沉的间距 $L = 15mm$；
c—动态低应力无变形焊接：$F = 150mL/min$，$L = 25mm$

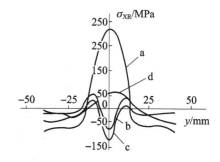

图9　在低碳钢试件上残余应力分布的对比
a—常规焊接；b—动态低应力无变形焊接：$F = 60mL/min$，
$L = 20mm$；c—动态低应力无变形焊接：$F = 150mL/min$，
$L = 20mm$；d—动态低应力无变形焊接：$F = 150mL/min$，$L = 30mm$

作为静态方法的进一步发展，动态方法在实际应用中具有更大的柔性。如果说，静态方法用于纵向直线焊缝更合适的话，动态方法则可用于更多类型的焊缝，如非线性或非规则焊缝等。

4　结论

（1）薄壁构件低应力无变形焊接方法的基本原理是，在焊接过程中采用特定的拉伸效应主动地控制焊接应力与变形。特定的拉伸效应可以由预置温度场提供，或者由跟随电弧移动的点状热沉来提供，同时，应采取相应措施，防止工件产生瞬态面外失稳变形。

（2）低应力无变形焊接技术已成功地应用于航空、航天薄壳结构，为航空、航天制造工程提供了一项先进制造工艺方法。采用这种方法，焊接变形已不再是不可避免，工件可在焊后完全无变形，平整如初，取消了传统的焊后"消极"的矫形工序。

（3）在喷气式发动机耐热合金薄壁机匣结构和运载火箭铝合金燃料贮箱薄壳结构的焊接制造中，获得了完全无变形的满意结果。

（4）在静态方法基础上新发展的动态控制方法，在实际应用中具有更多的柔性，可以在不规则的焊缝上获得完全无变形的结果。

参考文献

[1] 关桥，郭德伦，李从卿. 薄板构件低应力无变形焊接方法及其装置：中国，
　　 87100959.5［P］. 1987 - 02 - 28.

[2] 关桥，张崇显，郭德伦. 动态控制薄板构件低应力无变形焊接方法及其装置：中
　　 国，93101690.8［P］. 1993 - 02 - 25.

动态控制的低应力无变形焊接新技术[①]

关　桥　张崇显　郭德伦

摘要： 在成功地研究并开发了薄壁构件低应力无变形焊接新技术的基础上，把靠预置温度场静态控制焊接应力与变形的方法发展到动态控制法，这一新构思所形成的动态控制焊接应力与变形的新技术的原理在于：不再依赖预置温度场，而是直接利用电弧在薄壁构件上所形成的焊接温度场，建立一个特殊构造的热沉跟随电弧，构成热源－热沉多源系统，在熔池后的高温焊缝区产生强烈的局部急冷拉伸作用，控制和补偿焊接时产生的不协调塑性变形，达到薄壁构件低应力无变形的焊接效果。

关键词： 动态控制焊接变形；残余应力；无变形焊接法

引言

随着工业经济技术的迅猛发展，薄壁焊接结构的应用日趋广泛。但从保证焊接结构的完整性、制造工艺的合理性和使用过程中的可靠性等角度来看，薄壁构件在焊后产生的残余应力和失稳压曲变形却成为导致产品质量不稳定的主要问题，使薄壁结构在工程应用中受到很大限制。因此，控制和防止薄壁构件的焊接残余应力和变形始终是焊接工程中的重要课题之一。

由北京航空工艺研究所首先研究开发的薄壁构件低应力无变形（Low Stress No -Distortion，LSND）焊接方法，在薄板焊接过程中利用特定的预置温度场，同时采取相应措施防止工件在焊接温度场与预置温度场共同作用下的瞬态失稳变形，保证有效的"温差拉伸效应"跟随焊接热源，可定量地控制焊缝纵向不协调塑性应变，改变焊后的残余应力场使之重新分布。采用常规的焊接方法和焊接规范，即可达到低应力无变形

---

①　国家自然科学基金资助项目，并已申报国家专利（申请号：93101690.8），颁证日：1995.6.25。

参加该项研究工作的还有曹阳、吴谦等。此文于1994年3月刊登在《焊接学报》第15卷第1期。

的焊接效果[1]。

LSND 焊接法由于受所设置的预置温度场和专用夹具的限制，目前只适于在直线焊缝上的静态控制，而动态控制的 LSND 焊接法则可克服其静态控制方面的局限性。这种方法采用可跟随焊接热源移动的热沉装置，形成一个热源－热沉多源系统，在焊接区产生局部可控的准定常状态温度场和相应的准定常状态热弹塑性应力—应变场，达到薄壁结构动态控制的低应力无变形焊接效果。这种方法取消了费时、耗资的焊后矫形等"消极"处理工序，不仅适用于直线焊缝，对于非直线、非规则焊缝也有适用性，在优化结构设计、提高产品质量和改造现行工艺等方面具有明显的技术经济效益和良好的实际应用前景。

1　动态控制低应力无变形焊接法原理

在常规的焊接过程中，由于受焊接热源局部加热，焊件内的温度分布是不均匀的，并随着焊接过程的进行发生变化，因此，在焊缝及其附近的母材区内会产生复杂的应力和变形。焊缝及其附近产生过较大不协调应变的区域内产生了残余拉应力，而在远离焊缝处则产生残余压应力。对于薄壁结构，如果该残余压应力超过构件失稳的临界应力，就会产生失稳压曲变形。

如果在电弧后适当部位，设置一个能对焊缝局部产生急冷作用的热沉，与焊接电弧构成一个多源（热源－热沉）系统，形成一个畸变的温度场，在这种情况下，虽然焊缝一开始同常规焊一样在焊缝区两侧产生压缩塑性变形，但在随后的冷却过程中，由于热沉的急冷作用，一方面使高温焊缝的热量向后部热沉传导，减少了向两侧传导的热量，使高温区变窄，控制了压缩塑性变形区的扩展；另一方面，热沉部位的焊缝受冷急剧收缩，产生很强的拉伸作用，使仍处于高温状态焊缝区两侧的压缩塑性变形量得到补偿。从而在焊接完成后，残余拉应力区和残余拉应力幅值都得到控制，甚至在焊缝中心会出现残余压应力，相应焊缝两侧的残余压应力也降到很低的水平，控制了薄壁构件的翘曲失稳变形，达到低应力无变形的焊接效果。

2　试验研究与测量结果

2.1　试验研究方法

在探索性试验研究的基础上，设计制造了动态低应力无变形焊接法专用装置[2]，对低碳钢和不锈钢薄板试件进行了系统的焊接工艺研究试验。

试验装置的示意图如图 1 所示。焊接方法采用不填丝的钨极氩弧焊，热沉的冷却介质选用自来水，水的比汽化热为 2256kJ/kg[3]，在常见液体中是最高的（液氮在 1atm 下的比汽化热标准值仅为 197.6kJ/kg），而且水的流量控制简单，调节方便。在焊接过程中对焊接电弧采取了特殊设计的保护措施，从而有效地防止了水蒸气对电弧的干扰，保证了焊接过程的正常进行和良好的焊接质量。热沉中心与热源中心的距离 L 可调。试件的尺寸均为 $1mm \times 100mm \times 500mm$。试件的焊接规范列于表1。用多源系统焊接时，规范参数与普通焊接法的规范参数保持一致，便于定量对比其差别。

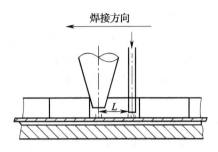

图1　多源焊接系统装置示意图

表1　试件焊接规范

试件编号	母材	焊接电流 $I\,/\,A$	电弧电压 $U\,/\,V$	焊接速度 $v\,/\,(m/h)$	水流量 $F\,/\,(mL/min)$	电弧和热沉之间的距离 $L\,/\,mm$
A1、A2	—	50	10	12	—	—
A3、A4	低碳钢	50	10	12	60	20
A5、A6	低碳钢	50	10	12	150	20
A7、A8	—	50	10	12	150	30
S1	—	55	10	10.8	—	—
S2	SS18 – 8	55	10	10.8	150	15
S3	—	55	10	10.8	150	25

2.2　试件焊接热循环过程的测量

在试验过程中，对不锈钢常规焊接和多源系统焊接试件的焊接热循环过程进行测量，焊接规范均采用 $I = 55A$，$U = 10V$，$v = 10.8m/h$，多源系统焊接时冷却水流量为 $150mL/min$，热源热沉中心间距 $15mm$。试验使用镍铬 – 镍铝热电偶，记录使用 SC – 16 型光线示波器。测量结果如图2所示，图中 $y = 5mm$ 和 $y = 12mm$ 均为热电偶与焊缝中心线的距离。

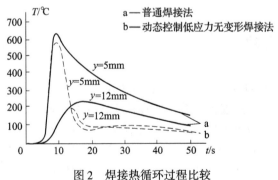

图2　焊接热循环过程比较

2.3　对试件焊后宏观失稳变形的评定

薄板试件焊后的典型失稳压曲变形如图 3 所示，对试件在水平放置状态的挠曲度在平台上进行了测量，评定判据取其平均值

$$h = (\sum_{i=1}^{n} h_i)/n$$

其中，n 为测量次数。由测量结果可做出各试件宏观压曲变形的直方图（如图 4、图 5 所示），其中，图 4 为不锈钢试件在 3 种不同焊接条件下的宏观变形量，图 5 为 A3 钢试件在 4 种不同条件下的宏观变形量。

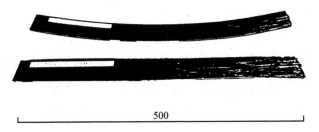

500

（a）不锈钢常规焊（上）和低应力无变形焊后（下）

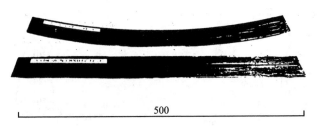

500

（b）低碳钢常规焊（上）和低应力无变形焊后（下）

图 3　薄壁试件焊后失稳变形的对比

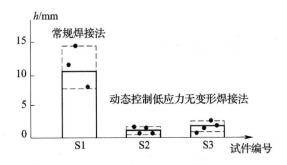

图 4　不锈钢试件焊后宏观失稳变形量对比

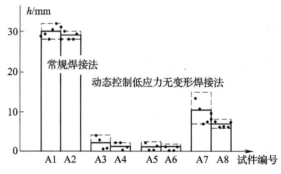

图5　A3钢试件焊后宏观失稳变形量对比

2.4　试件焊后残余应力的评定

薄板试件焊后宏观失稳压曲变形主要是由纵向残余压应力引起的，对各组试件的纵向残余应力 σ_{XR} 沿横截面的分布做了测量。

试验采用"释放法"，用机械应变仪[4]对试件纵向残余应力分布进行了系统的测量分析。测量结果如图6、图7所示，其中，图6为不锈钢试件在3种不同焊接条件下的纵向残余应力分布，图7为A3钢试件在4种不同焊接条件下的纵向残余应力分布。

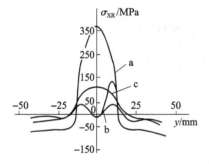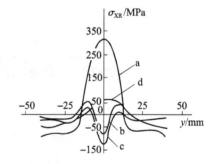

图6　不锈钢试件焊后纵向残余应力分布对比　　图7　A3钢试件焊后纵向残余应力分布对比

3　试验研究结果的分析与讨论

3.1　热沉的局部冷却作用

试验在同一焊接规范条件下进行。对不锈钢试件的常规焊接和多源系统焊接的热循环测量结果（见图2）表明：与常规焊接相比，用多源系统焊接时，在热源与冷却嘴之间，焊缝冷却速度很快，在冷却点形成一个热沉（温度低谷）；另外，在距离焊缝同样远的位置上，如当 $y=12\,\mathrm{mm}$ 时，用多源系统焊接时热循环的最高温度低于常规焊接时的最高温度，这表明，由于热沉的冷却作用，电弧附近焊缝高温区的热量向热沉方向传导，导致焊缝两侧的高温区变窄。多源系统焊接热循环的这两个特点，是实现低应力无变形焊接的根本保障。

3.2　多源系统的低应力无变形焊接效果

由图 4、图 5 所示各组试件的失稳压曲变形情况可以看到：采用多源系统焊接的试件，其宏观失稳变形量大大低于常规焊接的结果，试件在焊后甚至可以达到与焊前同样的平直状态，没有任何失稳变形。图 4 中不锈钢常规焊接的试件 S1 变形量平均值为 10.4mm，而多源系统焊接的试件 S2 变形量仅为 0.8mm。图 5 中 A3 钢常规焊接试件 A1 和多源系统焊接试件 A5 的变形量分别为 30.1mm 和 1.0mm。再从图 6、图 7 所示各组试件的纵向残余应力分布可以看到：常规焊接的试件，残余拉应力峰值达到 300MPa 以上，残余压应力最大值也超过 80MPa（如图 6 曲线 a 和图 7 曲线 a）；而采用多源系统焊接的试件在焊缝中心产生了残余压应力（如图 6 曲线 b、图 7 曲线 b、c），致使焊缝两侧的残余压应力降低，最大值不超过 25MPa。这表明在薄板试件的焊接过程中，热沉的局部急冷却拉伸作用不仅能控制残余应力水平，而且能使残余应力场成为拉、压应力间隔分布的形态，从而有效地控制焊件的失稳压曲变形。另外，从图 4～图 7 中所示的多源系统焊接条件下各试件的残余应力和变形情况可以看到：在不同的冷却条件下，多源系统对残余应力和变形的控制效果也不同，只有恰当地选择热沉强度（冷却水流量）和热沉位置与焊接条件相匹配，才能达到低应力无变形焊接的最佳结果。

3.3　试件宏观失稳变形和纵向残余应力控制效果对比分析

（1）由图 6 曲线 b、c 和图 7 曲线 c、d 所示不锈钢和 A3 钢试件在相同焊接规范、热沉强度和不同热沉位置焊接时得到的不同残余应力场可以看到：当热沉距热源较近时（图 6 曲线 b 和图 7 曲线 c），其残余应力场在焊缝处出现压应力，因此在焊缝两侧的压应力水平也很低；而当热沉距热源较远时（图 6 曲线 c 和图 7 曲线 d），残余应力场在焊缝处也明显下降但仍为拉应力，而在焊缝两侧的压应力水平较前者稍大。

测试结果表明，当热沉靠近热源时，由于热沉前方焊缝区温度很高，在热沉周围形成很大的温度梯度，使热沉中心急冷收缩，产生很强的拉伸作用，控制和补偿焊缝两侧高温区产生的压缩塑性变形，甚至在焊缝区产生拉伸塑性变形，从而在残余状态下使焊缝处产生了残余压应力。这种拉压间隔的残余应力场能使焊缝两侧的残余压应力降低到低于试件失稳临界应力水平以下，防止了薄板焊件的失稳变形。如在图 4、图 5 中所示的试件 S2、A5 和 A6，其焊后残余变形量甚小，达到了低应力无变形的焊接效果。而当热沉离开热源的距离较大时，由于热沉周围金属的温度已经降低，由热沉所形成的温度梯度相对也小，所产生的拉伸作用较弱，控制应力变形的效果减弱。如在图 4、图 5 中所示的试件 S3、A7 和 A8 的变形量相对前者较大。

（2）图 7 曲线 b、c 所示为在低碳钢试件上，以相同的焊接规范、相同的热沉位置和不同的热沉强度焊接时，所得到的不同的残余应力场。在图 7 曲线 b 所示试件上焊接时的冷却水流量为 60mL/min，在图 7 曲线 c 所示试件上焊接时的冷却水流量为 150mL/min。对它们进行比较可以看到：当热沉强度较大时，热沉吸收的热量较多，产生的急冷拉伸作用较强，因而在残余状态下焊缝中心的压应力幅值较大，焊缝两侧的应力水平也较低。另一方面，当冷却水的流量大于最佳值以后继续增加，对于残余应力水平进一步降低的效果并不显著。如在图 5 中，对试件 A3、A4 和 A5、A6 变形量控制的效果差别不大。这是由于当焊缝区热量散失与水的蒸发达到平衡后，水流量的进一步增加对焊缝的进一步冷却拉伸作用影响不大。另外，当残余应力水平低于薄板失稳的临界应力值后，残余应力的进一步降低对失稳变形的影响也不大。相反，水流量很大时对焊接电弧的保护会带来不利的影响。因此，热沉强度宜选择其最佳值。

4　动态控制低应力无变形焊接法的应用

动态控制低应力无变形焊接法只需在常规焊炬后安装一个特殊结构的冷却装置，组成热源 – 热沉多源焊接系统，用这种多源焊接系统可对各种直线、圆形、环形等焊缝的薄壁结构实施低应力无变形焊接，在长焊缝、不规则焊缝的薄壁结构上更能显示其优越性。这种焊接方法适合于低碳钢、不锈钢、耐热合金和铝及其合金等各种材料。由于热沉的局部急冷作用，多源焊接系统对一些材料可达到改善结晶组织、消除热裂纹的效果。这种动态控制低应力无变形焊接法效果显著，适用范围广，具有很好的技术经济价值和广泛的应用前景。

5　结论

（1）跟随焊接热源移动的热沉在焊缝高温区的急冷作用，在热源与热沉之间产生了很大的温度梯度，可用于定量地控制焊接过程中的不协调应变。

（2）热源 – 热沉多源焊接系统在控制并补偿焊接过程中产生的不协调应变的同时，也在焊接过程中动态控制焊接应力的水平，并可将焊缝中的残余拉应力转变为压应力，有效地防止薄板构件的失稳变形，得到低应力无变形的焊接效果。

（3）热沉的强度和它与热源的相对位置是影响焊接应力和变形控制效果的主要参数。用多源系统焊接薄板构件时，必须根据材料的导热特性、焊件尺寸、焊接规范和工装条件等选择适当的热沉强度和位置参数。

（4）本文给出的动态控制低应力无变形焊接法设备简单，操作方便，适用范围广，控制焊接应力和变形效果显著，具有良好的技术经济价值和广泛的应用前景。

参考文献

[1] 关桥，郭德伦，李从卿. 薄壁构件低应力无变形焊接方法及其装置：中国，

87100959. 5 ［P］. 1987 − 02 − 28.

［2］ 关桥, 张崇显, 郭德伦. 动态控制薄板构件低应力无变形焊接方法及其装置: 中国, 93101690. 8 ［P］. 1993 − 02 − 25.

［3］ 罗森诺 W M. 传热学基础手册 ［M］. 北京: 科学出版社, 1992.

［4］ 关桥. "释放法" 测定焊接残余应力 ［J］. 北京机械, 1981 (9): 29 − 32.

低应力无变形焊接新技术

——薄板构件的 LSND 焊接法[①]

关　桥　郭德伦　李从卿

摘要： 低应力无变形焊接法是一种在薄板焊接时，利用特定的预置温度场积极控制焊接热应力应变发展过程的新技术。采用相应措施防止工件在焊接温度场与预置温度场共同作用下的瞬态失稳变形，以保证有效的温差拉伸效应跟随焊接热源，定量地控制焊缝纵向不协调塑性应变。改变焊后残余应力场使之重新分布，采用常规的焊接方法和焊接工艺参数，即可达到焊后低应力无变形的效果。

关键词： 焊接；应力；温度场

引言

从保证焊接结构的完整性、制造工艺的合理性和使用过程中的可靠性角度来看，薄壁构件中的焊接残余应力和失稳变形是导致产品质量不稳定的主要问题。因此，在传统的制造技术中不得不在焊后采用费工耗资的矫正变形和消除残余应力的附加工序。

与焊接变形不可避免的概念相悖，低应力无变形（Low Stress No‑Distortion, LSND）焊接法旨在薄板焊接过程中通过由特定的预置温度场所提供的温差拉伸效应积极地控制焊接应力与变形。采用这种低应力无变形焊接技术，薄壁构件的焊接失稳变形是完全可以避免的。当然，也不再需要在焊后进行"消极"的矫正变形或消除残余应力的附加处理工序。

1　焊接残余应力与变形的"积极"控制法

为了控制薄壁构件焊接应力与变形，人们通常所采取的措施可分为焊前、焊后和焊接过程中三类。焊前和焊后的控制措施大多需要专用的工艺装备，在生产过程中增

---

①　此文于 1990 年 12 月刊登在《焊接学报》第 11 卷第 4 期。

加了一道工序，并且受工件具体结构的影响，这些工艺措施在实际生产中的运用具有一定的局限性。在焊接过程中采取措施来减小应力与变形的方法也很多，如采取相应的夹具、强迫冷却焊接区、减小焊接热输入或采用温差法[1]等。这类方法虽然可以减小变形或在一定程度上降低残余应力水平，但很难做到消除变形或定量地控制残余应力水平。这是因为这些方法未能从根本上解决薄壁构件焊接变形的特殊问题——主要是在焊接过程中产生失稳变形。

薄壁构件的低应力无变形焊接法的原理是：采取措施阻止工件的瞬态面外失稳变形，保证由可控的预置温度场所提供的特殊温差拉伸效应。在焊接过程中该拉伸效应一直跟随焊接热源，并对热应力应变的产生和发展过程进行实时而积极的定量控制。焊后，残余应力的峰值可以控制在低于临界失稳应力的水平，工件保证了原有的平直状态而不发生失稳变形[2~4]。

2　试验研究方法与结果的定量分析

在探索性试验研究的基础上，设计制造了 LSND 焊接法专用装置。在 5083 铝合金、18 - 8 不锈钢和低碳钢等薄壁试件上进行了系统的 LSND 焊接法工艺研究试验。与普通的焊接方法相比，进行了在不同条件下的宏观残余失稳变形的测定与残余应力水平及其分布特征的测量。试件尺寸：用两块 1000mm × 100mm 的平板，对接焊成 1000mm × 200mm 的试样，厚度范围为 0.7 ~ 3.0mm。焊接条件：采用不填加焊丝的钨极氩弧焊；用 LSND 焊接法焊接时，工艺参数与普通焊接法的工艺参数保持一致，便于定量地对比其差别。

2.1　对试件焊后宏观失稳变形的评定

根据薄板试件焊后失稳变形的特点，对试件在水平放置和垂直放置状态的挠曲度在平台上进行了测量，评定判据取其平均值：h 为在水平状态的判据；f 为在垂直状态的判据；n 为测量点数；测量单位为 mm。

$$h = (\sum_{i=1}^{n} h_i)/n$$

$$f = (\sum_{i=1}^{n} f_i)/n$$

2.2　焊接残余应力的测量

采用机械应变仪[5]对焊接残余应力及焊缝横向收缩量、纵向残余塑性变形的分布进行了系统的测量分析，比较了 LSND 焊接法与普通焊接法的不同，同时也用电测法做了对比性测量。

3 "温差拉伸效应" 与 "瞬态失稳变形" 的控制

图 1 所示为实施 LSND 焊接法的原理。图 1 中 T 为所要求的预置温度场分布曲线，σ 为与 T 相对应的温差应力分布曲线；P_1 与 P_2 为两个外加的拘束力，用以阻止试件的瞬态面外失稳变形。用 1、2、3 分别标出冷却、加热、冷却 3 个不同的区域。预置温度场的最高温度 T_{max} 位于距焊缝中心线为 H 的部位；P_2 位于加热区外侧的冷却区，距焊缝中心线为 G。由此种特定的温度场所提供的温差拉伸效应是指在焊缝区所形成的 σ_{max}，该拉伸效应跟随着焊接热源，并在熔池前后控制着焊接热应力与应变的产生与发展。图 2 所示为 LSND 焊接装置用于平板（薄板）对接焊时的结构示意图。

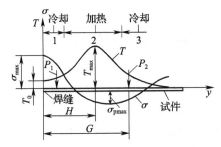

图 1 低应力无变形焊接法原理示意图

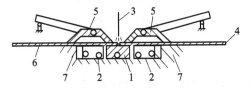

图 2 LSND 用于薄板对接焊

图 2 中：1 为冷却区，2 为加热区，3 为电弧，4 和 6 为工件，5 为双支点铰接式琴键压块用以同时保证拘束力 P_1 与 P_2，7 为该装置的 P_1 支撑（也是 P_2 的下支撑），兼有在加热区外侧冷却试件并阻止试件面内弯曲变形的功能。

根据待焊板材的力学性能和热物理特性以及工件本身的结构特征，可以确定所需预置温度场分布的基本参数：T_{max}、T_0 与 H（见图 1）。就 LSND 焊接法的原理而论，（$T_{max} - T_0$）值越大，H 值越小，则温度梯度越大，也就是说温差拉伸效应也越显著，相应的 σ_{max} 值也越高。当 T_{max} 和温度梯度高于一定值后，与其相对应的压缩热应力的峰值 σ_{pmax}（见图 1）就可能超过材料的压缩屈服极限，在加热区又出现新的压缩塑性变形区。试验结果表明，低应力无变形的实际效果可以由上面所提到的两种完全不同的方案来实施。方案 I 是将 σ_{max} 保持在最大值，以 $\sigma_{pmax} < \sigma_s$ 为条件，其中 σ_s 为材料的屈服极限。这时所得到的焊后压缩残余应力的最大值 $\sigma_{comp.\,max} < \sigma_{cr}$（失稳临界应力值），因此，焊件不会发生失稳变形。方案 II 是在 $\sigma_{pmax} > \sigma_s$ 的条件下，将 σ_{max} 仍然保持在最大值（见图 1）。这时，在加热区内会出现新的压缩塑性变形，与此相对应的焊后残余应力分布为一个

特殊的拉 — 压相间的残余应力场。在这样的条件下,即便是在两侧拉应力中间的压应力峰值比 σ_{cr} 稍高,试件也不会发生失稳变形。这两种实施方案都可以保证工件在焊后完全没有失稳变形,平整如初。

对于预置温度场的测试结果表明,由于铝合金的热传导系数（120W／（m·K））比不锈钢的热传导系数（14.2W／（m·K））高出近 8 倍,在同一加热功率条件下,铝合金试件比不锈钢试件上的温升速度要慢得多。为了达到 LSND 焊接法的效果,在不锈钢试件上的 T_{max} 比在铝合金试件上的 T_{max} 要高。温度场的形态与温升,不仅取决于待焊材料本身,而且也与加热元件的功率、夹具中的冷却条件、热耗散和绝缘条件密切相关。

在薄壁构件上实施 LSND 焊接法的关键在于采取措施防止工件在预置温度场中焊接时发生面外的瞬态失稳变形,以保证所需要的温差拉伸效应。在通常的"单支点加压"夹具中施焊时,工件总会产生面外的瞬态失稳变形,这种变形跟随电弧移动。如果同时再引入预置温度场,则由于瞬态压应力场的叠加而形成更明显的瞬态失稳变形。失稳变形释放了内应力场的势能,使应力水平降低到最低。因此,由 σ_{max} 所体现的温差拉伸效应也随之骤减,达不到低应力无变形的焊接效果。为了防止这类面外瞬态失稳变形的发生,在 LSND 焊接法中引入了双支点加压方案,如图 1 与图 2 所示。P_1 与 P_2 为在两个支点上施加的拘束力,阻止了工件面外失稳变形,保证了温差拉伸效应的有效性,从而达到完全无变形的焊接效果。

4　试验研究结果的分析与讨论

4.1　LSND 焊接法的必要条件与充分条件

对于采用双支点加压系统,防止瞬态失稳变形,保证温差拉伸效应,进行了系统的试验研究。以 h 与 f 为判据,在不锈钢和铝合金试件上对比了不同情况下的焊接变形。

试验结果清楚地表明,只有 LSND 焊接法才能达到完全无变形的结果:$h = 0$,$f = 0$。若仅采用双支点加压系统而无预置温度场,或采用单支点加压有预置温度场,均达不到低应力无变形的焊接效果。

可见,预置温度场所提供的温差拉伸效应虽然是薄壁构件 LSND 焊接法的必要条件,但并非是充分条件。双支点加压系统是保证 LSND 焊接法的充分条件,也就是说,只有当采用预置温度场和双支点加压系统时,二者相辅相成,才能构成实现 LSND 焊接法的必要条件和充分条件。

4.2　宏观变形测量结果的对比分析

图 3 为在不锈钢材料上,用两种焊接方法所得到的试件宏观变形情况对比的实物

照片。图 4 是在试件上测得的 h 和 f 值的对比。在采用 LSND 焊接法时，完全无变形的实测结果：$h = 0, f = 0$，清楚地展示了该项新技术的优越性。

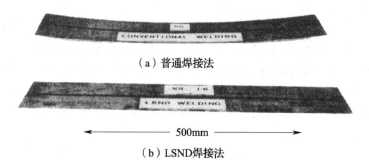

（a）普通焊接法

←———— 500mm ————→

（b）LSND焊接法

图 3　采用普通焊接法与采用 LSND 焊接法的对比

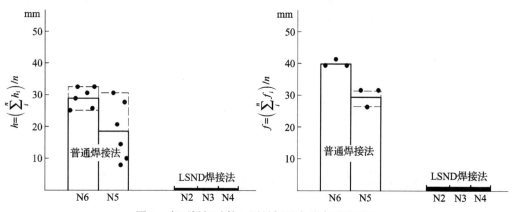

图 4　在不锈钢试件上测量焊后失稳变形的对比

4.3　残余应力场的测量结果和分析

焊接残余应力和由此而引起的薄壁构件的失稳变形的根本原因是在焊缝区产生了不协调压缩塑性变形 ε_x^p。因此，实施 LSND 焊接法的主要目标是：在焊接过程中对 ε_x^p 的产生和发展进行实时的"积极"控制。图 5（a）为对厚度 1.5mm 的 LF6 铝合金试件 ε_x^p 的测试结果对比。曲线 1 为普通焊接法所导致的 ε_x^p 分布状态，曲线 2 为在相同条件下采用 LSND 焊接法的结果。在图 5（b）上给出了相对应的残余应力分布曲线。很明显，从工程应用的角度来评价，曲线 2 所表示的无论是 ε_x^p 或是 $\sigma_{x\max}$ 的值都是可以忽略不计的。

图 5（b）上的曲线 2 也正是采用前面所述的实施 LSND 焊接法方案 I 获得的结果。从图上可以看出，其最终的残余拉应力峰值仅为普通焊接法所得残余应力峰值的 1/3。

从分析厚度 1.62mm 的不锈钢试件上测得的残余应力分布曲线可知，由 LSND 方案 II 所获得的残余应力场重新分布的特征是：拉 – 压相间隔。由于在加热区出现了新的

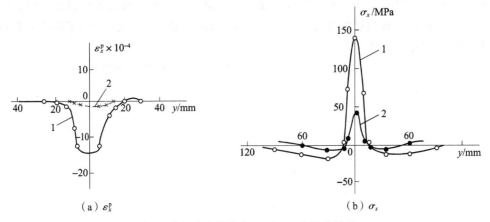

图 5　在铝合金试件上 ε_x^p 和 σ_x 的测量结果

压缩塑性变形区，相应地产生了新的残余拉应力区。该拉应力的峰值远低于原来焊缝中心的峰值拉应力。这种在低应力水平条件下的拉 – 压相间的特殊应力场，也可以保证工件焊后的平直状态，不会有失稳变形。

5　低应力无变形焊接法的应用

把低应力无变形焊接法应用于直线纵向对接焊缝（板件对接或筒体对接）时，只需要对现有的纵向焊缝夹具进行不复杂的技术改造即可达到目的。这种改造包括提供所需要的预置温度场和装备双支点加压系统。对于纵缝对接夹具的专业制造厂家来说，则可以直接将此项技术引入新一代"低应力无变形纵缝焊接夹具"的设计进行批量生产，提供给用户，取代传统的纵向焊缝夹具。

作为一种解决薄壁构件焊接应力与变形问题的新技术途径，低应力无变形焊接法具有明显的技术经济优越性，展示了在工业应用中的广阔前景。如果在产品结构的设计阶段就能考虑选用 LSND 焊接法来制造，不但可以取得节约原材料、减轻结构重量（选用更薄的板材而不必担心其焊接失稳变形）的直接效益，而且能使焊接生产流程更加合理，革除焊后矫形工序，对于降低成本、改善劳动条件的效果也是明显的。

LSND 焊接法可以与现有的各种熔化焊方法相配合，如气体保护焊、埋弧焊、等离子弧焊或高能束流焊接法等。采用 LSND 焊接法可以用机械方式进行自动化焊接，也可以用手工法进行焊接。

6　结论

（1）采用低应力无变形焊接新技术制造薄壁构件，可以在焊接过程中积极地控制应力与变形的形成和发展，焊后工件无变形，平整如初，不再需要焊后矫形工序。

（2）特定的预置温度场和双支点加压系统二者相辅相成，是实现低应力无变形焊接法的必要和充分条件。

（3）所研制的低应力无变形焊接装置已应用于飞行器薄壁构件的生产，显示了明显的技术经济效果。

参考文献

［1］ Бурак Я И，и др. Автоматическая Сварка ［J］. 1979（5）：15 – 19.

［2］ 关桥，郭德伦，李从卿. 薄壁构件低应力无变形焊接方法及其装置：中国，87100959. 5 ［P］. 1987.

［3］ 关桥，Brown K W，郭德伦，等. 薄壁构件的低应力无变形焊接方法及设备：欧洲，PCT／GB88／00136 ［P］. 1988.

［4］ Guan Q，Leggatt R H，Brown K W. Low Stress No – Distortion（LSND）TIG Welding of Thin – Walled Structural Elements ［R］. The Welding Institute：UK，1988.

［5］ 关桥. "释放法"测定焊接残余应力 ［J］. 北京机械，1981（9）：29 – 32.

预变形工艺研究①

关　桥　吴　谦　邵亦陈　彭文秀　郭汝华　沈世梅

摘要： 利用弹性理论方法分析了板壳结构上封闭型焊缝引起的焊接应力和变形的产生机制，借此阐述了预变形工艺控制板壳结构焊接变形和焊接残余应力的基本原理——焊缝收缩量补偿原理，并提出了运用预变形工艺时应遵循的一般原则。这些原则包括：板壳越薄，所需的预变形量越大；不同金属材料制成的同种板壳结构，只要其焊缝收缩量相同，就可采用相同的预变形工艺规范；焊接规范对用这类预变形方法控制板壳结构焊接变形的效果没有显著的影响。

引言

在航空发动机的各种薄壁板壳结构上，存在着大量的封闭型焊缝，用以连接各种安装座。这些焊缝常使结构产生严重的焊后失稳变形，致使设计要求无法满足。预变形工艺[1]可解决这类问题。

预变形工艺：借助专用工装，焊前在板壳结构的焊缝附近区域人为地造成一个事先选定的变形，以此达到控制结构焊接变形和降低焊接残余应力的目的。

1　带有封闭型焊缝的薄壁板壳结构焊接应力和变形的分析模型

考察一带有任意封闭型焊缝的板壳结构（见图 1），焊接过程结束后，焊缝及近缝区已产生了塑性变形，而在距焊缝较远的区域不存在任何由焊接造成的塑性变形。无论焊接过程中产生的塑性应变在板壳上是怎样分布的，总可以用一条封闭曲线 l，将整个板壳划分成两个区域，曲线 l 这样确定：它使所有在焊接过程中产生了塑性变形的点

---

① 此文 1986 年 11 月刊登在《航空学报（工程版）》试刊第 4 期。

都落在它所包围的面积内；满足这一条件的曲线有无数条，而 l 是满足条件的诸曲线中曲线所包围面积最小的一条。这个区域称为塑性区（这里并不排除该区域内存在某些未产生任何塑变的点的可能性）。而位于曲线 l 外部区域的所有点都未产生过任何塑性变形，这个区域称为弹性区。曲线 l 称为弹塑性区的边界线（见图 1）。

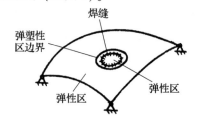

假设焊后沿弹塑性区边界 l 将这两个区域切割分离开来。这时会看到图 2 描绘的景象：本属同一整体的弹性区和塑性区切割后再无法严丝合缝地拼在一起，在它们的边界结合处出现了一道间隙 $\{\delta\}$。称此间隙 $\{\delta\}$ 为焊缝综合收缩量，因为它反映了焊缝纵向收缩和横向收缩的综合效应。

图 1　带有封闭型焊缝的板壳结构

弹性区和塑性区的分离过程实质上是这两个区域边界处的内应力释放过程。分离后，弹性区的焊接应力完全被消除，恢复到焊前的"无应力"状态，而通常这时塑性区内部仍存在内应力。

分离前，弹性区在其边界处受塑性区的作用，作用于弹性区边界的力系为 $\{q\}$。对于弹性区的焊接残余应力和焊后变形情况来说，将塑性区从板壳中切割分离出去的同时，在弹性区边界处作用一个假想外载 $\{q\}$，并附加以适当的位移边界条件，以取代塑性区对弹性区的位移拘束（见图 3），这样的力学模型与未切割分离塑性区时弹性区的真实状态是完全等效的。因此可以利用图 3 所示的模型来分析讨论板壳结构弹性区焊后残余应力和变形的情况。

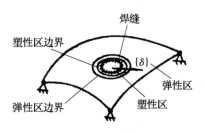

图 2　弹性区和塑性区假想
切割分离后的景象

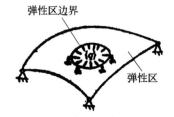

图 3　板壳结构焊接残余应力和
变形的分析模型

1.1　弹性区焊接残余应力场

在图 3 模型中，弹性区的应力和变形都取决于外载 $\{q\}$，而 $\{q\}$ 应满足的条件是：将 $\{q\}$ 作用于弹性区边界时在其边界处产生的法向位移量，与将 $\{q\}$ 的反作用力系 $-\{q\}$ 作用于塑性区边界时在其边界处产生的法向位移量之和，应正好等于焊缝综合收缩量 $\{\delta\}$。由此[2]

$$\frac{1}{E}T_1\{q\} - \frac{1}{E}T_2\{q\} = \{\delta\} \tag{1}$$

式中：E——材料的弹性模量；

T_1，T_2——分别表示对于弹性区和塑性区从 $\{q\}/E$ 到边界上位移函数的线性变换，且 T_1、T_2 与 E 无关。

由式（1）可解出 $\{q\}$

$$\{q\} = E(T_1 - T_2)^{-1}\{\delta\} \tag{2}$$

而弹性区焊接残余应力场 $\{\sigma\}$ 与外载 $\{q\}$ 的关系可表示为

$$\{\sigma\} = V\{q\} \tag{3}$$

式中：V——外载到残余应力场的线性变换，且与 E 无关。

将式（2）代入式（3）可得

$$\{\sigma\} = EK\{\delta\} \tag{4}$$

$$K = V(T_1 - T_2)^{-1} \tag{5}$$

式（4）表明：弹性区的焊接残余应力场与焊缝综合收缩量成正比，同时也与板壳材料的弹性模量成正比。

1.2 弹性区焊后变形

薄壁板壳结构焊后变形的特征是弹性区的失稳变形，分别将弹性区处于失稳临界状态时的外载 $\{q\}_{cr}$ 和焊缝综合收缩量 $\{\delta\}_{cr}$ 记为

$$\begin{aligned}\{q\}_{cr} &= \lambda_{cr}\{q^\circ\} \\ \{\delta\}_{cr} &= k_{cr}\{\delta^\circ\}\end{aligned} \tag{6}$$

式中：λ_{cr}，k_{cr}——两个数量因子；

$\{q^\circ\}$，$\{\delta^\circ\}$——分别表示外载和焊缝综合收缩量特征型。

根据式（6），失稳临界状态时，式（2）又可表示为

$$\lambda_{cr}\{q^\circ\} = k_{cr}E(T_1 - T_2)^{-1}\{\delta^\circ\} \tag{7}$$

由弹性稳定理论[3]，在失稳临界状态有

$$U = W$$

即

$$\frac{E}{2}\iiint\limits_V \{w^\circ\}^T[B]^T[D_1][B]\{w^\circ\}\mathrm{d}V = \iint\limits_s \lambda_{cr}\{q^\circ\}^T\{w^\circ\}\mathrm{d}s \tag{8}$$

式中：$\{w^\circ\}$——失稳开始时的位移增量场。

由式（8）解出 λ_{cr}

$$\lambda_{cr} = EA \tag{9}$$

$$A = \frac{\dfrac{1}{2}\iiint\limits_V \{w^\circ\}^T[B]^T[D_1][B]\{w^\circ\}\mathrm{d}V}{\iint\limits_s \{q^\circ\}^T\{w^\circ\}\mathrm{d}s} \tag{10}$$

将式（9）代入式（7），得

$$A\{\delta_q^\circ\} = k_{cr}\{\delta^\circ\} \tag{11}$$

$$\{\delta_q^\circ\} = (T_1 - T_2)\{q^\circ\} \tag{12}$$

由式（11）可解出 k_{cr}

$$k_{\mathrm{cr}} = A\,\frac{\delta^{\circ}{}_{ai}}{\delta^{\circ}_{i}} \tag{13}$$

式(13)表明,k_{cr} 仅取决于材料的泊松比 ν(A 和 $\{\delta^{\circ}_{q}\}$ 都与 ν 有关),而与弹性模量 E 无关。由于各种不同金属材料的 $\nu \approx 0.3$,因此可得如下结论:对于各种金属板壳结构,失稳临界焊缝综合收缩量仅取决于结构的几何形状、尺寸、焊缝综合收缩量特征型及位移边界条件,而与结构材料的力学性能无关。

用类似的方法可分析塑性区的应力和变形情况,并得到与弹性区类似的结论。但在实际板壳结构中,焊接变形的基本特征是弹性区的大面积失稳变形,而塑性区通常面积较小,刚度较大,其变形相对弹性区也较小,因此这里不做详尽讨论。

2 预变形工艺原理

2.1 基本原理

模型分析表明,造成板壳焊接结构焊接残余应力和焊后失稳变形的根本原因是图 2 模型中焊缝综合收缩量 $\{\delta\}$ 的存在。若能设法控制 $\{\delta\}$,使它不超过结构的失稳临界值 $\{\delta\}_{\mathrm{cr}}$,就可避免焊后结构的失稳变形,同时降低焊接残余应力。预变形工艺正是一种直接控制焊缝综合收缩量的方法。

图 4 可用来说明预变形工艺控制焊缝综合收缩量的原理。

若不采用预变形,焊后假想分离后,塑性区边界由于焊缝的收缩向塑性区内侧移动了一个 $\{\delta\}_{收}$ 量,如图 4(b)所示,这个内移量就是焊缝综合收缩量。

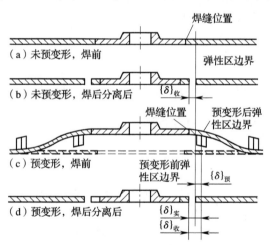

图 4 预变形工艺基本原理示意

预变形工艺是焊前施一外载,将板壳结构封闭型焊缝四周附近的区域向其型面外侧顶起,在孔口处翻起个边,使弹性区边界向弹性区一侧移动一段距离 $\{\delta\}_{预}$,如图 4(c)所示。焊接就在这种预变形状态下进行,待焊接结束再卸除预变形外载。

假设不施焊就卸除预变形外载，孔口翻起的边仍能恢复到原来的初始状态，同时假设焊缝收缩不受预变形的影响，塑性区边界仍以焊前的初始位置向其内侧移动 $\{\delta\}_{收}$，则焊后假想分离后，塑性区和弹性区边界的位置如图 4（d）所示。这时在这两个边界之间仍存在一个间隙 $\{\delta\}_{实}$，但此间隙已不等于焊缝综合收缩量 $\{\delta\}_{收}$，由图 4 可看出

$$\{\delta\}_{实} = \{\delta\}_{收} - \{\delta\}_{预} \tag{14}$$

根据式（14），对于确定的焊缝综合收缩量 $\{\delta\}_{收}$，只要造成一个适当大的预变形量 $\{\delta\}_{预}$，就可将造成板壳结构焊接残余应力和变形的 $\{\delta\}_{实}$ 控制在指定的范围内，这就是预变形工艺控制板壳结构焊接残余应力和焊后变形的基本原理。

要保证板壳结构焊后不发生失稳变形，必须且只须有

$$\{\delta\}_{实} < \{\delta\}_{cr} \tag{15}$$

将式（14）代入式（15），可得

$$\{\delta\}_{预} > \{\delta\}_{收} - \{\delta\}_{cr} \tag{16}$$

式（16）给出了为防止板壳结构焊后失稳变形所需的预变形量的下限值，它是确定预变形工艺参数的基本依据。

实际上，在 $\{\delta\}_{实} < \{\delta\}_{cr}$ 的情况下，板壳虽不发生失稳变形，只要还存在焊接残余应力，就仍会发生与残余应力场 $\{\sigma\}$ 成正比的弹性变形。但由于预变形可以通过减小 $\{\delta\}_{实}$ 来削弱 $\{\sigma\}$，因此它不但可以防止板壳的焊后失稳变形，同时还可以减小其焊后弹性变形。

上述预变形工艺方案可借助专用预变形焊接工装来实现。

2.2　预变形工艺因素分析

2.2.1　预变形型面的确定

预变形型面是指在预变形状态下板壳的几何型面。图 5 给出了平板上的 3 种不同

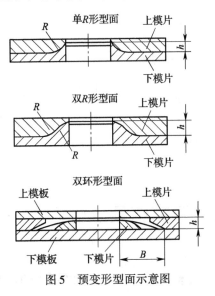

图 5　预变形型面示意图

类型的预变形型面。不同的预变形型面是由不同的预变形模片产生的。理想的预变形型面应该具有较强的在卸除预变形载荷后恢复到预变形前原始型面位置的能力，这种能力称为预变形型面的弹性恢复能力。另一方面，用来造成这种预变形的模片应易于加工制造，从这个角度考虑使用双环型模片是较方便的。

2.2.2 预变形型面参数的选择

在预变形型面类型确定后，还须选择合适的型面参数，对图 5 所示的三类型面，其主要型面参数有三个：R、B 和 h。理想的情况是，所选择的型面参数既可以使型面在孔口处产生所需要的预变形量 $\{\delta\}_{\text{预}}$，同时又可保证型面仍具有足够的弹性恢复能力。但实际上这两种要求往往是相互矛盾的，要获得能够完全补偿焊缝综合收缩量的 $\{\delta\}_{\text{预}}$，在预变形过程中，板壳本身往往就会产生较大的塑性变形，使其原始型面遭到破坏。因此选取预变形型面参数的基本原则应是：在保证板壳原始型面不遭破坏的前提下，争取获得最大的预变形量。

要保证预变形不破坏板壳的几何型面，就必须对预变形型面参数加以限制。预变形时，一般板壳结构的型面变形情况是很复杂的，但在选择预变形型面参数时下面的简化公式具有参考价值。

$$B = k_1 t$$
$$h_{\max} = 10K_1 \frac{\delta_{\text{s}}(a + B)^2}{Et} \tag{17}$$

$$R_{\min} = k_2 \frac{Et}{2\sigma_{\text{s}}}$$
$$h_{\max} = \frac{R}{100} \tag{18}$$

式中：σ_{s}——材料屈服极限；

E——材料弹性模量；

a——圆形焊缝直径；

t——板壳厚度；

k_1, k_2——经验系数，a 较大时取大值。

$$\left. \begin{array}{l} k_1 = 15 \sim 20 \\ k_2 = 0.2 \sim 0.6 \end{array} \right\} \tag{19}$$

K_1 是个计算值，取决于材料的泊松比 ν 及比值 $(a + B)/a$。对于 ν 为 0.3 的各种金属材料，K_1 与 $(a + B)/a$ 的关系示于图 6。

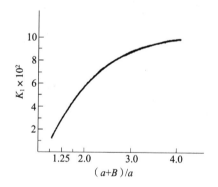

图 6　K_1 与 $(a + B)/a$ 的关系

3　预变形工艺试验及其结果分析

试验所用试件是圆柱壳（见图 7）。所有焊缝都采用 TIG 焊，接头都是对接的。焊后测量圆柱壳母线的最大挠度 $f_{\max}$，以此描述壳体焊后变形情况。试验安排及其结果列于表1。试验选取的预变形工艺参数与式（17）和式（18）一致。

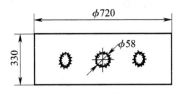

图7 预变形工艺试验件

表1 预变形工艺试验安排及其结果

组号	试验号	材料	板厚	预变形型面类型	预变形参数			焊接规范			$f_{\max}$ /mm
					R	B	h	I /A	U /V	v / $(\text{m} \cdot \text{min}^{-1})$	
1	1	A3	1.5	未预变形	—	—	—	124	13	0.8	6
	2	A3	1.5	双环	—	30	1.0	124	13	0.8	0.4
	3	A3	1.5	双R	100	—	1.0	124	13	0.8	0.2
	4	A3	1.5	单R	100	—	1.0	124	13	0.8	0.3
2	5	A3	1.5	双R	100	—	1.0	124	13	0.8	0.4
	6	GH39	1.5	双R	100	—	1.0	124	13	0.8	0.5
3	7	A3	1.5	双R	100	—	1.0	124	13	0.8	0.4
	8	GH16	1.2	双R	100	—	1.0	124	13	0.8	0.9
	9	GH16	1.2	双R	200	—	2.0	124	13	0.8	0.4
4	10	A3	1.5	双R	100	—	1.0	124	13	0.8	0.4
	11	A3	1.5	双R	100	—	1.0	124	13	0.48	0.2

第一组试验结果表明，用预变形工艺控制薄壁板壳结构焊后变形的效果是显著的。另外选取适当的型面参数后，三种不同的预变形型面都可获得控制结构焊后失稳变形的效果。

第二组试验结果表明，对 A3 和 GH39 这两种焊缝收缩量大体相同的不同材料，采用完全相同的预变形工艺参数，可以获得同样的防止板壳焊后失稳变形的效果。这一结果与理论分析是相符的。

在第三组试验中，试验7和试验8采用了相同的预变形工艺参数，但试验8的焊后变形量明显地大于试验7的，试验9较试验8增加了预变形量，其焊后变形量降至与试验7相当的水平。这说明，板壳越薄，为防止其焊后变形所需的预变形量越大。这是因为板壳越薄，其失稳临界焊缝综合收缩量 $\{\delta\}_{cr}$ 越小，而由式(16)可知，在 $\{\delta\}_{收}$ 相同的情况下，$\{\delta\}_{cr}$ 越小，所需的 $\{\delta\}_{预}$ 就越大。

在第四组试验中，试验10和试验11的试验条件除后者的焊接线能量较前者大约65%外，其余完全相同。试验结果表明，两者的焊后变形量大体相当。这说明，在预变形专用模具中施焊，焊接规范对预变形工艺参数选取的影响是不显著的。这主要是因为在模具中焊接时，模具对焊接温度场有压缩作用，焊接热输入的变化不能显著地

影响 $\{\delta\}_{收}$。

另有一组试验是在平板试件上进行的，材料为 GH39，试件尺寸：230mm × 230mm × 1.5mm，试件中心焊接一直径 42mm 的圆片。焊后测量试件上焊接残余应力，测量结果示于图 8。

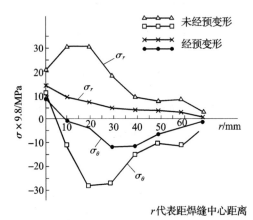

r 代表距焊缝中心距离

图 8　预变形试件与未预变形试件残余应力比较

试验结果表明，未经预变形的试件，在残余应力峰值处材料处于屈服状态；而经预变形的，残余应力峰值较前者降低了 50% ~ 67%。与理论分析一致。

4　预变形工艺应用情况

预变形工艺现已试用于航空发动机机匣焊接生产。试生产情况表明，将预变形工艺用于工业生产是切实可行的。使用预变形工艺后，机匣的整个焊接生产周期缩短了 1/3，另外还降低了焊后矫形工人的劳动强度，减小了矫形噪声污染，消除了因矫形敲打造成的质量隐患。

5　结论

（1）用预变形工艺控制薄壁板壳结构上封闭型焊缝造成的焊后变形是有效的、可行的。

（2）在确定预变形工艺规范时可参考下述原则：

①板壳结构越薄，所需的预变形量越大；

②对于两种不同材料制成的两个同样的板壳焊接结构，只要这两种材料的焊缝收缩量相同，为防止结构焊后失稳变形所需的预变形量是相同的；

③焊接规范对预变形工艺控制板壳结构焊后变形的效果没有显著的影响；

④在选择预变形型面参数时，可用式（17）和式（18）进行估算。

（3）采用预变形工艺可以显著地降低板壳焊接结构的焊接残余应力。

参考文献

［1］Сагалевич В М. Известия Вуза ［J］. Машиностроение，1968（6）.
［2］徐芝纶. 弹性力学：上册 ［M］. 北京：人民教育出版社，1979.
［3］徐芝纶. 弹性力学：下册 ［M］. 北京：人民教育出版社，1979.

焊接瞬态热应变的云纹测试①

关　桥　刘纪达　傅昱华　邵亦陈　金炳福

摘要： 叙述了采用云纹测试技术研究焊接瞬态高温应变过程的特点，如金属的耐高温反射式试件栅线的制备、焊接过程动态热应变信息的记录、云纹图像的数据处理等。用研制成功的云纹法测定了薄板点加热的应变过程，并与数值分析结果进行了对比和讨论。

1　引言

焊接瞬态热弹塑性力学过程对焊接接头所造成的损伤（如热应变脆化、变形、开裂及残余应力等），都直接影响到焊接结构的制造质量和使用可靠性。在对焊接结构的质量与可靠性进行分析时，仅了解焊后残余应力、变形是不够的。因而，对焊接过程中热应变动态现象的研究，以及对应力应变过程的定量分析是有重要意义的。

自从数值分析技术引入焊接力学领域后，焊接动态过程的理论分析有了较大的进展。但由于在焊接瞬态高温热应变测试技术上的困难，目前对数值分析还缺乏必要和可靠的试验验证，致使理论分析与实际应用之间仍然存在着相当的距离。采用高温应变片[1]和机械式应变仪[2]测定焊接瞬态热应变时，仅能给出600℃以下的结果。利用云纹法不仅可以给出焊接热应变的定性云纹图像[3,4]，而且从初步定量分析钢材焊接热应变的结果来看[5]，这种方法应用于焊接热应变的测定是很有希望的。

本文对云纹测试技术应用于焊接高温瞬时应变的测定进行了全面研究，建立了相应的焊接云纹测试装置。试验结果表明，把云纹法应用于焊接热应变测试的优点是明显的：（1）为非接触式测量；（2）可测定电弧周围的高温应变；（3）便于记录瞬时应变信息；（4）能显示出全应变场。

本研究工作的目的是发展云纹测试技术，采用云纹法测定焊接热应变并与数值分析结果相对比，二者相辅相成；用测试数据来验证理论分析的正确性，又以数值分析所揭示的规律来指导云纹测试技术的提高和发展。

---

①　参加本项工作的还有曹阳、彭文秀、何万玲。此文于1986年3月刊登在《焊接学报》第7卷第1期。

2　云纹测试技术

2.1　试验装置——HYY–1 型焊接云纹仪

图 1 为设计制造的 HYY–1 型焊接云纹仪。该装置由专用照相机、焊接夹具、平行光管支座和支架等组成。在专用照相机上配有高解像力的制板镜头，采用高反差、高解像力、高感光度的专用感光胶片，可拍摄 1∶1 的试件栅线（本试验用栅线为 10 线/mm）的瞬时状态图像。HYY–1 型焊接云纹仪，可以按预选的照相参数，定时、自动地连续进行拍摄，在底片上记录下焊接热应变场的全过程瞬态信息。

焊接夹具可以保证薄板试件在焊接过程中处于平面应力状态。夹具与试件之间用陶瓷云母隔热。采用钨极氩弧焊横向施焊时，当电弧通过试件中部有栅线区域时，焊接温度场可达到准定常状态。

2.2　方案选择

在云纹测试中有两种方法可供选择：直接拍摄云纹图像，或者先拍摄试件栅线，而后将试件栅线底片与基准栅线叠在一起再形成云纹图像。采用第一种方法可降低对试件栅线制备技术的要求，也可降低对相机光学系统解像能力的要求，但却给云纹图像数据处理带来不便。经试验，选定了直接拍摄试件栅线瞬态变化图像的方案。在形成云纹时，可以根据需要改变试件栅线与基准栅线的转角，以便于处理应变梯度较大的云纹图像。后一种方案对试件栅线的反差和照相光学系统的解像能力的要求均较高。

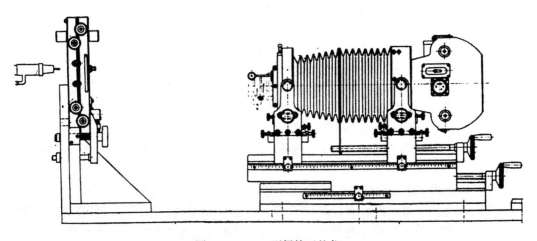

图 1　HYY–1 型焊接云纹仪

2.3 试件栅线的制备

在一般实验力学用云纹法中，试件栅线制作在透明的有机玻璃模型上。用于焊接热应变的测试时，则必须在待焊的金属材料试件上制成金属反射式耐高温试件栅线。试件栅线的规格有 10 线/mm、20 线/mm 和相应的方格栅线等，其覆盖面积为 100mm×100mm。在 300mm×300mm×2mm 的 LF6 铝合金或其他材料的试件中央部位用光刻和真空镀膜法制备的栅线具有较好的反差效果。实验结果表明，这种栅线能承受约 1200℃ 焊接瞬时高温，完全可以满足电弧周围高温区热应变分析的要求。

3 云纹图像与数据处理

所摄得的试件栅线底片记录了某一瞬间焊接电弧所致的热应变场全貌。图 2 所示为典型的焊接热应变场云纹图像（转角云纹）。图中下方所示为移动着的电弧由右向左在拍摄瞬间的位置。

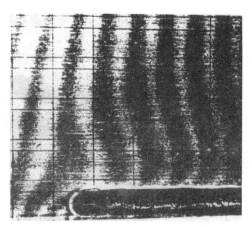

图 2 移动电弧周围的云纹图像

当改变试件栅与基准栅之间的人为转角 θ 时，云纹图像的形态也随之而变化。在图像数据处理时，可根据需要选取适当的 θ 值。焊接热应变云纹图像不同于一般实验力学中常见的云纹图像，它既包括有电弧附近的大塑性应变区（1% ~ 5%），又包括试件上远离电弧处小于 0.2% 的弹性应变及温度应变区。这一特点使得运用常规的云纹图像数据处理方法有一定的困难，如当基准栅线与云纹的夹角 Φ 和 θ 角超出限定范围后，所得数据的误差较大。

为了保证测试结果有较好的准确性和精度，在对云纹图像进行数据处理时，可采用不同的方法。例如，可运用转角云纹应变的基本关系式，选用相应的基准栅节距，使 Φ 角与 θ 角均处于所限定的范围内。在 JTT – 600 – Bl 型光学投影仪上可测得云纹图像上各点的云纹参数：Φ 角和垂直于基准栅线方向上的云纹间距 δ_i 值，从而求得基准栅线与待测点处试件栅线的夹角 θ，并按转角云纹的应变式求出待测点处的应变值 ε。另一种方法是运用在斜交坐标系中的位移导数法来处理云纹图像，以适应焊接瞬态过程中云纹图像的变化特点。将此方法应用于薄板点状加热瞬态应变场的数据处理也较为简便。图 3 所示为在 LF6 铝合金薄板试件中央点状加热瞬态应变场的云纹图像。

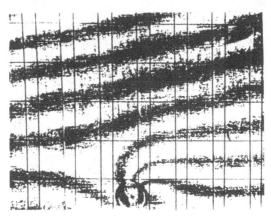

图 3 LF6 薄板点状加热瞬态云纹图像

4 云纹测试与数值分析的对比

在研究中对云纹测试数据与数值分析结果进行了对比，这种校核是进一步发展焊接瞬态应力应变过程的数值分析方法所必需的。

试验是在 LF6 试件上进行的。氩弧点状加热的参数如下：焊接电流 80A，电弧电压 14V，焊接时间 10.5s，焊点直径 1.0cm。在电弧加热、熔化、冷却过程中，用 HYY－1 型焊接云纹仪定时拍摄试件栅线的各瞬时状态。按照上述方法对云纹图像进行数据处理。

采用有限差分法，给出了上述试件的包括熔化、凝固在内的热弹塑性变形（见图 4）和应力动态变化过程（见图 5）的数值分析结果。

在处理这一轴对称平面应力问题时，采用有限差分法比采用有限元法更为简便，占用计算机时较少。在数值分析计算中，各种参数及材料特性、热物理常数的选取都有一定的近似性，在力学数学模型的建立上也做了某些假设。因此，对于数值分析计算结果的试验验证是必不可少的。图 6 所示为 LF6 铝板点状加热当起弧后在 $t=7\mathrm{s}$ 时，云纹测试数据与数值分析

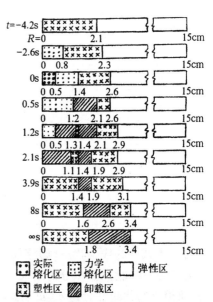

图 4 点状加热时热弹塑性发展过程

结果的对比。图上分别示出了 ε_r 与 ε_θ 值，虚线表示云纹测试数据，实线表示数值分析计算结果。其中云纹测试数据为 3 次测量结果的平均值。从对比中可见，二者有较好的吻合。

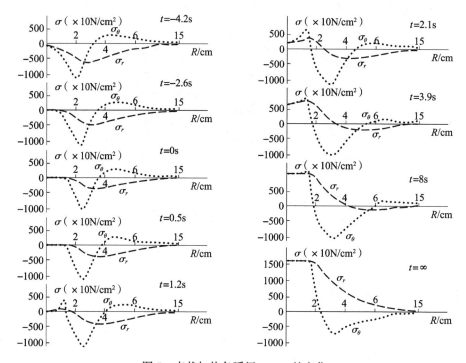

图 5　点状加热各瞬间 σ_r、σ_θ 的变化

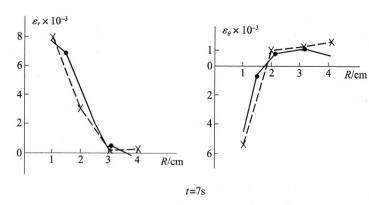

$t=7\mathrm{s}$

图 6　点状加热（$t=7\mathrm{s}$）云纹测试与数值分析对比

－－－－云纹测量值；——有限差分法计算值

对上述试件的残余状态也分别进行了云纹测试和数值分析，二者的比较示于图 7。

为了进一步验证数值分析结果，采用 YCY 型机械应变仪对焊后试件上的残余应变 ε_r、ε_θ 及相应的弹塑性分量 ε_r^e、ε_r^p、ε_θ^e、ε_θ^p 分别进行了测量。图 8 所示为测试结果与数值分析的对比。二者之间的吻合程度也较好。

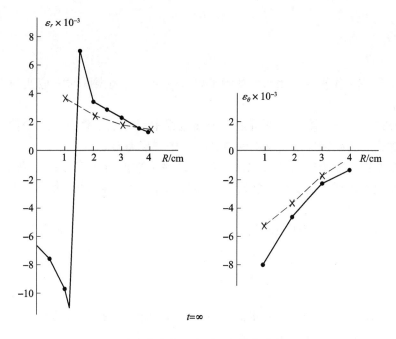

图 7　残余状态的云纹测试与数值分析对比

－－－－云纹测量值；——有限差分法计算值

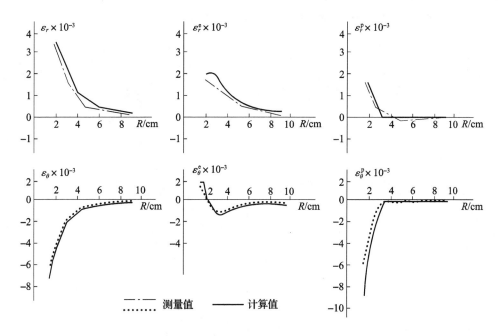

　　　　　　　—·—·—　测量值　　　·········　计算值

图 8　残余状态机械应变仪测量与数值分析对比

5 结论

（1）本研究工作提供了用云纹法测定焊接热应变（高温瞬时大应变场）动态过程的整套技术。

（2）HYY－1型焊接云纹仪可供在焊接过程中定时记录瞬态热应变信息，所研制的金属反射式耐高温试件栅线可承受约1200℃的焊接高温。

（3）LF6铝合金薄板点状加热过程的云纹测试数据与数值分析结果吻合得较好，这表明计算程序较真实地反映了实际热弹塑性力学过程，同时也为进一步发展云纹测试技术指明了方向。

（4）对残余状态各应变值的云纹测试、机械应变仪测试与数值分析结果均有较好的吻合①。

参考文献

［1］Masubuchi K. Analysis of welded Structures. Pergamon Press，1980.

［2］Винокуров В А. Сварочное производство，1976（8）.

［3］Dantu P. Exp. Mech.，1964（3）.

［4］Cargill J. Strain，1970（1）.

［5］Венгренович Б Л. Автоматическая сварка，1977（6）.

---

　① 在云纹测试研究过程中曾得到北京航空精密机械研究所王子刚、清华大学方萃长副教授和叶绍英讲师的指导和协助，特此致谢。

焊接力学问题选讲[①]

关 桥

引言

通过焊接专业课程的学习会认识到焊接确实是一门综合性很强、要求知识面较广的专业；它是由众多的学科所组成的应用技术科学。无论是从实验研究或理论分析方面来说，涉及本专业的许多认识尚有待发展，以期能形成一些新的边缘学科来丰富焊接科学。对于初学者来说，目前焊接专业的理论多属于定性的、概念性的知识，在解决实际工程技术问题时很难直接运用已学过的专业知识。的确，从定性的、概念性的认识到精确的、定量的计算和求解，是认识发展的飞跃。作为一门边缘学科，焊接力学的兴起也正是实现焊接科学这一飞跃过程中的一个环节。"焊接力学问题选讲"课程设置的目的是试图能在定性认识和定量分析之间架设一座桥梁，使初学者能把已掌握的专业基础知识应用于求解工程实际问题，能从建立计算模型入手，定量地分析诸如焊接应力与变形、焊接工艺强度、结构设计与使用可靠性评定等问题。

建造能完全满足设计要求、制造技术经济效益好且在使用中安全可靠的焊接结构之所以并非一件轻而易举的事情，是因为在许多方面目前尚未能找到正确地反映焊接时复杂的冶金、化学、物理、力学等过程的模型，缺少有关的定量认识。从这个意义上来说，那种认为数学、力学等基础知识对焊接技术的实际应用无足轻重的看法显然是片面的。例如，钎焊工艺中也包含了许多正待认识的焊接力学问题。

《焊接力学问题选讲》对于"焊接结构"课程[10]来说是一个补充。当然，为了学好这门课程也还需要掌握一定的弹性力学、塑性力学以及数值分析技术的基础知识，这对于了解该学科在其发展前沿上的动态信息也是很必要的。通过焊接力学课程的学习，如能引起对这一领域中未知的探求，致力于丰富本学科内容使之日臻完善，那更是开设本课程的一个夙愿。

1 绪论

焊接力学的兴起是与20世纪60年代末期和70年代焊接结构越来越多地在重要工

---

① 本文为关桥为北京航空学院焊接专业本科生开设的课程讲义，原稿由北京航空学院702教研室于1984年付印。

程承力构件上的采用和近代力学的发展密切相关的。在这一期间，航空、航天等飞行器的发展，从结构设计到制造工程也越来越多地依赖于新的焊接技术的开发。焊接力学实际应用已经渗透到航空构件焊接工程的各个领域。无论是从合理的设计、正确的选材、制造质量的保证、取得良好的技术经济效益方面，还是从确保飞行器的安全可靠性等方面，焊接力学的应用都具有重要意义。

1.1 焊接力学的学科内容及其任务[1]

在图 1-1 中，以焊接力学的发展现状为依据，给出了构成焊接力学的学科内容和任务。作为一门边缘学科，焊接力学是以焊接工艺学、焊接冶金学、材料学、焊接传热学和弹塑性力学、断裂力学以及计算力学（数值分析）为基础，直接服务于焊接结构的合理设计、正确制造、安全使用与寿命保证的应用力学。

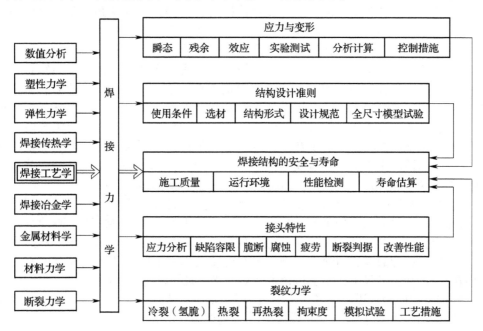

图 1-1 构成焊接力学的学科内容和任务

就结构的整体性而言，焊接接头给结构造成的特殊性包括：
（1）几何学的不完整性（错边、角变形等）；
（2）金属学的不均匀性（热影响区组织变化）；
（3）力学的不连续性（如裂纹、夹渣等缺陷）；
（4）残余应力的影响。

经典的结构力学分析和设计强度计算是以理想结构为出发点，即以理想的均匀材质、理想的结构几何形状和无缺陷、无残余应力的接头为根据。然而，对焊接结构的分析必须考虑实际而不是理想的结构特性。对这些特性进行准确的力学分析是很复杂和困难的。近代力学，尤其是计算力学的发展已经为这类分析提供了基础。因此，利用现代数学、力学工具，研究分析焊接结构的这些特性也就构成了焊接力学的主要内容。

在现代飞行器制造工程中，焊接已发展成为一种重要的制造工艺技术。火箭、飞机和喷气式发动机的主要承力构件和部件大都采用了焊接结构。这些焊接构件安全可靠性技术除要求满足设计强度、几何形状、减轻重量外，还要求把制造工艺过程所造成的对材料和结构本身的损伤减小到最低程度。

焊接力学应用于航空构件的主要任务是以力学分析为基础，定量地研究航空焊接构件制造工程问题。

（1）从焊接裂纹力学着手，分析焊接材料和接头的工艺强度、使用特性；

（2）以断裂力学为工具，研究接头特性与结构强度、选材的关系，制定新的设计判据和规范准则，给出合理的结构设计，保证结构安全运行和寿命；

（3）控制焊接应力与变形，采取相应的制造工艺技术措施，取得良好的技术经济效益。

新飞行器性能的不断提高和高推重比发动机的发展促使大量采用新的焊接结构、焊接材料和焊接工艺技术，与此同时，传统的焊接工艺技术也在不断地完善和提高。在新结构、新材料、新工艺的开发应用中，焊接力学的发展自然占有重要地位，同时，也在不断地开拓新的领域。

焊接力学是正在发展中的学科，本课程只能涉及该学科的部分内容，许多问题尚有待进一步深化与提高，有些正在研究发展的专题内容也未能纳入本讲义的范围之内。在第 1 章中主要说明焊接力学的学科内容及其与航空焊接技术的关系，并对学习本课程所应具有的基础知识面作介绍。在第 2 章中侧重于阐述焊接应力与变形分析中所采用的力学模型，这部分内容是实际生产中经常会遇到的问题，因此占用了较大的篇幅。在第 3 章中对焊接裂纹力学——焊接工艺强度研究中的力学问题作简介。在第 4 章中着重对接头特性、结构强度、可靠性评定进行论述。最后列举了有关的参考文献，可作为深入钻研有关问题的索引。

1.2　飞行器上的典型焊接结构

相对于重型机械制造和压力容器制造中的焊接结构而言，飞行器上的焊接结构多属于薄壁构件。这类薄壁焊接构件上的接头形式很多，其中有代表性的典型接头形式示于图 1-2，有平板对接焊缝、圆柱（锥）筒体直线对接焊缝和环形对接焊缝，以及连接安装座或法兰于筒体上的圆形对接焊缝等。

飞行器上的焊接结构，如火箭壳体（见图 1-3）、喷气式发动机的薄壁机匣（见图 1-4）和飞机的翼盒（见图 1-5）等，尽管在结构上差别很大，但若将复杂的结构分解后即可看出，它们基本上是由图 1-2 的几种典型接头形式所组成。图 1-6 为美国登月火箭氧化剂贮箱焊接结构的制造过程示意，其中焊接接头形式主要有直线对接、环形焊缝和圆形焊缝。在下面几节内，无论是在建立焊接构件的变形与应力计算力学模型，或是考虑接头特性与结构安全评定时，均以这些典型接头形式为出发点。

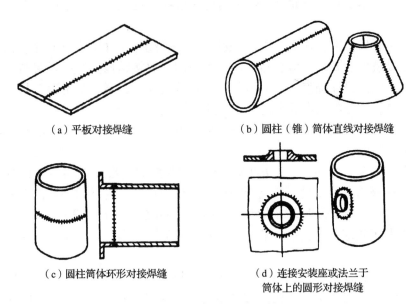

（a）平板对接焊缝　　　　　（b）圆柱（锥）筒体直线对接焊缝

（c）圆柱筒体环形对接缝　　　（d）连接安装座或法兰于
　　　　　　　　　　　　　　　　　筒体上的圆形对接焊缝

图 1-2　薄壁焊接构件上典型接头形式

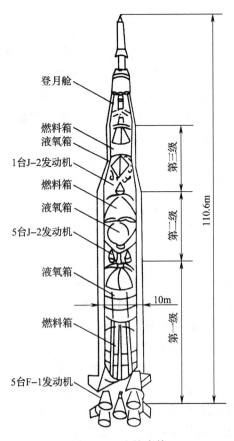

登月舱

燃料箱
液氧箱
1 台 J-2 发动机
燃料箱
液氧箱
5 台 J-2 发动机
液氧箱
燃料箱
5 台 F-1 发动机

第三级
第二级
第一级

110.6m

10m

图 1-3　火箭壳体

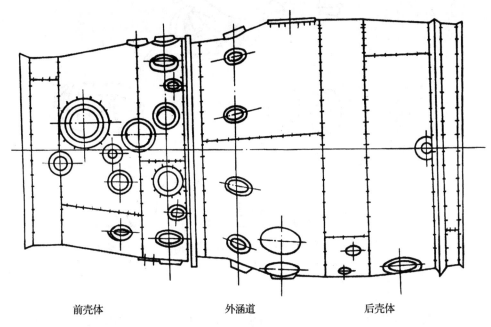

前壳体　　　　　　　　外涵道　　　　　　　　后壳体

图 1 - 4　喷气式发动机的薄壁机匣

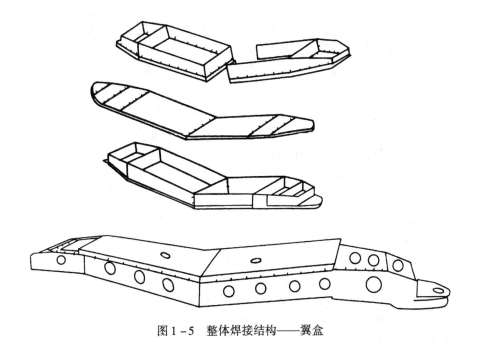

图 1 - 5　整体焊接结构——翼盒

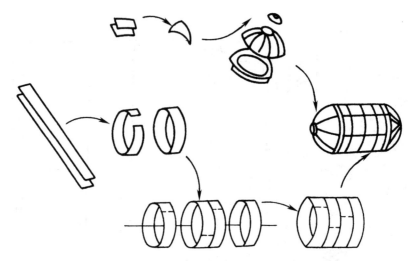

图1-6 美国登月火箭氧化剂贮箱焊接结构制造过程示意图

在以上各图所示的焊接结构制造过程中，几乎每一道工序均与焊接力学问题有联系，例如：

（1）需要有对焊缝横向收缩量的定量认识才能正确地选择薄壁机匣安装边的焊后机械加工余量；

（2）正确地制定焊后热处理消除残余应力的规范（温度、时间）就应以应力松弛和蠕变理论为指南；

（3）焊接残余应力对工件在机械加工过程中的变形和最后精度究竟有多大的影响？残余应力场的分布与应力的释放程度如何？

（4）如何保证焊接每道工序完成后使工件符合设计要求？

（5）对于不同接头形式引起的焊接变形应采取什么措施才能有效地控制？

（6）在不同的焊接材料上，焊接应力与变形为什么不一样？

凡此种种工艺和工程技术问题的解决并不难，只要能正确地建立焊接力学分析模型，并给出定量计算结果，所应采取的措施也就容易制定。反之，若只凭经验去处理问题，而不是抓住问题的本质，盲目地选用这样或那样的工艺措施只会是事倍功半，甚至给构件造成不应有的损伤和隐患。例如，多留机械加工余量将耗费大量工时；不必要的焊后热处理和手工敲打矫形对材料的损伤等。

1.3 弹性力学和塑性力学基本知识应用

材料的简单承载曲线（载荷可以是拉伸、压缩或扭转）是弹性力学和塑性力学的基础。虽然在材料力学中，材料的简单拉伸曲线已讲述过，但为了以后几章叙述方便，在这里重述一些基本概念是有益的。

在拉伸条件下可以得到材料的应力—应变曲线，即 $\sigma = P/F_0$ 和 $\varepsilon = \Delta l/l_0$ 之间的关系曲线。

式中：P——拉伸载荷力；

　　F_0——初始截面面积；

　　Δl——试件伸长量；

　　l_0——初始计算长度。

利用材料的应力 — 应变曲线（见图1 - 7,曲线1），可以建立真实应力 — 应变曲线（见图1 - 7,曲线2）。

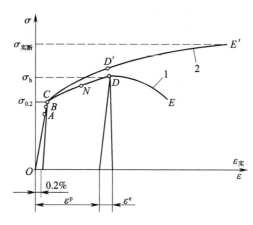

图1 - 7　材料的应力—应变曲线

曲线上的各点：A 为比例极限；B 为开始产生塑性变形；C 为相应于 $\varepsilon = 0.2\%$ 时的屈服极限；D 为极限强度，开始塑性失稳，出现缩颈；E 为材料断裂点。

断裂后测定 l_k 和 F_k（断裂缩颈的最小截面），即可求出相对伸长 —— 延伸率 $\delta = (l_k - l_0)/l_0$ 和相对收缩量 $\psi = (F_0 - F_k)/F_0$。

实际应力 $\sigma_{实}$ 与实际应变 $\varepsilon_{实}$ 可根据实验曲线求得

$$\sigma_{实} = \frac{P}{F}$$

式中：F——实验过程中试件实际截面面积。

实际应变 $\varepsilon_{实}$ 是对无限小的应变增量 $\mathrm{d}l/l$ 进行积分求出

$$\varepsilon_{实} = \int_{l_0}^{l} \mathrm{d}l/l = \ln\left(\frac{l}{l_0}\right) = \ln[(l_0 + \Delta l)/l_0] = \ln(1 + \varepsilon) \qquad (1 - 1)$$

可见，实际应变又可称为对数应变，与通常所说的应变 ε 有很大的差别，尤其当 $\varepsilon > 15\% \sim 20\%$ 之后（从图1 - 7上可见），差异更大。

全应变是由弹性应变和塑性应变两部分组成

$$\varepsilon = \varepsilon^e + \varepsilon^p \qquad (1 - 2)$$

横向应变系数（泊松比）在弹性应变范围内为

$$\mu^e = -\frac{\varepsilon_{横}}{\varepsilon^e} = 0.25 \sim 0.3 \qquad (1 - 3)$$

在弹性极限外，纵向塑性应变引起的横向应变可由系数 $\mu^p = 0.5$ 来表示。与此同时，弹性应变的增加引起的横向应变系数仍然为 μ^e 值。因此，在弹性范围以外的泊松比 μ'

是根据塑性变形量的增大程度,可在 $\mu^e \sim 0.5$ 范围内变化

$$\mu' = -\varepsilon_{\text{横}}/\varepsilon = -[\mu^e(\varepsilon^e/\varepsilon) + 0.5(\varepsilon^p/\varepsilon)] \tag{1-4}$$

应变塑性分量的横向应变系数 $\mu^p = 0.5$,这表明,应变塑性分量不会引起体积的改变。

塑性变形时,体积不变定理可表示为

$$\varepsilon_x^p + \varepsilon_y^p + \varepsilon_z^p = 0 \tag{1-5}$$

而应变的弹性分量则会引起相应的体积变化。

在一般情况下,承载物体内任何一点上的应力状态可由其各轴方向上的应力分量 σ_x、σ_y、σ_z、τ_{xy}、τ_{yz}、τ_{zx} 来表示;相应的应变分量分别为 ε_x、ε_y、ε_z、γ_{xy}、γ_{yz}、γ_{zx}。每点上的应力强度 σ_i 和应变强度 ε_i 是衡量该点应力应变状态的判据[12]

$$\sigma_i = \frac{1}{\sqrt{2}}[(\sigma_x - \sigma_y)^2 + (\sigma_y - \sigma_z)^2 + (\sigma_z - \sigma_x)^2 + 6(\tau_{xy}^2 + \tau_{yz}^2 + \tau_{zx}^2)]^{\frac{1}{2}}$$

$$\tag{1-6}$$

$$\varepsilon_i = \frac{\sqrt{2}}{3}[(\varepsilon_x - \varepsilon_y)^2 + (\varepsilon_y - \varepsilon_z)^2 + (\varepsilon_z - \varepsilon_x)^2 + \frac{3}{2}(\gamma_{xy}^2 + \gamma_{yz}^2 + \gamma_{zx}^2)]^{\frac{1}{2}}$$

$$\tag{1-7}$$

当主轴方向已知时

$$\sigma_i = \frac{1}{\sqrt{2}}[(\sigma_1 - \sigma_2)^2 + (\sigma_2 - \sigma_3)^2 + (\sigma_3 - \sigma_1)^2]^{\frac{1}{2}} \tag{1-8}$$

$$\varepsilon_i = \frac{\sqrt{2}}{3}[(\varepsilon_1 - \varepsilon_2)^2 + (\varepsilon_2 - \varepsilon_3)^2 + (\varepsilon_3 - \varepsilon_1)^2]^{\frac{1}{2}} \tag{1-9}$$

下面简单介绍有关塑性力学的主要理论。

能量定理认为在复杂载荷条件下,当 $\sigma_i = \sigma_s$ 时,开始产生塑性变形;这与实际实验结果基本上是吻合的。根据这个定理,可以得出一些对解决实际问题很重要的结果,例如:

(1) 在三向拉伸或受压的情况下,个别应力分量可以超过金属的屈服极限,而仍然不发生塑性变形,即 $\sigma_i < \sigma_s$。

(2) 在双向应力状态下,当 $\sigma_1 = -\sigma_3$,而 $\sigma_2 = 0$,即为纯剪切状态;当 $\sigma_1 = \frac{\sigma_s}{\sqrt{3}} < \sigma_s$ 时,即开始发生塑性变形。

在计算超出弹性变形范围以外的应力状态时,应用塑性理论的依据就是对于材料的各种应力状态均采用同一个应力—应变关系曲线。

塑性力学的形变理论认为,无论应力状态如何,应力强度 σ_i 与应变强度 ε_i 之间的关系是唯一的。对于每一种金属材料来说,这唯一关系可由单向拉伸实验结果求得。根据式(1-8),可得 $\sigma_i = \sigma$(单向拉伸时的工作应力)。为了确定 ε_i 与 ε 的关系,应考虑到 $\varepsilon_1 = \varepsilon$。同时,由式(1-4)可得 $\varepsilon_2 = \varepsilon_3 = -\mu'\varepsilon$;根据式(1-9)有

$$\varepsilon_i = \frac{2}{3}(1 + \mu')\varepsilon = \varepsilon - \varepsilon_0 = \varepsilon - (1 - 2\mu^e)\frac{\sigma}{3E} \tag{1-10}$$

式中：平均应变 $\varepsilon_0 = (\varepsilon_1 + \varepsilon_2 + \varepsilon_3)/3$。

平均应变 ε_0 与平均应力 $\sigma_0 = (\sigma_1 + \sigma_2 + \sigma_3)/3$ 的关系为：$\varepsilon_0 = (1 - 2\mu^{\mathrm{e}})\dfrac{\sigma_0}{E}$。

流变理论被认为能更精确地反映实际过程。流变理论认为，对于任何应力状态来说，应力强度 σ_i 与塑性应变增量强度的积分值 $\int \mathrm{d}\varepsilon_i^{\mathrm{p}}$ 存在着唯一关系。这一关系同样也可以由单向拉伸实验结果求出。在单向拉伸时，$\sigma_i = \sigma_x = \sigma$；$\mathrm{d}\varepsilon_i^{\mathrm{p}}$ 值可由多向加载的一般关系式求得

$$\mathrm{d}\bar{\varepsilon}_i^{\mathrm{p}} = \frac{\sqrt{2}}{3}\big[\,(\mathrm{d}\varepsilon_x^{\mathrm{p}} - \mathrm{d}\varepsilon_y^{\mathrm{p}})^2 + (\mathrm{d}\varepsilon_y^{\mathrm{p}} - \mathrm{d}\varepsilon_z^{\mathrm{p}})^2 + (\mathrm{d}\varepsilon_z^{\mathrm{p}} - \mathrm{d}\varepsilon_x^{\mathrm{p}})^2 +$$
$$\frac{3}{2}(\mathrm{d}\gamma_{xy}^{\mathrm{p}2} + \mathrm{d}\gamma_{yz}^{\mathrm{p}2} + \mathrm{d}\gamma_{zx}^{\mathrm{p}2})\,\big]^{\frac{1}{2}} \tag{1-11}$$

式中：$\mathrm{d}\varepsilon_x^{\mathrm{p}}, \cdots, \mathrm{d}\gamma_{zx}^{\mathrm{p}}$ 为在无限小形变段上的塑性应变增量。

在单向拉伸时，$\mathrm{d}\gamma = 0$；由式（1 - 5）可知

$$\mathrm{d}\varepsilon_y^{\mathrm{p}} = \mathrm{d}\varepsilon_z^{\mathrm{p}} = -\frac{1}{2}\mathrm{d}\varepsilon_x^{\mathrm{p}} = -\frac{1}{2}\mathrm{d}\varepsilon^{\mathrm{p}}$$

由式（1 - 11）可得

$$\mathrm{d}\bar{\varepsilon}_i^{\mathrm{p}} = \mathrm{d}\varepsilon_x^{\mathrm{p}}$$

而

$$\int \mathrm{d}\bar{\varepsilon}_i^{\mathrm{p}} = \varepsilon_x^{\mathrm{p}} = \varepsilon^{\mathrm{p}}$$

图 1 - 8 所示为典型的 $\sigma_i = f(\varepsilon_i)$ 曲线和对于有强化倾向材料的 $\sigma_i = f(\int \mathrm{d}\bar{\varepsilon}_i^{\mathrm{p}})$ 曲线。

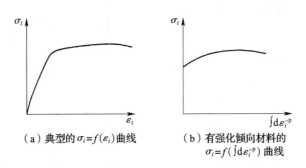

（a）典型的 $\sigma_i = f(\varepsilon_i)$ 曲线　　（b）有强化倾向材料的 $\sigma_i = f(\int \mathrm{d}\varepsilon_i^{-\mathrm{p}})$ 曲线

图 1 - 8　典型的 $\sigma_i = f(\varepsilon_i)$ 曲线和对于有强化倾向材料的 $\sigma_i = f(\int \mathrm{d}\bar{\varepsilon}_i^{\mathrm{p}})$ 曲线

在把拉伸曲线作近似简化计算中，可以认为弹性应变甚小，与塑性应变量相比，可以忽略不计。这时，可以利用如下关系式

$$\sigma_i = A(\varepsilon_i^{\mathrm{p}})^n \tag{1-12}$$

式中：A, n——材料常量；n 即为材料塑性变形时的硬化指数。

$\varepsilon_i^{\mathrm{p}}$——塑性应变强度。

在弹塑性力学分析中，应区分平面应力状态和平面应变状态。

在平面应力状态下，$\sigma_z = 0$；然而 $\varepsilon_z \neq 0$；这相应于在板件平面内有 σ_x 与 σ_y 的应力状态。板件处于平面应力状态时，由于横向应变的泊松效应，板件在厚度方向上发生了变化。

在平面应变状态下，$\sigma_z \neq 0$，而 $\varepsilon_z = 0$；这相应于将一板件夹持在两个很厚的工件之间，使板件在工作状态下厚度不变，因为在要变厚的部位承受压应力 $-\sigma_z$，而在要变薄的部位则会承受拉应力 $+\sigma_z$。无论是受拉或受压，在平面应变状态下有

$$\sigma_z = \mu(\sigma_x + \sigma_y) \tag{1-13}$$

2 计算焊接应力与变形的力学模型

2.1 焊接残余应变、焊缝纵向与横向收缩量的计算

焊接构件上的变形（或称为形变位移）是由于焊缝区的残余塑性应变（ε_x^p、ε_y^p、ε_z^p）所引起的。在厚板或大截面焊接时，应力和应变呈三维状态。目前对三维残余应力的定量分析仍多停留在以实验测量为主[7]而辅以理论计算。在本章内只涉及二维残余应力与应变问题，这也是飞行器上焊接结构的主要特点。

沿焊缝长度方向上的 ε_x^p 在 y 轴方向上的分布如图 2-1 所示，沿垂直于焊缝方向上的 ε_y^p 在 y 轴方向上的分布情况如图 2-2 所示，而 ε_y^p 在焊接件厚度 s 方向上的分布如图 2-3 所示。

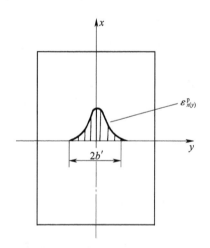

图 2-1 沿焊缝长度方向上的 ε_x^p
在 y 轴方向上的分布

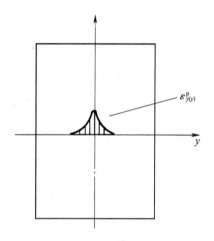

图 2-2 沿垂直于焊缝方向上的 ε_y^p
在 y 轴方向上的分布情况

与这些残余塑性应变相对应的构件变形表现形式有：

（1）$\varepsilon_{x(y)}^p$ 引起的收缩力 P 使构件在长度方向上缩短

$$P = \int_{-b'}^{b'} \varepsilon_x^p E s \, dy$$

（2）$\varepsilon_{y(y)}^p$ 的总和引起相应的均匀横向收缩量 $\Delta = \Delta_y$；

（3）$\varepsilon_{y(z)}^p$ 沿材料厚度方向上的不均匀分布引起角变形 β；

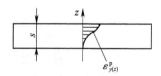

图 2-3 ε_y^p 在焊接件厚度 s
方向上的分布

（4）剪应变 γ_{xy} 在纵向引起位移 Δ_x；

（5）焊缝两侧不一致的拘束度（如压紧力）会引起 z 向位移 Δ_z。

如若以上各类与残余塑性应变有关的量值 P、Δ、β、Δ_x、Δ_z 等均已分别得知，则可用一般弹性体的计算公式求得焊接构件的变形（位移）和相应的应力。

在航空薄壁焊接构件上，引起变形的主要因素是 ε_x^p。如何得到焊接接头区的纵向收缩应变 ε_x^p 值的实际分布规律是定量认识焊接应力与变形的关键所在。一旦得知 ε_x^p 的分布规律，计算模型建立的难题也就迎刃而解。另一方面，从控制焊接应力与变形的观点来看，若能定量地控制 ε_x^p 值，即可以把焊接应力与变形控制在一定的范围内。从这个意义上来说，焊接应力与变形也是可控的，甚至在某些场合还可以利用焊接应力与变形的规律，变害为利。

为了便于计算，通常将实际测得[5]的 ε_x^p 分布图简化为如图 2-4 所示的矩形分布状态，即在 $2b$ 宽度上有均匀的 ε_0 值。

这两个图形等同的条件是：

（1）收缩力相等，即

$$\int_{-b'}^{b'} \varepsilon_x^p E \mathrm{d}y = \varepsilon_0 E 2b$$

（2）势能相等，即

$$\int_{-b'}^{b'} (\varepsilon_x^p E)^2 \mathrm{d}y = (\varepsilon_0 E)^2 \cdot 2b$$

从以上两个条件可求得以后计算所必需的参量：$\sigma_0 = \varepsilon_0 E$ 和 $2b$ 值。

焊接薄板时，沿厚度方向的横向收缩可视为均匀的，横向收缩量 Δ 可由对横向残余塑性变形 ε_y^p 积分而求得[16]，如图 2-5 所示。

设 O 点在焊缝中心线上，其横向位移为零，则 A，B，D 各点的横向位移（向焊缝靠近）相应为 $\int_0^y \varepsilon_y^p \mathrm{d}y$，即 V_A, V_B, V_D，如图 2-5 所示。

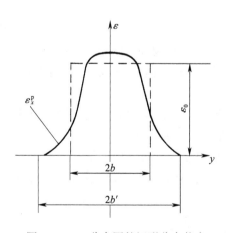

图 2-4　ε_y^p 分布图的矩形分布状态

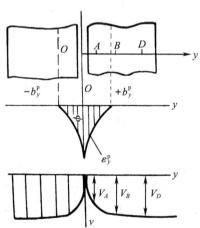

图 2-5　横向收缩量由对横向残余
塑性变形 ε_y^p 积分而求得

横向残余塑性变形量 ε_y^p 局限在 $-b < y < +b$ 之间,因此有板件横向收缩量 Δ 为

$$\Delta = \int_{-b}^{+b} \varepsilon_y^p \mathrm{d}y$$

当对接焊带有间隙时,两侧的板缘向焊缝中心线的位移是自由的,每侧板边缘可能的位移量(若不计热耗散)为

$$V_{\max} = \frac{\alpha}{c \cdot \gamma} \cdot \frac{q}{v_{焊} \cdot s} \qquad (2-1)$$

式中:q—— 热源总功率,而对每侧板边缘的输入量为 $q/2$;

$\quad\quad v_{焊}$ —— 焊接速度;

$\quad\quad s$—— 板厚;

$\quad\quad \alpha$—— 线膨胀系数;

$\quad\quad c \cdot \gamma$—— 比定容热容。

O 点的最大位移 $V_{\max}$(见图 2–6),在冷却过程中,当金属处于液态和具有很低的屈服强度时,又向相反的方向改变,在 F 点金属已具有足够的强度,则 $2V_F$ 为焊缝的横向收缩量。

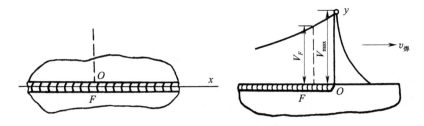

图 2–6　焊接过程中的横向位移量

$$\Delta = 2V_F < 2V_{\max}$$

根据焊接方法和条件不同,Δ 也有变化

$$\Delta = A \cdot \frac{\alpha}{c \cdot \gamma} \cdot \frac{q}{v_{焊} \cdot s} \qquad (2-2)$$

A 为实验所得系数,在电渣焊时,$A \approx 1.6$;全熔透电弧焊时,$A = 1.0 \sim 1.2$。当板厚为 $3 \sim 5$mm 以下时,$\Delta \approx 0.4 \sim 0.7$mm,板厚为 $5 \sim 20$mm 时,$\Delta \approx 0.5 \sim 1.5$;而在电渣焊时,$\Delta \approx 3 \sim 8$mm 或更大。

在实际应用中,采用式(2–1)的最大困难仍在于需用实验方法或直接测定法来求得 q 值;而准确的 q 值计算则必须已知热源的有效利用系数[2]。

佐藤等[14]认为,焊接时,母材热膨胀所引起的在冷却过程中的横向收缩大体上等于焊缝金属达到材料的力学熔化温度 T_m 瞬间母材的热膨胀量。设沿着焊缝中心有瞬时平面热源作用,其强度为 $Q/s(\mathrm{cal/cm^2})$,则

$$母材的热膨胀 = \frac{\alpha Q}{c \cdot \gamma \cdot s} \qquad (2-3)$$

在厚板对接焊时,当 $s \gg s_w$(焊缝厚度)时,焊第一层时的焊缝横向收缩量应由线热源的公式来计算。其临界板厚 s_c 可由下式计算

$$s_{c} = \sqrt{\frac{Q}{c \cdot \gamma (T_{m} - T_{0})}} \qquad (2-4)$$

式中：T_{m}—— 材料的力学熔化温度，℃；

　　　T_{0}—— 材料的初始温度，℃。

可见，s_{c} 与 Q 的平方根成正比。在手工焊接钢材时，$s_{c} = 1.5 \sim 2.5 cm$。

当 $s < s_{c}$ 时，热量是向着测定收缩的标距 l 以外传导，则横向收缩沿曲线 $C'D'$ 增大（见图 2 - 7），冷却后的横向收缩可由式（2 - 3）求出，亦即母材的热膨胀量。

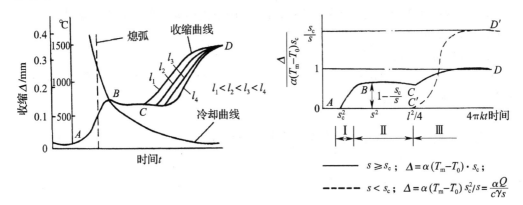

图 2 - 7　焊接过程中的横向收缩变化

但是当 $s \geqslant s_{c}$ 时，热传导特点不同，沿曲线 $ABCD$ 收缩。冷却后的横向收缩与式（2 - 3）不同，成为与板厚无关的定值。

2.2　航空构件的焊接应力变形问题

焊接时，金属的收缩所引起的后果表现在以下三个方面。

（1）构件的变形；

（2）焊接接头的裂纹；

（3）对构件使用性能（结构强度）的影响。

在航空焊接生产实践中，针对以上三个方面，所采取的措施也有三个方面。

（1）控制与消除焊接应力与变形；

（2）焊接接头工艺强度的研究（裂纹力学）；

（3）焊接构件在使用中的强度、安全与寿命的评定。

航空焊接构件设计的发展方向是采用高强度的材料减轻结构重量，更多地采用薄壁构件，提高材料的 σ_{s} 和 σ_{b} 值但 E 值几乎没有多大改变；而采用高强钛合金后，E 值几乎比钢材低 50%。这一趋势就使得航空薄壁构件的焊接应力与变形问题非常突出[9]。

正确地建立焊接力学模型是定量地评价有关工程技术问题的关键，从中可以找出各种焊接参数、工艺条件和结构特征之间复杂关系的表达式，并给出解决这类问题的方向和技术途径。虽然在评定焊接工艺强度和结构强度时的力学模型区别于分析焊接应力与变形所用的力学模型，但建立计算模型的规律和方法都是相似的。

（1）首先要对所解决的焊接工程问题的物理现象实质做出正确的分析；

（2）用已有的力学和数学基础知识把物理现象和过程作分解；

（3）在综合考虑构成模型和影响过程的诸因素的同时，针对主要因素建立简化模型；

（4）考虑求解力学模型全过程中可能遇到的数学处理上的难点；

（5）计算求解，分析讨论；

（6）用特定的实验结果与计算结果相对比，修正模型及所设定的简化条件；

（7）对模型的适用范围和局限性的考察；

（8）给出解决实际工程技术问题的举例。

在以下各节中，将通过对于航空焊接结构具有典型性的一些实际例子来说明求解各类问题的不同方法和途径。

2.3　以材料力学为基础的简单计算模型

为半定量地解释焊接应力与变形，人们常借用经典三杆件温度应力的模型进行计算。

对于一些简单构件焊接应力与变形的近似计算，用一般材料力学的模型比较直观，可以满足通常的工程技术要求。

以图 2 - 8 所示梁的焊接变形为例，其焊后变形的挠度 f 可由材料力学公式来确定

$$f = \frac{Ml^2}{8EJ} \qquad (2-5)$$

式中：$M = p \cdot e$。

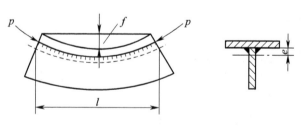

图 2 - 8　梁的焊接变形

圆筒体上的纵向焊缝所引起的残余应力与变形[19]，可以根据热弹性理论中关于热应力的计算来建立模型。实际上，对于这一类简单问题，当简化为一维模型时，也完全可以用材料力学的基础知识来求解。下面对这一例题作具体分析。

由热弹性理论可知，若型材上的温度分布只是 z 轴的函数，而在 x 轴线、y 轴线上无温差，则在横截面上的温度应力由三个部分组成（见图 2 - 9）

$$\sigma_x = -\alpha ET + K_1 E + K_2 z E \qquad (2-6)$$

式中：$-\alpha ET$——在绝对刚性固定条件下，纵向温度应力；

K_1E——由力 $P = \int_\Omega \alpha ET\mathrm{d}\Omega$ 所引起的沿截面均匀分布的应力，Ω 为截面面积；

K_2zE——由于沿横截面上温度分布的不均匀性有弯矩 $M = \int_\Omega \alpha ETz\mathrm{d}\Omega$ 所引起的应力，对称于 z 轴线。

图 2 – 9 所示为圆筒体上纵向焊缝所致残余应力场的计算模型。

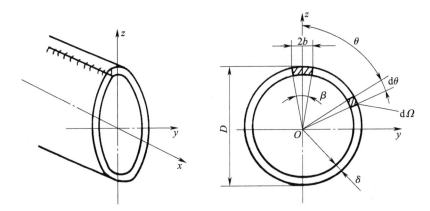

图 2 – 9　圆筒体上纵向焊缝所致残余应力场的计算模型

K_1 与 K_2 可以由如下条件确定

$$\begin{aligned} \Sigma F &= 0; \quad \int_\Omega \sigma_x \cdot \mathrm{d}\Omega = 0 \\ \Sigma M &= 0; \quad \int_\Omega \sigma_x \cdot z\mathrm{d}\Omega = 0 \end{aligned} \right\} \qquad (2-7)$$

代入原式

$$K_1 = \frac{\int \alpha ET\mathrm{d}\Omega}{\int E\mathrm{d}\Omega} = \frac{P}{E\Omega} = \frac{\sigma'}{E} = \varepsilon'$$

（平均应变量） $\qquad (2-8)$

$$K_2 = \frac{\int \alpha ETz\mathrm{d}\Omega}{\int Ez^2\mathrm{d}\Omega} = \frac{M}{J} = \frac{I}{R}$$

（圆筒体纵向曲率） $\qquad (2-9)$

由此，应力的表达式可写成

$$\sigma_x = -\alpha ET + \frac{E}{\Omega}\int_\Omega \alpha T\mathrm{d}\Omega + \frac{zE}{J}\int_\Omega \alpha Tz\mathrm{d}\Omega \qquad (2-10)$$

按图上所示，有

$$\mathrm{d}\Omega = \delta \cdot \frac{D}{2}\mathrm{d}\theta; \qquad z = \frac{D}{2}\cos\theta$$

$$\Omega = \pi D\delta; \qquad J = \frac{\pi D^3}{8} \cdot \delta$$

代入后又可得

$$\sigma_{x(\theta)} = E\alpha\Big[-T + \frac{1}{\pi}\int_0^\pi T\mathrm{d}\theta + \frac{2\cos\theta}{\pi}\int_0^\pi T\cos\theta\mathrm{d}\theta \Big] \tag{2-11}$$

利用温度应力公式求解焊接残余应力场,应将焊接塑性变形量换算成相应的温度值

$$T_c = \frac{\varepsilon_c}{\alpha} \tag{2-12}$$

由于 ε_c 为负值(相应于压缩塑性应变值),因此,T_c 也应选用负号(相应于零下温度)。

T_c 在带有纵向焊缝的圆筒体上的分布状态如下:

当 $0 \leqslant \theta < \dfrac{\beta}{2}$ 时

$$T_{(\theta)} = T_c \tag{2-13}$$

当 $\dfrac{\beta}{2} \leqslant \theta \leqslant \pi$ 时

$$T_{(\theta)} = 0 \tag{2-14}$$

或可写成

当 $0 \leqslant \theta < \dfrac{2b}{D}$ 时

$$T_{(\theta)} = \frac{\varepsilon_c}{\alpha} \tag{2-15}$$

当 $\dfrac{2b}{D} \leqslant \theta \leqslant \pi$ 时

$$T_{(\theta)} = 0 \tag{2-16}$$

最终可得如图 2-10 所示的在圆筒体上 σ_x 的分布图及其各相应的应力组成部分。

当 $0 \leqslant \theta < \dfrac{2b}{D}$ 时

$$\sigma_{x(\theta)} = E\varepsilon_c\Big[-1 + \frac{1}{\pi}\frac{2b}{D} + \frac{2}{\pi}\sin\frac{2b}{D}\cos\theta \Big] \tag{2-17}$$

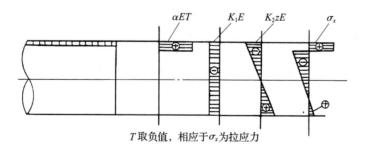

T 取负值,相应于 σ_x 为拉应力

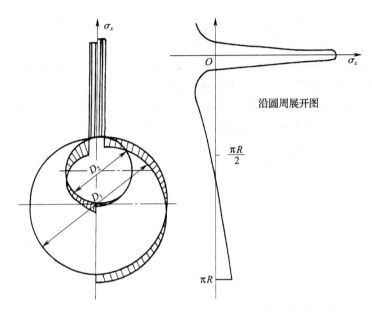

图 2 - 10　在圆筒体上 σ_x 的分布图及其各相应的应力组成

当 $\dfrac{2b}{D} \leqslant \theta \leqslant \pi$ 时

$$\sigma_{x(\theta)} = E\varepsilon_c \left(\frac{1}{\pi} \frac{2b}{D} + \frac{2}{\pi} \sin \frac{2b}{D} \cos\theta \right) \tag{2-18}$$

2.4　以弹性力学为基础的计算模型

2.4.1　由瞬间线热源（薄板点状加热）在无限大板上引起的弹性应力状态

对于这类问题先限定在弹性范围内分析如何建立力学模型。

在这里需要补充一定的弹性力学关于热应力问题的基础知识。

若在工件上加热，各点的温度已知，设工件的每一个小单元相互之间均无联系，则每个小单元体自由地受热而膨胀，在足够小的单元体上的温度可以认为是均匀的。若单元体的温度为 T ，则相应的应变为

$$\varepsilon = \alpha T \tag{2-19}$$

$$\left.\begin{array}{l} \varepsilon_x = \varepsilon_y = \varepsilon_z = \alpha T \\ \gamma_{xy} = \gamma_{yz} = \gamma_{zx} = 0 \end{array}\right\} \tag{2-20}$$

为了消除式（2-20）的应变，在单元体的各面上所需施加压应力（见图 2-11）为

$$\sigma_x = \sigma_y = \sigma_z = -\frac{\alpha TE}{1-2\mu} \tag{2-21}$$

根据弹性力学的公式有

$$\varepsilon_x = \frac{1}{E} \left[\sigma_x - \mu(\sigma_y + \sigma_z) \right] \tag{2-22}$$

若把式（2-21）代入式（2-22）则可以验证，由式（2-21）的应力所引起的应变确为 αT。

若在所有的单元体上均施加与其温度相对应的以式（2-21）所表示的应力，然后再把所有的单元体黏合在一起，则在各单元体面上的应力相减，这些应力的差值即所谓体积力。而在某些单元体的面上，在黏合过程中，应力并未相减，形成了作用在这些面上的表面压力 $-\dfrac{\alpha TE}{1-2\mu}$。

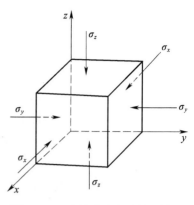

图 2-11　为消除应变在单元体的各面上所需施加的压应力

但是，事实上在被加热的工件上，任何表面力和体积力都不存在。因而，上面所得到的虚设的表面力和体积力应予去除。为此，在相应的部位施加方向相反的力。

在工件表面应施加法向表面力

$$\bar{x} = \bar{y} = \bar{z} = \frac{\alpha TE}{1-2\mu} \qquad (2-23)$$

而在工件的内部，则需要施加的体积力为 X,Y,Z。这些体积力可以根据下列平衡微分方程组求解而得到。将式（2-21）代入式（2-24）中，求解之。

$$\left.\begin{array}{l} \dfrac{\partial\sigma_x}{\partial x} + \dfrac{\partial\tau_{xy}}{\partial y} + \dfrac{\partial\tau_{xz}}{\partial z} + X = 0 \\[2mm] \dfrac{\partial\sigma_y}{\partial y} + \dfrac{\partial\tau_{xy}}{\partial x} + \dfrac{\partial\tau_{yz}}{\partial z} + Y = 0 \\[2mm] \dfrac{\partial\sigma_z}{\partial z} + \dfrac{\partial\tau_{xz}}{\partial x} + \dfrac{\partial\tau_{yz}}{\partial y} + Z = 0 \end{array}\right\} \qquad (2-24)$$

在式（2-24）中，若考虑把所加的体积力取相反的符号，同时因

$$\tau_{xy} = \tau_{yz} = \tau_{zx} = 0$$

则可以得到

$$\left.\begin{array}{l} X = -\dfrac{\alpha E}{1-2\mu} \cdot \dfrac{\partial T}{\partial X} \\[2mm] Y = -\dfrac{\alpha E}{1-2\mu} \cdot \dfrac{\partial T}{\partial Y} \\[2mm] Z = -\dfrac{\alpha E}{1-2\mu} \cdot \dfrac{\partial T}{\partial Z} \end{array}\right\} \qquad (2-25)$$

由此可见，由于不均匀加热，在工件上产生的应力一般是由三个分量所组成。

（1）静水压力（拉应力或压应力）。沿所有方向作用：$-\dfrac{\alpha TE}{1-2\mu}$，当升温时，$T$ 取正号；当降温时，取负号。

（2）由表面力所产生的应力由式（2-23）确定。

（3）由体积力所产生的应力由式（2-25）确定。

可见，求解不均匀加热工件上的应力分布（在弹性范围内）问题，可归结为寻找上述三个应力分量的表达式。

对于薄板来说，$\sigma_z = 0$，相应的应力分量为：

（1）平面内的静水压力

$$- \frac{\alpha TE}{1 - \mu} \qquad (2 - 26)$$

（2）板件边缘上的表面力

$$\bar{x} = \bar{y} = \frac{\alpha ET}{1 - \mu} \qquad (2 - 27)$$

（3）体积力

$$x = - \frac{\alpha ET}{1 - \mu} \cdot \frac{\partial T}{\partial x}$$
$$y = - \frac{\alpha E}{1 - \mu} \cdot \frac{\partial T}{\partial y} \qquad (2 - 28)$$

有了上述弹性力学关于热应力的基础知识，现在来分析瞬时线热源加热无限大板问题的求解过程和步骤[17]。

根据焊接热过程计算理论[13]，若不计耗散热，则有

$$T = \frac{q \cdot \mathrm{d}t}{4\pi\lambda\delta \cdot t} \mathrm{e}^{-\frac{r^2}{4at}} \qquad (2 - 29)$$

为了求出板件上的热应力，需要设定一些近似条件：

（1）板材完全处于弹性范围内；

（2）材料热物理特性与力学性能在所求解的温度区间均为常量。

以下按极坐标来求解。

将式（2-26）代入式（2-29），即可求得静水压力

$$\sigma_{r\text{静}} = \sigma_{t\text{静}} = - \frac{\alpha Eq \cdot \mathrm{d}t}{(1 - \mu)4\pi\lambda\delta t} \cdot \mathrm{e}^{-\frac{r^2}{4at}} \qquad (2 - 30)$$

在无限大板的中央加热，则板边的温升为零。根据式（2-27），板边的表面力也为零，也就是说，表面力不会在板内引起应力。

按式（2-28），在极坐标系中，体积力的表达式为

$$R = - \frac{\alpha E}{1 - \mu} \cdot \frac{\partial T}{\partial r}$$

为了求出体积力 R 所引起的应力，可以作如下的分析。

如图 2-12 所示，在离原点半径为 ρ 处有

$$\mathrm{d}R = \rho \cdot \mathrm{d}\rho$$

由 $\mathrm{d}R$ 所引起的在以 ρ 为半径的圆内、外的应力各为

（1）在圆内

$$\sigma_{r\text{内}} = \sigma_{t\text{内}} = \frac{1 + \mu}{2}\mathrm{d}R \qquad (2 - 31)$$

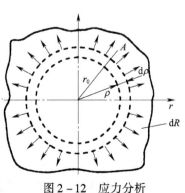

图 2-12　应力分析

（2）在圆外

$$\left.\begin{array}{l} \sigma_{r外} = -\dfrac{1-\mu}{2} \cdot \dfrac{\rho^2}{r^2} \cdot \mathrm{d}R \\[3mm] \sigma_{t外} = \dfrac{1-\mu}{2} \cdot \dfrac{\rho^2}{r^2} \cdot \mathrm{d}R \end{array}\right\} \tag{2-32}$$

若在板上 A 点（距圆心为 $r = r_0$），则板内所有体积力在该点引起的应力可以按如下步骤求出。

首先，确定在圆（$r = r_0$）内作用的体积力在 A 点所引起的应力 $\sigma_{t内}$。为此，将式（2-32）在 $0 \sim r_0$ 区间积分

$$\sigma_{t内} = \int_0^{r_0} \dfrac{1-\mu}{2} \cdot \dfrac{\rho^2}{r_0{}^2}\mathrm{d}R = \dfrac{\alpha Eaq\mathrm{d}t}{2\pi\lambda\delta r_0{}^2}\left[1 - e^{-\frac{r_0^2}{4at}(1+\frac{r_0^2}{4at})}\right] \tag{2-33}$$

其次，确定在圆（$r = r_0$）外作用的体积力在 A 点所引起的应力 $\sigma_{t外}$

$$\sigma_{t外} = \int_{r_0}^{\infty} \dfrac{1+\mu}{2}\mathrm{d}R = \dfrac{1+\mu}{1-\mu} \cdot \dfrac{\alpha Eq \cdot \mathrm{d}t}{8\pi\lambda\delta t} \cdot e^{-\frac{r_0^2}{4at}} \tag{2-34}$$

因此，A 点的应力可以将式（2-30）、式（2-33）和式（2-34）相加而求得

$$\sigma_t = \sigma_{t静} + \sigma_{t内} + \sigma_{t外} = \dfrac{\alpha Eq\mathrm{d}t}{8\pi\lambda\delta t}\left[\dfrac{4at}{r_0{}^2}(1 - e^{-\frac{r_0^2}{4at}}) - 2e^{-\frac{r_0^2}{4at}}\right] \tag{2-35}$$

同理，可以求得 σ_r

$$\sigma_r = -\dfrac{\alpha Eqa\mathrm{d}t}{2\pi\lambda\delta r_0{}^2}(1 - e^{-\frac{r_0^2}{4at}}) \tag{2-36}$$

当加热温度场为轴对称分布时，则其一般表达式为

$$\left.\begin{array}{l} \sigma_r = -\dfrac{\alpha E}{r^2}\displaystyle\int_0^r Tr\mathrm{d}r \\[4mm] \sigma_t = -\alpha TE + \dfrac{\alpha E}{r^2}\displaystyle\int_0^r Tr\mathrm{d}r \end{array}\right\} \tag{2-37}$$

以上结果也可以直接引用弹性力学关于热应力的解而求出[19]。在点状加热时，假定薄圆板上不发生塑性变形，并带有中心孔 r_0，其外径为 R，在其上有轴对称温度场，则在半径 r 处的 σ_r 与 σ_θ（或标记为 σ_t）可根据弹性力学公式表达如下

$$\sigma_r = \alpha E\left[-\dfrac{1}{r^2}\int_{r_0}^r Tr\mathrm{d}r + \dfrac{1}{R^2-r_0^2}\int_{r_0}^R Tr\mathrm{d}r - \dfrac{r_0{}^2}{r^2(R^2-r_0{}^2)}\int_{r_0}^R Tr\mathrm{d}r\right] \tag{2-38}$$

$$\sigma_\theta = \alpha E\left[-T + \dfrac{1}{r^2}\int_{r_0}^r Tr\mathrm{d}r + \dfrac{1}{R^2-r^2}\int_{r_0}^R Tr\mathrm{d}r - \dfrac{r_0{}^2}{r^2(R^2-r_0{}^2)}\int_{r_0}^R Tr\mathrm{d}r\right] \tag{2-39}$$

对于中心无孔的无限大板，$R \to \infty$，$r_0 \to 0$，则板上的 σ_r 与 σ_θ 的表达式为

$$\sigma_r = -\dfrac{\alpha E}{r^2}\int_0^r Tr\mathrm{d}r \tag{2-40}$$

$$\sigma_\theta = \alpha E\left[-T + \dfrac{1}{r^2}\int_0^r Tr\mathrm{d}r\right] \tag{2-41}$$

这与式（2-37）相同。

若板中心由热源 Q 加热，其温度场为

$$T_{(r,t)} = \frac{Q}{4\pi\lambda\delta t}\exp\left(-\frac{r^2}{4at} - bt\right) \tag{2-42}$$

这时，相应的应力分布为

$$\sigma_r = -\frac{\alpha E}{r^2}\int_0^r \frac{Q}{4\pi\lambda\delta t}\exp\left(-\frac{r^2}{4at} - bt\right)r\mathrm{d}r =$$

$$-\frac{\alpha E Q \mathrm{e}^{-bt}}{4\pi\lambda\delta t r^2}(-2at)\int_0^r \mathrm{e}^{-\frac{r^2}{4at}}\mathrm{d}\left(-\frac{r^2}{4at}\right) =$$

$$-\frac{\alpha E Q a \mathrm{e}^{-bt}}{2\pi\lambda\delta r^2}\left(1-\mathrm{e}^{-\frac{r^2}{4at}}\right) \tag{2-43}$$

$$\sigma_\theta = -\frac{\alpha E Q}{4\pi\lambda\delta t}\mathrm{e}^{\left(-\frac{r^2}{4at}-bt\right)} + \frac{\alpha E}{r^2}\int_0^r \frac{Q}{4\pi\lambda\delta t}\exp\left(-\frac{r^2}{4at} - bt\right)r\mathrm{d}r =$$

$$-\frac{\alpha E Q}{4\pi\lambda\delta t}\mathrm{e}^{\left(-\frac{r^2}{4at}-bt\right)} + \frac{\alpha E Q a \mathrm{e}^{-bt}}{2\pi\lambda\delta r^2}\left(1-\mathrm{e}^{-\frac{r^2}{4at}}\right) = \tag{2-44}$$

$$-\frac{\alpha E Q a \mathrm{e}^{-bt}}{2\pi\lambda\delta r^2}\left[\mathrm{e}^{-\frac{r^2}{4at}}\left(1+\frac{r^2}{2at}\right) - 1\right]$$

在原点处有

$$\lim_{r\to 0}\frac{1}{r^2}\left(1 - \mathrm{e}^{-\frac{r^2}{4at}}\right) = \lim_{r\to 0}\frac{\mathrm{e}^{-\frac{r^2}{4at}}\cdot\frac{r}{2at}}{2r} = \frac{1}{4at}$$

因此，当 $r = 0$ 时，有 $\sigma_{r_0} = \sigma_{\theta_0} = \sigma_0$

$$\sigma_0 = -\frac{\alpha E Q}{8\pi\lambda\delta}\cdot\frac{\mathrm{e}^{-bt}}{t} \tag{2-45}$$

若将式（2-40）、式（2-41）作相应的变换，将式（2-40）先乘以 2π，然后再除以 2π，则可得

$$\sigma_r = -\alpha E\frac{1}{2\pi r^2}\int_0^r T2\pi r\mathrm{d}r = -\frac{\alpha E T_{\mathrm{av}(r)}}{2} \tag{2-46}$$

显而易见，在 r 处的 σ_r 值是由半径为 r 的圆内的平均温度变形的一半所决定的。

同理，对于切向应力有

$$\sigma_\theta = -\alpha E T + \alpha E\frac{1}{2\pi r^2}\int_0^r T2\pi r\mathrm{d}r =$$

$$-\alpha E T + \frac{\alpha E T_{\mathrm{av}(r)}}{2} \tag{2-47}$$

σ_θ 是由在半径 r 处的温度变形与 r 半径内的平均温度变形量一半之和所决定的。

为了能更直观地分析温度变形与实际应力状态的关系，可以用无量纲坐标 $\sigma\cdot A = f\left(\frac{r}{\sqrt{4at}}\right)$ 曲线来说明，参见图 2-13，其中

$$A = \frac{4\pi\lambda\delta t}{\alpha E Q}$$

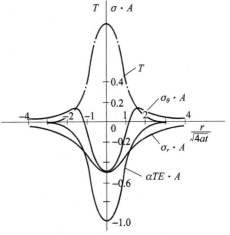

图 2-13　温度变形与实际应力状态的关系

式中：αET——完全刚性拘束条件下的温度应力。

从图上可见，在原点 $r = 0$ 处，σ_r 与 σ_θ 比完全刚性拘束条件下的 αET 值小 50%。

2.4.2　运动热源加热无限大板时的应力场分析（在弹性范围内）

在掌握了上述点状加热的弹性力学模型之后，可以进一步把这类力学模型引伸到在无限大板上运动热源问题的求解。在这里仍然限制在弹性范围内，目的是为了掌握分析方法本身，而不是用这类模型去得到实际焊接过程的应力场。实际焊接过程的应力应变分析有赖于利用热弹塑性力学模型和数值分析方法工具精确地求解。在本文 2.8 节中将进一步阐明这一问题。

若不计耗散热，则运动热源的准定常状态温度场为

$$T = \frac{q}{2\pi\lambda\delta} e^{-\frac{vx}{2a}} K_0\left(\frac{vr}{2a}\right) \qquad (2-48)$$

在求解时所给定的假设条件与点状加热时相同。

我们首先着手分析加热过程的物理现象：把运动热源的温度场看作是由无穷多个瞬间线热源（点状加热）处于不同时刻温度场的总和。同理，在弹性范围内，我们也可以把应力场看作是由上述无穷多个瞬间线热源所致的应力场之总和。

有了以上概念和模型，即可以把所设定的问题求解归结如下。

在时间区间 $t = 0$ 和 $t = \infty$ 内，在热源移动方向的轴线上分别对瞬间热源的应力式（2-35）、式（2-36）进行积分而求得弹性应力场。

为此，把应力表达式变换为笛卡儿坐标系中的形式，因 $r^2 = x^2 + y^2$，则有

$$\sigma_x = \frac{\alpha Eq\mathrm{d}t}{8\pi\lambda\delta t}\left[-\frac{x^2 - y^2}{r^2}\cdot\frac{4at}{r^2}(1 - e^{-\frac{r^2}{4at}}) - 2\frac{y^2}{r^2}e^{-\frac{r^2}{4at}}\right] \qquad (2-49)$$

$$\sigma_y = \frac{\alpha Eq\mathrm{d}t}{8\pi\lambda\delta t}\left[\frac{x^2 - y^2}{r^2}\cdot\frac{4at}{r^2}(1 - e^{-\frac{r^2}{4at}}) - 2\frac{x^2}{r_2}e^{-\frac{r^2}{4at}}\right] \qquad (2-50)$$

$$\tau_{xy} = -\frac{\alpha Eq\mathrm{d}t}{4\pi\lambda\delta t}\left[\frac{xy}{r^2}\cdot\frac{4at}{r^2}(1 - e^{-\frac{r^2}{4at}}) - \frac{xy}{r^2}e^{-\frac{r^2}{4at}}\right] \qquad (2-51)$$

按照雷卡林对运动热源温度场的数学处理方法[13]，我们可以把式（2-49）的 σ_x 在 $t = 0$ 到 $t = \infty$ 区间进行积分运算

$$\sigma_x = -\frac{\alpha Eq}{2\pi c\gamma\delta}\left\{\int_0^\infty \frac{(x + vt'')^2 - y^2}{[(x + vt'')^2 + y^2]^2}\cdot\left[1 - e^{-\frac{(x+vt'')^2+y^2}{4at''}}\right]\mathrm{d}t'' + \right.$$
$$\left.\int_0^\infty \frac{y^2}{2at''[(x + vt'')^2 + y^2]}\cdot e^{-\frac{(x+vt'')^2+y^2}{4at''}}\mathrm{d}t''\right\} \qquad (2-52)$$

将式（2-52）对 a 微分然后再对 t 积分 可得

$$\frac{\partial\sigma_x}{\partial a} = \frac{\alpha Eq}{2\pi c\gamma\delta}\left[\frac{e^{-\frac{vx}{2a}}}{2a^2}K_0\left(\frac{vr}{2a}\right) + \frac{y^2 ve^{-\frac{vx}{2a}}}{4a^2 r}K_1\left(\frac{vr}{2a}\right)\right] \qquad (2-53)$$

在 $a \sim \infty$ 范围内将式（2-53）对 a 积分，求得 $\sigma_x - \underset{a\to\infty}{\sigma_x}$ 的差值。

为此，先进行 $\frac{vr}{2a} = z$ 置换，有

$$d\left\{ze^{-\frac{x}{r}z}\left[K_0(z) - \frac{x}{r}K_1(z)\right]\right\} = e^{-\frac{x}{r}z}\left[K_0(z)\,dz - \left(1 - \frac{x^2}{r^2}\right)ze^{-\frac{x}{r}z}K_1(z)\,dz\right]$$

则有

$$\sigma_x\Big|_{a\to\infty} - \sigma_x = -\frac{\alpha Eq}{2\pi c\gamma\delta vr} \cdot \left\{ -\frac{vr}{2a}e^{-\frac{vr}{2a}}\left[K_0\left(\frac{vr}{2a}\right) - \frac{x}{r}K_1\left(\frac{vr}{2a}\right)\right] + \right.$$

$$\left. ze^{-\frac{x}{r}z} \cdot \left[K_0(z) - \frac{x}{r}K_1(z)\right]\Big|_{z\to 0} \right\} \tag{2-54}$$

因 $\sigma_x\Big|_{a\to\infty} = 0$，当 $z\to 0$ 时，求出上式的极限

$$\sigma_x = -\frac{\alpha Eq}{4\pi\lambda\delta}\left\{e^{-\frac{vx}{2a}}\left[K_0\left(\frac{vr}{2a}\right) - \frac{x}{r}K_1\left(\frac{vr}{2a}\right)\right] + \frac{2a}{v}\cdot\frac{x}{r^2}\right\} \tag{2-55}$$

同理可得

$$\sigma_y = -\frac{\alpha Eq}{4\pi\lambda\delta}\left\{e^{-\frac{vx}{2a}}\left[K_0\left(\frac{vr}{2a}\right) + \frac{x}{r}K_1\left(\frac{vr}{2a}\right)\right] - \frac{2a}{v}\cdot\frac{x}{r^2}\right\} \tag{2-56}$$

$$\tau_{xy} = \frac{\alpha Eq}{4\pi\lambda\delta}\left[e^{-\frac{vx}{2a}}\frac{y}{r}\cdot K_1\left(\frac{vr}{2a}\right) - \frac{2a}{v}\cdot\frac{y}{r^2}\right] \tag{2-57}$$

在热源运动的前方 $x > 0$，在后方 $x < 0$。

上面所给出的 σ_x、σ_y、τ_{xy} 的表达式因局限于弹性范围内，因此只能在定性方面揭示应力场的分布规律。正像已强调过的，在这里着重要了解的是建立一个计算模型的方法、步骤和求解中所采用的数学工具，而不是考虑实际的焊接应力应变全过程。

根据计算公式可以给出在无量纲坐标系中的曲线关系（如图 2-14 所示）。当 $\frac{vx}{2a}$（无量纲距离）值甚小时，应力 σ_x 明显地小于 αET 值；σ_x 约比绝对刚性状态下的 αET 小 25%。这显示在加热区四周金属材料有弹性让压效应。在 y 轴方向上 σ_x 也小于 αET。

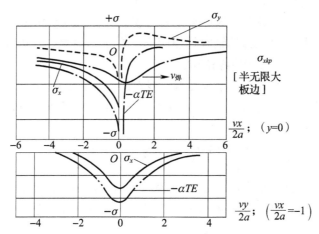

图 2-14　在无量纲坐标系中的曲线关系

若在半无限大板的边缘加热，σ_x（在图上用 σ_{xkp} 标出）与 αET 的差别更大。为了计算 σ_{xkp}，可将无限大板切成两半，因 σ_y 和 τ_{xy} 在板边上为零，则在板边上施加与 σ_y 相反的载

荷,可得到式(2 - 55)、式(2 - 56)中 σ_x 与 σ_y 的差值[12],即

$$\sigma_{xkp} = \frac{\alpha Eq}{2\pi\lambda\delta}\left[(\mathrm{sgn}x)\mathrm{e}^{-\frac{vx}{2a}}K_1\left(\frac{v(x)}{2a}\right) - \frac{2a}{vx} \right] \qquad (2-58)$$

式中:$(\mathrm{sgn}x)$——取 x 值的正负号。

2.4.3 移动热源加热板边时的位移

焊缝的横向收缩量 与 σ_y 有关,给出定量的分析结果在数学处理上用解析方法是困难的。横向收缩量的控制在航空构件上是经常遇到的问题。如图 2 - 15 所示的喷气式发动机薄壁机匣焊接结构,筒体由安装边与钣金件组焊成,焊接后的精加工余量直接与焊缝的横向收缩量有关。一般情况下,不锈钢薄板($\delta = 1.0 \sim 2.0\mathrm{mm}$)结构件的焊缝横向收缩量为 $\Delta = 0.4 \sim 0.6\mathrm{mm}$。在图 2 - 15 所示的机匣上,7 条环形焊缝的横向收缩量之和就会使机匣的全长在轴线方向上缩短 $3 \sim 4\mathrm{mm}$。这样的横向收缩变形量是在生产工艺过程中必须考虑的, 如对焊接工装设计要提出相应的要求, 应对两端安装边的最后精加工余量和毛坯尺寸进行协调计算等。

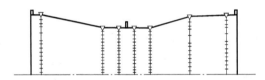

图 2 - 15 喷气式发动机薄壁机匣焊接结构

焊缝的横向收缩量就是热源加热板边时所引起的边缘位移, 可以近似地由弹性理论来求解。因为, 位移量的弹性解是弹塑性精确解的近似值, 在作必要的修正之后, 这种近似解即可以用于解决实际工艺问题。

建立板边位移力学模型和进行计算的步骤如下。

(1) 首先确定由单元瞬时线热源在无限大板上所引起的应力场;

(2) 将无限大板沿热源移动轴线切成两半, 在半无限大板的边缘上去除 σ_θ 应力, 并确定由瞬时线热源所引起的边缘位移;

(3) 将所有焊接过程中的每个单元瞬时线热源引起的位移相叠加。

上面曾得到瞬时线热源所引起的 σ_θ 的公式(2 - 35)。若考虑到向周围介质的热耗散,则引入热耗散函数 $\beta(t)$ 有

$$\sigma_\theta = \frac{\alpha Eq\mathrm{d}t}{8\pi\lambda\delta t}\left[\frac{4at}{r_0^2}(1 - \mathrm{e}^{-\frac{r_0^2}{4at}}) - 2\mathrm{e}^{-\frac{r_0^2}{4at}} \right] \cdot \beta(t) \qquad (2-59)$$

在半无限大板的边缘加载 σ_θ, 这就使原来是直线的板边产生相应的位移。从弹性力学[12]可知, 在半无限大板边上的 O 点求位移时, 可利用如下公式

$$V_0 = \frac{2}{\pi E}\int p\ln\frac{d}{r}\mathrm{d}r - \frac{1+\mu}{\pi E}\int p\mathrm{d}r \qquad (2-60)$$

式中:$p = \sigma_t$——均布载荷;

d——任意常量。

如图 2-16 所示，在 O 点左右两侧的分布载荷 p 按图上的曲线变化。O 点的坐标为 $r = x$。为了确定 O 点的位移，将坐标原点移至 x 点，在 $0 \sim \infty$ 区间，对 x 点左右两侧载荷进行积分，作相应的变换后得

$$V_x = -\frac{2\alpha q a e^{-\frac{x^2}{4at}} \mathrm{d}t}{\pi^2 \lambda \delta x} \beta(t) \int_0^\infty e^{-u^2} \mathrm{sh}\left(\frac{ux}{\sqrt{at}}\right)\frac{\mathrm{d}u}{u}$$

$$(2-61)$$

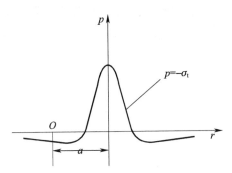

（a）分布载荷曲线

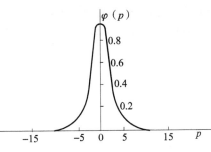

（b）瞬间线热源加热板边所引起的位移曲线

图 2-16　分布载荷曲线和位移曲线

式中：$u = \dfrac{r}{2\sqrt{at}}$。

将双曲正弦函数化为级数并积分之，得

$$V_x = -\frac{\alpha q a \beta(t)\,\mathrm{d}t}{\pi^{3/2}\lambda\delta\sqrt{at}} \cdot \left\{ e^{-\frac{p^2}{4}}\left[1 + \sum_{n=1}^\infty \frac{p^{2n}}{2^{2n}(2n+1)n!}\right]\right\}$$

$$(2-62)$$

式中：$p = \dfrac{x}{\sqrt{at}}$。

式（2-62）给出的是瞬间线热源加热板边所引起的位移曲线（见图 2-16（b））。图上的纵坐标 $\varphi(p)$ 为式（2-62）大括号内的函数，在实际应用中 V_x 取正号。

为了便于积分，将式（2-62）中的 $\varphi(p)$ 函数 $\varphi'(p)$ 置换

$$V_x = \frac{\alpha q\sqrt{a}}{\sqrt{\pi^3}\lambda\delta} \cdot \frac{\beta(t)}{\sqrt{t}} \cdot \left(C_1 e^{-k_1\frac{x^2}{at}} + C_2 e^{-k_2\frac{x^2}{at}} + C_3 e^{-k_3\frac{x^2}{at}}\right)\mathrm{d}t$$

$$(2-63)$$

将上式积分，可得由无穷多个在时间 $t = 0$ 到 $t = \infty$ 之间分别给出热量的单位瞬间线热源所引起的板边总位移。当热传导系数 $\alpha_{(\mathrm{T})}$ 为常量时，热耗散函数 $\beta(t) = e^{-bt}$；$b = \dfrac{2\alpha_{(\mathrm{T})}}{c\gamma\delta}$。

$$V = \frac{\alpha q}{\pi v_{\text{焊}}\, c\gamma\delta} \sum_1^3 C_i \sqrt{\frac{1}{\dfrac{ba}{v_{\text{焊}}^2} + k_i}} \cdot \exp\left[-2k_i\frac{v_{\text{焊}}\,x}{a} - \frac{2v_{\text{焊}}\,|x|}{a} \cdot \sqrt{\left(\frac{ba}{v_{\text{焊}}^2} + k_i\right)k_i}\right]$$

$$(2-64)$$

在热源运动前方 $x > 0$,在后方 $x < 0$

$$C_1 = 0.872; \quad C_2 = 0.112; \quad C_3 = 0.016$$
$$k_1 = 0.175; \quad k_2 = 0.022; \quad k_3 = 0.003$$

针对具体焊接规范,可以求得板边的位移量,图 2 – 17 所示为一典型的板边位移分布图 (当 $\delta = 20$cm 时, $q = 313000$J/s)。

在两块板件对接焊时,有一定间隙。两块板边的相对位移量在形成一个整体焊缝后即为横向收缩。在电弧处两侧板边的位移为最大 V_{max};两板边的相互靠近为 $2V_{max}$。如图 2 – 18 所示,在高温区,在 OA 段,金属抵抗塑性变形的能力很弱(或可称为力学熔化区,或零应力区),这段金属塑性流动后,产生的拉长量为 $2(V_{max} - V_A)$。

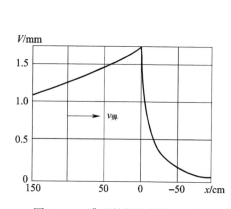

图 2 – 17　典型的板边位移分布图

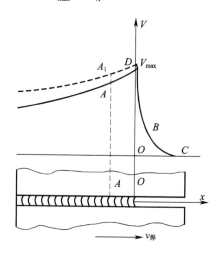

图 2 – 18　焊接时板边的热膨胀位移

在 A 点,垂直于焊缝方向上不再发生塑性拉伸,两侧边缘的靠近量为 $2V_A$;在金属完全冷却后的横向收缩量即为 $\Delta = 2V_A$。在电弧之后的降温快慢影响塑性变形量 $2(V_{max} - V_A)$,如图 2 – 18 所示,若沿虚线降温则 $2V_A$ 增大。

若对接焊时无间隙,则在电弧前方的某段区间上 (图上用 CB 示出)板边产生弹性互挤,而在 BD 段金属材料产生压缩塑性变形。由于在 CB 段的弹性挤压和 BD 段上的一部分弹性挤压(BD 处于弹塑性区),在 D 处的最大位移量会受到影响。所以当对接焊无间隙时,或在整块板上平铺焊时,$2V_{max}$ 值较小,因而,横向收缩量 $2V_A$ 也较小,与带间隙的对接焊相比,小 15% ~ 20%。

若完全处于弹性范围内,则这种对接焊所产生的最大可能的位移 $2V_{max}$ 可用下式表示

$$2V_{max} = 2\frac{\alpha}{c\gamma} \cdot \frac{q}{\delta v_{\text{焊}}} \tag{2 – 65}$$

实际上,焊缝的横向收缩量小于上式所得出的数值。当有间隙而热耗散甚小时(如电渣焊)

$$\Delta \approx 0.8 \times 2V_{max} \tag{2 – 66}$$

无间隙的单道电弧焊,若 $\delta < 16$mm,对于碳钢、低合金钢、奥氏体钢和钛、铝合

金来说

$$\Delta \le (0.5 \sim 0.7)2V_{max} = (1.0 \sim 1.4)\frac{\alpha}{c\gamma} \cdot \frac{q}{\delta v_{焊}} \qquad (2-67)$$

上式也可应用于整块板平铺焊并未全焊透时的情况，以及用于角焊缝时的横向收缩量计算。因为位移只是在很小的区段内发生，因此工件的夹紧程度一般对焊接时的横向位移没有什么决定性的影响，而只是在冷却时有影响。若夹紧力很大则有可能产生冷却时的拉长塑性变形，从而减小横向收缩。在起弧段，由于尚未达到准定常温度场，横向收缩量偏小。若在焊缝上重复焊，则第二道焊缝引起的收缩量与第一道焊缝的收缩量相近（当焊接规范相同时）。若带有间隙对接焊时，在电弧到达之前，由于瞬时焊接变形使间隙张开或闭合，则焊缝横向收缩量是这些位移的总和。若有定位焊点，一般说来，焊缝横向收缩量与工件的瞬时焊接变形无关。对接板边缘相互离开的原因有二：一是由于瞬间相变所引起的变形；二是窄长板条沿宽度方向不均匀加热所致的平面内纵向弯曲变形。这些因素在计算焊缝横向收缩量时均应考虑。

2.5　以板壳理论为基础的计算模型

2.5.1　薄板对接焊时的变形

薄板焊后变形的主要表现形式是失稳。如图 2 - 19 所示，板件失稳后，沿板长 L 方向呈圆弧状。这时板件的势能最小，是一种最稳定的状态。

对接焊板件的失稳变形，可根据板壳理论计算板件势能的方法求解[17]。

若把板件看成是 $L \to \infty$ 的一部分，它将弯曲呈以 a 为曲率半径的圆筒状，且在 $2b$ 宽的区域内作用有均布载荷 $q = \dfrac{\sigma_0 \delta}{a}$（见图 2 - 20）以致在 $2b$ 范围内保持 σ_0 值，而在板件其余部分无压应力。在板的两端施加弯矩 M，而在板的两侧边有弯矩 $M_0 = \left[\mu / (1 - \mu^2) \right] \cdot \left[E\delta / 12a \right]$，以防止在弯板时横向变形带来的板边上翘。

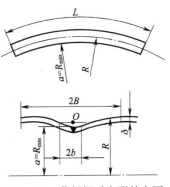

图 2 - 19　薄板焊后变形的主要
表现形式——失稳

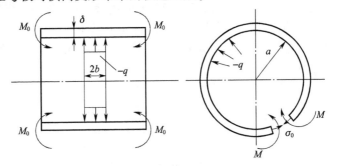

图 2 - 20　板件对接焊缝变形的计算模型

宽板弯曲时，产生双向应力状态，纵向应力为

$$\sigma_x = -\frac{\delta E}{2a(1-\mu^2)} + \frac{z \cdot E}{a(1-\mu^2)} \qquad (2-68)$$

而在 $2b$ 区内的纵向应力应为

$$\sigma_{x(2b)} = \sigma_0 - \frac{\delta E}{2a(1-\mu^2)} + \frac{zE}{a(1-\mu^2)} \qquad (2-69)$$

式中：z ——板件厚度方向坐标。

因此在板上的横向应力为

$$\sigma_y = \mu\sigma_x \qquad (2-70)$$

即

$$\sigma_y = -\frac{\mu\delta E}{2a(1-\mu^2)} + \frac{\mu zE}{a(1-\mu^2)} \qquad (2-71)$$

对板件内的势能分析，采取如下步骤：

在 $2b$ 区间，单位体积内由于弯曲而产生的势能为

$$dU_{弯} = \frac{(1-\mu^2)}{2E} \cdot \left[\sigma_0 - \frac{\delta E}{2a(1-\mu^2)} + \frac{zE}{a(1-\mu^2)}\right]^2 \qquad (2-72)$$

在其余部分则有

$$dU_{弯}' = \frac{(1-\mu^2)}{2E} \cdot \left[-\frac{\delta E}{2a(1-\mu^2)} + \frac{zE}{a(1-\mu^2)}\right]^2 \qquad (2-73)$$

在板件单位长度上，由于弯曲所产生的总势能则为

$$U_{弯} = 2\int_0^\delta \int_0^b (dU_{弯} + dU_{弯}')dz \cdot dy \qquad (2-74)$$

在平面应力状态下，单位体积内的势能可以由如下公式求出

$$U_0 = \frac{1}{2E}(\sigma_x^2 + \sigma_y^2) - \frac{\mu}{E}\sigma_x \cdot \sigma_y \qquad (2-75)$$

根据上列各式，用积分法可求得板件单位长度上的势能。初始势能为

$$U_{2b} = \frac{\sigma_0^2}{2E} \cdot F = \frac{\sigma_0^2}{2E} \cdot 2b \cdot \delta = \frac{\sigma_0^2 \cdot \delta b}{E}$$

则单位长度上的势能为

$$U_1 = \frac{\sigma_0^2 \cdot \delta b}{E} + \frac{\sigma_0\delta^2 b}{4a} + \frac{E\delta^3 B}{12a^2(1-\mu^2)} \qquad (2-76)$$

在呈弯曲状的板件上所施加的 q 力和弯矩 M_0 均为虚设的。在得知板件单位长度上势能的增量后，这些虚设的作用力应予去除。为此，首先可以在 $y = \pm B$ 的边缘处施加与 M_0 相反的弯矩，则可得到弯矩 M_0 在其角位移 θ 上的负功，在力 q 的作用下，弯矩 M_0 同样会引起相应的挠度 ω，见图 2 - 21。

根据圆柱体薄壳理论，M_0 在其角位移 θ 上做功为

$$U_{M_0} = -2\frac{M_0\theta}{2} = -\frac{\mu^2 \cdot E\delta^5 k^3}{36(1-\mu^2)} \cdot \frac{\text{ch}2\alpha - \cos2\alpha}{\text{sh}2\alpha + \sin2\alpha} \qquad (2-77)$$

$$\alpha = k \cdot B; \quad k = \sqrt[4]{\frac{3(1-\mu^2)}{\delta^2 a^2}}$$

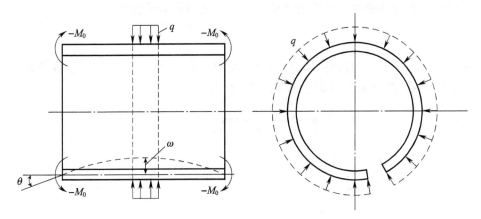

图 2-21　在力 q 的作用下，弯矩 M_0 引起挠度 ω

为了得到 q 力所做的功，位移 ω_{M_0} 可在 $y = 0$ 时确定

$$U_{q_{M_0}} = -q2b\omega_{M_0} = \frac{2\mu\sigma_0\delta^3 bk^2}{3(1-\mu^2)} \cdot \frac{\cos\alpha\text{sh}\alpha - \sin\alpha\text{ch}\alpha}{\sin 2\alpha + \text{sh} 2\alpha} \qquad (2-78)$$

而后，去除 q 力，求得在 $y = 0$ 和 $y = b$ 处的挠度，近似计算出这些力在挠度平均值 ω 处所做的功

$$\omega = \frac{\omega_{y=0} + \omega_{y=b}}{2}$$

$$U_q = -\frac{b^2 q^2}{2k^3 D}\text{e}^{-\alpha}(\cos\alpha - \sin\alpha)\frac{\cos\alpha\text{sh}\alpha - \sin\alpha\text{ch}\alpha}{\sin 2\alpha + \text{sh} 2\alpha} - \frac{b^2 q}{k^3 D}\text{e}^{-\alpha}\frac{\cos^2\alpha\text{ch}\alpha}{\sin 2\alpha + \text{sh} 2\alpha} -$$

$$\frac{q^2 a^2 b}{4E\delta}(3 - 2\text{e}^{-\gamma}\cos\gamma - \text{e}^{-2\gamma}\cos 2\gamma) \qquad (2-79)$$

式中：$\gamma = k \cdot b$。

$$D = \frac{E\delta^3}{12(1-\mu^2)}$$

板件的全部势能是由所有这些势能分量所组成

$$U = U_1 + U_{M_0} + U_{q_{M_0}} + U_q \qquad (2-80)$$

图 2-22 所示为对接焊薄板件（$B = 30$cm；$2b = 4$cm，$\delta = 0.15$cm；$E = 2.1 \times 10^6$kgf/cm^2；$\mu = 0.3$）的势能与失稳弯曲变形后的曲率关系曲线。

相应于每一个 σ_0 值，曲线 $U = f(1/a)$ 具有两个极值：$\frac{1}{a} = 0$ 时，为不稳定平衡状态；而当 U 为极小值时，呈稳定平衡状态。当 $\sigma_0 = 0$ 时，板内无残余应力，则板件仅有一个稳定平衡状态，即平面状态（$1/a = 0$ 时）。

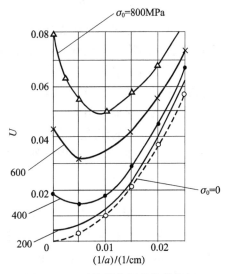

图 2-22　对接焊薄板件的势能与失稳弯曲变形后的曲率关系曲线

焊后板件失稳翘曲时，其中的势能为最小，可用数学式表达为

$$\frac{\partial U}{\partial a} = 0$$

由此，可求得 $1/a$ 与焊件尺寸 (δ, B) 及材料应力状态 (E, σ_0) 和焊接各参数 $(b$ 值$)$ 之间的定量关系，并以曲线形式来表示，见图 $2 - 23$。

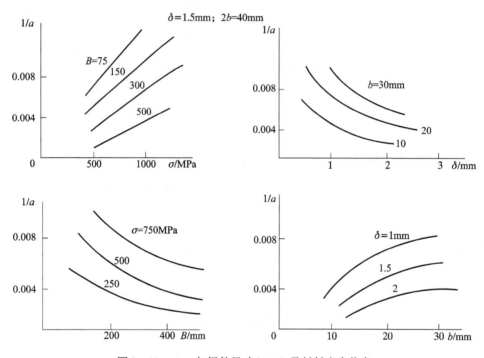

图 $2 - 23$　$1/a$ 与焊件尺寸 (δ, B) 及材料应力状态 (E, σ_0) 和焊接各参数 $(b$ 值$)$ 之间的定量关系

从上述分析可知，对接焊薄板呈圆弧状失稳变形并非简单的弯曲变形，而是由于残余应力引起的特有失稳状态；板件在两个方向上均产生形变，带有拉伸应力的焊缝区处于离圆弧曲率中心最近的位置上，这可以使拉应力值降低，同时也使原有的势能减小到最低值。释放出来的这部分势能则用于板件的弯曲变形。

这类失稳变形也可用力的平衡模型来解释（如图 $2 - 19$ 所示），在板件的横截面上，焊缝上收缩力的作用点偏离截面重心，导致弯矩产生和纵向的变形。

当 $1/a$ 为已知，则可求出板件在失稳状态时的焊缝收缩量

$$\varepsilon_{缩} = \frac{\omega_{(x=0)}}{a}$$

式中：$\omega_{(x=0)}$——由虚设力 q 和边缘弯矩 M_0 所致的焊缝区挠度。

在图 $2 - 24$ 上用虚线标出试件在压紧时的焊缝收缩量（当 $b = 10$mm 时）。若取图中 ★ 号所示的试件为例，$b = 30$mm，$\delta = 1.5$mm，则有 $\varepsilon_{缩} = 1.4 \times 10^{-3}$，相应减小的残余应力值（钢材）约为

$$\sigma = \varepsilon_{缩} \cdot E = 1.4 \times 10^{-3} \times 2 \times 10^4 = 28\text{kgf/mm}^2$$

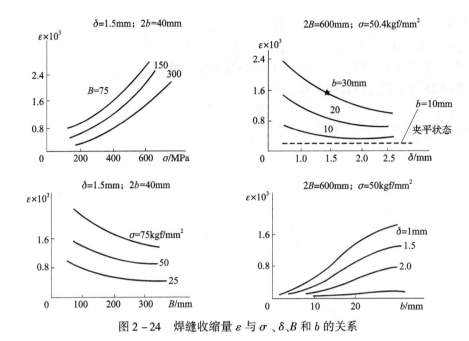

图 2-24 焊缝收缩量 ε 与 σ、δ、B 和 b 的关系

上述分析计算所揭示的规律性均已为大量的实际测试所证明，无论是对碳钢、不锈钢、钛合金等均符合。若板件太窄，宽度小于如下条件

$$2B < \frac{\pi}{K} = \frac{\pi\sqrt{a\cdot\delta}}{\sqrt[4]{3(1-\mu^2)}}$$

则计算结果会与实验结果有一定差别。

2.5.2 薄壁圆筒体环形焊缝的应力与变形

图 2-25 所示为圆筒上环形焊缝变形情况及计算模型的分解和步骤[4]。苏联、日本和英国等也曾对这类问题进行过分析与研究[24]。

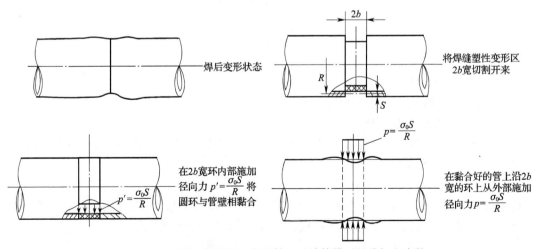

图 2-25 圆筒上环形焊缝变形情况及计算模型的分解和步骤

设想，当 $R \to \infty$ 时，简体上的环形对接焊缝即趋近于平板对接焊缝，在 $2b$ 区内有均匀的等效初始应变 ε_0 及相对应的 σ_0（一般 $\sigma_0 \approx \sigma_s$）。

将 $2b$ 宽的环由简体上切割下来，环内的应力全部释放，则 $\sigma_\theta = 0$。

这时 $2b$ 宽圆环上的径向收缩变形为

$$W_0 = \varepsilon_0 R$$

若在圆环内部施加假想的径向力

$$p = \frac{\sigma_0 S}{R}$$

则可以使圆环恢复到焊前状态，有 $\sigma_\theta = \sigma_0$。这时，再把 $2b$ 宽圆环与简体黏合后，把假想的负载去除。为此可以在圆简体外侧加载，如图 $2-26$ 所示。

该计算模型所给出的结果与焊缝所引起的应力和变形状态等效。

可见，环形焊缝的残余应力与变形的计算可以转换为一个板壳理论中的典型例题——在无限长圆柱壳体外部有均布径向载荷。

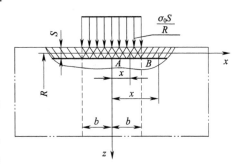

图 $2-26$　在圆简体外侧加载计算模型

在简体上任一点，应力与其挠度的关系为

$$\sigma = E \cdot \varepsilon; \quad \varepsilon = \frac{W_x}{R}; \quad \sigma = \frac{E W_x}{R} \tag{2-81}$$

整个问题的求解，归结为求出 W_x 的表达式。

若 p 力的分布如图 $2-27$ 所示时，则按板壳理论计算有

$$W = \frac{p \mathrm{e}^{-\beta x}}{8 \beta^3 D}(\sin\beta x + \cos\beta x) \tag{2-82}$$

$$\beta = \left[\frac{3(1-\mu^2)}{\delta^2 R^2}\right]^{\frac{1}{4}}$$

$$D = \frac{E s^3}{12(1-\mu^2)}$$

式中：μ——泊松比；

　　　E——弹性模量；

　　　β^{-1}——圆简体的特征长度系数；

　　　D——板壳的抗弯刚度系数。

据此，若在简体的 $2b$ 宽度上分布有均布载荷 p 时（见图 $2-28$），简体的变形（挠度）表达式则可由积分运算求得。

为了运算，作相应的变换，$x \to \zeta$，$P \to P\mathrm{d}\zeta$，如图 $2-28$ 所示，对于 A 点（位于 $2b$ 宽度内）来说，W_A 为在 A 点左侧 c 宽内的负载所引起的变形与在 A 点右侧 d 宽内的负载所引起的变形之和。根据以上各式，A 点的变形 W_A 可以用下式表达

$$W_A = \int_0^c \frac{P\mathrm{d}\zeta}{8\beta^3 D} \mathrm{e}^{-\beta\zeta}(\cos\beta\zeta + \sin\beta\zeta) + \int_0^d \frac{P\mathrm{d}\zeta}{8\beta^3 D} \mathrm{e}^{-\beta\zeta}(\cos\beta\zeta + \sin\beta\zeta) \tag{2-83}$$

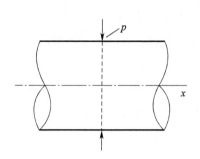

图 2-27　p 力的分布图

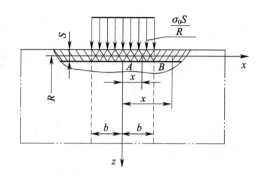

图 2-28　在筒体的 2b 宽度上分布有均布载荷 p

根据不定积分公式，求上述 W_A 的定积分（推导过程从略），可得

$$W_A = \frac{pR^2}{2Es}(2 - e^{-\beta c}\cos\beta c - e^{-\beta d}\cos\beta d) \qquad (2-84)$$

对于 B 点来说，W_B 的变形（挠度）则完全是由 B 点左侧的在 2b 宽度内的负载 P 所引起的，因此有

$$W_B = \int_{x-b}^{x+b} \frac{p\mathrm{d}\zeta}{8\beta^3 D}e^{-\beta\zeta}(\cos\beta\zeta + \sin\beta\zeta) \qquad (2-85)$$

同理，可求得 W_B 的表达式为

$$W_B = \frac{pR^2}{2Es}[e^{-\beta(x-b)}\cos\beta(x-b) - e^{-\beta(x+b)}\cos\beta(x+b)] \qquad (2-86)$$

因此，在位于 2b 宽度内的 A 截面上有

$$W_A = \frac{\sigma_0 R}{2E}(2 - e^{-\beta c}\cos\beta c - e^{-\beta d}\cos\beta d) \qquad (2-87)$$

在 2b 宽度以外的 B 截面上有

$$W_B = \frac{\sigma_0 R}{2E}[e^{-\beta(x-b)}\cos\beta(x-b) - e^{-\beta(x+b)}\cos\beta(x+b)] \qquad (2-88)$$

为了求得筒体两个方向上的应力值，除按 W 值可求出 σ_θ 值以外，还应知道在筒体母线（x 轴）方向上由于弯矩 M_x 所引起的弯曲应力的分布。在一般情况下，壳体上的应力为

$$\sigma_x = -\frac{Ez}{1-\mu^2}\left(\frac{\partial^2 W}{\partial x^2} + \mu\frac{\partial^2 W}{\partial y^2}\right) = -\frac{Ez}{1-\mu^2}\left(\frac{1}{r_x} + \mu\frac{1}{r_y}\right) \qquad (2-89)$$

$$\sigma_y = -\frac{Ez}{1-\mu^2}\left(\frac{\partial^2 W}{\partial y^2} + \mu\frac{\partial^2 W}{\partial x^2}\right) = -\frac{Ez}{1-\mu^2}\left(\frac{1}{r_y} + \mu\frac{1}{r_x}\right) \qquad (2-90)$$

在该例题中，沿筒体母线方向上有

$$M_x = -D\left(\frac{1}{r_x} + \mu\frac{1}{r_y}\right)$$

或

$$M_x = -D\frac{\mathrm{d}^2 W}{\mathrm{d}x^2}$$

$$\sigma_x = -\frac{EzM_x}{(1-\mu^2)\cdot D}$$

当 $z = \dfrac{s}{2}$ 时，在筒体的内外表面上有

$$\sigma_x = \pm\frac{6M_x}{s^2} \tag{2-91}$$

现在的目标是求出弯矩 M_x 的表达式，σ_x 值也就可以得到。为此，将挠度 W 公式二次微分得一般表达式如下

$$\frac{\mathrm{d}^2W}{\mathrm{d}x^2} = \frac{p}{4\beta D}\mathrm{e}^{-\beta x}(\sin\beta x - \cos\beta x) \tag{2-92}$$

采取与上述相同的变换，分别可以求得 A 点与 B 点的弯矩

$$M_{xA} = \int_0^c -\frac{p\mathrm{d}\zeta}{4\beta}\mathrm{e}^{-\beta\zeta}(\sin\beta\zeta - \cos\beta\zeta) + \int_0^d -\frac{p\mathrm{d}\zeta}{4\beta}\mathrm{e}^{-\beta\zeta}(\sin\beta\zeta - \cos\beta\zeta) \tag{2-93}$$

积分后可得

$$M_{xA} = \frac{\sigma_0 s}{4R\beta^2}\left[\mathrm{e}^{-\beta c}\sin\beta c + \mathrm{e}^{-\beta d}\sin\beta d\right] \tag{2-94}$$

同理有

$$M_{xB} = \int_{x-b}^{x+b}\frac{p\mathrm{d}\zeta}{4\beta}\mathrm{e}^{-\beta\zeta}(\cos\beta\zeta - \sin\beta\zeta) \tag{2-95}$$

积分后可得

$$M_{xB} = \frac{\sigma_0 s}{4R\beta^2}\left[\mathrm{e}^{-\beta(x+b)}\sin\beta(x+b) - \mathrm{e}^{-\beta(x-b)}\sin\beta(x-b)\right] \tag{2-96}$$

综上所述，有以下三种情况：

（1）当 $x \leq b$ 时，即对于 A 点所处的截面有：$c = b - x$；$d = b + x$；计算公式为

$$W_A = \frac{\sigma_0 R}{2E}\left[2 - \mathrm{e}^{-\beta(b-x)}\cos\beta(b-x) - \mathrm{e}^{-\beta(b+x)}\cos\beta(b+x)\right] \tag{2-97}$$

$$M_{xA} = \frac{\sigma_0 S}{4R\beta^2}\left[\mathrm{e}^{-\beta(b-x)}\sin\beta(b-x) + \mathrm{e}^{-\beta(b+x)}\sin\beta(b+x)\right] \tag{2-98}$$

（2）当 $x > b$ 时，即对于 B 点所处的截面有

$$W_B = \frac{\sigma_0 R}{2E}\left[\mathrm{e}^{-\beta(x-b)}\cos\beta(x-b) - \mathrm{e}^{-\beta(x+b)}\cos\beta(x+b)\right] \tag{2-99}$$

$$M_{xB} = \frac{\sigma_0 s}{4R\beta^2}\left[\mathrm{e}^{-\beta(x+b)}\sin\beta(x+b) - \mathrm{e}^{-\beta(x-b)}\sin\beta(x-b)\right] \tag{2-100}$$

（3）当 $x = 0$ 时，即在焊缝中心线上，有 W_A 与 M_{xA} 的最大值

$$W_{A(x=0)} = W_{A\max} = \frac{\sigma_0 R}{E}(1 - \mathrm{e}^{-\beta b}\cos\beta b) \tag{2-101}$$

$$M_{xA(x=0)} = M_{xA\max} = \frac{\sigma_0 s}{2R\beta^2}\mathrm{e}^{-\beta b}\sin\beta b \tag{2-102}$$

根据以上各式，当任一点的 W 与 M 为已知时，其应力状态和位移变形即可求得。

图 2 – 29 所示为在无量纲坐标中，沿焊缝中心线的截面上 $\sigma_{\theta max}$ 与 $\sigma_{x max}$ 随筒体几何尺寸与焊接工艺参数变化的关系。

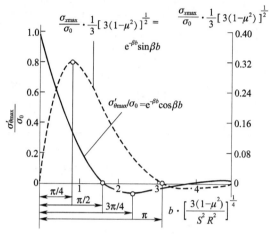

图 2 – 29　$\sigma_{\theta max}$ 与 $\sigma_{x max}$ 随筒体几何尺寸与焊接工艺参数变化关系

筒体的几何尺寸由筒体的特征长度系数 β^{-1} 来表示；而焊接工艺参数则最终由焊缝的塑性变形宽度 b 值来表示；材料的特性由 σ_0 与 E 来表现。可见，在上述力学计算模型中可以定量地求解焊接工艺、材料特性及筒体几何形状对焊接残余应力与变形的影响。

由图 2 – 29 可以定量地评述 σ_x 与 σ_θ 的变化特点；例如当 $b \cdot \beta = \pi/4$ 时，σ_x 有极大值，此时，$\sigma_{x max} = 0.62\sigma_0$。

当 $b \cdot \beta$ 增大，而 $b \cdot \beta < \pi/4$ 时，σ_x 也随之增大，但当 $b \cdot \beta > \pi/4$ 时，σ_x 值趋向于减小。

同样，$W = F(b \cdot \beta)$，$\sigma_\theta = \psi(b \cdot \beta)$ 曲线的规律性变化也可从图上看出。

上述力学计算模型的缺点是：

对于 ε_0 按矩形分布的等效近似结果，导致在 $x = \pm b$ 时，有一个 σ_θ 的跳跃，当 σ_θ 值较低时，计算结果与实测结果的相对偏离较大，如图 2 – 30 所示。

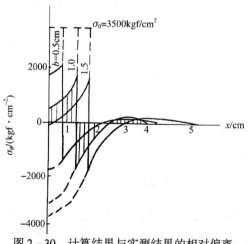

图 2 – 30　计算结果与实测结果的相对偏离

若将初始应变值的分布图形取正态分布曲线，并选择适当的标准差值[20]，便能与实际分布规律更接近，这时在本文2.1节中所要求的关于 ε 分布图形的等效原则仍然应遵循，见图2-31。

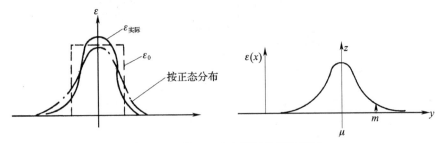

图 2-31　关于 ε 分布图形的等效原则

设正态分布函数为

$$\varepsilon_{(y)} = \frac{1}{\psi\sqrt{2\pi}}e^{-\frac{(y-\mu)^2}{2\psi^2}} \tag{2-103}$$

式中：y—— 随机数本值；

　　　e—— 自然对数底；

　　　μ—— 正态分布中值最高点的横坐标(正态分布均值)，曲线对称于 μ；

　　　ψ—— 正态分布的标准离差，ψ 越大，曲线越胖。

决定正态分布曲线的是均值 μ 和标准离差 ψ；当 $\mu=0$，$\psi=1$ 时，有标准正态分布

$$\varepsilon_{(y)} = \frac{1}{\sqrt{2\pi}}e^{\frac{y^2}{2}} \tag{2-104}$$

对于我们所研究的例题来说，ψ 值的选取直接与焊缝塑性变形区的宽度有关。

若将 $\varepsilon_{(y)}$ 的矩形分布图等效于正态分布曲线，则可对 $\varepsilon_{(y)}$ 曲线定义如下：

(1) $\varepsilon_{(y)y=0} = \varepsilon_0$；

(2) $\varepsilon_{(y)}$ 与 y 轴所包围的面积应与矩形面积相等，见图2-32。

为了简化计算，取 $b'=2b$，则在 $-b' \leqslant y \leqslant +b'$ 之间,曲线所包围的面积已占总面积的99%；若用图2-32中 $-b' \leqslant y \leqslant +b'$ 的 $\varepsilon_{(y)}$ 曲线的面积代替矩形面积，其误差小于1%。

对于在图2-26上所给出的模型来说，为了便于数值积分，可将正态分布曲线由小矩形相加来取代。在 Δx 内的均布载荷为 $\frac{\sigma_i S}{R}$，见图2-33。

设 A 点位于 $-b' \leqslant x \leqslant +b'$ 之内的横坐标 x 处，则 Δx 上的均布载荷 $\frac{\sigma_i S}{R}$ 所引起的在 A 点的挠度 W_{Ai} 及弯矩 M_{Ai} 可以表示为

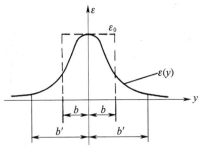

图 2-32　正态分布曲线面积与矩形面积等效

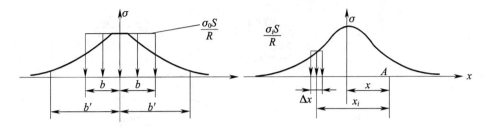

图 2 - 33　求解 A 点的挠度及弯矩

$$W_{Ai} = \frac{\sigma_i S \Delta x}{8\beta^3 DR} \cdot e^{-\beta x_i}(\sin\beta x_i + \cos\beta x_i) \qquad (2 - 105)$$

$$M_{Ai} = \frac{\sigma_i S \Delta x}{4\beta R} \cdot e^{-\beta x_i}(\sin\beta x_i - \cos\beta x_i) \qquad (2 - 106)$$

式中, x_i 取绝对值。

σ_i 为正态分布的载荷

$$\sigma_{i(x)} = \frac{1}{\sqrt{2\pi}} e^{\frac{x^2}{2}} \qquad (2 - 107)$$

由此, A 点的总挠度与总弯矩为

$$W_A = \sum_{i=-b'}^{b'} \frac{\sigma_i S \Delta x}{8\beta^3 DR} e^{-\beta x_i}(\sin\beta x_i + \cos\beta x_i) \qquad (2 - 108)$$

$$M_A = \sum_{i=-b'}^{b'} \frac{\sigma_i S \Delta x}{4\beta R} e^{-\beta x_i}(\sin\beta x_i - \cos\beta x_i) \qquad (2 - 109)$$

根据以上公式, 即可进行运算, 当已知 W_A 与 M_A 时, 可按下面公式求得应力分布。

A 点处圆筒内、外表面的弯曲应力

$$\sigma_{xA} = \pm \frac{6M_{xA}}{s^2} \qquad (2 - 110)$$

而 $\sigma_{\theta_0} = \sigma_A - \dfrac{EW_A}{R}$, 考虑到 M_x 对 σ_θ 的影响, 则有

$$\sigma_{\theta A} = \sigma_A - \frac{EW_A}{R} \pm \mu \frac{6M_{xA}}{s^2} \qquad (2 - 111)$$

图 2 - 34 所示为计算实例在对残余应变的分布作两种不同状态的近似（矩形—1, 正态分布—2）时, 所得应力分布的差别对比。

在两种假设条件下, σ_{x1} 与 σ_{x2} 相近, 但 $\sigma_{\theta1}$ 与 $\sigma_{\theta2}$ 差别较大, 按正态分布曲线所得的 $\sigma_{\theta2}$ 更接近于实测值。这样的处理可避免矩形图近似带来的偏差。图 2 - 35 所示为在两种假设条件下挠度 W 变化规律的对比。图 2 - 36 为在无量纲坐标中 $W_{0\max}$ 与 $M_{0\max}$ 以及 $\sigma_{\theta\max}$ 和 $\sigma_{x\max}$ 的变化规律。

图 2 - 37 给出了在不同 b' 值条件下, $\sigma_{x\max}$ 值随筒体直径 R 和壁厚 s 的变化规律。

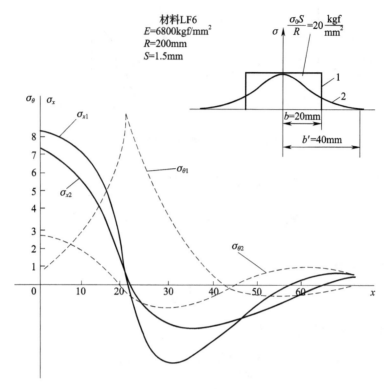

图 2-34 对残余应变的分布作两种不同状态的近似时所得应力分布的差别对比

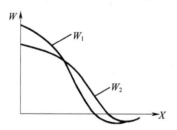

图 2-35 两种条件下挠度 W 变化规律的对比

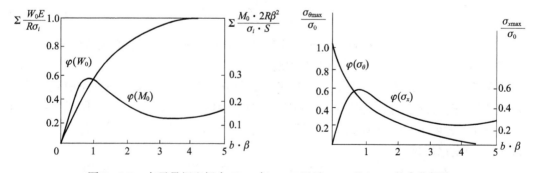

图 2-36 在无量纲坐标中 W_{0max} 与 M_{0max} 以及 $\sigma_{\theta max}$ 和 σ_{xmax} 的变化规律

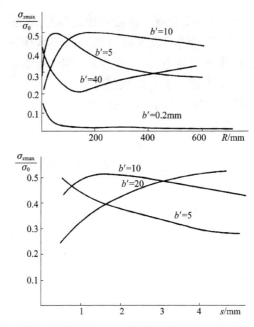

图 2 – 37　在不同 b' 值条件下,$\sigma_{x\max}$ 值随筒体直径 R 和壁厚 s 的变化规律

2.6　以弹塑性力学为基础的计算模型

2.6.1　平面圆形焊缝应力计算

在航空构件上,平面圆形焊缝多用于连接安装座和法兰盘。对于这类接头形式可以弹塑性力学为基础,建立计算分析模型。图 2 – 38 所示为求解焊缝中的应力值与接头几何尺寸、材料特性及焊接工艺之间的关系所给出的分析方法和分解步骤[11]。

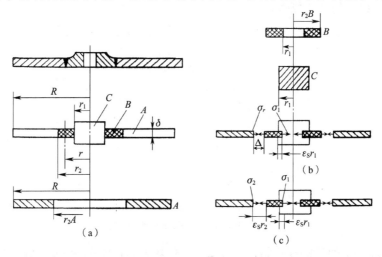

图 2 – 38　求解焊缝中的应力值与接头几何尺寸、材料特性及
焊接工艺之间的关系所给出的分析方法和分解步骤

设 r 为焊缝直径，δ 为平板与安装座对接处的焊缝厚度，R 为平板的外径，$R \gg r$。

采用黏合法，将 A,B,C 三件结合以求解。A 为一圆环状板件，处于弹塑性区；B 为圆环状塑性区；C 为绝对刚性体（安装座）。图中（b）相应于 $\Delta \geqslant \varepsilon_s r_2$；$\varepsilon_s r_2$ 为焊缝纵向收缩引起的径向位移；（c）相应于 $\Delta < \varepsilon_s r_2$ 时的情况。

在黏合时，应考虑圆形焊缝的纵向与横向收缩。

A,B,C 三件的黏合条件为

$$\left.\begin{array}{l} |u_{r_2A}| + u_{r_2B} = \Delta \\ u_{r_1B} = \varepsilon_s r_1 \end{array}\right\} \quad \text{按图 2 - 38(b)} \qquad (2-112)$$

或者

$$\left.\begin{array}{l} |u_{r_2A}| + u_{r_2B} = \varepsilon_s \cdot r_2 \\ u_{r_1B} = \varepsilon_s \cdot r_1 \end{array}\right\} \quad \text{按图 2 - 38(c)} \qquad (2-113)$$

与 r 相比，Δ 和 $\varepsilon_s \cdot r_1$ 均甚小，故可取

$$r_{2A} \cong r_{2B} \cong r_2; \quad r_{1B} = r_1;$$

而

$$r_2 = r + \frac{2b}{2} = r + b$$

横向收缩量 Δ 取决于材料及焊接规范参数，可近似地由公式（2-67）确定之

$$\Delta = K \cdot \frac{q}{v\delta} \cdot \frac{\alpha}{c\gamma} \qquad (2-114)$$

对铝合金，$K = 1.3 \sim 1.4$；对钢材，$K = 1.6 \sim 1.8$。

根据已有的在极坐标系中对称的塑性问题解，采用材料变形图中的如下指数关系

$$\sigma_i = \sigma_s \left(\frac{\varepsilon_i}{\varepsilon_s}\right)^m \qquad (2-115)$$

式中：m——材料的硬化指数。

对于 σ_s 不明显的材料，如 LF6 铝合金，可采用如图 2-39 的逼近作图法给出 σ_s 值。

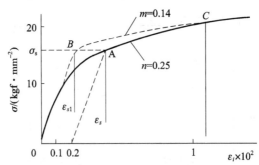

图 2 - 39　逼近作图法给出 σ_s 值

材料实际变形曲线的硬化指数为 $n = 0.25$。从 B 点向实际曲线作切线，得切点 C，直线 BC 为新的变形曲线，其硬化指数为 $m = 0.14$，其表达式为

$$m = n \frac{\lg \dfrac{\varepsilon_k}{\varepsilon_s}}{\lg \dfrac{\varepsilon_k}{\varepsilon_{s_1}}} \tag{2-116}$$

塑性区的应力可以用应力强度 σ_i 及某个角度 ψ 的三角函数来表示。

$$\sigma_\tau = \frac{2}{\sqrt{3}} \sigma_i \cos\left(\psi - \frac{\pi}{3}\right) \tag{2-117}$$

$$\sigma_r = \frac{2}{\sqrt{3}} \sigma_i \cos\psi \tag{2-118}$$

式中：$\sigma_i = \sqrt{\sigma_\tau^2 - \sigma_\tau \sigma_r + \sigma_r^2}$。 $\tag{2-119}$

利用上述黏合条件，可以对平板 A 及圆环 B 写出 5 个方程式：

(1)　$\dfrac{r_2}{r_1} = \cdots$（略） $\tag{2-120}$

(2)　$\dfrac{\sigma_{i1B}}{\sigma_{i2B}} = \cdots$（略） $\tag{2-121}$

(3)　$\sigma_{i1B}^{\frac{1}{m}} \sin\psi_{1B} = E \cdot \sigma_s^{\frac{1-m}{m}} \cdot \varepsilon_s$ $\tag{2-122}$

(4)　$r_2 \sigma_{i2B}^{\frac{1}{m}} \sin\psi_{2B} = \cdots$（略） $\tag{2-123}$

(5)　$\sigma_{i2B} = \cdots$（略） $\tag{2-124}$

式（2-120）和式（2-121）为针对平面圆环 B 所列的方程式；式（2-122）和式（2-123）为根据黏合条件所得方程式；式（2-124）为由在半径 r_2 处径向应力连续条件所得方程式。

式中：σ_{i1B}，σ_{i2B}—— 圆环 B 上，在半径 r_1、r_2 处的应力强度；

　　　ψ_{1B}，ψ_{2B}，ψ_{2A}—— 角度；

　　　σ_{i2A}—— 平板 A 在半径 r_2 处的应力强度。

当 $R \gg r$ 时，$\psi_s = -\dfrac{\pi}{3}$。

上列 5 个方程式中含有 5 个未知数：σ_{i1B}，σ_{i2B}，ψ_{1B}，ψ_{2B}，ψ_{2A}；圆环焊缝的平面应力状态即由这 5 个未知数所确定。图 2-40 所示为在 LF6 材料上的计算结果，给出了 σ_r 与 σ_τ 值随焊缝直径 d 的变化规律。

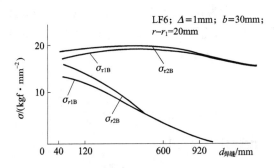

图 2-40　σ_r 与 σ_τ 值随焊缝直径 d 的变化规律

σ_τ 与焊缝直径的关系较小;

σ_r 随焊缝直径的增大而急剧下降。

在小直径圆环焊缝上,σ_τ 与 σ_r 均可达到 σ_s;当焊缝直径很大,接近于对接焊缝时,$d \to \infty$,焊缝中的纵向应力(此处为 σ_τ)等于 $(0.5 \sim 0.7)\sigma_s$。而焊缝中的横向应力(此处为 σ_r)则小到可以忽略不计的程度。

2.6.2 平面圆形对接焊缝引起的残余应力场分析与变形控制

在实际生产中,圆形对接焊缝(见图 2-41)所连接的零件 1 与 3 的刚性各有不同,完成焊缝 2 的工艺规范参数也各异,且随着结构尺寸 r_{20} 的变化,焊接所引起的残余应力场的差别也较大。对于这一问题的一般解到目前

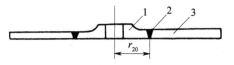

图 2-41　圆形对接焊缝

为止尚未能得到满意的结果,但可以根据近似解,了解其一般规律[17]。

虽然圆形焊缝并非在一瞬间完成的,而且不同焊缝区的变形条件也各异,但可以近似地把它看作轴对称问题来分析。

如图 2-42 所示,可将试件划分为三个区域 1,2,3。

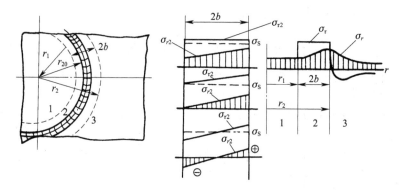

图 2-42　圆形焊缝可以划分为 1,2,3 共三个区域

区间 2 的宽度为 $2b$,相当于直线焊缝上的塑性变形区,其中有接近于 σ_s 的较高的 $\sigma_{\tau 2}$ 残余应力。

若作用于 1 区的径向应力为 σ_{r12},而对 3 区的径向应力为 σ_{r23},则根据圆环 2 的平衡条件有 $\sigma_{r23} \gg \sigma_{r12}$。在低碳钢和奥氏体钢上,2 区处于塑性变形状态,按塑性变形条件有

$$\sigma_{r2}{}^2 + \sigma_{\tau2}{}^2 - \sigma_{r2}\sigma_{\tau2} - \sigma_s{}^2 = 0 \qquad (2-125)$$

从中可得

$$\sigma_{\tau2} = \frac{\sigma_{r2}}{2} \pm \sqrt{\sigma_s{}^2 - \frac{3}{4}\sigma_{r2}{}^2} \qquad (2-126)$$

将 $\sigma_{\tau2}$ 代入下列平衡微分方程式中

$$\sigma_{r2} - \sigma_{\tau2} + r\frac{\mathrm{d}\sigma_{r2}}{\mathrm{d}r} = 0 \qquad (2-127)$$

得微分方程

$$r \frac{d\sigma_{r2}}{dr} + \frac{\sigma_{r2}}{2} \mp \sqrt{\sigma_s^2 - \frac{3}{4}\sigma_{r2}^2} = 0 \tag{2-128}$$

由于在 2 区内 $\sigma_{r2} > \sigma_{r2}$，在 σ_{r2} 的表达式中取上面的符号。

把上面的微分方程积分得

$$\ln r + C = -\frac{1}{2}\ln\left[\frac{\sigma_{r2}}{2} - \sqrt{\sigma_s^2 - \frac{3}{4}\sigma_{r2}^2}\right] - \sqrt{\frac{3}{4}}\left[\arcsin\sqrt{\frac{3}{4}} + \arcsin\left(\sqrt{\frac{3}{4}}\frac{\sigma_{r2}}{\sigma_s}\right)\right] \tag{2-129}$$

将边界条件 $r = r_1, \sigma_{r2} = \sigma_{r12}; r = r_2, \sigma_{r2} = \sigma_{r23}$；分别代入上式，求出所得结果之差，并作相应的变换，得方程式

$$\ln\frac{r_2}{r_1} = -\frac{1}{2}\ln\frac{\sigma_{r2-3} - 2\sqrt{\sigma_s^2 - \frac{3}{4}\sigma_{r23}^2}}{\sigma_{r1-2} - 2\sqrt{\sigma_s^2 - \frac{3}{4}\sigma_{r12}^2}} - $$

$$\sqrt{\frac{3}{4}}\left[\arcsin\left(\sqrt{\frac{3}{4}}\frac{\sigma_{r23}}{\sigma_s}\right) - \arcsin\left(\sqrt{\frac{3}{4}}\frac{\sigma_{r12}}{\sigma_s}\right)\right] \tag{2-130}$$

对于给定的 r_1 与 r_2 来说，每一个 σ_{r12} 相应于一定的 σ_{r23}，因此，在 2 区内的应力分布也就可以确定。图 2-42 中的 3 种 σ_{r2} 与 σ_{r2} 可满足塑性变形方程条件。σ_{r2} 很接近 σ_s，σ_{r2} 偏离 σ_s 的原因是由于满足塑性条件所致，因为在平面应力状态下，当等效应力 σ_i 等于 σ_s 时，即发生塑性变形

$$\sigma_i^2 = \sigma_{r2}^2 + \sigma_{r2}^2 - \sigma_{r2} \cdot \sigma_{r2} = \sigma_s^2 \tag{2-131}$$

应力 σ_{r1} 可能是压应力、拉应力，甚至在一定场合为零。为与 1 区、3 区的刚性匹配 r_{20}，以及与 $2\frac{a}{c\gamma}\frac{q}{\delta v_{焊}}$ 成正比的横向收缩值、2b 值有关。

当求解上述方程式时，为了求出 σ_{r12} 和 σ_{r22} 两个未知数，必须建立各区的径向位移值与焊接时产生的横向收缩量和沿圆周方向塑性变形量之间的关系式。定量地确定这些影响因素之间的关系，目前尚有困难。然而，无论何种情况，如下的规律性总是存在的：

（1）圆形焊缝的横向收缩，无论是在 1 区，还是在 3 区，所引起的径向 σ_r 均为拉应力；

（2）焊缝的纵向收缩所引起的径向应力 σ_r，在 1 区为压应力，而在 3 区为拉应力；

（3）σ_r 在 3 区总是拉应力，σ_r 在 1 区的大小或正负则取决于上述第一、二两个因素的总和；

（4）实验数据表明，当 1 区尺寸甚小（如直径在 40mm 以下），3 区尺寸较大时，横向收缩是主要的，而 1 区 σ_r 与 σ_θ 均为拉应力；

（5）就 1 区的刚性而言，若 1 区为刚性甚大的安装座或法兰（其直径在 100~200mm 以下），则其中的 σ_r 一般为拉应力；但若 1 区为小直径的薄板件，尤其在焊接过程中 1 区受热较大，则 1 区与 2 区结合在一起，形成与点状加热情况相同的条件；若

3 区的刚性很小时（如将一窄圆环焊于安装座上），圆周收缩几乎全部传递给 1 区，在 1 区 σ_r 为压应力。

控制圆形焊缝引起的变形，可采取焊前预变形的方法[1,11]。在薄壁筒体上将待焊处借助夹具预先造成与焊后变形相反的反向变形，焊后筒体不再因焊缝收缩和失稳而形成残余变形。

2.7 薄板焊接构件的失稳计算模型

薄板件的挠曲变形主要是焊缝以外的板件上压应力使其失稳所造成的。在某些构件上失稳挠曲会因其他因素（如角变形）而加剧，如图 2 – 43 所示。与一般失稳问题的区别在于：①焊接构件的失稳多发生在超临界力的情况下，因此，只求得构件的临界失稳作用力是不够的；②在失稳时，焊缝的收缩力发生了显著的变化（在一般失稳问题中，作用力不变），随着失稳变形量的增大，作用力变小，最终构件处于一种特定的平衡状态，而不会发生变形量的无限增大，这就如同用两个弹簧拉紧一绞链连接的杆件系统的工作状况一样（如图 2 – 44 所示）；③随着构件的失稳，焊缝收缩力的作用方向会发生变化；④这种收缩力随着构件的刚性变化。

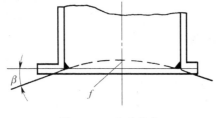

图 2 – 43 失稳挠曲

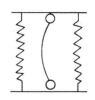

图 2 – 44 杆件系统

失稳变形的计算模型建立可按如下步骤进行：

（1）确定力的作用模型及边界固定条件；

（2）求解失稳问题。

举例：在圆板周边铺焊，并在夹紧状态下冷却至室温，如图 2 – 45 所示。在焊缝区 b 宽度上产生了残余拉应力 σ_{t0}，而在圆板（直径 $2a$）内有径向压应力 σ_{r0}。这些作用力相平衡并使圆板周边产生相应的位移 u_0。在宽度为 b 的圆环上所作用的径向应力，在图 2 – 46 中用 σ_r 表示。随着焊件圆周位移量 u 的增大，σ_r 沿斜线减小。环内的 σ_r、σ_t 可减小到零，而在直径为 $2a$ 的圆板内的压应力 σ_a 的变化是随 u 的增大而增加。若圆板不失稳，则 σ_a 沿虚线 1 上升，在 a 点达到圆环与圆板之间的平衡，相应地有径向位移量 u_0。事实上，当 $\sigma_a = \sigma_{cr}$，圆板开始失稳，这时，圆板的抗失稳能力急剧减小(在达到 u_{cr} 之后)，随着 u 的增加，σ_a 的增大不再沿直线 1，而是沿折线 2 增加，在 C 点达到圆环与圆板之间的平衡。在圆环内，σ_t 与 σ_r 的相互关系可以用下式表示

$$\sigma_t = \sigma_r \frac{a}{b} \tag{2 – 132}$$

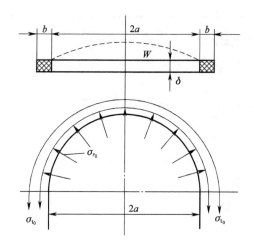

图 2 - 45　圆板周边铺焊

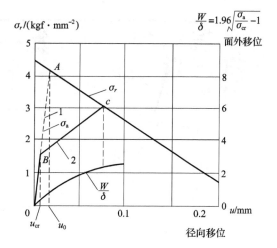

条件：$2a = 30\text{cm}$, $b = 2\text{cm}$, $\delta = 0.2\text{cm}$,

$E = 2 \times 10^4 \text{kgf/mm}^2$, $\sigma_{t0} = 30\text{kgf/mm}^2$,

$\sigma_{r0} = 4\text{kgf/mm}^2$, $\sigma_{cr} = 1.37\text{kgf/mm}^2$,

$\left(\sigma_{cr} = \dfrac{16D}{a^2\delta} \ 或\ \sigma_{cr} = 0.385\dfrac{E\delta^2}{a^2} \right)$

图 2 - 46　σ_r 随位移量 u 的变化规律

失稳后，在圆环内 σ_t 比 σ_{t0} 要小得多（从 A 点降至 C 点），曲线 $\dfrac{W}{\delta}$ 给出圆板的最大位移变化规律。在图 2 - 46 上相应于 C 点的圆板面外位移量约为板厚的 2.2 倍。

为了求得这类问题的定量解析解，必须具备如下条件：

（1）具有收缩力与位移 u 之间的定量关系，即 σ_r 变化曲线（σ_t 与 σ_r 变化规律相同）；

（2）在超临界范围 $\sigma_a > \sigma_{cr}$，应有作用在失稳构件上的应力值与位移值 u 之间的关系；

（3）平面以外的位移量 W 与失稳后的径向位移量的关系。

薄板圆形焊缝所引起的失稳近似计算可举例说明如下。

在图 2 - 47 上，σ_r 引起 σ_t 使板件失稳，产生面外位移，具有正弦波浪形变形。在实际构件上沿 r_1 的边界固定条件是介于图 2 - 48 上 1 与 2 两种情况之间。这两种情况的临界失稳应力 $\sigma_{r_{cr}}$ 与 $\dfrac{r_2}{r_1}$ 的关系可由图上的曲线给出。图上 m 为正弦波数量（全波数）。

图 2 - 48 中：$D = E\delta^3 / [12(1 - \mu^2)]$。

在大尺寸板件上，失稳变形一般具有 4 个正弦半波，但当 $\dfrac{r_2}{r_1}$ 值较小时，失稳变形会具有更多的正弦半波。

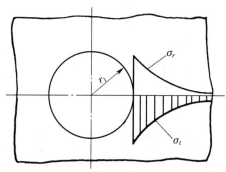

图 2 - 47　薄板圆形焊缝中的 σ_r
引起 σ_t 使板件失稳

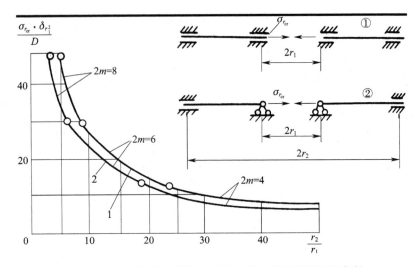

图 2-48　圆形焊缝在薄板上引起失稳变形的两种边界条件

如果板件的外周没有固定，则失稳会在更小的 $\sigma_{r\mathrm{cr}}$ 出现。计算表明在很小的 σ_r 时，即可出现失稳。但若 r_1 较小，则在 $\sigma_{r\mathrm{cr}}$ 较高的情况下才会失稳。

举例说明。若有：$\delta = 1\mathrm{mm}$，$\sigma_r = \dfrac{\sigma_s}{\sqrt{3}}$，$\sigma_s = 50\mathrm{kgf/mm}^2$，$E = 2 \times 10^4 \mathrm{kgf/mm}^2$，$2r_2 = 120\mathrm{cm}$，$2r_1 = 6\mathrm{cm}$（产生塑性变形区的直径 r_1），按图 2-48 中曲线 2 有 $r_2/r_1 = 20$，$(\sigma_{r\mathrm{cr}}\delta \cdot r_1{}^2)/D = 10$，$\sigma_{r\mathrm{cr}} = 10(D/\delta r_1{}^2) = 20.4\mathrm{kgf/mm}^2$，残余应力：$\sigma_r = \dfrac{50}{\sqrt{3}} = 28.9\mathrm{kgf/mm}^2$，因为 $\sigma_r > \sigma_{r\mathrm{cr}}$，故板件会产生失稳变形。

在无限大板上，在内孔 r_1 上的 σ_r 引起失稳的临界值与板的夹紧条件无关，这时有

$$\sigma_{r\mathrm{cr}} = \frac{\delta^2 \cdot E}{4(1 - \mu^2)r_1{}^2} \qquad (2-133)$$

由此可见，δ 值对 $\sigma_{r\mathrm{cr}}$ 有决定性影响，当焊缝收缩力相同时，E 越小（钛、铝的 E 比钢材的 E 小）越易失稳，而 r_1 越小，越不易失稳。

下面根据板壳理论对计算过程进一步说明。如图 2-49 所示，在弹性与塑性区的交界处有 $\sigma_{r\mathrm{a}}$

$$\sigma_{r\mathrm{a}} = \sigma_{\text{缝}} \cdot \frac{b}{a}$$

若为带有中心孔无限大板，在弹性区有

$$\sigma_r = \frac{\sigma_{r\mathrm{a}} \cdot a^2}{r^2} \quad ; \quad \sigma_\theta = -\frac{\sigma_{r\mathrm{a}} \cdot a^2}{r^2} \qquad (2-134)$$

利用板壳理论中在极坐标内屈曲板的微分方程，可以求得其精确解

$$\left(\frac{\partial^2}{\partial r^2} + \frac{1}{r}\frac{\partial}{\partial r} + \frac{1}{r^2}\frac{\partial^2}{\partial \theta^2}\right) \cdot \left(\frac{\partial^2 \omega}{\partial r^2} + \frac{1}{r}\frac{\partial \omega}{\partial r} + \frac{1}{r^2}\frac{\partial^2 \omega}{\partial \theta^2}\right) = \frac{1}{D}\left[N_r \frac{\partial^2 \omega}{\partial r^2} + N_\theta\left(\frac{1}{r}\frac{\partial \omega}{\partial r} + \frac{1}{r^2}\frac{\partial^2 \omega}{\partial \theta^2}\right)\right]$$

$$(2-135)$$

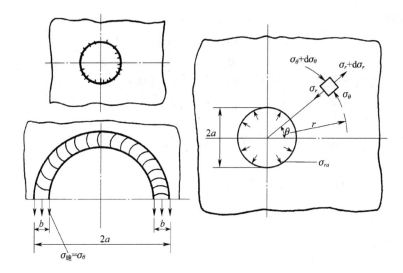

图 2-49 带有中心孔边焊缝的无限大薄板失稳的计算模型

$$N_r = \sigma_r \cdot \delta$$
$$N_\theta = \sigma_\theta \cdot \delta$$
$$D = \frac{E\delta^3}{12(1-\mu^2)}$$

式中：δ——板厚。

式（2-135）微分方程的一般解为

$$\omega = Y\sin K\theta \qquad\qquad (2-136)$$

式中：Y——r 的函数；

K——整数。

由式（2-136）求出式（2-135）中的各相应微分项，考虑式（2-134）可得求解 Y 的微分方程式。

代入：$r = \mathrm{e}^t$ $\quad(t = \ln r)$；

$$Y(t) = R; \quad \frac{\partial Y}{\partial t} = R';$$

求解微分方程得

$$Y_K = C_1 r^{\alpha_1} + C_2 r^{\alpha_2} + r[C_3\cos(\beta\ln r) + C_4\sin(\beta\ln r)] \qquad (2-137)$$

则有

$$\omega = \sin K\theta\{C_1 r^{\alpha_1} + C_2 r^{\alpha_2} + r[C_3\cos(\beta\ln r) + C_4\sin(\beta\ln r)]\} \qquad (2-138)$$

从边界条件可求出 C_1, C_2, C_3, C_4（见图 2-48）。

（1）刚性边界夹持

当 $r = d$ 时
$$\left.\begin{array}{l}\omega = 0 \\[4pt] \dfrac{\partial\omega}{\partial r} = 0\end{array}\right\}$$

当 $r = a$ 时
$$\left.\begin{array}{l}\omega = 0 \\[4pt] \dfrac{\partial\omega}{\partial r} = 0\end{array}\right\}$$

铰接支撑

当 $r = a$ 时
$$\left.\begin{array}{c} \omega = 0 \\ M_r = 0 \end{array}\right\}$$

对于第一种边界条件（见图 2 – 48）解式（2 – 138）可得

$$N_{cr} = \zeta \cdot \frac{D}{a^2} \tag{2 – 139}$$

当板件失稳时，最低限度会出现两个正弦半波，则 $K = 2$（在图 2 – 48 上相应于 $2m = 4$ ）。

按第二种边界条件，求解式（2 – 138）则有

$$M_r = - D\left(\frac{1}{r}\frac{\partial \omega}{\partial r} + \frac{1}{r^2}\frac{\partial^2 \omega}{\partial \theta^2} + \mu \frac{\partial^2 \omega}{\partial r^2}\right) \tag{2 – 140}$$

可求得 ζ :

当 $d/a > 4$；因 $\sigma_r = \sigma_{ra} \cdot a^2/r^2$；$\sigma_r \leqslant 0.065\sigma_{ra}$，也即在 $r = d$ 时，$\sigma_r \approx 0$，可以忽略不计。

为了按图 2 – 48 所给出的曲线求解，则应知道 σ_{ra} 值。

（1）在板中心孔边沿圆周完成平铺焊

$$\sigma_缝 = \sigma_s$$

当 $r = a$ 时

$$\sigma_{ra} = \sigma_s \frac{b}{a} \tag{2 – 141}$$

（2）在板中心孔处焊入一刚性法兰（见图 2 – 50）

$$\sigma_{ra} = \sigma_s \frac{b}{a} + \frac{a - b}{a}\sigma_{法兰} \tag{2 – 142}$$

（3）板中心焊点

当材料为理想塑性材料时

$$\sigma_{ra} = \frac{\sigma_s}{\sqrt{3}} \tag{2 – 143}$$

$a = 1.455r_0$; r_0 为塑性区半径。

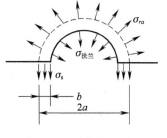

图 2 – 50　在板中心孔处焊入一刚性法兰

2.8　数值分析技术的应用

对焊接结构安全可靠性的评定（接头断裂韧性、材料可焊性、裂纹力学、热模拟等）工作的发展，要求定量地认识焊接瞬间的动态过程历史，而不仅只是对焊后残余状态的了解。这就涉及到弹塑性力学在焊接高温过程中的应用，而求得这类问题的解析解是很困难的，因为所遇到的在数学处理上的复杂性是经典的数学工具所不能胜任的，而数值分析技术在类似的场合则是有力的工具。计算机的应用和计算数学的发展不断地为焊接力学开拓新的前景。从 20 世纪 60 年代末期开始在这方面的研究工作发展较快，在 70 年代焊接力学也有了长足的进步，主要研究工作见参考文献 [17, 18,

21，22〕等。在焊接力学中所遇到的数值分析方法一般有：微分方程数值解法、有限差分数值解法和有限元数值解法等三种，着重在焊接结构应力分析与焊接热弹塑性过程的分析两个方面的应用。

2.8.1　有限元法在焊接结构应力分析中的应用

对于焊接接头几何不完善性的考察或对焊接工艺强度实验中应力强度的分析，过去多采用光弹实验法或模拟法来完成，测定给出应力集中系数。自从数值计算方法与计算机应用结合后，有限元法迅速发展，尤其是求解弹性范围内的问题时，它具有较大的灵活性和通用性并能给出清晰的物理概念，因而在结构分析中得到广泛应用。

在划分单元时，应根据计算精度要求和计算机的容量速度来确定不同部位上的单元分布、数量及大小。在求解应力和变形问题时，多采用位移法。在有限元计算中取各单元的节点位移作为未知量。

有限元计算中的位移法基本步骤如下。

（1）选择结构上的关键部位或薄弱环节，将待分析部位划分为相应的单元，对单元作分析，求得单元的刚度矩阵

$$\boldsymbol{K}^{\mathrm{e}} = \boldsymbol{B}^{\mathrm{T}}\boldsymbol{D}\boldsymbol{B} \cdot t \cdot \Delta$$

$$\boldsymbol{F}^{\mathrm{e}} \xleftarrow{\boldsymbol{B}^{\mathrm{T}} \cdot t \cdot \Delta} \boldsymbol{\sigma} \xleftarrow{\boldsymbol{D}} \boldsymbol{\varepsilon} \xleftarrow{\boldsymbol{B}} \boldsymbol{\delta}^{\mathrm{e}}$$

$$\boldsymbol{S} = \boldsymbol{D}\boldsymbol{B}$$

$$\boldsymbol{K}^{\mathrm{e}} = \boldsymbol{B}^{\mathrm{T}}\boldsymbol{D}\boldsymbol{B} \cdot t \cdot \Delta$$

符号说明：

$\boldsymbol{K}^{\mathrm{e}}$—— 单元的刚度矩阵；

$\boldsymbol{B}$—— 几何矩阵,由插值函数求出与三角形单元各节点的坐标差值,构成该矩阵各元素的常量只与单元几何性质有关。

$\boldsymbol{D}$—— 弹性矩阵,其构成元素与材料的弹性模量、泊松比和应力状态有关。

$\boldsymbol{S}$—— 转换矩阵；

$\boldsymbol{\delta}^{\mathrm{e}}$—— 单元节点位移矢量；

$\boldsymbol{\varepsilon}$—— 应变矢量；

$\boldsymbol{\sigma}$—— 应力矢量；

$\boldsymbol{F}^{\mathrm{e}}$—— 单元节点力的矢量；

t—— 板厚；

Δ—— 单元面积。

（2）将单元结合后进行整体结构分析，引入载荷和边界条件，建立平衡条件，导出总刚度矩阵

$$\boldsymbol{K}_{\mathrm{z}} \cdot \boldsymbol{\delta} = \boldsymbol{R}_{\mathrm{z}}$$

式中：$\boldsymbol{K}_{\mathrm{z}}$—— 总刚度矩阵；

$\boldsymbol{\delta}$——节点位移矢量；

R_z——载荷矢量。

问题归结为求解一个阶数为二倍节点数的线性方程组，采用计算机编程，求得各节点位移矢量，据此再得到各单元的应变与应力值。

举例：焊缝边缘带有咬边缺陷所造成的应力集中分析。

图 2-51 为有限元划分示意。

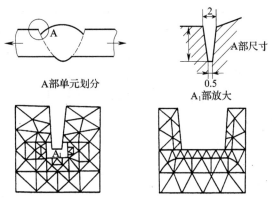

图 2-51　有限元划分示意图

根据上述计算分析步骤，对 $\sigma_x,\sigma_y,\tau_{xy}$ 和 σ_1,σ_2 的计算结果表明，在 A 部尖端应力集中系数约为 12，应力分布也很复杂，在峰值应力区会出现三向拉伸应力状态。对这类问题，借助计算机运算时可采用标准程序，或可以分别按平面应力状态或平面应变状态编程计算，进行对比。

2.8.2　瞬时线热源在薄板上的热弹塑性应力应变过程的数值分析

以薄板点状加热为例，说明数值分析技术在研究焊接瞬态热弹塑性应力应变过程中的应用[3]。对于这一动态过程的历史描述，采用经典的解析方法是无能为力的。

（1）温度增量

对于焊接热弹塑性过程而言，温度场的变化，也就是在不同时刻板件上的载荷改变。

为了简化计算，把点状加热过程模型化（如图 2-52 所示）。假设在加热段（即从起弧到熄弧时刻），温升按线性变化处理，这会带来一定的误差，但也局限于在加热段内，而在随后的冷却过程中，弹塑性区逐步扩大，可以把在加热过程中曾出现的过程完全覆盖，这一点在下面将会得到证实。这样对温度过程进行简化所造成的误差可以忽略不计。在冷却段，温度与时间的关系可由下式来描述

$$T = \frac{Q_0}{t + t_0}\exp\left[-\frac{r^2}{4a(t + t_0)}\right] \qquad (2-144)$$

在数值计算中，温度场是通过叠加温度增量来实现的。

记第 i 次叠加温度增量为 ΔT_i，叠加后温度场为 T_i，当 $-t' < t_i \le 0$ 时（升温段），取

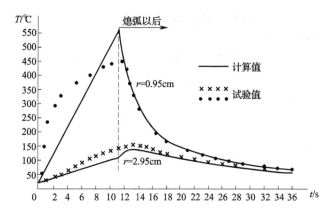

图 2-52　点状加热过程模型化

$$\Delta T_i = (C_i - C_{i-1}) \frac{Q_0}{t_0} \exp\left(-\frac{r^2}{4at_0}\right) \tag{2-145}$$

$$C_i = \left(1 + \frac{t_i}{t'}\right)$$

当 $i = 1$ 时，$C_{i-1} = 0$。

当 $0 < t_i < \infty$ 时（降温段），令"叠加"温度增量的前、后，在中心 $r = 0$ 处的温度降低为一给定量 G；设 t_{i-1} 时 $r = 0$ 处的温度为 $T[0]$，则有

$$T[0] - \frac{Q_0}{t_0 - t_i} = G$$

$$t_i = \frac{Q_0}{T[0] - G} - t_0$$

$$\Delta T_i = \frac{Q_0}{t_0 + t_i} \exp\left[-\frac{r^2}{4a(t_0 + t_i)}\right] - \frac{Q_0}{t_0 - t_{i-1}} \exp\left[-\frac{r^2}{4a(t_0 + t_{i-1})}\right] \tag{2-146}$$

借助于计算机编程运算，可将加载过程（即求 ΔT_i）与下面的有限差分法分析位移、应力场相结合给出全过程数值解。

（2）有限差分法数值解的一般步骤

轴对称平面应力问题的平衡方程为

$$r \frac{d\sigma_r}{dr} = \sigma_\theta - \sigma_r \tag{2-147}$$

在圆板任一半径上选取 n 个节点，分别为 $r_1, r_2, r_3, \cdots, r_n$（$r_n$ 为外径），则其平衡方程的差分形式为

$$r_i \frac{\sigma_{r,i+1} - \sigma_{ri}}{r_{i+1} - r_i} = \sigma_{\theta i} - \sigma_{ri} \tag{2-148}$$

应力—应变关系为：

弹性区

$$\Delta \boldsymbol{\sigma} = \boldsymbol{D}_e (\Delta \boldsymbol{\varepsilon} - \Delta \boldsymbol{\varepsilon}_0) \tag{2-149}$$

塑性区

$$\Delta\boldsymbol{\sigma} = \boldsymbol{D}_{ep}(\Delta\boldsymbol{\varepsilon} - \Delta\boldsymbol{\varepsilon}_0) + \Delta\boldsymbol{\sigma}_0 \qquad (2-150)$$

或可将上两式合写为

$$\Delta\boldsymbol{\sigma} = \boldsymbol{D}(\Delta\boldsymbol{\varepsilon} - \Delta\boldsymbol{\varepsilon}_0) + (1+m)\Delta\boldsymbol{\sigma}_0 \qquad (2-151)$$

式中：
$$\boldsymbol{D}_{m=0} = \boldsymbol{D}_{ep}; \boldsymbol{D}_{m=1} = \boldsymbol{D}_e$$

$$\boldsymbol{D} = \begin{bmatrix} A_{11} & A_{12} \\ A_{21} & A_{22} \end{bmatrix} \qquad (2-152)$$

设 u 为径向位移，则 $\varepsilon_r = \dfrac{\mathrm{d}u}{\mathrm{d}r}$；$\varepsilon_0 = \dfrac{u}{r}$；其增量形式为

$$\Delta\varepsilon_{ri} = \frac{\Delta u_i - \Delta u_{i-1}}{r_i - r_{i-1}} \qquad (2-153)$$

$$\Delta\varepsilon_{\theta i} = \Delta u_i / r_i \qquad (2-154)$$

对于节点 $i, i+1$ 来说，有

$$\Delta\sigma_{ri} = m_1(\Delta u_i - \Delta u_{i-1}) + m_2\Delta u_i + m_3 \qquad (2-155)$$

$$\Delta\sigma_{r,i+1} = m_4(\Delta u_{i+1} - \Delta u_i) + m_5\Delta u_{i+1} + m_6 \qquad (2-156)$$

$$\Delta\sigma_{\theta i} = m_7(\Delta u_i - \Delta u_{i-1}) + m_8\Delta u_i + m_9 \qquad (2-157)$$

式中：$m_1 = \dfrac{A_{11i}}{r_i - r_{i-1}}, m_2 = \cdots$。

设加载（即叠加温度增量）前的应力为 σ_r, σ_θ，加载后为：$\sigma_r = \dot{\sigma}_r + \Delta\sigma_r$；$\sigma_\theta = \dot{\sigma}_\theta + \Delta\sigma_\theta$；代入差分方程，得

$$P_1\Delta u_{i+1} + P_2\Delta u_i + P_3\Delta u_{i-1} = P_4 \qquad (2-158)$$

$$P_1 = (m_4 + m_5)\frac{r_i}{r_{i+1} - r_i} \qquad (2-159)$$

$$P_2 = \cdots$$

考虑边界条件后，对各节点列出相应的方程，共有 n 个，构成 n 个线性代数方程，编程计算，解此三对角形方程组，可得位移增量，而后求出应力增量，叠加到加载前的状态上，即得加载后的位移和应力。焊接时，熔化区的问题较为复杂，需作专门处理[3]。

（3）焊接瞬态应力应变过程数值分析结果与讨论

图 2-53 上给出了微分方程、有限差分、有限元三种数值解的对比。在未出现卸载以前微分方程解是较准确的，可以用来校核其他两种方法的计算结果和误差。

图 2-54 为用有限差分法求解的应变 ε 各分量的动态发展过程，$r = 1.5\mathrm{cm}$，当 $t \to \infty$ 时，则可得焊后残余应变量。

图 2-55 给出了不同时间应力 σ 各分量在直径方向上分布的动态过程。在中心原点处，可见 σ_r 与 σ_θ 值从升温到降温，由零应力开始发展到各相应值的过程，当 $t \to \infty$ 时为残余状态。

为了更直观地考察弹塑性区的动态变化过程。在图 2-56 上给出了不同时刻沿板半径方向横截面上的不同变形区分布状态。值得注意的是，在冷却过程中，塑性变形区仍在继续扩大，并覆盖了在加热过程中出现过的塑性区，卸载过程也较复杂，且具有两个方向的卸载。

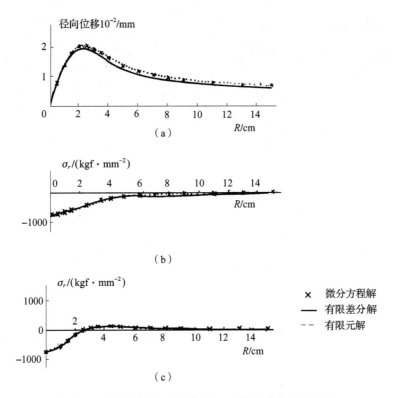

图 2 - 53　微分方程、有限差分、有限元数值解的对比

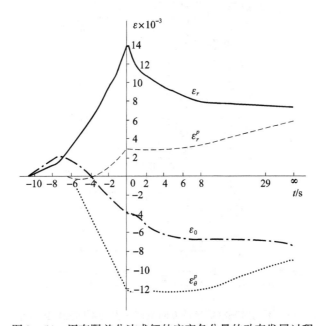

图 2 - 54　用有限差分法求解的应变各分量的动态发展过程

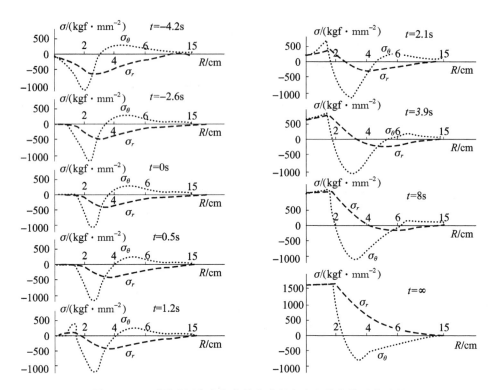

图 2-55　不同时间应力各分量在直径方向上分布的动态过程

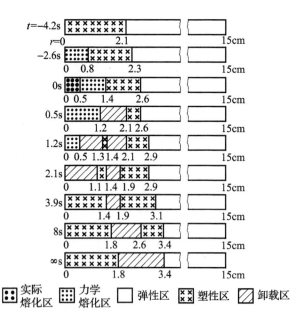

图 2-56　不同时刻沿板半径方向横截面上的不同变形区分布状态

2.9　焊接应力与变形控制中的力学模型

2.9.1　在焊接过程中控制金属的纵向收缩

焊接后用温差法减小残余应力和变形是一种行之有效的方法，已为大家所熟知。为了控制薄板件的焊接变形，还可以直接在焊接过程中采取一定的工艺措施防止焊接加热和冷却时所产生的塑性变形。如采用机械拉伸法，在焊接时给定预拉应力来控制焊后变形。这种方法在工程应用中有较大的困难，需要有专用的机械拉伸加载装置，经济效益较差，因而只是在一些特定的场合（如飞机蒙皮与筋条的焊接）才得到应用。

下面，对在焊接过程中采用温差法控制焊缝纵向收缩量，从力学分析的角度加以阐述[20]。

焊接时，在邻近焊缝区建立一个温度场，其温差可以在焊缝处产生拉伸应力，从而使焊缝区产生的压缩塑性变形得以补偿，获得控制焊接应力与变形的良好结果。

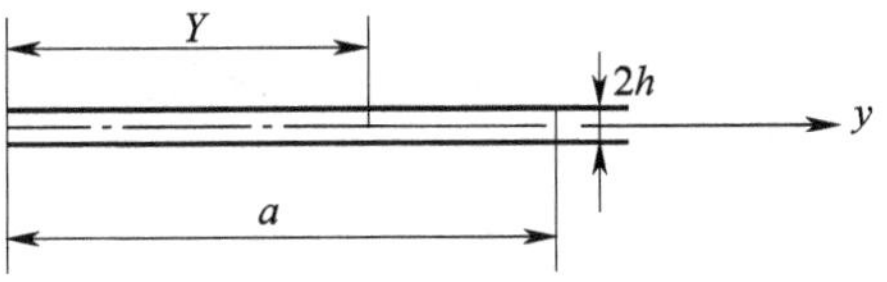

设在宽 a，厚 $2h$ 的板上沿 y 轴方向上有一 $T(y)$ 温度场，如图 2-57 所示。

图 2-57　在板件上的温度分布示意

$$T(y) = t(y) + T_0 \tag{2-160}$$

$$0 \leqslant y \leqslant 1; \quad y = \frac{y}{a}$$

式中：T_0—— 环境温度；

　　　$t(y)$ ——计算温度。

若板边自由支撑，则板件的应力应变状态为

$$\left. \begin{array}{l} \sigma_{y\left(\substack{y=0 \\ y=1}\right)} = 0; \quad \sigma_{xy\left(\substack{y=0 \\ y=1}\right)} = 0 \\ \displaystyle\int_0^1 \sigma_x(y)\,\mathrm{d}y = 0; \quad \int_0^1 y\sigma_x(y)\,\mathrm{d}y = 0 \end{array} \right\} \tag{2-161}$$

板内的应力 σ_x

$$\sigma_x(y) = \alpha E[Ay + B - t(y)] \tag{2-162}$$

式中：α—— 线膨胀系数；

　　　E—— 弹性模量；

　　　A, B—— 由式(2-161)可确定的常数。

若在板上的预热区 $0 \leqslant y \leqslant \alpha_2\left(\alpha_2 = \dfrac{a_2}{a} \leqslant 1\right)$ 内，在焊接过程中建立起式 (2-160) 所确定的温度 $t(y)$；若在板边 $y = 0$ 时，有恒定的温度 t_0，则在区域 $0 \leqslant y \leqslant \alpha_1\left(\alpha_1 = \dfrac{a_1}{a} < \alpha_2\right)$ 内，有相应的拉应力产生

$$\sigma_{x(y)} = \sigma^*(y) \qquad (2-163)$$

在该区域以外，在 $\alpha_1 < y \leqslant 1$ 区间，只有弹性变形，也即在其中温度应力不应超过板材的屈服极限

$$|\sigma_{x(y)}| \leqslant \sigma_s \qquad (\alpha_1 < y \leqslant 1) \qquad (2-164)$$

由此，根据式（2-162）、式（2-163），在 $0 \leqslant y < a_1$ 区间，应力 $\sigma_{x(y)}$ 与温度场 $t(y)$ 应为

$$\sigma_{x(y)} = \sigma^*(y)$$

$$t(y) = Ay + B - \frac{\sigma^*(y)}{\alpha E} \qquad (2-165)$$

为了确定在 $\alpha_1 \leqslant y \leqslant 1$ 区间的温度场，采用变分法。在此区间必须保证弹性变形，则可以把板件形变能量作为最小泛函值，而该能量可以从沿 x 轴方向单位长度上的计算求得

$$K = \frac{2(1+\mu)h}{3E} \int_{\alpha_1}^{1} \sigma_x^2(y) \, \mathrm{d}y \qquad (2-166)$$

问题归结为：用变分法求解泛函 K 的极值，而函数 $\sigma_{x(y)}, t(y)$ 可以有无穷多，均能满足下列温度场的积分条件

$$\int_{\alpha_1}^{\alpha_2} y_t^i(y) \, \mathrm{d}y = C_i \qquad (i = 0, 1, \cdots, n) \qquad (2-167)$$

式中：C_i——常数。

式（2-167）所给出的条件与式（2-161）自由边界条件相匹配。

考虑式（2-162）后，上述变分问题的求解即转化为寻求下列泛函的极值

$$K^*[t(y)] = \int_{\alpha_1}^{1} \left\{ [\alpha E(Ay + B - t(y))]^2 + \sum^{ni=0} \gamma_i y^i t(y) S_+ (\alpha_2 - y) \right\} \mathrm{d}y$$

$$(2-168)$$

式中：γ_i——拉格朗日乘子；

$S_+(y)$——单位函数。

泛函数的极值条件为 $\delta K^* = 0$，从而可得一组极值温度场

$$t(y) = \sum_{i=0}^{n} \lambda_i y^i S_+ (\alpha_2 - y) \qquad (\alpha_1 < y \leqslant 1) \qquad (2-169)$$

式中：λ_i——变换后的拉格朗日乘子。

从式（2-162）可得

$$\sigma_{x(y)} = \alpha E \left[Ay + B - \sum_{i=0}^{n} \lambda_i y^i S_+ (\alpha_2 - y) \right] \qquad (\alpha_1 < y \leqslant 1) \qquad (2-170)$$

若需要在待焊区 $0 \leqslant y < \alpha_1$ 内保持一给定值的拉伸温度应力

$$\sigma^*(y) = \sigma^* = 常数 \qquad (2-171)$$

在式（2-169）、式（2-170）中，设 $i = 4$，当 $t(0) = t_0$ 时，可得到最佳的（一次导数连续）的温度场和相应的瞬态温度应力的表达式如下

当 $0 \leqslant y < \alpha_1$ 时

$$t(y) = Ay + t_0$$

$$\sigma_{x(y)} = 0$$

当 $\alpha_1 < y \leqslant 1$ 时

$$t(y) = \sum_{i=0}^{4} \lambda_i y^i S_+ (\alpha_2 - y) \tag{2-172}$$

$$\sigma_{x(y)} = \sigma^* + \alpha E \left[Ay + t_0 - \sum_{i=0}^{4} \lambda_i y^i S_+ (\alpha_2 - y) \right] \tag{2-173}$$

常数 A, λ_i 可从下列方程组求得

$$\left.\begin{aligned}
& \lambda_0 + \lambda_1 \alpha_1 + \lambda_2 \alpha_1^2 + \lambda_3 \alpha_1^3 + \lambda_4 \alpha_1^4 - \alpha_1 A = t_0 \\
& \lambda_1 + 2\lambda_2 \alpha_1 + 3\lambda_3 \alpha_1^2 + 4\lambda_4 \alpha_1^3 - A = 0 \\
& \lambda_0 + \lambda_1 \alpha_2 + \lambda_2 \alpha_2^2 + \lambda_3 \alpha_2^3 + \lambda_4 \alpha_2^4 = 0 \\
& \lambda_1 + 2\lambda_2 \alpha_2 + 3\lambda_3 \alpha_2^2 + 4\lambda_4 \alpha_2^3 = 0 \\
& \sum_{i=0}^{4} \frac{1}{i+1} (\alpha_2^{i+1} - \alpha_1^{i+1}) \lambda_i - \frac{1}{2} (1 - \alpha_1^2) A = (1 - \alpha_1) t_0 + \frac{\sigma^*}{\alpha E} \\
& \sum_{i=0}^{4} \frac{1}{i+2} (\alpha_2^{i+1} - \alpha_1^{i+2}) \lambda_i - \frac{1}{3} (1 - \alpha_1^3) A = \frac{1}{2} \left[(1 - \alpha_1^2) t_0 + \frac{\sigma^*}{\alpha E} \right]
\end{aligned}\right\} \tag{2-174}$$

若材料为 LF6，板宽 600mm，从式（2-172）、式（2-173）可得到如图 2-58

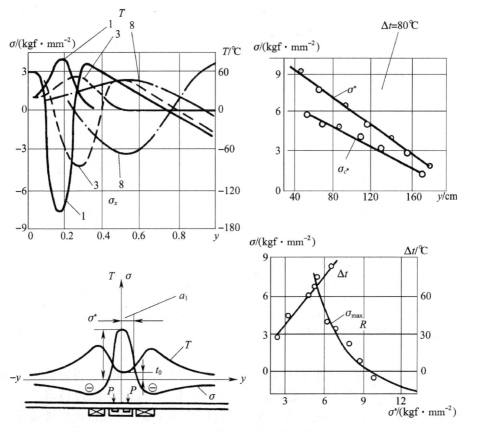

图 2-58　温度场和相应的应力分布

所示的温度场和相应的应力分布 ($\alpha_1 = 0.05$,α_2 表示加热区的局部集中程度)。图中曲线 1,2,3,$\cdots$,8 相应于 $\alpha_2 = 0.3$,$\alpha_2 = 0.4$,$\cdots$,$\alpha_2 = 1$。在图上也给出了在 $\Delta t = 80℃$ 时，$\sigma^* = f(y)$ 以及焊缝中最高残余应力 σ_{max} 和 ΔT,σ^* 值之间的关系曲线。在工程实际应用中，可建立起一组曲线，供选择合理的加热规范参数。

2.9.2　用窄滚轮滚压焊缝控制应力与变形[6]

用窄滚轮滚压焊缝与轧制过程和钣金成形过程的区别说明如下。

（1）轧制过程如图 2 - 59 所示。$H \gg h$；沿轧辊长度（y）方向的变形量可以忽略不计，沿轧制方向（x）有很大的变形量。板材在厚度方向的减薄（$H \gg h$），使在 x 方向上材料延展。

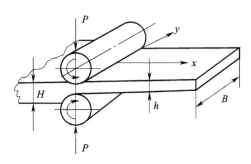

图 2 - 59　滚轮轧制过程

（2）滚轮钣金成形如图 2 - 60 所示。在成形过程中，上、下滚轮之间的间距 M 不变，因此，板厚也不变，仅在滚弯时，使材料弯曲而成形。在滚压方向上无延展塑性变形。在滚弯成形时，压力 P 并非恒定。

（3）窄滚轮滚压焊缝如图 2 - 61 所示。滚压时，两滚轮之间的间距可以变化，但压力 P 保持恒定，仅在被滚压区（焊缝及近缝区）主要沿滚轮前进方向上产生延展塑性变形。

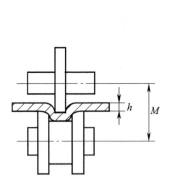

图 2 - 60　滚轮钣金成形

图 2 - 61　窄滚轮滚压焊缝

滚压焊缝时，沿 y、x 方向及在板材（焊缝）厚度方向上的变形情况如图 2 - 62 所示。当滚压变形量较大时，材料会产生局部冷作硬化，硬度有所提高，塑性指标会有所下降。

对于窄滚轮滚压焊缝过程的力学分析，目前还限于近似计算，可以满足一般工程应用的需要。更精确的弹塑性问题求解有待于今后建立相应的数值分析模型。

在近似计算中，应能给出滚压参数、材料特性与焊缝特点之间的定量关系，因此必须采用一些设定的条件。

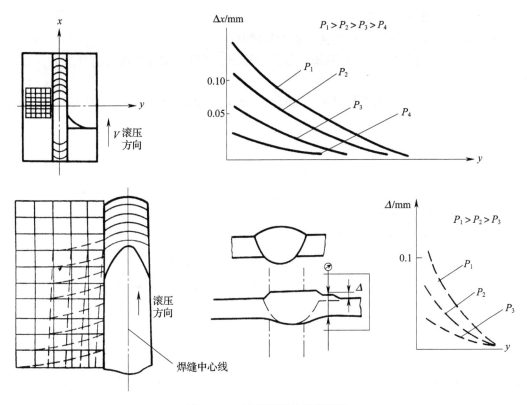

图 2 - 62 滚压焊缝的变形情况

如图 2 - 63 所示, 当滚轮沿 V 向滚动时, 在压力 P 的作用下, 滚轮前方的金属在厚度方向上受压。在 AB 段为弹性变形区, 但由 B 到最高点 C 则为塑性变形区。塑性变形量向滚压方向延伸, 从而使滚轮前方的焊缝内残余应力降低。

若在焊缝中初始残余应力为 $\sigma_H = \sigma_X$, 则在滚压过程中应力的变化可由图 2 - 64 来表示。

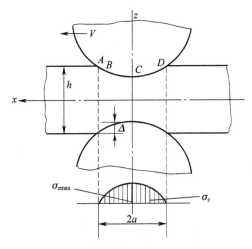

图 2 - 63 沿滚轮前进方向塑性变形量延伸

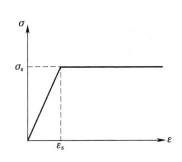

图 2 - 64 滚压过程中应力的变化

在计算中设定条件如下：

（1）$\sigma_{XA} = \sigma_{XC}$（滚轮与板材接触面的长度甚小）。

（2）σ_{XC} 在滚压之后为一常数值，尽管有相应的弹性卸载（在滚轮离开之后，有一定回弹）。

（3）材料可视为理想塑性材料（见图 2-65），但近似计算分析适用于带有强化倾向的材料。

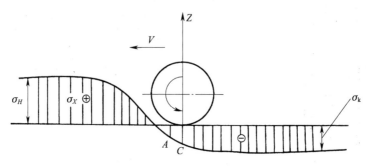

图 2-65 理想塑性材料

（4）滚轮在压力作用下不变形，可看作是绝对刚性体（实际上因变形会有 5% ~ 10% 误差）。

（5）可认为在 y 轴方向上的变形为零，平面应变条件适用（在 $x-z$ 平面内）；事实上 ε_x 中的一部分用于消除 σ_x，可引入系数 $\alpha < 1$ 表示之，α 可由实验求得。因此，在滚轮与板材接触区内，变形主要在 x 与 z 两个方向。

（6）σ_z 在接触区的 x 方向分布规律为

$$\sigma_z = \sigma_{z\max} \sqrt{1 - \left(\frac{x}{a}\right)^2}$$

式中：$2a$ —— 接触面长度。

（7）在滚轮宽度为 b 的范围内，应力值是一定的。

（8）在滚轮前 $\sigma_y = 0$。

（9）摩擦力略去不计。

为了分析计算的方便，引入以下符号 $\sigma_x, \sigma_y, \sigma_z, \sigma_H, \sigma_k, \sigma_s, E$。

$\mu = 0.5$（塑性变形时）；

Δ —— 在 $2a$ 长度上，滚轮在板材上的压下量；

d —— 滚轮直径；

b —— 滚轮宽度；

h —— 在滚压区的板材厚度（焊缝高度）；

P —— 滚轮压力。

由以上假设条件可知

$$P = b \cdot \int_{-a}^{a} \sigma_z \cdot \mathrm{d}x = b \cdot \int_{-a}^{a} \sigma_{z\max} \sqrt{1 - \left(\frac{x}{a}\right)^2} \cdot \mathrm{d}x$$

$$\sigma_{z\max} = -\frac{2P}{b \cdot a \cdot \pi} \qquad (2-175)$$

由几何关系可知 Δ 值与滚轮直径和 a 的关系

$$a^2 \cong \Delta \cdot d; \quad \Delta = \frac{a^2}{d} \qquad (2-176)$$

在 C 点沿厚度方向上的全应变量为

$$\varepsilon_{z\underline{\hat{}}} = -\frac{\Delta}{\dfrac{h}{2}} = -\frac{2a^2}{dh} \qquad (2-177)$$

求出滚轮在板材上的弹性压下量。由弹性力学可知

$$\varepsilon_z = \frac{1}{E}[\sigma_z - \mu(\sigma_x + \sigma_y)] \qquad (2-178)$$

在塑性变形发生之前，可以认为 $\sigma_z \approx \sigma_{z\max}$；因为 σ_x 在 AC 段上的值不变，则在表示 AC 段塑性变形的式（2-178）中，应有 $\sigma_x = 0$。由于变形是在平面应变条件下发生的，所以 $\sigma_y = \mu(\sigma_x + \sigma_z)$，但 σ_x 的增量为零，故有

$$\sigma_y = \mu \cdot \sigma_{z\max} = 0.5\sigma_{z\max}$$

代入式（2-178），同时在弹性范围有 $\mu = 0.3$，则

$$\varepsilon_z^e = \frac{1}{E}[\sigma_{z\max} - 0.3(0 + 0.5\sigma_{z\max})] = 0.85\frac{\sigma_{z\max}}{E} \qquad (2-179)$$

在 x 方向上的弹性变形（在弹性压力阶段）

$$\varepsilon_x^e = \frac{1}{E}[\sigma_x - \mu(\sigma_y + \sigma_z)] = \frac{1}{E}[0 - 0.3(0.5\sigma_{z\max} + \sigma_{z\max})] = -0.45\frac{\sigma_{z\max}}{E}$$

$$(2-180)$$

在弹性压下阶段结束后，滚轮进一步的压下为塑性状态：$\varepsilon_x^p = -\varepsilon_z^p$。根据以上设定条件(5)，在平面应变时，$x$ 方向上的全应变量为

$$\varepsilon_{x\underline{\hat{}}} = \varepsilon_x^e + \varepsilon_x^p = -\frac{0.45\sigma_{z\max}}{E} - \varepsilon_z^p \qquad (2-181)$$

$$\varepsilon_z^p = \varepsilon_{z\underline{\hat{}}} - \varepsilon_z^e = \frac{-2a^2}{dh} - 0.85\frac{\sigma_{z\max}}{E} \qquad (2-182)$$

将式（2-175）中 $a = -\dfrac{2P}{b \cdot \pi\sigma_{z\max}}$ 代入式（2-182），得

$$\varepsilon_z^p = -\frac{2 \times 4P^2}{b^2 \cdot \pi^2 \cdot d \cdot h \cdot \sigma_{z\max}^2} - \frac{0.85\sigma_{z\max}}{E} \qquad (2-183)$$

将式（2-183）代入式（2-181）得

$$\varepsilon_{x\underline{\hat{}}} = -\frac{0.45\sigma_{z\max}}{E} - \varepsilon_z^p = -\frac{0.45\sigma_{z\max}}{E} + \frac{8P^2}{b^2 \cdot \pi^2 \cdot d \cdot h \cdot \sigma_{z\max}^2} + \frac{0.85\sigma_{z\max}}{E} =$$

$$0.4 \frac{\sigma_{zmax}}{E} + \frac{8P^2}{b^2 \cdot \pi^2 \cdot d \cdot h \cdot \sigma_{zmax}^2} \tag{2-184}$$

根据设定条件（5），引入系数 α，表示 ε_x 全量中的一部分用于消除 σ_x 应力

$$\varepsilon_{x实} = \alpha \cdot \varepsilon_{x全}$$

此外，当滚轮离开后，还有一部分变形用于补偿弹性卸载；因此

$$\varepsilon_x = \varepsilon_{x实} - \varepsilon_x^e = \alpha \cdot \varepsilon_{x全} - \varepsilon_x^e =$$
$$\alpha \left[0.4 \frac{\sigma_{zmax}}{E} + \frac{8P^2}{b^2 \cdot \pi^2 \cdot d \cdot h \cdot \sigma_{zmax}^2} \right] + \frac{0.45\sigma_{zmax}}{E} \tag{2-185}$$

式（2-185）中的 ε_x 就是使焊缝中的应力由 σ_H 变为 σ_k 的应变值。

在假设为单向应力场中

$$\frac{\sigma_H - \sigma_k}{E} = \varepsilon_x = \alpha \left[0.4 \frac{\sigma_{zmax}}{E} + \frac{8P^2}{b^2 \cdot \pi^2 \cdot dh\sigma_{zmax}^2} \right] + \frac{0.45\sigma_{zmax}}{E} \tag{2-186}$$

在滚轮下，发生塑性变形的条件为

$$\sigma_{zmax} - \sigma_k = -\sigma_s \quad (\sigma_s > 0) \tag{2-187}$$

由此

$$\sigma_{zmax} = \sigma_k - \sigma_s \tag{2-188}$$

将式（2-188）代入式（2-186）得

$$\frac{\sigma_H - \sigma_k - 0.45(\sigma_k - \sigma_s)}{E} = \alpha \left[0.4 \frac{\sigma_k - \sigma_s}{E} + \frac{8P^2}{b^2 \cdot \pi^2 \cdot dh(\sigma_k - \sigma_s)^2} \right]$$
$$\tag{2-189}$$

式中，仅 α 系数需用实验结果求出。

α 值与 σ_H 有关，σ_H 越高，在滚压时焊缝纵向变形越容易，α 值也就越大。相反，若 σ_H 较小，甚至为压应力时，则焊缝在滚轮下的纵向变形较困难，α 值也就小些。因此，若将 α 值视为 σ_H/σ_s 值的线性函数较为合适（在这里重要的不是 σ_H 的绝对值，而是 σ_H 相对于 σ_s 的比例）。

设 $\alpha = a + c \frac{\sigma_H}{\sigma_s}$，式中系数 a 与 c 可由实验结果求得。

图 2-66 为焊缝中的应力水平与滚压压力和滚压次数的关系曲线，对于 A3 钢来说，当 $h = 1.5\text{mm}$，$\sigma_s = 2400\text{kgf/cm}^2$ 时，若 $n = 1$，$P = 330\text{kgf}$，有

$$\sigma_k = -463\text{kgf/cm}^2$$
$$\sigma_H = +2370\text{kgf/cm}^2$$

当滚压第二次时，$n = 2$，$P = 330\text{kgf}$，则有

$$\sigma_k = -875\text{kgf/cm}^2$$
$$\sigma_H = -463\text{kgf/cm}^2$$

将上述两次实验结果代入式（2-189），将两个方程式联立以求解系数 a 与 c，得

$$c = 0.0601; \quad a = 0.1256$$

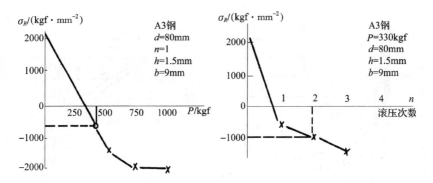

图 2 - 66　焊缝中的应力水平与滚压压力和滚压次数的关系曲线

由此

$$\alpha = 0.1256 + 0.0601 \frac{\sigma_H}{\sigma_s}$$

将所得 α 值代入式(2 - 189)中,进行相应的变换,以求出 P 的表达式,略去微小项$\left(如 0.024 \frac{\sigma_H \cdot \sigma_k}{\sigma_s}\right)$并将有关系数取整后得

$$P^2 = \frac{6.7 dh b^2 \sigma_s (\sigma_k - \sigma_s)^2 (\sigma_H - 1.5\sigma_k + 0.5\sigma_s)}{E(0.7\sigma_s + 0.3\sigma_H)} \qquad (2 - 190)$$

当 $\sigma_k = 0$, $\sigma_H = \sigma_s$ 时 , 有

$$P = \sqrt{\frac{10.1 dh b^2 \sigma_s^3}{E}} \qquad (2 - 191)$$

2.9.3　焊后热处理减小残余应力和变形

焊后热处理（PWHT）是常用的降低焊接残余应力和减小焊接变形的工艺方法。

焊后热处理消除残余应力 , 基于两个条件[19]:

(1) 热处理升温达到预定温度,材料的屈服极限在热处理温度下降低 $[\sigma_s(T)]$,若残余应力峰值 σ_0 高于 $\sigma_s(T)$ 值,则残余应力降低到 $\sigma_s(T)$;

(2) 在保温过程中,焊缝中的应力值 $\sigma_s(T)$ 发生应力松弛,应力水平下降的速率可由蠕变理论按材料蠕变特性确定。

图 2 - 67 为 TC1 钛合金焊接残余应力在不同热处理条件下降低的实测曲线关系: $\sigma = f(T)$ 和 $\sigma = f(t)$ 。

根据蠕变时应变速率 $\dot{\varepsilon}_c$ 与温度和材料特性的关系 , 有

$$\dot{\varepsilon}_c = A \cdot \sigma^n$$

A 与 n 是和温度有关的材料常数。

在一定的温度下 , 根据 σ_0 的不同,在升温和保温阶段应力水平下降的过程有差别,如图 2 - 68 所示,在达到 σ_2 之后即与初始 σ_0 无关[14]。

在大截面焊缝上的应力消除过程与简单松弛情况不同,需要进行专门的计算分析。

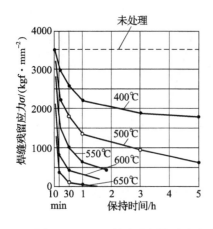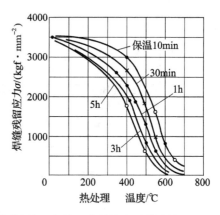

图 2 - 67　TC1 钛合金焊接残余应力在不同热处理条件下降低的实测曲线关系

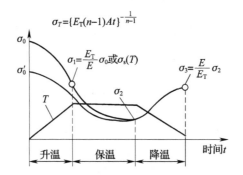

$$\sigma_T = \{E_T(n-1)At\}^{-\frac{1}{n-1}}$$

图 2 - 68　升温和保温阶段应力水平下降过程

采用 PWHT 减小焊接变形，只有在刚性夹持状态下，使薄壁构件在常温时即达到要求的形状，热处理后才能奏效。作为精密零件采用 PWHT 时，还必须考虑夹具材料本身的热膨胀系数所带来的影响。

3　材料焊接性（接头工艺强度）评定中的力学问题与计算模型

3.1　学科发展现状与拘束度概念

对焊接裂纹的研究乃是焊接力学最重要的学科内容之一，或可称之为焊接裂纹力学。

焊接裂纹的种类和形态繁多。自从开始有焊接技术以来，人们就一直在与焊接裂纹作斗争。但是由于问题的复杂性，到目前为止在焊接裂纹的原理方面还不能说是有了定量的科学分析。众多的理论和学说依然停留在定性或半定量的认识阶段。对焊接裂纹的研究（或者说对材料焊接性的研究）方法仍以实验为基础。较完善和较系统的定量理论（借助于数值分析技术）尚需要在不断的开发研究中形成和建立。

　　无论是哪一种形态的焊接裂纹，其产生的原因不外两个方面：其一是材质的变化（冶金因素），其二是力的作用（力学因素）；这二者密切相关，相辅相成。有关焊接所引起的材质变化，从而导致焊接裂纹产生的研究工作，多属于焊接原理学和焊接冶金学的范畴。在本章内，主要从力学的观点来看裂纹产生过程中力的作用——焊接裂纹力学。

　　在实际焊接结构中，焊接裂纹产生均受到构件内拘束度和外拘束度的制约，这二者又是相互关联的。采用拘束度概念来描述焊接接头的力学状态，这对于正确地、科学地、定量地评定材料的焊接性是非常重要的。

　　在焊接加热和冷却过程中，温度应变导致材料内部发生对变形的拘束，导致材料本身的热弹塑性过程。这一仅与材料特性和温度场有关的拘束称之为内拘束度，它与构件的边界条件无关。在本文第 2 章中，我们曾分析过薄板点状加热时的弹性过程和热弹塑性过程就是完全由板件的内拘束度所引起的。

　　依靠焊接构件外界拘束条件所形成的拘束称为外拘束度。利用外拘束度可以在裂纹形成过程中强化力的作用，提高局部应力强度或调节在裂纹扩展过程中的形变能量。

　　在以实验研究为主的焊接裂纹研究工作中，对于力的作用的模拟就是利用内拘束度和调整外拘束度的办法实现的。从这个意义上来说，材料焊接性实验也可以分类为：

　　（1）利用内拘束度的焊接性实验方法；

　　（2）利用外拘束度的焊接性实验方法；

　　（3）内拘束度与外拘束度并用的实验方法。

　　关于内拘束度与外拘束度的相互联系在图 3 – 1 中示出[1]。

　　与研究焊接应力与变形的目的一样，研究焊接裂纹力学的任务就在于要能动地控制它。为此，就必须从引起问题的根源上着手。从图 3 – 1 中可以看出，应从焊接热源对构件的热输入着手，分析材料因素、制造因素和结构因素所形成的内拘束度和外拘束度。

3.2　内拘束度

　　焊接时的内拘束度在很大程度上取决于被焊接材料特性。从图 3 – 1 中可以看出，材料特性（热物理常数）—温度场—内拘束度之间有着直接的关系。对于不同航空材料的焊接残余应力测试结果表明，焊缝中的峰值应力并不等于材料的屈服极限，见图 3 – 2。

　　在钛合金上，$\sigma_r < \sigma_s$，差别比较明显。在铝合金和某些耐热合金上，也有类似的现象。但是，如果按照经典的平截面假设所建立的焊接应力与变形理论，焊后总应该是 $\sigma_r = \sigma_s$。在一些有色金属材料和耐热合金上，平截面假设的近似性和局限性会导致不正确的结论。

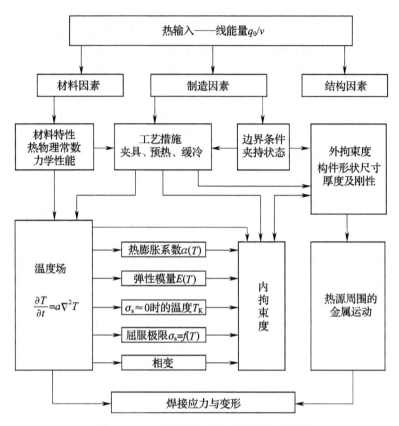

图 3-1 内拘束度与外拘束度的相互联系

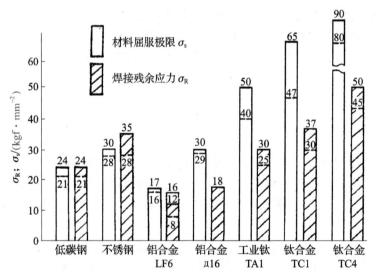

图 3-2 焊缝中的峰值应力及材料的屈服极限

以第 2 章所述的在弹性范围内点状加热为例，说明内拘束度与温度场的关系[19]。

当焊接热输入已知，温度场的分布确定后，有关系式如下（见图 2 - 13）。

$$\left.\begin{array}{l} \sigma_r = -\dfrac{\alpha E T_{av(r)}}{2} \\[3mm] \sigma_\theta = -\alpha E T + \dfrac{\alpha E T_{av(r)}}{2} \end{array}\right\} \qquad (3-1)$$

若把内拘束度定义为

$$I = \frac{\sigma}{\alpha E T} \qquad (3-2)$$

式中：σ—— 在被考察处的实际应力；

　　$\alpha E T$—— 在被考察处的温度应变受到完全拘束时的应力。

对于薄板点状加热状态来说，在 $r = 0$ 处有

$$I_r = \frac{\sigma_r}{\alpha E T} = \frac{-\alpha E T_{(r=0)}/2}{-\alpha E T_{(r=0)}} = \frac{1}{2}$$

$$I_\theta = \frac{\sigma_\theta}{\alpha E T} = \frac{-\alpha E T_{(r=0)} + \alpha E T_{(r=0)}/2}{-\alpha E T_{(r=0)}} = \frac{1}{2}$$

可见，对于瞬时线热源（焊速为零）的径向和切向的拘束度均为 $I = 1/2$。

但当移动热源的焊速趋近于无穷大（∞）时，即为平截面假设条件，这时有 $I = 1$。

采用数值分析方法，当得知在点状加热过程中每一特定考察点的 σ_r 与 σ_θ 的瞬态值后，即可求出该点在每一瞬间的内拘束度 $\dot{I}, 0 \leqslant \dot{I} \leqslant 1$。$\dot{I}$ 值对于评定材料的焊接性来说是一个重要的判据。有关采用这一定量判据来评价材料内拘束度和焊接性的可行性尚待进一步研究发展和完善。

另外一个对于焊接残余状态的内拘束度和残余应力值的水平有直接关系的判据就是"极限塑变比"，它是由材料特性所决定的，可以用下式来表示之[19]

$$极限塑变比 = \frac{\alpha T_k}{\varepsilon_{s(0)}} \qquad (3-3)$$

式中：α—— 材料线膨胀系数；

　　T_k—— 材料完全处于塑性变形状态时的温度或称零应力温度（亦称"力学熔化温度"）；

　　$\varepsilon_{s(0)}$—— 材料在室温下的屈服应变值。

若把材料的 σ_s（或 ε_s）视为温度 T 的函数，则不同材料的 $\sigma_s = f(T)$ 关系曲线可以示意于图 3 - 3。

当内拘束度 $I = 1$，若材料的 $\alpha T_k / \varepsilon_{s(0)} > 1$，则有 $\sigma_R = \sigma_s$；而若 $\alpha T_k / \varepsilon_{s(0)} \leqslant 1$，则有 $\sigma_R < \sigma_s$。

后一种情况相应于材料的 α 值甚小而 $\varepsilon_{s(0)}$ 值很高的条件。

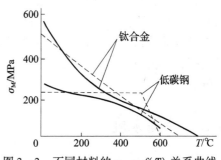

图 3 - 3　不同材料的 $\sigma_s = f(T)$ 关系曲线

对于低碳钢来说，$\dfrac{\alpha T_k}{\varepsilon_{s(0)}} \approx 6$；

对于铝合金来说，$\dfrac{\alpha T_k}{\varepsilon_{s(0)}} \approx 1.7$；

对于钛合金来说，$\dfrac{\alpha T_k}{\varepsilon_{s(0)}} \approx 1.2$。

不难看出，在点状加热时，在钛合金上有 $I = \dfrac{1}{2}$，故可以近似地求得在中心处的应力峰值为

$$\sigma_R = I \cdot \dfrac{\alpha T_k}{\varepsilon_{s(0)}} \cdot \sigma_s = \dfrac{1}{2} \times 1.2\sigma_s \approx 0.6\sigma_s$$

在钛合金上，对 σ_R 的测试结果表明，σ_R 随着焊速的增大而有所增加，当焊速极低时（$v_{\text{焊}} \approx 0$），有 $\sigma_R \approx (0.5 \sim 0.7)\sigma_s$，这与上述分析结果是相符的。图 3 – 4 所示为在低碳钢、不锈钢和钛合金上测得的焊缝中峰值应力与焊接速度的关系。

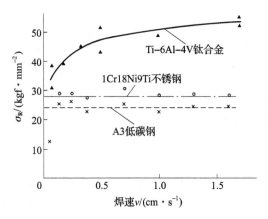

图 3 – 4　焊缝中峰值应力与焊接速度的关系

对于钛合金焊接热弹塑性过程的数值分析证实了上述论点，即在焊接热循环的冷却过程中，由材料的极限塑变比和内拘束度所制约的应力应变不会引起拉伸塑性应变。从焊接力学的观点来考察（当然不应该排除焊接冶金因素），这很可能就是在大多数情况下钛合金焊接热裂纹倾向很小的原因。

在航空材料中，低合金高强钢在焊接冷却过程中的相变所引起的内拘束度变化和裂纹力学现象更为复杂。显然，试图利用外拘束度条件来模拟内拘束状态，以探讨焊接裂纹发展的机理，在技术上是很困难的，完全依靠实验研究也很难奏效，必须以物理模拟为出发点，借助数值分析工具，建立准确反映真实过程的数值分析模型，二者相辅相成。

3.3　外拘束度

与内拘束度不同，外拘束度是指构件周围的拘束条件对焊缝收缩变形的影响。在

这里只考察焊接的最后结果，即残余状态的拘束，而对焊接热过程中的动态行为不予考虑。

外拘束度又可以分为拉伸拘束度与弯曲拘束度。各国的学者对焊接接头的拘束度正进行着定量化的研究，佐藤[14]把对接焊缝的拉伸拘束度定义为"接头根部单位收缩量所需的单位焊缝长度上的力"。计算外拘束度的力学模型如图 3-5 所示。

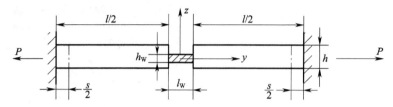

图 3-5　计算外拘束度的力学模型

当厚板两端固定时，焊后的自由收缩量 S 受到拘束

$$S = \lambda_b + \lambda_w$$

式中：λ_b——母材的伸长；

λ_w——焊缝区的伸长。

当母材板厚 h 远大于焊缝高度 h_w（在多层焊时），即使收缩力 P 可以使焊缝区开裂，但这时母材仍然处于弹性状态。λ_b 与 λ_w 的关系可由图 3-6 看出。

在图中，$AB // ON; OA = S$。

若直线 ON 的斜率较小时，则 B 点落在 OY 直线段上，也即焊缝区的伸长仍在弹性范围内。

当 h/l 不太大时，直线 ON 的斜率为 $R_F = Eh/l$，直线 OY 的斜率为 $R_w = Eh_w/l_w$

$$S = \lambda_b + \lambda_w = \left(\frac{1}{R_F} + \frac{1}{R_w} \right) P \tag{3-4}$$

由此，可得焊缝的拘束应力为

$$\sigma_w = \frac{P}{h_w} = \frac{S}{h_w} \left(\frac{1}{R_F} + \frac{1}{R_w} \right)^{-1} \tag{3-5}$$

在一般焊接接头中，$R_F \ll R_w$，因此拘束应力可近似计算得

$$\sigma_w = \frac{S}{h_w} \cdot R_F = m \cdot R_F \tag{3-6}$$

式中，σ_w 与 R_F 成正比，R_F 即为拘束度。

若 σ_w 大于材料屈服极限 σ_s，则拘束力与焊缝伸长的关系可用斜率为 $R'_w (\ll R_F)$ 的直线 YM 表示，则拘束应力 σ_w 和焊接区的平均应变 ε_w 可按下式计算

$$R_F \geqslant \frac{\sigma_s}{m} \sigma_w = \sigma_s + mR'_w \left(1 - \frac{\sigma_s}{mR_F} \right) \tag{3-7}$$

$$\varepsilon_w = m_\varepsilon \left(1 - \frac{\sigma_s}{mR_F} \right)$$

式中：

$$m_\varepsilon = \frac{s}{l_w} = \frac{m}{\tan\beta} \tag{3-8}$$

303

在RRC（恒标距拘束）裂纹试验中，拘束力随着拘束距离的减小（拘束度增加）而增大，如图3-7所示。改变 l（或相应的 s）值，所测定的拘束应力可在较大范围内变化，从而求出不发生裂纹的临界拘束距离，建立起实际构件中产生裂纹与拘束应力之间的定量关系。

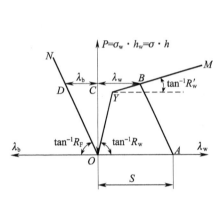

图3-6　λ_b 与 λ_w 的关系

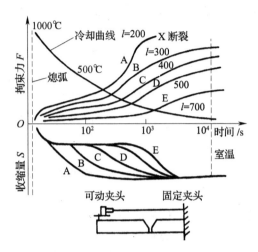

图3-7　拘束力随着拘束距离的变化

在RRC试验的冷却过程中，拘束距离保持一定；而在TRC试验时，在冷却过程中进行拉伸，使拘束应力保持一定。

在利用外拘束度来评定材料焊接性方面，对焊缝热影响区的考察越来越多地采用插销法。这种方法已得到IIW的认可，列为标准试验方法。这是一种适用于材料基础研究和对比性试验的方法，用它不能直接估计实际构件是否会出现焊接裂纹。当采用缺口形式一定的插销时，可利用一系列并排插销，一次焊接（一定的热输入）即可得出临界应力，求出 $(\sigma_{cr})_{imp}$、单位线能量、含氢量和材料之间的相互关系

$$(\sigma_{cr})_{imp} = A - B\lg[H] \tag{3-9}$$

式中：A, B——与材料组织有关的常数。

用插销法所得的临界断裂应力或临界拘束应力，与RRC和TRC的试验结果基本相同。目前正在探讨通过RRC试验求得临界拘束应力与实际结构之间的已知关系，找出插销试验和实际结构之间的相互关系。

常见的热裂纹试验如可变拘束度试验法，是在焊接过程中使试件（焊缝）沿纵向或横向弯曲（曲率可变），测出引起裂纹的最小附加（弯曲）应变值和裂纹总长度，从而提供比较热裂纹敏感性的两个相对定量判据。在薄板点焊过程中的弯曲裂纹试验方法也是上述方法的变异。

3.4　焊接力学对金属焊接性试验方法的分类

材料焊接时的冶金、金相和力学等复杂过程所决定的焊接性试验方法多种多样，目前所知道的就有百余种。种类繁多的试验方法一方面说明焊接裂纹研究的学科内容

日益丰富，另一方面也应看到，在这些试验方法从定性概念到定量评价的发展过程中，困难还不少，尚未能形成一个完整的有系统理论为依据的学科。这些试验的最终目的在于能探求不同用途的具有理想焊接性的材料。

按试验性质和目的，焊接性试验方法可分类[15]见图 3 - 8。

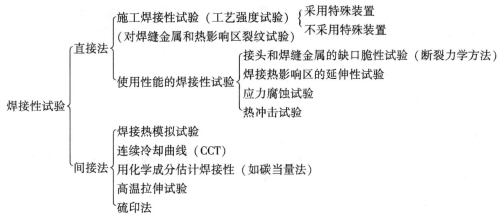

图 3 - 8　焊接性试验方法分类

但是，从反映试验方法的本质来看，上述分类方法不能给出清晰的物理概念。在这里先不涉及焊接结构在使用中所反映的焊接性，这将在下一章内另述。先就材料的焊接工艺强度而言，按焊接力学的观点，可以把焊接裂纹试验方法分类举例（如图 3 - 9 所示）。

从上述分类可知，焊接力学发展的一个方向就是对内外拘束度的定量分析研究。例如，日本[22]对窄缝焊接的拘束度评定正在进行深入探讨。利用数值分析技术对现有的焊接裂纹试验方法和拘束度进行评定，利用断裂力学的原理研究焊接冷、热裂纹的产生及其扩展（这里仅对焊接接头工艺强度评定），必然会影响到焊接裂纹试验方法的改进。这样，才能逐步使试验研究在经验的基础上走向定量分析，使试验方法对焊接过程的模拟更接近于实际条件。

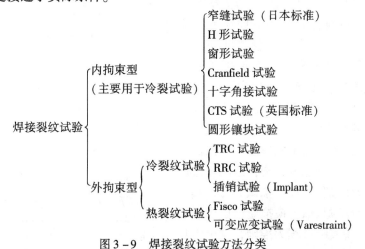

图 3 - 9　焊接裂纹试验方法分类

3.5　焊接热模拟试验中的力学问题

上节中所述的直接法测定材料焊接性的优点是可以直接观察试验结果，模仿小型结构件上材料、工艺、焊接规范、接头形式，从中找出最佳焊接施工方案，但其局限性在于对焊缝及热影响区的显微组织力学性能难以做出详细的分析研究。

焊接热模拟试验属于间接测试法。它可以在实验室条件下，按焊接热循环条件，在小试件上再现实际过程，获得较全面和较科学的分析依据。

模拟技术在焊接中的应用可以分为两类：

（1）直接在模拟热循环、拘束应力和应变循环中进行试验，在其间也可以采用膨胀计得到 CCT 曲线，作为评定焊接性和制定工艺的依据。

（2）对经过热模拟处理后的试件进行测定，如热影响区的金相组织、力学性能、断裂性能（缺口韧性或 COD 试验）、抗腐蚀性能等。

在进行热裂纹的模拟试验中，完全拘束状态下的热拉伸试验可以作为确定焊接热影响区性能的试验方法。其加热与加载过程如图 3 - 10 所示。

在延迟裂纹敏感性试验中，所模拟的因素有：焊后急冷引起焊缝与热影响区的淬硬组织、氢的影响、拘束应力等。试验程序如图 3 - 11 所示。

在再热裂纹试验（高温恒应变松弛）中，多采用应力松弛法（接近于焊件消除应力的过程）。

在目前的热模拟技术中，多采用圆试棒或板条试件，因而只能模拟单向应力状态。

为了研究材料在实际的双向或复杂应力状态下的行为，也有采用管状件的，载荷为拉扭，同时管内充压，在焊接热循环过程中考察其热应变能力。这样，可以对材料建立起"焊接热变形"曲线，用以判断材料的焊接工艺强度。

近代电子技术的应用使焊接热模拟试验设备日臻完善，功能也较齐全，已能定量地模拟应力和应变过程。在模拟试验时，其判据可以是某个相对数值。模拟应该以尽可能地真实反映客观实际过程为准则，这也是热模拟试验技术在发展中要解决的难题。

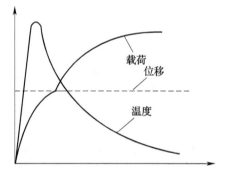

图 3 - 10　热裂纹模拟试验的加热与加载过程

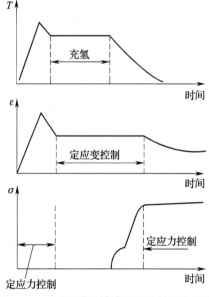

图 3 - 11　延迟裂纹敏感性试验的试验程序

3.6　焊接瞬态热弹塑性应力应变过程的云纹测试技术[8]

焊接工作者为了认识焊接热弹塑性过程，做了不懈的努力。但是在过去一个相当长的时期内，由于分析技术和手段的发展水平所限，并未能真正定量揭示这一复杂力学过程的全貌。

随着电子计算机的应用和数值分析技术的发展，对焊接过程的理论分析有了相应的工具。近年来，在实验力学方面发展了云纹测试方法，与数值分析技术相辅相成，因而焊接力学也有了长足的发展。

揭示焊接热弹塑性过程实际情况的正确途径就是把数值分析技术与动态过程的实验测试技术相结合，这能为克服目前理论分析（数值分析）结果与实际应用之间仍然存在着相当的距离创造了有利条件。

近年来北京航空工艺研究所对应用云纹技术于测定焊接动态应力应变过程进行了研究，结果表明，这是一种很有力的工具，其优点是：

（1）为非接触式测量；

（2）可测定电弧周围高温应变；

（3）便于记录瞬时应变信息；

（4）能显示出全应变场。

用云纹测试数据来验证理论分析的正确性，以数值分析所揭示的规律来指导云纹测试技术的提高，二者并用，促进发展。

云纹测试技术包括耐高温的金属试件栅线的制备、焊接过程中热应变信息的记录、云纹图像处理与计算方法等方面。对于不同的材料可以给出相应于不同焊接工艺条件下的热应变曲线。而在焊接模拟试验中，这种热应变曲线正是所需要模拟的热应力应变实际过程。这可以为热模拟试验法提供符合实际焊接过程的定量模拟依据。

图 3-12 所示为点加热（$t=7\mathrm{s}$）时，云纹测试结果与数值分析结果的对比。

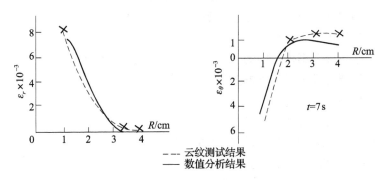

图 3-12　云纹测试结果与数值分析结果的对比

对于特性差异悬殊的各种航空材料来说，建立较系统的焊接瞬态热应变曲线图谱，正是焊接力学在裂纹机理研究方面的基础工作。

4 焊接接头特性、结构强度与可靠性评定中的力学问题

4.1 焊接结构的计算强度、结构强度与可靠性概念

有关焊接接头强度和断裂问题的基础知识在"焊接结构"课程[10]中已较系统地阐明。

焊接结构的承载能力概念比结构强度概念更广，承载能力是结构抵抗出现极限状态的能力。所谓极限状态，应包括一些强度指标未能计入的情况，诸如刚性不够、腐蚀断裂、振动疲劳等引起的结构使用极限状态。在本章内将讨论的仅是与载荷应力和强度（广义的强度概念，包括不仅只是断裂，而且还有塑性变形、失稳、裂纹扩展等）有关的极限状态。

对焊接结构承载能力有决定影响的外界因素主要有[16,23]：

（1）载荷及相应的工作应力；

（2）加载方式为静态或动态加载，在动态加载时还应区分载荷谱（周期性或随机性）；

（3）应力分布的不均匀性；

（4）应力集中源的几何形状与应力集中系数；

（5）残余应力；

（6）结构工作环境温度；

（7）工作介质；

（8）辐照损伤条件；

（9）运行时间。

除上述外界因素，材料和构件特性也是多种多样的：

（1）材料弹性模量 E 和塑性变形能力 $\sigma = f(\varepsilon)$ 曲线；

（2）材料的强度：屈服极限、极限强度和实际断裂应力、断裂韧度；

（3）由延伸率和断面收缩率所表示的材料塑性指标；

（4）硬化倾向和在拉伸时的塑性不稳定性；

（5）受压时的弹性不稳定性；

（6）抵抗累积疲劳损伤的能力，尤其是在裂纹尖端部位上；

（7）在反复塑性负载条件下的强度；

（8）抗蠕变能力；

（9）高温下的持久强度和塑性性能；

（10）应变、温度和时间对金属时效的影响；

（11）抗裂纹失稳扩展的能力；

（12）抗裂纹快速扩展的能力；

（13）抗腐蚀开裂的能力；

（14）抗延迟断裂的能力；

（15）抗低温性能。

在某一特定使用条件下，上面这些因素会交互作用，从而决定了焊接构件的结构强度。因此，结构强度可以定义为[16]：

针对具体材料特性指标、载荷性质、温度、介质乃至制造工艺，并根据工件运行考核和试验结果确定的焊接结构抵抗出现危及其使用性能的极限状态的能力。

在计算结构强度时，往往只能顾及这些因素中起决定影响的若干个因素，这是因为：

（1）已有的知识尚不足以建立起一个囊括各种情况的计算模型；

（2）建立一个同时考虑众多因素影响的理论的复杂性和不可行性；

（3）欲建立这些理论所需的试验耗资大，费时多；

（4）必须使应用这些理论进行计算的人们，具有对这类专门问题相当深的科学知识基础，只有这样，理论才能得以应用。

从以上的叙述中不难理解，目前的理论计算强度与实际的结构强度是不会相符的。

因此，计算强度可以定义为：根据试验所得的材料特性和理论模型，由计算求得的焊接结构抵抗出现危及其使用性能的极限状态的能力。

到目前为止，强度理论都是以计算某一单独因素的影响来建立模型，如在静载强度计算中并不考虑应力集中问题；稳定性计算中也不考虑其他因素等，在一个理论计算中，综合考虑两个或更多的因素也是很少见的。即便是解决一个焊接构件随机载荷时的寿命估算问题，为了叠加损伤效应，众多的学者多年来为此付出了辛勤劳动而进展甚微。

计算强度与结构强度不相符的另一个原因在于过去认为是无足轻重的因素当新的材料应用于新结构上时，竟变成非常重要甚至是决定性的因素。例如，在高强钢焊接结构中缺陷的影响，比之以往在低合金钢结构上的影响要明显得多，问题也更尖锐、突出了，这一方面是采用高强度材料结构在设计时所选择的许用应力水平更高了，另一方面材料对应力集中的敏感性也更大了。

图 4-1 所示为当量裂纹长度 $\sqrt{l}$ 与应力集中系数 α 对低强材料（曲线 1）和高强材料（曲线 2）的结构强度(σ_k/σ_b) 和寿命(N) 的影响。

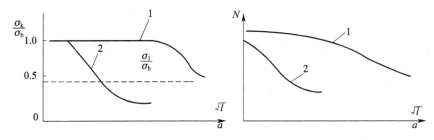

图 4-1　当量裂纹长度与应力集中系数对结构强度和寿命的影响

图中 σ_1 为结构的工作应力。从图上曲线可见，如采用同一灵敏度的无损检测手段，所发现的缺陷对于低强材料来说可能是允许的，而对于高强材料则是危险的和不允许的。这也正是在高强材料应用于焊接结构的初期阶段，意外断裂破坏事故频频发生的原因。

计算强度与结构强度不相符的第三个原因是不正确地选择了结构的极限状态和强度判据，或简单地用试验条件所得的结果对批生产条件下的问题做出决策。例如，把本来应该以结构疲劳寿命为极限状态的判据却误用了静载强度计算极限状态，或者选择小试件的冲击韧性值去判定大构件的极限状态，有时应采用应变或位移量如 COD 值作为判据而却仅只选用了力的作用因素作为判据等。

计算强度与结构强度不相符的第四个原因在于结构强度本身的概率特性。这种概率特性表现为两个方面：其一是各种因素的组合与可能出现的最坏情况；其二是每一种因素也有其各自的分散规律。用统计学的办法目前可以处理某些疲劳问题，如果采用概率计算法，并考虑每种因素的分散度，则有可能较好地解决这一难题。

第五个原因是与缺陷出现的概率特性有关，事先很难预计到焊接结构上缺陷的分布。这是因为检测手段灵敏度的局限性和在一般不出现缺陷或免检的部位又有可能出现了缺陷，漏检的可能性也不能排除。

除以上所述，金属材料特性的分散性、工件几何尺寸以及载荷条件的分散性也都是必须考虑的重要因素。结构强度客观地反映了这些分散度的影响，因此，就其本质而言，结构强度应该是一个在相当宽的范围内变化着的数值。在一般情况下，也仅只是将实际结构强度的某一平均值与计算强度相对比。即便是在二者吻合的情况下，仍然不能排除结构强度的分散性和个别结构达到极限状态的可能性。

综合各种因素可能出现的最坏情况来计算和评定强度，是可以给出在工作应力下完全不出现极限状态的可能性。然而，在许多场合，只能考虑某些主要因素，而且这种方法所给出的承载能力是很低的，尤其当各因素的分散度较大时更是如此。由于得不到关于出现极限状态的确切信息，这样的结构也就很难投入运行。

试验表明，即使是在同一块板材上取样，每个试件所给出的金属材料特性（$\sigma_b, \sigma_s, \delta, a_k$ 等）都不会是相同的。图 4 - 2 所示为对 σ_s, σ_b 和 δ 值大量试验结果的分散度，纵坐标可以用相同测试结果的重复数 m 表示，也可以用其相对于测试总次数 n 的百分比来表示。

当 n 甚大时，可以用不同的数学关系来描述某随机值的分布规律，高斯正态分布规律是常见的一种。图 4 - 3 所示为

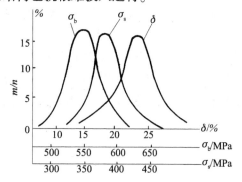

图 4 - 2　对 σ_s，σ_b 和 δ 值试验结果的分散度

$$f(x) = \frac{1}{s\sqrt{2\pi}}e^{-(x-\bar{x})^2/(2s)^2} \qquad (4-1)$$

式中：$f(x)$——x 值分布概率的密度；

　　　　s——均方差，s 越大则分散度越大，在 $6s$ 区间包含了 n 数中的 99%，因此 $6s$ 是分散区的标志。

　　若 $s = 1$，并将曲线的坐标原点移至 $\bar{x}$，则可得正态函数为

$$f(z) = \frac{1}{\sqrt{2\pi}} e^{-\frac{z^2}{2}} \tag{4-2}$$

在该曲线下包括的面积为 1。

z 值$(z < z_0)$ 出现的概率可由下式求出

$$B_{ep}(z < z_0) = \varphi(z_0) = \int_{-\infty}^{\theta} f(z)\,\mathrm{d}z = \frac{1}{\sqrt{2\pi}} \int_{-\infty}^{\theta} e^{-\frac{z^2}{2}}\,\mathrm{d}z \tag{4-3}$$

离散度 D 可由下式求出

$$D = \int_{-\infty}^{\infty} (x - \bar{x})^2 f(x)\,\mathrm{d}x \tag{4-4}$$

对结构进行强度分析时，在大多数场合是针对三组数据的分散度来具体评定的：

(1) 材料的力学性能；

(2) 构件截面几何尺寸和应力集中；

(3) 作用载荷和应力水平。

图 4 – 4 为焊接接头与母材的力学性能不一致的情况举例。

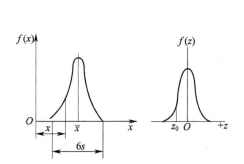 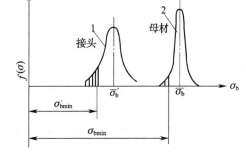

图 4 – 3　高斯正态分布　　　　　图 4 – 4　焊接接头与母材的力学性能不一致的情况

通常对接头与母材的不等强度的评定方法并不考虑其分散度

$$\eta = \frac{\sigma_b'}{\sigma_b} \leqslant 1 \tag{4-5}$$

如果以相等的断裂概率作为比较接头与母材的根据，这就意味着图中阴影部分应当相等。这时，接头与母材的不等强度的比值应为

$$\eta = \frac{\sigma_{bmin}'}{\sigma_{bmin}} \tag{4-6}$$

不同的断裂概率对应于不同的不等强度系数。

如果在构件上有多个焊接接头，则其强度取决于最薄弱环节，对每个接头进行不发生断裂的概率分析，而整个系统不发生断裂的概率则是各环节不发生断裂概率的乘积。

在评定结构的可靠性方面，概率法越来越多地得到应用。所谓可靠性，对于结构的强度计算来说，也就是在构件正常工作状态下不发生极限状态的概率。

图 4 – 5 给出最大载荷 P_{max} 的分散度和断裂时的载荷 P_p 的分散度。断裂载荷的中值 $\bar{P}_p$ 与最大载荷中值 $\bar{P}_{max}$ 之比，按通常的概念可定义为安全系数。但在 $F(P_{max})$ 和 $f(P_p)$ 两曲线相交的部分 $P_{max} > P_p$。这时，发生断裂的概率为

$$\int_0^\infty F(P_{max})f(P_p)\,\mathrm{d}P_{max} \qquad (4-7)$$

按式（4-3），发生断裂的概率 $\varphi(z_0)$ 将随着 P_{max} 和 P_p 的分散度增大而增加。图4-6所示为 $\varphi(z_0)$ 与 z_0 的关系曲线。

$$z_0 = (\overline{P}_{max} - \overline{P}_p) / \sqrt{s_1{}^2 + s_2{}^2} \qquad (4-8)$$

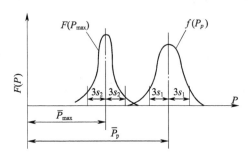
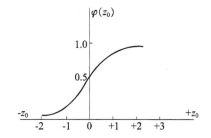

图4-5 最大载荷 P_{max} 和断裂时载荷 P_p 的分散度 　　图4-6 $\varphi(z_0)$ 与 z_0 的关系曲线

在用概率法计算强度时，安全系数为

$$n = (\overline{P}_p - 3s_1)/(P_{max} + 3s_2) \qquad (4-9)$$

焊接结构的可靠性保证取决于计算、设计、研究、制造和使用，在这些方面已积累了大量的经验与资料。要使理论计算强度与实际结构强度相接近或相符合，必须采取一系列措施，其中重要的是不断地完善计算方法。为此，必要的条件是：

（1）正确地选择极限状态，以此为出发点进行计算；

（2）在所选定的每种极限状态范围内，选择最佳判据，它应能定量表示强度值；

（3）所采用的理论模型应能根据金属材料的最简单特性来确定其强度安全系数或发生断裂的概率；

（4）考虑那些在计算中并非主要因素的影响，如应力状态、金属性能的不均匀性及缺陷、残余应力、温度场分布特点、介质以及材料特性的分散度等。

在正确地选择极限状态下，利用安全系数，是为了给出结构运行条件，以便保证在计算中未能考虑的一些因素不至于使结构强度降低到使用条件以下。在这样的计算中，发生断裂的概率仍然是个未知数。因而，结构强度的分散度越大，计算的准确性也就越差，选用的安全系数也就越大。可见，安全系数的概念本身就包括了结构强度在较大范围内变化的可能性。

运用概率法进行计算时，回避了安全系数，而给出允许发生断裂的概率。在这种情况下，只有当计算强度与结构强度的中值、分布规律和离散度相符时，方可能得到二者相符的结果。

有关合理的结构设计、制造与正确的使用等方面可采取的措施，在已经讲授过的一些专业课程中均已有详细的介绍，在这里因限于篇幅，不再赘述。

4.2　焊接缺陷的评定

焊接缺陷是不能完全避免的。无疑，它将对接头的力学性能和承载能力带来影响，例如：

(1) 焊缝形状、尺寸、表面质量与设计要求的差距；

(2) 焊缝与母材交界处的应力集中源会在一定范围内变化；

(3) 对接工件之间的错位或角度偏差；

(4) 气孔、夹渣、未熔合、未焊透、裂纹等造成接头的不连续性；

(5) 咬边或焊瘤等缺陷。

上述各类缺陷的影响因使用条件而异。因此，不应该把所有偏离设计要求均归结为不可接受的缺陷。所谓缺陷，在这里主要指不允许的偏差。允许和不允许之间的界线是相对的、有条件的，它是由标准来决定的。制定标准时，首先应根据缺陷对焊件在使用条件下强度影响的研究结果来判定；报废或是允许存在缺陷。但目前标准的制订仍更多地是依据经验和制造工艺上的可达性。

对缺陷评定问题的复杂性几乎与焊接技术本身的复杂程度一样，涉及的问题方面很广泛，学科内容也极繁多，这里仅就最危险的一种缺陷——裂纹的评定（在静载条件下）举例说明。

焊接裂纹，作为应力集中源，评定的方法有两种：①以应力集中理论为基础；②以断裂力学理论为基础。

目前，以断裂力学理论为基础的焊接缺陷评定法发展较快，其判据——评定金属材料在平面应变状态下对应力集中不敏感的量值为断裂韧度 K_{IC}，或采用一相对于常用的材料屈服极限的比值 K_{IC}/σ_s。

当裂纹在无限大板上时，若板件的平均断裂应力为 σ_s，则可以把该判据定义为与裂纹长度的平方根成正比的数值[16]。

$$\frac{K_{IC}}{\sigma_s} = \frac{\sigma_s \sqrt{\pi l/2}}{\sigma_s} = \sqrt{\frac{\pi}{2}} \cdot \sqrt{l}$$

$$(4-10)$$

式中，l 为导致金属材料在 $\sigma = \sigma_s$ 时断裂的裂纹长度。对高强钢来说，l 值甚小。

但是，焊件的厚度往往并不能保持平面应变条件，按 K_{IC}/σ_s 来评定其敏感性，也并不能说是处于平面应力状态。

对焊接缺陷的评定，可归结为推荐出允许裂纹当量尺寸的计算公式[27]。按线弹性断裂力学和小量屈服 COD 公式计算临界裂纹尺寸

$$a_c = \frac{1}{1.44\pi(\sigma/\sigma_s)^2} \cdot \left(\frac{K_{IC}}{\sigma_s}\right)^2$$

当已知 COD 值时

$$a_c = \frac{\pi}{8\ln\sec\left(\frac{\pi\sigma}{2\sigma_s}\right)} \cdot \left(\frac{\delta_c}{\varepsilon_s}\right)$$

在设计时，可取

$$a_c = 0.5\left(\frac{K_{IC}}{\sigma_s}\right)^2 \quad \text{或} \quad a_c = 0.5\left(\frac{\delta_c}{\varepsilon_s}\right)$$

允许裂纹当量尺寸计算公式

$$\bar{a}_m = C\left(\frac{K_{IC}}{\sigma_s}\right)^2 \quad \text{或} \quad \bar{a}_m = C\left(\frac{\delta_c}{\varepsilon_s}\right)$$

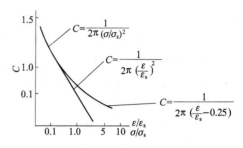

C 为取决于应变水平和材料强度的系数，可由曲线（见图4-7）选定。

若 $\bar{a} < \bar{a}_m$ 则裂纹小于允许值；否则，$\bar{a} > \bar{a}_m$ 则不允许。

表面裂纹和深埋裂纹可以换算成当量穿透裂纹，同样对于两个以上相邻裂纹也可以进行换算。

图4-7　确定系数 C 的计算曲线

4.3　接头的断裂韧性评定

把断裂力学应用于解决实际工程问题，首先必须用试验方法求得材料的断裂韧性值，如 K_{IC}, δ_c, J_{1c}（断裂力学参数的临界值）。根据这些参量随试验温度的变化，又可得到 $K_{IC}—T, \delta_c—T, J_{1c}—T$ 曲线，即断裂韧性转变曲线。

在评定焊接接头不同区域的韧性时，可以采用我国试行的标准方法 JB0006，将缺口开在某一指定区域。根据接头上韧性分布的不均匀性发展了采用边切口试样的方法以解决切口尖端误差的影响。近年来又发展了用测定裂纹尖端伸展区深度 SZD（$=\delta_c/2$）的方法来评定焊接接头各区的韧性。SZD 可以直接用扫描电镜在裂纹前缘测出，而裂纹前缘同时横跨焊缝、热影响区和母材三个区域。每隔一定距离（如0.5mm）测出一个相应的 SZD 值，这样即可得到横跨三区的 SZD 连续分布曲线，给出断裂韧性在接头处的变化规律，找出最薄弱的环节。

目前，国外很重视发展宽板试验与断裂力学相结合的方法来评定大型焊接结构的安全性，其目的在于避免在小试样的标准化试验程序中所不能包括的影响因素所带来的误差（如断裂力学判据受试件尺寸、加载方式、试件形式、结构不连续性和残余应力等的影响）。在宽板试验中可以更接近于实际使用条件来进行模拟。

在实际焊接工程结构的安全评定中，无损检测的水平直接影响着结果，从这个意义上来说断裂力学在评定带裂纹体的安全问题上又促使无损检测技术的提高。

对焊接接头和结构的安全评定，一般可按图4-8进行。

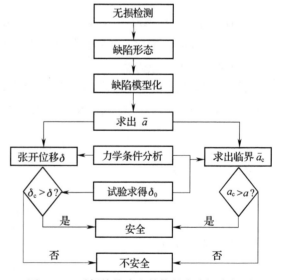

图4-8　对焊接接头和结构的安全评定框图

4.4　残余应力与附加应力的影响

　　角变形与错边在航空焊接构件上也很常见，如图 4 - 9 所示，可以把这些缺陷近似地用压力容器上的计算方法来评定其影响。

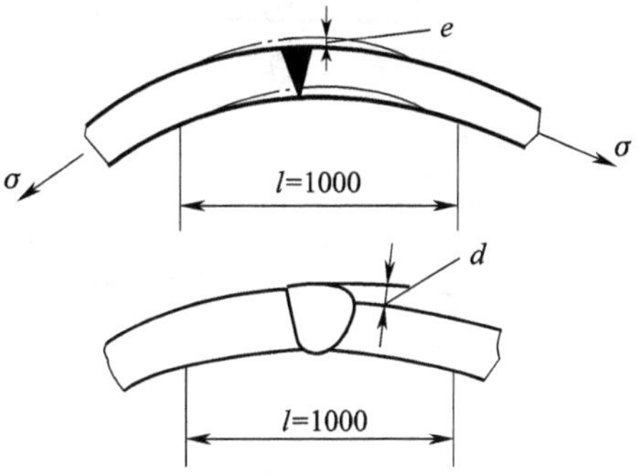

　　由角变形和错边所造成的最大附加弯曲应力 σ_e（在表面裂纹情况下）为

$$\sigma_e = 6\sigma \frac{K_e \cdot e + K_d \cdot d}{b}$$

式中：e——由角变形带来的偏心值，mm；

　　　　d——错边量，mm；

　　　　K_e——由内压作用促使 e 值减小的弯矩

　　　　　　　降低系数；

　　　　K_d——由内压作用促使 d 值减小的弯矩降低系数。

　　总应力值为

$$\sigma_\Sigma = \sigma_t + \sigma_e + \sigma_r$$

式中：σ_t——内压的工作应力；

　　　　σ_e——附加弯曲应力；

　　　　σ_r——作用于裂纹区的残余应力。

图 4 - 9　角变形与错边

4.5　接头特性的匹配

　　长期以来，焊接接头设计的基本原则是要使焊缝金属的强度等于或高于母材强度，即高强接头设计原则。但实践表明，对于某些高强钢的焊接结构来说，采用比母材强度稍低的焊缝材料，不但能有效地防止裂纹，改善接头的焊接工艺性，而且对于结构的使用可靠性也有好处。许多学者正在探讨采用低强焊接材料制造低强焊接接头，或称低强接头设计原则，如降低厚板焊接时接头根部强度或者在修补焊接中采用低强焊接材料，研究其适用范围。

　　在图 4 - 10 上示意地给出了这种低强焊接接头与板厚之间的匹配关系。H 较小时，抗拉强度较高。这是由于低强部分的塑性变形受到强度较高的母材或热影响区材料的拘束以及应变硬化的影响。

　　图 4 - 11 所示为 LF6 铝合金接头，在热影响区材料的硬度下降，属于低强度焊接接头。

　　在钎焊接头中，一般钎料强度较低，也属于低强接头类型。这类接头的强度不仅与软夹层的强度有关，而且与其相对尺寸 h/s 有关；h 为软夹层宽度，s 为金属材料厚度。

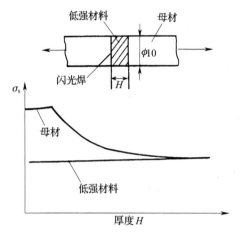

图 4-10　低强焊接接头与板厚之间的匹配关系

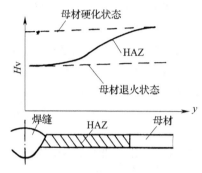

图 4-11　LF6 铝合金接头在热
影响区硬度的变化

另一种接头匹配类型为图 4-12，带有硬夹层。当焊接可热处理强化材料时，在温度超过 A_{c_3} 后，在冷却过程中即产生与母材相比为高强度或称高硬度的夹层。

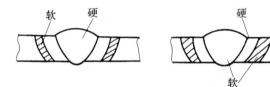

图 4-12　带有硬夹层的接头匹配类型

图 4-13 所示为不同匹配条件下可能出现的接头强度。就接头整体而言，其强度取决于 1，2，3 区的各自强度及其尺寸之间的匹配，但并不等于任何一个区域的力学性能。

当外力作用于焊缝轴线方向时，接头各区均有相同的变形。接头的变形能力和承载能力将取决于具有最低塑性的夹层。断裂将发生在相应于 ε_{A_2} 的应变量，这时在母材上有 σ_1，在焊

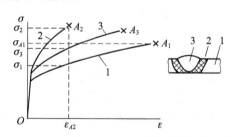

图 4-13　不同匹配条件下可能出
现的接头强度

缝内为 σ_3，在硬夹层内为 σ_2。这时轴向拉力几乎全部由母材承受，因焊接接头的横截面面积相对来说较小。也就是说，这种接头的强度低于母材的强度，因为 $\sigma_1 < \sigma_{A_1}$（σ_{A_1} 为接头全部是母材时的断裂应力）。如若在受力方向有横向裂纹或其他应力集中时，断裂更容易发生。相反，若载荷平行于焊缝，而接头内有软夹层时，则接头的整体强度不会受明显影响。

当接头承受横向拉力，而在接头中带有软夹层时，其受力状况可由图 4-14 得知。

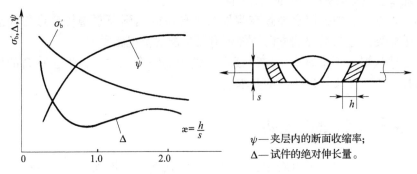

ψ—夹层内的断面收缩率；
Δ—试件的绝对伸长量。

图 4 - 14　带有软夹层承受横向拉力的接头受力状况

在弹性范围内，各区的变形基本上是一致的，当软夹层达到屈服极限（σ_{sm}）时，其产生塑性变形，而邻近区域仍处于弹性状态。加大负载，则与邻区相比软夹层的横向变形系数 μ 增大，塑性流动时 $\mu \to 0.5$，而在弹性区仅有 $\mu = 0.3$。由于不均匀的横向变形产生切应力，其最大值在分界面上。这些切应力将阻碍软夹层在板厚方向上的横向收缩。从曲线 ψ 的变化也可以看出，在 æ 值较小时，横向剪应力增大，ψ 值明显减小。夹层越窄（即 $æ = h/s$ 值越小），夹层的横向放缩也就越小（ψ 值相应于实际断裂应力 σ_p）。

若把与软夹层相邻的母材看为绝对刚性材质，则可以根据平面应变条件分析软夹层的工作状况。带有软夹层的接头的极限强度 σ_b' 可以由下式求出

$$\sigma_b' = \sigma_{bm} \cdot K_æ \qquad (4-11)$$

式中：σ_{bm}——软质材料的极限强度；

　　　$K_æ$——在平面应变条件下的"接触强化"系数。

$$K_æ = \left(\pi + \frac{1}{æ}\right)/2\sqrt{3} \qquad (4-12)$$

当 σ_b' 趋近于 σ_{bT}（母材的极限强度）时，则接头的强度亦趋近于母材的强度，这时的极限系数为

$$K_{æc} = \frac{\sigma_{bT}}{\sigma_{bm}} \qquad (4-13)$$

由式（4-12）求出等强接头的夹层极限相对厚度 $æ_c$

$$æ_c = \frac{1}{(2\sqrt{3}K_{æ_c} - \pi)}$$

若 $\sigma_{bT}/\sigma_{bm} = 1.2$，则 $æ_c = 1$；

当 $K_{æc} > 1.2$，$æ_c$ 更小。

在薄壁压力容器内，由于 $\sigma_{圆周} = 2\sigma_{轴向}$，因此，当 æ 较小时，软区的工作状况与在焊缝方向加载的情况相同。软区强度虽较低，但并不影响容器的整体强度，断裂发生在容器的轴线方向。当 æ 较大时，则会发生如图 4-15 所示的情况，由于局部过量的变形（沿圆周方向上的拉伸和附加的弯曲应力）则

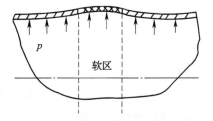

图 4 - 15　焊缝与近缝区材质的软化断裂可能在容器的轴线方向发生

断裂有可能发生在软区沿容器的轴线方向。

在环形焊缝中的硬夹层会导致在容器其他部位未达到极限塑性变形之前沿圆周方向上即发生断裂。这与沿焊缝方向拉伸带有硬夹层的情况相类似。

基于上述认识,不难看出,在保证焊接结构的安全性方面,焊接材料的发展也应有新的选择,满足接头特性匹配的要求。

4.6 焊接接头性能的改善

从以上几节的叙述中可以看出,焊接接头的强度与结构强度的关系往往并不是一个简单的正比例关系。所谓改善接头性能,是指根据焊接结构的使用条件、材料特性、结构特点而可能采取的一些提高结构强度的措施。从结构的安全可靠性观点来看,有时对接头的韧性要求比对接头的强度要求更为重要。而在某些场合,焊接残余应力场可以利用于改善接头的承载能力。可见,采取哪种措施,要根据具体接头形式和工作条件、材料对象不同,才能做出正确的选择。下面列举一些改善接头性能的措施,这些措施所包括范围不仅只是提高接头的强度。

(1)接头韧化处理:最常见的是对高强钢或超高钢(有淬硬倾向的材料),在焊后进行调质处理,采用相应的回火工序,使接头内淬硬组织韧化,得到较好的综合性能。

(2)接头的强化处理:对一些在冷轧状态下使用的航空材料,为了消除焊接热影响区的退火效应,可采取用窄滚轮滚压焊缝与热影响区,在较大的滚压压力下产生一定的塑性变形,使接头区材料强化。但过量的塑性变形会使接头失去所要求的韧性指标,因此,滚压压力和参数应严加控制。

(3)接头几何形状的改善:对航空焊接构件极限状态的设计选择来说,疲劳寿命有时比强度指标更为重要,而焊接接头的几何不连续性和不完善性往往是应力集中源。除合理的设计外,在焊后可采取相应的工艺措施,如修整焊缝与基体金属的过渡表面,消除应力集中源或减小应力集中系数。

(4)稳定接头组织:对于焊后在室温下有残余相变的材料,可采用相应的热处理或冷处理方法稳定其金相组织,这对于一些在使用条件下,对构件几何尺寸要求较高并保持精度的场合来说是必要的。

(5)消除焊接残余应力:对于绝大多数具有较好塑性指标的航空材料来说,消除焊接残余应力的热处理工序并非必要。只要在残余应力与工作应力相叠加而会危及结构安全寿命或局部的塑性变形带来工件尺寸变化时,才应考虑。

(6)对接头的表面喷丸处理:一般来说,这种表面喷丸并非用于强化,而是在于形成表面层的压应力,以改善整个接头承受疲劳载荷的能力。有时也可以采用锤击法达到同样目的。

(7)在接头区形成新的焊接残余应力场:在已焊好的焊缝附近,采用钨极氩弧焊方法修饰焊缝表面,或在相应部位进行钨极氩弧点状加热,形成新的残余应力场,在接头应力集中处产生压应力区,这将有利于提高接头疲劳强度和寿命。

参考文献

[1] 关桥. 焊接力学在航空构件上的应用（上，下）[J]. 航空制造工程，1983（6，7）.

[2] 关桥，彭文秀，刘纪达，等. 焊接热源有效利用率的测试计算法 [J]. 焊接学报，1982，3（1）.

[3] 关桥，付昱华. 薄板氩弧点状加热应力应变过程的数值分析 [J]. 机械工程学报，1983，19（2）.

[4] 关桥. 薄壁圆筒单道环形焊缝所引起的残余应力与变形 [J]. 机械工程学报，1977，15（3，4）.

[5] 关桥. "释放法"测定焊接残余应力 [J]. 北京机械，1981（9）：29－32.

[6] 关桥. 推广应用焊缝滚压工艺中的几个问题 [J]. 航空工艺技术，1980（2）.

[7] 关桥. 三向残余应力测试技术的最新进展 [J]. 国外焊接，1981（1）.

[8] 关桥，刘纪达，等. 焊接瞬态应变的云纹测试技术 [J]. 焊接学报，1984，5（4）.

[9] 关桥. 钛合金薄壁构件的焊接应力与变形 [J]. 国际航空，1979（2）.

[10] 田锡唐. 焊接结构 [M]. 北京：机械工业出版社，1982.

[11] Сагалевич В М. Методы Устранения Сварочных Деформаций и Напряжений, Москва, Машиностроение，1974.

[12] Timoshenko S. Theory of Elastisity, Eng. Societies Monographs, Stanford University，1951.

[13] Рыкалин Н Н. Расчесты Тепловых Процессов При Сварке, Москва, Машгиз，1951.

[14] 佐藤邦彦. 焊接接头的强度与设计 [M]. 张伟昌，等，译. 北京：机械工业出版社，1983.

[15] 吴世初. 金属的可焊性试验 [M]. 上海：上海科技出版社，1983.

[16] Николаев Г А, и др. Сварные конструкции, Москва, Высшая Школа，1982.

[17] Винокуров В А. Сварочные деформации и Напряжения, Москва, Машиностроение，1968.

[18] Masubuchi K. Analysis of Welded Structures, Pergamon Press Ltd，1980.

[19] 关桥. 钛合金薄壁焊接构件应力、变形与强度 [D]. 北京：中国科技情报所藏，1964.

[20] Бурак Я И, и др. Автоматическая Сварка，1977.

[21] Махненко В И. Расчетные Методы Исследования Кинетики Сварочных Напряжений и Деформаций. Киев，1978.

[22] Wells A A. Quality Assurance and the Fitness for Purpose Concept, Proccedings of Int'l Welding Conference, Hangzhou, China，1984.

[23] 库兹米诺夫 С А. 船体结构的焊接变形 [M]. 王承权，译. 北京：国防工业出版社，1978.

焊接力学实验[①]

关 桥

实验 1 滚压法控制薄壁构件焊接应力与变形

1.1 实验目的

（1）通过实际测定薄板焊后变形，运用所学的理论知识，分析薄壁构件焊接变形的一般规律及其控制方法；

（2）掌握滚压控制变形与应力的特点并学会实际操用；

（3）测量滚压结果，确定各工艺参数之间的定量关系；

（4）了解该方法的适用范围、优缺点及其在生产使用中的意义。

1.2 实验原理

用窄滚轮滚压薄板，在滚压方向上会产生延伸塑性变形。当滚压焊缝与近缝区时，所产生的伸长塑性变形量用以补偿由于焊接而发生的压缩塑性变形量（如图 1-1 所示），就可以消除焊接引起的残余应力场和薄壁构件的失稳变形。

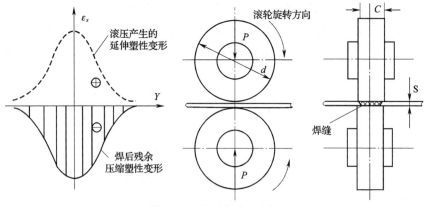

图 1-1 滚压方法示意图

① 本文为北京航空学院焊接专业本科生设计的实验课程。此文 1984 年写于北京航空学院 702 教研室，实验课在北京航空工艺研究所进行。

　　薄壁焊接构件的变形主要是由于残余压应力所引起的失稳，选择适当的滚压方案，可以调整焊接接头区域的残余应力分布状态，减小压应力，从而达到消除残余变形的目的。如图1-2所示，采用不同的滚压方案（只滚压焊缝或近缝区，或二者兼有），可以得到不同的残余应力场重新分布和控制、消除焊接变形的效果。当压应力值小于某临界值 σ_{cr} 时，虽然在构件上仍保留有相应的残余应力场，但可以达到消除薄壁构件失稳变形的目的。

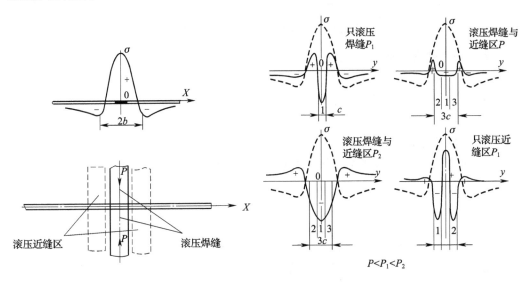

图1-2　滚压方案的选择与相应的残余应力重新分布

　　用近似计算法，可以确定最佳滚压压力 P 值；用压力 P 滚压焊缝，可以使焊缝中的纵向残余应力峰值降低到零值

$$P = c \sqrt{\frac{10.1 dS\sigma_s^3}{E}}$$

式中：P——滚轮压力；

　　　　c——滚轮宽度；

　　　　d——滚轮直径；

　　　　S——滚压材料厚度；

　　　　σ_s——材料屈服极限；

　　　　E——材料弹性模量。

1.3　实验条件

　　（1）400mm×100mm×1mm A3钢板试件两块；

　　（2）自动钨极氩弧焊机，琴键式气动纵缝焊接夹具、丙酮、砂纸、棉纱；

　　（3）钳工平台、钢板直尺、高度尺、划针；

　　（4）焊缝滚压机；

（5）УСУ - 100 型机械应变仪（见图 1 - 3）；

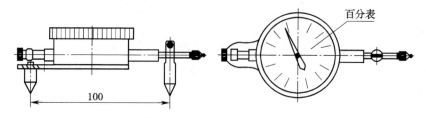

图 1 - 3　УСУ - 100 型机械应变仪

（6）台式钻床、钻头 $\phi 1.2mm$，$\phi 2.0mm$；

（7）压平夹具，使试件保持平直；

（8）手工钢锯、锯条、扳手、螺丝刀；

（9）钳工用虎钳；

（10）自备计算器。

注：在操作自动氩弧焊机、气动夹具、焊缝滚压机前，应熟悉规程。

1.4　实验步骤

（1）去除试件表面锈污，在钳工平台上画中心线；

（2）将试件夹持于气动夹具上，选择焊接规范参数，调整焊机，沿试件中心线平铺焊道，记录焊接参数；

（3）在平台上测量试件焊后变形，如图1 - 4所示，记录各测量点翘起量（$h_1 \sim h_6$）及试件中心挠度 f；

（4）根据公式，估算相应的滚压压力 P 值，做记录；

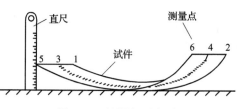

图 1 - 4　测量焊后变形

（5）滚压焊缝或近缝区（第一小组只滚压焊缝；第二小组在另一块试件上只滚压近缝区）；

（6）滚压后，再次在平台上测定试件宏观变形，并记录数据；

（7）在滚压后的试件上画线钻孔（按图1 - 5），并作测量标记，在焊件正面标 1 ~ 10 各孔，在反面标 1′ ~ 10′各孔（$\phi 1.2mm$ 孔）；

（8）钻孔后清除孔边毛刺与污物，将试件置于压平夹具中，用 УСУ 应变仪测量 100mm 两孔距，读数精确度 ±0.01mm；在正反面测量并记录；

（9）在标准块上校核 УСУ - 100 读数，由第二人再测，自己做记录；

（10）沿图 1 - 5 所示切割线锯开，在虎钳上夹持时防止工件变形；

（11）切割释放后，再重复（8）、（9）步骤，并分别记录；

（12）整理测试结果，计算残余应力，绘出残余应力分布图，分析、编写实验报告。

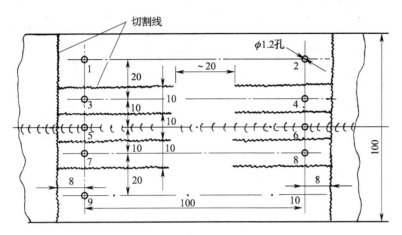

图 1 – 5　测量残余应力钻孔位置与切割释放示意

实验 2　YCY 型机械式应变仪测定残余应力

2.1　实验目的

（1）学会使用 YCY 型机械式应变仪，了解其测试原理；
（2）掌握测试技术与实际操作技巧；
（3）了解焊接残余应力场分布规律；
（4）对比各种测试方法的优缺点与适用范围。

2.2　测试方法原理

采用 YCY 型机械式应变仪测定焊接残余应力，是一种基于应力释放法的接触式测量技术；它不同于 X 射线法，属于破坏性测量法，适宜于在试件或模拟件上测量，操作简便，不需要复杂昂贵的设备和仪器，能给出满足工程要求的精确度，便于推广应用。

当焊接试件上的主应力方向为已知时，平面状态的残余应力场（$\sigma_1 = \sigma_x$；$\sigma_2 = \sigma_y$）如图 2 –1 所示。

欲测得 A 点的 ε_x 与 ε_y，先应在 A 点沿 x 和 y 方向分别给出标距 l_x 和 l_y，焊后再测得相应的 $l_x{}'$ 和 $l_y{}'$，根据应变定义有

$$\varepsilon_x = \frac{l_x{}' - l_x}{l_x} = \frac{\Delta l_x}{l_x}$$

$$\varepsilon_y = \frac{l_y{}' - l_y}{l_y} = \frac{\Delta l_y}{l_y}$$

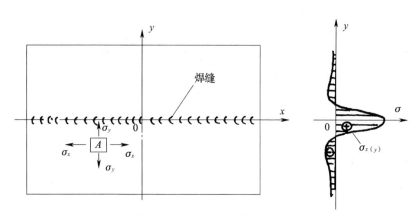

图 2-1　σ_x 沿 y 向（$x=0$）分布

在应力变化梯度较大的区域，为了求得真实的应变值 ε，标距 l 越小越好。但是在同一应力状态下，当减小标距 l 时，Δl 值也随之减小，这就要求测量仪器有较高的灵敏度。如图 2-1 所示，σ_x 值沿 x 方向的变化甚微（在 $y=$ 常数的截面上），在选取 l_x 时，可取较大值；但 σ_x 沿 y 向的变化梯度甚大，在测定 ε_y 时，l_y 的选取应尽可能地小。

实际测试和理论计算均表明，在如图 2-1 所示的薄板试件中 σ_y 值很小，σ_y 对 σ_x 值的影响也可以忽略不计，则可以把试件上的残余应力场看成为一维应力场——$\sigma_{x(y)}$；这样可以大大简化测试和计算过程。

如果 A 点处于弹性变形区内，则标距 l_x 和 l_y 可以在焊前给定，焊后再测出 $l_x{}'$ 和 $l_y{}'$，而不再用释放的办法就可以求得 A 点的焊后残余应力。但是若 A 点处于焊接所引起的塑性变形区内，则必须在焊后给出 l_x，l_y，而在释放后再测得 $l_x{}'$，$l_y{}'$。

用"释放法"测试时，Δl_x 和 Δl_y 的符号与计算时所用的同一应变值的符号相反。求得 ε_x 和 ε_y 后即可按平面应力状态公式求得相应的应力。简言之，"释放法"就是测定焊后和释放后已给标定距离的变化，给出应变量，换算得残余应力值的方法。

2.3　УСУ 型机械应变仪结构简述

УСУ-10/0.001 型机械式应变仪的结构示意于图 2-2，工作原理示意于图 2-3。

固定支杆 1 为应变仪的主体，活动支杆 2 能以固定支杆上的轴为中心自由旋转一定角度 α（调换限位卡 11，可以改变 α 角的大小）。在每个支杆下端安装有 $\phi 2\,mm$ 小钢球测头 4，5。千分表 6 借助压紧螺钉 7 固定于支杆 1 上，转动螺旋 9 可以使千分表测头 8 沿水平方向进出。在非工作状态，千分表测头不与支杆 2 接触；而当两小球稳定于测量孔穴中时，借助于螺旋 9 使测头与支杆 2 接触，即可从千分表上读数。平衡块 10 用限位夹 11 固定于支杆 1 上，使整个仪器的重心保持在两支脚中间，保证在两小球 4 与 5 上的静压力均衡。

在焊后的试件上测量时，如果两小球之间距为 l，读得千分表上刻度的相对读数为 Δ_1；在释放后，立杆 2 相对于立杆 1 的位置发生变化，相应于两小球间距为 l'，这时读得千

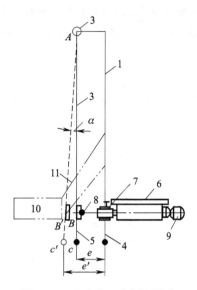

图 2-2　УСУ 应变仪结构　　　　　图 2-3　应变仪工作原理示意

分表上的相对刻度值为 Δ_2。应当注意到,直接测量两小球之间的实际距离(其绝对值),在技术上是有困难的,事实上这样做也并非必要。从 Δ_1 和 Δ_2 两个相对读数中可以求出标距 l 变化的真实数值: $\Delta = -K(\Delta_2 - \Delta_1)$。式中右端的负号是由仪器结构所规定的符号,它表示千分表刻度值的增大相对应于实际测量距离的缩短。K 为仪表系数,可以从示意图 2-3 中三角形关系中求得

$$CC' = \frac{AC}{AB} \cdot BB' \qquad CC' = K \cdot BB'$$

$$K = \frac{AC}{AB} = 1.16$$

实际上,从千分表上直接读数只能给出 BB' 值,而 $\Delta = CC'$。

采用 УСУ 型接触式测量仪器的技术关键是要保证有可靠的重复定位精度,这是靠支杆下端的 $\phi2\mathrm{mm}$ 小球与工件上的锥形小孔的精密配合来达到的,如图 2-4 所示;在这样的条件下,重复定位的读数误差为 $\pm1\mu\mathrm{m}$(相应于在碳钢上的应力误差为 $\pm2\mathrm{kgf/mm^2}$;在钛合金上约为 $\pm1\mathrm{kgf/mm^2}$)。

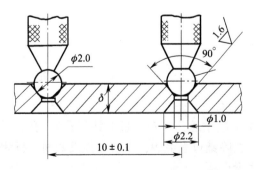

图 2-4　小球与锥面接触保证重复定位精度

减小读数误差的方法之一是在使用同一刻度值的千分表的情况下，增大标距，如将标距由 10mm 增大为 20mm、100mm，同样 1μm 的读数误差造成的影响要小 50% 或 90%。

2.4 测试技术与操作程序

采用 УСУ－10 型机械式应变仪在薄板件上测定残余应力的技术与在厚板上的测试技术有很大的差别，这反映在各工序中，包括试件的准备、测试夹具、钻孔技术、测量程序以及切割释放工艺等。

（1）试件准备。

焊前，将试件退火处理，消除初始状态的残余应力场。

焊后，按图 2－5 所示画线钻孔（孔形按图 2－4），钻孔所需的定位穴窝宜用尖冲头轻轻锤击，挤压力过大造成局部塑性变形，会破坏待测应力场。钳工画线对标距尺寸的精度要求一般为 10mm ± 0.2mm，在此公差范围内，对最终结果的影响约为 ±2%。

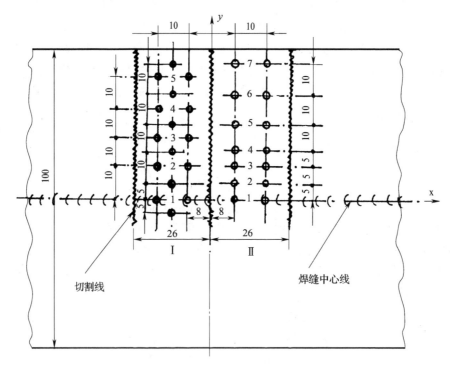

图 2－5　画线、钻孔与切割线位置

（2）对钻孔的技术要求。

在 3mm 以下的薄板上应钻通孔（在厚板上钻盲孔），孔径尺寸按图 2－4，锥面粗糙度不大于 $Ra1.6μm$，去除锥口上毛刺，以便在正反两面进行测量。

（3）测量程序及注意事项。

钻孔后，去除毛刺，清理孔穴，擦去切屑、灰尘，用棉花球蘸丙酮洗净，必要

时用带有 $\phi2mm$ 小球的棒手工拧压穴孔（在释放后第二次测量时，不允许再拧压穴孔）。

先在标定样块上校核 УСУ – 10 应变仪，记录初始读数（标准样块材料应与被测试样材料一致，以便补偿温度差别造成的测试误差）。每一读数应重复测量三次。测量时，试件在夹具中保持平面状态。

（4）对切割试件的技术要求。

释放应力时，可采用铣切或电加工（线切割）方法，避免因切割造成新的附加应力场，用钢锯切开时，应防止试件在夹紧时产生新的变形或弯曲。切割线位置一般距离测量穴孔 5mm 以远为宜，以全部释放测量点周围的拘束为原则。在该实验中按图 2 – 5 所示进行切割。

（5）切割释放后测量。

切割后，清除切屑、污物，将试件夹持于夹具中，再次测量孔距。求得 ε_x 和 ε_y，计算出应力

$$\sigma_x = \frac{E}{1 - \mu^2}(\varepsilon_x + \mu\varepsilon_y)$$

$$\sigma_y = \frac{E}{1 - \mu^2}(\varepsilon_y + \mu\varepsilon_x)$$

2.5　实验条件准备

（1）200mm × 100mm × 1.5mm A3 钢板试件两块；
（2）沿试件中心线平铺焊道，采用自动氩弧焊（实验前预先备好）；
（3）在其中一块试件上预先按图 2 – 5 钻好孔；
（4）钳工平台、划针、直尺；
（5）小钻床，$\phi1.2mm$，$\phi2.0mm$（或 $\phi2.2mm$）钻头，压平夹具；
（6）手工钢锯、锯条；
（7）钳工虎钳；
（8）УСУ 型（10mm 测距）机械应变仪及其附件一套。

实验 3　用微机编程计算环形焊缝的应力与变形

3.1　实验目的

（1）了解微机在焊接力学工程分析中的实际应用；
（2）利用已学过的计算模型，给出焊接应力与变形规律；
（3）学会操作微型计算机；
（4）用算法语言编写源程序，输入数据并分析计算结果。

3.2 计算模型

在"焊接力学问题选讲"课程中，曾给出薄壁圆筒上环形焊缝所引起的应力与变形的计算方法。根据计算公式，当给定筒体几何尺寸（半径 R、壁厚 S）、材料特性（弹性模量 E，焊缝中初始应变或应力 $\sigma_0 \approx \sigma_s$，泊松比 μ）和焊接工艺参数（塑性变形区宽度 $2b$）后，即可借助微机求得在筒体上环向应力 σ_θ 和轴向弯曲应力 σ_x 的分布规律及筒体变形情况。若假设 $\varepsilon_{\theta(x)}$ 按矩形图形分布，则计算可以简化，用一般的计算器就可完成计算。但若采用 $\varepsilon_{\theta(x)}$ 与矩形分布图等效的正态分布曲线进行计算，则需借助于微机。

设：焊缝的纵向残余塑性变形 $\varepsilon_{\theta(x)}$ 按如下正态曲线分布，见图 3-1。

$$\varepsilon_{\theta(x)} = \frac{1}{\sqrt{2\pi}} \cdot e^{-\frac{x^2}{2}}$$

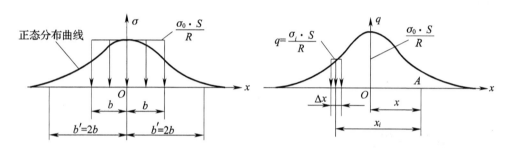

图 3-1　ε_θ 沿 x 轴向分布——用正态分布曲线代替矩形分布曲线

在计算中取 $b' = 2b$，则在 $-b' \leq x \leq +b'$ 之间，正态分布曲线所包围的面积约占原矩形面积的 99%。可以看出，若在计算中略去在 $|x| > b'$ 区域内的假想载荷不计，其误差仅为 1%。

为了便于进行数值积分，将正态分布曲线由若干个小矩形相加来取代（见图 3-1），在 Δx 内的均布载荷为 $q = \dfrac{\sigma_i \cdot S}{R}$。$q$ 在 A 点所引起的相应挠度 W_{Ai} 及弯矩 M_{Ai} 可以表示如下

$$W_{Ai} = \frac{\sigma_i S \Delta x}{8\beta^3 DR} e^{-\beta X_i} (\sin\beta x_i + \cos\beta x_i)$$

$$M_{Ai} = \frac{\sigma_i S \Delta x}{4\beta R} e^{-\beta x_i} (\sin\beta x_i - \cos\beta x_i)$$

式中，$\Delta x, x_i$ 如图 3-1 所示，x_i 取绝对值；

$$\sigma_i = \frac{1}{\sqrt{2\pi}} \cdot e^{-\frac{x^2}{2}}。$$

据此，A 点的总挠度与总弯矩为

$$W_A = \sum_{i=-2b}^{2b} \frac{\sigma_i S \Delta x}{8\beta^3 DR} e^{-\beta x_i} (\sin\beta x_i + \cos\beta x_i)$$

$$M_A = \sum_{i=-2b}^{2b} \frac{\sigma_i S \Delta x}{4\beta R} \mathrm{e}^{-\beta x_i} (\sin\beta x_i - \cos\beta x_i)$$

式中：

$$\beta = \left[\frac{3(1-\mu^2)}{S^2 R^2} \right]^{\frac{1}{4}}; \quad D = \frac{ES^3}{12(1-\mu^2)}$$

按上式编程计算，进行数值积分，求出 A 点的 W_A 与 M_A 后，即可分别给出 A 点的 σ_{θ_A} 与 σ_{x_A} 值。

$$\sigma_\theta = \sigma_{\theta_A}' - \frac{EW_A}{R}$$

$$\sigma_{\theta_A}' = \sigma_0 \cdot \frac{1}{\sqrt{2\pi}} \cdot \mathrm{e}^{-\frac{x^2}{2}}$$

A 点的弯曲应力（沿 x 轴方向）为

$$\sigma_{x_A} = \pm \frac{6M_{x_A}}{S^2}$$

A 点的环向应力（沿筒体圆周方向）为

$$\sigma_{\theta_A} = \sigma_{\theta_A}' - \frac{EW_A}{R} \pm \mu \frac{6M_{x_A}}{S^2}$$

3.3　实验条件

（1）微型计算机；
（2）计算机打印输出机、打印纸；
（3）编写源程序。

实验 4　焊接动态热应变的云纹测试技术

4.1　实验目的

（1）掌握焊接动态热应变云纹测试技术及仪器操作；
（2）了解现代实验力学中云纹方法的特点；
（3）分析焊接热应变云纹图像的规律；
（4）掌握焊接云纹图像数据处理方法。

4.2　云纹测试原理

云纹形成原理如图 4-1 所示。当两块栅板相重叠且有相对位移（平行或转角位移）时，由于栅线交叉产生对光线的遮拦效应，出现明暗相间的条纹即云纹图像。云纹的形状与走向与位移场及其变化梯度有关，用几何方法可以求得二者之间的定量计算公式，如当测定云纹的间距和倾角后，即可算出相应位移。

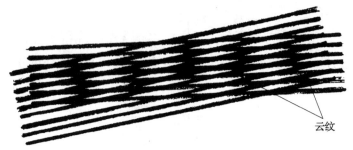

云纹

图 4 – 1　云纹形成原理

利用云纹原理测量焊接动态热应变的优点是：

（1）可测电弧附近的高温应变；

（2）可显示全应变场；

（3）为非接触式测量；

（4）便于信息记录。

4.3　实验条件

（1）HYY – 1 型焊接云纹仪，见图 4 – 2。

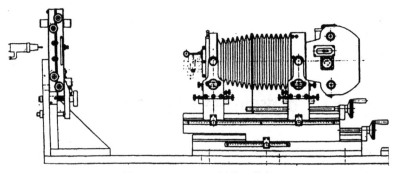

图 4 – 2　HYY – 1 焊接云纹仪

（2）JTT600 – B1 大型光学投影仪；

（3）试件栅（金属耐高温反射式试件栅）；

（4）基准栅板；

（5）直尺；

（6）EL – 5100 可编程计算器。

4.4　实验步骤

（1）了解焊接动态热应变云纹图像拍摄技术与程序；

（2）把已制备好的试件栅安装于实验台上；

（3）调整云纹仪使之成像在可连续拍摄的软片部位；

（4）将试件栅底片与基准栅相叠，在投影仪上形成云纹图并绘制（见图4-3）；

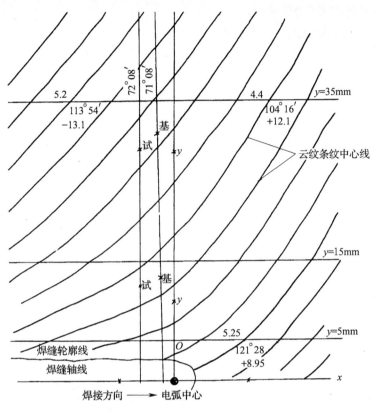

图4-3　在LF6铝板上电弧附近的云纹图像（将投影图反转）

（5）测定云纹间距 δ_r 与倾角 ϕ（借助投影仪可转投影屏）；

（6）根据公式用计算器编程计算给定点的瞬态位移，如图4-4所示。计算公式如下

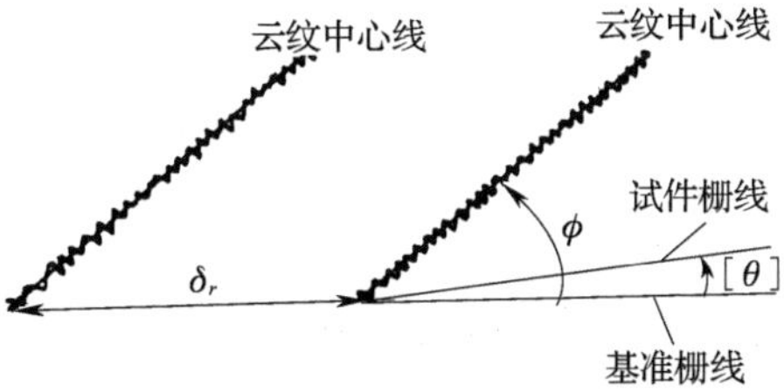

$$\theta_{\text{实}} = \arcsin \frac{1}{\sqrt{1 + (1 + c\dfrac{\delta_r}{a})^2 \cdot \cot^2\phi}}$$

图4-4　给定点瞬态位移计算示意图

$$\begin{cases} 0 < \phi < 90°; c = +1 \\ 90° < \phi < 180°; c = -1 \end{cases}$$

$$\varepsilon = \frac{a}{b} \cdot \frac{\sin(\phi - \theta)}{\sin\phi} - 1$$

图中或式中：

$\theta_{\text{实}}$——给定点的瞬态位移；

$[\theta]$——基准栅线与试件栅线的人为转角；

ϕ——云纹条纹中心线与基准栅线的夹角；

δ_r——云纹间距(基准栅线在云纹间的长度)；

a——基准栅线密；

b——试件栅线密(变形前)；

ε——在给定坐标点上的瞬态应变。

焊接力学在航空构件上的应用①

关　桥

　　随着焊接结构越来越多地在重要工程承力构件上的采用与现代力学的发展，焊接力学在 20 世纪 60 年代末期和 70 年代迅速兴起，它的实际应用已经渗透到焊接工程的各个领域。焊接力学在航空构件上的应用具有重要意义，无论是从保证航空构件的质量与安全或是从取得经济效益的角度来看，都应当引起足够的重视。

1　焊接力学的学科内容及其任务

　　图 1 试图以焊接力学的发展现状为依据，给出构成焊接力学的学科内容和任务。作为一门边缘学科，焊接力学是以焊接工艺学、焊接冶金学、材料学、焊接传热学和弹塑性力学、断裂力学以及计算力学为基础，直接服务于焊接结构的合理设计、正确制造、安全使用与寿命估算的应用力学。

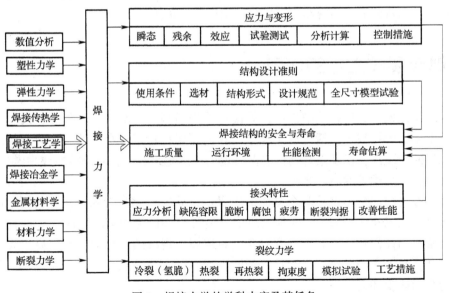

图 1　焊接力学的学科内容及其任务

---

　　①　此文刊登在《航空制造工程》1983 年第 6，7 期。

就结构的整体性而言，焊接接头给结构造成的特殊性包括：①几何学的不完整性（如角变形等）；②金属学的不均匀性（如在热影响区的金相变化）；③力学的不连续性（如裂纹、夹渣等缺陷）；④焊接残余应力的影响等。

如果说，经典的结构力学分析和设计强度计算是以理想结构为出发点，即以理想的均匀材质、理想的结构几何形状和无缺陷、无残余应力的接头为出发点；那么，对焊接结构的分析必须考虑实际的而不是理想的焊接结构特性。对这些特性进行力学分析是很复杂和困难的，但现代力学的发展已经为这类分析提供了基础。研究、分析焊接结构的这些特性也就构成了焊接力学的主要内容。

在现代飞行器制造工程中，焊接已发展成为一种主导的制造工艺技术。飞机的一些主要承力构件、喷气式发动机的主要部件大都采用了焊接结构。对这些航空焊接构件的首要技术要求就是安全可靠、质量第一；这包括除满足设计强度、几何形状以外，还要求把制造工艺过程所造成的对材料和结构本身的损伤减小到最低程度。焊接力学应用于航空构件的任务是：以力学分析为基础、定量地研究航空焊接构件制造工程问题——从焊接裂纹力学着手，分析焊接材料和接头的工艺强度、使用特性；以断裂力学为工具，研究接头特性与结构强度，制定新的设计判据与规范准则，给出合理的结构设计，保证结构安全运行；控制焊接应力与变形，采取相应的制造工艺措施，取得良好的技术经济效益。

新飞行器性能的不断提高和高推重比发动机的发展促使大量采用新的焊接结构、新的焊接材料和新的焊接工艺技术；与此同时，也要求传统的焊接工艺技术不断完善和提高。在新的焊接结构、材料和工艺的开发与应用中，焊接力学的发展占有很重要的地位。下面从三个方面来阐述焊接力学在航空构件上的应用：焊接裂纹力学的研究、接头特性与结构强度的研究和焊接应力与变形的控制。

2 焊接裂纹力学的研究

航空焊接构件的选材范围极广，焊接中首先遇到的难题就是各种材料的焊接裂纹问题。常见的焊接裂纹包括有耐热合金、有色金属材料铝合金等的焊接热裂纹和低合金高强钢的冷裂纹，以及某些钢材的再热裂纹等。毫无疑义，对焊接裂纹力学的研究，乃是焊接力学最重要的内容之一。

焊接裂纹的产生不外乎两个方面的因素：材质的变化和力的作用，这两个因素又密切相关，相辅相成。因此，就焊接裂纹产生的机理研究而言，不应该片面地强调这两个因素中的任何一个。有关材质的变化导致焊接裂纹的产生的研究是属于焊接原理学的范畴。在本文的篇幅中只侧重于阐明人们对于焊接裂纹发生过程中力的作用——裂纹力学的认识和应用。

在实际焊接结构中，焊接裂纹（冷、热裂纹）的产生受到构件的内拘束度与外拘束度的制约。构件自身的拘束度（或称内拘束度）是在焊接加热与冷却过程中温度应变所导致的材料热弹塑性过程所形成的。依靠外界拘束条件所形成的拘束度可称为外拘束度。利用外拘束度是为了在裂纹形成过程中强化力的作用，提高局部应力强度或调节在裂纹扩展过程中的形变能量。对焊接裂纹的研究，到目前为止仍然是以试验研究为主，对于力的作用的模拟是利用内拘束度和调整外拘束度的办法来实现的，为了说明在焊接过程中热弹塑性过程的各阶段的复杂性，图 2 给出了在 LF6 铝合金上点状加热所引起的平面应力热弹塑性动态过程数值分析的结果。在熄弧（$t = 0s$）以后的各阶段，焊点中心温度开始下降，"力学熔化"区（指温度 $T > T_k$ 后，$\sigma_s(T) = 0$）缩小；当 $t = 1.2s$ 时，即出现了拉伸塑性变形区（在 $r = 1.3 \sim 1.4cm$ 之间）。在随后的冷却过程中，$r = 1.8cm$ 以外的原来压缩塑性变形区逐步转变为卸载区，而 $r = 1.8cm$ 以内的中心部分全部进入拉伸塑性变形状态。这一热弹塑性过程的发展，完全是在内拘束度制约的条件下进行的。不同的材料，在相近的焊接热过程中，内拘束度的变化也较大，差别是明显的。例如，

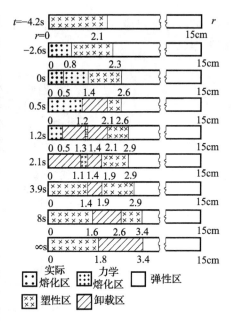

图 2　LF6 板内点状加热不同时刻
的弹塑性状态

$t = 0$ 为熄弧时刻；$t = \infty$ 为残余状态；
r 为距加热中心的半径。

在钛合金上，有时就不会出现像在铝合金上看到的在冷却过程中的拉伸塑性变形。从焊接力学的观点来看，这很可能就是钛合金在大多数情况下热裂纹倾向很小的原因。在航空材料中，低合金高强钢在焊接冷却过程中的相变所引起的裂纹力学现象更为复杂。显然，试图利用外拘束条件来模拟内拘束状态去探讨裂纹发展的机理是很困难的，完全靠试验研究很难奏效。

　　焊接裂纹力学发展的一个方向就是对内、外拘束度的定量分析研究，利用数值分析技术对现有的裂纹试验方法进行评定，利用断裂力学的原理研究焊接冷、热裂纹的发生及其扩展（这里所指的是对焊接接头工艺强度的评定，而不是对结构强度的断裂分析）。可见，焊接力学的发展必然会影响到焊接裂纹试验方法的改进，逐步使试验研究在经验的基础上走向定量分析，使模拟更接近于实际条件。近代焊接热模拟试验装置的功能在不断地完善，已开始向着定量的应力与应变循环模拟方向发展，以期能对焊接过程中的热裂纹、热应变、再热裂纹等过程和机理作深入的探讨。尽管在模拟试验时的判据可以是某个相对数值，但模拟总应该以尽可能地真实反映客观实际过程为准则。就此而论，人们对焊接时的实际力学过程的认识还显得很不足。而揭示焊接热弹塑性过程实际情况的正确途径就是把数值分析技术与动态过程的试验测试技术的发展相结合。图 3 所示为采用云纹测试技术所得到的 LF6 铝合金焊接瞬态热应变过程的云纹图像。根据云纹图可得热应变曲线，不同的材料所得热应变曲线是不同的。热应变曲线可以作为材料焊接性（焊接工艺强度）试验时热模拟定量研究的依据。航空材料的各种特性差异悬殊，对不同的材料进行较系统的瞬态热应变曲线的研究，建立相

应的材料焊接热应变图谱，是很有必要的。这也是焊接力学在裂纹机理研究方面的基础工作。

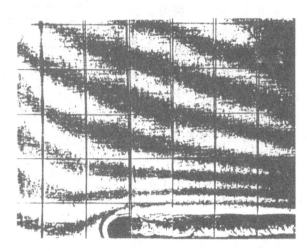

图3　LF6铝合金焊接瞬态纵向热应变的云纹图像
（图下方所示为电弧从右向左形成焊缝）

3　接头特性与结构强度的研究

对航空焊接构件最根本的要求是保证其可靠性，从而确保飞行器的安全。焊接力学在这一领域中的任务就是评定焊接接头特性，并使之符合设计对结构强度、性能的要求。

传统的强度理论和设计思想是以焊接接头的强度（极限强度、屈服强度或疲劳强度）为依据来评价焊接结构的强度和安全可靠性；因此，在重要承力构件上对焊接接头质量的要求极为苛刻，甚至不允许在接头中有缺陷。在设计时选取较大的安全系数，偏于保守，使结构重量偏大。焊接结构在许多重要工程承力构件上的应用是近代断裂力学发展的基础；而断裂力学的发展又为焊接结构的合理选材、设计、质量控制和安全评定提供了新的思想和依据。把断裂力学应用于焊接结构的基本内容就是建立焊接接头的韧性及应力（或应变）、缺陷之间的定量关系，从而为保证结构的安全设计提供可靠的依据。显然，把断裂力学的基本理论和最新研究成果应用于航空焊接构件的设计是我国航空焊接技术发展的当务之急。这不但对于航空焊接结构的安全可靠性来说是重要的，而且对于焊接构件制造的经济性、减轻构件重量、提高飞行器的技术性能也是很重要的。但是，把断裂力学应用于焊接结构上尚存在许多困难，而克服这些困难，也正是焊接力学在这一领域中的任务：诸如，对焊接缺陷的评定、接头各区断裂韧性值的测定、残余应力的影响、接头特性的合理匹配、正确的焊接结构设计等。

3.1　关于焊接缺陷的评定

虽然在试验条件下有可能制造出没有缺陷的焊接接头，但在实际生产中或在结构运行中，焊接接头总是带有缺陷的。焊接缺陷的存在并不完全是制造质量低劣的表现；而有时则是从构件生产的经济性、缺陷检验方法的灵敏度和准确性，以及生产管理、技术水平等各方面因素考虑权衡的结果。断裂力学的生命力正是在于它承认实际构件是带有裂纹等缺陷的物体。对接头缺陷和焊接结构的安全评定也正是断裂力学工作者开展研究的课题，例如，用断裂力学的基本理论和方法，确定不同焊接构件上接头内各种缺陷的容限，如焊接裂纹的最大允许尺寸等。在航空焊接技术中，对焊缝缺陷标准的制定，目前仍以经验为依据。随着焊接力学的发展，随着对焊接接头断裂力学试验结果的积累和无损检测技术的发展，已有可能逐步把焊接质量检验标准建立在科学分析与定量计算的基础上，对焊接缺陷给出定量评价，制定出缺陷的容限判据，提出既适合使用目的同时又更为合理、经济的质量要求。

在 20 世纪 70 年代初，国际焊接学会专门组织了一个根据脆断理论评定焊接缺陷的工作组，进行了卓有成效的研究，推荐了评定方法。根据缺陷的几何尺寸、位置和走向、结构与焊缝的几何形状、工作应力（包括残余应力和附加应力）与使用条件、材料性能（σ_b, σ_s, E 等）和断裂韧性（K_{IC} 或 δ_c 等）计算出等效裂纹尺寸 $\bar{a}$；并制定出把焊缝表面缺陷和深埋缺陷换算为等效裂纹的具体方法。若所求得的 $\bar{a}$ 小于其容限值 $\bar{a}_m$，则视为安全。日本也已建立了按脆性起裂的焊接缺陷评定标准（WES – 2805K 标准），比国际焊接学会的方法有了进一步发展。

3.2　评定焊接接头的断裂韧性

无论是线弹性断裂力学还是弹塑性断裂力学，它们都是以均匀的材质为对象；但在焊接接头区的材质是极不均匀的：焊缝金属、熔合线及热影响区很窄，且其内外侧、上下层的组织和结构都有差异，并因焊接工艺条件的变化而异。航空材料的品种繁多，针对每种材料积累相应的焊接接头断裂韧性测试数据，是今后转向以断裂韧性为设计和安全评定判据的基础。常规断裂韧性的测试只能给出裂纹顶端很小区域内材料的断裂特性，它不仅与取样部位和方向有关，而且与裂纹的扩展方向有关。因此，在焊接接头内判定起裂点，给出不同区域的韧性值，确定接头的最低韧性区都是比较困难的。这些因素使所测得的焊接接头断裂韧性数据有很大的分散性，这也是到目前为止焊接接头断裂韧性的测试方法尚未能定型的原因。近年来，焊接力学工作者为发展接头断裂韧性的测试技术做出很大的努力并取得了相应的进展。例如，在利用标准的断裂韧性测试方法评定焊接接头韧性时用带边切口的试样以减少测试误差；在利用扫描电镜测定裂纹尖端伸展区深度（SZD）方面也展现了克服上述难点的良好前景。用 SZD 来评定焊接接头各区的韧性，在试件取样时，将裂纹前缘横跨焊缝、热影响区和母材，用扫描电镜观察测量裂纹前缘，得到 SZD 值，一般 SZD 值等于 COD 值（δ_c）的 1/2。

因此，SZD 值与 COD 值一样可以用来评定焊接接头不同区域的韧性。在一个试件上即可得到焊缝金属、热影响区和母材等不同区域上 SZD 值的连续变化规律，从而确定出接头中韧性最低的区域和作为评定接头韧性的临界值。在试验中也可以把跨三个区域的测试结果与对单区的试验结果相对比，确定接头的当量断裂韧性值。事实上，裂纹的扩展可能穿过沿板厚方向的不同韧性区，而对于结构的设计来说有时知道整个接头的当量断裂韧性值也是很有必要的。

3.3　接头特性的匹配

为了减轻航空构件的重量，常选用高强度材料或超高强度材料，这给焊接技术带来一系列的困难。除焊接工艺外，接头特性的最佳匹配选择是关键问题。要求焊接接头与基体材料等强度，在许多场合其后果适得其反，甚至导致焊接结构的脆性断裂，如高强度材料（钢、钛合金、铝合金等）焊接容器的低应力破坏。随着焊接力学的发展和断裂力学的应用，人们对于在焊接构件上接头强度与基体材料的强度之间的匹配关系有了新的认识，等强度的设计原则在一些场合需要加以修正。采用较低强度的焊接材料所形成的具有较好韧性的焊缝金属与具有高强度的基体材料相匹配，可以改善接头的断裂特性，满足设计要求，避免低应力脆断。这样的匹配关系从焊接工艺的实施、防止焊缝裂纹和进行补焊等方面来考虑也都是很有实际意义的。对这类"硬—软"相间的焊接接头力学特性的研究已引起人们的重视。基于这一认识，焊接材料的发展方向也应有新的选择。

3.4　残余应力、附加应力及其他因素的影响

评定焊接结构的安全性不能仅以接头韧性为判据，还应考虑整体结构的特点：残余应力、附加应力、结构的不连续性、几何不完善性（如接头的角变形、错边、焊趾应力集中等）。实际测试与数值分析方法表明，由于焊接缺陷的应力集中或附加弯矩引起的应力有时会比设计应力大若干倍。

焊接残余应力对结构性能的影响因材料和结构运行条件而异；因此，不但需要知道残余应力的大小，而且还应了解其分布规律，尤其是在垂直于裂纹面上沿构件厚度方向的分布。用理论分析的方法目前还难以评价残余应力对构件强度和断裂的影响；而在试验研究中有时也很难以在试件上再现实际结构中的焊接残余应力场。试验表明，焊接接头内裂纹的方向和大小以及裂纹在残余应力场中所处的方位对于构件的断裂应力是有影响的。对于某些材料而言，存在于拉伸残余应力区的裂纹的允许尺寸只相当于消除应力结构上允许尺寸的 1/5～1/10。在小试件上的实验结果不足以说明焊接残余应力的影响，宽板试验的运用，全尺寸的结构件在运行环境与使用条件下的模拟试验，都是小试件断裂韧性试验的必要补充。对重要工程构件来说，宽板试验或全尺寸模拟试验是提供设计参数的依据。

对于航空焊接构件在交变应力作用下的裂纹扩展分析可以给出裂纹扩展速率，估

算寿命，或根据无限寿命设计给出许用应力幅值；而对于低周疲劳问题则可进行应变疲劳试验分析。以焊接力学理论为指导所进行的对于提高接头疲劳强度和抗应力腐蚀性能的研究及所采取的工艺技术措施的实际价值也是显而易见的。

3.5　合理的结构设计

合理的焊接结构设计要求设计人员熟悉焊接力学的基本知识。根据结构的使用条件进行选材，并以断裂力学设计规范和判据来设计焊接接头和结构。此外，还要求设计人员对于焊接结构的生产制造特点有所了解，如焊接工艺方法对结构设计的要求、焊接工艺对结构特性的影响等。为了改善焊接构件的疲劳强度，在喷气式发动机薄壁焊接构件的设计中，一些传统的接触焊接头形式已逐步改用熔焊对接接头形式，一些新的焊接技术的发展，如扩散连接技术和特种焊接技术的发展又为设计提供了新的可能性，新的接头形式和新的焊接结构的力学特性均有待在应用实践中不断认识和提高。

4　焊接应力与变形的控制

焊接构件的应力与变形是妨碍焊接构件在航空结构中大量采用的重要原因之一；因此，对焊接应力与变形的研究自然也就是焊接力学在航空构件上应用中的重要课题。

航空焊接构件的形状是多种多样的，焊接应力与变形也很复杂；但是从焊接力学的观点来看，应力与变形有其内在的规律，是可以控制的。图 4 给出了引起焊接应力与变形的各种因素及其内在联系。焊接力学在应力与变形研究中的任务，除去发展测试技术、研究防止和克服变形的方法、制定消除应力的措施外，更重要的是能从根源上——焊接热源对构件的热输入着手，分析材料因素、制造因素和结构因素所形成的内拘束度与外拘束度，研究应力与变形的瞬时动态过程和残余状态，并能动地去控制它。

4.1　材料特性、内拘束度与残余应力

对多种航空材料的焊接残余应力测试结果表明，焊缝中的应力峰值并不等于材料的屈服极限，在钛合金上最为明显，在铝合金上也有类似现象。在图 5 上比较了几种材料上的焊缝应力峰值 σ_R 与材料的屈服极限 σ_s。按照"平截面假设"所建立的焊接应力与变形理论，焊后总是 $\sigma_R = \sigma_s$。

材料特性在很大程度上决定着产生焊接应力与变形的内拘束度。从图 4 上可以看出材料特性—温度场—内拘束度之间的内在联系。在平截面假设中并不考虑焊接温度场沿电弧运动方向上的变化，即认为在 X 轴线上的温度变化梯度为零，其结果是，在温升阶段所发生的压缩塑性应变在冷却过程中全部转变为拉伸塑性应变，并导致 $\sigma_R = \sigma_s$。在一些有色金属材料和耐热材料上，平截面假设的近似性和局限性会引起不正确的结论。

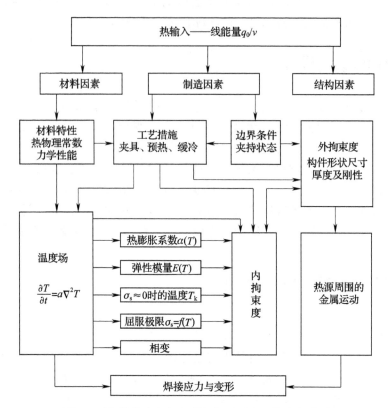

图4 引起焊接应力与变形的各种因素及其内在联系

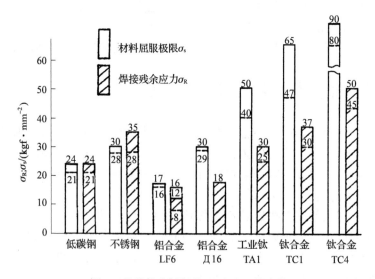

图5 几种航空材料的 σ_s 与 σ_R 的比较

以瞬时热源（点状加热）为例，内拘束度与温度场（材料特性）的关系可以由图 6 上看出。在弹性范围内，温度应力与热输入的关系以及由温度分布所表达的应力状态可用公式表示如下

$$\begin{cases} \sigma_r = -\dfrac{\alpha Eqae^{-bt}}{2\pi\lambda\delta r^2}(1 - e^{-\frac{r^2}{4at}}) \\ \sigma_\theta = -\dfrac{\alpha Eqae^{-bt}}{2\pi\lambda\delta r^2}\Big[e^{-\frac{r^2}{4at}} \cdot \Big(1 + \dfrac{r^2}{2at}\Big) - 1 \Big] \end{cases}$$

或

$$\begin{cases} \sigma_r = -\alpha E \dfrac{1}{2\pi r^2}\displaystyle\int_0^r T2\pi r dr = -\dfrac{\alpha ET_{均}(r)}{2} \\ \sigma_\theta = -\alpha ET + \alpha E \dfrac{1}{2\pi r^2}\displaystyle\int_0^r T2\pi r dr = \\ \qquad\qquad -\alpha ET + \dfrac{\alpha ET_{均}(r)}{2} \end{cases}$$

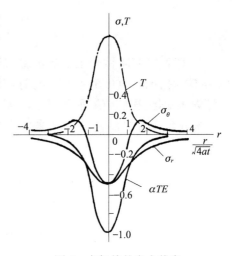

图 6　点加热的应力状态
（弹性）与内拘束度

考察 σ_r 与 σ_θ 的数值可知，在半径 r 上的径向应力值取决于以 r 为半径的圆内的平均温度所引起的温度应变的 1/2 所造成的应力。若把内拘束度定义为

$$I = \frac{\sigma}{\alpha ET}$$

其中，σ 为实际应力，αTE 为温度应变受到完全拘束时的应力，则有

$$I_r = \frac{\sigma_r}{\alpha ET_{(r=0)}} = \frac{-\alpha ET_{(r=0)}/2}{-\alpha ET_{(r=0)}} = \frac{1}{2}$$

$$I_\theta = \frac{\sigma_\theta}{\alpha ET_{(r=0)}} = \frac{-\alpha ET_{(r=0)} + \alpha ET_{(r=0)}/2}{-\alpha ET_{(r=0)}} = \frac{1}{2}$$

可见，对于瞬时热源（当焊速为零时）来说，径向和切向的内拘束度均为 $I = \dfrac{1}{2}$；但当焊速趋近于无穷大时，则有 $I = 1$（平截面假设的条件）。

材料特性对残余应力影响还表现在材料的"极限塑变比"的差异上。用 $\dfrac{\alpha T_k}{\varepsilon_{s(0)}}$ 表示材料的极限塑变比，其中 T_k 为材料进入完全塑性变形的温度；$\varepsilon_{s(0)}$ 为材料在室温下的屈服应变值。

当内拘束度 $I = 1$ 时，若 $\dfrac{\alpha T_k}{\varepsilon_{s(0)}} > 1$，则有：$\sigma_R = \sigma_s$；而若 $\dfrac{\alpha T_k}{\varepsilon_{s(0)}} \leqslant 1$，则有 $\sigma_R < \sigma_s$。后一种情况相应于 α 值很小而 $\varepsilon_{s(0)}$ 很高的材料。对于低碳钢 $\dfrac{\alpha T_k}{\varepsilon_{s(0)}} \approx 6$；铝合金 $\dfrac{\alpha T_k}{\varepsilon_{s(0)}} \approx 1.7$；钛合金 $\dfrac{\alpha T_k}{\varepsilon_{s(0)}} \approx 1.2$。

在点状加热钛合金时，因 $I = \dfrac{1}{2}$；故可以近似地求得在中心处的应力峰值为

$$\sigma_{\mathrm{R}} = I \cdot \frac{\alpha T_{\mathrm{k}}}{\varepsilon_{\mathrm{s}(0)}} \cdot \sigma_{\mathrm{s}} = \frac{1}{2} \cdot 1.2\sigma_{\mathrm{s}} = 0.6\sigma_{\mathrm{s}}$$

在 TC2 和 TC4 钛合金上的试验结果表明，σ_{R} 随着焊速的增加而增大；当焊速极低（$v \approx 0$）时，$\sigma_{\mathrm{R}} \approx (0.5 \sim 0.7)\sigma_{\mathrm{s}}$ 这与以上论述是相符合的。在低碳钢与不锈钢上 σ_{R} 并不随焊速变化，测试结果示于图 7 上。对于在实际焊接过程中的内拘束度的动态变化及其对形成残余应力的影响，有待于采用数值分析技术及动态测试方法进一步探讨。

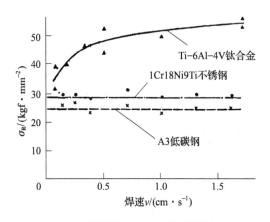

图 7   不同材料上 σ_{R} 与焊速的关系

4.2   焊缝横向收缩量、应变测试

不同材料与不同的焊接条件和规范造成的焊缝横向收缩量不同，而焊缝横向收缩是引起航空薄壁构件变形的主要原因（如机匣构件上圆形安装座的焊接）。定量分析与测试可为编制合理的工艺规范（如精化焊件毛坯，减少焊后加工余量等）提供依据。

对残余状态应力、应变的静态测试已满足不了焊接力学发展要求，为揭示焊接热弹塑性过程的实质，必须开展动态测试技术的研究，只有把数值分析技术建立在有试验验证的基础上才能为焊接力学的发展开拓新的前景。近年来，已有把激光全息法或散斑法和云纹法应用于焊接热应变测试方面的尝试。把现代实验力学的新技术云纹方法（见图 1）应用于焊接瞬态应变测试的优点是：为非接触测量，可作动态应变信息记录，可测定熔池边缘的高温应变，能给出应变全场。云纹测试技术可以为焊接力学的定量认识与分析提供有力的工具。

4.3   防止、减小和消除焊接变形

研究焊接应力与变形的目的在于采取相应工艺措施去控制它。

图 8 所示为在 TC4 材料上测得的安装座圆焊缝引起的残余应力场。这类接头形式在喷气式发动机薄壁机匣构件上很多。由于 σ_{θ} 在边沿区域为压应力，引起板件波浪形

失稳变形。这类焊缝的应力场分布规律与安装座圆的直径大小和构件刚性有关。图 9（a）相当于点状加热，在图 9（b）和图 9（c）中 $R_1 < R_2$。

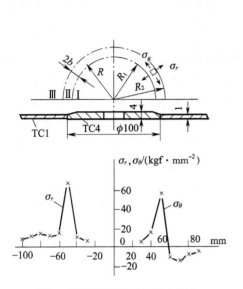

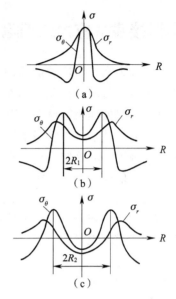

图 8　圆形焊缝引起的残余应力

图 9　σ_r, σ_θ 与圆焊缝直径的关系

控制焊接变形可以采取焊前措施、焊接过程中的措施和焊后措施，视结构特点而定。

采用预变形方法多属焊前措施。在图 10 上举例说明了预变形方法的效果。在图 10（a）上标出了在无预变形的情况下圆形焊缝周边失稳的波浪形变形量达 4.89mm，采取预变形措施后降至 0.74mm。图 10（b）所示为预变形后的残余应力分布情况。过量的预变形会造成 σ_r 为压应力，这时虽然板边不再有失稳波浪形变形，但却产生了圆焊缝中间部分的凸起变形。

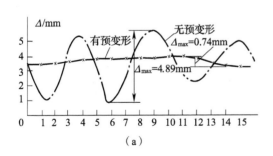

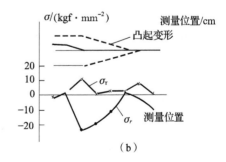

图 10　焊前预变形的效果

在焊接过程中可采取的措施包括调节热输入（采用高能量密度的热源、脉冲电流、改变导热条件等）、改变拘束度（调整夹持力、预张力、内拘束度）等，其效果表现在控制焊缝附近塑性变形区的宽度及变形量 ε。

焊后矫正变形是一种消极的工艺措施，但也是航空构件上常用的方法，对于规则焊缝应尽可能推广应用焊缝滚压工艺，而对于复杂构件采用手工矫形或半机械化矫形方法。

4.4　焊接残余应力的消除

焊后热处理和滚压焊缝都适用于航空焊接构件的残余应力消除，但后者只能在规则焊缝上进行。目前，在航空构件的焊后热处理消除应力工艺规程中存在着不合理的现象，有些是热处理规范偏高、有些焊件不必要进行消除应力的处理（如焊接细管件中的残余应力值甚小，可忽略不计）。为了制定出适合于国情的、保证产品质量、节约能源的工艺标准，应该对热处理消除焊接应力问题进行较系统的分析研究。在薄板件中焊缝上的峰值应力松弛过程符合简单松弛理论，可以近似计算。

对于高强度结构钢如 30CrMnSiA 钢焊接件来说，消除应力的热处理可以与调质处理后的回火工序相结合。在这种情况下应考虑对构件的最终强度要求与保留在焊缝中的残余应力值两者之间的关系。

异种金属的焊接接头中的残余应力用热处理的方法往往不能消除。有时不合理的材料匹配会导致接头的冷热应力疲劳断裂。

综上所述，焊接力学的发展正是适应了焊接结构在许多重要工程承力构件上广泛应用的要求，它是直接服务于焊接生产实践的应用力学。大力开展焊接力学的研究工作，尽快把焊接力学应用于航空构件的设计、制造和使用等各环节中，将会带来巨大的技术经济效益，对我国航空焊接技术的发展具有重大意义。

薄板氩弧点状加热应力应变过程的数值分析[①]

关 桥 付昱华

摘要： 应用有限差分法、有限元法及微分方程数值解法（适用于出现卸载前）给出了氩弧点状加热二维应力应变过程的数值分析。计算中考虑了材料性质随温度的变化及熔化、凝固过程的处理，并与试验结果进行对比，二者之间的吻合程度较好。将有限差分法用于本研究工作的特点是：运算程序结构简单，占用计算机时少，计算结果的准确性也较高。

引言

随着焊接结构在飞行器上的广泛应用和迅速增长，焊接力学问题，特别是焊接应力变形问题在焊接结构的设计、制造中受到越来越多的重视，这是因为焊接结构的应力变形直接影响着飞行器的安全、寿命和质量。当今，对焊接接头的断裂韧性、材料可焊性，焊接裂纹力学和焊接热模拟等方面的研究工作已经不能满足于只对焊后残余状态的冶金与力学特性的认识，而要求能给出焊接接头的应力应变过程的实际历史以及每一瞬间的动态行为。与试验测试研究工作深入开展的同时也迫切需要寻求精确、简单、实用的焊接应力变形的数值分析方法。

从 70 年代以来，在国外，对焊接瞬态应力与应变的研究开展了不少工作。当然也还存在一些有待解决的问题，诸如：为保证计算的准确性而耗费大量计算时间，对某些计算结果还缺乏必要的试验验证等。

目前计算焊接应力应变过程主要有三种数值分析方法，即微分方程数值解法、有限元法和有限差分法。

微分方程数值解法仅可用于焊接开始阶段，作为定常状态且不出现卸载的情况；其计算结果可用来校核有限元法和有限差分法。此法用于解决瞬时线热源加热圆板的近期工作，见参考文献 [1] 中的有关计算；此法用于分析残余应力变形（假设某些参数为已知）的近期工作，见参考文献 [2]、[3] 中的有关计算。

---

① 参加本研究工作的还有刘纪达、彭文秀、邵亦陈、何万玲。此文刊登在《机械工程学报》第 19 卷 2 期，1983 年 6 月。

有限元法应用于焊接力学分析方面在国外已发表了许多论文，积累了相应的成果。国内一些单位也已开始进行这方面的工作。对于中心氩弧点焊圆板的最近期工作见参考文献［4］，但该文只给出了温度与应变的计算结果。

将有限差分法用于计算焊接应力应变的全过程尚未见诸文献，而这种方法应用于本研究工作上有其相应的特点：比之有限元法具有程序结构简单，计算时间少的优点，而且计算准确性较高。因此本文中有限差分法占有主要地位。

薄板氩弧点状加热（即瞬时线热源加热）所引起的二维应力应变过程的数值分析是以控制航空构件焊接应力变形为总目标的研究计划的一个组成部分。

理论分析与试验测试两者相辅相成，本文利用残余状态的试验数据与数值分析结果相比较。这种校核为今后进一步发展焊接应力应变的数值分析方法所必需。

1 温度场与温度增量

本文对温度场的计算，在电弧加温过程中采用了一些近似处理，计算表明，熄弧以后的热弹、塑性区的扩展完全覆盖了加热时的热弹塑性区。因此，上述近似处理对在冷却过程中的应力应变发展的影响可忽略不计。残余应力应变的测试结果也证实了这一点。

对于薄板，可假设温度沿板厚均匀分布。

计算温度场时，以熄弧时刻作为时间坐标的零点。

熄弧以后，即 $t > 0$ 时板内温度分布为

$$T = \frac{Q_0}{t + t_0}\exp\left[-\frac{r^2}{4a(t + t_0)}\right]$$ (1)

$$Q_0 = \eta q / 4\pi\lambda$$

式中：q—— 沿板厚单位长度上的电弧热输入，$q = 0.24UIt'h(\mathrm{cal/cm})$；

η—— 热效率，其值按参考文献[5]中的"测试计算法"确定；

U—— 电弧电压，V；

λ—— 热传导系数，cal/(cm·s·℃)；

I—— 焊接电流，A；

a—— 导温系数，cm²/s，$a = \lambda/c\rho$；

h—— 板厚，cm；

c—— 比热容，cal/(g·℃)；

t'—— 实际加热时间即电弧点燃时间，s；

ρ—— 密度，g/cm³。

t_0 按下述方法确定：设实测熔核半径为 r_1，试片材料的实际熔化温度为 T_m。作为近似处理，可先假设熄弧时刻板的熔化区最大，亦即 r_1 产生在 $t = 0$ 时，故由式（1）得决定 t_0 之方程

$$t_0 = \frac{Q_0}{T_m}\exp\left(-\frac{r_1^2}{4at_0}\right)$$ (2)

而后 t_0 可用迭代法求得。

在起弧到熄弧这段时间内,即 $-t' \leqslant t \leqslant 0$ 时,板内温度分布近似处理为

$$T = \left(1 + \frac{t}{t'}\right)\frac{Q_0}{t_0}\exp\left(-\frac{r^2}{4at_0}\right) \tag{3}$$

在数值计算中,温度场从一个状态过渡到另一个状态是通过叠加温度增量实现的。下面叙述温度增量的计算。

为方便计,氩弧点状加热全过程分为两个阶段: $-t' \leqslant t \leqslant 0$ 称加温阶段,$0 < t < \infty$ 称降温阶段。如图 1 所示,在降温阶段,理论计算曲线与试验实测结果相吻合。

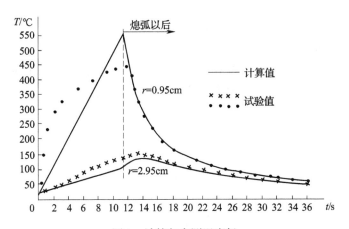

图 1　计算与实测温度场

记第 i 次叠加的温度增量为 ΔT_i,叠加后的温度场为 T_i,当 $-t' < t_i \leqslant 0$ 时取

$$\Delta T_i = (C_i - C_{i-1})\frac{Q_0}{t_0}\cdot\exp\left(-\frac{r^2}{4at_0}\right) \tag{4}$$

式中: $C_i = (1 + t_i/t')$,但当 $i = 1$ 时 $C_{i-1} = 0$。

当 $0 < t_1 < \infty$ 时,令叠加温度增量的前、后,中心 $r = 0$ 处的温度降低为一给定量 G。设 t_{i-1} 时 $r = 0$ 处的温度为 $T[0]$,则有

$$T[0] - \frac{Q_0}{t_0 + t_i} = G$$

$$t_i = \frac{Q_0}{T[0] - G} - t_0$$

$$\Delta T_i = \frac{Q_0}{t_0 + t_i}\exp\left[-\frac{r^2}{4a(t_0 + t_i)}\right] - \frac{Q_0}{t_0 + t_{i-1}}\exp\left[-\frac{r^2}{4a(t_0 + t_{i-1})}\right] \tag{5}$$

2　有限差分法解

中点加热的薄板可视为轴对称平面应力问题,平衡方程为

$$r\frac{\mathrm{d}\sigma_r}{\mathrm{d}r} = \sigma_\theta - \sigma_r \tag{6}$$

在圆板的任一半径上选 n 个节点,其到圆心的距离分别为 $r_1, r_2, \cdots, r_n$(r_n 为外径)。平衡方程(6)之差分方程为

$$r_i \frac{\sigma_{r,i+1} - \sigma_{ri}}{r_{i+1} - r_i} = \sigma_{\theta i} - \sigma_{ri} \tag{7}$$

应力—应变关系如参考文献[6]中所给出的:

弹性区

$$\Delta\sigma = D_e(\Delta\varepsilon - \Delta\varepsilon_0) \tag{8}$$

塑性区

$$\Delta\sigma = D_{ep}(\Delta\varepsilon - \Delta\varepsilon_0) + \Delta\sigma_0 \tag{9}$$

过渡区的处理另文叙述。

为统一处理弹、塑性区,引入量 m,当 $m = 0$ 时为塑性区,$m = 1$ 时为弹性区,则有

$$\Delta\sigma = D(\Delta\varepsilon - \Delta\varepsilon_0) + (1 - m)\Delta\sigma_0 \tag{10}$$

式中,$D_{m=0} = D_{ep}$;$D_{m=1} = D_e$。

记

$$D = \begin{bmatrix} A_{11} & A_{12} \\ A_{21} & A_{22} \end{bmatrix} \tag{11}$$

设 u 为径向位移,则有

$$\varepsilon_r = \frac{du}{dr}, \quad \varepsilon_0 = \frac{u}{r}$$

其增量形式为

$$\Delta\varepsilon_{ri} = \frac{\Delta u_i - \Delta u_{i-1}}{r_i - r_{i-1}} \tag{12}$$

$$\Delta\varepsilon_{\theta i} = \Delta u_i / r_i \tag{13}$$

对节点 $i, i+1$ 应用式(10)、式(12)和式(13)

$$\Delta\sigma_{ri} = m_1(\Delta u_i - \Delta u_{i-1}) + m_2\Delta u_i + m_3 \tag{14}$$

$$\Delta\sigma_{r,i+1} = m_4(\Delta u_{i+1} - \Delta u_i) + m_5\Delta u_{i+1} + m_6 \tag{15}$$

$$\Delta\sigma_{\theta i} = m_7(\Delta u_i - \Delta u_{i-1}) + m_8\Delta u_i + m_9 \tag{16}$$

式中:$m_i = \dfrac{A_{1+i}}{r_i - r_{i-1}}, \cdots$

设加载(即叠加温度增量)前应力为 $\sigma_{\dot{r}}$、$\sigma_{\dot{\theta}}$,加载后为

$$\sigma_r = \sigma_{\dot{r}} + \Delta\sigma_r, \quad \sigma_\theta = \sigma_{\dot{\theta}} + \Delta\sigma_\theta \tag{17}$$

将式(14)~式(17)代入式(7)得

$$P_1\Delta u_{i+1} + P_2\Delta u_i + P_3\Delta u_{i-1} = P_4 \tag{18}$$

式中:$P_1 = (m_4 + m_5)\dfrac{r_i}{r_{i+1} - r_i}, \cdots$

当 $i = n$ 时上式不再适用,此时应用边界条件 $\sigma_{rn} = 0$ 亦即

$$\Delta\sigma_{rn} = 0 \tag{19}$$

将式 (14) 代入上式

$$- m_1 \Delta u_{n-1} + (m_1 + m_2) \Delta u_n = - m_3 \tag{20}$$

当不存在熔化区时，在每一步加载，对节点 1，2，…，$n-1$ 应用式(18)、对节点 n 应用式(20) 构成 n 个线性代数方程，解此三对角形方程组得位移增量，再由式(14)、式(16) 得应力增量，将位移、应力增量叠加到加载前的水平上，即得加载后的位移及应力。

熔化区按下述方法处理：

(1) 应力取值为 0；

(2) 熔化区内位移按线性变化，即有

$$r_{i+1}(\dot{u}_i + \Delta u_i) - r_i(\dot{u}_{i+1} + \Delta u_{i+1}) = 0 \tag{21}$$

(3) 熔化区与非熔化区交接处边界条件

如图 2 所示。设 $\tilde{r}$ 处的温度为力学熔化温度 T_m（即材料失去抵抗外力作用时的温度），在 r_i 处对区段 $r_i\tilde{r}$ 应用式(6) 的向后差分公式

$$r_i \frac{\sigma_{ri}^{\theta} + \Delta \sigma_{ri} - 0}{r_i - \tilde{r}} = \dot{\sigma}_{\theta i} + \Delta \sigma_{\theta i} - \dot{\sigma}_{ri} - \Delta \sigma_{ri}$$

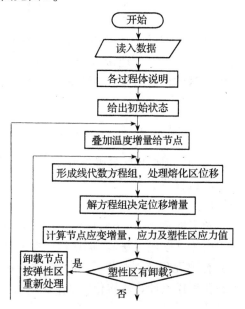

图 2　熔化区边界条件

将式 (14)、式 (16) 代入上式并化简得

$$P_1' \Delta u_i + P_2' \Delta u_{i-1} = P_3' \tag{22}$$

于是在有熔化区时，对节点 $1 \sim i-2$ 应用式(21)，对节点 $i-1$ 应用式(22)，对节点 $i \sim n-1$ 应用式(18)，对节点 n 应用式(20) 即可求解。

有限差分法程序框图见图 3。

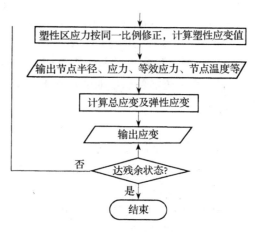

图 3 有限差分法程序框图

3 微分方程解与有限元解

加温阶段（$-t' \leq t \leq 0$）不出现卸载,如将叠加温度增量进行到第 i 步时的温度场 T_i 视为定常温度场,则其产生的弹、塑性区应力及弹性区应变可以通过积分微分方程得到。

首先解决弹性区应力应变的计算。

以往计算这种温度对称于圆心的弹性薄圆板时,假定材料特性不随温度变化,这样就得到关于径向位移 u 的二阶微分方程[7]

$$\frac{\mathrm{d}^2 u}{\mathrm{d} r^2} + \frac{1}{r} \frac{\mathrm{d} u}{\mathrm{d} r} - \frac{u}{r^2} = (1 + \nu) \alpha \frac{\mathrm{d} T}{\mathrm{d} r}$$

上述方法在板内温度变化不大的情况下是可行的,因材料特性随温度的变化可以忽略。但对于焊接应力应变问题,这种处理带来的误差就显得大了一些。为此,我们导出了材料特性随温度变化（具体指 E, α, ν）时的轴对称平面应力热弹性问题的位移微分方程

$$\frac{\mathrm{d}^2 u}{\mathrm{d} r^2} = f_1 \frac{\mathrm{d} u}{\mathrm{d} r} + f_2 u + f_3 \tag{23}$$

当圆板处于未出现熔化区和出现熔化区的弹塑性阶段时,可按参考文献 [1] 中使用的方法处理,即先求出弹塑区交界,然后对塑性区和弹性区分别求解。其具体做法及详细推导限于篇幅此处从略。

本文有限元法的计算参考了参考文献 [6] 中给出的三角形截面圆环有限元分割的轴对称弹塑性应力分析通用程序（变刚度法）,但该程序并未考虑材料性质随温度的变化和熔化区的问题,而本文有限元程序对这两点均予考虑,在处理熔化区时,将焊点中心熔化区视为边界变化的孔洞用以计算非熔化区的应力应变。

4　分析讨论与试验结果

本文计算中，材料的塑性性质均按理想塑性处理。

有限元和有限差分的计算，考虑了两种材料（铝合金和不锈钢）、两种屈服准则（米泽斯（Mises，Von，R.）和特雷斯卡准则）以及不同的材料特性随温度的变化关系（因从不同手册查取的数据不一样）。经过排列组合，共有 20 多组计算结果，限于篇幅，本文只列举铝合金板、米泽斯准则的情况。

试验采用氩弧点焊的方法，在 LF6 铝合金试件上进行了焊接残余应力、应变及焊后位移的测试，用以验证数值分析计算的结果。测试技术取自参考文献 [8] 中介绍的方法。试片尺寸 300mm × 300mm × 2mm。焊接电流 80A，电压 14V，熔核直径正面为 1.05cm，反面为 0.94cm，焊接时间为 10.5s（计算亦以这些数据为准）。

图 4 给出 LF6 试片 $t = -8.9s$ 时，微分方程解、有限差分解、有限元解的应力位移计算值的对比，三者极为接近。

图 5 给出 $t = 0$ 时三种方法的计算结果。有关不同计算方法的对比将另文评述。

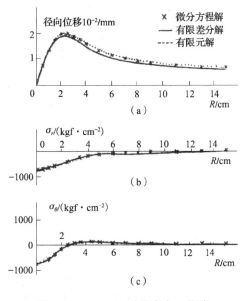

图 4　$t = -8.9s$ 时的应力、位移

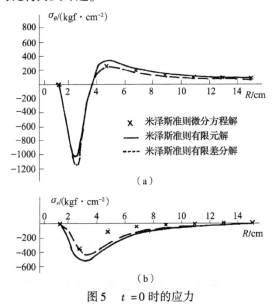

图 5　$t = 0$ 时的应力

图6 给出残余状态有限元、有限差分计算所得应力位移值及试验所测应力位移值。

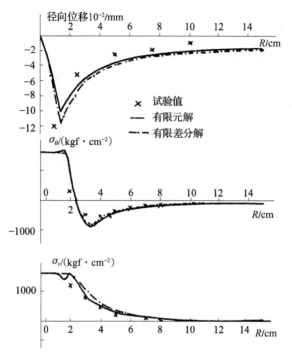

图6　残余状态应力位移计算与试验值

理论计算与试验结果吻合较好。

图7、图8 给出 $r=1.5$cm 及 $r=0$ 处应力应变随时间变化的动态过程。

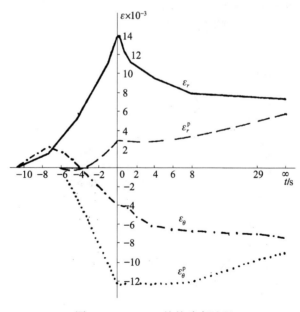

图7　$r=1.5$cm 处的动态过程

图 9、图 10 给出不同时刻板内熔化区与弹塑性区和应力场的变化状态。

图 11 给出残余状态应变分量的计算值与试验值，两者符合程度良好。

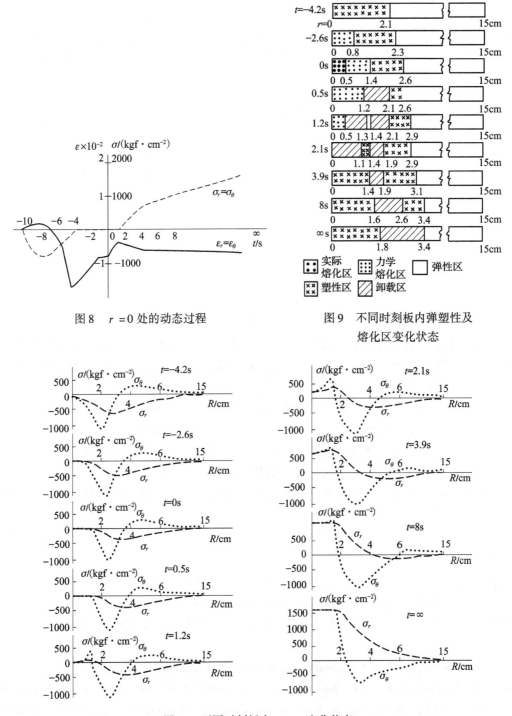

图 8　$r = 0$ 处的动态过程

图 9　不同时刻板内弹塑性及熔化区变化状态

图 10　不同时刻板内 σ_r, σ_θ 变化状态

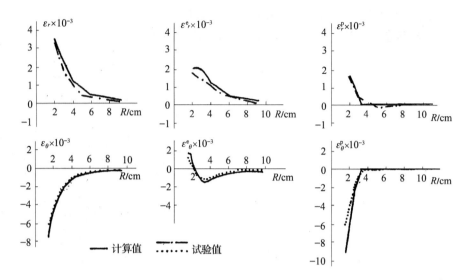

图 11　残余状态应变的计算值与试验值

5　结论

（1）本文给出了薄板中心点状加热所致，包括熔化与凝固在内的热弹塑性应力应变全过程的数值分析，分别采用了微分方程解（未出现卸载时）、有限差分解和有限元解进行计算对比。

（2）理论计算与试验结果的对比表明，有限差分法用于处理这一问题有其相应的优点，所编有限差分法程序可给出各瞬间的应力、位移和各应变分量。

（3）把焊点中心熔化区视为边界变化的孔洞可用以计算非熔化区的应力应变。

（4）计算结果表明，熔化区凝固时的热弹塑性区的变化较复杂。熔化区在凝固后的一段时间内，其等效应力小于相应温度下的屈服应力。在冷却过程接近终止时，塑性区外边界才达到最大值。

参考文献

［1］关桥. 钛合金薄壁焊接构件的残余应力、变形和强度［D］. 留苏研究生学位论文，中国科技情报所存，Диссертация MBTY，1963.

［2］佐藤邦彦. ステンレス鋼丹板の点加熱による塑性ひずみ. 溶接学会言志，1973：42 － 3.

［3］А Я Недосека，Г И Горленко. Автоматическая Сварка，1979（6）：1 － 4.

［4］D B Duncan，W H Giedt. Measured and Predicted Temperatures and Strains in Stationary GTA Welds. Proceedings of International Conf. on Welding Research in the 1980′s，1980 October：27 － 29，Osaka. Japan.

[5] 关桥. 焊接热源有效利用率的测试计算法 [J]. 焊接学报, 1982 (1).

[6] 李大潜. 有限元素法续讲 [M]. 北京: 科学出版社, 1979.

[7] 铁摩辛柯. 弹性理论 [M]. 北京: 高等教育出版社, 1965.

[8] 关桥. "释放法" 测定焊接残余应力: 采用 YCY 型机械应变仪测试技术 [J]. 北京机械, 1981 (9): 29 - 32.

焊接瞬态热应变的云纹测试技术[①]

关　桥　刘纪达　金炳福　邵亦陈

引言

数值分析技术促进了焊接力学的发展，但由于缺少相应的实验测试技术和实验结果的验证，使理论研究与实际应用之间还存在着距离。把云纹法应用于焊接过程瞬时热应变测试有着突出的优点，例如，非接触式测量；适用于大应变梯度的应变场测试；应变信息传递迅速，便于记录；还可用来测试高温应变场等。

国外用电阻应变片或机械应变仪只给出 500~600℃ 以下的结果。用云纹法曾给出一些焊接热应变的定性图形，1977 年才给出了焊接碳钢时热应变的初步定量分析。

国内近年来云纹法受到重视，1979 年以来，北京航空工艺研究所把云纹法开始应用于焊接热应变的测试，建立了测试装置，对测试技术进行了全面研究。

1　云纹测试技术

（1）方案选择。

直接拍摄云纹可降低对栅线和照相技术的要求，但给云纹数据处理带来不便。直接拍摄栅线然后再与基准栅构成云纹图像可克服上述直接拍云纹的缺点，但对栅线和照相技术要求较高。

（2）试件栅线的制备。

图 1 示出：在 300mm×300mm×2mm 的不锈钢和 LF6 铝合金试件上，焊缝布置在试件正中。焊缝轴线以下正中覆盖 100mm×100mm 的栅线。线密为 10 线/mm，20 线/mm 单线栅和方格栅。单线栅布置成与焊缝轴线平行或垂直以分别测试垂直于焊缝轴的 Y 向应变和平行于焊缝轴的 X 向应变。用光刻和真空镀氧化铬膜法制备栅线，其反差较强，在 1200℃ 焊接瞬时高温下，拍摄的栅线像可以形成清晰的云纹图像，满足测试要求。

---

①　此文刊登于《全国实验应力分析学术会议文集》，1982 年 11 月，成都。

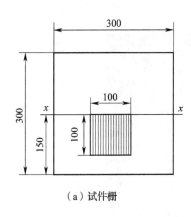

（a）试件栅

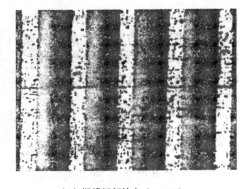

（b）栅线局部放大（×200）

图 1　试件栅尺寸

（3）实验装置——HYY－1 型焊接云纹仪。

图 2 示出拍摄试件栅像的示意图。该云纹仪由照相机、焊接夹具、平行光管支座和支架组成。采用制版镜头和高反差、高解像力、高感光度的航微－1 胶片。可定时、连续、自动地拍照。焊接夹具保证试件栅在焊接过程中处于平面应力状态和温度场的准定常状态。栅线区域用氩气保护，焊枪在其背面施焊。拍照比例为 1∶1，也可放大或缩小。

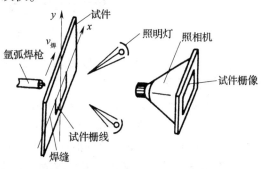

图 2　焊接瞬时试件栅动态变形的拍摄

2　云纹图像的数据处理

图 3 示出 LF6 铝合金钨极自动氩弧焊时，电弧周围的云纹图像。图中右下角所示为电弧位置。选择合适节距的基准栅线和人工转角 θ，使形成的云纹其 Φ，θ 角处于合理范围之内，以求数据处理的精度。云纹图像用 JTT600－B1 投影仪放大 10 倍进行测量并用下式进行计算

$$\theta = \arcsin\left[\frac{1}{\sqrt{1 + \left(1 + c\dfrac{\delta_r}{a}\right)^2 \cot^2\Phi}}\right] \tag{1}$$

式中：a——基准栅节距，mm；

　　　$c = \pm 1$——依 Φ 角所处象限而定。

$$\varepsilon = \frac{a}{b} \cdot \frac{\sin(\Phi - \theta)}{\sin\Phi} - 1 \tag{2}$$

式中：b——变形前试件栅节距。

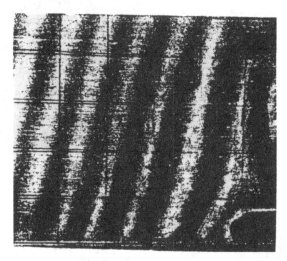

图3　电弧周围云纹图像右下角所示为电弧位置

图4示出了LF6铝合金钨极自动氩弧焊时，ε_x 热应变曲线图。ε_x 值为总形变值，其中包括了温度应变、弹性应变和塑性应变。同低碳钢的焊接热应变曲线相比有明显的不同。其电弧前压应变区和压应变值较小。实验证明用 10 线/mm 的试件栅测出的相对应变误差值小于 0.05% 的概率为 60% 以上，给出的 0.2% 以上的热应变总形变值是可靠的。欲测出小于 0.2% 的应变值应采用更高线密的栅线或其他提高测试精度的方法，如激光倍增法、细化云纹法、云纹数值微分法等。

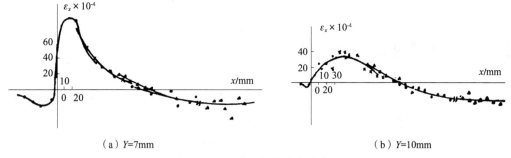

（a）$Y=7$mm　　　　　　　　　　　　　　　　（b）$Y=10$mm

图4　LF6铝合金焊接热应变曲线

3　结论

（1）提供了在高温大应变梯度场中采用云纹法测定动态热应变的成套技术；

（2）研制的耐高温金属反射式试件栅可承受1200℃焊接高温；

（3）研制的 HYY-1 型焊接云纹仪在焊接过程中，可定时、连续、自动地拍照试件栅动态变形图像；

（4）用 10 线/mm 的栅线，可以给出大于 0.2% 的焊接热应变，其测试相对误差小于 0.05% 的概率在 60% 以上；

（5）根据测试结果绘制的 LF6 铝合金氩弧焊的热应变曲线，显示了与钢材的热应变曲线有明显的不同。

焊接热源有效利用率的测试计算法[①]

关　桥　彭文秀　刘纪达　邵亦陈　何万玲

摘要： 给出实际热输入值是正确求解焊接热弹塑性问题和焊接残余应力与变形问题的前提；因而，准确地确定热源有效利用率 η，在焊接力学的发展中是一个亟待解决的命题。本文推荐采用的"测试计算法"提供了一个能够准确、简捷地求得 η 值的新途径。引入被焊材料的熔化潜热系数后，给出了线热源加热焊缝金属至熔化温度（处于液态）时的实际热有效利用率 η_t 的表达式。在 4 种不同类型的薄板材料上进行了钨极氩弧焊试验，测试计算结果与理论值相符合。理论推导与试验结果均证明，形成焊缝所需要的线能量的无量纲数值等于焊缝金属熔化热有效利用率 η_t 的倒数。文中给出的焊接规范参数选择原则也适用于符合线热源条件的其他熔焊热源。η 值不但与焊接工艺方法、规范参数有关，而且也随被焊材料的热物理特性不同而异。

1　问题的提出

焊接时，金属在热源周围的热弹塑性运动是由热源对被焊材料的热输入所引起的。因此，准确地确定热输入值是求得焊接瞬态和残余应力与变形问题可靠解答的前提。

H. H. Рыкалин 在对金属熔化过程效率的分析基础上，论述了热源有效利用率 η 和焊缝金属熔化热有效利用率 η_t 的关系[1,2]，当热源的理论计算模型确定后，η_t 即可求出。或者说，当热源有效功率 q 已知时，η_t 值亦可以由实验结果求得。在理论计算 η_t 值时，把材料熔化潜热计入导温系数的某平均值内（$a = \bar{\lambda}/c\gamma$）的办法[3]，与实际情况不尽相符。为了求得热源有效利用率 η 值，可采用量热法，但并非在每一具体施焊条件下均能适用。L. Tall 指出[4]，不能精确地确定在给定的焊接条件下的热源有效利用率，妨碍着焊接力学的进一步发展。由于缺少可靠的数据，R. H. Leggatt 等人在其研

---

① 此文刊登在《焊接学报》第 3 卷第 1 期，1982 年 3 月。

究工作中不得不用试凑法选择 η 值($\eta = 0.7$，0. 8，0. 9)，最后确定当 $\eta = 0.8$ 时，理论计算和试验结果才有较好的吻合。在大多数情况下，往往选择文献中给出的在相近条件下的 η 值，但是不同的作者给出的数值差别较大。例如，M. X. Шорошоров[5] 对钨极氩弧焊选用了 $\eta = 0.55$；而 A. A. Ерохин[6] 则推荐选用 $\eta = 0.65 \sim 0.75$。近年来，在把有限元法和电子计算机引入焊接力学研究和其他要求能给出精确定量结果的研究领域后，许多学者更加感到热源有效利用率的确定是具有现实意义的亟待解决的问题。

本文推荐采用的"测试计算法"，试图提供一个能准确、简捷地确定 η 值的新途径。在引入材料熔化潜热系数后，所求得的线热源 η_t 值与薄板钨极氩弧焊实验结果相符。当给定焊接参数、已知材料热物理特性、测得焊缝几何尺寸后，即可准确地得到热源有效利用率。

2　线热源——薄板钨极氩弧焊电弧的热有效利用率

本文以熔焊方法中最典型的线热源为依据，针对不同材料薄板钨极氩弧焊时的特点，对焊缝金属熔化的热有效利用率 η_t 和热源有效利用率 η 进行分析计算，以求把焊接工艺参数、焊缝几何尺寸测试与理论计算相结合，正确地给出每一施焊条件下相应的 η_t 和 η 值。

根据定义，热源加热工件的热有效利用率 η 是热源在单位时间内输入到工件内部的热量 q 与电弧总功率热当量 q_0 的比值，即

$$\eta = \frac{q}{q_0} \tag{1}$$

或

$$\eta = \frac{q_1 + q_2}{q_0} \tag{2}$$

$$q = q_1 + q_2 \tag{3}$$

式中：q_1—— 单位时间内熔化焊缝金属(处于液态，$T = T_m$ 时) 所需的热量(包括熔化潜热)；

　　　q_2—— 单位时间内使焊缝金属处于过热状态($T > T_m$) 的热焓和向焊缝四周传导热量的总和。

$$q_0 = 0.24UI \tag{4}$$

$$q_1 = vF\gamma S_m \tag{5}$$

式中：v—— 焊接速度；

　　　F—— 焊缝横截面面积；

　　　$F = B \cdot \delta$；

　　　$B = 2y_0$(见图 1)；

B—— 焊缝宽；

y_0—— 焊缝半宽；

δ—— 板厚；

γ—— 被焊材料密度；

S_m—— 液态金属的重量热焓。

$$S_m = cT_m + \Delta S_m \tag{6}$$

式中：c—— 材料比热容；

T_m—— 材料熔点；

ΔS_m—— 材料熔化潜热；

cT_m—— 材料在 T_m 时(仍处于固态)的重量热焓。

由焊缝金属熔化的热有效利用率 η_t 的定义可知，η_t 为单位时间内被熔化的基体金属在 T_m 时(处于液态)的热焓与电弧有效热功率的比值

$$\eta_t = \frac{q_1}{q_1 + q_2} \tag{7}$$

或

$$\eta_t = \frac{vF\gamma S_m}{q} \tag{8}$$

从以上诸式可知求得 η 值的步骤是：在已知 q_1(由式(5)求出)和 η_t 的情况下，可从式(7)求出 q_2。当给定 q_0(式(4)得)后，即可由式(1)求得 η。其中的关键在于由式(8)求出 η_t，η_t 值应符合被焊材料和相应的焊接工艺方法与条件。

将式(6)代入式(8)有

$$\eta_t = \frac{vF\gamma(cT_m + \Delta S_m)}{q} \tag{9}$$

引入材料熔化潜热系数 P

$$P = \frac{\Delta S_m}{cT_m}$$

则有

$$\eta_t = \eta_t'(1 + P) \tag{10}$$

$$\eta_t' = \frac{vF\gamma cT_m}{q} \tag{11}$$

式中：η_t'—— 焊缝被加热至熔化温度(仍处于固态)时的热有效利用率。

为了求得 η_t' 值与焊接参数之间的函数关系，首先应根据移动线热源传热过程的极限状态方程[2]

$$T(r,x) = \frac{q}{2\pi\lambda\delta}\exp\left(-\frac{vx}{2a}\right) \cdot K_0\left(r\sqrt{\frac{v^2}{4a^2} + \frac{b}{a}}\right) \tag{12}$$

求得式(11)中 T_m(熔池边界等温线)的表达式。为此，令 $\frac{\partial T}{\partial x} = 0$；$b = 0$；$\frac{vr}{2a} = \omega$；考虑到：

$\frac{\partial r}{\partial x} = \frac{x}{r}$；又 $\frac{\partial K_0(\omega)}{\partial \omega} = -K_1(\omega)$，则可得各等温线最宽点轨迹的方程式为

$$x_{max} = -r\frac{K_0(\omega)}{K_1(\omega)} \tag{13}$$

由图1可知：$\cos\varphi = -\dfrac{x_{max}}{r}$；由式（13）得

$$\cos\varphi = \frac{K_0(\omega)}{K_1(\omega)} \tag{14}$$

将式（13）代入式（12）得熔池边界等温线

$$T_m = \frac{q}{2\pi\lambda\delta}\exp\left[\omega\frac{K_0(\omega)}{K_1(\omega)}\right]K_0(\omega) \tag{15}$$

将式（15）代入式（11）后得

$$\eta'_t = \frac{2}{\pi}\frac{vy_0}{2a}\exp\left[\omega\frac{K_0(\omega)}{K_1(\omega)}\right]K_0(\omega) \tag{16}$$

由图1可见

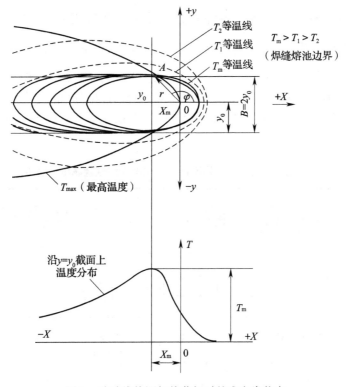

图1　移动线热源加热薄板时的准定常状态

$$y_0 = r\cdot\sin\varphi$$

$$\sin\varphi = \frac{\left[K_1^2(\omega) - K_0^2(\omega)\right]^{\frac{1}{2}}}{K_1(\omega)}$$

式（16）可写成

$$\eta'_t = \frac{2}{\pi}\omega\left[1 - \left(\frac{K_0(\omega)}{K_1(\omega)}\right)^2\right]^{\frac{1}{2}} \cdot \exp\left[\omega\frac{K_0(\omega)}{K_1(\omega)}\right]K_0(\omega) \tag{17}$$

若令 $\omega' = \dfrac{vy_0}{2a}$,则

$$\omega' = \omega\left[1 - \left(\frac{K_0(\omega)}{K_1(\omega)}\right)^2\right]^{\frac{1}{2}} \tag{18}$$

式（17）也可改写成

$$\eta'_t = \frac{2}{\pi}\omega'\exp\left[\omega\frac{K_0(\omega)}{K_1(\omega)}\right]K_0(\omega) \tag{19}$$

由式（17）和式（10）可得实际 η_t 为

$$\eta_t = (1 + P)\frac{2}{\pi}\omega\left[1 - \left(\frac{K_0(\omega)}{K_1(\omega)}\right)^2\right]^{\frac{1}{2}} \cdot \exp\left[\omega\frac{K_0(\omega)}{K_1(\omega)}\right]K_0(\omega) \tag{20}$$

式（17）所表达的线热源加热焊缝金属的热有效利用率 η'_t 与无量纲焊接参量 $\omega = \dfrac{vr}{2a}$ 的函数关系以数值形式列于表1，并以曲线形式示于图2。当 $\omega \to \infty$ 时，η'_t 值趋近于0.484。对于每一个具体焊接条件来说，式（20）所给出的熔化焊缝金属的热有效利用率 η_t 则因材料的熔化潜热系数不同而异，η_t 与 η'_t 值的关系亦示意于图2。显而易见，实际的 η_t 值在 ω 值较大时有可能大于0.484。在得知 η_t 值后即可求得 η 值。

表1 线热源的有效利用率计算（未考虑焊缝金属熔化潜热）

$\eta'_t = \frac{2}{\pi}\omega'\exp\left[\omega\frac{K_0(\omega)}{K_1(\omega)}\right]K_0(\omega);$				$\omega' = \omega\frac{[K_1^2(\omega) - K_0^2(\omega)]^{\frac{1}{2}}}{K_1(\omega)}$			
$\omega = \frac{vr}{2a}$	$K_0(\omega)$	$K_1(\omega)$	$\exp\left[\omega\frac{K_0(\omega)}{K_1(\omega)}\right]$	$\frac{[K_1^2(\omega) - K_0^2(\omega)]^{\frac{1}{2}}}{K_1(\omega)}$	$\omega' = \frac{vy_0}{2a}$	η'_t	$\frac{1}{\eta'_t}$
0.1	2.4271	9.8538	1.0249	0.9692	0.0969	0.1519	6.59
0.5	0.9244	1.6564	1.3218	0.8298	0.415	0.3226	3.11
1.0	0.4210	0.6019	2.010	0.7146	0.715	0.3859	2.60
1.6	0.1880	0.2406	3.490	0.6240	0.998	0.4168	2.40
2.0	0.1139	0.1399	5.050	0.5806	1.161	0.4273	2.34
2.5	0.0623	0.07389	8.240	0.5360	1.340	0.4397	2.28

表 1（续）

$\eta_t' = \dfrac{2}{\pi}\omega'\exp\left[\omega\dfrac{K_0(\omega)}{K_1(\omega)}\right]K_0(\omega);$					$\omega' = \omega\dfrac{\left[K_1^{\,2}(\omega)-K_0^{\,2}(\omega)\right]^{\frac{1}{2}}}{K_1(\omega)}$			
$\omega=\dfrac{vr}{2a}$	$K_0(\omega)$	$K_1(\omega)$	$\exp\left[\omega\dfrac{K_0(\omega)}{K_1(\omega)}\right]$	$\dfrac{\left[K_1^{2}(\omega)-K_0^{\,2}(\omega)\right]^{\frac{1}{2}}}{K_1(\omega)}$	$\omega'=\dfrac{vy_0}{2a}$	η_t'	$\dfrac{1}{\eta_t'}$
3.0	0.0347	0.04016	13.358	0.5034	1.510	0.4450	2.25
4.0	0.0116	0.01248	35.760	0.4476	1.790	0.4549	2.20
6.0	0.00124	0.00134	257.80	0.3790	2.274	0.4628	2.16
100	0.0000178	0.0000186	13575.20	0.3072	3.072	0.4699	2.06

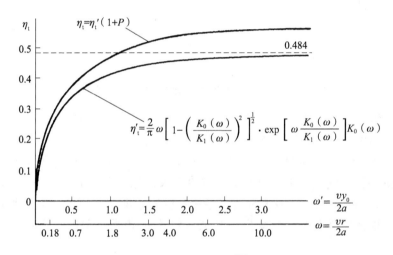

图 2　在无量纲坐标系中 η_t', η_t 与 $\dfrac{vy_0}{2a}$ 和 $\dfrac{vr}{2a}$ 的函数关系

3　试验结果讨论与焊接规范参数选择的一般原则

为了验证线热源模型对于薄板钨极氩弧焊的适用性，在 4 种不同类型的材料上进行了 η_t 值测定试验。试验用材料为 LF6 铝合金、1Cr18Ni9Ti 不锈钢、TA2 工业纯钛和 TC4（Ti-6Al-4V）钛合金以及 A3 低碳钢。板材厚度为 1.5mm 或 2.0mm，采用钨极自动氩弧焊，不加填充焊丝，氩气流量为 15 L/min，焊接钛合金时试件背面氩气流量为 5 L/min；为了减少夹具传热的影响，在试件下面垫以石棉板，试件尺寸足以保证得到准定常状态的温度场。试验时在较大的范围内改变焊接速度，相应地调节焊接电流；电弧间隙保持为 1mm。焊后用读数显微镜测定焊缝正反面宽度。在表 2 中仅以 LF6 铝合金为例列出试验结果和计算求得 η_t 值的具体步骤和方法。在表 2 中计算热源有效热功

率 q 时, η 值 是实际测试计算结果。图 3 给出了 LF6 铝合金和 1Cr18Ni9Ti 不锈钢的试验结果与相应的理论曲线的对比。

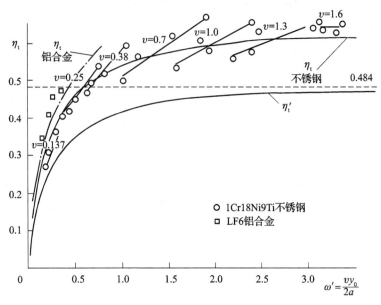

图 3　铝合金和不锈钢的试验结果与理论曲线对比

图中一些数据之间的线段表示在同一焊速下用不同的焊接电流得到的不锈钢的结果。在同一焊速下，增大焊接电流，焊缝加宽，η_t 值也相应地增大。在低焊速时，线段的斜率较大，随着焊速的增大，斜率减小。这表明，增大电流使焊缝加宽的效果（η_t 增大）在低速时更为显著。在不同材料上的试验结果汇总于图 4 上，其中 $\eta_t = \eta_t'(1 + P)$ 曲线仅为一示意曲线（每一种材料应有一条相对应的 η_t 曲线）。试验结果与理论数值符合情况表明，薄板钨极氩弧焊电弧属于线热源类型，其 η_t 值可以根据线热源理论公式计算求得。

在焊接力学研究中有时是在给定的条件下（如给定焊缝尺寸、焊速等）选择焊接规范参数。当热源的 η_t 值可按上述原则确定时，焊接参数选择的一般原则如下：

（1）给出材料的热物理常数（λ,c,γ,a 和 ΔS_m 等）；

（2）根据所要求的焊缝半宽 y_0，求出当焊速为 v 时的相应无量纲参量 $\omega' = \dfrac{vy_0}{2a}$；

（3）根据图 2 求出对应于 $\omega' = \dfrac{vy_0}{2a}$ 的 η_t 值；

（4）求出热源的有效热功率 $q = \dfrac{vF\gamma S_m}{\eta_t}$；

（5）当 η 值为已知时，可求出所需要的焊接电流（薄板钨极氩弧焊时电弧电压变化范围很窄，可预先给定）

$$I = \frac{vF\gamma S_m}{\eta_t \cdot \eta \cdot 0.24U} \tag{21}$$

表2 钨极氩弧焊 η_t 值的测定（$\delta=2.0\text{mm}$ 的 LF6 铝合金焊接试件测试与计算结果）

焊速 v	电弧电压 U	焊接电流 I	电弧功率 $q_0=UI$	电弧有效热功率 $q=0.124\eta UI$	焊缝宽 正面 B	焊缝宽 反面 B'	焊缝横截面 $F=\dfrac{B+B'}{2}\cdot\delta$	焊缝半宽 $y_0=\dfrac{1}{2}\left(\dfrac{B+B'}{2}\right)$	vy_0	$\dfrac{vy_0}{2a}$	单位时间内熔化金属的体积 vF	用于熔化金属的热量 $q_1=vF\cdot S_m{'}$	熔化焊缝金属的热有效利用率 $\eta_t=q_1/q$	$\dfrac{1}{\eta_t}$
cm/s	V	A	W	cal/s	cm	cm	cm²	cm	cm²/s		cm³/s	cal/s		
0.137	15	57	855	84.1	0.08	0.28	0.075	0.188	0.0258	0.0258	0.0103	7.19	0.086	11.64
0.25	15.5	63	976.5	96.1	0.47	0.38	0.085	0.212	0.0530	0.0603	0.0213	14.88	0.155	6.45
0.38	13.5	80	1080	106.2	0.57	0.50	0.107	0.268	0.1018	0.116	0.0407	28.46	0.267	3.72
0.38	14	75	1050	103.3	0.52	0.37	0.089	0.223	0.0847	0.0964	0.0338	23.67	0.228	4.37
0.7	13	90	1170	115.1	0.48	0.32	0.080	0.20	0.1400	0.159	0.0560	39.20	0.340	2.95
1.0	13.7	105	1438.5	141.5	0.49	0.31	0.080	0.20	0.2000	0.227	0.0800	56.00	0.402	2.46
1.3	13	115	1495	147.1	0.46	0.28	0.074	0.185	0.2405	0.273	0.0962	67.34	0.457	2.18
1.6	13.8	135	1863	183.3	0.46	0.32	0.078	0.195	0.3120	0.354	0.1248	87.36	0.476	2.07

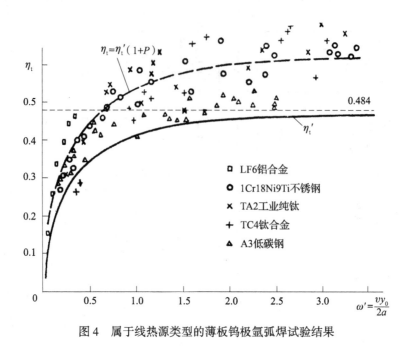

图 4　属于线热源类型的薄板钨极氩弧焊试验结果

4　焊接线能量与热源有效利用率的关系

在熔焊时，采用线热源模型可以求得形成焊缝所需要的线能量与热源有效利用率的关系为

$$\frac{q_0}{v} = \frac{1}{\eta_t} \cdot \frac{F \cdot \gamma \cdot S_m}{0.24\eta} \tag{22}$$

令

$$N = \frac{F\gamma S_m}{0.24} \tag{23}$$

则有

$$\frac{\eta}{N} \cdot \frac{q_0}{v} = \frac{1}{\eta_t} \tag{24}$$

由此可得焊缝金属熔化的有效线能量

$$N = \eta \cdot \eta_t \cdot \frac{q_0}{v}$$

由式（24）可知，式的左侧为形成焊缝所需线能量的无量纲数值，右侧为焊缝金属熔化热有效利用率的倒数。在无量纲坐标系中，式（24）可表示为图 5 所示曲线，其中 $1/\eta_t'$ 数值见表 1。

在图 6 中，试验结果与理论曲线之间符合情况良好。这也就是说，不同材料的薄板钨极氩弧焊所需的线能量可以按照图 6 上的相应曲线来选取：当给定 $\omega' = \dfrac{vy_0}{2a}$ 时，可

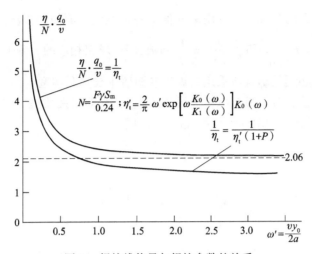

图 5　焊接线能量与焊接参数的关系

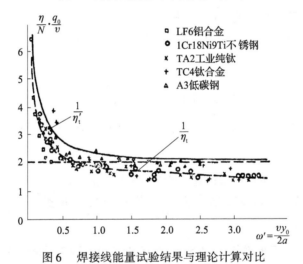

图 6　焊接线能量试验结果与理论计算对比

以直接按 $\dfrac{1}{\eta_{\mathrm{t}}}$ 曲线求出相应的 $\dfrac{\eta}{N}\cdot\dfrac{q_0}{v}$ 值,从而得到焊缝成形所需要的线能量 $\dfrac{q_0}{v}$(不同材料的 $\dfrac{1}{\eta_{\mathrm{t}}}$ 曲线不同)。

　　理论分析与试验结果表明,对于所有符合线热源加热条件的熔焊热源来说(如薄板电弧焊、等离子弧焊、电子束焊、激光焊等),在不同材料上形成焊缝所需要的线能量 $\dfrac{\eta}{N}\cdot\dfrac{q_0}{v}$ 与焊接参数 $\dfrac{vy_0}{2a}$ 的关系均可以用无量纲坐标系中的 $\dfrac{1}{\eta_{\mathrm{t}}}$ 曲线来表示。

5　热源有效利用率的测试计算法

　　"测试计算法"是把测定焊接规范参数、测量焊缝几何尺寸与理论计算 η_{t} 值相结合,以求能正确地给出热源有效利用率 η 值的一种准确而简便的方法。这里所说的计算,主要是指根据 $\eta_t = f\left(\dfrac{vy_0}{2a}\right)$ 和 $\dfrac{\eta}{N}\cdot\dfrac{q_0}{v}=\dfrac{1}{\eta_t}$ 函数关系,求出相应的 η_t 和焊接线能量。显而易见,这样作的前提必须是确认所采用的焊接热源属于线热源类型。

如前所述,确认钨极氩弧焊电弧为线热源类型后,即可按式(20)或图2曲线求出相应的 η_t 值。而热源有效利用率则可由式(24)求得

$$\eta = \frac{1}{\eta_t}\cdot\frac{N}{\dfrac{q_0}{v}} \tag{25}$$

采用"测试计算法"求得线热源 η 值的具体步骤如下:

(1)选取被焊材料热物理常数(一般取其由室温至高温区间的平均值);

(2)根据要求选择焊接规范(线能量 $\dfrac{q_0}{v}$),焊接时应能保证得到准定常状态温度场;

(3)测定焊缝正反面宽度,算得 F 和 y_0;

(4)根据式(23),求出 N 值(焊缝熔化实际有效线能量);

(5)算出实际无量纲参量 $\omega' = \dfrac{vy_0}{2a}$;

(6)根据式(20)或图2求得相应的 η_t(即 $\eta_t'(1+P)$ 值);

(7)将得到的 $\dfrac{q_0}{v}$、N 和 η_t 各值代入式(25),或根据图5曲线,求得热源有效利用率 η 值。

在表3中以不锈钢薄板钨极氩弧焊为例,按上述推荐的"测试计算法"程序步骤,给出了求得 η 值的实际测试计算结果及其平均值 η_{av}。对于不同类型的材料得到的 η 值分别为:

表3 钨极氩弧焊 η 值的测定($\delta = 1.5\text{mm}$ 的1Cr18Ni9Ti不锈钢焊接试件测试与计算结果)

$v/$ $(\text{cm}\cdot\text{s}^{-1})$	$q_0/$ W	$(q_0/v)/$ $(\text{J}\cdot\text{cm}^{-1})$	$F/$ cm^2	$y_0/$ cm	$\dfrac{vy_0}{2a}$	$N=\dfrac{F\gamma S_m}{0.24}/$ $(\text{J}\cdot\text{cm}^{-1})$	理论值 η_t'	$\eta_t=$ $\eta_t'(1+P)$	$\eta=\dfrac{1}{\eta_t}\cdot\dfrac{N}{q_0/v}$	平均值 η_{av}
0.137	320	2330	0.0428	0.14	0.18	380	0.215	0.282	0.578	
0.25	520	2080	0.0638	0.21	0.50	568	0.34	0.446	0.612	
0.38	634	1670	0.0563	0.19	0.67	500	0.375	0.492	0.609	
0.70	950	1357	0.0518	0.17	1.14	460	0.425	0.558	0.607	0.613
1.00	1390	1390	0.0578	0.19	1.82	514	0.453	0.594	0.623	
1.30	2195	1690	0.743	0.25	3.04	660	0.47	0.617	0.633	
1.60	2420	1513	0.0653	0.22	3.28	581	0.47	0.617	0.622	

LF6铝合金: $\eta = 0.41$;

1Cr18Ni9Ti不锈钢: $\eta = 0.61$;

TA2 工业纯钛：$\eta = 0.58$；

TC4 钛合金：$\eta = 0.62$；

A3 低碳钢：$\eta = 0.67$。

在图 7 中给出了铝合金和不锈钢的试验结果，按照虚线表示的平均值更易于观察 η 值与焊接参数 $\dfrac{vy_0}{2a}$ 之间的关系。

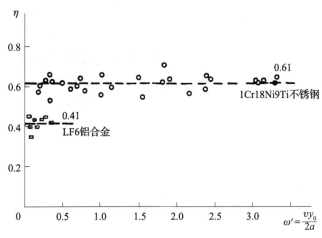

图 7　铝合金和不锈钢采用测试计算法求得的 η 值

6　其他熔焊方法的热源有效利用率

一般来说，对于不同类型的热源（点热源、线热源、面热源等）都可以建立相应的"测试计算法"以求得相应的 η 值。前面阐述的方法是以线热源为模型而建立的。因此，凡是热源的能量密度分布接近于线热源模型的其他熔焊热源均能根据已给出的公式和曲线求得 η 值。在常用的熔焊热源中，氧 – 乙炔火焰的热量分布偏离线热源模型较远，在计算时宜采用正态分布热源模型。氩弧焊和等离子弧焊电弧与线热源模型比较接近，当焊接薄板时更是如此，这已为前述的试验分析所证实。具有更高能量密度的电子束焊接和激光焊接热源与线热源模型最相近，当焊接薄板时，直接采用前面给出的公式和曲线可以方便、准确地求出在给定的具体施焊条件下的 η 值。

为了论证"测试计算法"对其他熔焊方法的适用性，按照前述计算步骤对电子束焊接薄板的试验结果[7]进行了计算分析。在图 8 上示出了电子束焊接 4 种材料得到的结果经"测试计算法"换算后的 η 值。可以看出，实际 η 值远低于一般文献中给出的焊接厚板时的数值。

根据求得的 η 平均值可算出相应的 $\dfrac{1}{\eta_t} = \dfrac{\eta}{N} \cdot \dfrac{q_0}{v}$ 值。在图 9 中将所得到的结果与理论曲线相比较，二者之间的符合情况良好。这表明，作为焊接热源，电子束与线热源模型很

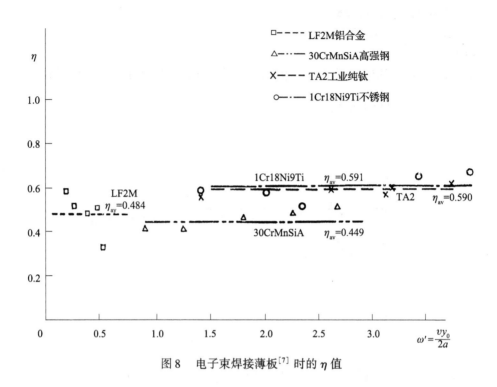

图 8 电子束焊接薄板[7] 时的 η 值

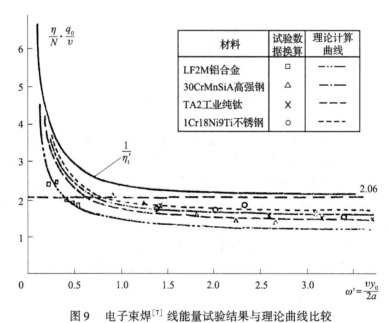

图 9 电子束焊[7] 线能量试验结果与理论曲线比较

相近。尤其在薄板电子束焊接时,理论曲线 $\dfrac{1}{\eta_t} = f\left(\dfrac{vy_0}{2a}\right)$ 可以作为选择焊接线能量的依据

(也即参考文献[7]中的"下限线能量"的理论表达式)。

7　结论

(1) 理论分析和试验结果表明，在确定热源有效利用率时，可以把薄板钨极氩弧焊电弧看作线热源；当引入材料熔化潜热系数后，焊缝金属熔化的实际热有效利用率为

$$\eta_t = (1 + P) \frac{2}{\pi} \omega \left[1 - \left(\frac{K_0(\omega)}{K_1(\omega)} \right)^2 \right]^{\frac{1}{2}} \cdot \exp \left[\omega \frac{K_0(\omega)}{K_1(\omega)} \right] K_0(\omega)$$

(2) 对于符合线热源条件的各种熔焊热源来说，焊接线能量的无量纲数值也就是该焊缝金属熔化热有效利用率的倒数，即 $\frac{\eta}{N} \cdot \frac{q_0}{v} = \frac{1}{\eta_t}$。借助于无量纲坐标系中 $\frac{\eta}{N} \cdot \frac{q_0}{v} = f\left(\frac{vy_0}{2a} \right)$ 曲线，可以很简便地求得所需要的焊接线能量。

(3) 推荐采用的"测试计算法"提供了一个在每一具体施焊条件下求得 η 值的简捷、准确的新途径。该方法不仅适用于薄板钨极氩弧焊，也可应用于电子束焊等符合线热源模型的其他熔焊热源。

(4) η 值不但与焊接工艺方法、规范参数有关，而且随被焊材料的热物理特性不同而异。例如，对于薄板钨极氩弧焊，1Cr18Ni9Ti 不锈钢的 $\eta = 0.61$；而 LF6 铝合金的 $\eta = 0.41$。

参考文献

［1］H H Рыкалин. Тепловые основы сварки. Изд. АН СССР, Москва, 1947.

［2］H H Рыкалин. Расчёты тепловых процессов при сварке. МАШГИЗ, Москва, 1951.

［3］H H Рыкалин, и др. Основы электроннолучевой сварки материалов. Машиностроение, 1978.

［4］L Tall. An International Conference Proceeding. Residual Stresses in Welded Construction and Their Effects, 1977, London, The Welding Institute.

［5］M X Шорошоров. Сварка титана и его сплавов. 1954.

［6］A A Ерохин. Основы сварки плавлением. 1973.

［7］王虎，戴修嘉. 线能量对电子束焊缝成形影响的研究［J］. 焊接学报，1980 (3).

推广应用焊缝滚压工艺中的几个问题[①]

关 桥

引言

在航空工业薄壁焊接构件的生产制造中，用窄滚轮滚压焊缝和近缝区是一种消除焊接应力和变形，改善焊接接头性能的有效而经济的手段。这种工艺措施可以将繁重的手工劳动机械化并提高产品质量。在苏联的一些机种上，已将滚压工艺应用于批生产的焊接结构上。近年来，在我们一些航空工厂中，焊缝滚压工艺已得到推广应用，其使用范围亦日趋扩大。在应用焊缝滚压技术中，应根据不同的工艺目的、工件的材料、几何形状、焊缝的布局等来选择合理的滚压参数及相应的滚压设备。

焊缝滚压工艺的技术经济效果是显而易见的，但不正确的使用会引起某些相反的结果。例如，滚压焊缝虽可有效地消除薄板构件的焊接变形，但使用不当或选用不合理的工艺参数会造成与焊接变形方向相反的滚压变形；又如，滚压虽可以强化焊接接头，提高强度指标，但在某些情况下会引起材料塑性指标的明显下降，或导致接头的其他性能降低（如抗腐蚀性能等）。因而，对于该工艺方法在不同使用场合所具有的特点及其规律的了解，是正确推广应用的前提。现将在生产实践中推广应用焊缝滚压工艺所应注意的几个问题简要叙述如下。

1 焊缝滚压工艺方法的分类

1.1 消除焊接残余应力和变形的滚压方法

由焊接而造成的焊缝附近的压缩塑性变形量一般很小。通常薄壁板件在焊后的变形多由于受压应力作用失稳而造成。因此，为了消除焊后的应力与变形，只需要用适当的压力滚压焊缝或近缝区，造成与焊接残余应变量相等而方向相反的滚压变形量，即

---

① 此文刊登在《航空工艺技术》1980 年第 2 期。

可完全消除失稳变形。这样的变形量一般为 $(1.7 \sim 2)\dfrac{\sigma_s}{E}$（千分之几）。由于滚压时的变形量很小，所以这样的工艺措施并不会对焊接接头性能带来什么明显的影响。

1.2　改善焊接接头性能的滚压方法

为了强化焊接接头或提高焊缝塑性指标，或为了将焊缝的余高碾平得到平整的焊接接头，均要求在相当大的压力下滚压焊接接头，使之产生较大的塑性变形量（一般为百分之几）。显然，在这样大变形量的滚压之后，在工件上会产生新的滚压残余应力和滚压变形。为了防止和消除滚压带来的新的变形和应力，应采取善后的工艺措施。

可见，上述具有两类不同工艺目的的焊缝滚压方法是有原则区别的。最主要的特点表现在：①塑性变形量的差异，前一种方法所产生的塑性变形量小，而后一种方法所产生的塑性变形量大；②滚压以后材料性能的变化，前者没有明显影响，后者所产生的效果显著；③滚压后残余应力和变形的大小，前者可以消除焊后的应力与变形，而后者带来新的变形与应力。

2　采用滚压方法减小和消除焊接变形和应力的基本规律

从消除焊接残余应力和变形的观点来看，最理想的方案是造成与焊接时压缩塑性变形量完全相等而方向相反的延伸塑性变形（见图1）。这样，在薄板构件上就可以达到既消除应力又消除变形的目的。但是，这样理想的方案在生产实践中是很难做到的。若把焊接接头横截面上的残余应力分布状态加以调整，从而消除焊接变形，使之达到结构设计所要求的精度，在生产实践中采用滚压方法是比较容易做到的。在这样的条件下，虽然消除了焊接变形，但焊接应力并未完全消除，只是重新进行分布。也就是说，在薄壁构件上，消除焊接变形与消除焊接应力的效果并不完全一致。

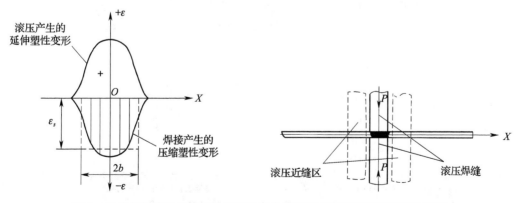

图 1　造成与焊接时压缩塑性变形量完全相等而方向相反的延伸塑性变形

2.1　滚压使残余应力重新分布与消除变形的关系

根据焊接接头不同的特点，可以用窄滚轮对焊缝进行一次滚压，也可以对焊缝及近缝区进行多次滚压，增加滚压宽度。改变滚压压力和滚压的宽度可以在不同程度上调整工件上的最终应力分布。图 2 所示为在不同的滚压方案下得到的残余应力示意图。图 2（a）为焊后的残余应力状态，焊接塑性变形区宽度为 $2b$。图 2（b）为采用工作面宽度为 $c(c < 2b)$ 的窄滚轮在较大的压力下滚压焊缝后所造成的残余应力状态；在远离焊缝的部分原有的压应力降低，这是因为在焊缝中产生了较大的压应力使焊缝两侧的拉应力能在较窄的范围内得到平衡的缘故。这种滚压方案会减小由于压应力而产生的工件失稳变形，适用于某些接头形式，如当近缝区不能滚压而只能滚压焊缝的场合（如筒体与安装边对接焊缝、波纹管的滚焊搭接焊缝等）。图 2（c）为经过对焊接接头进行三次滚压（1—沿焊缝，2，3—沿焊缝两侧）后的残余应力状态。滚压宽度 $3c \approx 2b$，若滚压压力选择合理，则可以达到完全消除残余应力和变形的目的。但当滚压压力加大后，同样采用三次滚压的方案，会得到如图 2（d）所示的结果，残余应力状态呈现出与焊后的应力状态完全相反的图像——在焊缝区完全转变为压应力，在工件的其他部位为拉应力，这时会产生较明显的滚压变形。为了消除焊后变形还可以采用另一种方案：不滚压焊缝，只滚压焊缝两侧的基体材料，滚压后的残余应力如图 2（e）所示。由于焊缝两侧产生了较大的压应力，在远离焊缝处的应力由压应力转变为拉应力；残余应力在较窄的区间处于相互平衡状态，工件其余部位不再受压应力，失稳变形随之消失。这样的工艺措施适用于不等厚度板材的接头（不能直接滚压焊缝，只能滚压焊缝两侧）。

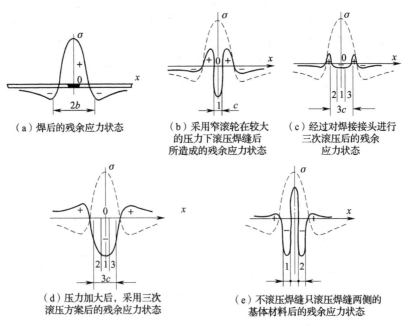

（a）焊后的残余应力状态　　（b）采用窄滚轮在较大的压力下滚压焊缝后所造成的残余应力状态　　（c）经过对焊接接头进行三次滚压后的残余应力状态

（d）压力加大后，采用三次滚压方案后的残余应力状态　　（e）不滚压焊缝只滚压焊缝两侧的基体材料后的残余应力状态

图 2　在不同的滚压方案下得到的残余应力示意图

2.2　滚压工艺参数及方案的选择

在滚压时，对于所产生的塑性变形量有决定性影响的基本工艺参数包括有：滚轮压力 P，滚轮直径 d，滚轮工作面宽度 c，被滚压区金属材料的厚度 s，材料的屈服极限 σ_s，材料的弹性模量 E，滚压前的残余应力和被滚压构件的刚性等。掌握这些因素之间的关系可以帮助我们合理地选择最佳滚压规范。

借助近似计算方法可以确定能使焊缝中残余应力峰值降低到零值时的最佳滚压压力

$$P = c\sqrt{\frac{10.1 dS\sigma_s^3}{E}}$$

如果已知某种材料的最佳滚压压力为 P_1，而将滚轮直径由 d_1 改变为 d_2；或改换了被滚压的材料，即由 σ_{s1} 和 E_1 改变成 σ_{s2} 和 E_2 后，新的滚压压力 P_2 可以由以下简化了的基本关系式进行换算求得

$$\frac{P_1}{P_2} = \frac{\sqrt{d_1}}{\sqrt{d_2}}; \quad \frac{P_1}{P_2} = \frac{\sqrt{\sigma_{s1}^3}}{\sqrt{\sigma_{s2}^3}};$$

$$\frac{P_1}{P_2} = \frac{\sqrt{E_2}}{\sqrt{E_1}}$$

对于由计算而求得的 P 值，应在平板试件上进行验证，观察消除变形（或应力）的效果，并针对所滚压的具体构件作必要的修正。大多数材料在变形过程中具有强化效应，因此实际所需要的滚压压力要比利用公式求得的数值稍大些。

滚压时可以将工件直接置于两滚轮之间；也可以将工件置于垫板上，一个滚轮直接与焊缝接触，另一滚轮通过垫板传递压力。在垫板上滚压时，要达到完全消除变形与应力的效果，所需的压力要比在两滚轮之间直接滚压时的压力大 2~3 倍。

为了说明滚压参数相互之间的关系，在图 3 上引用了滚压 TC2 钛合金的结果。材料厚度为 1.5mm，焊接时不加填充材料，滚压效果以焊缝中的残余应力值的大小来衡量。由图 3（a）可见，当 $P = 900$kgf 时，焊缝中的残余应力由焊后的 4000kgf/cm^2 下降到 500kgf/cm^2；当 $P = 1200$kgf 时，焊缝中的残余应力转变为压应力，其数值为 -900kgf/cm^2；压力继续增大，当 $P = 1500$kgf 时，压应力增加的幅度减慢，这时压应力值为 -1100kgf/cm^2。若采用同一压力 $P = 1200$kgf 对焊缝进行重复滚压时，每次所得到的压应力增加的幅度有限（见图 3（b）），在其他条件相同的情况下，增大滚轮直径和加宽滚轮工作面都会降低消除焊缝中残余应力的峰值（见图 3（c）和图 3（d））。

为了消除焊接应力和变形的焊缝滚压技术，最初只是针对薄板构件（不大于 4~5mm）而发展的。将这种工艺方法应用于较大厚度的构件上（如 15mm 左右），并没有太大的困难，只是应注意到，在较厚的材料上需要更大的滚压压力，这会使焊缝的余高凸出部分产生过量的塑性变形。因此，在滚压稍厚的板材时，以不直接滚压焊缝为宜，只滚压焊缝两侧的基体金属。滚轮在平面度较好的基体金属上滚压，不会造成过分的接触应力和塑性变形集中。

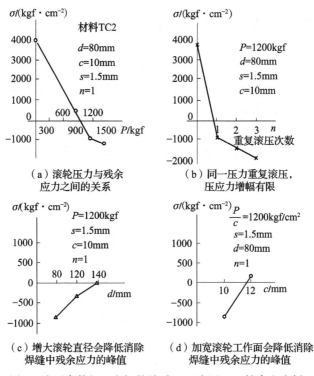

图 3 滚压参数相互之间的关系（以滚压 TC2 钛合金为例）

2.3 圆筒体焊缝的滚压

为了消除圆柱形或圆锥形筒体上纵向对接焊缝所引起的变形与应力，可以采用与滚压平板焊缝相近的规范参数。有时用滚压方法消除纵向焊缝中的残余应力之后，焊缝的纵向弯曲变形并没有完全得到校正。可以采用不同直径的滚轮滚压焊缝，使之在内外表面上得到不同的塑性变形量，由此得到的附加弯曲变形足以补偿原有的纵向弯曲变形。一般在工件凹面一侧（金属纤维受压）采用较小直径的滚轮，在另一侧采用较大直径的滚轮。由于小直径滚轮在金属表面接触处所产生的接触应力较大，所得到的塑性变形也较大，使凹面一侧的金属纤维伸长较多。两滚轮的直径比以 $d_1/d_2 = 0.6 \sim 0.8$ 为宜。

图 4 所示为滚压圆筒体环形焊缝的结果。

图 4（a）为 $\phi 1450mm \times 1.5mm$ 不锈钢筒体焊后沿直径方向的变形情况。在图 4（b）上示出了滚压焊缝两侧，每侧各滚压一次和每侧滚压两次（加宽滚压区）以后的残余变形情况。每侧滚压两次基本上可以完全消除焊接变形。如果在筒体构件上当完成环形对接焊缝以后，采用滚压方法消除变形有困难时，可以在焊前用滚压方法造成与焊接变形相反的预变形——将筒体对接边缘碾展开来造成相应的延伸塑性变形（见图 4（c）和图 4（d））。若采用图 4（d）的预变形方案，则焊后的变形很小，与图 4（b）中在焊

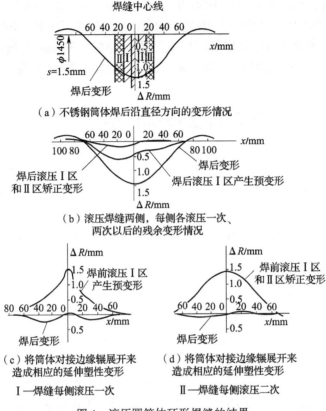

图 4　滚压圆筒体环形焊缝的结果

缝两侧滚压两次的效果相当。但应当注意到，这样的预变形措施虽然可以将焊后的变形控制在所要求的范围内，但焊后的残余应力却仍然存在。这是预变形方法不同于焊后校正方案的特点。因此，预变形虽然补偿了焊缝的纵向收缩量，可以消除径向变形，但由于焊缝两侧仍有残余压应力，薄壁筒体的局部失稳变形还会有发生的可能。

2.4　消除应力与变形的滚压方法对焊接接头性能的影响

如前所述，这种滚压方法只是在焊接接头区造成很小的塑性变形，使焊缝和近缝区金属表面产生一定的冷作硬化。从滚压以后的接头强度指标来看，实际上保持了焊后状态的水平，或者在某些材料上会略有提高。表面层的强化会有助于提高承受动载荷的焊接接头强度。对钢材、钛合金和铝合金的试验结果表明，在滚压以后接头的疲劳强度可提高 10% ~ 15%。当然，由于材料的冷作硬化，一方面增大了强度指标，另一方面又会使塑性指标有所下降。

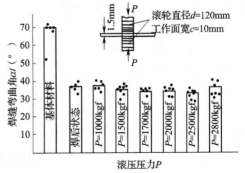

图 5　TC1 钛合金焊缝在不同压力滚压后的弯曲角试验结果

图 5 所示为 TC1 钛合金焊缝在经过不同的压力滚压以后的弯曲角试验结果。当压力增大到 2800kgf 时，弯曲角的变化并不明显，在通常的最佳压力条件下（$P = 1000$kgf 左右），可以认为对材料的塑性性能没有什么显著的影响。一般对厚度小于 8mm 的板材，弯曲角的降低不超过 15%（与焊后状态相比），而对于 8～12mm 厚的板材弯曲角的降低不大于 20%。

3　采用滚压方法改善焊接接头性能

利用滚压使焊缝（焊接时加入填充金属使焊缝具有足够的余高）与近缝区产生相应的塑性变形量改善接头性能的方法可以区分为两类：一是强化焊接接头；二是改善接头塑性指标（滚压与随后的热处理联合应用）。除这两类外，在生产实践中也有将滚压用于平整焊缝，把焊缝余高碾平，便于工件进行随后的工序加工。下面着重说明前两种工艺的应用。

3.1　滚压强化焊接接头

对于某些材料来说，焊接热过程会使近缝区的强度降低，这种现象在冷作硬化以后的材料上尤为明显（如冷作硬化以后的 LF6 铝合金板材）。在以往的焊接结构设计中，为了弥补在近缝区材料强度的下降，采用将焊缝两侧板材局部加厚的接头形式。这种接头形式的缺点在于：①增加了结构重量；②为了使焊接接头以外的材料减薄，要进行化学铣切，耗费材料和资金；③焊缝区的板材加厚给焊接工艺带来许多麻烦。采用滚压方法强化焊接接头可以从根本上克服上述缺点，焊接接头区无须加厚，只需滚压强化。

影响强化效果的滚压工艺因素包括：①在滚压过程中焊接接头所处的状态（有夹具夹持或处于自由状态）；②接头区被滚压的宽度；③焊缝是否带有根部余高（焊缝背面的余高）。当被滚压的板材厚度为 1～8mm 时，一般以选用直径为 80～160mm 的滚轮为宜；滚轮的工作面宽度与焊缝宽度相近，一般在 8～18mm。

3.2　滚压改善焊缝塑性

滚压焊缝使之得到足够的塑性变形量，以便在随后的热处理时使焊缝金属产生再结晶，是提高某些材料焊接接头塑性性能的一个工艺措施。例如，在焊接钛合金时，由于焊缝内形成 α′ 相和粗晶铸造组织，焊接接头的塑性指标大大降低。焊后的一般热处理对于提高焊缝塑性性能的效果并不明显。但在焊后先进行滚压然后再热处理则能取得较好的效果①。为了取得滚压时所必需的塑性变形量，焊接时应加入填充金属，使焊缝具有相应的加强高。图 6 所示为在 TC2 钛合金材料上的试验结果，板材厚度为

---

① 参见本文集第 6 篇中的各论文。

0.8mm，焊接时采用 TA2 焊丝填充。滚压所产生的相对变形量约为 30%。为了防止试件失稳变形，滚压在垫板夹具中进行。焊缝在焊后状态的弯曲角平均值为 58°，在大变形量的滚压后弯曲角降低到 25°，滚压后再进行 700℃ 保温 1h 热处理对于恢复塑性的效果尚不明显。焊后直接进行 800℃ 热处理对弯曲角没有明显的影响，经过滚压以后的 800℃ 热处理则可以使再结晶过程进行得比较完全，因而弯曲角可以达到 77°，即达到接近基体材料的塑性指标，金相观察表明，在焊后只进行 800℃ 保温 1h 的热处理，在焊缝中的 α' 相几乎仍然保留了原来的形态。在滚压之后再进行同样的热处理则可以全部消除针状组织，使其转变为等轴细晶组织。

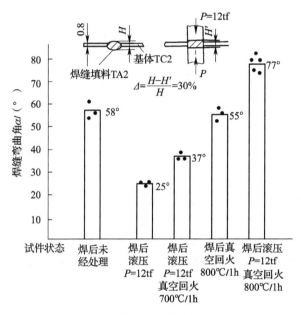

图 6　TC2 钛合金的试验结果

4　对焊缝滚压设备的基本要求

滚压焊缝的工艺目的不同，对设备的要求也有差别。压力的大小是决定滚压机床基本结构形式的关键因素。

对焊缝滚压机床的基本要求如下：

（1）床身和传动系统的结构尺寸应能保证完成在给定的工件尺寸范围内对焊缝（纵向或环形焊缝）的滚压；

（2）加压机构应能对滚轮压力进行无级调节，并在滚压过程中保持压力恒定；

（3）滚轮压力应根据工艺目的和被滚压工件的厚度及材料来选定，一般设计压力在 4～20tf；

（4）滚压速度不应超过 1～1.5m/min；

（5）滚轮材料应能保证其工作面的硬度为 60HRA 左右。

图 7 所示的 HJ－1 型焊缝滚压机是专为滚压薄壁机匣焊缝而设计制造的。该机床上下滚轮均可以转动 90°，以满足滚压纵向焊缝和环向焊缝的结构需要。这样结构形式的机床适合于在试制条件下的应用。为了实现对小直径筒体纵向焊缝的滚压（如火焰筒气膜段焊缝），可以在下机臂上安装专门的小悬臂。HJ－1 滚压机的工作压力范围为 50～5000kgf，可滚压零件的轮廓尺寸为：最大尺寸 ϕ1000mm×l600mm×2mm；最小尺寸 ϕ380mm×600mm×2mm；带有小悬臂附件时可滚压 ϕ_{max} 250mm×500mm；ϕ_{max} 130mm×500mm。

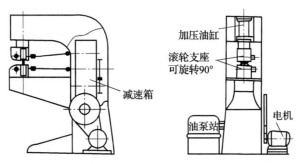

图 7　HJ－1 型焊缝滚压机

为了在滚压焊缝时取得较大的塑性变形量（如应用于强化焊缝材料），往往需要 10～20tf 的滚轮压力。在大压力下实现小直径滚轮的直接刚性传动有一定的困难，可以采用类似轧钢机轧辊传动方案，靠工作轮与辅助滚轮之间的摩擦力来实现传动。这种传动方案的缺点是机头轮廓尺寸较大，实现小直径圆筒体的滚压比较困难。

"释放法"测定焊接残余应力

——采用 YCY 型机械应变仪测试技术[①]

关　桥　彭文秀　刘纪达　邵亦陈　何万玲

1　概述

在焊接构件上，焊接残余应力的分布是很复杂的，只用力学分析的方法难以求解，需要借助于测试来进行定量分析。测量残余应力的方法很多，最常见的有：X射线衍射法、电阻应变片测试法和机械应变仪测量法。X射线测定法的优点是非接触式和非破坏性测量，可以直接在工件上测量；被测量面积较小，可给出被测点的表面层应力状态；其缺点是由于工件表面层材质的差别（如焊接接头内的晶粒变化）会影响测量的准确性。电阻应变片测试方法是接触式测量方法的一种，属于破坏性测量方法（"释放法"），不能直接在工件上测量残余应力。在大多数情况下，对焊接残余应力的测量需要在试件上或模拟件上进行。这是一种最常见和最通用的方法。采用 YCY 型机械式应变仪测定焊接残余应力是基于"释放法"原理的接触式测量和破坏性测量方法的一种。此法操作简便，不需复杂、昂贵的专用设备，能给出满足工程要求的精度，一般适于在试验件和模拟件上应用。若直接在工件上测试，则应采取相应的善后措施，修复因释放应力而受损伤的部位。YCY 型机械应变仪是在 Gunnert 测试方法基础上改进了的一种结构简单的仪器，保留了原来方法的优点和测试精度，采用通用的千分表指示读数，便于推广应用。无论是在施工现场或在实验室条件下使用均很方便。

2　基于"释放法"测定焊接残余应力

在厚板（大于50mm）构件上，焊接残余应力一般为三维应力状态，需要有专门的测试方法来确定应力分布。本文仅讨论二维应力（平面应力）的测量，不涉及三维残余应力的测试技术。关于三维残余应力的测试方法可参阅有关的专题文献。在薄板构件上，焊接残余应力场的主应力方向一般平行于焊缝轴线 x 和垂直于焊缝轴线的 y 轴,但

---

①　此文刊登在《北京机械》1981 年第 9 期。

当 x 和 y 轴线的取向不平行于主应力方向时,可测定任意三个互成 $60°$ 方向 (a,b,c) 上的应变值 $(\varepsilon_a,\varepsilon_b,\varepsilon_c)$,则主应力 σ_1 和 σ_2 的大小及方向可由下式求出(式中右侧负号表示释放后的应变方向与残余状态的应变方向相反)

$$\begin{cases} \sigma_1 = -\dfrac{E}{1-\mu^2}(\varepsilon_1 + \mu\varepsilon_2) \\ \sigma_2 = -\dfrac{E}{1-\mu^2}(\varepsilon_2 + \mu\varepsilon_1) \end{cases} \tag{1}$$

式中: E——弹性模量;

μ——泊松比。

$$\varepsilon_{1,2} = \frac{1}{3}(\varepsilon_a + \varepsilon_b + \varepsilon_c) \pm \frac{\sqrt{2}}{3}\sqrt{(\varepsilon_a - \varepsilon_b)^2 + (\varepsilon_a - \varepsilon_c)^2 + (\varepsilon_b - \varepsilon_c)^2} \tag{2}$$

主应力 σ_1 与 a 方向之间的夹角 φ 可由下式求得

$$\tan 2\varphi = \frac{\sqrt{3}(\varepsilon_c - \varepsilon_b)}{2\varepsilon_a - \varepsilon_b - \varepsilon_c}$$

$$\varphi = \frac{1}{2}\tan^{-1}\left[\frac{\sqrt{3}(\varepsilon_c - \varepsilon_b)}{2\varepsilon_a - \varepsilon_b - \varepsilon_c}\right] \tag{3}$$

若 a,b,c 三个方向的夹角各为 $45°$ 时,则式(2)、式(3)应变换为

$$\varepsilon_{1,2} = \frac{1}{2}\left[(\varepsilon_b + \varepsilon_c) \pm \sqrt{(2\varepsilon_a - \varepsilon_b - \varepsilon_c)^2 + (\varepsilon_b - \varepsilon_c)^2}\right] \tag{4}$$

$$\varphi = \frac{1}{2}\tan^{-1}\left(\frac{\varepsilon_c - \varepsilon_b}{2\varepsilon_a - \varepsilon_b - \varepsilon_c}\right) \tag{5}$$

下面简要地叙述在一般情况下,当主应力方向为已知时,平面状态残余应力场的测试技术。此时,在式(1)中有 $\varepsilon_1 = \varepsilon_x, \varepsilon_2 = \varepsilon_y$,则 $\sigma_1 = \sigma_x, \sigma_2 = \sigma_y$。如果在焊前测定某点沿 x 和 y 轴方向上的标距各为 l_x 和 l_y,在焊后该点的标距内不曾发生塑性变形,那么焊后再测得 l'_x 和 l'_y,即可求出相应的 ε_x 和 ε_y

$$\varepsilon_x = \frac{l'_x - l_x}{l_x} = \frac{\Delta l_x}{l_x}$$

$$\varepsilon_y = \frac{l'_y - l_y}{l_y} = \frac{\Delta l_y}{l_y} \tag{6}$$

这样,不必再借助于切割解剖试件以释放残余应变量。这样的测试法只适用于弹性范围内的残余应力场测定,能给出远离焊缝区的应力分布状态。在焊缝附近,由于在焊接过程中已经发生了塑性变形,只能靠焊后再给出标距,用"释放法"测定残余应力场。所谓"释放法"就是在焊后再给出标距 l_x 和 l_y(含相应于残余应力的弹性应变量),利用切割法(铣切或电加工方法)将带有标距的部位解除周围材料的拘束,使标距回复到焊前的原始状态。切后,再次测得标距的长度为 l'_x 和 l'_y。标距长度变化 Δl 为

$$\Delta l_x = l'_x - l_x; \quad \Delta l_y = l'_y - l_y \tag{7}$$

应该注意到，在"释放法"测试时，式（7）中的 Δl_x 和 Δl_y 的符号与式（6）中同一应变值的符号相反。简言之，"释放法"就是测定焊后和释放后所标定的测距长度变化所反映的应变量，换算后求得残余应力值的方法。

3　YCY 型机械应变仪结构与测试原理

YCY 型机械应变仪的结构示意于图 1。固定支杆 1 为应变仪的主体，活动支杆 2 能以 A 轴为中心自由旋转一定角度 α（调换限位卡 11，可改变 α 角 的大小）。在每一支杆的下端安装有 $\phi2\text{mm}$ 小球测头 4 和 5，千分表 6 借助压紧螺钉 7 固定于支杆 1 上，转动螺钉 9 可以使千分表测头 8 沿水平方向进出。当应变仪处于非工作状态时，千分表测头并不与杆 2 相接触。当两支杆下端的 $\phi2\text{mm}$ 小球测头安放于测量状态时，千分表测头借助螺钉 9 伸出直到与支杆 2 接触时即可由千分表上读数。平衡块 10 固定于支杆 1 上，使整个仪器的重心保持在两只脚的中间，保证在两小球上的自重压力均衡。在焊后的试件上测量时，如果两支杆端头小球间距为 l 时，读得千分表上的 刻度相对读数为 Δ_1。在释放后，当支杆 2 改变位置，相当于小球间距为 l' 时，读得千分表上的相对刻度值为 Δ_2。两次读得的 Δ_1,Δ_2 并非两个小球之间的真实距离，这些相对读数是为了求得标距 l 变化的数值 Δ

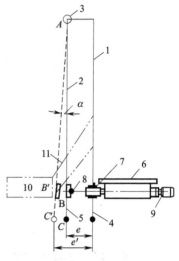

图 1　YCY 型机械应变仪结构示意

$$\Delta = -K(\Delta_2 - \Delta_1) \qquad (8)$$

式（8）中右端的负号是由仪器结构所规定的符号，它表示千分表刻度值的增大相对应于实际测量距离的缩短。K 为仪表系数，可以从图 1 上求得。在 $\triangle ABB'$ 和 $\triangle ACC'$ 中，有：

$$AB : BB' = AC : CC' ; \quad CC' = \frac{AC}{AB} \cdot BB'$$

$$\frac{AC}{AB} = K \qquad (9)$$

则

$$CC' = K \cdot BB' \qquad (10)$$

由千分表上的两次读数可求得 $BB' = -(\Delta_2 - \Delta_1)$，则两小球间的实际距离变化 Δ 为

$$\Delta = CC' = BB' \cdot \frac{AC}{AB} = -K(\Delta_2 - \Delta_1) \qquad (11)$$

采用机械式应变仪测定残余应力的技术关键在于保证对被测量的标距有良好的重复定位精度。在 YCY 型机械应变仪上，重复定位精度是靠支杆下端的 $\phi2\text{mm}$ 小球与工件表面上的锥形小孔的精密配合达到的，如图 2 所示。$\phi2\text{mm}$ 小球在应变仪自身重量的压力下，可稳定地与 90° 的锥形小孔相接触，给出可靠的千分表读数。在重复定位时，一般读

数误差约为 $\pm 1 \mu m$。如果采用的测距为 10mm，则 $1 \mu m$ 的读数误差可能造成的应力误差为 $\sigma' = \varepsilon \cdot E = E \cdot 10^{-4}$。对于低碳钢来说，$\sigma' \approx 2kgf/mm^2$；对钛合金，则有 $\sigma' \approx 1kgf/mm^2$。减小读数误差的方法之一是在使用同一刻度值的千分表的情况下，增大标距，将标距由 10mm 改为 100mm 或 20mm，则读数误差 $1 \mu m$ 所造成的影响要小得多。

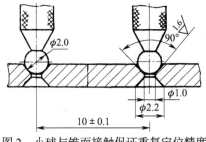

图 2　小球与锥面接触保证重复定位精度

4　测试技术

在薄板试件上测定残余应力要求有专门的测试技巧，其中包括试件准备、测试夹具、钻孔技术、测量程序以及切割释放工艺等。下面分别叙述其特点及每一工序可能对最后结果造成的误差。

4.1　试件准备

为了准确地测定焊接残余应力场，在焊前应将试件进行退火热处理，以消除初始状态的残余应力。焊后，画线钻孔前用尖冲头打定位穴窝时，切忌用力锤击，否则会造成局部区域的冷作塑性变形，影响焊接残余应力场。在计算应变时，只需要知道两孔距的相对变形量，对两孔距的绝对尺寸的精度要求并不严格。但画线时的精度会影响计算结果，因为在计算应变时采用两孔穴之间的公称尺寸作为基准。若两孔距的公称尺寸为 10mm，钳工画线时的公差为 $\pm 0.2mm$，则由此引起的应力值误差约为 $\pm 2\%$。

4.2　对钻孔技术的要求

在厚板构件上测量表面应力时，测量孔穴只是在工件表面上带锥度的盲孔。但在厚度为 3mm 以下的薄板件上钻孔时，应钻通孔。因为需要从板的正反两面进行测量，以消除板件局部翘曲造成的附加弯曲应力。板件正反两面测得数值的平均值即为实际的焊接残余应力。在薄板上钻通孔的工序如下：①用冲头打好定位穴窝；②用 $\phi 1mm$ 钻头钻通孔；③用带 90° 锥角的 $\phi 2.2mm$ 钻头开导角，使孔的锥面呈 90°，锥面粗糙度不大于 $Ra1.6\mu m$；④用带 120° 锥角的 $\phi 8mm$ 或 $\phi 10mm$ 钻头用手拧钻 $\phi 2.2mm$ 锥孔，去除孔边毛刺。

4.3　测量程序及注意事项

在第一次测量前，应用丙酮或酒精仔细清洗待测孔，最好用 $\phi 2mm$ 小球（与应变仪测头相同）用手工方法旋压穴窝。但当试件在第二次测量前（如切割释放后）再不允许旋压穴窝或用硬物划伤穴窝。对易于锈蚀的材料，在第一次测量后应将测量穴窝油封。在每次测量前应先在"标定样块"上检查应变仪的初始读数是否正确。标定样块的材料应与被测试的材料相同，用以补偿由于室温变化造成的测量误差。对每一对穴窝的测量一般应该重复三次，检查千分表上读数的稳定性。测量薄板工件应该在夹具上进行，保证试件的平面状态。

4.4　对切割试件的技术要求

铣切试件时，进刀量应尽可能小些，不宜采用冷却液，切削力过大、进刀量过大或工件装卡时压力过大均会产生局部变形或损伤待测孔穴，影响测量结果。切割线的位置应根据试件上测距的分布而选定，以全部释放测量点周围的拘束为原则，切口的边缘应离开测穴 5mm 左右。图 3 为两种不同的测试方法，图 3（a）为测定试件中的双向应力状态；图 3（b）为测定试件中的单向应力状态时的测量孔穴的布局。为了测得在焊缝横截面上的应力分布，只需要如图所示，在垂直焊缝的方向上切割释放。为了释放焊缝纵向的待测点，则需沿平行于焊缝方向切开。在远离焊缝区，不需再切割，因为在近缝区由于产生塑性变形的拘束一旦释放后，在远离焊缝区的弹性变形即可恢复到原始状态。

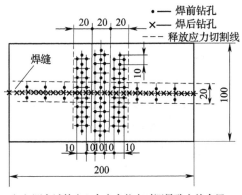
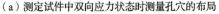
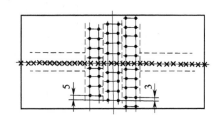

（a）测定试件中双向应力状态时测量孔穴的布局　　　　　（b）测定试件中单向应力状态时测量孔穴的布局

图 3　测试方法

5　测试举例

5.1　测定薄板试件上的残余应力场

根据上述测试技术要求和程序，可以得到符合实际情况的焊接残余应力分布图。在不同材料上对焊接条件与焊接残余应力场的影响进行了系统的测试。图 4 为在 Ti - 6Al - 4V 钛合金试件上测得的焊接残余应力场 $\sigma_{x(x=0)}$ 和 $\sigma_{x(y=0)}$ 的分布状况。

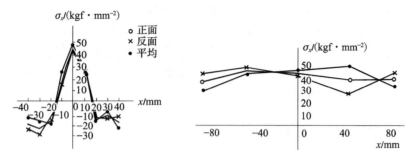

图 4　在 Ti – 6Al – 4V 钛合金试件上测得的焊接残余应力场的分布状况

5.2　测定焊缝横向收缩量

为了定量地分析焊接热输入与焊缝横向收缩量的关系，可在对接焊试件定位点焊后，在跨焊缝的相应位置上钻好测量孔穴，第一次测量后进行焊接，焊后再进行第二次测量。图 5 为在 LF6 铝合金和 TA2 工业纯钛试件上的测试结果，其中 $H = 10mm$，$H = 20mm$ 为跨焊缝的孔距。

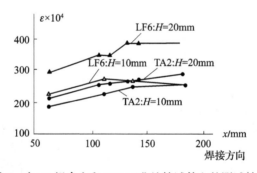

图 5　在 LF 铝合金和 TA2 工业纯钛试件上的测试结果

5.3　测定焊缝附近塑性变形大小及塑性变形区的宽度

对于焊前已钻好的孔穴进行第一次测量，读数为 l_1，焊后补钻位于焊缝上和熔合线两侧相应的孔穴，然后对所有孔穴进行第二次测量，读数为 l_2，在铣切后再作第三次测量，得 l_3。从 $l_1 \sim l_3$ 中可求得焊接引起的塑性变形量，若差为零，说明在该测量标距上未曾发生塑性变形，此处的弹性变形已完全复原从 $l_2 \sim l_3$ 中求得焊接残余应力（相应的弹性应变量）。图 6 为在 TA2 工业纯钛试件上测得的焊缝两侧的不协调塑性变形（压缩量）分布结果。曲

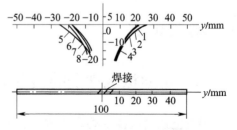

图 6　在 TA2 工业纯钛试件上测得的焊缝两侧的不协调塑性变形分布结果

线上的标号 1～8 表示不同焊接规范。

5.4　测定相变引起的残余应力

在焊接时的相变或焊后在近缝区持续发生的相变大都集中在很狭窄的平行于焊缝的近缝区内，为了捕捉相变残余应力的峰值，应对标点位置作精心的安排。在垂直于焊缝的几个横截面上测距可相隔 1mm，测得的数据可以相互补插。

钛合金薄壁构件的焊接应力与变形①

关 桥

钛合金越来越广泛地应用于航空结构。在发动机上从叶片到各种机匣壳体，在飞机上从框架到机身、机翼壁板、蒙皮采用钛合金作为结构材料的前景是很明显的。这是由于某些高强度钛合金（如 Ti – 6Al – 4V 等）在一定的使用温度范围内具有比铝合金、结构钢和镍基合金更高的比强度（强度/密度），同时还具有良好的抗疲劳性能。

许多钛合金构件采用焊接结构比之其他工艺方法更能显示出这种结构材料的优越性，而且许多薄壁构件只能用焊接方法才能完成，例如，英国罗尔斯 – 罗伊斯公司斯贝发动机上的钛合金外涵道筒体、美国普拉特 – 惠特尼公司 JT – 3D 型发动机的钛合金进气机匣，以及英国豪克 – 西德利航空公司试制的机身壁板（图 1）等。据报道，豪克 – 西德利公司用钛合金结构取代了铝合金机身壁板，充分利用了钛合金具有良好可焊性的特点，减轻了结构重量。据计算，如果不改变连接形式而径直用钛合金代替铝合金来制造壁板，重量约可减轻 15%；若改用焊接，则可进一步将结构重量减轻达 23%。表 1 给出了钛合金焊接机身壁板与铝合金整体壁板的技术经济对比。由于钛合金比铝合金贵，也难切削，所以用焊接来减少机械加工量以提高材料利用率，也是很有必要的。

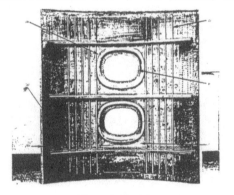

图 1　机身壁板

表 1　钛合金焊接机身壁板与铝合金壁板的技术经济对比

技术指标	铝合金	钛合金
原材料/kg	2350	886
结构重量/kg	700	535
材料利用率/%	30	60
减轻结构重量/kg	—	165
减轻结构重量/%	—	23.6
材料价格比	1	2

---

① 此文刊登在《国际航空》1979 年第 2 期。

迄今，在钛合金的焊接工艺方面已积累了丰富的实践经验，但有关薄壁结构的焊接应力与变形，是一个有待进一步解决的重要问题。下面从三个方面作一简要综述。

1　钛合金焊接应力与变形的特点

焊接变形和应力会使构件偏离设计尺寸，影响使用性能。对薄壁焊件来说，在大多数情况下变形是由失稳造成的，这是由于薄壁构件本身的刚性小、稳定性差，甚至在很小的焊接内应力（压应力）作用下，构件会产生诸如局部翘曲和扭转等比较明显的焊接变形。变形量取决于构件本身的刚性和内应力值的大小。一般来说，焊件越薄，材料的屈服极限越高，弹性模量越小，则焊接变形就会越大。

在笔者的研究工作中，通过大量的测试，表明钛合金焊接残余应力的峰值远低于材料的屈服极限，焊缝中的拉应力峰值一般为 $(0.6 \sim 0.7) \sigma_s$。而在一般材料（如低碳钢、低合金结构钢等）上，焊接应力的峰值接近于材料的屈服极限（见表2）。

表2　不同材料焊接应力的峰值与材料屈服极限的比较

被焊材料	屈服极限/（kgf·mm^{-2}）	焊缝中残余应力峰值/（kgf·mm^{-2}）
低碳钢	21 ~ 24	21 ~ 24
1Cr18Ni9Ti	28 ~ 35	28 ~ 35
TA1	40 ~ 50	25 ~ 30
TC1	47 ~ 65	30 ~ 37

钛合金焊接残余应力远低于材料屈服极限这一特点，是由其物理特性决定的。如表3所列，与钢相比，钛合金的热膨胀系数低，热传导系数低56%，其弹性模量也比钢小48%，因此在钛合金与其他材料上产生焊接残余应力的过程不尽相同。而且试验结果还表明，随着焊接速度的增大，焊缝中残余应力峰值也有增加的趋势。

表3　钢与钛合金物理特性比较

材　料	热膨胀系数 α /℃$^{-1}$	热传导系数 λ /（cal·cm^{-1}·s·℃）	弹性模量 E /（kgf·cm^{-2}）
低碳钢	12×10^{-6}	0.09	2.1×10^{6}
TC1	8.5×10^{-6}	0.04	1.1×10^{6}

虽然钛合金的焊接残余应力低于屈服极限，但其绝对值并不低于其他材料（如与不锈钢相当）。在薄壁构件上，如果焊后残余应力水平相当的话，那么由于钛合金的弹性模量小，钛合金构件的焊接变形会比一般钢结构严重些。

2 几种典型焊接接头引起的变形与应力分布规律

薄壁构件的焊接接头形式很多，其中有代表性的如图 2 所示：有平板对接焊缝（图 2（a））、圆柱（锥）形筒体直线对接焊缝（图 2（b））、圆筒体环形对接焊缝（图 2（c））以及圆形封闭焊缝（图 2（d））等。

（a）平板 （b）圆柱（锥）形 （c）圆筒体环形 （d）圆形
对接焊缝   筒体直线对接焊缝   对接焊缝   封闭焊缝

图 2 薄壁构件的焊接接头形式

图 3 所示为不同尺寸（厚度为 1.5mm）的 TC1 板材对焊时所引起的应力分布图。图 3（a）为沿焊缝长度方向的纵向应力 σ_x 分布规律；图 3（b）为 σ_x 沿垂直于焊缝的横截面的分布状态。对于图示的各种情况来说，σ_x 的峰值波动在 3500kgf/cm^2 左右。焊缝的横向应力 σ_y 值在所有情况下均很小，图中未示出。由图 3（a）可见，在平板对接焊缝两端的 50~70mm 范围内，σ_x 由其最高峰值下降到零。而焊缝两侧的 σ_x 均为压应力，其数值随板件的宽度减小而增大。在平板对接焊缝中，正是由于这部分压应力的作用才使薄壁构件失稳而产生翘曲变形。

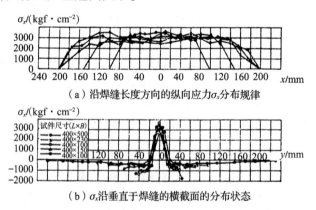

（a）沿焊缝长度方向的纵向应力 σ_x 分布规律

（b）σ_x 沿垂直于焊缝的横截面的分布状态

图 3 不同尺寸的 TC1 板材对焊所引起的应力分布图

图 4 所示为在 TC1 材料圆柱形筒体（ϕ 190mm×1.5mm，长 360mm）上沿纵向焊缝长度方向 σ_x（焊缝纵向应力）与 σ_θ（垂直于焊缝方向、沿筒体圆周方向的切向应力）的分布规律。在图 5 上给出了沿筒体圆周方向 σ_x 的实际分布状态。由图上的数值可见，

在筒体上沿焊缝方向的纵向应力 σ_x 的分布状态与平板对接焊缝中的情况相类似，但在远离焊缝的其他部位沿筒体圆周方向分布的纵向 σ_x 在筒体的内外表面上有较明显的弯曲应力存在。对试验数据的分析表明，这是由于在钛合金筒体滚弯成形时所造成的。内外表面上实测应力的平均值则为焊接所形成的残余应力值。在图 5 中由焊缝所引起的残余应力值用粗实线标出。

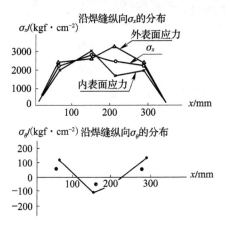

图 4　在 TC1 材料圆柱形筒体上沿纵向
焊缝长度方向 σ_x 与 σ_θ 的分布规律

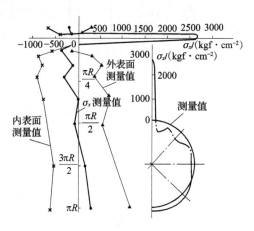

图 5　TC1 材料沿筒体圆周方向
σ_x 的实际分布状态

纵向对接焊缝在圆柱形筒体上所引起的变形示意于图 6 和图 7。在直径较大、长度较短的圆筒上，一般只产生局部变形（见图 6）；而在直径较小、长度较长的细长管筒上则会发生筒体轴线的弯曲（见图 7）。

图 8 为在钛合金 TC1 圆柱形筒体上测得的在环形对接焊缝中沿圆周方向的残余应力 σ_θ 分布状态。实际测量结果和理论计算均表明，在焊缝中的 σ_θ 值小于在平板对接焊缝中的焊缝纵向应力峰值。这是由于筒体在焊缝处发生了径向收缩变形，从而释放了一部分应力的缘故。同时，在 σ_θ 减小的情况下，又会产生相应的沿筒体轴线方向的弯曲应力 σ_x。无论是 σ_θ，还是 σ_x，在筒体的内外表面上的数值是有差别的。根据圆筒本身的刚性不同和焊缝附近的塑性变形区宽度的不同，在薄壁筒体上焊缝中的 σ_θ 值有时可以小到接近于零值（如图 8 所示），甚至为压应力。计算分析表明，焊缝中的圆周方向切应力的最大值 $\sigma_{\theta_{\max}}$ 的变化规律如下

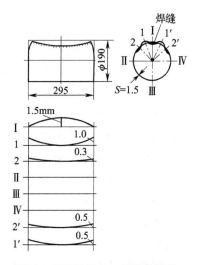

图 6　在直径较大、长度较短的
圆筒上一段只产生局部变形

图 7　在直径较小、长度较长的细长
管筒上则会发生筒体轴线的弯曲

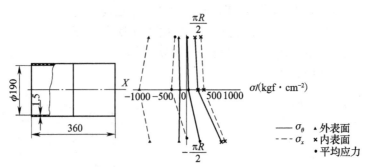

图 8　在钛合金 TC1 圆柱形筒体上测得的在环形对接
焊缝中沿圆周方向的残余应力 σ_θ 分布状态

$$\sigma_{\theta_{max}} = \sigma_0 e^{-\beta b} \cos\beta b$$

$$\beta = \left[\frac{3(1-\nu^2)}{S^2 R^2}\right]^{1/4}$$

式中：σ_0—— 相应于在平板对接焊缝中的纵向应力；

　　　b—— 焊缝塑性变形区半宽；

　　　ν—— 泊松比；

　　　S—— 圆筒体厚度；

　　　R——圆筒体半径。

　　由环形对接焊缝在筒体上引起的弯曲应力 σ_x 的变化规律，和弯曲挠度的变化规律，也可以由分析计算的方法求得。

　　圆形封闭焊缝在实际薄壁构件上通常用于连接安装座等零件，这类焊缝所引起的应力与变形与结构件和安装座零件本身的刚性、尺寸和焊接规范有很大的关系。与前面几种典型接头相比在引起残余应力与变形方面的最大不同点在于：圆形封闭焊缝主要是由于其横向收缩导致构件的变形和残余应力的分布。图 9 所示为在 TC2 钛合金薄板上所测得的各种不同直径的圆形焊缝所引起的残余应力分布规律。由图可见，随着圆形焊缝直径的减小，在圆形焊缝中心的压应力逐步转变为拉应力（见图 9 中 σ_t——切向应力的分布状态图），但径向应力 σ_r 则有相反的趋势。由上述应力分布特点可以看到，圆形焊缝引起的变形通常是由于 σ_t 或 σ_r 的压应力造成构件的局部失稳。图 10 所示为在平板上焊接圆形焊缝所导致的周边失稳现象；周边失稳后呈波浪形

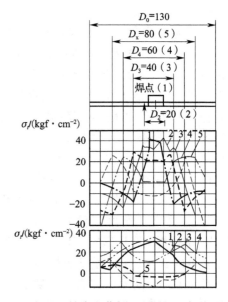

图 9　在 TC2 钛合金薄板上所测得的各种不同
直径的圆形焊缝所引起的残余应力分布规律

变形，图 10（b）示出了波浪形变形的规律多为正弦波形式。圆形焊缝内部的圆板（或安装座、补片等）在本身刚性较小的情况下也会发生失稳凸起变形。由焊接安装座的圆形焊缝，在壳体上引起的变形与在平板上的情况不完全相同，图 11 给出了在壳体构件上这种圆形焊缝所引起的变形示意图。图中虚线所示为焊前的正确位置 1，而在焊后，由于变形如 2 所示——偏离设计要求的位置。

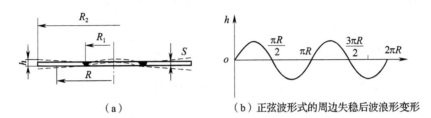

（a）　　　　　　　　　　　　　（b）正弦波形式的周边失稳后波浪形变形

图 10　在平板上焊接圆形焊缝所导致的周边失稳现象

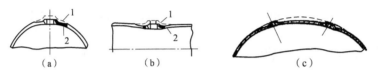

（a）　　　　　　　　（b）　　　　　　　　（c）

图 11　在壳体构件上圆形焊缝所引起的变形示意图

3　控制和消除钛合金薄壁构件焊接应力与变形的措施

在解决钛合金焊接应力与变形时，首先要考虑这种材料的特殊性：①钛的弹性模量较小而屈服强度较高，因而校正变形的回弹量较大，在室温下用手工很难矫形；②加热矫形时必须采取保护措施，否则材料表层会遭氧化。

克服钛合金薄壁构件焊接应力与变形的途径有三种：焊前预变形；焊接过程中的控制；焊后消除。究竟采用哪一种，视具体情况而定。喷气式发动机外涵道筒体薄壁结构，以采用焊前预变形的效果最好。而在焊接图 1 所示的机身壁板时采用了在焊接过程中的控制措施，取得了良好的效果。对一些规则的焊缝，采用焊后消除变形的方法是比较有效的。现分别简要叙述如下。

3.1　焊前预变形

在安装座焊缝（圆形或椭圆形）上，焊接变形主要是由于焊缝的横向收缩所引起的，因此，若在施焊前就造成与焊后变形量大小相等而方向相反的预变形，就可以补偿由于横向收缩所引起的变形。但这一措施并不能消除焊缝中的残余应力。图 12 所示为在圆形壳体上焊接安装座后的变形情况，壳体焊后的变形由虚线标出，安装座偏离设计位置的位移量为 Δb。但如果在焊前壳体成形（冲压成形）时就给予壳体以相反方向的预变形量 Δb（图 12 上由点画线标出），那么在焊后安装座即可恢复到设计所要求的正确位置上。但如果预变形量是用夹具造成的弹性变形，则预变形量与焊接变形量并不相等，可以通过试验来具体确定。焊前的预变形措施还可应用于其他类型的接头形式，如筒体环形对接焊缝或筒体与安装边的对接焊缝等（见图 13）。

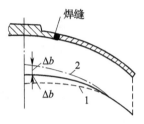

图 12　在圆形壳体上焊接
安装座后的变形情况

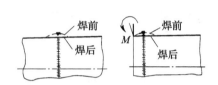

图 13　筒体环形对接焊缝或
筒体与安装边的对接焊缝

3.2　焊接过程中的控制

对于钛合金薄壁构件来说，在焊接过程中所能采取的控制变形与应力的措施与其他材料有许多共同之处，如减小焊接线能量、加强冷却效果、合理地安排焊接顺序等。在有拉伸预应力条件下施焊可以减小焊接应力与变形。如前所述豪克－西德利公司采用拉伸方法试制机身壁板已获得成功。图 1 上的桁条与蒙皮的连接接头形式如图 14 所示。桁条为 U 形钛合金型材，用钨极氩弧焊从蒙皮外侧进行"穿透"焊。焊接时，蒙皮与桁条均由专用的拉伸装置保证预变形量约为 0.1%。拉伸应力由专门的液压系统来保证，分别使蒙皮与桁条保持同样的预应力水平。如果预应力值选择得当，在焊后可以得到完全没有变形的机身壁板。

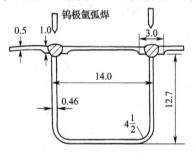

图 14　桁条与蒙皮的连接接头形式

3.3　焊后消除应力和变形

在钛合金薄壁构件上，采用窄滚轮滚压焊缝是消除规则焊缝（直线焊缝或环形焊缝）所引起的残余应力与变形的有效、简便而经济的方法。该方法的实质就是用滚轮的压力在焊缝和近缝区造成一定的延伸塑性变形，用以补偿焊接时所造成的压缩塑性变形，从而完全消除构件上的残余应力和变形。在薄壁构件上，失稳变形和翘曲变形在绝大多数情况下均发生在弹性范围内，因此，只须将焊接引起的压缩塑性变形量（集中于焊缝附近）消除，在构件上其余部位的翘曲变形自然也就消失。滚压焊缝所需的压力与材料的厚度、屈服极限和弹性模量有关，同时也随着滚轮的直径及宽度而变化。当材料的厚度（焊缝处的厚度）为 s，其屈服极限为 σ_s，弹性模量为 E；滚轮的直径为 d，其宽度为 c 时，将焊缝中的残余应力完全消除的滚轮压力 P 可以根据下式来选择

$$P = c\sqrt{\frac{10.1dS\sigma_s^3}{E}}$$

图 15 所示为在两种钛合金材料上用滚压方法消除焊缝中残余应力的效果。在 TC1 材料上（厚度为 0.8mm）当压力为 1000kgf 时，在焊缝中的残余应力即可全部消除，而在 TA7 材料上（厚度为 1mm），当压力为 1200kgf 时，焊缝中的残余应力亦全部消除；与此同时，焊接变形也全部消除。若继续增大滚轮压力，在焊缝中会出现压应力，而工件会相应地产生反向变形，这种情况应该避免，因为校正反向变形也相当困难。

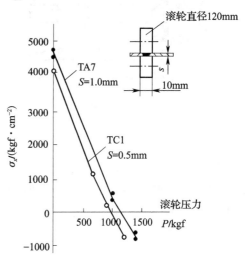

图 15　在两种钛合金材料上用滚压方法消除焊缝中残余应力的效果

在焊后用热处理方法消除残余应力对于一些比较复杂的钛合金薄壁构件是必要的，但是用热处理方法消除应力并不意味着同时也可以消除焊接变形。尤其在薄壁构件上，欲得到同时消除应力与变形的效果，就必须在热处理时采用刚性夹具，在加热之前即将薄壁构件的失稳翘曲变形事先消除，在实际生产中消除焊接应力与变形的工序可以与钛合金构件的热矫形工序联合进行。

图 16 所示为在钛合金 TC1 厚度为1.5mm的板材上，焊缝中的残余应力值与热处理规范（温度与保温时间）之间的关系。在热处理时，残余应力值的降低取决于在高温下材料屈服极限的降低和在高温下材料的蠕变特性，这两者又均与温度和应力值有直接关联，蠕变还与保温时间的长短有关。当工件在炉中刚达到给定的温度时，由于残余应力的峰值高于材料在该温度下的屈服极限，因而在开始阶段，残余应力值的降低主要取决于材料屈服极限的下降。但当焊缝中的残余应力值降低到材料在该温度下的屈服极限后，残余应力继续降低的速度减缓（见图 16 （a）），这主要取决于材料的蠕变特性。对于 TC1 材料来说，在 500～600℃ 的区间消除残余应力的效果最为显著（见图 16 （b）），但温度高于 600℃，已经没有消除应力的实际效果。一些试验结果表明，对于某些不重要的钛合金薄壁构件来说，如果将热处理温度局限于 550～600℃，保温时间在 30min 左右，在没有专门保护介质的条件下进行热处理也是可行的。但当热处理温度稍高或保温时间较长时，则应采取相应的保护措施，如在惰性气氛中热处理，或采用专门的防护涂层，必要时还可在真空条件下进行热处理。

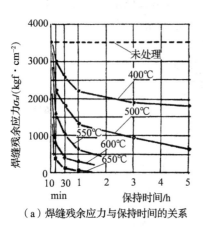

（a）焊缝残余应力与保持时间的关系

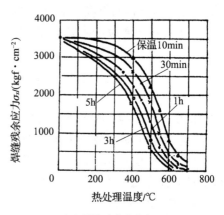

（b）焊缝残余应力与温度的关系

图 16　焊缝中的残余应力值与热处理规范之间的关系

随着钛合金加工工艺方法的不断完善和改进、新工艺方法（如超塑性成形）的出现，可望采用焊接—扩散连接—超塑成形联合工艺方法来制造许多复杂形状或特殊形式的钛合金结构件，在这样的条件下焊接应力与变形问题有可能不再成为阻碍更广泛采用钛合金结构的难题。

薄壁圆筒单道环形对接焊缝所
引起的残余应力与变形[①]

关　桥　　刘纪达

摘要：根据近似计算方法对薄壁圆筒单道环形对接焊缝所引起的残余应力与变形的一般规律进行了讨论。着重分析了轴向弯曲应力 σ_x 的变化：在一定条件下 σ_x 值会大于切向应力 σ_θ；当 $b \cdot \beta = \pi/4$ 时，σ_x 有极大值，$\sigma_{x\max} = 0.62\sigma_0$，而此时 $\sigma_\theta = 0.33\sigma_0$。在 $b \cdot \beta < \pi/4$ 范围内，随着 $b \cdot \beta$ 值的增大，σ_x 增大；但当 $b \cdot \beta > \pi/4$ 后，随着 $b \cdot \beta$ 值的增大，σ_x 趋向于减小。根据所给出的函数关系，可以较直观地探讨圆筒几何尺寸及焊接方法对残余应力及变形的影响。这些变化规律与试验数据和所引证的有关研究结果相吻合。

　　在许多焊接结构中，圆筒环形对接焊缝是一种主要接头形式。薄壁圆筒的材料品种很多，其直径与壁厚的变化范围很宽，焊接接头的工作条件差异也很大。环形对接焊缝在这些薄壁圆筒中所引起的焊接残余应力与变形的大小、分布规律及其与焊接条件的关系等，都是人们在实际工程上所关心的问题。

　　对圆筒焊缝热弹塑性问题的分析能给出包括残余状态在内的瞬时应力—变形过程的较精确结果[1~4]。但在实际应用中，采用近似计算方法可以较简捷地求得满足工程要求的解答[6~11]。关于焊后残余应力控制的分析在文献中存在着一些相互矛盾的结论。例如，在参考文献[6]中对较大直径的圆筒上环缝应力与变形的分析表明：随着壁厚和直径的增大，环向应力 σ_θ 增大，轴向弯曲应力 σ_x 减小；而在参考文献[5]中对于较小直径的圆筒所得到的结论是：随着壁厚与直径的增大和焊接线能量的降低，环向应力与轴向弯曲应力均增加。上述矛盾的出现主要是因为在不同条件下 σ_x 的变化趋势不同。显然，要把 σ_x 在不同范围内的不同变化趋势定量地区分开来，就不能局限于某一特定的研究范围，而应对其总的变化规律进行概括的分析讨论。

　　本文以近似计算方法[7]为基础，着重对 σ_x 在不同范围内的变化规律进行论证，定

---

　　① 此文刊登在：《机械工程学报》1979 年 10 月第 15 卷第 3，4 期；《焊接》1979 年第 5 期，薄壁圆筒单道环缝焊接应力与变形；Residual Stress and Distortion in Cylindrical Shells caused by a Single – Pass Circumferential Butt Weld，IIW Doc. X –929 –79，国际焊接学会，第 32 届年会，捷克斯洛伐克。

量地给出了上述不同结论的适用范围,阐明了残余应力、变形与圆筒体的几何尺寸(S——壁厚,R——半径,$\beta = f(S \cdot R)$)和焊接条件(与初始应变 ε_0 相对应的初始应力 σ_0,焊缝塑性变形区半宽 b)的关系。用简单的数学表达式可以直观地分析这些变化的普遍规律:径向变形 $W = F(b \cdot \beta)$,切向应力 $\sigma_\theta = \varphi(b \cdot \beta)$ 和轴向弯曲应力 $\sigma_x = \psi(b \cdot \beta)$。在实际工程应用中,根据所给出的无量纲数值曲线,能简捷地得到关于残余应力与变形的定量的解答。

为了简化计算模型采用如下假设。

当 $R \to \infty$ 时,环形对接焊缝即变为平板对接焊缝。一般说来,在薄板上沿厚度方向的应力可视为零,即 $\sigma_z = 0$。如果整条焊缝同时完成,则沿焊缝方向的横向收缩是均匀的;假设沿厚度方向横向收缩与纵向塑性应变也是均匀分布的,这时横向应力为零,角变形对 σ_x 的影响也可以忽略不计。根据总应变量面积相等和相对于焊缝中心线的静矩相等的原则,可以将焊缝残余应变的实际分布图形简化为等效图形;即在宽度为 $2b$ 的塑性变形区内有均匀的等效初始应变值 ε_0,与此相对应有初始计算应力值 σ_0。应当指出,通常对于低碳钢和低合金钢材料来说,在无限宽板对接焊缝中 $\varepsilon_0 > \varepsilon_s$,一般取 $\varepsilon_0 = \varepsilon_s$,因此有 $\sigma_0 = \sigma_s$;但对于钛和铝等合金来说一般 $\sigma_0 < \sigma_s$,σ_0 值可由平板试件上直接测得。

假设将宽度为 $2b$ 的圆环由筒体上切割下来,则环内的应力全部释放 $\sigma_\theta = 0$,圆环的径向收缩变形 $W_0 = \varepsilon_0 R$。在圆环内侧施加假想的径向压力 $q' = \dfrac{\sigma_0 S}{R}$,可以使其恢复到焊前状态,此时环内的切向应力为 $\sigma_\theta = \sigma_0$。将圆环与筒体缝合后,假想的负载应当去除。为此,按图 1 所示,可在圆筒体外侧加载 $q = \dfrac{\sigma_0 S}{R}^{[6~8]}$。图 1 所示的计算模型所给出的结果与焊缝所引起的应力和变形状态等效。

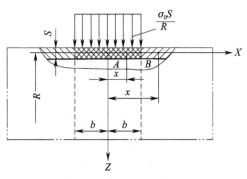

图 1　在近似计算中径向负载 $\sigma_0 S/R$ 均布于 $2b$ 宽度上

由圆柱形壳理论可知,沿筒体圆周的径向负载 q 所引起的变形为

$$W = \frac{q e^{-\beta x}}{8\beta^3 D}(\sin\beta x + \cos\beta x)$$

$$\beta = \left[\frac{3(1 - \nu^2)}{S^2 R^2}\right]^{1/4}$$

$$D = \frac{ES^3}{12(1 - \nu^2)}$$

式中:ν——泊松比;

E——弹性模量。

在图 1 所示的计算模型上,均布于 $2b$ 宽度上的径向负载 q 所引起的变形可由上式经积分运算求得。

在位于 $2b$ 宽度以内的 A 截面上有

$$W_A = \frac{\sigma_0 R}{2E}[2 - e^{-\beta(b-x)}\cos\beta(b-x) - e^{-\beta(b+x)}\cos\beta(b+x)] \tag{1}$$

在位于 $2b$ 宽度以外的 B 截面上有

$$W_B = \frac{\sigma_0 R}{2E}[e^{-\beta(x-b)}\cos\beta(x-b) - e^{-\beta(x+b)}\cos\beta(x+b)] \tag{2}$$

由于 $M_x = -D\dfrac{\mathrm{d}^2 W}{\mathrm{d}x^2}$，从式（1）、式（2）可以推导出相应的轴向弯矩表达式如下

$$W_{xA} = \frac{\sigma_0 S}{4R\beta^2}[e^{-\beta(b-x)}\sin\beta(b-x) + e^{-\beta(b+x)}\sin\beta(b+x)] \tag{3}$$

$$W_{xB} = \frac{\sigma_0 S}{4R\beta^2}[e^{-\beta(x+b)}\sin\beta(x+b) - e^{-\beta(x-b)}\sin\beta(x-b)] \tag{4}$$

当 $x \leqslant b$ 时，在管壁的中性面上的切向应力为

$$\sigma'_{\theta A} = \sigma_0 - \sigma''_{\theta A} \tag{5}$$

$$\sigma''_{\theta A} = \frac{EW_A}{R} \tag{6}$$

式中：$\sigma''_{\theta A}$ —— 由于筒体产生径向变形 W_A 而释放的应力。

管壁内外表面上的轴向弯曲应力 σ_{xA} 为

$$\sigma_{xA} = \pm\frac{6M_{xA}}{S^2} \tag{7}$$

在考虑轴向弯矩对 σ_θ 的影响时有

$$\sigma_{\theta A}''' = \nu\sigma_{xA}$$

因而在 A 截面上内外表面的环向应力为

$$\sigma_{\theta A} = \sigma_0 - \frac{EW_A}{R} \pm \nu\frac{6M_{xA}}{S^2} \tag{8}$$

当 $x \geqslant b$ 时，有

$$\sigma_{xB} = \pm\frac{6M_{xB}}{S^2} \tag{9}$$

在 B 截面上的内外表面的环向应力为

$$\sigma_{\theta B} = \frac{EW_B}{R} \pm \nu\frac{6M_{xB}}{S^2} \tag{10}$$

当 $x = 0$ 时，在焊缝中心线上有 $W_{\max}$ 和 $\sigma_{\theta\max}$，$\sigma_{x\max}$。下面我们具体分析其变化规律。由式（1）可得

$$W_{\max} = \frac{\sigma_0 R}{E}(1 - e^{-\beta b}\cos\beta b) \tag{11}$$

将式（11）所表达的函数关系建立在无量纲坐标系中，可以得到如图 2 所示的变化规律。由式（1）、式（6）可得

$$\sigma''_\theta = \sigma_0(1 - e^{-\beta b}\cos\beta b) \tag{12}$$

将式（12）代入式（5）求得

$$\sigma'_{\theta max} = \sigma_0 e^{-\beta b}\cos\beta b$$

或

$$\frac{\sigma'_{\theta max}}{\sigma_0} = e^{-\beta b}\cos\beta b \tag{13}$$

在图 3 的无量纲坐标系中，式（13）的函数关系用实线 1 示出。当 $b \cdot \beta$ 值增大时，$\sigma'_{\theta max}/\sigma_0$ 值下降；在 $b \cdot \beta > \pi/2$ 时，$\sigma'_{\theta max}$ 值由拉应力转变为压应力（在焊缝边缘 σ'_θ 仍有可能为拉应力）。

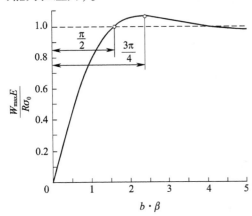

图 2　无量纲坐标中 $W_{max} = F(b \cdot \beta)$ 的函数关系

图 3　在无量纲坐标系中 $\sigma'_{\theta max} = \varphi(b \cdot \beta)$（曲线 1）和 $\sigma_{x max} = \psi(b \cdot \beta)$（曲线 2）的函数关系

下面我们着重讨论弯曲应力 $\sigma_{x max}$ 的一般变化规律。

当 $x = 0$ 时，由式（3）、式（7）可得

$$\frac{\sqrt{3(1 - \nu^2)}}{3} \cdot \frac{\sigma_{x max}}{\sigma_0} = e^{-\beta b}\sin\beta b \tag{14}$$

在图 3 中，式（14）所表达的变化规律用虚线 2 示出。

$\sigma_{x max}$ 在 $b \cdot \beta = \pi/4$ 时为极大值。若取 $\nu = 0.3$，则有 $\sigma_{x max} = 0.62\sigma_0$；而此时在焊缝中心线上的环向应力值仅为 $\sigma'_{\theta max} = 0.33\sigma_0$。当 $b \cdot \beta < \pi/4$ 时，$\sigma_{x max}$ 值随 $b \cdot \beta$ 值的增大而升高；在 $b \cdot \beta > \pi/4$ 时，随 $b \cdot \beta$ 值的增大，$\sigma_{x max}$ 值趋向于减小；在 $b \cdot \beta \geqslant \pi$ 时，$\sigma_{x max}$ 变换符号。

根据上述 $\sigma_{x max}$ 变化规律的特点，可以清楚地看到，前面曾提到的"随着 R 与 S 的增大，轴向弯曲应力减小"的结论只适用于 $b \cdot \beta < \pi/4$ 的范围内，而"随着 R 与 S 的增大和线能量降低（b 值减小），应力（切向与轴向）增加"的结论只适用于 $b \cdot \beta > \pi/4$ 的范围（当 $b \cdot \beta > 3\pi/4$ 后仍有波浪式变化）。

当 $x = 0$ 时，由于 M_x 所引起的环向应力的变化为

$$\frac{\sigma'''_{\theta max}}{\sigma_0} = \frac{3\nu}{\sqrt{3(1 - \nu^2)}}e^{-\beta b}\sin\beta b \tag{15}$$

式（15）所表达的函数关系在图 4 上用虚线 1 示出，考虑了弯矩 M_x 对环向应力的影响以后在筒体内外表面的环向应力值分别用曲线 2，3 示出。

从图 5～图 7 上可以更直观地分析 $\sigma'_{\theta max}$ 值随管筒半径 R、壁厚 S 和焊缝塑性变形区半宽 b 的变化规律。当 R 与 S 增大时，$\sigma'_{\theta max}$ 亦增大，尤其当 b 值和 R 值较小时这个趋势更为显著（见图 5）。但当 b 值较大时，$\sigma'_{\theta max}$ 值在 R 与 S 较小的情况下有明显的波浪形变化。由图 7 可见，当 b 值增大时，（如增大焊接线能量使焊缝塑性变形区加宽）$\sigma'_{\theta max}$ 值趋向于减小，尤其在 R,S 值较小时，$\sigma'_{\theta max}$ 的下降斜率更大。

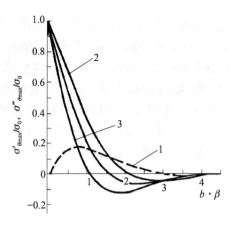

图 4 轴向弯矩 M_x 对 $\sigma'_{\theta max}$ 值的影响

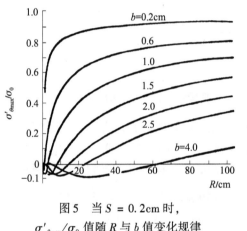

图 5 当 $S = 0.2\text{cm}$ 时，$\sigma'_{\theta max}/\sigma_0$ 值随 R 与 b 值变化规律

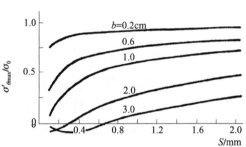

图 6 当 $R = 10\text{cm}$ 时，$\sigma'_{\theta max}/\sigma_0$ 值随 S 与 b 值变化规律

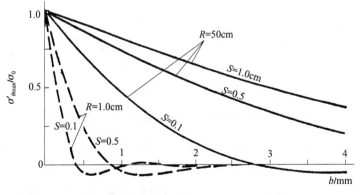

图 7 b 值对环向应力 $\sigma'_{\theta max}/\sigma_0$ 的影响

为了进行近似计算，先应知道平板试件焊缝中的初始应力 σ_0 和焊缝塑性变形区宽度 $2b$ 值。针对不同的材料、不同的焊接条件，σ_0 和 b 值可以由理论计算、借助经验公式或

直接测量等三种方法来求得。在实际工程应用中,对于用电弧焊接低碳钢、低合金钢时有关 σ_0 和 b 值方面已积累了相应的资料。图 8 所示为采用电弧焊接低碳钢时,由试验测得的和引用参考文献[6]中的相应数据建立的 b/S 值与被焊试件厚度的关系(焊接线能量和结构刚性的差异都会对 b 值有影响;相对应于一定的 S 值,b 值有一定的分散度)。为了便于比较,在该图上亦示意地画出了气焊和电子束焊时由于热源的能量密度与电弧焊不同所造成的 b 值的差异。在同样厚度的同一材料上,随着焊接工艺方法的能量密度的增大(焊接线能量降低),b 值趋向于减小。在管筒对接焊缝中 b 值的减小会使 W_{max} 减小,但导致 $\sigma'_{\theta max}$ 增大。

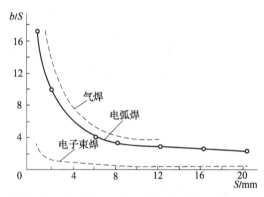

图 8 焊缝塑性变形区半宽 b 值与被焊低碳钢板材厚度 S 的关系

图 9 所示为在两个不同尺寸的不锈钢筒体上实际测得的波浪形变形与计算结果的对比。在实际应用中,往往只需要考虑在焊缝中心线上的最大弯曲变形 W_{max} ,该数值可由图 2 求得。(对铝合金来说,圆筒环缝焊接变形有一些与其他材料不同的特点)。

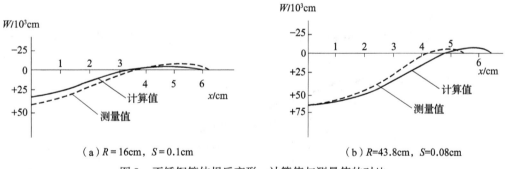

（a）$R = 16$cm, $S = 0.1$cm　　　　（b）$R = 43.8$cm, $S = 0.08$cm

图 9 不锈钢筒体焊后变形,计算值与测量值的对比

在钛合金 TC1 筒体（$\phi 190$mm $\times 1.5$mm）对接焊缝上对 $\sigma_{x max}$ 和 $\sigma_{\theta max}$ 的实际数值进行了测定。试验数据与计算结果的对比表明,两者之间的差别约为 $5\% \sigma_s$。在图 10 上标出了在钛合金筒体上实测的数据。此外,在图中还引证了一些文献资料中的研究结果[6,12,13]。可以看到,在无量纲坐标系中可以把在不同材料的筒体上测得的试验数据与计算结果相比较。近似计算所给出的 $\sigma'_{\theta max}/\sigma_0$ 和 $b \cdot \beta$ 的函数关系具有普遍意义(与试验数据的对比还仅限于 $R/S > 5$,同时,$S \not> 2.0$cm 的范围内)。

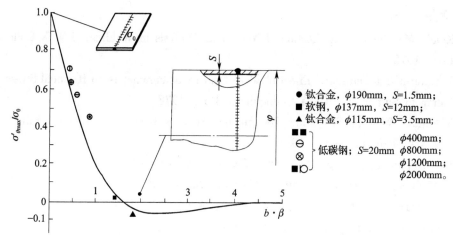

图 10 $\sigma'_{\theta max}/\sigma_0 = \varphi(b \cdot \beta)$ 函数关系与试验结果和所引证的有关研究结果的对比

应当指出的是，当管壁稍厚时，焊缝的角变形对 σ_x 的影响比较明显。图 11 所示为在 A3 钢板制成的筒体上测得的 σ_x 值与计算结果的对比。筒体尺寸 $\phi1480$mm $\times 20$mm，对接焊缝带有 $60°$ 的 V 形坡口，先用手工焊从内侧封底，然后从外侧用埋弧焊完成对接焊缝[14]。图中阴影部分为由于角变形引起的计算值与实测值之间的差别。

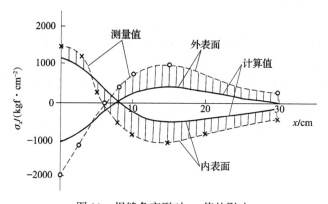

图 11 焊缝角变形对 σ_x 值的影响

结论：

（1）本文根据近似计算方法对环缝在圆筒上引起的应力与变形的一般规律进行了讨论，着重分析了轴向弯曲应力 σ_x 的变化特点。在 $b \cdot \beta = \pi/4$ 时，σ_x 有极大值，此时 $\sigma_{xmax} = 0.62\sigma_0$。当 $b \cdot \beta$ 值增大时：在 $b \cdot \beta < \pi/4$ 范围内，σ_x 增大；但在 $b \cdot \beta > \pi/4$ 范围内 σ_x 值趋向于减小。

（2）给出了函数关系：$W = F(b \cdot \beta)$，$\sigma_\theta = \psi(b \cdot \beta)$ 和 $\sigma_x = \psi(b \cdot \beta)$，讨论了几何尺寸 (R, S) 与焊接条件（影响 σ_0 与 b 值）对残余应力与变形的影响。

（3）在无量纲坐标系中建立的图形能简捷、直观地给出应力与变形变化趋势的定量解答。由近似计算得到的结果与试验数据以及所引证的有关研究结果相吻合。

参考文献

[1] Koichi Masubuchi. Application of Numerical Analysis in Welding. IIW X Colloquium, Doc. 1978.

[2] K Satoh and T Terasaki. Effect of Weld Heat Input Parameters on Residual Stress Distribution in Butt Joint. IIW X Colloquium, Doc. 1978.

[3] Y Fujita. Welding Stress and Deformation Analysis Based on Inherent Strain Method, IIW X Colloquium, Doc. 1978.

[4] В И Махненко, и др. Автомат. Сварка, No. 12, 1970.

[5] С М Гуревич, и др. Автомат. Сварка, No. 3, 1973.

[6] Е. О. Патон. Избранные Труды. Т. 2, АН УССР, 1961.

[7] Гуань Цяо. Диссертация МВТУ, 1963.

[8] В А Винокуров. Сварочные Деформации и Напряжения, Машиностроние, 1968.

[9] Г А Николаев. Сварные Конструкции. Машгиз, 1962.

[10] Я С Подстригач, и др. Проблемы Прочности, No. 7, 1975.

[11] С А Кузьминов. Сварочные Деформации Судовых Корпусных Конструкций. Судостроение, 1974.

[12] 铃木春义. 最新溶接ハンドベック昭 52, 1977.

[13] С Н Киселев, и др. Газоэлектрическая Сварка Алюминиевых Сплавов, Машиностроение.

[14] 合肥通用机械研究所. 筒体环焊缝局部电热消除焊后残余应力. 试验报告, 1976.

第 2 篇　航空特种焊接技术

航空特种焊接技术的发展[①]

关　桥

摘要：简述了航空特种焊接技术发展的历程，讨论了若干亟待研究发展的先进焊接技术对实现飞行器新结构设计构思和开发新制造工艺方案的推动作用。

关键词：航空制造；特种焊接；飞行器

在我国航空工业发展的半个世纪历程中，作为制造工程主导工艺方法之一的特种焊接技术有了长足的进步。一方面，飞行器及其动力装置新型号的研制与生产对先进焊接技术的发展有很强的需求牵引，在解决众多制造难题中，焊接的优势在于可明显地减轻飞行器重量、降低成本、提高性能；另一方面，航空特种焊接技术自身的发展、技术创新和日臻完善，为新型飞行器结构设计的构思提供了技术保证，也为实现新的制造工艺方案起着有力的推动作用。

在世纪之交，高新技术正以前所未有的加速度发展，高性能飞行器的研制，新结构材料的应用又对连接/焊接技术提出了更高的要求。新材料应具有良好的焊接性，否则，难以成为有前景的航空结构材料；新结构设计也应有良好的焊接工艺性，否则，难以获得优质、可靠、长寿命的焊接结构。但是，焊接作为一门专业学科，面临着挑战：应该以完美的技术把常规方法难焊的或不能焊接的新材料的功能，在焊接结构上得以充分发挥，制造出先进的航空结构。

1　航空特种焊接技术的进展

在第二次世界大战后的 50 多年间，在激烈的国际竞争中，航空、航天器的发展日新月异。在飞机制造业中，连接技术包括有：机械连接（螺栓、铆接）、焊接和胶结。从图 1 给出的连接技术发展趋势可以看出，50 年代，在连接工作的总量中，机械连接方法所占的比例最大，焊接与胶结的相对比例较小；进入 90 年代，技术的进步促使这

① 此文刊登在：《北京航空工艺研究所建所 40 周年论文集》，1997 年 7 月；《航空连接技术重点实验室论文选编》，北京航空工艺研究所，1998 年 10 月。

三种连接方法在飞机结构和发动机结构制造中各自所占的比例有了较大的变化。虽然机种不同，各种方法所占的相对比例有别，但总的趋势是：机械连接的相对比例在下降，而胶结（含复合材料结构件连接）和焊接所占的相对比例在增大。焊接在发动机结构的连接技术中占有更大的比例。

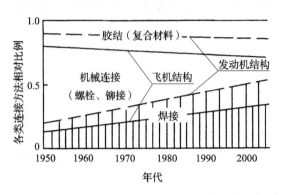

图1 50年间焊接在飞行器制造业的连接技术中所占比例增大示意

最初，在喷气式发动机从燃烧室到涡轮叶片等热端部件及机匣等结构件的制造中，焊接是无可替代的连接手段。因此，我国航空特种焊接技术在过去40多年的历程中，主要是围绕解决动力装置结构设计与制造中的关键难题而取得进展；而在飞机结构上，焊接的工作量相对较少，只用于一些高强钢零件、部件和铝合金油箱的制造，在机身、机翼的重要承力结构上很少采用焊接技术。也正是在这段时间里，苏联先于欧美，在飞机设计中成功地采用了先进焊接技术制造主要承力结构件；无论是在大型运输机、先进的战斗机或是在航天运载工具上，焊接技术的应用有了突破性的进展。

图2对主要航空特种焊接技术在国内外发展的进程做了对比。在我国，各种适用的先进焊接技术研究起步的时间并不算太晚，虽然与国外相比，有所滞后，但均满足了过去新型号发动机研制的需求。然而，在飞机结构上，焊接技术应用的水平，与国外的差距正在扩大。

"九五"计划的实施，对航空特种焊接技术的发展是新的机遇，其目标应转向新飞机的重要承力焊接结构件的制造及新结构材料，尤其是钛合金、铝锂合金在焊接结构上的应用所带来的新难题的解决。

苏联图波列夫、米高扬、苏霍伊三个飞机设计局在采用先进焊接技术制造重要承力结构的成就，引起了欧美著名航宇公司极大的关注。例如，在美国拟于2004年面世的F-22战斗机上，和由麦道公司正在制造的C-17军用运输机上，大量采用焊接技术制造重要结构，正是代表了这项技术发展的新方向[1]。

图3给出了不同焊接方法在航空特种焊接技术发展中所占比例的变化情况。其特点是：以高能束流（电子束、激光束）为代表的熔化焊接技术与固态焊接技术（扩散焊、摩擦焊）所占的比例将持续扩大；气体保护焊虽仍然是主要熔化焊手段，但由于热输入相对较大，它的扩大应用会受到限制。电阻焊接的搭接接头应力集中，使其承受动载能力下降，因此，电阻焊的用量已呈缩减的趋势。钎焊技术，尤其是扩散钎焊，

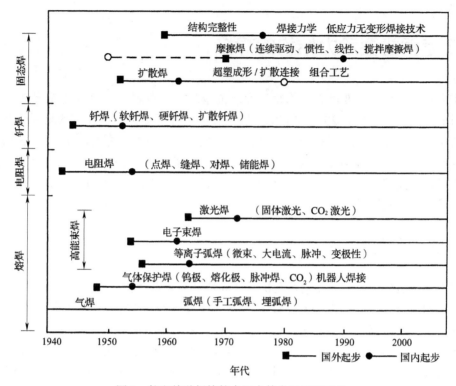

图 2　航空特种焊接技术国内外发展历程对比

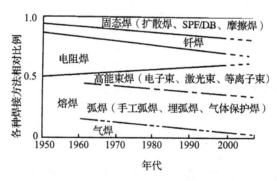

图 3　各类航空特种焊接技术发展趋势示意

随着金属基复合材料、陶瓷材料、金属间化合物材料的逐步开发应用，将会显示出其他连接方法不能取代的优越性，应用面也将有所扩展。

　　航空特种焊接技术在工业中的成功应用，是一个复杂的系统工程；新的焊接方法及相配套装备的研制仅仅是该系统中的一个环节；而焊接结构的设计、选材、焊接冶金与焊接材料的研究发展，以及工艺过程的控制、监测技术的发展，则是保证高质量连接更为重要的方面。

　　经历了近半个世纪的发展，我国航空特种焊接技术已从最初的辅助制造手段成长为航空制造工程中的主导工艺技术之一，建立起了航空焊接科学研究、制造生产与焊接教育三者相互衔接的体系，形成了一定规模的行业[2]。

2 飞行器重要承力结构的焊接

作为制造飞行器重要承力结构很有发展前景的航空材料，钛合金的发展已有近 40 年的历史，铝锂合金也有 20 年左右的发展历史。这些历史记录了新结构材料焊接性和适用的先进焊接方法不断提高与完善的过程。然而，当前焊接技术落后于新材料的发展，我们还不能科学地运用焊接技术，更经济、有效、可靠地制造产品；这将严重地影响新材料功能的发挥，制约新的航空结构材料的扩大应用，成为飞行器重要承力焊接结构发展的关键问题。

2.1 钛合金重要结构的焊接问题

在 20 世纪 60 年代初，苏联各飞机设计局均已开始将钛合金用于大型客机、运输机和战斗机的建造[3]。钛合金与钢、铝材相比，除众所周知的优点（比强度高）以外，其弹性模量比铝材高 50% ~ 80%，这一力学特性在大型飞行器的设计中尤为重要。随着机身隔框、长桁、翼梁尺寸的增大，结构所要求的刚度已超越了铝材可能提供的极限。具有较高弹性模具的钛合金，可在比铝材高出 150℃的工作温度条件下，仍然保持较高的比强度，从而成为目前首选的飞行器重要承力构件的材料。

然而，钛合金的加工性差，与钢、铝材相比，无论是机械加工（冷加工）或是热加工的工艺性都差。以下诸多因素决定了制造钛合金飞机重要结构的工艺过程的复杂性。

（1）防止有害气体在加工过程中入侵，往往需采用真空退火处理；

（2）制作型材时塑性加工难度大，材料有效利用率低（0.1 ~ 0.2）；

（3）机械加工生产效率低，仅相当于铝材机械加工生产效率的 15%；

（4）金相显微组织对力学性能非常敏感，必须严格地控制复杂的工艺过程。

在 60 年代，大多采用整体锻件毛坯制造飞机壁板、隔框、肋骨等。近年来，明显的趋势是用焊接方法组合大尺寸的飞机重要承力构件，如长达 20m 的中翼梁（见图 4）。长 10m 横截面为 2m × 4m 的隔栅，以及转轴、起落架立柱等。另一种结构形式是用钛合金板材拼焊组合成大尺寸结构，可提高材料利用率 2 ~ 3 倍，大大缩减机械加工量，其技术经济效益在制造带筋壁板时尤为显著。

用焊接方法制造大尺寸钛合金重要结构件，带来一系列需要解决的特殊工艺难题，焊接工艺过程会对材料乃至最终结构的整体使用性能产生决定性影响。诸如：接头的组织结构，残余应力与变形、氢含量的控制与氢致延迟开裂等焊接缺陷的防止与排除等。根据苏联的经验，钛合金重要承力构件的焊接制造工艺流程可分为两个阶段。在第一阶段，着重关注材料毛坯和半成品件的结构工艺因素，严格控制、监测氢含量和加工残余应力，并采用断裂韧度作为衡量毛坯材料加工过程中的工艺可行性的判据，防止在工艺因素作用下，可能会发生的毛坯开裂破坏。在第二阶段加工过程中，目标

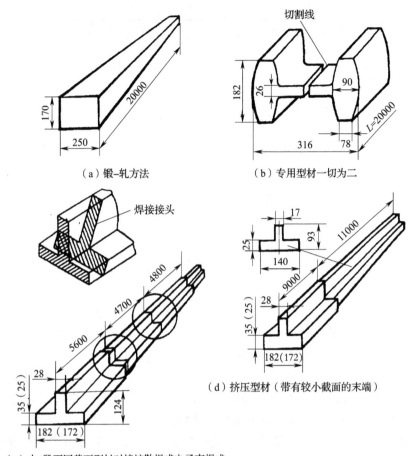

（a）锻-轧方法　　　　　　（b）专用型材一切为二

（c）由4段不同截面型材对接扩散焊或电子束焊成

（d）挤压型材（带有较小截面的末端）

图4　大尺寸机翼梁毛坯件的制造方案[3]

是寻求最佳的焊接方法和工艺流程，以期降低残余应力，减少氢含量、微裂纹气孔等缺陷，控制构件的"工艺遗传性"，把不利因素限制在允许的范围内，提高结构的疲劳强度和耐久性。

无论采用哪一种熔焊方法，氩弧焊或电子束焊，焊前和焊后对构件进行真空退火处理的目的都是防止发生氢脆。在焊接接头区，氢含量的分布往往呈现有峰值区，这是由于在熔池中氢的熔解度降低，氢向熔合线迁移；同时，由温度梯度的热力学所驱动，在近缝区氢的热扩散也会形成峰值区。焊前除氢至关重要，可能减少焊缝中的气孔；焊后的真空退火可以削减氢集聚区的氢含量，并防止氢向拉伸残余应力区定向扩散。

图5所示为在厚16mm的Ti6Al4V电子束对接焊缝中，气孔与母材中含氢量（按质量的百分比）的关系。随着母材中氢含量的增加，焊缝中的气孔率急剧上升。有技术标准规定，允许气孔的总面积不大于焊缝面积的0.6%；单个气孔的直径，在板厚3mm时允许为1.0mm，板厚60mm时为3.0mm。

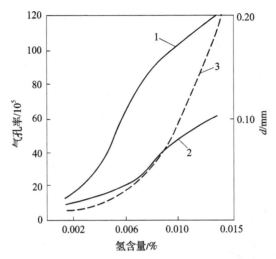

图5　钛合金电子束焊缝气孔与母材中氢含量的关系

1—气孔的最大直径；2—气孔的最小直径；3—在焊缝单位横截面上气孔所占的面积

为了降低气孔率，焊前宜进行除氢 750℃ ×2h 真空退火处理。电子束焊接速度宜选用 18 ~ 24m/h，高速焊时，气孔有增加的趋势。

焊后，接头区氢的浓度峰值会随放置时间而变化，超过允许极限的峰值会向焊缝中心扩散迁移。焊后放置时间的延长会增大氢致开裂的危险性，应尽早进行真空退火处理。然而，缩短焊接与退火处理的时间间隔，是与整体工艺流程相关的技术难题。在实际生产中，延长这一时间间隔的可行工艺措施有：

（1）焊前对工件进行真空退火，或刮削待焊区的表面，控制接头区表面氢含量不大于 0.005%；

（2）优化焊接工艺参数，减少焊缝缺陷，降低氢含量峰值并使其远离熔合线；

（3）结构设计中的应力集中应远离焊缝，应在 25 ~ 30mm 距离以外；

（4）焊后，直接用散焦电子束对焊缝区进行局部退火处理，除氢并降低残余应力。

对焊接方法的选择并没有唯一性。例如，在 70 年代，苏联曾采有熔化极氩弧焊制造 Ti6Al4V 大尺寸的中央翼梁，焊接厚度从 15mm 到 90mm，开坡口多层焊。由于机种不同，在结构工艺方案的选择上也有区别。苏霍伊机种的全寿命低于图波列夫机种；在图波列夫飞机上采用电子束焊接 Ti6Al4V 的带筋整体壁板，而在苏霍伊飞机上则用钨极氩弧穿透焊方法制作 Ti – Al – Zr – V – Mo 带筋整体壁板[3]。苏霍伊设计局还把这种穿透焊方法用于制造机身隔框和由板材制成各种截面的 T 形、角材和 Z 形构件，如图6 所示。

当壁板厚度大于 2mm 时，为了增大熔深，在增加焊接电流的同时，将钨极电弧潜入板件表面下施焊，称之为"潜弧焊"。显然，电弧对工件的热输入因此而大大增加。

苏霍伊设计局把穿透焊推广应用于众多钛合金焊接结构，如隔栅壁板、机翼油箱壁板、燃料贮箱壁板、防护装置夹层壁板等。

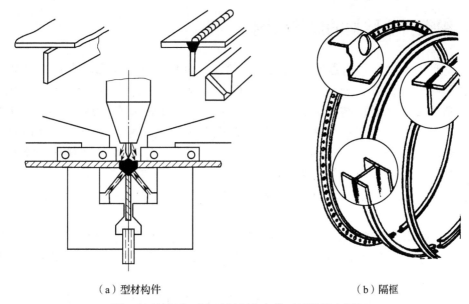

（a）型材构件 （b）隔框

图6 用钨极氩弧穿透焊制作各类型材构件和隔框

为了制造大尺寸带筋厚壁板，苏霍伊设计局开发了电子束与特种氩弧焊相结合的工艺方案。先用电子束将厚板对接焊，随后，再用特种氩弧焊完成筋条间隙之间的填丝窄间隙焊接。如图7所示，筋条垂直对接焊时，先用旋转钨极和沿轴线垂直送丝方式，在由两侧筋条和两面铜模板之间形成的窄间隙的底部壁板上起焊，逐步垂直提升，自下而上地完成筋条之间和筋条与已由电子束对接焊成的壁板三者之间的整体连接。

在钛合金飞机结构的设计与制造中，为了优化结构与制造工艺，有时也采用氩弧焊与电阻焊相结合的工艺方案。

经过近20年的研究开发，钛合金的超塑性成形/扩散连接组合工艺（SPF/DB）已趋成熟；在制作各类夹层壁板结构时，有其独到的技术优势。与传统的制造工艺相比，采用SPF/DB方法，可节省材料50%～70%，减轻同类结构的重量30%～50%，材料利用率可达0.5～0.6。把这种方法应用于重要承力结构如厚壁板和复杂形状的多层夹芯结构的发展新趋势值得注意。

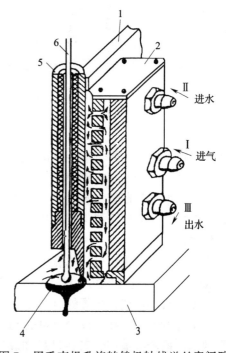

图7 用垂直提升旋转钨极轴线送丝窄间隙
氩弧焊完成厚壁板筋条的对接

1，3—待焊筋条与壁板；2—熔池冷凝器；4—熔池；
5—焊炬；6—焊丝；Ⅰ—氩气；Ⅱ—冷却水

2.2 铝锂合金结构的焊接问题

与航空工业常用的高强铝合金相比，铝锂合金具有低密度和较高弹性模量以及较好的焊接性等优点；近 20 年来，在飞行器结构设计中越来越多地得到应用。它用于制造重要承力焊接结构可减重 20% ~ 24%。在苏联米格 – 25、米格 – 29M 飞机上，已采用电子束焊接方法制造 1420 铝锂合金的重要承力构件[1]。常用的三类铝锂合金为：Al – Mg – Li，Al – Cu – Li，Al – Cu – Mg – Li，可热处理强化（淬火 + 时效）、抗腐蚀并具有良好的低温性能和可超塑成形等优点。在国外，冶金工业已能为航空工业提供配套的铝锂合金板材、型材、锻件，为飞行器焊接结构的新设计提供了选择。

铝锂合金用于焊接结构，主要采用熔焊连接。困扰铝锂合金结构焊接生产的难题有三个：焊缝区易产生气孔缺陷；焊缝金属有较大的热裂倾向；近缝区材料的强度下降。国外在解决这些难题方面已取得进展，值得借鉴。

对焊缝气孔内所集聚的气体的微量分析表明，在材料表层明显偏高的氢含量（见图 8）是焊缝中气孔生成的主要原因[4]。

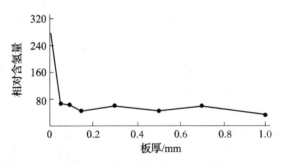

图 8 1420 铝锂合金板材厚度方向相对含氢量的分布

在焊接重要构件时，应去除待焊处富氢表层（深约 0.2mm），或采用真空除氢热处理，这对减少焊缝气孔有明显效果。在施焊过程中，应创造对熔池中气泡逸出的有利条件，如对熔池的搅拌（变极性方波交流氩弧焊）、放慢焊接速度等。消除焊缝气孔最根本的办法是，采用含氢量低于极限浓度（因合金类别不同而异）的铝锂合金制造重要焊接结构。

用鱼骨试样对铝锂合金热裂敏感性评定的结果表明，与其他两个系列的材料相比，Al – Mg – Li 系合金（1420，1421）具有良好的焊接性，其热裂敏感系数低于 35%。从图 9 可见，减小铝锂合金焊缝金属热裂敏感性的重要途径是优选填充焊丝[4]。

值得注意的是，在焊丝中过量的 Si 会明显降低塑性和断裂韧度，含锂焊丝会增加气孔缺陷。最新报道[1]，若在母材和焊丝中加入适量钪（Sc）元素，可以显著降低热裂敏感性。据预测，铝钪合金有可能发展成为下一代焊接性好的结构材料。

铝锂合金焊接接头近缝区强度降低的原因是：在接近于退火温度的焊接热过程作用下，弥散强化相又重新集聚，使焊后状态的接头强度系数下降。显然，采用高能束

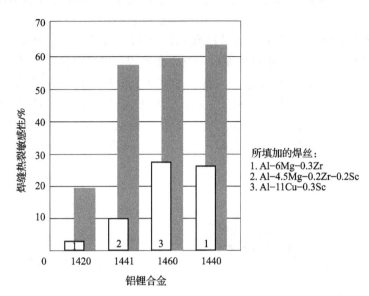

所填加的焊丝：
1. Al-6Mg-0.3Zr
2. Al-4.5Mg-0.2Zr-0.2Sc
3. Al-11Cu-0.3Sc

图 9　几种铝锂合金加丝焊（白框）与不加丝焊（黑框）的热裂敏感性试验结果对比

焊接（电子束焊或激光焊）比采用氩弧焊有优势。为了恢复近缝区的强度，可采用焊后人工时效处理，或在焊后重新淬火时效处理。

一般，采用 Al-6Mg-0.3Zr 焊丝的 1420 合金氩弧焊接头强度可达 290~320MPa，接头强度系数为 70%~75%；采用电子束焊接，其强度可达 350~380MPa，接头强度系数为 80%~85%。焊后，重新淬火并时效可提高强度系数到 95%。

铝锂合金作为焊接结构材料，在飞行器上的进一步扩大应用有赖于研究开发新的填充焊丝，及优化焊后热处理制度。与此同时，应引入断裂力学方法对接头和构件的断裂韧度、疲劳强度、损伤容限进行系统的研究与数据积累，为设计提供依据，满足对焊接结构完整性的要求。

3　先进焊接技术推动新结构的设计与制造

从国外航空特种焊接技术所取得的进步来看，近期除侧重于解决钛合金、铝锂合金焊接难题外，应有选择地在先进焊接技术的若干方面开展预先研究和生产技术改造的应用开发。

3.1　高能束焊接技术

与国外相似，电子束焊接在我国航空工业中首先应用在发动机压气机转子、轴、机匣和高温部件等。作为今后预先研究的方向，从"九五"开始，将以重要承力结构件的电子束焊接为主要目标。通过对航空材料电子束焊接数据和工艺资料的积累，建立数据库和专家系统，制定工艺标准，将是这项技术稳定应用与进一步提高的基础。

激光焊接的应用，在国外航空界已受到广泛的关注。例如，在欧洲，空中客车 A330/340 机身壁板的新结构设计方案之一就是激光焊接整体结构。如图 10 所示，用激光束将机身蒙皮（6013 T6 铝合金）与筋条（6013 T6511）焊接成整体机身壁板，取代现有的铆接密封壁板，可减重 15%，并降低成本 15%[5]。采有 10kW 的 CO_2 激光器，成功地焊接了 6013 铝合金壁板（2mm）与筋条（6013，4mm）的 T 形接头（填加 Al-Si12 焊丝），在焊速为 10m/min 的条件下，实际焊接功率为 4kW。整体焊接壁板的宽度约 2m。

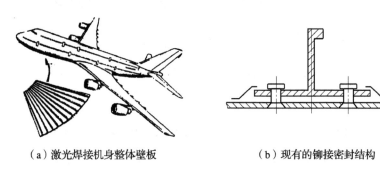

（a）激光焊接机身整体壁板　　　　　　　（b）现有的铆接密封结构

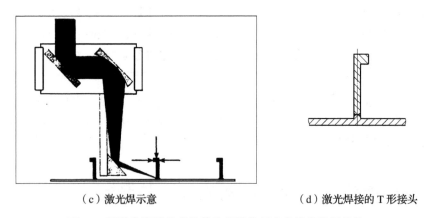

（c）激光焊示意　　　　　　　　　　（d）激光焊接的 T 形接头

图 10　用激光焊接机身整体壁板替代现有的铆接密封结构

上面这个典型实例展示了激光焊接在飞行器结构制造中有着很广阔的应用前景。在我国，5kW 工业用 CO_2 激光加工设备的应用已逐步普及，10kW 激光器也可望在不久进入工程化应用阶段。不失时机地开展大功率激光焊接的应用技术基础研究是当务之急。

3.2　固态焊－扩散与摩擦焊

与熔焊方法相比，固态焊的优越性已成为航空制造业的共识。近年来，随着工艺方法的完善，设备性能的提高，固态焊有加速发展的趋势。

扩散焊虽有成功试用于重要钛合金构件的先例（如飞机襟翼导轨、承力梁、直升机旋翼轴颈等），但采用自扩散方法对工艺过程的技术要求非常苛刻，受到设备条件的制约。俄罗斯轻合金研究院在大型扩散焊设备上已制造出钛合金整体叶盘。

在可以明显提高飞机结构重量/性能比的效益驱动下，近 20 年来，钛合金超塑性成形/扩散连接组合工艺（SPF/DB），为飞机和发动机钛合金部件的制造另辟蹊径，并已得到越来越多的工业应用。除夹层壁板、带刚性加强的空心叶片等典型结构适合于用 SPF/DB 技术制造外，目前已开始应用这项技术制造复杂承力结构。如在美国 B-1 轰炸机上已大量采用 SPF/DB 制成钛合金蜂窝结构部件；麦道公司在设计制造 C-17 军用运输机时，把钛合金 SPF/DB 蜂窝结构用于发动机吊舱，取代了沿用的铝合金铆接与机械连接结构。

铝锂合金虽具有很好的超塑特性，但由于材料在扩散焊工艺方面没有突破性进展，限制了铝锂合金在许多结构上更广泛的应用。无疑，铝锂合金扩散焊技术的突破正酝酿着航空特种焊接的一个新进步；正如钛合金的 SPF/DB 技术的发展一样，铝锂合金的 SPF/DB 也将会为航空制造工程打开局面。

摩擦焊在航空特种焊接中所占的比例并不大，但其重要性已在焊接发动机转子部件上得到了无可争辩的认可。为了使这项技术在我国航空工业中发挥优势，在引进大型惯性摩擦焊设备的同时，必须开展相关的技术基础研究，系统地研究材料摩擦焊特性，制定工艺、规范与标准。

英国焊接研究所开发了线性摩擦焊，已大面积应用于塑料工程。在 80 年代后期，MTU 公司与罗尔斯-罗伊斯公司合作，开始把线性摩擦焊用于发动机整体钛合金叶盘的制造，并已取得成功[6]。图 11 比较了常规带榫槽盘和叶片的组装与线性摩擦焊完成的整体叶盘，后者可减重 60%。

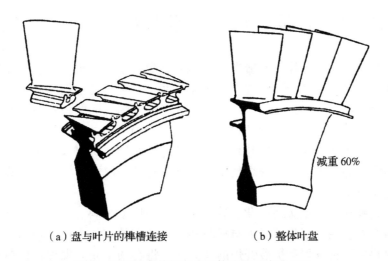

（a）盘与叶片的榫槽连接　　　　（b）整体叶盘

图 11　用线性摩擦焊制造整体叶盘可减重 60%

普拉特－惠特尼公司已开始用线性摩擦焊（设备制造商：MTS Systems Corp.，Eden Prairie，Minn.）把 F119 发动机上的钛合金风扇空心叶片焊接成整体叶盘[1]。

最近，英国焊接研究所又推出一项新的专利技术——搅拌摩擦焊（Friction Stir Welding），其原理示意见图 12。瑞典 ESAB 公司按许可证制造了专用焊接设备——Super Stir，已在欧美航空、航天制造业中开始应用。美国著名的航空、宇航大公司争相获取了使用搅拌摩擦焊的专利许可证。据波音公司报道，搅拌摩擦焊已成功地应用于在低温下工作的铝合金薄壁压力容器，完成了纵向焊缝的直线对接和环形焊缝沿圆周的对接[7]。麦道公司也已将这种方法用于制造"德尔尼"（Delta）运载火箭的推进剂贮箱[1]。搅拌摩擦焊目前还仅限于对各类铝合金的焊接，可焊厚度从 2mm 到 38mm。用常规熔焊方法不能焊接的 2××× 系列铝合金，采用搅拌摩擦焊可获得好的焊接性。与氩弧

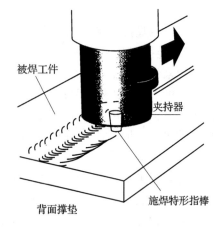

被焊工件

夹持器

背面撑垫

施焊特形指棒

图 12　搅拌摩擦焊原理示意

焊接头相比，同一种铝合金的搅拌摩擦焊接头的强度高 15%～20%，延伸率高一倍，断裂韧度高 30%，接头区为细晶组织，焊缝中无气孔、裂纹等缺陷；此外，工件焊后残余变形很小，焊缝中残余应力很低。这种新焊接方法的缺点是，为了避免搅拌引起的振动力使工件偏离正确的装配方位，在施焊时必须把工件刚性固定，从而使它的工艺柔性受到限制。

在我国航空制造技术的"九五"预研计划中，惯性摩擦焊已被列为重点研究项目；对线性摩擦焊、搅拌摩擦焊的先期研究也将会为焊接结构的优化设计提供新的思路。

3.3　钎焊、扩散钎焊与真空电弧焊技术

发动机高温部件、叶片的制造带动了高温钎焊技术的发展。为了提高钎焊接头的性能，钎焊后宜进行扩散处理，这项工艺在一些材料和构件上已得到应用，称之为扩散钎焊或者瞬间液相连接的技术，是介于钎焊和扩散焊之间的一种很有前景的焊接方法。进一步开发扩散钎焊技术的关键是根据材料选择合适的中间活化层。目前，这项技术已成功地应用于涡轮导向器叶片和工作叶片的制造。研究开发适用于钛合金复杂结构件和蜂窝夹芯壁板的扩散钎焊技术，对于提高某些航空结构件的制造工艺性和经济性具有现实意义。

高性能的新材料，如金属间化合物材料、工程陶瓷材料、陶瓷基复合材料、金属基复合材料等的应用，面临着寻求与材料特性相匹配的连接方法的难题。研究开发适用于这些材料的特种钎焊和扩散钎焊的新方法，将有助于充分发挥材料在工程应用中的特定功能。

经过几年的探索，开发真空电弧技术用于焊接和局部加热钎焊已有所进展。这项技术已用于苏联发动机涡轮工作叶片的制造。在真空条件下，利用空心阴极放电形成可控的局部加热热源，在叶冠接触碰撞面上钎焊耐磨片（见图13），可显著提高叶片的工作寿命。这项技术可望在"九五"期间应用于新型号发动机叶片的制造和对在役机种已磨损叶片的修复，有较大的技术经济效益。真空电弧焊接与钎焊也是一种有待开发的太空连接技术。

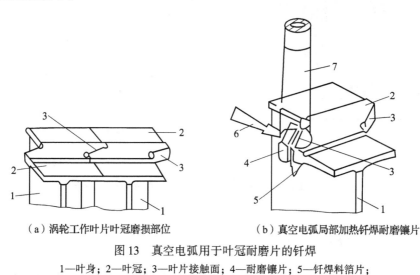

（a）涡轮工作叶片叶冠磨损部位　　　　（b）真空电弧局部加热钎焊耐磨镶片

图 13　真空电弧用于叶冠耐磨片的钎焊

1—叶身；2—叶冠；3—叶片接触面；4—耐磨镶片；5—钎焊料箔片；
6—钎焊时施加压力；7—真空电弧

3.4　气体保护焊、计算机技术与焊接自动化

尽管新的焊接方法不断出现，但钨极氩弧焊仍然还是应用面广、工作量大的航空焊接制造技术。航空工厂亟待用计算机技术和自动化装备对传统的焊接工艺进行技术改造。在航空生产中，用机器人代替人工操作，其主要目的是保证焊接过程工艺的再现性。这在完成复杂结构的空间焊缝的焊接时尤为重要，如铝锂合金的机翼油箱的焊接等。在稳定焊接工艺质量、提高接头质量方面，利用计算机技术对焊接过程进行自适应和智能化控制的研究是气体保护焊技术基础研究中的重要方向。

如前所述，用钨极氩弧焊制造带筋壁板，依靠"穿透焊"方法来提高电弧穿透能力并非最佳选择。乌克兰巴顿电焊研究所开发的沿待焊区表面的熔剂涂层施焊的方法，在英国工业生产应用中取得了很好的效果[8]。钨极氩弧焊的弧柱受到熔剂层中活化元素蒸气分子与带电粒子的包围和压缩（见图14（a）），弧柱的电流密度增大（见图14（b）），焊缝的熔深也明显增加。这种方法可能成为壁板与筋条T形接头穿透焊的优选方案。

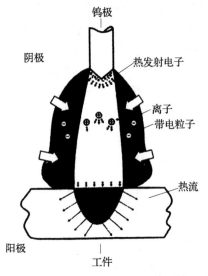

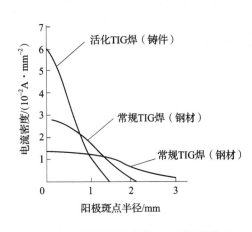

（a）沿工件表面活化剂涂层施焊时电弧弧柱受到压缩　　　　（b）在阳极斑点半径方向电流密度增大

图 14　沿工件表面活化剂涂层施焊时电弧弧柱受到压缩

3.5　焊接结构的完整性

为了保证航空焊接结构在制造中的高质量、高可靠性和高经济性，除采用先进的焊接方法和优良的工艺装备外，还应着眼于从整体结构上评价并克服焊接对母材造成的损伤，包括冶金的不均匀性、力学的不连续性和几何形状的不完善性。

在过去的十多年间，我们在飞行器焊接结构的几何形状完善性的控制方面开展了研究，把焊接力学用于薄壳结构焊接应力与变形的控制，取得成效；"低应力无变形焊接"专利技术已在航空发动机薄壁机匣的生产和航天运载火箭燃料贮箱制造中成功地应用[9]。在"九五"期间，把这项新技术应用于新型号飞机的铝合金、钛合金带筋壁板的研制，尚需攻克诸多技术难关。

飞行器焊接结构的完整性取决于设计、选材与制造三位一体系统工程的正确实施。为此，应运用断裂力学，对焊接结构从设计、选材到制造的全过程进行质量评估与检测。在系统的科学试验基础上，利用计算机技术建立材料焊接工艺、接头力学性能、损伤容限的数据库和专家系统，以指导实践；并在飞行器全寿命使用中科学地进行安全监测和寿命预测。

结束语

（1）基于新型号飞行器的研制及生产的需求牵引，在过去 40 年间，我国航空特种焊接技术有了长足发展，研究开发了适用的焊接方法，满足了机种新型号发展的要求。

（2）就技术水平而言，我国在航空特种焊接方面与国外相比，差距较大。亟待用先进的焊接技术和与之相配套的精良装备对现有生产进行技术改造。

（3）把焊接应用于飞行器钛合金、铝锂合金重要承力结构的制造，是发展特种焊接技术的新机遇。开展应用技术基础预先研究，用不断创新的先进焊接技术赢得日益扩大的航空制造市场。

（4）焊接工艺与结构设计的紧密结合是在先进飞行器重要构件研制挑战中取胜的关键；赋予焊接结构以良好的"工艺性"，保证焊接结构完整性，有赖于设计师与工艺师取得共识。

参考文献

［1］Bob Irving. Why aren't airplanes welded?. Welding Journal，1997（1）.

［2］关桥. 我国航空焊接技术的进展［J］. 航空科学技术，1991（2）.

［3］А Г Буратухин，и др. Технология Производства Титановых Самолётных Конструкций. Машиностроение，Москва，1995.

［4］R Ilyushenko，U Kruger，et al. Fusion welding of lightweight high strength aluminium – lithium alloys. DVS – Berichte Band 154，1993.

［5］P Heider，et al. Laser beam welding——a perspective joining technology in the aircraft. DVS – Berichte Band 154，1993.

［6］Wilhelm H，Moloney K C，et al. Linear friction bonding of titanium alloys for aero – engine applications. Titanium'95：Science and Technology，Conferenc Proc.

［7］Mahoney M W. Friction stir welding for aluminium aerospace structures. Welding & Joining，Jan/Feb. 1997.

［8］Lucas W，et al. Activating flux – increasing productivity of the TIG processes. Welding & Metal，Fab. Jan. 1996.

［9］关桥，郭德伦，张崇显，等. 航宇薄壳结构的低应力无变形焊接新技术［J］. 航空工艺技术，1996（4）：4 – 7，15.

真空电弧焊接与钎焊技术研究①

孙乃文　关　桥　郭德伦　张奕琦

摘要：主要研究真空条件下的自持放电电弧——空心阴极真空电弧作为新型热源用于熔化焊及钎焊的工艺适应性。研究结果表明，该热源用于熔焊时，电弧挺度大，穿透能力强，焊缝正反面成形好，接头强度及塑性指标均优于常规焊接方法。而将其作为局部加热热源用于真空钎焊时，又具有电弧柔性大、升温速度快、参数可控性好、焊缝成形好等优点。

关键词：真空电弧；空心阴极；焊接；钎焊

真空电弧是一种在一定真空条件下的空心阴极自持放电电弧，作为一种新型的真空条件下的热源，用于熔焊与钎焊时，与常规的焊接热源相比，具有许多独特的优点[1,2]。本课题旨在通过对空心阴极真空电弧放电现象及其作为新型热源用于熔焊与钎焊的工艺适应性研究，探索其焊接工艺特点，并进而寻求其实际应用方向。

1　试验方法与装置

试验装置的结构见图1。

真空室极限真空度为 2×10^{-3} Pa，真空电弧发生器 2 相当于常规气体保护焊焊枪，两者最显著的差别在于其阴极为空心结构，垂直提升机构 3 用于调节电弧长度。

在真空条件下点燃空心阴极电弧可采用接触式或非接触式引弧方式。

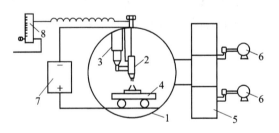

图 1　试验装置结构示意图

1—真空室；2—真空电弧发生器；3—垂直提升机构；
4—运动平台；5—高真空扩散泵；6—低真空机械泵；
7—TIG 焊电源；8—微流量离子气供给通路

①　此文刊登在：《焊接学报》第 18 卷第 3 期，1997 年 9 月；《北京航空工艺研究所建所 40 周年论文集》，1997 年 7 月。

2　试验结果及分析

2.1　空心阴极真空电弧放电形态及其加热特点

由于放电条件不同，因而与常规条件下的电弧放电相比，空心阴极真空电弧的放电形态及能量分布有十分明显的不同。首先表现在阴极发射位置的不同，常规电弧阴极发射位置一般处于阴极端部，而空心阴极真空电弧阴极发射位置则处于阴极空腔内部，在阴极空腔内，等离子体中的电子密度沿轴向呈非线性分布[2]。在试验中直接观察的结果表明，活化区（阴极加热呈白炽状态的区域）的位置与阴极放电电流的大小有关，在放电电流为 10～25A 时，活化区位于阴极长度方向的中间部位；但当电流大于 50A 后，活化区移向阴极的前端部。其次表现在电弧形态及能量密度的不同，有下列几点。

（1）电弧稳定燃烧的弧长范围大幅度增加，在零点几毫米至数百毫米的弧长范围内，电弧都能稳定燃烧。其原因主要是放电环境为低压强（10^{-3}Pa）介质，在这种条件下，放电电压 U_s、压强 p 与弧长 d 满足巴邢规律[3]，即当 U_s 不变时，降低放电气氛的压强，则弧长 d 可以相应增加。

（2）电流较小（50A 以下）的情况下，电弧能量密度低，柔性大。由于放电气氛压强低，造成电弧强烈发散。当弧长较大时（数十毫米），弧柱直径也随之增大至数十毫米，电弧轮廓不清晰，能量密度较低，在径向分布的梯度比较小，可作为较理想的真空局部加热热源进行真空钎焊等。

（3）随着放电电流的增加，电弧挺度逐渐增加，能量密度升高。当电流升至 50～80A 时，弧柱直径收缩至相当于空心阴极内径的尺寸，能量密度骤增。此时的电弧已变为一束挺度很好、穿透力很强的真空等离子弧，可作为较理想的熔焊热源，进行各种难熔易氧化金属在真空条件下的高质量焊接。初步分析该现象产生的原因为在较强的放电电流作用下，弧柱中离子数量骤增，在径向出现了离子聚焦效应。同时，在阳极区会产生一定的金属蒸气，进一步强化了对电弧的压缩作用，使电弧能量密度升高，能量密度在径向分布的梯度加大，促使离子骤焦效应进一步增强。

2.2　真空电弧熔焊工艺试验及结果分析

试验材料为 TC4 钛合金（淬火加时效状态）及 1Cr18Ni9Ti，厚度 2.0mm，采用脉冲焊工艺，不添加焊丝。焊接工艺参数为：焊接电流峰值 120A，基值 50A，峰值时间 0.1s，维弧时间 0.2s，弧长 10mm，焊接速度 15m/h，离子气流量 15mL/min。

焊接结果表明，焊缝成形优良，背面呈圆滑过渡，焊缝表面光亮无氧化，内部无夹渣裂纹等缺陷。钛合金接头宏观组织照片见图 2。这种接头具有良好的熔合区的圆滑过渡，应力集中系数小，同时又可获得优异的接头综合力学性能指标。真空电弧用于钛合金承压气瓶的焊接是一种比其他方法更有优势的技术方案。

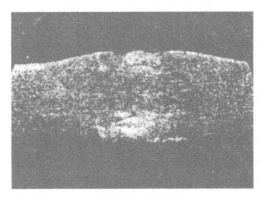

图 2　TC4 熔焊接头金相组织（×10）

钛合金焊接接头与母材的拉伸强度对照指标（平均值）见表 1。

表 1　接头拉伸强度

试件种类	$\sigma_{0.2}$/MPa
TC4 焊接接头	1058
TC4 母材金属（淬火加时效）	1186
TC4 母材金属（退火状态）	900

从表 1 可以看出，真空电弧焊接接头的强度指标可达到母材淬火加时效状态强度的 90% 以上。

三点弯曲试验结果表明，TC4 焊接接头弯曲角可达 45.5° 以上，而相应的母材弯曲角仅为 20° 左右。这表明真空电弧焊接接头的塑性指标相对于母材来说有较大改善。其原因主要在于真空电弧焊接时焊缝金属在真空条件下熔化后再次凝固，相当于又经历了一次真空熔炼过程，钛合金焊缝金属被提纯，从而使其塑性指标得以提高；若采用钨极氩弧焊，则焊缝的塑性指标要低得多。

进一步的试验还表明，由于熔焊时电弧的挺度很高，因而当弧长在很大的范围内（1~30mm）变动时，熔深几乎可保持不变。这种电弧特性赋予焊接工艺更好的柔性。

2.3　真空电弧钎焊工艺试验及结果分析

试验材料分别为 1Cr18Ni9Ti 板（δ = 1mm）、TC4 板材（δ = 0.8mm）及 K417 铸造高温合金（涡轮叶片），接头形式为搭接及 T 形接头。所用钎料分别为 BNi – 2 非晶态箔状钎料、BAg72 – Cu 箔状钎料、BAg66CuMnNi 丝状钎料及 Bпр – 27 镍基非晶态箔状高温钎料。钎焊试验时的工艺参数为弧长 20~70mm，电弧电流 15~30A，离子气流量 30mL/min。钎焊过程可通过真空室观察窗直接观察。钎焊结果表明，各种材料及接头形式的钎焊接头钎着率均达 100%。焊缝连续，表面光洁，呈金属光泽。所有接头经超声及 X 射线探伤检验，均未发现任何气孔、裂纹及疏松等内部缺陷，图 3~图 5 分别为不锈钢、TC4 及 K417 高温合金钎焊接头的金相组织照片。

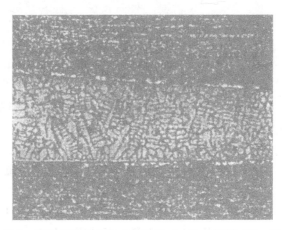

图 3　不锈钢钎焊接头金相组织（×50，钎料 BNi‑2）

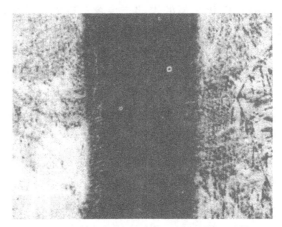

图 4　TC4 钎焊接头金相组织（×100，钎料 BAg66CuMnNi）

图 5　K417 高温合金钎焊接头金相组织（×100，钎料 Bпр‑27）

　　金相分析结果亦表明，焊缝内部组织致密、无缺陷。同时，由于真空电弧局部加热升温速度快，钎焊接头在高温停留时间短，钎焊焊缝组织中不易产生有害的中间脆性相，母材金属亦不易产生晶粒长大规象。这是真空电弧局部加热钎焊与通常真空电炉中整体加热钎焊相比所具有的明显优势。

结束语

空心阴极真空电弧作为一种新型的焊接热源，与常规电弧热源相比，具有许多独特的优点。主要表现在以下几个方面。

（1）在真空中的空心阴极电弧具有很好的工艺柔性。当电流小于50A时，电弧弧柱发散；若电流大于50A，则弧柱直径收缩挺度增大，能量密度骤增，具有良好的穿透能力。

（2）与常规的气体保护焊电弧相比，真空电弧焊接过程全部在真空环境下进行，保护效果好，焊缝成形优良，焊缝组织致密，不易产生缺陷，接头综合性能指标高，尤其适合钛、钽等难熔或易氧化金属的焊接。焊缝正反面成形圆滑，与高能束流焊接接头相比可以减小接头承载时的应力集中。接头所具有的优异综合力学性能指标，使得这种焊接方法用于钛合金承压容器焊接更具优势。

（3）真空电弧用于局部加热钎焊时，零件温升速度快（数十秒），钎焊过程易于观察和控制。钎缝组织致密，不易产生内部缺陷。同时由于高温停留时间短，不易产生有害的金属间化合物及晶粒长大，可获得性能指标优异的钎焊接头。与在通常的真空电炉中整体加热钎焊相比，真空电弧钎焊具有明显的优越性。

（4）可作为一种便于在太空条件下实施焊接与钎焊的技术方案，或用于太空飞行器修复焊接的方法，应进一步研究开发。

参考文献

［1］Ямпольский В М，и др. Известия ВУЗов СССР. Машиностроение，1971（1）.

［2］Неровный，и др. Известия Сибирского Отделения Академии Наук СССР，1985，2（10）.

［3］卡普卓夫 Н А. 气体与真空中的电现象［M］. 北京：高等教育出版社，1958.

《航空制造工程手册——焊接》分册绪论[①]

关 桥

　　焊接是现代制造工程中的一种主要工艺技术，被誉为金属材料的"缝纫师"，能将零件组合连接成整体结构。焊接技术已广泛应用于航空、航天、造船、能源、交通、核工业、石油化工、建筑、微电子等各领域。现代工业生产与新技术的迅猛发展，对焊接技术提出了更高的要求——高质量、高可靠性、高效率和高经济性。

　　焊接是应用技术中的专业学科之一。在当代高新科学技术发展的基础上，多学科的相互交融使焊接科学技术研究成果在不断实现工程化应用的同时，又继续开拓着本学科的新方向，丰富学科内涵，使其日臻完善。焊接科学技术的进步对制造业的发展起着重要的推动作用。

　　在航空制造工程中，广泛采用着各种焊接技术。先进飞行器性能的不断提高，飞机、发动机和机载设备日新月异的发展，促进了航空焊接技术的进步。40 年前，在航空工业中，钨极氩弧焊刚开始应用；而今，航空制造工程已拥有如高能束焊接和扩散焊等一系列先进焊接技术。采用先进焊接技术，使一些常规加工手段难以制造的复杂结构得以实现。焊接技术已成为航空制造工程中的主导工艺之一。

　　在现代飞机设计中，焊接结构所占的比例较大：承力构件——翼盒、框、梁、轴、起落架、作动筒、机身机翼壁板等，优先选用焊接结构；动力装置中的压气机、机匣、燃烧室、高温部件、涡轮导向器叶片和叶片组件等，均为焊接结构；机载设备中的电机、电器、传感元件、热交换器、军械部件等，也都离不开从高能束焊接到微型精密焊接的各类焊接方法。

　　采用先进焊接工艺，实现焊接过程机械化、自动化，扩大计算机技术和机器人在焊接中的应用，是提高航空产品质量，保证飞行器的安全、可靠性，改善结构设计和加工工艺性的关键所在。

　　在航空制造工程中，焊接技术的重要地位和特殊作用，可概括为以下几个方面。

　　（1）焊接是先进航空结构设计方案得以实现的技术保证。

　　焊接是不可拆卸的永久性连接。以小型、简单的元件组合连接成具有特定功能的大型、复杂焊接结构，是提高航空结构性能及其制造工艺性的重要发展方向。在发动机上，采用电子束焊或摩擦焊，保证了整体焊接转子设计方案的实施；飞机整体翼盒

---

　　① 此文刊登在关桥主编《航空制造工程手册——焊接》分册，航空工业出版社，北京，1996 年 9 月。

这样的大型重要承力结构，是以将数十块厚板钛合金件的电子束焊接为技术保证。焊接既保证了结构件的先进设计指标和使用性能，减轻重量，提高推重比，又改善了结构制造的工艺性。

（2）采用焊接技术，增加航空结构设计选材的灵活性，提高材料利用率。

在整体焊接结构上，可根据各部位的功能和工作条件，选用不同材料，把异种材料焊接在一起，使构件材料的选择与匹配更加合理。例如，发动机的涡轮机匣，可以采用高强度高温合金的安装边和低膨胀系数的高温合金壳体的组合焊接结构，既满足构件力学性能又达到气动设计对高温部件转动间隙的主动控制要求。机载设备中，采用钎焊或扩散焊方法，将金属与非金属材料组合连接成具有特定功能的构件。

（3）采用焊接技术，促进航空结构高精度组合连接工艺的发展。

焊接已发展成为航空制造工程中精密组合装配连接工艺技术，是一些构件的最终加工工序。例如，利用能量密度高、热输入小的电子束，焊接发动机转子鼓筒盘件组合和传动齿轮的组合件；精确地控制焊接变形，保证盘件榫槽和齿轮的相对位置的精度；焊后，不再进行精加工。采用"低应力无变形焊接法"，保证薄壳结构在焊后不发生失稳翘曲变形，可取消传统工艺流程中的焊后矫形和热处理消除焊接残余应力的工序。机载设备中的电子元器件，是靠精密、微型、自动化的特种焊接方法，实现其最后精确安装与可靠连接。

（4）采用焊接技术，扩大新型工程材料和功能材料在飞行器结构上的应用。

航空新材料的开发（如高强度钛合金、铝锂合金、金属间化合物与陶瓷复合材料等），需要有与其相应的先进焊接技术，才能制成结构件，发挥新型材料的特定功能。

材料的"焊接性"概念，随着焊接技术的进步，已扩展了其传统的技术内涵。新的焊接方法，如高能束焊接、固态焊接等，可以使原先难焊的材料获得良好的焊接性。同时，根据焊接工艺的要求，研制具有良好焊接性的新型材料，也是航空焊接科技发展的一个重要方向。新型材料的开发与焊接技术的进步，二者相辅相成，共同发展。

（5）采用焊接技术，促成航空特种结构设计的新构思。

航空特种结构件设计方案的新构思，在寻求高效、优质、可靠、减重、节材、低成本的制造过程中，焊接技术有其不可替代的优势。例如新发展的超塑性成形/扩散连接技术，促成了钛合金零件组合成复杂结构的新构思，扩散焊成为实现飞机结构设计的全新制造技术。为了提高发动机效率，用焊接方法完成高温部件的蜂窝封严结构，复合式多孔气膜冷却层板结构，组合式叶片、盘、轴结构等，充分显示了焊接技术的工艺灵活性。焊接技术赋予航空结构设计以更多的制造柔性。

综上所述，飞行器焊接结构的完整性取决于：合理的结构设计、正确的材料选择和优质的焊接施工。焊接，作为一种常规的而又不断创新的工艺技术，虽然在航空制造工程中有其重要地位和特殊作用，但是，焊接技术本身的特点，又会对结构的母材带来一定程度的损伤。焊接接头具有局部力学性能的不均匀性、冶金性能的不连续性和几何形状的不完善性。这些特点，决定了在实际生产中，焊接专业工程技术人员应与设计师、质量检验师们密切配合，共同协作，解决施工中可能出现的各种技术难题，保证获得合格的优质航空焊接产品。

　　我国航空制造工程中的焊接技术，就整体而言，与国际先进水平尚有较大差距，亟待进行配套技术改造。加快保证高质量、高可靠性的先进焊接方法和机械化、自动化焊接技术的发展，扩大计算机技术在焊接生产中的应用，提高航空焊接工艺技术的效率和经济性，以适应航空工业的腾飞和开拓国际市场的需求。

我国航空工业中的焊接技术进展①

关　桥　　邵亦陈

摘要： 航空焊接技术已发展成为飞行器制造工程中的一种主导工艺方法，并形成了教学、科研与生产相衔接的航空焊接体系与行业，为飞行器新结构的设计与新材料的采用提供了技术保证。焊接结构在新型飞行器结构中所占的比例不断上升，新工艺方法的科研成果在生产中应用取得良好的技术经济效益。航空焊接标准化与焊接培训工作已有了基础。面临的行业技术改造任务艰巨，应结合国情，开拓创新，加速发展。

1　航空焊接科技面向生产应用形成航空焊接行业

在我国航空工业发展的 40 多年间，航空焊接技术已从最初的辅助修理手段发展成为飞行器结构制造工程中的一种主导工艺方法，并建立起航空焊接教育、科学研究与焊接制造生产三者相互衔接的体系，从而形成了一个航空焊接行业。40 多年来，在航空工业中，焊接技术取得长足进步，并在航空制造工程中占据重要地位，可以概括为以下几个方面。

1.1　为新型飞行器结构的设计与制造提供了技术保证

随着飞机及其动力装置、机载设备的发展，在我国已经批生产多种型号的飞行器中，在自行设计和研制新型号的总进程中，焊接技术得到了相应发展，基本上满足了型号任务中新结构、新材料提出的越来越高的技术要求。

飞行器新型号的发展对航空焊接技术的进步无疑是一种牵引力，而焊接技术的进步又是实现先进结构设计的推动力。设计人员与工艺人员的共同参与，反映了当代航空焊接结构和焊接技术发展的规律和特点。这一特点，在航空重要焊接结构的设计与制造过程中，在焊接工艺的开展与应用中体现得更为明显。例如，我国已成功地把扩散焊（DB）工艺与超塑性成形（SPF）工艺相结合，采用 SPF/DB 组合工

---

①　此文刊登在：《航空科学技术》，1991 年第 2 期，庆祝航空工业创建 40 周年专刊；《中国焊接学会 30 周年纪念文集》，1992 年 5 月，北京，中国机械工程学会焊接学会。

艺方法制造出飞机钛合金承力结构件（见图 1）；采用电子束焊接方法成功地制造了新型发动机的压气机钛合金整体转子部件；采用激光焊方法成功地制造出小格蜂窝芯（见图 2），为提高航空发动机性能，实现钎焊结构的蜂窝封严环提供了技术保证。

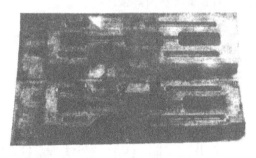

图 1　北京航空工艺研究所采用超塑性成形/扩散连接组合
工艺方法（SPF/DB）制造的钛合金承力结构件

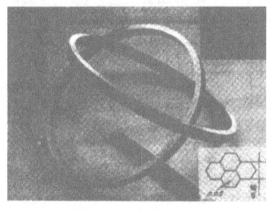

图 2　北京航空工艺研究所采用激光焊接方法拼焊成的小格蜂窝芯，
用于航空发动机封严环钎焊结构

在牵引力与推动力的相互结合方面，航空焊接技术目前所应具有的推动力还很薄弱，有待于通过对预先研究工作和技术基础研究工作的更多支持，来加强这个推动力。因此，在这方面资金的投入，将是使牵引力与推动力之间形成良性循环的关键。

1.2 焊接结构在飞行器结构中所占的比例迅速增长

作为一种具有很好柔性的制造工艺方法，在飞行器研制中，焊接可以保证结构设计中先进构思的实现，可以采用新材料制造复杂的结构、减轻结构重量、降低生产成本、提高结构的寿命与可靠性。因此，在 20 世纪的后半叶，从 50 年代到 80 年代，在国外先进飞行器结构设计中，焊接结构所占的比例迅速增大，在喷气式发动机上的增长率大约为每 10 年增加 10%。在我国喷气式发动机型号发展中，焊接结构的增长率大体上也接近这一水平。可以说，先进的喷气式发动机就其结构整体而论，就是一台由熔焊、钎焊和电阻焊构件组合而成的焊接结构。图 3 所示为一台喷气式发动机上的典型薄壁焊接机匣结构示意图。在这个机匣的内部还有成千的焊接构件，诸如燃烧室、叶片、涡轮和压气机的盘、轴等重要承力焊接构件。

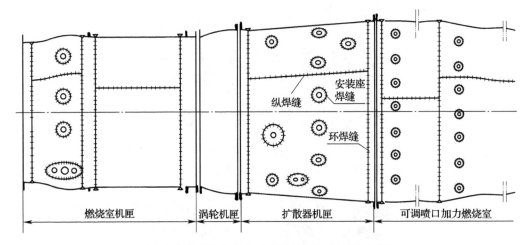

图 3　喷气式发动机典型薄壁机匣焊接结构示意图

在飞机结构上有些重要结构件也采用了先进的气体保护焊和埋弧焊方法来制造。随着新的工艺方法 SPF/DB 的进一步发展和可焊的铝锂合金应用的扩大，焊接结构在飞机结构中所占的比例可望有大的增长。

采用焊接结构的比例不仅是衡量航空焊接技术进步的判据，而且也是评定飞行器结构设计先进性的判据之一。大量采用焊接结构，表明了我国的航空焊接技术已成为一种航空制造工程中的主导工艺技术。

1.3 航空焊接新工艺方法的扩大应用保证了产品质量的提高

航空焊接技术的进步是与国内焊接行业的发展同步实现的，同时也为发展我国的焊接科技事业做出了贡献。在航空产品型号发展的技术牵引下，航空焊接科技必须跟踪国际上先进技术的发展，这对我国焊接技术的发展在某些重要领域起了促进和带动作用。飞行器结构已由 60 年代前的厚、粗、重发展为现今的薄、精、轻，新结构材料的性能指标也有了大幅度的提高。与此相适应，我国航空焊接行业已对几乎所有的先进焊接工艺方法进行了研究与开发。一些先进焊接工艺技术在生产中得到了应用，保证了航空产品质量的不断提高。以高能束流（电子束、激光束、等离子体）为热源的特种焊接技术在航空工业中的应用正在扩大。国产的 15kW 电子束焊机，已稳定地应用于航空发动机构件的焊接。热源能量密度较低的气焊、氢原子焊和手工电弧焊已退居为辅助工艺手段。

减少热量输入，提高焊接接头质量和精度的先进焊接工艺方法和技术，大多首先是在航空工业中开发和应用的。如电子束焊接、脉冲氩弧焊（含熔化极）及等离子弧焊等，均早在 60 年代中期已成功地应用于航空工业。扩散焊以及 SPF/DB 组合工艺技术也首先是在航空工业中取得了技术经济效益。除了借鉴国外先进焊接技术，发展我国航空工艺外，在一些领域有了创新和开拓。例如，低应力无变形焊接方法就是适合于航空、航天工业中薄壁构件焊接的一项发明创造。采用这种技术可以获得无变形的焊接效果，突破了在理论与实践中的"焊接变形不可避免"的认识（见图 4）。

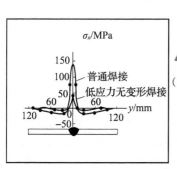

（a）低应力无变形焊接法可以把焊缝中的拉伸残余应力峰值降低三分之二以上（1.5mm 厚铝合金 LF6）

（b）与普通焊接后有严重失稳变形的情况（上）相比低应力无变形焊接新技术保证完全不变形（下）（1.6mm 不锈钢，钨极氩弧焊）

（c）1.6mm 铝合金试件钨极氩弧焊后变形情况比较：采用有夹具焊后失稳翘曲变形严重（上图），而采用低应力无变形焊接新技术可以保证工件完全没有变形（下图）

图 4　普通焊接后的残余应力和变形与采用低应力无变形焊接法的结果对比

低应力无变形焊接法已在航空、航天结构上应用并取得良好的技术经济效益。在航空工业中，一些传统的焊接方法（埋弧焊、气体保护焊、钎焊、电阻焊）和焊接设备正在采用微型计算机控制而得到技术改造，提高机械化、自动化程度，对焊接条件和工艺参数实现监控，提高并稳定了产品质量。采用微机控制对航空工业中电阻点焊、缝焊机的大面积技术改造取得了显著的成效。航空焊接技术向精密化方向的发展，在我国航空工业中这一趋势已很明显。在一些重要精密构件的制造中，焊接是制造工艺流程中的最后工序。焊接技术在我国航空制造技术中已进入可以实现精密加工的工艺行列。

1.4　建立了体系，形成了航空焊接行业

经过了 40 多年的努力，建立起了航空焊接教育、科学研究和焊接制造生产三者相互衔接的体系，形成了航空焊接行业。

已经在三所航空高等院校（北京航空航天大学、南昌航空学院、西北工业大学）中建立有焊接专业教研室。为航空工业培养出大批中专和大学本科毕业生及研究生，向航空工业输送了大量焊接专业人才。在北京航空材料研究所和北京航空工艺研究所各设有焊接专业研究室，他们担负着新材料、新焊接工艺方法和设备的研究工作，以及焊接技术应用基础研究、型号预研和焊接技术攻关任务，并为工厂的焊接技术改造提供相应的技术。在一些生产部门也已设置了焊接实验室。航空焊接行业已拥有一支数千人的专业化焊接科技与工程技术队伍。

1.5　基础性建设工作迈出了可喜的一步

航空焊接标准化工作已步入正轨，焊工培训制度已经建立。这是一项非常重要的基础性建设工作，为我国航空工业走向世界迈出了可喜的一步。

2　迎接挑战　把握机遇

在跨入 20 世纪最后 10 年的时刻，国内外的焊接界专家们预言：焊接科学与技术正面临着一个关键时刻。因为它已经落后于高技术、新材料的发展，它和许多重要工程结构的发展要求也已不相匹配。由于我们还不能更科学地运用焊接技术，从而更经济、更有效、更可靠地制造产品，这将严重地影响新材料功能的发挥，并阻碍重大工程项目的实施。在航空、航天领域中，焊接科学与技术面临的挑战将更为严峻。我国国民经济发展新的十年规划的实施将迎来 2000 年，第八个五年计划的执行有着决定性的意义。在"八五"期间，干线客机的制造、高性能发动机的研制均对焊接技术的发展提出了新的更高的目标。任务艰巨，挑战与机遇并存。应充分认识差距，摒弃妄自菲薄；有预见而积极地迎战，把严峻的挑战转变为难得的机遇。今后的 10 年，应该在如下几个方面加速我国航空焊接技术的发展，把握机遇，迎接新的挑战。

（1）健全航空焊接技术的组织管理体系，更有效地协调全行业的发展规划，充分发挥现有航空焊接教育、科学技术机构的各自优势，根据专业特点开展协作，吸收国内外先进技术和经验，从行业的组织与管理上做好准备，迎接挑战。

（2）加强航空特种焊接科学与技术（含材料、工艺与设备）的基础研究工作，从根本上解决长期存在的研究工作和攻关任务起点水平不高或者是低水平重复的问题。治本，才能改变落后状况；只有打好基础，才能真正作到"上水平"。例如，从焊接结构在发动机结构中所占比例的迅速增长趋势来看，建立一个发动机结构完整性研究总

系统中的分系统，专门研究焊接结构的完整性问题，势在必行。尤其应重视制造工艺因素对结构完整性的影响，制定出我国飞行器焊接结构设计规范与准则，使航空焊接技术标准及工艺指导文件建立在有科学试验结果和定量分析的基础上，并使之系列配套。

（3）在航空特种焊接新技术的应用开发工作中，有选择地重点支持一些试验研究基地的建设，如焊接材料、高能束流焊接技术（电子束、激光、等离子体）、固相焊技术（扩散焊、SPF/DB、摩擦焊、瞬间液相扩散连接）等。尤其在寻求新材料（如铝锂合金）的焊接工艺方法与连接技术（陶瓷等非金属材料和金属基复合材料以及异种材料的钎焊与连接）、开发新结构，如气膜冷却层板结构（见图 5）的焊接制造工艺时，必须为预先研究工作提供必要的条件。

（4）对航空工业中常规焊接技术的改造，应以"低成本自动化"为主要方向。近年来，在国际上，虽然高新技术的自动化与机器人的发展已展现了良好的前景，但就机械制造业整体而言，主要的技术经济效益的获取仍然需要依靠用微型计算机对常规机械装备的改造。低成本自动化的发展方向也已为国际焊接界所公认。在航空焊接技术发展中，把握这一方向，可以避免不合国情、不讲效益地追求"高技术"；也有助于防止在重大技术方案选择时，不考虑国情，没有充分的科学论证，而花费巨额外汇购买国外设备。在引进国外设备时，必须认真从组织上和政策上解决消化国外技术"为我所用"的问题。对工厂现有的焊接装备采用微机控制的技术改造，绝大多数应该在"八五"期间完成。图 6 所示为采用微机控制的真空钎焊设备。

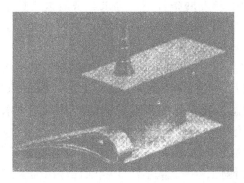 

图 5　用扩散焊方法制造新型航空结构——气膜　　　图 6　微机控制的真空钎焊设备
冷却层板结构，照片为用于高温涡轮叶片的试验件
（北京航空工艺研究所提供）

在航空焊接行业中，对生产厂实施技术改造的同时，绝不应该忽视对专业科研机构和教学单位的现代化建设。

（5）航空焊接技术向自动化、精密化方向发展，要求待焊工件和毛坯的精度以及焊接工艺装备的精度都要有相应的提高。纠正只顾焊接设备更新而忽视焊接工艺装备改造的倾向，对航空专用的焊接工艺装备，应组织专业化生产制造，为生产现场的焊接工艺装备的更新和改造提供条件。例如，采用新型的低应力无变形焊接装置（见图7），取代老式纵缝焊接夹具，可以达到焊后无须再进行热处理消除残余应力和矫正变形的效果，取得更好的综合技术经济效益。

图7　用于薄壁构件纵缝对接焊的新型低应力无变形焊接装置

（6）坚持型号结构设计与焊接工艺选择相结合的道路，相互促进，开拓创新。同一个结构设计方案，可以采用不同的焊接方法来实现。例如，制造钛合金结构件，欧美采用 SPF/DB 的工艺方法，我国也沿着这个方向开发了钛合金构件的 SPF/DB 组合工艺技术；苏联则采用电子束焊、电阻点焊、缝焊与 SPF 相结合的工艺方案来制造钛合金构件。殊途同归，两种工艺技术方案各有特色。再如，在发动机转子部件焊接方法的选择上，苏联、英国采用电子束焊，而美国 GE 公司则采用惯性摩擦焊。这两种技术方案并非相互排斥的方案，而只是在一定的生产发展条件下，寻求经济效益与技术方案的最佳结合点的结果。我们应根据国情，对国外的技术道路做出科学的、实事求是的分析，并以开拓、创新的精神走出自己的路子。

（7）在机载设备、仪表附件、电子装置的焊接制造技术中，应重视近年来迅速发展起来的精密焊接技术（也称微型连接技术）。在这一领域中，集中了几乎所有已知的焊接工艺方法，从熔焊、电阻焊、钎焊到固态连接，发挥了这些方法所具有的高水平功能，利用了各种方法的柔性，并使之微型化、精密化、自动化。

（8）注意提高航空焊接行业中青年科技队伍的技术水平，为他们能结合型号任务，深入生产实践，创造必要的条件，培养锻炼他们，善于从生产实践中提炼出需要进行科学研究的课题，从型号设计和技术发展的趋势中抽象出预先研究与基础研究的目标。强化焊接工人培训制度，严格执行焊接标准与生产法规，这也是航空焊接技术在面临挑战与走向世界市场竞争中首要的基础建设工作。

新型结构材料的焊接/连接技术面临的挑战[①]

关 桥

摘要：新材料研究取得重大进展，但其工程应用却受到焊接/连接技术的制约。发展先进的焊接/连接方法和技术，使之与新型材料的发展步伐相匹配。固态焊接、扩散连接和特种钎焊方法与连接技术将在新型材料的工程应用中显示比熔焊更多的优越性。传统材料的焊接/连接也正面临着大幅度提高生产效率与保证产品质量的挑战。

关键词：焊接；连接；新型材料

在将要跨入 21 世纪的最后 10 年间，新型材料的发展与应用将越来越明显地受到制造技术尤其是焊接/连接技术水平的制约。过去 10 年，新技术革命与材料科学有许多突破性进展，但焊接/连接科学与技术的发展已与不断问世的新型材料的工程应用不相匹配，直接影响着材料科学与工程的四大要素：组织结构、性能、合成和使用价值。由于不能实现有效的焊接/连接，新型材料的优异功能亦将黯然失色，许多采用新材料的工程项目的高性能指标无法体现，更谈不上使焊接产品、构件具有良好的经济性与更高的质量和可靠性。从一开始就重视焊接/连接与材料科学同步发展的部门与国家，将是未来高技术市场竞争的受益者。

1 传统材料、"新兴" 材料的焊接/连接

当人们把注意力集中于新型材料（新结构材料、陶瓷、复合材料、信息材料、功能材料）的发展时，传统材料和"新兴"材料的焊接/连接技术易被忽视。这里所谓"新兴"材料并非指新问世的材料，而是指传统材料在某一领域或部门中的新应用。例如，铝合金材料的焊接，对于航空、航天工业已不算是新技术，但在汽车工业中，铝合金的应用将带动这一"新兴"材料的焊接/连接技术别开生面。"新兴"材料的概念，因国家技术发展水平而异，也与焊接/连接技术在某一特定领域中的发展水平有关。传统材料的发展日趋专用化，甚至为某一工程的特殊需求要研制专门的钢种或合金。设

---

① 此文刊登在《机械工程》，第 2 卷第 3 期，1991 年。

计人员则力图把传统材料的极限性能指标在新产品结构上加以充分体现，以不断提高其使用价值。因此，尽管焊接技术和质量检测技术在不断完善，仍然满足不了对焊接/连接接头提出的更高要求。

对传统材料、"新兴"材料的性能和功能的充分利用还有赖于焊接/连接技术向更高的质量、生产效率与更好的经济性方向发展。例如，在造船和压力容器制造中，电弧焊的柔性和经济性决定了这种方法占据绝对的优势地位。在这些技术领域中，虽然高技术、高成本的自动化在焊接科技界呼声甚高，但简单的和低成本的自动化将会更有成效。除非是在极为关键的材料和特殊工程条件下，否则就不会采用复杂的传感器来实施高成本的电弧焊接自动化。美国麻省理工学院 T. W. Eager 教授认为，高技术并不是焊接自动化面临挑战的答案，而往往最简单的控制技术却是最佳选择，既经济又易于实施。在对比美国和日本在焊接自动化方面的成就后他指出，美国注重于高技术的视觉跟踪、激光显示、远红外摄像等，撰写了许多并非商品的论著；而日本则运用被看作是"不先进"的和简单的触觉传感器、光电管和电弧电压监测技术，创造出高质量产品和高生产效率与经济效益。

传统材料与"新兴"材料焊接所面临的挑战，可以用例子来说明。在未来汽车工业的钣金构件制造中，激光焊接是否会取代电阻焊接？图1给出了不同焊接方法的设备投资成本与薄板焊接生产效率（焊接速度）之间的关系。可以看出，电阻焊的低成本与高效率决定了它的优势地位。除非激光焊接的成本能降低几个数量级，否则就很难在竞争中取胜。

为了争得更多的市场，取得更好的技术经济效益，在推进新型材料焊接/连接科学研究的同时，必须着重致力于传统材料和"新兴"材料焊接/连接技术的加速发展，关键在于提高生产效率。在未来10年中，高能束流（电子束、激光束、等离子束）焊接技术将在更大的范围内取代传统的熔焊、弧焊。例如在航空、航天、核压力容器制造、微电子工业、汽车工业中，高质量、高效率的高能束流焊接方法会在竞争中占有优势。

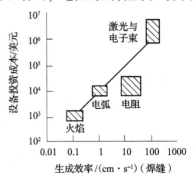

图1　不同焊接方法的设备成本
与薄板焊接生产效率的关系

2　新型材料焊接/连接面临的挑战

对于新型材料的焊接/连接来说，最主要的挑战不在于生产效率的提高，而是用什么新方法能满足对焊接/连接接头的高质量要求，甚至不惜成本。新型材料的应用带来了结构设计的复杂化和专用化。现代科学技术的发展，已经从采用现成材料来设计结构的阶段跨入到为特定的工程构件来设计新材料的阶段。飞行器结构设计的变化就是很好的例证。能耐高温、重量轻、强度高、耐蚀的结构件已不可能选用现有的材料来设计和制造。而根据这些特定技术要求研制出来的新型材料，大多数并不具备良好的焊接性。这已严重地影响了新型材料的实用价值，也给新结构设计造成诸多困难。

在新型材料不断问世的同时，在新工程结构中，焊接接头和各种连接界面的数量增多，一个结构元件往往由几种不同功能材料组合连接成为一个整体。原来在结构设计中应尽可能地减少连接接头数目的规矩已完全被打破；而且，在新材料的结构中，接头大多被设置在工作条件恶劣的部位，以减少高成本特殊材料的用量。通常，接头的设计又以充分利用材料的极限性能为原则，甚至提出接头的性能应能与其两侧基体材料性能相匹配的苛刻要求。所有这些，将会在产品的最终质量与可靠性上得到反映。显然，无论是新型材料的研制者，还是采用新型材料的结构设计师，都对焊接和连接技术寄予厚望。

因此，焊接/连接工程技术人员的一项重要任务就是制定出一整套新的设计准则，减少因焊接/连接接头失效造成的灾难性损失。焊接/连接技术必须成为产品设计与制造一体化中的重要组成部分，而不应该在完成结构设计之后才去选择焊接接头的形式和焊接方法。对工程结构设计人员进行焊接/连接教育，将是保证能否成功地制造出新型材料工程结构的关键。反之，焊接/连接科学技术的发展也要求专业人员掌握更深广的新型材料科学知识，要与设计人员有共同语言。在研究新的焊接/连接方法的同时，还应具备有针对特定材料如何选择最佳连接技术的能力。例如，同一种新材料，若采用电弧焊，其焊接性可能极差；改用电子束、激光焊，焊接性会有所改善；若选用固态焊接或扩散钎焊则可使接头性能满足结构功能的要求。

3　新型材料的焊接/连接方法

过去 10 年，熔焊技术有了长足进步。例如，逆变式电源的出现给弧焊工艺带来重要变化，今后有可能利用这类设备对焊接熔池进行精密监控，并引入人工智能控制，满足新型材料的特殊要求。高亮度的激光束比常规激光束的能量密度要高出 10 多倍，为先进材料的切割和重型构件的焊接提供了新途径。然而，新型材料，尤其是快速凝固或复合材料，若经熔焊，则原有的高性能微观组织结构就不复存在。对于众多新型材料，固态焊接/连接技术是适用的，尽管这些方法的成本高、构件的几何形状受到限制，扩散连接的过程也很缓慢，生产效率低。在航空、航天工业中，固态连接技术已崭露头角。扩散连接和超塑性成形/扩散连接（SPF/DB）组合工艺技术已开始广泛应用于飞行器钛合金、铝锂合金结构件和动力装置高温部件的气膜冷却层板构件的制造。摩擦焊也开始应用于喷气式发动机上重要承力结构件和新材料构件的制造。

陶瓷材料采用微波烧结实现连接的前景十分诱人，为了克服连接表面的不平度和待焊表层的污染与活化表层组织结构，采用瞬间液相（Transient Liquid Phase，TLP）扩散连接法，对于陶瓷、金属基复合材料的连接取得可喜的进展。这种方法也可用于异种材料（如 Cu – Mo）的连接。TLP 方法所用的填充合金，既要满足在过程一开始的钎焊润湿要求，又要具有随后扩散进入基体材料的特性。

在微电子工业中，电子元器件的封装是先进材料连接的代表性技术。封装时，要把金属、高分子聚合物、陶瓷和半导体材料用焊接、钎焊、黏结和固态连接等方法合成一体。

总之，就未来新型材料科学与技术的发展而言，新材料的实用价值，与其说将会受到研制与设计新材料能力的制约，还不如说，开发更多新的连接技术的能力将会为新材料的工程化应用注入生机。

4 工程陶瓷材料的连接

工程陶瓷的焊接/连接技术可以按表1所列方法进行分类。

作为新型陶瓷材料的代表，SiC 和 Si_3N_4 已经应用于先进的工程结构。无论是在工程结构中，还是在电子器件中，陶瓷与陶瓷之间的连接和陶瓷与金属之间的连接都是必不可少的。在日本的尼桑汽车发动机上，涡轮增压器的 Si_3N_4 转子就是用钎焊方法与钢制轴相连接的。Si_3N_4 的密度为 3.19g/cm^3，有优异的抗氧化和抗热冲击性能，比全钢制的转子具有更好的技术经济效益。大规模集成电路与陶瓷基片的连接则是陶瓷与金属连接的又一典型应用实例。

陶瓷与金属的连接要求解决两个重要问题：从科学研究的角度，应对界面反应的机制及对原子级界面上的化学连接与应力的关系做出分析；从工程应用的角度，应在相互不协调的物理化学性质之间寻求最佳的接头性能。而任何中间界面（即使是在超高真空条件下形成的）都会构成材料性能的不连续性；更何况在连接处的材料成分、弹性模量和热膨胀系数均与基体材料特性有很大的差别。如何使这些特性上的差异得以相互协调和匹配，将决定着连接接头的使用特性。由于热膨胀系数的差异而引起的接头界面上的残余应力，其本质就是热应力，难以用热处理的方法消除。为了降低这类应力，必须用选择最佳中间钎料来优化接头设计。有限元数值分析在接头设计与分析计算中是很有力的手段。

表1 工程陶瓷的焊接/连接技术

分类		连接方法	应 用
陶瓷—陶瓷连接	无填充材料	扩散连接	处于试验研究阶段，待结合面直接接触，加紧、加压
		陶瓷焊接	处于试验研究阶段，采用局部热源，使结合面熔化
		电场连接	已工业应用于特定场合，电场加速结合面之间的扩散过程
	有填充材料	非金属液相反应连接	通常用熔化玻璃使结合面熔化、润湿后实现连接
		Mo - Mn 钎焊	已广泛应用，将陶瓷表面用 Mo - Mn 金属化，然后钎焊
		活性金属钎焊	正在扩大工业应用，熔化的合金中含有活性金属，发生反应并润湿金属，使之与陶瓷连接
		微波连接	处于试验研究阶段，用微波对结合面局部加热

表 1（续）

分类		连接方法	应　用
陶瓷—金属连接	无填充材料	玻璃–金属连接	已广泛应用（如灯泡、搪瓷缸），熔化玻璃润湿金属并发生反应后连接
		玻璃–陶瓷与金属的连接	特殊用途，与上述玻璃连接相似，但玻璃连接后再晶化
		扩散连接	处于试验研究阶段，结合面直接接触，加热、加压
	有填充材料	Mo – Mn 连接	已工业化应用，先用 Mo – Mn 使结合面金属化，然后进行金属钎焊
		活性金属钎焊	正在扩大工业应用，在合金中含有活性金属，润湿后连接
		非金属液相反应连接	处于试验研究阶段，在熔化状态活性成分润湿金属发生反应，冷却后实现连接

某发动机薄壁机匣焊接生产与
熔化极脉冲氩弧焊工艺的应用[①]

关 桥

引言

我国自行设计的某型和某甲大型涡轮喷气式发动机的机匣几乎全部都是薄壁焊接结构。这种全焊的薄壁机匣不但可以减轻结构自重、保证产品有足够的可靠性，而且可以使结构具有良好的工艺性。

过去在生产某型号或另某型号等发动机时，机匣结构的制造大部分仍采用大锻件机械加工的方法，全焊结构较少。而在某发动机以及今后自行设计的大型喷气式发动机试制生产中，保证全焊薄壁机匣结构的实现，就可以把大型锻铸件毛坯化整为零，大大减少金属切削工作量，缩减所需机床数量，节约生产面积，提高生产效率，提高贵重材料的利用率，降低成本，从而使航空发动机的研制与试制生产更适应战备的需要。

一般钨极氩弧焊可以满足机匣焊接的要求，但要有相应的工艺撑垫（托弧板）夹具来保证焊接质量，因此随着试制生产中设计方案的修改，焊接工艺装备也必须及时更换，而大量的焊接专用工艺装备与夹具的制造会影响发动机的试制周期，不利战备。

熔化极脉冲氩弧焊工艺与设备研究的目的就是利用这种方法的特点来解决某发动机薄壁机匣试制中简化专用的焊接工艺装备，缩短新机试制周期，使今后自行设计机种的试制走自己的道路。熔化极脉冲氩弧焊的工艺特点是可以用调节脉冲电流频率与幅值的方法来达到焊丝熔化后在电弧中的"可控熔滴射流过渡"，从而控制电弧输入熔池与工件的热量，因此在工艺上可以得到较均匀的焊透率，而在焊缝底部没有专用的托弧板（撑垫）的情况下焊接 0.8 ~ 3.0mm 的板材，为简化专用的焊接工艺装备提供了有利条件，同时也会有利于减少像 GH132 等材料焊接的热裂纹倾向。

从 1966 年开始，在"文化大革命"的岁月中，熔化极脉冲氩弧焊课题经历了从电源设备方案的研究到定型设备的制造、从工艺试验到成功地焊接某薄壁机匣的过程，

---

① 此文写于 1970 年 2 月，北京。

444

取得了一定的成绩。在课题研究与试制生产过程中先后有国营红湘江机器厂焊工师傅们和哈尔滨工业大学的师生们一起参加工作，在共同的战斗中，克服了许多技术难点，促进了新工艺早日在战备生产中发挥作用。

有关熔化极脉冲氩弧焊这种新工艺方法的设备和工艺方面的研究结果已在另外的技术报告中详细介绍，这里不再赘述。在这一份技术报告中仅就在某发动机薄壁机匣结构焊接试制生产中，采用熔化极脉冲氩弧焊接的一些工艺特点做一概述。

1　某发动机薄壁机匣焊接结构特点

全焊接的薄壁机匣结构是近代大型涡轮喷气式发动机设计中的一个重要发展方向。为了加速新机试制任务，以适应战备需要，在我国自行设计的第一台大型涡轮喷气式发动机上大量地采用了薄壁机匣焊接结构。这种结构除具有在结构强度上的足够可靠性外，在生产制造中还具有良好的工艺性。因此确保在试制周期内圆满地实现全焊机匣结构，不但具有显明的政治意义，而且有很大的经济意义，使我国航空工业的设计与制造工艺走上自力更生的道路。

这种全焊接的薄壁机匣结构的良好的工艺性表现在以下几个方面。

（1）把大型的锻造毛坯化整为零，将安装边（小锻件经机械加工后成形）与板材焊接在一起。这样可以省去使用大型锻造设备的必要性。

（2）大大缩减机械加工金属切削量，不但可以达到节约机床数量、厂房面积的目的，而且可以大大提高贵重材料的利用率。根据粗略计算，某涡轮机匣若采用整体锻件进行机械加工，则材料的消耗比采用焊接结构要大四五倍。

（3）大大提高劳动生产率，降低产品成本，缩短新机试制的周期，满足战备任务的急需。

某发动机机匣壳体几乎全部都是焊接结构，从进气道、内外涵道、压气机匣、燃烧室机匣内外套、涡轮前后机匣，一直到各轴承支点、尾喷口和加力燃烧室等均为钣金成形后与安装边焊接而成整体部件；所选用的材料也是多种多样的。图1～图3所示分别为涡轮机匣前段、燃烧室机匣内外套的结构示意图。从这些典型的焊接结构中可以看出在试制生产中的几个特点：

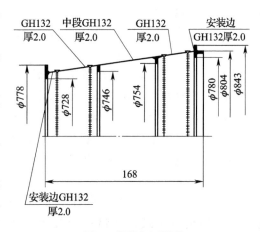

图 1　涡轮机匣前段

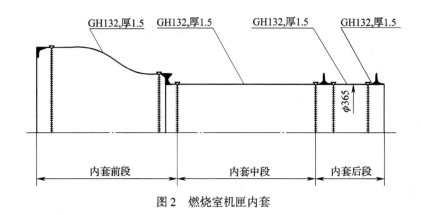

图 2　燃烧室机匣内套

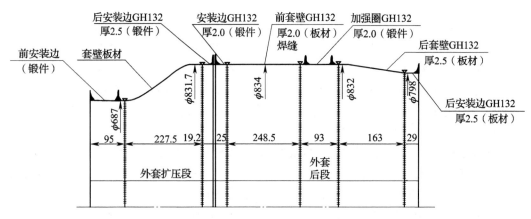

图 3　燃烧室机匣外套结构示意图

①结构上的安装边和加强环肋均采用锻件毛坯，在机械粗加工后进行组合焊接。在将来机种进入大批生产中，这些安装边可采用轧制型材滚弯对焊而成。这样又可以进一步缩减金属切削量。

②壳体部分均采用板材冲压或爆炸成形后将端面切平与安装边对接焊成一个整体结构。

③在一个部件上环形焊缝有 6 条或更多，因此要求在装配和焊接过程中保证各段的同心度和严格控制焊接变形、焊缝收缩与焊接质量；同时，也要注意在热处理过程中的变形，否则，会因局部焊接质量差或变形超差而导致整个大部件报废。

④这三种机匣工作在发动机的高温区间，工作温度 650～700℃，结构要具有足够的高温强度、刚性，所用材料均为 GH132 型时效硬化奥氏体镍铬合金钢，板材厚度为1.5mm，2.0mm，2.5mm。

根据新机试制任务的要求和上面所述机匣焊接结构的工艺特点，为了确保全焊薄壁机匣结构的实现，在试制焊接生产中遇到的和亟待解决的工艺上的主要问题是：

（1）为了缩短试制周期，尽可能地不制造或少制造焊接专用的工艺装备，甚至在没有环形焊缝撑垫（托弧板）的情况下进行工件的悬空焊接，同时解决在试制生产中放宽对工件焊前装配精度要求的问题（如因钣金件本身刚性差，在其与安装边配合时的间隙和错牙等），采用简化的或与钳工装配通用的工夹具来保证工件的同心度，从而保证部件的最终设计要求。

（2）选用合理的焊接工艺方法，解决 GH132 材料焊接性较差的问题（因为 GH132 材料在焊接过程中容易产生热裂纹）。

（3）在自由状态下（不受夹具的束缚）进行焊接应掌握焊缝收缩量和焊接变形规律及其消除的方法。

在对熔化极脉冲氩弧焊新工艺方法进行了系统的工艺和设备研究后，参加某发动机试制生产的实践表明，采用这种工艺方法可以实现对机匣结构的悬空焊接，而且对于解决 GH132 材料的热裂纹问题有较明显的效果。采用这种工艺方法已经顺利地完成了某发动机三台份的试制任务。

2　GH132 材料性能与焊接工艺特点

GH132 是一种铁基耐高温合金钢，含铁量超过 50%，因此较之常用的镍基或镍铬合金等耐高温材料更便宜。采用热处理方法，可以得到在 650～700℃以下工作环境中的高强度和良好的塑性。GH132 材料相当于美国牌号 A286（见参考资料），其化学成分（%）如下：

Fe 基；C － 0.08（最大）；Mn － 1.60；Si － 0.65；Cr － 15.0；Ni － 25.0；Mo － 1.25；Ti － 2.10；V － 0.30；Al － 0.20；B － 0.003。

由于该材料是以铁为基体，其中含有足够多的镍，因此，在所有的固态温度下不会发生相变，是一种奥氏体合金钢。其抗腐蚀性和抗高温氧化性可以与不锈钢媲美，但高温强度指标要比不锈钢优越。由于材料中含有 Ti，因此，Ni_3Ti 可使这种材料能够通过固溶处理和时效处理得到良好的强度和塑性性能。其热处理规范如下：

固溶处理：在 980℃加热 1h，油冷或空冷；时效处理：在 700℃保持 16h。

在固溶处理后，材料具有良好的工艺性，塑性较好，因此一般机械加工和成形、焊接工序均在固溶状态下进行。经时效处理后材料强度大大提高。因此，这种材料也可称为奥氏体时效硬化不锈钢。

GH132 材料的力学性能如下：在 20℃时：$\sigma_b \geq 90 kgf/mm^2$，$\delta \geq 20\%$；在 550℃时：$\sigma_b \geq 80 kgf/mm^2$，$\delta \geq 20\%$。

其高温持久强度：在 550℃时，当 $\sigma = 60 kgf/mm^2$ 时，大于 100h；在 650℃时，当 $\sigma = 40 kgf/mm^2$ 时，大于 100h。

GH132 材料中含有铝、钛等强化元素，这种材料过热敏感性很强，尤其当硼的含量超出规定范围时，在锻造加工过程中或焊接过程中极易产生热裂纹。一般像安装边等锻件的合理锻造规范如下：加热温度（1100±10）℃；开锻温度≥1000℃；终锻温度≥930℃。可以看出，可锻的温度区间极窄，尤其对于大型锻件来说，在工艺上很难严格掌握。如果锻造温度偏高，就会出现材料晶粒长大的现象，甚至造成严重的脆裂破坏。GH132 材料在焊接过程中同样也容易由于过热而产生热裂纹，焊接性较差，属于难焊接的材料范畴。

图 4 所示为两个安装边锻件断面的宏观金相组织。右面的安装边是在严格控制锻造规范的条件下锻造成的。晶粒很细，一般在 4 级以上。这样的细晶粒组织状态，在通常的规范下进行焊接是可以得到满意的焊接质量的，很少出现热裂纹。图 4 中左边的安装边的锻造温度偏高，使材料晶粒严重长大（箭头所示处为焊缝），根据在试制生产中金相检查结果认为这种晶粒度已超出零级（负级）。

在某发动机试制生产中，GH132 材料的焊接热裂纹多出现在安装边（锻件）的近缝区，而在与板材连接的近缝区出现裂纹的机会较少。一旦有裂纹出现，则必须

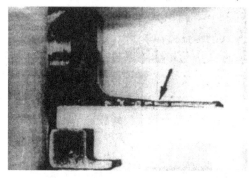

图 4　两种安装边锻件晶粒度比较

精心补焊，否则裂纹会继续扩展。选用与基体金属材料相同的 GH132 焊丝作为填充金属是可行的。但为了改善焊接性能，减少焊缝金属的裂纹倾向，在某发动机试制生产中还采用了 GH113 焊丝作为填充金属。GH113 为镍基耐高温材料，具有良好的抗热裂纹性能，因此在焊缝金属上很少产生裂纹。其化学成分（%）如下（相当于美国牌号 Hastelloy C）：

$C \leqslant 0.15$；$Si \leqslant 1$；$Mn \leqslant 1$；$Cr = 13 \sim 16$；$Ni = 55$；$Mo = 15 \sim 19$；$W = 3.5 \sim 5.5$；$Fe = 4 \sim 7$。

图 5 所示为在燃烧室机匣外套焊接生产中，在安装边与焊缝连接的近缝区所产生的热裂纹。如图中箭头所示，裂纹是从焊缝熔合线开始沿晶粒边界向安装边基体扩展。这种热裂纹有时非常严重，在一条环形焊缝上会产生几十处之多。分析裂纹产生的原因，大致有二：其一是由于焊接该部件时采用钨极氩弧焊，焊接规范较"软"，焊接速度偏低（约 18m/h），使近缝区材料过热；其二是由于安装边锻件毛坯晶粒粗大，因此，在焊缝过热时裂纹沿晶界扩展。如图 6 所示，除去较大的裂纹可以用 X 射线检验发现外，还会产生一些晶界的毛发状微裂纹（箭头所示），这种微裂纹用 X 射线检验不易发现，是一种隐患，在补焊过程中或在随后的加工和使用过程中有可能继续张开，形成新的缺陷。

类似热裂纹的产生原因大致是因为 GH132 材料在高于 1300℃ 以上的高温区间（焊缝附近热影响区）具有温度脆性，共晶体的边界线开始熔化，这时如有外界应力，或有焊接过程中的热应力作用，极易在晶界线上造成裂纹。材料的晶粒度越粗大，则晶界的偏析也越严重，因此，也就越容易出现焊接热裂纹。

在试制生产中大量的焊接工艺实践表明，欲得到 GH132 材料高质量的焊接接头，必须认真采取相应的措施：

（1）材料应在固熔状态下进行焊接。

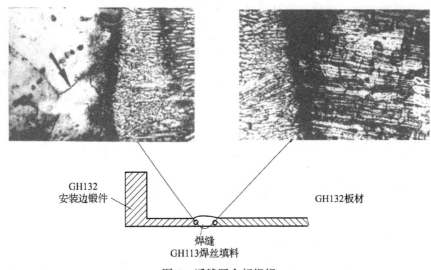

GH132
安装边锻件

GH132板材

焊缝
GH113焊丝填料

图 5　近缝区金相组织

图 6　沿晶界的热裂纹与毛发状微裂纹（箭头所示）

（2）焊前工件及焊丝应严格清理。

（3）采用硬规范进行焊接（焊接速度快），尽量减少热影响区范围。从这个角度上来看，采用熔化极脉冲氩弧焊比普通钨极氩弧焊具有一定的优越性。

（4）最好在焊接过程中，工件没有附加的外界应力的约束，焊接环形焊缝尽可能悬空进行，免除撑垫夹具的束缚。由此可见，采用熔化极脉冲氩弧焊不但可以实现悬空焊，省去焊接专用的夹具，而且对于消除焊接热裂纹有利。

（5）规则焊缝尽可能采用自动焊接方法，把起弧、收弧的次数减少到最低限度。手工补焊缺陷时，也应采用硬规范（适当增大电流，加快焊速），减少中断次数。

（6）焊缝背面可以直接用氩气保护，避免严重氧化。

（7）宜选用 GH113 类型焊丝，提高焊缝抗热裂纹性能。

（8）安装边等锻件应严格控制锻造规范，使晶粒度保证在 3~4 级以上。

（9）工件时效处理后如发现有小的裂纹等缺陷，也可以用补焊的方法来排除。但必须考虑到时效后补焊更容易引起裂纹，而且对材料局部补焊处的强度有显著的降低。因此，在同一处补焊的次数应尽可能减少，补焊时应用强度规范，快速焊接，填料金属只允许用镍基 GH113 焊丝。

3　熔化极脉冲氩弧焊的应用及工艺规范

在某发动机薄壁机匣前三台试制生产中曾采用过钨极自动氩弧焊和熔化极脉冲氩弧焊两种工艺方法。只要适当地选择焊接规范参数，采用一般钨极氩弧焊也可以满足试制生产要求。但实践表明，采用熔化极脉冲氩弧焊这种新工艺方法具有以下两个突出的优点。

（1）焊接规范比钨极氩弧焊"硬"，可以免除 GH132 材料的过烧现象，避免裂纹的产生。

（2）可以实现悬空焊接。在没有专用焊接夹具的约束状态下进行焊接，不但可以减少焊接裂纹，而且可以简化大量的专用工艺装备，这对于降低新机种的试制成本、缩短试制周期是很重要的。

表 1 中列出了厚 2mm GH132 板材对接焊时采用钨极氩弧焊和熔化极脉冲氩弧焊两种不同的工艺方法的规范参数的对比。

从表中数据可知，在电流数值相近的情况下，采用熔化极脉冲氩弧焊的焊接速度几乎比钨极氩弧焊要快 1 倍，也就是说，在单位时间内电弧输入工件单位长度上的热量前者比后者要少一半左右，大大减少了 GH132 材料的过烧现象，缩小热影响区范围。这也是采用熔化极脉冲氩弧焊可以比钨极氩弧焊减少材料焊接裂纹的一个主要原因。

表 1　两种不同的工艺方法的规范参数的对比

焊接方法	焊接电流/A	焊接速度/（m·h^{-1}）	备　注
钨极氩弧焊	138~140	18.8	
熔化极脉冲氩弧焊	维弧电流 100 脉冲电流 48~50	34.6	焊丝 GH113，ϕ1.6mm 脉冲频率 f = 25 周/s

除此之外，采用熔化极脉冲氩弧焊，可以通过脉冲电流频率和幅值的调节，达到控制熔滴射流过渡和电弧输入工件热量的目的，在实现自由状态下悬空焊接可以得到优质的焊缝，免除未焊透或烧穿等缺陷，而用一般焊接工艺方法在悬空状态下，这些缺陷是难以免除的。

试验结果和生产实践表明，对于焊接类似板材厚度在 2mm 左右的对接焊缝来说，当两工件的装配间隙有 0.5mm 时，或者错牙在 0.5mm 的条件下，采用熔化极脉冲氩弧焊仍然可以实现自由状态下的悬空焊接，而且可以得到满意的焊接质量。这表明，这种工艺方法与钨极氩弧焊相比较，在一定程度上，可以把工件焊前的装配精度要求略微放宽些。这不但在试制生产中，而且在今后的成批生产中也会减少不必要的装配工作辅助时间，有利于提高生产率。

综上所述，在某发动机的后几台试制生产中采用了熔化极脉冲氩弧焊这种新工艺方法，不但解决了新机试制生产中遇到的 GH132 材料焊接裂纹问题，而且使机匣结构的焊接工序从被动的局面转变为主动，顺利地完成了试制生产任务。

在完成某发动机试制生产过程中，曾对用熔化极脉冲氩弧焊焊接 GH132 材料的焊接接头性能进行了试验，有关化学成分分析结果和力学性能试验结果分别列入表 2 ~ 表 5 中。焊接试片的材料为厚 2mm 的 GH132 板材，焊丝选用与基体金属相同的 GH132 焊丝，保护介质采用含有 1% ~ 2% O_2 的氩氧混合气。

表 2　焊缝金属与基体材料和焊丝材料化学成分　　　　　%

取样部位	合金元素含量							
	C	Mn	Si	Cr	Ni	Ti	Mo	Al
基体 GH132	0.045	1.76	0.64	14.93	25.40	1.86	1.28	0.19
焊丝 GH132	0.080	1.50	0.64	14.58	25.82	1.57	1.21	0.22
焊缝金属	0.099	1.63	0.62	14.48	25.24	1.53	1.21	0.20

表 3　焊接接头室温拉伸强度

序号	强度数据		断口位置
	σ_b / (kgf · mm^{-2})	δ/%	
1	116.3	21.0	断于基体
2	117.0	21.7	断于基体
3	117.5	16.3	断于热影响区
4	114.5	15.0	断于热影响区

注：1. 用 f = 50 周/s 脉冲频率进行焊接；

　　2. 试样上的焊缝余高未去除；

　　3. 试样经 700℃，16h 时效强化处理。

分析上面初步试验的结果，可以看出：

（1）在纯氩中加入 1% ~ 2% O_2 的混合气体作为保护介质，进行熔化极脉冲氩弧焊（为增加电弧的稳定燃烧和改善焊缝成形所必需），对焊缝金属的化学成分并无影响。

（2）焊缝接头强度在不去除焊缝余高的情况下，与基体金属等强度，但塑性指标（延伸率）低于基体金属（延伸率为一个相对数值，其大小与测试所选择的基线部位有关，若试件断裂在焊缝或近缝区时，则绝大部分塑性变形会集中在这一部位，所以相对的延伸率会偏低）。

表4 焊接接头室温拉伸强度试验结果

试 样 形 式	序号	试 验 结 果	
		σ_b /（kgf·mm^{-2}）	δ /%
焊缝两边 余高未去除	1	101.5	11.32
	2	106.2	15.90
	3	103.2	14.67
	4	105.5	16.32
	5	102.8	11.90
焊缝两边 余高去平	1	99.7	13.3
	2	97.1	13.3
	3	97.9	11.0
基体金属	1	102.3	26
	2	101.5	24
	3	102.8	26
	4	102.2	24.4
	5	102.9	24.2

注：1. 用 f = 25 周/s 脉冲频率焊接；

2. 试样均经 700℃，16h 时效强化处理。

表5 高温持久强度试验结果

试样形式	序号	试验温度/℃	预加应力 σ /（kgf·mm^{-2}）	持续时间	断裂情况
焊缝两侧 余高未去除	1	650	40	100h	未断
	2	650	40	100h	未断
	3	650	40	100h	未断
焊缝两侧 余高去平	1	650	40	20h32min	断于热影响区
	2	650	40	22h56min	断于焊缝中心
	3	650	40	69h58min	断于焊缝中心
只去除焊缝 背面余高	1	650	40	100h	未断
	2	650	40	64h39min	断于基体但热 影响区有拉裂
	3	650	40	84h	断于基体但热 影响区有拉裂

表 5 (续)

试样形式	序号	试验温度/℃	预加应力 σ / (kgf·mm^{-2})	持续时间	断裂情况
基体金属	1	650	40	100h	未断
	2	650	40	100h	未断
	3	650	40	100h	未断

注：1. 用 50 周/s 脉冲频率焊接；

  2. 试样均经 700℃，16h 保温时效强化处理。

（3）不去除余高的焊接接头的高温持久强度与基体金属相近。但若将余高去除后，则其持久强度偏低。

由于试验条件和试片加工精度控制不严格，上述试验结果和分析仅供设计与试制生产中参考。

在国营红湘江机器厂试制生产中采用熔化极脉冲氩弧焊，曾顺利地完成某发动机涡轮机匣、燃烧室外套和燃烧室内套等大型焊接结构的焊接生产任务。所有这些大部件均是在无夹具约束的自由状态下进行悬空焊接。焊缝正反面平滑，焊透率很均匀，满足设计要求，也符合检验标准。所焊部件经 X 射线透视，没有发现气孔、裂纹。焊缝表面质量也是令人满意的。在焊接过程中，电弧很稳定，可以清晰地观察到可控的熔滴射流过渡，没有任何飞溅。焊前将定位焊点打磨平整后，在焊接过程中就可以完全免除电弧弧焰的飘摆现象。

试制生产的实践表明，为了确实得到高质量的焊缝和焊接工作的顺利进行，必须认真做好焊前的准备工作，并注意如下几方面的问题。

（1）在许多情况下，环形焊缝距离安装边突边太近，致使焊接的可达性很差，可根据具体情况，将焊枪喷嘴靠近安装边突边的一侧切去一部分。实践证明，这对于电弧并没有显著的影响，仍然可以得到良好的焊缝成形和表面质量。

（2）定位焊点之间的距离不要太大，一般以 50mm 左右为宜，为了免除定位焊点上的裂纹，可以将焊点沿焊缝方向拉长一些（如 10mm 左右），必要时，可以加入少量的填充金属（GH113）。定位焊点上的氧化膜或污物会改变电弧稳定性燃烧的条件，使电弧偏摆，导致焊缝成形歪斜，并影响焊透率。因此，焊前必须精心打磨定位焊点，去除氧化皮至露出金属光泽。做到这一点就可以在整个焊接过程中使电弧具有良好的稳定性。

（3）焊丝的送给会直接影响电弧的稳定性，除了要求送丝传动系统和控制线路具有良好的稳定性外，还必须要求焊丝一定要校直，将焊丝上的局部折弯消除。这不但可以使送丝系统负载阻力均匀而且焊丝可以顺利地通过导电嘴，不致由于局部弯曲使焊丝伸出部分不够挺直，影响焊缝成形左右歪斜。

同时焊丝盘的直径应不小于 300mm，转动灵活但又不使焊丝自动弹开松乱，只有这样，焊丝送给速度才能保证均衡。

（4）为了保证焊缝背面有良好的成形而且不氧化，应直接在电弧加热部分的熔池背面通氩气进行保护。这样，在焊缝出现缺陷时，就可以从背面直接进行补焊。例如在起弧处往往会发生未焊透缺陷，在焊后可以不再打磨即行补焊。

（5）在混合气体中如含氧量过多，会使焊缝表面严重氧化，为了保证获得表面质量好、成形平整而光滑的焊缝，应严格控制氧气的含量。

（6）在焊接过程中最好不再调节送丝速度，否则很容易引起电弧的不稳定燃烧。如果在焊接过程中发现有未焊透或烧穿现象，可适当调节焊接速度。

（7）环形焊缝在收尾时应搭接一段，采用两个具有平特性的电源进行熔化极脉冲氩弧焊时，可以在收弧时逐渐衰减脉冲电流。

关于熔化极脉冲氩弧焊规范参数选择的一般规律已在技术报告《熔化极脉冲氩弧焊工艺与设备研究》中详细说明，这里不再赘述。现将参数列于表6中，供参考。

表6　熔化极脉冲氩弧焊规范参数

板材厚度/mm	焊丝牌号和直径/mm	保护介质	焊接规范					电弧电源/V	送丝速度/(m·h⁻¹)	焊接速度/(m·h⁻¹)
			维弧电源		脉冲电源					
			三相全波整流自耦变压器调节空载电压（交流）/V	电流/A	单相半波整流，用抽头调节空载电压（交流）/V	频率/(周/s)	电流/A			
GH132 = 1.5	GH113 φ1.2	Ar + O₂ (1%~2%)	$U_0 \approx 21$	57	$U_0 \approx 43$	12.5	25	22	115.8	21.6
GH132 = 2.0	GH113 φ1.6	Ar + O₂ (1%~2%)	$U_0 \approx 25$	100	$U_0 \approx 40$	25	50	22	114	34.6

注：维弧电源外特性斜率 5~6V/100A；
　　脉冲电源外特性斜率 2~3V/100A。

4　薄壁机匣焊接变形问题

试制生产实践表明，为了确保机匣结构符合设计图样要求，在加工过程中应考虑以下几个影响产品精度的因素。在制订工艺过程时，对零件的机械加工余量的设计应注意焊接变形因素的影响及其一般变化规律。这些因素包括：①装配时的同心度和椭圆度；②焊接变形；③热处理变形。

如果钳工装配时不能保证工件有正确的同心度和椭圆度，那么，焊后和热处理后就很难校正。

热处理变形主要是由于GH132材料在时效处理时密度变化（0.6%）所引起的收缩变形，尤其对形状较复杂的零件来说，这种变形会导致零件型面的翘曲。

下面重点谈谈焊接变形问题。

　　焊接薄壁机匣的变形，主要是由于焊缝收缩和近缝区金属在焊接加热过程中产生压缩塑性变形所引起的。这种收缩变形包括垂直于焊缝方向的横向收缩量和沿焊缝轴线方向的纵向收缩量。收缩变形和焊缝内的残余应力的存在，尤其在薄壁结构上压应力的存在会导致机匣结构件局部产生失稳变形。这些焊接变形，会对生产带来许多麻烦：

　　（1）使工件型面超差，不能满足设计要求；

　　（2）在组合过程中，尤其焊接零件的翘曲，使随后的工序无法进行；

　　（3）在大型机匣结构上多达 6 条环形焊缝，焊缝的横向收缩会导致部件组合焊接后，精加工的余量不够，或因组合相互之间的位置变形而超差；

　　（4）用手工校正焊接变形给钳工带来很大的劳动量，而且难以保证产品的质量。

　　为了确定合理的焊后组合件的精加工余量，曾在实验室条件下对几种材料的横向收缩变形进行了测量。测量的工具是自行设计制造的一种高精度（读数可以到 1μ）的机械应变仪。所测试片的尺寸为 150mm × 100mm × 1.5mm；对接焊；在实验室条件下曾选用 1Cr18Ni9Ti，GH44，GH602 共三种板材，用三种不同的焊接方法进行比较。测量的步骤是：在定位焊后在骑焊缝的两侧钻测量穴位（测距 10mm），进行焊前测定，在焊接之后再测量一次，焊后测量是将试片用夹具压平完全消除变形的条件下进行的。两次测得数据之差即为在测距上的收缩变形量。图 7 中列出了试验测得的结果。可以看出，对 1Cr18Ni9Ti 来说，焊缝横向收缩量为 0.45～0.55mm，而其他两种材料收缩量稍小，在 0.3～0.4mm。另外在夹具中焊接时刚性大，收缩量也会相应比在自由状态下焊接要略大些。

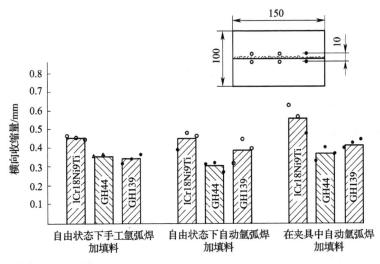

图 7　焊缝横向收缩量试验数据（板厚 1.5mm）

　　焊缝收缩量除去与材料、焊接方法、规范参数有关外，与工件或试片的大小和刚度以及对接间隙等均有直接关系。上述所得的数据是在试验条件下的小型试片上测定的，因此与实际生产条件有一定的出入。在某发动机机匣试制生产中，为了保证焊后精加工余量，焊前毛坯尺寸的确定是根据每条焊缝的平均横向收缩量（轴向收缩量）

在0.7～0.8mm 之间来计算的。

在机匣结构中，焊接环形焊缝所引起的径向收缩比较显著。图 8 所示为在试制生产中遇到的两种典型的焊接变形。若工件为圆柱体筒形零件，中间有一条环形焊缝，则焊后在焊缝区产生径向收缩，而在距焊缝附近又会出现筒体的凸起变形（见图 8（a）），这种现象可用弹性力学原理得到解释和进行计算）。若工件为一圆柱体，两端焊有安装边，则除去在焊缝处径向收缩外，两安装边会有角度变形 α°，见图 8（b）。

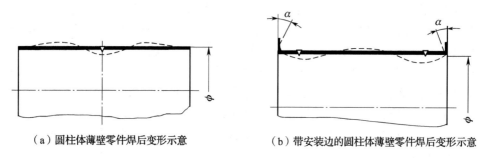

（a）圆柱体薄壁零件焊后变形示意　　　　（b）带安装边的圆柱体薄壁零件焊后变形示意

图 8　焊接变形示意

图 9 所示为实际测得的环形零件上的焊后变形情况。测量的方法是：在零件定位焊后，在专用的测具上在转动零件的同时用千分表测量跳动量，记下读数，固定千分表，焊后再一次测定。沿零件轴向的变形量是利用把零件固定在车床上，将千分表固定在刀架上，移动刀架来进行测量。从图中可以看到，在近焊缝区所产生的半径收缩量为 0.37～0.52mm。结果还表明，焊接过程对零件的跳动量（同心度与椭圆度的综合

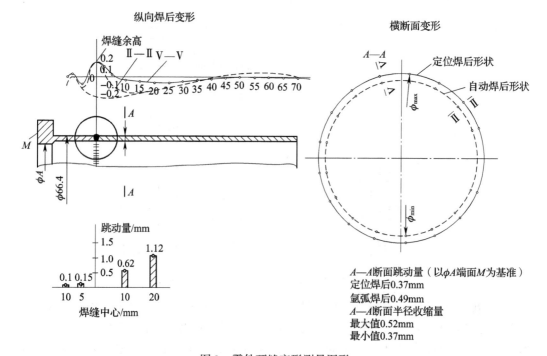

图 9　零件环缝变形测量图形

反映）影响不太大。以 A—A 断面为例，在定位焊后测得跳动量为 0.37mm，而焊后也只有0.49mm。由此可见，只要在焊前装配时能保证工件的同心度和椭圆度，那么焊后也完全可以满足质量要求。在试制生产中曾对 4 台涡轮机匣的焊前和焊后的跳动量进行测定，其结果也完全证实了这一点。

消除由于焊缝纵向收缩所引起的环形零件的径向直径减小的变形，在国营红湘江机器厂试制生产中因缺少相应的设备，完全采用手工敲打的方法。这种手工方法的缺点是，劳动量大，生产效率低，而且影响产品质量。

用滚压焊缝的方法，使焊缝金属沿焊缝方向产生相应的延伸，以补偿由于焊接引起的收缩量，是一种有效的消除薄板焊接变形的办法。这不但可以用机械化来代替手工的繁杂劳动，提高生产效率，而且可以使产品质量稳定。

为此目的，设计并制造了专用的薄壁机匣焊接变形校正滚压机，已在国营黎明机械厂使用。滚压机机头结构情况如图 10 所示。该设备有专门的油压系统，其最大压力为 5t，机头滚轮可以旋转 90°，因此，纵向焊缝和环形焊缝均可以滚压校正。设计机身时曾考虑到，可以滚压的环形零件的直径范围是 $\phi150mm \sim \phi1200mm$；纵向焊缝的长度为 1m；材料厚度范围为 0.5～3.0mm。

图 10　滚压机机头结构

一般滚压压力的选择，可以根据以下参数来确定

$$P \approx b \sqrt{\frac{10d\delta\sigma_s^3}{E}}$$

式中：b ——滚轮宽，一般在 1.0～2.0cm；

　　　d ——滚轮直径，一般为 8.0～15.0cm；

　　　δ ——材料焊缝厚度，0.3cm 以下；

　　　σ_s ——材料焊缝屈服强度，kgf/cm^2；

　　　E ——材料弹性模数，kgf/cm^2。

滚压速度最快可达 3m/min。

参考资料

[1] Metal Progress. 1959，76（6）.

[2] A－286 合金资料汇编. 第六研究院第六研究所编译，1967.

高能束流加工技术

——先进制造技术发展的重要方向[①]

关 桥

摘要：高能束流加工技术包含了以激光束、电子束和等离子体为热源对材料或构件进行特种加工的各类工艺方法，如焊接、切割、制孔、喷涂、表面改性、刻蚀与精细加工等。作为先进制造技术的一个重要发展方向，高能束流加工技术具有常规加工方法无可比拟的特点，并已扩展应用于新型材料的制备领域。高能束热源以其高能量密度、可精密控制的微焦点和高速扫描技术特性，实现对材料和构件的深穿透、高速加热和高速冷却的全方位加工，在高技术领域和国防科技发展中占有重要地位。

关键词：高能束流；激光束；电子束；等离子体；加工技术

高能束流（High Energy Density Beam，HEDB）加工技术是利用高能量密度的束流（激光束、电子束、等离子体）作为热源，对材料或构件进行特种加工的技术，包括焊接、切割、打孔、喷涂、表面改性和刻蚀、精细加工等。这里所指的"加工技术"包括了两层意思：其一，是把材料加工制成具有先进技术指标的构件；其二，是利用HEDB制备新型材料。

高能束流技术，无论是激光束、电子束，还是等离子体技术本身，均经历了近半个世纪的研究与开发。在20世纪70年代，高能量密度的束源（发生器）技术有了长足的进步，尤其是大功率束源发生器进入市场开发阶段后，高能束流加工技术的发展才开始受到重视。作为现代高科技的产物，同时又是高科技发展不可缺少的手段，在80年代，高能束流加工技术呈现出加速发展的态势。在世界高科技市场竞争中，日本、欧共体、美国以其雄厚的财力，支持开展高能束流加工技术的基础性研究工作，并相继建立了各自的HEDB技术研究开发中心。如建立于1981年的日本大阪大学超高能量密度热源研究中心，以及附设于德国阿亨大学焊接研究所、英国焊接研究所和乌克兰巴顿焊接研究所内的高能束流加工研究中心等。在应用技术基础研究方面进行大量开拓性工作的同时，各工业发达国家也在HEDB加工技术领域激烈的市场竞争中占有了自己的地位。

---

① 此文刊登在：《"高能束流加工技术"重点实验室论文选编》，北京航空工艺研究所，1995年9月；《航空工艺技术》1995增刊"高能束流加工技术"专辑。

我国在 HEDB 加工技术方面的研究工作始于 60 年代初期，相对于其他各国来说，起步并不晚。但由于对多学科协同研究开发重视不够，资金注入少，长期缺乏基础性研究，徘徊在单学科、部门分割和低水平重复的发展水平上，尤其在高科技领域的市场开拓中，与国外发展的差距加大。从图 1 所示的 HEDB 设备总台数在国内外增长的趋势可以看出，国外发展呈加速的态势，HEDB 加工技术被誉为"21 世纪的加工技术"，并认为"将为材料加工和制造技术带来革命性变化"。

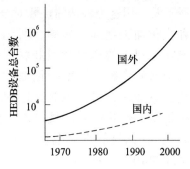

图 1　HEDB 设备总台数的增长趋势

在我国国民经济发展的第八个五年计划期间，把"高能束流加工技术"实验室列为国家级重点实验室建设计划，这表明了 HEDB 加工技术的重要地位。在我国"九五"经济发展关键技术规划中，HEDB 加工技术也入选作为支柱产业之一的制造技术的重点发展方向。这些举措无疑在迎接 21 世纪我国高技术发展中注入新的活力，HEDB 加工技术在我国也将会呈现加速发展的新态势并参与国际高技术的市场竞争。

1　HEDB 加工技术特点与发展态势

表 1 中所列为 HEDB 包括激光束、电子束和等离子体的基本技术特点和现代发展水平。

表 1　HEDB 技术特点表

项目	激光束	电子束	等离子体
原　理 示　意			
能量载体	光量子	电子	等离子
最大功率/kW	100	500	1000
热　源 功率密度/（W·cm^{-2}）	连续 $10^5 \sim 10^9$ 脉冲 $10^7 \sim 10^{13}$	连续 $10^6 \sim 10^9$ 脉冲 $10^7 \sim 10^{10}$	射流 $10^4 \sim 10^5$ 束流 $10^5 \sim 10^6$
加工技术特性	（1）高能量密度束流，实现金属材料的深穿透加工、焊接、切割； （2）束流直径可达微米级，可高精度聚焦与精密控制； （3）对金属材料可实现超高速加热和超高速冷却，达 10^4℃/s； （4）束流受控偏转柔性好，可进行全方位加工； （5）适用于金属、非金属材料加工，实现高质量、高精度、高效率、高经济性加工		

由于 HEDB 具有表中所列的技术特点，其高能量密度、可聚焦、深穿透、精密控制、高速扫描、超高速加热和冷却与进行全方位加工的优势为常规的热加工工艺方法所不及。用这类特殊的热源对金属材料加工，可实现三种类别的加工，即加热、熔化和汽化加工处理。如图 2 所示，三种不同类别加工的特征是由束流能量密度、束流在材料上的作用时间和材料本身热物理特性所决定的；图上给出钢材特征温度点与激光束和电子束作用时间在坐标图上所形成的不同加工类别区分：在相变温度区域加热，可实现热处理和表面改性（当采用大能量密度、高速加热和冷却）；在钢材的熔化温度区域可用于焊接和釉化处理（当采用大能量密度和短的作用时间）；在钢材的汽化温度区域则可实现切割（能量密度约 $10^4 \mathrm{W/cm^2}$）和打孔（能量密度约 $10^7 \mathrm{W/cm^2}$）。

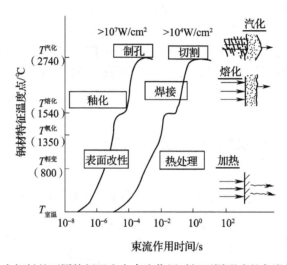

图 2　在钢材的不同特征温度点束流作用时间不同形成的各类加工方法

图 3 给出 HEDB 加工技术的应用领域。除焊接、切割、打孔和涂覆加工已在工业应用中大面积推广外，HEDB 用于表面改性技术、精细加工技术和新型材料制备技术等领域的开拓正方兴未艾。

由 HEDB 本身技术特点所决定，在科技发展中的许多特殊功能的材料、新结构和高技术中的器件的制造技术也非 HEDB 加工技术莫属。例如，把 HEDB 的深穿透特点用于重型装备厚壁结构、压力容器、运载工具、飞行器的焊接；把精密控制的微焦点高能量密度的热源用于微电子和精密器件的制造，

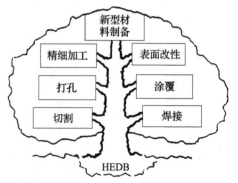

图 3　HEDB 加工技术的应用领域

高质量、高效率地实现超大规模集成元件、航空航天航海仪表、陀螺、膜盒的制造和核动力装置燃料棒的封装；利用 HEDB 的可控高速扫描（可达 900m/s），实现航宇动力装置上气膜冷却小孔层板结构的高效率、高质量制造；利用 HEDB 可以在真空、高

压条件下全方位加工的特点，实现在太空微重力条件下的焊接、钎焊、切割以及在深水（600m）高压条件下的加工作业；利用 HEDB 高速加热和高速冷却的特点，对金属材料表面改性、非晶态化、制备特殊功能涂层和新型材料：金属或非金属复合、陶瓷材料、超细微粒和纳米材料、超高纯材料冶炼等，以及与 CAD 技术的结合形成快速原型制造新方向。

从 HEDB 加工技术在世界各国总体发展态势来看，电子束加工技术在经历了40 多年的发展之后，日臻完善和成熟。电子束加工技术尤其是电子束焊接技术发展的巅峰时期是 70 年代和 80 年代的前期。在这期间，无论是在设备数量还是在技术应用面的扩大上都有较大幅度的增长；有关电子束焊接研究的黄金时期也正是这段时间，所发表的学术论文和资料文献也多集中在这一期间。跨入 80 年代后期以来，在欧洲、日本、美国和苏联，电子束焊接和加工技术的发展进入了比较平稳的阶段；在世界范围内的技术竞争和市场竞争，均势已经形成，发展势头开始减弱。但目前，激光加工技术正处在竞争发展的巅峰时期。由于大功率商业化激光器件问世较晚，在进入 80 年代后期以来，激光加工作为一项实用的制造手段才开始受到工业界的注目。如果说，在工业发达国家，10 年前在激光技术领域研究开发的重点侧重于大功率激光器的研制，近 5 年来，研究的方向已转为激光加工技术的基础研究和应用市场开拓；那么，可以认为，90 年代是激光加工技术发展的巅峰时期。从欧共体前 5 年的激光技术研究计划可以看出，当前激光加工技术研究的方向大体上与电子束加工技术在其发展的黄金时期的研究方向是一致的。在今后一段时期里，电子束与激光加工技术在开拓技术市场中优缺点可以互补，相辅相成。从技术经济效益的角度来看，原来采用电子束加工的一些领域，可能被激光加工所取代，但是，在另外一些场合，如厚度较大结构的焊接等，电子束焊接则具有无可争辩的技术经济优势。

等离子弧经压缩后形成比电弧的能量密度高得多的束流热源，在 50 年代初期先用于焊接和切割金属材料，在 50 年代后期开始用于热喷涂。进入 60 年代，各国在开展等离子体热物理特性基础性研究取得进展后，把这种特殊功能的热源逐步从热喷涂领域扩大应用到更广泛的领域，如新材料的合成，精加工，复合材料的制备，金属材料的冶炼、提纯，材料的表面剥除和等离子体化学加工等；随着大功率和长寿命的等离子体发生器的研制与开发，等离子体在冶炼领域中别开生面。以俄罗斯科学院西伯利亚分院热物理研究所和乌克兰巴顿焊接研究所为代表，在等离子体冶炼方面，研制成功率达数千千瓦，电流近万安培的等离子体发生器，为特殊材料的冶炼、提纯、加工提供了手段。近代高技术的发展，尤其是航空、航天高技术发展的需求牵引，给等离子喷涂技术注入了活力。为了提高涂层的质量，把在大气中的喷涂方法引入到真空室内，推动了真空等离子喷涂技术的快速发展。进入 90 年代，等离子束流加工技术又从航空、航天动力装置特殊功能涂层的真空喷涂，发展到制备特种整体结构件，即等离子喷涂成形技术。可以预计，进入 21 世纪时，在先进材料和复合材料（金属基）的制备中，等离子喷涂技术将会另辟蹊径。

2 HEDB 加工技术的基础研究与应用开发

HEDB 加工技术是以束流热源与材料或构件交互作用为基础的特种加工方法。为了推进我国 HEDB 加工技术能在国外技术水平的高起点上加快发展，在中、长期计划中应选择正确的目标设置研究课题，瞄准世界前沿水平开展技术基础研究；同时，开拓应用市场。

就其技术内涵而言，HEDB 加工技术的基础性研究可以概括地划分为如图 4 所示的 4 个方面：Ⅰ——束流与材料的交互作用（加工方法与机理）研究；Ⅱ——材料或构件受 HEDB 加热后的行为（材质性能改变、缺陷、寿命、可靠性）研究；Ⅲ——束流能量密度、模式诊断与测控研究；Ⅳ——束源品质（束流发生器结构、性能、效率、寿命）的研究。

在激光与电子束加工过程中，束流与材料的相互作用是直接在被加工材料上出现的，有些场合也可以在束流中加入粉末状材料（如激光涂覆）或向熔池中加入填料（深穿透焊接）；但是，在等离子喷涂时，束流与材料的相互作用在高温束流中已经发生，导致一系列的不同于电子束和激光加工中的热物理化学过程。如图 5 所示，在等离子喷涂过程中，粉末在送入束流后，大多数变为液态颗粒（L），有的汽化（V），少数仍保留了固态或液体状态，在到达已被加热的工件材料表面时，液态颗粒与未熔化的粉末共同沉积在基体上，并与基体发生一定的物理化学和冶金反应。

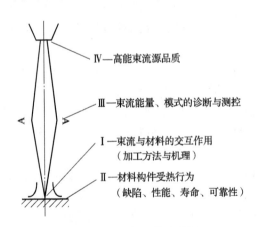

图 4　HEDB 加工技术内涵
及基础研究内容

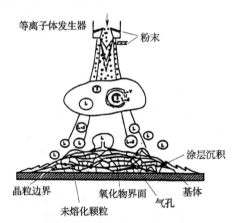

图 5　等离子喷涂过程中粉末
颗粒在束流中的状态

可见，上述 4 个方面的 HEDB 加工技术的基础性研究内容是相互关联的，又是互为因果关系的。例如，束源的品质，即 HEDB 发生器本身的结构、特性决定着束流的模式、能量密度分布等。而束流本身的特性（如聚焦特性）又对加工方法和加工质量带来很大的影响。图 6 所示为电子束焦点质量对金属穿透和焊缝成形的影响。在束流功率为 3kW，焊速为 10mm/s 时，当有 90% 的能量分布在直径为 1.59mm 的焦点内时，其能量密度仅为 1.36kW/mm²；如图 6（a）所示，焊缝截面为高脚酒杯状，穿透深度仅 5mm 左右。在同样的束流功率和焊速条件下，当 90% 的能量分布在直径为 0.4mm 的焦点内时，其能量密度大幅度提高，达 21.45kW/mm²，如图 6（b）所示；焊缝截面为深穿透型，穿透深度可达 20mm。

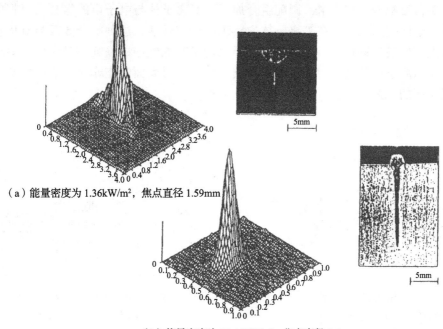

（a）能量密度为 1.36kW/m²，焦点直径 1.59mm

（b）能量密度为 21.45kW/m²，焦点直径 0.4mm

图 6　3kW 电子束能量密度分布对焊缝成形和穿透深度的影响

当材料或构件受到 HEDB 的加热后，由于束流能量密度、加热速率、材料的热物理特性不同，在完成加工目标的同时，还可能产生各类缺陷，如焊接时在焊缝内的缩孔、裂纹、根部空穴等。追求优良的加工质量也必须与 HEDB 的焦点位置、束流形态和模式的研究相结合。图 7 所示为电子束焦点处在被焊工件的深部（图 7（a））、工件表面（图 7（b））和工件表面上方（图 7（c））对熔化金属行为和焊缝缺陷的影响。

一些新的加工技术的构思必须以不断完善与提高束源发生器的性能、效率和对束流的高精度控制为基础。例如，大功率束流高速偏转时，对一些特殊材料可能形成表面的高速加热与高速冷却，出现表面层的非晶态化处理技术；在新型激光器上的光束形成给定的异形断面，可加工出异形孔形；将 CO_2 激光束以图 8 所示的形式输出时，又可用于成形金属基复合材料的板材或片材。由于加热速度快，对纤维损伤小，成材合格率高，性能好，

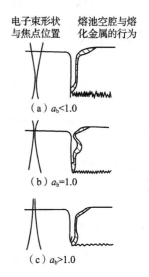

电子束形状　熔池空腔与熔
与焦点位置　化金属的行为

（a）$a_b < 1.0$

（b）$a_b = 1.0$

（c）$a_b > 1.0$

图 7　电子束焦点与工件表面
相对位置对焊缝成形
和熔池中缺陷的影响

463

已用于铝基 SiC 纤维增强复合材料的成形。

近年来，在 HEDB 加工技术研究与开发中的一个值得注意的方向是复合加工方法的应用。为了提高真空等离子喷涂的涂层质量，可采用等离子—激光复合喷涂技术。图 9 为真空等离子—激光复合喷涂设备示意图，在真空室内装有等离子喷枪和 CO_2 激光加工头，可根据工艺要求，调配组合加工。等离子体与电子束的组合可以将电子束通过等离子体引入大气，在等离子体内实现电子束焊接；这种组合方案与直接将电子束引入大气中的方案相比，可以减小电子束能量在大气中的损耗。激光束与离子束以及电子束与离子束的复合加工技术的开发，为在材料表面制作非晶态膜或特殊功能薄膜提供了新的工艺方法。

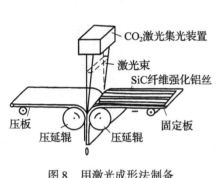

图 8　用激光成形法制备
铝基 SiC 纤维增强复合材料

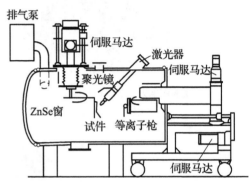

图 9　真空等离子—激光复合
喷涂技术装置示意

把真空电子束物理气相沉积技术（EB－PVD）用于喷气式发动机涡轮叶片陶瓷涂层的涂覆，显示出优于现有涂覆工艺的许多特点，图 10 所示为电子束物理气相沉积技术示意（图 10（a））和在喷气式发动机涡轮叶片表面沉积的陶瓷涂层（图 10（b））。

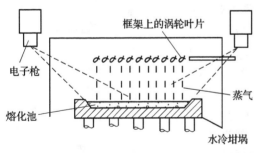

（a）电子束物理气相沉积技术示意　　　　（b）涡轮叶片表面的抗热冲击性陶瓷涂层（厚 250μm）

图 10　电子束物理气相沉积技术示意和涡轮叶片表面的抗热冲击性陶瓷涂层（厚 250μm）

为了生产中的应用，乌克兰巴顿焊接研究所研制了如图 11 所示的涡轮叶片 EB－PVD 装置，总功率 350kW，5 支电子束枪和金属蒸发坩埚同时可在叶片表面沉积 5 种材料，不仅只是沉积 MeCrAlY 涂层，而且可以制出复合型的防护涂层或具有梯度分布强

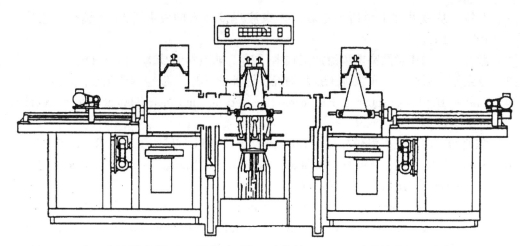

图 11　具有 5 种材料同时沉积于涡轮叶片表面功能的 EB - PVD 半连续装置（功率 350kW）

化相析出的多层梯度涂层。用 EB - PVD 方法还可以制成厚度为 100 ~ 150μm 的薄膜，或 0.5 ~ 2mm 厚的工件表面沉积层、带材、板材、管件。这些材料的制成并未经过其构成元素的熔化与相互溶解，所以不受冶金过程的限制，可以根据所设计的新型材料特性，获得材料力学性能和热物理性能的最佳组合。

综上所述，HEDB 加工技术的基础研究工作是新加工方法和应用技术走向市场的前提；反之，市场需求和高技术产业的迅速发展又形成了对 HEDB 技术发展的巨大牵引力。在即将跨入 21 世纪的最后 5 年间，可望在 HEDB 技术发展的推动下和高技术发展的牵引下，将会有更多的 HEDB 加工技术新方法出现。

结束语

在 HEDB 加工技术基础研究与生产应用和市场开拓相结合中，对中长期研究方向的安排应该考虑以下几个方面。

（1）从束流与材料的交互作用研究中，提炼出对新的加工方法和原理的构思，在揭示其规律中，开拓新的加工技术领域；

（2）从材料或构件受 HEDB 热作用后的行为研究中，提出保证加工质量，改善加工性能，消除加工缺陷，提高产品寿命和可靠性的工艺途径；

（3）从束流能量密度分布规律、束流品质、模式参数分析与诊断、测控研究中，给出指导加工工艺方法的最佳参数匹配和束源系统的改进方向；

（4）从束源（发生器）品质的研究中，给出高性能、高品质的束流发生器的新设计和新原理，提供给市场长寿命、高可靠性、性能稳定、具有良好的工艺再现性的束源。

参考文献

［1］ 关桥. 从欧共体的科研计划看高能束流焊接技术的发展［J］. 航空工艺技术，1992（1）.

［2］ 蔡怀福. 加速发展高能束流加工技术［J］. 航空科学技术，1991（6）.

［3］ 赵绍军. 激光和电子束加工技术的经济性评价［J］. 航空制造工程，1991（8）.

［4］ Dilthey U. Investigation of EB beam characteristics and their influences to the weld shape. IIW DOC Ⅳ - 629 - 95.

［5］ 陈炳贻. 用于飞机涡轮叶片的 EB - PVD 方法［J］. 航空工艺技术，1993（3）.

［6］ Smith R W. Advances and Applications in U S. Thermal Spray Technology. Powder Metallurgy International，1991（6）.

［7］ Мовчан Б А. Электронно - лучевая сварка и испарение в современных металлургии и машиностроении. Сварка и специальная электрометаллургия，Сб，Научн. Тр.，Ред. кол. Патон Б. Е，Киев，Наук. Думка，1984.

我国高能束流焊接技术的发展①

关　桥

摘要： 高能束流（电子束、激光束）焊接技术的研究与开发，在我国已有 30 余年的历史。近年来，电子束焊接与激光焊接的应用均有了长足的进步，尤其是在航空、航天工业与汽车工业中应用，有加速发展的趋势。在高能束流焊接领域中的一些研究工作也有了新的进展。

1　科学研究与技术开发工作回顾

电子束焊接在我国的研究与开发工作始于 50 年代末期。作为一种新的热源，电子束所具有的高能量密度是任何其他焊接热源所无法相比的，虽然它需要在真空条件下施焊，但这种局限性在当时经济发展中的一些特定应用场合中，在真空中的电子束焊正是客观上的需求。例如，一些在大气中焊接时脆性倾向严重的材料——锆的焊接，一些在航空发动机上的零件也需要采用在真空条件下的电子束焊接。清华大学最先研制了 30kV 的低压型电子束焊机，用于焊接锆等特殊材料接头性能的研究。随后，北京航空工艺研究所与上海电焊机厂设计制造了 ZD－7.5 型电子束焊机，并向我国科研与生产应用提供了一定数量的电子束焊接设备。经过 30 多年的发展，目前全国拥有 100 多台电子束焊机，其中绝大多数为国内自行研制开发的。这些焊机的加速电压范围多为 30~150kV。由于在一段时期内，电子束焊接的应用还限于不得不采用它的场合；因此，电子束焊机的工业需求量并不大，在国内尚未形成专业化的电子束焊接设备研制和生产厂家。目前，只是根据用户的特定要求研究电子束焊接工艺，同时设计制造相应的电子束焊接专用设备。有能力从事电子束焊接工艺研究或设备研制的机构，近年来有了较快的发展。例如，北京航空工艺研究所、中科院沈阳金属研究所、哈尔滨焊接研究所（简称哈焊所）、成都电焊机研究所、桂林电器研究所、中科院北京电工所和电子所等。随着国民经济的发展，电子束焊接也已开始扩大其应用范围，从不得不采用它的核工业、航空工业中的应用，已扩展到汽车工业中大批量、高效率生产应用。

当前，电子束焊接与加工的科学研究和技术开发、设备研制的能力和水平与我国

---

① 此文刊登在《中国焊接学会 30 周年纪念文集》，1992 年 5 月，北京，中国机械工程学会焊接学会。

在经济发展方面的需求差距还很大。多年来，我们也曾从国外（日本、英国、德国、法国）引进了不少电子束焊接设备，并已应用于工业生产，这对于我们借鉴国外先进技术的发展水平，促进我们自己的研究与开发工作，提高我们工作的起点是大有裨益的。例如，引进德国的带锯电子束焊机（湖南）和德国的电子束打孔机（南方动力公司）都应该具有示范作用。

激光束作为一个高能量密度的热源，在国内用于焊接技术的发展比较缓慢，这主要是受到国产大功率激光器工业化应用的制约。到目前为止，5kW 级的 CO_2 横流式激光器才刚形成工业化生产，其质量与工作稳定性和可靠性尚有待提高。因此，在目前激光焊接与电子束焊接相比，其应用范围的局限性较大，这主要是指在较大厚度工件的焊接方法选择方面。但是，在国内的固体激光焊接与加工的应用，也早在 60 年代中期就开始了。最初，红宝石激光应用于打孔，随后，发展了钕玻璃和 YAG 激光的打孔技术。

引进国外先进的激光加工设备，同时，国产的大功率固体、气体激光器的稳定的工业化生产，促成了近年来激光焊接与加工技术迅速发展和方兴未艾的局面。当前，激光打孔、激光切割的应用已在航空工业中取得明显的技术经济效益。激光切割在汽车工业、轻工业领域中也得到广泛应用。激光焊接在小型精密零件和电子器件的制造中得到大面积的推广应用，它们多采用固体激光器。例如，机电部第 1412 研究所成功地采用脉冲 YAG 激光焊接了微波器件调谐波纹管。气体激光焊接的生产应用试验研究与技术开发也已取得成效，应用于薄板和齿轮的焊接等。目前，从事激光焊接技术研究的科研机构、高等院校和生产厂家已有十多个单位。激光表面改性技术的发展也已在国内呈现出与日俱增的势头，这与高新技术、新材料科学工程的发展需求是相呼应的。在材料的表面改性、强化处理方面，激光束比电子束具有更多的优点。

回顾过去 30 年间，我国在高能束流焊接与加工领域中的科学研究与技术开发工作的进展，对比国外在同一时期的发展过程和当前的水平，可以看到，无论是在电子束焊接与加工，还是在激光束焊接与加工方面，我们的起步并不比国外晚太多，但是，差距却越拉越大。

高能束流焊接与加工技术是现代高新科技多学科协同发展的产物。在我们的研究与开发工作中，往往是在资金投入有限的条件下，单学科地攻关，低水平地重复，进展必然缓慢。改变局面的根本出路在于加强技术基础研究工作，为这一焊接科技中的高新技术发展在我国打下良好的技术发展基础，创造必要的科学技术环境和经济社会环境。图 1 所示为高能束流（电子束、激光束）焊接与加工技术的学科内涵示意。作为一个现代物理、冶金、电子、材料、焊接等学科综合发展的产物，高能束流焊接与加工技术又引出了自身的学科内涵。

高能束流加工技术学科内涵的四个方面，概括了在这一领域中所有的科学研究与技术开发内容。我们的任务是，有组织地发挥国内各单位已形成的优势，协调在这四个方面的多学科基础研究工作的规划，从治本着手，提高科学研究与技术开发工作的起点，迎接经济发展已经向高能束流技术提出的高质量、大规模应用的需求。

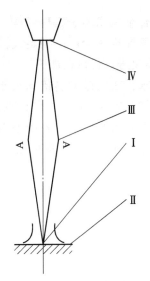

Ⅰ—高能束流与工件的交互作用机制（由此引出不同的加工方法：焊接、切割、打孔、表面改性等）；

Ⅱ—材料在受高能束流热作用后的行为（性能、冶金与金相缺陷、寿命、可靠性等）；

Ⅲ—束流能量及精度控制与诊断（电子光学、激光传输、闭环自适应控制等）；

Ⅳ—高能束流源的品质（电源、电子枪、激光发生器等）。

图1 高能束流加工技术的学科内涵

2 电子束焊接技术的研究与应用

电子束焊接在国内的工业应用，与在国外的发展过程一样，最初总是在不得不采用这一技术的领域中开始。首先应用于核工业中燃料元件、特种材料的焊接，同时在航空工业中的一些特殊结构件上采用了电子束焊，如航空仪表压力传感器的膜盒、喷气式发动机的压气机静子叶片和涡轮静子叶片的组合焊接等。

目前，我国的航空工业仍然是电子束焊接技术与设备的主要用户。电子束焊机的加速电压一般为60kV，功率在15kW以下。真空室的容积也均在$10m^3$以下。在实验室条件下使用的电子束焊机，已装备有国内自行研制的150kV的高压型电子枪。

图2所示为采用电子束焊接方法制造的一些典型航空重要承力结构件：高强钢材料的平尾传动轴、机翼连接件以及发动机传动齿轮等。电子束焊接在航空工业中的应用，除了发挥其热输入小、可以保证接头的力学性能接近母材的优点外，利用电子束焊接变形小和易于控制其变形量的特点，在一些重要承力结构件的设计与制造中，电子束焊接已可以作为一种精密加工手段，而完成结构件精密加工制造的最后一道工序。

图2 采用电子束焊接方法完成的航空重要承力构件

图3所示为电子束焊接后的喷气式发动机压气机钛合金风扇转子部件结构，经在三坐标测量机上对焊接变形情况的测量结果分析，电子束焊接完全可以满足设计所要求的尺寸精度，焊后所有的压气机叶片榫槽不能也不再需要进行机械精加工。

为了适应航空工业对电子束焊接技术日益紧迫的需求，在引进借鉴德国高压电子束焊枪（150kV）的基础上，北京航空工艺研究所研制了15kW（150kV）电子束焊机。该焊机已稳定地应用于航空产品的批量生产并由南方动力公司完成了国外新型发动机重要部件：功率传动轴、中间齿轮（图4）、涡轮导向器等构件的电子束焊接任务。

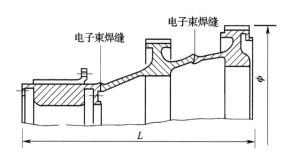

图3　由北京航空工艺研究所完成的电子束焊接喷气式发动机
压气机钛合金风扇转子部件焊接结构示意

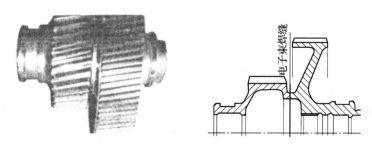

图4　航空专用传动齿轮电子束焊接结构

除了航空工业外，电子束焊接的应用随着我国汽车工业突飞猛进的发展也日益扩大，在汽车工业大批量的生产中，适合于采用电子束焊接技术并能取得明显技术经济效益的产品对象就是汽车齿轮。许多制造汽车减速箱或与之配套的齿轮专业化生产厂家也均用电子束焊接技术来改造老的生产流程。为了适应这种技术市场的需求，北京航空工艺研究所在原有的技术基础上研究开发了汽车齿轮专用电子束焊机，具有两个工位，提高了生产效率（见图5）。中科院电工研究所也在齿轮电子束焊机研制方面做了许多工作，并向工业使用部门提供了专用焊机。

哈尔滨焊接研究所与中科院金属研究所都先后研制开发了锯条的电子束焊机，实现了双金属材料锯条的电子束焊接批量生产，取得了良好的

图5　两工位专用汽车齿轮电子束焊机
（2kW，60kV，北京航空工艺研究所）

技术经济效果。

在我国还开展了局部真空电子束焊接技术的研究与开发。其技术上的难点在于解决滑动密封保持局部真空的措施。航空航天工业部兰州 510 研究所在这一方面的研究已取得成效，在直线型局部真空电子束焊接时，可以保持足够的真空度，并取得焊缝深宽比达到 17∶1 的效果。在可移动型真空室方案中，保留了真空电子束焊的能量密度高的优点。

在实现非真空电子束焊接时，当电子束进入大气后，产生电子散射，能量密度下降。因此，电子枪与工件之间的间距不能太大，焊缝的深宽比也仅能达到 5∶1 左右。为了解决这一技术难题，哈尔滨焊接研究所近年来开展了电子束—等离子弧焊接研究工作，并取得了初步成效。图 6（a）所示为电子束—等离子弧焊接原理示意。电子束经过两级真空室所形成的气阻后，穿过带有中心孔的等离子体阴极，在等离子体的气氛介质中与工件作用，实现焊接。等离子弧所产生的泵效应，对于提高电子束真空室的真空度有积极作用。泵效应随着等离子弧的电流与气体流量的加大而增强。等离子弧中心部位，在 3×10^4℃的高温下，其气体介质的密度仅为常温大气的 1% 左右，从而使电子束的能量耗散降低到最小程度。与此同时，等离子弧（氩或氦）介质可以有效地保护电子束焊缝成形并使之光滑。在 8kW 束流功率条件下，采用电子束与等离子弧组合热源焊接 20mm 厚不锈钢板，焊缝可穿透 12mm，焊缝的深宽比可达 10∶1（如图 6（b）所示）。这是非真空电子束焊接可以达到的理想效果。

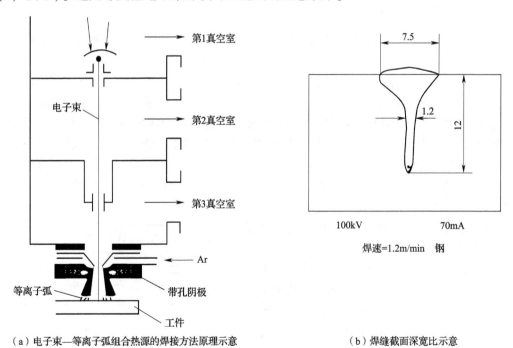

（a）电子束—等离子弧组合热源的焊接方法原理示意　　　　（b）焊缝截面深宽比示意

图 6　哈尔滨焊接研究所开发的电子束—等离子弧组合热源的焊接方法原理示意
及焊缝截面深宽比示意

为了提高电子枪在工业生产应用中的工作可靠性和完善电子光学系统与结构设计，多年来，沈阳金属研究所、中科院北京电工所、北京航空工艺研究所等单位，不但对中压型的电子束枪进行了改进设计与定型，而且在 150kV 的高压型电子枪研究方面开展了许多研究工作，并取得了可喜的进展。

在电子束焊接自动控制领域中，80 年代初由成都电焊机研究所研制成功微机控制的电子束焊接跟踪和偏摆装置。对于在一些特殊材料（如高强钢）的焊接成形与消除电子束焊缝中的缺陷，提供了一种有效手段。在异种金属材料的电子束焊接研究方面，中科院电子所在 80 年代初期曾进行过探讨。在电子束焊接的精度控制与焊缝跟踪技术方面的研究，国外已有多种技术方案。在国内，北京航空工艺研究所发展了一种专用于卷边对接薄板电子束焊接的焊缝对中跟踪技术，可应用于压力传感器的膜盒的焊接，其原理示意于图 7。在束流两侧设置有两个对称的二次反射电子接收器。当电子束偏离卷边焊缝的中线时，两侧的反射电子信号的差异即可构成对中跟踪控制的信号。

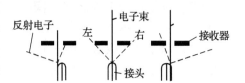

图 7　膜盒卷边焊缝的电子束焊接对中跟踪原理示意

3　激光焊接技术的研究与应用

我国在 20 世纪 60 年代对激光焊接的研究，因受到当时激光器功率太小的制约，采用红宝石激光器在试验条件下进行过一些小器件的焊接试验与应用尝试。从 70 年代开始，除固体激光器外，CO_2 气体激光器的研究也有了发展。到 80 年代初，已可以制造出 3～5kW 横流式 CO_2 激光器，在 80 年代中期，其功率可达 10kW，但轴流式 CO_2 激光器的功率为 0.5～1kW。因此，到目前为止，激光焊接的应用还仅限于薄小、精密零件的制造。在厚度为 1～5mm 钢板构件的焊接生产领域中，激光焊接的应用面还很小，还未形成与电子束焊接技术相竞争的优势。虽然，在国外随着激光器功率大幅度的提高和光束品质的改善，激光焊接在 6～30mm 厚的结构制造中已开始形成可以与电子束焊接相争的局面；但在国内，要发展功率大到 25kW 的 CO_2 激光器的工业应用，还需要走一段相当长的路。

成都电焊机研究所在 80 年代中研究开发了一种可由小拼大的激光器，用于焊接或激光加热钎焊等。图 8 给出了这种激光焊机的示意图。用 6 支 100W 级的 CO_2 激光器（ϕ70mm × 2150mm）组合成一台输出功率为 500W 级的 CO_2 激光焊机，比通常同样功率的激光器的体积要小很多，可用于焊接0.5mm以下的薄钢板。

激光焊接研究与生产应用，在国内目前主要有以下几方面：

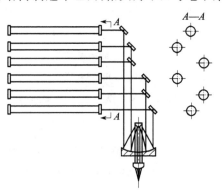

图 8　由 6 支 100W 激光发生器组合而成的 500W CO_2 激光焊机

（成都电焊机研究所，1986 年）

（1）微电子元器件的激光焊接。包括集成电路引线的焊接、各种元器件和传感器外壳的封装焊接。固体激光脉冲焊接还可以应用于首饰等贵金属的焊接。

（2）电机定子、转子的激光焊接，降低成本，提高工效，改善电机性能。

（3）马口铁薄板的激光焊接，用于食品罐头罐身纵向焊缝的焊接。

（4）齿轮激光焊接工艺方案选择的试验研究；以寻求最佳的激光束模式与焊缝成形。

（5）激光束与 TIG 电弧组合焊接新方法研究，以提高激光束的穿透能力，提高焊接速度。

华中理工大学在研究开发电机定子和转子的激光焊接中，采用了氧化性保护气体（$O_2 + Ar$），这有助于增加激光在工件表面的吸收率，提高焊缝穿透深度。图 9 所示为该校研制的食品罐头罐身激光焊接机。近年来，采用高速电阻缝焊方法（北京航空工艺研究所）和激光高速焊接方法来制造食品罐身已取代了原先的软钎焊罐身对接缝的连接技术。采用在工件表面聚焦的激光束施焊，对马口铁的表面具有清除有害杂质的作用，在焊速高达 $8 \sim 12 m/min$ 的条件下，可以实现穿透型的"锁孔"焊接过程。焊缝成形良好，接头性能满足技术要求。

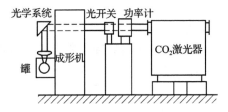

图 9 华中理工大学研制的食品罐头罐身纵缝激光焊接设备

中科院上海光学精密机械研究所对齿轮的激光焊接进行了试验研究。采用 20Mn-Cr5 材料作激光焊接试验。为了达到具有较深的熔化焊缝（3mm 左右），且深宽比大于 1，采用 5kW 横流式连续 CO_2 激光器，研究了熔深与激光功率的关系，在激光束为多模情况下，熔深可达 5mm，但深宽比约为 1。采用低阶模激光束，焊缝的深宽比可以大于 2。在焊速大于 25mm/s 时，采用 3kW 左右的功率，可以获得最佳的焊缝成形。在焊接过程中，为了避免等离子体云的形成，采用保护气体顶吹和侧吹同时进行。保护气体可选用 N_2，Ar 或二者的混合，或在 Ar 气中加入 10% O_2。采用 He 气对熔深更为有利。

图 10 所示为天津大学开展的激光束与 TIG 电弧组合焊接新方法研究工作的示意图。当激光束穿过电弧时，其穿透金属的能力比在一般大气中有了明显的增强。在 2m/min 的焊接速度下，0.2kW 的激光束流与 90A 的 TIG 电弧的组合即可以焊出 1mm 熔深的焊缝，而通常则需要用功率为 5kW 的激光束才能达到同样的效果。从图示中还可以看出，连续激光束在距离电弧中心线 3～5mm 时有吸引电弧并使之稳定燃烧的作用。采用这种新方法也可以提高激光焊速度。

在讨论激光焊接技术的发展方向和趋势时，还

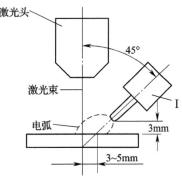

图 10 激光束 + TIG 电弧组合热源焊接新方法原理

（天津大学）

必须注意到激光作为一种具有很好柔性的热源在其他加工领域中的迅速发展。如激光打孔、激光切割技术不但在航空工业中得到应用而且在一般机械制造业中的应用面也正在日益扩大。南京航空学院在激光表面改性，利用激光辐照相变硬化改善金属材料（30CrMnSiNi2A）的抗疲劳性能、提高疲劳裂纹扩展门槛值、降低疲劳裂纹扩展速率等研究方面取得了成效。北京航空工艺研究所在激光重熔、熔覆与合金化研究方面的成果已在涡轮叶片上应用，提高了耐磨寿命。另外，在激光对非金属材料、陶瓷的加工以及激光刻蚀技术等方面的应用发展也很快。在提高激光切割的精度与切口表面粗糙度的研究中，哈尔滨工业大学在应用技术的基础性研究工作内容方面取得了指导生产应用的成果。总之，作为高能束流热源中的佼佼者，激光焊接技术与激光加工技术的研究开发与应用前景是广阔的，将在国民经济建设的各领域中大显身手。

参考文献

［1］ 关桥. 电子束焊接和激光焊接新技术，航空工业部，对外科技交流报告，1987 – 02 （总15）：17 – 33.

［2］ 丁培瑶. 电子束焊接技术的现状和发展方向. 见：国家自然科学基金委员会、机械热加工科学的未来. 1988：143 – 146.

［3］ Proceedings of the Intern. Conf. on "New Advances in Welding and Allied Processes", 8-10 May, 1991, Beijing, Intern. Academic Publishers.

［4］ Proceedings of the Symposium on "Strategy of Welding Research in 2000 and Possible Aspects of China – Germany Cooperation" 10 May, 1991, Beijing. WI CMES-DVS.

关于建立"高能束流加工技术"
国家级实验室的建议[①]

关 桥

1 提出建议的背景

这次会议的主题内容"电子束焊接与激光焊接"正是我所承担部制订的"七五"规划中的重点研究课题内容,这次参加 IIW 年会针对性也较强;会前有所准备,在会议期间又就有关技术问题直接与各国专家、学者交换了意见,因而收获较大,这些技术问题、发展动向及观点,可直接指导当前课题研究。

(1)电子束焊接技术在近年来发展的明显特点是扩大应用面,它在日本及欧洲各国已取得了长足的进步,工业应用已不完全限定在航空、航天、核工业方面。在一般机械制造业中发展也很快。5 年前各国仍集中开发电子束焊接设备,解决电子光学、高压电源、跟踪等问题,目前大部分研究工作已转向产品应用。有关机理方面的研究也是围绕产品应用开发而进行的。我们在"七五"期间必须在研制新的高性能焊机的同时,不失时机地针对新机和民品开展产品应用工艺研究。

(2)激光加工和焊接技术,各国都已大体上解决了千瓦级以上的激光器件技术问题,因此在焊接、切割、打孔与表面强化处理方面的加工技术开发工作正如雨后春笋,全面展开。我们的千瓦级激光发生器的工业应用尚未过关,因此必须在研制大功率激光器的同时,可以技术引进的形式,加强工艺方法应用研究。日本东成公司的开发经验尤其值得我们借鉴,在短时间内可以取得显著的经济效益。

(3)在特种焊接技术方面,扩散连接的发展非常引人注目,尤其是日本,在应用研究方面已扩大到一般工业产品,而在欧洲和美国主要还在航空与航天技术方面。针对"七五"规划中钛、铝及其他耐高温新材料和结构的要求,我们研究的重点应放在发展一种适应面较广的扩散连接工业技术,走出实验室阶段。

(4)陶瓷的焊接技术在日本很受重视,东京金属材料研究所、大阪大学焊接研究所以及筑波研究机构都作为预研项目,研究工作有足够的资金保证。我们在过去已奠

---

① 1986 年 7 月参加在日本东京召开的国际焊接学会第 39 届年会情况汇报及对航空工业部的建议。此文写于 1986 年 7 月,呈送航空工业部。

定了相应的技术基础，作为"七五"期间的预研项目必须放在应有的地位。

（5）长期以来在喷涂涂层质量与超塑性成形/扩散连接质量的无损检测方面缺乏理想的技术方案。这次会议上联邦德国提出的超声波激光全息技术显示了良好的前景。在我所多年来摸索研究的基础上，借鉴此方案，可望取得突破。

2 对航空工业部的建议

（1）在"七五"期间应把"高能束流"焊接技术（包括电子束、激光）作为重点研究课题，并列入专项，在经费上给予支持。在日本期间，荒田吉明教授和联邦德国的Stei - gerwald博士都直接忠告，中国应尽快发展高能束流技术，并对如何发展提出了好的建议。

（2）原来我曾建议航空工业部应支持建立"电子束加工技术开发中心"，但由于经费问题暂时搁置。参加这次 IIW 年会后更加感觉到迫切需要解决这个问题，拟于最近在总结汇报的基础上，写出一个书面建议，向国家科委建议能不失时机地成立国家级实验室，专门从事高能束流加工技术的基础研究和开发应用研究，同时培养这方面的高级专业人才。

（3）建议马上开展对喷涂涂层及扩散连接质量无损检测的超声波激光全息技术研究，以解决这项长期以来难以攻克的技术关键。

搅拌摩擦焊——未来的连接技术（摘要）

关　桥

　　搅拌摩擦焊（Friction Stir Welding，FSW）新技术，自 1991 年发明以来，以任何一种焊接方法无可比拟的发展速度，迅速跨出实验室进入大规模工程化应用。FSW 作为固态焊接/连接方法，正在大步取代传统铝合金的熔焊方法，在铝合金结构的制造与铝型材加工领域，发生着革命性的跨越式发展。对 20 世纪 40 年代以来铝合金结构制造中的诸多传统连接技术（焊接、铆接、胶结）所固有的技术难题，FSW 的研究与开发产生了重大突破。

　　过去曾多采用熔焊技术（以氩弧焊方法为主）制造铝合金船体，运载火箭燃料贮箱，高速列车车厢，飞机壁板、隔框等重要结构，甚至在当前汽车结构的设计中已开始采用铝合金，但熔焊接头中的气孔、裂纹、疏松及铸造组织和接头力学性能的降低等，都严重制约着现代高新技术中这些运载工具高速化、轻量化发展的战略目标；在高性能铝合金结构材料的发展中也被传统的熔焊连接技术固有的难题所困扰，因为有诸多可热处理强化的铝合金材料并不具备良好的焊接性。

　　FSW 是靠摩擦热使待焊工件局部处于塑性状态，由搅拌头旋转带动接缝处金属迁移而形成固态对接焊缝接头，从根本上革除了熔焊所引起的诸多弊端。作为固态焊接方法，FSW 改善了铝合金的焊接性，实施机械化、自动化焊接过程，避免了手工操作的质量不稳定性；在过去的不到 10 年间，使舰船、火箭、飞机、列车甚至汽车的铝合金结构的制造与铝型材加工业的面貌开始了突飞猛进的变化，获取了显著经济效益和快速反应的市场竞争的技术推动力。

　　在未来的连接技术发展中，FSW 应突破现有水平的局限性，诸如：目前的工程化应用还仅局限于铝合金、镁合金等低熔点金属材料；而在钢、钛等具有高熔点的金属结构材料的 FSW 研究开发尚处于实验室阶段。正在酝酿着的关键技术突破在于搅拌头的材料与型面优化设计，满足高熔点金属材料在 FSW 过程中的高温塑性迁移，以及金属基复合材料在 FSW 时对搅拌头的磨损。因此 FSW 成为未来连接技术的前提是搅拌头工具的选材（如立方氮化硼材料）与优化金属塑性迁移的搅拌头型面设计，优化工艺参数。在充分认识 FSW 中金属迁移流动的物理本质的基础上，通过数值分析建模与仿真模拟，使物理模拟与数值模拟相互验证，避免费时耗资的重复试验，建立 FSW 过程理论，正确指导这项新技术在未来发展中的新突破。

飞行器制造工程中的科学技术问题

关 桥

摘要：飞行器（包括航空器和航天器）制造工程中的核心技术，代表着国家高新技术的前沿水平，是国家综合实力的体现，是国家安全的保障；加速发展飞行器制造技术，推动国民经济相关产业的持续发展。飞行器制造技术有不同于一般制造业的许多特点：含有诸多特种加工技术和飞行器轻量化、长寿命、高可靠性，以及服役极端环境所要求的特殊材料加工、成形与连接技术。

解决设计制造大型飞机（含干线客机）和新一代航空器及其动力装置与机载设备所特有的科学技术问题；从航空运力需求大国，跻身世界航空先进行列。在实现载人航天和月球探测计划之后，还要发展空间实验室和深空探测，成为国际商业发射和空间利用竞争中的强国之一。必须立足自我，提高创新能力，加强国际合作，以信息化带动飞行器制造业的现代化。

关键词：航空；航天；飞行器；制造技术；发展规划

自 2003 年 8 月以来，"国家中长期科学与技术发展规划战略研究"统一部署了 20 个专题研究项目，在专题三"制造业发展科技问题研究"内设立了一个分课题"飞行器制造技术"。由航空、航天制造工程领域的 17 位专家组成的研究小组[①]，就分课题所涉及的技术现状、需求、目标及发展趋势进行了分析论证；形成了一份研究报告。本文以此为背景，概述了飞行器制造工程中的若干关键科学和技术内涵。部分内容引自分课题研究报告，本文重点论述的几个问题并不完全代表专家小组的意见。

1 飞行器制造业的地位与发展目标

飞行器（包括航空器和航天器）在现代运载工具向运行高速化、结构轻型化的发展进程中，占有重要的战略地位，如图 1 所示。

---

① 分课题"飞行器制造技术研究"专家小组名单
负责人：关 桥
成 员：周家琪 王亚军 刘 湘 刘善国 吴希孟 邵亦陈 赵振业 厉克勤 易维坤 何 崴 王中阳
李川生 孙凯生 李士令 吴晓峰 谈凤奎

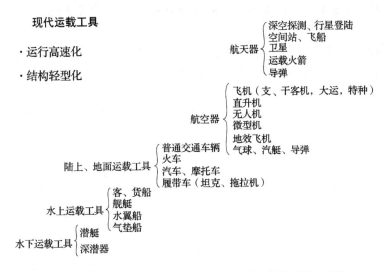

图 1　飞行器（航空、航天）在现代运载工具中的战略地位

　　飞行器制造技术是航空与航天产品设计、选材、制造、信息和系统管理等多学科交叉与集成的结晶；有不同于一般制造业"特需"（Unique）的和"关键"（Critical）的特种加工制造技术[1,2]，也有飞行器服役极端环境所要求的特殊材料制备和结构制造技术。因此，飞行器制造代表着国家高新技术的前沿水平，是国家安全保障和国家综合实力的体现与标志。飞行器制造业是以军民结合、寓军于民，并拉动国民经济相关产业持续发展为基础。从全面建设小康社会的国情和国际大环境来看，21 世纪的前 20 年，正是我国飞行器制造业大有可为、大发展的难得战略机遇期。

　　从航空运力需求大国，跻身世界航空产业先进行列，必须解决设计制造大型飞机（含干线客机）、新一代航空器及其动力装置和机载设备所特有的科学技术关键难题。在实现载人航天和月球探测计划之后，还要发展空间实验室和深空探测；成为国际商业发射和空间利用竞争中的强国之一。

　　实现这些战略目标，必须立足自我，提高创新能力。同时，加强国际合作，结合国情，以信息化带动飞行器制造业的现代化。

2　飞行器制造技术的科学技术内涵与目标任务

　　飞行器主要由轻质、高强、结构复杂的机体，先进、高效的动力系统，多功能、精确控制、制导及机载设备系统组成。飞行器无论是在军用还是在民用领域，都应该具有高机动性和敏捷性、最大的有效载荷和航程、高可靠性、长寿命、高精确性和易维修性；作为高效、快捷的运载工具，更应具有低成本制造、全寿命周期的经济性和环境耐受与相容性。飞行器作为高新武器应具有隐身、远距感知、精确攻击、高毁伤力和高生存力，多平台、多体系对抗等特点；作为载人工具还必须具有在载荷受限的条件下，保证乘员安全、舒适。

为了保证上述技术目标的实现，飞行器制造技术是一个庞大的系统工程，其体系框架示意于图2。

在图2所示的框架中，有4个层次的技术领域。依次是：①三大产品制造技术群：机（箭、弹、星）体、动力系统和机载控制、制导系统制造技术群；②专业制造技术：作为对三大产品制造群的支持，有十多项专业制造技术领域；③数字化设计、制造与管理一体化，贯穿于所有专业制造技术领域及技术相关联性；④以上三个层次的技术领域都建立在最根本的基础技术（标准、规范、资源库、网络、编码等）支撑之上。

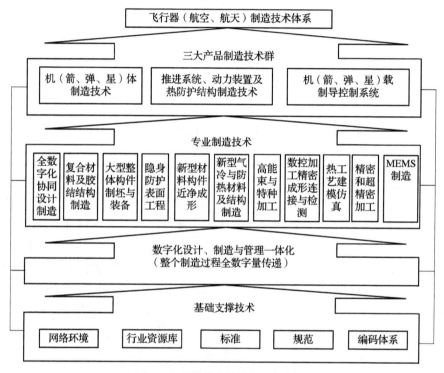

图2　飞行器制造技术体系框架图

国际、国内高新技术和新型运载工具发展的需求，向飞行器设计/制造技术提出了严峻挑战。新型飞行器的面世，必须以创新的原理和设计构思为出发点；经过试验（无论是物理的还是数字化试验）验证，才能进入选材与制造。在工程实施阶段会遇到诸多难以攻克的技术关键，往往因此而延迟新产品的研发周期，失去市场竞争良机。可见，在飞行器这类高度复杂的大型系统工程项目开发中，需要有远见的规划，必须及早安排前瞻性的、战略性的、带有风险性的预先研究。

以机体、动力和机载三大产品体系为主要目标，确定制造技术在未来15年的任务；从新型飞行器的发展趋势，可以宏观地概括为以下几个目标：

（1）在机（箭、弹、星）体结构上，轻质、高强、长寿命、低成本的大型复合材料，新型、功能性复合材料构件和铝合金、钛合金整体构件制造技术的新突破；

（2）在动力推进系统结构中，新型耐高温整体结构，高性能轻结构、冷却结构、新涂层等热防护和热端部件的精密、高效、低成本、近净成形制造技术的开发和扩大应用；

（3）在机载设备、控制、制导系统中，精密、超精密加工制造，微电子、微机电、微光电器件和系统的制造技术与设备的研究开发和工程化生产；

（4）数字化协同制造方式将提升飞行器制造业的总体水平；尤其在热工艺技术领域中的建模与仿真技术成为优质、高效、低成本生产的有力工具与保障；制造技术的信息化，将显著提高快速反应研制能力和市场竞争能力。

3　未来发展的几个大趋势

（1）高性能复合材料的用量呈大幅度上升的趋势。例如，在美国 X－45B 无人战斗机机体结构上的复合材料用量在 90% 以上；欧洲空中客车新型 A380 大型宽体客机上的复合材料用量达到 20% 以上；美国波音拟于 2008 年投入航线的新型波音 7E7 干线飞机上复合材料的用量将在 60% 以上，见图 3。

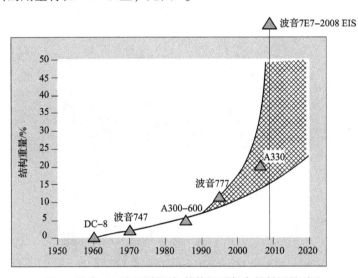

图 3　波音 7E7 新型客机与其他机型复合材料用量对比

值得关注的是，复合材料结构件的制造技术已经把材料制备与构件制造融合在一起；在新的发展趋势中，已经不再把材料与制造作为两个分割的领域或阶段。这是复合材料结构制造不同于一般金属材料结构件制造的发展大趋势。

（2）轻质金属材料（高性能铝合金、高强钛合金）大型整体结构件的精密制坯技术与高效数控切削加工技术相辅相成。例如，美国即将服役的第四代战斗机 F/A－22，为达到机体结构占全机结构重量 27% 的目标，钛合金在机体结构中占 40%；而在经济型 JSF 战斗机上，新型铝合金用量有所增加，钛合金用量相对降低。机体主承力结构设计/制造的整体化，有利于减轻重量。但大型整体构件的制坯，需要有大型精密模锻技术（工艺与设备，如 6～8 万 t 级液压机）；同时，也必须配套地发展高效数控切削技术（尤其对钛合金这类难切削材料而言，开发高效、高速切削工艺、刀具，建立数据库和数控切削系统）。为了快速反应（市场竞争或国防安全），缩短研制周期，把高能束流加工技术与快速原型制造相结合，用于钛合金壁板结构的制坯，也是值得关注的发展方向。

（3）高性能材料板壳结构件的精密成形，与长寿命、高可靠性连接技术的新发展。如大型整体壁板数控喷丸成形、压弯成形，蒙皮柔性多点模具拉弯成形，壳体旋压成形、钛合金框、梁、壁板的超塑性成形/扩散连接技术、高能束流加工与连接技术等，为新型飞机、发动机、运载火箭的高效、低成本制造提供了保障。在铝合金板壳结构的连接技术方面，近年来正在发生着革命性的技术进步——用固态焊接方法（搅拌摩擦焊）大面积地取代熔焊连接和铆接。

搅拌摩擦焊（Friction Stir Welding）从根本上革除了熔焊铝合金的诸多弊端：气孔、裂纹、接头质量差等，大大改善了连接接头的力学性能和可靠性，提高了生产效率，降低了制造成本。搅拌摩擦焊取代了新型商用飞机 Eclipse 结构上铆接结构的 70%（已于 2003 年投入航线）；在美国，波音公司已用搅拌摩擦焊技术改造新型运载火箭"德尔塔" Ⅱ、Ⅲ、Ⅳ型的生产线[3]，并用于航天飞机外部助推燃料贮箱直径 8.41m 铝合金筒体的焊接制造，见图 4（a）。欧洲和美国正在把搅拌摩擦焊技术用于大型飞机的设计和制造；C-17 大型军用运输机上，用搅拌摩擦焊把铝合金型材拼接成承载地板整体结构，见图 4（b）。

（a）航天飞机的铝合金外部助推燃料贮箱（直径 8.41m）

（b）C-17 大型军用运输机的铝合金地板结构

图 4　用搅拌摩擦焊技术制造铝合金航天、航空结构件

（4）在高性能、高推重比动力（推进）系统制造技术中，风扇、压气机和涡轮采用整体叶盘结构，可减轻重量 30%。喷气叶轮机械设计理念的进步，不但对制造技术，而且对结构材料均提出挑战。若再从叶轮结构改进为叶环结构，则可以进一步大幅度减重。高性能发动机的热端部件将大量选用超高温合金材料的近净成形技术制造。超高温复合材料（金属基、金属间化合物或陶瓷基）及新型冷却结构的设计/材料/制造一体化的融合是必然的趋势。

（5）飞行器控制、制导和机（箭、弹、星）载设备系统制造技术的发展方向，显示出以"三微一精"（微机电系统、微电子器件、微光电系统和精密与超精密加工）为目标的制造技术新领域；如高精度、高可靠光学惯性器件制造技术，MEMS 制造技术，纳米器件、功能元器件、传感、光电器件的加工技术与设备的最新发展。"三微一精"也为开发军用微型飞行器及其部署提供了技术可能。

（6）建模与仿真技术：在飞行器制造领域中实施数字化，已在数控加工方面有明显成效。但把 CAD/CAPP/CAM 的一体化融合于飞机制造的全过程，使整个制造过程实现全数字量传递，门槛在于热加工技术。而突破热加工工艺技术（铸、锻、焊、热处理、表面改性与涂层技术）的建模与仿真，关键在于对每一个工艺过程物理模型的深入研究与正确认知。简而言之，没有正确的物理模型（模拟），不可能建立起可靠地、真实反映实际工艺过程的数学模型（建模）和仿真与预测。因此，无论是在一般制造业还是在飞行器制造业中，热工艺过程的建模与仿真（Modeling and Simulation）及其工程化应用正方兴未艾[4]。在这里很难寻觅捷径——必须经过严谨物理模拟而建立起正确的数学模型，以获取模拟、仿真与预测的效果。

（7）信息化带动现代化，用数字化提升飞行器制造业，以"短周期、低成本"为目标，实现飞行器制造业数字化协同工程。图 5 所示为继波音 777 全数字化制造工程之后，美国波音公司又进一步实施波音 7E7 全数字化快速设计/制造的计划；预期从 2002 年项目启动，到 2008 年投入航线，研制周期缩短到 6 年。

图 5 波音 7E7 全数字化快速设计/制造

采用数字化制造技术，美国拟缩短新一代战斗机的研制周期 1/3 ~ 1/2，成本降低 25% ~ 30%，制造出经济可承受，买得起的高性能航空武器装备。数字化设计/制造/管理和虚拟制造技术使 JSF 高性能经济型战斗机的研制周期缩短 50%，制造工时缩短 66%，单个零件数量减少 50%，制造成本降低 50%。

异地协同数字化设计/制造/管理集成系统是以多学科、多专业、多工艺方法的信息、数据、功能和过程的集成技术为基础。研制建立满足集成制造需要的基于知识的工艺编制、开放的工艺参数数据库、工艺方案评估和优化工具等。

结束语

把握住我国飞行器制造业大发展的战略机遇期，经过 15 年的努力，在复合材料构件设计/制造技术，高强、轻质合金整体结构设计/制坯/制造技术，搅拌摩擦焊技术，超高温零部件设计、近净成形、快速原型、涂层技术，超精微器件加工、微系统设计/制造技术，数字化协同制造系统等关键技术和设备研制及工程应用方面实现跨越；达到或接近同期国际先进水平。为实现跻身世界航空制造先进行列和国际航天发射与空间利用强国之一的目标而努力。

参考文献

[1] National Research Council, Commission on Engineering and Technical Systems, Board on Manufacturing and Engineering Design. Defense Manufacturing in 2010 and Beyond—Meeting the Changing Needs of National Defense. National Academy Press. Washington, D. C. 1999.

[2] National Research Council, Commission on Engineering and Technical Systems, Board on Manufacturing and Engineering Design. Visionary Manufacturing Challenges for 2020.

[3] Mary Ruth Johnson. Friction Stir Welding Takes Off at Boeing. Welding Journal, February 1999.

[4] National Research Council, Division on Engineering and Physical Sciences, Board on Manufacturing and Engineering Design. Modeling and Simulation in Manufacturing and Defense Systems Acquisition—Path Ways to Success. Committee on Modeling and Simulation Enhancements for 21st Century Manufacturing and Acquisition (Chair: Peter E. C astro). National Research Council, Washington, D. C.. National Academy Press. 2002. USA.

飞行器结构整体化制造工程中的
焊接/连接/成形技术

关　桥

摘要：飞行器（含航空器及其动力装置）结构整体化设计与制造是航空科技发展的一大趋势。在飞行器结构整体化设计与制造工程中，先进焊接/连接/成形技术的多学科交融创新发展有了长足的进步，丰富了航空制造体系，形成了诸多特定的制造技术集群和新的专业化制造技术领域；诸如：高能束流（电子束、激光束）焊接/连接/成形/加工技术集群，含高能束增量制造技术、电子束物理气相沉积、电子束毛化，激光束与电弧的复合焊接技术等；以及固态（相）焊接/连接/成形与加工技术集群，包括有：扩散连接，瞬间液相连接，超塑性成形/扩散连接，搅拌摩擦焊，线性摩擦焊等。这些整体结构件制造关键技术的突破，为设计全新结构注入新理念，从而使轻量化、长寿命、高可靠性的金属整体结构件低成本制造成为可能；也使动力装置系统高温热端部件的新材料、新结构加工、成形整体制造成为可能；正在解决着航空制造工程中不断出现的特需的关键性难题。

引言

设计—材料—制造，三位一体，是先进飞行器赖以腾飞的三驾马车。

当代飞行器（含航空器及其动力装置）结构整体化设计与制造是航空科技发展的大趋势。

在飞行器结构整体化设计与制造工程中关键技术的特点主要有四：其一，复合材料结构件整体化制造技术不断创新，从而使复合材料用量大幅提升成为可能；其二，数字传递贯穿于设计与制造的全过程，从而为信息化、数字化制造技术广泛采用，高效率制造整体壁板、梁、框结构，和实现柔性装配成为可能；其三，先进焊接/连接/成形技术的创新发展，为设计全新轻合金结构注入新理念，从而使轻量化、长寿命、高可靠的轻合金整体结构件低成本制造成为可能；其四，先进焊接/连接/成形技术的创新发展，使动力装置系统高温热端部件的新材料、新结构加工、成形整体制造成为可能。这些整体结构件制造关键技术的突破，丰富了航空制造体系，形成了诸多特定的制造技术集群和新的专业化制造技术领域。

本文侧重于针对上述关键技术的第三、第四特点，阐述焊接/连接/成形技术的创新性进展及其在航空制造工程中的应用与发展大趋势。

在先进的大型干线飞机设计与制造中，虽然复合材料用量大幅提升，但轻合金结构所占比例仍有 50% 左右。先进的材料必须要采用先进的焊接/连接/成形技术，才能制造出先进的飞机和发动机结构。先进的焊接/连接/成形技术是保障飞机及其动力装置的设计与制造实现轻量化、低成本、长寿命、高可靠性的"特需"和"关键"的制造技术。

1　轻合金整体结构的焊接/连接/成形制造

与复合材料结构媲美的轻合金（铝合金、钛合金）焊接/连接/成形整体结构的制造，是设计并实现先进飞行器轻量化的核心技术；轻合金焊接/连接/成形整体结构件在飞行器重要承力结构中替代铆接和螺栓连接结构，大幅度地减少零部件、连接件的数量，使之尽可能地整体化，已成为当代航空制造工程发展的大趋势。

随着航空制造技术的不断创新，复合材料结构与轻合金整体结构的用量在飞机设计中并驾齐驱地提升。半个世纪以来，在飞行器轻合金焊接/连接/成形整体结构件的扩大应用方面，具有标志性的技术进步点有四：①20 世纪 60 年代，电子束焊接用于飞机和发动机钛合金重要承力结构的整体化制造；②80 年代，钛合金超塑性成形/扩散连接技术在飞机设计与制造中崭露头角；③90 年代，激光焊接用于飞机带筋壁板结构的整体化制造；④进入 21 世纪初，搅拌摩擦焊用于铝合金飞机壁板、梁、框等重要结构的整体化制造。航空焊接/连接/成形技术发展和应用的大趋势表明：高能束流（电子束、激光束）焊接技术在航空制造各类熔化焊接方法中的发展独占鳌头；而固态焊接/连接技术（摩擦焊、扩散连接）的创新性发展，正在解决着航空制造工程中新出现的特需的关键性难题。

在可预期的 2030 年之前，先进的纤维金属层板结构（Fiber Metal Laminate）和自适应智能结构（Adaptive Structrue）的新型整体结构的制造技术呼之欲出，将会推动飞行器结构设计与制造理念的新变革。

先进飞机的机翼采用超临界翼型，铝合金整体机翼壁板的制造采用数控加工，将预拉伸的厚板铣切成带筋（或不带筋但有加强肋）壁板，而后再经喷丸成形（或时效蠕变成形）为超临界翼型（双曲面）壁板。

图 1 所示为新型支线飞机 ARJ21 超临界机翼整体壁板经喷丸成形后的双曲面翼型。该机翼整体壁板长 13.5m，宽 2.1m。而在大型干线飞机上的超临界机翼带筋整体壁板的尺寸可达到：长 20～30m，宽约 3m，筋条高度约 80mm。这对于喷丸成形技术（含大型喷丸成形装备）的发展将构成新的机遇与挑战。

图 1 喷丸成形 ARJ21 超临界机翼壁板 (13.5m 长, 2.1m 宽)

将预拉伸的铝合金厚板铣切成带筋壁板（尤其是带高筋的壁板），其材料利用率甚低，仅为 10% 左右，费时耗资。而采用激光束，将挤压型材筋条与壁板焊接成为整体带高筋壁板，不但可以提高材料利用率，提高生产效率，降低成本，更可免除对大厚度板材供货的依赖，缓解对大厚度板材预拉伸重型装备的需求。

20 世纪 80 年代，欧共体 BRITE 和 EURECA 工业技术基础研究计划实施的成效，促进了飞机带筋整体壁板的激光焊接制造技术日臻成熟；在空客机种上激光焊接整体壁板的数量：A318 机型上有一块；在 A380 机型上有 8 块；在 A340 机型上共有 14 块（下机身壁板）。

飞机带筋壁板激光整体化焊接制造的技术推动力，及其技术经济效益，适应了市场需求牵引方向，也符合我国的国情。面对大飞机的自主创新设计与制造，飞机结构整体带筋壁板的激光焊接制造技术和专用大型装备的研发，时不我待。

如上所述，在飞行器结构整体化制造的发展中，电子束焊接、激光焊接等高能束流焊接和摩擦焊接、扩散焊接等固态焊接两大类焊接方法的技术推动力显示出强劲的势头。从图 2 上对过去半个世纪以来航空焊接技术发展的趋势分析示意来看，在诸多焊接方法中高能束流焊接和固态焊接技术在航空制造工程中的应用面在不断地扩大。

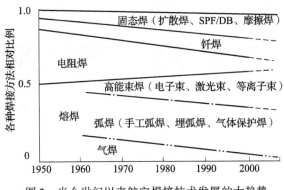

图 2 半个世纪以来航空焊接技术发展的大趋势

下面就高能束流焊接和固态焊接方法在飞行器结构整体化制造中的发展，分别阐述。

2 高能束流焊接/连接/成形与加工技术的进展

高能束流（电子束、激光束）焊接/连接/成形/加工，在航空制造工程中是一个专业制造技术集群，可用于焊接，钎焊，制孔，雕刻，毛化，表面改性，物理气相沉积（EB - PVD）和增量制造（RPM - 快速原型制造，又称 FFM，Free Form Manufacturing—自由成形制造，或称 Direct Additive Manufacturing—直接增量制造）等。

减重和低成本，是彰显飞行器高性能的重要设计与制造技术指标。高能束流（电子束、激光束）焊接，是满足这些技术要求，实现轻合金结构整体化制造的首选方法。

在大型飞机上，如 A380 上发动机的吊舱和钛合金挂架、支架等复杂结构件均采用电子束焊接制造。早期的 F - 14 钛合金中央翼盒是用电子束焊接制造飞机整体结构的一个典型范例。该翼盒长 6.7m，宽 84 ~ 94cm，高 35.6cm，重 839kg，用电子束焊代替机械连接，减重 250kg。初期由 55 个钛合金钣金件或锻件焊成，89 条电子束焊缝；后改为 33 个钛合金件，70 条电子束焊缝，焊接厚度 12.1 ~ 57.2mm，焊缝总长 55m。在 F - 22 后机身上的钛合金桁架式前后梁也都采用电子束焊制造飞机整体结构。用电子束焊替代落后的潜弧焊，实现苏 - 27 后机身框梁的整体结构电子束焊制造，更是精化毛坯，减少切削加工量，提高质量，降低成本的有效方案，符合技术发展的大方向。

在发动机制造中，采用电子束焊接制造压气机转子部件也是一个整体化制造的典型范例。早期用电子束焊接替代螺栓连接，把多级盘焊接成整体鼓筒轴盘，显著地减轻了重量，提高了可靠性。20 世纪 70 年代，惯性摩擦焊技术也开始应用于压气机转子部件整体化制造。两种方法，各有特点。专业化航空发动机制造公司按照各自的技术基础和传统，分别采用或电子束焊接或惯性摩擦焊接整体化制造压气机转子部件。各占有一定的市场份额。

值得提及的是，电子束物理气相沉积和电子束毛化与增量制造技术的进展。

图 3 所示为电子束物理气相沉积形成的叶片表面热障防护层；与等离子喷涂层相比，由于所具有的法向针状结构，提高了抗冷热疲劳性能，不发生沉积层的剥落。

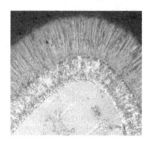

图 3　电子束物理气相沉积（EB - PVD）形成的叶片表面热障防护层

图 4 所示为电子束毛化在钛合金零件表面生成的毛刺状凸起，用以增大与复合材料部件胶结接头的抗剪切能力；为提高金属与复合材料连接接头的可靠性，整体化制

造异种材质的结构提供了技术支持；例如，先进发动机复合材料机匣壳体与其上诸多安装座的连接。

图 4 电子束毛化在钛合金零件表面生成的毛刺状凸起用以加强与复合材料的连接

高能束流增量制造技术，采用激光束和电子束作为热源，其原理相同；比之电弧和等离子弧等作为增量制造的热源，激光和电子束除能量密度高外，更具有柔性，自动化可控性好，能更好地实现 CAD 与 CAM 一体化的融合。近年来发展加快，获得了长足的进展。图 5 所示为激光、电子束增量制造成形的整体构件。激光束增量制造在保护气氛中，可采用铺粉或同轴送粉。电子束在真空室内可用铺粉或添加丝材的方法，其优点是防止了气体介质可能带来的污染；真空室大小和电子枪运动均可根据构件几何形状而定。在国外已有报道，把激光增量制造技术应用于飞机结构件（梁和框）的整体化制造，其性能与技术经济效益甚至优于在大批量生产中的模锻件。究竟是快速原型制造用于新型机种研制阶段合理，还是在大批量生产中替代模锻件？尚待在工程实践中进一步从技术和经济两个层面深化认知。在国内，诸多研究机构对高能束流增量制造技术所取得的进展表明，新的突破正在孕育之中。

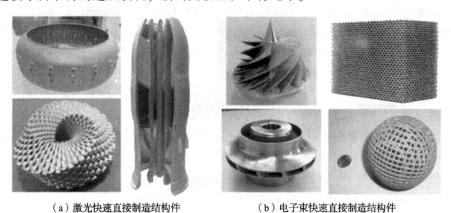

（a）激光快速直接制造结构件　　　　　　　（b）电子束快速直接制造结构件

图 5 高能束流（激光束和电子束）增量制造直接成形的整体结构件

近年来，在激光焊接/连接/成形/加工制造技术集群中，用于飞行器结构整体化制造最突出的进展是飞机带筋壁板整体化焊接制造。

在图 6 上对比了飞机带筋壁板采用厚板铣切加工与整体化焊接（LB 或 FSW）制造

两种方案。如前所述，后者是用对接焊方法把挤压 T 形筋条型材焊在带有加强肋的较薄壁板上；或将有筋条的窄幅挤压型材对接焊成宽幅整体带筋壁板；其节材，省时的效果是显而易见的。开发专用的飞机壁板整体化焊接制造技术，并研发专用装备作为工艺技术的载体，是应对新挑战的必由之路。

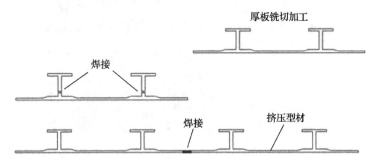

图 6　铝合金厚板铣切成带筋壁板与焊接（LB 或 FSW）带筋整体壁板技术方案对比

激光束与熔化极弧焊的复合焊接方法，在航空薄壁结构整体化制造中的优势在于：不仅在同等热源功率的条件下，增大熔深，改善焊缝成形；而且可以拓宽对接缝的装配间隙容差裕度窗口。

3　固态焊接/连接/成形与加工技术的进展

在飞行器制造工程中，固态（相）焊接/连接/成形与加工技术集群包括有：扩散连接（Diffusion Bonding, DB），瞬间液相（Transient Liquid Phase, TLP）连接，超塑性成形/扩散连接（Supper Plastic Forming/Diffusion Bonding, SPF/DB），搅拌摩擦焊（Friction Stir Welding, FSW），线性摩擦焊（Linear Friction Welding, LFW）。

在当代飞行器性能大幅提升的需求牵引下，扩散连接（DB）技术不断创新发展。已经有用扩散连接制造飞机钛合金整体承力梁和框及波纹夹层壁板结构的成功先例；在高性能发动机上，瞬间液相（TLP）连接用于定向凝固气冷叶片或空心单晶叶片的制造技术日臻成熟。

扩散连接（DB）技术为新材料的制备、金属基复合材料的纤维界面反应提供着科学技术支撑；与树脂基复合材料结构的制造技术不同，在纤维增强金属基复合材料结构的制造中，扩散连接技术的应用是关键所在。如图 7 所示，用辊轧加压扩散连接法制造纤维金属叠层材料（FML）是有待突破的核心技术；而将纤维金属叠层材料（FML）制造成飞行器的新型轻质整体结构，更具有挑战性。

过去的 1/4 世纪，在飞行器整体结构制造中，扩散连接技术与超塑性成形技术的完美结合，在一个热循环中完成钛合金扩散连接和超塑性成形的组合工艺技术，使钛合金轻质整体结构的应用面显著扩大；尤其在整体化制造薄壁多层夹芯壁板结构工程中，其技术经济效益独一无二。图 8 为采用超塑性成形/扩散连接技术整体化制造的发动机风扇钛合金宽弦叶片的横截面与扩散连接接头的宏观金相组织。

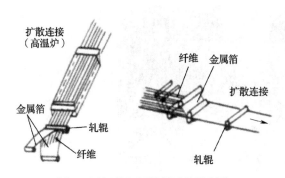

图7 用辊轧加压扩散连接法制造
纤维金属叠层材料（FML）

图8 采用超塑性成形/扩散连接技术整体化
制造的发动机风扇钛合金宽弦叶片的横截面
（上）与扩散连接接头的宏观金相组织（下）

摩擦焊接，作为固态（相）连接技术在飞行器结构整体化制造中的创新性发展，包括有三种方法：惯性摩擦焊（IFW），搅拌摩擦焊（FTW）和线性摩擦焊（LFW），如图9所示。

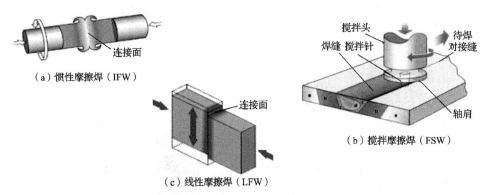

图9 摩擦焊接的三种方法：惯性摩擦焊（IFW），搅拌摩擦焊（FSW）和线性摩擦焊（LFW）

如前述，惯性摩擦焊（IFW）应用于压气机转子部件整体化制造，已有近30年的历史，与电子束焊接并驾齐驱，各占有一定的市场份额。

搅拌摩擦焊（FSW），自TWI发明以来十多年间，与其他所有焊接方法相比，其发展速度和规模都是空前的。作为新兴的固态（相）连接技术，搅拌摩擦焊在铝合金结构的整体化焊接制造领域，正在取代着熔化焊（钨极或熔化极氩弧焊），这首先得益的是航天航空制造业，很快拓展到造船、轨道交通、机械、电器等行业。这一特殊的发展态势，是由搅拌摩擦焊技术本身独具的优点所决定：①是固态（相）连接，从根本上杜绝了铝合金熔焊接头中的裂纹、气孔、夹渣、疏松等缺陷；②方法简单，易实现机械化自动化焊接而不依赖于操作者的水平；③是一种绿色、节能、环保的制造技术。图10所示为美国Eclipse公司制造N500型全搅拌摩擦焊接（FSW）商务飞机，采用龙门式搅拌摩擦焊机器人正在组装焊接飞机的整体机身。该飞机已于2002年首飞，2003年认证后交付用户，投入批生产。在支线和大型干线飞机的设计、制造中搅拌摩擦焊用于重要结构的整体化制造，日臻成熟，应用面正在扩大。

图10 采用龙门式搅拌摩擦焊机器人正在组装焊接商务飞机的整体机身

线性摩擦焊是高推重比涡扇喷气式发动机核心部件（风扇和压气机叶盘、叶环）整体焊接制造的创新技术。与常规榫头连接相比，其减重效果非常明显，如图11所示，减重可达30%或70%。对线性摩擦焊接专用装备的技术要求甚高，根据材料（钛合金或高温合金）、焊接截面面积的大小设定设备功率以及线性往复运动的幅度和频率；此外，对工件装配和装卡定位精度的要求更高。

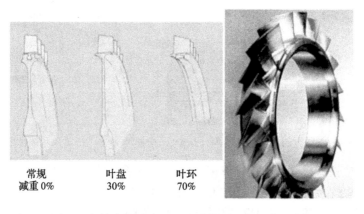

图11 与榫头连接相比线性摩擦焊整体化制造风扇
和压气机叶盘、叶环减重可达30%或70%

结束语

飞行器结构整体化设计与制造是航空制造工程发展的大趋势。

先进焊接/连接/成形技术的创新发展，为设计全新飞行器结构注入新理念，从而使轻量化、长寿命、高可靠性的金属整体结构件低成本制造成为可能。

一大批新兴航空专业化焊接/连接/成形制造技术集群和产业正在形成，诸如：高能束流（电子束、激光束）焊接/连接/成形加工制造产业，增量制造产业；固态焊接/连接/成形加工制造产业等。

　　航空科技发展中轻合金结构整体化设计/制造关键技术难题的突破，有待焊接/连接/成形加工科学的多学科交融创新发展。尤其在工程应用中，先进的装备是工艺技术得以实施的载体。当前，焊接/连接/成形加工技术发展的推动力尚显单薄，必须大幅提升创新发展的技术推动力，以资与强劲的市场牵引力相匹配；要善于在工程实践中发现问题，科学地抽象并提炼出深入开展科学研究的命题。

致谢

　　为本报告编写提供资料的有：北京航空制造工程研究所（625 所）特种焊接研究室（102 研究室），"高能束流加工技术"重点实验室（104 研究室），钣金成形与超塑性成形/扩散连接研究室（106 研究室），中国搅拌摩擦焊中心（107 研究室）。

　　所引用资料来源有：中国工程院院士报告，空中客车公司及波音公司和 TWI 及 AWS 公开发布的技术资料、会议文集等。

　　特此致谢！

高能束焊接/加工与固态连接技术的创新发展

关 桥

摘要

半个世纪以来，航空特种焊接/连接技术发展和应用的大趋势表明：高能束（激光束、电子束）焊接/加工技术在各类金属材料熔化焊接方法的发展中独占鳌头；而固态连接技术的创新性发展，也正在解决着航空制造工程中新出现的焊接技术难题，诸如：

（1）激光焊接铝合金、钛合金机身整体带筋壁板，取代铆接结构，减轻重量、降低成本；

（2）电子束焊接钛合金飞机框、梁主要承力结构件以及高性能涡扇喷气式发动机的关键部件；

（3）超塑性成形/扩散连接技术用于制造钛合金夹层壁板结构和涡扇喷气式发动机大型宽弦空心叶片，对飞行器结构的设计与制造带来新的创新理念；

（4）线性摩擦焊用于先进涡扇喷气式发动机叶盘等核心部件的制造已崭露头角，减轻重量、实现高推重比；

（5）搅拌摩擦焊技术用于飞行器大型铝合金整体结构和带筋壁板的制造更是如日中天；

（6）瞬间液相（TLP）钎焊/扩散连接技术正在定向凝固、单晶和金属间化合物高温涡轮叶片与发散气冷结构的制造中突破着传统钎焊技术的局限；

（7）扩散焊接/连接技术正在为新型结构的设计/制造开拓前景，同时也为新材料的制备、金属基复合材料的纤维界面反应提供科学技术支撑；

（8）基于高能束加工（堆焊、喷焊）原理的增量制造技术，如激光（喷粉）、电子束（添丝）快速原型制造和近净成形等新方法，也在一定的研制生产环境中与传统的大余量锻件毛坯切削加工的制造形成竞争态势；

（9）高能束特种加工（毛化、雕刻）的创新发展，为复合材料与金属材料等异种材料构件的可靠连接提供了新途径；

（10）航空板壳焊接整体结构件的焊接应力与变形控制技术依然是飞行器制造工程中技术创新发展的命题之一。

494

　　一大批新兴的特种焊接/连接/加工制造技术集群和产业正在形成。诸如：高能束流（电子束、激光束）焊接/加工制造技术产业；高能束增量制造技术产业；以及固相焊接/连接制造技术产业；扩散焊、瞬间液相连接、超塑性成形/扩散连接技术产业；线性摩擦焊、搅拌摩擦焊接技术产业等。这些新兴产业萌芽并根植于航空工业，却力挺诸多行业焊接技术的进步与发展，在航天、造船、兵器、电子、能源电力与核能、汽车、轨道交通、机械与装备制造等领域已得到广泛而卓有成效的应用。

　　必须大幅提升我国焊接科技自主创新的发展能力与水平，加强技术基础研究与多学科交融的创新发展，为建设创新型国家而不懈努力。

航空特种焊接/连接技术体系的形成和发展[①]

关 桥

"十二五"国家战略性新兴产业发展规划要求，高端装备制造业要大力发展现代航空装备业；航空特种焊接/连接技术是现代航空制造业的一个重要组成部分。高速、高温、极端环境下服役的飞行器及其动力装置需要轻量化、长寿命、高可靠性的结构以及与之相匹配的高性能材料和整体化低成本制造技术，航空特种焊接/连接技术应运而生。随着一代又一代新型飞行器及其动力装置的发展，不断地开发出新型的焊接/连接方法和技术，研制出精密、自动化的特种焊接/连接/加工装备作为新方法和技术的载体，满足航空新产品发展的需求。

在我国，航空特种焊接/连接技术的研究，始终瞄准国际高端制造业发展的前沿，也引领着机械制造业中的焊接技术的创新发展；同时，航空特种焊接/连接技术的工程应用领域日趋扩大，不断向国民经济的其他产业部门转移，发挥着更大的技术经济和社会效益。

1 航空特种焊接/连接技术体系的建立和发展态势

新型飞行器的设计和轻金属（铝合金、钛合金）结构的扩大应用，动力系统的性能不断提升与高温材料和功能部件的采用，均牵引着航空特种焊接/连接技术的快速创新发展；而在这些结构和部件的整体化和低成本制造中关键的和核心的焊接/连接技术的突破，又不断地推进新结构的设计构思和新材料的优化选用。

20 年前，我们曾对 20 世纪下半叶以来的航空特种焊接/连接技术的发展趋势做过预测，见图 1。

近 20 年来的实践也显现了图 1 预测发展趋势的前瞻性。航空特种焊接/连接技术发展和应用的大趋势表明高能束（尤其是激光束、电子束）焊接/加工技术正在逐步扩大应用（如图 1 所示）。它在各类金属材料熔化焊接方法的发展中独占鳌头；而固态连接技术（含钎焊/扩散焊、TLP）尤其是超塑性成形/扩散连接技术和摩擦焊技术同样也在扩大应用范围（见图 1）。高能束焊和固态焊这两大方向的创新发展正在解决着航空制造工

---

① 2012 年 6 月 25 日为北京航空制造工程研究所建所 55 周年纪念而作。

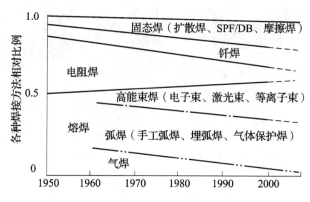

图 1　各类航空特种焊接技术的发展趋势

程中新出现的"特需"和"关键"的技术难题，为结构设计师们提供了更多创新思维的空间和注入新的结构理念。

北京航空制造工程研究所建所以来的半个世纪，航空特种焊接/连接技术的发展历程也印证了图 1 中所给出的发展趋势。

1958 年，在北京航空制造工程研究所（早期为航空工艺研究所）成立了热加工研究室，"焊接"只是其中的一个小组；在图 2 上把它显示为大树根部的一棵小树苗，经历了半个世纪的成长现在已傲然挺立为参天大树——具有 4 个大专业分支的航空特种焊接/连接技术体系，直接从事研究和开发的科技人员 120 余人，分布在 4 个研究室内。

从图 2 左侧的年代标尺上可知：第一阶段（1958—1961 年）为焊接专业研究室筹建过程，第二阶段（1961—1978 年）为专业发展和学科建设时期；第三阶段（1978 年至今）形成了分布在 4 个研究室内的焊接/连接专业分支及重点实验室和发展研究中心的规模建设和发展。

这棵参天大树的成长记录显示：

1979 年将研究室定名为"航空特种焊接技术研究室"。

1986 年将超塑性成形/扩散连接专业单列为一个专业研究室。

1993 年建立了"高能束流加工技术"国防科技重点实验室。

1994 年正式把与焊接/连接相关专业划入三个专业研究室：

①发动机工艺研究室（102 室）：包含有气体保护焊、钎焊、扩散焊、瞬间液相连接、摩擦焊、结构完整性和应力变形控制；

②高能束流加工技术研究室（104 室）：包含有电子束、激光束及等离子体、离子束加工技术；

③金属钣金成形技术研究室（106 室）：包含有超塑性成形/扩散连接技术。

2002 年建立了中国搅拌摩擦焊中心并注册了专业化技术公司——北京赛福斯特技术有限公司，2006 年成立搅拌摩擦焊研究室（107 室）。

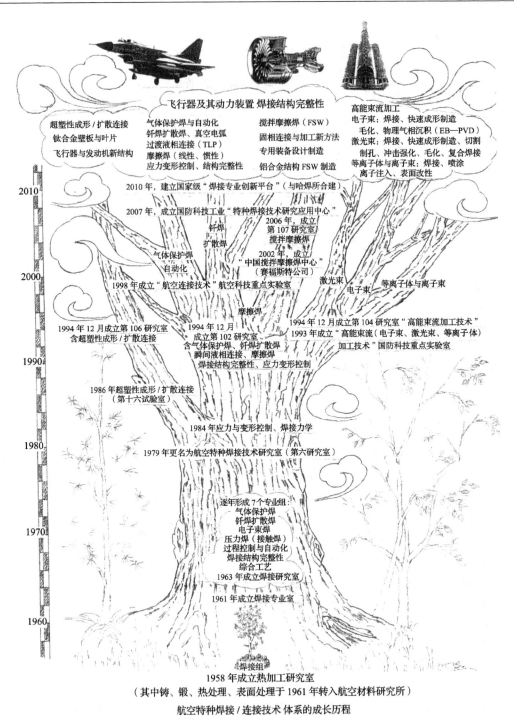

飞行器及其动力装置 焊接结构完整性

超塑性成形／扩散连接
钛合金壁板与叶片
飞行器与发动机新结构

气体保护焊与自动化
钎焊扩散焊、真空电弧
过渡液相连接（TLP）
摩擦焊（线性、惯性）
应力变形控制、结构完整性

搅拌摩擦焊（FSW）
固相连接与加工新方法
专用装备设计制造
铝合金结构 FSW 制造

高能束流加工
电子束：焊接、快速成形制造
毛化、物理气相沉积（EB—PVD）
激光束：焊接、快速成形制造、切割
制孔、冲击强化、毛化、复合焊接
等离子体与离子束：焊接、喷涂
离子注入、表面改性

2010年，建立国家级"焊接专业创新平台"（与哈焊所合建）

2007年，成立国防科技工业"特种焊接技术研究应用中心"

钎焊
扩散焊

2006年，成立
第107研究室
搅拌摩擦焊

气体保护焊
自动化

2002年，成立
"中国搅拌摩擦焊中心"
（赛福斯特公司）

1998年成立"航空连接技术"航空科技重点实验室

摩擦焊

激光束   电子束   等离子体与离子束

1994年12月成立第106研究室
含超塑性成形／扩散连接

1994年12月
成立第102研究室
含气体保护焊、钎焊扩散焊
瞬间液相连接、摩擦焊
焊接结构完整性、应力变形控制

1994年12月成立第104研究室"高能束流加工技术"
1993年成立"高能束流（电子束、激光束、等离子体）
加工技术"国防科技重点实验室

1986年超塑性成形／扩散连接
（第十六试验室）

1984年应力与变形控制、焊接力学

1979年更名为航空特种焊接技术研究室（第六研究室）

逐年形成7个专业组：
气体保护焊
钎焊扩散焊
电子束焊
压力焊（接触焊）
过程控制与自动化
焊接结构完整性
综合工艺
1963年成立焊接研究室

1961年成立焊接专业室

焊接组

1958年成立热加工研究室
（其中铸、锻、热处理、表面处理于1961年转入航空材料研究所）

航空特种焊接／连接技术 体系的成长历程

图2　航空特种焊接/连接技术体系在北京航空制造工程研究所的成长历程①

---

①　关桥为航空工业创建60周年撰稿：航空特种焊接/连接技术体系的发展与构成概述，2010年10月，刊载于《生命之光》附录3，航空工业出版社，2011．4．

经历了建所以来 50 多年的发展，航空特种焊接/连接技术体系已初具规模。该技术体系专业分类和构成如表 1 所示。无论是熔焊、钎焊，还是固相焊接技术，其终极目标都是保障飞行器焊接结构的完整性，并在焊接制造过程中控制焊接应力与变形（见表 1 中的Ⅰ）。

表 1　航空特种焊接/连接技术体系的构成与分类

Ⅰ	焊接结构完整性与应力变形控制		
Ⅱ	气体保护焊与自动化		
Ⅲ	钎焊与瞬间液相连接		
Ⅳ	电阻焊（接触焊）		
Ⅴ	高能束流焊接与材料加工		
	Ⅴ－1	电子束	
	Ⅴ－2	激光束	
	Ⅴ－3	等离子体与离子束	
Ⅵ	固态焊（固相焊）		
	Ⅵ－1	扩散焊（扩散连接，瞬间液相连接）	
	Ⅵ－2	超塑性成形/扩散连接	
	Ⅵ－3	摩擦焊	
		Ⅵ－3－1	惯性摩擦焊
		Ⅵ－3－2	线性摩擦焊
		Ⅵ－3－3	搅拌摩擦焊

在航空结构制造工程中，气体保护焊（见表 1 中的Ⅱ），尤其是氩弧焊接技术及其自动化与精密控制，仍然是焊接制造工作量的主体。而电阻焊（见表 1 中的Ⅳ）因其多采用搭接接头，振动疲劳载荷的应力集中系数大于熔焊的对接接头，在当代的飞机和发动机结构设计中已很少再选用电阻焊接头形式，在航空制造中日趋减少（见图 1）。

钎焊，尤其是高温钎焊（见表 1 中的Ⅲ），在新型高性能动力装置和高速、超高速飞行器结构的制造中发挥着独特的技术优势，如用于热端部件和蜂窝壁板的制造等。随着先进推进系统的发展，异种金属材料、陶瓷与金属、金属间化合物、定向凝固和单晶叶片、气膜冷却复杂结构的高温零部件的制造越来越依赖于特种钎焊连接与瞬间液相（TLP）连接技术（见表 1 中的Ⅲ）的创新发展。

下面将重点叙述航空特种焊接/连接技术体系中日益扩大应用的两个重要分支：①高能束流焊接/连接与加工技术（见表 1 中的Ⅴ）和②固态焊接/连接技术（见表 1 中的Ⅵ）的创新发展。

2　标志性技术进步与专业建设

在我国，纵观半个世纪以来飞行器结构的设计/选材/制造三位一体的科技进步，特种焊接/连接技术持续的创新研发与应用，引领并支撑了新型结构设计理念的更新，保障了新型轻金属（铝合金、钛合金）的扩大应用及先进材料的功能得以实现，为飞行器结构的高质量、轻量化和整体化、低成本制造及焊接结构完整性和服役中的可靠性提供了重要手段。

在过去的50多年间，为实现飞行器结构整体化与低成本制造，在特种焊接/连接技术体系中，突出地彰显了高能束焊接/连接技术和固态焊接/连接技术（见表1中的Ⅴ和Ⅵ）这两个前沿领域的扩大应用和创新发展（如图1所示）。国际上，在这两个前沿领域技术进步的历程中标志性的亮点有四：

（1）20世纪60年代，电子束焊接（EBW）用于飞机和发动机钛合金重要承力结构的整体化制造，减轻重量，降低成本；

（2）80年代，钛合金超塑性成形/扩散连接（SPF/DB）技术在飞机设计与制造中崭露头角，用于飞行器和发动机结构的整体化制造，减轻重量，降低成本；

（3）90年代，激光焊接（LBW）用于轻金属飞机带筋壁板结构等重要承力结构的整体化制造，减轻重量，降低成本；

（4）进入21世纪初，搅拌摩擦焊（FSW）用于飞行器壁板、梁、框等铝合金重要承力结构的整体化制造，减轻重量，降低成本。

自20世纪60年代，特种焊接/连接技术体系在625所的发展步伐与国际轨迹一脉相承，从望其项背的水平发展到如今的在某些方面处于并驾齐驱的态势。尤其是在高能束（电子束、激光束）焊接/连接/加工技术和固相连接技术这两个领域，正在缩小差距，以自己的创新发展瞄准前沿迎头赶上。以下是在我国航空特种焊接技术体系形成和专业建设中具有标志性的几个亮点。

①在高能束（电子束、激光束）焊接/连接/加工技术（见表1中的Ⅴ）中，电子束焊接技术在625所的研发，始于60年代初期，激光束加工/焊接技术也从70年代开始工程应用。80年代中期，我们敏锐地觉察到，正在国际前沿快速发展的高能束（电子束、激光束）焊接/连接/加工技术对我国防科技工业制造水平提升的重要性，于1990年提交了论证报告，建议组建"高能束焊接/连接/加工"国家级重点实验室，1993年经国防科工委批准，以625所为依托正式建立了"高能束加工技术"重点实验室。在这个重点实验室，多学科交融引导着专业方向的扩展，无论是电子束还是激光束，作为高品质的高能量密度束流热源的功能在航空制造领域得到极致的发挥，形成了诸多新兴电子束、激光束焊接/连接/加工制造技术专业化集群。例如：

    焊接

      切割

        钎焊

          制孔

            毛化

              雕刻

                物理气相沉积（EB－PVD）

表面改性

激光冲击强化

增量制造（RPM，金属直接成形制造）等

a. 真空电子束焊接（见表 1 中的 V－2）的突出优势在于采用大功率束流对大厚度（100～150mm）构件实现不开坡口的深穿透对接焊，这是任何其他焊接热源所无可比拟的。图 3 为深穿透的对接焊缝的横截面及飞机钛合金大型承力结构，由几块大厚度锻坯用电子束焊接而成，解决了新型飞行器研发的燃眉之急；更为复杂的承力空间桁架梁结构用电子束焊接制造优势明显。

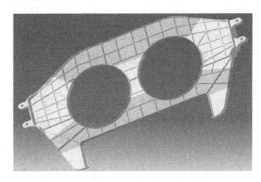

图 3　电子束深穿透焊接与飞机钛合金电子束焊接承力结构

从新技术的研发到技术成熟度的提升，在航空制造中，为达到工程化应用目标，我们为航空制造厂家提供多类别的"交钥匙工程"整体解决方案服务。如研制成功飞机起落架、大型承力构件专用电子束焊机，以及当前国内最大的高压电子束焊机，真空室容积为 85m³。为新一代飞行器研制提供了强有力的技术支撑。

b. 激光束焊接/加工（见表 1 中的 V－2）是当今高能束流中的一枝独秀，与真空电子束相比，其优势在于可在大气环境采用惰性气体保护完成焊接/加工。随着诸多新型激光器的面世，在"高能束加工技术"重点实验室先后研发出制孔、毛化、冲击强化、增量制造等加工技术，并推动着在航空工业中的工程化应用。而大功率的光纤激光束用于飞机铝合金结构、铝锂合金、钛合金带筋壁板的焊接制造，为整体化、轻量化飞行器大型承力构件的设计/制造别开生面。图 4 所示为万瓦级激光器的双光束焊接飞机带筋壁板的研发平台。

图 4　万瓦级激光器的双光束焊接铝锂合金、钛合金飞机带筋壁板与筋条角焊缝

c. 高能束流（电子束、激光束）是最具柔性的热源，正是在过去 20 年间增量制造技术得以迅猛发展的技术基础；可聚焦、扫描、偏转的长焦距高能束流与 CAD/CAM 技术相结合，在真空室内或惰性气体保护的环境中，向加热区填送金属丝材或铺送金属粉料，材料逐层熔化、凝固堆积，构成了无模具的快速成形或称金属直接成形增量制造技术（Additive Manufacturing, Metal Direct Forming, Free Form Manufacturing）。就其原理而言，增量制造最原始的形态就是堆焊，例如，用焊条手工电弧堆焊，或用自动化的小电流钨极氩弧、微束等离子弧的填丝堆焊，只是这类焊接热源不具有如上所述高能束流特有的柔性和技术优势；但任何自动化的可控焊接热源与 CAD 技术相结合均能形成新的增量制造方法。

在新型飞行器研制过程中，结构设计方案总是在不断修改完善，增量制造技术的优势在于能顺应这种变化，并做出快速反应，以无需模具而实现新结构方案的低成本短周期快速制造。在"高能束加工技术"重点实验室，在真空室内完成了的电子束送丝增量制造（Electron Beam Wire Deposition, EBWD）钛合金结构件和用激光同轴喷粉在充氩室内完成了增量制造（Laser Powder Deposition, LPD）钛合金结构件。实践表明，与激光喷粉技术相比，电子束送丝增量制造的优点是可以提高金属材料的沉积速率达 $5 \sim 10 \mathrm{kg/h}$。

②固态连接技术（见表 1 中的Ⅵ）专业建设在航空特种焊接/连接技术体系中具有特殊的重要意义，多年来所取得的有标志性的技术进步和成就包括扩散焊、瞬间液相连接、超塑性成形/扩散连接、线性摩擦焊、搅拌摩擦焊等新技术在的创新发展与工程化应用。

a. 1980 年，我们不失时机地把握国际前沿动态，把特种焊接研究室内的扩散焊方向及时调整为主攻钛合金壁板结构的超塑性成形/扩散连接技术（Super Plastic Forming/Diffusion Bonding, SPF/DB, 见表 1 中的Ⅵ-2），1986 年建立了 SPF/DB 专业方向随后又成立了专业研究室；从此开启了飞行器钛合金壁板结构设计/制造创新发展之路。不但对飞机、发动机、弹翼、弹体等新型壁板结构实现了工程化制造，取得突出的技术经济效益，而且 SPF/DB 技术的应用面迅速扩大到各航空和航天设计/制造部门。近年来，在超塑性成形/扩散连接技术（SPF/DB）发展中，具有标志性的亮点如图 5 所示，采用 SPF/DB 制造的三层夹芯壁板结构及钛合金宽弦空心叶片，引领了新型飞行器和高性能发动机研制并提供了技术保障。

图 5　采用 SPF/DB 技术制造的钛合金三层夹芯壁板和宽弦空心叶片及其横截面

b. 瞬间液相连接技术（Transient Liquid Phase，TLP，见表 1 中的Ⅲ和Ⅵ-1）是高温钎焊与扩散焊二者相融合的产物与创新发展。在连接过程中，中间箔层的瞬态液相很快与待连接表面产生冶金反应并扩散，界面消失，形成固态扩散连接接头（故又称钎焊扩散连接）。在 625 所特种焊接/连接技术体系中，瞬间液相连接技术的研发正在解决着航空制造工程中"特需"和"关键"的难题，尤其在航空发动机设计/材料/制造一体化研发中，已成功地应用于异种金属材料、金属间化合物、定向凝固和单晶叶片、陶瓷、金属基复合材料的连接提供了先进的整体解决方案。

图 6 所示为瞬间液相连接镍基单晶合金过程的演变。（a）在 1300℃经 4h 保温，中间层熔化填满间隙，部分液相发生等温凝固；（b）经 1300℃/8h 完成等温凝固；（c）随后，经 1280℃/16h 扩散处理接头组织均匀化；接头的 1000℃持久强度达到基体的 90%。

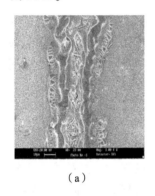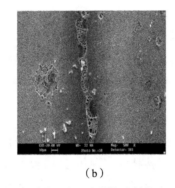

（a）　　　　　　　　　　（b）　　　　　　　　　　（c）

图 6　瞬间液相连接镍基单晶合金

为研制高性能航空发动机，在燃烧室多孔层板高温部件的制造中，TLP 技术发挥了"关键"的作用，满足了"特需"的苛刻技术要求。图 7 为采用 TLP 技术研制的新型发动机燃烧室多孔层板高温部件。

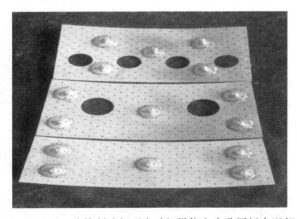

图 7　TLP 用于连接制造新型发动机燃烧室多孔层板高温部件

c. 线性摩擦焊技术（见表 1 中的Ⅵ-3-2）是摩擦焊的一个重要分支。继在 20 世纪 80 年代末完成惯性摩擦焊发动机压气机转子鼓筒轴研制全套制造技术开发并将工艺指导文件转交承制厂家之后，625 所把摩擦焊的方向确定为下一代高性能发动机叶盘结构设计/制造中的核心关键技术——线性摩擦焊技术及装备的研发。在自主研发的线性摩擦焊设备上正在为新型发动机研发制造不同类型的整体叶盘结构，图 8 所示为风扇和压气机线性摩擦焊整体叶盘的研制过程。

图 8　风扇和压气机线性摩擦焊整体叶盘的研制过程

　　d. 搅拌摩擦焊（Friction Stir Welding, FSW, 见表 1 中的Ⅵ–3–3），1992 年英国焊接研究所发明了在铝合金板件对接焊缝上用搅拌摩擦工具实现固态连接，很快这项创新性的技术应用于美欧航天、造船铝合金壁板结构制造。这项技术的潜在优势引起我们极大关注，于 1995 年启动了搅拌摩擦焊的研发；2002 年与英国焊接研究所签署了合作建立"中国搅拌摩擦焊中心"双边协议。紧接着，依托 625 所成立了国内首家搅拌摩擦焊专业化公司——北京赛福斯特技术有限公司；并为搅拌摩擦焊接技术专门设立了专业化研究室——第 107 研究室。至此，在航空特种焊接/连接技术体系的大树上新添了一个分支——搅拌摩擦焊接技术（见图 2）。经过十多年的努力，搅拌摩擦焊接技术如雨后春笋般地在全国各产业部门得到推广和工程化应用；从航空、航天、舰船、轨道交通、列车车厢、大型宽幅铝合金带筋壁板的制造，到能源、电力、兵器工业等，作为固态连接技术，搅拌摩擦焊接根除了熔焊方法的缺点，产业化规模日益扩大。图 9 所示为搅拌摩擦焊接制造的大型飞机货舱地板结构，由挤压铝型材在长度方向拼接成宽幅的刚性承力壁板。

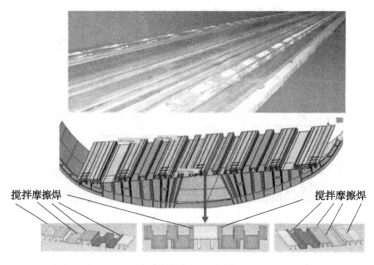

图 9　搅拌摩擦焊将挤压铝型材拼接成大型运输机货舱宽幅刚性地板

除铝合金外，搅拌摩擦焊接技术的研发方向之一就是攻克在熔点高的金属材料上的适用性，从实验室走向工程化应用。

3　回顾与展望

（1）在 625 所创建 55 周年的历程中，航空特种焊接/连接技术的体系建设已初具规模，从最初的"焊接小组"幼苗，成长为一棵参天大树。在该技术体系中，涵盖了当今航空工业发展所需要的门类齐全的先进焊接/连接方法和技术，炼就了一支专业科技队伍，各专业技术门类中都有活跃在第一线的科学研究和专业技术服务团队。

（2）注重国内外学术交流，始终关注国际上焊接学科发展动态并着眼于前沿水平，把握机遇，构建新的专业研究方向；不失时机地组建了"高能束流加工技术"重点实验室、成立了"超塑性成形/扩散连接"研究室、建立了"中国搅拌摩擦焊接中心"、"航空连接技术"重点实验室等，调整组织机构，培养科研梯队，适应航空特种焊接/连接技术的发展态势，促进专业学科的交融和快速发展。

（3）航空特种焊接/连接技术服务于航空工业科技发展的需求，及时安排预先研究，承担型号攻关任务，针对"特需"和"关键"的难题，研究新方法、新技术，同时开发与之配套的设备、工装并举，按"交钥匙工程"整体解决方案，用科研成果直接在飞机和发动机研制生产第一线提供技术服务。先后在 10 多种新型飞机和近 10 种新型发动机的研发中做出贡献，获部级、国家级科技进步奖励 80 项，授权专利 60 多项。

（4）航空特种焊接/连接技术体系的建设与我国焊接产业的发展同步，而诸多专业技术的研发引领了国内同行业的发展；随着军民融合的政策导向，该技术体系的服务目标早已跨越了航空产业的局限，由于焊接/连接方法、技术及其装备的通用性，它的工程应用和技术服务面很宽；经历 50 多年的努力，航空特种焊接/连接技术已推广、扩散、辐射、传播到国民经济建设的各个领域，包括：航空、航天、舰船、兵器、核工业、装备制造、轨道交通、汽车、能源、电力、化工、电子等。

（5）面向未来，航空科技迅猛发展的强劲需求牵引，呼唤着特种焊接/连接技术的加快提升与创新；而航空特种焊接/连接技术体系又将如何推动航空制造业的科技进步？无疑，在加速航空工业大发展的前提下，在保持行之有效的已有的运行模式的同时，在市场经济的大环境中，顺应体制机制改革的大方向，尝试以专业化技术公司的模式，寻求做大、做强发展途径，不失为进一步解放生产力的有效方案，其发展规律也为国内外实践所验证。

广义增材制造

关 桥

我国正处在由制造大国向创造强国跨越的战略机遇期。

增材制造（Additive Manufacturing）技术的异军突起，融合了计算机辅助设计/制造技术（CAD/CAM）和高能束流材料加工与成形（Power Beam Processes）等技术，为创新驱动制造，显现出新的科技发展大趋势。增材制造在引领设计/制造/材料三位一体发展模式的转型中，在提升自主创新能力，整合制造、设计、材料等资源，促进产业结构调整升级中，正展现着强劲的驱动力。

1 增材与减材概念的联想

"增材"是相对于"减材"而言。在大自然界，若把燕子喜鹊筑巢形象地比喻为增添材料的"制造"，而蚂蚁田鼠扒穴钻窟则可比喻为减除材料的"制造"；在人类构建居所活动中，砌砖盖房可比喻为增材制造，而掘凿窑洞则可比喻为减材制造。

在现代机械工程与材料加工成形中，制造技术就其物理概念而言，也可分为增材制造技术和减材制造技术两大类。我们已经习以为常的用电焊条手工堆焊就是最原始的金属增材制造方法，而金属铣切加工则是减材制造的典型例子。

2 广义增材制造的内涵

传统的金属铣削/切除减材制造的劣势在于：需用模具制坯，留有加工余量；去除余量铣切工作量大，材料有效利用率低；制造周期长，成本高。

不同于传统材料铣削/切除的减材制造，增材制造是采用高能束流（电子束、激光束）或其他能源，借助 CAD/CAM 技术将材料（丝、粉、块体）熔覆沉积或组焊，逐步累积形成实体构件的制造方法。

增材制造用于金属材料，可以直接生产出近净成形的零件，是一种柔性制造技术；与锻铸相比，无需模具；减少铣切加工，节省原材料；降低成本，缩短制造周期，也是快速反应的敏捷制造；同时，通过调控丝材、粉材的成分和成形热过程工艺参数及后处理，还可以获得性能优良、组织致密的实体构件。

除金属材料外，增材制造对材料的适应性极为广泛。早在 20 世纪 70 年代，激光立体原型制造（现今又称三维打印）就已用于塑料和光敏树脂等非金属制品的直接生产。最近 20 年来，把激光立体原型制造和电子束快速成形技术推进到用于金属构件的直接制造，是一个跨越，正引领着机械工程中新制造技术产业群的发展。最近 10 年来，增材制造技术在生物（有机材料）模型制造领域又有了突破性的进展。

在过去 20 年间，金属增材制造技术得以迅猛发展的技术基础是高能束流（电子束、激光束）作为特种热源的技术进步；高能束流极具柔性；能量可精确控制，可聚焦、长焦距、可扫描、偏转；高能束流的柔性与 CAD/CAM 技术相结合，在真空室内或惰性气体保护的环境中，向聚焦加热区填送金属丝材或铺送金属粉料，使材料逐层熔化、凝固堆积，构成了无模具的快速近净成形，或称"金属直接成形增材制造技术"。

广义增材制造所采用能源的多样性在于：除激光束和电子束外，还有：化学能、电能（电弧等）、电化学能、光能、机械能等。

从材料加工与成形的焊接学科视角来看：如前所述广义增材制造的原始形态就是用焊条手工电弧堆焊，或用自动化的小电流钨极氩弧、微束等离子弧的填丝堆焊；只是这类热源不具有高能束流特有的柔性和技术优势；但任何自动化的可控制的焊接热源与 CAD/CAM 技术相结合，使丝材或粉材熔覆逐层沉积成形，均能形成新的增材制造方法。而采用机械能（如摩擦）热源进行线性摩擦焊、搅拌摩擦焊的固态连接方法，则可实现块体组焊直接固态成形金属结构，可称之为固态增材制造。再如，早已工业应用的电液成形制造黄铜波纹管及其他电沉积技术也是利用电化学能的广义增材制造。

图 1 所示为广义增材制造的技术内涵，包括了上述各类方法、所采用的能源、适用的材料范畴（金属、非金属、生物）等。

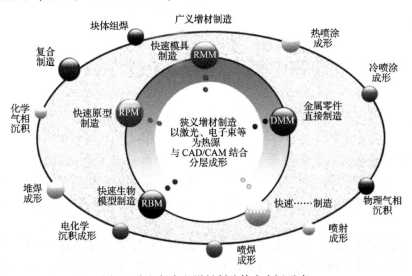

图 1　狭义与广义增材制造技术内涵示意

图 1 中间圆圈核心显示的是狭义增材制造——以激光、电子束等为热源与 CAD/CAM 结合，分层成形，增材制造。狭义增材制造涵盖有金属直接成形制造、快速模具制造、快速原型制造、快速生物模型制造等。

图 1 的外围椭圆显示的是广义增材制造，也包含有核心部位给出的狭义增材制造。广义增材制造展现了不同类型能源的贡献：电弧、等离子体、电化学沉积、物理气相沉积、复合制造，尤以利用机械能（如摩擦热）实现块体组焊的固态增材制造为特征。

图 2 是从三个技术层面对广义增材制造进行了分类：①以材料类别可划分为：金属构件、非金属制品、生物模型的直接成形制造；②在第二层面给出的是增材制造方法，如熔覆沉积、气相沉积、块体组焊、液相沉积、光固化等；③图 2 底层展现的是可采用的能源：电能（高能束等）、机械能、化学能、光能等。

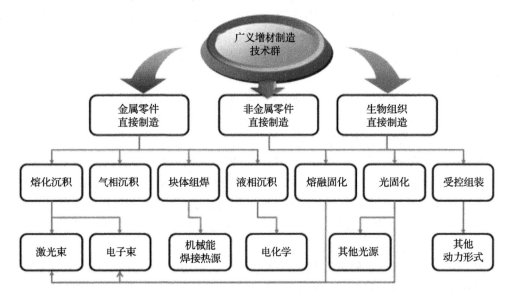

图 2　广义增材制造的技术分类

3　广义增材制造在中航工业制造所的进展

广义增材制造技术的开发在 625 所可以追溯到 20 世纪 50 年代末期，采用电化学方法制造成功不同规格的黄铜波纹管，并批量生产。60 年代激光束开始用于航空材料和零件的加工（制孔、切割等），而电子束主要用于飞机和喷气式发动机重要结构的焊接制造。这为 90 年代初建立"高能束流加工技术"重点实验室奠定了基础，在随后的建设中，重点实验室开展了激光、电子束、等离子体和离子束多学科交叉融合的开发与应用研究。

在高能束流加工技术领域的优势，为重点实验室开展增材制造科学研究和技术开发创造了良好的技术资源与人才环境；几乎是与国外同步开始电子束增材制造技术的研究，在短短的几年内，满足了研制新型号飞机重要钛合金承力结构件的快速反应制造。

图 3 为基于送丝的电子束增材制造原理示意，在真空环境中，电子束熔化金属丝材，层层堆积，直接制造出毛坯或近净成形的构件。

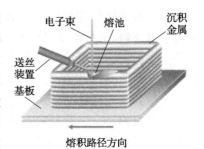

图 3　基于送丝的电子束增材制造原理示意

为满足飞机重要承力结构的设计技术要求，专门研制了丝材 TC4 - EH、TC4 - EM 等合金体系，可设计、调控合金体系及材料性能，其综合力学性能与 TC4、TC4 - DT 锻件相当。优化了电子束参数和工艺过程，调控逐层熔覆的残余应力与变形；研究制定了对近净成形构件的后处理规范。

图 4 是用铺粉电子束选区熔覆增材制造的钛合金复杂空间结构——直升机的缓冲件，粉材的粒度和电子束聚焦扫描精准性决定着构件成形的精度，成形后的构件即为最终成品，这是一种精密增材制造。

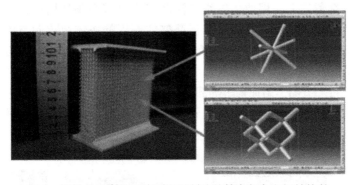

图 4　铺粉电子束选区熔覆增材制造的精密复杂空间结构件

在重点实验室的激光增材制造研究中，把技术与装备开发相结合，基于机械手的激光直接成形装备（惰性气体舱 3m×3m×2.5m），集同轴送粉直接成形、铺粉选区熔化成形、送丝熔覆成形于一体，具备温控、除氧、除尘等功能。

图 5 给出激光选区熔覆增材制造的原理示意。在惰性气体舱内，激光按 CAD 模型

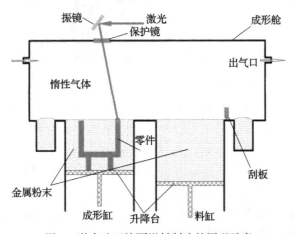

图 5　激光选区熔覆增材制造的原理示意

轨迹扫描熔覆已经铺好的一层金属粉后，图中左侧成形缸下降一个步长（层厚），同时右侧料缸上升一个步长，刮板将金属粉材推向成形区，均匀铺层，预热后激光再次扫描熔覆，逐层堆积，周而复始，完成构件的选区熔化成形增材制造。

激光束的品质、粉材的颗粒度、层厚的尺度、过程工艺参数控制等因数决定着激光选区熔覆增材制造的精密程度，图 6 所示的复杂构件，成形后经表面抛光即为成品，这是其他加工方法所不及。

图 6 激光选区熔化制造的复杂构件

除上述以电子束和激光束为热源的狭义增材制造技术群的研发，在北京航空制造工程研究所，还正在研究与工程化应用开发的广义增材制造技术有：采用激光焊或搅拌摩擦焊将挤压型材筋条组焊在蒙皮上，用块体组焊方法制造飞机带筋整体壁板，替代传统预拉伸厚板铣切加工的减材制造；相比之下，带筋整体壁板的块体组焊制造可以使原材料的利用率从 10% 提高到 95%，从而大幅度地降低了铣切加工工时，缩短制造周期，降低成本，满足新型飞机研制的快速反应制造。这类带筋整体壁板的工程化批量生产，在我国其他产业（如航天、造船、高速列车等部门）获得显著的技术经济效益。

图 7 是广义增材制造的另类——基于块体组焊固态增材制造技术的典型实例——采用线性摩擦焊制造航空发动机整体叶盘。

线性摩擦焊制造整体叶盘

接头宏观形貌
TC17/TC17

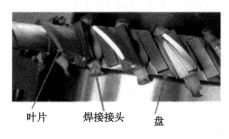

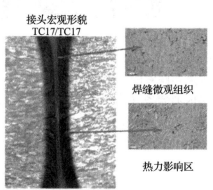

叶片　　焊接接头　　盘

焊缝微观组织

热力影响区

图 7 线性摩擦焊增材制造整体叶盘，接头为固态连接的金相组织结构

高性能航空发动机为提高推重比，必须减轻自身的重量，最有效的途径之一就是把压气机叶片与盘的榫头连接改为焊接整体叶盘（blisk），可减重 50%；相对于由整体锻坯数控加工的减材制造而言，采用线性摩擦焊制造整体叶盘是增材制造，大幅降低铣切加工，节材、节时，降低成本；还可将实现空心叶片的叶盘制造。从图 7 可见，线性摩擦焊增材制造整体叶盘，接头为固态连接的金相组织结构，"固态增材制造" 则由此而得名，以区别于 "熔覆" 增材制造。

图 8 所示为线性摩擦焊增材制造的全过程：将叶片焊在盘上（a），铣切去除工艺凸台和飞边（b），即为制造成整体叶盘（c）。

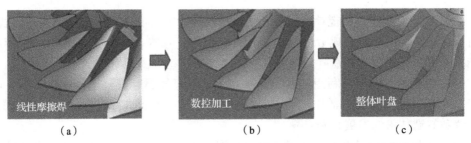

图 8　线性摩擦焊将叶片焊在盘上后把工艺凸台和飞边去除即为整体叶盘

　　装备是工艺技术的载体，为了新技术的工程化应用，根据连接的面积和材料特性，自主研制了 20t 的线性摩擦焊设备。

　　下面以电子束物理气相沉积增材制造技术为实例，说明其他类别广义增材制造的多样性。

　　电子束物理气相沉积是在真空中，利用高能电子束（一般为 20～40kW）大束斑对靶材（待沉积材料）进行轰击并使之熔化、沸腾、蒸发，蒸气原子或粒子流在基体或零件表面凝结、沉积形成新的材料（涂层）的物理过程；可以有若干个电子枪和相对应的靶材同时进行气相沉积，不仅提高效率，还用以制造不同功能的沉积层或梯度材料。

　　图 9 为采用电子束物理气相沉积增材制造的高效气冷涡轮叶片模型。在骨架上制备气冷通道，借助填充材料，形成叶型；在真空室内将靶材蒸气沉积其上，逐渐堆积达到叶片成品的要求。

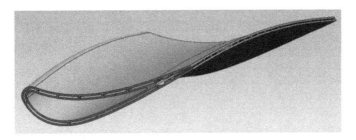

图 9　采用电子束物理气相沉积增材制造高效气冷涡轮叶片

　　在航空发动机叶片缺损的修复工程中，电子束物理气相沉积增材制造也正在展现出潜在的市场前景。

4　结束语

　　（1）航空工业对金属增材制造技术（特别是采用高能束流：电子束、激光束）的发展有很强的市场牵引力，尤其是在应用于飞行器结构制造方面具有重要战略意义。625 所已与诸多航空厂家开展了这项研究开发，在新型号设计试制中提供了快速反应服务。

（2）基于块体组焊的搅拌摩擦焊、线性摩擦焊为增材制造提供了固态连接的优势，将简单的块材、型材组焊成近净成形的构件。例如，用搅拌摩擦焊制造铝合金带筋壁板结构，用线性摩擦焊制造叶盘结构等，称之为块体组焊固态增材制造。

（3）广义增材制造可利用的能源除激光、电子束外还有其他电能、化学能、电化学能、光能、机械能等；适用的材料范围也很广泛，如金属、非金属、生物组织等；新方法和前沿技术的发展日新月异。

（4）增材制造雨后春笋般的创新发展，正在强劲地驱动着新兴产业技术群的快速崛起，也会引领设计/制造/材料三位一体发展模式的转型，带动提升自主创新能力，整合制造、设计、材料等资源，促进产业结构调整升级。

航空特种焊接/连接技术与广义增材制造[①]

关　桥

　　航空特种焊接/连接技术的体系涵盖了当今航空工业和科技发展所需要的门类齐全的先进焊接/连接方法和技术，服务于航空工业科技发展的需求，针对"特需"和"关键"的难题，以高能束流和固相连接技术的创新为主线，研究新方法、新装备，实现"交钥匙工程"整体解决方案；为新飞行器、新结构、新材料的研发提供新的构思空间，引领设计/制造/选材三位一体的融合创新。

　　基于焊接/连接技术的广义增材制造除高能束流增材制造外，可资利用的能源还有电能、化学能、电化学能，机械能等；尤以块体组焊直接快速成形结构件的固相增材制造为特征，直接制造喷气式发动机整体叶盘、飞机带筋整体壁板，展现了在其他产业部门应用的广阔前景。航空工业对增材制造技术（特别是采用高能束流：电子束、激光束）的发展有很强的市场牵引力，尤其是在应用于飞行器结构快速反应制造方面具有重要战略意义。

1　航空特种焊接/连接技术

1.1　航空制造技术体系

　　现代运载工具发展大趋势：运行高速化、结构轻型化、低成本制造、整体化制造。

　　国家中长期科学和技术发展规划中，在制造业科技发展战略重点重大成套装备和高技术装备项目内，第一项即大型飞机及关键技术，包括有正在研制的 C919 大型干线客机和大涵道比涡扇发动机等。近年来，国产新型飞机的相继亮相，也均由航空制造技术体系来支撑和牵引。

　　北京航空制造工程研究所创建于 1957 年，是专门从事航空制造新技术研究与专用装备开发的综合性研究所，服务于航空工业科技发展的需求，为一代又一代新型飞行器及其动力装置的发展提供新技术与专用装备，建立了完整的航空制造技术体系，如图 1 所示。

---

　　① 2013 年 4 月 21 日，北京，MMI 航空航天制造高层论坛。

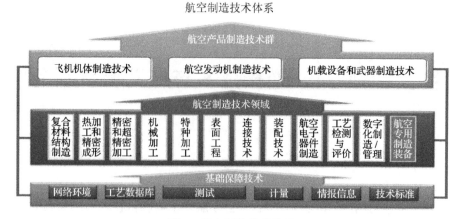

图1　航空制造技术体系

1.2　航空特种焊接/连接技术的地位与使命

航空特种焊接/连接技术是航空制造技术体系中的一个重要连接技术领域，如图1所示。

高速、高温、极端环境下服役的飞行器及其动力装置需要轻量化、长寿命、高可靠性的结构，以及与之相匹配的高性能材料和整体化低成本制造技术，在设计/制造/选材一体化中，航空特种焊接/连接技术体系应运而生。

随着一代又一代新型飞行器及其动力装置的发展，不断地开发出新型的焊接/连接方法和技术，研制出精密、自动化的特种焊接/连接/加工装备作为新方法和技术的载体，满足航空新产品日益提升的发展需求。在飞行器结构整体化制造中关键焊接技术的突破中，形成了诸多特种焊接/连接制造技术集群，新的专业化制造技术领域正在组合。

半个世纪以来，航空焊接/连接技术发展的大趋势表明，高能束流焊接（电子束焊接、激光焊接）技术集群和固相连接（摩擦焊接、扩散连接、超塑性成形/扩散连接）技术集群，在飞行器制造中的应用面不断扩大，显示出强劲的技术推动势头，解决着"特需"和"关键"的技术难题。

在国外，飞行器结构焊接/连接整体化制造的创新历程中，标志性技术进步点有四：

（1）20世纪60年代，电子束焊接（EBW）用于飞机和发动机钛合金重要承力结构的整体化制造；

（2）80年代，钛合金超塑性成形/扩散连接（SPF/DB）技术在飞机设计与制造中崭露头角，用于飞机和发动机结构的整体化制造；

（3）90年代，激光焊接（LBW）用于铝合金飞机带筋壁板结构等重要承力结构的整体化制造；

（4）进入21世纪初，搅拌摩擦焊（FSW）用于铝合金运载火箭燃料贮箱、飞机壁板、梁、框等重要结构的整体化制造。

在国内，20世纪60年代，在北京航空制造工程研究所，在高能束流焊接/加工中，激光束开始用于航空材料和零件的加工，而电子束主要用于飞机和喷气式发机重要结构的焊接制造。这为在 1993 年组建"高能束流加工技术"重点实验室奠定了基础。在随后的建设中，重点实验室开展了激光、电子束、等离子体和离子束多学科交叉融合的开发与应用研究。主要从事焊接、增材制造、表面工程、制孔、涂层、切割、毛化、强化等材料加工与成形技术，以及复合加工技术研究和相关设备开发，为航空工厂提供先进技术与专用装备。

在飞行器制造工程中固相焊接/连接技术的创新主要发展方向有：扩散连接、瞬间液相连接、超塑性成形/扩散连接、线性摩擦焊、搅拌摩擦焊。为加快固相焊接/连接技术的发展，在北京航空制造工程研究所（625 所）于 20 世纪 80 年代初建立了专业化"超塑性成形/扩散连接"研究室，在 21 世纪初又建成了"中国搅拌摩擦焊中心"和专业化研究室。

1.3　航空特种焊接/连接技术体系

在 625 所半个多世纪的发展中，形成了完整的航空特种焊接/连接技术体系，其基本构成如下：

Ⅰ　焊接结构完整性与应力变形控制

Ⅱ　气体保护焊与自动化

Ⅲ　钎焊与瞬间液相连接

Ⅳ　电阻焊（接触焊）

Ⅴ　高能束流焊接与材料加工

　　Ⅴ - 1　电子束

　　Ⅴ - 2　激光束

　　Ⅴ - 3　等离子体与离子束

Ⅵ　固相焊（固态焊）

　　Ⅵ - 1　扩散焊（扩散连接，瞬间液相连接）

　　Ⅵ - 2　超塑性成形/扩散连接

　　Ⅵ - 3　摩擦焊

　　　　Ⅵ - 3 - 1　惯性摩擦焊

　　　　Ⅵ - 3 - 2　线性摩擦焊

　　　　Ⅵ - 3 - 3　搅拌摩擦焊

如前所述，在该体系中高能束流焊接/加工（电子束焊接/加工、激光焊接/加工）技术集群和固相连接（摩擦焊接、扩散连接、SPF/DB）技术集群，在飞行器制造工程中的应用面不断扩大，是解决"特需"和"关键"难题的技术创新主线，现分别详述如下。

1.3.1　电子束焊接/加工技术

（1）电子束深穿透焊接

为用电子束焊接制造飞机框梁大厚度钛合金结构，研发电子束深穿透焊接，625 所研制了国内最大的大型真空高压电子束焊接设备：150kV，60kW，85m³（7.5m × 3.8m × 3m），最大焊接厚度 150mm，可焊接工件：3500mm × 1500mm × 1000mm。

从新技术的研发到技术成熟度的提升，在航空制造中，为达到工程化应用目标，为航空制造厂家提供多类别的"交钥匙工程"整体解决方案服务。如研制成功飞机起落架、大型承力构件专用电子束焊机，为新一代飞行器研制提供了强有力的技术支撑。

（2）电子束物理气相沉积（EB – PVD）

在真空中，利用高能电子束流（一般为 20 ~ 40kW）大束斑对靶材（待沉积材料）进行轰击并使之熔化、沸腾、蒸发，蒸气原子或粒子流在待加工零件表面凝结、沉积形成新的材料涂层的物理过程；可以有若干个电子枪和相对应的靶材同时进行气相沉积，不仅提高效率，还用以制造不同功能的沉积层或梯度材料。图 2 所示为 EB – PVD 制造的叶片的热障涂层（TBC），厚度 150 ~ 180 μm。

（3）电子束毛化技术

电子束毛化是将电子束聚焦并快速扫描，在金属零件表面生成特殊功能的毛刺状凸起，如可用以增大与复合材料部件胶结接头的抗剪切能力；提高金属与复合材料连接接头的可靠性，整体化制造异种材质的结构，如图 3 所示，钛合金与树脂基复合材料的连接。

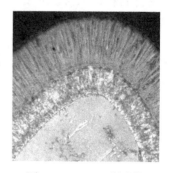

图 2　EB – PVD 制造的叶片的 TBC 涂层

图 3　电子束毛化钛合金表面与树脂基复合材料的连接

1.3.2　激光束焊接/加工技术

激光束焊接/加工是当今高能束流中的一枝独秀，与真空电子束相比，其优势在于可在大气环境采用惰性气体保护完成焊接/加工。随着诸多新型激光器的面世，在"高能束加工技术"重点实验室先后研发出焊接、制孔、毛化、冲击强化、增量制造等加工技术，并推动着在航空工业中的工程化应用。

（1）双光束激光焊接

大功率的光纤激光束用于飞机铝合金结构、铝锂合金、钛合金带筋壁板的焊接制造，为整体化、轻量化飞行器大型承力构件的设计/制造别开生面。图 4 为双光束激光焊接示意和接头宏观形貌。在重点试验同时还开展激光/电弧（MIG）复合焊接的工程应用研发。

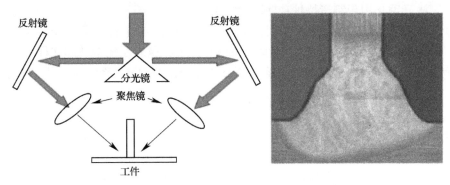

图 4　双光束激光焊接示意和接头宏观形貌

（2）激光冲击强化

图 5 所示为激光冲击强化技术原理，强脉冲激光（兆瓦级）作用于吸收层，产生高温高压（兆帕级）等离子体，等离子体受约束后在界面产生冲击波，作用于约束介质和靶材，传播到靶材上的冲击波使材料表面产生弹塑性应变，产生残余压应力，用于提高喷气式发动机压气机叶片的抗疲劳制造。

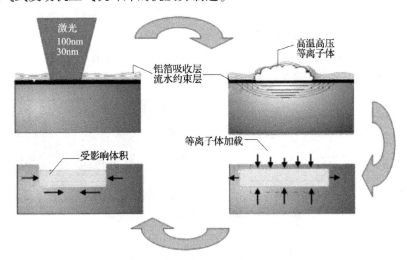

图 5　激光冲击强化技术原理

（3）激光制孔

在航空发动机高温部件如燃烧室壁和涡轮叶片上，需要采用激光加工密集小孔，如图 6 所示，以实现高温部件气膜冷却；要求激光制孔后在孔壁上无再铸层、无微裂纹、无热影响区。

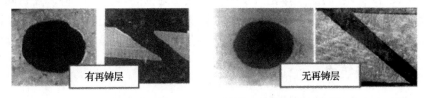

图 6　激光制孔后在孔壁上有再铸层和无再铸层的对比

（4）激光毛化用于制造特种功能表面结构

与上述真空电子束毛化技术类同，但是在氩气保护条件下，采用 200W Yb-光纤激光，聚焦 38μm，长焦深，扫描速度 800mm/s，于金属表面雕塑凸起花样，毛化凸起具有特殊功能；如可增强表面散热面积或提高界面连接性能等；易实现机器人自动控制。

1.3.3　等离子体与离子束加工技术

（1）等离子喷涂

在 625 所，等离子喷涂用于制备航空发动机热端部件热障涂层及设备研发始于 20 世纪 60 年代初，并引领了工程应用的市场开发。当前正在研发新涂层，如纳米热障涂层等。

（2）全方位离子注入

研究开发离子注入沉积表面改性与薄膜技术，如沉积 TiN 薄膜，类金刚石掺杂的薄膜，TiCrN 多层薄膜等。

1.3.4　高温钎焊技术

高温钎焊在新型高性能动力装置和高速、超高速飞行器结构的制造中发挥着独特的技术优势，如用于热端部件和蜂窝壁板的制造等。图 7 为带曲率蜂窝壁板结构钎焊制造，此类功能结构应用于飞行器和发动机不同的部位，如钛合金、不锈钢、耐热合金等后机身侧壁、副翼、方向舵、翼面、金属热防护结构及消声器消声衬等，使用温度可达 900℃；高温材料（如 ODS 合金、难熔金属等）蜂窝壁板结构，使用温度可达 1200℃。

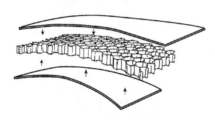

图 7　带曲率蜂窝壁板结构的钎焊制造

1.3.5　瞬间液相连接技术

瞬间液相（TLP）连接技术是高温钎焊与扩散焊二者相融合的产物与创新发展。在连接过程中，中间箔层的瞬态液相很快与待连接表面产生冶金反应并扩散，界面消失，形成固态扩散连接接头（故又称钎焊扩散连接）。在特种焊接/连接技术体系中，瞬间液相连接技术的研发正在解决着航空制造工程中"特需"和"关键"的难题，尤其在航空发动机设计/材料/制造一体化研发中，已成功地为异种金属材料、金属间化合物、定向凝固和单晶叶片、陶瓷、金属基复合材料的连接提供了先进的整体解决方案。图 8 为镍基单晶合金的 TLP 扩散焊过程演变，接头的 1000℃持久强度达到基体的 90%。

1.3.6　固相连接技术

（1）超塑性成形/扩散连接技术（SPF/DB）

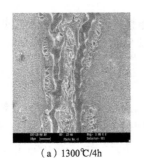 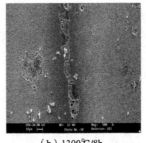 

（a）1300℃/4h　　　　　　　（b）1300℃/8h　　　　　　　（c）1280℃/16h

图 8　镍基单晶合金的 TLP 扩散焊过程演变

80 年代初，在 625 所开启了采用 SPF/DB 技术发展飞行器钛合金壁板结构设计/制造整体化创新之路；当今，不但对飞机、发动机、弹翼、弹体等新型壁板结构实现了工程化制造，取得突出的技术经济效益，而且 SPF/DB 技术的应用面迅速扩大到各航空和航天产业部门。

近年来，在超塑性成形/扩散连接技术（SPF/DB）发展中，采用 SPF/DB 制造的三层夹芯壁板结构及钛合金宽弦空心叶片是具有标志性的亮点，引领了新型飞行器和高性能发动机研制并提供了技术支撑。图 9 所示为 SPF/DB 制造的钛合金三层夹芯壁板和宽弦空心叶片及其横截面。

图 9　SPF/DB 制造的钛合金三层夹芯壁板和宽弦空心叶片及其横截面

（2）线性摩擦焊技术

线性摩擦焊技术是摩擦焊的一个重要分支。625 所继在 20 世纪 80 年代末完成惯性摩擦焊发动机压气机转子鼓筒轴研制全套制造技术开发并将工艺指导文件转交承制厂家之后，把摩擦焊的方向确定为高性能发动机叶盘结构设计/制造中的核心关键技术——线性摩擦焊技术及装备的研发。在自主研发的线性摩擦焊设备上正在为新型发动机研发制造不同类型的整体叶盘结构

线性摩擦焊如图 10 所示，待连接界面在压力下往复运动摩擦产热，使界面金属处

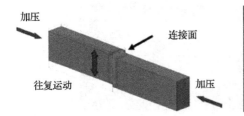 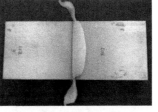

图 10　线性摩擦焊原理与实现固相扩散连接形成致密的固相焊接接头

于塑性状态，施加顶锻压力，挤出飞边同时实现固相扩散连接，形成致密的固相焊接头。线性摩擦焊接是一种绿色制造，节材——可大幅提升材料利用率；节时——大幅减少铣切量和制造周期。

（3）搅拌摩擦焊技术

搅拌摩擦焊接（Friction Stir Welding，FSW），1992年英国焊接研究所发明了在铝合金板件对接焊缝上用搅拌摩擦工具实现固相连接，很快这项创新性的技术应用于美欧航天、造船铝合金壁板结构制造。这项技术的潜在优势引起我们极大关注，于1995年启动了搅拌摩擦焊的研发；2002年与英国焊接研究所签署了合作建立"中国搅拌摩擦焊中心"双边协议。紧接着，依托625所成立了国内首家搅拌摩擦焊专业化公司——北京赛福斯特技术有限公司；并为搅拌摩擦焊接技术专门设立了专业化研究室——第107研究室。至此，在航空特种焊接/连接技术体系的大树上新添了一个分支——搅拌摩擦焊接技术。

经过十多年的努力，搅拌摩擦焊接技术如雨后春笋般地在全国各产业部门得到推广和工程化应用；从航空、航天、舰船、轨道交通、列车车厢、大型宽幅铝合金带筋壁板的制造，到能源、电力、兵器工业等，作为固相连接技术，搅拌摩擦焊接根除了熔焊方法的缺点，产业化规模日益扩大。如搅拌摩擦焊接制造的大型飞机货舱地板结构，将挤压铝型材拼接成宽幅的刚性承力壁板。

除焊接铝合金外，搅拌摩擦焊接技术和新方法层出不穷，研发的主要方向之一就是攻克在熔点高的金属材料上的适用性，从实验室走向工程化应用。

图11为625所采用搅拌摩擦焊研发的航空飞机结构，为取代传统铆接结构，飞机减重和改进性能，提供着有力的技术支撑。

图12为用搅拌摩擦焊接将挤压铝型材拼接成大型飞机货舱宽幅刚性地板。每条焊缝长20m，壁板幅宽可根据设计要求制造。

图11　采用搅拌摩擦焊研发的飞机结构件

图12　搅拌摩擦焊将挤压铝型材拼接成20m长的大型飞机货舱宽幅刚性地板

625 所已为全国各产业部门提供了诸多"交钥匙工程"，展现了这项技术的广阔技术经济前景。典型实例如图 13 所示，2011 年交付航天的大型搅拌摩擦焊装备，用于新一代运载火箭燃料贮箱箱底纵、环缝的搅拌摩擦焊制造。同年，还为航天研制交付了运载火箭燃料贮箱筒体纵缝搅拌摩擦焊接设备。

图 13　交付航天的运载火箭燃料贮箱箱底纵、环缝的搅拌摩擦焊装备

625 所北京赛福斯特技术有限公司还研发了出口德国等国家的搅拌摩擦焊接专用设备，为我国焊接产业走出国门做出贡献。

在军民融合的搅拌摩擦焊接产业化发展，市场开拓，扩大应用领域方面，取得显著成效的典型实例如图 14 所示，用于列车车辆制造的中国首台 52m 长专业化的数控搅拌摩擦焊设备等，均已投入高铁、地铁列车壁板、车体制造。

图 14　搅拌摩擦焊制造的列车壁板和制造列车车体 52m 长的数控搅拌摩擦焊设备

2　广义增材制造

2.1　广义增材制造的内涵

广义增材制造不同于传统材料切削/去除的减材制造，通常的增材制造（Additive Manufacturing）是借助高能束流（激光束、电子束）等热源与 CAD/CAM 技术的结合，将材料（丝、粉、块体）逐步累积形成实体构件的制造方法。

传统的材料切削/去除的减材制造的缺点：材料有效利用率低、切削加工量大、制造周期长、成本高。

广义增材制造采用的能源：除激光束、电子束外，还有化学能、电能、电化学能，机械能等，尤以块体组焊直接成形金属结构件为特征。

从焊接学科来看，增材制造的原始形态就是堆焊，用焊条手工电弧堆焊；或用自动化的小电流钨极氩弧、微束等离子弧的填丝堆焊；只是这类热源不具有高能束流特有的柔性和技术优势；但任何自动化的可控焊接热源与 CAD/CAM 技术相结合均能形成新的增材制造方法，尤其是电子束和激光束焊接热源。

增材制造在过去 20 年间迅猛发展的技术基础是极具柔性的高能束流（电子束、激光束）具备可聚焦、扫描、偏转和长焦距的特性与 CAD/CAM 技术相结合，并把增材制造应用于金属材料直接成形构件的突破。高能束流在真空室内或惰性气体保护的环境中，逐层熔化向加热区填送的金属丝材或铺送的金属粉料，材料凝固堆积，构成了无模具的快速成形，或称"金属直接成形增材制造技术"。

增材制造的技术优势在于：无需模具，近净成形，缩短周期，柔性制造，快速反应，节省材料，减少切削加工，降低成本，敏捷制造，可直接制造出内部致密、性能优良的结构件。

综上所述，广义增材制造的内涵包括了狭义增材制造，可以形象地用图 15 来概括地表述，图上的内圆示意为狭义增材制造，主要是以高能束流（电子束、激光束）作为特种能源的增材制造技术；而广义增材制造除利用电子束、激光束外，还有更广泛的能源可资利用，如其他电能、化学能、电化学能、光能、机械能等，如图 15 外圈椭圆所示。早在 20 世纪 70 年代，激光立体原型制造（现今又称三维打印）就已用于塑料和光敏树脂等非金属制品的直接生产；可见，广义增材制造适用的材料范围极为广泛，包括非金属、金属、生物组织等；相关新方法和前沿技术的发展呈现突飞猛进、日新月异的态势。

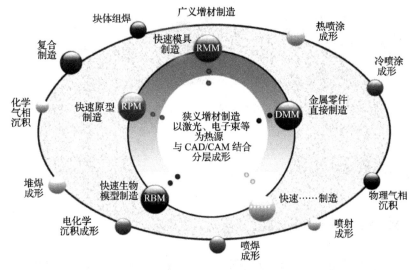

图 15　狭义增材制造（内部圆）与广义增材制造（外部椭圆）内涵示意

2.2　基于焊接/连接技术的广义增材制造

2.2.1　电子束增材制造

电子束增材制造主要有两大技术实施方案：其一是电子束送丝直接熔覆沉积成形增材制造，其二是电子束铺粉选区熔覆成形增材制造。

（1）电子束送丝直接熔覆成形增材制造

技术流程为：在 CAD 模型基础上，对构件进行分层切片，建立 CAM 数控模型加工程序，导入电子束增材制造控制系统，随后即可进行逐层沉积成形加工。如图 16 所示，在真空环境中，电子束熔化金属丝材，层层堆积，直接制造出近净成形的零件或毛坯。

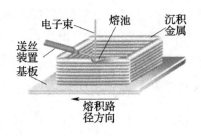

图 16　电子束增材制造原理示意与近净成形的大型钛合金飞机结构件

在 625 所，研究开发了电子束增材制造成形的 TC4 钛合金材料 - 工艺技术体系，TC4 - EH、TC4 - EM 等合金体系，保障了所制造的钛合金飞机结构件的综合力学性能与 TC4、TC4 - DT 锻件相当。研制出国内第一台电子束熔丝沉积成形设备，并拥有目前最大的电子束熔丝沉积成形设备：真空室总高 7.15m，长 10.2m，宽 8.5m；电子枪 60kV，15kW；可加工零件范围（长/宽/高）：1500mm/800mm/3000mm；工作真空度 ≤ 1×10^{-2} Pa。电子束增材制造与激光增材制造相比，电子束增材制造的沉积效率可高达 5～15kg/h。

（2）电子束铺粉选区熔覆成形增材制造

在惰性气体舱室中，电子束按特定路径扫描铺粉器预先铺放的一层金属粉料（层厚 20～100μm），金属熔化并与前一层形成冶金结合，如此层层堆积，直接制造出近净成形毛坯或精密成形的零件。图 17 为电子束铺粉选区熔覆成形增材制造原理示意和精密成形的复杂空间结构件。

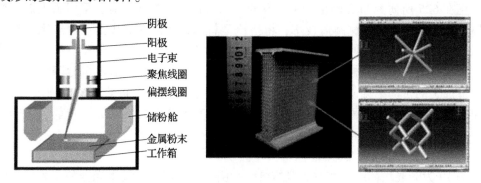

图 17　铺粉电子束选区熔覆增材制造原理示意和精密成形的复杂空间结构件

2.2.2　激光增材制造

激光增材制造用于金属构件的直接成形，目前主要有两大技术实施方案：其一是激光铺粉选区熔覆成形增材制造，其二是激光喷粉直接沉积成形增材制造。

（1）激光铺粉选区熔覆成形增材制造

激光铺粉选区熔覆成形原理（见图18（a））与在真空室内电子束选区熔覆增材制造原理相似，但所不同的是在有惰性气体保护的气氛中进行。相对于激光喷粉直接沉积成形而言，激光铺粉选区熔覆成形能制造出更为精密的复杂金属构件，也已实现工程化应用。

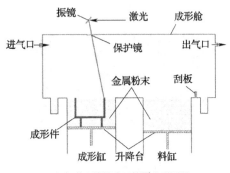

（a）激光铺粉选区熔覆成形原理　　　　　（b）机械手大型激光增材制造装备

图18　激光铺粉选区熔覆成形原理与机械手大型激光增材制造装备

（2）激光喷粉直接沉积成形增材制造

这项技术在国内外均已较为成熟地在航空工业中得到应用。

为了满足新型飞行器研发的快速反应，基于机械手的大型激光直接沉积成形装备（见图18（b））已在625所投入运行；具备有喷粉熔覆直接成形、激光铺粉选区熔覆成形、激光送丝熔化沉积成形三种增材制造的功能，惰性气体舱容积3m×3m×2.5m，有可温控、除氧、除尘等功能。激光增材制造除用于飞行器金属构件的直接成形制造外，在飞机和发动机部件的修复工程中，潜在的市场尚有待进一步开发。

2.2.3　块体组焊增材制造

正在625所研究与工程化应用开发的广义增材制造技术还有：采用激光焊和搅拌摩擦焊的块体组焊的增材制造技术，将挤压型材筋条组焊在蒙皮上，制造飞机带筋整体壁板，替代传统预拉伸厚板铣切加工的减材制造。相比之下，带筋整体壁板的块体组焊增材制造可以使原材料的利用率从10%提高到95%，从而大幅度地降低了铣切减材制造加工的工时，缩短制造周期，降低成本，满足新型飞机研制的快速反应制造。这类带筋整体壁板的工程化批量生产也已在我国其他产业（如航天、造船、高速列车等部门）获得显著的技术经济效益。

（1）激光块体组焊增材制造

图19为激光块体组焊增材制造的典型示例——采用万瓦级激光器的双光束焊接铝锂合金、钛合金飞机带筋壁板增材制造及筋条角焊缝连接。

正在研发激光－MIG电弧复合焊接增材制造的特点，在于把电弧的高沉积速率与激光沉积成形的高精准度相结合，可将TIG/MIG送丝熔化直接金属成形与激光喷粉熔覆一体化。

（2）固相块体组焊增材制造

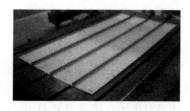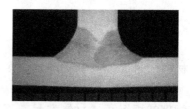

图 19　双光束激光块体组焊增材制造的飞机带筋壁板及其角焊缝宏观形貌

正研究开发的块体组焊的固相增材制造技术在 625 所有两个主要方向：其一，采用线性摩擦焊块体组焊增材制造航空发动机整体叶盘；其二，采用搅拌摩擦焊块体组焊增材制造飞机带筋壁板；由于连接接头均为固相连接的金相组织结构，故"块体组焊固相增材制造"由此而得名，以区别于填送丝材或粉材的"熔覆"增材制造。

①线性摩擦焊块体组焊增材制造

航空发动机整体叶盘是高性能航空发动机提高推重比、减重的必由之路，从叶盘榫头连接到整体焊接叶盘制造，可减重 50%；与传统的机械加工铣切/减材制造整体叶盘相比，采用线性摩擦焊块体组焊增材制造，可大大地减少金属铣切量，提高钛合金等材料的利用率，缩短制造周期。图 20 是采用线性摩擦焊块体组焊增材制造航空发动机整体叶盘的工艺流程。

图 20　线性摩擦焊块体组焊增材制造航空发动机整体叶盘的工艺流程

②搅拌摩擦焊块体组焊增材制造

飞机铝合金带筋整体壁板的搅拌摩擦焊块体组焊增材制造是绿色制造，其方法与装备如图 21 所示，将挤压型材与蒙皮薄板用搅拌摩擦焊接组焊成整体壁板；可以是对接，也可以实现角焊缝连接。用搅拌摩擦焊块体组焊方法增材制造飞机带筋整体壁板，替代传统预拉伸厚板铣切加工的减材制造，同样可使原材料的利用率从 10% 提高到 95%，大幅度地降低铣切加工的工时，缩短制造周期，降低成本，满足新型飞机研制的快速反应制造。

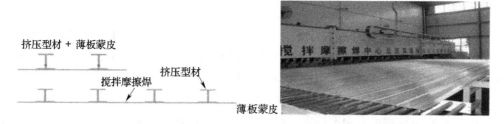

图 21　搅拌摩擦焊块体组焊增材制造飞机整体壁板及装备

2.3 广义增材制造的其他类别

广义增材制造的其他类别和种类繁多，如图 15 所示。仅以电子束物理气相沉积（EB - PVD）增材制造为一个典型实例，表明这类增材制造方法的技术特征。

电子束物理气相沉积增材制造是在真空中利用大束斑高能电子束（一般为 20 ~ 40kW）对所沉积材料进行轰击并使之熔化、沸腾进而蒸发，蒸气原子或粒子流在基体或零件表面重新凝结、沉积形成新的材料（涂层）的物理过程。可以有若干个电子枪和相对应的靶材同时进行气相沉积，不仅提高效率，还可用以制造不同功能的沉积层或梯度材料。

图 22 为采用电子束物理气相沉积增材制造的原理示意及成形的高效气冷涡轮叶片试验件。在骨架上制备气冷通道，借助填充材料形成叶型；随后，在真空室内将靶材蒸气沉积其上，逐渐堆积达到叶片成品的要求。电子束物理气相沉积增材制造在航空发动机叶片的修复工程中也孕育着巨大的工程应用市场潜力。

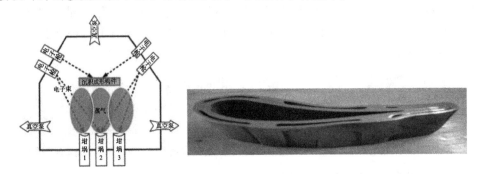

图 22 电子束物理气相沉积增材制造的原理示意及快速成形的高效气冷涡轮叶片试验件

结束语

（1）航空特种焊接/连接技术的体系涵盖了当今航空工业发展所需要的门类齐全的先进焊接/连接方法和技术。在 625 所构建了新的专业研究方向：组建"高能束流加工技术"重点实验室、成立"超塑性成形/扩散连接"研究室、建立了"中国搅拌摩擦焊接中心"、"航空连接技术"重点实验室等。

（2）航空特种焊接/连接技术服务于航空工业科技发展的需求，针对"特需"和"关键"的难题，以高能束流和固相连接技术的创新为主线，研究新方法、新装备，实现"交钥匙工程"整体解决方案；为新飞行器、新结构、新材料的研发提供新的构思空间，引领设计/制造/选材三位一体的融合创新。

（3）航空工业对增材制造技术（特别是采用高能束流：电子束、激光束）的发展有很强的市场牵引力，尤其是在应用于飞行器结构制造方面具有重要战略意义。625 所已与诸多航空厂家开展了这项研究开发，在新型号设计试制中提供了快速反应。

（4）在基于焊接/连接技术的广义增材制造中除高能束流热源外，可资利用的能源还有：电能、化学能、电化学能，机械能等；尤以块体组焊快速成形飞行器结构件的固相增材制造为特征（如线性摩擦焊接、搅拌摩擦焊接），直接制造喷气式发动机整体叶盘、飞机带筋整体壁板等，展现了可在其他产业部门推广应用的广阔前景。

大厚度钛合金结构电子束焊接制造基础研究[①]

一、项目负责人及所在单位：关桥，北京航空制造工程研究所

二、起止年限：2010 年 1 月—2013 年 12 月

三、项目简介：

电子束焊接功率密度高，可获得大熔深、小变形、高精度的焊接接头，是解决大型复杂重要承力空间构件（如框梁等）整体制造的先进有效可行方法，但当前缺乏对钛合金电子束焊接接头性能控制原理和方法，以及接头和结构断裂、疲劳行为、机理和评价方法。本项目构建了大厚度钛合金电子束焊接接头力学不均匀因子—几何特征参量—组织特征参量—工艺参量间的相互关系，开发了性能优化调控方法，获取了接头残余应力分布规律，有效提升了接头力学性能及其均匀性；获得了大厚度钛合金电子束焊接接头的塑性损伤、断裂及疲劳机理。在以上工作基础上建立了大厚度钛合金电子束焊接结构完整性评价方法，编制了评定指南，并推荐以"适用性"原则指导飞行器结构优化设计—正确选材—合理制造。

主要研究进展及创新点：

（1）揭示了大厚度钛合金电子束焊接工艺条件与其接头几何、组织、力学不均匀性间的相互关系，实现了接头力学性能及其均匀性的有效提升，可实现更大厚度（170mm）钛合金的电子束优质焊接。

（2）通过对不同热处理规范和铣削规范下钛合金电子束焊接接头残余应力状态变化规律，证实了在现行规范下焊接区域的残余应力对接头完整性及其结构服役性能的影响可以忽略不计，建议现行规范中铣削精加工后无须再进行费时耗资的热处理。

（3）断裂、疲劳试验与理论计算分析均表明，可按母材性能近似地建立失效评定图，使结构更加轻量化、降低制造成本、提升飞机性能。

（4）基于"适用性"原则，确立了大厚度钛合金电子束焊接结构完整性评定方法及指南。

---

① 国家自然科学基金项目资助号 50935008。

焊接/连接与增材制造（3D打印）

关 桥

摘要：金属构件增材制造（3D打印）的技术基础是焊接/连接。近20年来在国内外，增材制造实现了两大突破：其一是把早期的激光快速成形（3D打印）光敏树脂等非金属材料制品向金属结构件的增材制造发展的突破；其二是把高能束流热源（电子束、激光束）的柔性和焊接成形技术与计算机辅助设计/制造（CAD/CAM）信息技术深度融合，实现了金属结构定制式无模制造，形成了新的产业发展方向。引入"广义增材制造"的概念，更是把其他类型能源用于增材制造也涵盖其中，扩大了热源范围；有利于增材制造产业面的扩展，例如，氩弧堆焊成形、焊接修复、等离子喷涂成形、冷喷涂成形、线性摩擦焊块体组焊成形等。北京航空制造工程研究所"高能束流加工技术"重点实验室、"航空连接技术"重点实验室与"中国搅拌摩擦焊接中心"历年来研究开发了基于高能束流的增材制造技术和系列广义增材制造技术。本文简要论述了焊接/连接与增材制造的渊源，综述了研发并已工程应用的主要增材制造技术，为航空工业提供了新产品研发制造的快速响应。

关键词：焊接；连接；增材制造（3D打印）；电子束；激光束；块体组焊

引言

在过去的半个世纪，激光技术、计算机技术、新材料技术的融合，成就了当今增材制造（3D打印）技术的崭新时代。区别于传统铸、锻需模具成形毛坯后再切削加工的减材制造，增材制造（Additive Manufacturing）是无模具的直接近净成形技术，是以计算机辅助设计/制造（CAD/CAM）为基础，将材料（流体、粉材、丝材、块体）或逐层固化、熔覆或逐层累叠、块体组焊连接成为整体结构的新兴制造技术；它的异军突起，正在强劲地驱动着新兴产业技术群的快速崛起，引领设计/制造/材料三位一体模式的发展，顺应了新技术革命的大趋势，由传统大规模、批生产的模式向个性化、定制化、小批量生产的模式转型。正当我国由制造大国向创造强国跨越的战略机遇期，提升自主创新能力，整合制造、设计、材料等资源，促进产业结构调整升级，增材制造正强劲地展现着创新驱动发展的新局面，引领数字化制造技术、新材料技术、新型装备技术，向智能化、网络化的方向发展。

1 增材制造（3D 打印）技术与焊接的渊源

20 世纪 70—80 年代，以美国 3D Systems 公司为代表，将激光固化快速成形技术（SL）用于光敏树脂类产品的制造，开启了 3D 打印的新里程；在我国 80 年代末 90 年代初，高等院校 SL 技术与设备的研发有了快速发展，主要用于树脂基、高分子等非金属材料制品；从"九五"开始，高等院校与中小企业联手，多学科交叉资源重组，使激光快速成形技术在家电、轻工、汽车等领域非金属材料产品开发中得以扩大应用[1]。近 20 年来，国内外增材制造（3D 打印）实现了两大突破：其一是把激光快速成形光敏树脂等非金属材料制品向金属结构件的增材制造发展的突破，以美国 AeroMet 公司为早期的代表[1]；其二是把高能束流热源（电子束、激光束）和烧结/焊接成形技术与计算机辅助设计/制造信息技术深度融合，用于重要金属结构的定制生产，形成了增材制造新的产业发展方向。

金属构件增材制造技术得以迅猛发展的技术基础是高能束流（电子束、激光束）作为特种焊接热源的技术进步；高能束流极具柔性：能量可精确控制，长焦距、可聚焦、可扫描、偏转；高能束流的柔性与 CAD/CAM 技术相结合，在真空室内或惰性气体保护的环境中，向聚焦加热区填送金属丝材或铺送金属粉料，使材料逐层熔化、凝固堆积，构成了无模具的快速近净成形，或称"金属直接成形增材制造技术"[2]。

就加工制造的物理概念而言，不同于切削加工的"减材制造"，焊接就是"增材制造"的典范，无论是我们习以为常的用手工电焊条修复堆焊，还是用数控自动化的焊接/连接技术以小拼大地制造结构，其物理本质都是"增材制造"。

2 广义增材制造

基于高能束流热源（电子束、激光束）的增材制造只是组成"广义增材制造"的一部分，广义增材制造的内涵和所采用能源的多样性如图 1 所示；广义增材制造的热源，除激光束和电子束外，还有化学能、电能（电弧等）、电化学能、光能、机械能等。图 1 的中心圆给出的是通常所谓的"增材制造"（3D 打印），以激光、电子束等为热源与 CAD/CAM 结合，分层熔覆成形的增材制造，包含了非金属、金属构件和生物模型的增材制造等；图 1 外椭圆展现的是"广义增材制造"的技术分类，不局限于分层熔覆成形，还包括冷、热喷涂成形，物理气相、化学气相、电化学成形，堆焊、块体组焊成形等[2]。

简而言之，广义增材制造的原始形态就是电弧堆焊，或用小电流钨极氩弧、微束

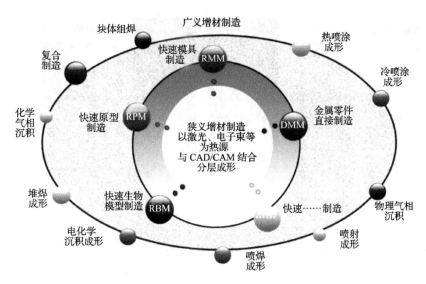

图 1　广义增材制造的技术内涵与分类[2]

等离子弧的填丝堆焊成形，这些技术已用于修复航空发动机叶片等。图 2 是以手工氩弧为热源，填加金属丝材熔覆成形的艺术制品——小鹿，揭示了增材制造的基本原理[4]。只是这类热源不具有高能束流特有的柔性和技术优势；但任何自动化的可控制的焊接热源与 CAD/CAM 技术相结合，使丝材或粉材熔覆逐层沉积成形，均能形成新的增材制造方法。采用机械能（如摩擦）热源，进行线性摩擦焊、搅拌摩擦焊的固态连接方法，则可实现块体组焊直接在固态成形金属结构，可称之为固态增材制造。引入"广义增材制造"的概念，不但扩大了可用的热源范围，除采用高能束流（电子束、激光束）焊接热源外，还把其他类别的焊接热源（电弧、等离子

图 2　增材制造（3D 打印）的原始形态——手工氩弧焊填加金属丝材堆焊成形的艺术制品——小鹿（巴顿焊接研究所）[4]

体、摩擦热能等）也用于增材制造；此外，更是拓展了成形制造模式，如：块体组焊快速成形制造，突破了"3D 打印"逐层堆积的制造模式；有利于增材制造产业面的扩展。可用于"广义增材制造"的焊接/连接热源如图 3 所示[2,4]。

为了满足航空工业对新型飞行器及其动力装置研究发展的需求，北京航空制造工程研究所不断地开发出先进的焊接/连接技术，并针对材料加工以及构件成形研发了精密和自动化的新方法和专用装备；其中，高能束流焊接/连接/加工技术和固相焊接/连接技术是研究所的两个重点发展方向，用以解决当代航空制造工程中出现的"特需"和"关键"技术难题。基于在高能束流加工技术领域的优势，于 90 年代初建立了"高能束流加工技术"重点实验室，为开展增材制造科学研究和技术开发创造了良好的技术资源与人才环境；几乎是与国外同步开始了电子束增材制造技术的研究，满足了新

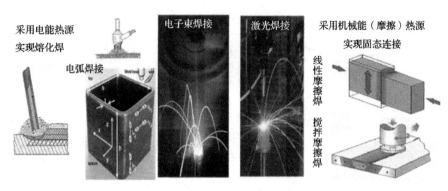

图3 可用于"广义增材制造"的焊接/连接热源[2,4]

型号飞机研制中重要钛合金承力结构件的快速反应制造。

同时,还开展了大量基于上述特种焊接/连接技术的广义增材制造工程项目,经过20多年的发展,已经形成了航空制造特种焊接/连接的广义增材制造体系。下面简要论述北京航空制造工程研究所已经开发并在航空产业工程中应用的广义增材制造技术。

3 基于电子束焊接热源的增材制造

基于电子束焊接热源的广义增材制造,研究开发的有:电子束熔丝逐层堆积成形技术、电子束选区粉材熔覆成形技术,以及电子束物理气相沉积成形技术等。

3.1 电子束熔丝逐层堆积成形增材制造技术

电子束熔丝逐层堆积成形技术的基本原理如图4所示。在真空室中,通过送丝装置将金属丝材送入电子束聚焦区,高能量密度的电子束将丝材熔化形成熔池,电子束与熔池按照CAD/CAM预先规划的路径移动,熔池凝固逐层堆积,成形制造出金属零件或近净成形坯件。

研究电子束熔丝逐层堆积成形技术的同时,开发了国内首台电子束熔丝沉积成形设备;随着业务面的扩展,研发了相应的多功能系列装备。

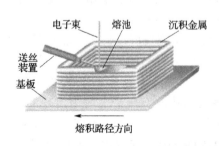

（a）电子束熔丝逐层堆积成形增材制造原理示意图　　（b）电子束熔丝增材制造的钛合金结构件

图4 电子束熔丝逐层堆积成形增材制造原理示意图和电子束熔丝增材制造的钛合金结构件

增材制造的发展需要配套的技术支撑，新成分材料制备、专用装备研发、CAD/CAM 路径设计软件开发、工艺流程与后处理技术等。在过去几年，为航空工业研发了能满足结构性能和功能的电子束增材制造专用钛合金丝材体系 TC4 - EH、TC4 - EM 等；对逐层堆积成形路径控制、缺陷和变形调控技术、参数优化以及成形后热处理等配套技术进行了研究，实现了增材制造零件力学性能与锻件相当。同时，开发了国内最大的电子束增材制造成形设备，可加工有效构件尺寸为 3000mm × 1500mm × 800mm。

3.2 电子束选区粉材熔覆逐层成形增材制造技术

电子束选区熔覆成形技术原理如图5（a）所示，在真空室内，电子束在偏转线圈驱动下按 CAD/CAM 规划的路径扫描，熔覆预先铺层的金属粉末；完成一个层面的扫描后，工作箱下降一个层高，铺粉器重新铺放一层粉末，电子束再次扫描熔覆，如此反复进行，层层堆积，直接成形制造出需要的零件[3,5]。

针对航空应用开展了用于增材制造钛合金粉材的研究，开发了电子束精确扫描技术、精密铺粉技术、数据处理软件等核心技术。电子束选区熔覆成形增材制造的复杂空间点阵结构的零件如图5（b）所示[3]。

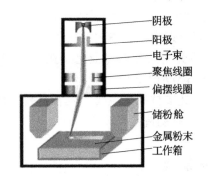
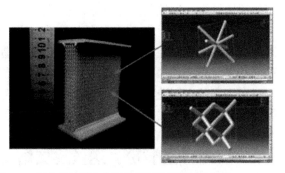

（a）电子束选区粉材熔覆逐层成形增材制造技术原理　　　　（b）增材制造成形的复杂空间点阵结构零件

图5　电子束选区粉材熔覆逐层成形增材制造技术原理和增材制造成形的复杂空间点阵结构零件[3]

3.3 电子束物理气相沉积成形增材制造技术

电子束物理气相沉积技术基本原理如图6（a）所示，在真空环境中，利用大束斑高能量密度电子束（一般为 20～40kW）对待沉积材料靶坯进行轰击使之熔化、沸腾进而蒸发；金属蒸气原子、粒子流沉积于零件或芯体表面重新凝结，成为新的材料涂层或成形为新型结构件。在真空室中，可以用单一电子枪或多个电子枪通过沉积不同的材料进行电子束物理气相沉积复合结构材料[4]。

开发了满足结构性能和功能的电子束物理气相沉积的叶片制造技术和沉积材料成分体系。图6（b）为利用电子束物理气相沉积技术增材制造成形的具有复杂内部冷却气体通道的涡轮叶片。可以预期的是，在新型航空发动机部件的增材制造方面，电子束物理气相沉积技术有很好的市场前景。

（a）电子束物理气相沉积技术基本原理　　　（b）电子束物理气相沉积涡轮叶片

图6　电子束物理气相沉积技术基本原理和电子束物理气相沉积涡轮叶片

4　基于激光热源的增材制造

　　激光热源用于焊接/加工，始于20世纪50年代。近年来，在国内外兴起了基于激光热源增材制造迎接新工业革命的热潮，正在把制造业的模式从大批量生产向定制式、个性化设计/制造/材料一体化方向推进。国内以西安交通大学、华中科技大学、西北工业大学、北京航空航天大学、北京航空制造工程研究所及相关专业化企业为代表，重点是在金属构件增材制造成形方面的开发研究与工程应用[1]。

　　在北京航空制造工程研究所，基于激光热源的广义增材制造主要研发有：激光直接喷粉、送丝熔覆增材制造和激光铺粉选区逐层熔覆增材制造技术等。

4.1　激光直接喷粉、送丝逐层熔覆增材制造

　　装备是技术的载体，多年来在研发激光直接喷粉、送丝逐层熔覆增材制造技术的同时，设计制造了专用装备如图7（a）所示[3]；基于机械手的激光增材制造成形装备，具备喷粉、送丝、温控、除氧、除尘等功能，工作室尺寸3m×3m×2.5m，可以满足航空产品的快速制造要求。激光喷粉熔覆增材制造方案有：或与激光束同轴喷粉（类似等离子喷涂），或在激光束的侧向多头喷粉。在该专用设备中，装有机械手可实现增材制造过程自动化。图7（b）所示为在该装置内激光送丝逐层熔覆增材制造。激光喷粉、送丝逐层熔覆增材制造技术也已在航空修复工程中得到应用。

4.2　激光铺粉选区逐层熔覆增材制造

　　激光选区逐层熔覆增材制造与电子束选区逐层熔覆增材制造原理相同，如图8（a）所示[3]，在惰性气体舱室中，激光按给定路径扫描铺粉器预先铺放的一层金属粉末

（层厚 20～100μm），该层金属粉末熔覆于前一层之上形成冶金结合；此时，图 8（a）中左侧成形缸下降一个步长（层厚），同时右侧料缸上升一个步长，刮板将金属粉材推向成形区，均匀铺层，预热后激光再次扫描熔覆，逐层堆积，周而复始，完成构件的激光选区逐层熔覆成形增材制造。

激光束的品质、粉材的颗粒度、层厚的尺度、过程工艺参数控制等因数决定着激光选区熔覆增材制造的精密程度；图 8（b）所示的复杂空间结构件，成形后没有再加工余量，经表面抛光即为成品，这是其他加工方法所不及[3]。

（a）激光喷粉、送丝逐层熔覆增材制造专用装备　　　　（b）激光熔丝增材制造零件过程

图 7　激光喷粉、送丝逐层熔覆增材制造专用装备和激光熔丝增材制造零件过程

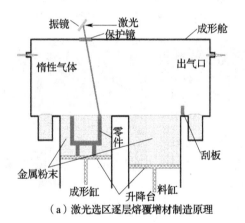

（a）激光选区逐层熔覆增材制造原理　　　　（b）激光选区增材制造复杂空间结构件

图 8　激光选区逐层熔覆增材制造原理和激光选区增材制造复杂空间结构件

5　基于块体组焊的广义增材制造

在北京航空制造工程研究所，"航空连接技术"重点实验室与"中国搅拌摩擦焊接中心"研究与工程化应用开发的广义增材制造技术有：线性摩擦焊块体组焊用于新型航空发动机整体叶盘的固相增材制造；采用激光焊或搅拌摩擦焊将挤压型材筋条块体组焊在蒙皮上，增材制造成形飞机带筋整体壁板，替代传统的铝合金预拉伸厚板铣切加工费时耗资的减材制造。相比之下，带筋整体壁板的块体组焊制造可以使原材料的

利用率从 10% 提高到 95%，从而大幅度地降低了铣切加工工时，缩短制造周期，降低成本，满足新型飞行器研制的快速反应制造。这类带筋整体壁板的工程化增材制造技术，已推广到我国其他产业部门（如航天、造船、高速列车等部门），创造了显著的技术经济效益。

5.1 线性摩擦焊块体组焊固相增材制造[2,4]

线性摩擦焊技术原理如图 3 右侧上部所示。焊接中，工件往复运动，对接界面摩擦产热，使金属处于热塑性状态，施加顶锻压力，挤出飞边同时实现固态扩散连接，形成致密的固相焊接头；这一新技术也已被英国焊接研究所（TWI）、Thompson 公司等列入前瞻性研发规划。

高性能航空发动机压气机整体叶盘是线性摩擦焊块体组焊固相增材制造的典型代表，与传统榫槽连接相比，压气机整体叶盘线性摩擦焊增材制造时，无须加工榫头、榫槽，使发动机转子部件的结构大为简化，减重达 50% 以上。图 9 为线性摩擦焊增材制造发动机风扇和压气机整体叶盘的典型流程。图 9（a）将带有工艺凸台的叶片用线性摩擦焊与叶盘连接成整体，图 9（b）焊后数控加工去除工艺凸台和顶锻挤出的飞边，图 9（c）经光整后形成增材制造整体叶盘。采用线性摩擦焊增材制造技术，北京航空制造工程研究所为新型发动机研发完成了不同类型的整体叶盘结构的制造。

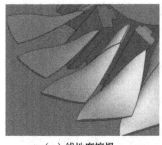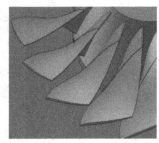

（a）线性摩擦焊　　　　　　　（b）数控加工　　　　　　　（c）整体叶盘

图 9　线性摩擦焊块体组焊固相增材制造整体叶盘的典型流程

5.2 搅拌摩擦焊块体组焊固相增材制造[4]

搅拌摩擦焊（FSW）固相增材制造技术原理如图 3 右侧下部所示。连接过程中，搅拌头旋转压入被焊零件对接界面，搅拌头与被焊零件摩擦使搅拌头附近区域的温度升高，金属热塑性化，搅拌头旋转前行，形成焊缝，经扩散和再结晶成为致密的固相连接，适用于铝合金结构的制造。北京航空制造工程研究所已将搅拌摩擦焊块体组焊固相增材制造技术推广应用于多个产业部门，正在开发用于钛合金、钢材等热塑性化温度更高材料的固相连接。

图 10 所示为用搅拌摩擦焊固相增材制造将铝合金筋条挤压型材组焊成带筋整体壁板。

图 10　搅拌摩擦焊（FSW）固相增材制造铝合金带筋整体壁板[4]

6　广义增材制造技术在航空修理中的应用

将激光喷粉、送丝逐层熔覆增材制造或摩擦焊接、电子束焊接增材制造应用于航空修理领域，正在开拓着广阔的市场前景，给出良好的技术经济效益。

图 11 为采用激光同轴喷粉用于修复航空发动机钛合金整体叶轮。将受损的叶片端部粗加工后，利用激光增材制造所具有的柔性，按叶型的几何形状进行熔覆恢复原形，经少量后续加工，即可达到使用要求。根据待修构件的技术要求，选配粉材和工艺参数，除满足尺寸精度外，还能调控其力学性能。

图 11　激光直接同轴喷粉熔覆修复钛合金整体叶轮的受损叶片

图 12 为采用焊接增材制造方法修复航空发动机钛合金整体叶轮的最新进展。在 2013 年 6 月巴黎航展上 MTU 公司展示了焊接增材制造方法修复航空发动机钛合金整体叶轮的两个典型应用范例。图 12（a）所示为用线性摩擦焊置换整个叶片，将严重损毁的叶片从根部切除，按预先设定的线性摩擦焊流程（如图 9 所示），把新叶片（带装卡工艺凸台）精确定位后进行线性摩擦焊置换。图 12（b）所示为采用电弧焊接方法局部修复叶片受损前缘的工艺流程，从左向右（或由上而下）所显示的 6 个叶片分别为：①叶片前缘受损；②切除前缘；③焊接补片；④铣削加工；⑤局部热处理；⑥最终光整。

（a）用线性摩擦焊置换受损的整个叶片　　（b）用电弧焊接方法局部修复叶片受损边缘

图 12　在 2013 年 6 月巴黎航展上 MTU 公司展示的焊接增材制造方法修复航空发动机钛合金整体叶轮

如前所述，图1上所给出的广义增材制造概念，除了上面已经论述的若干增材制造技术外，以材料累积为基本特征广义增材制造技术还包括有冷、热喷涂成形，电化学沉积成形以及气相沉积等增材制造技术；如，北京航空制造工程研究所于20世纪60年代开发并已工业应用的电液成形制造黄铜波纹管及其他电沉积技术就是利用电化学能的广义增材制造实例；在这里不再展开叙述。

结束语

（1）航空工业对增材制造技术（特别是基于高能束流热源：电子束、激光束）的发展有很强的市场牵引力，尤其是在飞行器及其动力装置结构制造方面具有重要战略意义。北京航空制造工程研究所多年来的研究开发，为新型号设计/制造研发提供了增材制造快速反应。

（2）广义增材制造可用的能源还有电能、化学能、电化学能、机械能等；尤以块体组焊成形为特征（如线性、搅拌摩擦焊接等），直接组焊成形结构件如喷气式发动机整体叶盘，飞机带筋整体壁板。

（3）基于块体组焊的增材制造（尤其是摩擦焊）提供了固相连接的优势，将较简单的零件组焊成近净成形的结构件。开拓了航空发动机部件以及飞机带筋整体壁板制造的新领域，同时也展现了在其他产业部门应用的良好前景。

致谢

感谢北京航空制造工程研究所"高能束流加工技术"重点实验室、"航空连接技术"航空科技重点实验室和"中国搅拌摩擦焊接中心"的各位同事们为发展增材制造技术和产业化所做出的贡献，以及为本文撰写提供技术素材。

参考文献

[1] 中国机械工程学会. 3D打印/打印未来 ［M］. 北京：中国科学技术出版社，2013.

[2] 关桥. 广义增材制造 ［J］. 机械工程导报，2012（104）：11-14.

[3] 巩水利，锁洪波，李怀学. 金属增材制造技术在航空领域的发展与应用 ［J］. 航空制造技术，2013（13）：66-72.

[4] Guan Qiao. Generalized Additive Manufacturing Based on Welding/Joining Technologies ［J］. The Paton Welding Journal，2013（10/11）：33-38.

[5] 汉斯·爱瑞克森. 以高性能低成本EBM技术服务航空航天领域 ［J］. 航空制造技术，2008（7）：49-52.

高能束焊接、加工与增材制造[①]

关　桥

摘要： 高速、高温、极端环境下服役的飞行器及其动力装置需要轻量化、长寿命、高可靠性的结构，以及与之相匹配的高性能材料和整体化低成本制造技术，高能束焊接、加工与增材制造技术体系应运而生，解决着"特需"和"关键"的技术难题。

电子束、激光束多学科交叉融合的开发与应用研究在焊接、表面工程、制孔、涂层、切割、毛化、强化与增材制造以及材料复合加工技术等领域，显示出强劲的技术推动势头。

在电子束焊接/加工技术体系中主要有：真空电子束深穿透焊接、真空电子束物理气相沉积（EB–PVD）、真空电子束毛化技术等。

激光束焊接/加工是当今高能束工程应用中的一枝独秀，其优势是可在大气环境采用惰性气体保护完成焊接/加工、制孔、毛化、冲击强化、增材制造等加工技术。

增材制造在过去 20 年间迅猛发展的技术基础是：极具柔性的高能束（电子束、激光束）可聚焦、扫描、偏转和长焦距的特性与 CAD/CAM 技术相结合的突破，已应用于金属材料直接成形制造结构件；逐层熔化向加热区填送的金属丝材或铺送的金属粉料，材料凝固堆积，构成了无模具的快速成形，或称"金属直接成形增材制造技术"。

1　熔化焊接热源的发展历程

经历了 200 多年的发展，用于熔化焊接的方法不断演变，热源能量密度在逐步地提升，从氧 – 乙炔火焰气焊、电弧焊、等离子弧焊到高能束焊（电子束焊、激光束焊），如图 1 所示。

近半个世纪以来，各种焊接方法不断发展，在熔化焊接方法中，高能束焊（电子束焊、激光束焊和等离子体焊）的相对比例在逐步扩大（见图 2）。

---

① 此文写于 2016 年 6 月 13 日。

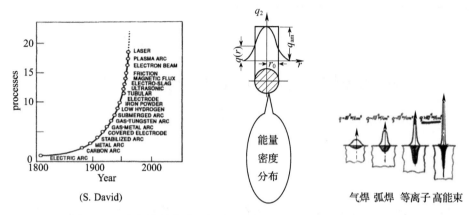

图 1　200 多年来随着熔化焊接方法的演变热源能量密度在不断提升

如图 3 所示，高能束（电子束、激光束）的共同特点是：长焦距、高柔性、可扫描、可偏转、可聚焦。高能束加工技术适应了当代科技发展的大趋势，除焊接外，还可用于去除加工（如制孔和切割等）、涂层、毛化、强化等表面工程和增材制造。

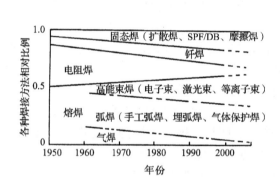

图 2　在熔焊中高能束焊的相对比例不断扩大

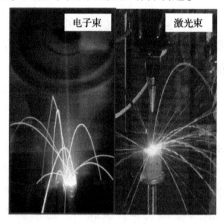

图 3　高能束（电子束、激光束）具有长焦距、高柔性、可扫描、可偏转的特性

高能束热源在材料加工领域独树一帜，特别是在增材制造方面发展迅速，形成了比较完整的技术体系（如图 4 所示）。典型代表技术如电子束、激光束铺粉选区熔化成形，激光、等离子体同轴送粉熔覆成形，电子束、等离子体送丝熔覆成形、等离子体热喷涂等。

2　电子束焊接/加工与增材制造

2.1　电子束焊接

从图 5 可以看出，对于大厚度构件的焊接，开坡口进行手工电焊条多层焊接或窄

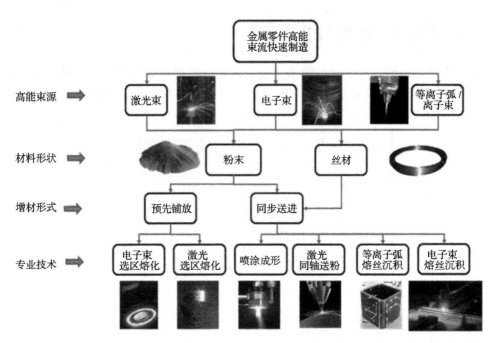

图 4　高能束热源除用于焊接外还可用于铺粉选区熔化、熔丝沉积、同轴送粉增材制造等

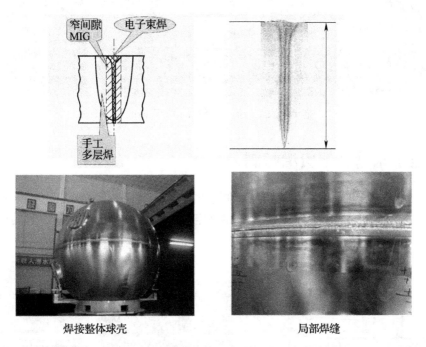

焊接整体球壳　　　　　　　　　　　局部焊缝

图 5　大功率电子束深穿透焊接与钛合金载人深潜器大厚度球形容器赤道对接缝焊接

间隙弧焊均费时、费工；而大功率的电子束则可实现一次性深穿透焊接，省时、省工、降低成本；图 5 同时给出钛合金深潜器大厚度球形容器赤道对接缝的电子束深穿透焊接。

2.2 电子束表面改性与毛化

在复杂磁场控制下，电子束快速扫描、偏转，使局域金属熔化、流动、堆积后凝固；控制电子束的束流参数和特殊的扫描波形，可产生各种不同的表面形貌（见图6）。

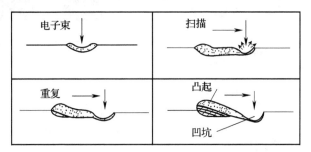

图6 电子束扫描表面毛化技术示意

采用电子束表面改性与毛化技术（见图7），已经成功制备尺寸为 $10\mu m \sim 20mm$ 的表面3D形状。可应用在金属与复合材料的连接、材料表面处理、减阻表面造型、散热器制作、人造关节表面处理等领域。

图7 电子束快速扫描、偏转获得的表面改性与毛化

2.3 电子束选区熔覆增材制造

图8是用铺粉电子束选区熔覆增材制造的钛合金复杂空间结构——直升机的缓冲件，粉材的粒度和电子束聚焦扫描精准性决定着构件成形的精度，成形后的构件即为最终成品，是一种精密增材制造。

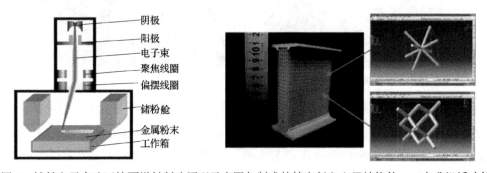

图8 铺粉电子束选区熔覆增材制造原理示意图与制成的精密复杂空间结构件——直升机缓冲件

2.4　电子束物理气相沉积

在真空中利用大束斑高能电子束（一般为 20~40kW）对所沉积材料（靶材）进行轰击，使之熔化、沸腾进而蒸发，蒸气原子或粒子流在零件基体或表面重新沉积凝结、堆垛形成新的材料（涂层）的物理过程，称为电子束物理气相沉积技术；可用于蒸发任何材料并得到成分可控的各种涂层，如制造新型热障涂层等。可以有若干个电子枪和相对应的靶材同时进行气相沉积，不仅提高效率，还用以制造不同功能的沉积层或梯度材料。图 9 为电子束物理气相沉积装置及过程示意。

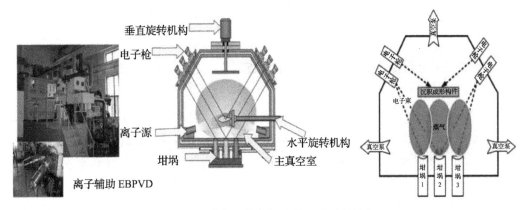

图 9　电子束物理气相沉积装置及过程示意

图 10 展示的是电子束物理气相沉积涂层（TBC 等）和沉积成形的构件。事实上，可以直接成形构件，电子束物理气相沉积技术也是增材制造方法之一。

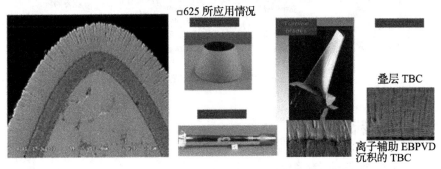

图 10　电子束物理气相沉积涂层（TBC 等）和直接沉积成形的构件

2.5　电子束增材制造

增材制造的原始形态就是用焊条手工电弧堆焊，或用自动化的小电流钨极氩弧、微束等离子弧的填丝堆焊；只是这类热源不具有高能束流（电子束、激光束）特有的柔性和技术优势；但任何自动化的可控制的焊接热源与 CAD/CAM 技术相结合，使丝材或粉材熔覆逐层沉积成形，均能形成新的增材制造方法。图 11 所示为国内最大的电子束熔丝沉积成形增材制造设备。

图 11　国内最大的电子束熔丝沉积成形增材制造设备

3　激光束焊接/加工与增材制造

激光束焊接/加工/增材制造是当今高能束工程应用中的一枝独秀，不同于电子束工作在真空环境中，激光束的优势是可在大气环境采用惰性气体保护完成焊接/加工、制孔、毛化、冲击强化、增材制造等加工技术。图 12 所示为激光焊接技术发展的不同类别。

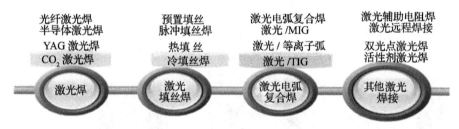

图 12　激光焊接技术发展的不同类别

3.1　激光焊接制造

飞行器及其动力装置需要轻量化、长寿命、高可靠性的结构，以及与之相匹配的高性能材料和整体化低成本制造技术，如果说用厚板铣切加工成飞机整体带筋壁板费时耗工、高成本，那么采用激光把筋条直接焊在壁板上，既节材又省工；图 13 为双光束激光焊接飞机带筋整体壁板示意图。

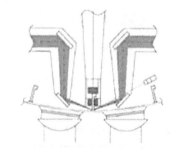

图 13　双光束激光焊接飞机带筋整体壁板示意图

3.2　激光选区熔化成形制造

激光选区熔化成形叠层可以制造出过去不曾有过的新型结构，促进结构设计创新。逐层铺粉，按设定的 CAD/CAM 程序进行激光选区熔化，叠层铺粉、再选区熔化，成形制造为设定的结构件（见图14）。

激光束的品质、粉材的颗粒度、层厚的尺度、过程工艺参数控制等因数决定着激光选区熔覆增材制造的精密程度。

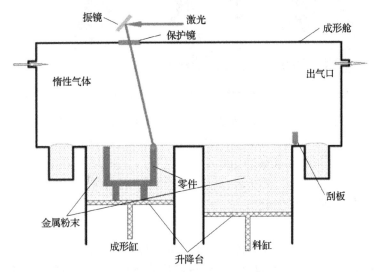

图 14　激光选区熔覆增材制造的原理示意

3.3　激光同轴送粉熔覆成形增材制造

图 15 所示为激光同轴送粉熔覆成形增材制造 TC11/TC17 钛合金梯度材料叶片整体叶盘。

图 15　激光同轴送粉熔覆成形增材制造整体叶盘

3.4　超快激光（皮秒激光）制孔技术

图 16 所示为超快激光（皮秒激光）在高温合金带热障涂层叶片上制孔技术。制孔的

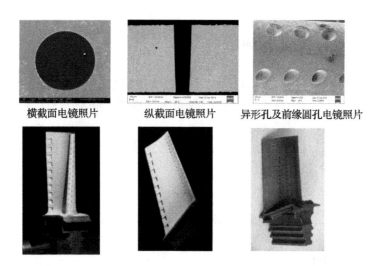

横截面电镜照片　　纵截面电镜照片　　异形孔及前缘圆孔电镜照片

图 16　超快激光（皮秒激光）在高温合金带热障涂层叶片上制孔

宏观微观质量状况显示：孔壁无再铸层、微裂纹、热影响区，孔口圆整、孔壁光顺。

飞秒激光由于更具有超短、超强和类冷加工特点，因此可以加工任何材料、具有热损伤少等特点，适于材料的微细加工。

3.5　激光冲击强化技术

75%的航空发动机零件上采用各种涂层，提高性能和寿命。高推重比发动机涡轮前温度比现有发动机将提高200℃以上，涡轮进口热端部件工作温度将达到1400℃以上，远远超出现有先进单晶材料的承受极限，而高推重比冷端零件寿命要求4000h，热端部件2000h。采用激光冲击强化技术是提高抗叶片的抗疲劳性能与抗腐蚀性能的有效途径。图17所示为在实验室激光冲击强化叶片过程演示，图上也给出了激光束冲击在材料表面形成残余压应力层示意，从而提高了叶片的抗疲劳性能与抗腐蚀性能。

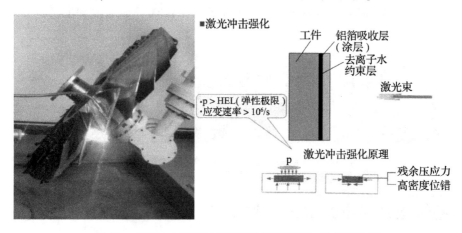

图 17　激光冲击强化叶片提高抗疲劳性能与抗腐蚀性能

结束语

本文概括地介绍了北京航空制造工程研究所"高能束流加工技术"重点实验室正在从事的科研项目和工程应用开发技术。涵盖了高能束焊接、加工与增材制造技术体系的方方面面。

在电子束焊接/加工与增材制造方面有：①电子束焊接；②电子束表面改性与毛化；③电子束物理气相沉积；④电子束增材制造。在激光束焊接/加工与增材制造方面有：①激光焊接制造；②激光选区熔化成形制造；③激光同轴送粉熔覆成形增材制造；④超快激光（皮秒激光）制孔技术；⑤激光冲击强化技术。

高能束焊接、加工与增材制造在现代航空制造技术领域中独树一帜，适应了高速、高温、极端环境下服役的飞行器及其动力装置的发展方向和需求牵引，为轻量化、长寿命、高可靠性结构发展和与之相匹配的高性能材料和整体化低成本制造技术提供了技术保障。高能束焊接、加工与增材制造技术体系，正在解决着航空科技发展"特需"和"关键"的技术难题，突显出强劲的技术推动势头。需求牵引与技术推动紧密结合、相辅相成，加速发展。

致谢

为编写本文，北京航空制造工程研究所"高能束流加工技术"重点实验室提供了详细的专业技术素材。尤其感谢巩水利博士、研究员和马贺工程师的具体指导与协助。

第 3 篇　焊接学会、科技体制、学科发展

把握市场经济　改革运行机制
增强自主能力　走向世界科技[①]
——在第七次全国焊接学术会议上的工作报告

中国机械工程学会焊接学会第四届理事会三年以来，以更有效地为社会主义市场经济服务为目标，积极地开展学术活动，推动焊接科技成果的生产应用；充分发挥学会的综合优势，在经济建设主战场、在行业技术改造中不断地促进新科技成果转化为生产力，引导焊接学科的发展。同时，也通过多渠道的国际学术活动，把我国的焊接科技推向世界舞台，取得了国际瞩目的进展。

下面就三个方面的情况，代表理事会向这次全国大会做工作报告。

1　会议主题——焊接机械化与自动化

1990 年 5 月在西安召开的第六次全国焊接学术会议到现在已经过去三年了。这期间，我国国民经济的发展速度令世人刮目相看。我国的焊接工作者在各条战线上，在生产、科研与教学领域中为经济的腾飞又做出了许多重要的贡献，尤其在一些重大项目的攻关中成绩卓著，取得了宝贵的经验。但是，我们肩负着中国大地历史性变革的重任，站在世纪之交的高点来看，我国的焊接科技发展面临的既是大好机遇又是崭新的挑战。与世界发达国家相比，在众多的差距中，我们根据国情和急需，选择了"机械化、自动化"作为必须花大力气在 2000 年前要取得的重大发展战略目标。同时，也为实现这一目标做了具体部署，这次大会的主题确定为"焊接机械化与自动化"，这是"八五""九五"发展的急需。我们可以从陆燕荪副部长的重要讲话和几篇大会的特邀报告中了解在这方面已有的成就和市场提出的新需求。焊接机械化、自动化同样也是国际学术界的前沿目标。因此，在我们申请主办 1994 年国际焊接学会（IIW）第 47 届年会在北京召开时，把年会的国际学术会议主题定为"焊接先进技术与低成本自动化"，得到国际焊接界的广泛支持与响应。我们已经预见到，在我国的经济发展中，焊接结构用钢量将会大幅度增长，而焊接产品质量的可靠性和稳定性，焊接机械化与自动化的水平，则是制约技术发展的关键因素。我们希望通过这次大会，动员我国焊接

---

① 由关桥理事长亲自执笔撰写的 1993 年 6 月在青岛召开的焊接学会理事会和第七次全国焊接学术会议上的工作报告，刊登在《焊接》1993 年第 9 期。

科技界，把机械化与自动化作为近期的主攻方向，采用先进技术和装备提高焊接产品质量的可靠性和稳定性，迎接挑战，取得效益。同时，也为 1994 年 9 月在北京召开的国际焊接学会做好准备，为我国的焊接同行们与国外专家们直接交流和借鉴经验创造条件。

这次会议经过学术工作委员会和秘书处的努力，在各专业（分）委员会论文评审的基础上，从 782 篇全国各行各业的应征论文中，评出 443 篇 A 类优秀论文。其中，大约有 60% 的 A 类论文将在各专业（分）委员会的分组会议上宣读、讨论，交流经验，探讨发展方向，使这些科技成果在学术交流活动中更快地找到市场，转化为生产力，取得技术经济效益。

这次学术会议，也是一次全国范围的焊接科技信息发布与交流大会，每位与会代表也是积极的信息传播者；或者是期望自己的成果能找到新市场，转化为商品；或者是吸引别人的科技成果，创造新的产品，提高自己的产品质量。在大力发展市场经济的今天，学术活动的内涵更加丰富。信息产业已被视为与材料、能源同等重要的社会三大支柱之一。学术活动本身就构成第三产业的重要组成部分，我们焊接学会正是在信息产业中，有着打破部门、打破行业和地区对科技成果的条块分割状况，组织综合科技交流与开发的独特优势。我们的学会工作也应在信息产业中，以智力开发财力，再以财力开发智力，使学术活动与技术市场相结合，主动积极地使学术活动与为企业的发展更密切地服务，形成良性循环的机制。

2   把握市场经济，增强学会自主能力

1992 年 5 月，为了纪念焊接学会成立 30 周年，根据理事会的决定，在北京举办了一次学术研讨会，并出版了《焊接学会三十周年纪念文集》。纪念会上，各届理事们聚集一堂，回顾与展望我国焊接科技发展。焊接学会 30 年的历程是一条团结奋进、富有成果的路程，是在中国机械工程学会直接领导下，在焊接界前辈们的热情关怀下，经过一、二、三、四届理事会不懈努力，并在秘书处所在单位哈尔滨焊接研究所的全力支持下所走过的艰苦创业之路。焊接学会已经发展成为全国焊接界同行心目中具有威望的全国范围的群众性学术团体，在国际交流中也朝气蓬勃地显示出中国焊接科技引人注目的地位。焊接学会 30 年的长足进步和"而立"之年成熟的标志可以概括为以下几点：①焊接学会的活动得到全国焊接界的支持与信赖，也受到政府部门的重视；②面向国民经济建设，以开展多种形式的学术活动为主线，以在生产中推广应用新技术为宗旨，促进了焊接科技进步与工业生产发展；③广开国际学术交流渠道，掌握世界焊接科技发展的前沿动向，促进我国现代化建设，扩大在国际上的影响；④加强了学会对编辑出版工作的组织领导，重视学术交流成果的汇编，学会的期刊和系列出版物为发展焊接科技、丰富焊接知识宝库做出了贡献；⑤加强了焊接学会自身的组织建设和业务建设，制定了配套的学会工作制度和条例，使学会工作走向规范化的轨道。

1991 年 5 月在北京成功地举办了"焊接和相关技术的最新进展"国际学术会议，有 80 多名国外代表和 180 多名国内代表参加会议。同期，还举行了中德双边研讨会，就 2000 年焊接研究战略进行了讨论，这次会议在国际上产生了良好的反响，在德国、日本、美国等一些国家的报刊上相继发表评论，说从这次会议看到了"中国的焊接界正在走向世界"；他们亲身感受并认识了中国焊接科技在世界上的地位。这次会议，既突出了国际焊接科技前沿动向，也全面反映了国内焊接界近年来的整体水平，是一次出色地展示我国焊接实力并有力地推动我国焊接技术向世界先进水平迈进的国际学术会议。与此同时，还举办了第二届北京—埃森（Essen）焊接展览会。

近年来，焊接学会在大力促进科技成果向生产力转化方面，把学术交流、技术交流与生产应用有机地结合起来，用学术活动促进企业的发展取得很好的实际效果与经验，这是我们在把握市场经济发展的机遇中，还必须进一步加强的工作方向。在这方面，学会的生产应用工作委员会和秘书处与兄弟协会之间合作，进行了大量细致的工作。1991 年 10 月，在江苏太仓举办了"全国可控硅焊机应用技术交流会"。有来自 18 个省、市、自治区的大专院校、科研机构、焊接专业生产厂家和工矿企业焊机用户共 70 个单位的 144 名代表参加了会议。这次会议成功的原因是：结合国情、联系实际，贯彻国家和机电行业的产业政策，推广成果，为生产建设服务。经过"六五""七五"的努力，在"八五"期间加速淘汰耗能大、耗材高的旋转直流焊机，时机已经成熟，国内高校和科研机构的成果已经考核，借鉴国外引进技术，在可控硅焊机设计、制造方面，在元件生产、焊机整体性能方面也有了长足的进步，自行研制的产品已经推向市场，焊接学会责无旁贷地应促成以可控硅焊机代替旋转式焊机，这次会议把学术报告、经验交流、现场演示、实际操作和分析研讨等多种形式相结合，使会议开得生动活泼，别开生面，受到一致的好评。会议还向政府部门、企业和焊机用户发出倡议书，为政府做出指令性的政策提供了依据，取得明显的社会效益和技术经济效益。

1992 年 5 月我学会与焊接协会在唐山共同召开了"全国二氧化碳气体保护焊技术推广应用交流会"，有 300 多名代表出席了会议。这是一次为了贯彻加速推广节能、节材，高效焊接方法的技术政策的会议。会前，学会与协会共同委托哈尔滨焊接研究所组织了全国性的二氧化碳焊接应用情况调查，得到 100 多家工厂企业的支持，提供了最新信息，并整理出一份难得的调查总结。有情况介绍，有问题分析，有措施建议，为政府部门科学决策提供了依据，制定合乎国情的技术措施，推进二氧化碳焊接应用的全面迅速发展。这是为迎接我国焊接结构用钢量大发展必须迈出的一步。焊接学会也正是抓住这一机遇，做好迎接挑战的准备。预测到 2000 年，我国的焊接结构用钢量要从现在的占钢总产量的 30% 增长到 45%，就绝对值而言，比现在要增大一倍。解决焊接工作量大的问题，提高过程的机械化、自动化程度，达到节能低耗、高效的目的，已迫在眉睫。采用二氧化碳焊接是一条重要出路。目前，我国气体保护焊接的熔覆金属量仅占全部焊接工作量的 7%，与工业先进国家的 50% 相比，相差甚远。在"八五"期间，时机已经成熟，应抓住时机，制定政策，强制推行，实现飞跃。

计算机在焊接中的应用是利用新兴技术改造传统产业的重要手段。为此，在 1992 年 9 月，学会与协会联合在太原召开了"计算机在焊接生产中应用的学术与技术交流会"。会议共征集论文和技术交流资料40篇并汇编成文集，组织了18项焊接应用软件的演示。在焊接工艺生产管理、专家系统、数据库与应用软件、数值分析与数值模拟和焊接生产过程控制等5个方面集中反映了国内现阶段的应用成果和水平。有的软件通过鉴定已在生产应用中取得显著技术经济效益。但是，从整体发展来看，我国目前的水平还较低，远不能满足生产发展的需要，在各单位的发展也不一致，太原重型机器厂的经验很值得推广。会议认为已开发的软件进一步完善，使之实用化、通用化、商品化，对有待发展的重要软件应加强组织，协调开发，避免低水平重复，以期迅速取得成效，迈上新的台阶。

在社会主义市场经济体制下，由于竞争和风险机制的引入，使社会发展的不平衡加剧，适应这种转变，学会工作就能获得更大的活力而迅速发展，反之则有可能衰退。改革学会的工作，增强自主能力，这不仅只是工作方式和内容的调整和改进，必须进一步考虑到组织体制和运行机制的改革。中国科协已提出对学会工作改革的设想。例如，学会如何在实行按学科独立建制的前提下，采取横向的组合形式，使学会的组织与相关的企业集团更好地结合等。我们学会面临计划经济下的活动模式转向市场经济下活动模式的任务，通过改革，逐步增强学会作为独立社团法人的自立能力，增强对社会和会员的服务能力以及参与市场运行的竞争能力，通过有偿服务形式，提高学会的经济实力，从而确立一种新的体制，适应市场经济发展的需要。我们在最近几年内，要努力把学会的工作逐步转移到这一新的轨道上来。

3 今后两年的工作重点——改革运行机制，走向世界科技

在社会主义市场经济建立和完善过程中，政府决策部门对为宏观调控服务的决策支持体系的要求更加迫切，这就为科技群体提供了大显身手的历史机遇。焊接学会在把学术活动与决策服务相结合的工作方面积累了一定的经验，有综合优势，但也要看到新形势对决策服务工作提出的新要求，其难度和复杂性比计划经济时期大为增加。除决策服务外，学会还应在科技服务工作中注入现代市场经济的内涵。在企业转换机制走向市场时，有大量科技服务工作要做。科技服务是个大服务概念，提供服务，可以减少企业进入市场的风险，通过学会的广泛国内外学术交流渠道，积极组织国内外咨询和国际合作，投资的资信调查和评估论证等。在我国恢复关贸总协定缔约国的地位后，我国产品和国外产品在市场上平等竞争，这将更进一步推动企业把科技进步作为企业自身生存和发展的主要手段。因此，我们必须积极主动地使学会活动、学术活动与为企业的发展服务密切结合，促进建立科技与企业积极有机结合的体制。

在"八五"的后两年，学会的学术活动重点应围绕着经济建设中的一些重大项目多组织一些专题性研讨会，例如三峡工程为焊接技术的发展提出一系列的课题。能源、交通、电子、航空、航天工业中的发展也在不断地提出新任务。新材料的发展又要求焊接科技开拓新的领域，焊接产品的价格与性能比，质量的可靠性，毛坯的精化，结

构的选材及采用的焊接工艺方法和装备等必须在焊接结构设计一开始就有严密的科学论证。在市场经济中，焊接培训与焊接标准将会显得非常重要，这也是国际焊接界最热门的论坛。1991 年 6 月 20 日德国焊接学会苏森海默总干事长与我学会理事长关桥和哈尔滨焊接研究所所长宋天虎，在机电部副部长张德邻出席的情况下，又签署了新的双边备忘录，就哈尔滨焊接技术培训中心第二期工程实施中，由哈尔滨焊接研究所实施管理、中国机械工程学会焊接学会实施技术指导达成协议。为此，理事会决定成立技术培训工作委员会组织加强焊接培训与教育工作。学会在焊接标准方面的工作也是个薄弱环节，是今后必须加强的重要工作领域，作为今后两年工作的重点之一——走向世界，培训与标准这两大项工作如果不能有大的成效，就很难谈到其走向世界市场。

《焊接手册》第一、二、三卷的第 1 版已发行。这是焊接学会成立以来的一项重要基础性业务建设，值得庆贺。这套手册，凝聚了数百名焊接界学者、专家、工程技术人员的心血和编辑们的辛勤劳动，记录了我国焊接科技发展的足迹与成就，总结了焊接工程技术、生产应用的经验。这套手册的问世也必将为焊接科技的发展做出贡献。像学会的其他出版物一样，手册同样也具有国际影响。经过努力，与焊接协会共同创办了国内唯一的英文版焊接期刊 *China Welding*，它将为我国的焊接科技走向世界开辟捷径。焊接学会的刊物受到国内同行们的好评，同时也受到国际上的重视，《焊接学报》已与世界上许多国家建立了交换联系。《焊接学报》和《焊接》已列入全国核心期刊行列。1992 年 10 月在北京召开的焊接学会执行委员会（扩大）会议上重点研究了中国焊接科技走向世界的战略问题。

最近两年的具体安排有：

（1）动员全国同行，共同努力，办好 1994 年在北京召开的第 47 届国际焊接年会。

（2）积极参加"太平洋地区焊接学会联合会"的活动，争取主动权，把组织好亚洲周边地区的国家联络作为战略重点，协调与日本、韩国、印度、新加坡等国的关系。

（3）促进海峡两岸焊接科技交流与合作，学者互访，交流出版物。

在促进我国焊接科技全面走向世界的进程中，关键的一步是要办好 1994 年 9 月在北京召开的国际焊接学会（IIW）第 47 届年会。争取这个具有国际焊接界"奥林匹克"盛会的举办也并非易事，能作为东道主本身就说明了中国焊接科技在国际上占有举足轻重的地位。近年来，我国代表团通过 IIW 这个国际舞台，使国际上的同行们对我国的实力有了一定的认识。关桥理事长现任 IIW 的副主席，林尚扬秘书长为 1994 年大会的组织委员会主席。这将是一次规模大、影响面宽、规格高的盛会，反映国际焊接科技最高成就和学科发展前沿水平具有权威性地位的盛会，也是世界知名专家、学者云集北京交流成果的重要场合。我们作为东道主，也应该展示自己的最新成就和水平。除了"先进技术与低成本自动化"的大型学术会议外，在年会之前，在大连还要举办一个大约 100 人规模的以"先进材料的焊接/连接与表面改性"为题的国际研讨会，由陈剑虹教授主持。组织这次国际焊接学会年会的指导思想是：一方面吸引更多的国外著名的和高水平的专家与会，同时也要组织一定数量的中国专家、学者和工程技术人员参加会议。为了搞好大会的筹备工作，以机械工业部陆燕荪副部长为名誉主席的筹备委员会于 4 月 16 日召开了第一次工作会议；希望能得到全国焊接同行们的积极响应和支持。为了开好这次大会，各项组织工作和筹备工作正在积极进行。今后两年的另一个侧重面是通过"太平洋地区焊接学会联合会"（POCWA）的组织形式，争取我学会在亚洲和周边地区活动中的主导地位。王其隆教授已当选为该组织的副主席。

加强学会青年工作，健全专业委员会的建设是给学会活动注入生机的大事，我们强调了在每个专业委员会中应增加 1~2 名青年人，为他们走向世界焊接科技舞台创造条件。1992 年在西班牙马德里的 IIW 第 45 届年会上，经我会推荐的青年博士冼爱平（沈阳金属研究所）的论文获得了首届 IIW Granjon 奖，为我国焊接界、特别是青年焊接工作者争了光。

展望未来，我们的工作和前景充满希望。我们要努力把焊接学会建设成为全国焊接工作者之家，团结全国同行，调动大家的积极性，发挥蕴藏的潜力和聪明才智，为祖国焊接科技事业的繁荣做出更大的贡献！

《中国焊接学会 30 周年纪念文集》前言

中国机械工程学会焊接学会已走过了 30 年的历程，跨入了而立之年。

焊接学会在 30 年的团结奋斗、富有成果的发展中，为繁荣我国的焊接科技事业和促进国民经济发展，做出了积极的贡献。她在国内、国外的本行业活动中展现出朝气蓬勃、生机盎然的局面，来之不易；这凝聚了焊接界前辈们的心血，体现了广大焊接科技工作者献身、创新、求实、协作的精神风貌。在 30 年的历程中，我们始终不渝地坚持了"引导学科发展，繁荣焊接科技"的方针；以开展学术活动为主线，促进焊接学科的发展；以推动焊接科技成果在生产中的应用为宗旨，加速社会生产力的发展。焊接学会已发展成为一个成熟的受到全国焊接科技工作者爱戴的颇具规模的学术性群众团体。

在纪念焊接学会成立 30 周年之际，根据理事会的决定，由学术工作委员会组织选编了这本论文集。希望通过这本文集反映我国焊接科技的进步，回顾我们为繁荣祖国焊接科学，创新焊接技术，发展国民经济所做出的努力和贡献，总结经验；展望中国焊接科技工作者的责任和焊接学会面临的任务；更好地担当起振兴中华的历史重任。

从收入该文集的各篇论文可以看出焊接科技在发展与振兴国民经济中的特殊重要作用与地位。焊接——作为一种制造技术，几乎在所有行业中，它的应用都越来越广泛；从机械制造、核工业、航空、航天、造船、石油、化工、能源、交通、建筑到微电子工业、表面工程与新材料工程，对焊接技术的经济性、质量与可靠性要求越来越高。焊接——作为一个专业学科，它是现代科技多学科相互交融的结晶；它的学科内容包含着极其精深的基础理论，它与当代高科技的结合又不断开拓着自己本学科的新思想、新方向，丰富其学科内涵。

在我国焊接科技走向世界的进程中，我们将作为东道主于 1994 年在北京主办国际焊接学会（International Institute of Welding）第 47 届年会，把我国焊接科技的成就展示给各国的同行。

展望未来，充满希望，任重道远。在迎接新世纪的挑战中，我们应使焊接学会的工作更上一层楼，团结全国同行，共同努力，为繁荣祖国焊接科技事业做出积极贡献！

中国机械工程学会焊接学会　理事长

关　桥

1992 年 5 月

焊接学会 30 年[①]

中国机械工程学会焊接学会于 1962 年正式成立。作为一个全国性焊接科学技术工作者的学术性群众团体，焊接学会已走过了 30 年的历程——一条团结奋进、富有成果的路程，是在中国机械工程学会直接领导下，在焊接界前辈们的热切关怀下，经过一、二、三、四届理事会的不断努力，并在秘书处所在单位哈尔滨焊接研究所的全力支持下所走过的艰苦创业之路。

忆往昔，1962 年，当时我国的焊接科学技术还处在比较落后的阶段。许绍高同志代表中国机械工程学会在哈尔滨工业大学组织成立了焊接学会。孟广喆教授担任了第一任理事长。在纪念焊接学会成立 30 周年之际，我们聚集一堂，回顾为繁荣祖国焊接科学，创新焊接技术，发展国民经济所做出的努力和贡献，总结经验；展望中国焊接科学工作者的责任和焊接学会面临的任务；更好地担当起振兴中华的历史重任。

1 开展学术交流 推动科技发展 团结创新求实 取得长足进步

经过多年的努力，焊接学会已经发展成为在全国焊接界同行心目中具有威望的全国范围的学术性群众团体，在国际交往中也产生了较大的影响。这是因为，在 30 年的历程中，我们始终不渝地坚持了两条方针和原则，用以指导学会的工作和开展各项活动：

第一，面向国民经济建设，以开展多种形式的学术活动和发展国际学术交流为主线，瞄准焊接科技前沿发展目标，为繁荣我国的焊接科技事业不断开创新局面，促进焊接学科的发展；

第二，以推动焊接科技成果在生产中的应用为宗旨，充分发挥焊接学会的综合优势，在经济建设主战场，在行业的技术改造中，不断地促成新技术应用，取得社会技术经济效益。

30 年来，焊接学会以学术活动为主线，以生产应用为宗旨，坚持两者并重，两条

---

① 为纪念中国焊接学会成立 30 周年，关桥理事长根据所能收集到的资料，亲自执笔撰文。此文刊登在《中国焊接学会 30 周年纪念文集 中国焊接》，北京，1992 年 5 月。

腿走路；以开展国内学术交流为基础，积极开拓国际焊接科技交流渠道，扩大了我国的影响，掌握了世界动向，促进了我国焊接科技事业的发展。

焊接学会在30年的发展中，在国内、国外的本行业活动中展现出朝气蓬勃、生机盎然的局面，来之不易；它凝聚了焊接界前辈们的心血，体现了广大焊接科技工作者献身、创新、求实、协作的精神风貌。焊接学会已经跨入了"而立"之年，已经发展成为一个成熟的、受到全国焊接科技工作者爱戴的学术性群众团体。

30年的长足进步和焊接学会成熟的标志可以概括为以下几个方面。

1.1 建成了一个颇具规模的全国性学术团体，得到全国焊接科技界的支持与信赖，受到政府部门的重视

早在1962年前，我国焊接科技工作者们已经在国民经济建设的各条战线上，在教学与科研领域中，为祖国焊接事业的发展做出过许多开拓性的贡献。焊接学会的诞生，是我国经济与科技发展的需要，也是广大焊接界同行们渴望繁荣祖国焊接科技事业的夙愿。

第一、二、三届理事会先后组织了六次全国焊接学术会议（见表1）。在学会成立后的4年间（1962—1966年），围绕当时国民经济建设中急需解决的重大课题，在哈尔滨、广州分别举办了第一次、第二次全国焊接学术会议及多种形式的专题学术活动。这些学术活动为后来学会工作的开展打开了局面，奠定了良好的基础，吸引了广大的焊接工作者关心学会的工作并对学会活动给予了支持。但从1966年开始，由于"文化大革命"，学会的活动曾一度处于停滞状态。在1972年，经国务院批准又恢复了参加国际焊接学会的活动。1978年焊接学会全面恢复了正常活动，调整了组织机构，制定了工作条例，成立了与国际焊接学会对口的15个专业委员会，组成了《焊接》杂志、《国外焊接》杂志编委会以及《焊接学报》筹备组。学会工作又恢复了活力，跨入了一个新的阶段。

表1　焊接学会历届理事会与全国焊接学术会议

理事会届次与任期	理事会组成		全国焊接学术会议
	人数	执行委员会组成 正副理事长及秘书长	
第一届 1962年9月	33人，1979年恢复学会活动后调整机构重新改选为46人	理事长：孟广喆 副理事长：潘际銮、孙鲁、徐子才、斯重遥、黄文哲（1979年增补） 秘书长：苏毅	第一次，1962年9月17—24日，哈尔滨
			第二次，1964年11月，广州
			第三次，1979年5月29日—6月5日，成都
			第四次，1981年11月14—19日，厦门

表1（续）

理事会届次与任期	理事会组成		全国焊接学术会议
	人数	执行委员会组成	
		正副理事长及秘书长	
第二届 1981年11月	39人，其中常务理事19人	理事长：潘际銮 副理事长：田锡唐、斯重遥 曾 乐、黄文哲 秘书长：苏 毅	第五次，1986年9月26—30日，哈尔滨
第三届 1986年9月	49人，其中常务理事23人	理事长：斯重遥 副理事长：周振丰、田锡唐 关 桥、陈 楚 黄文哲 秘书长：翟海寰	第六次，1990年5月8—12日，西安
第四届 1989年12月总会批准聘任，1990年5月上任	50人，其中常务理事19人	理事长：关 桥 副理事长：陈丙森、王其隆 安 珣、徐松英 宋天虎 IIW中国委员会主席：林尚扬 秘书长：王 敏、林尚扬	第七次，1993年6月，青岛

　　1979年，学会在成都举办了第三次全国焊接学术会议。仅隔两年，又于1981年在厦门举办了第四次全国焊接学术会议。这些活动及时地总结了过去10多年间焊接科技发展的经验，检阅了成果，为广大焊接同行们的学术与技术交流创造了条件。随着中央把工作重点转向国民经济建设，焊接学会的工作也逐步走上正轨。学会活动的内容在广度和深度方面都有了明显的进步。在中央改革开放方针和政策的指引下，学会在国际交往中也开创了新的局面。通过多种多样、多层次的学术活动，我学会团结了各行业的广大焊接科技工作者，形成了一个具有活力和凝聚力、具有威望的全国性的学术性群众团体。从历次全国焊接学术会议的规模、与会代表人数及征集和宣读学术论文数量的增长情况（见图1）可以看出，焊接学会在全国科技工作者中所产生的巨大影响和吸引力。在第五次和第六次全国焊接学术会议（1986年，哈尔滨；1990年，西安）上，与会代表人数突破了500人的控制名额。这些事实显现了我国焊接事业的兴旺发达和焊接学会工作充满希望的前景。

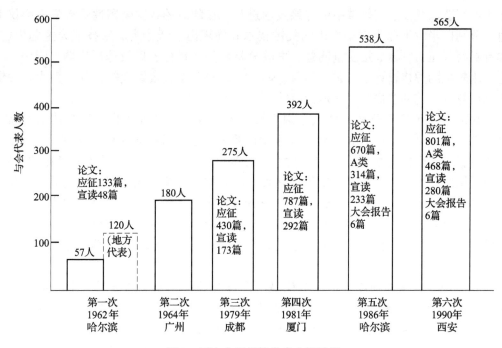

图 1 历次全国焊接学术会议规模

焊接学会的优势在于它能有效地组织各行业的专业科技人才，为发展焊接科技事业作贡献。30 年来，结合学术活动和专题研讨会，学会积极组织专家向政府部门提出建议和决策咨询。在大型工程焊接施工建设、重大项目的焊接技术评估、发展纲要、规划的制订以及在关键技术攻关中学会都发挥了重要作用，受到政府部门的重视与好评。这些工作意义重大、影响深远，社会效益与技术经济效益巨大。在学会工作与活动中也为不少企业提供了技术服务，受到欢迎与赞扬，提高了社会对焊接学会工作的认识，促进了全民科技意识的提高并得到社会的支持。在为经济建设服务中，学会也提高了自身的威望。

1.2 面向国民经济建设，以开展多种形式的学术活动为主线，以在生产中推广应用新技术为宗旨，促进了焊接科技进步与工业生产发展

30 年来，焊接学会坚持面向国民经济建设，充分发挥学会跨行业的综合优势，通过组织多种形式的学术交流活动，推动我国焊接生产、科研、教学、培训、编辑出版工作的发展，取得了成效。

学会成立初期所组织的第一次、第二次全国性学术会议以及多次专题学术研讨会，就是以当时经济建设需要焊接科技工作者突破的重要课题为内容，对 60 年代初在发展我国大型化肥设备生产所需要的不锈钢焊接、焊条研制与生产、切割和农机制造、铸铁焊接和耐磨、耐蚀堆焊等，进行了学术和技术交流，有力地推动了我国大型化肥设

备生产制造以及在这些领域中的焊接技术进步。在随后的各次全国性焊接学术会议上也都分别以当时工业生产中出现的关键技术和展现出活跃势头的新技术为主题内容。如针对我国压力容器焊接质量问题、事故分析和防止措施，以及球形容器、锅炉、管道、水轮机的焊接设计、工艺、焊条、焊工考核和全面质量管理等；以"重大及关键产品质量与工艺的改进"为主题内容等。

1990年在西安召开的第六次全国焊接学术会议，以探讨"我国焊接技术发展战略"为主题，联系焊接科技在经济建设中的重要地位和焊接技术的新发展，提出了6篇主题报告，全面分析了我国焊接材料、焊接设备、切割设备的现状和存在的问题，介绍了国际上焊接科技发展的新趋势和我们应采取的对策。代表们围绕我国焊接技术的发展战略，提出了51条专家建议。这些建议对我国制订"八五"计划中焊接技术的发展战略有重要的参考价值，对各部门、各地区焊接技术的发展有很大的指导作用和影响力，体现了在学会工作中的学术先导作用，较好地发挥了焊接学会跨行业的综合优势。

如果说，全国性的焊接学术会议是在广度方面的学术交流的重要形式的话，那么，焊接学会在引导学术交流向深度方面发展的重要形式就是专业委员会的学术交流会议。焊接学会下设的18个专业委员会和专题工作组，定期和不定期地召开学术会议，就专题问题展开学术研讨，评选优秀论文。这些中小型的学术交流会对于引导新的分支学科和学术研究方向起到了重要的作用。活跃在教学、科研、生产第一线的小范围的专业分支学科的学者、专家和工程技术人员的学术聚会，正是焊接学会的活力和生命力所在，也是使学会的学术活动生机勃勃的内在运行机制的动力。这些专业委员会的学术活动构成了学会学术工作的主体，对于推动我国焊接科学的基础研究、焊接应用技术基础研究、新兴分支学科和交叉学科的发展有着重要作用。对于在有限的目标上跟踪和赶上世界高新技术发展发挥了重要作用。例如，各专业委员会分别在切割、钎焊、氢致裂纹、CO_2气体保护焊、焊接材料、热模拟、高能束流焊接、计算机应用、焊接机械化、自动化、过程控制与自适应控制、传感器技术、断裂力学、残余应力、无损检测、微型连接、新型电源与设备、新型结构材料、陶瓷与金属复合材料的连接、焊接标准、焊接培训等方面组织了不同形式的专题学术交流。在这些学术活动中充分发挥学术民主，活跃了学术空气。通过这些活动，充分交流国内外焊接科技发展的信息和动向，广泛传播新技术、新工艺、新材料、新产品和新标准信息，交换新的学术思想，深入分析在自己专业分支中的科研、生产技术关键；切磋技艺，解决生产中的难题；结合国情，提出本专业分支的发展方向和技术道路。这些学术交流活动所产生的社会效益和技术经济效益是难以用数字来估量的。

焊接学会开展学术交流、推动先进技术生产应用的另一种组织形式是举办、或与地方学术组织联合举办、或以专业委员会为主举办新技术交流推广会（见表2），在调查研究的基础上，抓住对经济建设影响重大、应用面广的项目，把开展学术交流与推动生产应用相结合，抓出成效，促进我国自己的焊接科技成果向生产力的转化。

表 2　专题学术研讨会、新技术推广会、焊接培训会（据不完全统计）

年份	地点	会议内容
1963 年 11—12 月	上海	不锈钢焊接专题会议
	辽宁	铸铁冷焊、塑料焊接、电渣焊、气割会议
	哈尔滨	农机、农具堆焊专题会议
	北京	焊接结构脆断、不锈钢焊接与切割、铝和铝合金焊接、铸铁焊补会议
1979 年 12 月	南方 13 个省、市、自治区在南宁联合举办	CO_2 气体保护焊经验交流会短训班
1980 年 7 月	哈尔滨	与全国总工会、一机部共同组织"全国锅炉、压力容器制造业手工焊接技术表演赛"，有来自 28 个省、市、自治区的选手参加
1980 年 11 月	天津	焊接冷裂纹专题研讨会
1986 年 5 月	大庆	全国焊工培训经验交流会，24 个省、市、自治区，13 个部委，66 个单位，97 名代表参加
1986 年 11 月	桂林	成立焊接培训组织委员会，全国 18 个培训中心，14 个省、市，6 个部委，25 个单位，31 名代表参加
1987 年 5 月	深圳	焊工技能指导教师技术比赛会
1988 年 8 月	太原	焊接学会与焊接协会联合举办"大型数控切割机应用技术交流会"
1990 年	北京	焊接专家系统专题研讨会
1991 年 10 月	江苏太仓	全国可控硅焊机应用技术交流会，18 个省、市、自治区，70 多个单位，140 余名代表

　　1988 年 8 月，焊接学会与焊接协会联合在太原举办了"大型数控切割机应用技术交流会"，推动了焊接科技工作者对我国数控切割机和相应计算机编程自动套料切割系统的研制和开发。经过三年努力，目前，大小型数控切割机及软件系统均可立足于国内，有的已达到了同类产品的国际水平。

　　实践表明，在大力促进焊接科技成果向生产力转化中，焊接学会的优势也正是在于能把开展学术交流与推广生产应用有机地结合起来。学术交流与技术交流并重，是在焊接领域中实践"科学技术是第一生产力"的论述,加快发展、取得效益的好经验。在这个广阔天地中,焊接学会大有作为。这些活动也受到了科研机构、高等院校和生产企业的欢迎,得到了有关部门和社会的重视,提高了学会的声誉。再如1991年10月,我学会在江苏举办了"全国可控硅焊机应用技术交流会",有来自18个省、市、自治区的大专院校、科研机构、焊机专业生产厂家和工矿企业焊机用户共70个单位的144名代表参加了会议。这次会议开得很成功并取得了很好的效果;原因是,学会以求实的精神,明确了结合国情、联系实际推广科研成果为工业生产服务的指导思想,贯彻执行国家和机电部门的产业政策。继"六五""七五"之后,在"八五"期间应加速淘汰能耗大、材耗高的旋转直流焊机。经过10多年的努力,时机已经成熟,国内高校和科研机构的成果已经考核,借鉴国外引进技术,在可控硅焊机设计、制造方面,在元件生产、焊机总体性能等方面也有了长足的进步,自行研制的产品已经推向市场,焊接学会责无旁贷地应促成以可控硅焊机替代旋转式焊机。这次会议的成功还在于把学术报告、经验交流、现场演示、实际操作和分析研讨等多种形式相结合,使会议开得生动活泼、别开生面,受到了一致好评。会议还向政府部门、企业和焊机用户发出倡议书。这样的专题学术、技术交流会无疑将对提高我国焊接设备水平产生深远的影响,取得明显的社会效益和技术经济效益。

焊接科学技术的特点,决定了它在经济建设中的重要地位,也决定了它在国内、国际科技活动中盎然生机,形成了制造工程技术中的"热点"专业。近年来,不但国际上焊接科技活动非常活跃,在国内也涌现出不少全国性的和行业性的焊接科技组织、团体。在焊接学会的活动中,我们注意与兄弟组织之间的相互协调、密切配合,发挥各自的优势,扬我之长,克己之短。1992年5月下旬,在唐山召开的"全国 CO_2 气体保护焊技术推广应用交流会",是中国焊接协会与焊接学会共同主办的。这种合作体现了协会与学会之间的优势互补。这种合作会使学会的工作更具有灵活性,更快地取得成效。这种合作是形势发展的必然,得到了行业部门的支持与重现。在新形势面前,我们要及时总结经验,摸索出更适合国情的学会工作和开展活动的有效形式。

1.3 广开国际学术交往渠道,掌握世界焊接科技发展的前沿动向,促进我国现代化建设,扩大在国际上的影响

30年来,焊接学会在开展国际学术交流活动中,取得了突出的成绩。曾先后派出26个代表团组、近200人次参加国际学术会议。其中,出席国际焊接学会(IIW)的年会和地区会议、工作会议共23次,出席英、日、美各国主办的焊接学术会议共4次,我国在1963年以观察员身份派代表团出席了IIW第16届年会。代表团回国后与焊接学会共同努力,得到国家支持,为我学会正式参加IIW打下了基础。次年,在IIW第17届年会于捷克斯洛伐克布拉格召开时,中国正式成为IIW的会员国,中国机械工程学会焊接学会是在IIW中代表中国的唯一会员学会。历年来,我会参加IIW年会活动及国际学术会议的情况见表3。

表 3　参加国际焊接学会（IIW）与其他国际学术会议情况

年代	国际学术会议名称、地点	焊接学会代表团组成
1963 年 7 月	IIW 第 16 届年会，芬兰，赫尔辛基	姚桐彬等 4 人（观察员身份）
1964 年 7 月	IIW 第 17 届年会，捷克斯洛伐克，布拉格	陶亨咸等 7 人（正式会员国代表）
1965 年 7 月	IIW 第 18 届年会，法国，巴黎	刘奂等 10 人代表团
1966 年 7 月	IIW 第 19 届年会，荷兰，德尔福特	潘任宪等 9 人
1973 年 9 月	IIW 第 26 届年会，联邦德国，杜塞尔多夫，埃森博览会	邹家华等 15 人
1973 年 11 月	低温焊接容器国际会议，英国	柳曾典等 6 人
1974 年 7 月	IIW 第 27 届年会，匈牙利，布达佩斯	吴恕三等 13 人
1975 年 8 月	日本焊接学会国际先进焊接技术会议，大阪	吴恕三等 9 人
1976 年 8 月	IIW 第 29 届年会，澳大利亚，悉尼	吴恕三等 12 人
1978 年 7 月	IIW 第 31 届年会，爱尔兰，都柏林	吴恕三等 7 人
1978 年 10 月	日本焊接学会国际学术会议，东京	教育部组团，田锡唐等 9 人
1979 年 7 月	IIW 第 32 届年会，捷克斯洛伐克，布拉迪斯拉伐	关桥等 7 人
1980 年 4 月	美国焊接学会第 61 届年会，博览会，洛杉矶	航空部组团，潘际銮等 7 人
1980 年 7 月	IIW 第 33 届年会，葡萄牙，里斯本	孙子健等 2 人
1982 年 9 月	IIW 第 35 届年会，南斯拉夫，芦比尔亚那	潘际銮等 6 人
1983 年 6 月	IIW 第 36 届年会，挪威，特伦赫姆	田锡唐等 4 人
1984 年 4 月	IIW 执行委员会，美国，达拉斯	潘际銮（IIW 副主席）
1984 年 7 月	IIW 第 37 届年会，美国，波士顿	潘际銮等 4 人
1985 年 3 月	IIW 执行委员会，法国，斯特拉斯堡	潘际銮（IIW 副主席）
1985 年 8 月	IIW 第 38 届年会，法国，斯特拉斯堡	潘际銮等 3 人（中国共 21 人，埃森）
1986 年 7 月	IIW 第 39 届年会，日本，东京	田锡唐等 16 人
1987 年 7 月	IIW 第 40 届年会，保加利亚，索非亚	田锡唐等 6 人
1988 年 7 月	IIW 第 41 届年会，奥地利，维也纳	田锡唐等 9 人
1988 年 11 月	IIW 亚太地区学术会议，澳大利亚，哈巴特	田锡唐等 6 人
1989 年 9 月	IIW 第 42 届年会，芬兰，赫尔辛基	关桥等 5 人（埃森）
1990 年 7 月	IIW 第 43 届年会，加拿大，蒙特利尔	关桥等 5 人
1991 年 7 月	IIW 第 44 届年会，荷兰，海牙	关桥等 4 人

参加国际学术交流活动，参加 IIW 年会和与年会相衔接的四年一度的埃森焊接博览会，获取到大量的焊接科学研究前沿信息和焊接技术开发以及工程应用的最新资料。代表团回国后均及时总结，向国内同行们传播信息。这在引导我国焊接科技界及时把握发展方向，促进新技术的开发应用和焊接设备的更新，提高焊接产品质量等方面发挥了重要作用；尤其在促进我国焊接科技在高新技术领域中跟踪世界先进水平，取得了明显效果。例如，在 60 年代初，我们即开展了熔化极脉冲氩弧焊，当时从 IIW 的讲坛上得知英国已经取得初步成果，我们不失时机地开始跟踪这项技术的发展并取得成效；在这一时期，国内在等离子弧焊接技术、高能束流焊接和扩散连接技术的研究和开发也都先后起步。70 年代末，在 IIW 等国际学术活动的影响下，国内开展了断裂力学、焊接结构安全评定研究、微型计算机在焊接上的应用研究、数值分析技术以及水下焊接技术的研究等。在 80 年代初，我们跟踪了焊接机器人的研究与开发、窄间隙埋弧焊技术的研究与开发、微型连接、焊接过程自适应控制与传感器研究，以及焊接专家系统的研究等多项焊接技术。国际学术交流活动为直接借鉴国外成果、掌握动向和信息创造了有利条件，使我们有可能少走弯路，甚至在当代高新技术的基础上，避开国外过去技术发展的传统老路而实现"阶跃"，结合国情直接引入高新技术的成果，发展我国的焊接科技，用较短的时间，取得显著的技术经济效益，走出一条具有当代科技发展特征和中国特点的焊接科技发展道路。

在国际交往中，以学术为先导，拓宽了引进国外技术和进行国际贸易合作的渠道。参加国际焊接学术会议的专家、学者们，在为我国引进外国焊接技术、设备和生产许可证方面，起到了很好的桥梁作用。

通过国际学术交往，扩大了我学会在国际上的影响。我们先后推选出 100 多篇优秀学术论文，提交国际学术会议宣读。其中约有 10 篇在 IIW 年会的大会上作报告，有 3 篇论文（《高应变区的裂纹张开位移分析》《薄壁构件的低应力无变形焊接》及有关钎焊的论文）经 IIW 专业委员会推荐在《世界焊接》杂志上发表。这些学术论文向国外同行们展示了我国焊接科技成就和水平。例如，《12000t 水压机的电渣焊》《锅炉蛇形管摩擦焊自动生产线》以及《一种控制焊接电弧的新方法》等论文，均受到好评与注目。

我们在国际交往中的一个重要方面是"请进来"，以我为主，在国内举办国际焊接学术会议和国际焊接展览会。这就为我国广大的焊接科技工作者和企业界人士创造了直接了解、观摩世界焊接科技成就的方便条件，成效显著。自 1984 年以来，我们已举办了三次国际学术会议和四次国际性焊接展览会（见表 4），其中两次北京—埃森焊接展览会的国外参展部分由中国机械工程学会负责组织，国内参展部分由我会负责组织。从 1991 年展览会上国内展品的水平可以看出我国焊接技术与设备制造水平有了长足的进步，与前几次展览会相比，和国外的差距明显缩小。这种"请进来"的国际学术会议和展览会，对于提高我会在国际焊接界的声望和展现我国焊接科技面貌与水平起了重要作用，引起国外的重视和称赞。

表 4　中国焊接学会在国内主办的国际学术会议与展览会

年代	地点	国际学术会议名称、主题、规模	展览会规模
1984 年 9 月 6—8 日	杭州	多国焊接学术会议，主题"焊接质量与可靠性"，共 300 余人，其中有来自 17 个国家的国外代表，宣读论文 117 篇，小字报 52 篇，4 个分会场，17 个专题，7 篇大会特邀报告	"国际焊接技术与设备展览会"共 97 个展台，国外：12 个国家 84 家公司 82 个展台，国内：35 家共 15 个展台 19 项技术座谈，参观人数约 2 万
1987 年 5 月 13—15 日	北京	与 DVS 联合主办第一届中 - 德国际焊接学术会议，主题"焊接技术的新发展及应用"，代表共 220 人，其中外代表 41 人。论文 56 篇，宣读 22 篇，6 个专题	"北京—埃森焊接展览会"国外由 CMES 与埃森展览公司组织 17 个国家 89 家公司参展；国内有 72 家参展（68 个展台），技术座谈 24 次
1988 年 5 月	北京	—	焊接学会、中国贸易促进会与香港国际会议中心有限公司联合举办"第三届国际焊接技术和设备展览会"，有国外 43 个公司（来自 15 个国家）参展，国内 22 家参展，组织 9 个专题技术座谈
1991 年 5 月 8—10 日	北京	北京 1991 年国际焊接学术会议（与 DVS 联合主办），主题"焊接及相关技术的最新发展"。有来自 8 个国家的 80 余名代表参加，国内代表 180 人，4 篇大会特邀报告，4 个分会场，11 个专题，宣读论文 136 篇，出版两卷本会议文集。中 - 德双边研讨会，主题为"2000 年焊接研究战略及中 - 德可能合作的领域"，19 篇报告，30 余名专家学者与会	"第二届北京—埃森焊接展览会"，国外招展由 CMES 负责，有来自 8 个国家的 18 家公司参展。国内招展由焊接学会负责，有 40 家参展，约 3 万人参观。国内部分展览会上直接成交额达 500 多万元。国内展品种类齐全，与国外差距明显缩小

　　1991 年 5 月 8—10 日在北京召开的"焊接和相关技术的最新进展"国际学术会议，在国际上得到了良好的反响。在德国、日本、美国等一些国家的报刊上相继发表评论，看到了"中国的焊接界正在走向世界"；他们亲身感受并认识到了中国焊接科技在世界

上的地位；他们认为，这次会议的先进学术水平和有条不紊的组织工作，保证了国际学术会议的圆满成功。这次北京国际焊接学术会议，既突出了国际焊接科技前沿动向，也全面反映了国内焊接界近年来的整体水平，是一次出色地展示我国焊接界实力并有力地推动我国焊接技术继续赶超世界先进水平的国际盛会。

通过这些"请进来"的活动也提高了我们组织国际学术活动和展览会的能力，取得了经验，锻炼了队伍，为邀请 IIW 来中国召开 1994 年年会打下了良好的基础。国际焊接学会在 1989 年的全体理事会上，正式通过决议：1994 年的 IIW 第 47 届年会将在北京举办。中国作为东道主，我们有能力、有信心把这个号称世界焊接界的"奥林匹克"盛会组织好。为此，我学会投入了积极的筹备工作。举办这次盛会，需要全国焊接界的同行们共同努力，通力合作，为国争光。

接待外国焊接学术组织的代表团来华访问（见表 5），是发展多渠道国际交往的重要形式，为建立双边关系创造条件，增进相互了解。焊接学会先后与联邦德国、美国签订了国际合作协议（与 AWS 的协议由中国机械工程学会签署，焊接学会实施），并与日本、苏联、英国的焊接学术团体和组织保持友好联系。正在努力疏通渠道与周边国家、地区的焊接界和东南亚地区的焊接界建立合作关系。越来越清楚地看到，在世界政治、经济新格局的影响下，当今国际焊接界业已形成了重新组合的局面。世界市场竞争的新格局也必然反映到焊接科技竞争的领域中。美国发起成立泛太平洋地区焊接组织协会，其目的也在于和欧洲竞争。我们的对策应该是以我为主，以增强自己的实力为基础，开展多渠道、全方位的国际交往，赢得主动权。

表 5　焊接学会接待国外来访的情况

年份	来访团体、人员	访问目的与地点
1976 年 9 月	日本焊接学会代表团小林卓郎等 11 人	参观、访问，技术座谈；北京、哈尔滨、上海
1976 年 10 月	联邦德国焊接学会主席梅奈与总干事长苏森哈默	参观、访问，技术报告、座谈；北京、哈尔滨、上海、广州
1979 年 10 月	联邦德国焊接学会访华代表团主席梅奈等 11 人	参观、访问，学术交流，专题技术座谈；广州、桂林、天津、北京、哈尔滨、上海
1981 年 3 月	日本溶接学会特殊材料溶接委员会主席新成夫等 10 人	参观、访问，8 个专题技术报告与座谈；北京
1982 年 8 月	新加坡金属溶接学会代表团主席罗炳鑫等 9 人	参观、访问，技术交流；北京、沈阳、哈尔滨、上海、无锡、宜兴、杭州

表 5（续）

年份	来访团体、人员	访问目的与地点
1982 年	国际焊接学会（IIW）秘书长鲍埃德和科技秘书格拉杰昂应邀来访	访问、参观； 北京、哈尔滨
1983 年 12 月	联邦德国焊接学会总干事长苏森哈默	与潘际銮理事长分别代表两国焊接学会在北京签署合作协议与焊接培训工作合作备忘录
1988 年 5 月	英国焊接研究所副所长柯和杨	参观访问，学术报告，座谈焊接无损检测技术； 北京、哈尔滨、上海

　　我国焊接界的前辈、知名的学者、专家们都为开拓和发展我焊接学会的国际交往、推动双边关系的建立做出了自己的贡献。在这些活动中，我国的学者、专家也在国际焊接界享有了名望。学部委员潘际銮教授，在担任焊接学会理事长期间，当选为 IIW 副主席（1982—1985 年）。他代表焊接学会与德国焊接学会总干事长苏森哈默博士在 1983 年 12 月签订了双边合作协议，并就焊接培训工作的合作签署了备忘录。这是根据两国政府 1978 年的科技协定和 1982 年技术协定的一个具体实施项目而做的。据此，双方政府决定在哈尔滨兴建焊接技术培训中心。这些活动，促进了中德焊接学会之间的合作，并使之有了实质性进展，为中德双方联合举办国际性学术会议和北京—埃森焊接展览会打下了基础。

1.4　加强了学会对编辑出版工作的组织领导，重视学术交流成果的汇编，学会的期刊和系列出版物为发展焊接科技、丰富焊接知识宝库做出了贡献

　　（1）焊接学会的期刊《焊接学报》和《焊接》杂志的编辑出版与发行工作取得了成绩。编委会和焊接专家、学者、工程技术人员以及哈尔滨焊接研究所对学会期刊给予了大力支持。编辑部在相当困难的经济条件下，积极安排筹措，使《焊接学报》与《焊接》杂志办出了自己的特色，受到国内同行和有关部门的好评。《焊接学报》受到了国际学术界和技术情报检索系统的重视，与世界上许多国家建立了交换联系。学者、专家和在生产第一线的工程技术人员，热爱自己的专业刊物，撰写论文，辛勤耕耘；编辑出版工作者们埋头苦干，开拓创新，努力奉献，都为繁荣我国的焊接科技事业做出了重要贡献。我们在努力筹办编辑出版英文版的焊接期刊，它的问世无疑将为我国焊接科技走向世界开辟捷径。

（2）珍视焊接学术交流成果的汇编。由学会组织的全国性学术会议和国际学术会议，大多由学术和编辑出版工作委员会与秘书处及时组织编辑出版了会议论文选集。只有珍视我们自己创造的知识财富并不断地积累，才能在世界范围的科技竞争中驶向胜利的彼岸。

（3）学会组织并编辑出版系列工具书《焊接手册》和专著。在机械工业出版社的大力支持下，近年来，《焊接词典》《焊接金相图谱》《焊接安全与卫生》《焊接结构设计手册》等书籍相继问世，受到读者的普遍欢迎，不但在国内畅销，而且这些图书和《焊接学报》都曾参加了 1989 年国际焊接学会的图书展览，产生了良好的国际影响。经过多年的艰苦努力和辛勤劳动，同行们渴望良久的我国自己编写的大型工具书《焊接手册》终于问世了，第 1 卷、第 2 卷即将出版发行，第 3 卷预期可于年内出版。这是焊接学会成立以来的一项重要的基础性的业务建设，值得庆贺。这套手册，凝聚了数百名焊接界学者、专家和工程技术人员的心血和编辑们的辛勤劳动，记录了我国焊接科技发展的足迹与成就，总结了焊接工程技术、生产应用的经验。这套手册的问世也必将为焊接事业的进步做出贡献。

（4）学会秘书处对历次参加国际学术会议和技术考察的技术总结及时组织编辑印刷，把 IIW 的技术资料文件和学术论文及时地提供给各专业委员会与读者。在哈尔滨焊接研究所的图书资料馆建立了 IIW 文献与国外焊接学会赠送的资料专柜，供全国专业人员使用。为了使 IIW 的文献充分发挥作用为我所用，学会又购买了 IIW 文件档案的计算机检索软盘，为读者提供了方便。秘书处编辑出版的《焊接学会动态》和《焊接技术通讯》（与中国焊接协会合办），作为学会活动信息的媒介，在学会与广大科技工作者之间架设了桥梁。

1.5　加强了焊接学会自身的组织建设和业务建设，制定了配套的学会工作制度和条例，使学会工作走上规范化的轨道

历届理事会的努力使学会自身的组织建设日臻完善，已形成了完整的组织结构体系（见图 2），这对于有秩序地开展业务工作和组织学术活动提供了组织保证。实践表明，加强组织建设的结果，增强了学会的活力，推动了学会各项工作的健康发展。学会推动学术活动开展的基础是所属的 18 个专业委员会和专题工作组。各专业委员会在组织活动时有相对的独立性和灵活性。

在不断健全组织建设的同时，学会秘书处会同学术工作委员会、生产应用与教育培训工作委员会、国际联络工作委员会、编辑出版工作委员会以及 IIW 中国委员会，制定出配套的工作条例和规章制度，出版了《焊接学会工作文件汇编》。指导一个颇具规模的全国学术性群众团体的活动，必须要根据自己的特点制订出可以遵循的章法，使工作规范化，提高效率，节省人力和资金。《焊接学会工作文件汇编》是学会跨入"而立"之年成熟的一个重要标志，它总结了我会 30 年来的工作经验。在不断提高我们工作水平的基础上，工作条例还将不断地修改完善。

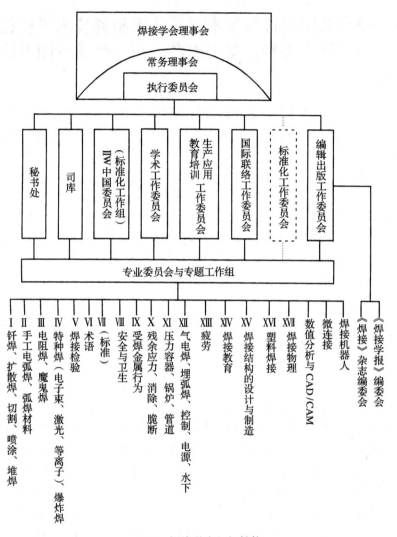

图 2　焊接学会组织结构

2　迎接新世纪　更上一层楼

在跨入 20 世纪的最后 10 年时,中央制订了"八五"计划和十年规划。依靠科技振兴经济是这个时代的特征。中国科协四大和中国机械工程学会六大,号召要贯彻坚持科学技术是第一生产力的指导思想,贯彻把我国经济建设真正转移到依靠科技进步和提高劳动者素质的轨道上来的方针,把学会的工作搞好。为了肩负起这一历史使命,焊接学会的工作必须更上一层楼。团结全国焊接科技工作者一起,为完成 90 年代各项历史任务,迎接新世纪,迎接焊接科技所面临的挑战,为实现社会主义现代化建设第二步战略目标和科技兴国的历史重任而努力奋斗。

2.1 努力提高我国焊接科学水平，注重将科技成果转化为生产力，引导科技进步，促进生产应用，推动我国焊接学科的发展

在总结 30 年来学会工作的经验和取得的成绩时，还应该看到，当代焊接学科的发展要求焊接学会做更多更深层次的工作；应该认识焊接科技在振兴我国经济建设事业中所占有的特殊重要地位；应该了解我们与世界上发达国家的焊接生产水平相比差距还很大。这就要求我们必须面向经济建设主战场，以提高我国焊接学科水平和推动焊接科技发展为根本任务。

我们要继续以有成效地组织好多形式多层次的学术交流活动为主线，更多、更好、更及时地为全国焊接科技工作者创造学术交流条件。通过学术交流，促进生产应用，解决技术关键，为企业的焊接技术改造服务，普及科技成果与焊接科学知识，提高劳动者素质，推广新产品，为提高焊接工程质量而努力。通过学术交流，提高科研工作的起点和水平。焊接学科包含着极其精深的基础理论，它与多种学科相互交融，产生了本学科的新思想、新方向、新成果，不断丰富自己的内涵。焊接学会应该站在本学科的前沿，面向新世界，分析新动向，引导学科发展，不断推陈出新。我们要把当代高新技术的成果引入焊接科研，一方面在学术交流活动中注意焊接领域中的高新技术的探索，另一方面针对生产技术关键开展技术交流，促进科研成果向生产力的转化，推动基础工艺、基础材料、基础产品的研究与开发，提高生产水平。在推动学科发展中，从学会的角度，要鼓励有更多、更好的学科专著问世，形成我国自己特色的焊接学派，为世界焊接科技发展，为促进人类社会的进步做出我们中华民族应有的贡献。

1993 年我们将举办第七次全国焊接学术会议（山东），并拟定以在焊接技术发展中的低成本自动化为这次学术会议的主题内容。学会应面对经济建设中的重要课题，围绕重大工程技术项目，有重点、深入、持久地开展学术、技术交流，为政府部门的决策和产业政策的制订提出积极建议，参与项目论证和纲要规划的制订。

2.2 结合国情，注重实效，以我为主，开展全方位的国际学术交流

30 年的实践表明，国际范围的学术交流对于提高我国焊接科技水平和工业生产发展有着重要的促进作用，产生了良好的社会经济效益。获取焊接科技发展动向的信息，对于不失时机地把握决策方向是至关重要的。在今后的国际交往中，利用好"派出去，请进来"的多种形式。除积极地把参加 IIW 的收获为我所用外，还应努力发展双边关系。适应国际环境、市场竞争的新变化，开展全方位的国际学术交流，扩大我国的影响，加强同周边地区和国家的交往，在对外交往中，要有长远观点，讲究长远效益。

积极开展海峡两岸焊接界的学术交流和技术交流活动，这是我们当前和今后一段时期内的一个重要努力方向。通过交往促成海峡两岸焊接学术团体在国际组织中的合

作和在焊接技术方面的合作。

团结全国焊接界同行们，积极筹办好 1994 年 9 月在北京举行的 IIW 第 47 届年会，创造条件，能使更多的国内同行们有机会参加这次国际焊接界的盛会。为了结合国情，取得实效，我们与 IIW 商定了这次会议的主题为"先进技术与低成本自动化"。期望这次会议能对我国的焊接事业，尤其是在提高我国焊接质量和效率方面，在实现机械化和自动化方面，起到积极的促进作用。

继三次在国内成功地举办国际焊接学术会议和四次国际焊接展览会之后，我们还要把这种"请进来"的会议办成定期性的以我为主的在国际上有影响的国际焊接学术会议。

充分利用我焊接学会的综合优势和有利条件，技术引进、人才引进、合作生产、人员培训、对外技术转让和技术咨询方面，广开渠道为企业服务，并积极发挥在这方面为政府部门做好参谋和助手作用。

2.3　全面提高学会工作水平，继续健全学会自身建设和业务建设，改善学会工作的运行机制，增强活力和凝聚力

在学会工作中，我们一直得到秘书处所在单位——哈尔滨焊接研究所的大力支持和帮助，加强了对学会秘书处的组织建设和业务建设的领导。秘书处的工作质量与水平反映了整个学会的精神面貌。我们学会秘书处在保证学会的各项重大活动和日常工作的顺利开展并取得成功方面，起了非常重要的作用。在完成学会所赋予的任务的同时，秘书处的工作条件也逐步得到了改善。对此，我代表焊接学会表示衷心感谢。在今后的工作中，我们仍应以秘书处为轴心，继续搞好组织建设与业务建设，使之制度化、规范化、科学化。进一步改善秘书处的工作条件，加强学会与焊接界同行们的广泛联系、信息传递和信息服务。改进和加强与各地方学会的联络，促进开展结合本地区特点的学会活动，发挥学会在各地区焊接科研与生产中的积极作用。密切学会与企业单位的联系，开展为大中型企业的技术改造服务，并积极扶植、引导中小企业和乡镇企业提高焊接技术水平和产品质量，及时协助解决生产中出现的关键和难题，提高焊接技术在经济建设中的总体效益。

按中央关于"提高劳动者素质"的要求，把焊接教育与培训工作放在学会工作的重要议事日程上，作为一个工作重点，使教育与培训工作跨上一个新台阶，抓好焊接技术培训的组织领导与业务建设。除焊工培训、考核和资格认证工作外，还要搞好焊接科技与工程技术人员的继续工程教育工作，逐步创造条件探讨适合国情的专业技术人员资格考核与认证的实施办法。

为了使青年焊接科技人才更快地成长，充实焊接科技后备力量，采取具体措施，鼓励青年人参加学会的各类学术活动，筹备设立青年工作委员会，为青年人显露才华和脚踏实地做出成绩创造条件。

我们学会也还在积极地筹措资金，拟尽早建立起焊接学会自己的奖励基金会，以表彰我国焊接科技的优秀成果和优秀人才。

适应国内经济与科技发展的新形势，我学会要继续与兄弟协会、兄弟学会充分合作，协调配合，组织焊接专业方面的交流活动，组织好与其他学科领域学会的联合学术活动，发挥各学术团体、科技组织自己的优势，取长补短，共同为繁荣祖国的焊接科技事业而努力。

为了使我国焊接技术走向世界，学会要重视焊接技术标准化工作，建立专门机构担负这项重要任务并负责协调与国内、国际有关标准组织之间的关系。

继续加强学会期刊《焊接学报》和《焊接》杂志的编辑出版工作，创办好《中国焊接》（英文版）焊接期刊，组织好学会系列出版物、工具书、技术指导性文件、专著、丛书、教材等的规划、编辑出版工作。从现在起就应安排《焊接手册》再版时的修订工作，并使之能成为定期的经常的任务，不断充实、更新《焊接手册》的内容。扩大学会出版物在国际上的影响。

在经过了30年的发展之后，展望未来，充满希望。我们要努力把焊接学会建设成为全国焊接工作者之家，团结全国同行，爱护和调动大家的积极性，发挥蕴藏的潜力和聪明才智，增强学会的活力和凝聚力。我国的焊接工作者是一支富有朝气，富有创造性，且能艰苦奋斗的科技大军。我们有信心，共同努力，在迎接新世纪的挑战中，使学会的工作更上一层楼，为祖国焊接科技事业的繁荣做出更大的贡献！为人类社会的进步做出自己应有的贡献！

吸收外来技术重在创新^①

关 桥

传统的制造业只有与先进制造技术相结合，才能成为当今国民经济发展的支柱，形成参与国际市场竞争的实力；同时先进的制造技术也是发展高科技、实现产业化的技术基础。在推进信息技术、生物工程、新能源技术、环境工程、新材料工程为代表的高技术研究与开发的进程中，忽视制造业的加速发展，必然会制约国力的增强。

1 吸收外来技术对推动我国制造业的发展有重大突破作用

世界经济发展的规律表明，吸收外来技术无疑是发展中国家实现经济和技术跨越式发展的捷径。新中国成立以来制造业发展的历史说明，技术引进对于促进我国先进制造技术的进步发挥了重要作用。据统计，从 1950 年到 1995 年，全国技术引进合同总金额约 783 亿美元。1978 年以前，全国成交引进项目约 2000 项，总金额约 148 亿美元，主要是成套设备引进。改革开放后的 1979 年到 1990 年，技术引进成交总金额约 302 亿美元。近年来，在国家外汇储备增长的同时，无论是重大工程技术装备的引进，或是一般机电产品制造技术的引进，项目和金额都有增无减。

通过吸收外来技术，对于填补我国制造业的某些空白，改善我国产业技术落后的面貌，缩短与国际先进制造技术水平的差距，提高我国制造业的技术水平和装备水平，在重点工程的基本建设、企业技术改造和借鉴先进产品的设计与研究开发方面都有重大的突破作用，也取得了相应的技术经济效益和社会效益。

2 发展先进制造技术，不能依赖引进，重在吸收基础上的创新

一项重大技术装备从设计开始到制成产品及其在使用中的全寿命维修总是带动着

---

① 此文刊登在：中国工程院在上海召开的"先进制造技术研讨会"上的论文集，1998 年 10 月；《机械工程学会会讯》，1999 年第 9 期。

与其配套的相关产业的发展。如一架新型飞机的问世，涉及的技术领域粗略地说也有几十个大门类。设计思想越先进，所要求的制造技术水平也越高，而先进制造技术日新月异的发展又为创新的设计和新结构的构思提供了技术保障。因此，设计与制造二者相辅相成。

就引进国外技术而言，几十年来的经验告诉我们，在国际上激烈的市场和国力竞争中，技术输出国不可能把最先进的技术装备和新一代产品的设计与制造技术转让给可以与之形成市场竞争的对手。我国的国情决定了所引进的国外技术（无论是产品的设计或制造技术）绝大多数是正在被取代的产品，它并不反映当代最先进的制造技术。引进可以帮助我们缩短差距，促进自我发展，但绝不能依赖引进，亦步亦趋。事实上，纵观新中国成立以来我国一些产业部门的发展，由于缺少在引进国外技术的同时即着手于消化、吸收并立足于自己创新的指导思想；由于缺少资金和战略上的部署，导致只能跟在国外换代产品之后，引进别人在若干年前所开拓的、已落后于当前世界先进水平的制造工艺技术。如果我们不能立足于对引进技术在消化、吸收基础上的创新，不但不能在国际上具有竞争力，甚至国内的市场也会拱手相让。

3　我国当前技术引进中亟待解决的问题

当前，在产业结构改造或企业技术改造过程中，往往不惜重金从国外引进产品的生产线，而忽视了对引进技术中先进制造技术的消化、吸收。由此导致的后果，以及重复引进造成的损失，却未曾看到过有权威的统计数据和资料。恰恰在这样一个被忽略的统计中，应该更多地反映出制约我国先进制造技术发展的弊端，从中也会发现诸多亟待医治的顽症。

（1）妄自菲薄、亦步亦趋的思想仍然在当今我们呼唤的"信息时代"和"知识经济时代"中作怪。在重大机电装备技术的引进中，经常缺少充分论证，在某些重大引进项目的技术内涵尚未完全确认之前，决策人即拍板，形成一揽子交易，以致在引进项目执行中造成许多被动局面。实践表明，重金引进的并非全都是先进制造技术，而我们已拥有的先进制造技术由于得不到起码的经费支持或是在"全套照搬"的思想指导下，不能得以发挥。

（2）政出多门、条块分割、各行其是，重复引进现象严重，对于引进不当所造成的损失，很少有人过问。尽管国家领导人多次强调，科技工作者不断呼吁，要加强引进技术中对先进制造技术的消化、吸收和自主创新，但均难有实际效果。国家缺乏有效的协调与管理，没有形成权威性的统一的宏观管理体系，致使越来越多有引进自主权的部门和企业多头引进，只追求局部、短期效益，置全局长期利益于不顾，不但造成巨大浪费，而且还在扼杀着我国先进制造技术自主创新发展的灵魂。

（3）对引进技术重"硬"轻"软"，先进的制造技术并不仅只是机床、设备、生产线等硬件；忽视软件、产品设计和工艺方法的创新，硬件就失去了再生的能力，只能在逐年折旧后报废。这是在过去引进技术中，造成引进—落后—再引进恶性循环的关键所在。在市场经济行为中，企业注重于引进技术的短期经济效益，无可非议；显然，从增强国力的全局和长远利益出发，需要有一个促进良性发展的机制；制定出一个在引进技术的同时，激励和促进消化、吸收，并走出自主创新发展先进制造技术路子的政策环境。

（4）在重大装备和工程项目中，由于企业技术基础薄弱，不能成为对引进技术消化、吸收与创新的主体。用巨额资金引进的同时，也还必须以相应的巨额资金投入，使引进—吸收—创新进入良性循环。事实上，国家重引进的投入，而轻消化、吸收的投入，两者的投入比例极不协调，直接影响着消化、吸收的有效实施；就国家的整体利益而言，为此而付出的代价更高。

（5）技术引进与研究开发不能有机结合。在我国，技术引进主要由经济部门操作，而现有的管理体制尚未脱离计划经济的框架，由于管理体制的分割和利益分配的限制，科技部门、科研单位很难有效地参与技术引进，更谈不上组织消化吸收与创新。技术引进与国家科技发展计划缺少应有的衔接，对一些重大引进技术的消化、吸收项目也很少纳入到国家科技发展计划之中。

4 引进技术决策的民主化、科学化与法制化

吸收外来技术，推动我国先进制造技术自主创新的发展，应该作为国民经济的支柱产业——制造业加速发展、取得经济效益的突破口之一。在国家的宏观管理上，真正实施在引进技术尤其是在重大项目引进中，决策的民主化、科学化与法制化势在必行。

（1）应建立跨越经济部门和科技部门的权威性的技术引进审查机构，统筹协调，确定技术引进的战略和重点。建立健全对巨额投资的重大项目引进的技术评估、审批制度和法律程序，为有效地防止重复引进和陷入引进—落后—再引进的不良循环，在技术评估中应有直接从事与引进项目相关的制造技术的科技专家参与论证，真正实现决策的民主化、科学化。在国家宏观管理上必须实施经济部门与科技部门的联合，使技术引进计划与科技发展计划之间能协调平衡。

（2）在技术引进中，引入竞争机制。消化、吸收与创新工程是技术引进中的重点内容，应对实施引进项目的承接部门、单位和企业进行优选。选择对发展我国先进制造技术有重要影响的关键项目，组织产学研联合攻关，并在高起点上自主创新。为逐步建立企业作为消化、吸收与创新的主体地位，激励走出自主创新路子，国家应制定相应的技术经济政策，大力重点扶植。

（3）确保用于吸收和创新资金的投入。从引进项目论证之初就应确定用于先进制造技术的消化、吸收和创新所投入的资金比例，加大投入力度。制定出由国家、产业部门和企业共同承担的投入额度，切实解决在引进技术中对先进制造技术消化、吸收和创新的资金来源。

显然，在迈向 21 世纪知识经济新时代的进程中，探讨如何发展我国先进制造技术，推动企业技术进步，取得经济效益，尤为重要和及时。注重这一技术领域如何在国际前沿水平上开展研究只是问题的一个方面；而把消化、吸收引进技术，提高创新起点，走出自己的路子，作为一个突破口，关键还在于国家要有宏观管理体制、良性运行机制和相应的资金投入，以确保吸收外来技术重在创新战略目标的实现。

从英国焊接研究所的经费来源看我国科技
体制改革中的"体制"与"机制"之间的关系[①]

关 桥

目前，我国的科技体制改革，正沿着中央决定的方向，不断地在实践中寻求适合于我国国情的体制；如何使由拨款制度所决定的体制本身具有能直接有效地为经济建设服务的机制，是改革中的关键环节。在这方面，借鉴国外一些成功的经验，在探求我们自己所应该走的道路的过程中将会是有益的。在这篇文章中，想就我在英国工作期间的一些感受谈谈自己的管见。

图1　在英国焊接研究所与同事讨论试验工作

英国焊接研究所（The Welding Institute，TWI）位于剑桥附近的安宾屯（Abington），是一个拥有500多人的号称世界焊接技术中心的专业研究所。虽然就其规模而言，它比苏联的基辅巴顿焊接研究所要小，但在西欧和美国的工业界是一个公认的唯一的焊接专业权威机构，其业务范围几乎包罗了现代化经济建设中的所有领域。由于焊接在近代新技术和高技术的研究与开发中所占有的特殊重要地位以及TWI所做出的贡献，TWI越来越受到西方工业界与英国政府方面的重视。近年来英国政府工商部给予英国焊接研究所很高的评价，并在发展方面给予巨大的经济支持。

英国焊接研究所的贡献及其在国际上所享有的较高声誉是与其科研经营管理和体制的成功分不开的。TWI虽与其他英国的专业研究机构在经营管理体制方面有许多共同性质，但其突出的特点和差异主要在于它作为一个经营性的科研机构，拥有众多的

---

① 此文写于1987年10月25日，英国剑桥；刊登在《欧美同学会会刊》第2期，1988年2月。

并不断扩大的固定服务对象——"工业成员单位"。也只有在对 TWI 的历史背景和它所拥有"工业成员单位"体制的形成有所了解之后，才能更理解这些"工业成员单位"作为向研究所提供经济支持并决定该研究所的研究工作的性质、方向、服务内容及课题设置方面所起的支配作用。

在 30 年代初，像其他工业技术方面的学术团体一样，TWI 的前身曾只是一个单一的焊接方面的专家学术团体，原名叫焊接工程师学会。1935 年改名为焊接学会，同时设立了一个研究委员会，从事焊接研究工作。在 1939—1945 年的战争期间，焊接技术显示了它在国防工业方面的重要作用，在行业与研究两个方面都有了很大的发展；战后即分成两个独立的实体：一个是由英国政府资助的设在安宾屯的英国焊接研究协会；另一个仍然叫焊接学会从事学术活动。在其后的 20 年间，拥有实验室和研究设施的焊接研究协会，在英国政府与工业界的资助下取得了很大的进展，为英国的技术发展做出了许多具有决定意义的贡献。当时英国政府对科研机构的技术政策规定，为了支持技术进步，鼓励发展科研与工业界的联系，对包括焊接协会在内的 52 个专业研究团体的投资原则是：凡研究协会能取得工业界的一定经费资助，则政府也以同样数额的经费向该研究协会拨款。另一方面，焊接学会也建立了一套完整的焊工与技术人员的考核评定方法和制度，并日臻完善，与行业方面的"成员单位"之间形成了固定的网络联系；设置了一个焊接技术学校和一个实用无损检测学校，同时还从事焊接情报交流与组织学术会议和出版工作。随着科学技术的发展，这两个原来独立的团体越来越难以划分其分工界线，许多业务工作都是互相关联的。它们相互之间密切合作的结果也体现在英国作为成员国，在国际焊接学会（IIW）的舞台上几十年来一直扮演着盟主的角色。为了避免相互之间工作的重叠，取得更好的经济效益，两个团体的合并势在必行。在他们各自的"成员单位"与政府的赞同下，这两个团体于 1968 年合二为一后，取名为现在的焊接研究所。因此，至今英国的焊接界是一个统一的整体，研究所与学会是融合为一体的。英国焊接研究所既是一个科学研究机构，又兼负了焊接学会学术团体的工作，是一个双重性质的机构。例如，参加国际焊接学会的英国焊接代表团实际上由 TWI 统一组团，包括英国工业界的一些代表。长期以来，国际焊接学会的秘书长是由英国焊接研究所负责"行业研究成员"工作的一位所长来担任的。TWI 的现任所长 A. A. Wells 博士是著名的学者，英国皇家学会会员，同时也担任国际焊接学会"焊接结构脆断与残余应力"专业委员会的主席。

英国焊接研究所是一个非营利性的科研经营团体。按法律规定，它不能从金融市场上吸收股份作为资本，不能营利，也就没有利润分红给各"工业成员单位"。因此，它可以不向政府交纳巨额的所得税。而每个"工业成员单位"则要每年向 TWI 交付一定数额的年费，款额大小不等。由厂家的规模大小及其采用 TWI 技术的专业潜在能力等性质所确定的年费，小厂每年至少 500 英镑，而大厂家、公司每年的年费可高达 30000 英镑。作为"工业成员单位"正式注册的已近 1000 个，其固定服务对象多达 3000 余家。法律规定，若该研究所由于经营不善一旦破产，则各"工业成员单位"应负责其一切债务赔偿，而所有不动产的财权均属于"工业成员单位"所有。近年来，TWI 又发展了众多的海外成员，有近 400 个海外厂家和公司。仅在美国就有 150 家

"工业成员单位"，他们同时也是美国爱迪生焊接研究所的工业成员单位。根据英国焊接研究所和美国爱迪生焊接研究所在 1984 年签订的协议，这两个单位是一个统一的联合体。

1986 年财政年度，TWI 全年用于科研的经费为 1000 万英镑，由以下三部分组成。

（1）各"工业成员单位"的年费，占总经费的 40%；

（2）科研经费中的另外 40% 则由经常性的合同课题的资助经费来保证，这些合同课题可以由一个单位提供资助（Single Sponsored Project），也可以由若干个单位联合资助建立某项专题研究课题（Group Sponsored Project）；

（3）英国政府工商部的投资每年基本上保证在 200 万英镑左右，在 1986 年度的科研经费中仅占 20%，这是因为随着 TWI 的"工业成员单位"的队伍不断扩大和研究所直接建立的资助课题项目的增多，政府方面的投资额所占的相对比例在下降，并有可能完全撤销。

除直接用于科研的经费外，在职业培训、教育、出版、信息、咨询等方面的活动经费数额约为 200 万英镑，这部分经费基本上是自负盈亏。

列举以上经费来源的数字，目的在于了解英国焊接研究所的经营性质，从中不难看出，他们是如何与工业界息息相关的。所有的"工业成员单位"都是自愿加入的，这些企业、公司、厂家对于 TWI 的焊接新技术很感兴趣，他们是"识货"的，在他们看来，科学技术是生产力，可以为他们取得更好的经济效益，似乎已不再是难以理解的谜语。这些自愿交纳年费而"入伙"的"工业成员单位"，包括了当今欧美各国的不仅是与焊接直接有关的公司、厂家，而且许多有名的大型工业企业集团和材料工程、结构与设计部门也都纷纷加入，如英国航空航天公司、英国钢铁公司、英国石油公司、英国铁路、英国核燃料公司等，海外的有如联邦德国的 MTU，美国燃烧工程公司，日本的川崎重工、三菱重工、新日铁，荷兰的菲利浦公司等。

上面所说的第一、第三部分经费来源的总和（即由"工业成员单位"的年费和政府的投资额之和）构成了该研究所从事合作研究课题的基金，这些课题多为我们所说的基础研究课题，一些预先研究课题和探索性研究课题的经费也都是依靠这部分经费才得以开展的。在 1987—1988 年度这样的课题有近 100 项，其课题内容与建议书需报请政府工商部（DTI）审核批准，其研究成果为各"工业成员单位"所共享，而对外则是保守商业机密的。这也许就是为什么在欧美的某些专业技术杂志上很少能看到深入介绍技术关键的详细文章的原因吧！在这部分课题研究的进程中，TWI 负责定期提供研究报告，这些报告广为印发给各"工业成员单位"，作为一个主要的技术服务内容和方式，因此 TWI 拥有相当可观的印刷出版能力。TWI 也及时为其工业成员单位提供技术咨询，通过这种不断地与其服务对象的接触，TWI 从研讨中也可以得知应该如何及时地安排一些"热门"的研究课题内容，以便更好地满足其服务对象所期待的需求。TWI 也花费巨额的经费在参加各类学术会议和举办讲座，每年的旅差费开支是相当可观的，这也是他们的一种宣传方式。此外，TWI 在制作录像、幻灯片等宣传方面的开支也是不惜工本的。

上面所说的 TWI 科研经费来源中的第二部分是针对某些专门问题的资助。对某项问题有共同兴趣的厂家可以联合资助（GSP，有的课题的资助单位可以多达20个），这类课题的周期平均为两年，大约在同一时间里有20个这样的课题研究工作同时进行。此外，每年还可以开展500余项小的咨询项目和解决个别厂家特殊技术难点的单独资助课题（SSP），这类课题多为周期短、见效快，也就是我们常说的"短、平、快"项目。由这一部分经费资助而获得的科研成果只向直接资助单位提供，而对其他"工业成员单位"也是保守商业机密的。

不难看出，英国焊接研究所的"经济基础"决定了它的体制以及它与服务对象之间的有机联系，这种内在推动科研为工业技术服务的"机制"与其"体制"之间的关系是协调一致的。根据技术进步与工业发展的需要，提出科研课题；取得工业界与政府方面的经济支持；而研究成果则必须能转变为新的生产力，能为提供资助者获得更高的技术经济效益，这才能形成"良性的循环"。在这一良性循环中的关键环节，则是研究所应具有一套完整的经营管理体制，建立在一个相对固定的有稳妥的经济保证的以"工业成员单位"作为经济后盾的基础之上。在这里，对待处理长远性的、预研性的、基础性的研究工作与"短、平、快"之间的关系，线条也是清楚的。由于体制所决定的技术商业保密制度，使外界人士很难以深入了解TWI的各研究课题内容，他们在公开的杂志上也仅介绍一般性的技术内容；技术的商品化也迫使外界来参加的人士不得不走马观花。但是，在TWI以世界各国3000多个公司、厂家为服务对象时，确是别有一番天地，每天登门来访的各"工业成员单位"的人士络绎不绝，门庭若市；这个焊接大家庭的成员数目仍在与日俱增。TWI的研究成果所提供的经济技术效益也确是令人刮目相看的。

如何在我国的科技体制改革中，给科研单位引入一个相对稳定的经济来源，作为除"找米下锅""短、平、快"之外的一个科研经费支柱，来保证一些长远性、基础性的研究项目的开展，并造成一个科研—生产应用之间的良性循环的机制？类似TWI的"工业成员单位"体制的建立是否也有可能在我国科技体制改革中试试看呢？当然，这里还有问题的另一个侧面：我们的企业、厂家是否具有吸收新技术成果作为其取得更高的技术效益的能力呢？这样的体制方案在我国的具体国情条件下又会带来一些什么新的问题？其利弊何在？我想如果能有深入了解我国科技体制改革中"体制"与"机制"问题的专家们能就此问题进一步研讨，或者与英方共同探讨，也许将会大有裨益。

为《焊接结构生产工艺、机械化与自动化图册》出版所写的译序[①]

——向我国焊接界推荐一本好书

在我国国民经济建设的第八个五年计划里，焊接科学技术的发展又有了新的腾飞，尤其在机械制造业的一些重大项目和型号任务攻关中成绩卓著，各生产企业中的焊接技术改造有了新面貌。但是站在世纪之交的高点来看，根据我们的国情和"九五"经济建设计划的急需，在焊接科技发展中，不失时机地推动焊接机械化与自动化已势在必行。预测，到 2000 年，我国的焊接结构用钢量要从目前的占钢总产量的 30%增长到45%，就其绝对值而言比现在的焊接工作量要增大一倍。提高焊接过程的机械化与自动化程度是高效率、高质量制造焊接结构的关键所在。

中国焊接界把实现焊接机械化与自动化作为战略目标，在各行业的科技发展规划中付诸实施。1993 年 6 月在青岛召开的中国焊接学会第七次全国学术会议就以焊接机械化和自动化为主题内容。中国焊接学会作为东道主举办 1994 年在北京召开的国际焊接学会第 47 届年会的主题也确定为"焊接先进技术与低成本自动化"，这反映了国际上的焊接学科发展和制造工程中的前沿目标。正是在这样的环境中，我们向读者推荐由俄罗斯莫斯科国立鲍曼科技大学 C. A. 库尔金教授编著的这本难得的好书——《焊接结构生产工艺、机械化与自动化图册》。

这本书图文并茂、内容详尽，全面反映了苏联和当今世界上焊接结构制造工艺所达到的机械化与自动化高水平。这是一本精心编著、汇粹精华的图册。在图册中，图例一目了然，给出了许多制造方法的工艺装备及其关键技术的描述；文字叙述简明扼要、深入浅出、通俗易懂，并附有一些很有参考价值的技术数据。

正如原作者 C. A. 库尔金教授所指出的，在焊接结构制造中，焊接虽是主导工艺过程，但在总劳动量中的大部分却用于其他辅助工序，如运输、备料、组装和精整等。因此，焊接结构生产的机械化和自动化是一项系统工程，只有在实现所有主要的和辅助的工序的综合机械化和自动化的基础上，才能获得焊接结构制造高效率、高质量的总体上的技术经济效益。结合我国的国情，合理的焊接结构制造工艺性选择应从结构的设计开始，应防止只注重焊接工序本身的机械化、自动化而忽视与焊接相关的各辅助工序综合提高效率的片面性；不能把获取效益的着眼点放在单机自动化的高水平上，

[①] 《焊接结构生产工艺、机械化与自动化图册》，由机械工业出版社于 1995 年出版发行。

而要配套地组织好焊接生产流水线与自动线上各类装备的布局和选用。

这本图册之所以是本难得的好书，还因为这是作者 C. A. 库尔金教授逾 40 年从事焊接结构设计与制造工艺教学和科研工作的总结；他收集、积累了大量珍贵资料和图片，汇总了苏联丰富的生产实践经验。图册中收集的 1200 余幅图样是他勤奋耕耘的硕果。在 C. A. 库尔金教授的来信中表示："对于我作为一个作者来说，最重要的是意识到所付出的劳动已带来实际成效。希望图册对中国也会是有益的。"信中还对他的学生关桥和吴祖乾能够直接亲自完成翻译工作感到欣慰。在我们把这本图册推荐给我国焊接界时，也代表读者向原作者 C. A. 库尔金教授表示感谢。

本书的翻译工作由关桥（第 1，4，7 章）、吴祖乾（第 5，6 章）和王政（第 2，3 章）共同合作完成；译稿的审校分别由吴祖乾（第 1，2，3，4，7 章）和关桥（第 5，6 章）完成。

为出版这本图册，机械工业部副部长张德邻同志曾给予及时的指导、热情的关怀和支持；责任编辑方婉莹同志和机械工业出版社各有关人员付出了辛勤劳动。译者谨代表广大读者，向他们表示衷心的感谢。

关　桥

1994 年 10 月 2 日，北京

《焊接热效应——温度场、残余应力、变形》中文版序[①]

D. 拉达伊教授已是中国焊接界熟悉的德国著名专家。他继 1988 年完成这本书德文版和在 1992 年完成英文版的出版工作之后，又于 1996 年在几位中国学者——熊第京、郑朝云和史耀武的协助下，与中国机械工业出版社共同完成了此书的中译本出版工作，值得庆贺。几位中国学者准确的专业翻译与严谨的文字推敲，把这部著作完整地奉献给中国读者，使这本书的读者范围大为扩展。从这个意义上来说，D. 拉达伊教授的这部著作在国际焊接界的影响是不言而喻的。

在审校此书的中文译稿过程中，能有机会仔细地品评作者编写这本书的构思和内容设计。现将该书的特点概括如下，以飨读者。

这本书是 D. 拉达伊教授多年教学耕耘的结晶。他以渊博的学识，把这一多学科交叉的、千头万绪的和千变万化的在焊接过程中发生的动态的热物理、冶金、力学过程表述得深入浅出；在书中并没有抽象的理论演绎，也免去了繁琐的公式推导；读起来通俗易懂。

这本书是 D. 拉达伊博士多年从事工程研究的成就。特别是作为除生产各种汽车外亦生产机车及飞机的戴姆勒－奔驰公司研究部高级科研经理，使他有机会接触许多焊接实际问题。他以深广的学术造诣，力图把经验的、定性的技术知识用定量的方法来表达。焊接就其学科范畴而言，是一门专业科学；但就其工程应用来说，是一项制造技术。在过去半个世纪中，焊接，无论是作为科学，或是作为技术，在学术研究和工程应用实践中，都有了长足的进步。过去，一些依靠定性概念传授的焊接知识和操作技能，在这本书中则得以立足于最新的科研成果（如引入计算机数值分析技术）给出定量的评估与指导，以期更科学地解决工程实际问题。

这本书又是 D. 拉达伊教授多年参加国际焊接学会（IIW）学术交流的成果。他以博采众长的学风，客观地总结和科学地归纳整理了过去半个世纪各国学者在这一绝无仅有的国际学术舞台上所做出的贡献。我有幸从 1964 年第一次参加国际焊接学会的学术会议以来，尤其是在第 X 专业委员会（原名：残余应力、应力消除与脆断，现名为焊接接头在结构中的行为及断裂防止）的学术交流中，关注了有关"焊接热效应"这一领域的发展；值得庆幸的是，这本书提炼了在这方面各国专家所取得的成就和最近

---

① 《焊接热效应——温度场、残余应力、变形》由机械工业出版社于 1997 年出版发行。

进展。这正是该书会拥有更为广泛的国际影响的原因所在。

我谨代表我国的焊接界同行们，对于 D. 拉达伊教授为本书的中译本问世所作的努力表示感谢。愿这本书能在促进我国焊接科技事业的发展和在加强中德科技与文化交流中发挥应有的作用。

中国工程院　院士

国际焊接学会学术委员会委员（1996—1999）

国际焊接学会（IIW）副主席（1992—1995）

关　桥

1996 年 11 月 22 日

在"中国航空工业院士丛书"
首发式上的发言

关 桥

2011 年 4 月 19 日

2011 "中国航空工业院士丛书"首发仪式是庆祝新中国航空工业创建 60 周年系列活动之一。集团公司在两年多前就策划了编撰"中国航空工业院士丛书",这体现了集团公司党组对这项工作的高度重视。去年就已经出版了六部"院士丛书"。今天,又一次举行第二批"院士丛书"首发仪式。我很荣幸能代表这些丛书的主人公们在这里对集团公司党组表达衷心的谢意。在这里也对"院士丛书"的创作人员和企业文化部组织工作人员和从事编辑、出版的人员所付出的辛勤劳动表示感谢!

新中国航空工业、航空科技事业在 60 年的发展历程中,为共和国书写了辉煌的篇章,从新中国成立初期只能从事飞机和发动机的修理,到国庆 60 周年阅兵庆典,自行研制的雄鹰展翅,一列列编队飞越天安门广场,接受全国人民的检阅;在航空人一串串坚实奋进的足迹中,院士们的脚印也依稀可见。

院士这个群体,扎根于 40 万航空人浩浩荡荡的队伍之中,"院士丛书"的主人公们,有的是飞机和航空发动机的设计师、有的是航空电子科技的开拓者、有的是航空材料和航空制造领域的专家。"院士丛书"编撰的体裁也各不相同,有的是主人公本人的记叙文,有的是作者们的报告文学。据我所知,"院士丛书"的一个共同之处就是透过叙述院士个体的成长、奋斗、奉献的经历,从另一个侧面展现了新中国的航空科技与工业的发展史,诉说着航空人"航空报国"的情怀和"创新跨越"的追求。

我想,"院士丛书"中的主人公们和我有着共同的感受。

记得两年前,当领导说起要撰写"院士丛书"时,我曾婉言谢绝;主要原因是,不敢担当书的主人公,因为,几十年来,我和每一个航空人一样,在第一线从事科学研究,个人的业绩平平,没有什么可值得书写的。

一年前,所领导又跟我说,编辑出版"院士丛书"是新中国航空工业创建 60 周年的一项重要活动,是要为航空工业 60 年的发展留下点精神财富,而不能狭隘地看作是为院士个人树碑立传!"院士丛书"要记录的是在共和国经历曲折跌宕风风雨雨时,航空科技和航空工业的发展曾跨过一个个山峦;要记录的是航空人是如何创造了辉煌,又怎样正在谱写着新的篇章!

在过去一年的撰写过程中,我先后多次接受过《生命之光》这本书作者姚远、刘凡君的面对面采访或书面采访,我们达成了共识,这本书要写的是:在我从事航空制造领域中，"航空特种焊接/连接技术体系"的建立是一个群体、一个团队的奉献，是我的工作单位 625 所历届领导的支持，是集团公司的关爱和指引。

一年间，也反复在脑海里回放着自己所经历过的片断画面：梳理、归纳、分析、批判，对自己留在沟沟坎坎上的脚印重新检点。感谢该书的作者们秉持严肃写作的责任心，在采访中的提问也迫使我一遍遍地在审视自己的一生，不断地反问自己：为我的科研团队、为我的工作单位、为祖国航空科技工业、为社会、为国家，我都做了些什么？

此时此刻，我感到欣慰的是，这样的回忆、总结是非常有益的；至少，对自己怎样与祖国同行？与时代同行？有了一个更清澈的认知。

在自己的科研生涯中，我喜欢六个字：志趣、激情、创新。

祖国的航空科技、航空工业正面临着一个绝好的跨越发展机遇，长江后浪推前浪，波澜壮阔的画卷将由我们一代代航空人绘就在祖国的蓝天！

激励我们前行的是：

献身航空的志趣，

奋斗奉献的激情，

赶超跨越的创新！

愿我们共勉！

谢谢大家！

第4篇　英、俄文论著

Efforts to Eliminating Welding Buckling Distortions —from Passive Measures to Active In – Process Control

Guan Qiao

Abstract   *Welding buckling distortions become substantial for thin – walled structural elements of thickness less than 4mm. Passive measures have to be taken for residual stress relief and distortion removal while buckling distortions occurred after welding. Whereas, for the past decades R&D for active in – process control of buckling distortions have been obviously increased. In terms of control of incompatible strains in the vicinity of weld, classification, principles of passive and active methods for eliminating welding buckling distortions are described. Emphases are given to the application of Low Stress No – Distortion Welding techniques for sheet metal fabrication.*

1   Introduction

Buckling distortions are the main troublesome problems in manufacturing of welded sheet metal elements e. g. aerospace shell structures. Buckling distortion affects the performances of thin – walled structures in a great many ways. Using fusion welding, the designed geometrical integrity of shells such as jet engine cases, fuel tanks, panels etc. is always influenced by a exceeding buckling distortions which can not fit in with the strict aerodynamic and mechanical requirements. Buckling distortion makes assembly of thin elements difficult owing to the exceeding mis – match gaps, and in some cases even impossible. So, the normal production procedures have to be broken for time – consuming and costly distortion removal. From the viewpoint of inservice reliability of welded structures, buckling distortions may lower the rigidity of structures. Sometimes local loss of stability occurs on account of weld deflections in thin – walled shells. In a great number of cases buckling distortions must be eliminated simply because the welded elements does not satisfy the design performance and aesthetic requirements. Passive measures had to be taken after welding once buckling occurred are mainly based on residual stress redistribution induced by local plastic deformation generated either mechanically or thermally. Active methods are mainly based on in – process control of incompatible strains in the vicinity of the weld adjusting thermo – cycles or redistributing temperature field. The newly developed Low Stress No – Distortion (LSND) Welding techniques precisely control the incompatible strain formation therefore, keep the compressive residual stresses in weldments lower than the critical value at which buckling occurs.

2   Buckling distortions

Buckling is more marked than other forms of welding distortions in sheet elements of thin metals, especially of thickness less than 4mm. The nature of the buckling phenomena is a result of loss of stability of the sheets after welding.

In sheet structures, the amount of buckling also depends on the combined influence of other types of weld shrinkages e. g. angular, when the warpage caused by loss of stability increases on account of the additional angular rotation of the sheet relative to the welded joints[1,2].

As shown in Fig. 1, the maximum value of compressive stress $\sigma_{comp.\,max}$ after conventional welding usually exceeds the critical stress σ_{cr} at which the buckling occurs. In principle, all the efforts to eliminating buckling distortions either "passive" or "active" are aimed at reducing the $\sigma_{comp.\,max}$ to a level lower than σ_{cr} to achieve distortion – free results[3].

According to the theory of plates and shells, the critical compressive stress σ_{cr} is inversely proportional to the square of the flexibility of the element. In its turn, the flexibility is proportional to the square to the thickness of thin – walled elements. Therefore, the thinner the thickness of element, the lower will be the value of σ_{cr}. As shown in Fig. 2, for the welded plates of thickness less than 4mm as widely used in aerospace structures, the value of σ_{cr} is dramatically dropped to a level much lower than $\sigma_{comp.\,max}$.

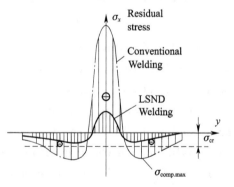

Fig. 1 $\sigma_{comp.\,max} > \sigma_{cr}$ buckling occurs, keep $\sigma_{comp.\,max} < \sigma_{cr}$, distortion – free results can be achieved

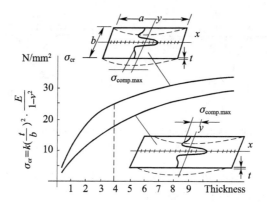

Fig. 2　The value of σ_{cr} drops down dramatically with the plate – thickness less than 4mm

In solution of problems associated with loss of stability from welding, the specific feature which should be taken into consideration is that the potential energy in the welded elements induced by the residual stress do not remain constant when buckling occurs. In contrast to the classical problems of stability, in which the applied forces are assumed to be constant. The loss of stability leads to a redistribution of residual stresses to keep the potential energy minimum and the buckled elements takes its stable form[1].

3　Mechanism of eliminating buckling distortions

In fabrication, excessive buckling distortions can generally be prevented by proper arrangement of technological measures during assembly and welding, and also by selecting rational welding processes. If the methods for eliminating buckling are applied properly and skillfully, then on the one hand welded structures can be fabricated economically, and on the other hand their quality and reliability can be improved considerably.

The nature of buckling distortion hides in the action of incompatible residual strains formed during welding. Fig. 3 shows the measured experimentally incompatible strain distribution in cross – section of the weld joint on specimens. All the methods for eliminating buckling distortions either passive measures or active in – process control are based on adjusting the residual stresses by means of redistribution of incompatible strains to achieve $\sigma_{comp.\,max} < \sigma_{cr}$. Buckling distortions in sheet elements were considered inevitable where fusion welding is applied. Fabricators suffered from all the passive technological measures which have to be taken after welding for distortion correction and stress relief.

The passive measures are executed either mechanically or thermally to obtain adequate inverse plastic deformations in proper zones of welded joints. The inverse plastic deformations (expansion) obtained mechanically should be located in the stretching weld zone with incompatible

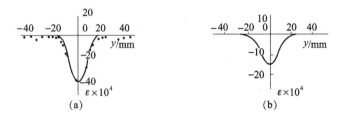

Fig. 3   Incompatible residual strains measured in cross – section of GTAW weld joints

a) Ti, 1.5mm thick, b) Al, 1.5mm thick

residual strains (shorten). To obtain the inverse plastic deformation (shorten) thermally, the location of local heating should be selected in the elastically protruded zones with compressive residual stresses. In this manner, the incompatible strains distribution in the cross section of the plate as well as redistributed residual stress field could be balanced to reach $\sigma_{comp.max} < \sigma_{cr}$. The explained mechanism shows that buckling distortion can be corrected after welding by proper flattening processes.

For the past decade, more investigations on active in – process control for preventing buckling distortions appear in literature[3]. The main target to be achieved in any active in – process control method is to reduce the incompatible residual strain directly during welding, therefore to reach the condition of $\sigma_{comp.max} < \sigma_{cr}$, consequently to obtain distortion – free results or the deflections are limited within an acceptable standard. So, after welding flattening operations for distortion removal can be avoided. The welding buckling distortions in thin walled structures are no longer inevitable.

Precise active control of incompatible strain formation before or directly during welding can be achieved by a great number of ways which could be classified into three categories.

a) Methods used mainly before welding based on reduction of heat input by selecting proper welding processes, parameters as well as welding procedures;

b) Methods aimed to control thermal cycles through forced cooling, adjusting rigidity of elements before welding (using rigid fixing, pre – deformation or pre – tensile loading), but the effects of control of incompatible strain are executed only during welding;

c) Methods based on creating abnormal temperature fields using preset heating or coupled heating – cooling (multi – source) system, obtained extremely high temperature gradients induce the inverse plastic deformations which compensate the incompatible strains.

4   Passive measures

In eliminating buckling distortions, passive measures had to be taken once warpages being in existence are basically applied as an additional technological operation have to be arranged into production procedures. Comparisons between thermal spot heating and mechanical spot shock are given in Table 1, in terms of their effects on formation of the inverse plastic deformations to compensate the incompatible residual strains (Fig. 3) either in stretched weld joints (using mechanically expending effects) or in compressed bowed zones of base metal (using thermally shortening effects).

Table 1　Comparisons between thermal spot heating and mechanical spot shock in terms of their effects

Effects / Measures	Acting manner	Effected zone of plastic deformation	Residual stress distribution
Thermal Spot heating	Temperature; Thermal Expansion; $-\alpha TE \cdot A$	σ_θ; shorten zone; σ_r; Transient stresses	σ_r; σ_θ
Mechanical spot shock	Shock; Plastic flow	Expansion zone	σ_θ; σ_r

The inverse plastic expansion deformations obtained mechanically in the welded joint zone to compensate incompatible residual strains can be achieved by mechanized pneumatic hammer (Fig. 4. b and c) rather than using manual hammer (Fig. 4. a) for more stable technological results and less damages to avoid the instability in quality of products.

The effectiveness of weld rolling techniques is shown in Fig. 5. The metal displacements (Fig. 5b) shown by the twisted net of broken lines give a clear picture of formation of inverse plastic deformations in the welded joint to compensate the incompatible welding strains (Fig. 3). Thanks to its stability in obtaining the positive results to remove buckling distortions, weld rolling techniques are

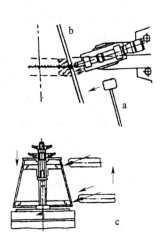

Fig. 4　Manual hammer (a) and mechanized pneumatic hammer (b, c) used for buckling distortion removal

widely applied in sheet metal fabrication especially in aerospace manufacturing for shell structures with longitudinal and circumferential welds.

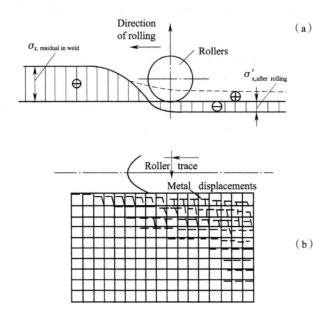

Fig. 5   Metal displacements during weld rolling with narrow roller

5   Active in – process control

For decades, efforts in R & D of active in – process control have been made by many investigators world – wide to prevent buckling distortions such as successful application of SS, SH, SSH methods[7]. In general sheet metal fabrication, especially in aerospace shell structure manufacturing pre – deformation and pre – tensile loading are conventionally applied as active control methods to avoid buckling distortions, and additional flattening operations are not always necessary after welding. Owing to their complexity, need in special installations, reduced efficiency, resulting in increasing cost and variable quality of products, application of these active control methods are limited to some extent.

For controlling incompatible strain formation along the weld joint in – process of welding, the necessary condition is to create tensile stresses induced in specimens by a preset temperature gradient as a result of cooling the weld zone and heating side zones close to the weld[4]. It has been identified by experiments carried out at BAMTRI[5] that this method[4] could not be as effective as expected for thin – walled elements especially with thickness less than 4mm in which the problem of buckling distortions are more significant. It has also been proved by the results of repeated experiments that the above – mentioned preset tensile stresses (stretching effects) in the weld joint area ceases to exist while transient buckling distortion occurs in areas with compressive stresses as a result of the superposition of the preset temperature distribution and the welding temperature field.

Differ from the above mentioned work[4] where the preset tensile stresses in weld joint are provided as only a necessary condition to preventing buckling distortions, the Low Stress No – Distortion (LSND) welding techniques developed at BAMTRI provides not only the necessary condition but also the satisfactory condition—restraining transient out – of – plane buckling movement of the workpiece by applying the "two point" clamping system. This is the key to achieve distortion – free results in elements of thickness less than 4mm, which are typical for most aerospace shell structures. Distortion – free results can be achieved using either the "static"[5] or the "dynamic"[6] LSND welding techniques. Comparisons between the "static" and the "dynamic" LSND welding techniques are given in table 2. The "static" LSND welding technique has been applied successfully to aerospace manufacturing of shell structures such as jet engine cases of heat resistant alloys and rocket fuel tanks of aluminum alloys. The "dynamic" LSND welding technique has been applied in general sheet metal fabrication, it gives more flexibility in production. Progress in R & D of active in – process control of welding buckling distortions trends towards using multi – sources of heating or cooling accompanying the welding heat source.

Obviously, all the active in – process control methods promises a series of technical advantages and economic benefits. They ensure dimensionally consistent fabrication of thin – walled structures while still using conventional fusion welding processes, without having to undertake costly reworking operations.

Table 2　Comparisons between the "static" and the "dynamic"
Low Stress No – Distortion welding techniques

Features / Method	Heating, cooling and clamping	Abnormal temperature field	Residual stress distribution	Distortion – free results
Static LSND				
Dynamic LSND				

6 Conclusions

(1) In sheet metal fabrication buckling distortions are the most troublesome problems which place limits on application of fusion welding for dimensionally consistent fabrication, seeking solution in eliminating distortions on account to reach $\sigma_{\text{comp. max}} < \sigma_{\text{cr}}$.

(2) Progress in eliminating buckling distortions trends towards from adoption of passive technological measures to creation of active in – process control of incompatible residual strains during welding, without having to undertake costly reworking operations.

(3) As an "active" in – process control method, the newly developed Low Stress No – Distortion welding techniques have been proved out in avoiding completely buckling distortions while using existing fusion welding processes.

Reference

[1] V. A. Vinokurov. Welding Stresses and Distortions. Determination and Elimination, 1968, Mashinostroenie, Moscow.

[2] K. Masubuchi. Analysis of Welded Structures: Residual Stresses, Distortion, and Their Consequences, 1980, Pergamon Press Ltd.

[3] Q. GUAN. A Survey of Development in Welding Stress and Distortion Controlling in Aerospace Manufacturing Engineering in China. Welding in the World, Pergamon Press Ltd, 1999, 43 (1).

[4] Y. E. Burak et al. Control of Longitudinal Plastic Shortening of Metal During Welding. Automatic Welding, 1977 (3).

[5] Q. GUAN, D. L. GUO, et al. Method and Apparatus for Low Stress and No – Distortion Welding of Thin – Walled Structural Elements. Chinese Patent, 87100959.5, 1987.

[6] Q. GUAN, C. X. ZHANG, et al. Dynamically Controlled Low Stress No – Distortion Welding Method and its Facility. Chinese Patent, 93101690.8, 1993.

[7] S. MATSUI. Development of Prevention Method of Welding Deformation in Thin – Plate Panel Structures—SS, SH, SSH Methods. Light Metal, 1982, 32 (3).

(As an invited lecture published in: Proc. of the 7th Int. Symposium of JWS, Today and Tomorrow in Science and Technology of Welding and Joining, Nov., 2001, Kobe, Japan)

A Survey of Development in Welding Stress and Distortion Controlling in Aerospace Manufacturing Engineering in China

Guan Qiao

Abstract　*Factors affecting welding stress and distortion and their relationship, concepts of internal and external restraints are discussed. Computer aided modelling, numerical analysis of welding stress and distortion and their experimental verification using high temperature Moiré measurement are described. Progress made in solving welding stress and distortion problems is given. Physical and mechanical properties in terms of temperature are given for AMg6, austenitic stainless steels, Ti − 6Al − 4V and mild steel. A new method for in-process control of welding stress and distortion has been developed by BAMTRI in China for aerospace applications such as jet engine cases of heat resistant materials and rocket fuel tanks in aluminium alloys. A dynamic Low Stress No-Distortion method (LSND) has been implemented. The formation of incompatible compressive plastic strain in the near arc zone is dynamically controlled by a localized moving tensile effect which is created using a spot heat sink following the arc. This dynamic method gives more flexibility in practical applications than the static LSND method for non-linear and non-regular welds.*

Key words　*Stress　Distortion　Thin sheet　Aerospace　Stress distribution　Monitoring systems　Buckling　Moiré fringe techniques　Heat sink　Numerical analysis*

1　Introduction

The twin problems of stress and distortion due to welds made using conventional fusion welding processes have presented fabricators with troubles for many years. This is particularly so when fabrication involves the use of thin section sheet materials typically in aerospace industries. These sheet materials are not inherently stiff enough to resist the contraction forces induced by welding. This feature has imposed limitations on the design of components made in sheet materials and has restricted the application of conventional fusion welding techniques in aerospace industries. The vital importance of welding stress and distortion controlling in aerospace industries is excited by the geometrical integrity and dimensionally consistent fabrication of thin-walled welded structures.

Efforts have been made and progress has been achieved in solving welding stress and distortion problems by specialists in the welding science and technology worldwide for the past decades. Many effective methods conventionally adopted for sheet metal fabrication to eliminate welding stress and distortion are not always feasible or applicable for aerospace thin-walled structures owing to the specifics of structural design and the specifics of materials applied. From the viewpoint of structural design integrity, rationality of manufacturing technology and inservice reliability, the problems of welding stress and distortion in aerospace structures remain an actual matter to be solved.

In seeking an "active" in-process control method of welding stress and distortion especially to eliminate buckling distortions in aerospace shell structures, fundamental research on Low Stress No-Distortion (LSND) welding techniques has been carried out for the last decade at Beijing Aeronautical Manufacturing Technology Research Institute. Practice has proved out the feasibility and new prospects for precise controlling of welding stress and distortion by use of LSND welding technique as well as its alternative options with the coupled "heat source-heat sink" multi-source welding techniques. The LSND welding technique has been applied successfully in aerospace industries in China. In order to achieve a rational design as well as rational manufacture of thin-walled structures in terms of material saving, weight reduction resulting from the use of possible thinner materials without suffering from welding stress and distortion, and time saving by elimination of PWHT for stress relieving and post-weld correction operations, the application of LSND welding technique is recommended.

2 Welding stress and distortion

Many fundamental research in the field of welding stress and distortion have been done by investigators world wide for the last half-century[1-7]. The complexity of the problem is caused by the thermal elastic plastic strain-stress cycles induced by the locally non-uniform heat input as shown schematically in Fig. 1. From the structural point of view, the factors affecting welding stress and distortion can be classified into three groups: the material related factors, the fabrication related factors and the structure related factors. But from the thermo-mechanical point of view, the residual stress and distortion are dominated by the metal displacements in the zone surrounding the heat source. In its turn, the metal displacements are induced by both the external restraint and the internal restraint. From Fig. 1, we can see the factors affecting both the external and the internal restraint during welding.

As defined in Fig. 1, the internal restraint is dominated mainly by the temperature depending thermo-physical and thermo-mechanical properties of material to be welded, such as the thermal expansion of material as a function of temperature $\alpha(T)$, the Young's modulus of elasticity as a function of temperature $E(T)$, the temperature T_k at which the yield strength of material becomes zero ($\sigma_s \approx 0$), the yield strength of material as a function of temperatures $\sigma_s(T)$ and the restraint caused by phase transition.

To understand the mechanism of metal displacements induced by heat input and affected by both the external and internal restraints is essential for selecting the method or technological measures to control stress and distortion in – process of welding. In other words, method for control stress and distortion during welding should be based on the effects either through the external restraint changes e. g. pre-deformation or fixturing or via the internal restraint changes e. g. adjustment of the welding temperature field by forced cooling etc.

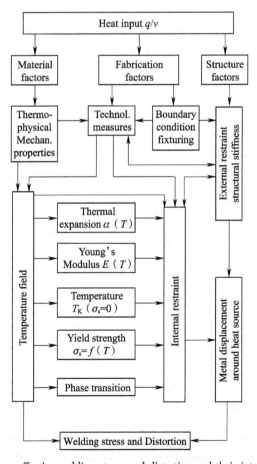

Fig. 1 Factors affecting welding stress and distortion and their interrelationship

3　Specifics in aerospace fabrication

From the viewpoint of welding stress and distortion formation, the materials applied for aerospace welded components and the structural design characteristics are the main specifics which differ from the conventional sheet metal fabrication.

3.1　Specifics of materials applied

The welding stress and distortion problems in mild steel which is widely used in sheet metal fabrication have been studied in more depth. As shown in Fig. 2, differring from the mild steel in the temperature-depending thermo-physical and thermo-mechanical properties, aluminium alloys, stainless steels, titanium alloys widely applied in aerospace welded components show their specifics in welding stress and distortion formation. Results of experimental study and numerical analysis of thermo-elastic-plastic cycles by GTA spot welding on aluminium alloy plate[8] are shown in Fig. 3. In Fig. 4, the process of formation of thermo-elastic-plastic zones during GTA spot welding[9] are given for comparison between the aluminium, titanium alloys and stainless steel.

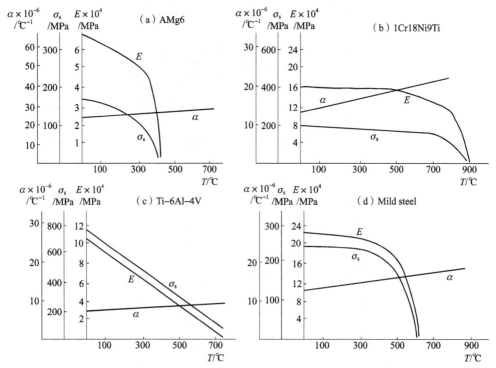

Fig. 2　Temperature-depending thermo-physical and mechanical properties of typical
materials applied in aerospace welded components (a) aluminium alloy AMg6,
(b) stainless steel 1Cr18Ni9Ti, (c) titanium alloy Ti6Al4V, (d) mild steel

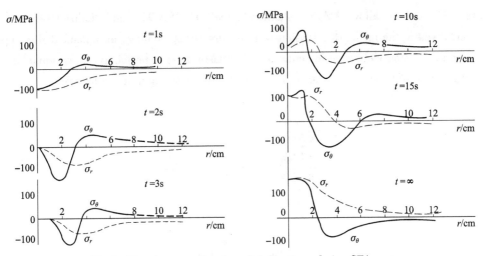

Fig. 3　Transient σ_r and σ_θ in radial direction r during GTA spot welding on AMg6 aluminium alloy plate

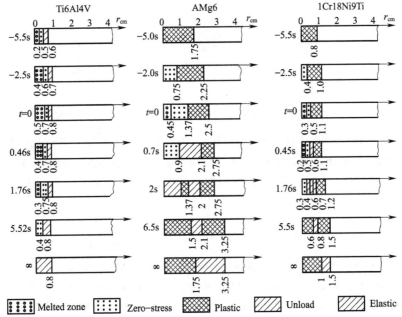

Fig. 4　Transient elastic plastic zones in titanium alloy Ti6Al4V, aluminium alloy AMg6 and stainless steel 1Cr18Ni9Ti plates during GTA spot welding

It can be seen from Fig. 4, that the temperature dependent thermophysical and mechanical properties of materials have significant effects on the behaviour of transient elastic-plastic zone formation. The specific characteristics of two typical models in transient elastic-plastic zone formation can be illustrated schematically in Fig. 5. Titanium alloy Ti6Al4V is the representative in the model Ⅰ, the tension stress appears during unloading, its maximum value does not follow the yield strength $\sigma_s(T)$ and retains a value lower than $\sigma_s(T)$ up to the residual state; no tension yield occurs during cooling and an uniform unloaded zone appears in

603

centre. Aluminium alloy AMg6, stainless steel 1Cr18Ni9Ti and mild steel are the representatives in the model Ⅱ, tension yield occurs during cooling, an unloaded ring appears be-tween the tension yield zone in centre and the elastic zone in periphery. In residual state the maximum value of tension stress always reaches the yield strength of the material.

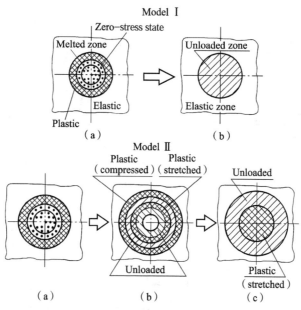

Fig. 5   The two typical models of transient elastic-plastic zones formation during GTA spot welding

Obviously, the material related specifics in welding stress and distortion formation are mainly determined by the above mentioned internal restraint factors in Fig. 1: $\alpha(T)$, T_k, $E(T)$, $\sigma_s(T)$. The relations determining whether the maximum value of tension stress during cooling follows its yield strength are[6]:

$$(1)\ \frac{\partial\ \varepsilon_\alpha(T)}{\partial\ T} > \frac{\partial\ \varepsilon_s(T)}{\partial\ T} \text{and} (2)\ \frac{\alpha\cdot T_k}{\varepsilon_s(0)}$$

Results of systematic experimental measurements of the welding residual stresses on materials applied widely in aerospace welded components are shown in Fig. 6. The peak tension stresses in weld of mild steel and stainless steel are always reach their yield strength. But in titanium alloys, the peak tension stresses are usually only $(0.5 \sim 0.7)\ \sigma_s$.

3.2   Specifics in structural design

In order to increase the ratio of technical performance to weight of aerospace structures, thin-walled elements for welded components are widely applied. Buckling distortions shown in Fig. 7 due to welds made using conventional fusion welding processes have presented aerospace fabricators with problems for many years. This is particularly so when fabrication involves the use of thin section sheet materials typically in the range 0.5 ~ 4mm in thickness. These sheet materials are not inherently stiff enough to resist the compressive stresses induced by welding. As the critical compressive stress σ_{cr} at which buckling occurs in plates or shells is proportional to the modulus of elasticity and the square of the thickness of weldments, the σ_{cr} decreases significantly while the thickness of sheet metal is lower than 4mm[10]. In these cases, the buckling distortions are very sensitive to the level of residual compressive stress. In aerospace fabrication the buckling distortions become more substantial especially in thin-walled structural elements made of aluminium or titanium alloys as their modulus of elasticity E are much lower than steel.

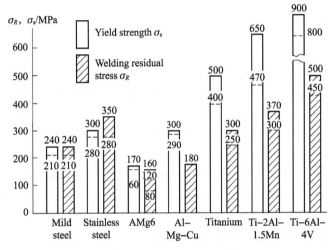

Fig. 6　Comparison between the peak residual stress in weld and the yield strength
of the materials applied commonly in aerospace welded components

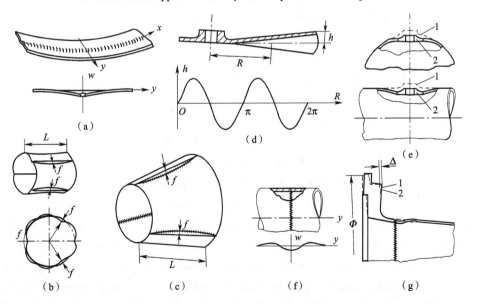

Fig. 7　Typical buckling distortions on welded plates and shells caused by longitudinal
welds (a, b, c), circular welds (d, e) and circumferential welds (f, g);
w, f, h —deflections, Δ —angular distortion, 1—before welding, 2—after welding

The strict geometrical integrity requirements of most aerospace welded structural elements are dictated by the aerodynamics. In some cases, the acceptable allowance of residual deflection f at a longitudinal weld length L (Fig. 7, b, c) should be limited by a ratio of $f/L < 0.001$. Unfortunately, up to now designers and manufacturers suffering from problems of welding distortions, have to adopt a concept that buckling distortions are inevitable. As a consequence, fabricatiors have to apply additional time-consuming and costly operations to remove distortions or to relieve residual stresses after welding to avoid variable quality of products.

4   Numerical analysis and verification

Nowadays, the many commercial packages of FEM software available for numerical analysis of welding thermal elasto-plastic strain and stress problems make FEM a powerful tool for quantitative study of welding mechanics. However, engineering practice shows that in absence of experimental examination of an FE program related to high temperature physico-mechanical cycles and if corroboration is limited just to the residual state as practiced by most investigators, the FE program could not be considered as reliable for specified precise quantitative assessment of welding transient phenomena such as hot cracking or determining strain-stress distributions in welding processes. Evidently, the reasons for this lie in all the assumptions and simplifications introduced into the mathematical modelling e.g. the approximation of arc heat flux density and its efficiency, the adopted linearized diagrams of thermo-physical and thermo-mechanical properties of welded materials, the schematic simulation of the solidification processes of the weld pool etc.

Pursuing the aim of corroboration and modification of FE programs in the BAMTRI laboratory, a high temperature welding Moiré technique was developed[11]. Theoretical analysis using an FE program and experimental verification by Moiré measurement have proved themselves complementary to one another.

A specially designed system for welding Moiré measurement during welding, including apparatus, image processing package and routines for interpretation of Moiré fringes was developed. Fig. 8 shows typical welding Moiré fringe patterns of metal movement in vicinity of the arc on aluminium plate during GTAW process. The photographs a, b, c correspond to the cross-sections shown in the scheme, photograph d corresponds to the residual state. The Moiré fringe patterns give the kinetic distributions of transverse strains in the direction of the Y axis.

An example of the results obtained from the FE analysis is shown in Fig. 9 where the curves under the number 1 show the distributions of transient thermal strain ε_y along the Y axis on the same aluminium plate at different cross sections A. B. C and D perpendicular to the weld line. The curves under number 2 in Fig. 9 represent the experimental results of the Moiré measurement of kinetic distribution of transient thermal strain component ε_y for the assigned cross sections A, B, C, D and the residual state.

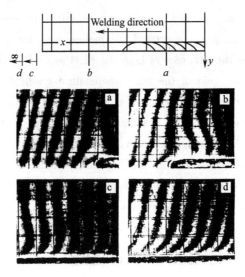

Fig. 8　Moiré fringe patterns showing metal movement near the arc in process

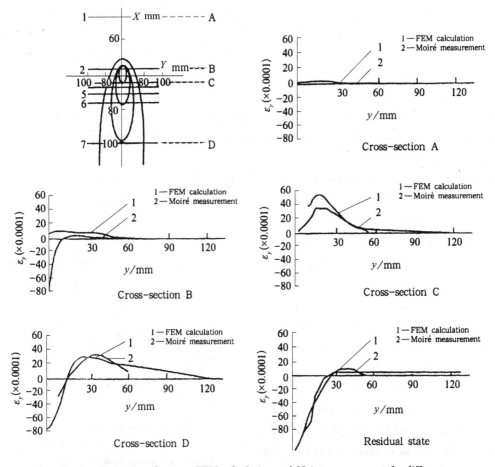

Fig. 9　Comparison between FEM calculation and Moiré measurement for different

cross-sections of the welded plate

607

Verification shows that the high temperature gradient in the vicinity of the arc and consequently the high strain gradient around the molten pool are the dominant factors which have a strong influence on the accuracy of both the FEM analysis and the Moiré measurement. As a matter of fact, in the area of the high temperature gradient, the selected geometrical dimensions of the finite elements, the interval between the loading steps with temperature increments, and the adopted properties of material significantly affect the computed results. In other words, the results of FE analysis are very sensitive to these factors. On the other hand, the accuracy of Moiré measurements in the high temperature area is also affected by the specimen grids adopted and by abnormal fringe patterns difficult to analyze by use of a microcomputer based digital image processing system.

5　Progress in distortion controlling

Efforts have been made to reduce welding stress and distortion in metal fabrication for the past decades. Increasing knowledge of welding stress and distortion leads the practice from "passive" measures to "active" control. Reducing welding stress and distortions may be achieved through a number of ways including: selecting design details and materials; selecting appropriate processes, procedures, welding sequence and fixturing and selecting best methods for stress relieving and removing distortions by producing adequate plastic deformation in the distorted member or section using thermal or mechanical straightening methods.

Tensile loading as a means of overcoming distortion during welding of panels with stiffeners for airframes and aerospace fuel tanks or containers is applicable for sheet metal fabrication in aerospace industries[3,14].

Among the effective technological measures to control buckling distortions in aerospace components caused by circular welds (Fig. 7, d. e), the pre-deformation technique as shown in Fig. 10 is adopted widely[12,13]. In this circumstance, the weld shrinkage is compensated by an adequate amount of elasto-plastic pre-deformation of the weld zone. After welding, the shell relieved from the press takes its correct position and keeps its geometrical integrity. This technique is applied in aerospace industries in manufacturing of welded jet engine cases and rocket fuel tanks with connectors.

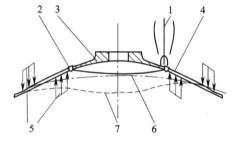

Fig. 10　Pre-deformation technique

1—arc, 2—weld, 3—connector, 4—pre-deformed shell,
5—press forming forces, 6—after welding,
7—buckled shell without pre-deformation.

To correct the buckling distortions in terms of deflections f (Fig. 7, b, c) or w (Fig. 7, f, g) caused by longitudinal welds or circumferential welds, the weld rolling techniques using narrow rollers as shown in Fig. 11 are also applied successfully in aerospace industries. Weld rolling technique is a mechanized process in producing adequate plastic deformation in weld joint to compensate the incompatible strain induced by welding[2,12,13]. Fig. 12 shows some typical examples of selecting best results for stress relieving and distortion removal. However, in spite of the effectiveness of this technique, it is a "passive" operation, has to be adopted after welding to remove the distortion being in existence.

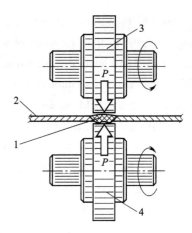

Fig. 11   Distortion removal by weld rolling
1—weld, 2—plate or shell, 3, 4—rollers,
P—pressure.

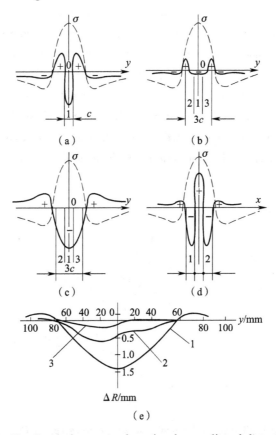

Fig. 12   Residual stress in plates (a, b, c, d) and distortion
caused by circumferential weld in cylindrical shell (e) after welding and rolling.
Dotted line—residual stress after welding. Solid line—residual stress after rolling
On (e): 1—distortion after welding, 2—rolling weld only, 3—rolling both weld and the near weld zones.

Postweld thermal treatments are often necessary in aerospace manufacturing practice to maintain or restore the properties of welded joints affected by the heat of welding. A properly executed postweld heat treatment resulting in uniform mechanical and metallurgical properties could be also applied simultaneously for stress relieving and distortion removing. For the latter, special measures should be taken to restore the geometrical integrity of the weldments before their loading with fixtures into furnace.

The above mentioned methods, either the pre-deformation technique, or the weld rolling technique as well as postweld heat treatment, require additional time-consuming and costly operations, moreover, sometimes they may impose instability of quality of products.

The more attractive achievements in controlling welding distortions in aerospace manufacturing engineering are the applications of high energy density beam (HEDB) welding e. g. electron beam and laser beam welding. Their contributions are in the reducing dramatically heat input and therefore the distortions.

In Fig. 13 comparisons are given between the incompatible strain ε_x^P distributions caused by GTAW and HEDB welding. Curve 1 in Fig. 13, a corresponds to a higher heat input, curve 2 – low heat input. It can be seen that the total width of incompatible strain distribution $2b$ is about 40mm. The relationships between the dimensionless width b/s and the thickness of plate s using different fusion welding methods are given in Fig. 13, b. Comparisons show that among the well known fusion welding processes, electron beam welding and laser welding impose the minimum width of ε_x^P. As a result of existence of incompatible strain in weld joints even using HEDB welding processes, buckling distortions in shell structures can not be avoided completely by application of such advanced fusion welding methods as EB and LB welding processes.

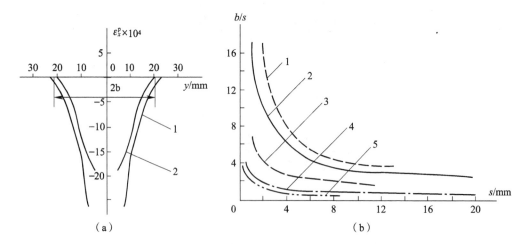

Fig. 13   Incompatible strain distribution in weld joint caused by GTAW on titanium

plate of thickness 1. 5mm (a) and relationships between the dimensionless width b/s and

plate thickness s using different fusion welding processes (b): curve 1—oxyacetylene,

2—flux cored arc, 3—plasma arc, 4—electron beam, 5—laser beam

6　Low Stress No-Distortion（LSND）welding techniques

A new technique for in-process "active" controlling welding stress and distortion in thin-walled elements has been pioneered at BAMTRI to fit in with the strict geometrical integrity and ensure dimensionally consistent fabrication of the welded aerospace shell structures. Buckling distortions can be avoided completely by both the "static" and "dynamic" Low Stress No-Distortion（LSND）welding techniques[15,16].

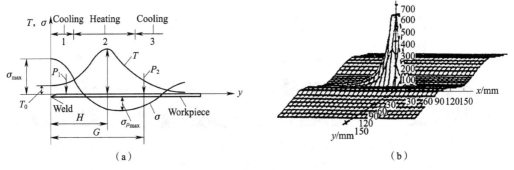

Fig. 14　Principles of "static" LSND welding（a）T – temperature curve by preset heating and cooling, σ – corresponding thermal stress distribution, P – flattening forces,（b）Three dimensional image of T

The specific and essential feature of "static" LSND welding is to provide a required stretching effect（thermal tension）during welding by means of presetting an adequate temperature profile T（necessary condition）as shown in Fig. 14, while flattening forces P_1 and P_2 should be applied to prevent the weldments from transient out-of-plane buckling（satisfactory condition）. Fig. 15 shows a typical reduction of peak value of incompatible strains and residual stresses in weld. It can be seen that a practically negligible residual plastic strain ε_x^P（curve 2）and residual peak stress σ_x（curve 2）can be achieved by selecting the parameters for LSND welding properly.

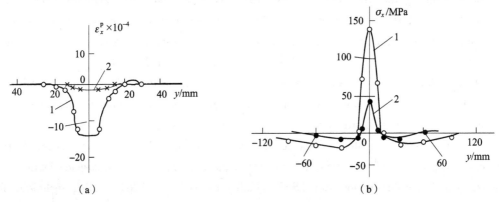

Fig. 15　Incompatible strains（a）and residual stresses（b）on aluminium plates after conventional welding（curve 1）and after LSND welding（curve 2）

Fig. 16 gives comparisons between conventional welding and LSND welding in terms of deflection f on stainless steel (a) and aluminium alloy (b) plates. All experiments show that distortion-free results can be achieved by use of LSND welding with the optimized parameters.

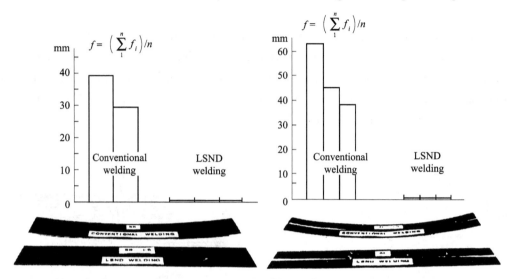

Fig. 16　Comparison between conventional welding and LSND welding in terms of the maximum deflection f measured on stainless steel plates (a) and aluminium alloy plates (b). Photos show the specimens in comparison

The LSND welding technique has been applied successfully to aerospace manufacturing for shell sturctures such as jet engine cases of heat resistant alloys and rocket fuel tanks of aluminium alloys[12,17].

Based on the "static" method, recent progress has been made in developing the "dynamic" LSND method[16,18]. In this case, the preset temperature distribution is no longer necessary. The formation of incompatible compressive plastic strain ε_x^P in the near-arc zone is dynamically controlled by a localized moving tensile effect which is implemented using a spot heat sink following the arc. Fig. 17 shows the image (a) and the isotherms (b) of the abnormal temperature field created by the "heat source—heat sink" multi-source system in "dynamic" LSND welding. Comparisons between the residual stress distributions after conventional welding and "dynamic" LSND welding are given in Fig. 18.

As an addition to the "static" method, the dynamic method gives more flexibility in practical application. It promises a more wide variety of application to non-linear and non-regular welds on shell structures.

From the results of systematic theoretical analysis and experimental study, some effective alternative approaches of the LSND welding technique are proposed for aerospace fabrication. Stationary and movable options for LSND welding as well as LSND welding technique for circumferential butt joints and T joints are also suggested[10]. The LSND welding technique, actively controlling stresses during welding, ensures dimensionally consistent fabrication of sheet

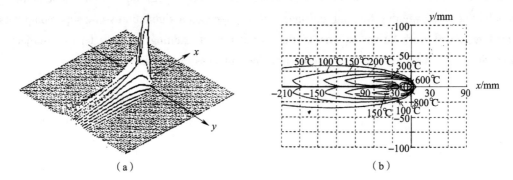

Fig. 17. Three-dimensional image (a) and isotherms (b) of the abnormal temperature field in dynamically controlled LSND welding with "heat source-heat sink" system

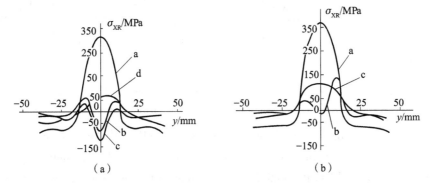

Fig. 18 Comparison between residual stress distributions in plate of mild steel (a) and stainless steel (b); Curves a——after conventional welding; curves b. c. d corresponding different welding regimes of "dynamic" LSND welding.

metal constructions while still using conventional fusion welding processes. It allows the fabricators to eliminate imperfections, and to meet more strict dimensional requirements, either from designers for structural integrity or from customers for better product performance, without having to undertake costly reworking operations.

The LSND welding technique possesses a satisfactory flexibility and promises a series of technical advantages and economic benefits. Along with the acceptance by industries of the new concept that welding distortions are avoidable by using this technique, further exploitation will open up hopeful prospects for the LSND welding technique.

7 Trends – precise controlling with modelling

Recent achievements in welding mechanics, progress in mathematical modelling and numerical simulation of welding processes offer researchers powerful tools for study in detail thermal and mechanical histories induced by welding. Computer simulation of welding processes is the critical component of a world-wide effort to develop virtual manufacturing capabilities. 3-D welding thermal and mechanical phenomena simulation using supercomputers and high-speed workstations is one of the world's most exciting and challenging subjects, involving many disciplines and industrial practice, process experiments, and so on.

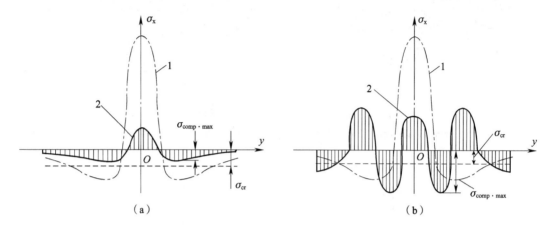

Fig. 19 Two alternative options in executing LSND welding and their residual stress
distribution, curve 1 – after conventional welding, curve 2 – after LSND welding

These tools allow for the prediction of precise controlling of the abonormal temperature field and therefore the thermal elastic-plastic cycles created by a multi-source welding technique i. e. a coupled "heat source-heat sink" process to achieve distortion-free results. As shown in Fig. 19, in prediction of no-distortion welding techniques, two alternative options of residual stress distribution could be adopted[10]. Distortion-free results are obtained either by reducing σ_x up to $\sigma_{comp. max} < \sigma_{cr}$ (a) or by redistributing the residual stress field (b) using multi-source system. In the latter, two more zones with tensile residual stresses appear in the near-weld areas. Due to the tension effect between the compressively stressed strips, the buckling distortions connot occur even with $\sigma_{comp. max} > \sigma_{cr}$.

The pioneering and successful application of LSND welding along with the computer modelling show the trends in precise controlling of welding stress and distortion and undoubtedly lead to a new era of no-distortion welding.

8   Conclusions

(1) The strict geometrical integrity and dimensionally consistent fabrication of welded aerospace shell structures promote the progress in solving welding stress and distortion problems.

(2) Contributions made by application of HEDB welding technologies are reducing dramatically heat input and therefore the distortion.

(3) As an "active" in-process control method, the newly developed LSND welding

technique has been applied successfully to jet engine cases and rocket fuel tanks and proved out in avoiding completely the buckling distortions while using existing fusion welding processes.

（4）The pioneering of LSND welding technique and progress in welding mechanics in terms of computer modelling show the new trends in precise controlling of welding stress and distortions using coupled "heat source-heat sink" multi-source systems.

（5）Verifications of FE program for numerical analysis and mathematical modelling of welding strain-stress by means of modern experimental mechanics are essential to improve the reliability of the calculated results especially for quantitative assessment of transient phenomena during welding.

（6）Along with the excellence of the achievements in controlling welding stress and distortion while using the existing fusion welding processes the most attractive trends in reducing and even avoiding the welding stress and distortion in aerospace manufacturing engineering are the development and application of new solid state welding processes where available e. g. the combined technique of super-plastic forming with diffusion bonding（SPF/DB）as well as friction stir welding.

References

［1］ Okerblom N. O. Welding distortion and stress. Mashgiz, 1948.

［2］ Vinokurov V. A. Welding stresses and distortions. Mashinostroenye, Moscow, 1968.

［3］ Paton B. E. et al. Fabrication of thin-walled welded Large panels of high-strength aluminium alloys. Avtomat. Svarka, 1989（10）.

［4］ Lobanov L. M. Control of thermo-deformation cycles in welding of sheet structure using heat absorbers. Avtomat. Svarka, 1990（9）.

［5］ Masubuchi K. Analysis of welded structures. Pergamon Press, 1980.

［6］ Guan Qiao, Sc. D. Thesis MBTY. Moscow, 1963.

［7］ Radaj Dieter. Heat effects of welding-temperature field, residual stress, distortion. Springer-Verlag Berlin Heidelberg, New York, 1992.

［8］ Guan Qiao et al. Transient welding strain measurement by Moiré technique. Transactions of Chinese Welding Society, 1986, 7（1）.

［9］ Guan Qiao et al. A study of specific characteristics in transient welding strain-stress formation. IIW Doc. X-1122-86, IIW Annual Assembly, Tokyo, 1986.

［10］ Guan Qiao et al. Low Stress No-Distortion（LSND）Welding—a new technique for thin materials. IIW Doc. X-1190-89, Welding in the World, 1994, 33（3）.

［11］ Guan Qiao et al. Verification of FE programs for welding thermal strain-stress analysis using high temperature Moiré measurement, IIW Doc. X-1249-92, Welding in the World, 1993, 31（5）.

［12］ Guan Qiao et al. Progress and trends in distortion controlling for welded shell structure in aerospace manufacturing. Proc. of the 6th Int. Symp. JWS. 1996, Nagoya .

[13] Sagalevich, V. M. Methods for removal of welding distortions and stresses. Mashinostroenye, 1974.

[14] Stanhope A. et al. Welding airframe structures in titanium alloys using tensile loading as a means of overcoming distortion. Metal Construction and British Welding Journal, 1972, Oct.

[15] Guan Qiao, Guo D. L. et al. Method and Apparatus for Low Stress No-Distortion welding of thin-walled structural elements. Chinese Patent 87100959. 5, 1987.

[16] Guan Qiao, Zhang C. X. and Guo D. L. Dynamically Controlled Low Stress No-Distortion welding method and its facility. Chinese Patent 93101690. 8, 1993.

[17] Guan Qiao et al. Low Stress No-Distortion welding for aerospace shell structures. China Welding, 1996, 5 (1).

[18] Guan Qiao, Zhang C. X. et al. Dynamic control of welding distortion by moving spot heat sink. Welding in the World, 1994, 33 (4) Pergamon.

(Published in: *Welding in the World*, Vol. 43 No. 1, 1999; IIS/IIW − 1443 − 98, IIW Doc. X − 1413 − 98, X V − 1003 − 98, IIW 51st Annual Assembly, Germany, 1998

Some separate contents of this paper were presented at the following conferences and published in:

Proc. of the 6th Int. Symp. JWS, Nagoya, Japan, 1996, "Progress and Trends in Distortion Controlling for Welded Shell Structures in Aerospace Manufacturing";

Proc. of the Int. Conf. "Welding and Related Technologies for the 21st Century" E. O. Paton Electric welding Institute, Kyiv, Ukraine, Nov. 1998, "Welding Stress and Distortion Control in Aerospace Manufacturing Engineering";

Proc. of the IIW Asian Pacific Int. Congress, 29 Oct. − 2 Nov. 2000, Melbourne, Victorice, Australia,

"Application of Low Stress No − Distortion Welding Techniques in Sheet Metal Industry";

Proc. of the 7th Int. Aachen Welding Conference, Aachen, German, 3 − 4 May, 2001, "Reduction of Residual Stress and Control of Welding distortion in Sheet Metal Fabrication")

Low Stress No – Distortion Welding
for Aerospace Shell Structures

Guan Qiao, Guo Delun, Zhang Chongxian

Abstract *To fit in with the strict geometrical integrity and ensure dimensionally consistent fabrication of the welded aerospace structures, the Low Stress No – Distortion (LSND) welding technique for thin materials was pioneered and developed to provide an in – process active control of welding distortion. Satisfactory distortion – free results were achieved in both welding of jet engine cases of heat – resistance alloys and rocket fuel tanks of aluminium alloys. There need no reworking operations for post – weld distortion correction.*

Based on the "Static" method, a newly developed method for "Dynamic" in- process control is also discussed in this paper. Both methods provide quantitative in – process control of incompatible strains in weld zone and low stress no – distortion welding results.

Keywords *Welding distortion   Shell structure   Control of welding stress and distortion   Distortion – free welding   Low Stress No – Distortion welding*

Introduction

It is a commonly accepted concept that buckling distortions are inevitable in thin-walled structures where fusion welding is applied. The problems of welding residual stresses and buckling distortions in thin walled structures are the main problems which often cause variable quality of products and additional time-consuming and costly operations to remove distortions or to relieve residual stresses after welding.

Conventionally, two categories of methods are adopted to eliminate welding distortions in thin-walled structures; methods applied before welding, e. g. pre-deformation etc, whereby the welding distortions are compensated by acounter deformation formed in the structural elements prior to welding; and methods applied after welding——once welding distortions are in existence, they are removed or eliminated afterwards by special flattening processes. These methods applied either before welding or after welding are arranged as special operations in the manufacturing procedure. Both of them need special installations, resulting in increasing cost and variable quality of welded structures.

Pre-tensile loading can be classified in the category of methods applied before and during welding. In this case, for each particular structure of panels, a specially designed installation for tensile loading is required. Owing to their complexity, reduced efficiency and reduced flexibility in practical execution, application of these methods are limited.

A new technique for eliminating distortion and residual stress problems caused by welding in thin material has been pioneered at the Beijing Aeronautical Manufacturing Technology Research Institute (BAMTRI) in China. Buckling distortions can be avoided with the new Low Stress No-Distortion (LSND) welding technique using existing fusion welding methods.

Low stress no-distortion results are achieved during the welding process itself by a thermal stretching effect which is obtained by establishing a specific temperature profile and restraining transient out-of-plane buckling movement of the workpieces. This stretching effect induced by either a "static" or a "dynamic" method is always following the welding heat source and controls quantitativelly the formation of incompatible compressive plastic strains in weld zone.

1 Welding distortion problems in aerospace constructions

The manufacture of welded cylindrical or cone – shaped shells in aerospace industries is always accompanied by buckling distortions which are mainly caused by compressive residual stresses as a result of incompatible plastic strains in the weld zone. Typical examples of buckling distortions in aerospace structures mostly in form of shells with longitudinal welds where fusion welding is applied are shown in Fig. 1.

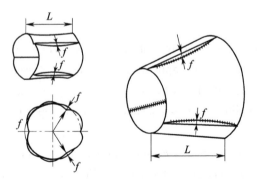

Fig. 1   Typical buckling distortions of welded cylindrical and cone-shaped shells

The critical compressive stress σ_{cr} at which buckling occurs in plates or shells is proportional to the square of the thickness of weldments, the buckling distortions become more substantial especially in thin – walled structural elements of thickness less than 4mm where σ_{cr} are much lower. These weldments are very sensetive to the welding residual comprassive stress level and buckling always takes place after conventional welding.

The strict geometrical integrity requirements of most aerospace welded structural elements are dictated to by the aerodynamics. In some case, the acceptable allowance of residual deflection f at a longitudinal weld length L (Fig. 1) should be limited by a ratio of $f/L < 0.001$. Unfortunately, up to now designers and manufacturers, suffering from problems of welding distortions and residual stresses, have to adopt a concept that buckling distortions in thin-walled structures due to conventional fusion welding processes are inevitable. Hence, from the point of view of structural design integrity, rationality of manufacturing technology and inservice reliability, the problems of welding distortion and residual stress in thin-walled structures remain an actual matter to be solved, especially in aerospace industry. As a consequence, manufacturers have to apply additional time-consuming and costly operations to remove distortions or to relieve residual stresses after welding to avoid variable quality of products.

Practice pushes forward the idea to create an "active" in-process control of welding stress and distortion during welding. A newly developed Low Stress No – Distortion (LSND) welding technique[1,3,4] has been applied successfully to aerospace structures[7] and proved out in avoiding buckling distortions while using existing fusion welding methods.

2　Feature of static LSND welding and applications

The specific and essential feature of "Static" LSND welding is to provide a required stretching effect during welding by means of preventing the weldments from transient out-of-plane buckling which always take place as a result of superposition of the preset heating and the welding heat source (Fig. 2). The stretching effect is herein defined as a tensile stress distribution in the weld joint zone induced by a local preset heating temperature distribution (Fig. 3).

In the experimental research programme materials used were typical for both jet engine cases and rocket fuel tanks such as nickel-base heat-resistance alloys, stainless steels, titanium alloys as well as aluminium alloys. The specimens were with thicknesses of 0. 7 ~ 4mm, weldments were in the form of

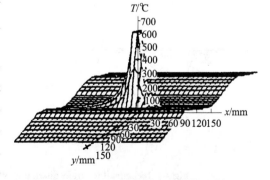

Fig. 2　Temperature field for LSND welding

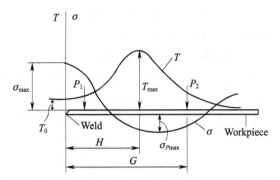

Fig. 3   Scheme showing the principles of LSND welding

T —temperature curve by preset heating and cooling

σ —thermal stress distribution induced by T

cylindrical shells. GTA welding with or without filler wire was used. In some cases pulsed GTA welding was also used. All welding parameters were selected in accordance with the existing prodution conditions. The experimntal programme included welding of specimens and weldments in the specially designed apparatus for LSND technique in comparison with welding in conventional jigging systems.

To provide a more clear quantitative assessement of both residual stress levels and distortions, strain gauges and mechanical extensometer were used for residual stress measurement, deflections on all weldments were measured after welding.

The local preset temperature distributions which are essential for LSND welding were selected in accordance with the mechanical and thermo-physical properties of the materials to be welded. The optimized parameters should be determined by use of theoritical analysis of the LSND welding thermal elastic-plastic strain-stress cycles and checked by experimental measurenents.

Fig. 4 shows a typical reduction of peak value of incompatible strains (a) and residual stresses (b) on weld axis while the preset temp erature distributions on LF6 aluminium specimens were selected accordingly to achieve the desired results.

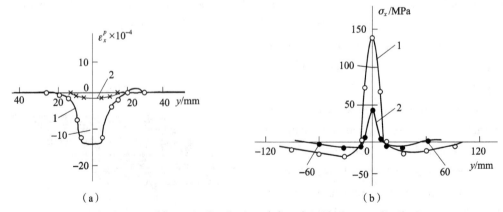

Fig. 4   Incompatible strain distributions (a) and residual stress distributions

(b) caused by conventional welding (curve 1) and LSND welding (curve 2)

Fig. 5 shows typical examples of measured distortions after welding on stainless steel specimens (a) and aluminium alloy specimens (b), where h and f are deflections in both horizontal and vertical positions of the plates.

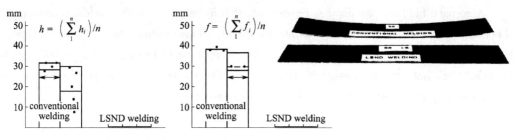

(a) Stainless steel 18-8, 1.6mm

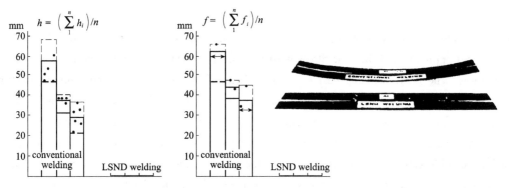

(b) Aluminium alloy 5083, 1.6mm

Fig. 5　Comparison between conventional welding and LSND welding

interms of distortion h and f on stainless steel (a) and aluminium alloy (b) specimens.

Completely distortion-free ($h = 0, f = 0$) results can be achieved by use of LSND welding technique

It can be seen from these Figs, that a practically negligible residual peak stress value can be obtained by selecting the parameters for LSND technique properly.

All experiments show that distortion-free results can be achieved by use of LSND welding technique with the optimized parameters.

Based on the results of experiments, newly designed apparatus for LSND welding of jet engine cases were installed in production lines to replace the on-site conventional jigging fixture. The apparatus provides a wide possibility of welding butt joints of plates with thicknesses of 0.7 ~ 6mm as well as cylindrical and conical shells.

As an alternative option, many existing longitudinal seam welders in aerospace industries might be modified easily and economically with the LSND welding technique. In such a manner, rocket fuel tanks of Al – Cu – Mg – Si alloy in form of cylindrical shells 3 ~ 7mm thick, were welded successfully in modified on-site apparatus for LSND welding technique. Thermal cycles of weld zone were precisely controlled and regulated by both variation of preset haeting parameters and variation of cooling of weld zone directly in the LSND apparatus.

Obviously, the LSND welding technique is possessed of a satisfactory technological flexibility, activelly controlling the welding stresses and distortions in-process and simultaneously providing the weld joint with required mechanical properties.

Aerospace industry practice has proved out, that by use of the LSND welding technique in sheet metal fabrication, the weldments are completely distortion-free and keep their shape as flat as originally before welding. Along with the acceptance of the new concept not only by manufacturers but also by designers that welding distortions are no longer inevitable and practically negligible residual stress level can be achieved.

3   Basic principles of dynamic LSND welding

The idea of active in-process control of welding stress and distortion has led to the successful application of the Low Stress No-Distortion (LSND) welding technique for aerospace structures. The LSND welding based on a stretching effect using a pre-set specific temperature distribution can be classified as "static" method for control of welding stress and distortion.

In the newly pioneered and developed method for in-process dynamic control of welding stress and distortion, the pre-set temperature distribution is no longer necessary. The formation of incompatible compressive plastic strain in the near-arc area is dynamically controlled by a localized moving tensile effect which is implemented using a spot heat sink following the arc. Obviously, there is no need for pre-set heating, the tensile effect is created directly inside the welding temperature field.

A special device consisting of welding heat source and heat sink[2] has been designed for Dynamically Controlled Low Stress No-Distortion (DC-LSND) Welding. The multi-source welding system provides a localized intensive moving spot heat sink at a proper distance after the arc. The cooling jet following the welding arc creates an abnormal temperature field in comparison with the normal temperature distribution in a conventional arc welding process[5,6]. The specific characteristics of the abnormal temperature field are shown in isotherms in Fig. 6. It can be seen obviously that there is a deep valley in the temperature distribution caused by the heat sink of the cooling jet. The temperature valley follows the

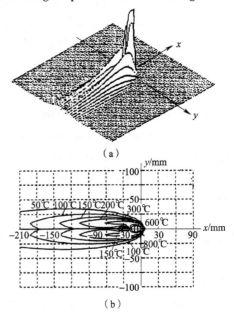

Fig. 6   Isotherms of the abnormal temperature field created by multi-source system in dynamic LSND welding and their three dimensional image

temperature peak produced by the arc heat input. Naturally, an extremely high temperature gradient from the peak to the valley is induced. In analysing the specific abnormal temperature distribution, mathematical modelling was applied where the heat sink of the cooling jet was treated as a negative heat source to be superposed on the welding heat source.

In the case of welding with a multi-source device, the abnormal thermal cycles also induce abnormal thermo-elastic-plastic stress and strain processes. In front of the arc, the influence of the heat sink is too weak to effect the normal process of thermo-elastic-plastic stress and strain cycles, and the incompatible compressive plastic strain forms more or less as normal. But, behind the arc, in the area of just solidified weld, owing to the intensive heat sink of cooling jet, the shrinkage of metal from high temperature causes a very strong stretching effect in the temperature valley. Therefore, the compressive plastic strain formed before in the just solidified weld can be compensated by the tensile plastic strain in the area of temperature valley. Moreover, thanks to the intensive heat sink, the heat conduction from the weld pool to the peripheral area is also reduced resulting in narrowing the width of the zone of incompatible plastic strain distribution. As a matter of fact, both the value of incompatible strain and the width of its distribution could be controlled quantitatively by selecting properly the technological parameters which determine the specific characteristics and the intensity of the heat sink system.

In this way, the incompatible tensile strain obtained in the weld zone can not only compensate the compressive one, but also provide an extra stretching leading to a reversed distribution of residual stress, i. e. residual compressive stress in the weld zone and tensile stress in peripheral zone. For engineering application, a complete freedom from distortion can be achieved if the residual compressive stress in peripheral area is reduced to a level lower than the critical value σ_{cr} at which buckling occurs on thin-walled structural elements.

To avoid the occurrence of possible interference with the cooling jet, the multi-source welding device is specially designed, in which measures are taken to protect the arc. The carefully protected welding arc burns stably as a normal interference-free welding heat source.

In experiments, the welding processes were carried out at the same parameters as normally used for the given weldments. The intensity of the heat sink is regulated by selecting the proper medium for cooling jet and its flow rate. The localized stretching effect could also be adjusted by changing the distance between the heat source and heat sink. In all experiments, good quality and performance of the weld were obtained.

Comparisons between the distortions on stainless steel plates and on mild steel plates welded conventionally and by DC-LSND welding technique showed that specimens welded conventionally are severely buckled but after DC-LSND welding they are fully distortion-free and keep their original forms as flat as before welding.

Results of residual stress measurements in stainless steel plates (Fig. 7) show that the peak tensile stress after conventional welding reaches the value of more than 300MPa resulting in the maximum value of compressive stress in peripheral area of more than 80MPa which causes buckling distortion with flexure more than 20mm in the center of a specimen of length 500mm.

In the case of DC-LSND welding, the patterns of residual stress distribution curves differ from the curves mentioned above by either reduction of the maximium values of stresses or reverse of both the tensile and the compressive stress to their opposite sign (see curves b. c. d in Fig. 8). The essential parameters dominating the intensity of the heat sink, therefore the stretching effect, are the flow rate of cooling medium, F, and the distance between the arc and the cooling jet, L. Physico-mathematical modelling and numerical analysis are useful to optimize the combination of the parameters for every given element to be welded. The result of theoretical analysis is always supported by experimental verification.

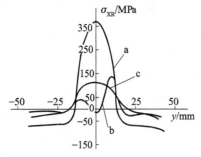

Fig. 7　Comparison between residual stress
distribution in stainless steel plates

a. Conventional welding;
b. DC-LSND welding: $F = 150 \mathrm{mL/min}$, $L = 15 \mathrm{mm}$;
c. DC-LSND welding: $F = 150 \mathrm{mL/min}$, $L = 25 \mathrm{mm}$.

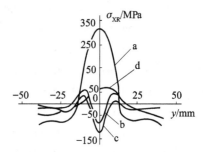

Fig. 8　Comparison between residual stress
distributions in specimens of mild steel

a. Conventional welding;
b. DC-LSND welding: $F = 60 \mathrm{mL/min}$, $L = 20 \mathrm{mm}$;
c. DC-LSND welding: $F = 150 \mathrm{mL/min}$, $L = 20 \mathrm{mm}$;
d. DC-LSND welding: $F = 150 \mathrm{mL/min}$, $L = 30 \mathrm{mm}$.

As an addition to the static method, the dynamic method gives more flexibility in practical application. Besides the longitudinal linear welds, where the static method of LSND welding seems to be more suitable, the dynamic method promises a more wide variety of application to non-linear and non-regular welds.

4　Conclusions

(1) The main idea of Low Stress No-Distortion (LSND) welding of thin-walled structural elements is to create an "active" in-process control of welding stress and distortion during welding by a stretching effect provided by either a preset temperature distribution or a moving spot heat sink, while measures are taken for restraining transient out-of-plane buckling movement of the workpiece.

(2) The LSND welding techniques have been applied successfully to aerospace shell structures. Buckling distortion in thin-walled structures can be prevented completely and

welding distortion is no longer inevitable with the LSND welding technique. The conventional "passive" post-welding flattening procedures for correction of distortion are no longer necessary.

(3) Satisfactory distortion-free results were achieved in both welding of jet engine cases of heat resistance alloys and rocket fuel tanks of aluminium alloys.

(4) Based on the "Static" method, a newly developed method for "Dynamic" in-process control of welding distortion and stress providing also distortion-free results in thin-walled weldments gives more flexibility in practical application.

References

[1] GUAN Q. , GUO D. L, et al. Method and Apparatus for Low Stress and No-Distortion Welding of Thin-Walled Structural Elements. Chinese Patent, 87100959. 5, 28th February, 1987.

[2] GUAN Q. , ZHANG C. X. and GUO D. L. Dynamically Controlled Low Stress No-Distortion Welding Method and its Facility. Chinese Patent, 93101690. 8, 25th February, 1993.

[3] GUAN Q. , GUO D. L. et al. A New Technique for Low Stress and No-Distortion welding of Thin Materials. Transactions of Chinese Welding Society. Hanjie Xuebao, 1990, 11 (4) (in Chinese).

[4] GUAN Q. , GUO D. L. et al. Low Stress No-Distortion (LSND) Welding. Welding in the World, 1994, 33 (3), IIW/IIS, Pergamon.

[5] GUAN Q. , ZHANG C. X. et al. New Technique for Dynamically Controlled Low Stress No-Distortion Welding. Transactions of Chinese Welding Society. Hanjie Xuebao, 1994, 15 (1) (in Chinese).

[6] GUAN Q. , ZHANG C. X. et al. Dynamic Control of Welding Distortion by Moving Spot Heat Sink. Welding in the World, 1994, 33 (4), IIW/IIS, Pergamon.

[7] GUAN Q. , GUO D. L. , LI C. Q. Application of Low Stress No-distortion Welding for Aerospace Structures. IIW Dox. X – 1200 – 90, IIW 43rd Annual Assembly, July, 1990, Canada.

(Published in: *China Welding*, 1996, 1 (5))

Dynamic Control of Welding Distortion by Moving Spot Heat Sink

Guan Qiao, Zhang Chongxian, Guo Delun

1 Introduction

One of the most toublesome problems in manufacturing thin-walled welded structures in the aerospace industry is buckling distortion. Sensitivity to buckling is peculiar to these weldments possessing a much lower critical compressive stress σ_{cr} at which buckling occurs.

The idea of active in-process control of welding stress and distortion has led to the successful application of the Low Stress No-Distortion (LSND) welding technique[1] for aerospace structures. The LSND welding based on a stretching effect using a pre-set specific temperature distribution[2] can be classified as a "static" method for control of welding stress and distortion.

In the newly pioneered and developed method for in-process dynamic control of welding stress and distortion, the pre-set temperature distribution is no longer necessary. The formation of incompatible compressive plastic strain in the near-arc area is dynamically controlled by a localised moving tensile effect which is implemented using a spot heat sink following the arc. Obviously, there is no need for pre-set heating, the tensile effect is created directly inside the welding temperature field.

As an addition to the static method, the dynamic method gives more flexibility in practical application. Besides the longitudinal linear welds, where the static method of LSND welding seems to be more suitable, the dynamic method promises a wider variety of application to non-linear and non-regular welds.

2 Basic principles

A special device consisting of welding heat source and heat sink[3] has been pioneered and developed for Dynamically Controlled Low Stress No-Distortion (DC-LSND) welding. The multi-source welding system shown in Fig. 1 provides a localised intensive moving spot heat sink at a proper distance after the arc. The cooling jet following the welding arc creates an abnormal temperature field in comparison with the normal temperature distribution in a conventional arc welding process. The specific characteristics of the abnormal temperature field are shown in isotherms in Fig. 2. It can be seen obviously that there is a deep valley in the temperature distribution caused by the heat sink of the cooling jet. The temperature valley follows the temperature peak produced by the arc heat input.

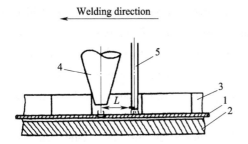

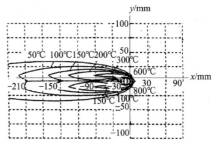

Fig. 1　Scheme of device for DC-LSND welding using a multi-source system

1—workpiece; 2—backing bar; 3—clamping; 4—welding arc; 5—cooling jet

Fig. 2　Isotherms of the abnormal temperature field created by multi-source system in DC-LSND welding of mild steel plate

Naturally, an extremely high temperature gradient from the peak to the valley is induced. This abnormal effect can also be observed clearly from a three-dimensional image of the temperature fields, as shown in Fig. 3. In analysing the specific abnormal temperature distribution, mathematical modelling was applied where the heat sink of the cooling jet was treated as a negative heat source to be superposed on the welding heat source.

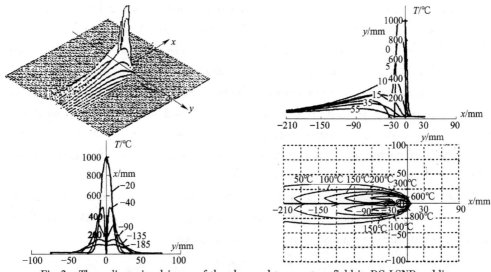

Fig. 3　Three-dimensional image of the abnormal temperature field in DC-LSND welding

In the case of welding with a multi-source device, the abnormal thermal cycles also induce abnormal thermo-elastic-plastic stress and strain processes. In front of the arc the influence of the heat sink is too weak to effect the normal process of thermo-elastic-plastic stress and strain cycles, and the incompatible compressive plastic strain forms more or less as normal. But, behind the arc, in the area of just solidified weld, owing to the intensive heat sink of the cooling jet, the shrinkage of metal from high temperature causes a very strong stretching effect in the temperature valley. Therefore, the compressive plastic strain formed before in the just solidified weld can be compensated by the tensile plastic strain in the area of temperature valley. Moreover, thanks to the intensive heat sink, the heat conduction from the weld pool to the peripheral area is also reduced resulting in narrowing of the width of the zone of incompatible plastic strain distribution. As a matter of fact, both the value of incompatible strain and the width of its distribution could be controlled quantitatively by selecting properly the technological parameters which determine the specific characteristics and the intensity of the heat sink system.

In this way, the incompatible tensile strain obtained in the weld zone can not only compensate the compressive one, but also provide an extra stretching leading to a reversed distributed residual stress, i. e. residual compressive stress in the weld zone and tensile stress in the peripheral zone. For engineering application, a complete freedom from distortion can be achieved if the residual compressive stress in the peripheral area is reduced to a level lower than the critical value σ_{cr} at which buckling occurs on thin-walled structural elements.

3　Experiments and discussion

To avoid the occurrence of possible interference with the cooling jet, the multi-source welding device is specially designed, in which measures are taken to protect the arc. The carefully protected welding arc burns stably as a normal interference-free welding heat source.

In experiments, the welding processes were carried out at the same parameters as normally used for the given weldments. The intensity of the heat sink is regulated by selecting the proper medium for the cooling jet and its flow rate. The localised stretching effect could also be adjusted by changing the distance between the heat source and heat sink. In all the experiments good quality and performance of the weld were obtained. Specimens were mild steel plates and stainless steel plates of 1mm thickness.

Fig. 4 shows a comparison between the two welding thermal cycles for conventional GTAW welding and DC-LSND welding of stainless steel plates. It can be seen that the heat sink by the cooling jet behind the arc causes a sharp drop on the curves:

$$T_{y=\mathrm{const}} = F(t),$$

the peak value of $T_{y=\mathrm{const}}$ is also reduced to a certain extent.

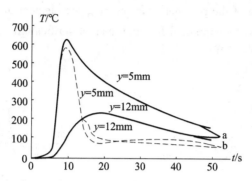

Fig. 4　Comparison between the two thermo cycles: (a) conventional welding; (b) DC-LSND welding

Comparisons between the distortions on stainless steel plates and on mild steel plates welded conventionally and by DC-LSND welding technique are given in Fig. 5. Specimens welded conventionally buckled severely but after DC-LSND welding they are fully distortion-free and keep their original forms as flat as before welding.

Results of residual stress measurements (Figs 6 and 7) show that the peak tensile stress after conventional welding reaches a value of more than 300MPa resulting in a maximum value of compressive stress in the peripheral area of more than 80MPa which causes buckling distortion with flexure more than 20mm in the centre of a specimen of length 500mm.

(a) Specimens of SS 18-8 welded conventionally (upper, severely buckled)
and by DC-LSND welding technique (lower, distortion free)

(b) Specimens of steel A3 welded conventionally (upper, severely buckled)
and by DC-LSND welding technique (lower, distortion free)

Fig. 5　Comparison between the distortions on the specimens of stainless
steel and mild steel welded conventionally and after DC-LSND welding

In the case of DC-LSND welding, the patterns of residual stress distribution curves differ from the curves mentioned above by either reduction of the maximum values of stresses or reverse of both the tensile and the compressive stress to their opposite sign (see curves b, c, d in Figs 6 and 7). The essential parameters dominating the intensity of the heat sink, therefore the stretching effect, are the flow rate of cooling medium, F, and the distance between the arc and the cooling jet, L. Physico-mathematical modelling and numerical analysis are useful to optimise the combination of the parameters for every given element to be welded. The result of theoretical analysis is always supported by experimental verification.

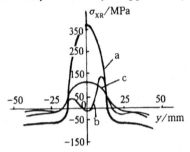

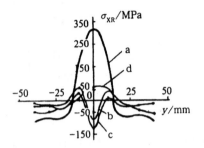

Fig. 6 Comparison between residual stress distributions in stainless steel plates

(a) conventional welding; (b) DC-LSND welding: $F = 150\text{mL/min}$, $L = 15\text{mm}$; (c) DC-LSND welding; $F = 150\text{mL/min}$, $L = 25\text{mm}$

Fig. 7 Comparison between residual stress distributions in specimens of mild steel

(a) conventional welding; (b) DC-LSND welding: $F = 60\text{mL/min}$, $L = 20\text{mm}$; (c) DC-LSND welding; $F = 150\text{mL/min}$, $L = 20\text{mm}$; (d) DC-LSND welding; $F = 150\text{mL/min}$, $L = 30\text{mm}$

Experiments show that distortion-free results can be obtained easily by use of the DC-LSND welding method which gives more technological flexibility in engineering practice.

4 Conclusions

(1) By use of a moving spot heat sink following the arc, the extreme high temperature gradient between the peak and the valley in the abnormal temperature field induces a localised strong stretching effect which can be used for in-process dynamic control of welding stress and distortion.

(2) Experiments show that the DC-LSND welding technique ensures definite distortion-free results on thin-walled elements. The newly pioneered multi-source welding system provides compensation of the incompatible strain in the weld zone, reduction of the value of residual stresses and even a reverse of the stress distribution pattern resulting in the emergence of compressive stress in weld.

(3) A specially designed device for DC-LSND welding was developed in which the arc is protected reliably from the interference with the cooling jet. The dominant parameters characterising the intensity of the heat sink and therefore the stretching effect, are the flow rate of the cooling medium and the distance between the heat source and the heat sink.

(4) The developed DC-LSND welding technique and device have been proved to be very flexible and easy to use. The system is suitable not only for linear welds but also for irregular geometries. The cooling jet system can be attached to a conventional welding torch. The welding process can be carried out with the parameters used in conventional welding.

References

[1] Q. Guan et al. Application of Low-stress Non-distortion Welding for Aerospace Structures. Doc. IIS/IIW X – 1200 – 90, Montreal, Canada, 1990.

[2] Q. Guan et al. Low-stress Non-distortion Welding – a New Technique for Thin Materials. Doc. IIS/IIW X – 1190 – 89. Helsinki, Finland, 1989.

[3] Q. Guan, C. X. Zhang, D. L. Guo. Dynamically Controlled Low-stress Non-distortion Welding Method and its Facility. Chinese Patent, 93101690. 8, 2, 1993.

(Published in: *Welding in the World*, 1994, 33 (4); IIW Doc. X – 1272 – 93, IIW46th Annual Assembly, Glasgow, UK, 1993)

Progress of Welding Technology in Aviation Industry

Guan Qiao, Shao Yichen

Abstract *Welding in aviation industry has become one of the dominate processing technologies for manufacturing flying apparatus. The percentage of welded structures in designs of new flying apparatus has been continuously growing up. Welding technology provides a freedom and guarantee to new structure design and new material application. Technical and economic benefits have been obtaining in application of newly developed welding technologies and achievements in research, such as, SPF/ DB, electron beam welding, brazing, low stress no-distortion welding etc.*

1 Progress of welding technology in Chinese aviation industry

At the early stage of the founding of aviation industry in China, welding was only an auxiliary technique in repairing of aircraft. In coincidence with the development of aviation industry for the past over 40 years, welding technology has become one of the dominate processing technologies for manufacturing flying apparatus. A linked up aeronautical welding professional system of education – research – fabrication has been established. Remarkable progress has been made in aviation welding technology. The main achievements for the past over 40 years may be generalized briefly as follows.

1.1 Providing technological guarantee for design and manufacturing of new types of flying apparatus.

The development of new types and models of flying apparatus, no doubt, is the drawing force for the progress in welding technologies used specifically in manufacturing aeronautical welded structures.

On the other hand, the progress in welding is the essential pushing force for implementation of new structural design ideas. It reflects the specific nature of development of modern aviation technologies that joint efforts and consulting each other, both the designer and manufacturer—welder make their contributions in improvement of welded aeronautical structures being perfected by related new welding techniques. The ever higher technical requirements to the welded structures and materials applied in the new domestic aircraft, jet engine power plants and on-board devices have been satisfied by using the newly developed welding techniques either in the series production or in the experimental manufacturing stage of new types of aircraft. During the past decades, the new welding and joining techniques, such as diffusion bonding (DB), high energy density beam welding, high temperature brazing, low stress no – distortion (LSND) welding for thin-walled structures, and automation of conventional welding processes, give notable technical and economic benefits in aviation industry.

1. 2 Growing up the percentage of welded structures in design of flying apparatus

The flexibility of welding technology in aviation manufacturing engineering provides technical privilege in implementation of advanced design ideas for new complicated structures and application of new materials in flying apparatus in order to reduce the structure weight, production cost as well as to improve the reliability, to extent the service life of welded structures. For the last four decades, the percentage of weldments in the domestic jet engine design has been growing up about 40%, which is close to the technical level of the jet engine manufacturer in the developed countries. It is acknowledged that an advanced jet engine design, on the whole, could be recognized as a welded structure performed by use of fusion welding, brazing, diffusion bonding and resistance welding. The percentage of welded structure in flying apparatus is not only criteria for assessing progression of welding technology in aviation but also one of the criteria to assess their advancement in design. The ever wider application of welded structure in flying apparatus indicates that welding technology has become a dominate technological process in aeronautical manufacturing engineering in China.

1. 3 Improving quality of aviation products using new welding technologies

Following the development of welding science and technology in the worldwide arena, the ever wider application of new welding techniques in Chinese aviation industry has been playing a leading role in progress of welding in various field in this country. To meet the ever higher technical requirements, to make structures thinner, lighter and more precise, systematical efforts have been made both in research and development of almost all advanced new welding methods applicable for aviation industry. As a result, the quality of welded products has been improved continuously. Non – conventional welding such as high energy density beam welding (electron beam, laser beam and plasma arc welding) have been widely used as final process for precise structure.

l.4   An aeronautical welding professional system has been formed

Through the joint efforts, a linked up aeronautical welding professional system of education—research—manufacturing has been established. There is welding department in each of the three universities and colleges related to the aviation: Beijing University of Aeronautics and Astronautics, Northwestern Polytechnical University and Nanchang Institute of Aeronautical Technology. Qualified engineers, masters and doctors in welding science and technology graduated from these universities are now the backbone of scientific and technological contingents in R & D activities. Welding divisions in Beijing Research Institute for Aeronautical Materials and Beijing Aeronautical Manufacturing Technology Research Institute undertake the research and development of new materials and welding techniques as well as associated equipment. They act as helpful consultant for the enterprises under China Aviation Industry Corporation in defining projects for future, evaluating technical feasibilities, making plans of technical reconstructions, organizing and coordinating projects.

1.5   Standardization and training activities

Standardization and training in welding technology, the most essential basic steps for Chinese aviation industry towards the world market, are now have been put on a regular basis. A system of professional qualification for certain classes of welders has been established .

2   Application of new welding techniques

To meet the technological fitness in manufacturing of welded structures of modern flying apparatus, especially the application of newer materials, the non-conventional welding techniques, dictated to by the specifics of aeronautical structures, have been developed rapidly. Super plastic forming-diffusion bonding (SPF/DB) process has been applied successfully to aircraft structures. Electron beam welding technology is more widely used for manufacturing the load-carrying weldments. High temperature brazing technique remains a determinate process in fabrication of turbine blades of new design and honeycomb components.

A newly developed low stress non – distortion welding technique provides distortion-free results of thin-walled structural elements.

2. 1　SPF/DB combined technique

As an advanced manufacturing method in aeronautical manufacturing technology, the R & D of SPF/DB combined technique in Chinese aviation industry can be traced back to the beginning of 1980s. The structural elements of titanium alloys manufactured by use of SPF/DB prossess of good technological fitness and satisfactory mechanical properties. Since then, the SPF/DB technology for titanium structures has been applied successfully both in aviation and space industry.

Fig. 1 shows a hatch – panel of aircraft manufactured by SPF/DB combined technique. It replaces the former riveted structure. By use of SPF/DB, the weight of such titanium elements could be reduced by 30% in comparison to the riveted designs, the overall technological processing procedure could be shortened obviously and, as a result, the cost of production could be reduced notably.

Fig. 1　Titanium hatch – panel of aircraft manufactured by combined technique of SPF/DB

For manufacturing larger size sandwich panel of titanium alloy in aircraft design, the R & D for multilayer panel SPF/DB technology have been undertaken. The optimization of technical options and technological parameters is in progress using microcomputer control. Fig. 2 shows a bonded joint in the three-layer and four – layer sandwich panel performned by SPF/DB. It can be seen that the interface between the sandwich layers is no longer existed. The joint is perfect and reliable.

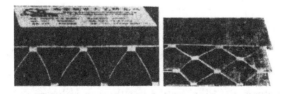

Fig. 2　Disappearance of joint interface in multilayer sandwich panel of titanium by use of SPF/DB

The larger geometrical dimensions of the main load-carrying frame of aircraft, the more restrictive precise technical requirements, are the essential technological difficulties in manufacturing of such titanium alloy structures made by SPF/DB. Microcomputer controlled facility specialized for SPF/DB technology has been developed, which provides the accurate dynamic control of technological parameters during SPF/DB process and their repetitiveness.

Fig. 3 shows the cross-section of aircraft load-carrying frame manufactured using SPF/DB and associated forming dies cavity. The thicker edges of the frame are reinforced by lap joint of separate overlapped straps, they are bonded together to form an entire cross-section during the SPF/DB cycle.

The major prerequisite of the application of SPF/DB to the design and manufacturing of main load – carrying structural elements is the reliable non-destructive evaluation and the inspection method. Because of the unsatisfactory sensitivity and lack of necessary resolution, the conventional NDT techniques hardly give the micro – defects at the interface of diffusion bonded joints. Nevertheless, this kind of micro – defects is the dominate factors causing the reduction of fatigue

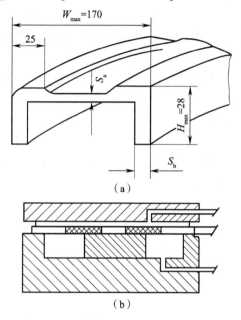

Fig. 3 Cross-section of aircraft frame made by SPF/DB (a) and the associated die cavity (b)

life and unfitted mechanical properties of the diffusion bonded joints. A new NDT technique and relevant devices (KGCJ – 1) have been developed and proved to be satisfactory to detect the micro – defects in the SPF/DB components. This very useful NDT method is based on the broad band narrow pulse high frequency ultrasonic inspection technique. The frequency of 100 MHz, the high damping and micro focused ultrasonic sensor provide the high sensitivity and fine resolution for evaluation of micro – defects with the opening of $1\mu m$. This new high frequency ultrasonic inspection method is also useful for NDT evaluation of defects in welded or brazed joints, especially is applicable to the joints welded in solid state such as friction welded interface joints etc.

2.2 Electron beam welding

Nowadays, the aviation industry remains the maior end-user of the electron beam welding (EBW) technology in China, although the car industry gradually become a more important field in application of electron beam welding. Besides the commonly acknowledged advantages of electron beam welding such as the low heat input, the excellent joint properties close to the base metal, the protection of welding pool by the performance of the joint in a vacuum condition, the lower distortion is the main factors dictating the ever wider application of EBW in design and manufacturing of aeronautical structures. The electron beam welding is often used as a final processing operation in manufacturing of precise important load-carrying components. The electron beam welding machines used in aviation industry are of $60 \sim 150 \mathrm{kV}$, $15 \mathrm{kW}$, with vacuum chamber of up to $10 \mathrm{m}^3$. The domestic electron beam generator of $150 \mathrm{kV}$ has been exploited and installed at the machine in laboratory application. Fig. 4 shows the typical aeronautical components performed by use of electron beam welding: High strength steel aircraft horizontal tail shaft, aircraft wing conjoin element and gear wheels of jet engines.

Fig. 4　Aircraft and jet engine components performed by electron beam welding

Fig. 5 shows the jet engine compressor rotor shaft assembly of titanium alloy after electron beam welding and its cross-section. It can be seen that the rotor assembly is made of separate discs welded at certain locations. To ensure the strict concentricity and dimensional requirements, some forms of the joints are performed, since the individual discs are fully machined before welding and no post weld machining can be carried out. The measurements show, that the welding distortion is completely covered within the margin tolerance. It indicates that this is the area in which EBW could well be expected to produce more acceptable results.

Fig. 5　Jet engine compressor rotor shaft assembly of titanium alloy after EBW

To meet the ever wider application of EBW in aviation industry, the domestic $15 \mathrm{kW}$ ($150 \mathrm{kV}$) electron beam welders (shown in Fig. 6) are successfully exploited to produce components in series production.

Fig. 6　Domestic 15kW (150kV) electron beam welder used in aviation production

2. 3　Diffusion bonding and high temperature brazing

Diffusion bonding becomes a more important manufacturing process in aviation for some new structural design and application of newer materials besides the components of titanium alloys where the diffusion bonding is more suitable. The notable privilege of DB method combined with the transient liquid phase (TLP) technique can be performed in manufacturing of the airfoil cooling elements for high temperature components in jet engine design. Fig. 7 shows the new construction design of airfoil cooling multilayer turbine stator blades produced by use of DB with TLP between the separate layers. On surfaces of high temperature alloy individual layer, there are etch – out air ~ foil channels for cooling. Dozens of layers superposed together, depending on the design high of the blades.

Fig. 7　Multilayer airfoil cooling turbine stator blades manufactured by DB + TLP

High temperature brazing is also one of the determinant processes in manufacturing of jet engine structural components running at high temperature such as combustion chamber, turbine stator blades etc. To improve the jet engine efficiency, the honeycomb sealing rings or segments are widely used in new designs. Fig. 8 shows the honeycomb core rings assembled from separate foil straps by use of laser spot welding. The prepared honeycomb cores are then assembled on sealing rings and brazed together. These high temperature brazed components are used not only in manufacturing of new jet engine power plant but also widely applied in repair and maintenance engineering to replace the worn honeycomb cores.

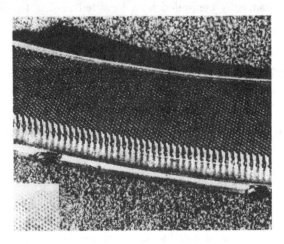

Fig. 8　Honeycomb cores assembled by use of laser spot welding and then brazed to sealing rings

2.4　Low stress no – distortion welding—new technique for thin-walled aerospace structures

Most of the welded structures in aerospace industry are made of thin – walled materials, for example, jet engine cases are usually made of high temperature alloys, titanium alloys. Aircraft and rocket fuel tanks are made of aluminum alloys. Buckling distortion due to welds made using conventional fusion welding processes has presented fabricators with problems for long time.

To meet the strict geometrical integrity and ensure dimensionally consistent fabrication of the welded aerospace structures, a newly pioneered and developed LSND welding technique[1] has been applied successfully to both jet engine case fabrication and rocket fuel tank manufacturing.

LSND welding is a method for in-process control of stresses and distortion during the welding operation itself. The process involves creating an initially uneven temperature distortion across the workpiece in addition to the special clamping arrangements.

The LSND welding technique ensures that welds are produced with low residual stress levels and complete freedom from welding distortion.

The LSND welding technique has been successfully applied to fabrication of jet engine cases and rocket fuel tanks. It allows the fabricator to meet strict dimensional requirements (acceptable allowance $f/L < 0.001$) without having to undertake costly reworking operation after welding correction.

In parallel with the development of the LSND welding, another in-process dynamic control of welding stress and distortion has passed the laboratory testing. Here the pre-set temperature distribution is no longer necessary. The formation of incompatible compressive plastic strain in the near-arc area is dynamically controlled by a localized moving tensile effect induced by a spot heat sink following the arc[2].

There is a deep valley of temperature distribution caused by heat sinking of the cooling jet. Naturally, an extremely high temperature gradient slumping from the peak to the valley is induced. Therefore, a very strong stretching effect in the temperature valley causes the compensation of the compressive plastic strain formed before in the just solidified weld. For engineering application, a complete freedom from distortion can be achieved if the residual compressive stress in peripheral area is reduced to a level lower than the critical value at which buckling occurs on thin-walled structural elements.

The DC-LSND welding technique[2] gives more flexibility in practical application. It promises a more wider variety of application to no – linear and no – regular welds. The essential factor in practice is to protect the arc from any interference of the cooling jet. A new device of multi-source (heat source-heat sink) for DC – LSND welding has been developed.

2. 5   Automation in aviation welding processes

Since the early of 1980s, technical innovations in the field of welding technologies has been undertaken. The application of microcomputer control and other semiconductor techniques to welding processes results in improving the quality and efficiency in aviation production. The power sources of arc welding and the control system of almost all welding processes: Resistance welding, electron beam welding, brazing etc. are renewed on the basis of application of modern mechantronics. Regarding the future trend of automation in welding technology attention is paid to the design and fabrication of technological accessory facilities especially necessary for aviation products. The overall technical and economic benefits could be achieved only in a coordinated complete solution. The soundness and quality of aeronautical welded structures are achieved in selection of suitable welding processes considering the allied technical subjects.

3   Future view

In the course of technical reconstruction of China's aviation industry, the above mentioned achievements in R & D would promote remarkable progress of welding technology. In view of the recent demands, it is clear that the manufacturers should enhance, the automation of fusion welding processes, the application of high energy density beam welding as well as the solid state welding techniques such as SPF/DB, friction welding etc.

References

[1] GUAN Q. et al. Chinese Patent, 87100959. 5, 2, 1987.

[2] GUAN Q. et al. Chinese Patent, 93101690. 8, 2, 1993.

(Published in: *China Welding*, 1994, 3 (2))

Success of the 47th Annual Assembly of IIW—A Milestone in Development of Welding in China

Guan Qiao

It was the first time that IIW (International Institute of Welding) had held its Annual Assembly in China after 30 years of Chinese Welding Society (CWS) being a full member of IIW. Thanks to the joint efforts of the welding community worldwide and freindly coorperation, the 47th Annual Assembly in Beijing (3 ~ 10 Sept. , 1994) proceeded smoothly in an orderly way. The success was widely recongnized and highly appreciated by national delegations and member societies of IIW. There were about 630 participants from 36 countries and 120 accompanying persons took part in the events of the Beijing Assembly.

Fig. 1　On behalf of the Chinese government, Vice – Premier Mr. ZOU Jiahua
delivers a welcome speech at the Opening Ceremony, 4th Sept. , 1994, Beijing.

1　International conference

As an essential part of the Beijing Assembly, the International Conference (5 ~ 6 Sept. , 1994) entitled "Advanced Techniques and Low Cost Automation" was proved to be a great success by the numbers of the audience attended, 300 to 450 participants in each session. The Conference was organized jointly by tbe Chinese Organizing Committee and Commission Xll of IIW.

Suggested by the host country, the Conference theme "Advanced Techniques and Low Cost Automation" was discussed in detail and adopted by the Technical Committee. The correct selection of the Conference theme was one half of the way to success. To fit the technical interests of the potential participants toward the IIW from both the host country and abroad, the theme was chosen combining the academical concepts and the practical aspects in order to avoid the possible situation of "highbrow songs find few singers" as Chinese idiom said.

At the beginning of the International Conference Prof. P. Drews delivered the Houdremont lecture "Welding in the Century of Information Technology". In his lecture, special consideration was given to a multi - disciplinary approach called "Mechatronics", which provides a synergetic combination of traditional engineering disciplines such as mechanics, electronics and computer science. A brief survey of recent advances and practical applications on mechatronics and robotics in modern welding engineering was demonstrated to show the present - day technical standards and new trends in this area.

There were 32 invited papers from 17 countries presented in 8 sessions of the Conference namely:

· Developments of Low Cost Mechanization and Antomation in Welding Engineering
· Experiences and Economic Aspects of Applying Low Cost Mechanized and Automated Welding Systems in Industrial Production
· Development in Robotized Welding System
· Advances in Sensing Techniques
· Development in Welding Power Sources
· Advanced Control Techniques
· Artificial Intelligence, CAD/CAM and Expert System for Welding and Allied Processes
· New Development in Welding Technology

About 60% of the papers presented at the Conference are directly dealing with welding robotics. Others which provide informations on power sources, sensors process control and artificial intelligence concepts are also to a certain extend related to robotic welding systems. On the one hand, papers contain newly developed advanced techniques attracted more research - oriented participants from R & D organizations; on the other hand, most techniques of low cost automation demonstrated at the Conference and reports with informations including output of successful research to utilize in production are quite useful and practical, they could be immediately and widely applied in industries. Participants, especially those from the host country, were quite interested in the reported efficient and economical technologies and production at lower cost.

During the Conference, the definition of "Low Cost" and experiences of implementation of low cost automation were also discussed. The experiences and statistics in mechanization given by the Japanese shipyard and informations from developed industrial countries aroused great interests of the audience either form industries or from academic organizations. There is much in their valuable experiences that the developing countries can make use of.

Among the invited lectures, there were 8 papers from China presented at the Conference. Vice – Minister of Machinary Mr. LU Yansun, President of Chinese Mechanical Engineering Society in the lecture "Mechanization and Automation of Heavy Equipment Welding in China" gave description of welding technology in manufacturing large heavy equipment in China and highlighted the solution of key problems on automation of welding technology in constructions of fossil, hydro – electric and nuclear power stations.

All these contributions to the Conference benefitted both the participants domestic and abroad. The Chinese welding circle has known more about the outside world, and the foreign experts might also have known more about the present status of welding industry in China.

It seems to be very important for the future strategy of the IIW from the scientific and technical view point that different interests and demands originated from personal profession, worldwide reginal difference of national industrialization should be rationally coordinated.

2   Meetings of technical commissions & working units

During the Assembly week all the 15 Tehnical Commissions (Sub – Commissions), 5 Selected Committees and 3 Study Groups held their meetings at the Beijing international Convention Centre. There were 48 Chinese delegates, experts attended meetings of different working units of IIW. It was the biggest Chinese delegation to the IIW Annual Assembly since 1964 when China had became a member country of IIW. It was actually the privilege for the host country to provide her delegates and experts the opportunities to take part in the activities of Technical Commissions of IIW without overcoming the long distance and rather expensive travelling abroad. There were about 50 Chinese papers submitted to appropriate Technical Commissions; most of them were presented at meetings and some were recommended for publication in the "Welding in the World".

For many years, the Chinese Welding Society has structured its Technical Commissions in similarity to the IIW structure in order to facilite their direct connection with the IIW activities. But the Beijing Assembly was the only first chance for some chairmen of CWS Technical Commissions to make personal contact with their counterparts in IIW. Discussions among a group of experts from universities, research institutions and industrial organizations within a specialized technical commission were quite helpful for the Chinese delegates to understand the recent orientation and main subjects planned for the near future in the appropriate commissions. This kind of academic exchanges undoubtedly will also give a long – term influnce in the technical activities originated by the commissions of CWS. Following the IIW recent progress in standardization, education and training programme, the CWS should improve services to its members especially in these essential fields to meet the ever growing market demands in this country and to be prepared to enter the worldwide market economy.

As a matter of fact, the Beijing Assembly afforded Chinese welding profession, standing on an international vision, to make more contributions in progress of welding technology for the Nation's economic prosperity.

3　Pre – assembly symposium & technical events

Differ from the topics of the international Conference, a Pre – Assembly Symposium on material and metallurgical aspects entitled "Welding/Joning/Coating and Surface Medification of Advanced Materials" (chaired by prof. J. H. CHEN) was held in Dalin city, 1 ~ 2 Sept., 1994. The Symposium was organized jointly by Chinese Welding Society, Commission IX of IIW and the Select Committee "Surfacing and Thermal Spraying". 111 participants from 11 countries took part in the Symposium and 66 of 76 submitted papers were presented.

The 3rd Beijing – Essen International Welding Fair in Beijing International Exhibition Centre was run concurrently with the IIW Annual Assembly. 192 foreign and domestic exhibitors showed their new products and advanced techniques. More than 50, 000 persons had visited the Fair.

All these events proved to be helpful also in targeting potential participants toward the Annual Assembly and contributed to the IIW to win more wide reputation world – wide and especially in Asian region.

During the Assembly week, 6 technical tours to research institutions, university and industrial works were organized. More than 120 visitors had the chances to see and to know on site the present situation of welding technology in China.

Varied and colourful social events and sightseeing tours in Beijing offered also opportunities for participants not only to meet each other, exchange ideas and informations but also to learn more about China's culture and her people.

4　Impact on welding technology in China

China realizes the pervasiveness and importance of welding in its economic development and implementation of modernization for world standard manufacturing industries. The activities of CWS are always enthusiastically supported by the Chinese Goverment as well as the organization of the Beijing Assembly was. The Honorary Committee of the Assembly was headed by Vice – Premier Mr. ZOU Jiahua who gave a welcome speech at the Opening Ceremony on behalf of the Chinese Goverment. The fact, that only two years after the establishment, the Chinese Welding Society (the former Welding institution of Chinese Mechanical Engineering Society) had became a member society of IIW in 1964, gives evidence of the efforts by the CWS in making progress of welding technology in China and promoting international cooperation via IIW. Over the past 30 years, the CWS serves as a dedicated facility to bridge the gap between the needs of domestic welding industries and the advanced technologies developed in the outside world. So, from the beginning of establishment, the CWS has aimed to serve our industry in promoting continual improvement in quality, productivity and reliability of welding. There is no any other academic body of engineering in China rather than the CWS has its members spread so widely almost in every particular fields of industries. The significance and importance of welding technology in the Nation's economic prosperity has been well perceived.

According to the State's statistics, for the last decade (1982 ~ 1993), the total national steel production has been growing up from 31 million tons to 88 million tons, and it has exceeded the figure of 90 million tons in 1994. The percentage of welded structures among the total steel consumption is expected growing up from the present 25% towards 45% by the end of this century. Despite the efforts by the Chinese welding profession in promoting automation and mechanization of welding technology, manual metal arc welding in this country remains a dominated process (about 87% of the total). About 90% of the total number of welders (1.6 million in 1992) are engaged in manual arc welding processes.

Obviously, the ever growing demands stimulate the development of welding technology in China towards the international arena. The above mentioned figures certainly show what a serious chanllenge and a critical time the Chinese welding profession is facing nowadays! It is understandable that the "Advanced techniques and low cost antomation" was not only a theme chosen for the International Conference, but it is also the main course in development of welding technology in China to meet the challenge before we enter the 21st century. A "hot" wave of mechanization, automation and utilization of robots in welding is now on the upsurge in this country.

It is undoubtedly logical to be universally acknowleged that the 47th Annuall Assembly of IIW in Beijing serves a milestone and gives long-term impact on development of welding science and technology in China.

In the sense of more opening to outside world, on the occassion of the IIW Beijing Assembly, the CWS had presented to each participants a special issue "Welding in China". The aim is to consolidate the state-of-the-arts of welding technology in various fields of China's industries. The Chinese welding circle will join our colleagues all over the world in a common efforts to match the revolution which has occurred in high technology, materials and engineering sciences by the improvements of our ability to manufacture products using welding economically, efficiently and reliably.

The science and technology of welding/joining must advance much more quickly in the near future than it has in the past. The year 2000 will be a time of greater chanllenge, but of even better opportunity to test our ability to meet the chanllenge.

(On behalf of the Chinese Welding Society, this final report was presented to the Executive Council of IIW on 21st January 1995, Paris)

Verification of FE Programs for Welding Thermal Strain—Stress Analysis Using High Temperature Moiré Measurement

Guan Qiao, Cao Yang

Abstract *The FE program for welding thermal strain-stress analysis has been examined by comparison with a previously developed high temperature Moiré technique. The verification is essential especially for quantitatively assessing thermal strain cycles in the vicinity of weld metal near the molten pool where hot cracking sensitivity is always critical and stress problems occur due to the incompatible strains. Comparisons are given between the results of numerical analysis using FEM and experimental measurement with the aid of the Moiré technique. The verification has proved to be reliable.*
Keywords *Finite element analysis   Stress analysis   Strain   Measurement Optics   Comparisons*

1   Introduction

Nowadays, the many commercial packages of FEM software available for numerical analysis of welding thermal elastoplastic strain and stress problems make FEM a powerful tool for quantitative study of welding mechanics. However, engineering practice shows that in the absence of experimental examination of an FE program related to high temperature physico-mechanical cycles and if corroboration is limited just to the residual state as practised by most investigators, the FE program cannot be considered as reliable for specified precise quantitative assessment of welding transient phenomena such as hot crackings or determining strain-stress distributions in welding processes. Evidently, the reasons for this lie in all the assumptions and simplifications introduced into the mathematical modelling. e. g. the approximation of arc heat flux density and its efficiency, the adopted linearized diagrams of thermophysical and thermo-mechanical properties of welded materials, the schematic simulation of the solidification processes of the weld pool etc.

648

Pursuing the aim of corroboration and modification of FE programs[1~3] in the BAMTRI laboratory, a high temperature welding Moiré technique was developed[4~7]. Theoretical analysis using an FE program and experimental verification by Moiré measurement have proved themselves complementary to one another.

2　Computer modelling and FE programs

A 2D finite element program for analysing kinetic thermal elasto-plastic strain-stress behaviour of thin materials in the GTAW process was developed. The arc moves along the central line of a plate in the x direction at a constant travel speed. Heat flow and thermo-mechanical processes induced by GTAW were described through groups of partial differential equations to be solved by transforming into an integral formulation using the basic ideas and regular procedures of FEM. Due to the symmetry of the plate with respect to the weld line, only half of the plate was modelled. Fig. 1 shows the automatically generated FE mesh for numerical analysis.

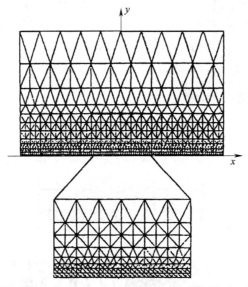

Fig. 1　The FE mesh for numerical analysis in GTAW of a thin plate

In the computer modelling, special attention was paid to the following treatments:

(1) the Gaussian distribution of the arc heat input flux model was estimated using experimentally obtained geometrical parameters of the weld bead;

(2) the thermo-physical and mechanical properties of the material were linearized as functions of temperature, and latent heat was also considered;

(3) the design of the FE mesh, the numbers of elements, nodes as well as time interval between two consecutive loading steps with temperature increments were optimized to be an engineering compromise between economy of CPU time on the mainframe computer and

accuracy of the calculated results;

(4) for the elements following the moving molten pool and solidified in the consequent loading step, the initial values of strain and stress were assigned from zero to the value of their neighbouring previously solidified elements at the same transverse cross-section.

The FE program was applied to the theoretical study of welding heat flow and transient strain-stress cycles of materials used mostly in the aerospace industry. Fig. 2 shows the 3D image and the isotherms of the temperature field in the vicinity of the molten pool in GTA welding of LF6 aluminium plate. An example of the results obtained from the FE analysis is shown in Fig. 4 where the curves under the number 1 show the distributions of transient thermal strain ε_y along the Y axis on the same aluminium plate at different cross-sections A, B, C and D perpendicular to the weld line.

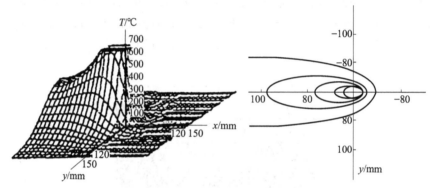

Fig. 2　3D image and isotherms of the temperature field
in the vicinity of the molten pool in welding of aluminium plate

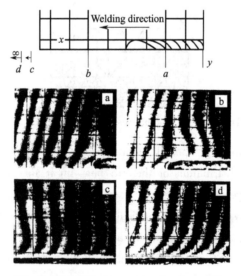

Fig. 3　Moiré fringe patterns showing metal
movement near the arc in the GTAW process

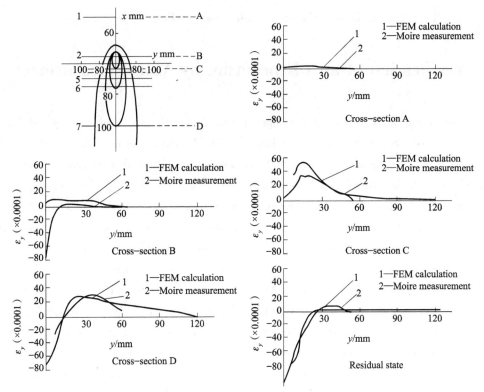

Fig. 4　Comparison between FEM calculation and Moiré measurement for
different cross-sections of the welded plate

3　Welding Moiré measurement

A specially designed system for Moiré measurement during welding, including apparatus, image processing package and routines for interpretation of Moiré fringes was developed[6]. Fig. 3 shows typical welding Moiré fringe patterns of metal movement in the vicinity of the arc on aluminium plate. The photographs a, b and c correspond to the cross-sections shown in the scheme, photograph d corresponds to the residual state. The Moiré fringe patterns give the kinetic distributions of transverse strains in the direction of the Y axis. The curves under number 2 in Fig. 4 represent the experimental results of the Moiré measurement of kinetic distribution of transient thermal strain component ε_y for the assigned cross sections A, B, C, D and the residual state. For the quasi-stationary analysis related to the coordinate system moving together with the arc, these curves could also be considered as the transient strain changes for a fixed cross-section corresponding to different moments in welding thermal cycle.

In the experiments a specimen grid with a density of 10 lines/mm was used which limited the accuracy of the strain measurement up to 0.2%. Higher accuracy could be achieved by increasing the density of lines of the heat resistant metal reflected specimen grid.

4   Verification of an FE program by Moiré measurement

The welding Moiré technique developed for measuring thermal strain during welding was successfully used for experimental comparison with the FE program for theoretical analysis of heat flow and thermo-mechanical processes. It can be seen in Fig. 4 that at cross-section A the coincidence of both curves 1 and 2 shows zero strain at a distance ahead of the moving arc and confirms the reliability of both the measured and computed results. Good agreement between curves 1 (computed) and curves 2 (measured) for cross-sections B, C and D in Fig. 4 also shows that the FE program describes more or less precisely the thermo-physical and thermo-mechanical phenomena during the welding process. Nevertheless, differences between the results can be observed at cross-section B in fig. 4 where the temperature gradient is extremely high in front of the molten pool ahead of the moving arc. Similar results were also obtained at crosssection C in Fig. 4.

Verification shows that the high temperature gradient in the vicinity of the arc and consequently the high strain gradient around the molten pool are the dominant factors which have a strong influence on the accuracy of both the FEM analysis and the Moiré measurement. As a matter of fact, in the area of the high temperature gradient, the selected geometrical dimensions of the finite elements, the interval between the loading steps with temperature increments, and the adopted properties of material significantly affect the computed results. In other words, the results of FE analysis are very sensitive to these factors. On the other hand, the accuracy of Moiré measurements in the high temperature area is also affected by the specimen grids adopted and by abnormal fringe patterns difficult to analyse by use of a microcomputer based digital image processing system. At the cross-section behind the arc (Fig. 4, cross-section D) where the temperature gradient is lower, a better coincidence of curves 1 and 2 is observed. For the residual state, a nearly complete correspondence of both the curves is obtained. A satisfactory corroboration of the FE program in determining the residual stress is also achieved by measured results using mechanical extensometers, a comparison is given in Fig. 5.

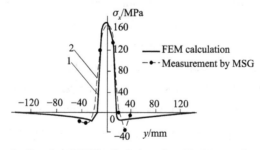

Fig. 5   Results of FEM calculation of residual stress showing

a good coincidence with experimental measurements

5　Conclusions

（1）Good agreement between theoretical analysis and experimental measurement shows the reliability of both the computer modelling developed by use of an FE program and the welding Moiré technique for assessing transient strain-stress processes in welding.

（2）For practical application of FE programs it is essential to corroborate the software using, for example, welding Moiré measurements, especially in the case where precise quantitative assessment of the thermomechanical behaviour of metal in the vicinity of the molten pool is needed.

（3）The FE analysis and the welding Moiré measurement are complementary to one another in the development of welding mechanics.

References

[1] Guan Qiao, Fu Yuhua. Numerical analysis of stress and strain cycles caused by TIG spot welding. *Chinese Journal of Mech. Eng.* , 1983, 19 (2).

[2] Cao Yang. Numerical analysis and experimental research of thermal elasto-plastic cycles caused by a moving welding heat source. M. S. Thesis, BAMTRI, 1985.

[3] Guan Qiao, Cao Yang. A study of specific characteristics in transient welding strain-stress formation. IIS/IIW Doc. X-1122-86, Tokyo, Japan.

[4] Guan Qiao et al. Transient welding strain measurement by Moiré technique. Int. Conf. "Quality and Reliability in Welding", Hangzhou, China, 6 – 8 Sept. 1984.

[5] Cao Yang et al. The study of Moiré technique for assessing welding kinetic thermal strains. *Chinese Journal of Mech. Eng.* , 1990, 26 (1).

[6] Guan Qiao, Cao Yang. Moiré analysis of thermal strain during welding. IIS/IIW Doc. X-1126-91, The Hague, The Netherlands.

[7] Liu Zhu et al. Computer aided data processing of welding Moiré fringe patterns. *Journal of Aero. Mfg. Technology* (in Chinese), 1991 (1).

（Published in: *Welding in the World*, Vol. 31, No. 5, 1993; IIW Doc. X – 1249 – 92, 45th IIW Annual Assembly, Madrid, Spain, 1992）

Moiré Analysis of Thermal Strain During Welding

Guan Qiao, Cao Yang

Abstract *Moiré fringe patterns of welding thermal strain obtained using specially developed high temperature Moiré experiment were studied by computer – based image processing technique. Kinetic distributions of transient welding thermal strain on aluminium alloy were evaluated and discussed.*

1 Introduction

Some damages of welded joints are primarily induced by transient thermal strain cycles during welding process itself, these include hot cracking, material embrittlement in HAZ, residual stress and distortion, and so on. Quantitative data of welding transient thermal strain, especially those in high temperature zone near melting pool, are essential not only for assessing hot cracking sensitivity, for safety and reliability evaluation of welded structures and for solving their stress and distortion problems, but also for checking the FEM program related. Moiré technique specially developed for assessing high temperature strain has been proven suitable in determining quantitatively welding thermal strains[1][2]. Comparing to other methods used in the evaluation of high temperature welding thermal strains, such as high temperature strain gauge or mechanical extensometer, Moiré method has great advantages in various aspects. But some disadvantages such as low effectiveness, inevitable error in manual data handling of Moiré fringe patterns should be overcome by use of computer aided automatic data processing. Several reports have been contributed to the application of digital image processing technique in analyzing Moiré fringe pattern.

A Moiré data processing system specially designed for assessing welding thermal strain has been developed in welding lab of BAMTRI. Moiré fringe patterns of welding thermal strain are viewed through video camera and digitized by microcomputer with image digitizer. A package of image processing and analyzing routines is also developed for interpretation of

Moiré fringes.

Good results were obtained in analyzing kinetic distribution of transient welding thermal strain on aluminium alloy.

2　High temperature Moiré technique for assessing welding thermal strain

The high temperature Moiré technique specially designed for assessing welding thermal strain has been developed in welding laboratory of BAMTRI. Using the welding Moiré apparatus which consists of a special camera with continuously shuttering mechanism, a fixture to allow the displacement only in the in - plane direction and collimated lights[3]. The 1 : 1 transient state of specimen displacement can be fixed on a high sensitive and contrasty cinefilms. Heat - resistant grid with a density of 10 line/mm is prepared on the surface of specimen by photoengraving method. Metal movement on the grid during welding was recorded continuously by Moiré cinecamera whose shutter is controlled by microcomputer providing the accurate exposure parameters. Superimposing the obtained film copy of deformed metal specimen grid onto a reference grid, Moiré fringes can be displayed which represent the relative displacement contours and thus the welding thermal strain can be calculated.

Moiré experiments were preliminarily implemeted on LF6 aluminium alloy plates of 300mm × 300mm × 3mm in size with 100mm × 100mm central positioned specimen grid. In the experiments GTA welding was applied (current 130A, arc voltage 10V and travelling speed 4.1mm/s).

Fig. 1 shows a typical photograph of Moiré fringe of welding thermal strain while the arc is in the centre of specimen grid.

Fig. 1　Typical welding Moiré fringe pattern

3　Moiré analysis by computer image processing

To analyze the Moiré fringes of welding thermal strain a microcomputer based image processing system was developed which includes NV – 370 video camera, 9 inch monitor (750 × 640 lines), CA – 500 image digitizer (512 × 512 × 8 bit resolution) and microcomputer. The reference grid and deformed specimen grid in mismatch position is held in a fixture to form Moiré fringe pattern.

Fig. 2 gives the scheme of Moiré analyzing system with computer image processing.

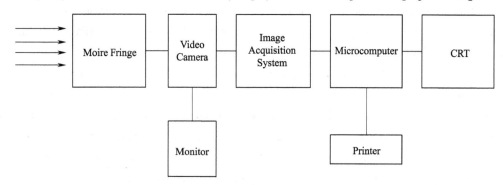

Fig. 2　Hardware system for Moiré fringe data processing

Moiré fringe image proccessing and data analyzing software system was developed to meet the needs of automatic data processing of Moiré fringe patterns. The whole package of software in a modula structure including image processing, fringe analyzing and databank management are combined with menu driven system which allows operator to type in suitable number or character or to move a mouse on the screen to analyze welding Moiré fringes.

Fig. 3, 4 show some typical pictures in the process of analyzing weld Moiré fringes using this system.

4　Results and discussion

Fig. 3 shows the distribution of transverse thermal strain at the moment of 42 sec. after arc starting. The origin of coordinate system is set on arc center and the distance between arc center and melting line is 3.75mm measured in the opposite side of weld. It can be seen in the figure that at a given cross section $x = 15$mm in front of arc center the maximum strain is -0.3%, which is formed due to compression of metal in high temperature zone, Fig. 3 (b). The compression of metal due to expansion in high temperature zone becomes more intensive as the cross section moves nearer to arc center, the maximum negative strain reaches to -1.2% at

$x = 10$mm in front of arc center, Fig. 3 (c). After that, along the $X-$ axis to the direction of $-X$, the compression effect in high temperature zone becomes smaller ad smaller. At the cross section of $x = 0$ the maximum positive strain of 0.35% occurs. The maximium positive strain reaches 0.75% at the cross section of $x = -18$mm beyond the arc center.

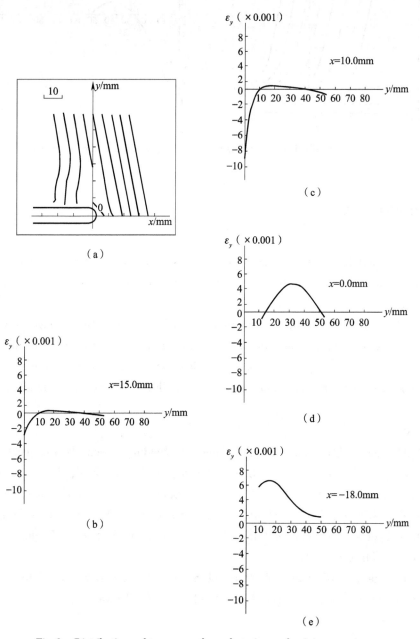

Fig. 3   Distributions of transverse thermal strain on aluminium specimen

Fig. 4 shows the distribution of residual transverse strain. It can be seen that the negative compressive strain at the weld central line is about 1%.

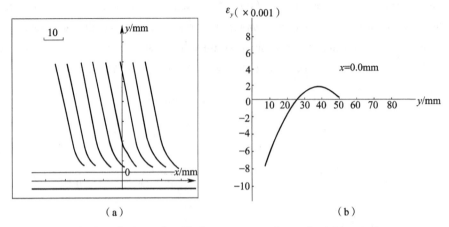

Fig. 4   Distributions of residual transverse strain on aluminium specimen

5   Conclusion

(1) The welding Moiré fringe pattern analysing technique for kinetic thermal strain measurement has been proven satisfactory to meet the needs of automatic processing the welding thermal strain.

(2) The hardware and software system developed for welding Moiré fringe data processing could also be used for high temperature thermal strain measurement in experimental mechanics.

(3) Using the developed welding Moiré fringe pattern analysing technique, the kinetic distributions of welding thermal strains on aluminum alloy were evaluated quantitatively.

Reference

[1] GUAN Qiao, LIU Jida, et al. Transient Welding Strain Measurement by Moiré Technique. Transactions of the Chinese Welding Institution, 1986, 7 (1) (in Chinese).

[2] CAO Yang, GUAN Qiao, LIU Jida. The Study of Moiré Technique for Assessing Welding Kinetic Thermal Strain——The Characteristic Features of Welding Thermal Strain Cycles on Aluminium Alloy, Chinese Journal of Mechanical Engineering, 1990, 26 (1) (in Chinese).

[3] GUAN Qiao, CAO Yang. A Study of Specific Characteristics in Transient Welding Strain - Stress Formation. IIW Doc. X - 1122 - 86, Tokyo, Japan.

(Published as: IIW Doc. X - 1126 - 91, 44th IIW Annual Assembly, June, 1991, Hague, Netherland)

Preface (Proc. of the Int. Conf. on "New Advances in Welding and Allied Processes", 8 ~ 10 May 1991, Beijing, China)

This volume documents the proceedings of the International Conference on "New Advances in Welding and Allied Processes" held in Beijing, China, May 8 – 10, 1991, under the auspices of the Chinese Welding Society (CWS) and the German Welding Society (DVS). It contains 4 invited lectures delivered at the plenary session and all papers presented at 11 sessions on relevant topics from basic theory to manufacturing applications.

As we enter the last decade of the 20th century, we are increasingly being informed that welding profession faces a critical time and challenge. The revolution which has occurred in high technology, materials and engineering sciences over the past decade has not been matched by the improvements in welding and joining. It is also becoming more apparent that the usefulness of new materials and the ever higher performances of many engineering designs are limited by our ability to manufacture products using welding economically, efficiently and reliably. The number of acceptable welding/joining technologies becomes more restricted. The science and technology of welding/joining must advance much more quickly in the near future than it has in the past.

China realizes the pervasiveness and importance of welding in its economic development and implementation of modernization for world level manufacturing industries. As a part of the efforts by the Chinese Welding Society in making progress of welding technology in China and promoting the international cooperation in research and development in welding science, we regularly organize international conferences in China. Following the successes of the International Conferences in Hangzhou 1984 and in Bejiing 1987, this is the third time for the Chinese Welding Society to be the host. We hope that the Conference will provide an opportunity for world wide experts to discuss current problems and future possibilities, to exchange ideas, knowledges and experiences. The Chinese welding circle will join our colleagues all over the world in a common effort to meet the challenge. The year 2000 will be a time of greater challenge, but of even better opportunity to test our ability to meet the challenge.

On behalf of the CWS I wish to express our appreciation to our co – organizer DVS especially to Dr. – Ing. Heinz Sossenheimer for his continuing efforts in the establishment of bilateral cooperation between DVS and CWS. Gratitude is also expressed to all participants and contributors who make the Conference successful.

Prof. Dr. Q. GUAN
President, Chinese Welding Society

Low Stress No-distortion (LSND) Welding

—A New Technique for Thin Materials

Q. GUAN, D. L. Guo, C. Q. Li (China) and
R. H. Leggatt (UK)

1 Introduction

It is a commonly accepted concept that buckling distortions are inevitable in thin-walled structures where fusion welding is applied. From the point of view of structural design integrity, rationality of manufacturing technology and inservice reliability, the problems of welding residual stresses and buckling distortions in thin-walled structures are the main problems which often cause variable quality of products and additional time-consuming and costly operations to remove distortions or to relieve residual stresses after welding.

Buckling distortions which take place in welding of thin-walled structures are mainly caused by compressive residual stresses as a result of local non-uniform heating during welding. Conventionally, two categories of methods are adopted to eliminate welding distortions in thin-walled structures: methods applied before welding, e. g. predeformation etc. , whereby the welding distortions are compensated by a counter-deformation formed in the structural elements prior to welding; and methods applied after welding—once welding distortions are in existence, they are removed or eliminated afterwards by special flattening processes. These methods, applied either before welding or after welding, are ar-ranged as special operations in the manufacturing procedure. Both need special installations, resulting in increasing cost and variable quality of welded structures.

Pre-tensile loading can be classified in the category of methods applied before and during welding. In this case, for each particular panel structure, a specially designed installation for tensile loading is required. Owing to their complexity, reduced efficiency and reduced flexibility in practical execution, applications of these methods are limited.

A method described in Japanese patent JP-A-6018292 can be mentioned as an example of a method applied after welding for reduction of welding residual stresses and distortions. Methods in this category are based on creating an appropriate temperature gradient after welding of thick plates, by cooling the weld zone and heating both side zones adjacent to the weld.

Another method, described in Soviet patent SU-A-1066765, can be classified as a method applied during welding for controlling stresses and distortions. Using the thermal absorbing effect of volatile materials, intersively reducing the temperature in both side zones adjacent to weld, the welding stresses and distortions can be reduced.

Japanese patent JP-A-5311138 describes a method for controlling distortions during welding of panels with reinforced ribs, in which a huge, specially designed installation with heating and flattening base plates is applied for each particular panel construction.

The tensile stresses induced in specimens by a preset temperature gradient as a result of cooling the weld zone and heating side zones close to the weld for controlling stresses and distortions during welding are discussed by Soviet authors (Burak et al. in papers presented in *Automatic Welding*, No. 3, 1977 and No. 5, 1979). The authors recommended an approximate calculation for thin plates but experiments were carried out only on specimens with thicknesses of 4mm and above. No further reports are available on experiments with thicknesses less than 4mm, nor any application of this method in practice. It has been shown by experiments carried out at BAMTRI that this method could not be as effective as expected for thin-walled elements especially with thicknesses less than 4mm in which the problem of buckling distortions are significant, and it has also been proved by the results of repeated experiments that the required preset tensile stresses in the joint area of workpieces to be welded cease to exist when transient buckling distortion occurs in areas with comprehensive stresses as a result of the superposition of the preset temperature distribution and the welding temperature distribution.

The main idea of low stress and no-distortion (LSND) welding of thin-walled structural elements is to create an "active" in-process control of welding stress and distortion during welding by a stretching effect provided by a preset temperature distribution, while measures are taken for restraining transient out-of-plane buckling movement of the workpiece. In this way, buckling distortion in thin-walled structures can be prevented completely and welding distortion is no longer inevitable with the LSND welding technique. The conventional "passive" post-welding flattening procedures for correction of distortion are no longer necessary.

Following the priority right of the original Chinese patent No. 87100959[1], the LSND welding technique has been further developed in a joint research programme during Dr Q. Guan's visit to The Welding Institute, UK.

2　Experimental study

The experimental programme included welding of sheet specimens of both aluminium alloy and stainless steel to demonstrate the distortion-free effect using the LSND welding technique in comparison with conventional welding processes, and residual stress measurement to provide a clearer quantitative assessment of stress levels achieved[2].

In experiments, 5083 aluminium alloy and 18 - 8 stainless steel sheet materials were used. The thicknesses were 0. 7 ~ 3. 2mm and the dimensions of the specimens were two pieces of 1000mm × 100mm, butt welded.

Tungsten inert gas arc welding without filler wire was used in all experiments. Welding conditions were selected in accordance with the material and thicknesses to provide full penetration and remained the same for both conventional welding and LSND welding.

Typical buckling distortions on thin sheet specimens caused by welding are shown in Fig. 1. Deflections either in the horizontal position or in the vertical position of specimen were measured on all specimens after welding. The quantitative assessments of deflections in both the horizontal and vertical positions shown in Fig. 1（a）and Fig. 1（b）were taken by an averaged value as follows:

in the horizontal position:

$$h = (\sum_l^n h_i)/n$$

in the vertical position:

$$f = (\sum_l^n f_i)/n$$

where n = number of measurements.

It is well known that thin sheet specimens are the most sensitive to buckling caused by welding residual stresses above the critical level. The essential part of the research programme was to provide a quantitative assessment of the levels of residual stresses in as-welded specimens for comparison between conventional welding and LSND welding.

Strain gauges and mechanical extensometers were used for residual stress measurements. Measurements were taken on both top and bottom surfaces of each specimen tested.

3　Basic principles for executing LSND welding

The invention[1], originally patented in China, is aimed at providing a method and relevant apparatus for controlling welding stresses and distortions, executable directly in-process during welding of thin-walled structural elements especially with thicknesses less than 4mm in which buckling distortions are substantial. For industrial applications, this method and apparatus must be simple in operation and in manipulation, economical in energy consumption and not necessitate great investment in large special-purpose installations. By means of this method and the apparatus manufactured, practical low stress and non-distortion welding results were successfully achieved.

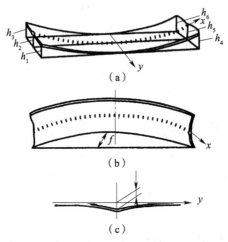

Fig. 1   Scheme showing the typical buckling distortion of a thin plate specimen after
welding: (a) measurement of h in horizontal position; (b) measurement of f
in vertical position; (c) curvature in cross-section of a buckled specimen

The specific and essential feature of LSND welding is to provide the required streching effect during welding by preventing transient out-of-plane buckling distortion of the workpieces which take place as a result of superposition of the preset heating and the welding heat source itself. The stretching effect is herein defined as the tensile stress distribution in the weld joint zone induced by a local preset heating temperature distribution as shown in Fig. 2. The higher the level of tensile stress, the better the results of controlling the welding stresses and distortions. The preset tensile stresses in the weld joint zone are formed due to contraction, by cooling of the first and the third zones and expansion by heating of the second zone, on both side zones adjacent to the weld. Temperature profiles are duplicated on each side. If out-of-plane buckling distortions take place during heating and welding, the stretching effect in terms of σ_{max} in Fig. 2 will no longer exist, and this will have an adverse influence on the control of welding stresses and distortion.

In thin-walled structural elements to be welded, transient buckling distortions would normally occur

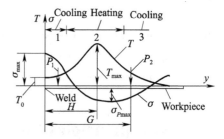

Fig. 2   Scheme showing the
principles of LSND welding

T—temperature curve by preset heating and cooling;
σ—corresponding thermal stress distribution.

664

under compressive stresses caused by preset heating and welding. Based on the theory of plates and shells, analyses of welded structures indicate that plates with thicknesses above 4mm have higher critical compressive stresses at which buckling occurs; therefore, structural elements of thicknesses above 4mm are less sensitive to levels of compressive stresses with respect to buckling. But in the case of plates of thicknesses less than 4mm, which have lower critical compressive stresses at which buckling occurs, structural elements are more sensitive to changes in levels of compressive stresses during local preset heating as well as welding. Buckling distortions will take place in the workpieces while welding is superimposed on the local preset heating.

In accordance with the above, for LSND welding of longitudinal butt joints, the workpieces are held by restraining fixtures at both the weld zone and the third zones by applying double flattening forces at points P_1 and P_2 as shown in Fig. 2.

To carry the LSND welding technique into execution, the local preset temperature distributions induced by the heating are determined mainly by three parameters shown in Fig. 2: T_{max}, T_0 and H. The stretching effect due to σ_{max} becomes more effective as ($T_{max} - T_0$) increases and H decreases. It is not essential, during heating and welding, to keep the value of σ_{max} at a level lower than the yield stress of the material at the temperature T_{max}. According to the mechanical and thermophysical properties of the material to be welded, as well as the specific characteristics of the structure itself, these main parameters, T_{max}, T_0 and H, are selected by use of experimental measurements in combination with theoretical analyses of the thermal elastic-plastic strain-stress cycles with references to the specific welding conditions.

Fig. 3 is a diagrammatic view showing examples of the LSND welding method and apparatus for longitudinal butt welding of plane elements and cylindrical shells: (1) cooling, (2) heating, (3) arc, (4, 6) workpieces, (5) double finger clamping, (7) mandrel supports.

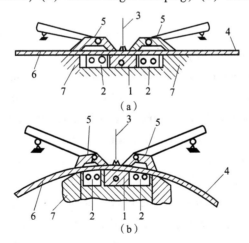

Fig. 3　Diagrammatic view showing the practical execution of LSND welding for longitudinal joints of: (a) plate to plate butt weld; (b) butt weld in cylindrical shells

In this stationary welding case, the action of the restraining fixtures at both the weld zone and the third zones has the following effects:

(a) the prevention of transient out-of-plane buckling;

(b) the improvement of conduction heat-sinking with the third, cooling zone;

(c) the increase in frictional resistance to in-plane rotating movement.

The points on each side of the weld zone at which flattening forces are to be applied are selected such that the first point is as close to the line of the weld as practicable while the second point is within the third zone but as close as practicable to the second zone. The values of the flattening forces necessary to prevent the structural elements from transient buckling are determined by the specific characteristics of the material used and the structure to be welded.

To measure the required temperature distribution, a series of thermocouples were arranged in cross-sections of the specimen.

In comparison with aluminium alloy 5083 (thermal conductivity 120W/MK) 18-8 stainless steel possesses a much lower thermal conductivity of 16.2W/MK, therefore the required temperature distribution in stainless steel can be established more quickly even for thicker workpieces.

4   Experimental results on distortion control

Successful results on in-process welding distortion control were obtained in all cases pre-designed in the research programme. To demonstrate the effectiveness of the LSND welding technique in comparison with conventional welding, preliminary experiments were carried out to show the necessity of applying the second flattening forces as the specific feature of the LSND welding technique.

As demonstrated in Fig. 4. the reason why conventional welding always causes buckling of thin-sheet elements is because of the transient out-of-plane buckling which follows the welding heat source during the welding process. The transient out-of-plane buckling becomes even more visible in conventional jigging systems with "one-point" clamping when local cooling and heating are applied (see Fig. 4a). In the case of conventional one-point clamping by P_1 transient out-of-plane buckling distortions always take place under compressive stresses in thin-walled structural elements, caused by the combined effects of the local preset heating temperature distribution and the welding temperature distribution. Once transient buckling occurs, the potential energy induced by the stretching stress distribution and accumulated in the structural elements before buckling is released and reduced to a minimum, and the value of σ_{max} (see Fig. 2) reduces suddenly. Therefore, the stretching effect is no longer effective, and the low stress non-distortion welding result cannot be achieved even if there is still a local preset heating temperature distribution in the workpiece to be welded. The structural elements can be kept free from any transient out-of-plane buckling if flattening forces P_2 are additionally applied to the workpieces (see Fig. 4b).

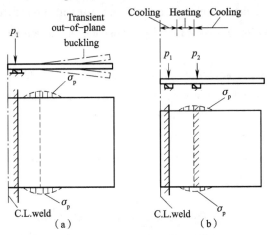

Fig. 4　Transient out-of-plane buckling in a "one-point" clamping system (a) and its prevention in a "two-point" clamping system (b)

According to the theory of plates and shells, the above mentioned condition can be described in more detail as follows. The critical compressive stress σ_{cr} at which the buckling occurs is inversely proportional to the square of the flexibility λ; the higher the value of λ, the lower the value of σ_{cr}. Flexibility is a dimensionless value determined by the geometrical properties, i. e. the length and the geometry of the cross-section of the thin-walled elements in combination with the end support conditions. The condition shown in Fig. 4 (a) is the case where the plate has more degrees of freedom, particularly in the area with compressive stresses. In the absence of any supporting or restraining forces in these particular areas, the higher flexibility of the plate results in a lower critical stress at which transient buckling occurs. With the new LSND method, the additional flattening forces P_2 are applied to the workpieces in areas with compressive stresses (as shown in Fig. 4b), and therefore thin-walled elements, being effectively stiffened by the flattening forces P_2, acquire a lower flexibility and a higher σ_{cr}. In this manner, the plate to be welded can be prevented from having transient out-of-plane buckling under internal thermal compressive stresses.

To demonstrate the effectiveness of preventing transient out-of-plane buckling by applying P_2, experiments were carried out corresponding to:

(a) conventional welding in the "one-point" clamping jig;

(b) LSND welding;

(c) conventional jigging in combination with local heating and cooling.

Qualitative comparison using parameters h and f (see Section 2) shows clearly that only the LSND welding technique provides distortion-free results. In case (c), the buckling in terms of deflections h and f is still significant owing to the presence of transient buckling during the welding process as explained above.

The results also show that distortion-free results cannot be obtained by welding only in a "two-point" clamping (double clamping) system without preset temperature distribution (without heating and cooling), because of the absence of the stretching effect as mentioned above.

It can be seen that the stretching effect by preset heating and double clamping are the necessary and sufficient conditions respectively for LSND welding of thin materials.

Completely distortion-free results were achieved in all cases of both stainless steel and aluminium alloy using LSND welding. Fig. 5 shows a typical photograph of welded specimens. It can be seen that the specimens welded conventionally are severely buckled but those welded by use of the LSND technique are completely distortion free.

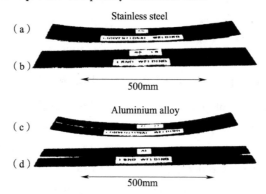

Fig. 5   Comparison between conventional (a) and LSND welding (b)
on specimens of 1. 6mm stainless steel and 1. 6mm aluminium alloy.
(a) severely buckled; (b) distortion free

For quantitative assessment, these results are also shown graphically in Fig. 6.

5   Results of residual stress measurements

Up to now, it is still a commonly accepted concept that buckling distortions in thin-walled structures due to conventional fusion welding processes are inevitable because of the local non-uniform heating by the welding heat source which causes incompatible residual compressive plastic strains in the weld zone. As a consequence of the incompatible strains (mainly compressive plastic strains, and also strains due to solidification and solid-phase transformation), residual stresses are formed and are balanced by compressive stresses which cause buckling distortion. Hence, the main target to be achieved by the LSND welding technique for in-process active control stress or distortion should be the prevention of the formation of plastic strains in the weld zone.

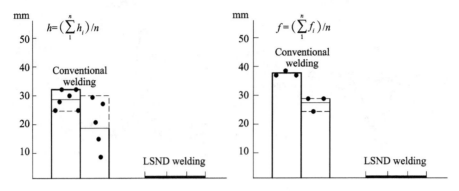

(a) Stainless steel 18–8, 1.6mm

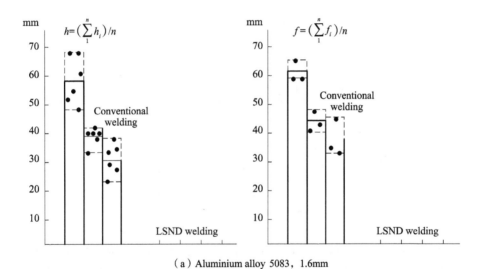

(a) Aluminium alloy 5083, 1.6mm

Fig. 6　Comparison between conventional welding and LSND welding in terms
of distortion h and f on stainless steel and aluminium alloy specimens.
Completely distortion free ($h = 0$, $f = 0$) can be achicved by use of the LSND welding
technique. (a) stainless steel 18-8, 1.6mm; (b) aluminium alloy 5083, 1.6mm

Experiments on measurements of residual incompatible compressive plastic strains ε_x^P and stresses σ_x on various materials gave evidence of the scientific and technical excellence of the LSND welding technique. Fig. 7 (a), (b) show a typical comparison between conventional welding (curves 1) and LSND welding (curves 2) on LF6 aluminium alloy specimens of $500\text{mm} \times 200\text{mm} \times 1.5\text{mm}$. It can be seen in Fig. 7a that ε_x^P are at a lower level resulting in reduction of the residual peak tensile stresses σ_x by more than two-thirds of the value for conventional welding (see Fig. 7b). As the compressive stresses in the specimens are also reduced correspondingly to a practically negligible level, lower than the critical level which causes buckling, a distortion-free result can be achieved.

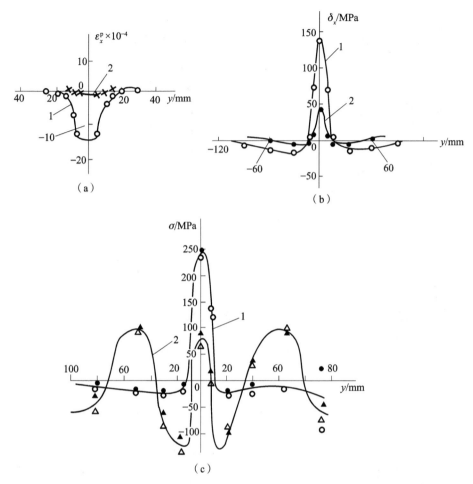

Fig. 7　The LSND welding technique provides an in-process "active" control of incompatible strains ε_x^p (a) and results in reduction of residual stresses σ_x．Curve 1，after conventional welding；curve 2，after LSND welding in accordance with option I (b) and option II (c)
(Refer to Fig. 8). a, b, on aluminium specimens；c, on stainless steel specimens

Therefore，by introducing the new LSND welding techniques，buckling in thin-walled structures welded by fusion welding is no longer inevitable.

Measurements on 5083 aluminium alloy show that the peak tensile stress in all specimens after conventional welding is $100 \sim 120 \mathrm{N/mm}^2$，which is about $70\% \sim 80\%$ of 0.2% proof strengths of 5083 alloy in the fully annealed condition (ASM，Metal Reference Book：5083，$E = 0.068 \times 10^6 \mathrm{N/mm}^2$，tensile strength $290 \mathrm{N/mm}^2$，0.2% proof strength $145 \mathrm{N/mm}^2$)，whilst on specimens welded by the LSND technique residual stresses in weld are $+40$ to $+12 \mathrm{N/mm}^2$．It can be seen clearly that peak tensile stresses in welds were reduced by 67 or 90% in comparison with their usual value after conventional welding.

A specially arranged experiment shows that for welding in a "two-point" clamping system without heating and cooling，no reduction in residual stresses can be expected and the peak tensile stress remains about the same as its usual value after conventional welding.

Residual stress measurements carried out on 18-8 stainless steel show that the peak tensile stress in specimens after conventional welding is in the order of 250N/mm², which is 20% above the 0.2% proof strength (ASM, Metal Reference Book: SS 18-8, $E = 0.193 \times 10^6$N/mm², tensile strength 515N/mm², 0.2% proof strength 205N/mm²), whilst in specimens welded by the LSND technique the maximum tensile stresses in the weld are reduced by 70% to the range 75 ~ 80N/mm². A comparison is given in Fig. 7, curve 1—after conventional welding, curve 2—after LSND welding. It can be observed that in Fig. 7 (c) curve 2, two more zones of tensile stress with maximum value about 100N/mm² appear in areas where the preset temperature distribution had its maximum values. Compressive stresses of the same order are also formed between the tensile stress peaks to balance the tensile stresses caused by the higher temperature heating in those areas.

A similar specific residual stress distribution was also observed on 5083 aluminium alloy specimens. Two more zones of tensile stresses with maximum value of about 10N/mm² appear in areas where preset heating provided a higher temperature.

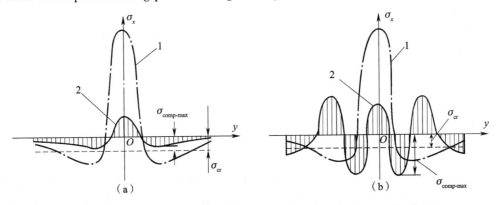

Fig. 8　Two options of LSND welding and corresponding residual stress distribution.

Curve 1, after conventional welding; curve 2, after LSND welding. In option I (a): $\sigma_{comp. max}$ < σ_{cr}; in option II (b): redistributed residual stress field with two more zones of tensile stresses

In principle, there are two alternative options for executing LSND welding. Fig. 8 (a), (b) shows the two possible alternative options.

For the first option (Fig. 8a), the experimental results shown in Fig. 7 (b) indicate that by means of a stretching effect in LSND welding, the incompatible thermal plastic strains in the weld zone can be controlled at a level lower than the critical value. Thus, the peak residual tensile stress in the weld as well as compressive stresses in peripheral areas can be reduced to a level lower than the critical value at which buckling occurs: $\sigma_{comp. max}$ < σ_{cr} (see Fig. 8a).

Distortion-free results can be achieved not only by means of heating with T_{max} to keep the value of $\sigma_{comp. max}$ lower than the yield stress, but also by an alternative approach as shown schematically in Fig. 8 (b) and experimentally shown by curve 2 in Fig. 7 (c). For the second option, under certain circumstances, it may also be useful to create a temperature distribution with a higher value of T_{max}, which is sufficient to cause an excess of local thermal stress σ_{max} over the value of the yield stress of the material at T_{max}. As a result, compressive plastic strains will occur in the area with T_{max}, which will radically alter the residual stresses magnitude and distribution. After welding with higher T_{max} the distribution of residual stresses always assumes a complicated pattern. Fig. 7 (c) shows the residual stress distribution after conventional welding and the typical pattern obtained with higher T_{max}. It can be seen clearly that in the latter case the residual stresses alternately interchange from tensile to compressive symmetrically to the centre line of the weld. Two more zones with tensile residual stresses appear in areas where T_{max} causes thermal compressive plastic strains. The maximum value of tensile residual stress in the weld has been reduced rapidly.

The compressive residual stresses after LSND welding seem to be somewhat higher, in comparison with those after conventional welding (see Fig. 7c) but they are still much lower than the maximum value of tensile residual stress in the weld after conventional welding. Due to the tension effect of the tensile stresses (it can be considered as a "stiffening effect") between the compressively stressed strips, the compressive residual stresses in this case cannot cause buckling. The workpiece remains distortion-free and keeps its shape as flat as it was before welding.

6　Discussion

Experimental results clearly demonstrated the successful achievement of LSND welding. The idea of "active" in-process control of welding stresses and distortions during welding leads to a new technology in manufacturing of thin-walled structural elements free from welding distortion. However, designers and manufacturers who suffer from problems of welding distortions and residual stresses can now adopt a new concept, in contrast with the commonly accepted one, that distortions are no longer inevitable with the LSND welding technique. Buckling distortions which are substantial in thin-walled structures can be prevented completely and residual stresses can be reduced significantly if the LSND welding technique is used properly.

The main factors determining the nature and successful execution of the LSND welding technique can be summarised as follows:

(1) active in-process control of welding stress and distortion can be executed by a stretching effect which follows the welding heat source during the welding process itself;

(2) the stretching effect in turn is provided by establishing a preset specific temperature distribution (local heating and cooling) in which the required temperature gradient induces thermal tensile stresses in the weld zone;

（3）the stretching effect cannot be built up if welding of thin sheet elements is carried out in a conventional "one-point" clamping jig system owing to the transient out-of-plane buckling of workpieces which takes place during conventional welding, especially if local heating is applied to both side areas adjacent to the weld;

（4）the stretching effect by specific temperature distribution can be built up if restraining fixtures (e. g. "two-point" clamping) are applied to prevent transient out-of-plane buckling movement of the workpieces.

All experiments in the programme were carried out in a stationary device. The workpieces were held stationary during the welding operation as the restraint flattening forces at both the weld zone and the zones adjacent to the areas heated to T_{max}. The action of the flattening forces has the following effects:

（1）prevention of transient out-of-plane buckling;

（2）improvement of conduction heat-sinking;

（3）increase of frictional resistance to in-plane rotating movement.

For industrial applications, a stationary longitudinal seam welder for LSND welding has been manufactured.

For given characteristics of materials and structure, heating to an optimised temperature distribution and maintaining it during welding can be imposed automatically through a control block stored in the control board for selecting the local preset heating temperature distributions. Therefore, by using this apparatus, all the parameters for welding and controlling procedures can be regulated properly and easily. This apparatus has proved successful, efficient and even more cost saving.

A movable option as a second type of LSND welding operation was suggested. This alternative option involves relative movement between the workpiece and restraining means during the welding operation. Movement of the workpieces relative to the restraining fixtures (e. g. rollers) must be permitted. This option might be more applicable to components with long welds or to fabrications which cannot readily be put into a stationary fixture. In this case a movable apparatus moving ahead of the welding heat source can be used. Alternatively the workpiece may be fed through the LSND fixture. When welding takes place the correct temperature distribution will have been established and distortion-free weldments will be produced.

The LSND welding technique is also applicable to the welding of circumferential joints of cylindrical shells, tubular members as well as pipelines. It will be noted that no additional restraining means is provided equivalent to the forces P_1, P_2 of earlier examples. The reason for this is that the cylinders themselves have an adequate stiffness in combination with the special form of temperature profile to prevent buckling taking place.

In some cases, LSND welding for circumferential welds is aimed at elimination of residual stress rather than the reduction of welding distortions and it is desirable to avoid PWHT for stress relief.

7　Potential applications of LSND welding techniques

The LSND welding technique may be carried out with many known welding heat sources, e. g. gas flames, electric arcs, high energy density beams (laser beam or electron beam, etc.). The welding torch can be mounted on a moving mechanism such as a carriage, an overhanging beam, or a frame. Because of the way in which the required preset temperature distribution is established, welding parameters in the case of LSND welding remain the same as those used in conventional welding.

The LSND techniques are suitable for any metal which can be fusion welded, including ferrous as well as non-ferrous metals. The benefits of the techniques may be expected to be especially significant in the case of welding materials which suffer the greatest distortions, such as titanium and aluminium alloys. Post-welding distortion removal reworking operations on these materials are costly and are not always successful. The thickness of thin-walled structural elements to be welded by LSND welding can be defined as mentioned above by the theory of plates and shells. Significant distortion-free results can be achieved, especially with elements of thickness less than 4mm. Undoubtedly, in this manner, welding of thin-walled components with thicknesses above 4mm is also available.

The LSND welding technique may be applied to a variety of different weld situations. Plates as well as cylindrical or conical shells can be butt welded by LSND techniques. In addition, it can also be used for straight fillet and T type welds for panels with ribs. In this case, in order to create the local preset heating temperature profile, the weld zone is cooled and both sides adjacent to the weld are heated on the flat panel, as well as on the appropriate areas of vertical ribs, while preventing both the flat panel and the ribs from transient out-of-plane buckling.

In order to achieve a rational design as well as rational manufacture of thin-walled structures in terms of material saving, weight reduction resulting from the use of possible thinner materials without suffering from welding distortion, and time saving by elimination of post-weld correction operations, the LSND welding technique should be considered at an early stage of design.

To improve structural integrity and inservice reliability, it is also recommended to apply the LSND welding technique and to modify existing design codes or acceptance tolerances of welding distortion. In connection with achieving distortion-free structures, PWHT for stress-relieving can also be eliminated because the residual stresses obtained are practically negligible.

Along with the acceptance of the new concept by manufacturers that welding distortions are not inevitable in many cases, existing longitudinal seam welders may be replaced by the new generation of seam welder using the LSND technique. Buckling distortions in thin-walled weldments caused by conventional fusion welding processes have presented fabricators with problems ever since fusion welding was introduced. It has imposed limitations on the design of components made in sheet materials and has restricted the application of fusion welding techniques in sheet metal fabrication.

The LSND technique, actively controlling stresses during welding, ensures dimensionally consistent fabrication of sheet metal constructions while still using conventional fusion welding processes. It allows the fabricators to eliminate imperfections, and to meet more strict dimensional requirements, either from designers for structural integrity or from customers for better product performance, without having to undertake costly reworking operations.

Areas of potential application for LSND welding techniques in manufacturing end-products might include:

(1) In aerospace, typical examples of products could be rocket and missile fuel tanks.

In many cases, longitudinal seam welders in existing production lines in the aerospace industry could be modified for LSND welding.

(2) Hull structures in shipbuilding, hovercraft and surface effect craft fabrication.

(3) Carriage and container fabrication.

(4) Beam and stiffened panels fabrication.

(5) Thin-walled nuclear containments.

(6) Light industry, various containers for textile or food production.

(7) General sheet metal fabrication.

(8) Pipeline engineering, to avoid PWHT on circumferential joints.

The LSND welding technique possesses a satisfactory flexibility and promises a series of technical advantages and economic benefits. Along with the acceptance by industries of the new concept that welding distortions are avoidable by using this technique, further exploitations will open up hopeful prospects for the LSND welding technique.

Acknowledgements

The author Dr Q. Guan is grateful to his host in the UK, Dr A. A. Wells, OBE, FRS, and The Welding Institute for their kind arrangements for his visit and giving the opportunity to carry out the joint research programme as well as to develop further the low stress and no-distortion welding technique at The Welding Institute, UK.

References

[1] Q. Guan et al. Method and Apparatus for Low Stress and No-Distortion Welding of Thin-walled Structural Elements. Chinese Patent 87100959, 28 Feb. 1987.

[2] Q. Guan, R. H. Leggatt, K. W. Brown. Low Stress No-Distortion (LSND) TIG Welding of Thin-walled Structural Elements. The Welding Institute Research Report, 374/1988, Abington, Cambridge, UK.

(Published in: *Welding in the World*, 1994, 33 (3), IIW Doc. X –1190 – 89, 42nd IIW Annual Assembly, Helsenki, Finland, 1989; TWI, Research Report 374/1988, Low Stress Non-Distortion (LSND) TIG Welding of Thin-Walled Structural Elements, July, 1988)

A Study of Specific Characteristics in Transient Welding Strain – Stress Formation

Guan Qiao, Cao Yang et al

Abstract *By use of both the numerical analysis and the high temperature Moiré technique the transient welding strain-stress fields of an axisymmetrical plane stress problem were studied for materials of different kinds of mechanical and thermophysical properties. Two models of specific characteristics in transient welding strain-stress formation were classified in this paper. For the model I, titanium alloy is the representative, no tension yield occurs during the whole cooling process and for the residual state an uniform unloaded zone retains in centre. For model II, steel and aluminium are the representatives, tension yield occurs during cooling and for the residual state an unloaded ring retains between the tension yield zone in centre and the elastic zone in periphery.*

1 Introduction

In the early 1960's the specific nature in formation of welding strain and stress in titanium was studied experimentally and discussed mainly by inference[1]. At that time it seemed to be a great difficult to elucidate theoretically the specific behavior of titanium in transient welding strain stress formation in comparison with materials widely used in welded structures. Nowadays, by use of FEM computer program as a novel achievement in modern welding mechanics, the numerical analysis has made it capable to solve more complex problems of transient welding strain-stress fields[2~6]. But in order to attach practical significance to the numerical analysis, the computer programs should always be previously checked by experiments. The main objects of this research project are as follows:

(1) to check the developed 2-D computer program by experiments, as the first step for developing more complex program, and special emphasis was put on the assessment of strain-

stress formation nearby arc zone by high temperature Moiré technique;

(2) to carry out a systematical analysis for the case of axisymmetrical plane stress on materials of different kinds such as titanium alloys, aluminium alloys and stainless steel as well;

(3) to elucidate the nature of specific behavior in welding strain-stress formation in titanium alloys in comparison with other materials.

2 Comparison between numerical analysis and high temperature Moiré experiments

As a basic experimental technique for calibrating the computer program, an in-welding-process high temperature Moiré method was developed in welding lab, of BAMTRI[7]. The results of numerical analysis for the case of 2-D axisymmetrical plane stress were checked by experiments in aluminium alloy plate during GTA spot welding. Comparisons are given in Fig. 1. The elastic, plastic components $\varepsilon_r^e, \varepsilon_r^p, \varepsilon_\theta^e, \varepsilon_\theta^p$ were also checked by use of mechanical extensometer, and good agreement between the two was achieved[8].

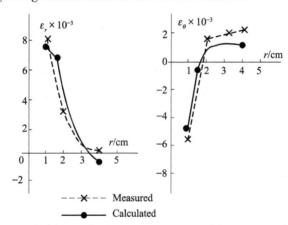

Fig. 1 Comparison for moment $t = 7$ sec. after arc starting

3 Specific behavior of welding transient strain – stress in different kinds of materials

Titanium alloys

The proper adoption of mechanical and thermophysical properties of materials as a function of temperature has a significant effect on the results of numerical analysis. For most of materials

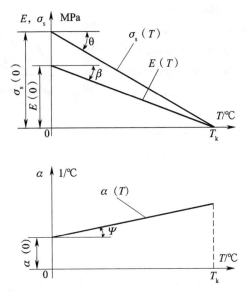

Fig. 2　Temperature dependency properties of TC4 titanium alloy

widely used in engineering these properties as a function of temperature could be adopted in calculation by separated linear fitting approximation. Fig. 2 shows the linear fitting of temperature dependency of σ_s, E and α, where T_k is the temperature corresponding to the zero stress state (or so called the "mechanical melting point" in contradistinction to the metallurgical melting point T_m).

For TC4 titanium alloy:

$$\sigma_s(T) = \sigma_s(0) - \tan\theta \cdot T;$$

$\sigma_s(0) = 700\text{MPa}, \tan\theta = 8,75,$
$T_k = 800\text{℃}(\sigma_s(T_k) = 0).$

$$E(T) = E(0) - \tan\beta \cdot T;$$

$E(0) = 1.05 \times 10^5\text{MPa}, \tan\beta = 1312.5.$

$$\alpha(T) = \alpha(0) + \tan\phi \cdot T;$$

$\alpha(0) = 7.65 \times 10^{-6}\text{℃}^{-1},$
$\tan\phi = 3.6 \times 10^{-9}.$

The equilibrium equation in the differential form for axisymmetrical plane stress state is as follows:

$$r_i \frac{\sigma_{r,i+1} - \sigma_{ri}}{r_{i+1} - r_i} = \sigma_{\theta i} - \sigma_{ri}$$

The relation between strain and stress in elastic and plastic state could be treated identically by the following equation:

$$\Delta\{\sigma\} = [D](\Delta\{\varepsilon\} - \Delta\{\varepsilon_0\}) + (1 - m)\Delta\{\sigma_0\}$$

where, $m = 0$ correspends to the plastic state and $m = 1$——the elastic state respectivelly.

679

Fig. 3 shows the transient elastic-plastic strain fields and appropriate stress distributions for the case of GTA spot welding on TC4 alloy. At the moment $t = 0$, while the arc was extingushed, the plastic zone reaches its maximum value and the unloaded zone retains the same fixed value in the residual state ($t = \infty$). During the cooling process neither σ_r, σ_θ nor $\bar{\sigma}$ do not follow the $\sigma_s(T)$.

4 The two typical models

Fig. 4 shows the comparison between the transient strain-stress fields in TC4, LF6 aluminium alloy and 1Cr18Ni9Ti stainless steel. Based on these results, two typical models could be classified for analyzing the transient elastic-plastic strain formation in GTA spot welding.

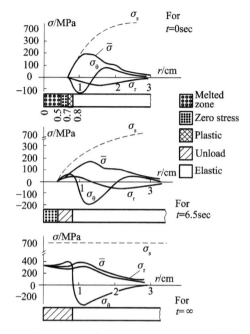

Fig. 3　Transient strain-stress field in TC4 alloy

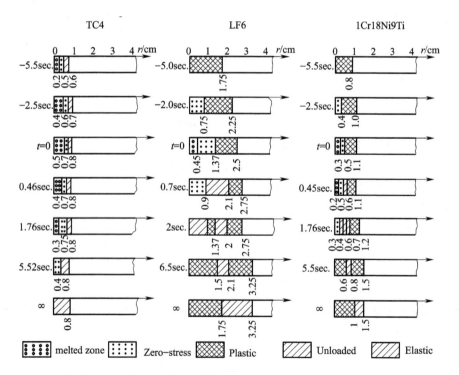

Fig. 4　Transient elastic plastic fields in TC4, LF6 and 1Cr18Ni9Ti materials

For the model I, as shown in Fig. 5, titanium alloy is the representative, all the plastic yield zone formed during heating process under the compression stress retains its maximium value and becomes an unloaded zone during cooling process under the tension stress. In the residual state an uniform unloaded zone retains in centre surrounding by the elastic zone in periphery.

For the model II, the aluminium alloy and stainless steel are the representatives, the plastic zone formed during heating process under the compression stress extends towards the periphery even after the arc was extingushed. During cooling process a ring-shape unloading zone formed inside the oringinal plastic zone surrounds a zero stress zone in centre and tends to extend towards the centre. Following the unloading process the compression stress transforms itself into its opposite—the tension stress, so that inside the extended ring-shape unloading zone a new plastic yield ring under the tension stress appears. Further along, the new plastic yield zone under tension stress covers over all the central area. Simultaneously, the extension of original unloading zone results in a transfer of all surrounding plastic yield zone under compression stress into unloading state. Finally, for the residual state an unloaded ring retains between the tension yield zone in centre and the elastic zone in periphery, as shown in Fig. 5.

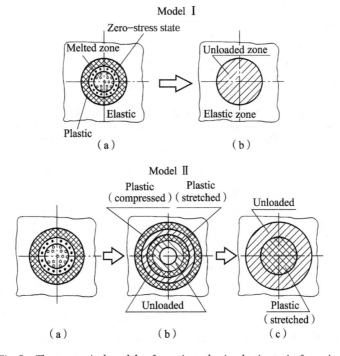

Fig. 5　The two typical models of transient elastic plastic strain formation

5   Discussion

For the case of GTA spot welding the "melted zone" is defined as an area surrounding by the circle isotherm of T_k . Fig. 6 shows the in-process changes of the T_k isotherm radius for the materials tested. The maximium of $r(T_k)$, the gradient of $\dfrac{dr(T_k)}{dt}$ and the period of existance of "melted zone" are mainly determined by the temperature distribution and the thermophysical properties of materials such as thermal diffusivity a and T_k . For almost the same welding parameters and the same duration of arc, the melted zone in titanium alloy appears earlier and extends gently. It takes more than 8 seconds to reach its maximum value of $r(T_k)_{max}$ = 0. 75cm. After the extingushment of arc the melted zone disappears smoothly for more than 7 sec. In aluminium, the melted zone appears much more late after arc starting and reaches its maximum value $r(T_k)_{max}$ = 1. 37cm in 4 sec. It disappears almost immidiately after arc extingushment.

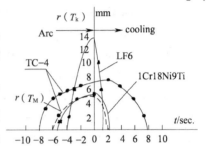

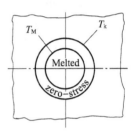

Fig. 6   The existance of "melted zone" (T_k) in different kinds of materials

Table 1   Thermoelastic plastic fields during heating and cooling

Materials	Heating			Cooling		
	$r(T_m)$ /cm	$r(T_k)$ /cm	Compression yield zone radius/cm	Compression yield zone radius/cm	Tension yield zone radius/cm	Unloaded zone radius/cm
TC4	0. 50	0. 70	0. 80	0. 80	none	0. 80
LF6	0. 45	1. 37	. 2. 50	3. 25	1. 75	3. 25
1Cr18Ni9Ti	0. 30	0. 55	0. 85	1. 50	1. 00	1. 50

It can be seen from the table 1 , that the temperature dependency of mechanical properties of materials have a significant effect on the behavior of thermoelastic-plastic fields.

As shown in Fig. 3 , the tension stress in titanium alloy appears during unloading, its maximum value does not follow the yield point $\sigma_s(T)$ and retains a value lower than $\sigma_s(T)$ up to the residual state.

According to the model II , during cooling in aluminium alloy and stainless steel the tension stress appears simultaneously with the unloading process in centre area. The tension yield zone tends to extension and the tension stress keeps its maximum value of $\sigma_s(T)$ and follows the changes $\sigma_s(T) = f(T)$ until the residual state.

Obviously, the relation determine whether the maximum value of tension stress reaches its yield point is

$$\frac{\partial \varepsilon_\alpha(T)}{\partial T} > \frac{\partial \varepsilon_s(T)}{\partial T}$$

for the case of one dimensional loading.

Then in turn of the case of axisymmetrical plane stress the determining factors are as follows:

(1) the main properties of materials: $\alpha(T), T_k, \varepsilon_s(0)$;

(2) the degree of inner restraint caused by the temperature and stress distribution.

6　Conclusions

(1) For numerical analysis of transient welding strain-stress fields the computer program was checked by a developed high temperature Moiré technique and special emphasis was put on the assessment of material behavior nearby the region of T_k.

(2) The results show that the specific nature of welding transient strain-stress formation in different kinds of materials could be classified into two typical models, and this concept might lay the foundation for further development of numerical analysis.

(3) For the model I, titanium is the representative, no tension yield occurs during cooling process and there appears an uniform unloaded zone in centre for the case of axisymmetrical plane stress (GTA spot welding), in the residual state the maximium value of tension stress is always lower than the yield point.

(4) For the model II, steel and aluminium are the representatives, tension yield occurs during cooling and there appears an unloaded ring between the tension yield zone in centre and the elastic zone in periphery, in residual state the maximum value of tension stress always reaches the yield point.

(5) Temperature distrbution, stress condition and some main properties of material ($\alpha, T_k, \varepsilon_s(0)$) are the three groups of factors determining the degree of inner restraint in formation of transient strain-stress fields.

Reference

[1] GUAN Q. Ph. D. Thesis MBTY, 1963.

[2] Ueda Y., et al. IIW Doc. X-616-71.

[3] Vinokurov V. A. Mashinostroeniye, 1984.

[4] Machnenko V. Y. Nawukava Dumka, 1976.

[5] Marya S. K., et al. 4JWS-III-1, 1982.

［6］ Masubuchi K. Pergamon Press, 1980.

［7］ GUAN Q. , et al. Int. Conf. Proc. , Hangzhou, 1984.

［8］ GUAN Q. , FU Y. H. Transactions of CMES, 1983（2）.

（Published as：IIW Doc. X – 1122 – 86, 39th IIW Annual Assembly, July, 1986, Tokyo, Japan）

СНЯТИЕ ОСТАТОЧНЫХ СВАРОЧНЫХ НАПРЯЖЕНИЙ В ТОНКОЛИСТОВЫХ ЭЛЕМЕНТАХ ИЗ ТИТАНОВЫХ СПЛАВОВ[①]

Канд. Техн. Наук С. А. КУРКИН   и Инж. ГУАНЬ ЦЯО

МВТУ им. Баумана

Приводятся результаты исследований по применению прокатки и термической обработки для снятия остаточных сварочных напряжений с целью предупреждения замедленных разрушений сварных соединений из титановых сплавов. Приведены данные измерений остаточных сварочных напряжений на сплаве ОТ4-1. Установлены оптимальные условия прокатки и общие закономерности термообработки при снятии сварочных напряжений.

При замедленных разрушениях сварных соединений тонколистовых элементов из титановых сплавов наблюдаются трещины, возникающие спустя различное время после сварки и обычно располагающиеся поперек шва. Предполагается, что на разрушения влияют остаточные напряжения первого рода, имеющие наибольшую величину в направлении вдоль шва. С целью выяснения влияния напряжений первого рода на замедленные разрушения были поставлены следующие опыты.

Испытуемый образец, представляющий плоскую пластину с валиком, переплавляющим ее в направлении вдоль прикладываемого усилия, длительно испытывался под заданной нагрузкой (образцы растягивали в динамометрических кольцах).

Образцы со сварными соединениями, выполненными в чистом аргоне, в условиях подобного испытания не давали разрушений даже при длительной выдержке под напря-жением, близким к пределу текучести, в то время как в образцах, сваренных в среде аргона с добавлением азота или водорода в ряде случаев были получены замедленные разрушения. Это указывает на то, что остаточные сварочные напряжения действительно могут оказывать влияние на появление замедленных

---

① Опубликована：Сварочное производство, 1962, No10 (310).

разрушений при наличии пониженных механических свойств, связанных с нарушениями защиты зоны шва от газов воздуха в процессе сварки.

На практике для снятия остаточных сварочных напряжений обычно применяется термическая обработка. При этом защита металла на насыщения газами воздуха может быть осуществлена в вакуумных печах или печах с защитной средой. Однако в условиях производства это встречает известные трудности. Ввиду отсутствия данных об оптимальных условиях снятия остаточных напряжений режим термообработки сварных изделий из титановых сплавов часто назначается недостаточно обоснованно. Сведения, имеющиеся в литературе [1, 9, 10] по этому вопросу, весьма ограничены.

Величина и распределение сварочных напряжений определялись на сварных пластинах толщиной 1.5 мм из сплава ОТ4-1 с помощью механических съемных деформометров с базами 10, 20 и 100 мм[2]. Размеры образцов от 500мм × 400мм до 200мм × 100мм; сварной валик наплавляли по середине образца с проплавлением основного металла вольфрамовым электродом в среде аргона без присадки.

Ввиду малой жесткости листов и коробления их от сварки все измерения производили при плотном прижатии образцов к плоской плите. Главные напряжения, направленные вдоль шва и перпендикулярно к нему, определяли по результатам измерения соответствующих деформаций:

$$\sigma_x = \frac{E}{1-\mu^2}(\varepsilon_x + \mu\varepsilon_y)$$

$$\sigma_y = \frac{E}{1-\mu^2}(\varepsilon_y + \mu\varepsilon_x)$$

Схема расположения баз и разделки образца показана на рис. 1. Измерениями установлено, что для получения эпюры распределения остаточных напряжений в поперечном сечении достаточно вырезать в середине образца поперек шва полоску шириной 20 мм (линии А) и сопоставить результаты измерений баз после сварки и после резки. Распределение напряжений вдоль шва можно получить путем вырезки полос шириной 30 мм (линии Б). В этом случае в крайних частях пластины напряжения оказываются полностью снятыми и мерительные базы возвращаются к размерам, которые они имели до сварки. Таким образом, разделения всей пластины на отдельные фибры не требуется, и операция разрезки упрощается.

На рис. 2 для образцов различных размеров показаны эпюры распределения продольных остаточных сварочных напряжений вдоль шва и в поперечном сечении. Во всех случаях поперечные напряжения получались малыми и на рисунках не показаны. Можно видеть, что продольные напряжения на концевых участках шва длиной 50 ~ 70 мм уменьшаются до нуля, в то время как на остальной длине шва они колеблются лишь в незначительных пределах.

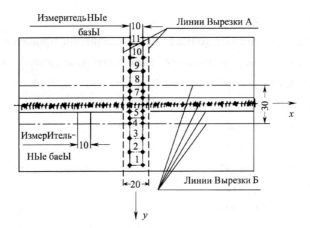

Рис. 1.　Схема вырезки образцов для определения остаточных сварочных напряжений

Максимальные растягивающие напряжения наблюдаются в швах и достигают 3500 кг/см^2 при значении предела текучести сплава ОТ4-1 свыше 5000 кг/см^2.

Подобные данные для остаточных сварочных напряжений были получены и на образцах размером 700мм × 290мм из сплавов ОТ4-1 толщиной 0.8 мм и ВТ5-1 толщиной 1.0мм; максимальное растягивающее напряжение для сплавов ОТ4-1 — 3660 кг/см^2, ВТ5-1 — 4660 кг/см^2 (предел текучести ВТ5-1 свыше 7000 кг/см^2).

Таким образом, результаты измерений показали, что остаточные напряжения при сварке титановых сплавов имеют порядок 0.6～0.7 величины предела текучести и что характер распределения напряжений и их максимальное значение мало зависят от длины и ширины используемых образцов. Поэтому для целей исследования можно использовать образцы размером 200мм × 100мм × 1.5мм.

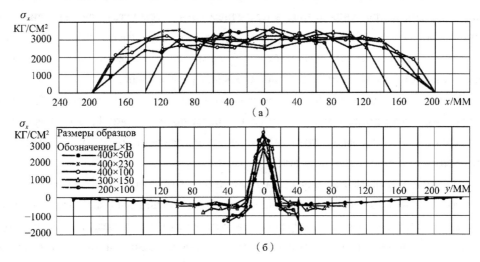

Рис. 2.　Эпюры распределений продольных остаточных сварочных напряжений

на образцах из сплава ОТ4-1 толщиной 1.5 мм:

а—по длине сварных швов $\sigma_{x_{y=0}}$;　　б—в поперечных сечениях $\sigma_{x_{x=0}}$

Снятие остаточных напряжений прокаткой роликами.

Оценку эффекта снятия остаточных напряжений при прокатке роликами [3 – 6] будем производить по максимальному значению напряжений в сварном шве и околошовной зоне после соответствующей обработки.

Образцы прокатывали на специальной машине. Размеры рабочих роликов: диаметр 120 мм, ширина рабочего пояска 10 мм.

В первой партии образцов прокатывали только сварной шов, во второй партии—сварной шов и околошовную зону, причем давление на ролики изменялось в достаточно широких пределах.

На рис. 3, а показана исходная эпюра напряжений после сварки. Прокатка только сварного шва при давлении 1500 кг приводит к полному исчезновению напряжений в шве (рис. 3, б).

При увеличении давления в шве возникают напряжения сжатия порядка 800 кг/см^2 при давлении прокатки 2000 кг (рис. 3, в). При этом на всех эпюрах четко выявляются пики несятых растягивающих напряжений в зонах рядом со швом. Это говорит о том, что ширина зоны, претерпевшей пластические деформации во время сварки, больше ширины рабочего пояска роликов и, следовательно, прокатка роликами только шва недостаточна для того, чтобы полностью снять пиковые напряжения растяжения в околошовных зонах.

Прокатка шва и околошовной зоны при давлении 1000 кг обеспечивает полное устранение остаточных напряжений в шве (рис. 3, г). С увеличением давления прокатки до 1750 кг сжимающие напряжения в шве достигают величины 750 кг/см^2, причем пиковых напряжений в околошовной зоне не наблюдается. Так как для полного снятия напряжений в шве в последнем случае требуется давление лишь 1000 кг по сравнению с 1500 кг в первом случае, то это делает прокатку с тремя пропусками более предпочтителчной; при этом опасность снижения пластических свойств сварного соединения вследствие наклепа будет меньше.

По опытным данным был построен сводный график зависимости величины напряжений в шве после прокатки от давления на ролики (рис. 4, а). Пересечения кривых с осью абсцисс дают оптимальные значения давления прокатки, при которых напряжения в сварном шве полностью снимаются.

Подобные эксперименты проводили также и на других титановых сплавах. Результаты этих исследований в виде обобщающего графика приведены на рис. 4, б. Данные показывают, что для каждого материала в зависимости от его предела текучести, модуля упругости, а также уровня остаточных сварочных напряжений в шве, при заданных размерах роликов и толщине металла существует определенное давление прокатки, при котором остаточные напряжения в шве снижаются до нуля.

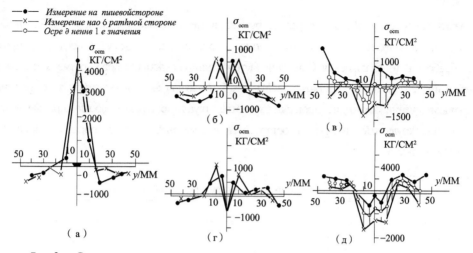

Рис. 3. Эпюры распределения продольных напряжений в поперечных сечениях образцов размером $200 \times 100 \times 1.5$ мм из сплава ОТ4-1 после прокатки роликами при различных давлениях; а—эпюра напряжений после сварки, $P = 0$; б— $P = 1500$ кг; в— $P = 2000$ кг (прокатывается только сварной шов за один проход); г— $P = 1000$ кг; д— $P = 1750$ кг (прокатываются сварной шов и околошовная зона за три прохода)

Прокатка металла в холодном состоянии вызывает наклеп. Поэтому правомерно ожидать как некоторого повышения предела прочности сварного соединения, так и понижения пластичности прокатываемого сварного соединения. Результаты испытаний показали, что для сплава ОТ4-1 толщивой 1.5 мм прокатка при давлениях 1000 ~ 1500 кг практически не снижает значения угла загиба по сравнению с исходными данными непосредственно после сварки. При больших значениях усилия на ролике наблюдается некоторое снижение угла загиба.

Снятие остаточных сварочных напряжений термообработкой производили в электрической печи без защитной среды. Заданная температура в печи поддерживалась терморегулятором. Время выдержки отсчитывалось с момента, когда температура после загрузки образцов восстанавливалась до заданного значения. Образцы охлаждали на воздухе. Для

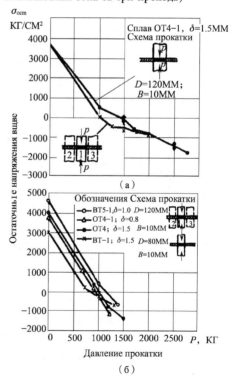

Рис. 4. Зависимость величины остаточных напряжений в шве после прокатки отдавлений на ролики для сплава ОТ4-1 толщиной 1.5 мм (а) и других титановых сплавов (б)

689

устранения коробления образец перед загрузкой в печь зажимался между двумя плоскими пластинами. Освобождение из закрепления проводилось только после завершения термообработки и охлаждения. Снижение коробления освобожденного образца показывало степень снятия остаточных напряжений. На рис. 5 показаны эпюры остаточных напряжений в поперечном сечении образцов, прошедших соответствующую термообработку при выдержках 1 ч и 10 мин. Результаты измерений остаточных напряжений в швах после термообработки приведены на рис. 6.

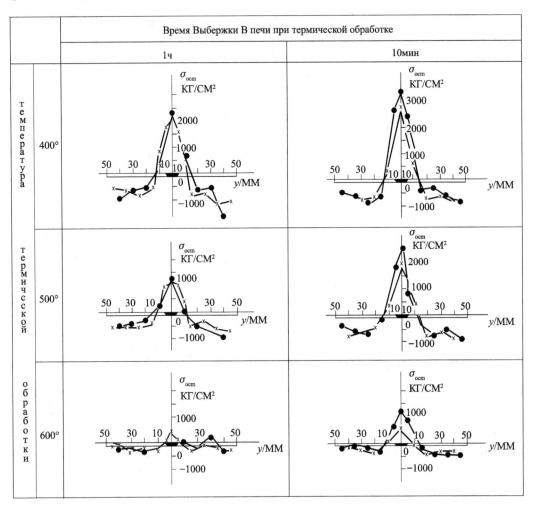

Рис. 5.   Эпюры распределений продольных напряжений в поперечных сечениях образцов размером 200мм × 100мм × 1. 5мм из сплава ОТ4-1 после соответствующей термической обработки

Как известно, снятие остаточных напряжений при термообработке определяется понижением величины предела текучести и развитием ползучести при повышенных температурах. Оба эти явления зависят от температуры и уровня напряжений, кроме того, последнее зависит также от времени.

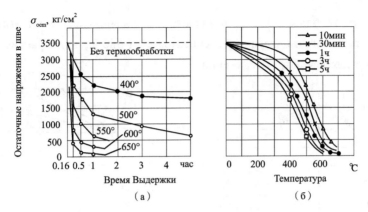

Рис. 6. Зависимость величины остаточных напряжений в шве для сплава ОТ4-1 от времени выдержки в печи при различных температурах（а）и от температуры при различном времени выдержки в печи（б）

В начальный момент выдержки в печи, когда фактические остаточные напряжения шва значительно превосходят предел текучести материала при заданной температуре, интенсивное снижение напряжений происходит преимущественно за счет понижения величины предела текучести материала, хотя ползучесть материала также развивается сравнительно быстро благодаря высокому уровню начальных напряжений. После того как остаточные напряжения в шве понизятся до величины предела текучести материала при данной температуре, процесс дальнейшего снижения напряжений замедляется и протекает только за счет ползучести материала（см. рис. 6）. Нагрев до 500° ~ 600°, обычно используемый при термообработке титановых сплавов с целью снятия остаточных сварочных напряжений, характеризустся наиболее интенсивным снижением величины остаточных напряжений, особенно в первые минуты после нагрева изделия.

Условия термообработки титанового сплава без защитной среды можно считать приемлемыми, когда не только снимаются пиковые напряжения в шве, но и обеспечиваются удовлетворительные механические свойства, в частности, не отмечается снижение пластичности сварных соединений.

На рис. 7 представлены зависимости значения угла загиба сварных соединений и основного металла от времени выдержки при соответствующих температурах термообработки.

Каждая точка на графиках выражает среднее значение угла загиба по результатам испытаний нескольких образцов（6—8 шт. ）.

Видно, что для сварных соединений（рис. 7, а）с повышением температуры термообработки до 600° для выдержки меньше 30 мин наблюдается общая тенденция роста значения угла загиба; максимальное значение угла загиба оказалось при температуре 600° и выдержке 30 мин. Термообработка при температуре свыше 600°

или при выдержке более 30 мин приводит к снижению значений угла загиба. Для основного металла общий характер зависимостей (рис. 7, б) практически остается тем же, что и для сварного соединения.

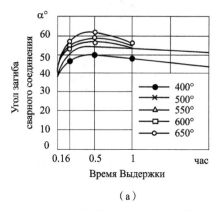 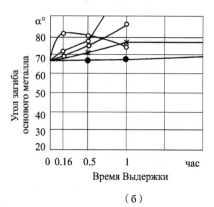

(а) (б)

Рис. 7. Сводные графики зависимости значения угла загиба сварных соединений (а) и основного металла (б) от времени выдержки для образцов из сплава ОТ4-1 при различных температурах

Подобный характер изменения значения угла загиба определяется, с одной стороны, улучшением структуры в результате нагрева и, с другой стороны, понижением пластичности поверхностных слоев металла вследствие насыщения газами. На рис. 8 представлены микроструктуры сварного шва и основного металла в исходном состоянии и микроструктуры сварного шва и поверхности основного металла после термообработки при 600° и выдержке 1 ч[①].

Сварной шов в исходном состоянии имеет резко выраженное игольчатое строение α′-фазы (см. рис. 8, а); некоторое повышение пластичности сварных соединений после соответствующей термообработки можно объяснить снижением дисперсности α′-фазы (см. рис. 8, в).

Пластичность основного металла повышается благодаря снятию эффекта нагартовки и некоторой коагуляции α′-фазы (см. рис. 8. г), расположение которой в основном материале ориентировано в направлении деформации при прокатке листа (см. рис. 8, б). Наряду с этим на поверхности металла, прошедшего термообработку, также четко выявляется тонкий слой металла, обогащенный кислородом и другими газами (на рис. 8, г этот слой показан стрелкой). Таким образом, с повышением температуры и времени выдержки возникает опасность образования слоя, обогащенного газами, характеризующегося повышенной твердостью и хрупкостью, что, в свою очередь, приводит к снижению пластичности испытуемого металла. В работе [7] на основании данных измерения микротвердости на поверхности образцов

---

① Металлографические исследования проводила П. Г. Галушкина.

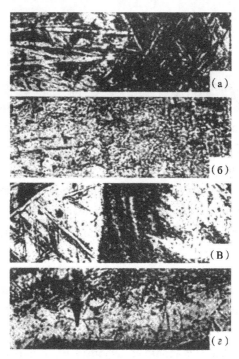

Рис. 8.　Микроструктура сварного шва (а) и основного металла (б) сплава ОТ4-1 в исходном
состоянии и микроструктура сварного шва (в) и поверхности основного металла (г)
после термообработки при 600° и выдержке 1 ч. (×375)

из ВТ1 после их нагрева при различных температурах указывается, что растворение кислорода в титане начинается только при температурах 550° ~ 600°.

Результаты испытаний образцов на угол загиба также показали. что при нагреве до 600° в течение 8 ч значение угла загиба практически остается постоянным. Подобные данные встречаются в работе [8], где указывается, что при 550° и ниже при окислении магниетермического титана на воздухе на поверхности образуется окисная пленка, толщина которой остается постоянной и практически не зависит от времени выдержки.

До 550° ~ 600° поглощение кислорода титаном происходит в результате его диффузии в металлическую основу из окисной пленки. Однако в дальнейшем при температурах выше 600° скорость окисления изменяется по параболическому закону, что приводит к резкому увеличению толщины окисной пленки на титане с увеличением времени выдержки. Эти данные относятся только к чистому или техническому титану, но модель диффузионного процесса, скорость которого определяет скорость окисления, также приемлема и для титановых сплавов, хотя действительная скорость окисления может зависеть от некоторых вторичных факторов.

Таким образом, для снятия остаточных напряжений в тонколистовых элементах из сплава ОТ4-1 оптимальными условиями термообработки в электропечи без защитной среды следует считать нагрев до 550° ~ 600° при времени выдержки 30 ~ 40 мин.

Выводы

（1）Остаточные напряжения в швах титановых сплавов в исследованных условиях, составляют 0. 6—0. 7 величины предела текучести основного металла.

（2）Прокатка сварных соединений роликами позволяет не только снять растягивающие сварочные напряжения в зоне шва, но и создать в этой зоне（если требуется）остаточные напряжения сжатия.

（3）При условии обоснованного выбора температуры нагрева и времени выдержки снятие остаточных напряжений в сварных соединениях титановых сплавов можно осуществлять термообработкой в электропечах без защитной среды.

Литература

［1］Гусева Е. А. Исследование склонности сварных соединений титана и его сплавов к образованию трещин. Сварочное производство, 1958（2）.

［2］Винокуров В. А. , и Куркин С. А. Заводская лаборатория, 1961（11）.

［3］Куркин С. А. Устранение сварочных деформаций тонколистовых элементов путем прокатки шва и околошовной зоны. Сб. трудов МВТУ им. Баумана. Прочность и автоматизация сварки, 1957（71）.

［4］Винокуров В. А. О прокатке швов для устранения коробления сварных изделий. Известия высшей школы машиностроения, 1959（10）.

［5］Куркин С. А, Винокуров В. А. Устранение коробления тонколистовых сварных конструкций прокаткой роликами. Сб. статей МВТУ им. Баумана. Сварка цветных сплавов, редких металлов и пластмасс, 1961（101）.

［6］Куркин С. А. , Гуань Цяо. Устранение сварочных деформаций тонколистовых элементов из титановых сплавов марок ОТ4-1 и ВТ5-1 путем прокатки швов роликами. Сб. статей МВТУ им. Баумана. Сварка цветных сплавов и некогорых легированных сталей, 1962.

［7］Моисеев В. Н. Диффузия газов в титан при нагреве его на воздухе. Титан и его сплавы. Вып. Ⅲ. Металловедение титана. АН СССР. М. , 1960.

［8］Лайнер Д. И. , Цыпин М. И. Изучение структуры титановой окалины в процессе ее образования. Металловедение и обработка цветных металлов и сплавов. Вып. ХХ . Металлургиздат. М. , 1961.

［9］Brody R. , Taylor A. Stress–relieving titanium alloy weldments. Metal Progress, 1959 (5).

［10］Hull. Fusion welding of titanium and its alloys. Welding and Metal Fabrication, 1961 (3)：29.

УСТРАНЕНИЕ СВАРОЧНЫХ Д ЕФОРМАЦИЙ ТОНКОЛИСТОВЫХ ЭЛЕМЕНТОВ ИЗ ТИТАНОВЫХ СПЛАВОВ ОТ4-1 и ВТ5-1 ПУТЕМ ПРОКАТКИ ШВОВ РОЛИКАМИ[①]

Канд. Техн. Наук С. А. КУРКИН   Инж. ГУАНЬ ЦЯО

Сварочные деформации вызывают в изделиях отклонения от заданных проектных размеров, снижают эксплуатационные качества конструкции и в ряде случаев усложняют технологический процесс сборки и сварки деталей и узлов из-за несоответствия геометрии деталей заданным размерам. При изготовлении сварных тонколистовых конструкций необходимы надежные и эффективные способы борьбы со сварочными деформациями.

Для тонколистовых сварных конструкций характерно коробление вследствие потери устойчивости отдельными элементами изделия под действием собственных напряжений сжатия, вызванных пластическими деформациями (укорочением) в результате неравномерного нагрева металла в процессе сварки. Величина коробления изделия зависит от его жесткости и уровня собственных напряжений. При прочих равных условиях коробление тонколистовых сварных конструкций тем больше, чем тоньше свариваемые элементы, чем выше предел текучести и чем ниже модуль упругости материала конструкции. Вследствие малой жесткости и устойчивости деформирование тонких элементов при сварке бывает заметно даже при незначительном уровне остаточных напряжений. Отсюда ясно, что обычные приемы, применяемые в производстве для уменьшения коробления, такие как деформирование деталей до сварки, закрепление в приспособлениях во время сварки не могут полностью устранить сварочных деформаций, так как не устраняют остаточных напряжений в сварных изделиях. Листовые титановые сплавы ОТ4-1 и ВТ5-1 обладают пределом прочности $70 \sim 90$ кг/мм^2 и пределом текучести $50 \sim 70$ кг/мм^2. Их модуль упругости почти в 2 раза меньше, чем у стали. Поэтому при сварке листовых конструкций из титановых сплавов возможны большие деформации.

---

① Опубликована: Сборник статей № 106, Сварка цветных сплавов и некоторых легированных сталей, МВТУ им. Баумана, Оборонгиз, Москва, 1962.

С целью определения уровня остаточных напряжений в сварных соединениях и выяснения их влияния на деформацию определялись величины и характер распределения продольных остаточных напряжений в поперечном сечении. Исследование проводилось на сварных образцах размером 760мм×290мм из титанового сплава ОТ4-1 толщиной 0.8мм и размером 940мм×290мм из сплава ВТ5-1 толщиной 1.0мм методом разрезки. Результаты измерений, приведенные на фиг.1 и 2, показывают, что остаточные напряжения растяжения в сварных швах, выполненных вольфрамовой дугой в среде аргона, равны 3660 и 4660 кг/см² для ОТ4-1 и ВТ5-1 соответственно. При этом наблюдается резкий переход остаточных напряжений от растяжения в фибре шва шириной 10мм в сжатие для соседних сошвом фибров. Такое распределение остаточных напряжений дает основание считать, что зона, в которой произошли пластические деформации, во время сварки имеет очень ограниченную ширину. Под действием остаточных напряжений растяжения шва прилегающие к шву зоны по обе стороны от него получают напряжения сжатия; сварная пластина, вследствие потери устойчивости выходит из плоскости и принимает вид, показанный на фиг.3, а.

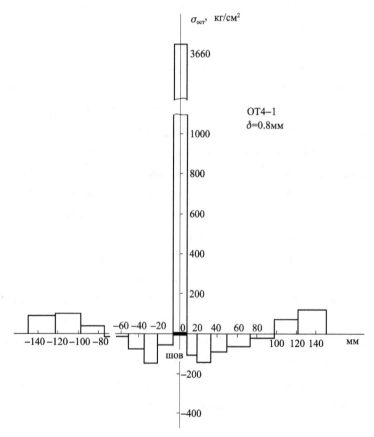

Фиг. 1.   Распределение $\sigma_{\text{ост}}$ в поперечном сечении сварной
пластины из сплава ОТ4-1 толщиной 0.8мм

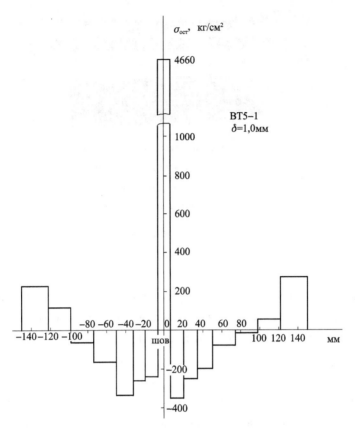

Фиг. 2.　Распределение $\sigma_{\text{ост}}$ в поперечном сечении сварной пластины
из сплава ВТ5-1 толщиной 1. 0мм

В тонколистовых конструкциях вследствие их малой жесткости и устойчивости деформации коробления, как правило, не сопровождаются пластическими деформациями в местах потери устойчивости, а зона пластических деформаций обычно ограничивается сварным швом и небольшой околошовной зоной. На фиг. 3, в, показан вырезанный из большой пластины сварной образец, который разрезан на фибры (кроме участков на концах). Средний фибр испытывает наряжение растяжения, остальные фибры сжаты и потеряли устойчивость. Если сильно натянутому среднему фибру со сварным швом придать путем прокатки соответствующее удлинение, то сварочная деформация пластины в целом будет полностью устранена.

Опуская подробное изложение метода устранения сварочных деформаций и напряжений прокаткой [1, 2, 3, 4], укажем, что сущность его заключается в создании пластических деформаций, противоположных тем, которые происходят при сварке. Прокатка шва и небольшой околошовной зоны узкими роликами под давлением создает местное равномерное статическое осаживание металла по толщине,

Фиг. 3.   а—сварная пластина непрокатанная,

б—сварная пластина прокатанная,

в—сварная пластина непрокатанная,

разрезанная на отдельные фибры.

которое приводит к удлинению металла в зоне прокатки в продольном и поперечном направлениях и к снижению собственных напряжений и сварочных деформаций во всем изделии.

Исследование режимов прокатки для титановых сплавов ОТ4-1 и ВТ5-1 было проведено на плоских сварных образцах. Плоские образцы по сравнению с другими конструктивными элементами являются наименее жесткими, наиболее чувствительными к колебаниям режима прокатки и требуют большей тщательности при его подборе. После небольшой корректировки подобранный режим может быть успешно применен на более жестких конструктивных элементах. Все образцы были сварены в стык аргоно-дуговой сваркой без присадки на типовых режимах сварки, принятых на производстве. Шов уложен в середине пластины вдоль ее длинной стороны. За меру коробления было принято максимальное отклонение сварного листа от плоскости, и по нему оценивалась степень возвращения листа после прокатки в плоскость. Все образцы прокатывались стальными роликами твердостью HRC 60, диаметром d = 120мм и шириной рабочего пояска b = 10мм со скоростью 3м/мин. Давление прокатки назначалось приближенно исходя из зависимости [4]

$$P_0 = b \sqrt{\frac{10.1 \cdot d \cdot h \sigma_{0.2}^3}{E}}$$

где h —толщина прокатываемого металла в см;

Е и $\sigma_{0.2}$ —модуль упругости и предел текучести прокатываемого материала в кг/см^2;

b и d —ширина рабочего пояска и диаметр ролика в см.

В дальнейшем величина давления на ролики уточнялась непосредственно на других образцах.

Для более точного установления оптимальных условий прокатки, кроме измерения величины коробления—величины выхода пластины из плоскости, процесс отработки режима прокатки также сопровождался определением остаточных напряжений в пластинах, подвергавшихся прокатке при различных давлениях. Для каждого сплава устанавливалось оптимальное давление прокатки, при котором остаточные напряжения в шве после прокатки снижаются до нуля.

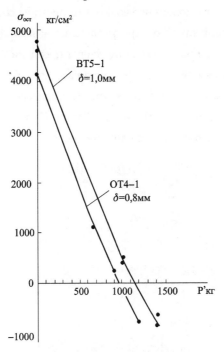

Фиг. 4.　Зависимость величниы остаточных напряжений в швах от усилий прокатки

На Фиг. 4 показана зависимость остаточных напряжений в швах от усилий при прокатке. График построен по данным измерений остаточных напряжений в швах образцов размером 130мм × 390мм, прокатанных при различных давлениях. Прокатке подвергались и шов и околошовная зона за три прохода. По оси абсцисс отложена величина усилия при прокатке, по оси ординат — величина остаточного напряжения в шве. Для сплава ОТ4-1 толщиной 0. 8мм остаточное напряжение в непрокатанном шве достигает в среднем 4000 кг/см^2, а после прокатки при усилии 650 кг снижается до 1000 кг/см^2. Усилие прокатки 900 кг вызывает снижение остаточного напряжения в шве до 430 кг/см^2, деформации листа при этом полностью устраняются (см. фиг. 3, 6). Прокатка при усилии 1200 кг привела к перекату с максимальным значением напряжения сжатия в шве около 700 кг/см^2. Как видно из графика, ломаная линия пересекает ось абсцисс в районе 1000 кг, что дает основание считать, что усилие при прокатке, равное 1000 кг, может быть принято за оптимальное, при этом можно ограничиваться только прокаткой самого шва. Для сплава ВТ5-1 толщиной 1. 0 мм остаточное напряжение в непрокатанном шве достигает в среднем 4800 кг/см^2, после прокатки при усилии 1000 кг оно снижается до 410 кг/см^2. Прокатка при усилии 1400 кг дает небольшой перекат с остаточным напряжением сжатия в шве порядка 730 кг/см^2. При усилии прокатки 1900 кг наблюдается недопустимый перекат. Из графика видно, что усилие 1200 кг, снижающее остаточное напряжение в шве до нуля, является оптимальным.

Если располагать образцы, разрезанные на фибры, в порядке возрастания усилий при их прокатке (фиг. 5), то можно наблюдать что прогибы соседних со швом фибров по обе стороны от него уменьшаются по мере увеличения давлений прокатки на роликах. Для сварных пластинок из ОТ4-1 при переходе от усилия прокатки 900 кг к 1200 кг растянутый средний фибр со швом становится сжатым и начинает прогибаться, что свидетельствует о перекате. Аналогичное явление начала переката наблюдалось на образцах из ВТ5-1 при переходе от усилия при прокатке 1000 кг к 1400 кг. Прогиб среднего фибра со швом наиболее заметен после прокатки при усилии 1900 кг.

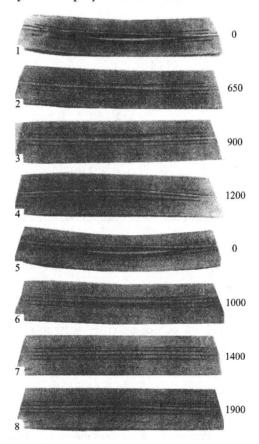

Фиг. 5. Виды сварных пластинок, прокатанных при различных
давлениях и разрезанных на фибры
1—4—сплав ОТ4-1; 5—8—сплав ВТ5-1.

Для конкретных конструктивных элементов с жесткостью, отличной от жесткости листов, на которых были отработаны режимы прокатки, оптимальные давления прокатки могут оказаться несколько иными, чем указанные выше. В этом случае требуется небольшая корректировка давления при прокатке первых деталей.

С целью выяснения влияния прокатки на изменение механических свойств сварного соединения вследствие нагартовки были проведены испытания образцов на растяжение и загиб. Результаты испытаний показали, что для обоих сплавов ОТ4-1 и ВТ5-1 прокатка с целью устранения сварочных деформаций при оптимально выбранных условиях сопровождается несущественным снижением угла загиба, в то время как предел прочности остается практически неизменным.

Выводы

（1）Остаточные напряжения растяжения в сварных швах титановых сплавов ОТ4-1 толщиной 0. 8 мм и ВТ5-1 толщиной 1. 0 мм составляют соответственно 3660 и 4660 кг/см^2. У обоих сплавов наблюдается резкий переход растягивающих остаточных напряжений в шве в сжимающие напряжения в соседних со швом зонах.

（2）Применение прокатки роликами с целью исправления коробления тонколистовых элементов из титановых сплавов марок ОТ4-1 и ВТ5-1 является эффективным средством устранения сварочных деформаций.

（3）В качестве оптимальных усилий при прокатке могут быть рекомендованы следующие: для ОТ4-1 толщиной 0. 8 мм—1000 кг и для ВТ5-1 толщиной 1. 0 мм—1200 кг. При этом прокатке подвергается только сварной шов.

（4）Результаты испытаний механических свойств материалов показали, что при прокатке этих сплавов механические свойства изменяются несущественно.

Литература

［1］Куркин С. А.. Устранение сварочных деформаций тонколистовых элементов путем прокатки шва и околошовной зоны. Прочность и автоматизация сварки, Машгиз, 1957.

［2］Куркин С. А., Винокуров В. А.. Деформации тонколистовых элементов при сварке и борьба с ними. Сварочное производство, 1958 (4).

［3］Куркин С. А., Винокуров В. А.. Устранение коробления тонколистовых сварных конструкций прокаткой роликами. Сварка цветных сплавов, редких металлов и пластмасс, Оборонгиз, 1961.

［4］Винокуров В. А.. О прокатке швов для устранения коробления сварных изделий. Известия высшей школы, Машиностроение и приборостроение, 1959 (10).

Control of buckling distortions in plates and shells[①]

Manufacturing of sheet metal formed plates, panels and shells are always accompanied by buckling distortions where fusion welding is applied. Buckling distortions are more marked than other forms of welding distortions in thin – walled structural elements, and they are the main troublesome problems in sheet metal fabrication especially for high speed vehicles, light superstructures of naval surface ships cruisers in which longitudinal and transverse stiffeners are fillet welded to thin plates as well as for aerospace structures such as airframe panels, fuel tanks, shells of jet engine cases etc. where thin section sheet materials of thickness less than 4mm are widely applied. Buckling distortions affect the performance of structures in a great many ways: can not fit in with designed geometric and aesthetic requirements, make assembly of elements difficult owing to the exceeding mismatch gaps, and in some cases even impossible. So, the normal production procedures have to be broken for time – consuming and costly distortion removal. From the viewpoint of inservice reliability, buckling may lower the rigidity of welded elements and cause variable quality of products. Efforts have been made and progress has been achieved in solving buckling problems by experts in the welding science and technology world – wide for the past decades. Many effective methods for removal, mitigation and prevention of buckling distortions adopted before welding, during welding or after welding are successfully developed and widely applied in industries[1~10]. Recent progress in eliminating buckling distortions trends towards from adoption of passive technological measures to creation of active in – process control of inherent (incompatible residual plastic) strains during welding without having to undertake costly reworking operations after welding[11~14].

1   Buckling distortions in plates and shells

1.1   Typical buckling patterns in thin – walled structural elements

In sheet metal fabrication, structural elements are mostly designed and assembled using fusion welding. Welding induced buckling differs from bending distortion by its much greater

---

① Chapter 9 in *Processes and Mechanisms of Welding Residual Stress and Distortion* pp. 295 – 343, Woodhead Publishing Limited, 2005.

out – of – plane deflections and several stable patterns more than one. Buckling patterns much more depend on the geometry of the elements and types of weld joints especially depend on the thickness of sheet materials under certain conditions.

Fig. 1 shows some typical buckling patterns in plates and stiffened panels caused by longitudinal welds (Fig. 1a、b、c、d) and buckling patterns in plates caused by circular welds (Fig. 1e、f).

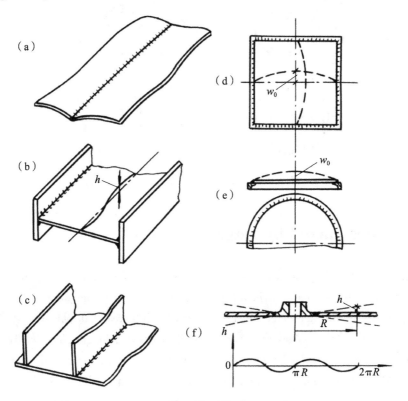

Fig. 1　Typical buckling patterns
in welded plates and panels

Fig. 2 shows some typical buckling patterns in shell elements caused by longitudinal welds (Fig. 2a、b) and circular welds (Fig. 2c、d、e).

In comparison between Fig. 1 and Fig. 2, it should be clarified that the buckling distortions caused by longitudinal welds either in plates, panels or in shells are mainly dominated by longitudinal compressive stresses produced in areas away from the weld. But the buckling distortions caused by circular welds either in plates or in shells are mainly determined by transverse shrinkage of welds in radial direction and whereby produced compressive stresses in tangential direction. The buckling patterns are much more depending on rigidity (thicknesses, dimensions and shapes) of elements to be welded, as well as types of weld joints and welding heat inputs.

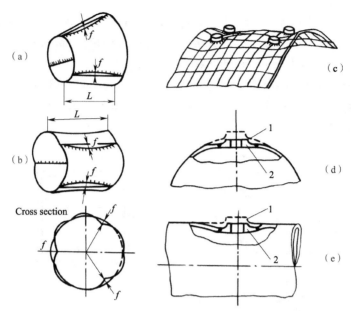

Fig. 2   Typical buckling patterns in welded shell elements

1. 2   Buckling caused by longitudinal welds

The nature of buckling phenomena is mostly a result of loss of stability of the elements under compressive stresses induced in the peripheral areas away from welds. The mechanism of buckling hides in the action of inherent (incompatible residual plastic) strains formed during welding. Fig. 3a、b show the experimentally measured longitudinal inherent strain ε_x^p distributions in cross section of weld joints on specimens of titanium and aluminum alloys respectively[3,11]. The maximum value $\varepsilon_{x\,max}^p$ and its width of distribution 2b (shown schematically) depend on materials and welding heat input. If two slits are cut along the inherent strain distribution width 2b in both sides of the weld, the buckled plate will perform as shown in Fig. 3c[2] and the residual stresses fields σ_x are also changed properly.

In 1950′s, based on a model of minimum potential energy of welded plate Vinokurov[5] analyzed in more details the loss of stability of thin plate after welding. As shown in Fig. 4, after welding, the plastically deformed weld zone with inherent strain distribution is schematically presented by a rectangle (dotted line in Fig. 4a) of ε_x^p in width 2b which is simpler for theoretical analysis and calculation. The plate of length L and width B (Fig. 4b) takes a fan – shaped segment with a longitudinal curvature of radius R (Fig. 4c) and buckled into a saddle shape in cross section AA (Fig. 4. d) with its gravity centre 0.

Losing stability, the buckled plate (Fig. 4b) is released from a unstable flat position of high potential energy with the maximum level of residual stress distribution after welding and takes a stable warped shape. The longitudinal curvature is caused by a certain bending

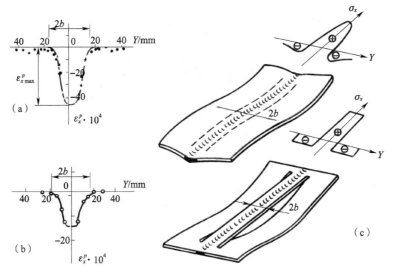

Fig. 3　Distribution of inherent strains measured in cross sections of weld joints
after GTAW of plates of 1. 5mm thick

（a）titanium alloy；（b）aluminum alloy；（c）buckled patterns
before and after two slits cut on both sides of weld[2,3,11]

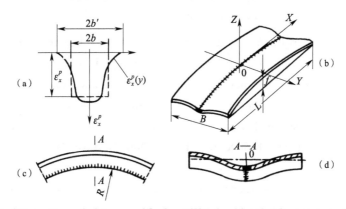

Fig. 4　Buckling pattern of plate caused by longitudinal weld with inherent strain distribution

moment formed by the shrinkage force in the weld zone which is offset from the gravity centre 0 of the cross section AA of the buckled plate （Fig. 4d）.

　　Fig. 5a shows a functional relationship between the potential energy U accumulated in the plate and the curvature $1/R$ of the buckled plate with different value of initial maximum longitudinal residual stress σ_x in weld[5]. Fig. 5b shows the distributions of longitudinal residual stresses in plate corresponding points F （unstable） and points S （stable） in Fig. 5a.

　　For the given geometry and material of plate as shown in Fig. 5, the changeable distribution of residual stresses in the weld zone is the dominating factor of the variation of potential energy. After welding, keeping in flat position, a maximum potential energy U is accumulated in plate （points F in curves） with residual stress distribution shown by curve F in Fig. 5b. Losing stability, the buckled plate possesses a minimum of potential energy U. The dotted line

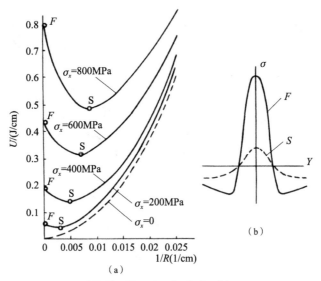

Fig. 5　Functional relationship

(a) between U and $1/R$ of buckled plate ($E = 2.05 \times 10^5 \mathrm{MPa}$, $\mu = 0.3$, $B = 30\mathrm{cm}$, $2b = 4\mathrm{cm}$,

$\delta = 0.15\mathrm{cm}$)[5] with different σ_x in weld and distributions of longitudinal residual stresses

(b) corresponding to potential energy at points F (unstable − with maximum U)

and points S (stable − loss of stability)

in Fig. 5a shows the $U = f(1/R)$ relation in plate without welding residual stress ($\sigma_x = 0$). The value U increases with the increase of value σ_x. Points S in curves correspond the minimum value of U where the buckled plate takes its stable shape and the redistributed residual stress field is shown by dotted line S in Fig. 5b. In other words, any forced change of the stable curvature of the buckled plate will cause increase in potential energy and once the force is removed, the buckled plate will be restored to it stable position minimizing the potential energy.

　　In analyzing buckling phenomena of a cruciform cross section beam joined by longitudinal welds shown in Fig. 6, Vinokurov[5] suggested a simplified approximation method to determine the critical stress σ_{cr} and buckling waves.

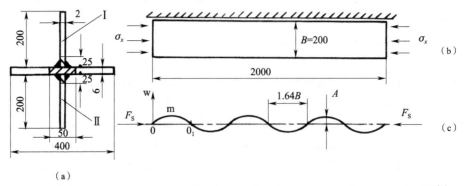

Fig. 6　Determining buckling distortions of a cruciform beam joined by longitudinal welds[5]

The area of inherent strains induced by the fillet welds is shown by a shadowed cross section in Fig. 6a. The longitudinal shrinkage force F_s can be calculated for a stainless steel beam of 2000mm long with considerations of the total area of beam cross section S_b and the material properties $\sigma_s = 400$MPa, $E = 1.8 \times 10^5$MPa. Consequently, the assumed residual longitudinal compressive stresses σ_x in the beam as a whole is also determined approximately by $\sigma_x = F_s/S_b = 5$MPa. The corresponding strains ε_x is determined by $\varepsilon_x = \sigma_x/E = 2.78 \times 10^{-4}$. For determining the critical compressive stress σ_{cr}, a thin – walled elements of $\delta = 2$mm I and II (see Fig. 6a) can be assumed as strips, their one longitudinal edge (Fig. 6b) is rigidly clamped and restrained in their transverse direction but unrestrained in their longitudinal direction. The strip is subjected to the longitudinal compressive stress σ_x. According to the theory of stability of elastic systems[15], the critical stress is determined by the relation:

$$\sigma_{cr} = K \frac{\pi^2 \ E\delta^2}{12 \ (1 - \mu^2) \ B^2} \tag{1}$$

For this particular case the coefficient $K = 1.328$, the ratio of plate length L to plate width B is $L/B = 2000/200 = 10$, therefore, the value $\sigma_{cr} = 21.6$MPa, and the corresponding $\varepsilon_{cr} = 1.2 \times 10^{-4}$.

Hence $\varepsilon_x > \varepsilon_{cr}$, the thin strips I and II (Fig. 6a) will loss stability and their edges become sinusoidal (Fig. 4c) with half – wave length $l = 1.64B = 32.8$cm. The sinusoidal wave can be expressed as:

$$\omega = A\sin \ (\pi x/32.8) \tag{2}$$

To calculate the amplitude A, it is assumed that the edge of the buckled strip is subjected to strain ε_{cr}, and the difference in the lengths of the original section 00_1 (Fig. 6c) and the arc $0m0_1$ on one half – wave can be calculated. For this case, the amplitude $A = 2.62$mm.

Early in the 1950's fundamental studies on buckling of thin plate due to welding were carried out by a group of Japanese experts [16,17,8]. Theoretical calculations were accompanied with experimental verifications as well as exploitation of methods for practical application to eliminating buckling. In 1970's Terai et al [7] studied the buckling behavior of thin – skin plate to be welded on a rectangular rigid frame (see Fig. 1d) which is a typical structural element for naval ships. Results indicate that buckling increases dramatically when the heat input surpasses a certain critical amount.

Latter in 1990's Zhong et al[18] analyzed the buckling behavior of plates under idealized inherent strain. The results of theoretical calculation for critical thickness show that it can be determined by the relationship shown in Fig. 7a. For different ratio of width B to length L of plate, the narrower plate the thinner of critical thickness. For thin elements to be welded, the thickness of 4mm (shown by dotted line in Fig. 7a) seems to be a threshold value, thinner than 4mm plate becomes more susceptible to buckling due to welding.

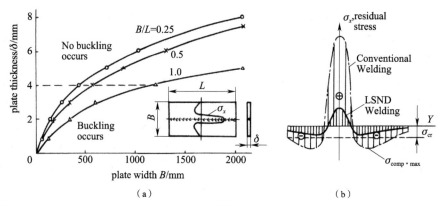

Fig. 7 Determination of critical thickness of plate[18] (a) and the nature to reduce $\sigma_{comp \cdot max}$ lower than σ_{cr}

(b) to prevent buckling due to welding

As shown in Fig. 7b, in principle, all efforts either 'passive' measures or 'active' control methods of Low Stress No – Distortion (LSND) welding to eliminating buckling are aimed at reducing the $\sigma_{comp \cdot max}$ to a level lower than the critical compressive stress σ_{cr} at which buckling occurs.

From Fig. 7 and expression[12,1] it can be seen clearly, that the thinner the elements the lower will be the value σ_{cr}. For the plates of thickness less than 4mm as widely used in aerospace and modern vehicle welded structures, the value of σ_{cr} is dramatically dropped to a level much lower than the peak value of compressive stress $\sigma_{comp \cdot max}$ after conventional GTAW. However, the actual value σ_{cr} is difficult to be solely determined neither based on the linear stability theory of small deformations nor based on the non – linear theory of large deformations in theory of plates and shells. These problems are the most complex. Sometimes, as the shrinkage force depends on the rigidity of the elements to be welded, the directions of the action of the shrinkage forces may change while the loss of stability occurs.

Obviously, any method for eliminating or controlling buckling distortions are based on adjusting the compressive residual stresses to achieve $\sigma_{comp \cdot max} < \sigma_{cr}$ by means of reduction and redistribution of inherent strains. In thin – walled elements, the amount of buckling also depends on the combined effects of other types of weld shrinkages e. g. shrinkages transverse to the weld, angular shrinkages etc. , where the warpage caused by loss of stability increases on account of the additional angular rotation of the sheet relative to the weld joints.

In the past decade, welding simulation and prediction by computational method is more and more applied in addition to classic analytical and conventional empirical procedures. Finite element method is also adopted by Michaleris, Deo et al[19~23] for analyzing buckling distortions of stiffened rectangular plates for shipbuilding welded steel elements. Shrinkage forces were obtained from a thermal elastic – plastic cross – sectional model analysis. A simplified structural model is suitable for the parametric investigations required in practice. The critical buckling load, expressed by the cooling strain in the weld zone is determined on the basis of the lowest positive eigenvalue of the elastic structure. The deflections of the plate were determined on the basis of a non – linear elastic analysis with large displacements. Based on the finite element analysis for large displacements, and using an inherent shrinkage strain method, Tsai et al[24] investigate the buckling phenomena of a rectangular plate (1m × 1m) of aluminum alloy with two welded – on longitudinal T stiffeners positioned with different transverse spacing. With a large space between the stiffeners, the plate thickness of 1.6mm is critical to buckling. Angular distortions enhance the buckling. Suggested by authors the joint rigidity method is effective in determining the optimum welding sequence. Using the optimum welding sequence can improve the flatness of the panel and minimize angular distortion in the skin – plate.

1.3　Buckling caused by circular and circumferential welds

Buckling distortions caused by circular welds on flat plates shown in Fig. 1e、f have more complicated specific characters owing to the variation of residual stress distribution. Typical distributions of residual stresses in plates with circular welds to join circular elements to it e. g. flanges are given in Fig. 8. Fig. 8a shows the measured residual stress distributions on titanium plate of thickness 1mm with circular weld to join a flange of thickness 4mm. Fig. 8b gives schematically the dependence of residual stress distribution on the radius R of the circular welds, while $R = 0$ represents a case of arc spot welding, and in case of $R_2 > R_1$, the distributions of both σ and σ_θ are changed in a great deal.

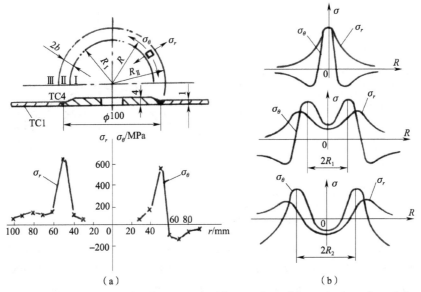

Fig. 8　Residual stress distributions caused by circular welds on titanium plate (a)
and with different radius of the welds (b)

In the case of $R \to \infty$, the circular weld tends to a linear longitudinal weld, the distributions of σ_r and σ_θ alter to be the σ_x and σ_y in a plate with butt weld. The rigidity (thickness) of both the inner flange and the outer plate is also a dominating factor to the distributions of σ_r and σ_θ.

The loss of stability of plate with a flange welded in it as a whole can be illustrated in Fig. 9a. For a more clear presentation, the loss of stability of the inner disk – flange and the outer plate with aopening of radius R cut in the centre can be illustrated separately as shown in Fig. 9b and c.

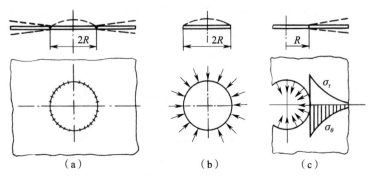

Fig. 9　Loss of stability caused by a circular weld in plate

(a) plate with a disk – flange welded in it　　(b) contour – welded circular plate – disk

(c) circular weld on the inner edge of the circular opening cut in plate

For the case shown in Fig. 9b, Vinokurov[5] gave a diagram showing the variation of radial stress σ_r and the buckling deflection W_0/δ as a function of radial displacement U_r (Fig. 10a).

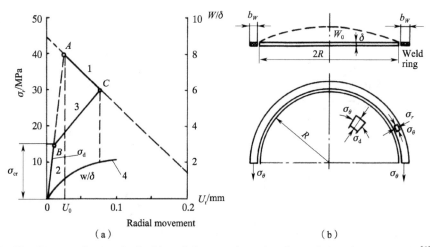

Fig. 10　Diagram showing the buckling deflection of circular plate – disk with contour weld[5];

$2R = 300$mm, $b_w = 20$mm, $\delta = 2$mm, $E = 2.0 \times 10^5$MPa, $\sigma_\theta = 300$MPa, $\sigma_r = 40$MPa,

$\sigma_{cr} = 14$MPa; σ_r—radial stress acting on the weld ring; σ_d—radial stress acting on the disk

As the out – of – plane displacement W increases (Fig. 10a), the stress σ_r and σ_θ in the circular weld – ring decrease as shown by sloping line 1. The stress σ_d in the disk plate increases as U_r increases showing by a clamping line 2 while the disk does not loss stability. In

Fig. 10a, point A corresponds to equilibrium of the stresses σ_r in the ring and σ_d in the disk and the radial displacement is U_0. Actually, the disk losses stability at point B where the critical stress σ_{cr} is reached. The critical stress of the circular plate – disk with hinge – supported edge is determined from the relation

$$\sigma_{cr} = 0.385 E\delta^2/R^2 \qquad (3)$$

Afterwards, the radial displacement U_r increases rapidly according to the line 3. At point C, the σ_r in the weld ring and σ_d in the plate – disk reach their equilibrium. In this state, the tangential stress in the ring σ_θ in relation to σ_r denoted by $\sigma_\theta = \sigma_r \cdot R/b_w$ will decrease considerably. Losing stability, the buckled disk will have maximum radial displacement U and the deflection W/δ is determined by relation $W_0/\delta = 1.96 \sqrt{\dfrac{\sigma_r}{\sigma_{cr}} - 1}$ as shown by the curve 4. For the particular case shown in Fig. 10, the deflection of the contour welded circular plate – disk corresponding to the point C at the curve 4 will be $W_0 = 2.2\delta$.

For the case shown in Fig. 9c, circular weld on the inner edge of the circular opening of radius R in plate causes radial tensile stress σ_r which produces the tangential compressive stress σ_θ. As the thin plate is most susceptible to loss of stability, sinusoidal wave buckling always takes place round the whole circumference. Vinokurov [5] determined the relationship between critical radial stress in terms of $\sigma_{rcr} \cdot \delta R_1^2/D$ where $D = E\delta^2/12 \ (1 - \mu^2)$ and the ratio R_2/R_1 as shown in Fig. 11. Two possible clamping 1 and 2 of the periphery of the circular plates (inner opening of radius R_1 and outer radius R_2) were analyzed. The number of sinusoidal half – wave at which the plate losses stability are given on the curves. Large sheets loss stability at $2m = 4$ half – waves. Number of half – wave increases at low R_2/R_1 ratio.

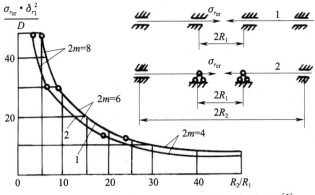

Fig. 11　Relationship between σ_{rcr} and the ratio R_2/R_1 [5]

The actual restraint of the plate in engineering practice roughly corresponds to the intermediate conditions between rigid clamping condition 1 and hinged – support condition 2. When the radius R_1 is reduced, loss of stability occurs at higher σ_{rcr}. In a infinite plate, when $R_2 \to \infty$, loss of stability caused by σ_r is regardless of the support conditions at the edge of the inner opening, as the σ_{rcr} is expressed by the formula:

$$\sigma_{\mathrm{rcr}} = \frac{E\delta^2}{4\ (1-\mu^2)\ R_1^2} \qquad (4)$$

From the formula it can be seen, that the modulus of elasticity E and the metal thickness δ are essential in loss of stability of a flat plate. Titanium alloys with $E = 1.05 \times 10^5\,\mathrm{MPa}$, aluminum alloys with $E = 0.7 \times 10^5\,\mathrm{MPa}$ are more susceptible to buckling than steel elements with $E = 2 \times 10^5\,\mathrm{MPa}$ at a identical shrinkage force. This is the reason why the buckling problems are much more troublesome in aerospace industries where titanium and aluminum alloys adopted widely.

A typical example of buckling of cylindrical shell in a form of sinusoidal wave caused by a circumferential weld is shown in Fig. 12. The thin shell – skin of thickness less 1 mm was fusion welded on a inner rigid supporting ring, compressive circumferential stress σ_θ induced in cross section AA and a sinusoidal wave with a certain pitch formed over the whole circumference.

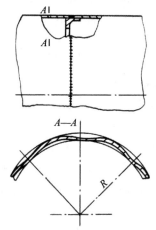

Fig. 12　Buckling of cylindrical shell due to circumferential weld

Based on the shrinkage force model, calculation of residual stress distribution and deflection in cylindrical shell due to circumferential weld was made by Guan Q et al [25]. Fig. 13 presents the results in dimensionless expressions. The initial residual stress in weld σ_0 over the width of $2b$ (plastically deformed zone) can be determined either experimentally or computationally. In many cases $\sigma_0 = \sigma_s$. Relating to σ_0 the maximum deflection $W_{\max}$ on the weld centerline is described by the formula as follows (see curve in Fig. 13a):

$$W_{\max} = \frac{\sigma_0 R}{E}\ (1 - e^{\beta b}\cos\beta b);\qquad \beta = \left[3\frac{(1-\mu^2)}{\delta^2 R^2}\right]^{1/4} \qquad (5)$$

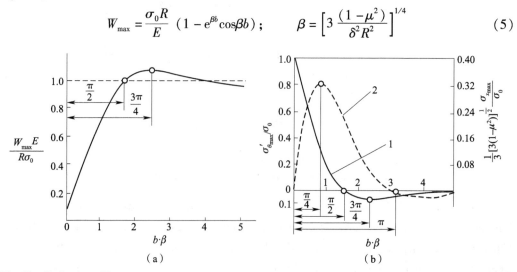

Fig. 13　Deflections W (a) and residual stresses σ_θ, σ_r (b) in cylindrical shells caused by circumferential weld[25]

The two dimensional stresses $\sigma_{\theta max}$ and σ_{xmax} along the weld centerline can be expressed in dimensionless system as follows:

$$\frac{\sigma_{\theta max}}{\sigma_0} = e^{-\beta b}\cos\beta b \qquad (\text{curve 1 in Fig. 13b}); \qquad (6)$$

and

$$\frac{\sigma_{xmax}}{\sigma_0} = e^{-\beta b}\sin\beta b \frac{3}{\sqrt{3}\,(1-\mu^2)} \qquad (\text{curve 2 in Fig. 13b}) \qquad (7)$$

These relations provide a quantitative assessment of the deflections and stresses as functions of geometrical parameters of the shell as well as material characters and welding heat input. However, the buckling shown in Fig. 12 occurs only in case of the deflection W_{max} is prevented by a certain rigid ring – supporting underneath of the circumferential weld while both the tensile and the compressive residual stresses are possessed of their maximum values.

2　Methods for removal, mitigation and prevention of buckling distortions

In sheet metal fabrication, excessive buckling distortions can generally be prevented by proper arrangement of technological measures during assembly and welding, and also by selecting rational welding processes. In case of proper and skillfully applied techniques for eliminating buckling, welded thin – walled plates, panels and shells can be fabricated economically and their quality and reliability can be improved considerably.

2.1　Classification of methods and technological measures

The most important stage in eliminating buckling distortions is rational design of welded structural elements: plates, panels and shells. It is essential that designers should have the concept: buckling is not inevitable, the problem could be solved working together with technological engineers. Bucklings can be controlled by a variety of methods and technological measures for removal, mitigation or prevention.

Table 1 illustrates the main stages and methods for control of buckling distortions. In the design stage, rational selecting both of geometry, thickness of materials and types of weld joints is essential. In the fabrication stage, technological measures and techniques to eliminating buckling can be classified as: (1) methods applied before welding, (2) methods adopted during welding operation, (3) methods applied after welding.

Table 1　Classification of methods adopted for control of buckling distortions

In design stage	Rational selecting geometry and thickness Rational selecting types of weld joints Rational selecting welding techniques	
In fabrication stage	Before welding	Pre – deformation (counter – deformation)
		Pre – tensioning (mechanical, thermal)
		Assembly in rigid fixture
	During welding	Selecting welding process with low heat input
		Apply power beam welding process
		Forced cooling
		Selecting weld sequences
		Thermal tensioning
		Low stress no – distortion welding technique
	After welding	Removal or correction using mechanical shock (hammer, weld rolling, electro – magnetic shock)
		Heat treatment (overall heating in rigid fixture, local heating)

In the methods applied before welding, e. g. pre – deformation etc. , the post – weld buckling is compensated by a counter – deformation formed in the elements prior to welding by a specially designed fixture – die. In the methods applied after welding, once buckling is in existence, warpages are removed by special flattening processes, either using manual hammer or applying mechanized weld rolling technique or using electric – magnetic pulse shock. These methods both before welding and after welding are arranged as special operations in production line and specific installations or fixtures are needed, resulting in increasing cost and variable quality of welded elements.

Pre – tensioning can be classified in either the category of methods applied before or during welding. For each particular structural design of panels, a device for mechanical tensile loading is required. Owing to their complexity, reduced efficiency in practical execution, application of these methods are limited. In this sense, the thermal tensioning (see paragraph 3) is more flexible in stiffened panel fabrication.

Low stress no – distortion results could be achieved during the welding process based on a thermal tensioning (stretching) effect which is provided by establishing a required specific preset temperature gradient either in overall cross section of plate to be welded or in a localized area limited innear – arc zone, simultaneously, restraining transient out – of – plane warpage movements of work piece is necessary. Differ from the above mentioned 'passive' methods which have to be taken after welding, low stress no – distortion welding techniques (see paragraph 4 and 5) can be classified as 'active' methods for in – process control of buckling distortions with needlessness of reworking operations after welding.

2.2 Selecting rational welding processes

The more attractive achievements in control of buckling distortions are the applications of power beam welding e. g. electron beam and laser beam welding. Their contributions are in reducing dramatically the heat input and therefore to reduce the inherent strains, residual stresses and buckling distortions.

In Fig. 14 comparisons are given for the experimentally measured inherent strain ε_x^p distributions caused by different welding processes [13]. Curve 1 in Fig. 14a corresponds to a higher heat input of GTAW, curve 2 — lower heat input of GTAW of titanium specimen of thickness 1.5mm. The ε_x^p distribution width $2b$ is about 40mm. The higher heat input, the wider distribution of ε_x^p, and the higher of the peak value of ε_x^p. The relationships between the dimensionless width of ε_x^p distribution b/δ and the thickness of plate δ obtained using different fusion welding processes are given in Fig. 14b. Among the well known fusion welding processes, electron beam welding (curve 4) and laser welding (curve 5) impose the minimum width of ε_x^p distribution much narrower than that imposed by arc welding (curve 2), plasma welding (curve 3) and even oxyacetylene flame welding (curve 1). As result of existence of inherent (incompatible) strains in weld joints even by application of high energy density beam welding processes, buckling distortions hereby induced by compressive residual stresses in plates and shells can not be avoided completely.

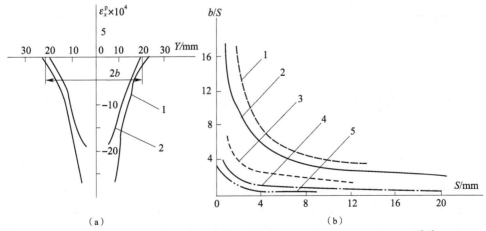

(a)   (b)

Fig. 14   Inherent strain ε_x^p distributions caused by different welding processes[13]

2.3 Passive technological measures for buckling removal and correction after welding

Passive technological measures have to be taken once warpages being in existence after welding. They are adopted as additional procedures have to be arranged into production line. Basically, all the passive measures are lied on the formation of the inverse plastic deformations to compensate the incompatible welding residual strains either in the stretched by tensile residual stresses weld joints using mechanically expanding effects or in the compressed bowed zones of base metal far away from the weld using thermally shortening effects. Comparisons between the thermal shortening effect by means of spot heating and the mechanical expanding effect by means of spot shocking are given in Table 2. A residual shortened spot zone can be obtained using spot heating whereas a residual expanded spot zone remained using spot shocking technique.

Table 2　Comparison between thermal shortening effect and mechanical expanding effect

To compensate the incompatible welding strains, the inverse plastic expansion deformation in the weld zone can be achieved using mechanized pneumatic hammer spot by spot (Fig. 15b and c) rather than using manual hammer (Fig. 15a) for more stable technological results and less damages to avoid possible instability in quality of products.

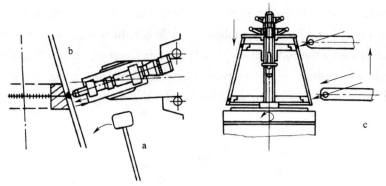

Fig. 15　Mechanized pneumatic hammer for buckling correction after welding of conical shell[6]

The principle of weld rolling technique for buckling removal is shown in Fig. 16. Using narrow rollers under certain pressure P (Fig. 16a), inverse plastic deformations in weld zone are formed (Fig. 16b) to compensate the incompatible welding stains. In some cases, besides rolling the weld, rolling the both side zones close to the weld is also feasible in practice (Fig. 16c).

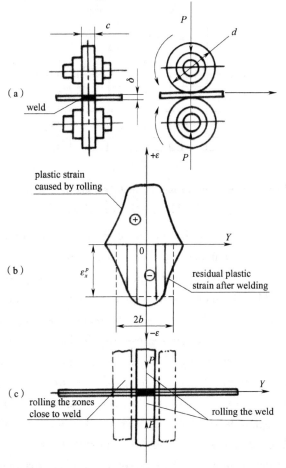

Fig. 16　Weld rolling technique for buckling removal after welding[2,3,5]

The effectiveness of formation of inverse plastic deformation in the weld zones by weld rolling is shown in Fig. 17. During rolling, the longitudinal residual stress in weld σ_x is reduced directly under the rollers (Fig. 17a). The value of σ_x after rolling depends on the pressure applied for rolling weld. The twisted net of broken lines in Fig. 17b shows the metal in-plane displacements nearby the weld joint under the rolling pressure between the narrow rollers.

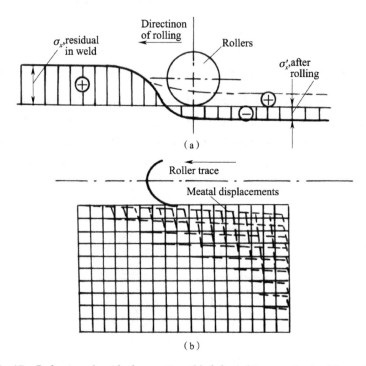

Fig. 17   Reduction of residual stress in weld (a) and inverse plastic deformation
(b) produced by weld rolling technique[3,5,6]

Thanks to its stability in obtaining the positive results to remove buckling distortions especially in aerospace manufacturing of shell structures with longitudinal and circumferential welds, weld rolling technique are more widely applied in sheet metal fabrication[6,10,11,14]. Fig. 18 shows some typical examples of selecting best results for residual stress relieving (Fig. 18a, b) and therefore buckling removal (Fig. 18c). After rolling only the weld, the residual stress distribution (dotted line – after welding, solid line – after rolling) shows that under a higher pressure the peak value becomes from tensile to compressive (see Fig. 18a). Whereas a lower pressure is applied and rolling is applied not only to the weld but also to the zones close to weld, the residual stress distribution shows a negligible results (Fig. 18b). Buckling caused by a circumferential weld in cylindrical shell (Fig. 18c) can be corrected using weld rolling technique. Buckling and residual deformations can be removed properly after rolling the weld zone as well as rolling the near weld zones[6,9].

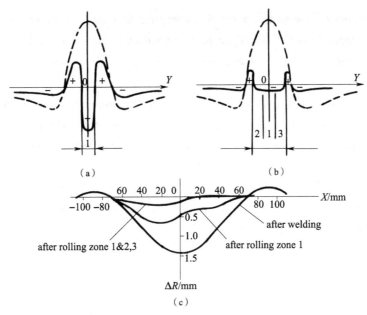

Fig. 18　Residual stress relieving (a, b) and distortion removing (c) using weld rolling technique[6,9]

2.4　Active measures for in – process control, mitigation and prevention of buckling

As mentioned in previous paragraphs, active measures taken before or during welding are aimed at avoiding buckling without having to take reworking operations after welding. The most applicable active technological measures for in – process control of buckling are listed in Table 3.

Table 3　Active technological measures for in-process control of buckling

Active measures	Main concepts	Feasible applications
Pre-deformation (counter deformation)	Compensation mechanism Reduction of residual stress	Shells with circular welds and panels with longitudinal welds
Pre-tensioning (or tensioning during welding)	Mechanical Thermal Hybrid thermo-mechanical	Stiffened panels and skinned frames
Low stress no-distortion welding	Overall cross-section thermal tensioning Localized thermal tensioning Reduction of incompatible strains	Plates, panels and shells

The feasibility of one or another active measures is mainly dependent on the strictness of design requirements to the structural performance and dependent on the specifics of the geometry of elements, the materials applied as well as the economic and productive results.

Pre – deformation (or counter – deformation) technique for mitigation and avoiding buckling in shell elements (see Fig. 2c, d, e) was successfully adopted firstly in manufacturing jet engine cases. Fig. 19 shows the principle scheme for engineering execution of pre – deformation technique for a shell element 4 while a flange – disk 3 is to be welded in it. The circular weld 2 is performed using GTAW 1. To avoid the subsided buckling 7, the local zone on shell surrounding the circular weld is pre – deformed to the position 4 by means of the fixture – die under pressure 5 before welding.

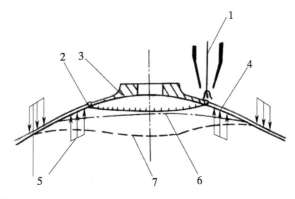

Fig. 19　Principle scheme for execution of pre – deformation technique[13]

After welding, while the shell element with jointed flange – disk is released from the fixture – die, thanks to the compensation displacements of both the elastic restoration movement of shell element and the shrinkage phenomena (especially in the transverse direction to the circular weld) , the shell element backtracks to its required position 6 (see Fig. 19).

The optimized value of pre – deformation can be calculated and selected depending mainly on the geometry of the shell e. g. the thickness of material applied and the diameter of the circular weld [6]. For a rationally selected and skillfully executed pre – deformation technique, the incompatible plastic strains of the circular weld in both the tangential and the radial directions are compensated properly by the pre – deformations either in the elastic state or in the elastic – plastic state. The residual stresses are also controlled to be much lower than the critical compressive stress at which undulated buckling occurs.

As an alternative option to restore the required geometry of aluminum shell element with flange jointed by a circular weld, a reinforcement ring on the flange could be prepared and compressed under pressure after welding to compensate the transverse shrinkage of the circular weld [6]. In addition, a reinforced circular weld bead with excess filler metal

720

could also be preformed and compressed under pneumatic press spot by spot after welding for the same purpose.

Pre – tensioning technique is applied in some cases as active in – process control method to avoid buckling distortions in shells with longitudinal welds (Fig. 20a) or in plates with web stiffeners and stringer panels (Fig. 20b, c). Before welding, the edges of shells and panels to be welded are tension loaded by a specially designed installation or stand. As result, the incompatible plastic strains in weld zone are reduced properly [26,27,28].

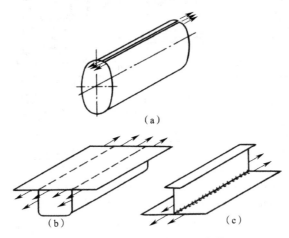

Fig. 20　Pre – tensioning technique to prevent buckling in shells (a) and stiffened panels (b, c)

In some engineering applications, a hybrid technique – combined pre – tensioning and pre – bending techniques could alsobe adopted to avoid subsided buckling caused by longitudinal weld in cylindrical shells. The bending moments are acting for inverse deformation in the longitudinal direction of the weld.

In general sheet metal fabrication, thin skin – plates are frequently assembled and welded to rigid frames. Buckling always presents the most troublesome problems to the fabricators. To solve buckling problems in railway carriage fabrication and shipbuilding industries, in the 1970's, the pre – tensioning effects were implemented successfully in Kawasaki Heavy Industries by Terai et al [7,8]. In Fig. 21 the Kawasaki methods are presented which are based on the pre – tensioning effects executed either mechanically as SS method (extension) or thermally as SH method (expansion), as well as a hybrid mechanic – thermal method – SSH method.

In all these methods, the welding operation is proceeded in a pre – tensioned state of the skin – plate to be welded by fillet welds to the frame. The pre – tensioning effects are implemented either by a specialized tensioning stand or by a heating device to provide necessary mechanical extension or thermal expansion of the skin – plate prior to welding. After welding, while the skin – plate is released from the tensioning stand or the heater is removed away, the skin – plate is nestled up to the frame as flat as before welding without buckling.

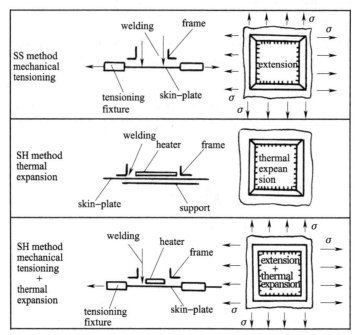

Fig. 21　Pre – tensioning effects executed mechanically（SS method）, thermally
（SH method）and mechanic – thermally（hybrid SSH method）[7,8]

More detailed descriptions of other active methods listed in Table 3 such as thermal tensioning and low stress no – distortion welding techniques will be given in the followed paragraphs.

3　Thermal tensioning for preventing buckling

In shipbuilding and vessel manufacturing industries the well – known low temperature stress relieving technique [10,29,30] with flame heating and combined water cooling is widely adopted in welded structures of thicker plate sections for mitigation of longitudinal residual stresses after welding. It is based on temperature gradient stretching effect induced by local linear heating and cooling parallel to the weld – line on plates of thickness of 20 ~ 40mm. This technique is not applicable for neither stress relieving, nor buckling removal after welding of thin – walled elements where the metal sheets are not stiff enough to avoid the transient out – of – plane displacement during local heating and forced cooling. But the idea of the temperature gradient stretching effect（or as commonly adopted the term of thermal tensioning effect）is logically feasible for avoiding buckling of plates and shells during welding while the transient out – of – plane displacements are prevented by properly arranged rigid fixtures or clamping systems [31,32,33].

3.1 Effects of thermal tensioning

In comparison with mechanical tensioning (stretching) where special installations are needed, the thermal tensioning effect is normally implemented much more economically using localized heating and properly matched cooling to create required temperature gradient and therefore the expected tensioning effect. Efforts in this direction were made during last decades [8,13,34~37].

The basic principle of thermal tensioning effect is shown in Fig. 22. Two curves (σ_{x1} and σ_{x2}) of thermal stress distributions are created by the temperature curves (T_1 and T_2) correspondingly on a thin plate of width $Y = 1$. In this case, the thermal tensioning effect is defined as the value of σ_x^* in the plate edge of $Y = 0$ where the weld bead will be implemented. For a given σ_x^*, the greater temperature gradient $\left(\dfrac{\partial T_1}{\partial Y} > \dfrac{\partial T_2}{\partial Y} \right)$, the higher of the induced maximum value of compressive stress $-\sigma_{1x_{\max}}$. A optimized temperature curve can be calculated mathematically for an estimated value σ_x^* while the value $-\sigma_{x\max}$ is not excess the yield stress and no plastic deformation occurs in the locally heated zone.

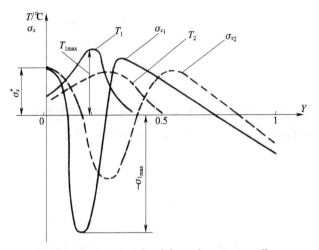

Fig. 22　Basic principle of thermal tensioning effect

Based on the results of mathematical analysis for the thermal tensioning effect, Burak et al [34,35] conducted an experiment to control longitudinal plastic strains in weld on aluminum plate of 4mm thick. As shown in Fig. 23, before and during GTA welding, a temperature profile (curve T) was established using linear heater on both side along the weld with forced water cooling by cupper backing bar underneath of the weld zone. Corresponding to the curve T, a thermal stress distribution curve σ is also shown in Fig. 23. The maximum value σ^* represents the expected thermal tensioning effect on both the plate edges to be jointed together.

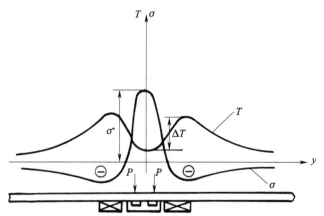

Fig. 23　Control of longitudinal plastic strains during
GTAW of aluminum plate 4mm thick
using thermal tensioning effect[34,35]

As verified by experiment that the maximum value of longitudinal residual stress in the weld can be reduced obviously with the increase of the temperature gradient ΔT (see Fig. 23), and therefore the longitudinal plastic incompatible strains in the weld zone were mitigated respectively. Investigation proves that the longitudinal incompatible strains can be controlled quantitatively by properly selected temperature gradient – thermal tensioning effect.

3. 2　Progress in control of buckling distortions – from passive measures to active in – process control

The buckling problems caused by fusion welding become more significant for thin – walled elements of thickness less than 4mm (see Fig. 7a) which are widely applied in designing of aerospace structures. In 1980's, to apply the thermal tensioning effect to avoid buckling in aerospace structures of thickness less than 4mm, a series of experiments were carried out by Guan et al [31,32,33]. It has been proved by the results of repeated experiments that the Burak's scheme [34,35] for the plate of 4mm thick is not applicable to eliminating buckling in elements of thicknesses less than 4mm. The reason is that owing to the susceptibility to loss stability of thin elements of thickness less than 4mm, transient out – of – plane displacements occur in areas away from the weld zone. The compressive stresses in these areas are the results of superposition of both the welding temperature field and the preset temperature distribution T (see Fig. 22).

The transient out – of – plane displacements outside the clamping fingers (indicated as P in Fig. 23) release the potential energy induced by the preset temperature field with the thermal plane stresses distribution. In the lost stability position, the expected preset thermal tensioning stress σ^* (Fig. 23) ceases to exist in the edges to be jointed together whereas the preset thermal stress field is redistributed to take a stable form with minimum potential energy (Fig. 5).

Progress was made in solving the above mentioned problem to improve the thermal tensioning technique and make it applicable for preventing buckling in elements of thickness less than 4mm especially in manufacturing aerospace structures[31]. Fig. 24 shows the improvement in clamping systems. In conventional clamping system with 'one – point' finger fixture (indicated by P_1 in Fig. 24a), the transient out – of – plane warpages of the work piece are inevitable, whereas, using the improved 'two – point' finger clamping system (indicated by P_1 and P_2 in Fig. 24b) the desirable thermal tensioning effect in terms of σ_x^* (Fig. 22) can be established without transient out – of – plane warpage displacements.

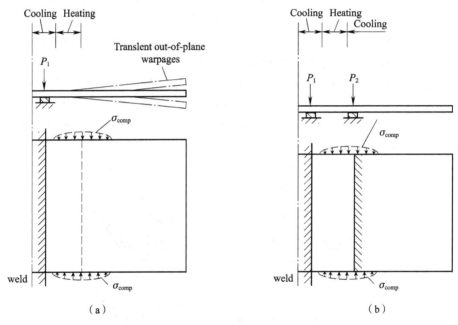

Fig. 24　Transient out – of – plane warpage displacement of workpiece

in conventional clamping system (a) and its prevention

in 'two – point' fingers clamping system (b)[31]

As an active in – process control method, this improved technique is more widely acknowledged as low stress no – distortion (LSND) welding method for thin materials[31,32,13]. It is essential to note, that the mark able achievement of LSND welding technique as an active in – process control method in most cases in aerospace engineering is ongoing to replace formerly adopted passive measures (see 2.3) for buckling removal after welding. In other words, the progress was achieved in avoiding buckling from passive measures to active in – process control without additional reworking operations after welding.

Detailed explanation of the patented in 1987 LSND welding technique and its applications will be given latter in paragraph 4.

3. 3   Alternative options in practical implementation of thermal tensioning

To create the thermal tensioning effect along the plate edges to be welded, the preset temperature field can be built up either statically by stationary linear heaters arranged underneath the work piece in parallel to the weld direction or using two movable heating devices on both sides of weld and synchronously traveling with the welding torch. The LSND welding technique can be implemented either in the former or in the latter ways[32]. In 1990 a Japanese Patent was applied[37] for preventing buckling distortions in welding of thin metal sheets using movable heating sources in parallel to welding torch. Fig. 25 shows the scheme for practical execution of this method to avoid buckling in welding of flat plate (Fig. 25a, b) and to prevent buckling in welding of webbed panels (Fig. 25c, d). This method is not exactly based only on the thermal tensioning effect but mainly based on the additional heating (indicated by 2 in Fig. 25) induced plastic strains equivalent to that in the weld zone. A proper shortened zone in the areas away from the weld is formed to equilibrate the incompatible plastic zone in the weld.

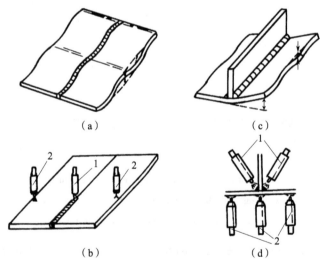

(a)   (c)

(b)   (d)

Fig. 25   Buckling avoiding technique for welding of plate
(a, b) and webbed panels (c, d) using movable heating torches[37]
1—welding torch; 2—additional heating torches

This method is applicable for welding of aluminum structural elements of thickness 4mm to 10mm for carriages and high speed crafts. The movable heaters could be argon shielded tungsten arc torches. Obviously, for the reason mentioned above, this technique is hardly applicable for materials of thickness less than 4mm. Owing to the fusion effect by the additional arc heating, this method seems to be impractical for aerospace manufacturing.

For thermal tensioning effect by means of moving heating (flame or others) in parallel to welding with or without cooling (heat sink) of the weld zone, the geometrical process parameters were computationally optimized by Michaleris et al[38]. In this way, the mitigating residual compressive stresses in panels and therefore the smallest possible buckling distortions can be achieved.

In a broad sense of the term' thermal tensioning', the effect can be created not only in the longitudinal direction of the weld to control the longitudinal plastic strains in weld zone, but the effect in mitigating the transverse shrinkage of the weld could also be utilized for hot – cracking preventing[39]. Furthermore, manipulating the combination of heat sources and heat sinks, the thermal tensioning effect as well as the thermal compressing effect could also established properly for aimed purposes. Mitigating residual stresses in Al – Li repair welds[40] is an example in applying the alternative options of thermal tensioning effect. The thermal tensioning effect can be created either in an overall cross – section of plate – cross – sectional thermal tensioning or in a localized zone limited in a near arc high temperature area – localized thermal tensioning. For the latter alternative option of thermal tensioning a multi – source system – coupled heat source and heat sink should be manipulated. Latter, as described in the paragraph 4, the overall cross – sectional thermal tensioning is utilized to implement LSND welding. In the paragraph 12.5 the localized thermal tensioning is investigated in more details and utilized to execute the named dynamically controlled low stress no – distortion (DC – LSND) welding technique[41].

4　Low stress no – distortion（LSND）welding

To fit in with the strict geometrical integrity and ensure dimensionally consistent fabrication of aerospace structures, low stress no – distortion (LSND) welding technique for thin materials, mainly for metal sheets of thickness less than 4mm was pioneered and developed in 1980's at Beijing Aeronautical Manufacturing Technology Research Institute (BAMTRI) by Guan et al[31,32,33]. This technique is aimed to provide an in – process active control method to avoid buckling distortions.

4.1　Basic principles for implementation of LSND welding

The specific and essential feature of LSND welding is to provide a desired thermal tensioning effect during welding simultaneously to prevent transient out – of – plane warpage displacements of the work pieces which occur as a result of superposition of the temperature fields of welding and preset heating. Fig. 26 shows schematically the basic principle for practical implementation of LSND welding[31]. The defined herein thermal tensioning effect as shown by the maximum tensile stress σ_{max}^* in the weld zone is formed due to the contraction of the zone 1 by water – cooling backing bar underneath of the weld and the expansion of the zone 2 on both sides adjacent to the weld by linear heaters. Both the curve T and curve σ are symmetrical to the weld centre line. The higher σ_{max}^* the better will be the results of controlling buckling distortions. If out – of – plane warpage displacements take place on the work pieces (see Fig. 24a) during preset heating and welding, the expected thermal tensioning effect in terms of σ_{max}^* will no longer exist. This phenomena has an adverse influence on the control of buckling.

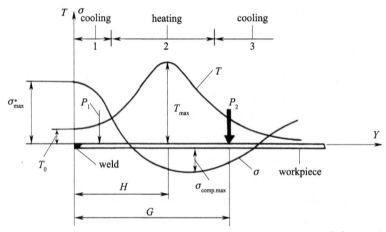

Fig. 26　Basic principle for implementation of LSND welding[31]

It is proved by experiments and engineering applications, that for LSND welding of materials of thicknesses less than 4mm, while the thermal tensioning effect is the necessary condition whereas the sufficient condition is preventing transient out – of – plane displacements by applying flattening forces in 'two – point' finger clamping systems shown by P_1 and P_2 in Fig. 26. The selected curve T is mainly determined by: T_{max}, T_0 and H – distance of T_{max} to the weld centerline. The tensioning effect σ_{max}^* becomes more stronger as the temperature gradient ($T_{max} - T_0$) increases while the H decreases. The optimization of σ_{max}^* and technological parameters such as H etc. can be implemented computationally and verified experimentally. The desired LSND welding results can be achieved properly.

　　Fig. 27 Shows schematic views of practical implementation of LSND welding method and apparatus for longitudinal joints in flat plates (a) and cylindrical shells (b).

　　In these stationary seam welder apparatus for LSND welding, the technological functions of the 'two – point' finger clamping system are found as follows: (a) to prevent transient out – of – plane warpage displacements of work pieces, (b) to improve heat transfer in the zones 1 and 3 (Fig. 26) for sharpening temperature gradient ($T_{max} - T_0$) and (c) to increase frictional resistance for avoiding in – plane rotating movement of work pieces.

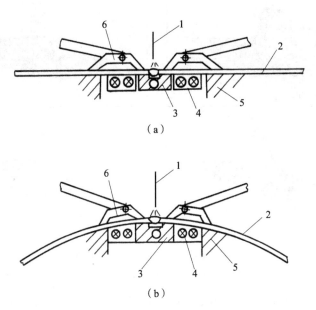

Fig. 27　LSND welding technique for longitudinal weld in plates （a） and cylindrical shells （b）

1—arc；2—workpiece；3—water－cooling backing

bar；4—linear heaters；5—supporting

mandrel；6—'two－point'

finger clamping system

In engineering practice, for a given power of heating elements, the desired temperature profile can be established on stainless steel more quickly rather than it on aluminum alloys as the thermal conductivity of the former is almost 8 times less than that of latter.

4. 2　Investigations on LSND welding technique

The typical temperature field of two dimensional heat transfer in GTA welding of thin plate is shown in Fig. 28a. Actually, in engineering practice, the GTAW of longitudinal weld on thin plate is performed in a longitudinal seam welder. Work pieces are rigidly fixed in a pneumatic finger－clamping system with cupper backing bar on mandrel support. Thanks to the intensive heat transfer from workpiece to cupper backing bar, the temperature field is out of the normal shape and takes a narrowed distribution as shown in Fig. 28b. To implement LSND welding, and additional temperature field as shown in Fig. 28c is formed by preset heating and cooling （see Fig. 26）. Therefore, the LSND welding temperature field shown in Fig. 28d is resulted by superposition of the temperature fields of Fig. 28b and c.

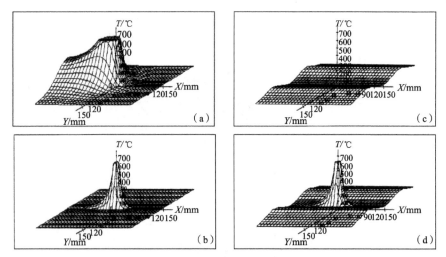

Fig. 28　Temperature fields of
(a) conventional GTAW with 2D heat transfer, (b) GTAW on cupper backing bar with intensive
heat sink, (c) preset temperature field needed for LSND welding and (d) LSND welding

For more clear quantitative assessment of LSND welding technique, a systematic investigation[33] was carried out by Guan et al at BAMTRI and The Welding Institute (TWI)[32].

Fig. 29 shows the comparisons between measured experimentally the inherent strain ε_x^p distributions (a) and residual stress σ_x distributions (b) after conventional GTAW (curve 1) and LSND welding (curve 2) of aluminum plate of 1.5mm thick. Reductions of either ε_x^p or σ_x are obvious (as indicated by curve 2 in comparison with curve 1).

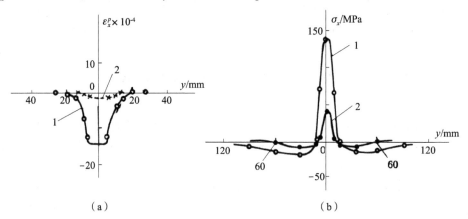

Fig. 29　Comparisons between measured experimentally the inherent strains ε_x^p
and residual stresses σ_x distributions after conventional GTAW (curve 1)
and LSND welding (curve 2) of aluminum plate of 1.5 mm thick[33]

The photographs in Fig. 30 show that the specimens welded conventionally are severely buckled in all cases either of aluminum alloy (a) or stainless steel (b). But the specimens welded by use of LSND welding are completely buckling – free as flat as before welding.

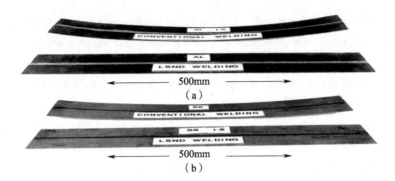

Fig. 30　Specimens of 1. 6mm thick, 1000mm long, of aluminum alloy (a)

and stainless steel (b) welded by conventional GTAW are severely buckled

(upper) and welded by LSND welding are buckling – free (lower)[32]

Comparisons are also given in Fig. 31 between the results of measured deflections f on specimens of 1. 6mm thick welded conventionally using GTAW and welded using LSND welding technique for stainless steel (a) and aluminum alloy (b). Completely buckling – free ($f =$ 0) results were achieved while the optimized technological parameters for LSND welding techniques were applied.

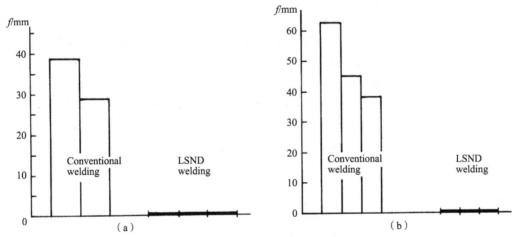

Fig. 31　Completely buckling – free results ($f = 0$) can be achieved

using optimized LSND welding technique on both stainless steel (a)

and aluminum alloy (b) specimens of 1. 6mm thick[32]

4. 3　Application and potential development of LSND welding technique

As demonstrated above, that the idea of active in – process control of buckling distortions leads to invent a new method in manufacturing thin – walled structures free from buckling. It is needless to have post – weld reworking for stress relieving and distortion removal. In contrast with the commonly accepted concept, that buckling distortions are inevitable, designers and manufacturers who suffer from problems of buckling could now adopt a new idea that buckling is no longer inevitable with LSND welding technique. Buckling can be prevented completely and residual stresses can be reduced significantly or controlled to a level lower than σ_{cr} at which buckling occurs.

A new generation of longitudinal seam welder for executing LSND welding technique was designed and manufactured at BAMTRI for industrial applications. These apparatus are applicable for longitudinal welds on plates and shells. Differ from conventional seam welder, the main functions of the newly designed clamping apparatus provide both the necessary condition and the sufficient condition dominating the success of the LSND welding. In aerospace industries, the existing in production line longitudinal seam welders can be modified for executing LSND welding. Successful results in preventing buckling distortions were achieved in manufacturing thin-walled jet engine cases of nickel base alloys, stainless steels as well as rocket fuel tanks of aluminum alloys where the acceptable allowance of residual buckling deflections f at a weld length of L (see Fig. 2a, b) should be limited by the ratio of $f/L < 0.001$ [42]. The LSND welding technique could be implemented and coupled with many known fusion welding processes e. g. arc welding, plasma welding, laser welding as well as electron beam welding. Because of the way in which the preset temperature profile is established, welding parameters in LSND welding remain the same as used in conventional welding procedure. If harden able materials are subjected to LSND welding, the required temperature gradient as shown by T_1 in Fig. 32 and a uniform preheating temperature field T_2 (or for post-weld heating) necessary for improvement of weld ability are established by regulating the cooling and heating systems preventing the weld joints from possible over-hardening and cracking.

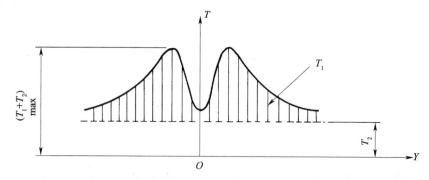

Fig. 32　Temperature field for LSND welding of harden able materials[32]

The LSND welding technique can also be used for straight fillet and T type welds in panels with ribs as shown in Fig. 33. Cooling by backing bar and heating by either electrical heater or flame torch should be arranged properly to keep the basic principle for LSND welding (see Fig. 26).

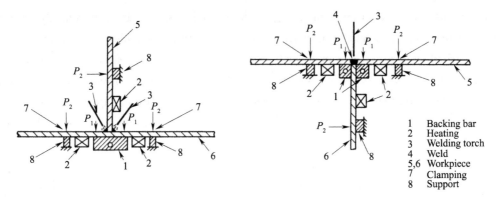

1	Backing bar
2	Heating
3	Welding torch
4	Weld
5,6	Workpiece
7	Clamping
8	Support

Fig. 33　LSND welding for fillet and T type welds in panels with ribs[32]

For LSND welding of components with long enough longitudinal welds which can not be readily put into a stationary seam welder, an alternative option of movable apparatus can be applied[32]. A relative movement between the work piece and restraining means (e. g. rollers) during the welding operation is permitted. The structural elements can be fed through the LSND apparatus and simultaneously the requested temperature profile will have been established and buckling – free weldments will be produced.

Fig. 34 shows an alternative approach of LSND welding in engineering practice. Under certain circumstances, it may also be useful to create a temperature profile with a higher gradient T_{1max} (see Fig. 22) which is sufficient to cause an excess of local thermal compressive stress $-\sigma_{1max}$ over the value of the yield stress of the material at T_{1max}. As a result, compressive

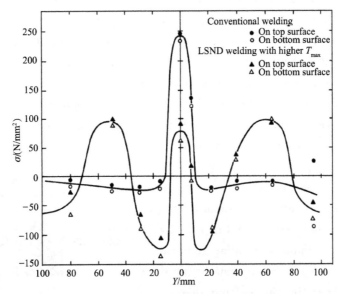

Fig. 34　Experimentally measured residual stress distribution after conventional
GTAW and LSND welding with higher temperature gradient
on stainless steel specimens of 1. 6mm thick[32]

plastic strains will occur in the area of T_{1max}. The formed plastic strains will radically alter the residual stress magnitude and its distribution. After welding with the higher T_{1max}, the residual stress distribution assumes a complicated pattern as shown by the measured experimentally results in Fig. 34[32]. The residual stresses alternately interchange from tensile to compressive symmetrically to the weld centerline. Two more zones of tensile stresses appear in areas where T_{1max} causes plastic strains. The peak value of tensile residual stress in the weld has been reduced significantly.

The specific pattern of residual stress distribution shown in Fig. 34 is also favorable to prevent buckling. The work piece remains buckling – free and keeps its original shape as flat as it was before welding. Obviously, the reason is that due to the stretching effect of the newly appeared zones with tensile residual stresses located between the compressively stressed strips, the residual compressive stresses, in this case, can not cause buckling even the maximum value of the compressive stresses are higher than the σ_{cr}. In other words, under the thermal compressive stresses, the plastically yielded strips with tensile stresses act as specific stiffening supports against the possible buckling. This idea was practically implemented as a buckling avoiding technique for aluminum elements as shown in Fig. 25.

The LSND welding technique should be considered at the early stage of design of thin – walled structures in order to achieve rational design, rational manufacturing in terms of material saving, weight reduction resulting from the use of possible thinner sheets without suffering from buckling, and time saving by eliminating of post – weld correction operations. The recent progress in computational welding mechanics provides a powerful tool for prediction and optimization of technological parameters in use of LSND welding technique. As an example, latter in 1990's Michaleris et al[20] presented a finite element analysis of the thermal tensioning technique. Fig. 35 illustrates the scheme of the thermal tensioning apparatus employed in their study. Prior to welding, a temperature differential is developed by cooling the weld region with impingement tap water below the weld, and resistive heating with electric heating blankets. Both cooling and heating are applied over the entire length of the plate. However, a moving thermal tensioning apparatus with limited heating and cooling length, moving along with the welding torches was also suggested.

Their study demonstrates that thermal tensioning can significantly reduce the longitudinal residual stress developed by welding and thus eliminate welding induced buckling. It is also illustrated that the FEM can be used to determine the optimum thermal tensioning conditions of a specified weld joint and heat input.

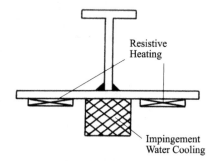

Fig. 35　Thermal tensioning apparatus for fillet welding of stiffened panel[20]

5 LSND welding with a trailing spot heat sink—Localized thermal tensioning

Previous paragraph was contributed to dealing with the overall cross – sectional thermal tensioning techniques. More recently, progress in seeking active in – process control of welding buckling trends towards to exploiting a localized thermal tensioning technique using a trailing spot heat sink moving synchronically with welding torch which creates a stronger temperature gradient along the weldline within a limited area of high temperature zone close to the weld pool. As a successful R & D result achieved at BAMTRI in early 1990's, a patented method was entitled 'Dynamically Controlled Low Stress No – distortion (DC – LSND) welding method[41,42,43]. In this innovative technique, the preset heating to setup a temperature profile as shown in Fig. 26 is no longer necessary. The formation of specific inverse plastically stretched incompatible strains ε_x^p in the near arc zone behind the welding pool is dynamically controlled by a localized moving thermal tensioning effect induced between the welding heat source and the spot heat sink.

5.1 Localized thermal tensioning effect with coupled heat source – heat sink

Apparatus for engineering implementation of the DC – LSND welding technique was designed and further developed at BAMTRI as shown in Fig. 36[41].

With this apparatus attached to the welding torch, a trailing spot heat sink is always following the arc in a certain distance behind. Cooling jet is directed straight to the just solidified weld bead. Liquid media, such as CO_2, Ar, N_2 or water, could be selected for atomized cooling jet. To protect the arc from the possible interference of the cooling media, there is a co – axial tube to draw the vaporized media out of the zone nearby the arc. The technological parameters for the trailing spot heat sink and all the welding procedures are automatically synchro – controlled with the GTAW process. The dominating factors: the distance between heat source and heat sink, the intensity of the cooling jet can be adjusted properly to reach a optimum result. In systematic investigations of DC – LSND welding, finite element analysis with a model of cooling jet impinging the welding bead surface is combined with a series of experimental studies[43~48]. Comparisons between the temperature fields on conventionally GTA welded titanium plate and on plate welded using DC – LSND technique are given in Fig. 37.

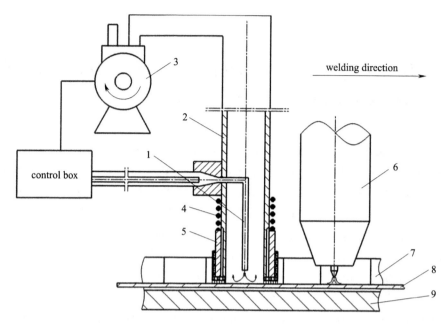

Fig. 36   Apparatus for buckling – free DC – LSND welding of thin – walled elements[41]

1—Atomizing nozzle for cooling jet of liquid media; 2—co – axial tube to draw the vaporized cooling media; 3—vacuum pump; 4—spring; 5—axle over – sleeve – tube; 6—GTA welding torch; 7—clamping fingers; 8—workpieces; 9—underneath weld backing bar

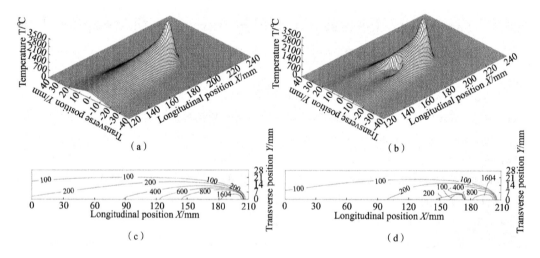

Fig. 37   Temperature fields and isotherms on Ti – 6Al – 4V （2.5mm thick） plate[44],
welding parameters: 200A, 12V, 12m/h

a, c—conventional GTA welding on cupper backing bar; b, d —DC – LSND welding

DC – LSND welding was carried out using the same parameters as in conventional GTA welding. The flow rate of cooling media （atomized water） was selected of 2.5mL/s. The distance between the arc and cooling jet were regulated from 80mm to 25mm. It can be seen clearly that in the abnormal temperature field and isotherms induced by DC – LSND welding

（Fig. 37 b, d）, there is a deep valley formed by cooling jet behind the weld pool. An extremely high temperature gradient from the peak to the valley is created. The 800℃ and 400℃ isotherms in front of the heat sink are severely distorted pushing forward closer to the weld pool. （see Fig. 37d）.

The abnormal thermal cycles by DC – LSND welding （Fig. 38b）produce correspondingly the abnormal thermo – elastic – plastic stress and strain cycles （Fig. 38d）in comparison with the cycles formed by conventional GTAW （Fig. 38 a, c）. It can be seen that the localized thermal tensioning effect is acting within a limited zone behind the weld pool.

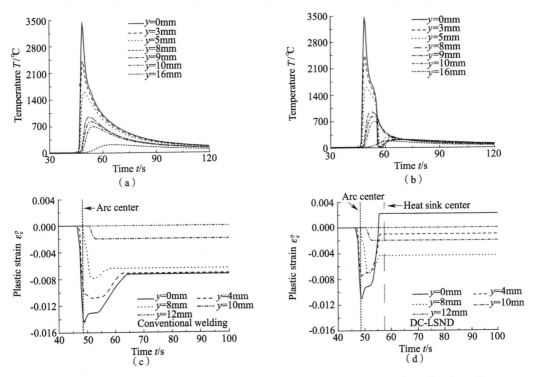

Fig. 38　Comparisons of thermal cycles （a, b）and transient plastic strain cycles （c, d） between conventional GTAW （a, c）and DC – LSND welding （b, d）[47,48]

It can be seen also from Fig. 38d, that in front of the arc, the influence of the heat sink is too weak to affect the normal thermo – elastic – plastic stress and strain cycles, the incompatible compressive plastic strain in near arc zones forms more or less as normal. But behind the arc, in the area of just solidified weld bead, due to the intensive heat sink by the cooling jet, the shrinkage of metal during cooling from high temperature causes a very sharp temperature slope down （Fig. 38b）and therefore creates a strong tensioning effect in the temperature valley. In thisway, the compressive plastic strains formed before in the just solidified weld zone can be compensated properly by the incompatible tensile plastic strains in the area of temperature valley （Fig. 38d）. Moreover, thanks to the intensive heat sink, the heat transfer from the weld pool to the peripheral area is also reduced, resulting in narrowing in some extent the width of the zone of incompatible plastic strain distribution.

5.2 Optimization of parameters dominating the DC – LSND welding technique

As described above, in DC – LSND welding, both the value of incompatible plastic strains and the width of its distribution can be controlled quantitatively by selecting the proper technological parameters: the distance D between the welding heat source and the heat sink (see Fig. 39) as well as the intensity of the heat sink (in terms of the convection coefficient of heat sink α in calculation).

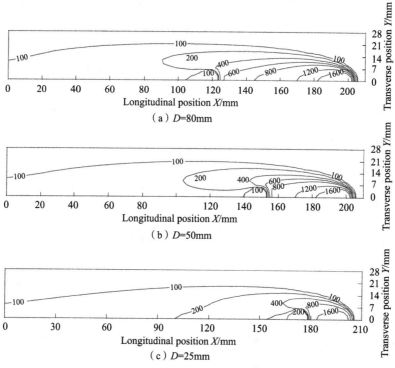

Fig. 39   Isotherms on titanium plate with different distance D

between the arc centre and the cooling jet centre[47]

Fig. 40 shows the residual strain (a) and stress (b) distributions in cross – section of the weld on titanium plate. Comparisons are given between conventional welding (shown by solid line) and DC – LSND welding with different distance $D = 25$mm, 50mm, 80mm respecting Fig. 39. For a selected intensity of heat sink, the closer the heat sink to the heat source (the shorter the distance D), the localized thermal tensioning effect becomes stronger. For example, at the distance $D = 25$, the residual plastic incompatible strain ε_x^p on the weld centerline even changes its sign from negative to positive (Fig. 40a), and the residual stress on the weld centerline changes from tensile to compressive respectively (Fig. 40b). For engineering application, a complete freedom from buckling distortions can be achieved if the compressive residual stress in the peripheral area of the plate away from the weld is controlled to a level below the critical value σ_{cr} at which buckling occurs.

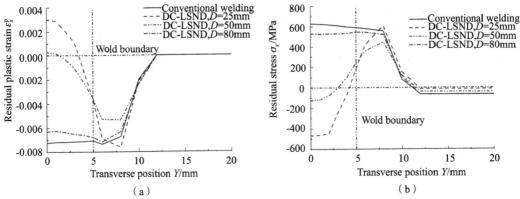

Fig. 40　Residual strain ε_x^p (a) and stress σ_x (b) distributions

in cross – section of the weld on titanium plate

welded conventionally and using DC – LSND

welding technique[47,48]

Results of experimental measurements of deflections and residual stress distributions on stainless steel plates, mild steel plates as well as on aluminum plates show not only the feasibility for a wide variety of materials to be welded using DC – LSND technique but also its flexibility for practical application. Fig. 41 gives some typical examples from the systematic investigation program. As shown in Fig. 41a, the peak tensile stress in weld on mild steel plate welded using conventional GTAW reaches 300MPa (curve 1) and the maximum compressive stress in the peripheral area is about 90MPa which causes buckling with deflections more than 20mm in the centre of specimen of 500mm long. In the case of DC – LSND welding with different technological parameters, the patterns of residual stress distribution (curves 2, 3, 4) alter dramatically even with the compressive residual stresses in the centerline of the weld. After DC – LSND welding, the specimens are completely buckling – free as flat as original before welding. Similar results were obtained as shown in Fig. 41b, c on stainless steel and aluminum plates respectively.

The strong effect of the localized thermal tensioning either by a shorter distance D or by a very intensive convection coefficient α of heat sink, causes the compressive stresses in the weld as shown by the curves 2 and 3 in Fig. 41a, and the curves in Fig. 41b, c respectively. The reason is that the shrinkage induced by the great temperature gradient between the arc and the cooling jet tends not only to compensate the welding compressive plastic strains but also to alter the sign of residual strain to its opposite.

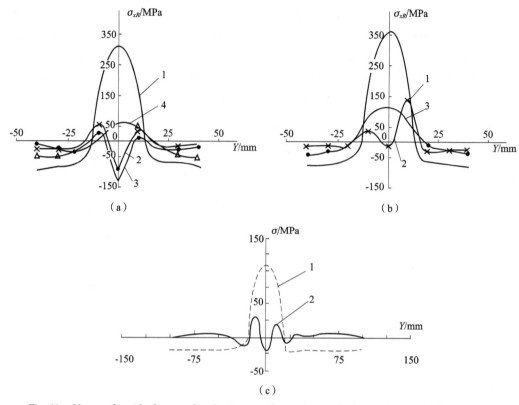

Fig. 41　Measured residual stress distributions on plates of 1mm thick of mild steel (a), stainless
steel (b) and aluminum alloy of 2mm thick (c) welded using conventional
GTAW (curve 1) and by use of DC – LSND welding technique[43,49]

5.3　Engineering application and further exploitation

As an example of successful implementation of DC – LSND welding technique for preventing buckling distortions, comparisons of results between the deflections on specimens welded conventionally and using DC – LSND technique are given in Fig. 42. The stainless steel strip of $L = 2350$mm, $B = 150$mm, $\delta = 0.8$mm was severely buckled with the maximum deflection of 200mm after conventional GTAW while the welded strip stands at its longitudinal edge to avoid the sinusoidal wave flexures caused by the gravity of the strip itself in the horizontal plane position (Fig. 42a). Warpage buckling was completely prevented using DC – LSND welding technique as shown in Fig. 42b.

A specially designed welding facility with the DC – LSND apparatus (shown in Fig. 36) attached to the welding torch was installed at a metal sheet works. Thin bands of stainless steel are butt welded along the band width of 2m to form endless ribbon conveyer. Strict flatness requirements present fabricators troublesome problems difficult to solve even use power beam welding technology. Welding in this facility, completely deflection – free bands are produced

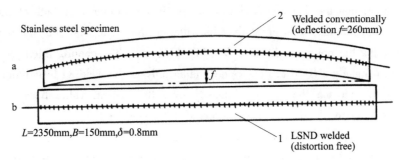

Fig. 42   Severely buckled stainless steel strip of $L = 2350\text{mm}$, $B = 150\text{mm}$, $\delta = 0.8\text{mm}$ after
GTAW (a) and buckling – free using DC – LSND welding technique (b)

without any post – weld flattening reworking procedure to correct the former troublesome
distortions. Based on the theoretical and experimental investigations, the optimization of
dominating parameters for engineering application of DC – LSND welding can be executed
e. g. using the plotted curves as shown in Fig. 43 for the case of titanium plate examined in
previous section (see Fig. 37).

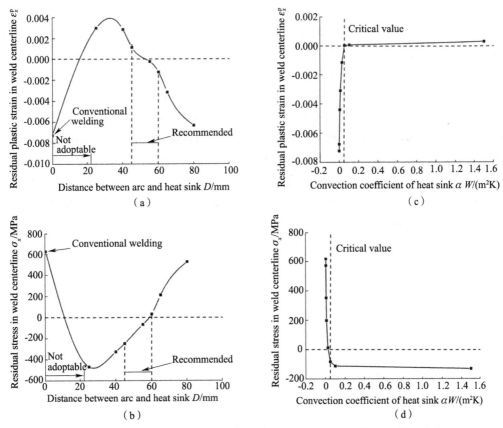

Fig. 43   The peak value of residual plastic strain ε_x^p in weld centerline (a)
and residual stress σ_x in weld centerline (b) as function of distance D (according to
Fig. 12.40) and the ε_x^p (c) σ_x (d) as function of intensity of the heat sink $\alpha^{[47]}$

Results show that the distance D gives more significant influence on both ε_x^p and σ_x rather than the heat sink intensity α in controlling buckling on thin materials. For the recommended range for selecting the optimum distance D (Fig. 43a, b), the cooling intensity of the heat sink α is approximately a fixed critical value related only to the welding heat input, and it is not necessary to increase the cooling intensity over the critical value because no further improvement neither in ε_x^p nor in σ_x were observed (Fig. 43c, d).

Metallurgical and mechanical examinations show that the cooling jet media gives no notable influence on the titanium weld joint properties even using atomized water jet. The reason is clearly shown by the isotherms of 400℃ in Fig. 39 as a distorted abnormal isotherm in front of the heat sink. Actually the cooling jet is impinging directly the solidified weld bead at a lower temperature less than 400℃.

As an addition to the LSND welding technique described in the previous paragraph, the DC – LSND welding technique provides more flexibility in controlling of buckling in engineering practice. Besides the longitudinal linear welds where both the LSND methods are suitable, the DC – LSND method promises a more wider variety of application to non – linear and non – regular welds in thin – walled structural elements.

Recent progress in mathematical modeling and numerical simulation of welding phenomena offers researchers powerful tools for study in more detail of 3 – D welding thermal and mechanical behaviors. Investigations in the field of innovative creation of new methods for welding distortion avoiding especially to prevent buckling are the world's most exciting and challenging subjects, involving many disciplines and industrial practice, process experiments and so on. These tools allow for the prediction of precise control of the abnormal temperature fields and therefore the abnormal thermal elastic – plastic cycles created by the possible combinations of the heat source – heat sink – multi – source welding techniques. It is expected that a variety of coupled heat source – heat sink processes are feasible for not only welding distortion controlling but also defect – free perfections.

Thermal Tensioning Effects to Prevent Welding Buckling Distortions in Manufacturing of Thin – Walled Aerospace Shells and Panels

Guan Qiao

Abstract *To prevent buckling distortions of thin – walled elements, Low Stress No Distortion welding techniques have been pioneered and developed for product engineering and component manufacturing of aerospace structures with material thickness less than 4mm. In this paper, the nature of Low Stress No Distortion (LSND) welding techniques using thermal tensioning effects is described and special emphases are given to the mechanism of localized thermal tensioning effect.*

The fundamental principle of Low Stress No Distortion welding is to create active in – process control of incompatible (inherent) plastic strains and stresses formation during welding to achieve distortion – free results implying that no post weld costly reworking operations for distortion correction is required. Finite element analysis is applied to predict and optimize the localized thermal tensioning technique with a trailing spot heat sink coupled to the welding heat source. Comparisons of the thermal elastic – plastic stress – strain cycles are given between conventional gas tungsten arc welding and GTAW with a trailing spot heat sink.

Key words *welding residual stress   low stress no distortion welding   buckling distortion   thermal tensioning effect   heat source – heat sink   localized thermal tensioning*

1   Introduction

In aerospace thin – walled structure manufacturing such as sheet metal formed airframe panels, fuel tanks, shells of engine cases etc., materials of less than 4mm thickness are widely used. Buckling distortions are more pronounced than any other form of welding distortion and they are the main troublesome problem where fusion welding is applied. Buckling distortions affect the performance of welded structures in a great many ways. During the past decades efforts have been made and progress has been achieved in solving buckling problems by experts in the welding science and technology world – wide [1~10].

To satisfy the stringent geometrical integrity requirements and ensure dimensionally consistent fabrication of aerospace structures, over the past 25 years, extensive research and development studies to explore Low Stress No Distortion (LSND) welding techniques were carried out at the Beijing Aeronautical Manufacturing Technology Research Institute (BAMTRI) [10~16]. To achieve distortion – free results in manufacturing thin – walled aerospace structural components efforts were made by implementing active in – process control of inherent residual plastic strain formation during welding without having to undertake costly reworking operations for distortion correction after welding [14~17].

Two innovative methods of LSND welding techniques have been developed for industrial application: one is based on the whole cross – section thermal tensioning effect[11], the other is based on the localized thermal tensioning effect [12].

In this paper, the mechanism of Low Stress No Distortion welding technique based on localized thermal tensioning effect is analyzed using FEA and described in more details.

2   Buckling Distortion

The nature of buckling is mostly a phenomenon of loss of stability of thin elements. Buckling distortions caused by longitudinal welds either in plates, panels or in shells are mainly dominated by longitudinal compressive residual stresses induced in areas away from the weld. The mechanism of buckling in weldments lies in the action of inherent residual plastic (incompatible) strains formed during welding.

Losing stability, the buckled plate is released from an unstable flat position of high potential energy with the maximum level of residual stress distribution after conventional welding and takes a stable warped shape.

For plates of thickness less than 4mm as widely used in aerospace and modern light vehicle welded structures, the value of critical compressive stress σ_{cr} at which buckling occurs is much lower than the peak value of compressive stress $\sigma_{comp.max}$ after conventional gas tungsten arc welding (GTAW). In principle, all efforts either 'passive' post – weld correction measures or 'active' in – process control methods of Low Stress No – Distortion (LSND) welding to eliminating buckling aim at adjusting the compressive residual stresses to achieve $\sigma_{comp.max} < \sigma_{cr}$ by means of reduction and redistribution of the inherent residual plastic strains.

Buckling can be controlled by a variety of methods applied before welding, during welding, and after welding for its removal, mitigation or prevention[10,13,14,16].

Low Stress No-Distortion (LSND) results could be achieved during the welding process based on the thermal tensioning (temperature gradient stretching) effect which is produced by establishing a specific temperature gradient either in whole cross section of the plate to be welded or in a localized area in the near-arc zone. Simultaneously, restraining transient out-of-plane warpage movements of the workpiece is necessary [14,16]. Differing from the 'passive' methods which have to be applied after welding once buckling is in existence, LSND welding techniques can be classified as 'active' methods for in-process control of buckling distortions with no need of reworking operations after welding.

3　Thermal Tensioning Techniques in Preventing Buckling

The idea of the temperature gradient stress relieving of thicker plate sections after welding (using thermal tensioning effect) is logically feasible for avoiding buckling of thin plates and shells during welding. Efforts in this direction were made during last decades [1,8~13]. The basic principle of the whole cross-section thermal tensioning effect is shown in Fig. 1. The curve σ of thermal stress distribution is created by a preset heating with the temperature profile T on the thin plate. In this case, the thermal tensioning effect is defined as the value of σ_x^* in the plate edge of $Y = 0$ where the weld bead will be implemented along the axis X. For a given cross-section of plate, the greater temperature gradient, the higher will be the induced maximum value of σ_x^*.

An optimized temperature curve can be calculated mathematically for an estimated value σ_x^*.

Early in the 1980's, to apply the thermal tensioning effect to avoid buckling in aerospace structures of less than 4mm thickness, a series of experiment was carried out by Guan et al [10~14]. It has been proved by the results of repeated experiments that the Burak's scheme [8,9] for the plates thicker than 4mm is not applicable to preventing buckling in elements of thickness less than 4mm. The reason is that owing to the susceptibility to losing stability of the thinner elements, transient out-of-plane displacements occur in areas away from the weld zone. The transient out-of-plane displacements outside the clamping jigs release the potential energy of the plane thermal stress distributions. In the lost stability position, the expected preset thermal tensioning stress σ^* (see Fig. 1) ceases to exist.

Progress was made in solving the above mentioned problem to improve the thermal tensioning technique and make it applicable to elements of less than 4mm thickness especially in manufacturing aerospace

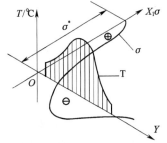

Fig. 1　Basic principle of whole cross-
section thermal tensioning effect

745

structures[11,13,14]. It is proved by experiments and engineering applications, that the thermal tensioning effect is the necessary condition for LSND welding of materials of less than 4mm thickness, whereas the sufficient condition is the prevention of transient out – of – plane displacements by applying flattening forces P_1 and P_2 in the specially designed clamping systems[11], see Fig. 2a.

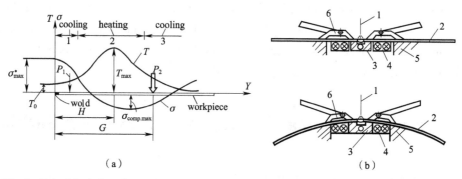

Fig. 2 Principle (a) and apparatus for implementation of LSND welding of longitudinal welds in plate (b) and cylindrical shell (c) based on whole cross – section thermal tensioning effect

Numbers in (b, c): 1—Arc; 2—Weldment; 3—Cooling backing bar; 4—Heating elements; 5—Supporting mandrel; 6—Clamping fingers with flattening forces P_1 and P_2

This improved technique is more widely acknowledged as Low Stress No – Distortion (LSND) welding method for thin materials[10,13,14,16] not only in aerospace manufacturing but also for sheet metal fabrication in general.

The thermal tensioning effects can be classified into two categories: one is created in the cross – section of plate (whole cross – section thermal tensioning) using additional heating and cooling as mentioned above, the other is created in a localized zone limited to a near arc high temperature area within a certain isotherm induced solely by welding arc without any additional heating (localized thermal tensioning). As shown in Fig. 3, for the localized thermal tensioning a "heat source – heat sink" system—a heat sink coupled with welding heat source could be utilized [12,15].

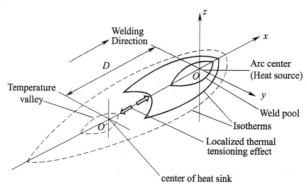

Fig. 3 Localized thermal tensioning effect (shown by heavy arrows) induced by a trailing spot heat sink coupled to the welding arc in a distance D behind

For clearer quantitative assessment of LSND welding technique, a systematic investigation was carried out[10,13,14~17]; when the optimized technological parameters for LSND welding techniques were selected, the specimens welded by use of LSND welding are completely buckle – free and as flat as before welding.

Designers and manufacturers who suffer from problems of buckling could now adopt a new concept that buckling is no longer inevitable with LSND welding technique. Buckling can be prevented completely and residual stresses can be reduced significantly or controlled to a level lower than σ_{cr} at which buckling occurs.

Successful results in preventing buckling distortions were achieved in manufacturing thin – walled jet engine cases of nickel base alloys, stainless steels as well as rocket fuel tanks of aluminum alloys where the acceptable allowance of residual buckling deflections f at a weld length of L should be limited to the ratio of $f/L < 0.001$ [14,16].

It is worthwhile to note, that the LSND welding technique as an active in – process control method in most cases in aerospace engineering in China is replacing the formerly adopted passive measures for buckling removal after welding.

4　Mechanism of Localized Thermal Tensioning Technique —LSND Welding with a Trailing Spot Heat Sink

Over the past 15 years, progress has been made in seeking active in – process control of welding buckling to exploit a localized thermal tensioning technique using a trailing spot heat sink. The heat sink moving synchronously with the welding arc creates an extremely high temperature gradient along the weld bead within a limited area of high temperature zone close to the weld pool (Fig. 4). This technique was initially entitled 'Dynamically Controlled Low Stress No Distortion (DC – LSND) welding method'[12,15,17]. In this innovative method, the preset heating (as shown in Fig. 2) is no longer necessary. The formation of specific inverse plastically stretched inherent strains ε_x^p in the near arc zone behind the welding pool is dynamically controlled by a localized trailing thermal tensioning effect induced between the welding heat source and the spot heat sink along the weld bead (Fig. 4).

Device for engineering implementation of the DC – LSND welding technique was designed and further developed[12,15,17] at BAMTRI as shown schematically in Fig. 5. With this device

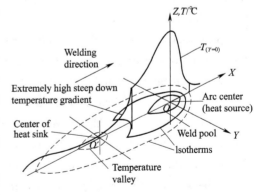

Fig. 4　Extremely high steep down temperature gradient is induced between the heat source and heat sink

attached to the welding torch, an atomized cooling jet of the trailing spot heat sink impinges directly on the just solidified weld bead surface. Liquid coolant, such as CO_2, N_2 or water, could be selected for atomized cooling jet. Atomizing the liquid coolant is essential to improve the efficiency of intensive cooling rather than using liquid jet directly impinging the weld bead.

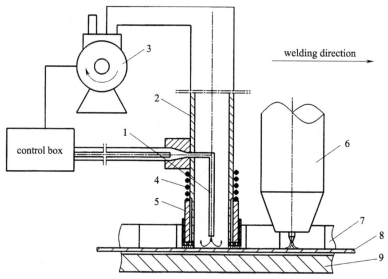

Fig. 5   Specially designed device for buckle – free DC – LSND welding of thin – walled elements[12]

1—Nozzle for atomized cooling jet of liquid media; 2—Co – axial tube to draw the vaporized coolant;

3—Vacuum pump; 4—Spring; 5—Axle over – sleeve tube; 6—GTA welding torch;

7—Clamping fingers; 8—Workpiece; 9—Beneath weld backing bar

To protect the arc from the possible interference of the cooling media, there is a co – axial tube to draw the vaporized media out off the zone nearby the arc. The technological parameters for the trailing spot heat sink and all the welding procedures are automatically synchronously – controlled with the GTAW process. The dominating factors: (1) the distance between the heat source and the heat sink; (2) the intensity of the cooling jet, can be selected properly to reach a buckle – free result.

In systematic investigations, finite element analysis with a model of cooling jet impinging the weld bead surface is combined with a series of experimental studies[14~19]. Comparisons between the temperature fields on conventional GTA welded titanium plate and on plate welded using DC – LSND technique as well as their technological parameters are given in Fig. 6.

In this case, DC – LSND welding was carried out using the same parameters as in conventional GTA welding. The flow rate of cooling medium (atomized water) was selected at 2.5mL/s. The distance between the arc and cooling jet were regulated from 80mm to 25mm. It can be seen clearly (Fig. 6b, d) that in DC – LSND welding there is a deep temperature valley formed by the cooling jet behind the weld pool. An extremely high temperature gradient from the peak to the valley is created. The 800℃ and 400℃ isotherms in front of the heat sink are severely distorted pushing forward closer to the weld pool. (see Fig. 6d).

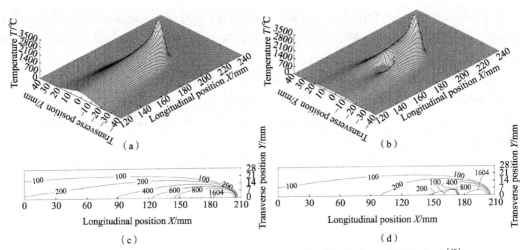

Fig. 6　Temperature fields and isotherms on Ti – 6Al – 4V (2. 5mm thick) plate [18],

welding parameters: 200A, 12V, 12m/h

a, c—conventional GTA welding on copper backing bar; b, d —DC – LSND welding

The abnormal thermal cycles by DC – LSND welding (Fig. 7b) produce correspondingly the abnormal thermo – elastic – plastic stress and strain cycles (Fig, 7d) in comparison with the cycles formed by conventional GTAW (Fig. 7a, c). Obviously, the localized thermal tensioning effect is acting only within a limited zone behind the weld pool.

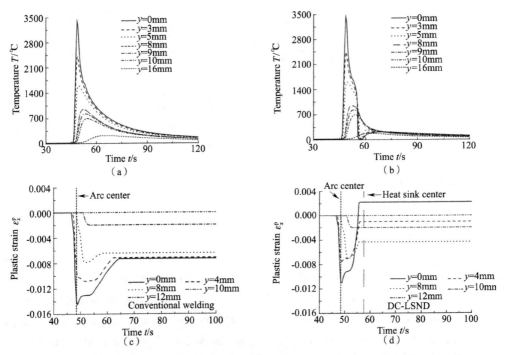

Fig. 7　Comparisons of thermal cycles (a, b) and transient plastic strain cycles (c, d)

between conventional GTAW (a, c) and DC – LSND welding (b, d) [18,19]

It can also be seen from Fig. 7d, that behind the arc, the compressive plastic strains formed before in the just solidified weld zone can be compensated properly by the inherent tensile plastic strains in the area of temperature valley.

In DC – LSND welding, both the value of inherent plastic strains and the width of its distribution can be controlled quantitatively by selecting the proper technological parameters: the distance D between the welding heat source and the heat sink (see Fig. 8) as well as the intensity of the heat sink.

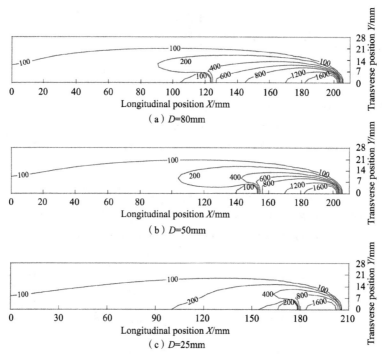

Fig. 8   Isotherms on titanium plate with different distance D
between the arc center and the cooling jet center[18,19]

5   Discussion

Fig. 9 shows the residual strain (a) and stress (b) distributions in cross – section of the weld on titanium plate. Comparisons are given between conventional welding (shown by solid line) and DC – LSND welding with different distance $D = 25$mm, 50mm, 80mm (according to Fig. 8). For a selected intensity of heat sink, the closer the heat sink to the heat source (the shorter the distance D), the stronger is the localized thermal tensioning effect. For example, at the distance $D = 25$, the residual plastic inherent strain ε_x^p on the weld centerline even changes its sign from negative to positive (Fig. 9a), and the residual stress on the weld centerline changes from tensile to compressive correspondingly (Fig. 9b).

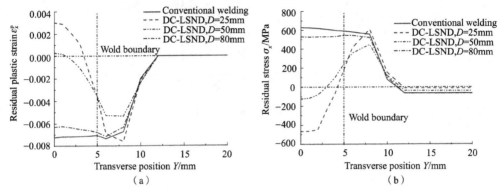

Fig. 9   Residual strain ε_x^p (a) and stress σ_x (b) distributions in cross – section of the weld on titanium plate welded conventionally and using DC – LSND welding technique[18,19]

Fig. 10 shows the comparison of the transient thermo – elastic – plastic stress – strain cycles at the weld centerline of titanium alloy between the conventional GTAW (Fig. 10a) and DC – LSND welding (Fig. 10b).

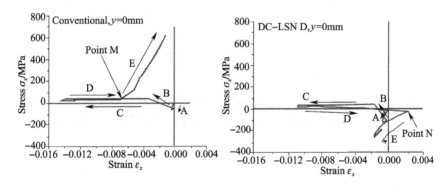

Fig. 10   Transient stress – strain cycles at the weld centerline on Ti plate (see Fig. 6)

It can be seen from Fig. 10b, in DC – LSND welding, stress and strain histories in the heating stage are more or less the same trends with those in the conventional welding. There is difference in cooling stage because of the existing of the heat sink, more tensile plastic strain is developed due to the localized thermal tensioning effect of the heat sink (showing by arrows D & E in Fig. 10). So, tensile strain emerges in the stage D and compressive stress is finally formed in the stage E.

For more clear presentation, comparisons are also given in Fig. 11. The typical thermo – stress – strain cycles at the weld centerline can be illustrated as follows: (1) Fig. 11a—for conventional GTAW; (2) Fig. 11b—for LSND welding based on whole cross section thermal tensioning; (3) Fig. 11c—for DC – LSND welding based on localized thermal tensioning induced by the trailing spot heat sink.

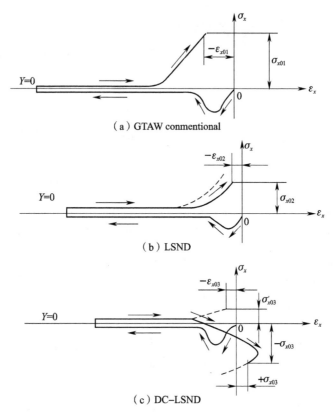

Fig. 11　Scheme showing the comparisons of transient stress – strain cycles between:
(a) Conventional GTAW, (b) LSND welding and (c) DC – LSND welding

It can be seen from Fig. 11 that for the case (a) the tensile elastic strain increases till the residual value $-\varepsilon_{x01}$ while the tensile stress reaches the residual value $\sigma_{x01} \approx \sigma_s$. For the case (b) the trends remain almost the same, but thanks to the whole cross section thermal tensioning effect (see Fig. 2) the values of the residual strain $-\varepsilon_{x02}$ and the residual stress σ_{x02} are much lower, resulting in the distortion – free weldments. For the case (c) due to the strong heat sink effect the tensile strain appears early than normal. The tensile residual strain $+\varepsilon_{x03}$ and the compressive residual stress $-\sigma_{x03}$ become the dominating factors to control buckling and to achieve distortion – free result.

Fig. 12 gives some typical examples from the systematic investigation program. As shown in Fig. 12a, the peak tensile stress in weld on mild steel plate welded using conventional GTAW reaches 300MPa (curve 1) and the maximum compressive stress in the peripheral area is about 90MPa which causes buckling with deflections more than 20mm in the center of specimen of 500mm long. In the case of DC – LSND welding the patterns of residual stress distribution (curves 2, 3, 4) alter dramatically with different technological parameters, even with the compressive residual stresses in the centerline of the weld. The reason is that the shrinkage induced by the great temperature gradient between the arc and the cooling jet tends not only to compensate the welding compressive plastic strains but also to alter the sign of residual strain to its opposite. Results show that the distance D has more significant influence on both ε_x^p and σ_x in controlling buckling on thin materials. After DC – LSND welding, the specimens are completely buckle – free and as flat as original before welding. Similar results were obtained as shown in Fig. 12b and Fig. 12c on stainless steel and aluminum plates.

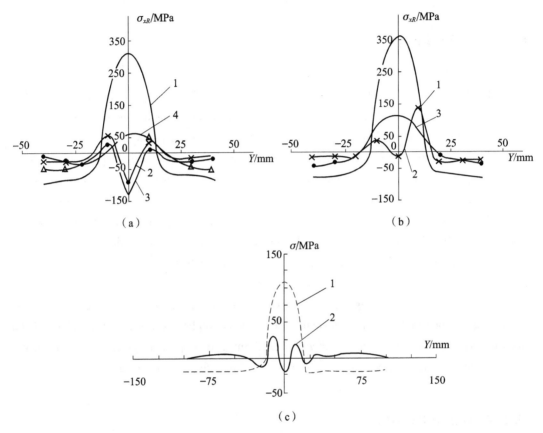

Fig. 12   Measured residual stress distributions on plates of 1mm thick mild steel (a),
stainless steel (b) and 2mm thick aluminum alloy (c) welded using conventional
GTAW (curve 1) and by use of DC – LSND welding technique with
different technological parameters (curves 2, 3and 4) [14,15,17]

Based on the experimental investigations and FEA results, the optimized parameters for engineering application of DC – LSND welding are recommended to achieve buckle – free results.

Recent progress in numerical simulation of welding phenomena offers researchers powerful tools for studying in more detail of welding thermal and mechanical behaviors. These tools allow for the prediction of precise control of the abnormal temperature fields and therefore the abnormal thermal elastic – plastic cycles created by the possible variable combinations of the heat source –– heat sink welding techniques. It is expected that a variety of coupled heat source – heat sink processes are feasible for not only welding distortion controlling but also defect – free welds. For example, the device for trailing spot heat sink can be attached not only to the GTAW torch but also could be coupled to other heat sources like laser beam or friction stir welding tool to control distortion, and to improve the performances of the welded joints as well. .

6   Conclusions

(1) Low Stress No Distortion (LSND) welding techniques to prevent buckling on thin materials (especially for thickness less than 4mm) can be implemented using either the whole cross – section thermal tensioning effect or the localized thermal tensioning effect.

(2) For LSND welding the necessary condition is to create an adequate temperature profile coupled to the welding temperature field whereas its sufficient condition is to keep the thin plate elements in a plane position without any transient loss of stability during welding.

(3) The mechanism of DC – LSND welding technique using localized thermal tensioning effect lies in the in – process reduction of inherent (incompatible or residual plastic) strains formed during welding. The dominating technological parameters are: the distance between the heat source and the heat sink and the intensity of the heat sink.

(4) Both LSND welding techniques based on either whole cross – section thermal tensioning or localized thermal tensioning have been applied successfully in sheet metal manufacturing to satisfy the stringent geometrical integrity requirements especially to ensure dimensional consistent fabrication of aerospace panel and shell components.

Acknowledgments

This paper summarizes the main results of a series of research projects supported by the National Natural Science Foundation of China under Contract No. IX – 85343 and the Foundation for Aerospace Science and Technology of China under Contracts No. 87625003, No. 98H25002. The author would like to express his gratitude to BAMTRI for the constant support and to his research team for their indomitable efforts to develop the LSND welding techniques and promote their industrial applications.

References

[1] K. Masubuchi. Analysis of Welded Structures [M]. Oxford: Pergamon Press, 1980.

[2] V. A. Vinokurov. Welding Stress and Distortion: Determination and Elimination [M]. Original Russian Version, Moskva, Mashinostroenie, 1968. (Translated by Baker J E,

The British Library, 1977)

[3] S. A. Kurkin, Q. Guan. Removal of residual welding stresses in thin – walled elements of titanium alloy [J]. Welding Production, 1962, 310 (10): 1 – 5. (in Russian)

[4] M. Watanabe, K. Satoh. Fundamental studies on buckling of thin steel plate due to bead welding [J]. Journal of The Japan Welding Society. 1958, 27 (6): 313 – 320. (in Japanese)

[5] V. M. Sagalevich. Methods for Eliminating Welding Deformations and Stresses [M]. Moskva, Mashinostroenie, 1974. (in Russian)

[6] G. A. Nikolayev, S. A. Kurkin, V. A. Vinokurov. Welded Structures, Strength of Welded Joints and Deformation of Structures [M]. Moscow: High School, 1982. (in Russian)

[7] X. T. Tian. Welded Structures [M]. Harbin: Harbin Institute of Technology, China, 1980. (in Chinese)

[8] Ya. I. Burak, et al. Controlling the longitudinal plastic shrinkage of metal during welding [J]. Avt, Svarka, 1977, 3: 27 – 29.

[9] Ya. I. Burak, et al. Selection of the optimum fields for preheating plates before welding [J]. Avt. Svarka, 1979, 5: 5 – 9.

[10] Q. Guan. A survey of development in welding stress and distortion control in aerospace manufacturing engineering in China [J]. Welding in the World, 1999, 43 (1): 14 – 24.

[11] Q. Guan, D. L. Guo, et al. Method and apparatus for low stress no – distortion welding of thin – walled structural elements [P]. Original Chinese Patent 87100959.5, 1987. (International patent specification No PCT/GB88/00136, 1988)

[12] Q. Guan, C. X Zhang, et al. Dynamically controlled low stress no – distortion welding method and its facility [P]. Chinese Patent 93101690.8, 1993.

[13] Q. Guan, R. H. Leggatt, K. W. Brown. Low stress non – distortion (LSND) TIG welding of thin – walled structural elements [R]. TWI Research Report, 374/1988, The Welding Institute, Abington Cambridge, United Kingdom, 1988.

[14] Q. Guan, et al. Low stress no – distortion welding for aerospace shell structures [J]. China Welding, 1996, 5 (1): 1 – 9.

[15] Q. Guan, C. X. Zhang, et al. Dynamic control of welding distortion by moving spot heat sink [J]. Welding in the World, 1994, 33 (4): 308 – 313.

[16] Q. Guan. Efforts to eliminating welding buckling distortions—from passive measures to active in – process control [A]. Proc. of the 7th Int. Symposium of JWS: Today and tomorrow in science and technology of welding and joining [C]. Kobe, Japan, 2001, Nov. 2: 1045 – 1050.

[17] C. X. Zhang, Q. Guan et al. Study on application of dynamic control of welding stress and distortion in thin aluminum elements [A]. Proc. of the 6th Int'l Welding Symposium of Japan Welding Society [C]: 539 – 544 Nagoya Japan, Nov. 1996.

[18] J. Li. Studies on the mechanism of low stress no distortion welding for titanium alloy [D]. Ph. D. Dissertation, Beijing University of Technology, (Work done at BAMTRI) Beijing, February, 2004. (in Chinese)

[19] J. Li, Q. Guan, Y. W. Shi, D. L. Guo. Stress and distortion mitigation technique for welding titanium alloy thin sheet [J]. Science and Technology of Welding and Joining, 2004, 9 (5): 451 –458.

Author

Guan Qiao, male, born in 1935, is a research professor of Beijing Aeronautical Manufacturing Technology Research Institute, Chairman of National Key Laboratory for High Power Beam Technologies and Key Laboratory for Aeronautical Joining Technologies, Concurrent Professor at Tsinghua University and Beijing University of Aeronautics and Astronautics. He graduated from Moscow Bauman High Technical University in 1959 and obtained PhD in 1963. Dr. Guan is member of Chinese Academy of Engineering since 1994. He was president of China Welding Society (1990 – 1995) and vice – president of International Institute of Welding (1992 – 1995). His research works cover a large number of important areas in advancement of welding science and technology for aerospace manufacturing engineering. As the first author, more than 80 technical papers were published in Chinese, English and Russian. Dr. Guan can be reached at e – mail : guanq@ cae. cn ; or guanqiao@ bamtri. com

Generalized Additive Manufacturing Based on Welding/Joining Technologies

Guan Qiao

Being in the leading position of non – conventional welding technologies R & D in China, Beijing Aeronautical Manufacturing Technology Research Institute (BAMTRI) has been involved in a number of research programs relating to generalized additive manufacturing based on welding/joining technologies. Such research programs and projects provide aviation industry a rapid response in design and trial manufacture of new products.

BAMTRI, founded in 1957, is a comprehensive research institute specializing in the research of advanced aeronautical manufacturing technologies and development of related equipment as well as promoting such technologies and equipment to industrial applications. Based on its superiority in electron beam, laser beam, plasma & ion beam processing technologies, the National Key Laboratory for Power Beam Processes was established at BAMTRI in 1993.

Power beam welding/joining/processing and solid state welding/joining are the two most important R and D areas at BAMTRI to solve the "unique" and "critical" problems in modern aeronautical manufacturing as well as to establish the technical basis for generalized additive manufacturing, providing frontier technologies and related machinery to aviation enterprises in China.

1 Non – Conventional Welding/Joining Technologies at BAMTRI

To meet the increasingly growing demands of the aviation industry to develop new aircrafts and aero – engines from generation to generation, continuous efforts have been made to exploit advanced welding/joining technologies. New methods and related equipments have been developed for precise and automatic material processing and structural elements forming. For the past half century, a system of non – conventional welding/joining technologies for aeronautical manufacturing has been formed at BAMTRI, which could be outlined as follows.

System of non – conventional welding/joining technologies for aeronautical manufacturing

- Ⅰ Integrity of Welded Structures and Control of Stress and Distortion
- Ⅱ Gas Shielded Arc Welding
- Ⅲ Brazing and Transient Liquid Phase Joining (TLP)
- Ⅳ Resistance Welding
- Ⅴ Power Beam Welding/Joining/Processes
  - ▲ – 1 Electron Beam
  - ▲ – 2 Laser Beam
  - ▲ – 3 Plasma and Ion Beam
- Ⅵ Solid State Welding/Joining
  - ▲ Ⅵ – 1 Diffusion Bonding (DB) and TLP
  - ▲ Ⅵ – 2 Super Plastic Forming/Diffusion Bonding (SPF/DB)
  - ▲ Ⅵ – 3 Friction Welding (FW)
    - ■ Ⅵ – 3 – 1 Inertia FW
    - ■ Ⅵ – 3 – 2   Linear FW
    - ■ Ⅵ – 3 – 3   Friction Stir Welding (FSW)

Among the non – conventional welding/joining technologies in this system, power beam welding/joining/processing and solid state welding/joining, as mentioned above and will be described below, are the two most important R and D areas at BAMTRI, providing tools to solve the "unique" and "critical" problems in modern aeronautical manufacturing, which are also potentially attractive and exciting for designers together with engineers to provide more creative thought and space for innovatory implementation of new products.

1.1   Power Beam Welding/Joining/Processes

Electron beam (EB) R & D activities at BAMTRI mainly involve deep penetration welding, additive manufacturing, electron beam physical vapor deposition for thermal barrier coatings (TBCs), electron beam texturing, electron beam brazing and other material processing. One of EB machine of 150kV, 60kW, 85m^3 (7.5m × 3.8m × 3m) was built for deep penetration welding of titanium components with the thickness up to 150mm.

The superiority of electron beam with extremely flexible scanning ability has been applied for surface texturing to obtain enhanced joining of titanium flange with polymer composite, as shown in Fig. 1.

Fig. 1　EB surface texturing for enhanced joining of titanium flange with composite material

Laser Beam R & D activities at BAMTRI mainly involve welding, cutting, drilling, peening, additive manufacturing as well as hybrid laser/MIG welding, texturing and surfacing. Fig. 2 illustrates an experimental set – up of dual – beam laser robotic system (Fig. 2a) for welding of aluminum and titanium airframe stiffened panels (Fig. 2b) with T – joint (Fig. 2c) welded simultaneously from both sides of fillet welds.

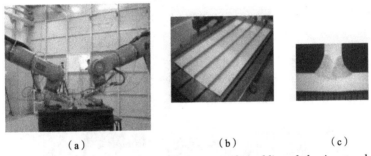

（a）　　　　　　　　（b）　　　　　（c）

Fig. 2　 (a) Dual – beam laser robotic system for welding of aluminum and
titanium airframe, (b) stiffened panels with (c) T – joint
simultaneously from both sides of fillet welds.

Fig. 3a shows an application of precise laser drilling technologies for aero – engine turbine blades. To improve fatigue life, laser peening technology is also performed on compressor blades (Fig. 3b).

（a）　　　　　　　　　　　　　（b）

Fig. 3　 (a) Laser drilling for turbine blades and (b) laser peening for compressor blades.

Plasma and ion beam R & D activities at BAMTRI mainly involve plasma spraying for turbine blades with TBCs as well as nano – structured TBCs, plasma immersion ion implantation and deposition, such as TiN deposition, thin film and TiCrN multilayer film deposition on aer o – engine parts.

1. 2 Solid State Welding/Joining Technologies

As mentioned above, the importance and contribution of solid state welding/joining technologies for aeronautical manufacturing are incomparable in solving specific "unique" and "critical" problems; in solid state welding/joining technologies there are no troubles and imperfections being inherent in fusion welding processes.

In the early 1980' s, super plastic forming/diffusion bonding (SPF/DB) technology was firstly developed at BAMTRI for fabricating airframe titanium panels in order to reduce weight and improve structural performance. Nowadays multi – layered inner – stiffened titanium panels with complex configurations have been fabricated to meet specific requirements from aviation industry, space sector and other fields. Technical and economic benefits brought by SPF/DB are of great value for both designers and fabricators.

Linear friction welding (LFW) is an unique technique to manufacture high performance aero – engine blisks so as to replace the traditional tenon joints, achieving the weight reduction for the entire structure. Fig. 4 shows a part of the as – welded blisk and macro structure of the solid state joint. LFW can be considered as a block joining process in solid state additive manufacturing that will be described below.

Fig. 4　A part of as – welded blisk and macro structure of the solid state joint

Moreover, friction stir welding (FSW), which is also a solid state welding process, has been developed at BAMTRI for over fifteen years, and this development is ongoing. As a great alternative choice, FSW has attracted more attentions to be used instead of the traditional fusion welding in the area of aluminum structure joining. Similar to the LFW, FSW is also a powerful block joining process in solid state additive manufacturing.

2　Understanding of Generalized Additive Manufacturing

Additive manufacturing is different from the traditional material removal machining/cutting reduction manufacturing. In additive manufacturing, structural elements are formed usually by metal melting deposition. Such deposition is generally performed layer – by – layer with CAD/CAM techniques which is based on wire/powder feeding and melting using electron beam or laser beam. In generalized additive manufacturing, structural elements could also be produced by block joining using allied energy sources for welding/joining technologies, such as mechanical friction heating etc.

The disadvantages of traditional material removal machining/cutting reduction manufacturing techniques include low effectiveness, high material cost, and relatively long manufacturing cycle while a great portion of valuable material is turned into undesirable metal chips.

Compared with traditional techniques, additive manufacturing has many advantages and benefits, such as free forming, near net shape fabrication, material and time saving, flexibility and ability in controlling and optimizing performances of products.

Besides laser beam and electron beam, other allied energy sources are also applicable for generalized additive manufacturing, such as: chemical, electro – chemical, mechanical etc., especially pile – up forming could be performed applying block joining to produce directly integrated monolithic metallic structural elements.

From a welding researcher's point of view, the original formation of generalized additive manufacturing is buildup cladding by manual metal arc welding, or using gas tungsten arc welding as well as micro – plasma welding with wire feeding for surfacing and repair work. Although these heat sources do not possess the suitable flexibility and advantages as electron beam and laser beam used for modern additive manufacturing, all the heat sources for fusion welding are applicable for additive manufacturing, provided computer aided automation is entrusted to them. Besides, block joining processes using mechanical friction heating like linear friction welding are also considered as the solid – state additive manufacturing.

For the past two decades, the technical basis for rapid development of additive manufacturing has been attributed to the extreme flexibility of power beams like electron beam and laser beam (such aspower control, focusing control, deflection capability, scanning control, long focused active zone) combined with CAD/CAM technologies. At the same time, additive manufacturing has been more and more applied for direct metal free forming fabrication.

In general, modern advanced generalized additive manufacturing could be classified into three categories: (1) direct metal free forming fabrication; (2) non – metallic parts direct manufacturing; (3) rapid bio – model direct forming.

Fig. 5 shows the distinctions between additive manufacturing in a narrow sense (inner circle) and additive manufacturing in a broad sense (outer ellipse). The inner circle represents the additive manufacturing in a narrow sense based on laser and electron beams with CAD/CAM to form the parts by deposition layer – by – layer. The outer ellipse gives an idea to understand the generalized additive manufacturing based on allied energy sources such as electrical arc and plasma for melting deposition, light sources for photo curing stereo – lithography, electro – chemical sources for deposition in liquid phase, and mechanical friction heating sources for block joining etc. .

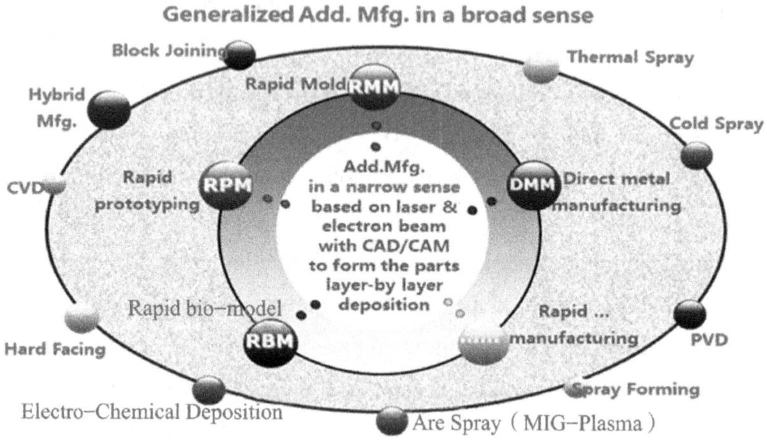

Fig. 5　Distinctions between Add. Mfg. in a narrow sense (inner circle) and
Add. Mfg. in a broad sense as generalized Add. Mfg. (outer ellipse)

It should be stressed that in past years the enthusiasm to promote 3D printing is mostly related to non – metallic part direct fabrication. But nowadays direct metal free forming manufacturing is expected to be the follow – up upsurge of additive manufacturing to change gradually the traditional manufacturing mode from mass production to customized product made to order. Another breakthrough in bio – model direct forming as generalized additive manufacturing is predictable in the near future.

3　Potential Application of Generalized Additive Manufacturing

3.1　Additive manufacturing based on electron beam

Fig. 6 shows the principle of additive manufacturing process based on electron beam with wire feeding. In vacuum chamber the wire fed to welding pool is melted by CAD controlled focused scanning electron beam, layer – by – layer deposition path is directed according to the CAD model (Fig. 6a); a typical deposited titanium structural element after machining of $1000mm \times 300mm \times 200mm$ is also shown in Fig. 6b.

In the past few years, EB additive manufacturing titanium alloy wire composition system made to custom – order has been developed at BAMTRI to meet the required properties and structural performance. Technologies for deposition path control, parameter optimization, as well as post treatment are utilized to avoid possible emergence of imperfections and distortion.

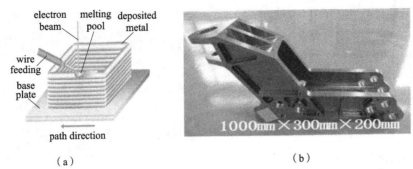

（a）
（b）

Fig. 6 Principle of （a）Add. Mfg. based on EB with wire feeding and
（b）deposited titanium structural element after machining

In general, mechanical properties of the deposited elements are compatible with forged parts.

Up to now the largest – sized facility for electron beam additive manufacturing with wire feeding system has been set up at BAMTRI. It is capable to fabricate structural elements with dimensions of 1500mm/800mm/3000mm.

Additive manufacturing based on selective powder melting using electron beam is also implemented in a vacuum chamber. Metal powder spread on the powder bed is melted layer – by – layer by scanning electron beam following the CAD model paths.

In Fig. 7 Ti6Al4V powder and melted deposition surface are shown （Fig. 7a）; in this way complex spatial structure （Fig. 7b）can be built – up easily.

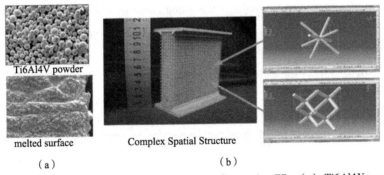

Ti6Al4V powder
melted surface
Complex Spatial Structure
（a）
（b）

Fig. 7 Add. Mfg. based on selective powder melting using EB, （a）Ti6Al4V powder
and melted surface, （b）built – up complex spatial structure

3. 2　Additive manufacturing based on laser beam

Using laser beam, additive manufacturing could be implemented based on either direct laser melting deposition with coaxial feeding powder or selective laser melting with spread powder on bed layer – by – layer. Besides, laser beam additive manufacturing based on wire feeding is also explored at BAMTRI.

Fig. 8 shows the universal laser beam additive manufacturing robot facility at BAMTRI for direct laser deposition melting, selective laser melting deposition as well as wire feeding laser melting deposition (chamber with dimension of 3m × 3m × 2.5m).

Technological procedures for laser beam additive manufacturing almost the same as for electron beam additive manufacturing. Material system with either wire or powder composition preparation made to custom −

Fig. 8　Universal laser beam additive manufacturing robot facility at BAMTRI for direct laser melting, selective laser melting as well as wire feeding laser melting

order also has been developed to meet the required properties and structural performance.

For more precise deposition forming (e. g. surface roughness Ra: 10 ~ 30μm), high performance laser beam, fine granulated powder layer thickness should be matched. Subsequently, it is undoubtedly logical that the as deposited parts will be the final products or just finished surface polishing is needed.

3.3　Generalized additive manufacturing based on block joining

For high performance aero − engine, the compressor weight reduction can be reached up to 50% if the traditional tenon joining of blades to disk can be replaced by blisk (blades to be welded to disk). Solid state additive manufacturing based on block joining by linear friction welding to produce integrated monolithic welded blisk is an effective tool for achieving the above mentioned idea.

Fig. 9 exhibits the weight reduction for aero − engine tenon joining replaced by welded integrated monolithic blisk (Fig. 9a) using linear friction welding (Fig. 9b) as solid state additive manufacturing.

Low effectiveness in material saving and time saving of traditional material removal reduction manufacturing based on machining & cutting is fully reflected on monolithic stiffened airframe panel fabrication. Nowadays Friction Stir Welding (FSW) turns the tide and brings ab out a radical change in the situation of block joining additive manufacturing of aluminum monolithic stiffened airframe panels. Stiffening ribs are assembled and welded to skin sheets using FSW for aluminum monolithic stiffened airframe panel fabrication. The name of solid state block joining additive manufacturing by FSW matches the reality.

In the case of titanium alloy, monolithic stiffened airframe panel fabrication can be achieved by block joining additive manufacturing using laser welding; titanium stiffening ribs are

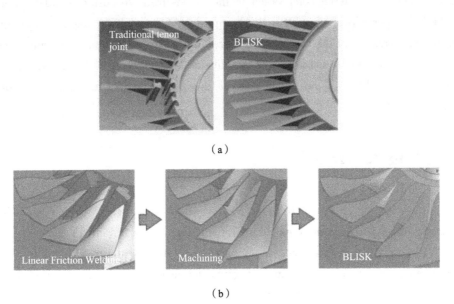

（a）

（b）

Fig. 9　For aero‑engine weight reduction（a）tenon joining replaced by
（b）welded integrated blisk using linear friction welding
as solid state additive manufacturing

assembled and welded to titanium skin sheets using dual‑beam laser robotic system as already
shown in Fig. 2.

3.4　Generalized additive manufacturing based on other energy sources

The variations of generalized additive manufacturing based on other applicable allied
energy sources have been shown above in Fig. 5.

As a typical application shown in Fig. 10, an example is given to electron beam physical
vapor deposition（EB‑PVD）for additive manufacturing of turbine blade with complicated
inner cooling gas channeling.

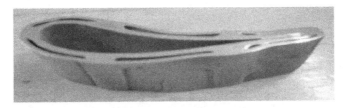

Fig. 10　Turbine blade with complicated inner cooling gas channeling
to be fabricated by additive manufacturing using electron
beam physical vapor deposition（EB‑PVD）

Technology and material composition of the blades made to custom – order for electron beam physical vapor deposition (EB – PVD) are selected to match the required properties and structural performance. In the vacuum chamber either a single electron beam gun or multiple electron beam guns can be used to form the blades by depositing different materials. It is expected that EB – PVD will be full of promise in additive manufacturing of newly designed aero – engine parts.

Concluding remarks

(1) In terms of market pull there is very strong interest in additive manufacturing (particularly using power beams: electron beam & laser beam) from the aviation industry, especially for airframe and aero – engine applications as strategically important. BAMTRI has been involved in a number of research programs for aviation companies to provide a rapid response in design and trail manufacturing of new products.

(2) For generalized additive manufacturing other allied energy sources are also applicable such as electrical, chemical, electro – chemical, mechanical etc. Especially pile – up forming could also be performed applying block joining (e. g. friction welding) to produce directly integrated monolithic metallic structural elements including aero – engine blisks and airframe stiffened panels.

(3) Generalized additive manufacturing based on block joining (particularly friction welding) offer the potential for solid – state joining to build up near net shape elements by assembling of relatively simple parts. BAMTRI has been developing this solid state additive manufacturing technology for aero – engine parts as well as for airframe stiffened panels fabrication, demonstrating high value applications in other industry sectors.

Low Stress No Distortion Welding
Based on Thermal Tensioning Effects

—— Basic principles and mechanisms are studied
experimentally and analyzed numerically.
Two innovative methods for manufacturing distortion – free
thin – walled welded structures are implemented.

Guan Qiao[①]

（Статья подготовилена для издания в сборнике посвяще
нный 100 – летию НАН Украины, 2016. 8）

ABSTRACT *In manufacturing sheet metal formed plates, panels and shells by welding, buckling distortions become substantial especially for aerospace structures with material thickness less than 4mm. To prevent buckling, Low Stress No Distortion (LSND) welding techniques have been pioneered and developed at the Beijing Aeronautical Manufacturing Technology Research Institute. These innovative techniques have been applied successfully in manufacturing aerospace structural components. In this paper, the mechanisms of LSND welding techniques using either the whole cross – sectional thermal tensioning effect or the localized thermal tensioning effect are described and summarized in detail. The basic idea of LSND welding techniques is to perform active in – process control of inherent plastic (incompatible) strains and stresses formation during welding to achieve distortion – free results so that no costly post weld reworking operations for distortion correction is required. Emphasis is given to the finite element analysis to predict and optimize the localized thermal tensioning technique with a trailing spot heat sink coupled to the welding heat source. Selection of parameters for engineering solution are recommended.*

KEY WORDS *Welding Residual Stress   Low Stress No Distortion (LSND)*

---

① Prof. Dr. Q. GUAN, a member of the Chinese Academy of Engineering, is with the Beijing Aeronautical Manufacturing Technology Research Institute (BAMTRI), Beijing, China other is based on the localized thermal tensioning effect (Ref. 13).

Welding   Buckling Distortion   Distortion – Free   Thermal Tensioning   Temperature Gradient Stretching   Heat Source—Heat Sink   Finite Element Analysis

Introduction

Buckling distortions are more pronounced than any other form of welding distortion in manufacturing thin – walled structures, and they are the main troublesome problem in sheet metal fabrication where fusion welding is applied, especially for aerospace structures such as sheet metal formed airframe panels, fuel tanks, shells of engine cases, etc., where thin sheet materials of less than 4mm thickness are widely used. Buckling distortions affect the performance of welded structures in a great many ways. During the past decades efforts have been made and progress has been achieved in solving buckling problems by experts in the welding science and technology field world – wide. Many effective methods for removal, mitigation and prevention of buckling distortions adopted before welding, during welding or after welding have been successfully developed and widely applied in industries (Ref. 1 – 10). Over the past 25 years, authors at the Beijing Aeronautical Manufacturing Technology Research Institute (BAMTRI) have devoted their efforts to achieve distortion – free results in manufacturing thin – walled aerospace structural components by implementing active in – process control of inherent residual plastic strain formation during welding without having to undertake costly reworking operations for distortion correction after welding (Ref. 11). Extensive research and development studies to explore Low Stress No Distortion (LSND) welding techniques were carried out at BAMTRI.

Two innovative methods of LSND welding techniques have been developed for industrial application : one is based on the whole cross – section thermal tensioning effect (Ref. 12), the

Buckling Distortions

The nature of buckling is mostly a phenomenon of loss of stability of thin elements under compressive stresses. Buckling distortions caused by longitudinal welds either in plates, panels or in shells are mainly dominated by longitudinal compressive residual stresses induced in areas away from the weld. Fig. 1a, b show the typical patterns of buckled components. The mechanism of buckling in weldments lies in the action of inherent residual plastic (incompatible) strains formed during welding.

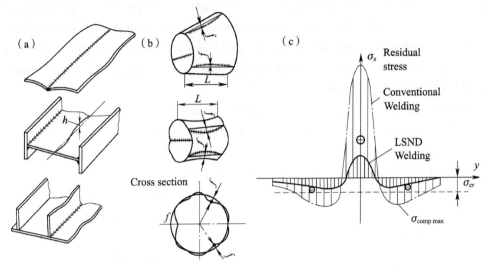

Fig. 1　Typical buckling patterns of plates, panels (a) and shells (b) with
longitudinal welds; to prevent buckling, reduce $\sigma_{comp \cdot max}$ to a value lower
than σ_{cr} (c), thus achieving the low stress no distortion result

Losing stability, the buckled plate (Fig. 1a) is released from an unstable flat position of high potential energy with the maximum level of residual stress distribution after conventional welding (Fig. 1c) and takes a stable warped shape. Losing stability, the buckled plate reaches a state of minimum potential energy. In other words, any forced change of the stable curvature of the buckled plate will cause increase in potential energy and once the force is removed, the buckled plate will be restored to its stable position minimizing the potential energy.

For plates of thickness less than 4mm as widely used in aerospace and modern vehicle welded structures, the value of σ_{cr} is much lower than the peak value of compressive stress $\sigma_{comp \cdot max}$ after conventional gas tungsten arc welding (GTAW) (see Fig. 1c). However, the actual value σ_{cr} for a welded element is difficult to be solely determined either by the linear stability theory of small deformations or by the non – linear theory of large deformations in theory of plates and shells. These problems are very complex (Ref. 14).

In principle, all efforts either 'passive' post – weld correction measures or 'active' in – process control methods of Low Stress No – Distortion (LSND) welding to eliminating buckling aim at adjusting the compressive residual stresses to achieve $\sigma_{comp \cdot max} < \sigma_{cr}$ at which buckling occurs (Fig. 1c) by means of reduction and redistribution of the inherent residual plastic strains.

In the past decade, welding simulation and prediction by computational method has been increasingly applied in addition to classic analytical and conventional empirical procedures. Finite element method was adopted by Michaleris, Deo et al (Refs. 15 – 19) for analyzing buckling distortions of stiffened rectangular welded plates for shipbuilding. Shrinkage forces were obtained from a thermal elastic – plastic cross – sectional model analysis. Based on the finite element analysis for large displacements, and using an inherent shrinkage strain method, Tsai et al (Ref. 20) investigate the buckling phenomena of a rectangular plate of aluminum alloy with longitudinal T stiffeners.

Buckling can be controlled by a variety of methods applied before welding, during welding, and after welding for its removal, mitigation or prevention.

Pre – tensioning can be classified in either the category of methods applied before or during welding (Refs. 21 – 23). For each particular structural design of panels, a device for mechanical tensile loading is required. Owing to their complexity and low efficiency in practical execution, application of these methods is limited. In this respect, the thermal tensioning technique is more flexible in stiffened panel fabrication.

Low Stress No – Distortion (LSND) results could be achieved during the welding process based on the thermal tensioning (temperature gradient stretching) effect which is produced by establishing a specific temperature gradient either in whole cross section of the plate to be welded or in a localized area in the near – arc zone. Simultaneously, restraining transient out – of – plane warpage movements of the workpiece is necessary. Differing from the 'passive' methods which have to be applied after welding once buckling is in existance, LSND welding techniques can be classified as 'active' methods for in – process control of buckling distortions with no need of reworking operations after welding.

Thermal Tensioning Effects

The method for low temperature stress relieving (Refs. 10, 24) is well – known in shipbuilding and vessel manufacturing industries. This technique is practiced with flame heating combined with water cooling of thicker plate sections of thickness 20 ~ 40mm for mitigation of longitudinal residual stresses after welding. It is based on temperature gradient stretching effect induced by local linear heating and cooling parallel to the weld – line on plates. This technique is not applicable for either stress relieving or buckling removal after welding of thin – walled elements of less than 4mm thickness where the metal sheets are not stiff enough to resist the transient out – of – plane displacement during local heating and forced cooling. But the idea of the temperature gradient stretching effect (or

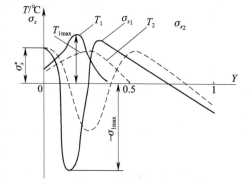

Fig. 2 Basic principle of whole cross – section thermal tensioning effect

commonly termed thermal tensioning effect) is logically feasible for avoiding buckling of plates and shells during welding. Efforts in this direction were made during last decades (Refs. 8, 11, 12, 25 – 30).

The basic principle of the whole cross – section thermal tensioning effect is shown in Fig. 2. Two curves (σ_{x1} and σ_{x2}) of thermal stress distributions are created by a preset heating with the temperature profiles (T_1 and T_2) correspondingly on the thin plate. In this case, the thermal tensioning effect is defined as the value of σ_x^* in the plate edge of $Y = 0$ where the weld bead will be applied. For a given σ_x^*, the greater temperature gradient $\left(\dfrac{\partial T_1}{\partial Y} > \dfrac{\partial T_2}{\partial Y}\right)$, the higher will be the induced maximum value of compressive stress – $\sigma_{1x_{max}}$. An optimized temperature curve can be calculated mathematically for an estimated value σ_x^* while the value – σ_{xmax} is kept below the yield stress.

Based on the results of mathematical analysis for the thermal tensioning effect, Burak et al (Refs. 27, 28) conducted an experiment to control longitudinal plastic strains in weld on aluminum plate of 4mm thickness.

Early in the 1980's, to apply the thermal tensioning effect to avoid buckling in aerospace structures of less than 4mm thickness, a series of experiment was carried out by Guan et al (Refs. 12, 25, 26). It has been proved by the results of repeated experiments that the Burak's scheme for the plates thicker than 4mm is not applicable to eliminating buckling in elements of less than 4mm thickness. The reason is that owing to the susceptibility to losing stability of the thinner elements, transient out – of – plane displacements occur in areas away from the weld zone (Fig. 3a). The transient out – of – plane displacements outside the clamping fingers (indicated by P in Fig. 3a) release the potential energy of the thermal plane stresses distribution. In the lost stability position, the expected preset thermal tensioning stress σ^* (Fig. 2) ceases to exist.

Progress was made in solving the above mentioned problem to improve the thermal tensioning technique and make it applicable to elements of less than 4mm thickness especially in manufacturing aerospace structures (Ref. 12). Fig. 3b shows the improvement in clamping systems. In conventional clamping system with 'one – point' finger fixture (indicated by P_1 in Fig. 3a), the transient out – of – plane warpages of the workpiece are inevitable, whereas, using the improved 'two – point' finger clamping system (indicated by P_1 and P_2 in Fig. 3b) the desirable thermal tensioning effect in terms of σ_x^* (Fig. 2) can be established without transient out – of – plane warpage displacements.

As an active in – process control method, this improved technique is more widely acknowledged as Low Stress No – Distortion (LSND) welding method for thin materials (Refs. 12, 25, 11). It is worthwhile to note, that the LSND welding technique as an active in – process control method is replacing the formerly adopted passive measures for buckling removal after welding in most cases in aerospace engineering in China.

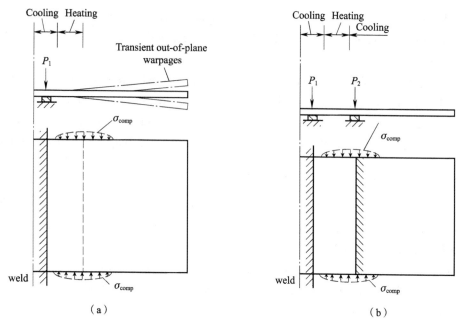

Fig. 3　Transient out – of – plane warpage displacement of
workpiece in conventional clamping system (a) and its prevention in the
newly improved 'two – point' fingers clamping system (b) (Ref. 12)

To create the whole cross – section thermal tensioning effect along the plate edges to be welded, the temperature profile can be built up either statically as a preset temperature field by stationary linear heaters arranged underneath the workpiece parallel to the weld direction or as a transient temperature field built up by two movable heating devices on both sides of the weld and synchronously traveling with the welding torch (Ref. 25, 31). The LSND welding techniques can be implemented in either of the two ways.

In a broad sense of the term 'thermal tensioning', the effect can be created not only in the longitudinal direction of the weld to control the longitudinal plastic strains in weld zone, but the effect in mitigating the transverse shrinkage of the weld could also be utilized for hot – cracking prevention (Ref. 32). Furthermore, manipulating the combination of heat sources and heat sinks, the thermal tensioning effect as well as the thermal compressing effect could also be established properly for specific purposes. Mitigating residual stresses in Al – Li repair welds (Ref. 33) is an example in applying the alternative options of thermal tensioning effect.

The thermal tensioning effects can be classified into two categories : one is created in an entire cross – section of plate (whole cross – section thermal tensioning) using additional heating and cooling as mentioned above, the other is created in a localized zone limited to a near arc high temperature area within a certain isotherm induced solely by welding arc without any additional heating (localized thermal tensioning), as classified in Table 1.

Table 1　Two categories of thermal tensioning effects

Two categories of thermal tensing effects	Basic principles—Action of thermal tensing effect (temperature gradient stretching)	Setup of temperature profile	Comparison of thermo − stress − strain histories at the weld centet line $Y = 0$
Entire cross − sectional thermal tensioning created by additional heating and cooling to implement Low Stress No Distortion welding	To implement Low Stress No Distortion welding the thetmal tensioning effect defined as σ^{*} is induced at the plate edge to be welded by the tempetature profile T (necessary condition) Fig. A The sufficient condition to achieve LSND welding result is preventing out − of − plane displacements by appling flattening forces	Preset temperature profile set up by stationary linear heaters and cooling Fig. B Transient temperature profile set up by movable heaters Fig. C	(a) For conventional GTAW at $Y = 0$, the residual stress σ_{x01} and strain $-\varepsilon_{x01}$ approach σ_{s} & ε_{s} Fig. Fa (b) In case of LSND welding at $Y = 0$, the residual stress σ_{x02} and strain $-\varepsilon_{x02}$ can be much lower than σ_{s} & ε_{s} Fig. Fb

Cotinued

Two categories of thermal tensing effects	Basic principles— Action of thermal tensing effect (temperature gradient stretching)	Setup of temperature profile	Comparison of thermo - stress - strain histories at the weld centet line $Y=0$
Localized thermal tensioning created by use of trailing spot heat sink without additional heating	To execute DC - LSND welding localized thermal tensioning is induced within a certain welding isotherm 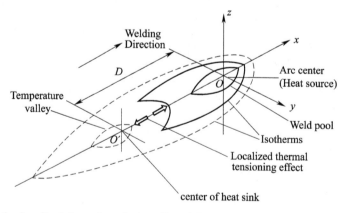 Fig. D	Extremely high - temperature gradient is induced between heat source and heat sink Fig. E	(c) For DC - LSND welding at $Y=0$, the sign of residual stress σ_{x03} and strain ε_{x03} are alterable depending on the steepness of the temperature gradient Fig. Fc

For the localized thermal tensioning a source - sink system—a heat sink coupled with welding heat source, could be utilized (Fig. 4).

Fig. 4 Localized thermal tensioning effect (shown by heavy arrows) induced by a trailing spot heat sink coupled to the welding arc in a distance D behind

Whole Cross – Sectional Thermal Tensioning—LSND Welding

To satisfy the stringent geometrical integrity requirements and ensure dimensionally consistent fabrication of aerospace structures, Low Stress No – Distortion (LSND) welding technique for thin materials, mainly for metal sheets of less than 4mm thickness, was pioneered and developed early in 1980's at the Beijing Aeronautical Manufacturing Technology Research Institute (Refs. 12, 25, 26). This technique was aimed to provide an in – process active control method to avoid buckling distortions based on the whole cross – section thermal tensioning effect.

Fig. 5 shows schematically the basic principle for practical implementation of LSND welding (Ref. 12). The thermal tensioning effect with the maximum tensile stress σ_{max}^{*} in the weld zone (Fig. 5a) is formed due to the cooling contraction of the zone 1 by water – cooling backing bar underneath the weld and the heating expansion of zone 2 on both sides adjacent to the weld by linear heaters. Both the curve T and curve σ are symmetrical to the weld centerline. The higher σ_{max}^{*}, the better will be the results of controlling buckling distortions.

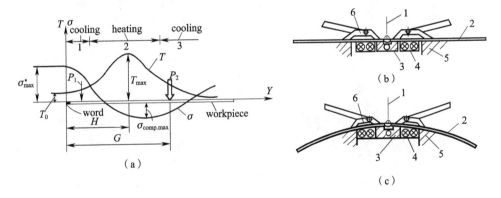

Fig. 5　Basic principle for implementation of LSND welding (a), clamping jigs for longitudinal weld in plates (b) and cylindrical shells (c) (Ref. 12):

1—arc; 2—workpiece; 3—water – cooling backing bar; 4—linear heaters;

5—supporting mandrel; 6—'two – point' finger clamping system

It is proved by experiments and engineering applications, that the thermal tensioning effect is the necessary condition for LSND welding of materials of less than 4mm thickness, whereas the sufficient condition is the prevention of transient out – of – plane displacements by applying flattening forces in 'two – point' finger clamping systems shown by P_1 and P_2 in Fig. 5a. The selected curve T is mainly determined by: T_{max}, T_0 and H — distance of T_{max} to the weld centerline. The thermal tensioning effect σ_{max}^{*} becomes stronger as the temperature gradient ($T_{max} - T_0$) increases while H decreases. The optimization of σ_{max}^{*} and technological parameters such as H etc. can be implemented computationally using FEA and verified experimentally. Fig. 5 shows schematic views of practical implementation of LSND welding method and apparatus for longitudinal joints in flat plates (Fig. 5b) and cylindrical shells (Fig. 5c).

The typical temperature field in GTA welding of thin plate is shown schematically in Fig. 6a. Actually, in engineering practice, the GTAW of longitudinal weld on thin plate is performed in a longitudinal seam welder. Workpieces are rigidly fixed in a pneumatic finger – clamping system with copper backing bar on mandrel support. Owing to the intensive heat transfer from workpiece to copper backing bar, the temperature field is different from the normal shape and takes a narrowed distribution as shown in Fig. 6b. To implement LSND welding, additional preset temperature field as shown in Fig. 6c is formed by heating and cooling. Therefore, the LSND welding temperature field shown in Fig. 6d results by superposition of the temperature fields of Fig. 6b and c.

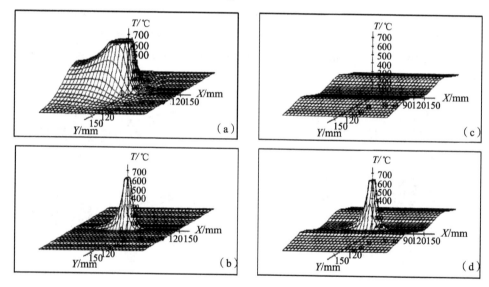

Fig. 6   Temperature fields on thin plate of conventional GTAW (a) , GTAW
on copper backing bar with intensive hea ttransfer (b) , preset temperature
field (c) and temperature field for   LSND welding (d)

For clearer quantitative assessment of LSND welding technique, a systematic investigation was carried out (Ref. 11, 25, 26). Fig. 7 shows comparisons between the experimentally measured inherent strain ε_x^p distributions (Fig. 7a) and residual stress σ_x distributions (Fig. 7b) after conventional GTAW (curve 1) and LSND welding (curve 2) of aluminum plate of 1. 5mm thick. Reductions of either ε_x^p or σ_x are obvious (as indicated by curve 2 in comparison with curve 1).

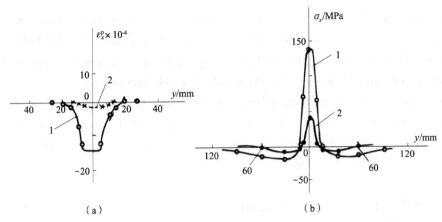

(a)　　　　　　　　　　　　(b)

Fig. 7　Comparisons between experimentally measured inherent strains ε_x^p (a) and
residual stresses σ_x (b) distributions after conventional GTAW (curve 1) and
LSND welding (curve 2) of aluminum plate of 1. 5mm thick (Refs. 11, 26)

The photographs in Fig. 8 show that the specimens of either stainless steel (Fig. 8a) or
aluminum alloy (Fig. 8b) welded conventionally (upper photo) are severely buckled in all
cases. But the specimens welded by use of LSND welding (lower photo) are completely
buckle – free and as flat as before welding.

Comparisons are also given in Fig. 8c, d between the results of measured deflections f on
specimens of 1. 6mm thick welded conventionally using GTAW and those welded using LSND
welding technique for stainless steel (Fig. 8c) and aluminum alloy (Fig. 8d). Completely
buckle – free ($f = 0$) results were achieved while the optimized technological parameters for
LSND welding techniques were selected.

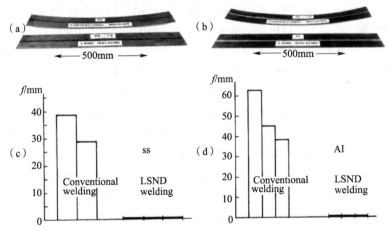

Fig. 8　Specimens of 1. 6mm thick, 1000mm long, of stainless steel (a) and aluminum
alloy (b) welded by conventional GTAW, severely buckled (upper), and welded by
LSND welding, buckle – free (lower). Completely buckle – freeresults ($f = 0$)
can be achieved using optimized LSND welding technique on both stainless
steel (c) and aluminum alloy (d) specimens of 1. 6mm thick (Ref. 25)

As demonstrated above, designers and manufacturers who suffer from problems of buckling could now adopt a new idea that buckling is no longer inevitable with LSND welding technique. Buckling can be prevented completely and residual stresses can be reduced significantly or controlled to a level lower than σ_{cr} at which buckling occurs.

Successful results in preventing buckling distortions were achieved in manufacturing thin – walled jet engine cases of nickel base alloys, stainless steels as well as rocket fuel tanks of aluminum alloys where the acceptable allowance of residual buckling deflections f at a weld length of L should be limited to the ratio of $f/L < 0.001$ (Ref. 34).

Localized Thermal Tensioning—LSND Welding with a Trailing Spot Heat Sink

Over the past 10 years, progress has been made in seeking active in – process control of welding buckling to exploit a localized thermal tensioning technique using a trailing spot heat sink. The heat sink moving synchronously with the welding arc creates an extremely high temperature gradient along the weld bead within a limited area of high temperature zone close to the weld pool (Fig. 4). This technique was entitled 'Dynamically Controlled Low Stress No Distortion (DC – LSND) welding method' (Refs. 13, 34, 35, 36). In this innovative method, the preset heating (as shown in Fig. 5a) is no longer necessary. The formation of specific inverse plastically stretched inherent strains ε_x^p in the near arc zone behind the welding pool is dynamically controlled by a localized trailing thermal tensioning effect induced between the welding heat source and the spot heat sink along the weld bead (Fig. 4).

Device for engineering implementation of the DC – LSND welding technique was designed and further developed at BAMTRI as shown schematically in Fig. 9 (Ref. 13).

With this device attached to the welding torch, an atomized cooling jet of the trailing spot heat sink impinges directly on the just solidified weld bead. Liquid coolant, such as CO_2, Ar, N_2 or water, could be selected for atomized cooling jet. Atomizing the liquid coolant is essential to improve the efficiency of intensive cooling rather than using liquid jet directly impinging the weld bead. To protect the arc from the possible interference of the cooling media, there is a co – axial tube to draw the vaporized media out of the zone nearby the arc. The technological parameters for the trailing spot heat sink and all the welding procedures are automatically synchronously – controlled with the GTAW process. The dominating factors: the distance between the heat source and the heat sink, the intensity of the cooling jet can be selected properly to reach a buckle – free result.

In systematic investigations, finite element analysis with a model of cooling jet impinging the weld bead surface is combined with a series of experimental studies (Refs. 35, 37 – 40). Comparisons between the temperature fields on conventional GTA welded titanium plate and on plate welded using DC – LSND technique are given in Fig. 10.

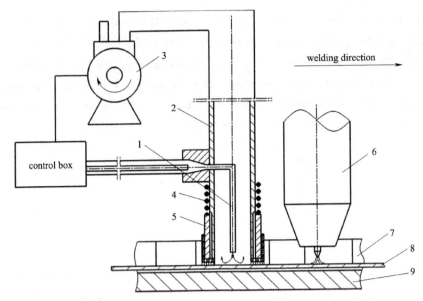

Fig. 9   Specially designed device for buckle – free DC – LSND welding of thin – walled elements (Ref. 13)

1—Nozzle for atomized cooling jet of liquid media; 2—Co – axial tube to draw the vaporized coolant;

3—Vacuum pump; 4—Spring; 5—Axle over – sleeve tube; 6—GTA welding torch;

7—Clamping fingers; 8—Workpiece; 9—Beneath weld backing bar

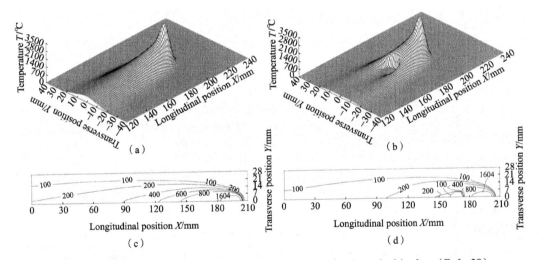

Fig. 10   Temperature fields and isotherms on Ti – 6Al – 4V (2. 5mm thick) plate (Ref. 38),

welding parameters: 200 A, 12 V, 12 m/h

a, c—conventional GTA welding on copper backing bar; b, d —DC – LSND welding

In this case, DC – LSND welding was carried out using the same parameters as in conventional GTA welding. The flow rate of cooling medium (atomized water) was selected at 2. 5mL/s. The distance between the arc and cooling jet were regulated from 80mm to 25mm. It can be seen clearly (Fig. 10 b, d) that in DC – LSND welding there is a deep temperature valley formed by the cooling jet behind the weld pool. An extremely high temperature gradient from the peak to the valley is created. The 800℃ and 400℃ isotherms in front of the heat sink are severely distorted pushing forward closer to the weld pool. (see Fig. 10d).

The abnormal thermal cycles by DC – LSND welding (Fig. 11b) produce correspondingly the abnormal thermo – elastic – plastic stress and strain cycles (Fig, 11d) in comparison with the cycles formed by conventional GTAW (Fig. 11a, c). Obviously, the localized thermal tensioning effect is acting only within a limited zone behind the weld pool.

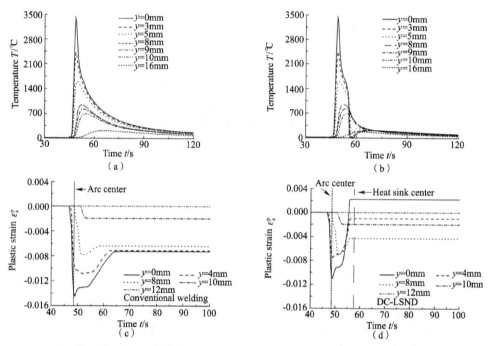

Fig. 11 Comparisons of thermal cycles (a, b) and transient plastic strain cycles (c, d) between conventional GTAW (a, c) and DC – LSND welding (b, d) (Refs. 39, 38)

It can be seen also from Fig. 11d, that behind the arc, the compressive plastic strains formed before in the just solidified weld zone can be compensated properly by the inherent tensile plastic strains in the area of temperature valley (Fig. 11d).

In DC – LSND welding, both the value of inherent plastic strains and the width of its distribution can be controlled quantitatively by selecting the proper technological parameters: the distance D between the welding heat source and the heat sink (see Fig. 12) as well as the intensity of the heat sink.

Fig. 13 shows the residual strain (a) and stress (b) distributions in cross – section of the weld on titanium plate. Comparisons are given between conventional welding (shown by solid line) and DC – LSND welding with different distance $D = 25$mm, 50mm, 80mm (see Fig. 12). For a selected intensity of heat sink, the closer the heat sink to the heat source (the shorter the distance D), the stronger is the localized thermal tensioning effect. For example, at the distance $D = 25$, the residual plastic inherent strain ε_x^p on the weld centerline even changes its sign from negative to positive（Fig. 13a）, and the residual stress on the weld centerline changes from tensile to compressive correspondingly（Fig. 13b）.

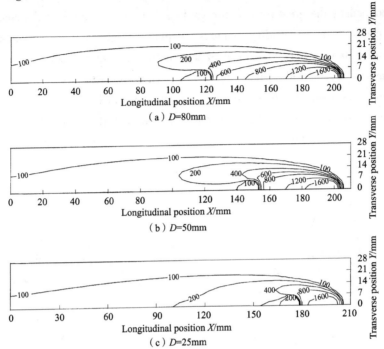

Fig. 12　Isotherms on titanium plate with different distance D between

the arc center and the cooling jet center（Refs. 38, 39）

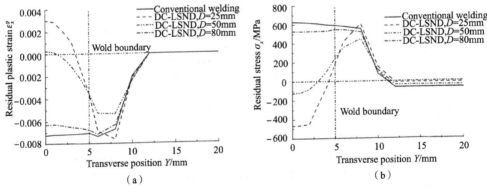

Fig. 13　Residual strain ε_x^p（a）and stress σ_x（b）distributions in cross−section

of the weld on titanium plate welded conventionally and using

DC−LSND welding technique（Refs. 39, 40）

Fig. 14 gives some typical examples from the systematic investigation program. As shown in Fig. 14 a, the peak tensile stress in weld on mild steel plate welded using conventional GTAW reaches 300MPa（curve 1）and the maximum compressive stress in the peripheral area is about 90MPa which causes buckling with deflections more than 20mm in the center of specimen of 500mm long. In the case of DC−LSND welding the patterns of residual stress distribution (curves 2, 3, 4) alter dramatically with different technological parameters, even with the compressive residual stresses in the centerline of the weld. The reason is that the shrinkage induced by the great temperature gradient between the arc and the cooling jet tends not only to compensate the welding compressive plastic strains but also to alter the sign of residual strain to its opposite. Results show that the distance D has more significant influence on both ε_x^p and σ_x in controlling buckling on thin materials. After DC – LSND welding, the specimens are completely buckle – free and as flat as original before welding. Similar results were obtained as shown in Fig. 14b, c on stainless steel and aluminum plates.

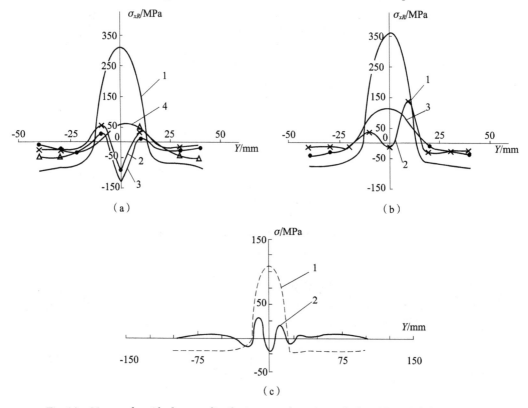

Fig. 14　Measured residual stress distributions on plates 1mm thick mild steel (a), stainless steel (b) and 2mm thick aluminum alloy (c) welded using conventional GTAW (curve 1) and by use of DC – LSND welding technique (Ref. 35, 37)

Based on the experimental investigations and FEA results, the recommended parameters for engineering application of DC – LSND welding are given in Fig. 15 (for the case of titanium plate examined according to Fig. 10) to achieve buckle – free results.

Metallurgical and mechanical examinations show that the cooling jet medium gives no noticeable influence on the titanium weld joint properties. Actually the cooling jet is impinging directly on the solidified weld bead at a temperature less than 400℃ as shown by the distorted abnormal isotherm of 400℃ in front of the heat sink.

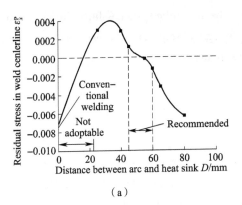 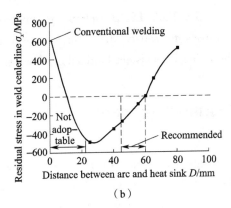

(a)　　　　　　　　　　　　　　(b)

Fig. 15　The peak value of residual plastic strain ε_x^p in weld centerline (a) and residual stress σ_x in weld centerline (b) as function of distance D (according to Fig. 13)

Recent progress in numerical simulation of welding phenomena offers researchers powerful tools for studying in more detail of welding thermal and mechanical behaviors. These tools allow for the prediction of precise control of the abnormal temperature fields and therefore the abnormal thermal elastic – plastic cycles created by the possible variable combinations of the heat source – heat sink welding techniques. It is expected that a variety of coupled heat source – heat sink processes are feasible for not only welding distortion controlling but also defect – free welds. For example, the device for trailing spot heat sink can be attached not only to the GTAW torch but also could be coupled to other heat sources like laser beam or friction stir welding tool to control distortion, and to improve joint performances as well.

Conclusions

(1) Low Stress No Distortion (LSND) welding techniques for thin materials can be implemented using either the whole cross – sectional thermal tensioning effect or the localized thermal tensioning effect.

(2) Basic principles and mechanism of LSND welding techniques are clarified through experimental studies and theoretical analyses with FEA.

(3) For LSND welding using the whole cross – sectional thermal tensioning, the necessary condition is to create an adequate temperature profile coupled to the welding temperature field whereas its sufficient condition is to keep the thin plate elements in a plane position without any transient loss of stability during welding.

(4) In executing DC – LSND welding technique using localized thermal tensioning, the dominating technological parameters are: the distance between the heat source and the heat sink and the intensity of the heat sink. For engineering solution and industrial application, optimized technological parameters are recommended based on FEA results.

（5）Both LSND welding techniques have been applied successfully in sheet metal industries to satisfy the stringent geometrical integrity requirements especially to ensure dimensional consistent fabrication of aerospace components.

Acknowledgments

This paper summarizes the main results of a series of research projects supported by the National Natural Science Foundation of China under Contract No. Ⅸ – 85343 and the Foundation for Aerospace Science and Technology of China under Contracts No. 87625003, No. 98H25002. The author would like to express his gratitude to BAMTRI for the constant support to develop the LSND welding techniques and promote their industrial applications.

References

[1] Masubuchi, K. 1954. Buckling – type deformation of thin plate due to welding, *Proceedings of 3rd National Congress for Applied Mechanics of Japan*: 107 – 111.

[2] Kurkin, S. A., Vinokurov, V. A. 1958. Distortion of thin – sheet members during welding and its elimination. *Svarochnoe Proizvodstvo.* (4) (in Russian).

[3] Watanabe, M. and Satoh, K. 1958. Fundamental studies on buckling of thin steel plate due to bead welding. *Journal of The Japan Welding Society.* 27 (6): 313 – 320 (in Japanese).

[4] Kurkin, S. A., Guan, Q. 1962. Removal of residual welding stresses in thin – walled elements of titanium alloy. *Welding production.* 10 (310): 1 – 5 (in Russian).

[5] Vinokurov, V. A. 1968. *Welding stress and distortion: determination and elimination.* Original Russian version, Moskva, Mashinostroenie, Translated by Baker J E, The British Library, 1977.

[6] Sagalevich, V. M. 1974. *Methods for eliminating welding deformations and stresses.* Moskva, Mashinostroenie. (in Russian).

[7] Terai, K. 1978. Study on prevention of welding deformation in thin – skin plate structures. *Kawasaki Technical Review.* (61): 61 – 66.

[8] Masubuchi, K. 1980. *Analysis of welded structures.* Oxford, Pergamon Press.

[9] Nikolayev, G. A., Kurkin, S. A. and Vinokurov, V. A. 1982. *Welded structures, strength of welded joints and deformation of structures.* Moskva, High school (in Russian).

[10] Tian, X. T. 1980. *Welded structures.* Harbin Institute of Technology, Harbin, China.

[11] Guan, Q. 1999. A survey of development in welding stress and distortion control in aerospace manufacturing engineering in China, *Welding in the World* 43 (1): 14 – 24.

[12] Guan, Q., Guo, D. L. et al. 1987. *Method and apparatus for low stress no – distortion welding of thin – walled structural elements.* Original Chinese patent

87100959. 5. 1988. International patent specification No PCT/GB88/00136.

[13] Guan, Q. , Zhang, C. X. et al. 1993. *Dynamically controlled low stress no - distortion welding method and its facility.* Chinese patent 93101690. 8.

[14] Zhong, X. M. , Murakawa, H. and Ueda, Y. 1995. Buckling behavior of plates under idealized inherent strain. *Transactions of JWRI.* 24 (2): 87 - 91.

[15] Michaleris, P. and DeBiccari, A. 1997. Prediction of welding distortion. *Welding Journal.* 76 (4): 172 - s to 181 - s.

[16] Michaleris, P. and Sun, X. , 1997. Finite element analysis of thermal tensioning techniques mitigating weld buckling distortion. *Welding Journal.* 76 (11): 451 - s to 457 - s.

[17] Michaleris, P. et al. 1999. Minimization of welding residual stress and distortion in large structures. *Welding Journal.* 78 (11): 361 - s to 366 - s.

[18] Deo, M. V. , Michaleris, P. and Sun, J. 2003. Prediction of buckling distortion of welded structures. *Science and Technology of Welding and Joining* 8 (1): 55 - 61.

[19] Deo, M. V. , Michaleris, P. 2003. Mitigating of welding induced buckling distortion using transient thermal tensioning. *Science and Technology of Welding and Joining.* 8 (1):49 - 54.

[20] Tsai, C. L. et al. 1999. Welding distortion of a thin - plate panel structure. *Welding Journal.* 78 (5): 156 - s to 165 - s.

[21] Stanhope, A. et al. 1972. Welding airframe structures in titanium alloys using tensile loading as a means of overcoming distortion. *Metal Construction and British Welding Journa.* (10).

[22] Chertov, I. M. et al. 1980. Strains and stresses in the welding of longitudinal joints in cylindrical shells of the AMg6 alloy with pre - tensioning. *Avt. Svarka.* (5): 31 - 33. (in Russian)

[23] Paton, B. E. et al. 1989. Fabrication of thin - walled welded large panels of high strength aluminum alloys. *Avt. Svarka.* (10) (in Russian)

[24] Radaj, D. 1992. *Heat effects of welding*: *temperature field*, *residual stress*, *distortion.* Berlin, Springer - Verlag.

[25] Guan, Q. , Leggatt, R. H. and Brown, K. W. 1988. *Low stress non - distortion (LSND) TIG welding of thin - walled structural elements.* TWI Research report, 374/1988. The Welding Institute, Abington Cambridge, United Kingdom.

[26] Guan, Q. et al. 1990. Low stress no - distortion (LSND) welding — a new technique for thin materials. *Transactions of Chinese Welding Society.* 11 (4): 231 - 237 (in Chinese).

[27] Burak, Ya. I. et al. 1977. Controlling the longitudinal plastic shrinkage of metal during welding. *Avt, Svarka* (3): 27 - 29.

[28] Burak, Ya. I. et al. 1979. Selection of the optimum fields for preheating plates before welding. *Avt. Svarka.* (5): 5 - 9.

[29] Masubuchi, K. 1997. Prediction and control of residual stresses and distortion in welded structures. *Welding Research Abroad*. The Welding Research Council Inc. June/July 43 (6/7) : 2 – 16.

[30] Takeno, Shinji et al. 1992. *Method for preventing welding distortion of sheet metals*. Japanese patent, JP4052079, Application number: JP 19900163121.

[31] Mechaleris, P. et al. 1995. Analysis and optimization of weakly coupled thermo – elasto – plastic systems with application to weldment design, Int. J. for Numerical Methods in Engineering. 38 : 1259 – 1285.

[32] Yang, Y. P., Dong, P., Zhang, J. and Tian, X. T. 2000. A hot – cracking mitigation technique for welding high – strength aluminum alloy. *Welding Journal*. 79 (1) : 9 – s to 17 – s.

[33] Dong, P. et al. 1998. Analysis of residual stresses in Al – Li repair welds and mitigation techniques. *Welding Journal*. 77 (11) : 439 – s to 445 – s.

[34] Guan, Q. et al. 1996. Low stress no – distortion welding for aerospace shell structures. *China Welding*. 5 (1) : 1 – 9.

[35] Guan, Q., Zhang, C. X. et al. 1994. Dynamic control of welding distortion by moving spot heat sink. *Welding in the World*, 33 (4) : 308 – 313.

[36] Guan, Q. 2001. Efforts to eliminating welding buckling distortions—from passive measures to active in – process control. *Proc. of the 7th Int. Symposium of JWS: Today and tomorrow in science and technology of welding and joining*. Nov., Kobe, Japan, Vol. 2, pp. 1045 – 1050.

[37] Zhang C X, Guan Q et al, 1996. Study on application of dynamic control of welding stress and distortion in thin aluminum elements. *Proc. of the 6th Int'l Welding Symposium of Japan Welding Society*. Nagoya, Nov. pp. 539 – 544.

[38] Li, J., Guan, Q., Shi, Y. W. et al. 2004. Studies on characteristics of temperature field during GTAW with a trailing heat sink for titanium sheet. *Journal of Materials Processing Technology*. 147 (3) : 328 – 335.

[39] Li, J. 2004. *Studies on the mechanism of low stress no distortion welding for titanium alloy*. PhD Dissertation, Beijing University of Technology, Beijing, February. (in Chinese)

[40] Li, J., Guan, Q., Shi, Y. W. and Guo, D. L. 2004. Stress and Distortion mitigation technique for welding titanium alloy thin sheet. *Science and Technology of Welding and Joining*, Vol. 9 No. 5 : 451 – 458.

自　述①
——把握机遇、奋斗奉献

我与焊接专业结缘是机遇的产物。

1952 年夏天，在北京汇文中学高中毕业时，正值国家启动经济建设的第一个"五年计划"；全国高校院系调整后，第一次在全国范围内组织入学统一考试。"到祖国最需要和最艰苦的岗位上去，焕发青春的光和热"，怀着这样的激情，我在自己大学报考志愿表上，慎重而豪迈地选择了专业：地质、水利和航空。在高考发榜的当天，一大早就到学校等待在《光明日报》上公布的录取名单。始料不及的是竟榜上无名！怀着名落孙山忐忑不安的心情和报国无门的失落感回家。刚到家，却意外地收到了要我去北京俄文专修学校（简称"俄专"）报到的通知。从老师那里打听到，该校是留学苏联的预备部。真是柳暗花明又一村，喜出望外，庆幸这一难得的机遇。

在"俄专"一年的学习生活，从各方面感受到中央领导人对这批学子所寄托的希望和给予的关怀。唯独每个人去什么学校，学什么专业却始终是个谜，或许是出于管理上的保密原因，谁也不再多问。直到 1953 年秋天，当奔赴莫斯科的列车跨过满洲里边防站之后，我学什么专业的谜底才被揭开。指派我要学习的专业是焊接，我被编入了前往莫斯科鲍曼高等工学院的团组。天啊，对于焊接我当时的印象是：在马路边上可以看到的焊洋铁壶之类的活计，或者在电影上看到工人们在火花四溅中焊什么的活计。难道这种"活计"也需要去苏联学习?! 隆隆西去的火车轮轨撞击声使我对报考专业志愿的初衷陷入了迷惘和困惑，但能得到的回答只有一个——服从组织安排。

在这座历史悠久的、帝俄时代沿革下来、在苏联时代又有了很大发展的名牌大学的殿堂上，学习气氛的熏陶、众多专业课程的学习，使我对焊接专业的认识有了飞跃。在第二次世界大战中，对重型军事装备，如坦克、装甲车等的大量需求，及其制造业的发展，是焊接技术得以在苏联快速发展的催化剂；而战后各国经济建设的全面展开，尤其是钢铁产量的迅猛增长与钢结构的广泛应用，又为战后年代焊接专业学科的兴起提供了充分条件。

随着我国经济建设的发展，焊接作为一种制造技术，几乎在所有的行业中得到越

---

① 此文于 1998 年刊登于《中国工程院院士自述》，上海教育出版社。

787

来越广泛的应用；从机械制造、核工业、化工、能源、交通、建筑到微电子工业、信息工程和新材料工程，对焊接技术的质量、可靠性与经济性要求越来越高。焊接作为一个专业学科，它是现代科技多学科相互交融的结晶；它的学科内容包含着极其精深的基础理论，它与高新技术的结合又不断开拓着自己本学科的新思想、新方向，从而不断地丰富、完善了它的学科内涵。

在大学的学习中，引导我进入焊接科学阶梯的是由 Nikolaev 院士创建的焊接结构学和 Rekalin 院士开创的焊接传热学。我喜欢这两门课程，常被它们那丰富而精湛的科学内容所吸引，甚至废寝忘食。随后多年的学科发展证明，正是这两门学问构成了现代"焊接力学"学科的基础。我敬仰学术大师们，被他们构造的物理模型与精确的数学描述所折服，也使我从对焊接"活计"的原始认识升华，急切地想进入这座科学殿堂，跃跃欲试地去探求奥秘。

1959 年年初，结束了漫长的大学学习生活，带着报效祖国的激情踏进了出国前就已定向分配的航空工业部（原二机部四局）下属单位——北京航空工艺研究所。在年轻的航空工业中，一个新建不久的科研单位还没有自己的基地。一批初出茅庐的年轻人扛起行李背包，开赴沈阳、西安等航空工厂的生产第一线，深入车间现场，实习、锻炼。一个"吃过洋面包"的我，总是到处被人另眼相看，因此，只能"夹着尾巴做人"，老老实实地向工人师傅学习。回想这段时间，在与工人朝夕相处的日日夜夜，学到了许多课本上学不到的东西，这为我以后在科研工作中能发挥自己专长，"英雄有用武之地"，打下了良好的基础。

在航空工厂的实习锻炼还不到一年，1959 年 10 月，我受教育部的派遣，又前往苏联原校研究生院攻读学位。这是根据苏方建议，从已毕业回国的原留苏学生中选派研究生深造。我在大学本科学习的全优成绩就是这第二次机遇的条件。Nikolaev 院士（时任学校教学与科研副校长）提名我继续在他的指导下攻读焊接结构学。我毅然选择了当时在国际上刚刚兴起的焊接力学作为主攻方向，与 Kurkin 和 Vinokurov 合作，结合当时苏联航空航天制造工业中刚开始采用的新材料和新结构的关键技术，开展了钛合金焊接结构应力与变形控制的课题研究。这对我回国后能从事航空特种焊接技术和焊接力学研究工作起了决定性的作用。

三年的研究生工作与学习，除学术上的进展外，使我终生受益的是懂得了怎样做一名有所作为的科技工作者。我用心地观察、领略、体验并欣赏导师作为科学家的负责行为和与我共同工作的苏联学者们的风貌、创新的思维、严谨的治学、诚实的为人和理论密切联系实际的学风。无形中也用这些行为准则完善自我，塑造自我。

在"文化大革命"中，最痛心的是失去了许多宝贵的时间。然而，在下放劳动、接受再教育的任何场合，我都没有放弃利用机会调查研究并思考航空制造技术中焊接技术发展的需求。1978 年全国科学大会后，我迫不及待地查阅了"文化大革命"10 年没有系统检索过的专业期刊和文献。带领研究生，安排攻关的攀登计划，瞄准航空、航天器焊接结构的应力变形控制问题——这是各种型号研制和生产中遇到的量大、面广又直接影响飞行器可靠性的关键难题。

攻关莫畏难，攀登莫等闲。在体味多次试验失败滋味时，退却意味着不再受苦行僧般的煎熬，但在最困难的时候，成功却孕育于再坚持一下之中。当获得薄壁结构低应力无变形焊接的结果，并意识到这是一项前所未有的技术上的突破时，对于新发明的兴奋又被一种油然而生的对科学结论应负责的压力所抑制。能否准确地定义为"无变形"焊接新技术呢？一次又一次地对自己的结论提出怀疑，又反反复复地用实验去证实所提出的理论。实验室内的验证虽是必要条件，但必须再回到生产实践中去接受考核，由社会实践认可其学术意义和实用价值才是应用技术研究成果得以验证的充分条件。"科学技术是第一生产力"的论断激励着我和研究组的同事们鼓起勇气、冒着风险，把新技术直接应用于航空、航天新型号的研制中。欣慰的是，成功也正是在这坚持一下之中诞生！

经过 10 多年的实践检验，这项新技术已在国内外的同行中得到公认。当我应英国皇家学会之邀，在剑桥英国焊接研究所从事合作研究工作时，该研究所所长、国际著名焊接力学专家、皇家学会会员 A. A. Wells 博士特意向皇家学会主席 G. Porter 先生推荐，认为这项新技术的进一步发展也是中英合作的成就。

人生的道路总是由多种机遇所构筑，而每一次的机遇却又是以自己已走过的路程和所做出的努力为前提。回顾走过的道路，如果说有成功之处，那就是得益于：奋斗奉献，勇于实践，深入工程技术第一线；敢于标新立异，常去琢磨那些没有解决的难题的症结；勤于提炼，从实践中科学地抽象出有研究价值的课题；开拓市场，只有创新才能在科技竞争中取胜。而善于欣赏别人，则是不断完善自我、发挥研究群体智慧、团结共事的金钥匙。

21 世纪，我国现代化建设加速发展的进程，对于青年科技工作者来说，无疑将是最富有挑战性的、可施展才华的大好机遇。为了把握机遇，取得成功，必须有所准备。重要的是扎扎实实地掌握现代科学技术知识，并灵活地运用于解决工程科学技术难题。我认为，对于一个科学技术工作者来说，更重要的是勇于实践，到工程技术第一线去，找到前人未能解决的关键难题的症结所在，去伪存真，科学地提炼与抽象，上升为指导实践的理论，才能有所创新，而创新的目的是在科技竞争中赢得市场。

纵观现代工程技术的发展，尤其是在信息时代科技飞速发展的高速公路上，任何创新性的成就，无不都是群体智慧的结晶。取得成功，必须把个人能力和素质的提高，置于群体行为道德规范标准制约之中。注重社会交流、人际交往，提高口头和文字表达能力；同时，应该在群体活动中，学会欣赏别人，善于团结共事。

总之，为了迎接挑战、把握机遇，做好准备的基本功就是"德才兼备"。对于一个青年科技工作者来说，这就是在 21 世纪以国际市场为目标的激烈科技竞争中，取得成功的必要条件和充分条件。

学会欣赏别人，
不断完善自我，
发挥群体智慧，
矢志振兴中华。

编　后　语

《关桥文集》记录了关桥作为一名工程师成长、奋斗与奉献的足迹。

关桥院士长期从事航空焊接工艺与焊接结构研究，在焊接力学基础研究与特种焊接应用研究中取得了一系列开拓性、创新性的成果。主要表现在以下三个方面：（1）建立了薄壳结构"低应力无变形焊接"理论，是这项新技术的发明人。从理论上阐明并论证了在焊接过程中主动控制应力变形的必要条件和充分条件，突破了焊接变形不可避免的传统认识，解决了焊接科技与制造工程中的一大难题，并将其应用于航空、航天薄壁焊接结构的制造，效益显著，使用效果突出。（2）在焊接力学和焊接结构完整性研究方面有重要建树。针对传统的焊接力学理论中平截面假设的局限性，提出了"内拘束度"概念，给出了焊接不协调应变的"预置温度场静态控制"和"多源系统动态控制"的物理数学模型，开拓了焊接力学研究和接头热应变损伤定量分析的新方向；发展了在焊接局部高温、大温度梯度、大应变梯度特殊条件下的焊接瞬态热应变云纹测试技术，并采用数值模拟与实验测试验证相结合的方法，摘取了多项高难度的研究成果。（3）是我国航空焊接工程领域的学科带头人。近 60 年来，在科研和生产第一线主持和指导了多项航空工业急需的特种焊接新技术研究开发和工程应用，如扩散焊、超塑性成形与扩散连接（SPF/DB）组合工艺、钨极脉冲氩弧焊接（TIG）、熔化极脉冲氩弧焊接（MIG）悬空焊工艺、焊缝滚压和预变形工艺、真空电弧焊与钎焊、A–TIG 和搅拌摩擦焊等，为新飞行器研制和工厂技术改造提供了先进技术，开拓了我国航空特种焊接技术的诸多重要发展方向。

关桥院士注重人才培养，带出了一批年富力强、高素质的专业科研队伍，培养的研究生和青年骨干多已肩负重任。他基于对国际上材料加工领域中多学科交叉前沿发展态势的分析，参与领导组建"高能束流加工技术"重点实验室、"航空连接技术"重点实验室和"中国搅拌摩擦焊中心"。他长期致力于促进我国焊接科技事业的发展，在焊接学会任职期间，注重学科发展为经济建设服务，并为我国焊接科技走向世界而不懈努力。

关桥院士多年来在科研第一线不断耕耘，不仅取得了一批具有高水平的学术成果，而且也写出了一批高水平有独到见解的论文，这是他多年创造性劳动的结晶。

本文集汇集了关桥院士各个时期具有代表性的论文（含《自述》1 篇）。内容涉及焊接应力与变形、航空特种焊接、高能束流焊接等领域，以及他从事焊接学会工作，关于科技体（机）制与学科发展的思考内容；该文集中也包含了他在国际学术交往中所发表的论文；所有这些都显示出作者严谨的治学态度、敏锐的学科发展洞察能力、不断超越的创新思维和不畏艰难奋斗、奉献的足迹；同时也从一个侧面展示了北京航空制造工程研究所特种焊接与连接技术体系艰难而辉煌的发展历程。